電気
データブック

電気学会
・[編集]・

桂井　　誠
高橋一弘
宅間　　董
道上　　勉
田原紘一
・[編集委員]・

朝倉書店

まえがき

　電気エネルギーの有効な供給と利用を目的とする電気技術は，人々の生活のみならず社会や産業を支える基盤技術として，ますます近年その重要性を増している．特に21世紀に入った今日では，単に既成技術の改良に留まらず，新たな革新的な展開が一段と強く求められるようになった．例えば，太陽光など自然エネルギーによる発電，都市ガスなどによるコジェネレーションといった分散電源システム，それらを既存の配電系統に合理的に接続するスマートグリッド，その普及に必須となる蓄電装置，さらにはガソリン車に代わる電気自動車，高効率の新照明などの省エネルギー技術が次々と出現している．そして世界に目を転じれば，次世代を拓くインフラ設備として，大連系送電網や超高速鉄道網などが急速に整備され始めている．

　こうした電気エネルギーへの期待が高まる一方で，各種の新しい問題点も顕在化してきており，時代に適った的確な対応が急がれている．身近には，節電対策としての省エネ住宅の普及促進，ホームIT装置に対する電磁障害対策をはじめ，大災害時における電気関連トラブルの回避，市街地区の架空配電線による景観破壊の改善などの課題が重要視されるようになり，これらの問題解決には技術的対応力に加えて，社会的意識の成熟度も求められようになっている．

　これら広範囲の課題に応えるには，常に電気技術の学術的基盤を健全に保持しておくことが前提になる．今日では，こうした電気技術の全体像は，電気学会発刊の『電気工学ハンドブック』に代表される各種ハンドブックによって知ることができる．それらには膨大な情報があまねく蓄積されていることから，個別の専門分野を学ぶ人々に幅広く利用されてきた．しかし，複数にわたる分野を横断する総合問題に素早く取り組む機会の多くなった現在，そうした分厚い書籍が閲読者の目的に必ずしも適しているとは言えない．

　そこで，従来のハンドブックを補完するものとして，核心となる各種の学術データに一挙に辿り着けるような手軽な書籍が必要とされるようになった．本書『電気データブック』は，そのような期待に応えるべく刊行されるものであり，今後に重点となる基礎的な既存の技術データを厳選して，それらを体系的かつ簡潔にとりまとめるよう図ったものである．なお，用語表記に関して，同じ用語について異なる表記の場合がある．本書はデータブックとして引用図表に基づいているので原引用文献に従った表記を採用した．

　読者各位が本書によって，縦横に広がる電気技術の領域の関連データを迅速に把握し，取り組む課題の的確な解決が容易となることを期待するものである．

2011年10月

編集委員一同

■ **編集委員**

桂井　　誠	放送大学	
高橋　一弘	(財)電力中央研究所	
宅間　　董	東京電機大学	
道上　　勉	元 福井工業大学	
田原　紘一	前 JFE テクノリサーチ(株)	

■ **執筆者** （執筆順）

入江　　克	早稲田大学		道上　　勉	元 福井工業大学
桂井　　誠	放送大学		野村　尚史	富士電機システムズ(株)
關井　康雄	前 千葉工業大学		植田　清隆	(財)電力中央研究所
德永　雅亮	明治大学		高橋　一弘	(財)電力中央研究所
仁田　旦三	明星大学		河辺　　峻	明星大学
神谷　武志	(独)情報通信研究機構		田原　紘一	前 JFE テクノリサーチ(株)
鎌田　憲彦	埼玉大学		曽根　　悟	工学院大学
山﨑　弘郎	金沢工業大学		栗栖　孝雄	JFE テクノリサーチ(株)
髙津　春雄	横河電機(株)		池田　紘一	前 東京理科大学
若狭　　裕	前 (社)日本電気計測器工業会		井上　雅裕	芝浦工業大学
関根　慶太郎	前 東京理科大学		小田　哲治	東京大学
藤田　博之	東京大学		関野　正樹	東京大学
宅間　　董	東京電機大学		高橋　雄造	前 東京農工大学

目　次

1.　基　礎　分　野

1章　電気理論 ……………………………………〔入江　克・桂井　誠〕…3

2章　電気物性・電気材料・永久磁石 ………………………………………9
- 2.1　電気物性 ……………………………………………〔關井康雄〕… 9
- 2.2　導電・抵抗材料 ……………………………………〔關井康雄〕… 11
- 2.3　絶縁材料 ……………………………………………〔關井康雄〕… 13
- 2.4　磁性材料 ……………………………………………〔關井康雄〕… 19
- 2.5　永久磁石材料 ………………………………………〔德永雅亮〕… 22

3章　放電プラズマ ……………………………………〔桂井　誠〕… 27
- 3.1　動作気圧に基づいた放電プラズマの分類 ……………………… 27
- 3.2　温度-密度線図での放電プラズマの分類 ………………………… 28
- 3.3　電子のエネルギー準位 …………………………………………… 28
- 3.4　高周波バリヤ放電による大気圧非熱平衡プラズマの発生 …… 28
- 3.5　低気圧における冷陰極を用いた直流放電 ……………………… 30
- 3.6　グロー放電陽光柱の物理 ………………………………………… 31
- 3.7　正規グロー放電の陰極領域の物理 ……………………………… 32
- 3.8　高周波放電プラズマの分類 ……………………………………… 32
- 3.9　電子サイクロトロン共鳴型および磁界効果型マイクロ波放電プラズマ …… 33
- 3.10　各種プラズマ計測法の分類と測定対象となるプラズマのパラメータ ……… 34

4章　電気回路 …………………………………………〔仁田旦三〕… 36
- 4.1　線形集中定数回路 ………………………………………………… 36
- 4.2　分布定数回路 ……………………………………………………… 47
- 4.3　回路網合成 ………………………………………………………… 48
- 4.4　非線形回路 ………………………………………………………… 48
- 4.5　線形能動回路 ……………………………………………………… 49

5章　電子物性・電子材料 …………………………〔神谷武志・鎌田憲彦〕… 51
- 5.1　基礎的特性 ………………………………………………………… 51
- 5.2　半導体（材料） …………………………………………………… 54
- 5.3　レーザ材料・光学材料 …………………………………………… 59
- 5.4　太陽電池材料 ……………………………………………………… 63

6章　計測技術　〔山﨑弘郎〕…66
- 6.1　国際単位系（SI）…66
- 6.2　電気量標準とトレーサビリティ…67
- 6.3　誤差より不確かさへ…69
- 6.4　直流電圧・電流の計測…69
- 6.5　電力，電力量の計測…76
- 6.6　抵抗，インピーダンスの計測…77
- 6.7　磁気計測…81
- 6.8　波形の観測…82
- 6.9　情報の記録と伝送…84

7章　制御とシステム　〔髙津春雄・若狭　裕〕…87
- 7.1　制御理論…87
- 7.2　制御システム…94
- 7.3　制御システムの信頼性…98

8章　電子デバイス・電子回路　〔関根慶太郎〕…104
- 8.1　短波帯より上の周波数の割り当て…104
- 8.2　アナログフィルタの設計法…109
- 8.3　集積回路向き $Gm\text{-}C$ フィルタの設計…112

9章　センサ・マイクロマシン　〔藤田博之〕…115
- 9.1　代表的なセンサの動作原理と関連材料…115
- 9.2　温度センサ用金属材料と計測範囲…116
- 9.3　ひずみゲージ用金属材料の特性…116
- 9.4　シリコンの縦および横ピエゾ抵抗係数…117
- 9.5　代表的な機械量センサの構造例…117
- 9.6　化学センサの分類と種類…117
- 9.7　ガスセンサの分類…118
- 9.8　マイクロ化学分析システム…119
- 9.9　マイクロ化学チップ上の化学単位操作…119
- 9.10　半導体微細加工技術によるマイクロマシン製作法の流れ…120
- 9.11　様々のマイクロマシーニング法…120
- 9.12　シリコン単結晶の全結晶方位に対するエッチング速度…121
- 9.13　高濃度ボロンドープ層のエッチング速度の低下…122
- 9.14　マイクロマシンの応用…123
- 9.15　寸法効果（スケール則）…123
- 9.16　マイクロアクチュエータの分類…123
- 9.17　セラミックスの電界誘起ひずみ…125

10章 高電圧工学 〔宅間 董〕…126
10.1 全般……126
10.2 気体の放電現象……126
10.3 各種媒質の絶縁特性……127
10.4 雷現象……133
10.5 高電圧技術……135

2. 機器分野

11章 電線およびケーブル 〔道上 勉〕…141
11.1 電線……141
11.2 ケーブル……145
11.3 その他の電線・ケーブル……146

12章 回転機一般および特殊電動機 〔道上 勉〕…152
12.1 回転機一般……152
12.2 特殊電動機……157

13章 直流機 〔道上 勉〕…160

14章 交流機 〔道上 勉〕…166
14.1 同期機……166
14.2 誘導機……172

15章 リニアモータと磁気浮上 〔道上 勉〕…177
15.1 リニアモータ……177
15.2 磁気浮上……181

16章 静止機器 〔道上 勉〕…184
16.1 変圧器……184
16.2 リアクトル……189
16.3 コンデンサ……190
16.4 限流器……192

17章 電力開閉装置と避雷装置 〔道上 勉〕…194
17.1 開閉装置……194
17.2 避雷装置……199

18章 保護リレーと監視制御システム 〔道上 勉〕…204
18.1 保護リレー……204

18.2　監視制御システム………………………………………………………209

19章　パワーエレクトロニクス……………………………………〔道上　勉〕…214

20章　ドライブシステム………………………………………………………223
　　20.1　可変速ドライブシステムの基本構成と制御方式……………〔道上　勉〕223
　　20.2　直流電動機の可変速ドライブ…………………………………〔道上　勉〕223
　　20.3　同期電動機の可変速ドライブ…………………………………………225
　　　（1）同期電動機の可変速制御の基本構成……………………〔道上　勉〕225
　　　（2）永久磁石形同期電動機の制御……………………………〔道上　勉〕225
　　　（3）永久磁石同期電動機の可変速ドライブ…………………〔野村尚史〕226
　　20.4　誘導電動機の可変速ドライブ…………………………………〔道上　勉〕229
　　20.5　その他電動機の可変速ドライブ………………………………〔道上　勉〕230
　　20.6　高速・大容量回転機の可変速ドライブ設計技術と応用………〔道上　勉〕231

21章　超電導および超電導機器………………………………………〔植田清隆〕233
　　21.1　極低温の世界……………………………………………………………233
　　21.2　超電導ケーブルの特徴と構造…………………………………………233
　　21.3　超電導ケーブルの試験…………………………………………………233
　　21.4　超電導ケーブルの系統導入効果………………………………………234
　　21.5　超電導限流器の構造概要………………………………………………235
　　21.6　超電導発電機の構造……………………………………………………235
　　21.7　超電導発電機の系統導入効果…………………………………………236
　　21.8　超電導電力システムの概念……………………………………………237

3.　電力分野

22章　電力系統……………………………………………………〔高橋一弘〕…241
　　22.1　電力系統の仕組み………………………………………………………241
　　22.2　電力系統の負荷の性質…………………………………………………243
　　22.3　電力系統の特性…………………………………………………………243
　　22.4　供給力と予備力…………………………………………………………247
　　22.5　電力系統の連系方式……………………………………………………248
　　22.6　供給信頼度と電力品質…………………………………………………249
　　22.7　系統運用の指令体系と主な機能………………………………………251
　　22.8　電気事業の形態と電力自由化…………………………………………251

23章　水力発電……………………………………………………〔高橋一弘〕…253
　　23.1　水力発電の仕組みと水理………………………………………………253
　　23.2　水力設備…………………………………………………………………255

23.3　水車および付属設備 …………………………………………………… 256
23.4　水車発電機と電気設備 ………………………………………………… 258
23.5　水力発電所の建設 ……………………………………………………… 259

24章　火力発電 …………………………………………………〔高橋一弘〕… 261
24.1　火力発電の仕組みと熱力学 …………………………………………… 261
24.2　ボイラおよび付属設備 ………………………………………………… 263
24.3　タービンおよび付属設備 ……………………………………………… 265
24.4　ガスタービン発電 ……………………………………………………… 268
24.5　複合サイクル発電 ……………………………………………………… 268
24.6　火力発電の環境対策 …………………………………………………… 270
24.7　火力発電所の建設手順 ………………………………………………… 272
24.8　代表的な地熱発電方式 ………………………………………………… 272
24.9　産業用火力発電の各種方式 …………………………………………… 274
24.10　コジェネレーション発電の各種方式 ………………………………… 274

25章　原子力発電 ………………………………………………〔高橋一弘〕… 277
25.1　原子力発電・火力発電・水力発電の比較 …………………………… 277
25.2　原子力発電の仕組みと核反応 ………………………………………… 277
25.3　原子力発電の構成要素 ………………………………………………… 279
25.4　原子力発電の炉形式 …………………………………………………… 280
25.5　原子燃料サイクル ……………………………………………………… 285
25.6　原子力発電の安全防護 ………………………………………………… 287
25.7　原子力発電所の建設手順 ……………………………………………… 291

26章　送　　電 …………………………………………………〔高橋一弘〕… 293
26.1　電力系統における送電系統の位置付け ……………………………… 293
26.2　わが国における送電電圧の発展と現状 ……………………………… 293
26.3　送電特性 ………………………………………………………………… 293
26.4　異常電圧と接地方式 …………………………………………………… 295
26.5　架空送電 ………………………………………………………………… 297
26.6　地中送電 ………………………………………………………………… 298
26.7　直流送電 ………………………………………………………………… 301
26.8　UHV送電の設計と新技術 …………………………………………… 303

27章　変　　電 …………………………………………………〔高橋一弘〕… 305
27.1　変電所の仕組み ………………………………………………………… 305
27.2　母線方式 ………………………………………………………………… 306
27.3　各種の調相設備 ………………………………………………………… 308
27.4　GISと開閉装置 ………………………………………………………… 308
27.5　絶縁協調と避雷装置 …………………………………………………… 310

- 27.6 変電所における塩害対策……………………………………………………313
- 27.7 変電所における絶縁診断……………………………………………………313

28章 配電……………………………………………………〔高橋一弘〕…315
- 28.1 配電計画………………………………………………………………………315
- 28.2 配電線路の構成と電気方式…………………………………………………316
- 28.3 配電線の保護…………………………………………………………………320
- 28.4 新しい配電方式………………………………………………………………322
- 28.5 屋内配電の配線方法と敷設場所……………………………………………326

29章 エネルギー新技術………………………………………〔高橋一弘〕…328
- 29.1 新しいエネルギー資源と利用技術…………………………………………328
- 29.2 太陽電池………………………………………………………………………328
- 29.3 風力発電………………………………………………………………………330
- 29.4 廃棄物発電所の構成…………………………………………………………331
- 29.5 バイオマス発電における熱発生技術………………………………………331
- 29.6 燃料電池発電…………………………………………………………………332
- 29.7 石炭ガス化複合サイクル発電………………………………………………333
- 29.8 その他の発電…………………………………………………………………334
- 29.9 電力貯蔵装置…………………………………………………………………336

4. 情報・通信分野

30章 計算機・情報処理………………………………………〔河辺　峻〕…343

31章 通信とネットワーク……………………………………〔道上　勉〕…354

5. 応用分野

32章 交通………………………………………………………〔曽根　悟〕…369

33章 電動力応用…………………………………………………………………381
- 33.1 電動力の機械的性質…………………………………………〔道上　勉〕…381
- 33.2 巻上機およびクレーン………………………………………〔道上　勉〕…381
- 33.3 エレベータおよびエスカレータ……………………………〔道上　勉〕…383
- 33.4 コンベヤ………………………………………………………〔道上　勉〕…384
- 33.5 ポンプ…………………………………………………………〔道上　勉〕…385
- 33.6 送風機…………………………………………………………〔田原紘一〕…386
- 33.7 圧延機…………………………………………………………〔田原紘一〕…389

34章　産業エレクトロニクス（ファクトリーオートメーション）……〔田原紘一〕…391
　34.1　生産管理・制御システム……391
　34.2　シーケンス制御……397
　34.3　監視装置，操作端，センサ……400
　34.4　工作機械，ロボット……403

35章　電気加熱・電気化学……405
　A.　電気加熱……〔田原紘一〕…405
　35.1　熱伝達現象……405
　35.2　大電流母線の熱的容量……406
　35.3　温度測定法……410
　35.4　電気加熱方式……411
　35.5　電気溶接・ヒートポンプ……419
　B.　電気化学……〔栗栖孝雄〕…425

36章　照　　　明……〔池田紘一〕…438
　36.1　視感度と視力……438
　36.2　色の表示方法……441
　36.3　光源と照明器具……444
　36.4　光放射の生物影響と産業応用……448

37章　家 庭 電 器……〔井上雅裕〕…451
　37.1　家庭用情報システム……451
　37.2　冷暖房機器……453
　37.3　換気設備……455
　37.4　加湿機と除湿機……455
　37.5　給湯機……459

38章　静電気・医用電子……461
　38.1　静電気……〔小田哲治〕…461
　38.2　医用電子……〔関野正樹〕…465

6.　共通分野

39章　環 境 問 題……〔宅間　董〕…473
　39.1　全　　般……473
　39.2　電力分野の環境問題の分類……473
　39.3　環境年譜……473
　39.4　地球温暖化問題……474
　39.5　火力発電所からの排出……476

  39.6　電力分野の EMC と EMF ……………………………………………………477

40章　関連工学……………………………………………………………………480
  40.1　電気関係規格と法規………………………………………〔道上　勉〕…480
  40.2　電気安全……………………………………………………〔道上　勉〕…483
  40.3　電気技術史年表……………………………………………〔高橋雄造〕…489

索　　引……………………………………………………………………………495

1 基礎分野

1章　電気理論
2章　電気物性・電気材料・永久磁石
3章　放電プラズマ
4章　電気回路
5章　電子物性・電子材料
6章　計測技術
7章　制御とシステム
8章　電子デバイス・電子回路
9章　センサ・マイクロマシン
10章　高電圧工学

1章　電気理論

（1）　電磁気学の単位1

電位差	V	[V：ボルト]
電流	I	[A：アンペア]＝[C/s]
キャパシタンス	C	[F：ファラッド]
インダクタンス	L	[H：ヘンリー]
抵抗	R	[Ω：オーム]

図 1.1　電磁気学の単位1

（2）　電磁気学の単位2

電流密度ベクトル	$\boldsymbol{j}$	[A/m^2]
電界強度ベクトル	$\boldsymbol{E}$	[V/m]
電束密度ベクトル	$\boldsymbol{D}$	[C/m^2]
電気分極ベクトル	$\boldsymbol{P}$	[C/m^2]
分極率（電界強度の関数）	α	[F/m^2]
誘電率（電界強度の関数）	ε	[F/m^2]
磁気量	q_m	[Wb：ウエーバー]
磁界強度ベクトル	$\boldsymbol{H}$	[A/m]
磁束密度ベクトル	$\boldsymbol{B}$	[T：テスラ]≡[Wb/m^2]

図 1.2　電磁気学の単位2

（3）　電磁気学の単位3

磁気分極ベクトル	$\boldsymbol{M}$	[Wb/m^2]
磁気モーメント	$\boldsymbol{m}$	[Wb m]
帯磁率	χ	無次元量（一般には磁束密度の関数）
透磁率	μ	[H/m]（一般には磁束密度の関数）
ベクトルポテンシャル	$\boldsymbol{A}$	[Wb/m]

図 1.3　電磁気学の単位3

（4）　主な物理定数

主な物理定数

電子（陽子）の電荷量 e ……1.602×10^{-19} C
電子の質量 m_e ……9.109×10^{-31} kg
陽子の質量 m_p ……1.673×10^{-27} kg
ボルツマンの定数 k
　……1.380×10^{-23} J/K ＝ 1.602×10^{-19} J/eV
光の速さ c ……2.998×10^8 m/s
真空の誘電率 ε_0 ……8.854×10^{-12} F/m
真空の透磁率 μ_0 ……$4\pi \times 10^{-7}$ H/m
1 Torr, 273 K での単位体積当たりの粒子数
　……3.54×10^{22}/m^3

単位換算

1 T ＝ 10^4 Gauss
1 eV ＝ 1.602×10^{-19} J ＝ 11,600 K
1 atm ＝ 1.013×10^5 Newtons/m^2 ＝ 1.013×10^5 Pa
　　　＝ 101.3 kPa ＝ 760 Torr

図 1.4　主な物理定数（[1] 表 1.1）

（5）　巨視的諸量

電荷の保存則	$\nabla \cdot \boldsymbol{j} + \dfrac{\partial \rho}{\partial t} = 0$
電流（オームの法則）	$I = \dfrac{V}{R}$
抵抗（長さ L，断面積 A の円筒形の場合）　ρ_R：抵抗率	$R = \rho_R \dfrac{L}{A}$
電流密度	$\boldsymbol{j} = \dfrac{\boldsymbol{E}}{\rho_R} = \sigma \boldsymbol{E}$
電流の仕事率	$P = VI$
抵抗の発熱	$Q = I^2 R = \dfrac{V^2}{R}$
電流に働く　力	$d\boldsymbol{F} = I d\boldsymbol{l} \times \boldsymbol{B}$
トルク	$\boldsymbol{N} = I \boldsymbol{S} \times \boldsymbol{B}$
$\boldsymbol{S}$：電流 I のつくる閉回路の面積ベクトル	
直線電流のつくる静磁場　φ：円柱座標の角度変数	$\boldsymbol{H} = \dfrac{I}{2\pi r} \dfrac{\nabla \varphi}{\|\nabla \varphi\|}$

図 1.5　巨視的諸量

(6) マクスウェルの方程式（ヘルムホルツ表記）

① ガウス-クーロンの法則　　　$\nabla \cdot \boldsymbol{D} = \rho_f$
② ファラデーの電磁誘導の法則　$\nabla \times \boldsymbol{E} = -\dfrac{\partial \boldsymbol{B}}{\partial t}$
③ 磁束の保存則　　　　　　　　$\nabla \cdot \boldsymbol{B} = 0$
④ アンペール-マクスウェルの法則　$\nabla \times \boldsymbol{H} = \boldsymbol{j}_f + \dfrac{\partial \boldsymbol{D}}{\partial t}$

$\boldsymbol{D}$ と $\boldsymbol{H}$ は自由電荷，自由電流で直接制御できる量である．

図1.6　マクスウェルの方程式（ヘルムホルツ表記）

(7) 物質関係式

$\boldsymbol{D} = \varepsilon_0 \boldsymbol{E} + \boldsymbol{P}$
$\boldsymbol{H} = \dfrac{\boldsymbol{B}}{\mu_0} - \boldsymbol{M}$

真空中では $\boldsymbol{P} = 0, \boldsymbol{M} = 0$
電界強度 $\boldsymbol{E}$ が非常に弱いときは線形近似が可能である．
すなわちテーラー展開の第1項だけを考えて
$\boldsymbol{P} = \varepsilon_0 \chi \boldsymbol{E}$ と見なせる．
比例定数の値と $\boldsymbol{E}$ の領域は物質により異なる．
このとき
$\boldsymbol{D} = \varepsilon \boldsymbol{E}, \quad \varepsilon = (1+\chi)$（物質の誘電率）

図1.7　物質関係式

(8) ポインティングの定理

〈空間内の微小体積要素におけるエネルギーバランスの式〉
$\nabla \cdot \boldsymbol{S} + \boldsymbol{E} \cdot \dfrac{\partial \boldsymbol{D}}{\partial t} + \boldsymbol{H} \cdot \dfrac{\partial \boldsymbol{B}}{\partial t} + \boldsymbol{E} \cdot \boldsymbol{j}_f = 0$

$W_J \equiv \boldsymbol{E} \cdot \boldsymbol{j}_f$　単位時間当たりに体積要素内に発生するジュール熱
$\boldsymbol{S} = \boldsymbol{E} \times \boldsymbol{H}$　ポインティングベクトル
$\nabla \cdot \boldsymbol{S}$　　　ポインティングベクトルの体積要素からの湧きだし

〈導出法〉
$\boldsymbol{H} \cdot$（ファラデーの法則）
$+ \boldsymbol{E} \cdot$（アンペール-マクスウェルの法則）
$\nabla \cdot (\boldsymbol{\alpha} \times \boldsymbol{\beta}) = \boldsymbol{\beta} \cdot (\nabla \times \boldsymbol{\alpha}) - \boldsymbol{\alpha} \cdot (\nabla \times \boldsymbol{\beta})$　ベクトル公式
$\boldsymbol{S} \equiv \boldsymbol{E} \times \boldsymbol{H}$　ポインティングベクトル（定義）

考えている物質が線形誘電体，線形磁性体のとき
すなわち $\boldsymbol{D} = \varepsilon \boldsymbol{E}, \boldsymbol{H} = \dfrac{\boldsymbol{B}}{\mu}$（$\varepsilon, \mu$ が定数）のときは

$\nabla \cdot \boldsymbol{S} + \dfrac{\partial w_E}{\partial t} + \dfrac{\partial w_M}{\partial t} + \boldsymbol{E} \cdot \boldsymbol{j}_f = 0$
$w_E \equiv \dfrac{\varepsilon |\boldsymbol{E}|^2}{2}$　体積要素内の電界のエネルギー密度
$w_M \equiv \dfrac{|\boldsymbol{B}|^2}{2\mu}$　体積要素内の磁界のエネルギー密度

真空の場合は $\varepsilon = \varepsilon_0, \mu = \mu_0$ である．

図1.8　ポインティングの定理

(9) ポインティングの定理の考え方

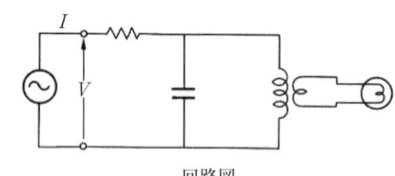

回路図

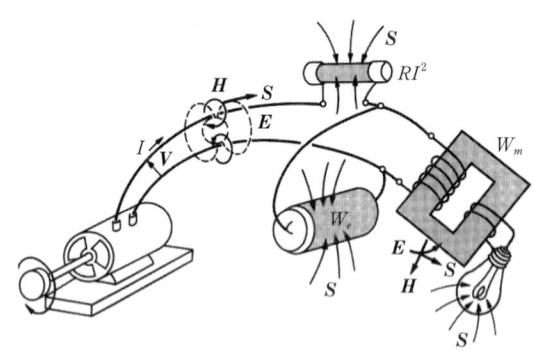

現実の回路

図1.9　ポインティングの定理の考え方

(10) 電気回路基本要素：キャパシタンス
（キャパシタ：コンデンサ）

$Q_E = \displaystyle\int_V \dfrac{\varepsilon E^2}{2} dv = \dfrac{1}{2} CV^2$
線形誘電体に蓄えられる電界のエネルギー

図1.10　電気回路基本要素：キャパシタンス
（キャパシタ：コンデンサ）

（11） 電気回路基本要素：インダクタンス
（インダクタ：コイル）

$$Q_B = \int_V \frac{B^2}{2\mu_0} dv = \frac{1}{2}LI^2$$
線形磁性体に蓄えられる磁界のエネルギー

図 1.11　電気回路基本要素：インダクタンス
（インダクタ：トランス）

（12） 電界の例

点電荷がつくる電界 　（クーロンの法則）	$\boldsymbol{E} = \dfrac{q}{2\pi\varepsilon_0}\dfrac{\boldsymbol{r}}{|r|^3}$
半径 a の球状電荷が球の外部につくる電界 　q：球内の全電荷 　（電界は球の半径には依存しない．クーロンの法則と同様の電界）	$\boldsymbol{E} = \dfrac{q}{2\pi\varepsilon_0}\dfrac{\boldsymbol{r}}{|r|^3}$
無限長直線電荷のつくる電界 　λ：線電荷密度	$\boldsymbol{E} = \dfrac{\lambda}{2\pi\varepsilon_0}\dfrac{\boldsymbol{r}}{|r|^2}$
無限広さの平面上電荷のつくる電界 　σ：電荷の面密度，$\boldsymbol{n}$：面の法線ベクトル（平面からの距離には依存しない）	$\boldsymbol{E} = \dfrac{\sigma}{2\varepsilon_0}\boldsymbol{n}$
導体上の電界	$\boldsymbol{E}_{導体外} = \dfrac{\sigma}{\varepsilon_0}\boldsymbol{n}$

図 1.12　電界の例

（13） キャパシタンスの例

球 　ε：（比）誘電率	$C = 4\pi\varepsilon_0\varepsilon a$
平行板 　A：平行板の面積，d：平行板の間隔	$C = \dfrac{\varepsilon_0\varepsilon A}{d}$
同心球 　R_1, R_2：半径	$C = 4\pi\varepsilon_0\dfrac{\varepsilon R_1 R_2}{R_1 - R_2}$
同軸円筒 　a, b：円筒の半径，l：円筒の長さ，$b > a, l \gg a, b$	$C = \dfrac{2\pi\varepsilon_0\varepsilon l}{\ln(b/a)}$
平行導線 　a：導線の半径，d：導線の中心軸間の間隔，$l \gg d \gg a$	$C = \dfrac{\pi\varepsilon_0\varepsilon l}{\ln(b/a)}$

図 1.13　キャパシタンスの例

（14） 磁界の例

電流素片のつくる磁界 　（ビオ-サバールの法則）	$\boldsymbol{B} = \dfrac{\mu_0 I}{4\pi}\dfrac{d\boldsymbol{l} \times \boldsymbol{r}}{|r|^3}$
無限長直線電流のつくる磁界	$\boldsymbol{B} = \dfrac{\mu_0 \boldsymbol{I} \times \boldsymbol{r}}{2\pi|r|^2}$
無限広さの平面電流のつくる磁界 　（平面からの距離には依存しない）	$\boldsymbol{B} = \dfrac{\mu_0 \boldsymbol{j} \times \boldsymbol{r}}{2|r|}$

図 1.14　磁界の例

（15） インダクタンスの例

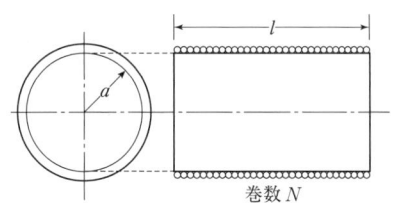

有限長ソレノイド

$$L = C\mu\pi a^2 \frac{N^2}{l} = C \times 4\pi^2\mu_s a^2 \frac{N^2}{l} \times 10^{-7} \ [\text{H}]$$

〈長岡係数〉

$2a/l$	C	$2a/l$	C	$2a/l$	C	$2a/l$	C
0	1.000	0.55	0.803	1.10	0.667	2.50	0.472
0.05	0.979	0.60	0.789	1.20	0.648	3.00	0.429
0.10	0.959	0.65	0.775	1.30	0.629	3.50	0.394
0.15	0.939	0.70	0.761	1.40	0.611	4.00	0.365
0.20	0.920	0.75	0.748	1.50	0.595	4.50	0.341
0.25	0.902	0.80	0.735	1.60	0.580	5.00	0.319
0.30	0.884	0.85	0.723	1.70	0.565	6.00	0.285
0.35	0.867	0.90	0.711	1.80	0.551	7.00	0.258
0.40	0.850	0.95	0.700	1.90	0.538	8.00	0.237
0.45	0.834	1.00	0.688	2.00	0.526	9.00	0.219
0.50	0.818					10.00	0.203

$$C = \frac{4}{3\pi}\frac{1}{k'}\left\{\frac{k^2}{k^2}(K-E) + E - k\right\}$$

$$k^2 = \frac{4a^2}{4a^2 + l^2}, \quad k' = \sqrt{1-k^2}$$

$K = k$ を母数とする第 1 種完全楕円積分

$$\int_0^{\pi/2} \frac{d\varphi}{\sqrt{1-k^2\sin^2\varphi}}$$

$E = k$ を母数とする第 2 種完全楕円積分

$$\int_0^{\pi/2} \sqrt{1-k^2\sin^2\varphi}\ d\varphi$$

図 1.15　インダクタンスの例

さらに複雑な形状をもつコイルのインダクタンスについては，『電気工学ハンドブック（第 6 版）』電気学会, pp. 65〜68 と『電気磁気学（3 版改訂）』電気学会（山田直平原著・桂井　誠著）, pp. 228〜289 を参照のこと．

〔入江　克〕

参考文献

[1] 関口　忠：プラズマ工学，電気学会 (1997)

(16) プラズマの代表的な特性量

電子とイオンからなる完全電離プラズマを対象として，そこにおける代表的特性量とその公式を表1.1に示す．中性粒子を含む弱電離の放電プラズマでは，これら以外に中性粒子に関わる特性量が存在するがそれらは含めていない．プラズマの代表的特性量は「プラズマ角周波数」と「デバイ長」である（表1.2，図1.16）．プラズマ中の正負の電荷がわずかにずれて分極すると静電的な復元力が働き，これと質量による慣性力の効果が加わって固有振動を誘起する．これがプラズマ振動であり，その固有角周波数はプラズマ角周波数と呼ばれて電磁波の「遮断角周波数」となる．またプラズマ内においては正負の電荷は互いに相手の電荷と引き合う一方で，熱運動によって一様に広がろうとする拡散力が働く．そこで両者の釣り合い条件によって，遮蔽の特性距離が決まり，これをデバイ長と呼ぶ．プラズマとは，その寸法がデバイ長よりも大きく，全体として眺めると電気的な中性条件が満たされた電離気体の状態をいう．

〔桂井　誠〕

表1.1　特性式の公式（[1] 表1.1）

特性量	特性量（記号）	定義	計算式（$n[\text{m}^{-3}]$, $T_e[\text{eV}]$, $B[\text{T}]$, $v[\text{m/s}]$, A：質量数, Z：価数 ($Z=1$と仮定)）
特性長	平均自由行程 (l)		
	デバイ長 (λ_D)	$\lambda_D = (\varepsilon_0 kT_e/e^2 n_e)^{1/2}$	$\lambda_D = \sqrt{\dfrac{\varepsilon_0 x T_e}{e^2 n_e}} = 7.43 \times 10^3 \sqrt{\dfrac{T_e}{n_e}}$ [m]
	サイクロトロン（ラーマ）半径	$\rho_c = v_\perp/\omega_c$ $= mv_\perp/eZB$	$r_{Le} = 3.37 \times 10^{-6} \sqrt{\dfrac{T_e}{B}}$ [m] $r_{Li} = 1.45 \times 10^{-4} \sqrt{\dfrac{AT_i}{B}}$ [m]
特性速度	熱速度 (v_{Tj})	$v_{Tj} = (kT_j/m_j)^{1/2}$	$v_{the} = 7.26 \times 10^5 \sqrt{T_e}$ [m] $v_{thi} = 1.695 \times 10^4 \sqrt{\dfrac{T_i}{A}}$ [m]
	電磁波の伝搬速度 (v_C)	$v_C = 1/(\varepsilon\mu)^{1/2}$	
	アルベン速度 (v_A)	$v_A = B_0/(\mu_0 m_i n_i)^{1/2}$	$V_A = 2.2 \times 10^{16} \sqrt{\dfrac{B}{A \cdot n}}$ [m]
特性周波数	粒子間平均衝突数 (ν) 衝突（自由）時間 (τ)	$\nu = 1/\tau = v/l$	
	サイクロトロン（ラーマ）角周波数 (ω_c)	$\omega_{ce} = eB/m_e$ $\omega_{ci} = eZB/m_i$	$\omega_{ce} = 1.76 \times 10^{11} B$ [rad/s] $\omega_{ci} = 0.96 \times 10^8 \dfrac{B}{A}$ [rad/s]
	プラズマ角周波数 (ω_p) 電子プラズマ角周波数 (ω_{pe}) イオンプラズマ角周波数 (ω_{pi})	$\omega_{pe} = (e^2 n_e/\varepsilon_0 m_e)^{1/2}$ $\omega_{pi} = (Z^2 e^2 n_i/\varepsilon_0 m_i)^{1/2}$	$\omega_{pe} = 56.3\sqrt{n_e}$ [rad/s] $\omega_{pi} = 1.31\sqrt{\dfrac{n_i}{A}}$ [rad/s]
特性量間の関係		$\rho_c/l = (\omega_c \tau)^{-1} = \nu/\omega_c$ $\lambda_D \omega_{pe} = v_{Te}$ $v_A/c = (\omega_{ce}/\omega_{ci})^{1/2}/\omega_{pe}$	

ε_0：真空の誘電率，k：ボルツマン定数，e：電子電荷，m：粒子質量，
$v_\perp$：Bに垂直な粒子速度，
Z：多重電離イオンの電荷価数，
ω_c：荷電粒子の磁界中での旋回角周波数，
γ：比熱比，添字jは電子 (e)，イオン (i)，中性気体 (a)，
l：平均自由行程，
B_0：磁界，μ_0：真空の透磁率，m_i：イオンの質量，n_i：粒子密度．

表 1.2　プラズマ角周波数，熱速度，デバイ長の数値例（[2] 演習表 1, [3] Table 6.1）

n[cm^{-3}]	～10	～10^8	～10^{11}	～10^{14}	～10^{17}	～10^{21}
T[eV]	～10	～0.1	～1	～2×10^4	～0.3	～10^3
（例）	（太陽風）	電離層（F層）	（グロー放電）	核融合炉心（予想）	衝撃波・大気圧アーク	レーザ・プラズマ（ガラス・レーザ）
プラズマ角周波数 ω_{pe}[s^{-1}]	1.8×10^5	5.6×10^7	1.8×10^{10}	5.6×10^{11}	1.8×10^{13}	1.8×10^{15}
ω_{pi}[s^{-1}]	4.1×10^3	1.3×10^6	4.1×10^8	1.3×10^{10}	4.1×10^{11}	4.1×10^{13}
電磁波のカット・オフ周波数 f_c[s^{-1}]	2.8×10^4	8.9×10^6	2.8×10^9	8.9×10^{10}	2.8×10^{12}	2.8×10^{14}
波長 λ_c	10.6 [km]	34 [m]	10.6 [cm]	3.4 [mm]	106 [μm]	1.06 [μm]
熱速度 $\bar{v}_e$[m/s]	2.1×10^6	2.1×10^5	6.7×10^5	9.5×10^7	3.7×10^5	2.1×10^7
$\bar{v}_i$[m/s]	4.9×10^4	4.9×10^3	1.6×10^4	2.2×10^6	8.5×10^3	4.9×10^5
デバイ距離 λ_D	7.4 [m]	2.3 [mm]	23 [μm]	0.1 [mm]	13 [nm]	7.4 [nm]

プラズマの種類	n_e[cm^{-3}]	T_e[eV]	デバイ長[cm]	寸法[cm]
①電離層	10^5	0.03	0.3	10^6
②火炎プラズマ	10^8	0.2	0.03	10
③He-Ne レーザ放電管	10^{11}	3	0.003	3
④水銀ランプ	10^{14}	4	$3\cdot10^{-5}$	0.3
⑤太陽の彩層（太陽表面を取り囲むガス層）	10^9	10	0.03	10^9
⑥雷（稲妻）	10^{17}	3	$3\cdot10^{-6}$	100

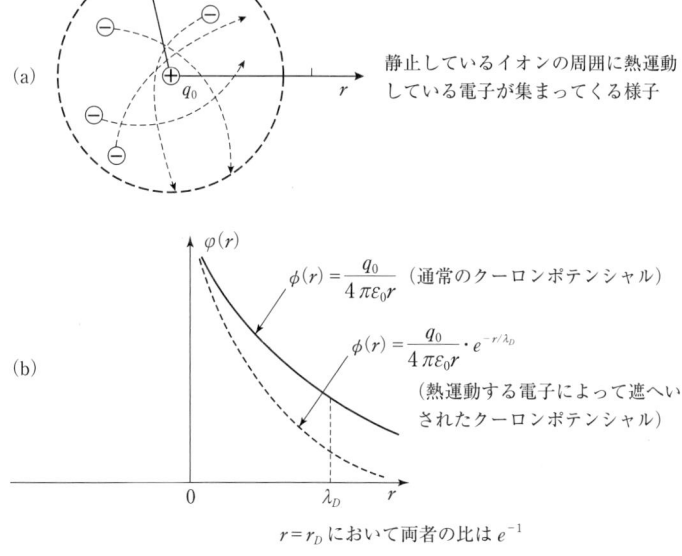

図 1.16　デバイ長の物理的イメージ（[1] 図 1.5）

参考文献

[1] 関口　忠：プラズマ工学, 電気学会（1997）
[2] 関口　忠編著：現代プラズマ理工学, オーム社（1979）
[3] A. Fridman, and L. A. Kennedy：Plasma Physics and Engineering, Taylor & Francis（2004）

2章　電気物性・電気材料・永久磁石

2.1　電気物性
(1)　物質の原子構造（結晶と非晶構造）

固体物質の構造は大別して結晶と非晶構造に分けられる．図2.1は結晶と非晶質の原子配列の違いを示したものである．結晶は原子が3次元的に規則正しく配列したものであり，非晶構造は液体状態がそのまま凍結されたような原子配列で，結晶のように原子が規則正しく配列していない．

(2)　イオン結合，共有結合の結合半径

表2.1はイオン結合と共有結合の結合半径の例である．表に示すように，結合半径は結合の様式や原子・イオンの種類によって異なる．

(3)　多原子分子の平均結合エネルギー

表2.2は主な有機材料の化学結合の平均結合エネルギーである．2.3節「絶縁材料の劣化形態」で言及する熱劣化は熱分解反応や酸化反応によって生じるが，熱分解反応は材料に加わる熱エネルギーが材料中の化学結合の結合エネルギーを超える場合に起こる．なお熱劣化の原因となる酸化劣化を防ぐため，有機材料には通常は酸化の連鎖反応を断ち切る効果を有する酸化防止剤が添加されている．

(4)　誘電体の分極現象

絶縁物に電界を加えると，図2.2に示すように絶縁材料の原子，または分子中の正負の電荷が相対的に偏倚し電気双極子ができる．この現象が誘電体の分極現象であり，分極した電荷が分極電荷である．

(5)　分極現象と誘電体の誘電率

誘電体の分極現象は様々な機構によって生じるが，電界印加後に分極が生じるのに要する時間（緩和時間）は分極の機構によって異なる．電子分極

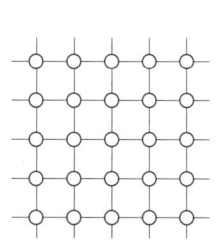
(a) 結晶

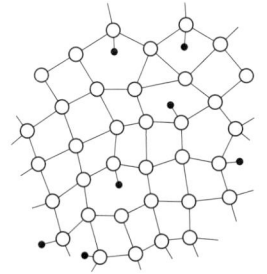
(b) アモルファス（非晶質）

図2.1　物質の原子構造（結晶と非晶構造）（[1] 図1.2）

表2.1　イオン結合，共有結合の結合半径（[2] 表1.3）

イオン結合の場合		共有結合の場合	
イオン	結合半径 [10^{-10} m]	原子	結合半径 [10^{-10} m]
O^{2-}	1.32～1.40	H	0.30
F^{-}	1.33～1.36	B	0.88
Na^{+}	0.95～0.98	C	0.77
Mg^{2+}	0.50～0.57	N	0.70
Si^{4+}	0.39～0.41	O	0.66
S^{2-}	1.74～1.84	F	0.64
Cl^{-}	1.81	Si	1.17
K^{+}	1.33	P	1.10
Ca^{2+}	0.90～1.06	S	1.04
Cu^{+}	0.96	Cl	0.99
Zn^{2+}	0.74～0.83	Sn	1.40

表2.2　多原子分子の平均結合エネルギー（[7] 表3.1）

結合	平均結合エネルギー [kcal/mol]	平均結合距離 [Å]	結合	平均結合エネルギー [kcal/mol]	平均結合距離 [Å]
C-H	98.8	1.10	C-O	85.5	1.43
O-H	110.6	0.97	C=O	178	1.22
C-C	82.6	1.54	C-Cl	81	1.77
C=C	145.8	1.34	C-F	116	1.38
C≡C	199.6	1.20	N-O	53	1.36
C-N	72.8	1.47			

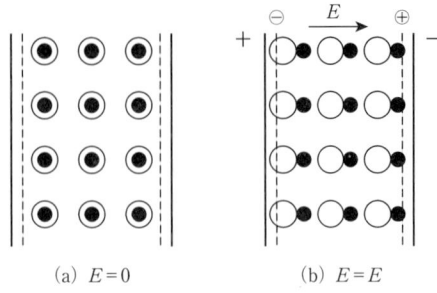

(a) $E=0$ (b) $E=E$

図 2.2 誘電体の分極現象（[3] 第 2.1 図）
●：正電荷，○：負電荷．

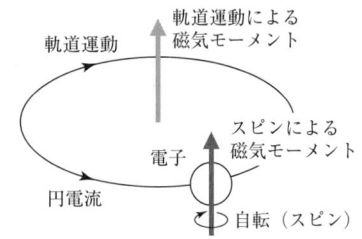

図 2.4 原子磁気モーメントの起源（[5] 図 6.2）

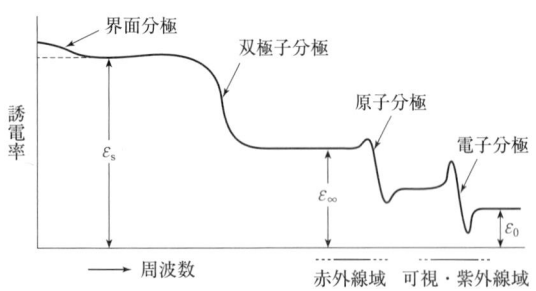

図 2.3 分極現象と誘電体の誘電率（[4] p.56, 図 4.7）

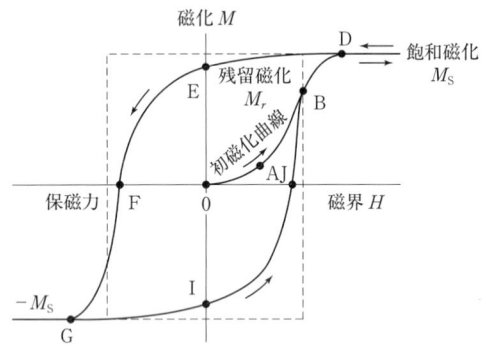

図 2.5 強磁性体の磁化曲線（[4] p.143, 図 6.4）

（原子核に対する核外電子の相対的な位置のずれによる分極）や原子分極（イオン結晶などで結合力の強い原子の方向に電子がずれて生じる正負電荷の偏りによる分極）の場合には，ほとんど瞬時に分極が生じるが，双極子分極では分極に長時間を要する．このため周波数が高くなると分極が電界の変化に追随できなくなる．緩和時間がこのように分極の機構によって異なるため，周波数の増加に伴って誘電率が小さくなる現象が起こる．図2.3はこの様相を示したものである．

(6) 原子磁気モーメントの起源

物質の磁性は原子自身が磁気モーメントを有していることに起因している．図2.4に示すように，核外電子は原子内の軌道上を運動しているが，この軌道運動は閉回路を流れる電流と同様に，その軌道の周囲に磁界を形成し，磁気モーメントを生じる．また，電子自身が自転運動を行っていることによる磁気モーメント（スピン磁気モーメント）も現れる．原子の磁気モーメントは電子の軌道運動に起因する磁気モーメントと，スピン磁気モーメントが重畳したものである．希土類金属元素を除いては，物質の磁性に大きな影響を及ぼしているのはスピン磁気モーメントである．遷移金属元素では電子配置が開殻構造のため，スピンによる磁気モーメントが現れ，大きな磁性が現れる．

(7) 強磁性体の磁化曲線

強磁性体の磁化曲線は図2.5のようになる．磁性体に外部磁界を加えた場合には，図中の0から出発してABDの経過をたどり，飽和値M_Sにいたる．この場合のM_Sを飽和磁化という．飽和磁化に達した後に外部磁界を減少させると，EFGのような経過をたどってBが減少し，逆方向の飽和値$-M_S$に達する．その後，再びプラスの外部磁界を加えるとIJの経過をたどり再びDに達する．強磁性体を磁化させると，このように外部磁界を増加させたときと減少させたときとで異なる経路をたどり，ヒステリシスループを描く．図中のEを残留磁化，Fを保磁力という．

(8) 各種磁性体中のスピンの配列

磁性体を分類すると (a) 強磁性体, (b) フェリ磁性体, (c) 常磁性体, (d) 反強磁性体, (e) 反磁性体に分けられる．強磁性体は図2.6(a) に示すように，スピン磁気モーメントが同一方向に配列されており，外部磁界の作用によって強い磁

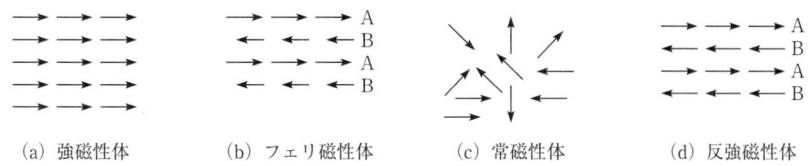

(a) 強磁性体　(b) フェリ磁性体　(c) 常磁性体　(d) 反強磁性体

図 2.6 各種磁性体中のスピンの配列（[4] p.142, 図 6.3）

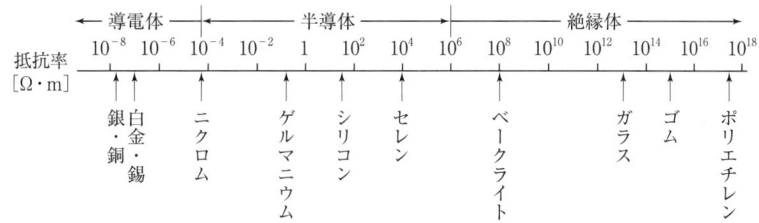

図 2.7 導電材料，半導体材料，絶縁材料の体積抵抗率（[4] p.51, 図 4.1）

性を示す．鉄，コバルト，ニッケルなどの遷移金属が強磁性体に分類される．フェリ磁性体は，外部磁界によって強い磁性を示すが，図 2.6(b) に示すように，結晶中のある原子のスピン磁気モーメントと隣接する原子のスピン磁気モーメントが，互いに向きが反対で大きさが異なっている．フェリ磁性体の例としてフェライトがあげられる．常磁性体は図 2.6(c) に示すように，スピン磁気モーメントが不規則に配列されているため，外部磁界による磁性は非常に弱い．アルミニウム，チタン，バナジウム，白金などがこのグループに属する．反強磁性体は図 2.6(d) に示すように，互いに隣接する原子のスピン磁気モーメントの大きさが等しく平行で，しかも方向が逆向きである．このため，常磁性体と同様に外部磁界による磁性は非常に弱い．マンガンなどがこのグループに属している．反磁性体は原子内の合成スピンがゼロで，外部磁界によって反対方向に磁化される．しかし，磁化のされ方は非常に弱い．反磁性体の例としてヘリウム，ネオン，アルゴン，銅，金，銀などがあげられる．

2.2　導電・抵抗材料

(1) 導電材料，半導体材料，絶縁材料の体積抵抗率

体積抵抗率で物質を分類すれば，図 2.7 に示すように導電体，半導体，絶縁体に区分される．導電体として用いられる金属の体積抵抗率が 10^{-4} [Ω·m] 以下であるのに対し，絶縁体の体積抵抗率は 10^{6} [Ω·m] 以上であり，金属や半導体に比べて桁違いに大きい．

(2) 主な金属の物理特性

金属は電線用導体をはじめ多くの用途に用いられている．表 2.3 に主な金属の物理特性を示す．金属を導電材料として使用する場合の重要な特性は電気伝導率であり，電気抵抗の温度係数が小さいことや機械的強度の大きいことなども重要である．導電材料として広く用いられている金属は銅とアルミニウムであるが，これは銅とアルミニウムが導電率が大きいことに加えて，工業材料として利用可能なコストで供給されていることや加工しやすいなどのためである．

(3) 銅中の不純物と導電率

図 2.8 に銅中の不純物量と導電率の関係を示す．リン，ヒ素，アルミニウムなどの含有量が増加すると銅の導電率は減少する．ただし，酸素がわずかに含まれているときには，銅の導電率はかえって増加する．これは銅中の不純物が酸化されて遊離し，固溶体をつくらなくなるためである．銅中の酸素含有量が 0.005% 以下の無酸素銅は電気特性や延伸特性，たわみ性などの機械特性が良好な上に化学的に安定で，耐食性がよく，水素脆性も改善されている．銅は機械的強度が比較的弱いため，他の元素を加えて銅合金とし，機械的強

表2.3 主な金属の物理特性 ([4] p.28, 表3.1)

金属	$\rho(\times 10^{-8})$ [$\Omega\cdot$m] ρ_0 (0℃)	ρ_{100} (100℃)	$\alpha_{0,100}(\times 10^{-3})$ [deg^{-1}]	$\gamma(\times 10^{-6})$ [deg^{-1}]	密度 ($\times 10^{-3}$) [kg·m^{-3}]	融点 [℃]
銀	1.47	2.08	4.15	18.9	10.5	961.9
銅	1.55	2.23	4.39	16.5	8.96	1,084.5
金	2.05	2.88	4.05	14.2	19.3	1,064.4
アルミニウム	2.5	3.55	4.2	23.1	2.70	660.4
マグネシウム	3.94	5.6	4.21	24.8	1.74	650
イリジウム	4.7	6.8	4.47	6.4	22.4	2,443
タングステン	4.9	7.3	4.90	4.5	19.3	3,407
モリブデン	5.0	7.6	5.2	3.7〜5.3	10.2	2,623
亜鉛	5.5	7.8	4.18	30.2	7.13	419.6
コバルト	5.6	9.5	6.96	13.0	8.9	1,495
ニッケル	6.2	10.3	6.61	13.4	8.9	1,455
鉄	8.9	14.7	6.52	11.8	7.87	1,536
白金	9.8	13.6	3.88	8.8	21.45	1,769
錫	11.5	15.8	3.74	22.0	7.31	231.97
鉛	19.2	27	4.06	28.9	11.35	327.5

ρ：体積抵抗率，$\alpha_{0,100}$：0〜100℃のρの平均温度係数，γ：線膨張率．
γは20℃における値，密度は室温における値，$\alpha_{0,100}$の値は$\alpha_{0,100}=(\rho_{100}-\rho_0)/100\cdot\rho_0$より算出．$\alpha_{0,100}$を除く上表の値は理科年表2001年版による．

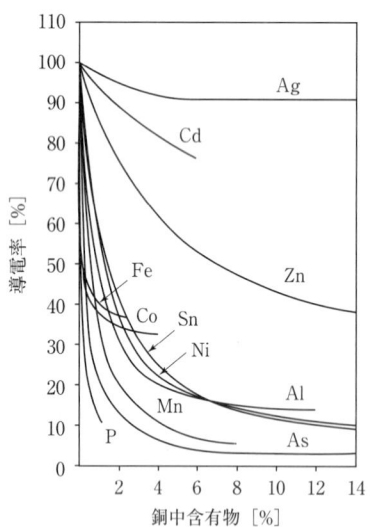

図2.8 銅中の不純物と導電率 ([4] p.29, 図3.8)

度や耐食性を改善したものが用いられることも多い．導電材料として用いられる銅合金には銅カドミウム合金，青銅（銅と錫の合金）などがある．これらの合金はトロリー線（電車への給電用電線）や径間の長い送電線に用いられている．

（4） 代表的な抵抗材料の化学組成と特性

抵抗材料として広く用いられている物質は，Ni-Cr合金とCu-Ni合金である．表2.4に代表的な抵抗材料として用いられるNi-Cr合金とCu-Ni合金の化学組成と特性を示す．Ni-Cr合金とCu-Ni合金を用いた抵抗器は温度の変動に対して安定であるが，高抵抗は得にくく周波数特性もあまりよくない．これらの抵抗材料を密接巻，多層巻して抵抗器を作成する場合には材料表面を絶縁する必要があり，酸化被膜を生成させたりエナメル焼付けを行ったりする．これらはいずれもJISで規格化されている．

（5） 精密抵抗材料の化学成分と特性

標準抵抗器や電位差計などの精密計器に用いる抵抗材料は，電気抵抗のばらつきが少ないこと，抵抗温度係数が小さいこと，特性の経年変化が少ないことなどが要求される．このような精密抵抗の材料として，Cu-Mn合金，Cu-Ni合金，Ni-Cr-Al合金が用いられる．表2.5にこれらの合金3種類の体積抵抗率，抵抗の温度係数，銅に対する熱起電力の値を示す．この3種の合金の中でもCu-Mn合金は抵抗の温度係数や銅に対する熱起電力がきわめて低く，精密級の電気計器や電気機器に広く用いられている．

表2.4 代表的な抵抗材料の化学組成と特性（[6] 表4）

合金系	合金記号	化学成分 [%]							体積抵抗率 [$\mu\Omega\cdot m$] (23℃)	平均温度係数 [10^{-6}/K] (23〜100℃)	対銅熱起電力 [μV/K] (0〜100℃)	最高使用温度 [℃]
		C	Si	Mn	Ni	Cr	Al	Fe	その他				
Ni-Cr	GNC112	0.15以下	0.75〜1.6	1.5以下	57以上	15〜18	—	残部	—	1.12±0.05	50	+1	500
	GNC108	0.15以下	0.75〜1.6	2.5以下	77以上	19〜21	—	1.0以下	—	1.08±0.05	150	+5	500
	GNC101	0.15以下	1.0〜3.0	1.0以下	34〜37	18〜21	—	残部	—	1.01±0.05	400	−2	500
	GCR69	—	1.0以下	1.5以下	—	9.0〜10.5	—	—	Ni+Cr+Si 99.0以上	0.690±0.030	350	+20.5	500
Cu-Ni	GCN49	—	—	0.5〜2.5	42.0〜48.0	—	—	—	Cu+Ni+Mn 99.0以上	0.490±0.030	±80	−41	400
	GCN30	—	—	1.5以下	20.0〜25.0	—	—	—		0.300±0.024	200	−32	300
	GCN15	—	—	1.0以下	8.0〜12.0	—	—	—		0.150±0.015	500	−25	250
	GCN10	—	—	1.0以下	4.0〜7.0	—	—	—		0.100±0.012	700	−18	220
	GCN5	—	—	1.0以下	0.5〜3.0	—	—	—		0.050±0.0075	1,500	−13	200

表2.5 精密抵抗材料の化学成分と特性（[6] 表3）

種類	化学成分 [%]	等級	体積抵抗率 [$\mu\Omega\cdot m$]	温度係数			対銅熱起電力 [μV/K]
				一次温度係数 [$\alpha_{23}\times 10^{-6}$/K]	二次温度係数 [$\beta\times 10^{-6}$/K^2]	平均温度係数 [$\alpha_m\times 10^{-6}$/K]	
Cu-Mn 合金 (マンガニン)	Ni : 1.0〜4.0 Mn : 10.0〜13.0 Cu+Ni+Mn : 98.0以上	AA級	0.440±0.030	−4〜+8	−0.7〜0	—	2以上
		A級		−10〜+20	−1.0〜0	—	
		B級		−20〜+40	−1.0〜0	—	
		C級		−40〜+80	−1.0〜0	—	
Cu-Al 合金	Ni : 42.0〜48.0 Mn : 0.5〜2.5 Cu+Ni+Mn : 99.0以上	AA級	0.490±0.030	−10〜+10	−0.15〜0	—	約50
		A級		—	—	−20〜+20	
		B級		—	—	−40〜+40	
		C級		—	—	−80〜+80	
Ni-Cr-Al 合金	Cr : 20, Al : 3 Mn, Fe : 少量 Ni : 残部	1a	1.33±5%	—	—	0±20%	3以下
		1h		—	—	0±10%	
		1c		—	—	0±5%	

2.3 絶縁材料

(1) 絶縁材料の分類

絶縁材料は多種多様で種類も多い．これを大きく分ければ，天然の材料と合成材料に分けられ，おのおのが有機材料と無機材料に分けられる．絶縁材料の分類を表2.6に示す．

(2) マイカの性質

マイカ（雲母）は天然に産出される絶縁材料である．天然物であるので組成は必ずしも一定ではない．マイカの代表的な組成は$H_2KAl_3(SiO_4)_3$と表される．マイカのうち絶縁性能が優れているのはマスコバイト（白雲母）とフロゴバイト（金雲母）である．これらのマイカはへき開性がよく，薄く

表2.6 絶縁材料の分類（[4] p.73, 表4.3）

分類			具体例
天然材料	無機材料	気体	空気, 窒素
		固体	雲母, 水晶, 硫黄
	有機材料	液体	あまに油, 桐油, 魚油, 鯨油
			鉱油（石油系絶縁油）
		固体	繊維質固体（木材, パルプ, 紙, 糸, 布）
			樹脂, ろう（ロジン, こはく, 木ろう）
			ゴム系物質（天然ゴム, エボナイト）
			石油系物質（アスファルト, ピッチ）
合成材料	無機材料	気体	SF_6, 二酸化炭素
		固体	磁器（長石磁器, アルミナ磁器, ステアタイト）
			ガラス（鉛ガラス, ホウケイ酸ガラス）
	有機材料	気体	フルオロカーボン
		液体	アルキルベンゼン, シリコン油
		固体	熱硬化性樹脂（フェノール樹脂, エポキシ樹脂）
			熱可塑性樹脂（ポリエチレン, ポリ塩化ビニル）
			合成ゴム（クロロプレンゴム, ブチルゴム, ニトリルゴム, シリコンゴム）

表2.7 マイカの性質（[2] 表2.19）

性質＼種類	マスコバイト（白雲母）	フロゴバイト（金雲母）
比重	2.7〜3.1	2.8〜3.0
硬度［モース］	2.8〜3.2	2.5〜2.7
分解温度［℃］	750	750
灼熱減量［%］	4.5	<1
使用温度［℃］	550	700
へき開性	きわめて良好	良好
耐薬品性	良好	少し劣る
抵抗率［$\Omega\cdot m$]（20℃）	10^{12}〜10^{13}	10^{11}〜10^{13}
比誘電率	6〜8	5〜6
誘電正接［%］(0.1〜1 kHz)	0.01〜0.5	0.5〜5
絶縁破壊の強さ*［MV/m］(0.05〜0.1 mm)	90〜120	80〜100

*商用周波電圧による値と推定される.

はがすことができ，耐熱性と絶縁特性が良好であるので，高温部分の絶縁体材料として用いられている．マイカはまた，板状や紙状に加工して利用されている．近年では人工的に合成された合成マイカも広く利用されている．表2.7にマスコバイトとフロゴバイトの主な特性を示す．

(3) ガラスの組成と主な特性

ガラスは SiO_2 を主成分とする非晶質の無機材料であり，その中に含まれる Na_2O, K_2O, PbO, CaO などの副成分によって特性が決まる．表2.8にこれらのガラスの組成と主な特性を示す．電気用としてはブラウン管などに用いられている鉛ガラス，水銀灯などに用いられるホウケイ酸ガラス，高圧水銀灯などに用いられている石英ガラス（シリカガラス）などがある．

(4) 代表的な磁器の物性値

磁器は1種類または2種類以上の酸化物の微結晶が緻密に集合した焼成品である．磁器は原料に含まれる酸化物の種類により普通磁器（石英磁器），ステアタイト磁器，アルミナ磁器などに区別されている．表2.9に代表的な磁器の電気特性，機械的特性，熱伝導率を示す．普通磁器の主成分

表2.8 ガラスの組成と主な特性（[2] 表2.20）

性質＼種類	鉛ガラス	ホウケイ酸ガラス	シリカガラス
組成の例	SiO$_2$ (54%) Na$_2$O (8%) K$_2$O (5%) PbO (30%) その他	SiO$_2$ (80%) B$_2$O$_3$ (14%) Na$_2$O (3%) K$_2$O (0.5%) その他	SiO$_2$
比重	2.8～3.7	2.2～2.3	2.1～2.2
引張強さ [GPa]	210～420	150～250	560
圧縮強さ [GPa]	420～700	1,300～2,000	1,400
弾性係数 [GPa]	6,500	6,200	7,100
硬度 [モース]	5	5	5
線膨張係数 [10^{-6}/K]	8～9	3.2～3.6	0.54
軟化温度 [℃]	400～600	550～700	1,300
抵抗率 [Ω・m] (20℃)	>10^{11}	>10^{12}	10^{17}
比誘電率 (1～10 MHz)	7～10	4.5～5.0	3.5～4.5
誘電正接 [10^{-2}%] (1～10 MHz)	5～40	15～35	1～3
絶縁破壊の強さ [MV/m] (50 Hz)*	5～20	20～35	25～40

＊商用周波電圧による値．

表2.9 代表的な磁器の物性値（[1] 表2.4）

	普通磁器	ステアタイト磁器	ホルステライト磁器	アルミナ磁器	ベリリア磁器
誘電率 (1 MHz)	5～7	5.8～7.4	5～7	8～11	6.5～7.1
誘電正接 (×10^{-4}) (1 MHz)	60～120	3～6	4	2～18	2～9
体積抵抗率 [Ω・cm] (25℃)	10^{12}～10^{13}	10^{14}～10^{15}	10^{14}～10^{15}	10^{15}～10^{16}	10^{15}～10^{16}
絶縁破壊強度 [kV/cm]*	100	80～160	80～120	100～160	140
圧縮強さ [MPa]	390～540	550～620	590	>2,000	1,370
引張強さ [MPa]	30～50	58～69	69	230～250	150
熱伝導率 [W/m・K]	0.84～2.1	2.1	3.4	17～29	240～255

＊商用周波電圧による値と推定される．

はSiO$_2$, Al$_2$O$_3$, K$_2$Oなどで，がいしやブッシングなどに用いられている．MgO，SiO$_2$が主成分のステアタイト磁器は誘電率が小さいので高周波用として利用されている．アルミナ磁器はAl$_2$O$_3$が主成分で1,800℃くらいの高温で焼結されたもので耐熱用として用いられている．

(5) 絶縁油の特性例

絶縁油は1880年代から電力ケーブル，コンデンサ，変圧器などの絶縁材料として用いられている．絶縁油を大別すれば，原油を蒸留して得られる鉱油と，アルキルベンゼン，ポリブテン，アルキルナフタレン，シリコン油などの合成油に分けられる．表2.10に主な絶縁油の特性を示す．

鉱油の組成は原油の種類と精製法により異なり，パラフィン系，ナフテン系，芳香族系などの種類がある．化学的成分はいずれも炭化水素である．アルキルベンゼンはベンゼン，ナフタレンなどのアルキル置換体で，ドデシルベンゼンが代表例である．高電界における絶縁特性が良好で，OFケーブル用の絶縁油として使用されている．ポリブテンは広い範囲の粘度のものがあり，パイプ型ケーブル，CVケーブルの終端接続部，コンデンサなどに利用されている．また，アルキルナフタレンはナフタレンのアルキル置換体でPCBの代替用材料としてコンデンサに用いられている．さらに，分子構造中にシロキサン結合（-Si-O-）を有するシリコン油は絶縁耐力が高く，燃えにくく，粘度の温度変化が小さい特徴を有してお

表 2.10　絶縁油の特性例（[6] 表 17）

絶縁油 JIS C 2320 特性	鉱油 1種1号	鉱油・アルキルベンゼン混合油 7種1号	アルキルベンゼン 2種1号	アルキルベンゼン 2種3号	ポリブテン 3種1号	ポリブテン 3種3号	アルキルナフタレン 4種1号	アルキルジフェニルエタン 5種	シリコン油 6種	リン酸エステル*2系難燃油 —
動粘度 [mm²/s]（40℃）	8.0	8.2	8.6	4.2	103	2,200	7.5	6.3	39	11
引火点 [℃]	134	134	132	138	170	180	150	150	300	158
流動点 [℃]	−32.5	−35	<−50	<−50	−17.5	−12.5	−47.5	−47.5	<−50	−37.5
比誘電率 (80℃)	2.18	2.18	2.18	2.17	2.15	2.17	2.47	2.50	2.53	4.50
誘電正接 [%]（80℃）	<0.01	<0.01	<0.01	<0.01	<0.01	<0.01	<0.01	<0.01	<0.01	0.8
体積抵抗率 [Ω·cm] (80℃)	3×10^{15}	$>5\times10^{15}$	$>5\times10^{15}$	$>5\times10^{15}$	$>5\times10^{15}$	$>5\times10^{15}$	$>5\times10^{15}$	$>5\times10^{15}$	$>5\times10^{15}$	1×10^{13}
破壊電圧 [kV]⁽*⁾ (2.5 mm)	75	75	80	80	65	60	80	80	65	65
可視ガス発生電圧 [kV] (1 mm)	46	46	55	56	39	38	70	71	43	65
焼熱性*1 (mm/s)	5.6	6.0	7.3	6.8	6.3	2.0	5.5	5.4	1.2	消炎

（*）絶縁油試験電極（2.5 mm 球間隙）を用いての値（商用周波電圧）．
*1：JIS C 2101，*2：TCP・ADE 混合油．

り，難燃性絶縁油として電気車両用変圧器などに用いられている．

（6） 主な熱可塑性樹脂の分子構造

高分子は単量体（モノマー）分子が数千，数万以上集まって結合した巨大分子であるが，単量体が鎖状につながった鎖状高分子では隣り合う分子間の相互作用が弱く，熱を加えると容易に変形し，高温下で分子が軟化する熱可塑性樹脂となる．熱可塑性樹脂は加工性，成型性に優れ，フィルムや成型体として広く利用されている．図 2.9 は主な熱可塑性樹脂の分子構造である．

（7） 主な熱可塑性樹脂の特性

表 2.11 が代表的な熱可塑性樹脂の特性である．絶縁材料として使用されている熱可塑性樹脂としてポリ塩化ビニル，ポリエチレン，ポリスチレン，ポリエチレンテレフタレートなどがあげられる．

ポリ塩化ビニルは化学的に安定で，燃えにくく，絶縁特性は良好であるが，塩素を含んでいるため誘電率，誘電正接が大きい．このため高電圧，高周波用の材料には不向きであるが，低圧電線の絶縁材料として広く使用されている．

ポリエチレンはエチレンの重合体であり，無極性で誘電率，誘電正接が小さく，しかも絶縁耐力も高いので電力ケーブルをはじめ絶縁材料として種々の用途に用いられている．ポリエチレンを架橋した架橋ポリエチレンはポリエチレンとほぼ同等の電気特性を示す．架橋によって耐熱変形性が向上し，融点を超える温度領域の絶縁破壊強さはポリエチレンに比べて高い．架橋ポリエチレンは架橋ポリエチレン絶縁電力ケーブル（CV ケーブル）の絶縁体材料として用いられている．

ポリスチレンは耐水性，耐酸性，耐アルカリ性，耐油性が大きく吸湿性が小さい．ただし，耐熱性はよくない．高周波における誘電正接が小さいので，高周波回路向けの絶縁材料として用いられている．ポリエチレンテレフタレートは PET として知られており，耐熱性に富んでおり，引張強さが大きく絶縁フィルムとして利用されている．

（8） 熱硬化性樹脂の特性

表 2.12 が熱硬化性樹脂の特性である．熱硬化性樹脂は加熱に伴って化学反応を生じ，緻密でかたい物質となる有機材料で，フェノール樹脂やエポキシ樹脂が代表的な熱硬化性樹脂である．機械的強さが大きく，化学的に安定で，耐熱性に優れているが，吸湿性があって，誘電体損が大きい．フェノール樹脂はフェノール類とアルデヒド類の縮重合反応によって得られる熱硬化性樹脂で，ベークライトと呼ばれている．絶縁抵抗が小さく，

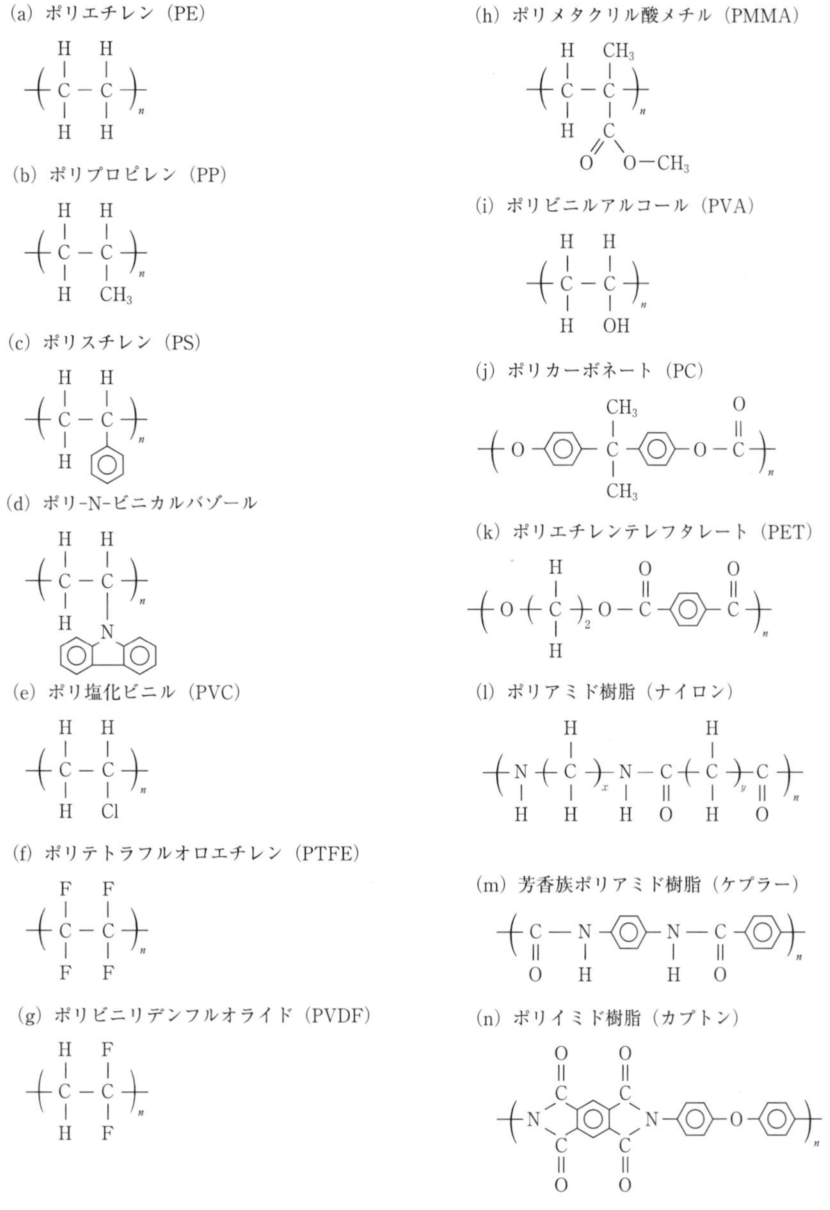

(a) ポリエチレン (PE)
(b) ポリプロピレン (PP)
(c) ポリスチレン (PS)
(d) ポリ-N-ビニルカルバゾール
(e) ポリ塩化ビニル (PVC)
(f) ポリテトラフルオロエチレン (PTFE)
(g) ポリビニリデンフルオライド (PVDF)
(h) ポリメタクリル酸メチル (PMMA)
(i) ポリビニルアルコール (PVA)
(j) ポリカーボネート (PC)
(k) ポリエチレンテレフタレート (PET)
(l) ポリアミド樹脂 (ナイロン)
(m) 芳香族ポリアミド樹脂 (ケブラー)
(n) ポリイミド樹脂 (カプトン)

図2.9 主な熱可塑性樹脂の分子構造（[1] 図2.26）

誘電正接が大きいが，絶縁耐力は高く絶縁板として広く利用されている．エポキシ樹脂はエピクロルヒドリンとビスフェノールの縮合反応によって得られる樹脂で，分子鎖の両端にエポキシ基 $\left(\begin{array}{c}O\\CH_2-CH-\end{array}\right)$ を有している．エポキシ樹脂の成型品はがいしやガス絶縁機器のスペーサ，ケーブル接続部の絶縁ユニットなどに使用されている．ガラス繊維をエポキシ樹脂に含浸させて硬化させたFRPは絶縁特性のよい複合材料で，高電圧電力機器の絶縁部品として利用されている．

（9）絶縁材料の劣化形態

図2.10は種々の要因によって生じる絶縁材料の劣化形態を示したものである．絶縁材料の劣化要因として電圧，熱，機械的ストレス，環境ストレスなどがあげられる．伝導電流や誘電体損によ

表 2.11 主な熱可塑性樹脂の特性（[2] 表 2.23）

性 質	ポリエチレン 低密度	ポリエチレン 高密度	ポリプロピレン	軟質塩化ビニル樹脂	ポリスチレン	PTFE
密度 [g/cm^3]	0.910～0.925	0.941～0.965	0.902～0.910	1.16～1.7	1.04～1.09	2.14～2.20
引張強さ [kg/mm^2]	0.4～1.6	2.1～3.9	3.0～3.9	0.7～2.5	3.5～8.5	1.4～3.5
線膨張係数 [10^{-5}/K]	10.0～22.0	11.0～13.0	5.8～10.2	7.0～25.0	6.0～8.0	10
耐熱性（連続）[℃]	82～100	122	107～127	65～79	65～77	260
融点 [℃]	108～126	126～136	164～170	—	—	—
抵抗率 [Ω·m]	>10^{14}	>10^{14}	>10^{14}	10^{12}～10^{13}	>10^{14}	>10^{16}
絶縁破壊の強さ（短時間 3.2 nm 厚）[kV/mm]	17～40	17～20	20～26	10～16	20～28	19
比誘電率 (60 Hz)	2.25～2.35	2.30～2.35	2.2～2.6	5.0～9.0	2.45～3.1	<2.1
誘電正接 [10^{-2} %]	<5	<5	<5	800～1,500	1～6	<2

表 2.12 熱硬化性樹脂の特性（[2] 表 2.22）

材料（充填剤）	密度 [g/cm^3]	引張強さ [kg/mm^3]	比誘電率 (60 Hz) (20℃)	誘電正接 [%] (60 Hz) (20℃)	絶縁破壊の強さ* [kV/mm] [厚さ 1/8 in]	抵抗率 [Ω·m] (20℃)	許容温度 [℃]（連続）
フェノール樹脂	1.25～1.30	5～6	5～6.5	6～10	12～16	10^9～10^{10}	120
エポキシ樹脂（ガラス繊維）	1.8～2.0	10～22	5.5	9	14	10^{13}	170
エポキシ樹脂	1.11～1.40	3～9	3.5～5.0	0.2～1	16～20	10^{12}～10^{15}	120
シリコン樹脂	—	—	2.8～3.1	0.7～1	22	10^{12}	200
シリコン樹脂（ガラス繊維）	1.60～2.0	3～3.6	3.3～5.2	0.4～3	8～16	10^{12}	300
不飽和ポリエステル繊維	1.10～1.46	4.5～9	3.0～4.4	0.3～3	15～20	10^{12}	60
不飽和ポリエステル樹脂（ガラス布）	1.50～2.1	22～36	4.1～5.5	1～4	14～20	10^{12}	150
メラミン樹脂（ガラス）	1.48	3.6～7	9～11	14～23	7～12	10^9	150
尿素樹脂（セルローズ）	1.47～1.52	4～9	7～9.5	3.5～4.3	12～16	10^{10}～10^{11}	80

＊商用周波電圧による値と推定される．

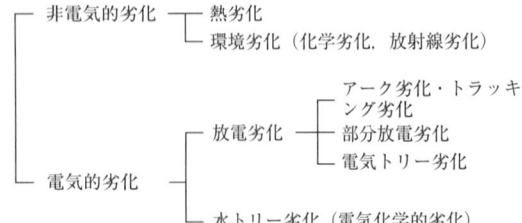

図 2.10 絶縁材料の劣化形態（[4] p.67, 表 4.1）

る発熱により材料の温度上昇が生じると，化学反応が促進され材料も変質する．また，高電界部の放電や機械的ストレスに伴う応力や振動も劣化の原因となる．屋外で使用される材料の場合，紫外線や有害な化学物質などの環境ストレスが劣化の原因となる．実際の機器ではいくつかの要因が複合して劣化が生じる場合が多い．

(10) CV ケーブル中の電気トリーと水トリー

図 2.11 は CV ケーブル中で検出された電気トリーと水トリーの例である．電気トリーと水トリーは CV ケーブルに生じる代表的な劣化である．電気トリーが生じると，短時間内に進展して絶縁破壊に至ることが知られている．電気トリー

2章　電気物性・電気材料・永久磁石

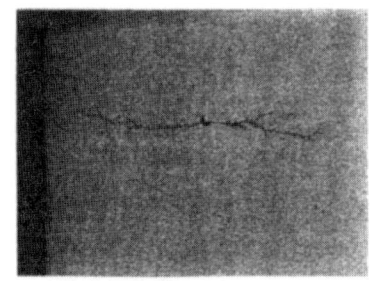

(a) 電気トリー

(b) 水トリー

図2.11　CVケーブル中の電気トリーと水トリー（[4] pp.71〜72, 図4.24, 4.25）

を防止するためには，ボイドや異物などの欠陥部を絶縁体中に生じないようにすることが重要である．

一方，水トリーは水に接する絶縁体の絶縁層と電極の界面や，絶縁体中のボイド，異物などに生じる劣化である．水トリー部には水分が検出され，乾燥すると消えるが，温水中で煮沸すると再び観察される．水トリーは電気トリーを誘発し，絶縁破壊させる要因となる．水トリーの発生を防ぐには，絶縁体への水の侵入を防ぐため，外装を遮水構造にしたり，導体を水密構造にする方法が有効である．

2.4　磁性材料
(1)　変圧器における鉄心材料の変遷

変圧器に用いられている鉄心材料の変遷の例を表2.13に示す．鉄心材料には高透磁率材料であるケイ素鋼板が使用されているが，ケイ素鋼板は表2.13に示すように，時代とともに新しい材料が開発され，無方向性ケイ素鋼板から方向性ケイ

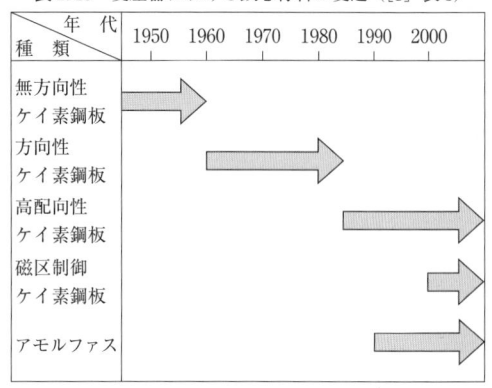

表2.13　変圧器における鉄心材料の変遷（[8] 表3）

素鋼板，高配向性ケイ素鋼板，磁区制御ケイ素鋼板へと順次新しい材料が用いられ低損失化が図られてきた．

(2)　代表的な電磁鋼板の磁気特性

変圧器や回転機などの電磁気応用機器に用いられるケイ素鋼板は，電磁鋼板と総称されている．表2.14は無方向性電磁鋼板と方向性電磁鋼板の代表的磁気特性である．回転機鉄心のように磁束が鉄心のあらゆる方向に通る場合，磁気異方性の小さい材料が望ましく，回転機の鉄心材料として無方向性電磁鋼板が広く利用されている．一方，方向性ケイ素鋼板は冷間圧延によって結晶の方向を磁化容易軸である［100］にそろえたケイ素鋼板で，鉄損が少なく電力用変圧器に用いられている．

(3)　方向性電磁鋼板の低鉄損化技術

近年，図2.12に示すような技術により鉄損の低減を図った方向性電磁鋼板が開発されている．ケイ素鋼板の表面に存在する酸化層が鉄損増加の一因である．これを除去するために，焼鈍分離材として MgO の代わりに Al_2O_3 を用い，酸化層をつくらずピンニングサイトを除去する技術を採用した方向性電磁鋼板は，図に示すように，鉄損が 0.77[W/kg] から 0.66[W/kg] に減少し，さらに，表面還流磁区の除去や板厚の薄手化により，鉄損を 0.35[W/kg] にまで減少させることに成功している．

(4)　磁区細分化材料の特性

レーザ照射，プラズマ照射などの方法によって磁区幅を減少させる磁区細分化技術の開発により

表2.14 代表的な電磁鋼板の磁気特性 ([9] p.63, 表3.1)

種類	板厚 [mm]	JIS記号	抵抗率 10^{-8} [$\Omega\cdot$m]	密度 10^3 [kg/m^3]	鉄損 [W/kg] $W_{15/50}$	$W_{17/50}$	磁束密度 [T] B_{50}	B_8
無方向性	0.35	35 A 210	59	7.60	2.00	—	1.66	—
		35 A 440	39	7.70	3.41	—	1.70	—
	0.5	50 A 270	59	7.60	2.50	—	1.67	—
		50 A 1300	14	7.85	8.10	—	1.75	—
方向性	0.23	23 P 90	50	7.65	—	0.87	—	1.92
		23 G 110	50	7.65	—	1.06	—	1.85
	0.27	27 P 100	48	7.65	—	0.96	—	1.91
		27 G 120	48	7.65	—	1.15	—	1.85
	0.30	30 P 110	48	7.65	—	1.05	—	1.90
		30 G 130	48	7.65	—	1.25	—	1.84
	0.35	35 P 125	46	7.65	—	1.21	—	1.92
		35 G 145	48	7.65	—	1.39	—	1.84

$W_{15/50}$, $W_{17/50}$ は, 50 Hz 磁束正弦波励磁で, それぞれ $B=1.5$ T と 1.7 T における鉄損値を示す記号である.
B_{50}, B_8 は, それぞれ最大磁界 5,000 A/m と 800 A/m における磁束密度を示す記号である.

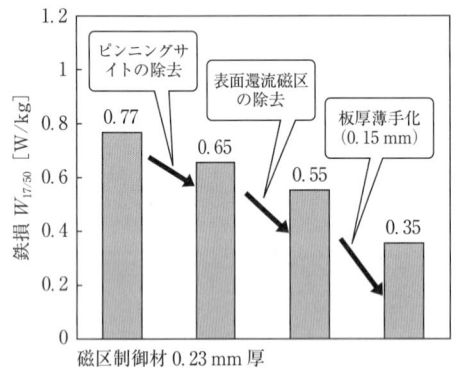

図2.12 方向性電磁鋼板の低鉄損化技術 ([10] 図2.1)

渦電流を減少させ, 鉄損を低減させた磁区細分化方向性電磁鋼板が開発されている. 表2.15 は耐熱化磁区細分化技術によって開発された方向性電磁鋼板の特性を示したものであるが, 磁区細分化を行わない電磁鋼板に比べ鉄損が減少していることがわかる.

(5) スピネル型フェライトの金属イオンの配置

図2.13 はスピネル型フェライトの単位胞の構造である. スピネル型フェライトの化学組成は $M^{2+}Fe_2^{3+}O_4^{2-}$ と表され, 8個の $M^{2+}Fe_2^{3+}O_4^{2-}$ で構成されている. O^{2-} の配置だけみると面心立方格子を形成しており, その隙間に M^{2+} と Fe^{3+} が位置している. M^{2+} と Fe^{3+} が入る位置には, 図2.13(b) のように4個のOに囲まれた位置と, 図2.13(c) のように6個のOに囲まれた位置が

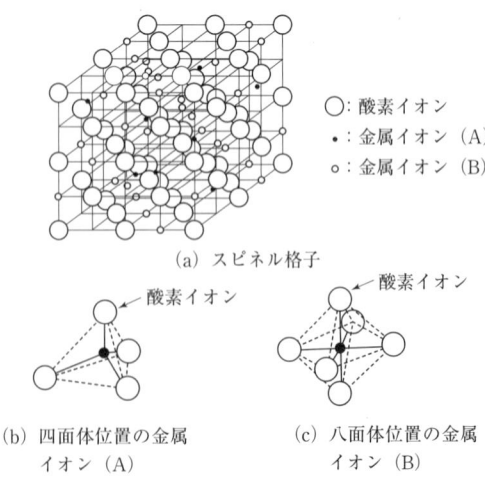

図2.13 スピネル型フェライトの金属イオンの配置 ([9] p.72, 図3.10)

表2.15 磁区細分化材料の特性 ([10] 表2.1)

鉄心材料	鋼板磁束密度 B_8 [T]	鋼板鉄損 $W_{17/50}$ [W/kg]	鉄心鉄損 1.7 T, 50 Hz [W/kg]
耐熱型磁区細分化材	1.90	0.782	0.793
非磁区細分化材	1.93	0.892	0.911

(6) スピネルフェライトの電気・磁気特性

表 2.16 はスピネルフェライトの電気・磁気特性である．$CoFe_2O_4$ の結晶異方性定数と飽和磁歪定数が大きいのは Co の軌道角運動量が残っているためと説明されている．また，$FeFe_2O_4$ の抵抗率が極端に低いのは Fe^{2+} と Fe^{3+} の間で電子の移動が起こるためと考えられている．

(7) Fe 系アモルファス合金の磁化曲線

図 2.14 は Fe 系アモルファス合金の磁化曲線をケイ素鋼板の磁化曲線と比較したものである．アモルファス磁性合金は Fe, Co, Ni などの強磁性体金属と B, P, Si, C などの半金属の合金，あるいは強磁性体金属と Ti, Zr, Hf の合金で，Fe, Co, Ni の含有率を変えることにより様々な磁性を選択できる．Fe の含有量が増すと磁束密度は増加するが鉄損も増加する．

(8) 代表的な Fe 系，および Co 系アモルファス材料の磁気特性と諸物性

表 2.17 は Fe 系アモルファス材料と Co 系アモルファス材料の磁気特性を示したものである．Fe 系アモルファス材料は Co 系アモルファス材料に比べて飽和磁束密度，保磁力，残留磁束密度がいずれも大きいことがわかる．〔關井康雄〕

表 2.16 スピネルフェライトの電気・磁気特性（[9] p.74, 表 3.3）

材料	異方性定数 K_1 ($\times 10^4 \text{J/m}^3$)	飽和磁歪 λ_S ($\times 10^{-6}$)	抵抗率 ρ [$\Omega \cdot$m]
$MnFe_2O_4$*	−0.4	−5	2.2×10^{-2}
$FeFe_2O_4$	−1.1	35	4.0×10^{-5}
$CoFe_2O_4$	26	−110	−
$NiFe_2O_4$	−0.7	−26	−
$CuFe_2O_4$**	−0.63	−10	−

* 逆スピネルの程度により異なる．
** 冷却速度により異なる．

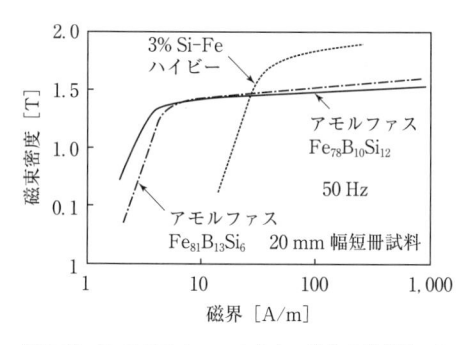

図 2.14 Fe 系アモルファス合金の磁化曲線（[9] p.81, 図 3.17）

参考文献

[1] 桜井良文・小西 進・松波弘之・吉野勝美：電気電子材料工学，電気学会（1997）
[2] 大木義路・石原好之・奥村次徳・山野芳昭：電気電子材料，電気学会（2006）
[3] 犬石嘉雄・川辺和夫・中島達二・家田正之：誘電体現象論，電気学会（1973）
[4] 關井康雄：電気材料，丸善（2001）
[5] 水谷照吉編著：インターユニバーシティ 電気・電子材料，オーム社（1997）
[6] 電気学会編：電気工学ハンドブック（第 6 版），オーム社（2001）
[7] 河村達雄編：電気設備の診断技術，電気学会（1988）
[8] 小平 衛：新電気，60(8)：65-71（2006）
[9] 電気学会 マグネティックス技術委員会編：磁気工学の基礎と応用，コロナ社（1999）
[10] 電気学会技術報告第 921 号「電力用磁性材料とその有効利用，2. 新しい電力用磁性材料」（2003）

表 2.17 代表的な Fe 系，および Co 系アモルファス材料の磁気特性と諸物性（[9] p.81, 表 3.7）

	METGLAS-2605 TCA Fe-B-Si 系	METGLAS-2714 A Co-Fe-Ni-B-Si 系
飽和磁束密度 [T]	1.56	0.55
保磁力 [A/m]	2.4	0.24
残留磁束密度 [T]	1.3	0.45
初透磁率（$B=0.02$ T）	15,000	170,000
飽和磁歪定数	27×10^{-6}	$<1 \times 10^{-6}$
キュリー温度 [℃]	415	205
結晶化温度 [℃]	550	550
密度 [kg/m^3]	7.18×10^3	7.59×10^3
硬さ [Hv]	860	960
抵抗率 [$\mu\Omega \cdot$m]	1.37	1.42

2.5 永久磁石材料
(1) アルニコ磁石

表 2.18 アルニコ磁石 ([1] 表 4, 13, [3] p.317, Table A.2.2)

(a) 磁気特性

JIS 簡易名称	等方性,異方性	製造法	JISコード番号	最大エネルギー積 $(BH)_{max}$[kJ/m³] 最小	公称	残留磁束密度 B_r[mT] 最小	公称	保磁力 H_{cB}[kA/m] 最小	公称	保磁力 H_{cJ}[kA/m] 最小	公称	リコイル透磁率 μ_{rec}	密度 ρ [10^3 kg/m³]
AlNiCo 9/5	等方性	鋳造または焼結	R1-0-1	9	13	550	600	44	52	47	55	7	6.8
AlNiCo 12/6			R1-0-2	11.6	15.6	630	680	52	60	55	63	7.5	7.0
AlNiCo 17/9			R1-0-3	17	21	580	630	80	88	86	94	7.5	7.1
AlNiCo 37/5	異方性	鋳造	R1-1-1	37	41	1,180	1,230	48	56	49	57	4	7.3
AlNiCo 38/11			R1-1-2	38	42	800	850	110	118	112	120	2	7.3
AlNiCo 44/5			R1-1-3	44	48	1,200	1,250	52	60	53	61	3	7.3
AlNiCo 60/11			R1-1-4	60	64	900	950	110	118	112	120	2	7.3
AlNiCo 36/15			R1-1-5	36	40	700	750	140	148	148	156	2	7.3
AlNiCo 58/5			R1-1-6	58	62	1,300	1,350	52	60	53	61	3	7.3
AlNiCo 72/12			R1-1-7	72	76	1,050	1,100	118	126	120	128	2	7.3
AlNiCo 34/5	異方性	焼結	R1-1-10	34	38	1,120	1,170	47	55	48	56	4	7.1
AlNiCo 26/6			R1-1-11	26	30	900	950	56	64	58	66	4.5	7.1
AlNiCo 31/11			R1-1-12	31	35	760	810	107	115	111	119	3	7.1
AlNiCo 33/15			R1-1-13	33	37	650	700	135	143	150	158	2	7.1

(b) 諸性質

キュリー点 T_c [K]	B_r の温度係数 $\alpha(B_r)$ [%/K]	H_{cJ} の温度係数 $\alpha(H_{cJ})$ [%/K]	最高使用温度 [K]	比抵抗 [10^{-8} Ω·m]	硬度 HRC	熱膨張係数 [10^{-6}/K]	組成 [%]
1,023~1,123	-0.02	+0.03~+0.07	823	44~68	43~68	11.0~12.4	Al：8~13, Ni：13~28, Co：0~42, Fe：残部, Cu：2~6, Ti：0~9, Si：0~0.8, Nb：0~3

(2) FeCrCo 磁石材料

表 2.19 FeCrCo 磁石材料 ([1]表 5, 15, 16, [2]p.44, 6.3表)

(a) 磁気特性

JIS 簡易名称	等方性,異方性	製造法	JISコード番号	最大エネルギー積 $(BH)_{max}$[kJ/m³] 最小	公称	残留磁束密度 B_r[mT] 最小	公称	保磁力 H_{cB}[kA/m] 最小	公称	保磁力 H_{cJ}[kA/m] 最小	公称	リコイル透磁率 μ_{rec}	密度 ρ [10^3 kg/m³]
CrFeCo 12/4	等方性	鋳造または焼結	R2-0-1	12	16	800	850	40	44	42	46	6	7.6
CrFeCo 10/3	等方性		R2-0-2	10	14	850	900	27	31	29	33	6	7.6
CrFeCo 28/5	異方性		R2-1-1	28	32	1,000	1,050	45	49	46	50	3.5	7.6
CrFeCo 30/4	異方性		R2-1-2	30	34	1,150	1,200	40	44	41	45	3.5	7.6
CrFeCo 35/5	異方性		R2-1-3	35	39	1,050	1,100	50	54	51	55	3.5	7.6
CrFeCo 44/5	異方性		R2-1-4	44	48	1,300	1,350	44	48	45	49	2.5	7.7
FeCoVCr 11/2	異方性	鋳造	R3-1-1	11	15	800	850	24	28	24	28	5	8.1

(b) 諸性質

材質	キュリー点 T_c [K]	B_r の温度係数 $\alpha(B_r)$ [%/K]	H_{cJ} の温度係数 $\alpha(H_{cJ})$ [%/K]	比抵抗 [10^{-8} Ω·m]	硬度 Hv	熱膨張係数 [10^{-6}/K]	組成 [%]
CrFeCo	893~913	-0.05~-0.03	-0.04	62~63	400~500	10~14	Co：7~25, Cr：25~35, Fe：残部 その他の成分 (Si, Ti, Mo, Al, V)：0.1~3
FeCoVCr	993	-0.01	-0	...	...	...	Fe：残部, Co：49~54, V+Cr：4~13

(3) ハードフェライト

表 2.20 ハードフェライト ([1] 表 8, 11.2.1, [3] p.319, Table A.2.4)

(a) 磁気特性

JIS 簡易名称	等方性,異方性	JIS コード番号	最大エネルギー積 $(BH)_{max}$ [kJ/m³] 最小	最大エネルギー積 公称	残留磁束密度 B_r [mT] 最小	残留磁束密度 公称	保磁力 H_{cB} [kA/m] 最小	保磁力 公称	保磁力 H_{cJ} [kA/m] 最小	保磁力 公称	リコイル透磁率 μ_{rec}	密度 ρ [10³ kg/m³]
Hard ferrite 7/21	等方性	S1-0-1	6.5	8.5	190	220	125	149	210	234	1.2	4.9
Hard ferrite 20/19	異方性	S1-1-1	20	22	320	340	170	194	190	214	1.1	4.8
Hard ferrite 24/23	異方性	S1-1-2	24	26	350	370	215	239	230	254	1.1	4.8
Hard ferrite 25/14	異方性	S1-1-3	25	27	380	400	130	154	135	159	1.1	5.0
Hard ferrite 26/18	異方性	S1-1-4	26	28	370	390	175	199	180	204	1.1	5.0
Hard ferrite 22/30	異方性	S1-1-5	22	24	350	370	255	270	295	319	1.1	4.6
Hard ferrite 26/26	異方性	S1-1-6	26	28	370	390	230	274	260	284	1.1	4.7
Hard ferrite 29/22	異方性	S1-1-7	29	31	390	410	210	234	220	244	1.1	4.8
Hard ferrite 32/17	異方性	S1-1-8	32	34	410	430	160	184	165	189	1.1	4.9
Hard ferrite 32/25	異方性	S1-1-9	32	34	410	430	240	264	250	274	1.1	4.9
Hard ferrite 24/35	異方性	S1-1-10	24	26	360	380	260	275	350	374	1.1	4.8
Hard ferrite 29/15	異方性	S1-1-11	29	31	400	420	145	169	150	174	1.1	5.0
Hard ferrite 25/38	異方性	S1-1-12	25	27	380	400	275	290	380	404	1.1	4.95
Hard ferrite 31/30	異方性	S1-1-13	31	33	410	430	295	310	300	324	1.1	4.95
Hard ferrite 35/25	異方性	S1-1-14	35	37	430	450	245	269	250	274	1.1	4.95

(b) その他の諸性質

キュリー点 T_c [K]	B_r の温度係数 $\alpha(B_r)$ [%/K]	H_{cJ} の温度係数 $\alpha(H_{cJ})$ [%/K]	最高使用温度 [K]	比抵抗 [$10^{-8}\,\Omega\cdot$m]	熱膨張係数 [10^{-6}/K]	組成
723	-0.2	$+0.25 \sim +0.4$	523	10^{10}	10	$MO\cdot nFe_2O_3$, M=Ba または Sr $n=4.5\sim6.5$

(4) 希土類コバルト磁石

表 2.21 希土類コバルト磁石 ([1] 表 6, 19, [3] p.320, Table A.2.6)

(a) 磁気特性

JIS 簡易名称	等方性,異方性	材質,製造法	JIS コード番号	最大エネルギー積 $(BH)_{max}$ [kJ/m³] 最小	最大エネルギー積 公称	残留磁束密度 B_r [mT] 最小	残留磁束密度 公称	保磁力 H_{cB} [kA/m] 最小	保磁力 公称	保磁力 H_{cJ} [kA/m] 最小	保磁力 公称	リコイル透磁率 μ_{rec}	密度 ρ [10³ kg/m³]
RECo 140/120	異方性	RECo₅, 焼結	R4-1-1	140	156	860	890	600	680	1,200	1,360	1.05	8.3
RECo 160/120			R4-1-2	160	176	920	950	660	720	1,200	1,360		
RECo 150/70			R4-1-3	150	166	900	930	600	670	700	860		
RECo 170/70			R4-1-4	170	186	930	960	600	700	700	860		
RECo 140/100		RE₂Co₁₇, 焼結	R4-1-10	140	156	900	930	620	670	1,000	1,160	1.1	8.4
RECo 160/70			R4-1-11	160	176	940	970	600	700	700	860		
RECo 180/100			R4-1-12	180	196	1,000	1,030	680	750	1,000	1,160		
RECo 200/70			R4-1-13	200	216	1,050	1,080	600	780	700	860		
RECo 220/70			R4-1-14	220	236	1,100	1,130	600	820	700	860		
RECo 180/150			R4-1-15	180	196	1,000	1,030	660	750	1,500	1,660		
RECo 200/150			R4-1-16	200	216	1,050	1,080	700	780	1,500	1,660		

(b) 諸性質

材質	キュリー点 T_c [K]	B_rの温度係数 $\alpha(B_r)$ [%/K]	H_{cJ}の温度係数 $\alpha(H_{cJ})$ [%/K]	最高使用温度 [K]	比抵抗 [$10^{-8}\Omega\cdot m$]	硬度 [H_RC]	熱膨張係数 [10^{-6}/K]	組成 [%]
RECo$_5$	993	−0.04	−0.3	523	55	53	6(∥), 13(⊥)	Sm:33〜35, Co:65〜67
RE$_2$Co$_{17}$	1,093	−0.03	−0.25	623	86	55	9(∥), 11(⊥)	Sm:24〜26, Co:48〜52, Fe:13〜18, Cu:4.5〜12, その他の元素:Zr, Hf, Ti

(5) 希土類鉄磁石

表2.22 希土類鉄磁石（[1] 表7, 20, [3] p.320, Table A.2.6）

(a) 磁気特性

JIS簡易名称	等方性, 異方性	JISコード番号	最大エネルギー積 $(BH)_{max}$[kJ/m^3] 最小	公称	残留磁束密度 B_r[mT] 最小	公称	保磁力 H_{cB}[kA/m] 最小	公称	保磁力 H_{cJ}[kA/m] 最小	公称	リコイル透磁率 μ_{rec}	密度 ρ [10^3 kg/m^3]
REFe 170/190	異方性	R5-1-1	170	186	980	1,030	700	730	1,900	2,060		
REFe 210/130		R5-1-2	210	226	1,060	1,110	790	820	1,300	1,460		
REFe 250/120		R5-1-3	250	266	1,130	1,180	840	900	1,200	1,360		
REFe 290/80		R5-1-4	290	306	1,230	1,280	700	920	800	960		
REFe 200/190		R5-1-5	200	216	1,060	1,110	760	840	1,900	2,060		
REFe 240/180		R5-1-6	240	256	1,160	1,210	840	920	1,800	1,960		
REFe 280/120		R5-1-7	280	296	1,240	1,290	900	980	1,200	1,360		
REFe 320/88		R5-1-8	320	336	1,310	1,360	800	1,000	880	1,040	1.05	7.5
REFe 210/240		R5-1-9	210	226	1,060	1,110	760	840	2,400	2,560		
REFe 240/200		R5-1-10	240	256	1,160	1,210	840	920	2,000	2,160		
REFe 310/130		R5-1-11	310	326	1,300	1,350	900	1,020	1,300	1,460		
REFe 320/90		R5-1-12	320	336	1,310	1,360	800	1,020	900	1,060		
REFe 250/240		R5-1-13	250	266	1,200	1,250	830	950	2,400	2,560		
REFe 260/200		R5-1-14	260	276	1,210	1,260	840	960	2,000	2,160		
REFe 340/130		R5-1-15	340	356	1,330	1,380	920	1,050	1,300	1,460		
REFe 360/90		R5-1-16	360	376	1,350	1,400	800	1,020	900	1,060		

(b) 諸性質

キュリー点 T_c [K]	B_rの温度係数 $\alpha(B_r)$ [%/K]	H_{cJ}の温度係数 $\alpha(H_{cJ})$ [%/K]	最高使用温度 [K]	比抵抗 [$10^{-8}\Omega\cdot m$]	硬度 HRC	熱膨張係数 [10^{-6}/K]	組成
583	−0.12〜−0.10	−0.60〜−0.45	動作点およびH_{cJ}によって決まる	150	58	3(∥), −5(⊥)	Nd:28〜35, Co:0〜15, Fe:残部, B:1〜2, その他の成分:Dy, V, Nb, Al, Ga

(6) 希土類ボンド磁石

表2.23 希土類ボンド磁石（[1] 表6, 7, 10, 11）

(a) 磁気特性

JIS簡易名称	等方性, 異方性	材質	JISコード番号	製造法	最大エネルギー積 $(BH)_{max}$ [kJ/m^3] 最小	公称	残留磁束密度 B_r [mT] 最小	公称	保磁力 H_{cB} [kA/m] 最小	公称	保磁力 H_{cJ} [kA/m] 最小	公称	リコイル透磁率 μ_{rec}	密度 ρ [10^3 kg/m^3]
RECo 20/60p	等方性	RECo$_5$ または RE$_2$Co$_{17}$	U2-0-20	射出成形	20	24	350	380	200	230	600	760	1.15	5.6
RECo 30/80p			U2-0-30	圧縮成形	30	34	430	460	300	330	800	960	1.15	6.8
RECo 40/60p	異方性		U2-1-20	射出成形	40	44	480	510	300	400	600	760	1.05	5.3
RECo 65/70p			U2-1-21		65	69	610	640	360	480	700	860	1.05	5.5
RECo 75/55p			U2-1-22		75	79	650	680	440	510	550	710	1.05	5.7
ReCo 110/75p			U2-1-30	圧縮成形	110	114	780	810	480	590	750	910	1.05	6.8
REFe 28/56p	等方性	REFeB	U3-0-20	射出成形	28	36	430	470	270	300	560	720	1.25	4.2
REFe 33/56p			U3-0-21		33	41	470	510	290	320	560	720	1.25	4.6
REFe 26/90p			U3-0-22		26	34	400	440	270	300	900	1,060	1.15	4.2
REFe 30/90p			U3-0-23		30	38	440	480	280	330	900	1,060	1.15	4.6
REFe 40/70p			U3-0-24		40	48	470	510	320	350	700	860	1.25	5.0
REFe 45/70p			U3-0-25		45	53	510	550	350	380	700	860	1.25	5.7
REFe 50/70p			U3-0-26		50	58	550	590	380	410	700	860	1.25	5.7
REFe 63/64p			U3-0-30	圧縮成形	63	71	630	670	360	420	640	800	1.25	5.8
REFe 53/95p			U3-0-31		53	61	560	600	350	410	950	1,110	1.15	5.8
REFe 82/68p			U3-0-32		82	90	700	740	500	540	680	840	1.25	6.2

(b) 諸性質

材質	キュリー点 T_c [K]	B_rの温度係数 $\alpha(B_r)$ [%/K]	H_{cJ}の温度係数 $\alpha(H_{cJ})$ [%/K]	最高使用温度 [K]
RECo$_5$	993	−0.04	−0.3	バインダーによって決まる
RE$_2$Co$_{17}$	1,093	−0.03	−0.25	
REFeB	583	−0.10〜−0.12	−0.45〜−0.60	

(7) フェライトボンド磁石

表2.24 フェライトボンド磁石（[1] 表8, 12）

(a) 磁気特性

JIS簡易名称	等方性, 異方性	JISコード番号	製造法	最大エネルギー積 $(BH)_{max}$ [kJ/m^3] 最小	公称	残留磁束密度 B_r [mT] 最小	公称	保磁力 H_{cB} [kA/m] 最小	公称	保磁力 H_{cJ} [kA/m] 最小	公称	リコイル透磁率 μ_{rec}	密度 ρ [10^3 kg/m^3]
Hard ferrite 3/16p	等方性	U4-0-10	押出法	3.2	4.0	130	140	85	97	160	176	1.15	3.8
Hard ferrite 1/18p		U4-0-20	射出成形	0.8	1.6	70	80	50	57	175	191	1.1	2.3
Hard ferrite 3/18p		U4-0-21		3.2	4.0	135	145	85	105	175	191	1.1	3.8
Hard ferrite 4/22p		U4-0-22		3.5	4.3	145	155	110	117	215	231	1.1	3.8
Hard ferrite 7/18p	異方性	U4-1-10	押出またはカレンダー	6.5	7.3	185	195	110	137	175	191	1.1	3.6
Hard ferrite 9/17p		U4-1-11		9	9.8	215	225	145	163	170	186	1.1	3.6
Hard ferrite 11/24p		U4-1-12		11	11.8	240	250	170	181	240	256	1.1	3.7
Hard ferrite 15/24p		U4-1-13		14.5	15.3	275	285	190	206	240	256	1.1	3.8
Hard ferrite 8/19p		U4-1-20	射出成形	7.5	8.3	210	220	120	160	185	201	1.1	3.2
Hard ferrite 12/23p		U4-1-21		12	12.8	250	260	170	194	230	246	1.1	3.5
Hard ferrite 15/21p		U4-1-22		15	15.8	280	290	180	215	210	226	1.1	3.7

(b) 諸性質

キュリー点 T_c [K]	B_r の温度係数 $\alpha(B_r)$ [%/K]	H_{cJ} の温度係数 $\alpha(H_{cJ})$ [%/K]	最高使用温度 [K]
723	−0.2	+0.25〜+0.4	バインダーによって決まる

(8) その他の永久磁石の磁気特性と諸性質

表 2.25 その他の永久磁石の磁気特性と諸性質（[3] p.321, Table A.2.7, A.2.8, [4] p.247, c, [7] p.294, 表 9.4）

(a) 磁気特性

材質	等方性,異方性	組成	製造	最大エネルギー積 $(BH)_{max}$ [kJ/m^3]	残留磁束密度 B_r [mT]	保磁力 H_{cB} [kA/m]	保磁力 H_{cJ} [kA/m]	密度 ρ [10^3 kg/m^3]
SmFeN ボンド	等方性	SmFe$_7$N	射出成形	72	750	440	700	5.0〜5.5
	等方性	SmFe$_7$N	圧縮成形	110	800	500	720	5.9〜6.3
SmFeN ボンド	異方性	Sm$_2$Fe$_{17}$N$_3$	射出成形	107	760	485	660	4.7〜4.9
ナノコンポジットボンド	等方性	Nd$_2$Fe$_{14}$B + Fe$_3$B	圧縮成形	80	710	440	620	6.1〜6.15
Pt-Co	異方性	…	鋳造ほか	72	600	370	…	11

(b) 諸性質

材質	キュリー点 T_c [K]	B_r の温度係数 $\alpha(B_r)$ [%/K]	H_{cJ} の温度係数 $\alpha(H_{cJ})$ [%/K]	最高使用温度 [K]	比抵抗 [10^{-8} Ω·m]	熱膨張係数 [10^{-6}/K]	硬度 HRC
SmFeN ボンド（等方性）	…	−0.034〜−0.07	−0.4	バインダーの耐熱性で変化する	…	…	…
SmFeN ボンド（異方性）	747	−0.07	−0.5		…	…	…
ナノコンポジットボンド	583（硬磁性層）	−0.05	−0.34		…	…	…
Pt-Co	753	…	…	623	28	11.4	26

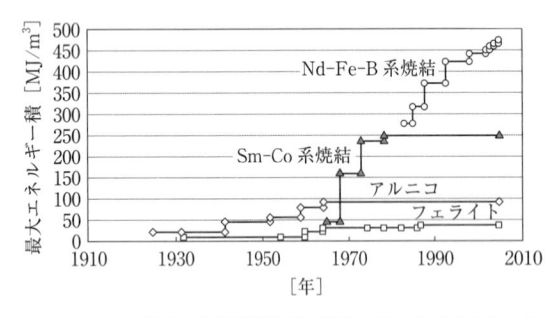

図 2.15 永久磁石の磁気特性推移（[5] p.85, 図 4.1 をもとに作成）

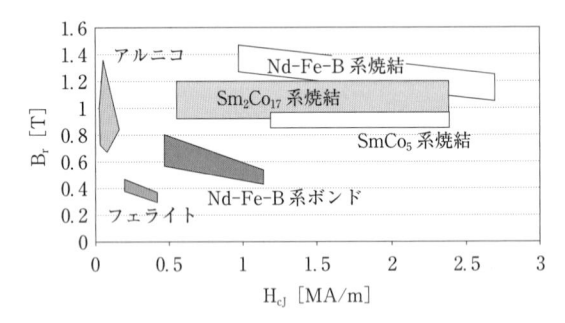

図 2.16 永久磁石の磁気特性分布（[6] p.15, Fig.4 をもとに作成）

〔徳 永 雅 亮〕

参 考 文 献

[1] 日本工業規格「JIS C 2502（1998）」
[2] 電気学会技術報告，第 729 号（1999）
[3] R.J. Parker：Advances in Permanent Magnetism, John Wiley & Sons（1990）
[4] 日本金属学会編：金属データブック，丸善（2004）
[5] 電気学会 マグネティックス技術委員会編：磁気工学の基礎と応用，コロナ社（1999）
[6] 日本応用磁気学会，第 85 回研究会資料（1994）
[7] 佐川真人・浜野正昭・平林 真編：永久磁石―材料科学と応用，アグネ技術センター（2007）

3章 放電プラズマ

3.1 動作気圧に基づいた放電プラズマの分類

各種応用に供されているプラズマの多くは気体の放電によって発生し、これは放電プラズマと呼ばれる。放電プラズマを動作圧力に着目して分類すると、気体圧力が大気圧あるいはそれに近い領域の大気圧プラズマと、気圧が 10 Torr 程度より低い低気圧プラズマに大別される。さらに前者の大気圧プラズマは相対的に大電流、低電圧で電離度の大きな熱平衡プラズマ、あるいは熱プラズマと、低電流、高電圧で電離度の低い非平衡プラズマ、あるいは非平衡プラズマに分類される。放電によるプラズマの発生は次の2段階よりなる。① 中性気体を絶縁破壊させて電離した気体（プラズマ）をつくる（放電開始、点火、着火）。② 電離した気体（プラズマ）に電気エネルギーを供給してその状態を維持する（定常放電プラズマ）。一般的には①と②の電気回路条件は大きく異なり、①においては高電圧回路、②においては電流制限回路が必要とされる。

(1) 代表的な放電プラズマにおける温度、密度、用途

プラズマ中の温度は非熱平衡状態において、成分によって異なる温度を保つことができる。特に大気圧非熱平衡プラズマおよび低気圧プラズマ（本質的に非熱平衡プラズマとなる）においては放電電流によって加熱される電子が、イオンおよび中性粒子に比べて非常に高い電子温度（T_e）を有する。電子温度は中性気体を電離するに十分に高いエネルギー成分（エネルギー分布の裾野）

表3.1 代表的な放電プラズマにおける温度、密度、用途

	T_g：気体温度 T_i：イオン温度 T_e：電子温度	n_e：電子密度	主な用途
大気圧熱プラズマ （熱平衡プラズマ）	$T_g \sim T_i \sim T_e$ 7,000〜2万 K	$10^{15} \sim 10^{18}$ cm^{-3}	排ガス処理 液体および水処理 固体廃棄物処理 プラズマセラミックコーティング プラズマ超微粒子製造 金属および無機材料の精製 プラズマ切断と溶接 燃料改質 医療応用
大気圧非熱平衡プラズマ	$T_e \gg T_i \sim T_g$ T_e：数万 K $T_g \sim T_i$：常温〜数千 K	$10^{10} \sim 10^{12}$ cm^{-3}	排ガス処理 水処理 燃料改質 燃焼コントロール 材料表面処理・改質とコーティング 超微粒子の生成 オゾン製造 表示（PDP）
低気圧プラズマ	$T_e \gg T_g \sim T_i$ T_e：数万 K $T_g \sim T_i$：常温〜数百℃	$10^9 \sim 10^{14}$ cm^{-3}	照明、気体レーザ 表面処理、改質・コーティング 各種半導体プロセシング（薄膜生成、エッチング、アッシング）

1 eV = 11,600 K.

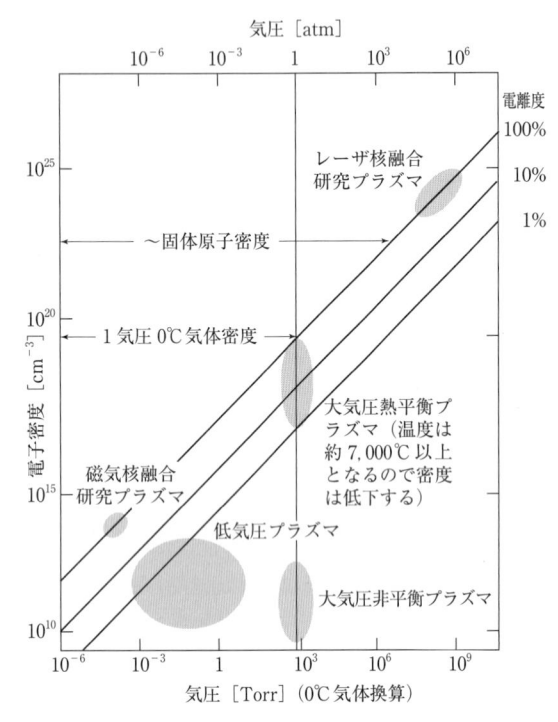

図 3.1 代表的放電プラズマの動作圧力領域

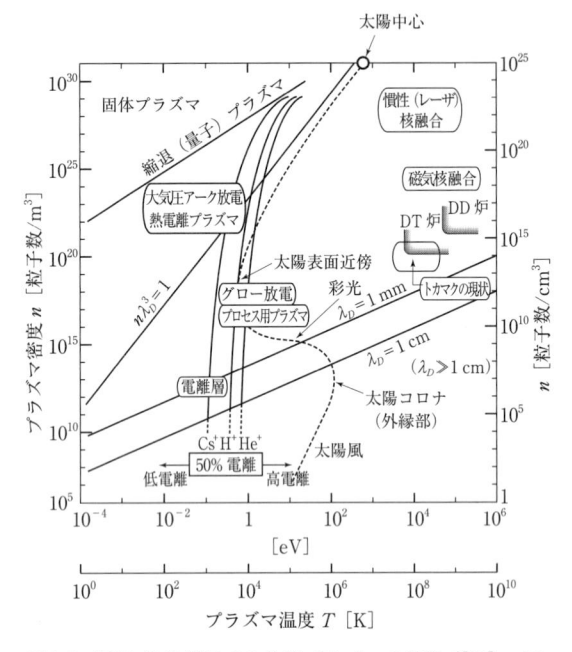

図 3.2 温度-密度線図での放電プラズマの分類 ([12] p.13, 図 1.5)
1 eV = 11,600 K.

を必要とするから，温度は数 eV 以上，絶対温度（ケルビン温度）で数万 K 以上を有する．

(2) 代表的放電プラズマの動作圧力領域

図 3.1 に各種放電プラズマの動作領域を示す．横軸は気体の圧力，縦軸は電子密度である．斜線は電離度を％で表したもので，不純物を含まない 1 価の電離を前提にしている．なお，磁気核融合プラズマは低密度領域にあるが，温度が 1 億 K 程度と非常に高くて完全電離状態にある．一方レーザ核融合研究プラズマは，固体に超強力レーザ光線を照射して数百倍以上の密度に圧縮するためにその密度が極端に高い．

3.2 温度-密度線図での放電プラズマの分類

図 3.2 に各種プラズマの存在領域を示す．縦軸は密度，横軸は温度である．図中のデバイ長は水素プラズマに対する値である．また電離度についての曲線は熱平衡プラズマの場合であって，非熱平衡放電プラズマには適用できない．

3.3 電子のエネルギー準位

(1) 電子の励起エネルギーと電離エネルギー

主な原子と分子に対する共鳴（共振）電圧，電離電圧，および準安定励起電圧を表 3.2 に示す．

(2) 気体の電離度

サハの式に基づいて計算された 1 気圧における電離度の温度依存性，および低気圧における電離度の温度依存性を図 3.3 に示す．

3.4 高周波バリヤ放電による大気圧非熱平衡プラズマの発生

高周波放電において誘電体（ガラス，セラミックスなど）を金属電極表面に設置して容量結合によって電極からの導電電流が直接プラズマに注入されないような構造とする．これをバリヤ構造と呼び，大気圧であってもコロナ放電に比して静かな放電であるため，無声放電（SD：silent discharge）あるいはバリヤ放電（BD：barrier discharge）と呼ばれる．

(1) 装置の原理図

金属電極の一方あるいは双方の表面を誘電体で

表3.2 主な原子と分子に対する共鳴（共振）電圧，電離電圧，および準安定状態のエネルギー（[3] p.34, 38, 第2.4表, 第2.5表）〔第1，第2および第3電離電圧の値〕

〔共振電圧 V_r および電離電圧 V_i に対応する光励起および光電離の波長 λ_r, λ_i〕

原子		原子番号	原子量	共振電圧 V_r	準安定励起電圧 V_m	第1電離電圧 V_{i_1}	第2電離電圧 V_{i_2}	第3電離電圧 V_{i_3}
希ガス	He	2	4.03	21.21	19.80	24.58	54.40	
	Ne	10	21.8	16.85	16.62	21.56	41.07	63.5
	Ar	18	39.4	11.61	11.55	15.76	27.6	40.9
	Kr	36	83.7	10.02	9.91	13.996	24.56	36.9
	Xe	54	130.2	8.45	8.32	12.127	21.2	32.1
通常の代表的ガス	H	1	1.008	10.198		13.595		
	H_2			11.2		15.6		
	N	7	14.008	10.3	2.38	14.54	29.60	47.43
	N_2			6.1	6.2	15.51		
	O	8	16.000	9.15	1.97	13.61	35.15	54.93
	O_2			〜5	1.0;1.8	15.51		
	CO		28.01	6.0		14.1		
	CO_2			10.0		14.4		
	NO		30.008	5.4		9.5		
金属蒸気	Li	3	6.940	1.85		5.390	75.62	122.4
	Na	11	23.00	2.1		5.138	47.29	71.8
	K	19	39.10	1.61		4.339	31.81	45.9
	Cs	55	132.9	1.39		3.893	25.1	34.6
	Ba	56	137.4	1.57	1.13	5.810	10.00	37±1
	Hg	80	200.6	4.886	4.667	10.434	18.751	34.2
	Cu			1.4		7.7		

	共振電圧 V_r に対応する λ_r [Å]	電離電圧 V_i に対応する λ_i [Å]
He	585	505
Ne	734	575
Ar	1,070	785
Kr	1,240	885
Xe	1,475	1,022
H_2	1,770	795
N_2	2,033	800
Li	6,707	2,298
Na	5,896	2,410
K	7,700	2,858
Cs	8,944	3,184
Hg	2,536	1,190
Cu	8,850	1,610

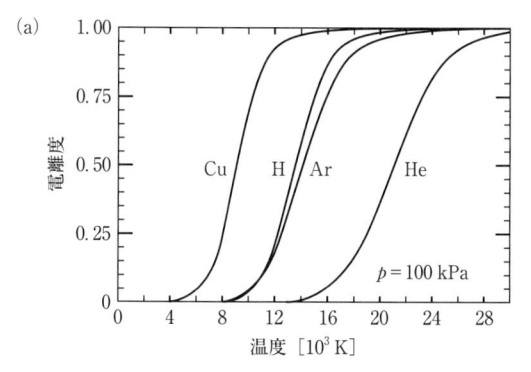

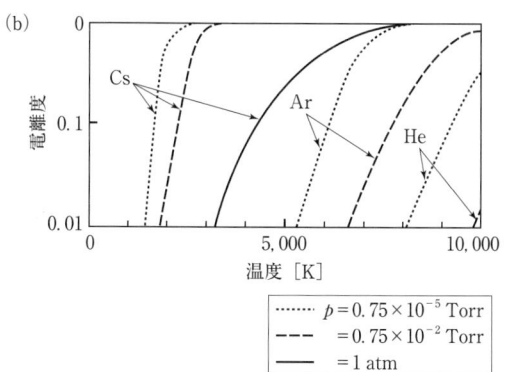

図3.3 サハの式に基づいて計算された1気圧における電離度の温度依存性（a），および低気圧における電離度の温度依存性（b）（[11] p.53, 図2.14，[14] p.90, 図2.40）

覆うと，高周波電流に対して電流が制限されて非平衡プラズマが発生する（図3.4）．

（2）放電形式の分類

通常は図3.5(a)のように電圧上昇時に時間的，空間的にランダムな電流パルスが生じる．しかし，気体の種類や周波数によっては，このようなランダムなパルス放電ではなくて一様な単一パルスの繰り返し放電が発生する．(b)は電圧波形に応じるような周期をもって低電流が流れるモードで「タウンゼント放電モード」とも呼ばれる．(c)は一瞬で大電流パルスが生じるモードである．これは陰極側の電子放出機構がグロー機構によると考えられるので大気圧グロー放電（APGD: atmospheric glow discharge）と呼ばれる．大気圧グロー放電は，図3.5に示す低気圧グロー放電と同様な陰極現象が，過渡的ではあるが大気圧において実現されたものと考えられており，電極面で電流は一様に放出される．大気圧グロー放電によって一様プラズマが発生できると，大気圧中でのプラスティックフィルムなどの高速表面処理が可能となる．

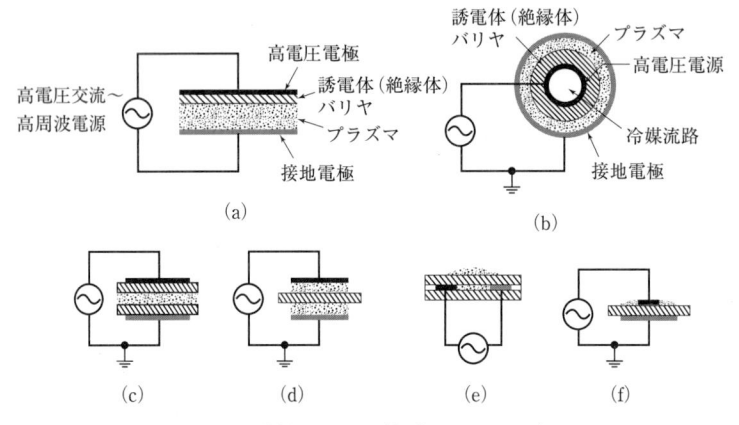

図 3.4 装置の原理図（[28] Figure 2.6.2）

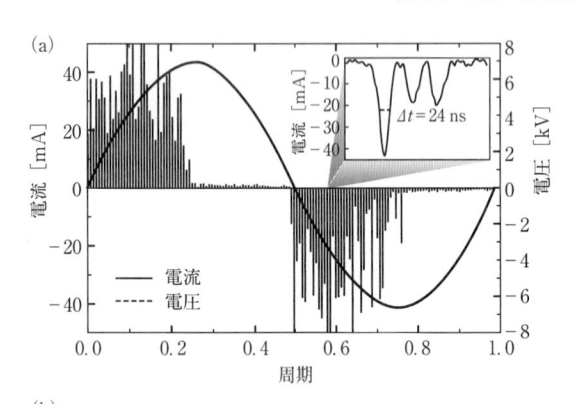

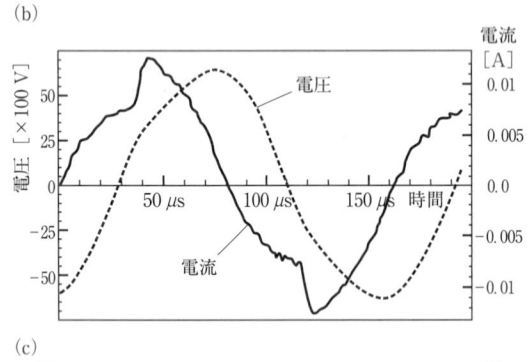

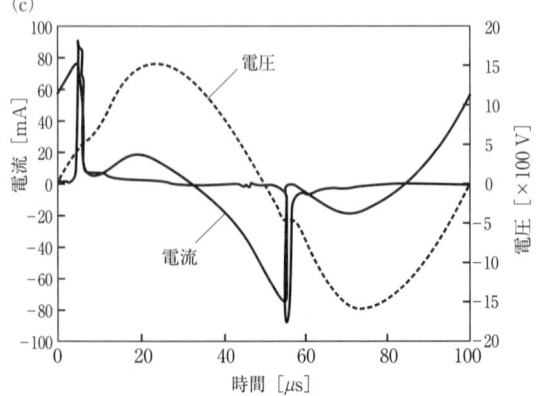

図 3.5 放電形式の分類（[30] Fig.7, [40], [41]）

3.5 低気圧における冷陰極を用いた直流放電（図 3.6）

直流低気圧放電は放電電流と電圧の関係において，グロー放電とアーク放電が代表的な放電形式である．両者は陰極からの電子放出の機構の違いによって区別される．すなわち，グロー放電の陰極領域においては，表面に向かって負の電位が増大する電位分布が形成されて，そこで加速されたイオンの衝撃によって二次電子放出が行われる．一方，アーク放電の陰極においては電流は局所にスポット状に集中し，電流密度が大きく陰極は赤熱されて熱電子放出によって電子が放出される．しかし，アーク放電では，アルミニウムのような低融点金属を陰極に用いた場合は，熱電子放出が起こるより低い温度で電極表面が溶解してプラズマが生成されるので，熱電子放出ではなくてプラズマよりの電界放出で電子放出が起こるといわれている．低気圧放電におけるアーク放電は別電源でフィラメント陰極を赤熱させて熱電子を放出させてアーク放電を起こすことが一般的である．蛍光灯などがその例である．

(1) 直流低気圧放電回路の原理，および，放電プラズマの電圧-電流特性と各領域の名称

グロー放電において電流を増やすと，陰極の二次電子放出領域が広がっていき，それが陰極全面を覆うようになると，電圧の上昇によって電流のさらなる増加に対応する．これが異常グロー領域である．プラズマ表示パネルの放電はこの異常グ

図3.7のように，陰極領域と陽光柱領域に分離される．

3.6 グロー放電陽光柱の物理

(1) プラズマと固体壁との界面におけるシースの生成

放電プラズマが放電容器である絶縁体表面と接している部分において，表面を通過する電流がゼロであるから，電子温度が高い場合には電子がより多く壁と衝突して付着する．そこで壁表面は負の電位（浮遊電位）となって，その界面にはイオンが集まる．そこで壁とプラズマ間にはイオンシースと呼ばれる分極構造が発生して，その内部においてイオンは加速され電子は反射され，両者の正負電流が等しくなるよう自動調整されてネットの電流はゼロとなる．そのときの壁を浮遊壁，その電位を浮遊電位（フローティング電位）と呼ぶ．低温プラズマにおいてイオンの温度は低く，このイオンシースに飛び込めるような運動エネルギーを自動的に形成する機構が必要である．そのためにプレシースという領域がイオンシースとプラズマの間に形成される．この状態を解析したものがボーム理論である．ここにおいてイオンはボーム速度 $u_B = \sqrt{kT_e/m_i}$ をもってシースに飛び込んでくる．

(2) 陽光柱プラズマ内部でのプラズマ維持の物理機構

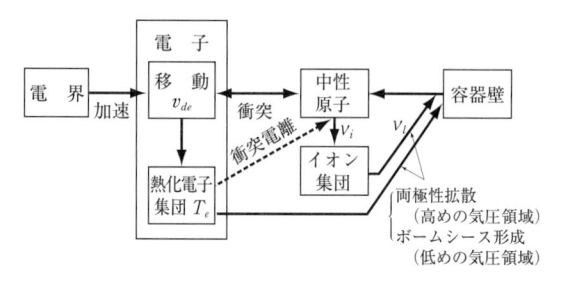

図3.8 陽光柱プラズマ内部でのプラズマ維持の物理機構（[7] p.139, 図8.7）

(3) 電子温度の（管径）×（気圧）依存性

水銀蒸気放電プラズマに対するデータを図3.9に示す．横軸の R は放電管半径，p は封入気体の圧力であり，電子温度は本質的に (Rp) 積によっ

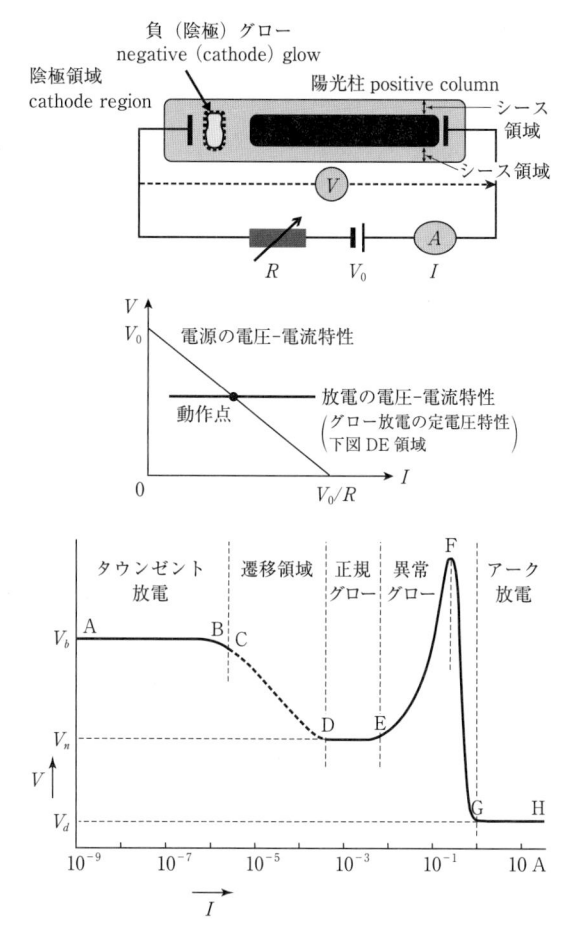

図3.6 直流低気圧放電回路の原理，および放電プラズマの電圧-電流特性と各領域の名称（[39] Fig.18）
V：放電電圧，I：放電電流，V_0：電源電圧，R：安定化抵抗．
安定化抵抗 R（バラスト抵抗あるいは電流制限抵抗）がないと放電は安定しない．

ロー領域を用いて陰極発光部のゆらぎを抑えている．

(2) 正規グロー放電における発光部の微細構造

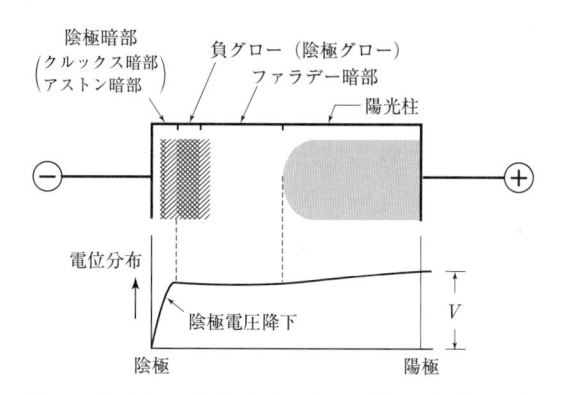

図3.7 正規グロー放電における発光部の構造（[39] Fig.19）

32   1. 基 礎 分 野

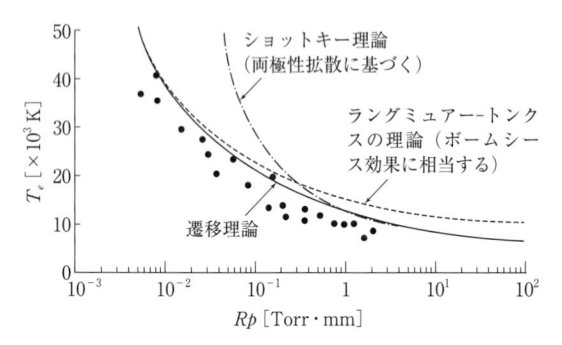

図 3.9 電子温度の管径と気圧依存性（[7] p.139, 図 8.8）

て決定され，放電電流に依存しない．

3.7 正規グロー放電の陰極領域の物理

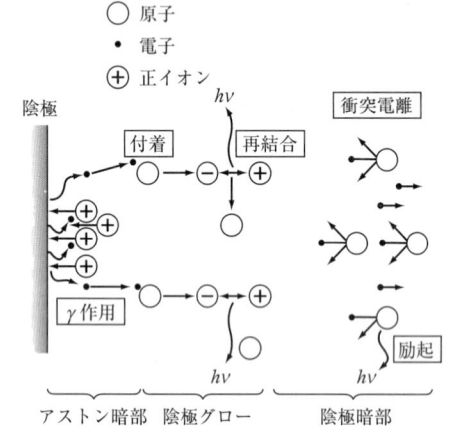

図 3.10 正規グロー陰極領域の電離過程と発光の機構（[34] p.167, 図 11.5）

正規グロー陰極領域の電離過程と発光の機構を図 3.10 に示す．

3.8 高周波放電プラズマの分類
(1) 放電装置の分類

1～100 MHz の高周波を電源とする放電プラズマ装置は放電管の構造と電力の注入方式によって図 3.11 のように分類される．電極やコイルはプラズマ容器の内部に設置される場合と外部に設置される場合がある．放電を開始するための回路条件と放電を維持するための回路条件は異なるために，整合調整用の可変の整合回路（MC: matching circuit）を必要とする．通常のプラズマ物理理論によるとプラズマ密度は遮断密度以上に

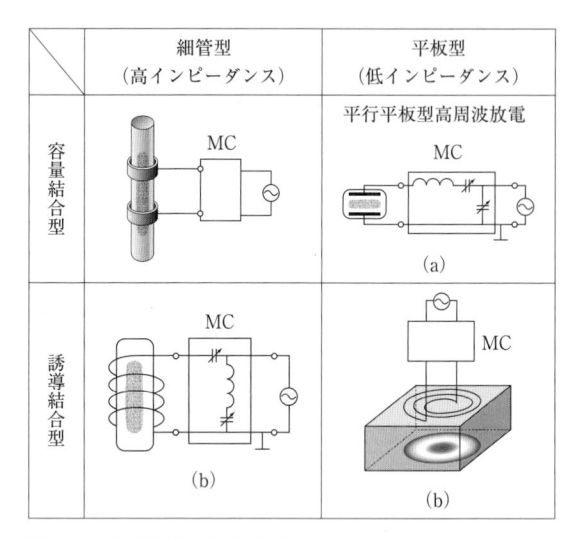

図 3.11 放電装置の分類（[24] Fig. 10.21, 10.22）
MC：整合回路．

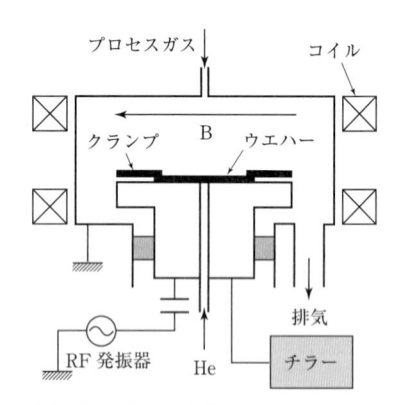

(a) 磁場励起型反応性イオンエッチング装置（MERIE）

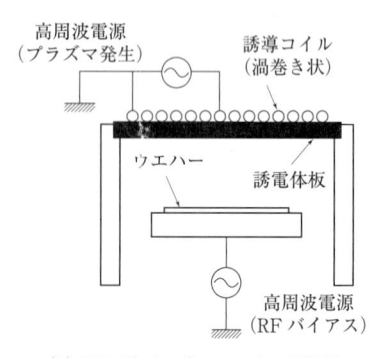

(b) ICP 形プラズマエッチング装置

図 3.12 平板型装置の具体的構造（[45] p.104, [46] 図 5.35, 5.36）
容量結合平行平板型（a），およびスパイラルアンテナ誘導結合型平板構造（b）．

は増大しないと考えられるが，実際には電力注入を増大させると密度は単調に増大して遮断密度の10～100倍にもなる．同様な遮断密度を超えるプラズマはGHz帯のマイクロ波放電によっても発生し，表面波プラズマと呼ばれている．

(2) 平板型装置の具体的構造

半導体集積回路製造用プラズマエッチング装置の代表例を図3.12に示す．平板状のウエハー（半導体基板）に対するもので平板型装置と呼ばれている．

3.9 電子サイクロトロン共鳴型および磁界効果型マイクロ波放電プラズマ

右回り円偏波は，磁力線に沿って遮断密度以上の高密度プラズマの内部を伝搬可能であり，非常に低い圧力のもとで高密度，高電子温度のプラズマを発生することができる．単純な説明では電子サイクロトロン共鳴（ECR）現象によってマイクロ波電力の効率よい吸収が起こるといわれるが，実際の半導体のエッチングなどに使用されるECRプラズマ装置においては共鳴領域が内部に存在しない高磁界領域が使用される．

(1) 放電装置の原理的構成

周波数2.45GHzに対する共鳴磁界は870Gである（図3.13）．

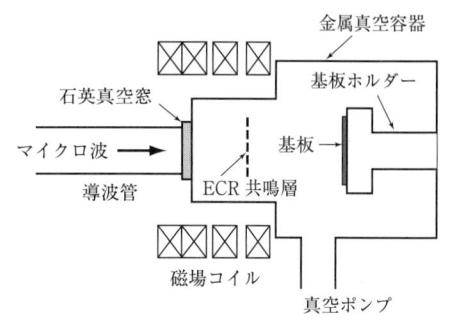

図3.13 放電装置の原理的構成
実用装置では共鳴層が内部に存在しない高磁界動作が一般的．

(2) 一様磁界の場合の電子密度の磁界依存性

共鳴磁界値では密度が低下する（図3.14）．さらに高磁界側においてはマイクロ波電力の増加に応じて密度は遮断密度を超えて増大する．

(3) ECR放電に関与する右回り円偏波に対する分散関係

遮断密度以上の高密度プラズマ内部を伝搬できる電磁波のモードは，アルフヴェーン波，ウィスラー波（ヘリコン波）が代表的なもので，それらは磁力線に対して右回り円偏波（R波）である（図3.15）．このモードの波によって高密度プラズマが発生すると考えられている．

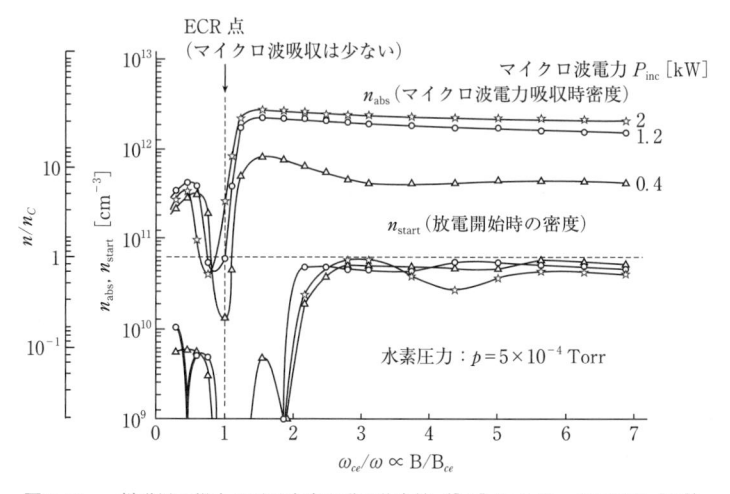

図3.14 一様磁界の場合の電子密度の磁界依存性（[22] 図5.90，原図出典 [43]）

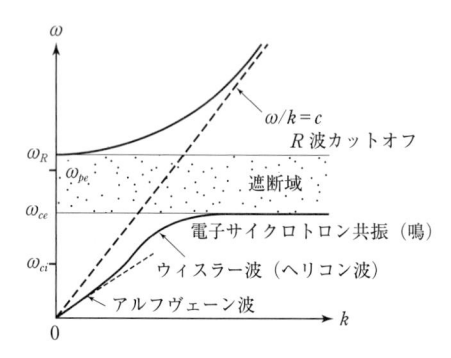

図 3.15 ECR 放電に関与する，右回り円偏波に対する分散関係

3.10 各種プラズマ計測法の分類と測定対象となるプラズマのパラメータ

表 3.3 に主な項目と評価をまとめておく．

〔桂井　誠〕

参考文献

[1] A. von Engel（山本賢三・奥田孝美訳）：（改訂）電離気体，コロナ社（1968）
[2] A. von Engel（山本賢三監訳）：プラズマ工学の基礎，オーム社（1985）
[3] 鳳　誠三郎・関口　忠・河野照哉：電離気体論，電気学会（1969）
[4] M. J. Druyvesteyn, and F. M. Penning（土手敏彦訳）：低気圧気体における放電現象，生産技術センター（1976）
[5] 岡田　実・荒田吉明：プラズマ工学，日刊工業新聞社（1965）
[6] W. G. Dow（森田　清ほか訳）：電子工学の基礎 I, II，共立出版（1956）
[7] 関口　忠編著：現代プラズマ理工学，オーム社（1979）
[8] 八田吉典：気体放電，近代科学社（1960）
[9] 武田　進：気体放電の基礎，東京電機大学出版局（1990）
[10] プラズマ・核融合学会編：プラズマの生成と診断，コロナ社（2004）
[11] 高村秀一：プラズマ理工学入門，森北出版（1997）
[12] 関口　忠：プラズマ工学，電気学会（1997）
[13] B. N. Chapman（岡本幸雄訳）：プラズマプロセシングの基礎，電気書院（1985）
[14] 堤井信力：プラズマ基礎工学，内田老鶴圃（1986）
[15] 堤井信力・小野　茂：プラズマ気相反応工学，内田

表 3.3　各種プラズマ計測法の分類と測定対象となるプラズマのパラメータ（[12] p.342, 表 14.1）

測定法	被測定量	電子密度 n_e	電子温度 T_e	イオン密度 n_i	イオン温度 T_i	密度揺動 $\tilde{n}$	水素原子密度 n_H	各種イオン密度	実効電荷数 z_eff	電界 E	空間電位 ϕ	磁界 B	プラズマ形状 (*)	プラズマ電流 I_p	プラズマ圧力 p	放射エネルギー束	核反応生成物	原子/分子	ラジカル密度	粒子速度関数
プローブ法	静電プローブ	★	★			★					★									
	高周波プローブ	★																		
	磁気プローブ											○	○	○	○					
電磁波計測	伝搬法／干渉計法	○																		
	ファラデー回転法											○								
	サイクロトロン放射計測		○													○				
	散乱計測	○	○		○	○														○
全放射エネルギー計測																○				
分光計測	可視・紫外・真空紫外分光	○			○		★○	★○	○									★	○	
	X線分光法	○	○		○			○	○									★		
	赤外レーザ吸収分光法																	★		
	レーザ誘起蛍光法						★○		★									★	★	
粒子計測法	粒子分析法			○				★										★	★○	
	核反応生成物測定			○													○			
ビームプローブ法	能動的高速中性粒子測定			○															○	
	重イオンビームプローブ法	○				○				○										
	ビームプローブ分光法	★	★		★		★○		○		○								○	

○印は高温プラズマに，また★印は低温弱電離プラズマまたは高温プラズマの周辺に存在するプラズマに適用される．
*：発光投影データからトモグラフィ技術を用いて像を再構成する方法もよく用いられる．

老鶴圃 (2000)
[16] 牛尾誠夫監修：熱プラズマ材料プロセシングの基礎と応用，信山社サイテック (1996)
[17] J. S. Chan, R. M. Hobson, 市川幸美, 金田輝男：電離気体の原子・分子過程，東京電機大学出版局 (1982)
[18] 市川幸美・佐々木敏明・堤井信力：プラズマ半導体プロセス工学，内田老鶴圃 (2003)
[19] 長田義仁編著：低温プラズマ材料化学，産業図書 (1994)
[20] 小林春洋：スパッタ薄膜－基礎と応用，日刊工業新聞社 (1993)
[21] 吉川昌範・大竹尚登：図解―気相合成ダイヤモンド，オーム社 (1995)
[22] 電気学会マイクロ波プラズマ調査専門委員会：マイクロ波プラズマの技術，オーム社 (2003)
[23] 電気学会プラズマを媒体とする素材表面改質処理プロセス技術調査専門委員会：プラズマを用いた素材の表面化異質技術，電気学会技術報告書，第914号 (2003)
[24] A. Fridman, and L. A. Kennedy：Plasma Physics and Engineering, Taylor & Francis (2004)
[25] I. H. Hutchinson：Principles of Plasma Diagnostics, 2nd edition, Cambridge University Press (2002)
[26] W. P. Allis, S. J. Buchsbaum, and A. Bers：Waves in Anisotropic Plasmas, N. I. T. Press (1963)
[27] F. F. Chen, and J. P. Chang：Lecture Notes on Pronciples of Plasma Processing, Kluwer Academic/Plenem Publishers (2003)
[28] K. H. Becker, U. Kogelschatz, K. H. Schoenbach, and R. J. Barker：Non-Equilibrium Air Plasmas at Atmospheric Pressure, Institute of Physics Publishing, Bristol and Philadelphia (2005)
[29] 田中正明・民田太一郎・八木重典：無声放電の応用と放電特性（オゾナイザ，CO_2レーザ，PDP），電気学会放電研究会資料，ED-00-186 (2000)
[30] J. Tepper, and M. Lindmayer：Investigation on Two Different Kinds of Homogeneous Barrier Discharges at Atmospheric Pressure, HAKONE VII International Symposium on High Pressure, Low Temperature Plasma Chemistry, September (2000)
[31] M. Kogama, and S. Okazaki：Raising of ozone formation efficiency in a homogeneous glow discharge plasma at atmospheric pressure, Journal of Physics D：Applied Physics, Vol. 27, pp. 1985-1987 (1994)
[32] R. Brandenburg, et al.：Diffuse dielectric barrier discharges in nitrogen-containing gas mixtures, ICPIG XXVI Vol. 4, pp. 45-46 (2003)
[33] 高木浩一・藤原民也・栃久保文嘉：大気圧グロー放電の発生と応用：2. 大気圧グロー放電の発生，プラズマ・核融合学会誌，Vol. 79, No. 10, pp. 1002-1008 (2003)
[34] 金田輝男：気体エレクトロニクス，コロナ社 (2003)
[35] 桂井 誠・堀 利浩：直交型冷陰極グロー放電のスパッタ特性，応用物理，Vol. 46, No. 1, p. 89 (1977)
[36] L. Odrobina, J. Kudela, and M. Kando：Plasma Source Science Technology, Vol. 7, p. 238 (1998)
[37] J. Kudela, T. Terebessy, and M. Kando：Applied Physics Letters, Vol. 76, p. 1249 (2000)
[38] 桂井 誠・関口 忠：磁界効果を用いたマイクロ波励起イオンレーザの特性，電子通信学会論文誌，Vol. 54-B, No. 1, p. 8 (1971)
[39] F. M. Penning：Electrical Discharges in Gases, Philips Technical Library (1957)
[40] N. Gherardi, G. Gouda, E. Gat, A. Ricard, and F. Massines：Plasma Sources Science and Technology, Vol. 9, p. 340 (2000)
[41] M. Laroussi：IEEE Transaction of Plasma Science, Vol. 24, p. 1188 (1996)
[42] 柳田憲史・板垣敏文・桂井 誠：平板型表面波マイクロ波プラズマの放電特性に関する実験研究，電気学会論文誌 A，Vol. 121-A, No. 1, p. 44 (2001)
[43] J. Musil, and F. Zasek：Experimental study of the absorption for intense electromagnetic waves in a magnetoactive plasma, Research Report of Institute of Plasma Physics, Czechoslovak Academy of Science, IPPCZ-180, p. 16 (1973)
[44] M. I. Boulos, P. Fauchais, and E. Pfender：Thermal Plasma―Fundamenals and Applications―, Vol. 1, Plenum Press (1994)
[45] 米田：超 LSI 製造・試験装置ガイドブック，電子材料 1993年12月号別冊，工業調査会，p. 104 (1993)
[46] 前田和夫：はじめての半導体製造装置（ビギナーズブックス3），工業調査会 (1999)

4章 電気回路

4.1 線形集中定数回路
(1) 主な用語
a. 直流回路

直流電圧源，直流電流源，抵抗からなる回路．

b. 交流回路

正弦波電圧源，正弦波電流源，抵抗 R[Ω]，インダクタ L[H]，キャパシタ C[F]，相互誘導素子 M[H] からなる回路．

c. 交流回路における複素数表現

虚数単位 j ($j^2 = -1$) を用いて，電圧，電流などを複素数表現する．

電圧源の電圧：
$$\dot{E} = E\exp(j\phi) \quad \leftrightarrow \quad e = \sqrt{2}E\sin(\omega t + \phi)$$

電流源の電流：
$$\dot{J} = J\exp(j\phi) \quad \leftrightarrow \quad j = \sqrt{2}J\sin(\omega t + \phi)$$

抵抗の電圧・電流の関係：
$$V = RI \quad \leftrightarrow \quad v = Ri$$

インダクタの電圧と電流の関係：
$$\dot{V} = j\omega L \dot{I} \quad \leftrightarrow \quad v = L\frac{di}{dt}$$

キャパシタの電圧と電流の関係：
$$\dot{I} = j\omega C \dot{V} \quad \leftrightarrow \quad i = C\frac{dv}{dt}$$

d. 複素インピーダンスとインピーダンス

複素インピーダンス $\dot{Z}$ は，直流回路における抵抗に相当する．つまり，抵抗は R（実数），インダクタは $j\omega L$（虚数），キャパシタは $1/j\omega C$ ($= -j(1/\omega C)$)（虚数）となる．単位は Ω．インピーダンス Z は，複素インピーダンスの絶対値をいう．

e. 複素アドミタンスとアドミタンス

直流回路のコンダクタンスに相当する．つまり，抵抗のコンダクタンス G（実数），インダクタは $1/j\omega L$ ($= -j(1/\omega L)$)（虚数），キャパシタは $j\omega C$（虚数）となる．単位は S．アドミタンス Y は複素アドミタンス $\dot{Y}$ の絶対値である．

f. 進みと遅れ

電圧 $e = \sqrt{2}E\sin\omega t$ であるとき，電流 $i = \sqrt{2}I\sin(\omega t + \phi)$ であれば，$\phi \geq 0$ として，電流は電圧より進みであるという．$\phi \leq 0$ のとき，電流は電圧に対して遅れであるという．これを複素数で表現すると電圧 $\dot{E} = E$ と電流 $\dot{I} = I\exp(j\phi)$ となる．また，電圧より進み（遅れ）である電流を「進み（遅れ）電流である」という．以上は，電圧を基準にした表現である．電流を基準にした表現もある（電圧 $e = \sqrt{2}E\sin\omega t$ であるとき，電流 $i = \sqrt{2}I\sin(\omega t + \phi)$ であれば，$\phi \geq 0$ として，電圧は電流より遅れである）．電圧を基準にした表現が多い．

g. 実効値

$A\sin\omega t$ の実効値は
$$\sqrt{\frac{1}{T}\int_0^T (A\sin\omega t)^2 dt} = \frac{A}{\sqrt{2}}$$
で与えられる．ただし，T は周期である．

一般的に周期 T をもつ周期関数 $f(t)$ の実効値は
$$\sqrt{\frac{1}{T}\int_0^T f^2(t)\,dt}$$
で定義される．

h. 電力：瞬時電力，有効電力，皮相電力，力率

電圧が $e = \sqrt{2}E\sin(\omega t + \phi)$，電流が $i = \sqrt{2}I\sin(\omega t + \varphi)$ と与えられたとき，瞬時電力 p は次式で表される．
$$p = ei = EI\{\cos(\phi - \varphi) - \cos(2\omega t + \phi + \varphi)\}$$
瞬時電力の平均を平均電力，有効電力，または単に電力という．単位は W．上式中の EI を皮相電力という．単位は VA．また，上式中の $\cos(\phi - \varphi)$ を力率という．

i. 複素数による電力の表現：複素電力，無効電力

複素数で与えられた電圧（$\dot{E}$），電流（$\dot{I}$）に対

して，複素電力 ($\dot{P}$) は
$$\dot{P} \triangleq \dot{E}^* \dot{I} \triangleq P + jQ$$
または，
$$\dot{P} \triangleq \dot{E}\dot{I}^* \triangleq P + jQ$$
で与えられる．添え字*は共役複素数を示す．前者は電気回路で用いられる．後者は電力技術関係で用いられる．P は有効電力，Q は無効電力という．無効電力の単位は Var(volt ampere reactive) である．電圧に対して遅れている電流による無効電力を遅れ無効電力といい，進み電流に対しては進み無効電力という．

複素電力を示す前式において，Q が正（負）のとき，進み（遅れ）無効電力を示し，後式において，Q が正（負）のとき，遅れ（進み）無効電力を示す．

電力技術では無効電力が遅れの場合が多く，それが後式が採用される理由である．

(2) 素子の合成
a. 直列接続の合成インピーダンス
接続された複素インピーダンスの和（複素計算）となる．

b. 並列接続のアドミタンス
接続された複素アドミタンスの和（複素計算）．

c. 直並列回路
直列接続と並列接続を組み合わせてできる回路．

d. Y-Δ 変換（T-π 変換）
図 4.1 のような Y 回路と Δ 回路において，次式が成り立つとき端子 A, B, C からみた複素インピーダンス（複素アドミタンス）は等価である．

Y-Δ 変換
$$\dot{Z}_\alpha = \frac{\dot{Y}_a + \dot{Y}_b + \dot{Y}_c}{\dot{Y}_b \dot{Y}_c}, \quad \dot{Z}_\beta = \frac{\dot{Y}_a + \dot{Y}_b + \dot{Y}_c}{\dot{Y}_c \dot{Y}_a}$$
$$\dot{Z}_\gamma = \frac{\dot{Y}_a + \dot{Y}_b + \dot{Y}_c}{\dot{Y}_a \dot{Y}_b}$$

Δ-Y 変換
$$\dot{Y}_a = \frac{\dot{Z}_\alpha + \dot{Z}_\beta + \dot{Z}_\gamma}{\dot{Z}_\beta \dot{Z}_\gamma}, \quad \dot{Y}_b = \frac{\dot{Z}_\alpha + \dot{Z}_\beta + \dot{Z}_\gamma}{\dot{Z}_\gamma \dot{Z}_\alpha}$$
$$\dot{Y}_c = \frac{\dot{Z}_\alpha + \dot{Z}_\beta + \dot{Z}_\gamma}{\dot{Z}_\alpha \dot{Z}_\beta}$$

注意点として，Δ(π) 回路では複素インピーダンスによる表示，Y(T) 回路では複素アドミタンス表示をしている．これは変換公式を覚えやすいためである．

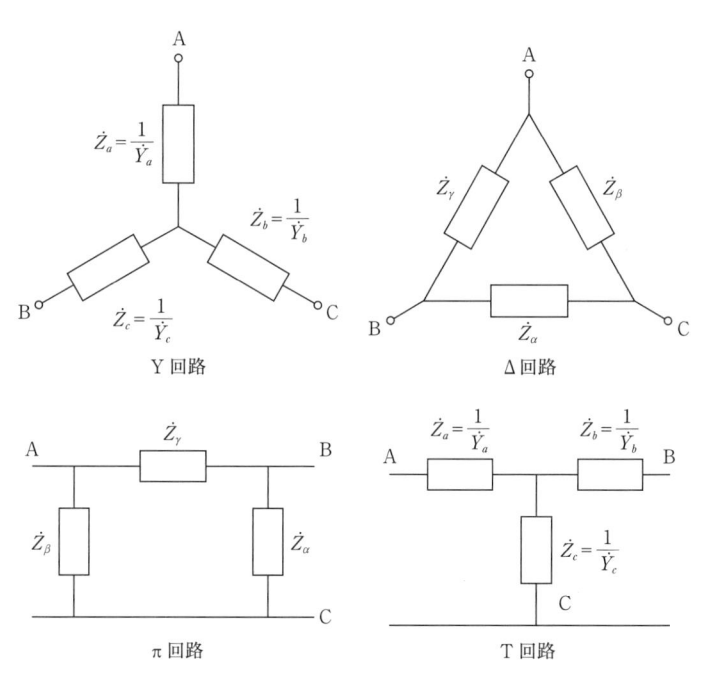

図 4.1 Δ(π)-Y(T) 変換

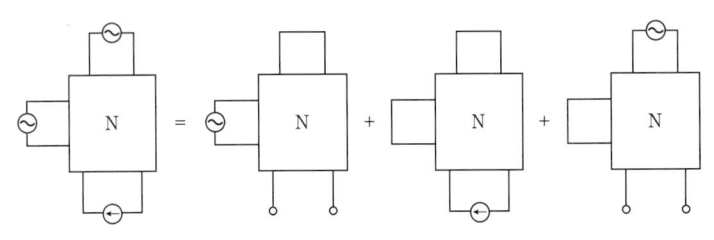

図 4.2　重ね合わせの理

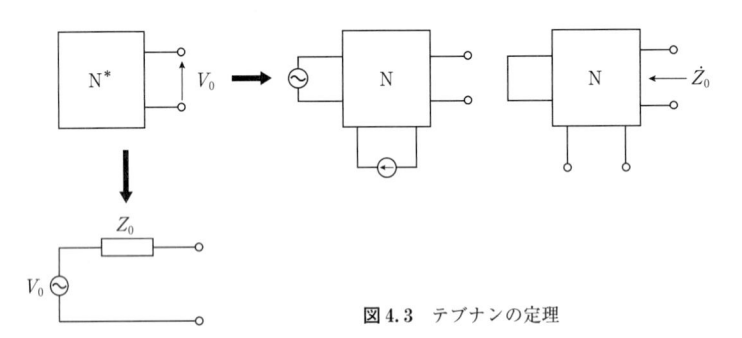

図 4.3　テブナンの定理

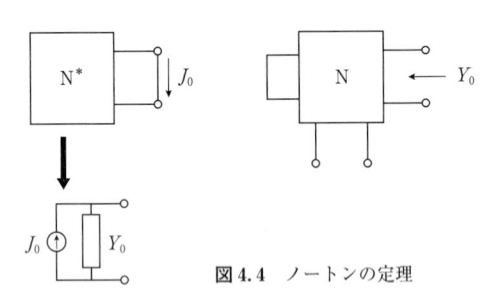

(3) 回路の諸定理
a. 重ね合わせの理
図4.2のように複数個の電源を含む回路を解くときに，1つの電源を残し，他の電源を除去した回路を解き，各回路で得られた電圧や電流の和をとると，もとの回路の電圧や電流となる．電源を除去するには，図のように電圧源は短絡除去，電流源は開放除去とする．

b. テブナンの定理
電源を含む回路の開放された2端子の電圧がV_0であり，電源を除去した端子からみたインピーダンスが$\dot{Z}_0$であるとき，端子からみた等価回路は，電圧V_0の電圧源に$\dot{Z}_0$のインピーダンスを直列接続した回路となる（図4.3）．これは電圧源等価回路とも呼ばれる．

c. ノートンの定理
電源を含む回路（N*）に短絡された2端子があり，その電流をJ_0とする．この回路の端子からみた等価回路は，N*から電源を除去（電圧源は短絡除去，電流源は開放除去）した回路Nの端子からみたアドミタンスY_0と電流がJ_0である電流源を並列接続した回路である（図4.4）．これは電流源等価回路とも呼ばれる．テブナンの定理の双対の定理である．

図 4.4　ノートンの定理

d. 補償の定理
電源を含む回路（N*）に短絡された2端子があり，その電流をJ_0とする．その端子にインピーダンスZを接続したときにもとの回路（N*）の電圧電流の変化分は，もとの回路の電源を除去（電圧源は短絡除去，電流源は開放除去）した回路N

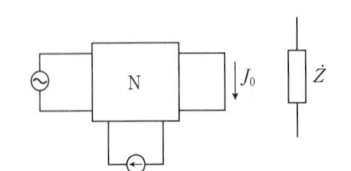

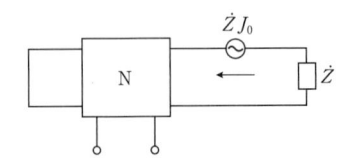

図 4.5　補償の定理

の端子に Z と直列に電圧源 ZJ_0（電圧の方向は J_0 と逆）を接続した回路の電圧電流である（図4.5）．

e. 補償の定理の双対定理

電源を含む回路（N*）に開放された2端子があり，その電圧を V_0 とする．その端子にアドミタンス Y を接続したときにもとの回路（N*）の電圧電流の変化分は，もとの回路の電源を除去（電圧源は短絡除去，電流源は開放除去）した回路 N の端子に Y と並列に電流源 YV_0（電流の方向は E_0 と逆）を接続した回路を接続した回路の電圧電流である（図4.6）．

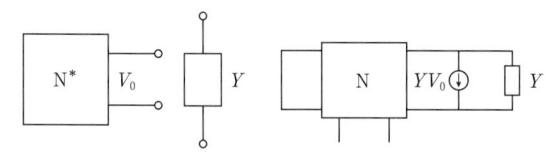

図4.6 補償の定理の双対定理

f. 相反定理

図4.7(a) のように電源を含まない回路 N に2端子対（4端子）があり，図4.7(b) のように一つの端子対 $(1, 1')$ に電圧源 E_1 を接続し，もう一つの端子対 $(2, 2')$ を短絡し，その電流を I_2 とする．また，図4.7(c) のように端子対 $(2, 2')$ に電圧源 E_2 を接続し，もう一つの端子対 $(1, 1')$ を短絡し，その電流を I_1 とする．このとき $E_1/I_2 = E_2/I_1$ が成立するとき，回路は相反回路と呼ぶ．

抵抗，インダクタ，キャパシタ，相互誘導素子を含む回路（すなわち一般的受動回路）は相反回路であることが知られている．受動回路において相反定理が成り立たない場合は，非相反素子であるジャイレータを含んでいる．

(4) 4端子回路（2端子対回路）

a. 行列による表現

図4.8のような2端子対回路の端子対 $(1, 1')$ と端子対 $(2, 2')$ の電圧電流を用いて次のような行列が定義されている．ただし，電圧，電流の方向に注意が必要である．

ⅰ) アドミッタンス行列：
$$\begin{bmatrix} I_1 \\ I_2 \end{bmatrix} = \begin{bmatrix} Y_{11} & Y_{12} \\ Y_{21} & Y_{22} \end{bmatrix} \begin{bmatrix} V_1 \\ V_2 \end{bmatrix}$$

相反回路において $Y_{12} = Y_{21}$．

ⅱ) インピーダンス行列：
$$\begin{bmatrix} V_1 \\ V_2 \end{bmatrix} = \begin{bmatrix} Z_{11} & Z_{12} \\ Z_{21} & Z_{22} \end{bmatrix} \begin{bmatrix} I_1 \\ I_2 \end{bmatrix}$$

相反回路において $Z_{12} = Z_{21}$．

ⅲ) ハイブリッド行列：2つのハイブリッド行列がある．

① H 行列
$$\begin{bmatrix} V_1 \\ I_2 \end{bmatrix} = \begin{bmatrix} H_{11} & H_{12} \\ H_{21} & H_{22} \end{bmatrix} \begin{bmatrix} I_1 \\ V_2 \end{bmatrix}$$

② G 行列
$$\begin{bmatrix} I_1 \\ V_2 \end{bmatrix} = \begin{bmatrix} G_{11} & G_{12} \\ G_{21} & G_{22} \end{bmatrix} \begin{bmatrix} V_1 \\ I_2 \end{bmatrix}$$

ⅳ) 4端子行列（図4.9）：このときの端子対 $(2, 2')$ の電流の方向に注意して
$$\begin{bmatrix} V_1 \\ I_1 \end{bmatrix} = \begin{bmatrix} A & B \\ C & D \end{bmatrix} \begin{bmatrix} V_2 \\ I_2 \end{bmatrix}$$

相反回路において $AD - BC = 1$．

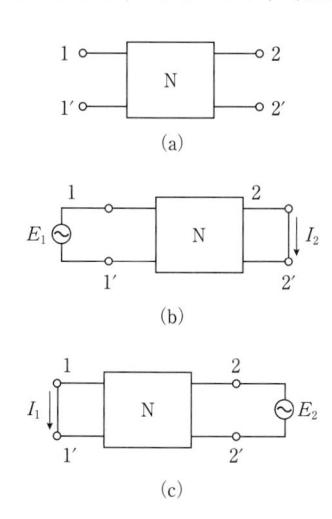

図4.7 相反定理

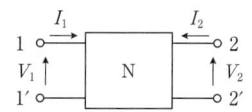

図4.8 アドミタンス行列，インピーダンス行列，ハイブリッド行列における電圧と電流

図4.9 4端子行列における電圧と電流

b. 4端子（2端子対）で定義された行列の相互の関係

4端子（2端子対）で定義された行列の相互の関係は図4.10で表される．ただし，

$$|Z| = Z_{11}Z_{22} - Z_{12}Z_{21}$$
$$|Y| = Y_{11}Y_{22} - Y_{12}Y_{21}$$
$$|H| = H_{11}H_{22} - H_{12}H_{21}$$
$$|G| = G_{11}G_{22} - G_{12}G_{21}$$
$$|F| = AD - BC$$

である．

(5) 共振回路

a. 共振回路

インダクタとキャパシタの直列または並列回路において，ある周波数でインピーダンスまたはアドミタンスがゼロとなる．これをそれぞれ直列共振回路または並列共振回路という．

b. 直列共振回路

実際のリアクトル（コイル）は損失を含むので，実際の直列共振回路は抵抗 R，インダクタ L，キャパシタ C の直列回路からなる（図4.11）．共振角周波数 ω_r は次式で表される（図4.12）．

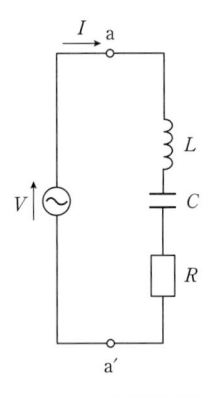

図4.11 直列共振回路

$$\omega_r = \frac{1}{\sqrt{LC}}$$

電圧 V の電圧源につながれたときの共振時のキャパシタ電圧 V_C とインダクタ電圧 V_L は

$$V_C = \frac{V}{j\omega_r CR}, \qquad V_L = \frac{j\omega_r L}{R}V$$

で表され，電圧拡大率 Q は次式で表される．

$$Q = \frac{\omega_r L}{R} = \frac{1}{\omega_r CR}$$

共振時の回路電流の $1/\sqrt{2}$ となる角周波数 ω_1，

	Z	Y	H	G	F
Z		$\begin{bmatrix} \dfrac{Y_{22}}{\|Y\|} & -\dfrac{Y_{12}}{\|Y\|} \\ -\dfrac{Y_{21}}{\|Y\|} & \dfrac{Y_{11}}{\|Y\|} \end{bmatrix}$	$\begin{bmatrix} \dfrac{\|H\|}{H_{22}} & \dfrac{H_{12}}{H_{22}} \\ -\dfrac{H_{21}}{H_{22}} & \dfrac{1}{H_{22}} \end{bmatrix}$	$\begin{bmatrix} \dfrac{1}{G_{11}} & -\dfrac{G_{12}}{G_{11}} \\ \dfrac{G_{21}}{G_{11}} & \dfrac{\|G\|}{G_{11}} \end{bmatrix}$	$\begin{bmatrix} \dfrac{A}{C} & \dfrac{\|F\|}{C} \\ \dfrac{1}{C} & \dfrac{D}{C} \end{bmatrix}$
Y	$\begin{bmatrix} \dfrac{Z_{22}}{\|Z\|} & -\dfrac{Z_{12}}{\|Z\|} \\ -\dfrac{Z_{21}}{\|Z\|} & \dfrac{Z_{11}}{\|Z\|} \end{bmatrix}$		$\begin{bmatrix} \dfrac{1}{H_{11}} & -\dfrac{H_{12}}{H_{11}} \\ \dfrac{H_{21}}{H_{11}} & \dfrac{\|H\|}{H_{11}} \end{bmatrix}$	$\begin{bmatrix} \dfrac{\|G\|}{G_{22}} & \dfrac{G_{12}}{G_{22}} \\ -\dfrac{G_{21}}{G_{22}} & \dfrac{1}{G_{22}} \end{bmatrix}$	$\begin{bmatrix} \dfrac{D}{B} & -\dfrac{\|F\|}{B} \\ -\dfrac{1}{B} & \dfrac{A}{B} \end{bmatrix}$
H	$\begin{bmatrix} \dfrac{\|Z\|}{Z_{22}} & \dfrac{Z_{12}}{Z_{22}} \\ -\dfrac{Z_{21}}{Z_{22}} & \dfrac{1}{Z_{22}} \end{bmatrix}$	$\begin{bmatrix} \dfrac{1}{Y_{11}} & -\dfrac{Y_{12}}{Y_{11}} \\ \dfrac{Y_{21}}{Y_{11}} & \dfrac{\|Y\|}{Y_{11}} \end{bmatrix}$		$\begin{bmatrix} \dfrac{G_{22}}{\|G\|} & -\dfrac{G_{12}}{\|G\|} \\ -\dfrac{G_{21}}{\|G\|} & \dfrac{G_{11}}{\|G\|} \end{bmatrix}$	$\begin{bmatrix} \dfrac{B}{D} & \dfrac{\|F\|}{D} \\ -\dfrac{1}{D} & \dfrac{C}{D} \end{bmatrix}$
G	$\begin{bmatrix} \dfrac{1}{Z_{11}} & -\dfrac{Z_{12}}{Z_{11}} \\ \dfrac{Z_{21}}{Z_{11}} & \dfrac{\|Z\|}{Z_{11}} \end{bmatrix}$	$\begin{bmatrix} \dfrac{\|Y\|}{Y_{22}} & \dfrac{Y_{12}}{Y_{22}} \\ -\dfrac{Y_{21}}{Y_{22}} & \dfrac{1}{Y_{22}} \end{bmatrix}$	$\begin{bmatrix} \dfrac{H_{22}}{\|H\|} & -\dfrac{H_{12}}{\|H\|} \\ -\dfrac{H_{21}}{\|H\|} & \dfrac{H_{11}}{\|H\|} \end{bmatrix}$		$\begin{bmatrix} \dfrac{C}{A} & -\dfrac{\|F\|}{A} \\ \dfrac{1}{A} & \dfrac{B}{A} \end{bmatrix}$
F	$\begin{bmatrix} \dfrac{Z_{11}}{Z_{21}} & \dfrac{\|Z\|}{Z_{21}} \\ \dfrac{1}{Z_{21}} & \dfrac{Z_{22}}{Z_{21}} \end{bmatrix}$	$\begin{bmatrix} -\dfrac{Y_{22}}{Y_{21}} & -\dfrac{1}{Y_{21}} \\ -\dfrac{\|Y\|}{Y_{21}} & -\dfrac{Y_{11}}{Y_{21}} \end{bmatrix}$	$\begin{bmatrix} -\dfrac{\|H\|}{H_{21}} & -\dfrac{H_{11}}{H_{21}} \\ -\dfrac{H_{22}}{H_{21}} & -\dfrac{1}{H_{21}} \end{bmatrix}$	$\begin{bmatrix} \dfrac{1}{G_{21}} & \dfrac{G_{22}}{G_{21}} \\ -\dfrac{G_{11}}{G_{21}} & -\dfrac{\|G\|}{G_{21}} \end{bmatrix}$	

図4.10

ω_2 ($\omega_2 > \omega_1$ とする) と共振角周波数 ω_r と Q の関係は次式で表される.

$$\frac{\omega_2 - \omega_1}{\omega_r} = Q$$

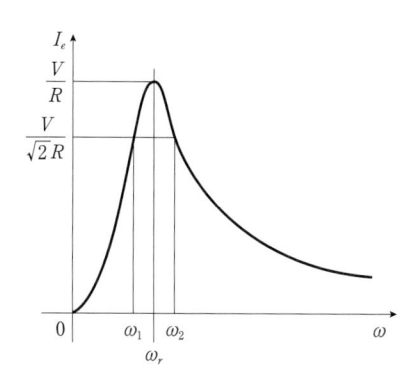

図 4.12 直列共振回路の周波数特性

c. 並列共振回路

インダクタとキャパシタの並列回路である. 実際はインダクタとしてリアクトル (コイル) を用いるので, 図 4.13 のような等価回路となる.

近似等価回路において, 複素アドミッタンスは

$$\dot{Y} = \frac{1}{R'} + j\left(\omega C - \frac{1}{\omega L}\right)$$

となるから, 共振角周波数 ω_r は

$$\omega_r = \frac{1}{\sqrt{LC}}$$

となる. 電圧 J の電圧源につながれたときの共振時のキャパシタ電流 I_C とインダクタ電流 I_L は, $G = 1/R'$ として

$$I_C = \frac{j\omega_r C J}{G}, \qquad I_L = \frac{J}{j\omega_r L G}$$

電流拡大率 Q は

$$Q = \frac{\omega_r C}{G} = \frac{1}{\omega_r L G}$$

となる.

共振時の回路電流の $1/\sqrt{2}$ となる角周波数 ω_1, ω_2 ($\omega_2 > \omega_1$ とする) と共振角周波数 ω_r と Q の関係は次式で表される.

$$\frac{\omega_2 - \omega_1}{\omega_r} = Q$$

以上のように, 直列共振回路と並列共振回路は双対の関係にある.

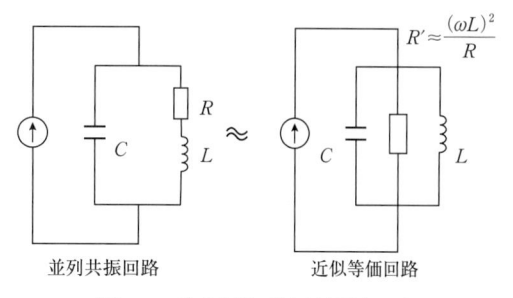

図 4.13 並列共振回路と近似等価回路

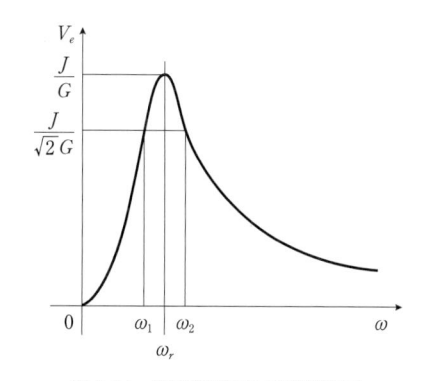

図 4.14 並列共振回路の周波数特性

(6) 回路の整合

a. 最大電力 (整合)

内部インピーダンス $z_0 = r_0 + jx_0$ を含む電源に負荷 $Z = R + jX$ が接続された場合 (図 4.15) の負荷の消費電力が最大になる条件について, R と X の組合せから次の 4 つの場合が考えられる.

① R と X がともに変化する場合
$$R = r_0, \qquad X = -x_0$$

② R のみが変化する場合
$$R = \sqrt{r_0^2 + (X + x_0)^2}$$

③ X のみが変化する場合
$$X = -x_0$$

④ X/R が一定で変化する場合 (理想変成器の変成比を変える)
$$\sqrt{R^2 + X^2} = \sqrt{r_0^2 + x_0^2}$$

負荷がアドミッタンス $Y = G + jB$ で与えられる場合 (図 4.16) は, 電源側をノートンの電流源等価回路に直して, 内部アドミッタンスを $y_0 = g_0 + jb_0$ として

① G と B がともに変化する場合
$$G = g_0, \qquad B = -b_0$$

② G のみが変化する場合
$$G = \sqrt{g_0^2 + (B+b_0)^2}$$
③ B のみが変化する場合
$$B = -b_0$$
④ B/G が一定で変化する場合（理想変成器の変成比を変える）
$$\sqrt{G^2 + B^2} = \sqrt{g_0^2 + b_0^2}$$

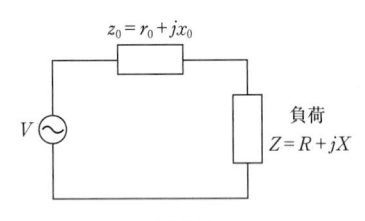

図 4.15

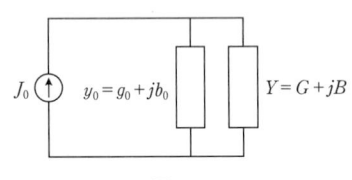

図 4.16

(7) ベクトル図とベクトル軌跡（円線図）

a. ベクトル図とは

複素数で与えられる電流，電圧，電力などの諸量を複素平面に描いたものである．フェーザ図とも呼ばれる．たとえば，抵抗とインダクタの直列回路の電圧電流が図 4.17 のように示される．

ベクトル図の応用例： 力率 0.8 の 200 kW の負荷に力率改善用のコンデンサ 50 kVA を挿入する（図 4.18）．

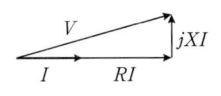

図 4.17 ベクトル図

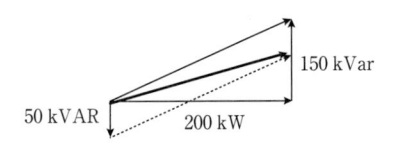

図 4.18 ベクトル図を応用した解析例

b. ベクトル軌跡（円線図）

回路素子の変化に対して，電流や電圧の変化を複素平面上に示す図である．

i) ベクトル軌跡の描き方： 例として，図 4.19（左）の回路で抵抗 R が変化したときの電流 I の変化を図 4.19（右）に示す．

ii) 作図方法：
① $R + jX$ を複素平面上に描く（直線）．
② 原点からこの直線に垂線を引き，その垂線上に直径 $1/X$ の円を描く（C_1）．
③ C_1 と実軸対称の円を描く（C_2）．
④ C_2 を V 倍する（C_3）．これが求めるベクトル軌跡である．図中の太線は，抵抗 R の変化範囲を示す．

c. 一般的なベクトル軌跡作図法

ベクトル軌跡 W_0 に対して，求めるべきベクト

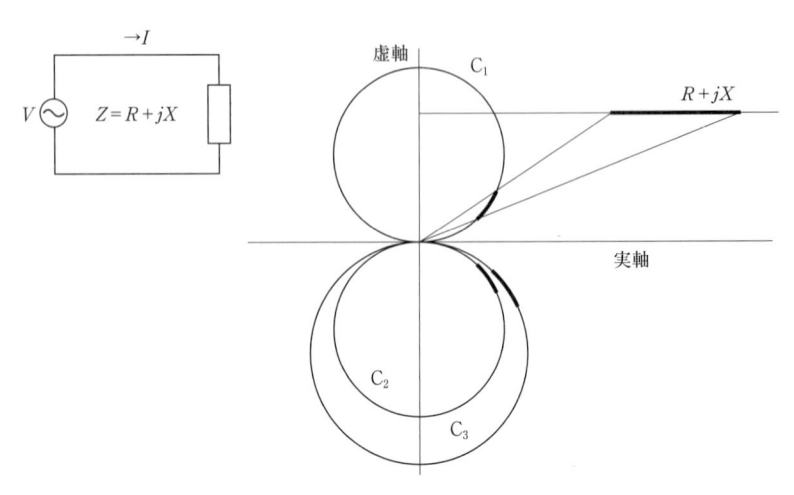

図 4.19 ベクトル軌跡の作図法

ル軌跡 W_1 は次の3つの操作を行うことで求まる.

① 平行移動：$W_1 = W_0 + C$ (C は複素数)

W_0 が円周（円弧）の場合は，その中心を C だけ移動させる．また，W_0 が直線の場合は，C だけ平行移動させる．

② 相似：$W_1 = W_0 C$ (C は複素数)

中心の座標を C 倍し，円の半径も $|C|$ 倍する．

③ 反転：$W_1 = 1/W_0$

a) W_0 が原点を通らない円周（円弧）の場合は，原点から W_0 の中心を通る直線と W_0 との交点（2点）に対応する W_1^* の点はその直線上にあり，その2点間を直径とする円が W_1^* であり，その実軸対称の円が W_1 である（図4.20）.

b) W_0 が原点を通る円の場合は原点から中心を通る直線と W_0 との交点（1点）に対応する W_1^* の点を求め，そこから直線に垂直な線上が W_1^* であり，その実軸対称な線が W_1 となる（図4.21）.

c) W_0 が直線の場合，原点から直線に垂線を引き，その交点に対応する W_1^* の点と原点を直径とする円が W_1^* であり，その実軸対称な線が W_1 となる．

(8) グラフと回路

a. グラフとは

電気回路と関係するグラフを扱う.

① グラフとは接続関係を示すものであり，節点と枝からなる．枝には矢印をつける（図4.22）.

② 連結グラフとはグラフの任意の節点が，他の任意の節点に枝を通じて接続されているグラフをいう．特に断らない限り，連結グラフを考える．

③ 閉路（タイセット）とはグラフの任意の接点からその接点への枝を介した道の枝集合をいう（図中の例：{1, 2, 3}）.

④ 木と補木：グラフの部分枝集合のグラフが接続グラフであり，そのグラフが閉路をもたないとき，その部分枝集合を木という．残りの枝集合を補木という（図中の例：木 {1, 2, 4}，補木 {3, 5}）.

⑤ 基本タイセットとは，補木の枝1つと木のいくつかの枝の閉路で枝最小のものをいう（図中の一例：{1, 2, 3}）.

⑥ 基本カットセットとは木の枝1つといくつかの補木の枝を除去するとグラフは，連結でなくなる．この枝最小集合をいう（図中の一例：{1, 3, 5}）.

⑦ 平面グラフとは枝を直線で描き，枝が交わることなく平面上に描くことができるグラフをいう（図のグラフは平面グラフ）.

b. グラフを表現する行列

電気回路と関係する行列を取り上げる.

i) インシデンス行列 $\vec{A}_a$： 行に接点，列に枝

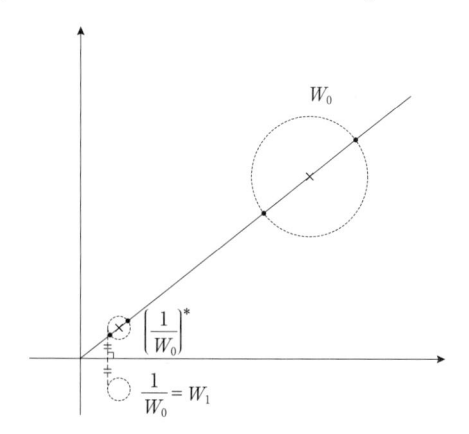

図4.20 反転（円から）

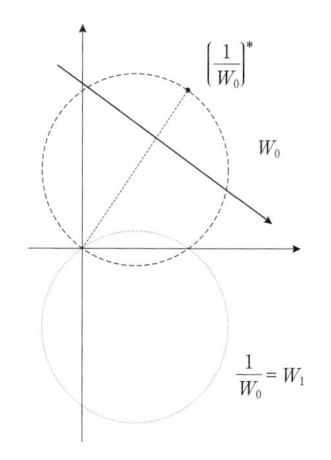

図4.21 反転（直線から）

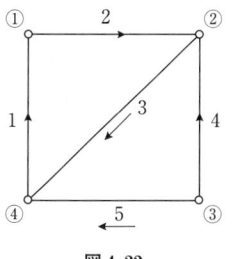

図4.22

を対応させた行列．枝の矢印の出る節点とその枝に関係する要素に1，入る節点とその枝に関係する要素に-1と記す．その他の要素は0である．したがって，ある列をみると1つの1と1つの-1と0からなる．図4.23〜4.27はわかりやすいよう枝，節点を記入し，0を空白で表現している．

ⅱ) 既約インシデンス行列 $\vec{A}$： インシデンス行列の任意の1行を除いた行列．

ⅲ) 網目行列 $\vec{M}$： 平面グラフを平面上に描いたとき，枝によって平面を分割することになる．行にその平面を対応させ，列に枝を対応させた行列を網目行列という．分割された平面の方向を時計回りとし，その方向と枝の矢印が一致したとき1とし，逆のとき-1とする．グラフの外の平面は考えない．既約インシデンス行列と同じような性質をもつ．

ⅳ) 基本タイセット行列 $\vec{B_f}$： 補木といくつかの木の枝からなる基本タイセットの行列表現．行に補木の枝を対応させ（すなわち基本タイセット）列に枝を対応させる．枝の順番を補木の枝を先にすると基本タイセット行列は，$\vec{B_f}=[\vec{1}\ \vec{F}]$の形に書くことができる．ただし $\vec{1}$ は単位行列である．

ⅴ) 基本カットセット行列 $\vec{Q_f}$： 木といくつかの補木の枝からなる基本カットセットの行列表現．行に木の枝を対応させ列に基本カットセットと同様な枝の順番に対応させると $\vec{Q_f}=[-\vec{F^t}\ \vec{1}]$ となることが知られている．ただし $\vec{F^t}$ は F の転置行列を表す．

c. グラフと回路解析

ⅰ) 節点解析： 電流源とアドミタンスで与えられる回路に対して，
$$\vec{A_A}Y\vec{A_A^t}\vec{v} = -\vec{A_J}\vec{J}$$
なる節点方程式が得られる．係数行列 $\vec{A_A}Y\vec{A_A^t}$ の対角要素は，対応する節点に関わるアドミタンスの総和，非対角要素は，対応する2つの節点に関わるアドミタンスの総和に負号をつけたものになる．電圧ベクトル $\vec{v}$ はインシデンス行列から既約インシデンス行列を求めるときに除去した節点に対する各節点の電圧を並べたベクトルである．電流ベクトル $-\vec{A_J}\vec{J}$ は対応する節点に接続している電流源の節点に流入する方向を正とする電流の総和である．$[\vec{A_J}\ \vec{A_A}]$ は既約インシデンス行列を電流源とアドミタンスに対応して，分解された行列である．

ⅱ) 網目解析： 電圧源とインピーダンスで与えられる回路に対して，
$$\vec{M_Z}Z\vec{M_Z^t}\vec{i} = -\vec{M_e}\vec{E}$$
なる網目方程式が得られる．この係数行列 $\vec{M_Z}Z\vec{M_Z^t}$ の対角要素は，対応する網目が関係するインピーダンスの総和，非対角要素は，関係する2つの網目に関わるインピーダンスの総和に負号をつけたものとなる．$\vec{i}$ は網目電流を並べた電流ベクトルであり，$-\vec{M_e}\vec{E}$ は，対応する網目に含まれる電圧源の電圧を網目と同方向を正とした和で与えられる．網目行列 $[\vec{M_Z}\ \vec{M_E}]$ を電圧源に対応するものとインピーダンスに対応するものに分けたものである．

ⅲ) タイセット解析・カットセット解析： 上述と同様にタイセット行列とカットセット行列を用いて，回路方程式が得られるが省略する．

（9） 状態変数と状態方程式

a. 状態変数

その変数の値が決まれば，その系のすべての値が決まるような変数．

b. 状態方程式

状態変数 $\vec{x}$ と外力 $\vec{u}$ によって

枝\節点	1	2	3	4	5
1	-1	1			
2		-1	1	-1	
3				1	1
4	1		-1		-1

図4.23

	1	2	3	4	5
1	-1	1			
2		-1	1	-1	
3				-1	-1

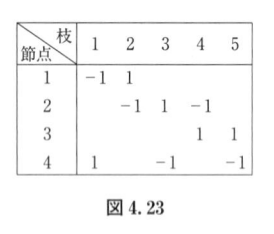

図4.24

	1	2	3	4	5
網目1	1	1	1		
網目2			-1	-1	1

図4.25

	3	5	1	2	4
3	1		1	1	
5		1		1	-1

図4.26

	3	5	1	2	4
1	-1	-1	1		
2	-1	-1		1	
4		1			1

図4.27

4章　電気回路

$$\dot{\vec{x}} = \vec{A}\vec{x} + \vec{B}\vec{u}$$

のように連立1階の微分方程式のことをいう．

c. 抵抗，インダクタ，キャパシタと電源からなる回路（RLC回路）の状態方程式

i) 正則木：　対応するグラフにおいて，すべての電圧源の枝を木枝とし，できるだけ多くのキャパシタの枝を含み，できるだけインダクタの枝を含まず，電流源の枝を含まない木．

ii) RLC回路の状態変数：　正則木に含まれるキャパシタの電圧と正則木に含まれないインダクタの電流．

iii) 状態方程式の係数行列：

$$\vec{A} = \begin{pmatrix} \vec{C} & 0 \\ 0 & \vec{L} \end{pmatrix}^{-1} \begin{pmatrix} -\vec{y} & \vec{H} \\ -\vec{H} & -\vec{Z} \end{pmatrix}$$

$$\vec{B} = \begin{pmatrix} \vec{C} & 0 \\ 0 & \vec{L} \end{pmatrix}^{-1} \left(\begin{array}{c} -\vec{F}_{RC}^t \vec{R}^{-1} \vec{F}_{RE} - \vec{F}_{SC}^t C^{-1} \vec{F}_{SE} \dfrac{d}{dt} \\ -\vec{F}_{LE} + \vec{F}_{LG} \vec{G} \vec{F}_{RG}^t \vec{R}_1 \vec{F}_{RE} \end{array} \right.$$

$$\left. \begin{array}{c} \vec{F}_{JC}^t - \vec{F}_{RC}^t \vec{R}^{-1} \vec{F}_{RG} \vec{G}_2^{-1} \vec{F}_{JG}^t \\ -\vec{F}_{LG} \vec{G}^{-1} \vec{F}_{JG}^t - \vec{F}_{L\Gamma} \vec{L}_2 \vec{F}_{J\Gamma}^t \dfrac{d}{dt} \end{array} \right)$$

ここで，

$$\vec{y} = \vec{F}_{RC}^t \vec{R}^{-1} \vec{F}_{RC}, \quad \vec{z} = \vec{F}_{LG} \vec{G}^{-1} \vec{F}_{LG}^t$$
$$\vec{H} = \vec{F}_{LC}^t - \vec{F}_{RC}^t \vec{R}^{-1} \vec{F}_{RG} \vec{G}_2^{-1} \vec{F}_{LG}^t$$
$$\vec{C} = \vec{C}_2 + \vec{F}_{SC}^t \vec{C}_1 \vec{F}_{SC}, \quad \vec{L} = \vec{L}_1 + \vec{F}_{L\Gamma} \vec{L}_2 \vec{F}_{L\Gamma}^t$$
$$\vec{R} = \vec{R}_1 + \vec{F}_{RG} \vec{G}_2^{-1} \vec{F}_{RG}^t, \quad \vec{G} = \vec{G}_2 + \vec{F}_{RG}^t \vec{R}_1^{-1} \vec{F}_{RG}$$

である．正則木に対応する基本カットセット行列の主要部分は

$$F = \begin{bmatrix} \vec{F}_{J\Gamma} & \vec{F}_{JG} & \vec{F}_{JC} & \vec{F}_{JE} \\ \vec{F}_{L\Gamma} & \vec{F}_{LG} & \vec{F}_{LC} & \vec{F}_{LE} \\ 0 & \vec{F}_{RG} & \vec{F}_{RC} & \vec{F}_{RE} \\ 0 & 0 & \vec{F}_{SC} & \vec{F}_{SE} \end{bmatrix}$$

と表す．添え字 J, L, R, S はそれぞれ補木の電流源，インダクタ，抵抗，キャパシタを示し，E, C, G, Γ はそれぞれ木の電圧源，キャパシタ，抵抗，インダクタを示す．$\vec{u} = \begin{bmatrix} \vec{e} \\ \vec{J} \end{bmatrix}$ は電源の電圧と電流のベクトルである．ただし，電圧源の電圧の方向は，与えられた電圧に -1 をかけたものとする（抵抗などの電圧と電流の方向より）．行列 $\vec{C}_1, \vec{R}_1, \vec{L}_1$ はそれぞれ，補木の枝となったキャパシタのキャパシタンス，抵抗の抵抗，インダクタのインダクタンスを対角要素とする対角行列である．行列 $\vec{C}_2, \vec{G}_2, \vec{L}_2$ はそれぞれ木の枝となったキャパシタのキャパシタンス，抵抗のコンダクタンス，インダクタのインダクタンスを対角要素とする対角行列である．

(10) 一般相反回路の状態方程式（多端子理想変成器を含む）

a. 多端子理想変成器

電気回路に理想変成器の端子を含む．これに対応するグラフ（電気グラフ）を定める．理想変成器の磁気回路に対応するグラフ（磁気グラフ）を定める（図4.28）．

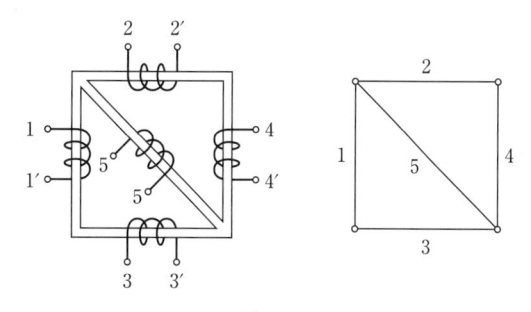

図 4.28

b. 正則木

電気グラフの木に含まれる理想変成器の枝集合が磁気グラフの木となるような電気グラフの木をいう．

c. 回路の可解条件

理想変成器を含む回路が可解である必要十分条件は正則木であることが知られている．

d. 最大正則木

正則木の中で最もキャパシタに対応する枝が含まれ，インダクタに対応する枝を含まない木である．

e. 状態方程式

最大正則木の基本タイセット行列の主要部分 F を

$$\begin{bmatrix} \vec{F}_{J\Gamma} & \vec{F}_{JG} & \vec{F}_{JC} & \vec{F}_{JE} & \vec{F}_{Jt} \\ \vec{F}_{L\Gamma} & \vec{F}_{LG} & \vec{F}_{LC} & \vec{F}_{LE} & \vec{F}_{Lt} \\ 0 & \vec{F}_{RG} & \vec{F}_{RC} & \vec{F}_{RE} & \vec{F}_{Rt} \\ 0 & 0 & \vec{F}_{SC} & \vec{F}_{SE} & \vec{F}_{St} \\ \vec{F}_{l\Gamma} & \vec{F}_{lG} & \vec{F}_{lC} & \vec{F}_{lE} & \vec{F}_{lt} \end{bmatrix}$$

とする．ただし，添え字 J, L, R, S, l はそれぞれ補木の枝に対応する電流源，インダクタ，抵抗，キャパシタ，理想変成器の端子を示す．

一方，磁気グラフの基本タイセットの主要部分を F_M とする．理想変成器の巻数を対角要素にもつ対角行列を

$$\begin{bmatrix} k_l & 0 \\ 0 & k_t \end{bmatrix}$$

とする．

$$M \triangleq k_l^{-1} F_M k_t$$
$$\tilde{M} \triangleq M^t (1 + F_{lt} M^t)^{-1}$$

とおいて，

$$\tilde{F}_{ij} \triangleq F_{ij} - F_{it} \tilde{M} F_{lj}$$

とする．ただし

$$i = S, R, L, J, \quad j = E, C, G, \Gamma$$

である．これから状態方程式 $\dot{\vec{x}} = \vec{A}\vec{x} + \vec{B}\vec{u}$ が RLC 回路と同様に得られる．そのときの $\vec{F}_{ij}$ を $\tilde{F}_{ij}$ に置き換えたものになる．

$$\vec{A} = \begin{bmatrix} \vec{C} & 0 \\ 0 & \vec{L} \end{bmatrix}^{-1} \begin{bmatrix} -\vec{y} & \vec{H} \\ -\vec{H} & -\vec{z} \end{bmatrix}$$

ただし，

$$\vec{y} = \tilde{F}_{RC}^t \vec{R}^{-1} \tilde{F}_{RC}, \qquad \vec{z} = \tilde{F}_{LG} \vec{G}^{-1} \tilde{F}_{LG}^t$$
$$\vec{H} = \tilde{F}_{LC}^t - \tilde{F}_{RC}^t \vec{R}^{-1} \tilde{F}_{RG} \vec{G}_2^{-1} \tilde{F}_{LG}^t$$
$$\vec{C} = \vec{C}_2 + \tilde{F}_{SC}^t \vec{C}_1 \tilde{F}_{SC}, \quad \vec{L} = \vec{L}_1 + \tilde{F}_{L\Gamma} \vec{L}_2 \tilde{F}_{L\Gamma}^t$$
$$\vec{R} = \vec{R}_1 + \tilde{F}_{RG} \vec{G}_2^{-1} \tilde{F}_{RG}^t, \quad \vec{G} = \vec{G}_2 + \tilde{F}_{RG}^t \vec{R}_1^{-1} \tilde{F}_{RG}$$

$$\vec{B} = \begin{bmatrix} \vec{C} & 0 \\ 0 & \vec{L} \end{bmatrix}^{-1} \begin{bmatrix} -\tilde{F}_{RC}^t \vec{R}^{-1} \tilde{F}_{RE} - \tilde{F}_{SC}^t \vec{C}_1 \tilde{F}_{SE} \dfrac{d}{dt} \\ -\tilde{F}_{LE} + \tilde{F}_{LG} \vec{G}^{-1} \tilde{F}_{RG} \vec{R}_1 \tilde{F}_{RE} \end{bmatrix}$$

$$\begin{matrix} \tilde{F}_{JC}^t - \tilde{F}_{RC}^t \vec{R}^{-1} \tilde{F}_{RG} \vec{G}_2^{-1} \tilde{F}_{JG}^t \\ -\tilde{F}_{LG}^t \vec{G}^{-1} F_{JG}^t - \tilde{F}_{L\Gamma} \vec{L}_2 \tilde{F}_{J\Gamma}^t \dfrac{d}{dt} \end{matrix}$$

である．

(11) 非相反受動回路の状態方程式

a. ジャイレータ

受動で非相反素子としてジャイレータが知られている．その記号は図4.29のように表され，その電圧電流特性は

$$\begin{bmatrix} v_1 \\ v_2 \end{bmatrix} = \begin{bmatrix} 0 & -R \\ R & 0 \end{bmatrix} \begin{bmatrix} I_1 \\ I_2 \end{bmatrix}$$

である．

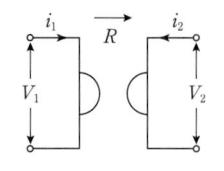

図4.29 ジャイレータの図記号

b. 一般受動回路

一般受動回路はキャパシタ，抵抗，ジャイレータからなる回路（RCG 回路）と等価になる．

なぜなら，端子 2, 2′ にキャパシタを接続すると，$v_2 = RC(di_1/dt)$ となり，1, 1′ にインダクタが接続されたようにみえる．また，理想変成器の電気グラフ端子にジャイレータの片端子，磁気グラフはもう一つの端子を対応づけるものと等価になる．

c. RCG 回路の可解性

ジャイレータの対となる枝がともに木の枝になるか補木の枝になるような木（正則木）が存在すること．

d. RCG 回路の状態方程式

最大正則木： キャパシタに対応する枝を最も多く含む正則木．最大正則木をもとにした基本タイセット行列の主要部分 $\vec{F}$ を

$$\begin{bmatrix} \vec{F}_{JC} & \vec{F}_{J\Sigma} & \vec{F}_{JE} \\ \vec{F}_{SC} & \vec{F}_{S\Sigma} & \vec{F}_{SE} \\ \vec{F}_{\Sigma C} & \vec{F}_{\Sigma\Sigma} & \vec{F}_{\Sigma E} \end{bmatrix}$$

とする．添え字 Σ は抵抗とジャイレータ端子を合わせたものを示す．その他の添え字は RLC 回路のそれと同じである．

$v_{\Sigma 1} = R i_{\Sigma 1}, i_{\Sigma 2} = G_2 v_{\Sigma 2}$ とする．添え字 1 は補木枝の抵抗，ジャイレータを，添え字 2 は木枝のそれを示す．

e. 状態方程式

$\dot{\vec{x}} = \vec{A}\vec{x} + \vec{B}\vec{u}$ について

$$\vec{A} = -\vec{C}^{-1} Y, \qquad \vec{B} = \vec{C}^{-1} \vec{F}$$

$\vec{x} = \vec{v}_{C2}$（木の枝であるキャパシタの電圧）

$$\vec{u} = \begin{bmatrix} v_E \\ i_J \end{bmatrix}$$

である．それぞれ電圧源の電圧と電流源の電流を示す．また，

$$\vec{C} = \vec{C}_2 + \vec{A}_{SC}^t \vec{C}_1 \vec{A}_{SC}$$

$$\vec{A}_{SC} = \vec{F}_{SC} - \vec{F}_{S\Sigma}^t \vec{R}^{-1} \vec{F}_{\Sigma\Sigma} \vec{G}_2^{-1} \vec{F}_{\Sigma C}$$
$$\vec{R} = \vec{R}_1 + \vec{F}_{\Sigma\Sigma} \vec{G}_2^{-1} \vec{F}_{\Sigma\Sigma}$$
$$\vec{Y} = \vec{F}_{\Sigma C}^t \vec{R}^{-1} \vec{F}_{\Sigma C}$$
$$\vec{F} = \left[-\vec{F}_{\Sigma C}^t \vec{R}^{-1} \vec{F}_{\Sigma E} + (-\vec{F}_{SE} + \vec{F}_{S\Sigma} \vec{G}^{-1} \vec{F}_{\Sigma\Sigma}^t \vec{R}_1^{-1} \vec{F}_{\Sigma E}) \frac{d}{dt} \right.$$
$$\left. \vec{F}_{JC}^t - \vec{F}_{\Sigma C}^t \vec{R}^{-1} \vec{F}_{\Sigma\Sigma} \vec{G}_2^{-1} \vec{F}_{J\Sigma}^t - \vec{F}_{S\Sigma} \vec{G}^{-1} \vec{F}_{J\Sigma}^t \frac{d}{dt} \right]$$
$$\vec{G} = \vec{G}_2 + \vec{F}_{\Sigma\Sigma}^t \vec{R}_1^{-1} \vec{F}_{\Sigma\Sigma}$$

である.

4.2 分布定数回路
(1) 基本式

回路の定数（抵抗，インダクタンス，キャパシタンスなど）が分布している回路である．回路で取り扱う周波数の波長に比べ，素子の大きさが十分小さいとき，すなわち信号が素子上を伝搬する時間が信号の変化する時間に比べて十分小さいとき以外は分布定数回路を考える．電源から往復線路を考える．

$$-\frac{\partial v}{\partial x} = L \frac{\partial i}{\partial t} + Ri$$
$$-\frac{\partial i}{\partial x} = C \frac{\partial v}{\partial t} + Gv$$

ここで，v, i は伝送線路の電圧と電流で場所 x と時間 t の関数である．L と R はそれぞれ単位長当たりのインダクタンスと抵抗，C と G は単位長当たりの導線間キャパシタンスと漏れコンダクタンスである．

(2) 角周波数 ω の正弦波定常解

ある場所 x の電圧 $\dot{V}(x)$ と電流 $\dot{I}(x)$ は，次のように与えられる．

$$\dot{V}(x) = K_+ e^{-\theta x} + K_- e^{\theta x}$$
$$\dot{I}(x) = \frac{1}{Z_0}(K_+ e^{-\theta x} - K_- e^{\theta x})$$

ただし，K_+, K_- は境界条件から求まる．

θ は伝搬定数と呼ばれ，次式で表される．

$$\theta^2 = (j\omega L + R)(j\omega C + G)$$

Z_0 は特性インピーダンスと呼ばれ，次式で表される．

$$Z_0 = \sqrt{\frac{j\omega L + R}{j\omega C + G}}$$

a. 減衰定数 α

伝搬定数の実部.

b. 位相定数 β

伝搬定数の虚部.

c. 無損失線路 $(R = 0, G = 0)$

$$\alpha = 0, \quad \beta = \omega\sqrt{LC}, \quad Z_0 = \sqrt{\frac{L}{C}}$$

(3) 4端子定数の表現
a. 連分数展開

$$z(s) = a_0 s + \cfrac{1}{a_1 s + \cfrac{1}{a_2 s + Z_3}}$$

連分数展開は上式の展開を繰り返す．インダクタとキャパシタのはしご型回路になる（図 4.30）.

$$C_1 = \beta_1^{-1}, \quad C_2 = \beta_3^{-1}$$

$$\begin{bmatrix} A & B \\ C & D \end{bmatrix} = \begin{bmatrix} \cosh\theta l & Z_0 \sinh\theta l \\ \dfrac{1}{Z_0}\sinh\theta & \cosh\theta \end{bmatrix}$$

b. 反射係数

伝送線路の受電端にインピーダンス Z_L を接続するときの受電端での反射係数

$$\text{電圧反射係数} = \frac{\text{反射波}}{\text{入射波}} = \frac{Z_L - Z_0}{Z_L + Z}$$

$$\text{電流反射係数} = \frac{\text{反射波}}{\text{入射波}} = -\frac{Z_L - Z_0}{Z_L + Z}$$

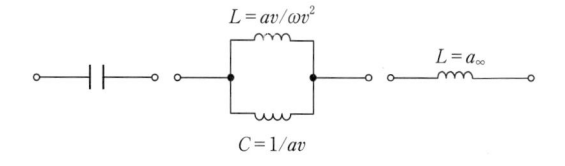

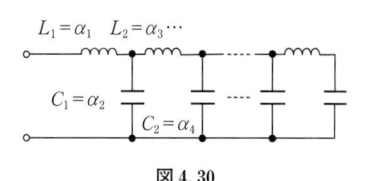

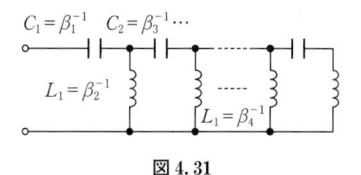

図 4.30

図 4.31

(4) 無損失伝送線路の過渡現象
a. 基本式
$$-\frac{\partial v(x,t)}{\partial x} = L\frac{\partial i(x,t)}{\partial t}, \quad -\frac{\partial i(x,t)}{\partial x} = C\frac{\partial v(x,t)}{\partial t}$$

ダランベールの解:
$$v(x,t) = f_+(x - u_p t) + f_-(x + u_p t)$$
$$i(x,t) = \frac{1}{Z_0}\{f_+(x - u_p t) + f_-(x - u_p t)\}$$

が上式の解である.ただし,$u_p = 1/\sqrt{LC}$ は伝搬速度,$Z_0 = \sqrt{L/C}$ は特性インピーダンスといわれる.

b. 前進波と後進波
f_+ は前進波,f_- は後進波に対応する.

4.3 回路網合成
与えられた特性をもつ回路をつくる.主としてフィルタの設計に用いられてきた.

(1) デジタルフィルタ
ラプラス変換系で与えられた特性から,双一次 z 変換を用いて,z 変換系を求め,z^{-1} の遅れ要素のフィルタを設計する.

双一次変換:
$$s = \frac{2}{T}\frac{1 - z^{-1}}{1 + z^{-1}}$$

(2) 受動素子を用いた回路合成の条件
与えられた特性(ラプラス変換系)が受動素子で構成できるための条件として,正実関数であることがあげられる.

a. 正実関数
s が実数なら $W(s)$ も実数であり,s の実部が正であれば $W(s)$ の実部も正である関数を正実関数という.

b. 正実関数である必要十分条件
実係数の有理関数 $f(s) = n(s)/m(s)$(多項式 m,n は互いに素,m の最高次数の係数が正)が正実関数である必要十分条件として,$m(s) + n(s)$ がフルビッツの多項式であり
$$m^*(j\omega)n(j\omega) + m(j\omega)n^*(j\omega) \geq 0$$
が成立する.

c. リアクタンス関数
正実奇関数 $W(s) = -W(-s)$ をリアクタンス関数という.

(3) リアクタンス関数の回路合成
部分分数展開
$$Z(s) = \frac{a_0}{s} + \sum \frac{a_k s}{s^2 + \omega_k} + a_\infty s$$

ここで,第1項はキャパシタ,第2項はインダクタとキャパシタの並列回路,第3項はインダクタで構成され,それぞれ直列接続し,回路が合成される.

4.4 非線形回路
(1) 非線形回路の解
計算ソフトの進歩により,主としてソフトを利用した数値計算が主流である.解析的(近似)方法は,解を得るという観点からはほとんど使用されない.しかし,非線形回路の定常特性の解釈には有効であると考え,本書に残しておくことに意義があると考える.

(2) 解析的手法
非線形回路の解法(非線形振動)は,非線形項が小さいとして以下のようなものがある.

a. 摂動法(perturbation method)
たとえば,自律系
$$\frac{d^2x}{dt^2} + x = \mu f\left(x, \frac{dx}{dt}\right)$$
に対して,
$$\omega^2 \ddot{x} + x = \mu f(x, \omega\dot{x})$$
とし,
$$x = x_0(\tau) + \mu x_1(\tau) + \mu^2 x_2(\tau) + \cdots$$
$$\omega = \omega_0 + \mu\omega_1 + \mu^2\omega_2 + \cdots$$
とおいて,μ^0,μ^1,$\cdots$ での式を求め,順次解いていき,近似をあげる.その途中で $t\sin\lambda t$(secular term)となるような解が出ないように係数を決める.

この例では自律系を示したが,外力のある場合(例:$A\cos\tau$)は $\tau + \delta$ として
$$\delta = \delta_0 + \mu\delta_1 + \mu^2\delta_2 + \cdots$$
とおいて,同様に μ^0,μ^1,$\cdots$ での式を求め,順次解いていき,近似をあげる.

b. 反復法(iteration method)
外力がある場合に,最初に解を仮定し,その解

をもとの式に代入し，次々に解いていく．このときも secular term が出ないように係数を決めていく．

c. 平均化法（averaging method）
たとえば，2階の微分方程式
$$\ddot{x} + x = \mu f(x, \dot{x})$$
において，$\dot{x} = y$ として，座標変換の考えから
$$x(\tau) = a(\tau) \cos \tau + b(\tau) \sin \tau$$
$$y(\tau) = -a(\tau) \sin \tau + b(\tau) \cos \tau$$
を導入する．これをもとの式に代入すると
$$\dot{a} = -\mu f \sin \tau$$
$$\dot{b} = \mu f \cos \tau$$
が得られる．この f について τ をもとにフーリエ級数展開をし，その係数から $\dot{a}, \dot{b}$ を求める（1周期の平均）．

d. ハーモニックバランス法（harmonic balance method）
まず，周波数だけが既知の解を仮定し，それをもとの式に代入し，周波数の同じものを比較し，その係数を求める．その解から少しずれた解を仮定し，代入し同様に係数を求める．

(3) 数値計算

ホモトピー
数値解析での課題は，非線形方程式の解法である．ニュートン-ラファソン法が一般的に使用されるが，その初期値をうまく与えないと収束しない．そこで，ホモトピーなるものが導入されてきた．非線形方程式 $f(x) = 0$ を解くときに既知の関数 $g(x)$ を導入し，$h(x) = (1-t)f(x) + tg(x)$ を定義する．$g(x) = 0$ の既知の根 x_0 より，解を (x, t) として $(x_0, 1)$ から $(x, 0)$ を求める方法である．

4.5 線形能動回路

増幅器や発振器のような線形である回路を線形能動回路という．

(1) 線形能動回路の回路素子

線形受動素子と電圧源，電流源の独立電源と，電圧制御型電圧源（回路中のある電流に比例した電圧を発生する電源，以下同様），電流制御型電圧源，電圧制御型電流源，電流制御型電流源の4つの制御電源である．

与えられた線形能動回路の可解性，複雑度（表現する微分方程式の次数），状態方程式の導出が行われてきた．それらは回路の構造（トポロジー）と回路素子の数値とに関わるため，一般的考察は難しい．以下では回路のトポロジーだけでの結果を述べる．

(2) 線形能動回路の簡単化

4つの制御電源は，電流制御型電圧源と電圧制御型電流源の2つの制御電源で置き換えることができる．線形受動素子の理想変成器やジャイレータは制御電源で置き換えることができる．インダクタはキャパシタとジャイレータで置き換えることができる．抵抗は制御電源で置き換えることができる．したがって，線形能動回路は，キャパシタ，電流制御型電圧源，電圧制御型電流源と独立電源の電圧源，電流源からなると考えてよい．電流（電圧）制御型電圧（電流）源は，電流（電圧）センサと電圧（電流）源からなる．

(3) 線形能動回路に対応するグラフ（G^*）

キャパシタに対応する枝，電圧（電流）センサに対応する枝，制御電圧（電流）源に対応する枝，独立電圧（電流）源に対応する枝の接続関係を示す（以下，「対応する」を省略する）．

a. 電圧グラフと電流グラフ
グラフ G^* において，すべての電流センサ枝を短絡除去し，電流源枝を開放除去したグラフを電圧グラフ（G_V）という．電流グラフ（G_I）は G^* において電圧センサ枝を開放除去し，電圧源を短絡除去したグラフをいう．G_V における電圧センサ枝は，G_I においてそれに対応する制御電流源枝に対応する（枝番号を同じにする）．同様に，G_I における電流センサ枝は G_V において対応する電圧源枝に対応する．

b. 共通木
電圧グラフの木と電流グラフの木が同じであるとき，これを共通木という．

c. 線形能動回路の可解性
共通木が存在すれば，線形能動回路は可解である．

d. 最大共通木
最もキャパシタ枝を多く含む共通木である．

e. 複雑度

線形能動回路の複雑度（微分方程式の次数）は正則共通木のキャパシタの数を超えない．

（4） 状態方程式を導くための方程式

$$\begin{bmatrix} 1 & -\vec{F} \\ 0 & \vec{B} \end{bmatrix} \begin{bmatrix} \vec{i}_C \\ \vec{i}_S \end{bmatrix} = \begin{bmatrix} \vec{D} & 0 \\ -\vec{A} & 1 \end{bmatrix} \begin{bmatrix} \vec{v}_C \\ \vec{v}_S \end{bmatrix} + \begin{bmatrix} \tilde{\vec{e}}_C \\ \tilde{\vec{e}}_S \end{bmatrix} + \begin{bmatrix} \tilde{\vec{j}}_C \\ \tilde{\vec{j}}_S \end{bmatrix} \quad (4.1)$$

ここで，Sは補木キャパシタ，Cは木キャパシタ，αは電流センサ，βは制御電圧源，γは電圧センサ，δは制御電流源，eは独立電圧源の電圧，jは独立電流源の電流，添え字1は補木枝，2は木枝である．

$$\vec{A} = \vec{B}_{SC} + \vec{B}_{S2}\vec{g}^{-1}\vec{Q}_{21}\vec{R}_1^{-1}\vec{B}_{1C}$$
$$\vec{B} = \vec{B}_{S2}\vec{g}^{-1}\vec{Q}_{2S}, \quad \vec{D} = \vec{Q}_{C1}\vec{r}^{-1}\vec{B}_{1C}$$
$$\vec{F} = \vec{Q}_{CS} + \vec{Q}_{C1}\vec{r}^{-1}\vec{B}_{12}\vec{G}_2^{-1}\vec{Q}_{2S}$$
$$\tilde{\vec{e}}_C = \vec{Q}_{C1}\vec{r}^{-1}\vec{e}_1, \quad \tilde{\vec{j}}_C = \vec{Q}_{C1}\vec{r}^{-1}\vec{B}_{12}\vec{G}_2^{-1}\tilde{\vec{j}}_2 + \tilde{\vec{j}}_C$$
$$\tilde{\vec{e}}_S = \vec{B}_{S2}\vec{g}^{-1}\vec{Q}_{21}\vec{R}_1^{-2}\vec{e}_1 + \vec{e}_S, \quad \tilde{\vec{j}}_S = \vec{B}_{S2}\vec{g}^{-1}\tilde{\vec{j}}_2$$
$$\vec{g} = \vec{G}_2 - \vec{Q}_{21}\vec{R}_1^{-1}\vec{B}_{12}, \quad \vec{r} = \vec{R}_1 - \vec{B}_{12}\vec{G}_2^{-1}\vec{Q}_{21}$$
$$\vec{G}_2 = \begin{bmatrix} \vec{R}_{\alpha 2}^{-1} & 0 \\ 0 & \vec{G}_{\gamma 2} \end{bmatrix}, \quad \vec{R}_1 = \begin{bmatrix} \vec{R}_{\alpha 1} & 0 \\ 0 & \vec{G}_{\delta 2}^{-1} \end{bmatrix}$$
$$\vec{B}_{S2} = [\vec{B}_{S\beta 2} \quad \vec{B}_{S\gamma 2}], \quad \vec{B}_{1C} = \begin{bmatrix} \vec{B}_{\beta 1C} \\ \vec{B}_{\gamma 1C} \end{bmatrix}$$
$$\vec{B}_{12} = \begin{bmatrix} \vec{B}_{\beta 1\beta 2} & \vec{B}_{\beta 1\gamma 2} \\ \vec{B}_{\gamma 1\beta 2} & \vec{B}_{\gamma 1\gamma 2} \end{bmatrix}, \quad \vec{Q}_{21} = \begin{bmatrix} \vec{Q}_{\alpha 2\alpha 1} & \vec{Q}_{\alpha 2\delta 1} \\ \vec{Q}_{\delta 2\alpha 1} & \vec{Q}_{\delta 2\delta 1} \end{bmatrix}$$
$$\vec{Q}_{C1} = [\vec{Q}_{C\alpha 1} \quad \vec{Q}_{C\delta 1}], \quad \vec{Q}_{2S} = \begin{bmatrix} \vec{Q}_{\alpha 2S} \\ \vec{B}_{\delta 2S} \end{bmatrix}$$
$$\vec{e}_1 = \begin{bmatrix} \vec{e}_{\beta 1} \\ \vec{e}_{\gamma 1} \end{bmatrix}, \quad \tilde{\vec{j}}_2 = \begin{bmatrix} \tilde{\vec{j}}_{\alpha 2} \\ \tilde{\vec{j}}_{\delta 2} \end{bmatrix}$$

$e..(j..)$は添え字で決まるタイセット（カットセット）に含まれる電圧源（電流源）の電圧（電流）の総和である．

電圧グラフの基本タイセット行列の主要部は
$$\begin{bmatrix} \vec{B}_{SC} & \vec{B}_{S2} \\ \vec{B}_{1C} & \vec{B}_{12} \end{bmatrix}$$

電流グラフの基本カットセット行列の主要部は
$$\begin{bmatrix} \vec{Q}_{CS} & \vec{Q}_{C1} \\ \vec{Q}_{2S} & \vec{Q}_{21} \end{bmatrix}$$

制御電源の関係式は
$$\begin{bmatrix} \vec{v}_{\beta 1} \\ \vec{v}_{\beta 2} \end{bmatrix} = \begin{bmatrix} \vec{R}_{\alpha 1} & 0 \\ 0 & \vec{R}_{\alpha 2} \end{bmatrix} \begin{bmatrix} \vec{i}_{\alpha 1} \\ \vec{i}_{\alpha 2} \end{bmatrix}, \quad \begin{bmatrix} \vec{i}_{\delta 1} \\ \vec{i}_{\delta 2} \end{bmatrix} = \begin{bmatrix} \vec{G}_{\gamma 1} & 0 \\ 0 & \vec{G}_{\gamma 2} \end{bmatrix} \begin{bmatrix} \vec{v}_{\gamma 1} \\ \vec{v}_{\gamma 2} \end{bmatrix}$$

（5） 状態方程式

一般に（4.1）式の$\vec{B}$はべきゼロ行列であることが知られている．したがって$\vec{B}$のある行のすべての要素がゼロであり補木のキャパシタに関する変数の一部を除去することができる．それを除去し，再び（4.1）式と同様な式が得られ，この$\vec{B}$に対応する行列もべきゼロ行列であることが知られている．このことを繰り返すと木のキャパシタ電圧を状態変数とする状態方程式が得られる．この繰り返し除去の回数も回路構造から求められることも知られている．

一般論は，非常に複雑であるが，通常は行列Bはゼロ行列であることが多い．そのときは

$$\frac{d}{dt}v_C = (\vec{C}_C - \vec{F}\vec{C}_S\vec{A})^{-1} \left\{ \vec{D}v_C + \tilde{\vec{e}}_C + \tilde{\vec{j}}_C + \vec{F}\vec{C}_S\frac{d}{dt}(\tilde{\vec{e}}_S + \tilde{\vec{j}}_S) \right\}$$

が求められる．繰り返し除去を行うと，電源の高次の微分項を含む式となる． 〔仁田旦三〕

5章　電子物性・電子材料

5.1　基礎的特性
(1)　金属の電気抵抗

電気伝導を担う導線や電極材料として，良導体である金属は重要な電子材料である．一般に長さ l m，断面積 a m^2 の一様な物質の電気抵抗 R は，$R = \rho l/a$ で与えられ，ρ をこの物質の体積抵抗率

表5.1　金属の電気抵抗（[1] p.404，物58）

金属	$\rho/10^{-8}\,\Omega\cdot$m					
	−195℃	0℃	100℃	300℃	700℃	1,200℃（その他）
亜鉛	1.1	5.5	7.8	13.0	−	37 (500℃)
アルミニウム	0.21	2.50	3.55	5.9	24.7	32.1
アルメル	−	28.1	34.8	43.8	53.2	65.1
アンチモン	8	39	59	−	114	123.5 (1,000℃)
イリジウム	0.9	4.7	6.8	10.8	22	33.5
インジウム	1.8	8.0	12.1	36.7	47	55 (1,000℃)
インバール		75		($\alpha_{0,100}/10^{-3}=2$)		
オスミウム	−	8.1	11.4	17.8	30.4	46
カドミウム	1.6	6.8	9.8	−	−	36.3 (600℃)
カリウム	1.38	6.1	17.5	28.2	66.4	160
カルシウム	0.7	3.2	4.75	7.8	20	−
金	0.5	2.05	2.88	4.63	8.6	31 (1,063℃)
銀	0.3	1.47	2.08	3.34	6.1	19.4
クロム	0.5	12.7	16.1	25.2	47.2	80
クロメル P	−	70.0	72.8	79.3	89.3	100.1
コバルト	0.9	5.6	9.5	19.7	48	88.5
コンスタンタン	−	49	−	−	−	−
ジルコニウム	7.3	40	58	88	125	110 (1,000℃)
黄銅（真鍮）	−	6.3	−	−	−	−
水銀	5.8	94.1	103.5	128	214	630
スズ	2.1	11.5	15.8	50	60	72
ストロンチウム	5	20	30	52.5	94.5	−
青銅	−	13.6	−	−	−	−
セシウム			21 (20℃)	($\alpha_{0,100}/10^{-3}=4.8$)		
ビスマス	35	107	156	129	155	172 (1,000℃)
タリウム	3.7	15	22.8	38	85	88 (800℃)
タングステン	0.6	4.9	7.3	12.4	24	39
タンタル	2.5	12.3	16.7	25.5	43.0	61.5
ジュラルミン(軟)			3.4（室温）			
鉄（純）	0.7	8.9	14.7	31.5	85.5	122；139 (1,550℃)
鉄（鋼）			10〜20（室温）	($\alpha_{0,100}/10^{-3}=1.5〜5$)		
鉄（鋳）			57〜114（室温）			
銅	0.2	1.55	2.23	3.6	6.7	21.3 (1,083℃)
トリウム	3.9	14.7	20.8	32.5	53.6	68
ナトリウム	0.8	4.2	9.7	16.8	39.2	89
鉛	4.7	19.2	27	50	108	126 (1,000℃)
ニクロム	−	107.3	108.3	110.0	110.3	
ニッケリン			27〜45（室温）	($\alpha_{0,100}/10^{-3}=0.2〜0.34$)		
ニッケル	0.55	6.2	10.3	22.5	40	109 (1,500℃)

表5.1 つづき

金属	$\rho/10^{-8}\,\Omega\cdot m$					
	−195℃	0℃	100℃	300℃	700℃	1,200℃（その他）
白金	1.96	9.81	13.6	21.0	34.3	48.3
白金ロジウム*	−	18.7	21.8	−	−	−
パラジウム	1.73	10.0	13.8	21	33	42
ヒ素	5.5	26	−	−	−	−
プラチノイド	34〜41（室温）（$\alpha_{0,100}/10^{-3}=0.25\sim0.32$）					
ベリリウム	−	2.8	5.3	11.1	26	−
マグネシウム	0.62	3.94	5.6	10.0	27.7	28.7（900℃）
マンガニン	−	41.5	−	−	−	−
モリブデン	0.7	5.0	7.6	12.7	23.3	37.2
洋銀	−	40	−	−	−	−
リチウム	1.04	8.55	12.4	30	40.5	53
リン青銅	2〜6（室温）					
ルビジウム	2.2	11.0	27.5	48	99	260
ロジウム	0.46	4.3	6.2	10.2	20	33

*白金90，ロジウム10のもの．

[Ω・m]という．表5.1は−195〜1200℃にわたる温度範囲での金属の体積抵抗率を$10^{-8}\,\Omega\cdot m$の単位で示したものである．体積抵抗率を単位Ω・cmで表すには，表の数値を100倍すればよい．0℃での体積抵抗率をρ_0，100℃における体積抵抗率をρ_{100}とすると，$\alpha_{0,100}=(\rho_{100}-\rho_0)/100\rho_0$を体積抵抗率の0℃，100℃間の平均温度係数という．金属の電気伝導を担う伝導電子の運動は温度上昇とともにフォノン（格子振動）散乱で制限されるため，抵抗率の温度係数は正となる．電子は結晶中の不純物，欠陥，結晶粒界などでも散乱されるため，結晶の不完全性が増すほど抵抗率は高くなる．

(2) 配線用金属の特性

集積回路の配線に用いられる金属は抵抗率が低いことのほかに，作製された薄膜が安定であることが要求される．また高温の作製プロセスに耐えるために融点が高いことも利点となる．抵抗率は結晶の不完全性が増すほど高くなるので成膜条件，アニール条件に敏感である．表5.2に配線用金属の特性を示す．オーミック電極，ショットキー電極など界面の特性については鈴木ほか（1988：pp.153〜178）[3]が詳しい．

(3) 固体の比誘電率と誘電正接

物質に電界を印加すると，それによって物質自体が電気双極子モーメントをつくって分極が生じる．この分極の程度を表す比例定数として比誘電率があり，真空の誘電率（電気定数）$\varepsilon_0=8.854\times10^{-12}$ F/mとの比で表される．比誘電率$k_\varepsilon(=\varepsilon/\varepsilon_0)$は物質の電気双極子モーメントに由来するため，温度$T$と印加電界の周波数$f$によって変化する．交流を位相まで含めた複素数表示で表すと，k_εは複素数で表され，誘電正接（タンデルタ）$\tan\delta=\mathrm{Im}(k_\varepsilon)/\mathrm{Re}(k_\varepsilon)$によって誘電損失の損失角$\delta$が与えられる．表5.3には固体の代表的な$k_\varepsilon$と$\tan\delta$を示す．低損失化には$\tan\delta$が小さいことが必要であり，逆に誘電加熱では誘電損失を積極的に利用している．

(4) 集積回路基板用セラミックスの特性

集積回路の基板には高い絶縁性と良好な熱伝導度が要求され，アルミナが最も広く用いられてきたが，高集積度に対応するために低い誘電損失と高い機械的強度を保ちながら熱伝導特性向上への要求が高まり，各種のファインセラミックスが開

表5.2 配線用金属の特性（[2] p.287, 表3.10.4）

金属名	化学式	典型的な抵抗率 [$10^{-4}\,\Omega\cdot m$]	融点 [℃]
アルミニウム	Al	2.7	660
銀	Ag	1.6	960
金	Au	2.4	1,060
銅	Cu	1.7	1,000
モリブデン	Mo	5.6	2,610
タングステン	W	5.5	3,390
窒化チタン	TiN	198	
窒化タンタル	TaN	200	

表 5.3 固体の比誘電率と誘電正接 ([1] p. 407, 物 61)

物 質	$t/°C$	f/Hz	k_e	$\tan\delta/10^{-4}$
アルミナ	20～100	$50～10^6$	8.5	20～5
ステアタイト	20	$10^6～10^9$	6	2～20
雲 母	20～100	$50～10^8$	7.0	10～2
KCl	20	$10^6～10^{10}$	4.8	5～1
NaCl	25	$10^3～10^{10}$	5.9	2
サファイア（⊥軸）	20	$50～10^9$	9.4	2
水晶（⊥軸）	20	10^3	4.5	
SrTiO$_3$	25	10^3	332	
ダイヤモンド	20	$500～3,000$	5.68	100～80
蛍 石	20	$2×10^6$	6.8	17～13
ソーダガラス	20	$10^6～10^8$	7.5	10～1
鉛ガラス	20	$10^3～10^6$	6.9	2～90
溶融石英	20～150	$50～10^8$	3.8	
アンバー	20	$10^6～3×10^9$	2.8～2.6	
花崗岩	20	10^6	8	
大理石	20	10^6	8	400
土（乾）	20	10^6	3	
砂（乾）	20	10^6	2.5	
クラフト紙	20	10^3	2.9	45
ボール紙	20	50	3.2	80
ゴム（シリコーン）	20	$50～10^8$	8.6～8.5	50～10
ゴム（天然）	20～80	$10^6～10^7$	2.4	15～100
ゴム（ネオプレン）	20	$10^3～10^6$	6.5～5.7	300～900
パラフィン	20	$10^6～10^9$	2.2	2

表 5.4 集積回路基板用セラミックスの特性 ([3] p. 836, 表 8.5)

特 性	材料	Al$_2$O$_3$ (99%)	Al$_2$O$_3$ (92%)	AlN	BeO (99.5%)	SiC (BeO 添加)
熱的特性	熱伝導率 [W/m·K]	25	17	100～160	200	270
	熱膨張率 [10^{-6}/°C] (r.t～400°C) (r.t～200°C)	7.0	6.5	4.3～4.5 3.7～3.9	7.5	3.7
電気的特性	電気抵抗 [Ω·cm] (r.t)	$>10^{14}$	$>10^{14}$	$>10^{14}$	$>10^{14}$	$>10^{13}$
	誘電率 (1 MHz) (10 GHz)	9.7 9.1	8.5 8.2	8.8 8.0	6.7 6.6	42 15 (1 GHz)
	誘電損失 (1 MHz) (10 GHz)	0.0002 0.0002	0.0003 0.0002	0.0005 0.002	0.0001 0.0003	0.05 —
機械的特性	抗折強度 [kg/mm^2]	31	32	～50	25	45
	硬 度 [kg/mm^2] (ビッカース)	2,300～2,700	2,300～2,700	～1,200	1,200	2,000～3,000

r.t：室温．

発された（鈴木ほか，1988：p. 836）[3]．これらは難焼結性の粉体に酸化物焼結補助剤を添加して焼結したもので，粒径，および粒界の制御が重要である．代表的な絶縁用薄膜については鈴木ほか（1988：pp. 146～153）[3] が詳しい．

（5）強誘電体・反強誘電体の特性

外部電界を加えなくても自発分極をもつ物質を強誘電体という．変位形と秩序無秩序形に分類される．前者は正イオン分布の重心と電子分布の重心がずれることにより自発分極が生じるのに対

表5.5 強誘電体・反強誘電体の特性（[4] p.163, 表8.1）

物質	種類	転移温度 [K]	自発分極 [10^{-3} C/m^2]
BaTiO$_3$	変位形	393	260
PbTiO$_3$		763	500
LiNbO$_3$		1,423	710
LiTaO$_3$		883	500
KH$_2$PO$_4$ (KDP)	秩序無	123	49
KNaC$_4$H$_4$O$_6$・4H$_2$O	秩序形	下 255	2.4
（ロッシェル塩）		上 297	—
PbZrO$_3$	反強	506	—
NaNbO$_3$	誘電体	911	—
NH$_4$H$_2$PO$_4$ (ADP)		148	—

表5.6 圧電物質および焦電物質の特性（[4] p.170, 表8.2）

物質	対称性	圧電係数 [10^{-12} C/N]	焦電係数 [10^{-6} C/m^{2}K]
水晶	32	$d_{11}=2.31$	
LiNbO$_3$	3 m	$d_{14}=0.727$ $d_{15}=73.7$ $d_{22}=20.8$ $d_{33}=16.2$	$p_3=50$
BaTiO$_3$	4 mm	$d_{15}=392$ $d_{33}=85.6$ $d_{31}=-34.5$	p_3
ロッシェル塩	222	$d_{14}=345$ $d_{25}=54$	
PZT	一軸等方性	$d_{15}=500$ $d_{33}=250$ $d_{31}=-100$	$p_3=370$
GaAs	43 m	$d_{14}=2.7$	—
ZnO	6 mm	$d_{15}=-13.9$ $d_{33}=10.6$	p_3
硫酸グリシン		$d_{33}=22$	$p_3=400$

し，後者は低温でエントロピーの小さい秩序相が安定となって自発分極が起きる．強誘電相と常誘電相の境の温度をキューリー温度または転移温度という．低温相で正と負の自発分極をもつ隣り合わせの格子が釣り合い，全体として自発分極の起きない物質を反強誘電体という．表5.5に代表的な強誘電体と反強誘電体の特性を示す．

(6) 圧電物質および焦電物質の特性

反転対称性をもたない結晶ではしばしば応力を加えると正電荷と負電荷の重心がずれて誘電分極が発生する．このような結晶を圧電結晶という．応力テンソルを6元ベクトルTで表し，誘電分極結晶ベクトルPとの線形関係を

$$P_i = \sum_j d_{ij} T_j$$

としたとき，係数テンソルを圧電係数テンソルという（応力が2階テンソルであるから圧電係数テンソルは本来3階テンソル量である）．逆に圧電結晶に電界を加えるとひずみが発生する．これを電歪効果という．温度を変化させると誘電分極が生じる効果を焦電効果という．圧電性を示す結晶の一部（極性軸をもつもの）が焦電性をもち，自発分極がある．通常は表面に吸着したイオンのために自発分極は観測されないが，温度変化による熱膨張のために分極が発生する．微小温度変化ΔTに対する分極をΔP_iとしたとき

$$\Delta P_i = p_i \Delta T$$

となる．ここで，係数p_iを焦電係数という．表5.6に主要な圧電物質および焦電物質の特性を示す．

5.2 半導体（材料）
(1) 半導体の基本物性

表5.7に半導体の基本物性を示す．半導体を特徴づける基本量の一つが価電子帯と伝導帯のエネルギー差を表すバンドギャップエネルギーで，通常 eV 単位で示す（$1\,\text{eV}=1.6\times10^{-19}$ J）．伝導帯の電子の等エネルギー面が回転楕円体の場合，k_x, k_y, k_z をk空間の座標とし，

$$E(k) = \frac{h}{4\pi}\left(\frac{k_x^2+k_y^2}{m_{\text{et}}^*} + \frac{k_z^2}{m_{\text{el}}^*}\right)$$

と表したとき m_{et}^*, m_{el}^* などを電子有効質量という．$h=6.626\times10^{-34}$ J·s はプランク定数である．多くの半導体では価電子帯のエネルギー極大点で2つのバンドが縮退している．E-k分散関係の曲率が小さいバンドを重い正孔バンドと呼び，対応する有効質量をm_{hh}^*で表す（heavy hole band）．曲率が大きいバンドは軽い正孔バンドと呼ばれ対応する有効質量をm_{lh}^*で表す（light hole band）．表5.7に電子と正孔の移動度μ_eとμ_hの300 Kにおける典型的な値を示すが，結晶の不完全性が増すと不純物散乱などのため小さくなる[5]〜[9]．

(2) 主要な半導体中の不純物準位

図5.1に代表的な半導体中の不純物のイオン化エネルギーを示す．

母体結晶の構成元素と置き換わる置換型不純物

表5.7 半導体の基本物性 ([5] 表8.14, [6], [7], [9], [17])

物質名	化学式	バンドギャップエネルギー (E_g) [eV]	電子有効質量 (m_e^*)（電子質量 m_0 を単位）	正孔有効質量 (m_h^*)（電子質量 m_0 を単位）	典型的な移動度 [$m^2/V \cdot s$]	音速 [10^3 m/s]	室温熱伝導率 [W/K·m]
シリコン	Si	1.12	$m_{et}^* = 0.19\, m_0$ $m_{el}^* = 0.90\, m_0$	$m_{lh}^* = 0.16\, m_0$ $m_{hh}^* = 0.53\, m_0$	$\mu_e = 0.19$ $\mu_h = 0.05$	$v_L = 9.00$ $v_T = 5.41$	124
ゲルマニウム	Ge	0.66	$m_{et}^* = 0.082\, m_0$ $m_{eh}^* = 1.59\, m_0$	$m_{lh}^* = 0.043\, m_0$ $m_{hh}^* = 1.35\, m_0$	$\mu_e = 0.38$ $\mu_h = 0.18$	$v_L = 5.32$ $v_T = 3.26$	64
ダイヤモンド	C	5.47	$m_{et}^* = 0.36\, m_0$ $m_{el}^* = 1.4\, m_0$	$m_{lh}^* = 0.36\, m_0$ $m_{hh}^* = 1.08\, m_0$	$\mu_e = 0.18$ $\mu_h = 0.16$	$v_L = ?$ $v_T = ?$	2090
炭化ケイ素	SiC (3C)	2.4	$m_{et}^* = 0.25\, m_0$ $m_{el}^* = 1.5\, m_0$		$\mu_e = 0.08$ $\mu_h = 0.07$		490
炭化ケイ素	SiC (6H)	2.86	$m_{et}^* = 0.025\, m_0$ $m_{el}^* = 1.4\, m_0$	$m_h^* = 1.0\, m_0$	$\mu_e = 0.046$ $\mu_h = 0.01$		490
炭化ケイ素	SiC (4H)	3.02			$\mu_e = 0.100$ $\mu_h = 0.012$		490
アルミニウムアンチモン	AlSb	1.62	$m_e^* = 0.18\, m_0$	$m_{lh}^* = 0.14\, m_0$ $m_{hh}^* = 0.94\, m_0$	$\mu_e = 0.04$ $\mu_h = 0.055$	$v_L = 4.91$ $v_T = 2.84$	60
ガリウムリン	GaP	2.26	$m_e^* = 0.17\, m_0$	$m_{lh}^* = 0.14\, m_0$ $m_{hh}^* = 0.79\, m_0$	$\mu_e = 0.03$ $\mu_h = 0.015$	$v_L = 6.33$ $v_T = 3.75$	75
ガリウムヒ素	GaAs	1.42	$m_e^* = 0.066\, m_0$	$m_{lh}^* = 0.074\, m_0$ $m_{hh}^* = 0.62\, m_0$	$\mu_e = 0.88$ $\mu_h = 0.04$	$v_L = 5.12$ $v_T = 3.01$	56
ガリウムアンチモン	GaSb	0.7	$m_e^* = 0.045\, m_0$	$m_{lh}^* = 0.046\, m_0$ $m_{hh}^* = 0.49\, m_0$	$\mu_e = 0.77$ $\mu_h = 0.14$	$v_L = 4.3$ $v_T = 2.52$	27
インジウムリン	InP	1.35	$m_e^* = 0.077\, m_0$	$m_{lh}^* = 0.089\, m_0$ $m_{hh}^* = 0.85\, m_0$	$\mu_e = 0.6$ $\mu_h = 0.015$	$v_L = 4.99$ $v_T = 2.76$	80
インジウムヒ素	InAs	0.36	$m_e^* = 0.024\, m_0$	$m_{lh}^* = 0.027\, m_0$ $m_{hh}^* = 0.60\, m_0$	$\mu_e = 3.3$ $\mu_h = 0.46$	$v_L = 4.20$ $v_T = 2.35$	29
インジウムアンチモン	InSb	0.18	$m_e^* = 0.0137\, m_0$	$m_{lh}^* = 0.015\, m_0$ $m_{hh}^* = 0.47\, m_0$	$\mu_e = 10$ $\mu_h = 0.17$	$v_L = 3.70$ $v_T = 2.05$	16
窒化ガリウム	GaN	3.4	$m_e^* = 0.90\, m_0$	$m_{lh}^* = 0.027\, m_0$ $m_{hh}^* = 0.60\, m_0$	$\mu_e = 0.38$ $\mu_h = 0.18$		130
窒化アルミニウム	AlN	6.2	$m_e^* = 0.90\, m_0$	$m_{lh}^* = 0.027\, m_0$ $m_{hh}^* = 0.60\, m_0$	$\mu_e = 0.38$ $\mu_h = 0.18$		285
窒化インジウム	InN	0.65	$m_e^* = 0.90\, m_0$	$m_{lh}^* = 0.027\, m_0$ $m_{hh}^* = 0.60\, m_0$	$\mu_e = 0.38$ $\mu_h = 0.18$		
硫化亜鉛	ZnS	3.75	$m_e^* = 0.028\, m_0$	$m_{lh}^* = 0.23\, m_0$ $m_{hh}^* = 1.76\, m_0$	$\mu_e = 0.018$	$v_L = 5.47$ $v_T = 2.83$	25
セレン化亜鉛	ZnSe	2.68	$m_e^* = 0.17\, m_0$	$m_{lh}^* = 0.149\, m_0$ $m_{hh}^* = 1.44\, m_0$	$\mu_e = 0.054$ $\mu_h = 0.003$	$v_L = 4.37$ $v_T = 2.46$	14

で，構成元素より価電子数が1個多い不純物原子は，伝導帯のすぐ下にドナー準位を形成する．結合に寄与しない余分な電子は正電荷に弱く束縛されており，束縛エネルギー E_D および有効ボーア半径 a_B^* は水素原子モデルに半導体の誘電率 ε_S と結晶の周期ポテンシャルによる電子の有効質量 m_n^* を考慮して

$$E_D = \frac{1}{2(4\pi\varepsilon_S)^2} \frac{e^4 m_n^*}{\hbar^2} = Ry \left(\frac{\varepsilon_0}{\varepsilon_S}\right)^2 \left(\frac{m_0}{m_n^*}\right)$$

$$= 13.6 \left(\frac{\varepsilon_0}{\varepsilon_S}\right)^2 \left(\frac{m_0}{m_n^*}\right) [\text{eV}]$$

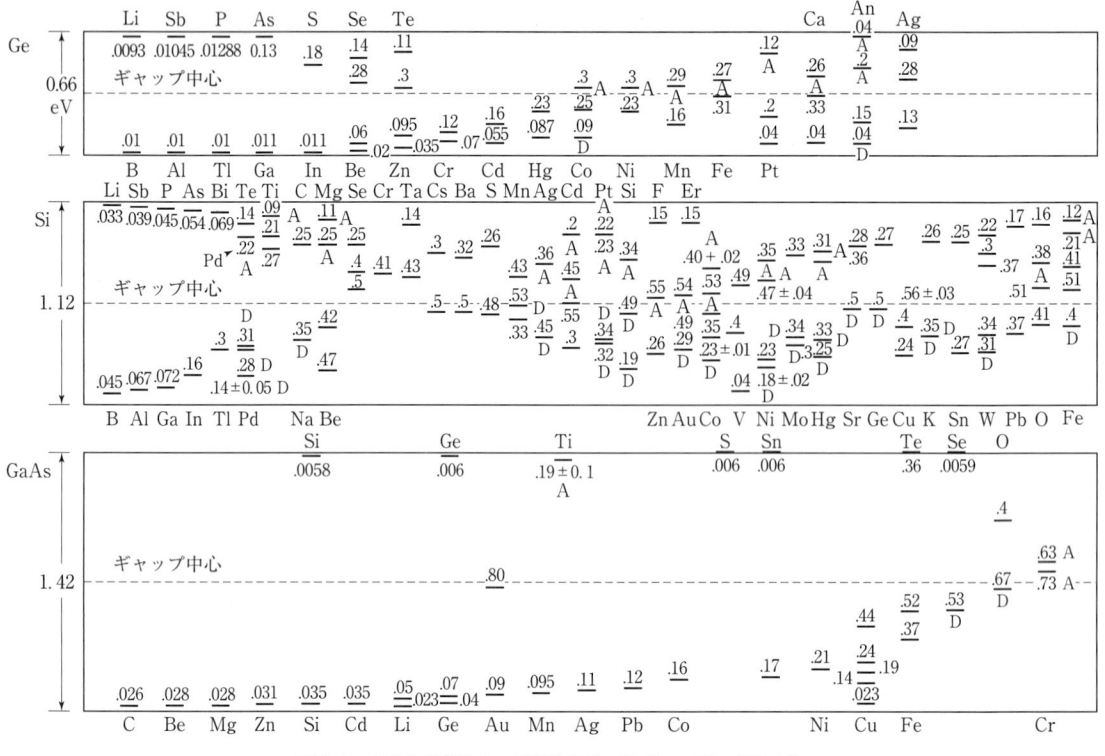

図 5.1 主要な半導体中の不純物準位（[[10] p.510, 図 8.16]）

$$a_B^* = \frac{4\pi\varepsilon_S \hbar^2}{m^* e^2} = a_B\left(\frac{\varepsilon_S}{\varepsilon_0}\right)\left(\frac{m_0}{m_n^*}\right)$$

$$= 0.053\left(\frac{\varepsilon_S}{\varepsilon_0}\right)\left(\frac{m_0}{m_n^*}\right) [\mathrm{nm}]$$

で与えられる．ここで，Ry はリュードベリ定数，ε_0 は真空の誘電率，m_0 は真空中の自由電子質量，e は電気素量である．E_D が室温の熱エネルギー（$k_B T/e = 25.9$ meV）と同程度以下の場合には室温で多くの電子は伝導帯に励起され，自由に動き回る伝導電子になる．シリコン中の不純物原子に束縛された電子の有効ボーア半径は 2 nm 程度となり，格子定数 0.54 nm より大きな値となる．このため比較的低い不純物濃度で波動関数の重なりが生じ，低温領域で金属-絶縁体転移やホッピング伝導などが観測される．GaAs では有効ボーア半径は 10 nm 程度とさらに大きくなる．

置換型不純物で構成元素より価電子数が1個少ない元素は，価電子帯のすぐ上のエネルギーギャップ中にアクセプタ準位を形成する．不足した結合を補うために周囲から取り込まれる電子の抜け穴が正孔となる．正孔の束縛エネルギー E_A, 有効ボーア半径 a_B^* も，電子の代わりに正孔の有効質量を用いて同様に表すことができる．E_A が室温の熱エネルギーと同程度の場合，室温で価電子帯に自由正孔が発生する．このように束縛エネルギーが小さい不純物準位を浅い不純物準位と呼ぶ．

結晶中に格子欠陥があると，ダングリングボンドやそれらの再構成が生じ，エネルギーギャップの中央部付近に局在エネルギー準位を形成する．非置換型不純物すなわち不純物原子が格子間位置を占める場合も，周囲との相互作用によって電子分布の再構成が生じ，深いエネルギー準位が形成される．これらは深い不純物準位と呼ばれ，電子や正孔の捕獲中心や再結合中心となる．発光デバイスでは再結合中心は発光効率を低下させるので，特に非発光再結合中心と呼ばれる．

(3) 混晶半導体のバンドギャップエネルギーと格子定数の関係（窒化物以外）

III-V 族（窒化物を除く），II-VI 族の代表的な

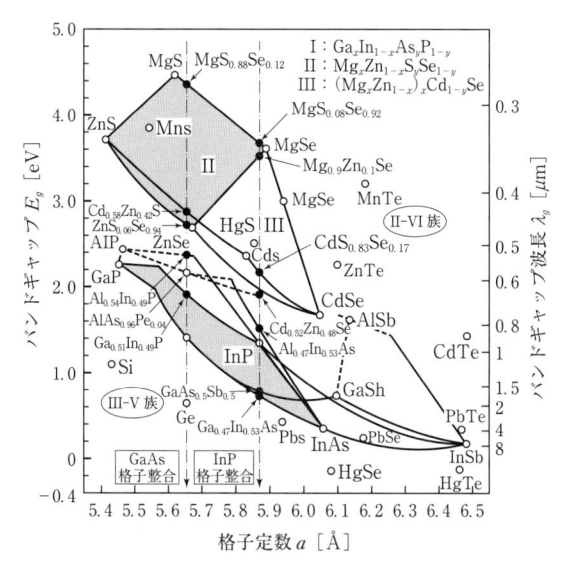

図5.2 混晶半導体のバンドギャップと格子定数の関係（窒化物以外）［［10］p.104, 図2.26］

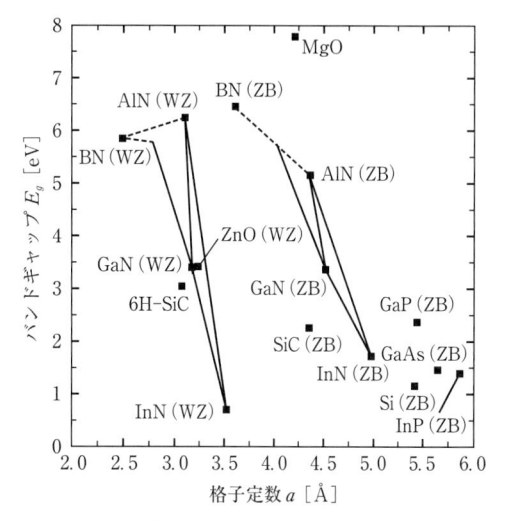

図5.3 混晶半導体のバンドギャップと格子定数の関係（窒化物半導体など）［［10］p.104, 図2.27］

化合物半導体のバンドギャップエネルギーと格子定数の関係を図5.2に示す．化合物半導体の良好な結晶を成長させるには類似性の高い基板結晶上にエピタキシアル結晶成長させるヘテロエピタキシアル法が有力であり，基板結晶と格子定数が一致することが望ましい（格子整合条件）．

図中の点はGaAs, InAsなどの2元化合物半導体を，これらの点を結ぶ線は3元混晶（InGaAsなど）の物性値を与える．またGaP, GaAs, InAs, InPを結ぶ線で囲まれた面領域は4元混晶であるInGaAsPを示す．4元混晶では組成比によって同じ格子定数をもちながら広い範囲でエネルギーギャップを連続的に変えることができ，ヘテロバイポーラトランジスタ，二重ヘテロ接合構造や量子井戸構造レーザなどのデバイスに利用されている．ヘテロ構造発光材料については光情報通信技術ハンドブック編集委員会編（2003：pp.181～187）[11]が詳しい．

（4）混晶半導体のバンドギャップエネルギーと格子定数の関係（窒化物半導体など）

GaN, AlNなどの窒化物半導体やSiC, ZnOなどはワイドバンドギャップ半導体と呼ばれ，紫外域短波長半導体レーザやLED，高温動作電子デバイスの材料として注目されている．一方InNはバンドギャップエネルギーが1 eV以下であることが確認され，InAlGaNの4元混晶では広範囲でエネルギーギャップを調整できる可能性がある．図5.3にこれらの半導体のバンドギャップと格子定数の関係を示す．

このほかにGaInNAsもバンドギャップが広範囲に変化できるため注目されている．

（5）主要な半導体の光吸収特性（紫外光-近赤外光）

エネルギーバンド構造を反映して，固体はバンドギャップエネルギー以上の光子に対して強い光吸収（基礎吸収）を生じる．半導体の場合，基礎吸収の起こる最低エネルギー（基礎吸収端）は紫外～赤外域に及び，様々な受光素子として利用されている．図5.4に主要な半導体の紫外-近赤外域での光吸収特性を示す．強度Iの光が物質中をΔzだけ進む間に吸収によりΔIだけ低下する場合，吸収係数αは比例係数として$\Delta I = -\alpha I \Delta z$で定義される．このため物質中の光強度は入射表面からの深さzに対して

$$I(z) = I_0 \exp(-\alpha z)$$

と表され，光強度が入射表面強度の1/eとなる距離（$z_0 = 1/\alpha$）を吸収長または侵入深さと呼ぶ．なお低温ではバンドギャップエネルギーが増加するので，吸収端は高エネルギー（短波長）側に移動する．

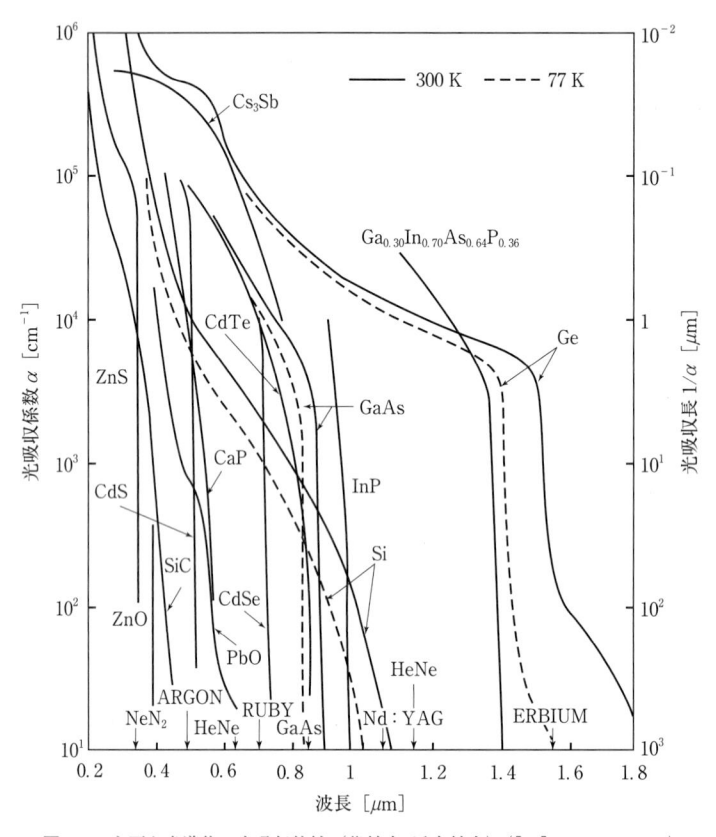

図 5.4 主要な半導体の光吸収特性（紫外光-近赤外光）（[12] p. 750, Fig. 5）

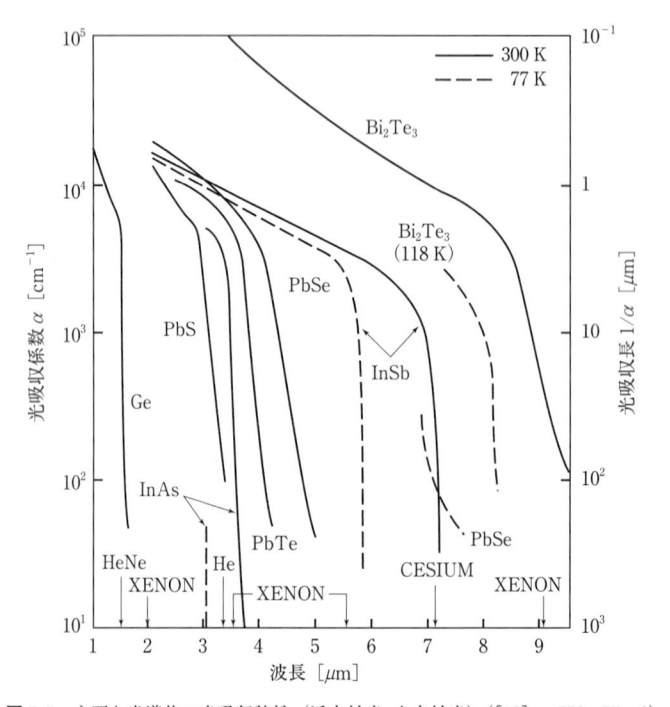

図 5.5 主要な半導体の光吸収特性（近赤外光-中赤外光）（[12] p. 750, Fig. 6）

(6) 主要な半導体の光吸収特性（近赤外光-中赤外光）

近赤外-中赤外域の吸収端をもつ主要な半導体の光吸収特性を図5.5に示す．バンドギャップエネルギーが小さい物質を用いた受光素子では熱励起キャリアによる雑音の影響が増すため，長波長赤外域の受光時にはこれらの半導体を冷却して使用する必要性が高くなる．

5.3 レーザ材料・光学材料
(1) 希土類イオンレーザ材料の特性

1960年に初めて発振したルビーレーザをはじめとして，遷移金属イオンや希土類イオンなどを光励起する方式の固体レーザが開発され，高出力化が進められてきた．Nd^{3+}，Ho^{3+}，Er^{3+}，Tm^{3+}，Yb^{3+}などの3価希土類ランタニドイオンは，多くの母材でレーザ発振が得られている．近年特に半導体レーザ（LD）励起の固体レーザは小型化，高出力化が目覚しく，特性に著しい向上が得られている．表5.8に代表的なLD励起での希土類イオンレーザ材料の特性を示す．Nd:YAG結晶は大出力用，Nd:YVO$_4$結晶は小型高効率用として代表的な固体レーザ材料である．

(2) 可変波長固体レーザ材料の特性

Cr^{3+}，V^{2+}，Ni^{2+}，Co^{2+}，Ti^{3+}などの遷移金属イオンにより，波長可変固体レーザの発振が得られている．表5.9に室温発振する代表的な波長可変固体レーザ材料の特性を示す．

チタンサファイア（Ti:Al$_2$O$_3$）レーザは誘導放出断面積が大きく発振が容易で，熱伝導率がYAG結晶より高く，0.66～1.1 μmの広帯域発振が可能であることから広く利用されている．LD励起のNd:YAGやNd:YLFレーザの第2高調波による短波長化も進められている．

表5.8 希土類イオンレーザ材料の特性（[10] p.91, 表2.2）

元素母材 (濃度)	レーザ波長 λ_0 [μm]	誘導放出断面積 σ_{21} [10^{-19}cm^2]	蛍光寿命 τ [μs]	励起波長 λ_p [μm]	吸収係数 α_p [cm^{-1}]
Nd:YAG (Y$_3$Al$_5$O$_{12}$) (1.0%)	0.946 / 1.0644 / 1.318	0.40 / 6.50 / 0.92	230 / 230 / 230	0.808 / 0.808 / 0.808	8.50
Nd:YLF (YliF$_4$) (1.0%)	1.047 / 1.053	1.87 / 1.25	460 / 460	0.792 / 0.792	7.0 / 2.4
Nd:YVO$_4$ (1.1%)	1.0643 / 1.342	20 / 6	90 / 90	0.809	31.1
Nd:GdVO$_4$ (1.2%)	1.0636 / 1.34	7.60 / 1.80	90 / 90	0.808 / 0.808	78
Yb:YAG (10%)	1.03	0.23	951	0.940	10.5
Tm:YAG (4.0%)	2.02	0.02	10,000	0.785	3.0
Er:YAG (1.0%)	2.937	0.26	100	0.970	0.3

表5.9 波長可変固体レーザ材料の特性（[10] p.92, 表2.3）

イオン結晶 (名称)	レーザ波長 λ_0 [μm]	誘導放出断面積 σ_{21} [10^{-19}cm^2]	蛍光寿命 τ [μs]	励起方法
Cr^{3+}:BeAl$_2$O$_4$ (アレキサンドライト)	0.7-0.818	0.1-0.5	220	フラッシュランプ (LD)
Cr^{3+}:LiCaAlF$_6$ (LiCAF)	0.72-0.84	0.28	170	LD
Cr^{3+}:LiSrAlF$_6$ (LiSAF)	0.78-1.01	0.48	67	LD
Co^{2+}:MaF$_2$	1.75-2.50	～0.015	37	Nd:YAG (1.33 μm)
Cr^{4+}:YAG	1.34-1.54	4.0	～4	Nd:YAG (1.06 μm)
Ti^{3+}:Al$_2$O$_3$ (チタンサファイア)	0.66-0.10	3.0	3.2	Nd:YAG SH (533 nm)

(3) 各種の半導体レーザの活性層，クラッド層，基板材料と発光波長域

発光効率の高い直接遷移型バンド構造の化合物半導体を利用して，紫外～赤外域の広い波長領域で半導体レーザが実現されている．自然放出光を種として誘導放出光を発生させる活性層を，よりバンドギャップエネルギーの高いクラッド層で挟んでキャリアと光子の閉じ込めを行う二重ヘテロ接合（DH）構造，あるいはその構造でさらに活性層厚を10 nm以下に狭くして量子力学的閉じ込めを利用した量子井戸構造が基本となっている．これらのヘテロ接合構造においては，異なる物質を積層させても結晶格子の乱れがないヘテロ

表5.10 各種の半導体レーザの活性層,クラッド層,基板材料と発光波長域([10] p.105, 表2.9)

混晶	DH 構造の材料構成			発光波長 [μm]
	活性層	クラッド層	基 板	0.5 1 5 10
III-V	InGaN	AlGaN	Al$_2$O$_3$, SiC	
	GaInP	AlGaInP	GaAs	
	AlGaAs	AlGaAs	GaAs	
	InGaAs	AlGaAs	GaAs	
	GaInNAs	AlGaAs	GaAs	
	GaInAsP	InP	InP	
	AlGaAsSb	AlGaAsSb	GaSb	
	InAsSbP	InAsSbP	InAs	
IV-VI	PbSnSeTe	PbSnSeTe	PbTe	
II-VI	CdZnSe	MgZnSSe	GaAs	

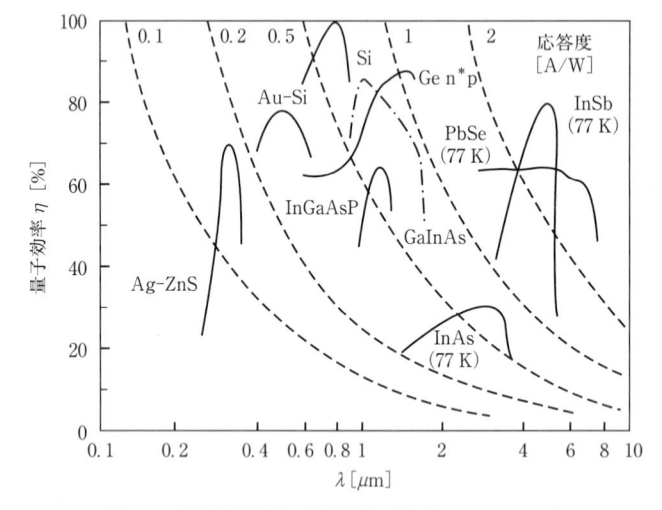

図5.6 受光素子材料の量子効率([12] p.751, Fig.7)

エピタキシャル成長を実現することが必要であり,基板と活性層,クラッド層の適切な組合せが重要となる.GaAs-AlGaAs 系は格子定数の相違がほとんどないため(図5.2 参照),高品質結晶成長上有利であるが,逆に意図的に格子定数の相違による内部応力の効果を積極的に利用した構造も作製されている.表5.10 に各種の半導体レーザの活性層,クラッド層,基板材料と発光波長域を示す.

(4) 受光素子材料の量子効率

受光素子の特性上重要な量子効率 η は,入射した光子数に対する発生電子-正孔対の数の比として

$$\eta = \frac{I_p/e}{P_{opt}/h\nu}$$

で定義される.ここで,I_p は光電流,$h\nu$ は光子エネルギー,P_{opt} は入射光パワーである.図5.6 に主な受光素子材料の量子効率を示す.

素子特性の応用面での指標としては,入射光パワーに対する光電流の比

$$R = I_p/P_{opt} = \frac{\eta e}{h\nu} = \frac{\eta \lambda [\mu m]}{1.24} \text{ [A/W]}$$

で定義される応答度(responsivity)が用いられる.図中では破線で応答度の目盛を示している.

(5) 光電子放射材料の量子効率

光子の入射により光電面物質の価電子帯にあった電子が励起され,表面障壁を越えて真空中に放出される現象を外部光電効果という.この現象は物質の仕事関数(真空準位とフェルミ準位とのエネルギー差)や電子親和力(真空準位と伝導帯下

5章 電子物性・電子材料

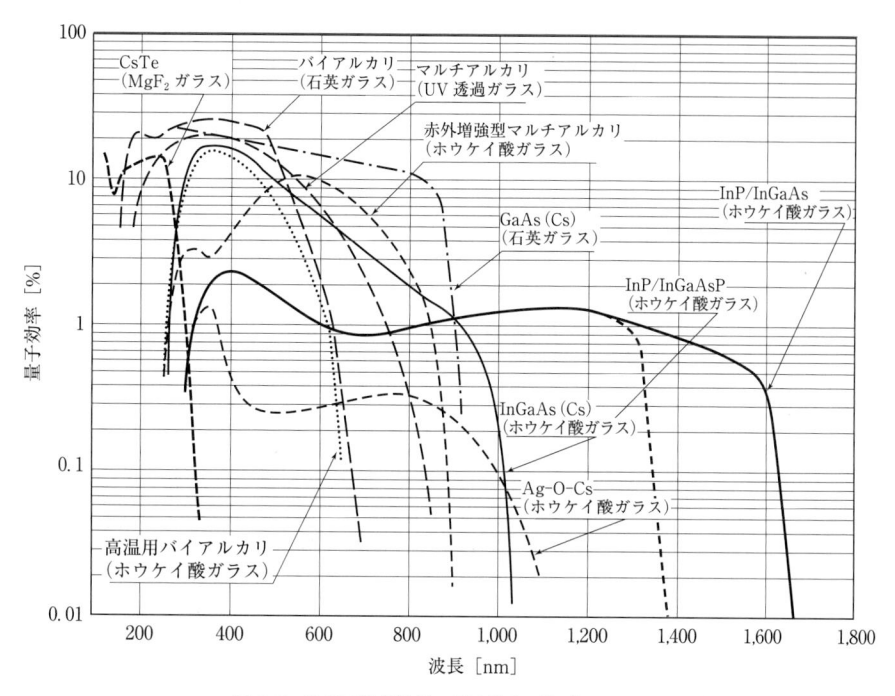

図 5.7 光電子放射材料の量子効率（[10] p.37，図 1.50）

表 5.11 代表的な一次電気光学結晶の性質（[13] p.166，表 1.2.2(a)）

結晶名	点 群	mk	r_{mk}^T [×10^{-12} m/V]	r_{mk}^S	屈折率	誘電率	半波長電圧 V_π [kV]	備 考
SiO$_2$	32	11	−0.47	0.23	1.546 (n_o)	4.3 (ε_1)		
		41	0.20	0.1	1.555 (n_e)	4.3 (ε_3)		
KH$_2$PO$_4$	$\bar{4}2m$	63	−10.5	9.7	1.47 (n_o)	42 (ε_1)		T_c = 123 K
		41	8.6		1.51 (n_e)	21 (ε_3)		
KD$_2$PO$_4$	$\bar{4}2m$	63	26.4	24	1.47 (n_o)	58 (ε_1)	7.5	T_c = 213 K
		41	8.8		1.51 (n_e)	50 (ε_3)		
BaTiO$_3$	4 mm	33		28	2.39 (n_o)	2,000 (ε_1)	0.48	T_c = 405 K
		13		8	2.33 (n_e)	100 (ε_3)		
		51	1,640	1,640				
LiNbO$_3$	3 m	33	32	30.8	2.286 (n_o)	43 (ε_1)	2.8	T_c = 1,483 K
		13	10	8.6	2.200 (n_e)	28 (ε_3)		
		51	33	28				
		22	6.7	3.4				
LiTaO$_3$	3 m	33	33	35.8	2.176 (n_o)	41 (ε_1)	2.6	T_c = 938 K
		13	8	7.9	2.180 (n_e)	43 (ε_3)		
		51	20	20				
		22	~1	~1				
Ba$_2$NaNb$_5$O$_{15}$	mm 2	33	48	29	2.322 (n_a)	222 (ε_1)	1.57	T_c = 833 K
		13	15	7	2.321 (n_b)	227 (ε_2)		
		23	13	8	2.218 (n_c)	32 (ε_3)		
		42	92	79				
		51	90	95				
(SrBa)Nb$_2$O$_6$-75	4 mm				2.42 (n_o)	250 (ε_3)	0.48	T_c ~ 470 K
					2.36 (n_e)			

(6) 一次電気光学結晶の特性

反転対称性をもたない結晶に電界を加えるときに生じる線形応答の屈折率変化を一次電気光学効果またはポッケルス効果という．屈折率テンソルの主軸系を用いて屈折率楕円体を導入するのが便利である．

$$\frac{x^2}{n_1^2}+\frac{y^2}{n_2^2}+\frac{z^2}{n_3^2}=1$$

電界 (E_x, E_y, E_z) を印加すると屈折率テンソルが変形して

$$\left[\frac{1}{n_1^2}+\Delta\left(\frac{1}{n_1^2}\right)\right]x^2+\left[\frac{1}{n_2^2}+\Delta\left(\frac{1}{n_2^2}\right)\right]y^2+\left[\frac{1}{n_3^2}+\Delta\left(\frac{1}{n_3^2}\right)\right]z^2$$
$$+\left[\Delta\left(\frac{1}{n_4^2}\right)\right]yz+\left[\Delta\left(\frac{1}{n_5^2}\right)\right]zx+\left[\Delta\left(\frac{1}{n_6^2}\right)\right]xy=1$$

となる．線形応答の場合，変化分を表す6成分ベクトル [$\Delta(1/n_m^2)$]($m=1\sim6$) と電界ベクトル (E_k)($k=1\sim3$) とを結びつける6行3列のテンソル (r_{mk}) の成分を電気光学定数またはポッケルス定数という．

$$\left[\Delta\left(\frac{1}{n_i^2}\right)\right]=\sum_j r_{ij}E_j$$

代表的な一次電気光学結晶の性質を表5.11に示す．

光変調器に応用するとき，光の位相変化がπラジアンとなる電圧を半波長電圧という．光の伝搬方向と印加電圧の方向が一致する縦型配置の場合半波長電圧は素子の寸法によらず，材料定数のみで決まる．

(7) 可視光発生用二次非線形光学結晶の特性

基本波（角周波数ω）の光電界強度を (E_x, E_y, E_z) とし，これによって非線形光学結晶中に発生する二次高調波（角周波数2ω）の光電気分極を (P_x, P_y, P_z) とするとき，

$$P_i=\sum_{j,k=x,y,z}\delta_{ijk}E_jE_k$$

の関係が成り立つ．δ_{ijk}を二次非線形光学定数という．基本波の電界に関する対称性から独立の成分は18個になるので，jk=11, 22, 33, 23, 31, 12 をそれぞれ m=1, 2, 3, 4, 5, 6 と表し，$\delta_{ijk}=d_{mk}$ によって"縮約された二次非線形光学定数"を定義する（単に二次非線形光学定数と呼ばれることも多い）．結晶中で発生する二次高調波の位相がそろって出力されるためには基本波と二次高調波の

表5.12 可視光発生用非線形光学結晶の諸特性（[13] p.170, 表1.2.3）

結晶	結晶系（点群）	融点[℃]	光透過域[μm]	位相整合波長[μm]	非線形光学定数 d_{ij} [pm/V] (1.06 μm)	角度許容幅[mrad・cm]	温度許容幅[℃・cm]	波長許容幅[nm・cm]	基本構造
LiNbO$_3$	三方晶 (3m)	1265	0.4〜4.5	1.0 (タイプI)	$d_{22}=2.6$ $d_{31}=-5.95$ $d_{33}=-34.4$	0.7 (タイプI)	0.7	0.09	(MO$_6$)$^{n-}$
LiTaO$_3$	三方晶 (3m)	1650	0.3〜4.5	(QPMのみ可能)	$d_{22}=2.8$ $d_{31}=-1.7$ $d_{33}=-26$	—	2.5 (QPM)	0.1 (QPM)	(MO$_6$)$^{n-}$
KNbO$_3$	斜方晶 (mm2)	(分解溶融)	0.4〜5.5	0.6〜 (タイプI)	$d_{31}=-18.3$ $d_{32}=-15.8$ $d_{33}=-27.4$	0.5 (タイプI)	0.3	0.06	(MO$_6$)$^{n-}$
LiIO$_3$	六方晶 (6)	—	0.3〜5.5	0.7〜 (タイプI)	$d_{15}=-5.53$ $d_{31}=-7.11$ $d_{33}=-7.02$	0.3 (タイプI)	6.9	0.32	(IO$_3$)$^-$
KH$_2$PO$_4$	正方晶 ($\bar{4}$2m)	160	0.18〜1.5	0.78〜1.5 (タイプI)	$d_{36}=0.43$	1.1 (タイプI) 2.2 (タイプII)	18	10.6	(PO$_4$)$^{3-}$
KTiOPO$_4$	斜方晶 (mm2)	1,148	0.35〜4.5	0.85〜 (タイプI) 1.0〜 (タイプI)	$d_{31}=2.54$ $d_{32}=4.53$ $d_{33}=16.9$	(タイプII)	25	0.56	(TiOXO$_4$)$^-$

位相が整合する必要がある．表5.12に位相整合条件を満たす波長領域（角度や温度で調整），角度許容幅，温度許容幅，波長許容幅を同時に示す．位相整合がとれない場合にも周期構造をつくりつけて発生する空間高調波成分を利用した擬位相整合（QPM）を用いると効率的に高調波を発生することができる．基本構造の欄は大きな非線形光学効果を生み出す分子内のボンドの種類による分類を示している．無機および有機非線形材料と非線形光学については谷内（2003：pp.66～99）[11]が詳しい．

(8) 光ファイバ・光導波路材料の特性

低屈折率のクラッド層で高屈折率のコア層を囲んだ光導波路では全反射現象によって低損失で光が伝搬できる．光ファイバ通信に最もよく用いられるのが近赤外光に対する損失が小さい石英系ファイバであり，平面光回路にも用いられる．プラスティックスは安価で加工が容易であるため，近距離伝送用の多モードファイバとして用いられる．表5.13に典型的な損失を導波路構造またはバルク材料について示す．光ファイバの特性は材料のみならず，構造によって大きく変化する．構造との関係については田中（2003：pp.265～282）[11]が詳しい．

(9) 石英系光ファイバの伝送損失スペクトル

世界中に張りめぐらされた光ファイバケーブルの大部分は石英系光ファイバであり，損失の少ない波長1～1.7 μm の波長領域で用いられている．異なる波長に異なる情報を載せる方法を波長分割多重（WDM）方式という．伝送損失には吸収によるものと散乱によるものがあり，損失要因別のスペクトルが図5.8に示されている．

表5.13 光ファイバ・材料の特性（[14] p.206, 表41）

導波路または材料	名称	測定波長 [μm]	典型的な伝送損失 [dB/cm]
導波路	石英系ファイバ	1.55	0.2×10^{-5}
導波路	石英系平面導波路	1.55	0.01
導波路	重水素化PMMAファイバ（d-PMMA）	0.65～0.68	20×10^{-5}
導波路	PMMAファイバ	0.568	55×10^{-5}
材料	重水素化PMMA（d-PMMA）	0.85 1.3 1.55	0.02 0.1 1.5
材料	フッ素化ポリイミド	1.3 1.55	0.3 0.6
材料	重水素化シリコーン	1.3 1.55	0.19 0.28
材料	ベンゾシクロブテン（BCB）	1.3	0.4
材料	UV硬化エポキシ樹脂	0.85 1.3 1.55	0.1 0.5 3
材料	UV硬化アクリレート	1.55	0.24
材料	ポリカーボネート	0.85	0.2

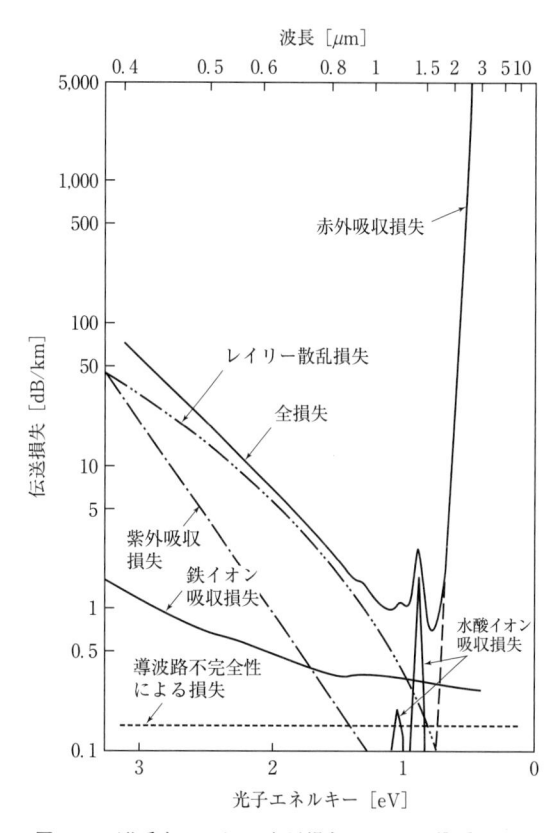

図5.8 石英系光ファイバの伝送損失スペクトル（[15] p.173, Fig.6.19）
アルミナをドープした石英系単一モードファイバの伝送損失スペクトル．コアとクラッドの屈折率差が0.3%の場合．

5.4 太陽電池材料

(1) 太陽電池の変換効率

クリーンエネルギーの代表的存在である太陽電池の開発は現在も進行中であり，変換効率は時間

表 5.14 各種太陽電池の変換効率 ([2] p.523, 表 7.5.1, [10] p.638, 表 9.7)

	種類	現状の効率 [%]	面積 [cm²]	備考
バルク型	Si 太陽電池モジュール	13〜15	4,800	市販のモジュール
	単結晶 Si	22.7	778	高効率化を狙ったモジュール
	単結晶 Si	24	4	
	多結晶 Si	18.6	1	HEM 法による多結晶 Si
	多結晶 Si	17.2	100	キャスト法
	Si (集光)	26.8	1.6	96 倍集光
	GaAs	25.1	3.9	AlGaAs 窓層
	GaAs (集光)	27.6	0.126	255 倍集光
	Ge 基板上への GaAs	24.3	4	ヘテロエピ成長
	GaAs/Si	31	1	4 端子タンデム
	GaInP/GaAs	30.3	4	2 端子タンデム
	InGaP/GaAs/InGaAs	33.3	1	InGaP/GaAs 2 端子タンデムと InGaAs 太陽電池とのメカニカルスタック構造
	GaAs/GaSb	32.6	0.053	100 倍集光, 4 端子タンデム
	InP	21.9	4	宇宙用途
	InP (集光)	24.3	0.075	99 倍集光
薄膜型	多結晶 Si	16.0	95.8	厚さ 77 μm
		10.1	1.2	厚さ 2 μm
	a-Si シングル	9.2 (10.2)	0.25 4,050	pin 構造 初期効率
	a-Si/a-SiGe	11.2 9.5	0.25 1,200	2 層タンデム, 2 端子 同上
	a-Si/a-SiGe/a-SiGe	12.3 10.4	0.25 900	3 層 (トリプル), 2 端子 同上
	Cu(InGa)Se₂	17.7 14.2 11.1	0.41 51.7 3,664	蒸着法 セレン化法 セレン化法
	CdTe	16.0 10.4	1 882	近接昇華法 近接昇華法

アモルファス太陽電池の効率は, 初期劣化後の安定化効率を示す.

とともに塗り替えられていく. 単一波長光に対する変換効率は材料の光吸収スペクトルとダイオードの構造によって定まる. 太陽光は広いスペクトル幅をもつため, 特定の物質はその一部しか効率よく変換できない. 異なるバンドギャップエネルギーをもつ半導体を組み合わせたタンデム型太陽電池が有利である. 太陽電池の実用的価値は変換効率と並んで, 作製のための投資 (エネルギー投資および資金投資) との比較が重要である. 多結晶材料, アモルファス材料は単結晶と比べて安価で大面積の素子を作製することが容易である特徴をもつ. 化合物半導体素子は, 変換効率は高いが大面積化することが困難であり, 集光光学系を用いた方式が適している. 表 5.14 に各種太陽電池の変換効率を示す.

(2) 太陽電池の理論限界効率と実現効率

太陽電池の電流電圧特性は

$$I = I_0 \left\{ \exp\left[\frac{eV}{nkT}\right] - 1 \right\} - I_{sc}$$

で表される. ここで, I は電流, V は電圧, T はケルビン温度, e は電気素量, k はボルツマン定数である. 素子特性を表すパラメータは飽和電流 I_0 とアイデアル因子 n である. I_{sc} は短絡光電流であり, 入射光子流に比例する. 太陽電池から取り出す電力を最大にするには最適の負荷を接続し, 最適負荷点の電圧と電流の積 $V_{MAX}I_{MAX}$ の積を規格化して与えられるが, 標準の太陽電池特性を仮定すれば両者は短絡光電流 I_{sc} により一義的に定まる. 入射フォトン束密度を $\Phi(\lambda)$, 吸収係数を α, 吸収層深さを d とすると

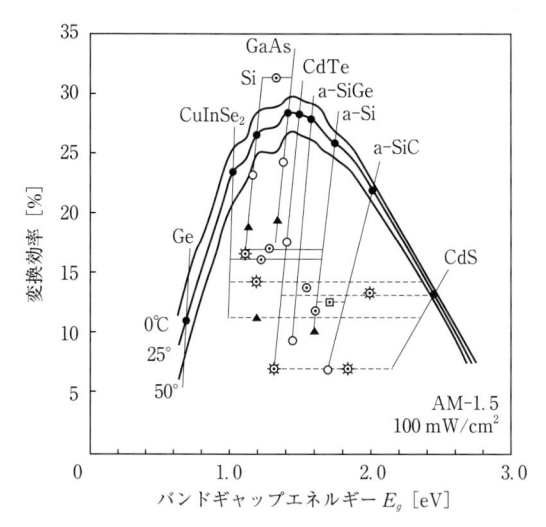

図 5.9 材料による太陽電池の理論変換効率と実現された変換効率の比較（入射光条件が地上の標準太陽スペクトル AM-1.5 で 100 mW/cm² の場合）（[16] p.36, 図 2.11）

理論変換効率（●印），研究開発段階の実現変換効率（○印），大量生産段階の実現変換効率（▲）の比較．吸収層が 2 種類の材料となるタンデム型太陽電池（◉印）とヘテロ接合太陽電池（◻印）は水平破線で 2 つの材料を結んで示す．さらに，実用性の高い多結晶シリコンの場合，多結晶ヘテロ接合の場合も記号を分けて表示した．

$$I_{sc} = A\int \Phi(\lambda)\alpha \exp[-\alpha d]\, d\lambda$$

で与えられる．$\Phi(\lambda)$ として地上の標準太陽スペクトルを用い，吸収スペクトル $\alpha(\lambda)$ としてそれぞれの材料についての実験値を代入すれば理論変換効率が求まる．図 5.9 に材料による太陽電池の理論変換効率と実現された変換効率の比較を示す．単結晶シリコン，多結晶シリコン，アモルファスおよび微結晶シリコン，CIS および CIGS，III-V 族半導体，色素増感太陽電池など，各種材料を用いた太陽電池の詳しい説明が浜川（2004：p.49, 72, 87, 138, 155, 176）[16] にある．

〔神谷武志・鎌田憲彦〕

参考文献

[1] 国立天文台編：理科年表（平成 18 年），丸善（2005）
[2] 木村忠正・八百隆文・奥村次徳・豊田太郎編：電子材料ハンドブック，朝倉書店（2006）
[3] 鈴木敏正・伊藤良一・神谷武志編：先端材料ハンドブック，朝倉書店（1988）
[4] 多田邦雄・松本 俊：光・電磁物性，コロナ社（2006）
[5] 応用物理学会編：応用物理データブック，p.443, 丸善（1994）
[6] 赤崎 勇編著：III 族窒化物半導体，p.12, 32, 34, 37, 培風館（1999）
[7] 荒井和雄・吉田貞史編著：SiC 素子の基礎と応用, p.14, オーム社（2003）
[8] 日本化学会：化学便覧（第 5 版），応用化学編 1, I-253, 丸善（1995）
[9] O. Madelung (ed.)：Semiconductors—Basic Data, 2nd revised edition, p.5, 47, 60, 69, 86, 122, Springer Verlag（1996）
[10] 応用物理学会編：応用物理ハンドブック，丸善（2002）
[11] 光情報通信技術ハンドブック編集委員会編：光情報通信技術ハンドブック，コロナ社（2003）
[12] S. M. Sze：Physics of Semiconductor Devices, 2nd edition, Wiley Interscience（2000）
[13] 辻内順平・黒田和男・大木裕史・河田 聡・小嶋 忠・武田光夫・南 節雄・谷貝豊彦・山本公明編：最新光学技術ハンドブック，朝倉書店（2002）
[14] 電気学会編：電気工学ハンドブック（第 6 版），オーム社（2001）
[15] T. Izawa and S. Sudo：Optical Fibers：Materials and Fabrication, KTK/Reidel（1986）
[16] 浜川圭弘編著：太陽電池，コロナ社（2004）
[17] V. Y. Davydov, A. A. Klochikhin, V. V. Emtsev, D. A. Kurdyukov, S. V. Ivanov, V. A. Vekshin, F. Bechstedt, J. Furthmuller, J. Aderhold, and J. Graul：Phys. Stat. Sol. (b), Vol. 234, p.787（2002）

6章 計測技術

6.1 国際単位系（SI）

　計測値や測定値が客観性をもつためには基準となる普遍的な量を定めなければならない．客観的基準として用いる一定の大きさの量を単位（unit）といい，単位量が定められている．複数の単位量を物理的な関係で結び付け，合理的な体系として構築した単位量の体系が国際単位系である．メートル条約のもとで，すべての国が採用しうる1つの単位制度確立を目指した検討の結果1960年に採用された．英語では International System of Unit であるが，フランス語の Le Système International d'Unités の省略で SI と呼ばれる．SI は図6.1に示す7個の基本単位を中心に，物理学で確立された量関係を利用して図6.1に示す組立単位を導く．SI では，すべての組立単位が基本単位の乗除で構成され，その係数が1であるように構築された一貫性のある単位系である．また，10^{24}〜10^{-24} まで主として1,000倍の比率をもつ接頭語が定められている．

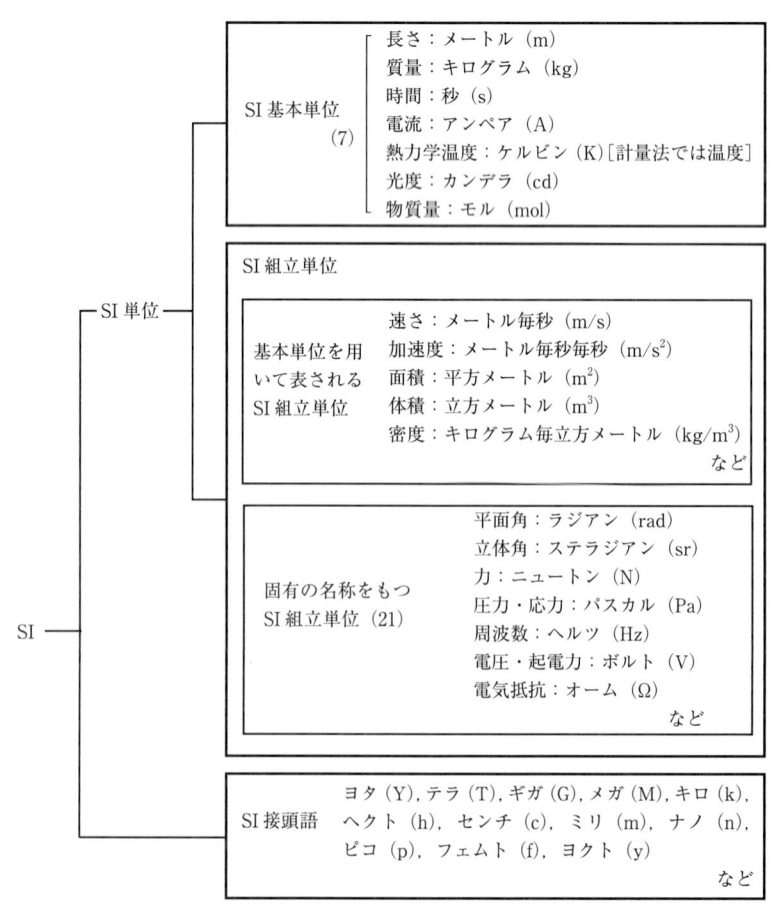

```
              ┌ SI基本単位       ┌ 長さ：メートル（m）
              │  （7）           │ 質量：キログラム（kg）
              │                 │ 時間：秒（s）
              │                 │ 電流：アンペア（A）
              │                 │ 熱力学温度：ケルビン（K）［計量法では温度］
              │                 │ 光度：カンデラ（cd）
              │                 └ 物質量：モル（mol）
              │
              │ SI組立単位
              │  ┌ 基本単位を用   ┌ 速さ：メートル毎秒（m/s）
   ─ SI単位 ─┤  │ いて表される   │ 加速度：メートル毎秒毎秒（m/s²）
              │  │ SI組立単位    │ 面積：平方メートル（m²）
              │  │              │ 体積：立方メートル（m³）
              │  │              └ 密度：キログラム毎立方メートル（kg/m³）
              │  │                                                  など
              │  │
              │  │ 固有の名称をもつ ┌ 平面角：ラジアン（rad）
              │  │ SI組立単位（21） │ 立体角：ステラジアン（sr）
              │  └                │ 力：ニュートン（N）
  SI ─┤                          │ 圧力・応力：パスカル（Pa）
              │                   │ 周波数：ヘルツ（Hz）
              │                   │ 電圧・起電力：ボルト（V）
              │                   └ 電気抵抗：オーム（Ω）
              │                                               など
              │
              │ SI接頭語    ヨタ（Y），テラ（T），ギガ（G），メガ（M），キロ（k），
              └            ヘクト（h），センチ（c），ミリ（m），ナノ（n），
                           ピコ（p），フェムト（f），ヨクト（y）
                                                               など
```

図6.1　現在の国際単位系（SI）の構成（[2] p. 47, 図1.3）

6.2 電気量標準とトレーサビリティ
(1) 電気量の単位の組み立て

電気量の単位と名称，定義を表6.1に示す．SIの基本単位であるアンペア［A］から，他の電気単位を導く手順を表6.1に示した．電気量と力学量との関係を利用してボルト以下の単位を定めるのがSIの本来の考え方である．

表6.1にみられるように電気量のSI基本単位はアンペア［A］である．1Aは真空中に1mの間隔で平行に置かれた2本の導線に電流を流すとき，電線1m当たり$2×10^{-7}$ニュートン［N］の力が作用する電流と定義される．この定義に従い電流の絶対測定が試みられたが，不確かさが10^{-5}～10^{-6}程度で，計測標準としては精度が不十分であった．

現在の電気量標準は図6.2に示すように最も不確かさが小さい時間標準から誘導され，電圧と抵抗の量子標準により定められる．電圧標準は交流ジョセフソン効果，抵抗標準は量子ホール効果に基づいて定められ，電流標準は電圧と抵抗の比から導かれる．

(2) 電気量標準の決定と供給体系

計測あるいは測定に普遍性を与えるために定めた基準量または量の実現方法を計測標準という．計測情報の正確さは，使われる標準の正確さに左右される．

現在の電気量標準は図6.2に示すように時間標準から誘導され，さらに電圧と抵抗の量子標準により定められる．1976年以後，電圧標準は後述する交流ジョセフソン効果により，さらに，1990年からは抵抗標準が量子ホール効果に基づいて定められた．すべての標準の誘導段階で量子標準と物理定数を使用するので，標準を使用する地域や時間に関係なく同一の値が得られる．

(3) 電気量の量子標準
a. 電圧標準

ジョセフソン接合は図6.3(a)に示すように2枚の超伝導体を1～2nmの薄い絶縁体で隔てた接合である．これに周波数fのマイクロ波を加えると接合の電圧-電流特性に図のような階段状の特性が現れる．階段の高さはすべて等しく，1段当たりの電圧ステップvが2個の物理定数h（プランク定数），e（電子の電荷）を介して

$$v = \left(\frac{h}{2e}\right)f \tag{6.1}$$

のように周波数fと対応づけられる．したがって，fをCs原子周波数標準で決定し，物理定数の値

表6.1 電気単位の組み立て（［1］p.233，表10）

単位	定義
ボルト V	1Aの電流が流れる導体の2点間において消費される電力が1Wであるときに，その2点間の電圧　V=W/A
オーム Ω	1Aの電流が流れる導体の2点間の電圧が1Vであるときに，その2点間の抵抗　Ω=V/A
クーロン C	1Aの電流によって1s間に運ばれる電気量　C=A・s
ファラド F	1Cの電気量を充電したときに1Vの電圧を生じる静電容量　F=C/V
ヘンリー H	1A/sの割合で一様に変化する電流が流れるときに，1Vの起電力を生じる閉回路のインダクタンス　H=V/(A/s)=V・s/A=Wb/A
ウェーバ Wb	1回巻きの閉回路と鎖交する磁束が一様に減少して1s後に消滅するとき，その閉回路に1Vの起電力を生じさせる磁束　Wb=V・s

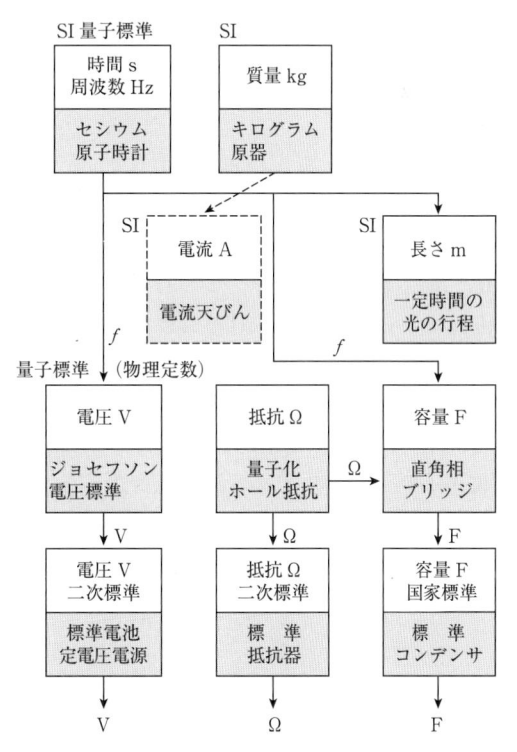

図6.2 電気量標準の決定と供給体系（［3］p.23，図2.6）

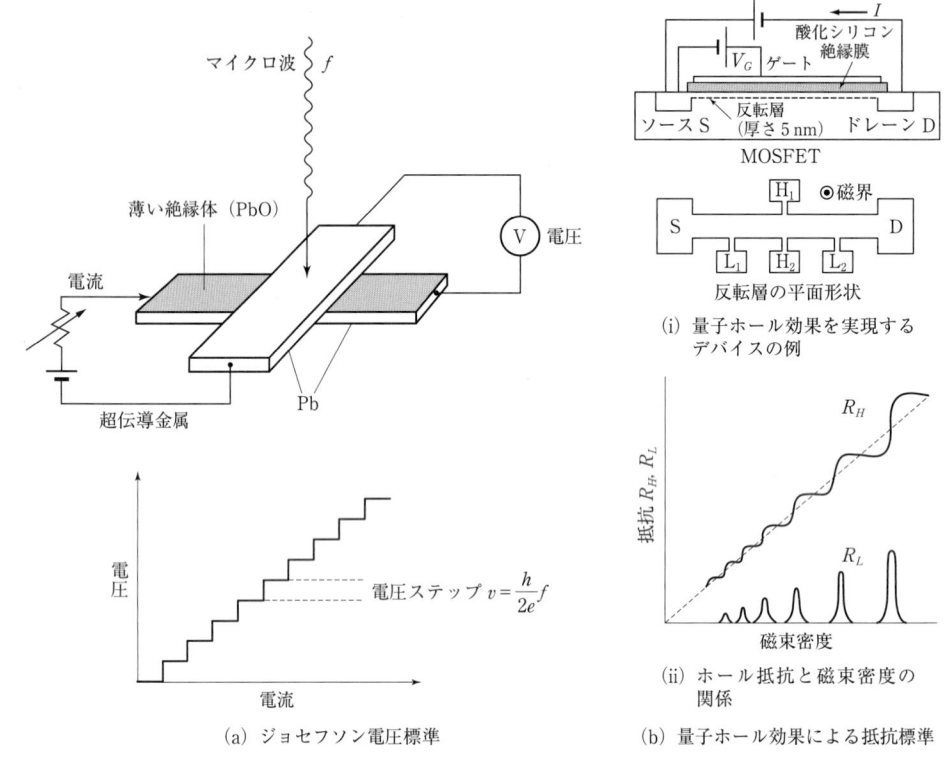

図 6.3 ジョセフソン電圧標準と量子ホール効果による抵抗標準（[3] p. 20, 21, 図 2.3(a), 2.4(b)）

を与えれば時間標準から電圧の値が決まる．(6.1)式には2個の物理定数と周波数が含まれるだけで材料や形状に関係しない．$2e/h$ をジョセフソン係数 K_j と呼び，K_{j-90} = 483,597.9 GHz/V と定められた．具体的には f を 9.1 GHz とすると v は 20 μV 程度となる．接合を集積，直列接続し，ボルトのレベルの標準電圧が得られるようになった．

b．抵抗標準

量子ホール効果は 1980 年にクラウス・フォン・クリツィングにより発見された．極低温（< 1 K），高磁場（> 10 T）のもとで薄い層を電子が2次元的に伝導する半導体デバイスでは，ホール電圧と電流との比である抵抗値が量子化され，ホール抵抗 R_H は前記の定数と次の関係をもつ．

$$R_H = \frac{h}{ie^2} = \frac{R_{K_{j-90}}}{i} \quad (6.2)$$

ただし，i は整数で通常4である．

R_H は2個の基礎物理定数 h と e のみで決まり，$R_H = (h/e^2) = 25,812.807\,\Omega$ と定める．多くの実測値を総合して上記のクリツィング定数値 $R_{K_{j-90}}$ として定められ，1990 年から抵抗の量子標準として採用された．R_H は精密な抵抗分圧器を介して 1 Ω や 100 Ω などの安定な標準抵抗器と比較して，それらを校正することで抵抗標準の値が抵抗器に移される．なお，電極 L_1, L_2 間の電位差と電流とから求められる抵抗 R_L は R_H の平坦部分で 0 となる．

容量標準の値は図 6.19(b) に示す直角相ブリッジにより抵抗とブリッジの動作周波数とで決定する．直角相ブリッジは，位相だけが 90°異なる2個の交流電源からCとRを流れた電流が検出器Dに加わると，2つの電流は位相が 180°異なるので，$\omega C = 1/R$ の関係を満足するとき電流が零となる．ω を原子周波数標準，R を抵抗標準で与えれば容量Cの値が決定される．ω が 10^4 になるように周波数は 1,592 Hz が使用される．

(4) 日本の電気標準のトレーサビリティ

日本では産業技術総合研究所において電圧，抵抗，容量の標準が確立され，国家標準となる．これらの値は，安定な定電圧ダイオード（ツェナー

ダイオード）を利用した定電圧発生器，標準抵抗器，標準コンデンサなどの二次標準に移されて提示される．インダクタンスや交流電圧，電流，電力なども，これらから導かれる．通常一般の計測器は，これらの二次標準または二次標準で校正された三次標準器により校正される．このような国家標準から現場計測器に至る校正の体系を標準供給体系という．産業や教育研究機関などの現場で使用される計測器は計量法などの法の定めにより，上位の計測器や標準により校正する検定が義務づけられている．

逆に計測器を校正する標準器の値の不確かさが確定し，それを値づけるより上位の標準器の値とその不確かさの根拠をたどって，供給体系を逆に国家標準まで超源をたどれるときにトレーサビリティ（traceability）が確立される．これにより計測値の整合性が保証される．この体系を図6.4に示す．最も身近な電力の取引に使用される電力量計は日本電気計器検定所（JEMIC：Japan Electric Meters Inspection Corporation）で定期的に検定される．

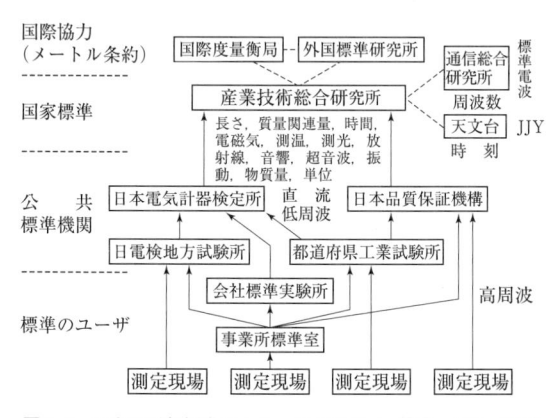

図6.4 日本の電気標準のトレーサビリティ（[1] p.235，図9）

6.3 誤差より不確かさへ

計測や校正の結果を示すとき，値だけでなく，値の信頼性を示す必要がある．従来，計測結果の評価は，どの程度正確か，真の値に近いかで評価された．正確さを表現する言葉として精度（accuracy）があり，正確な計測とは真の値からの偏りが少なく，しかもばらつきの小さな計測を意味した．偏りの少ない計測は正確さが優れていると表現された．一方，ばらつきの少ない計測は精密さが優れていると呼ばれた．また，従来は計測の信頼性を「誤差」という概念で表現してきた．誤差の定義は「測定値から真の値を引いた値」である．しかし，通常は真の値を知ることができないので，真の誤差の値を知り得ない矛盾があった．したがって，知り得ない真の値をより正確な機器による計測値で代用してきた．

「不確かさ」（uncertainty）は「測定結果に付随した，合理的に結果に結びつけられ値のばらつきを特徴づけるパラメータ」と定義される．

若干わかりにくい表現であるが，知り得ない真の値から離れて，得られた測定値のばらつきの指標としたことで「誤差」の不明確さを回避している．また，合理的に測定量に結び付けられうる値とは，測定値あるいは測定値に必要な補正を加えた値と考えてよい．したがって，計測データに基づき，それが存在する範囲を不確かさとして推定する．計測が対象に関する不確かさを減らす目的で行われるとの基本的立場に立つと，計測値の信頼性や計測の質の評価を「不確かさ」で行うのが合理的である．

不確かさの表現を標準偏差で表す場合は標準不確かさ（standard uncertainty）という．図6.5に不確かさの評価の概念を従来の誤差の概念と比較して示した．

標準不確かさには複数の成分があり，それを評価する方法によりAタイプとBタイプの2つに分類される．すなわち，Aタイプは一連の計測値の統計的解析による成分であり，Bタイプはそれ以外の方法による成分である．

6.4 直流電圧・電流の計測
(1) 偏位法による直流電流の測定の原理

一般に，計測器の測定法には基本的に異なる2種の方式の偏位法と零位法による方式がある．偏位法（deflection method）による電流の測定は，図6.6のように電流計に電流を加えると，磁場の中でコイルが回転し，コイルに固定された指針が目盛りの上で変位し，トルクばねによる復元トル

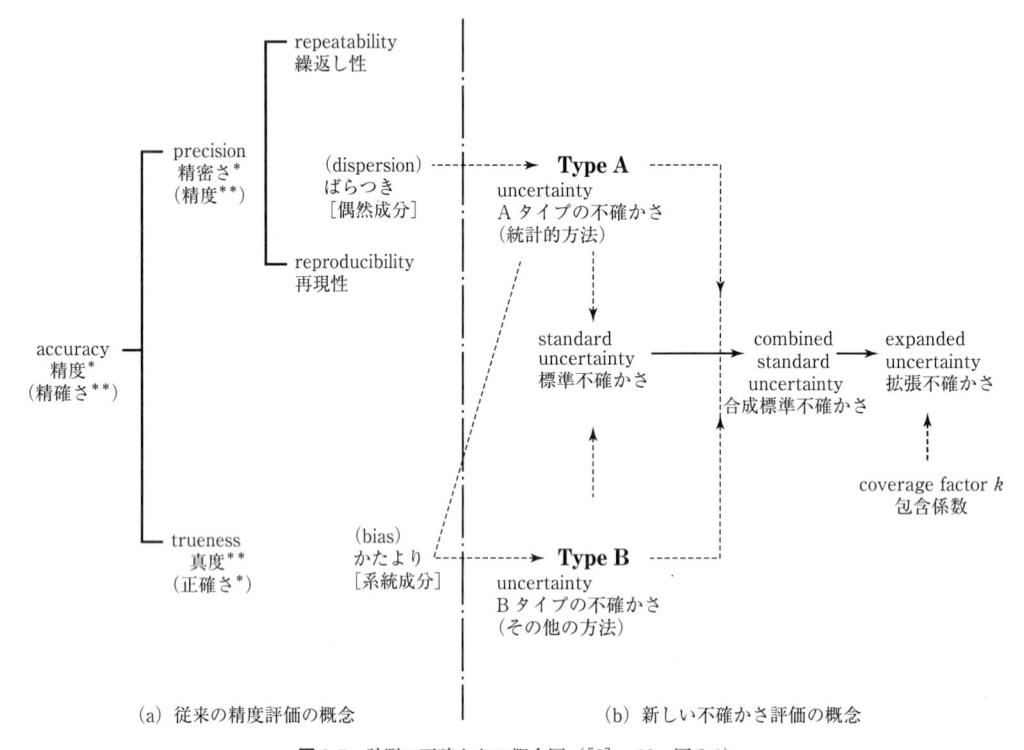

図6.5 計測の不確かさの概念図（[2] p.19, 図2.1）
＊は JIS Z 8103「計測用語」による．＊＊は JIS Z 8402「分析・試験の許容差通則」による．

クと平衡した位置で静止する構造をもつ．測定量を原因とする結果から電流値を知る．対象量の複数段階の変換に不確かさが存在すると，各段階の不確かさが結果に集積されて現れる．

(2) アナログ型指示電気計器の種類と構造

電流から指針の偏位に至る過程にいくつかの異なる方式があり，それらを使用してアナログ型電気計器が実用化されている．その中から代表的方式を紹介する．方式は計器の目盛面に表示される．その表示と方式との関係を表6.2に示す．方式によりそれぞれ特徴があるが，共通するのは電流をトルクに変換する構造と指針の偏位に比例する復元トルクを発生する構造である．また，感度の高い電流計に抵抗を接続すると加えた電圧に比例する指示が得られるので電圧計となる．

a. 可動コイル形電流-トルク変換器

可動コイル形指示計器の構造を図6.6と図6.7に示す．磁界中に置かれたコイルの導線に電流 I が流れるとき，磁束密度 B の磁場中にある長さ a の導線に働く力を F とすると，(6.3)式のように表される．

$$F = IBa \tag{6.3}$$

コイル近傍の磁場の構造は図6.7のように永久磁石と円筒型の軟鉄との間に放射状かつ均一磁界が実現している．弾性体の金属バンドまたは回転軸と軸受とで支持された長方形のコイルを磁束密度 B の磁場に置き電流 I が流れるコイルの対辺では電流の方向が逆であるためコイルに作用する

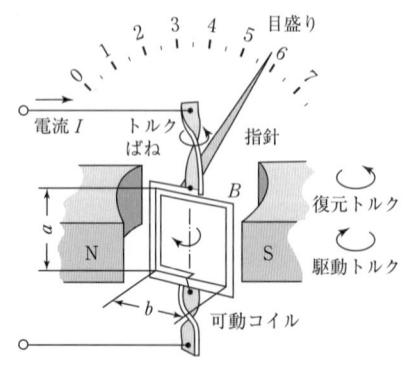

図6.6 可動コイル形電流計（直流電流の測定）の原理図（[3] p.27, 図3.2）

表6.2 指示電気計器の分類（JIS C 1102参照）（[5] 表3.1）

動作原理	符号	形名	使用回路
永久磁石の磁界とコイルを流れる電流との相互作用		永久磁石可動コイル形	直流
		可動磁針形	
整流回路と可動コイル計器の組合せ		整流形	交流
機械的振動子の共振作用		振動片形	交流
電流間に働く力の作用		電流力計形	直流 交流
コイル電流による磁界と軟鉄片との相互作用		可動鉄片形	直流 交流
電流によるジュール熱を熱電対で起電力に変換		熱電形	直流 交流
静電気の吸引反撥作用		静電形	直流 交流
磁界とそれによって誘導される電流との相互作用		誘導形	交流

力は偶力となり，コイルの軸の周りに働くトルクが生じる．コイルの縦と横の寸法をaおよびbとし，コイルの巻数をnとするとコイルに(6.4)式の駆動トルクT_dが作用する．

$$T_d = anF = abnBI \quad (6.4)$$

一方，指針を計測量に対応した位置で停止するように作用する制御トルクが必要である．電流計ではコイルが金属の薄い帯状板ばねあるいは渦巻きばねを介して固定され，中心軸の周りに回転可能である．そのばねの弾性変形による復元トルクT_cは(6.5)式のように指針の振れ角θに比例する．

$$T_c = \tau\theta \quad (6.5)$$

コイルに電流が流れると両者のトルクが等しくなる振れ角θで平衡する．そこでは

$$\tau\theta = abnBI$$

すなわち，

$$\theta = \frac{abnBI}{\tau} \quad (6.6)$$

コイルは軸の周りにθだけ回転して停止するとき，(6.6)式が成立するのでコイルに固定された指針の振れ角θが電流に比例する．このようにして直流電流Iが指針の振れ角θに変換される．この構造は電流-トルク変換器である．復元トルク

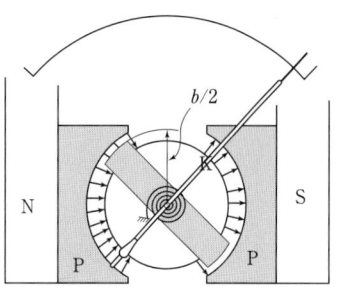

(a) 可動コイル形指示計器の原理

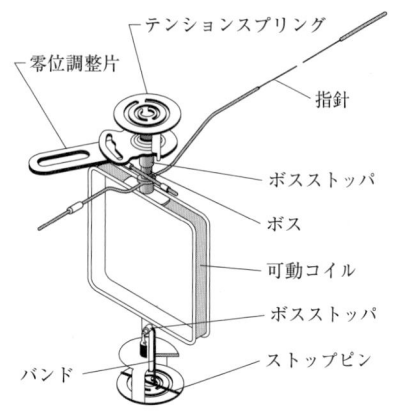

(b) トートバンド方式の構造

図6.7 可動コイル形指示計器の構造と可動コイルと指針の部分図（[3] p.68，図4.3）

を発生するばねの弾性はコイルを磁界中につり下げて支持するためのコイルの上下を固定する金属のバンド，これをトートバンドと呼ぶが，そのバンドのねじり弾性によるトルクが復元トルクを発生し，コイルを支持するだけでなく，コイルに電流を供給する導線の役割をも果たす．

図6.7に示した構造では交流電流には使用できない．整流回路とこの直流計器とを組み合わせて交流の測定を行う計器を整流形計器と呼ぶ．

b. 電流力計形電流-トルク変換器

磁界を永久磁石による直流固定磁界ではなく計測電流による磁界としても電流-トルク変換要素となる．電流が流れる1対のコイルにより磁界をつくり，図6.8に示すように指針に固定した可動コイルとを設ける．電流が流れる固定コイルは静止した1つの磁石と考えてよく，可動コイルに電流が流れると，固定コイルによる磁界との相互作用で交流電流の場合でも可動コイルに一方向のトルクが作用する．固定コイルと可動コイルとを直列に接続して測定電流を加えれば，電流の2乗に比例するトルクが作用するので，指針と可動コイルは復元トルクを与える制御ばねの復元トルクと電流による駆動トルクとが等しくなる位置まで可動コイルが回転して平衡する．図6.8に示した電流-トルク変換要素を使用した計器は電流力計形と呼ばれ，直流と交流実効値とに周波数に関係なく応答する．したがって，安定な基準値が得やすい直流で校正して交流の計器を校正する仲介の用途に使用される．

また，固定コイルに測定電流，可動コイルに測定電圧に比例する電流を流すと両者の積に比例する指示が得られるので電力計に応用される．

c. 可動鉄片形電流-トルク変換器

測定電流が流れる固定コイルの近くに，図6.9に示すように指針の回転軸に固定された鉄片と固定コイルに固定した鉄片とを設ける．固定コイルの磁界でそれらの鉄片を磁化すると，コイルに鉄片どうしが吸引または反発するため指針を駆動するトルクが発生する．直流および交流で動作するので可動鉄片形計器の変換要素として使用される．

指針を含む可動部分に測定電流を導入しないので，簡単で，堅牢な構造が実現できる．構造が堅牢なので主として商用周波数の交流で現場計測指示用に使用される．

ここに示した変換方式のほかにアナログ指示計器として，高電圧計測に使用する静電引力を利用する静電形，高周波電流の抵抗によるジュール熱作用を利用して温度に変換し，それを熱電対で直流電圧に変換する熱電形などがある．

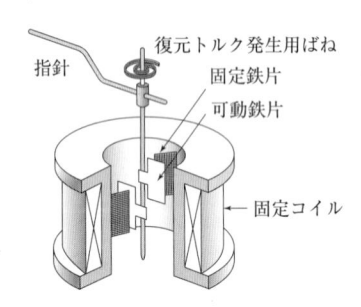

図6.9 可動鉄片形表示計器の電流-トルク変換の構造（[3] p. 42, 図3.14）

(3) 電位法による直流電圧の測定

零位法（zero method, null method）とは，図6.10に示すように計測対象電圧 E_x を，同種類で別に用意した大きさ可変の基準電圧 E_v と比較し，両者の差がゼロとなるように基準量を調整したときの基準電圧値を計測値とする方式である．

直流電位差計は零位法で電圧を計測する機器で図6.10に示す構成である．定電圧または定電流回路により大きさが可変の基準の電圧 E_v をつくり，測定電圧 E_x と比較する．差は検流計の指示より読み取り，それがゼロになるように可変抵抗による電圧分圧器で基準電圧を調整する．計測の

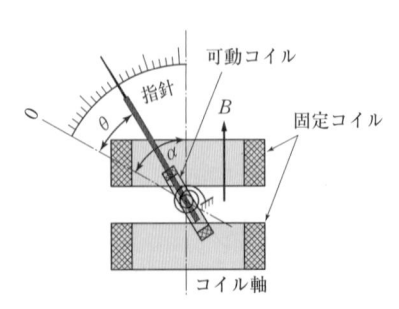

図6.8 電流力計形表示計器の電流-トルク変換の原理（[3] p. 42, 図3.13）

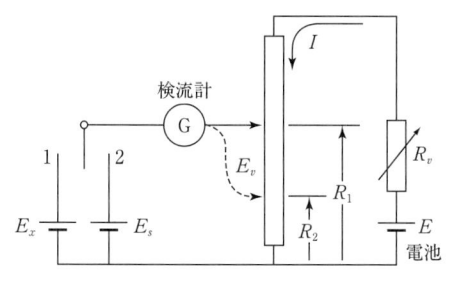

図 6.10 直流電位差計の回路（[3] p.100, 図 5.12）

前に標準電圧 E_s を接続して分流器に流れる電流を規定値になるように可変抵抗 R_v で調整するので，分圧器が電圧で目盛られている．したがって分圧器の目盛りから電圧の計測値を読み取れる．電圧差を検出する検流計の感度で計測の感度が左右され，基準電圧の正確さと精度と分圧器の精度により計測の不確かさが決まるので，よい計測精度を実現しやすい．しかし，計測対象 E_x が変動すると連続的な指示が得られない．

(4) 逐次比較形 A/D 変換器

直流電圧の計測はディジタル信号に変換されて計測される場合が多く，A/D 変換器には種々の方式が使用される．図 6.11 に示す逐次比較形 A/D 変換回路では，直流電圧がディジタル信号に変換される過程が零位法による直流電圧の計測そのものにほかならない．

標準の直流電圧源から D/A 変換回路で 2 進化したレベルの基準電圧をつくり，最大値である MSB（最大有効桁）の基準電圧から計測対象の電圧と比較する．もし，比較した結果計測電圧が基準電圧より大きければ，その基準電圧は保持され，レジスタに"1"が加えられる．もし，計測電圧が小さければ，基準電圧は除かれてレジスタに"0"が加えられる．次に前回の 1/2 の大きさの基準電圧が加えられ再び比較される．その結果により前と同様に基準電圧が保持されるか，除去され，レジスタには前の下の桁に"1"または"0"が加えられる．

この操作を順次 LSB（最小有効桁）である最小の基準電圧まで繰り返す．その結果レジスタの内容は 1 または 0 が並ぶ 2 進化された電圧計測値となる．このように零位法による計測が自動的に A/D 変換回路により実行される．

上記の電圧比較およびレジスタへの数値の設定の過程は図 6.11 に示すように，零位法の典型的な実例である天秤による質量の計測と同じである．質量の基準である分銅の値が 2 の倍数ではない点が異なるだけである．基準量の大きさが 2 の倍数分の 1 であれば，1 回の比較により得られる情報量が 1 ビットで最大となる．このことは最小の比較回数で計測値が得られることを意味する．天びんでは分銅の数値を 10 進法で加算する必要上，2 進数ではなく 10 進数で表示するため，真の 2 の倍数の系列が採用できず，2 の倍数に近い 1, 2, 2, 5, 10, … で示される値となる．

A/D 変換回路には逐次比較形のほかに，次に述べる間接形の積分型 A/D 変換回路がある．

(5) 間接形 A/D 変換器

アナログ量を時間や周波数などに変換してからディジタル信号に変換するので間接変換形という．デュアルスロープ積分形 A/D 変換器は間接形の中で最も一般的である．原理を図 6.12(a) に示す．入力電圧 V_i を積分回路で一定時間 T だけ積分して C を充電する．次に積分回路の入力を測定対象と逆極性の基準電圧 $-V_\mathrm{ref}$ に切り換え，C の電荷を一定値電流で放電し，初期値に戻るまでの時間 t を測定する．これは t の時間クロックパルスを計数器に導入してパルス数を計数する．C の電荷を考えると，

$$C の電荷 = \int_0^T \frac{V_i}{R} dt - \int_T^{t+T} \frac{V_\mathrm{ref}}{R} dt = 0$$

であるので

$$V_i = \frac{t}{T} V_\mathrm{ref} \qquad (6.7)$$

となる．ただし，V_i は時間的に一定とする．

入力電圧は上に述べた過程で充電と放電の時間比と基準電圧との積に変換され，時間比が計数器で数値に変換される．いま，T を商用交流の周期の整数倍にとると，入力 V_i に交流周波数のノイズが加わっても，時間積分が周期の整数倍であるためゼロになり，変換に影響しない．また，C や R の正確さや値の変動は電荷の充電過程と放電過程との両方に作用するので緩慢な変化は影響

図中テキスト:

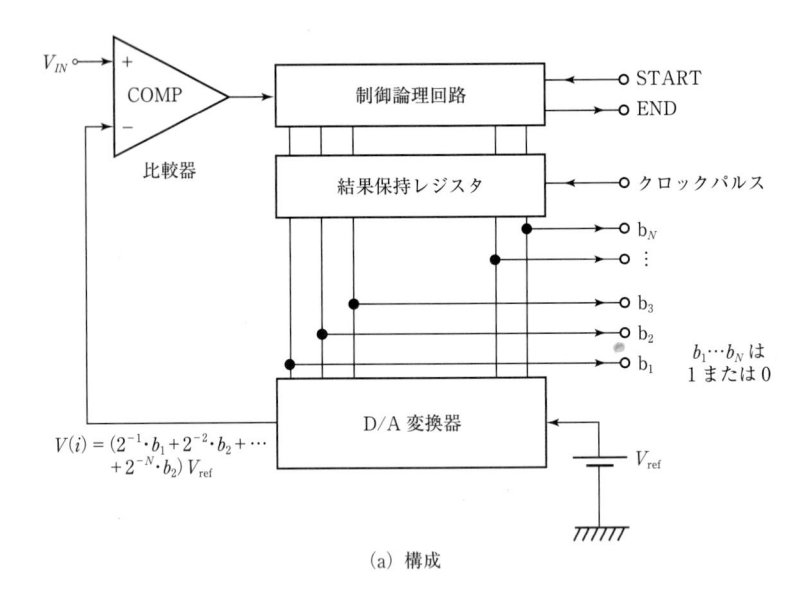

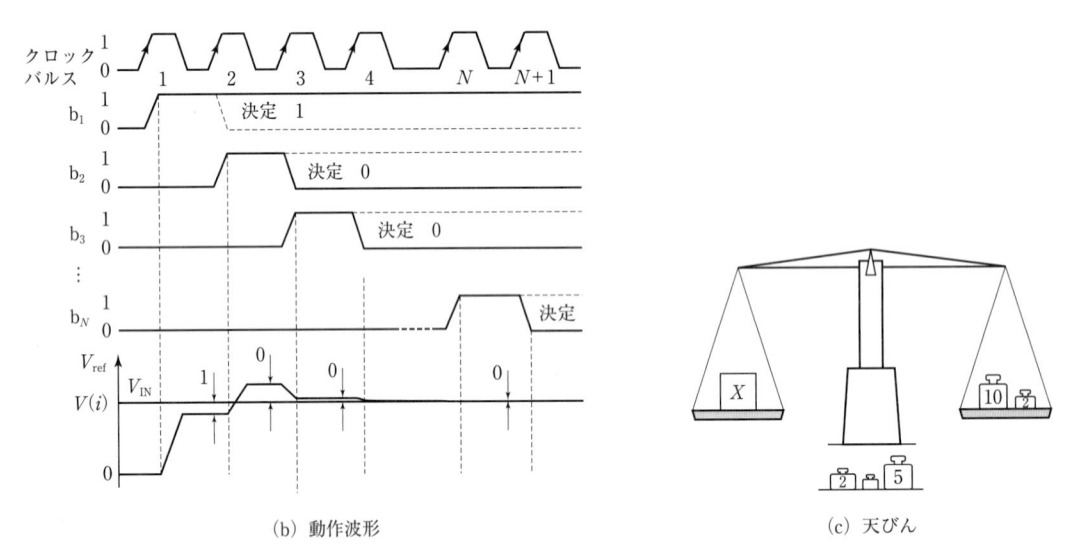

V_{IN} COMP 比較器
制御論理回路 START END
結果保持レジスタ クロックパルス
b_N ⋮ b_3 b_2 b_1
$b_1 \cdots b_N$ は 1 または 0
D/A 変換器 V_{ref}
$V(i) = (2^{-1} \cdot b_1 + 2^{-2} \cdot b_2 + \cdots + 2^{-N} \cdot b_N) V_{\text{ref}}$

(a) 構成

(b) 動作波形

(c) 天びん

図 6.11 逐次比較形 A/D 変換器の構成（[3] p.52, 図 3.23）

しない．最終的には V_{ref} の不確かさだけが変換の正確さを支配する．

間接形にはパルス幅変調帰還積分形 A/D 変換器と呼ばれる図 6.12(b) の形式もある．正負の基準電圧 V_{ref}, $-V_{\text{ref}}$ を交互に入力 V_i に加えて積分した出力 e_1 を上下対称な三角波 e_2 と比較し，$e_1 = e_2$ になる時点で V_{ref}, $-V_{\text{ref}}$ を切り換えてパルス幅変調を行う．この結果，下式のように $T_1 - T_2$ から V_i が求められる．これでも入力電圧は時間比と基準電圧との積に変換され，時間比がパルス数として数値化される．

$$V_i = \frac{T_1 - T_2}{T_1 + T_2} V_{\text{ref}} = \frac{T_1 - T_2}{\text{クロック周期}} V_{\text{ref}} \quad (6.8)$$

前の方式と比較して V_i がゼロの付近の場合における回路動作が安定で，入力の正負の極性による切換えが自動的に実行される点が優れている．

6章 計測技術

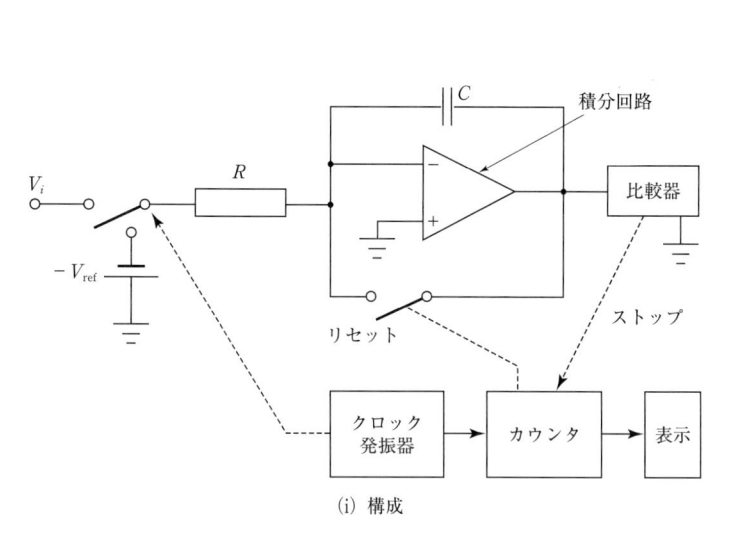

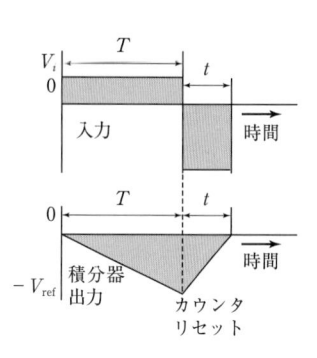

積分回路

リセット

ストップ

(i) 構成

t 時間後に積分値が 0 にもどるので $V_i \times T = V_{\text{ref}} \times t$ の関係があり,それから次式が得られる.

$$V_i = \frac{t}{T} V_{\text{ref}}$$

(ii) 動作波形

(a) デュアルスロープ積分形 A/D 変換器

切換え

(i) 構成

(ii) 動作波形

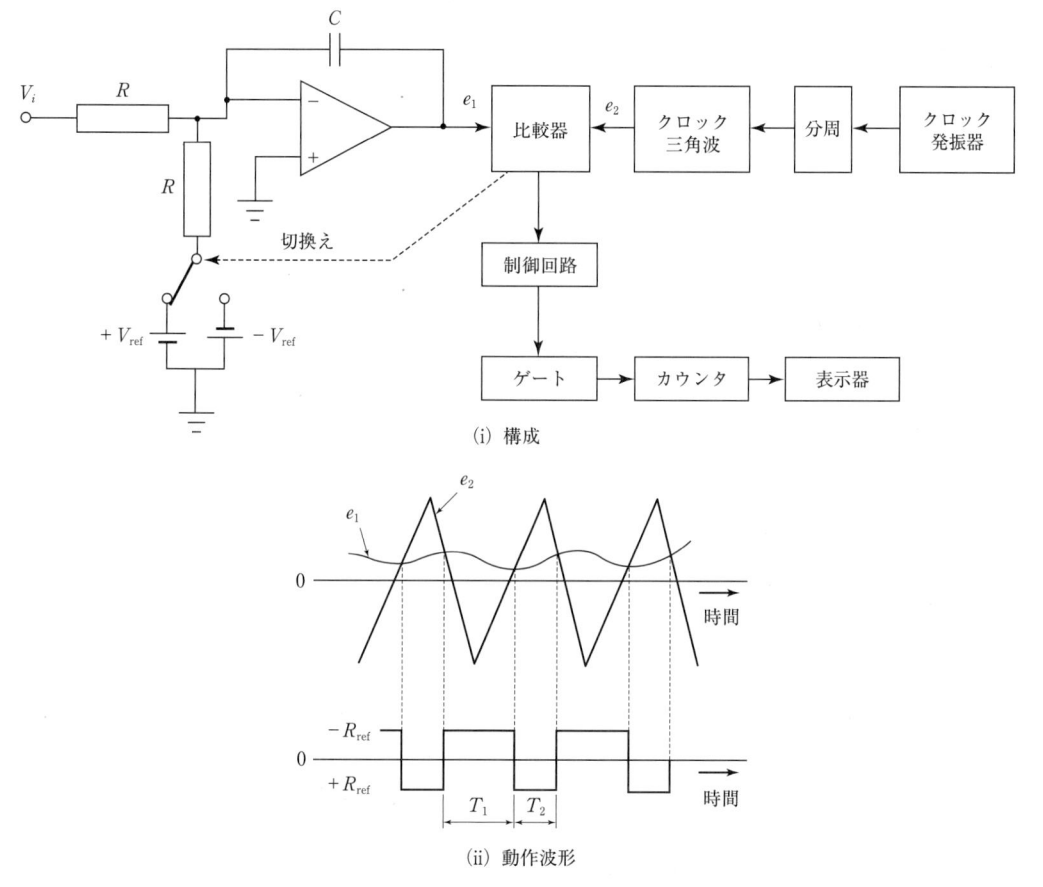

(b) パルス幅変調帰還積分形 A/D 変換器の構成と動作波形

図 6.12 間接形 A/D 変換器([1] p. 264,図 80)

6.5 電力, 電力量の計測
(1) 交流の電力：有効電力・無効電力

直流の場合は電圧と電流の積が電力を与える．交流の場合は電圧と電流それぞれの実効値の積に力率を乗じた積が有効電力となる．正弦波の電流と電圧を考えると，ピーク値は実効値の$\sqrt{2}$倍で，電流と電圧との間にφの位相差があるとき，電力の瞬時値を$p(t)$とすると，(6.9)式が成立する．

$$V = \sqrt{2}\,V_{\mathrm{rms}}\sin\omega t$$
$$I = \sqrt{2}\,I_{\mathrm{rms}}\sin(\omega t - \varphi)$$
$$\begin{aligned}p(t) &= VI = 2V_{\mathrm{rms}}I_{\mathrm{rms}}\sin\omega t \cdot \sin(\omega t - \varphi)\\ &= V_{\mathrm{rms}}I_{\mathrm{rms}}[-\cos(2\omega t - \varphi) + \cos\varphi]\\ &= V_{\mathrm{rms}}I_{\mathrm{rms}}[(1-\cos 2\omega t)\cos\varphi - \sin 2\omega t \cdot \sin\varphi]\\ &= V_{\mathrm{rms}}I_{\mathrm{rms}}\cos\varphi - V_{\mathrm{rms}}I_{\mathrm{rms}}\cos 2\omega t \cdot \cos\varphi\\ &\quad - V_{\mathrm{rms}}I_{\mathrm{rms}}\sin 2\omega t \cdot \sin\varphi \end{aligned} \quad (6.9)$$

上式において，第1項をP_1，第2項をP_2，第3項をP_3とすると，それぞれの時間的変化は図6.13のようになり，時間的変動のない成分と2倍の角周波数で変動する成分とが共存する．$P_1 + P_2$は脈動するが，1周期の平均値では2倍の周波数脈動成分が消える．

$$P = \frac{1}{T}\int_0^T p(t)\,dt = V_{\mathrm{rms}}I_{\mathrm{rms}}\cos\varphi \quad (6.10)$$

(6.10)式のPが負荷に供給され，消費されるエネルギーの時間率を示し，有効電力（effective power）という．上式の$\cos\varphi$が力率（power factor）である．

P_3は無効電力（reactive power）で，1周期の前半にリアクタンス負荷にエネルギーが送り込まれ，後半にリアクタンス負荷から放出されるエネルギーの時間率を示す．この成分も1周期平均するとゼロとなる．$\sin\varphi$を無効率（reactance factor）という．

皮相電力Sは有効電力Pと無効電力Qを合わせたもので，(6.11)式で示される．

$$S = \sqrt{P^2 + Q^2} \quad (6.11)$$

なお，皮相電力は設備に必要な電力容量の大きさを示す．

(2) 電子式電力計

電流力計の原理を使用したアナログ型電力計が使われる．図6.8に示した原理で有効電力に比例

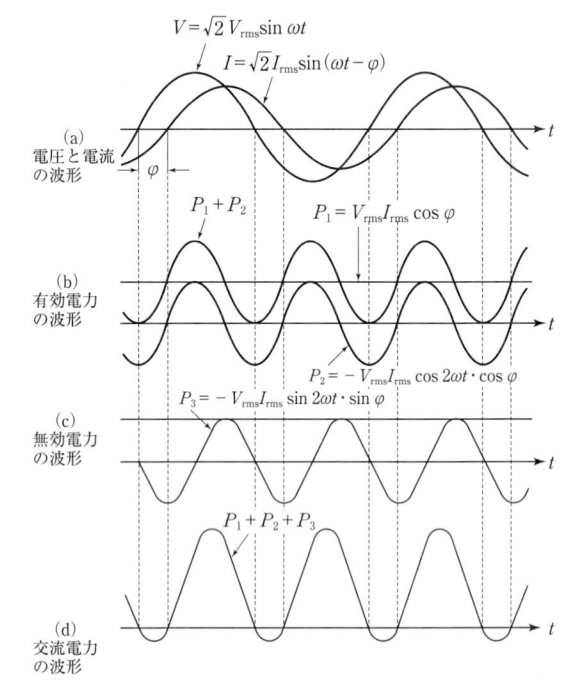

図6.13 交流の有効電力, 無効電力の波形（[3] p.122, 図6.4）

したトルクに変換される．電流と電圧とをディジタル方式で演算するディジタル形電力計による交流電力計測と動作波形を図6.14に示す．電圧と電流をそれぞれ高速のA/D変換器でディジタル信号に変換し，ディジタル乗算器で電力の瞬時値を求める．サンプリング周期Δtで電圧信号と電流信号とを同一タイミングでディジタル信号に変換して，ディジタル乗算器で短冊状の波形の電力瞬時値を求め時間に沿ってそれらの総和をとり，1周期Tで平均して(6.12)式の手順で有効電力を求める．

$$P = \frac{1}{T}\sum_{k=1}^{k=T/\Delta t} E(k)I(k)\Delta t \quad (6.12)$$

ただし，$E(k)$は電圧のk番目のサンプル値，$I(k)$は電流のk番目のサンプル値，Δtはサンプリング周期，Tは計測対象の交流の周期である．

サンプリング周期はサンプリング定理によって定められるが，できるだけ短くすることで正確な計測が可能になる．特に，近年増加したサイリスタなどによる電流制御やインバータにより生成される電流などでは，波形が正弦波とは著しく異なるうえに，急速な立ち上がりや立ち下がりなどが

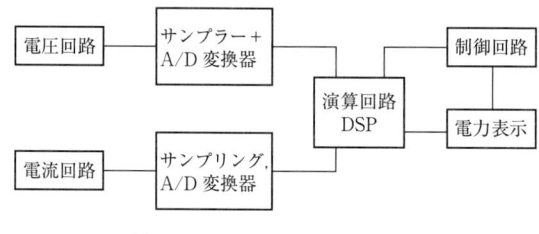

(a) ディジタル演算式電力計の構成

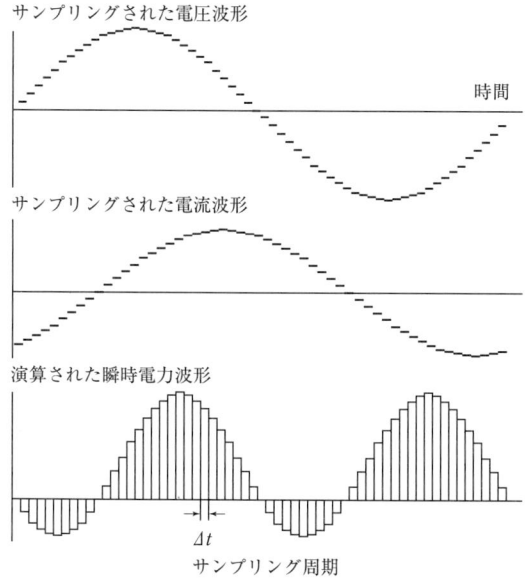

(b) ディジタルサンプリング式電力計の測定原理

図 6.14　電子式電力計の構成と測定原理（[3] p.126, 図 6.8）

含まれる場合が多く，ディジタル電力計の特徴が発揮される．

(3) 電力量計

電力をある期間，時間的に積算した量を電力量と呼ぶ．電力は電気エネルギーによる仕事率であるから電力量はその期間になされた仕事または消費されたエネルギーである．電力の取引は使用期間の電力量により行われる．

積算は時間積分であるが，周期的現象の回数を計数して求められる．周波数をカウンタでパルス数として計数するか，回転体の回転数の計数で実現する．

交流の電力量を計測するには，図 6.15 に示す誘導形電力量計が使用される．そこでは消費電力に比例して回転速度が変化する誘導形電力-トルク変換機構を利用し，それを減速して機械的な計

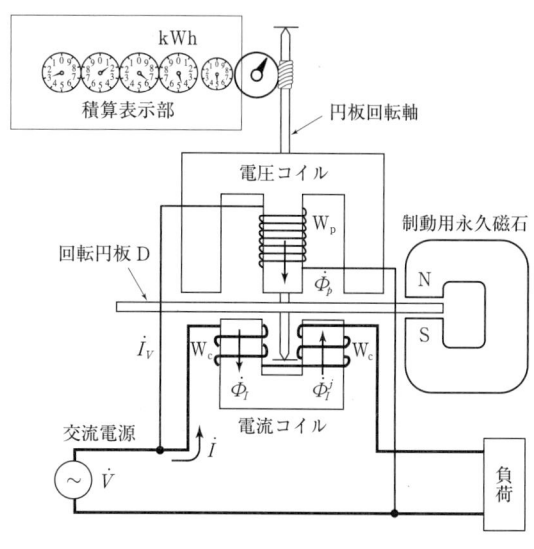

図 6.15　アナログ機械式電力量計（[3] p.127, 図 6.9）

数器で積算値を表示する．多くの家庭では，この機械式の誘導形電力量計により消費電力が計測され，課金されている．

図 6.16 に示す電子式電力量計は電子式電力計の積算機能を機械的な機構による積算の代わりにパルス信号の度数をカウンターで積算して表示する．

電力会社は電力負荷の変動が少なく，均一な電力消費が系統運用の安定化の見地から望ましい．したがって，消費の少ない深夜の電力料金を割引する．このために電力量計に時計機構と料金への換算率を変化させる機能が必要である．さらに，大口の需要家に対しては最大需要電力値や力率などの計測が必要である．電子式の演算制御機能やメモリ機能，通信機能などを利用して高度な機能を計器に集約できる電子式電力量計が使用される．また，自動検針や遠隔検針の要請が前述の機械式から電子式への変化を促進した．

6.6　抵抗，インピーダンスの計測
(1)　4端子法による低抵抗の測定

定電流を計測対象の抵抗 R_x に流したときの電圧降下 E を計測して抵抗値を求める．定電流を I とすると，R_x は（6.13）式で与えられる．

$$R_x = \frac{E}{I} \qquad (6.13)$$

1. 基礎分野

電子式電力量計

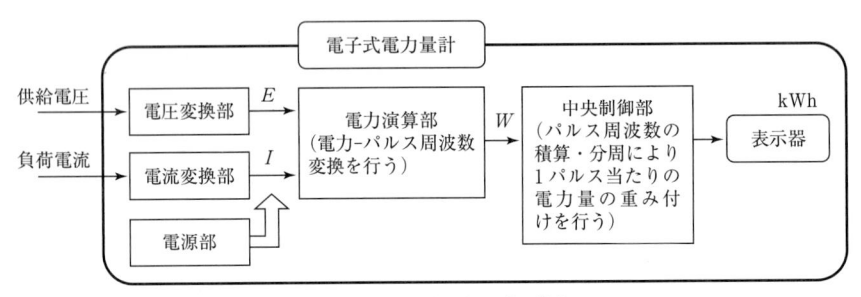

(a) 電子式電力量計の構成

(b) 構成部と役割

構成部	主な部品	役割の説明
電圧変換部	変圧器,抵抗,コンデンサ	負荷の電圧を電子回路が扱える電圧 (E) に正確に下げる 例：100 V→3 V
電流変換部	変流器	負荷の電流を電子回路が扱える電圧 (I) に正確に変換する 例：30 A→3 mA
電力演算部	IC	E, I を掛け算し，消費電力 (W) を求める
中央制御部	IC	電力演算部が求めた消費電力 (W) を積算し，負荷の電力量 [kWh] を求める
表示器	液晶表示器	電力演算部が求めた電力量 [kWh] を表示する
電源部	変圧器,コンデンサ,IC,抵抗	電示回路に電圧を供給し，各部を動作させる 例：±15 V

図 6.16 電子式電力量計の構成（[4] 図 2）

電子式電力量計は，負荷電圧と負荷電流を乗算して負荷の電力に相当するパルス周波数に変換する電力演算部，このパルス周波数を積算・分周して負荷の電力量を求める中央制御部，この電力量を表示する表示器で構成されている．

電圧計に流れる電流が無視できる程度に電圧計の内部抵抗が R_x に比べて十分高い必要がある．ディジタルマルチメータと呼ばれる計器における抵抗計測はこの原理である．

低抵抗の計測の場合，対象の抵抗に接続する導線の抵抗が問題となる．抵抗に電流を流す端子と電圧降下を取り出すための端子とを分離して図 6.17 に示す回路で計測する．電流を供給する導線の抵抗 r_1, r_2 は影響しない．この方法を 4 端子法という．さらに不確かさの小さな計測の場合には，定電流 I の不確かさが問題になる．抵抗値が既知の基準抵抗を直列に接続し，両者の電圧降下の比をとることで電流変動の影響が回避できる．

(2) ホイートストーンブリッジによる抵抗測定

ホイートストーンブリッジは抵抗の正確な計測手段として代表的な回路であり，ブリッジ回路の平衡をとる操作は，基準の抵抗による電圧降下と計測対象の抵抗による電圧降下との比較であるから零位法による測定である．図 6.18 においてブリッジの a 点と b 点との電位差は，R_1 と R_2 とで分圧された電圧と R_3 と R_4 とで分圧された電圧との差である．ブリッジが平衡状態では電位差がゼロであるので，ブリッジの平衡条件は (6.14) 式となる．

$$\frac{R_1}{R_1+R_2}=\frac{R_3}{R_3+R_4} \quad \text{すなわち} \quad R_1R_4=R_2R_3 \tag{6.14}$$

ここでは，平衡条件には電源電圧 E が影響しないだけでなく，平衡を検出する検流計 G の抵抗

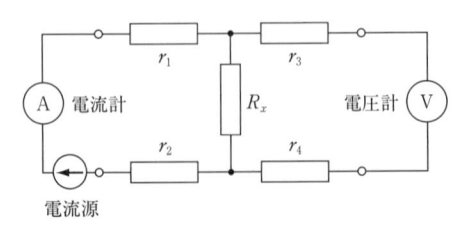

図 6.17 4 端子法による低抵抗の計測（[3] p.150, 図 8.4）

6章 計測技術

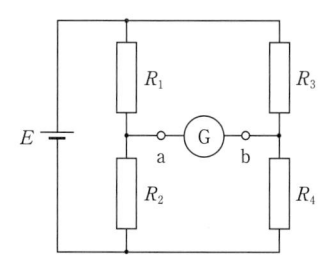

図 6.18 零位法による抵抗測定（ホイートストンブリッジ）
（[3] p.36, 図 3.9）

も影響しないので零位法の特徴である不確かさの少ない計測ができる．R_1 が計測対象の値未知の抵抗 R_x とすると，(6.14)式より

$$\frac{R_x}{R_2}=\frac{R_3}{R_4} \quad (6.15)$$

であるから，抵抗の比が等しくなるように R_2, R_3, R_4 のいずれかを変化して平衡をとる．特に，R_3 と R_4 を固定し，R_2 を変化させる場合 R_3/R_4 が比例係数となるので，R_3 と R_4 からなる辺を比例辺と呼ぶ．R_3/R_4 の値は 1 か 10 のべき乗に選ぶと便利である．

(3) 半ブリッジ

一般に半ブリッジ（half bridge）とは図 6.19(a) に示すように，ブリッジの2辺のインピーダンスをそれぞれ電圧源 E_1, E_2 で置き換えた回路である．平衡条件は

$$\frac{E_1}{\dot{Z}_1}=\frac{E_2}{\dot{Z}_2} \quad (6.16)$$

となり，ブリッジの平衡は，検出器Dに流れる電流がゼロになる状態である．

量子ホール抵抗による抵抗標準より容量標準を導く直角位相ブリッジ（図 6.19(b)）も半ブリッジの1変形と見なせる．そして平衡条件は角周波数を ω として

$$\omega C = 1/R \quad (6.17)$$

である．ω を周波数標準から，R の値を抵抗標準より得て容量標準 C の値が決定する．

図 6.19(c) に示すように変成器を用いて半ブリッジを形成した回路を変成器ブリッジ（transfomer bridge）という．変成器の二次巻線の巻き数比で電圧源の電圧比が決まるので巻き数を N_1, N_2 とすると，平衡条件は (6.18)式となる．

$$\frac{\dot{Z}_1}{\dot{Z}_2}=\frac{E_1}{E_2}=\frac{N_1}{N_2} \quad (6.18)$$

変成器ブリッジの重要な特徴は対地容量の影響を免れる点である．図 6.19(c) に示すように

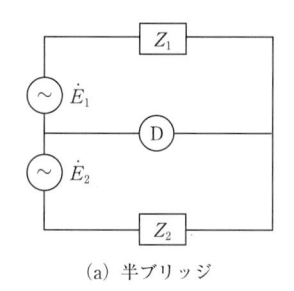

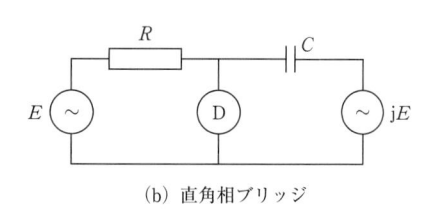

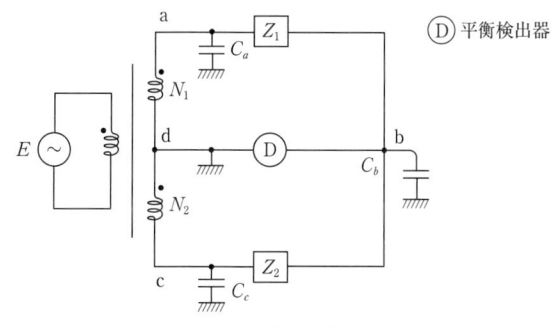

(a) 半ブリッジ

(b) 直角相ブリッジ

Ⓓ 平衡検出器

(c) 変成器ブリッジと対地容量

図 6.19 半ブリッジと変成器ブリッジ（[3] p.22, 162, 図 2.5, 図 8.16, 8.17）

80　　　　　　　　　　　　　　　　　1. 基 礎 分 野

対地容量 C_a, C_b, C_c が存在するとき，変成器巻線の中点が接地されるので，平衡時には対地容量 C_b が接地電位となりブリッジの平衡に影響せず，C_a, C_c は存在しても密に結合された一次巻線と二次巻線との関係で電圧比は巻き数の比で決まり，対地容量が平衡条件に影響しない．変成器ブリッジでは巻線比が固定されるので，比較対象の素子で調整するか，巻線にタップを設けて巻線比を変えて平衡を求める．

(4) 電子化ブリッジ

変成器ブリッジで不変の巻き数比を増幅器を使用して変更可能としたのが電子化ブリッジである．すなわち，C_s と G_s の値を可変として調整する代わりに，一定とし，図 6.20 に示すように比較素子への供給電圧を変化させる．角周波数が ω の交流電源から，利得が +1 である増幅器を通して計測対象の C_x と G_x に電流を供給する．一方，同じ電源の電圧を 2 個の可変分圧器でそれぞれ A_c 倍，A_g 倍した後利得が -1 の 2 個の増幅器を通して C_s と G_s とに供給する．ブリッジ不平衡の検出器は高利得の増幅器である．この出力がゼロになったときに検出増幅器の入力電圧がゼロで，ブリッジが平衡する．利得が +1 または -1 の増幅器の出力インピーダンスを十分低くできるので C_x, C_s, G_s などの対地容量など，寄生インピーダンスの影響を除ける．検出増幅器入力の対地インピーダンスの影響は平衡時に電位がゼロであるので影響がない．このブリッジでは検出増幅器の出力信号がゼロになるように可変分圧器の利得を調整する．

前記の電子化ブリッジ回路の平衡動作を自動化した回路が図 6.21 である．C_s と G_s の値を調整する代わりにそれらを一定とし，増幅器の利得 A_c, A_g を変えて C_s, G_s への出力電流を加減し，(6.19)式で表される出力電流がゼロになるように A_c, A_g を自動調整する．

$$-(G_x+j\omega C_x)E + A_g G_s E + j\omega C_s A_c E = 0 \quad (6.19)$$

このとき，実数成分と虚数成分とがそれぞれ 0 であるから

$$C_x = A_c C_s, \qquad G_x = A_g G_s \quad (6.20)$$

が得られる．自動平衡の結果，計測結果を表示する必要がある．そのため不平衡電圧を増幅して位相弁別整流して積分回路に加える．積分回路の出力を，ブリッジの可変利得 A_c, A_g を調整するように負帰還する．具体的に A_c, A_g を調節するには，乗算器を利用し，交流の電源と積分回路の出力直流電圧とを加え，両者の積を一定利得の増幅器の入力信号とする．積分回路の出力をディジタル電圧計で読み取ることで，数値として C_x, G_x が得られる．

前述の位相弁別整流回路は，ブリッジの平衡検出増幅器の出力から電源の交流電圧と同相の成分と直交する成分とを別々に取り出し，交流の位相を識別して整流する．なお，不平衡電圧を増幅して位相弁別整流後，積分回路で時間積分を実行する理由を述べる．

ブリッジが自動平衡するために不平衡電圧が増幅され，ブリッジの平衡を制御する信号となる．もし，積分回路がないと，ブリッジの制御信号を発生させるためにブリッジの不平衡が必要にな

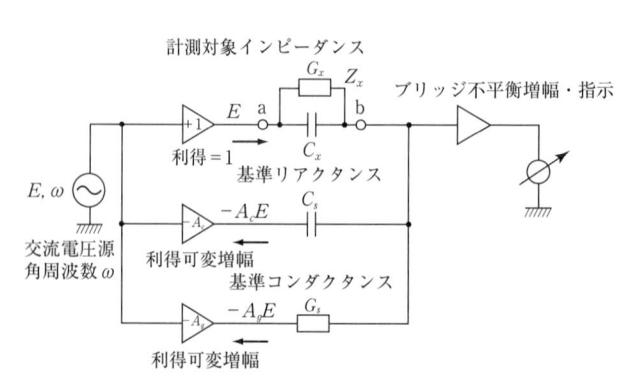

図 6.20 電子化ブリッジ回路（[3] p.163, 図 8.18）

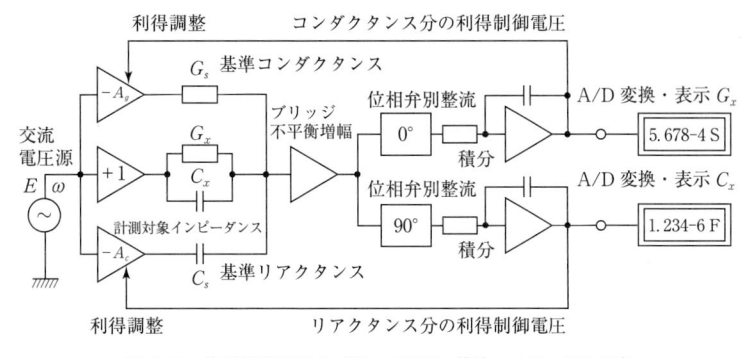

図6.21 自動平衡電子化ブリッジ回路（[3] p.164, 図8.19）

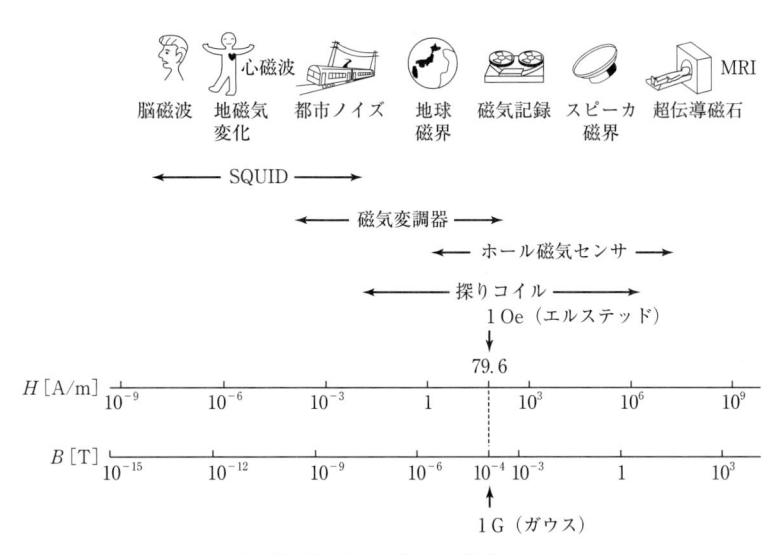

図6.22 磁束計測法の使用可能範囲（[3] p.174, 図9.10）

り，ブリッジの完全な平衡が実現できない．不平衡電圧を時間積分して制御信号とすれば，不平衡が残る限り積分された制御信号が変化する．そして，ブリッジが平衡したとき，制御信号が一定値となる．

この回路は自動化されたLCRメータなどに使われる．インピーダンスの計測が自動的に実行され，結果のリアクタンス分とコンダクタンス分の計測値が自動的に表示される．

6.7 磁気計測
(1) 磁束計測法の種類と使用可能範囲

種々の磁束計測法の使用可能範囲を図6.22に示す．10^{15}に及ぶ範囲を分担し計測できる．あわせて地球磁界や生体の磁気，磁気ノイズの大きさを示した．国際単位系と旧単位のガウスやエルステッドとの関係も示した．

(2) 磁化曲線の計測

磁性材料の磁化曲線（BH曲線）を求める装置を図6.23に示す．閉じた形状の磁性材料の試料に一次と二次の巻線を設ける．巻数N_1の一次巻線に交流の可変電流源による励磁電流I_Hを加えると，試料に加えられる磁界は（6.21）式となる．

$$H = \frac{N_1 I_H}{l} \quad [\text{A/m}] \qquad (6.21)$$

ここで，lは試料の平均磁路長[m]である．磁界の増加で試料の磁束Φも増加するので，試料の磁束を計測する探りコイルの役目を果たす二次巻線に発生する電圧eは，

$$e = -N_2 \frac{d\Phi}{dt} \qquad (6.22)$$

ただし，N_2は二次巻線の巻数である．この電圧

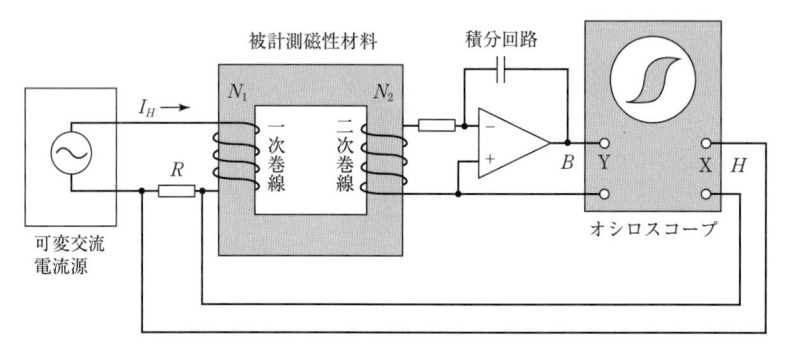

図 6.23　磁化曲線（BH 曲線）の測定図（[3] p.175，図 9.12）

を積分回路で積分して磁束 Φ が得られ，試料の断面積を A とすると磁束密度 B が求められる．

$$E = \int edt = -N_2\Phi \tag{6.23}$$

$$B = \frac{\Phi}{A} = -\frac{1}{AN_2}\int edt \;[\mathrm{T}] \tag{6.24}$$

図 6.23 の装置において BH 曲線を求めるには，オシロスコープの XY 操作を応用する．一次巻線に電流 I_H を加え，二次電圧の積分値から B を求めるが，一次電流 I_H を抵抗 R の電圧降下で求め，それを磁界の強さ $E_x = I_H R = H(t)$ とする．E_x をオシロスコープの X 入力（水平信号）として加え，積分回路出力電圧を $E_y = B(t)$ として Y 入力（垂直信号）に加える．XY 操作のオシロスコープの画面には，時間の関数である $H(t)$ と $B(t)$ とから時間 t が消去された図形 $B = \Theta(H)$ が磁化曲線として得られる．磁界の大きさを直流で徐々に変化させて磁化曲線を求める場合は，XY 記録計を使用して BH 曲線を紙上に書かせる．

6.8　波形の観測

（1）オシロスコープの基本構成

電圧や電流の時間的な変化を記述するには，時間軸を第一の座標軸とし，大きさを第二の座標軸として記述すると波形が得られる．通常，時間は過ぎ去ると痕跡を残さないため，波形を表示するには対象量の大きさを記録か記憶しなければならないので，記録機能が関係する．記録方式やデータ構造によりアナログオシロスコープとディジタルオシロスコープとがある．両者の基本構成を対比したのが図 6.24 である．アナログオシロスコープでは，周期的に繰り返す波形を CRT などの表示デバイスの上で残像現象を利用して観測する．ディジタルオシロスコープでは波形の各時点の大きさを A/D 変換してディジタルメモリに記憶し，表示デバイス上に D/A 変換して表示する．したがって，単発の現象から高周波までの波形観測が可能で，高度な処理や精密な観測が可能である．

（2）オシロスコープによる波形観測

CRT では，電圧で電子ビームを操作して蛍光面に痕跡を残せるので CRT オシロスコープで，直流から数 GHz 程度の高周波まで波形観測が可能である．CRT の陰極から出た電子は陽極電圧により加速され，電子ビームとして細く収束され，

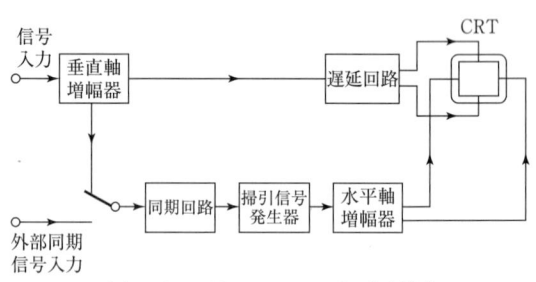

（a）アナログオシロスコープの基本構成

（b）ディジタルオシロスコープの基本構成

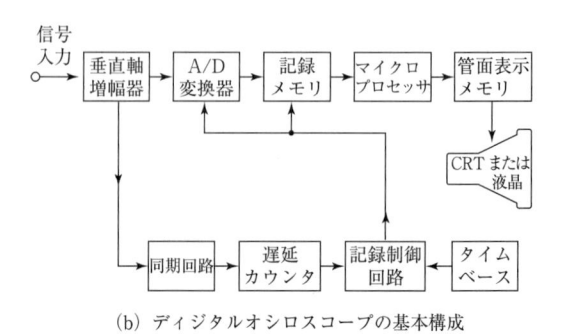

図 6.24　オシロスコープの基本構成（[1] p.268，図 93，94）

蛍光面上で焦点を結ぶので輝点として発光する．電子ビームを水平，垂直，すなわち X, Y 方向に駆動する2組の偏向電極がある．波形を観測する信号は垂直増幅器で増幅後垂直偏向電極に加えられ，ビームを垂直方向に移動させる．時間軸に相当する水平方向には時間とともに直線的に変化する電圧を水平偏向電極に与え，ビームを時間とともに左から右へと掃引する．観測可能な時間を拡張するため，ビームを周期的に急速に左に戻し掃引を繰り返す．このため水平偏向電極にはのこぎり波を加える．のこぎり波の周期を観測する対象となる信号周期かその整数倍とすると，繰り返し波形を観測できる．CRT においては，蛍光面の残光性と人の目の残像特性により，波形が蛍光面の上に見える．時間軸の掃引を起点に戻す際には，輝点の輝度を下げ，波形観測の障害にならないように帰線消去を行う．

図 6.25(a) に掃引のトリガーと掃引波形および観測波形との関係を示した．信号と時間軸掃引の同期をとるには，トリガーレベルを設定し，信号がそれを越えたときトリガーパルスを発して掃引を開始する．そのために信号を増幅して立ち上がりあるいは立ち下がりの部分からトリガーパルスを取り出す．入力信号がトリガーレベルを越えてから掃引が開始されるまでに時間遅れがあり，そのため，信号波形の一部が観測できない．この時間遅れを補償するために垂直増幅器に遅延回路を挿入して掃引遅れの問題を解消する．また，上記の遅れを意図的に増加させる場合を遅延掃引と呼ぶ．掃引時間や遅延時間を変化させると図 6.25(b)〜(d) にみられるように画面で観測される波形は変化し，波形の全体や一部分を拡大した詳細な観測が可能となる．

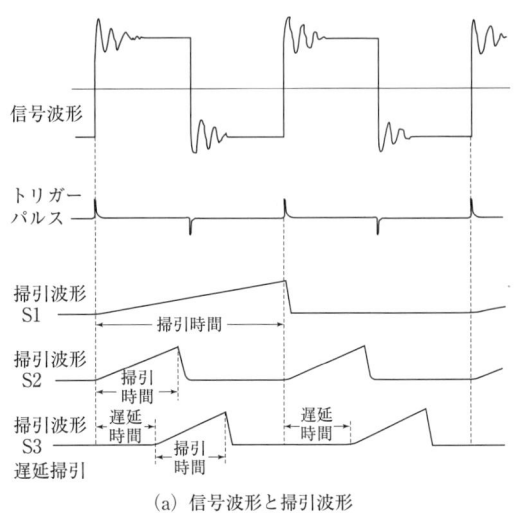

(3) 2 現象の波形の同時観測

複数の波形を同時に観測できれば，相互の関係が明確になる．そのために多現象オシロスコープが使用され，2 現象オシロスコープが一般的である．2つの信号波形を共通の時間軸で表示すると，時間差や位相差の計測ができ，現象の因果関係の解明に便利である．

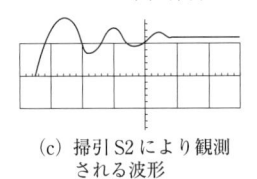

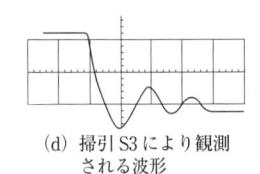

2 現象オシロスコープには，垂直入力端子と垂直増幅器が2組装備され，それらの出力を電子スイッチで切り替えて1つの電子ビームで2現象の波形を表示する．切り替え方式にオルタネートモードとチョップモードの異なる2方式がある．前者は掃引の周期に同期させて交互に2入力信号を切り替える方式である．後者は掃引の周期と無関係に信号の周波数より高い周波数で2入力を切り替える．図 6.26(a) に示すように表示される波形は多少異なり，チョップ方式では点列となる．掃引はつねに一方の信号に同期する．

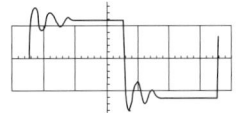

(4) 波形のサンプリング観測

観測対象信号の周波数が非常に高く，数 GHz 以上の場合には，垂直増幅器と偏向回路の周波数帯域の制限や掃引速度の制限から観測が困難になる．しかし，信号が同じ波形を繰り返す周期信号であれば，サンプリング技術を利用して時間軸を変換し，波形を観測できる．このような機器をサンプリングオシロスコープという．その原理を図

6.26(b) に示す．図示したように，周期が T である対象の波形をそれより少し長い周期 $T+\varDelta T$ ごとにサンプリングし，次のサンプリング時点まで保持すると，見かけ上信号波形が $\varDelta T$ ごとにサンプリングされた波形が得られ，もとの波形の形状が再現される．ただし，波形の時間軸は大幅に延長され，周期 T は $(T+\varDelta T)/\varDelta T$ 倍に変換される．もし，100回のサンプリングで波形1周期を再現する場合には時間軸は約100倍となり，1/100の応答速度で観測でき，早い現象の観測が可能となる．サンプリングは $T+\varDelta T$ の代わりに n を整数として，$nT+\varDelta T$ としてもよいから，さらに遅い現象の波形に変換できる．

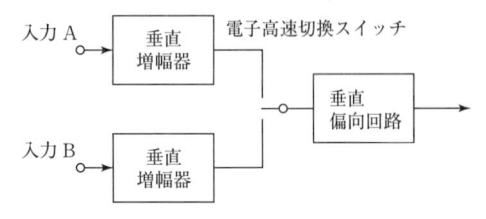

(5) ディジタルオシロスコープによる波形観測

ディジタル信号に変換した後の処理は信号の物理的な制約から解放されるので，周期信号を同期加算してS/N比を改善したり，多周期の平均を求め表示するなど，より多彩な処理が可能となる．波形に関するデータはメモリに記憶され変化しないので，波形の特徴パラメータなどの詳細な計測が可能である．また，周期信号ではなく，1回しか起きない信号を記録し観測できる点も特徴である．

6.9 情報の記録と伝送
(1) 記録計

計測で得られた情報は，その場だけでなく，離れた場所に送っても活用される．たとえば電力会社において発電所における発生電力やダムの水位などのデータは，他の発電所のデータとともに重要な経営情報となる．空間的に離れた場所に計測情報を送ることを情報の伝送という．伝送は有線あるいは無線の通信ネットワークを介して行われる．アナログデータの伝送の際には，データの移動による不確かさが避けられず，データの変化を最小にする仕組みが必要となる．計測データを伝送する技術を遠隔計測あるいはテレメータリングという．

計測対象の時間的な経過を必要とする場合には計測結果を連続的に記録する．記録結果の解析により事象の原因や時間的な経過が明らかになる．アナログデータの記録法として，一定速度で送られる記録紙に計測値を指示する指針に取り付けたペンで記録をする手法が使われ，記録計と呼ばれる．

アナログデータの保存は困難であるから，記録のためには何らかの非可逆現象の利用が不可欠である．紙にインクを浸透させるのは非可逆現象の一例である．記録用紙をチャートと呼ぶ．記録されたチャートは記録計から取り出すと計測範囲が不明確になるので，範囲や感度などの記録も重要である．

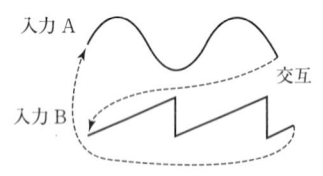

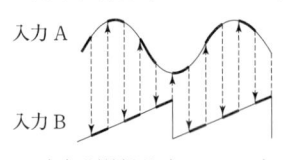

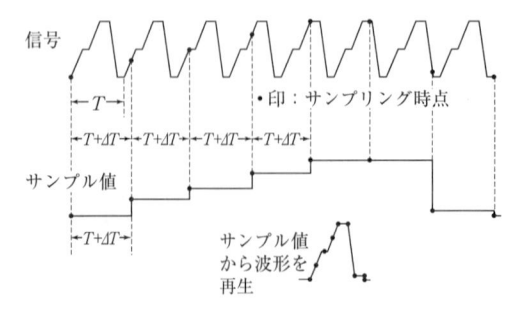

図 6.26　オシロスコープによる複雑波形の観測と原理（[3] p.138, 図 7.9, p.142, 図 7.12）

計測データのディジタル変換で記録や伝送の手法は非常に多様化する．ディジタルデータは，符号化された時刻データをともに記録すると安定な記録や遠隔伝送が容易になる．表6.3に記録計の分類を示す．

図6.27に示すように，計測結果の記録および再生は計測情報の時間軸上の移動と見なせる．計測データの伝送は情報の空間軸に沿った移動と見なせるから，伝送と記録とは，計測情報の時空間における移動という概念で包括される．

(2) 通信インタフェース

コンピュータとの接続インタフェースとその特性を表6.4に示す．

パーソナルコンピュータ（PC）の普及により，計測器がPCの能力を活用するのが日常的になった．計測器が収集した計測データをPCで処理する場合や，計測器をPCで制御して，自動計測システムを構築する場合が多い．

このために標準化されたデータを送受するバスを利用してデータや命令を通信する．多くの電子計測器には，標準化されたバスに接続するための端子やコネクタが取り付けられているので，それを利用してコンピュータとの接続が可能となる．

標準化されたインタフェースバスには，IEEE-488，RS-232CおよびUSBがある．これらのバスは表6.4に示すように特性が異なるので，それぞれの特性を理解して使用する必要がある．IEEE-488やRS-232Cなどは標準化されてから時間が経過したが，現在でも主流である．しかし，PCのバスとしてUSBが普及したのでIEEE-488やRS-232CからUSBへの変換インタフェースが実現し，また，USBインタフェースをもつ計測機器が増加しつつある．

(i) IEEE-488(GP-IB)　もとは計測器メーカの米国HP社（アジレント社の旧名）の提案で，HP-IBと呼ばれたが，IEEE-488として規格化されて計測器を対象として国際的標準のイ

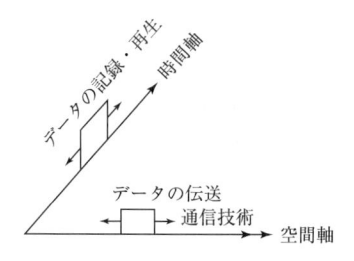

図6.27 計測データの記録，再生と伝送（[3] p.35, 図3.8）

表6.3 記録計の分類（[1] p.275, 表21）

区分	分類	特徴
用途	工業（産業）用	パネルマウントタイプ．信頼性，耐久性，耐環境性を追求
	理化学（研究）用	デスクトップタイプ．高速，高性能，高機能を追求
記録軸	X-T記録計*	チャート送り方向を時間軸として，直交軸に測定値を記録．チャートを一定の速度で送り，測定値のグラフを記録する
	X-Y記録計	記録ペンが2入力に従って直交する2軸上を走行する．B-Hカーブのような，入出力の関係を記録する
記録連続性	連続記録形	ペン形記録に代表される．ペン先をチャート上で引きずって記録する
	打点記録形	測定値を点で記録する．多チャネル入力が普通．測定周期も長い．代表例：5 sec/点
位置決め方式	直動式	可動コイル，可動鉄片方式の回転位置バランス方式．現在ではほとんどみられない
	自動平衡式	電気的な位置帰還の手法を用い，位置帰還信号と測定値の偏差がゼロになる制御を行う．ポテンショメータとサーボモータの使用が一般的であるが，打点記録の場合は，パルスモータによる位置決めをするものも多い
記録媒体	チャート記録計	折り畳みチャートやロールチャート上にインクヘッドや感熱ヘッドで記録する
	ペーパレス記録計	メモリを内蔵することによりチャートやインクリボンのメンテナンスを不要とした．マンマシンインタフェースに液晶などの画像表示器を装備しトレンドやディジタル表示，グラフ表示など多彩な表示機能を有する．データは，磁気ディスクやリムーバブルなメモリや通信を介し，引き渡される

*：記録計といえばX-T記録計のことを指し，"X-T"と明示されることはあまりない．

表6.4 計測用インターフェースの規格と特徴（[3] p.63, 表3.1）

バス	データ信号線	転送速度	規格	特徴
IEEE-488 $\begin{pmatrix} \text{HP-IB} \\ \text{GP-IB} \end{pmatrix}$	並列：8 bit (16)	（規格）<1 MB/s	IEEE 規格 ・IEEE-488.1 ・IEEE-488.2	最大15台接続可能 ケーブル長 　20 m 以内
RS-232 C	直列：(1+1) bit (13)	最大 115.2 kB/s	・EIA-232 ・JIS C 6361-71	約 15 m
USB	直列：ツイストペア 1 bit （電源1対）	Low 1.5 MB/s Full 12 MB/s Hi 480 MB/s （USB 2.0 のみ）	PC 関連企業連合の規格 ・USB 1.1 ・USB 2.0	動作中の USB プラグの着脱可 最大伝送距離 5 m

ンタフェースバス（general purpose interface bus）となった．並列8ビット伝送速度10 kB/s〜1 MB/s，1台のコンピュータに最大15台の計測器が接続可能である．しかし，接続ケーブル長は最大20 m の制限がある．

　(ii)　RS(Recommended Standard)-232 C　コンピュータとモデム（変復調装置）との接続のために，EIA (Electronic Industries Association) で作成された規格であり，JIS C 6361-71 でも規格化されている．ほとんどのPCにはRS-232Cのポートが取り付けられているので，このポートをもつ計測器との接続は容易である．直列1ビット伝送で，伝送速度は最大 115.2 kB/s で遅く，伝送距離は最大 15 m．

　(iii)　USB (universal serial bus)　USB は PC の周辺機器を統一されたインタフェースで接続する目的で，PC メーカーの Compaq（現在の HP），Intel, Microsoft, NEC などが提唱し，企業連合で作成された直列伝送のバス規格である．PC では広く普及し標準インタフェースとなった．計測機器においても通信インタフェースとして装備する場合が増加している．USB 2.0 となって伝送速度が最大 480 MB/s に高速化された．

(3) 計測システム化による機能拡張

　電子計測器は独立して役割を果たすスタンドアロン型が多かったが，PC との接続が容易となり，PC がもつ情報処理機能やシステム制御機能，通信能力などを活用できるようになると，収集したデータを PC に送ることで高度なデータ処理や，データの蓄積や解析が可能になった．その結果，PC を介して複数の計測器がシステムを構築し，高度あるいは複雑な任務を遂行する計測システムが実現した．

〔山﨑弘郎〕

参 考 文 献

［1］電気学会編：電気工学ハンドブック（第6版），オーム社（2001）
［2］山﨑弘郎・石川正俊・安藤　繁・今井秀孝・江刺正喜・大手　明・杉本栄次編：計測工学ハンドブック，朝倉書店（2001）
［3］山﨑弘郎：電気電子計測の基礎，電気学会（2005）
［4］計量行政審議会基本部会資料，経済産業省（2006）
［5］日野太郎：電気計測の基礎，電気学会（1983）

7章 制御とシステム

7.1 制御理論
(1) 制御理論の概要[1],[2]
制御理論,制御手法の概略を表7.1に記載する.

(2) 制御系設計:ラプラス変換と伝達関数[1],[4],[5]
関数 $f(t)$ のラプラス変換とは,
$$F(s) = \int_0^\infty f(t)e^{-st}dt$$

表7.1 制御理論の体系と用語([1],[2])

項　目	説　明
自動制御理論	対象とするシステムの挙動がある目的に適合するように,所要の操作を加える制御法を扱う理論の総称.下記を参照
線形フィードバック制御	制御量を目標値と比較し,それらを一致させるようにフィードバックする制御法とその理論.状態方程式と呼ばれる1階の常微分方程式として表現された制御対象を対象とする.線形時不変なシステムは以下のように記載される. $$dX/dt = Ax + Bu, \quad y = Cx$$ ここで,u は入力,y は出力,x は状態ベクトル,係数行列 A, B, C はシステムを表す. 可制御性: ある制御入力によって有限時間内にシステムの初期状態から任意の最終状態に到達できるとき,システムは可制御という 可観測製: 入出力を有限時間の間,観測することにより,時刻におけるすべての状態を求めることができるとき,システムは可観測という
サンプル値制御	連続システムである制御対象との入力や出力を,サンプリング手段を介して離散的なシステムとして取り扱う制御法とその理論
ディジタル制御	目標値,制御量,外乱,負荷などの信号のディジタル値から,制御演算部でのディジタル演算処理によって操作量を決定する制御法とその理論
ロバスト制御	制御系のモデルの不確かさや未知の外乱の影響に対して安定性や制御応用の低下を防ぐよう設計された制御方式およびその理論.H∞ 制御なども含まれる
非線形制御	線形システムでないシステム,特に非線形の常微分方程式で表された系を対象とした制御手法と制御理論
システム解析	システムの動特性や安定性など,システムを総合的に理解し最適化をはかるための工学的方法
システム同定	制御対象となる系の測定データをもとに,統計的手法を用いて系の挙動を代表する数理モデルを同定する.周波数応答,入出力応答から制御対象の構造パラメータを求める
制御系設計	制御対象の内部状態や出力から制御入力を求める.安定性・過渡応答,可制御性,可観測性の検討などの方法
極配置	閉ループ系の極を決定し,それを実現するようなフィードバックゲインを求める制御系設計方法
オブザーバ	制御対象の状態を,対象のモデルに基づいてその入出力信号から推定する方法または装置
最適レギュレータ	二次形式評価関数を最小化する状態フィードバック入力を求める制御方式
サーボ	目標値が時間により変化し,それに追従する制御方式.レーダー,ロボットなどに適用される
適応制御	時々刻々と変化する制御対象の特性にあわせて,制御パラメータを変化させる制御方法.モデル規範型適応制御方式,セルフ・チューニング・レギュレータ方式
最適化理論	評価指標を与え,それを最小化(または最大化)することで,最適な制御系を与えることを目的とした理論.目的関数,制約条件,決定変数を決めて最適解を求める
線形計画法	線形不等式の制約条件のもとに線形の目的関数(評価関数)の最大値を求める最適化問題の解法.シンプレックス法などが含まれる

非線形計画法	非線形不等式の制約条件のもとに非線形の目的関数の最大値を求める最適化問題の解法
動的計画法	多段階決定問題に帰着される組合せ最適化問題を主な対象とする手法
確率的最適化	確率変数を用いて最適解を求める手法およびその理論．遺伝的アルゴリズム，カオス理論などが含まれる

表 7.1 つづき

表 7.2 ラプラス変換（[1], [4], [5]）

No.	$f(t)$	$F(s)$	No.	$f(t)$	$F(s)$
1	$\delta(t)$	1	12	$\dfrac{1}{a^2}(1-\cos at)$	$\dfrac{1}{s(s^2+a^2)}$
2	$u(t)$	$\dfrac{1}{s}$	13	$\dfrac{1}{b-a}(e^{-at}-e^{-bt})$	$\dfrac{1}{(s+a)(s+b)}$
3	t	$\dfrac{1}{s^2}$	14	$\dfrac{1}{a-b}(ae^{-at}-be^{-bt})$	$\dfrac{s}{(s+a)(s+b)}$
4	e^{-at}	$\dfrac{1}{s+a}$	15	te^{-at}	$\dfrac{1}{(s+a)^2}$
5	$\dfrac{1}{a}(1-e^{-at})$	$\dfrac{1}{s(s+a)}$	16	$e^{-at}(1-at)$	$\dfrac{s}{(s+a)^2}$
6	$\dfrac{1}{a^2}(e^{-at}+at-1)$	$\dfrac{1}{s^2(s+a)}$	17	$\dfrac{1}{a^2}\{1-(1-at)e^{-at}\}$	$\dfrac{1}{s(s+a)^2}$
7	$\sin at$	$\dfrac{a}{s^2+a^2}$	18	$t\sin at$	$2a\dfrac{s}{(s^2+a^2)^2}$
8	$\cos at$	$\dfrac{s}{s^2+a^2}$	19	$t\cos at$	$\dfrac{s^2-a^2}{(s^2+a^2)^2}$
9	$\sinh t$	$\dfrac{a}{s^2-a^2}$	20	$e^{-at}\sin bt$	$\dfrac{b}{(s+a)^2+b^2}$
10	$\cosh t$	$\dfrac{s}{s^2-a^2}$	21	$e^{-at}\cos bt$	$\dfrac{s+a}{(s+a)^2+b^2}$
11	$\dfrac{1}{a^3}(at-\sin at)$	$\dfrac{1}{s^2(s^2+a^2)}$			

で定義される s の関数 $F(s)$ を指す．右辺の積分はラプラス積分と呼ばれる．表 7.2 に代表的な関数のラプラス変換を示す．

伝達関数は，すべての初期値をゼロとおいたときに，制御系の出力と入力のラプラス変換の比で表される．すなわち，出力信号のラプラス変換を $Y(s)$，入力信号のラプラス変換を $U(s)$ とすれば，伝達関数 $G(s)$ は，$Y(s)/U(s)$ と表される．時間領域の関数を，伝達関数を用いて周波数領域に変換することにより，系の特性や安定性を解析することができる．表 7.3 に代表的な伝達関数を示す．

（3） 制御系設計：安定判別[1], [4], [5]

設計した制御系が安定であるかを判別する．安定の定義としては，以下に示すリアプノフの定義が一般的である．

- 安定： ある初期状態 $0 \leq X_0 \leq \delta$ から出発する状態 $X(t)$ の軌道が，$t \to \infty$ においてもある状態 $0 \leq X(t) \leq \varepsilon$ よりも外に出ない，という初期状態 δ が存在する．
- 漸近安定： $t=t_0$ である初期状態 X_0，$|X_0-X_\varepsilon| \leq \delta$ から出発して，$t>t_0+T$ の時刻において $|X(t)-X_\varepsilon| \leq \mu$ であるような μ が存在する．
- 大局的漸近安定： 上記の状態にて $t \to \infty$ のときすべての軌道 $X(t)$ が X_ε に収束する．

設計した制御系の安定判別方法として以下の手法が確立されている．伝達関数の分母多項式を用いてその極配置から安定判別を行うために，直接，応答特性を解く必要がない．

表7.3 伝達関数の特性 ([1], [4], [5])

	伝達要素	伝達関数	ステップ応答	ベクトル軌跡	ボード線図
a	比例要素	K			
b	一次遅れ要素	$\dfrac{1}{1+Ts}$			
c	二次遅れ要素	$\dfrac{1}{(1+T_1 s)(1+T_2 s)}$			
d	むだ時間要素	e^{-Ls}			
e	積分要素	$\dfrac{1}{T_t s}$			
f	微分要素	$T_D s$			

表7.4 安定判別法 ([1], [8]〜[10])

方式	説明
ボード線図	系が不安定になるまでにゲインや位相にどの程度余有があるかを示す．ゲイン余有，位相余有の設計上の目安： 　　　　　　　ゲイン余有　位相余有 サーボ制御　　10〜20 dB　　40〜65° プロセス制御　3〜9 dB　　　20〜50°
リアプノフ法	第一の方法：　非線形系の平衡点周りの線形化を行い，その線形式の根が安定ならば非線形系の平衡点は安定と，線形式が不安定ならば不安定とする安定判別法． 第二の方法：　正定値のリアプノフ関数 $V(x)$ を定め，系の状態関数を使って dV/dt を求め，その値がつねに負ならば漸近安定である
ラウス-フルビッツ法	特性多項式の係数 a_n からフルビッツ行列と呼ばれる行列 H_n をつくり， 1) 係数 $a_n, a_{n-1}, \cdots, a_1$ がすべて存在しかつ正である 2) フルビッツ行列式 $H_i (i=1, 2, \cdots, n)$ がすべて正となる場合に安定と判別する方法
ナイキスト法	一巡伝達関数のベクトル軌跡をナイキスト軌跡と呼び，その形状などから安定性を判別する方法
ポポフ法	非線形のフィードバックをもつ線形システムの安定判別法（文献 [4] 参照）

(4) PID制御[1],[8]〜[10]

PID制御は，フィードバック制御の一種であり，入力値の制御を出力値と目標値との偏差，積分，および微分の3つの演算要素からなる制御方法である．様々な制御手法が開発・提案されており産業界での主力な制御手法である．

PID制御では，目標値SVと制御量PVの制御偏差に比例して入力値を変化させる動作を比例

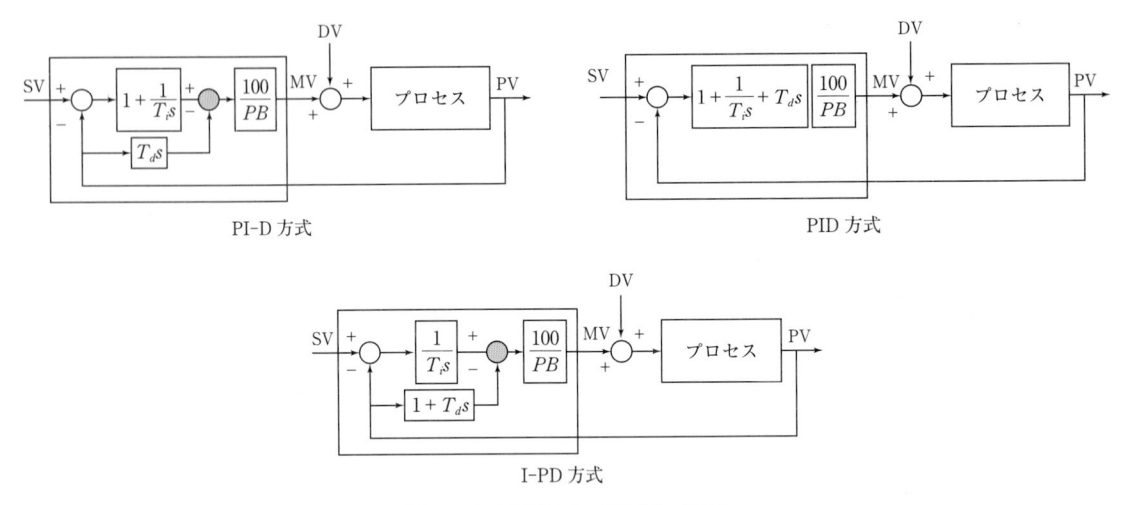

図 7.1 PID 制御方式 ([1], [8]〜[10])

表 7.5(a) PID 定数のチューニング ([1], [8]〜[10])

	制御目標	制御モード	比例ゲイン	積分時間	微分時間	
限界感度法	-D12	P	0.5 K_U	—	0	K_U：安定限界のゲイン
		PI	0.45 K_U	0.83 T_U	0	T_U：持続振動の周期
		PID	0.65 K_U	0.5 T_U	0.5 T_U	
CHR法	設定値変更	P	0.3 T/L	—	—	L：むだ時間
		PI	0.35 T/L	1.2 T	—	T：時定数
		PID	0.6 T/L	T	0.5 L	オーバーシュートなし
		P	0.7 T/L	—	—	
		PI	0.6 T/L	T	—	オーバーシュート 20%
		PID	0.95 T/L	1.35 T	0.47 L	
	外乱抑制	P	0.3 T/L	—	—	
		PI	0.6 T/L	4 L	—	オーバーシュートなし
		PID	0.95 T/L	2.4 L	0.47 L	
		P	0.7 T/L	—	—	
		PI	0.7 T/L	2.3 L	—	オーバーシュート 20%
		PID	1.2 T/L	2 L	0.42 L	
北森法						参考文献 [1]
IMC 法						参考文献 [5]

演算（P動作：Pはproportionalの略）という．比例制御においては比例ゲイン 100/PB（PB：proportional band）が一定の場合，制御量に対して操作量 MV はつねに決まっているが，制御対象で発生する外乱により，制御量と目標値との間に残留偏差またはオフセットを生じる．

積分演算（I動作：Iはintegralの略）は，オフセットが存在する場合に，その偏差が継続している時間に比例して入力値を変化させる動作をする．つまり偏差のある状態が長い時間続けばそれだけ入力値の変化を大きくして目標値に近づけようとする．比例動作と積分動作を組み合わせた制御方法は PI 制御という．PI 制御では，積分ゲイン $1/T_i$ が大きいほど I 動作の寄与が大きくなりオフセット補正が迅速に行われるが，大きすぎると目標値をいきすぎたり（オーバーシュート），目標値の前後を出力値が振動したり（ハンチング）する現象を起こす．

一方，急激な制御量の変化が起こった場合に，その変化の大きさに比例した入力を行うことで，

表 7.5(b) PID 定数のチューニング ([1], [8]〜[10])（Trans. ASME, etc.）

提案者	型[*1]	制御モード	制御動作[*2] PB	T_t	T_D	最適の条件
Ziegler Nichols (1942)	A, B	P PI PID	$100\,K_p L/T$ $110\,K_p L/T$ $83\,K_p L/T$	— 3.3 L 2 L	— — 0.5 L	25% ダンピング
高橋	B	P PI PID	$110\,K_p L/T$ $110\,K_p L/T$ $77\,K_p L/T$	— 3.3 L 2.2 L	— — 0.45 L	制御面積最小
Chien Hrones Reswick	A	P PI PID	$333\,K_p L/T$ $286\,K_p L/T$ $167\,K_p L/T$	— 1.2 T T	— — 0.5 L	行過ぎなしの応答時間最小
Chien Hrones Reswick	A	P PI PID	$143\,K_p L/T$ $167\,K_p L/T$ $105\,K_p L/T$	— T 1.35 T	— — 0.47 L	20% 行過ぎの応答時間最小
Chien Hrones Reswick	B	P PI PID	$333\,K_p L/T$ $167\,K_p L/T$ $105\,K_p L/T$	— 4 L 2.4 L	— — 0.4 L	行過ぎなしの応答時間最小
Chien Hrones Reswick	B	P PI PID	$143\,K_p L/T$ $143\,K_p L/T$ $83\,K_p L/T$	— 2.3 L 2 L	— — 0.42 L	20% 行過ぎの応答時間最小
藤井 吉川	A	P PI $\{L/T\leq1\atop L/T\geq1\}$ PID $\{L/T\leq1\atop L/T\geq1\}$	$100\,K_p L/T$ $167\,K_p L/T\,(T+L)$ $250\,K_p L/T\,(T+2L)$ $133\,K_p L/T\,(T+(1/3)L)$ $200\,K_p L/T\,(T+L)$	— $T+L$ $2L$ $0.5(T+L)$ L	— — — $0.125(T+L)$ $0.25 L$	制御面積最小

[*1] A 型：設定値変更の場合，B 型：外乱の場合．
[*2] T, L, K_p：過渡応答法により求める．

その変化を抑えることが必要である．この制御量（または制御偏差の微分に比例して入力値を変化させる動作を微分演算あるいは D 動作（D は derivative の略）という．上記のように比例動作，積分動作，微分動作を組み合わせた制御方法を PID 制御という．微分ゲイン T_d が大きいほど D 動作の寄与が大きくなり変動へ対処が迅速に行われるが，大きすぎると今度は逆方向へ変動したりすることになり制御が不安定になる．

そのほか，比例演算を制御偏差または制御量に対して行うかどうかによりおのおの I-PD 演算または PI-D 演算，微分動作を制御偏差または制御量に対して行うかどうかによりおのおの PID または PI-D 型が構成される．

PID 制御において適切な PID ゲイン（比例ゲイン，積分ゲイン，微分ゲイン）を決定するには制御対象の入力に対する応答を事前に調査する必要がある．また，その応答データから PID ゲインを算出する種々の方法が提案されている[1]．

(5) 最適レギュレータ[1], [16]

制御対象を状態方程式と呼ばれる常微分方程式で記述し制御系を設計する現代制御理論の中で，代表的な制御系設計方式である．

最適レギュレータは，評価指標を与え，それを最小化する最適なフィードバック入力を求める．その解は，リカッチ代数方程式（Riccati algebraic equation）

$$A^T P + PA + PBR^{-1}B^T P + Q = 0$$

の正定対称解 P をもとに，

$$u = -R^{-1}B^T P x = -Kx$$

で求められる．その他の最適レギュレータとして，オブザーバ付き最適レギュレータ，積分形最適レギュレータ，周波数依存形最適レギュレータや H∞ 制御などがある．

状態方程式　　$\dfrac{dx(t)}{dt} = Ax(t) + Bu(t)$

出力方程式　　$y(t) = Cx(t)$

評価関数　　$J = \int_0^\infty (x^T Q x + u^T R u) dt$

ここで，$X(t)$ は状態変数（n 次元），$u(t)$ は入力変数（r 次元），$y(t)$ は出力変数（m 次元），A 行列（$n \times n$），B 行列（$n \times r$），C 行列（$m \times n$）である．

最適レギュレータで実現される状態フィードバックは，最適解を与えるとともに次のような性質をもつ．

i) 円条件　　1 入力システムの場合（$B=b$, $K=k$）には，
$$|1 + k(j\omega I - A)^{-1} b| \geq 1$$
の関係が成立する．このことは，一巡伝達関数 L のベクトル軌跡が $(-1, 0)$ を中心とする半径 1 の円に入らないことを意味しており，フィードバック系のゲイン余有が無限大であることを示す．

ii) 低減特性　　一巡伝達関数 L を用いて感度関数 $S = 1/(1+L)$ を定義し，モデルの摂動の影響を考えると，閉ループ系の摂動の影響は開ループ系の摂動の影響の S 倍になる．このことは，感度関数 S のゲインが 1 より小さいので，最適レギュレータを用いた閉ループ系は開ループ系のモデルの変動を低減できることを示している．

（6）モデル予測制御：内部モデル制御[7],[13],[18]〜[20]

モデル予測制御（model based predictive control）は，明示的にコントローラに内蔵する

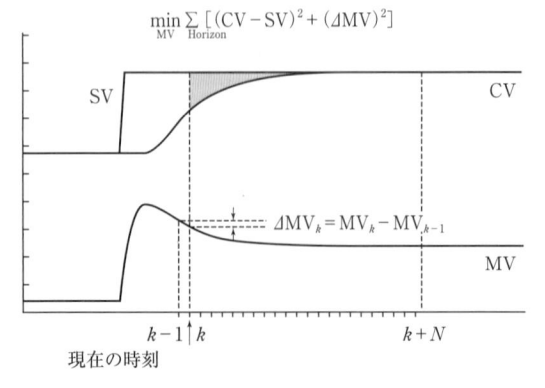

図 7.2　モデル予測制御の原理（[7],[13],[18]〜[20]）

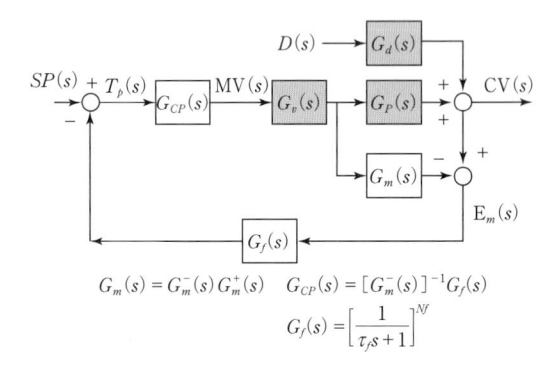

図 7.3　IMC コントローラの構成（[7],[13],[18]〜[20]）

プロセスの動的モデルを用いて，制御量が設定値に一致するように操作量を決定する制御方式である．モデル予測制御は，① 基本的な動作原理がきわめてわかりやすい，② 多変数系プロセスの制御に拡張が容易である，③ むだ時間が長いプロセスなど PID 制御で制御の困難なプロセスの制御が可能である，④ 最適化機能を備えている，などの理由から，産業プロセス制御に広範囲にわたって適用されている．さらに，装置や安全性に関する制約を基本機能として取り扱うことができるため，制約近傍でプラントを最も効率よく操業することができ，最も利益をもたらす．最近では，モデル予測制御設計用の市販ツールが用意されている．図 7.2 に動作原理を示す．

内部モデル制御（IMC）は，モデル予測制御の理論モデルであり，その設計方法，安定性などが確立されている．図 7.3 に基本構成を示す．

（7）モデリング：システム同定[10]

モデリングは，システムの解析および制御系設計のために，対象システムの特性を記述する作業を指す．大別して次の 2 つの方法がある．

・システムの内部構造を，科学的な知識に基づいて解析してシステムの変数間の関係式を導き，パラメータを実験や実データから決定する．

・システムをブラックボックスと見なし，その入出力データの観測値から統計的手法などによってモデルを形成する．

システム同定は，モデリングの一種であり，伝達関数・差分方程式などを用いてモデルの構造を事前に定めておいて，システムの入出力データに

7章 制御とシステム

表7.6 システム同定方法 [10]

方　式	説　明
周波数応答法	システムに正弦波などの周期信号を加え，その出力信号との相関からシステムの応答特性を求める
過渡応答法	システムにステップ信号やパルス信号を加え，その時間応答からシステムの応答特性を求める．長時間の試験信号の印加が難しい場合に適する
相関法・スペクトル法	入力信号と出力信号の相関関数やスペクトル密度からシステムの応答特性を求める
最小二乗法	システムの入力信号と出力信号の時系列データの関係を示す回帰式の係数を求める手法．システムの出力と，入力を回帰式に加えた計算値との二乗誤差が最小となるように回帰式の係数を計算する．さらに，拡張最小二乗法，オンライン逐次最小二乗法などがある
最尤推定法	最小二乗法において，入出力に確率密度関数を用いる方法．出力を未知パラメータの条件付確率密度関数（尤度）と見なし，それが最大となるようなパラメータを求める．欠点としてパラメータが多くなると，モデルの適合度（当てはまりのよさ）に関係なく対数尤度が大きくなる
AIC法	AICは，プロセス同定時にモデルの複雑さとデータへの適合度とのバランスをとるための評価基準の一つ．プロセス同定においては，パラメータの数や次数を増やせば，その測定データとの適合度を高めることができるが，その反面，ノイズなどの偶発的な変動にもモデル係数をあわせてしまうため，同種のデータには合わなくなる．この問題を避けるには，モデル化のパラメータ数を抑える必要があるが，AICはそのための基準を与え，AICが小さいほどモデルの適合度がよくなると評価する
ニューラルネットワーク	システムの入力と出力の関係式の推定にニューラルネットワークの手法を適用する方法

表7.7 データ解析の主な手法 ([11], [23])

方　式	説　明
重回帰分析（MLS）	multiple linear regression analysis の略．回帰分析とは，複数の量的変数があるときに，目的とする変数を別の独立変数（説明変数）で説明する式（回帰式）を求める統計的分析手法．既知の説明変数から未知の目的変数の値を予測したり，目的変数に対する説明変数の影響の大きさを評価したりすることができ，観測値からの事象の予測，シミュレーション，検証，要因分析などに用いられる．説明変数が1つならば単回帰分析，2つ以上ならば重回帰分析と呼ぶ
主成分分析（PCR）	principal component regression の略．相関関係にあるいくつかの要因を合成（圧縮）していくつかの成分にし，その総合力や特性を求める方法である．主成分分析では，重回帰分析や判別分析のように目的変数は与えられていない
部分回帰法（PLS）	partial least squares regression の略．多変量データにある変換を行いデータを縮約してから回帰分析を行う一つの手法
因子分析	多変量解析の一手法．因子分析では観測データが合成量であると仮定して，個々の構成要素を得る
クラスタ分析	多変量解析の一手法．与えられたデータを外的基準なしに自動的に分類する方法．大別すると，データの分類が階層的になされる階層型手法と，特定のクラスタ数に分類する非階層手法とがある
数量化I類/II類/III類	数値データでない質的データに，質的データの類似度を定義し，それに基づいた相互関係の解析を行う手法群である．数量化I類では量的に測定された（回帰における目的関数の相当）値を説明あるいは予測するための方法であり，回帰分析手法を用いる．数量化II類は判別分析を用いて質的な要因によって量的外的基準を予測（あるいは判別）するための方法である．数緑化III類は，量的データの主成分分析または因子分析に対応する
フーリエ変換	フーリエ変換は，任意の時間領域でのデータにフーリエ級数展開を行うことにより，周波数領域のデータに変換する．周波数領域に変換することにより，システムの伝達関数，相関関数の計算が容易となる
ウェーブレット変換	フーリエ変換が信号のもつすべてのデータを周波数成分に変換するのに対し，ウェーブレット変換では，拡大縮小・平行移動できる基底関数を用いて，周波数に応じて解析する時間幅を変化させて信号の相関解析やスペクトル解析を行う．フーリエ変換が全データの周波数成分しか得られないのに対し，ウェーブレット変換では時間変化に応じて周波数解析が可能となる．当初，石油探査の分野で，石油の埋蔵場所と埋蔵資源の分別との同時解析のために考案されたが，その後，制御系のむだ時間や不連続性の検出，音声信号の認識，異常状態の検知などに適用されている

基づいてそのモデルに含まれるパラメータの値を決定することである．モデルの構造が定まらない場合には，ノンパラメトリックな方法でシステム同定を行うことができる．

(8) データ解析[11], [23]

複数の変数（項目，属性，次元数）をもつデータ（多変量データ）を利用し，その変数間の相互の関係性をとらえるために使われる統計的手法である．時系列データの解析では，モデリングや制御設計を行う前に，取り扱うデータの特性を把握するために使用する．統計学からスタートして数々の方法が発表されており，コンピュータの普及とともに対応するソフトウェアが各社から販売されている．

7.2 制御システム

(1) フィードバック制御：基本構成[4], [7]

フィードバック制御系の基本構成を図7.4に示す．図7.5は等価な回路を示す．

(2) シーケンス制御[9], [24]

シーケンス制御とは，JIS B 0155 によると「あらかじめ定められた順序，前段の動作の実行，あ

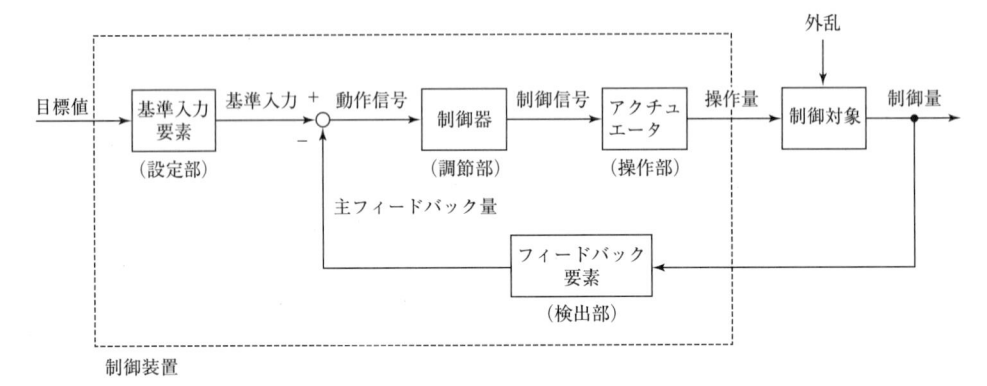

図7.4 フィードバック制御系の基本構成 [4]

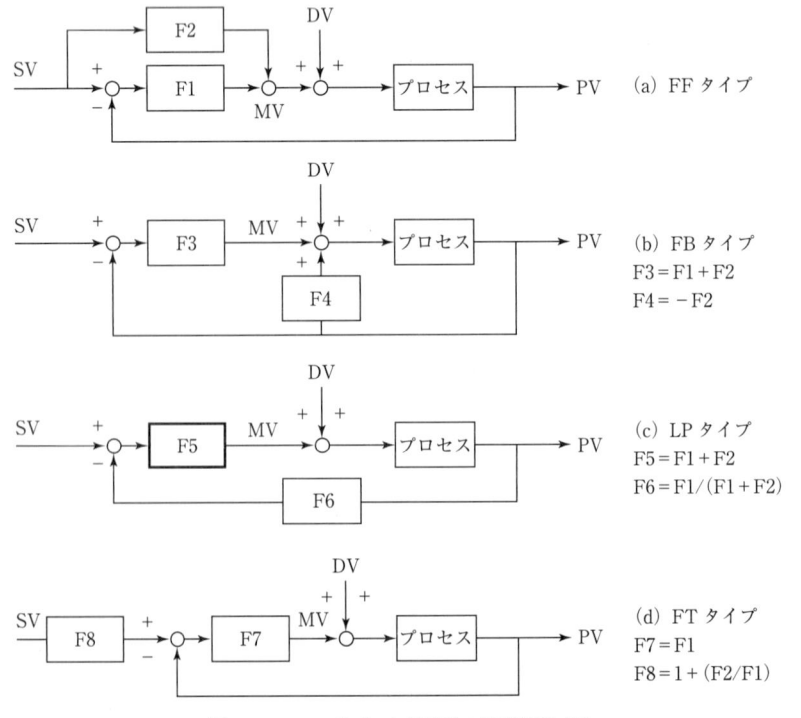

図7.5 フィードバック制御系の等価回路 [7]

(a) FFタイプ

(b) FBタイプ
$F3 = F1 + F2$
$F4 = -F2$

(c) LPタイプ
$F5 = F1 + F2$
$F6 = F1/(F1+F2)$

(d) FTタイプ
$F7 = F1$
$F8 = 1 + (F2/F1)$

表7.8 シーケンス制御の記述方式（[9],[24]）

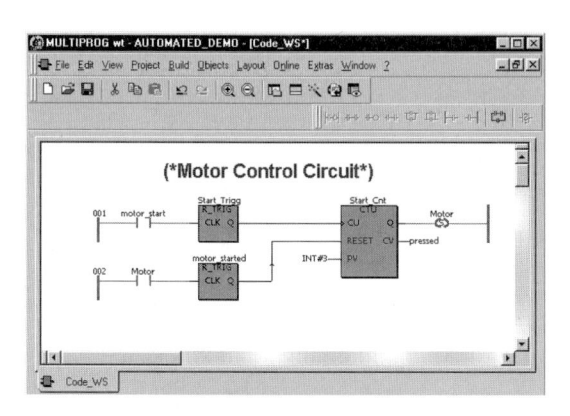

記述方式	説明
リレー回路/ラダーロジック	ラダーロジックはリレー回路による論理回路を記述する手法である．IEC 61131-3 標準
論理回路	AND, OR, NOT などの論理記号を用いて記述する．論理記号は JIS, MIL 標準で規定されている
フローチャート	コンピュータのプログラム作成と同様に，実行順序を流れ線図で記述する
タイムチャート	縦軸に機械，装置，機器の状態，横軸に時間の推移を割り付けて相互関係を記述する．シーケンス制御機器間の相互の動作を表示する．
デシジョンテーブル	シーケンスの実行にあたり，起こりうるすべての条件とそれに対応する操作をマトリックス状に記述する．実行時に条件を照合し，満たされた条件に対応する操作が行われる．JIS X 0125 標準
シーケンシャルファンクションチャート SFC	シーケンス制御の状態遷移に基づきグラフィカルにシーケンスロジックを記述する．SFC の構成要素として，ひとかたまりの処理に対応するステップ，論理条件を記述してステップ間の状態遷移を制御するトランザクション，ステップとトランジションを結び付けるリンクなどから構成される．IEC 61131-3 標準

図7.6 ラダーダイアグラムの例（[9],[24]）

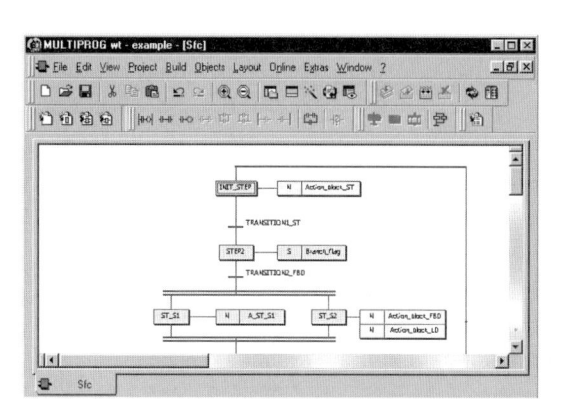

図7.7 SFC の例（[9],[24]）

る条件の充足によってシステムの動作を定めるプログラムを実行する制御」と定義される．これにより，定まった時刻に定まった順序で制御を行う時限制御，外部からの信号により実行順次が変わる順序制御，定められた条件が満たされたときに実行する条件制御などを実現できる．シーケンス制御を実行するプラットフォームとしては，従来のリレー回路のほかに，PLC，パソコン，DCSなどが市場に供給されている．シーケンス制御の動作を記述する方法として，表7.8のようなものが用意されている．

(3) プロセス制御システム[7],[14]

図7.8にプロセス制御システムの変遷を示す．1950年代は，電子式アナログ計器，空気式計器中心のシステムであった．1960年代になりコンピュータの出現とともに SPC (set point control) や DDC (direct digital control) などの工業用コンピュータベースの制御システムが出現した．制御システムの要求されるリアルタイム性と信頼性の面から，リアルタイム・オペレーティングシステムやデュアル，デュプレックスなど最先端の技術が適用された．1970年代に入り，マイクロプロセッサの出現とともに，ディジタル式 SLC (single loop controller) や DCS (distributed control system) が出現した．高度成長の追い風に乗って，マイクロプロセッサの進歩とともに，SLC や DCS はより高機能化，高信頼性化を追求して，危険分散，機能集中へと進化を続けた．1990年代に入り，低成長時代に入ると，安価な制御システムを指向する傾向となり，PC (personal computer) の普及にあわせて，PCベースの制御システムに置き換わってきた．PCの簡便さと安価さを取り入れつつ，高速性，高信頼性を維持しつつ進歩を遂げている．2000年以降は，ネットワーク環境の普及に伴い，ネットワークベースのシステム，オープン環境のシステムが広

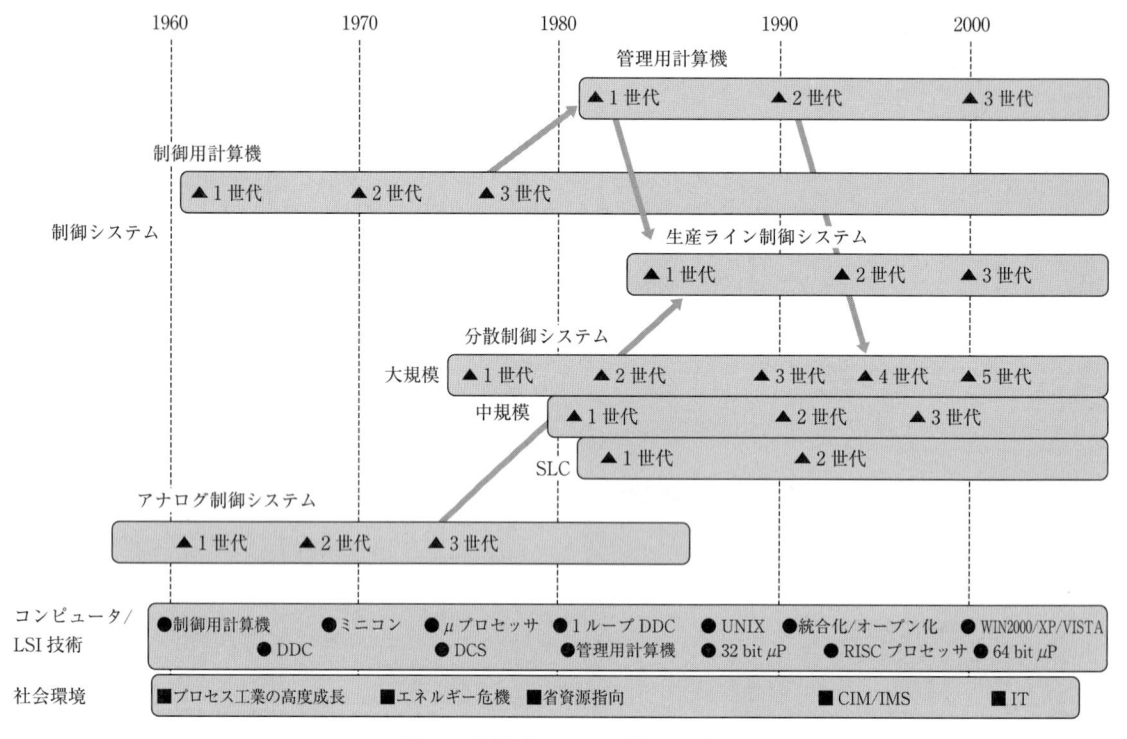

図7.8 生産制御システム（[7], [14]）

がりつつある．制御システムは，産業システムの稼動を支えるシステムであり，つねに時代の最先端技術を取り入れる反面，10年，20年といった長期稼動を保証できる信頼性が要求されている．

プロセス制御システムを構成する要素の一覧を表7.9に示す．

(4) ソフトコンピューティング [25], [26]

ソフトコンピューティングは，ニューラルネット，ファジィ，データマイニングなど知的情報処理に関する技術を総称である（表7.10）．ニューラルネットは脳を模擬しようとし，ファジィは人間の主観的な情報処理方式を，遺伝的アルゴリズムは生物の進化のメカニズムを模擬しようとしており，生物から学ぼうという共通点がある．

ニューラルネットワークは，脳機能にみられるいくつかの特性を計算機上のシミュレーションによって表現することを目指した数学モデルである（図7.9）．ニューラルネットワークは，教師信号（正解）の入力によって問題に最適化されていく「教師つき学習」と，教師信号を必要としない「教師なし学習」に分けられる．明確な解答が用意される場合には教師あり学習が，クラスタリングには教師なし学習が用いられる．結果としていずれも次元削減されるため，画像や統計など多次元量のデータでかつ非線形な問題に対して，比較的小さい繰り返し計算回数で良好な解を得られる．パターン認識やデータマイニングなど，様々な分野に応用されている．

ファジィとは複雑なシステムを「曖昧」にとらえることで最適に制御するアルゴリズムおよび理論である．境界がはっきりしない集合に帰属する度合いをメンバシップ関数として表すことで曖昧な主観を表現することができる．多くの変数からなる複雑な系を扱うのに有効である．

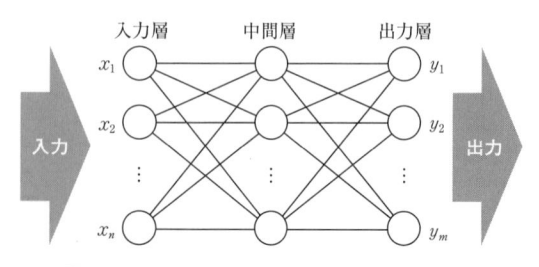

図7.9 ニューラルネットワークの例（[25], [26]）

表7.9 生産制御システムの構成（[7]，[14]）

コンポーネント	説明
ERP	enterprise resource planning の略．経営資源の有効活用の観点から，販売・受注・在庫管理を統合的に行い，企業全体の経営の効率化を図るための手法や概念のこと．基幹業務システムとも呼ぶ．製造管理システム（MES）や計画ソフト（SCM）との組合せで，計画・実行・評価（Plan, Do, See）のマネジメントサイクルを実現させることが多い
MES	manufacturing execution system の略．製造・生産現場における管理を統合的に扱うシステム
TCP/IP	transmission control protocol/internet protocol．現在のインターネットを支えるネットワークプロトコル
ActiveX	ActiveX コントロールはコンテナと呼ばれるアプリケーションで，利用時にインターネットからダウンロードして実行することもできる
APC	advanced process control．高度制御．モデル予測制御はその一例で，広くプロセス制御のサイトで使用されている
DCS	distributed control system．分散制御システム．プロセス系制御システム（化学プラントなど，温度や原材料の配合などを制御することによって製品をつくるシステム）において，1台のコンピュータで集中制御するのではなく，複数台のコントローラを分散配置しそれを統合化することによってプラント全体の制御を実現するシステム
PLC	program logic controller．各種メカニズムやセンサ，アクチュエータなどの入出力に対し，順序操作や限時，論理演算などの制御を行う制御装置
OPC	OLE（object linking and embedding）for process control．OPC は，米国 OPC Foundation が策定した国際標準のアプリケーション間通信インターフェースの統一規格．OPC を使うと，様々なクライアントアプリケーションと DCS，シーケンサなどの PA・FA 機器を簡単に接続することもできる
XML	extended makeup language．ネットワークを介してデータを送受信するための言語．データにその意味を示すタグをユーザ独自に指定することもできる
フィールドバス	インテリジェントな計測・制御機器間のディジタル，双方向，マルチドロップ通信のこと．高度プロセス制御，リモート入出力や高速ファクトリオートメーションアプリケーション用のローカルエリアネットワーク（LAN）の役割を果たす
センサ	JIS では「対象物の物理量を検出し，その値に対応する信号に変換する素子又は機器」．「検出する物理量」の例としては，位置や温度など，最近では色や距離まで検出するものがある．「対応する信号」は通常，電気信号である
アクチュエータ	駆動機器類の総称．モータ，シリンダー，ファン，ポンプ，バルブなどを指す

表7.10 ソフトコンピューティングの手法（[25]，[26]）

項目	説明
ニューラルネットワーク	
パーセプトロン	入力層，中間層，出力層からなるネットワーク
バックプロパゲーション（BP）	誤差逆伝播法．ニューラルネットワークを訓練するための教師あり学習技術
ホップフィールドネット（ワーク）	相互接続型ネットワーク
ボルツマンマシン	ホップフィールドネットワークに確率変数を追加
RBF ネットワーク	radial basis function．中間層の基底関数の出力を線形結合することによってネットワークの出力を計算するようなネットワーク
ファジィ	—
遺伝子アルゴリズム	—
デシジョンツリー	—

データマイニングは，大量の蓄積データを高速で処理することにより自明でない情報や知識を獲得する技術である．コンピュータを用いた高速の処理が可能となったこと，リレーショナルデータベースやデータウェアハウスなどデータの蓄積技術・処理技術が確立されたことに伴い，データベースにおける大量データを処理するための手法としてデータマイニングの概念が現れた．ニューラルネットワーク，ファジィなどの手法や統計解析の手法を用いて，人工知能分野での検索技術など

表 7.11　シミュレーションツール，支援ツール（[1],[7]）

項　目	説　明
シミュレーション	
プロセスシミュレーション	気象シミュレーション，化学反応シミュレーション，高炉シミュレーション，化学プロセスシミュレーション，交通シミュレーション，その他
運転用シミュレーション	プラントの運転のためのシミュレーションを行う
操業用シミュレーション	操業データを解析するためのシミュレーションを行う
訓練用シミュレーション	プラントの種々の状態に対応するための訓練用のシミュレーションを行う
CAD	
データ解析ツール	信号データの周波数特性，時間特性などを解析する
制御系設計ツール	コントローラの構築，評価，シミュレーションを行う
操業解析ツール	広く操業データを解析して，その信号のもつ特性を解析する

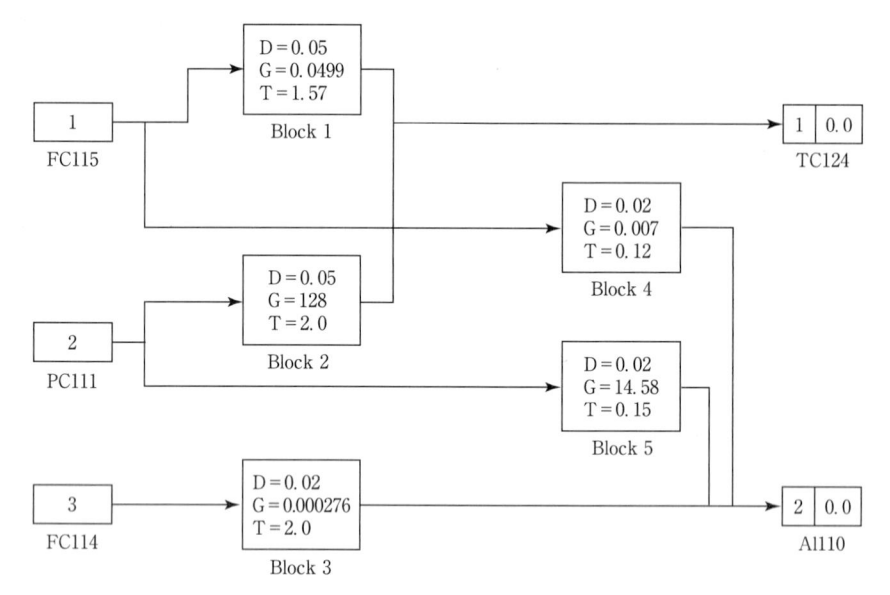

図 7.10　制御系設計 CAD の一例 [7]

に応用されている．

(5) シミュレーション・支援ツール[21]

シミュレーションは，実現が困難，不可能，または危険である場合に，現象を論理的に構成したモデルを構成して現象を試行する技術である．モデリング段階でどの程度まで現象を真似るかにより，シミュレーションに期待する成果と発生する計算量とのトレードオフが生じる．コンピュータの出現と演算能力の向上により，膨大な量の計算を比較的短時間で行えるようになった．自然現象や経済活動や人口の推移といったものへの応用や，縮小模型や実物大模型などによる実験を計算による仮想空間のみで実験・予測することが可能になってきた（表 7.11）．

CAD（computer aided design）解析・設計支援ツールは，前節までに述べてきた理論や手法を容易に使うためのツールとして開発され，市販されている（図 7.10, 7.11）．

7.3　制御システムの信頼性

(1) システムの信頼性：故障率と信頼度モデル[29]

プロセス制御を行う DCS などの制御システムには，きわめて高い信頼性が要求される．信頼性工学に基づく信頼度モデルに対して故障率を予測し，冗長化などシステム設計手法によりシステム全体の高信頼化と稼働率の向上がなされている．

a.　故障率と信頼度モデル

故障率とは，電子部品などが単位時間当たりに故障する確率で，部品ごとに一定の値をもってい

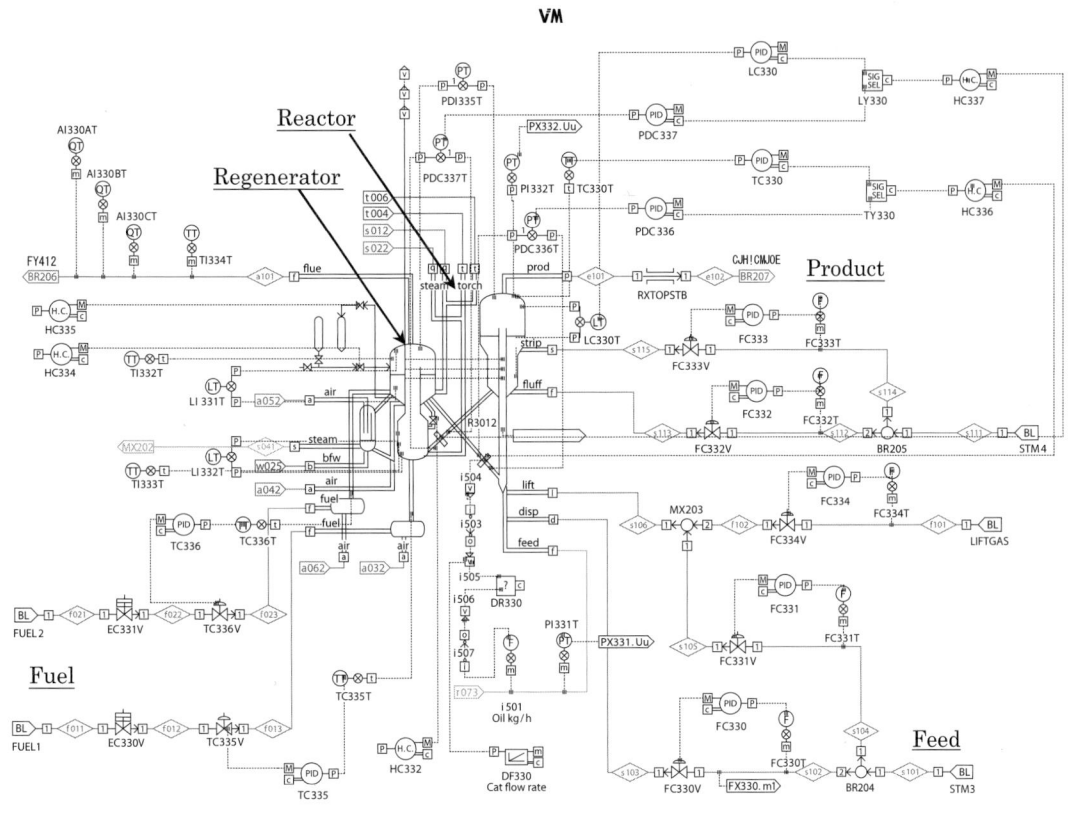

図7.11 プロセスシミュレータCADの一例[7]

る．同じ部品でも，実稼働時の信頼性は製造方法や使用時のストレスなどによって異なる．部品の集合としての製品やシステムの信頼性は，信頼度モデルに基づいて計算される．MIL-HDBK-217F「電子機器の信頼度予測」は，米国防総省が軍用電子機器およびシステムの信頼度を予測するために開発した計算モデルで，信頼度予測モデルの共通基盤として防衛産業以外でも広く参照されている．ただし，故障率やストレスファクタなどの値自体は，軍用電子機器のフィールド実績に基づいて集計されたものであり，さらに十分な安全係数が考慮されているので，これを使って単純に計算すると結果は現実より大幅に保守的な値となってしまう．したがって故障率の計算法はMIL-HDBK-217Fに準拠し，値自体は部品の実態にあわせた実用的な値が使われている場合が多い．

　i) 部品ストレス解析法（parts stress analysis model） 各種のストレス（環境，電力，複雑度など）が変化したときに，故障率がどのように変化するかを算出できる精密なモデルである．数式モデルは部品の種類ごとに定められている．(7.1)式はディスクリートトランジスタの信頼度モデルで，周囲温度，品質，使用環境などのファクターが定められている．これらのストレスファクターの影響を考慮して（ディレーティング）設計することは，高信頼化設計の基本である．

$$\lambda_p = \lambda_b(\pi_T \cdot \pi_S \cdot \pi_C \cdot \pi_Q \cdot \pi_E) \quad (7.1)$$

ここで，λ_bは規定状態での故障率，π_Tは温度ファクター（アレニウスの式に関係：高温になるほど故障率が増す），π_Qは品質ファクター，π_Eは環境ファクター，π_Cはコンタクト形状ファクターを示す．

　ii) 部品点数法（parts count model） パラメータの数が少なく，信頼度予測が簡便で，装置（システム）の故障率算出に使われる．

$$\lambda_{\text{EQUIP}} = \sum_{i=1}^{n} N_i (\lambda_g \cdot \pi_Q)_i \quad (7.2)$$

ここで，λ_{EQUIP}：装置の故障率，λ_g は i 番目の種類の部品の規定状態での故障率，π_Q は i 番目の種類の部品の品質ファクター，N_i は i 番目の部品の数，n は部品の種類数を示す．

(2) 故障率のバスタブ曲線

一般に故障率は，時間とともに図 7.12 のように変化し，故障の発生具合から初期故障期間，偶発故障期間，摩耗故障期間の 3 つの領域に分類されている．

i) 初期故障期間（initial failure） 潜在している設計ミスや，製造工程中の欠陥など，初期不良により故障が発生する期間をいう．故障率は時間とともに減少する．バーンインなどの加速エージング，スクリーニング，システムデバッグなどにより，製品の出荷前に早期に取り除くことが必要である．

ii) 偶発故障期間（random failure） 初期不良が取り除かれると，故障が時間とともに偶発的に一定の確率で発生する偶発故障期間に入る．この期間の故障率 λ_r は，電子部品などのもつ固有の故障率で決まり，ほぼ一定である．システムの信頼性を高めるには λ_r の小さい部品を選択しディレーティングなどにより余裕をもって使用することが重要である．

iii) 摩耗故障期間（wear-out failure） 機械部品などは，摩耗，疲労などにより，故障率が時間とともに増加する摩耗故障期間に入り，寿命を迎える．t_w を大きくするとともに，予防保全機能により，使用時間や回数などから摩耗の進行を予測し，該当部品を事前に交換し故障を未然に防ぐことが必要である．

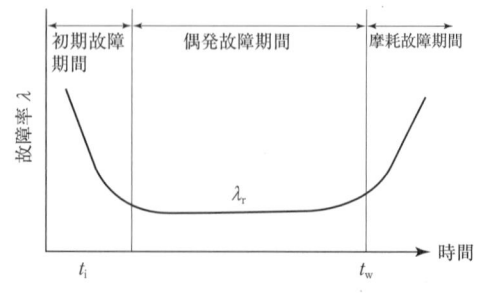

図 7.12 故障率のバスタブ曲線 [29]

(3) 信頼性用語

信頼性とは，「アイテムが与えられた条件で規定の期間中，要求された機能を果たすことができる性質」と JIS Z 8115「信頼性用語」に定義されている．

・故障率（FIT：failure in time）
　単位時間当たりに故障する確率で，故障率の単位として $1\text{ FIT} = 1\times 10^{-9}$（件/時間）が使用される．同じ故障率の部品でも，実際の故障率は使用条件（温度，湿度，電圧ストレスなど）によって異なる．使用条件に余裕をもたせて使用することをディレーティングという．

・平均故障間隔（MTBF：mean time between failure）
　システムや機械が故障するまでの時間の平均値．修理系（直しながら使用するシステムや機械）に使用する．
　MTBF＝1/故障率
　MTBF＝製品の総稼働時間/故障回数

・平均修理時間（MTTR：mean time to repair）
　故障が発生してから修理が完了するまでの平均修理時間．

・MTTF（mean time to failure）
　部品など，非修理系における平均故障時間．

・Availability：アベイラビリティ（稼働率）
　システムや機械が正常に機能し使える状態にある割合．
　A＝MTBF/(MTBF＋MTTR)

アレニウスモデル（arrhenius model）
　ある温度での化学反応の速度を予測する式．部品の経年劣化の主要因が温度である場合，部品の寿命はアレニウスの式で近似できる．加速試験や部品の寿命の推定に利用され，温度ディレーティングの根拠にもなっている．使用環境の温度が 10℃ 上がると寿命は 1/2 になるという「10℃2 倍則」として寿命を算出するのにも使われる．

$$L = \text{A} \cdot \exp\left(\frac{E_a}{k \cdot T}\right)$$

ここで，L は寿命，A は定数，E_a は活性化エネルギー，k はボルツマン定数（8.6159×10^{-5} [eV/

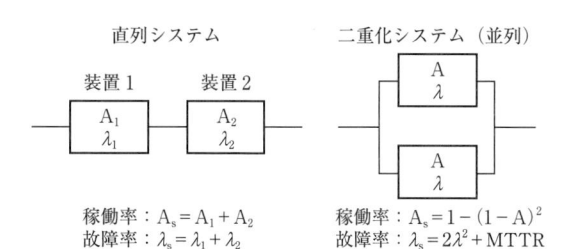

図7.13 二重化システムの信頼度モデル [28]

図7.14 修理しながら運転する二重化システム [28]

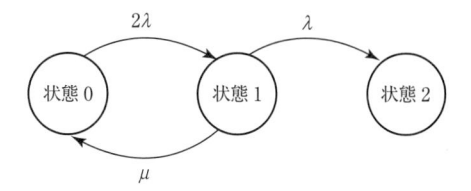

状態0：正常　状態1：片側故障　状態2：両方とも故障
λ：故障率　μ：修理率（$=1/\mathrm{MTTR}$）

K]），T は絶対温度 [K] を示す．

(4) 二重化システムの信頼度モデル[28]

図7.13に二重化システムの信頼度モデルを示す．λ は故障率，A は稼働率である．

直列システムの場合は，どちらか一方が故障すると，システム全体の故障になるので，システムの故障率 $\lambda_s = \lambda_1 + \lambda_2$ となり，稼働率は $A_s = A_1 \cdot A_2$ となる．二重化システムの場合には，両方が同時に故障したときがシステム全体の故障となり，システム全体の故障率は $\lambda_s = 2\lambda^2 \cdot \mathrm{MTTR}$，稼働率は $A_s = 1 - (1-A)^2$ で与えられる．

修理しながら運転する二重化システムの状態遷移を図7.14に示す．正常（状態0）から片側故障（状態1）に遷移する確率は 2λ，また片側故障（状態1）から正常に復帰する確率は μ で表される．両方故障（状態2）からは復帰できないので，遷移方は一方向となる．状態0と状態1は，どちらでもシステムは機能する．状態2に陥るとシステムは機能しないため，「故障」と判定される．$\mu \gg \lambda$，$\mathrm{MTTR} = 1/\mu$ と仮定すると

$$\mathrm{MTBF} = \frac{\mu}{2\lambda^2} = \frac{1}{2\lambda^2 \cdot \mathrm{MTTR}}$$

システムの故障率は

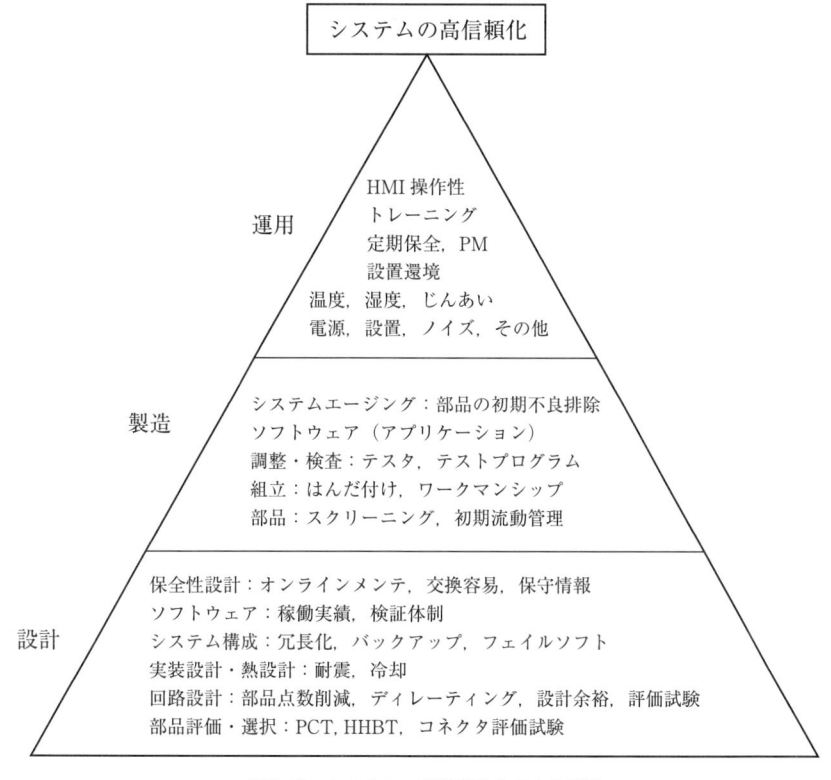

図7.15 システムの高信頼化を支える要因
PCT：pressure cooker test, HHBT：high temperature and high humidity bias test.

$$\lambda_\mathrm{s} = \frac{2\lambda^2}{\mu} = 2\lambda^2 \cdot \mathrm{MTTR}$$

で与えられる．

(5) システムの高信頼化を支える要因[27]

実稼働時のシステムの高信頼化は，設計によって素質としてつくり込まれ，それが正しく製造され，かつユーザに納入後はその適切な運用が行われたとき，初めて達成される．なかでも設計に依存する要素が最も大きい．すなわち，電子部品の諸特性，環境条件など様々な変動要因に対する設計余裕を基礎として，冗長化などのシステムアーキテクチャ上の手法や，運転点・保守のなどシステムの運用時に生じる人間工学的要因に対する配慮や，その他ハードウェア，ソフトウェア両面にわたる体系的な設計手法が駆使されている．設計段階では，「信頼性の高い（素性のよい）部品を見極め，これを適度な余裕をもって正しく使う」ことが基本である．そのためには部品の素性を見極める評価技術が必要で，科学的な根拠をもって部品の特性を見抜く必要がある．「適度な余裕をもって」使う手法の一つとして，電子部品のディレーティングがあるが，これは図7.15のストレスファクタπに関係している．正確には部品ごとの活性化エネルギーで決まるが「10℃温度が上昇すれば寿命は半分になる」というアレニウスの法則がある．温度ディレーティングが有効な物理的根拠がここにある．図7.15に，設計，製造，運用の場面でシステムの信頼性に関係する要因を示す．

(6) 高信頼化設計技術[27]

表7.12にシステムの高信頼化設計技術の体系と具体的手法の例を示す．

i) 故障しにくい設計（フォールトアボイダンス）　まず故障率を小さくすることが第一であり，そのためには，素性のよい，評価された部品を，できる限り少ない数量を，余裕をもって使う

表7.12　システムの高信頼化設計技術

高信頼化設計技術の分類		CENTUMIにおける設計技術	評価尺度と概念用語	
故障しにくい設計	フォールトアボイダンス 故障や誤動作の発生頻度を小さくする設計	部品評価，選択（PCT, HHBTなど） ディレーティング パラメータ変動を考慮した設計 実装設計，熱設計 部品点数削減および低消費電力化 耐環境設計 耐ノイズ設計（CEマーキング適合設計）	信頼性 MTBF	ディペンダビリティ dependability
故障しても影響の小さい設計	フェールセーフ 故障しても，あらかじめ定められた安定状態をとるシステム	故障の局所化と実時間検出 各種の保護回路 外部へのフェイル通知 CPU故障時の出力モジュールの出力保持フォールバック	稼動率 （アベイラビリティ） MTBF MTTR	
	フェールソフト 故障しても，与えられたシステムのミッションの一部を遂行する状態をとるシステム	バックアップ 　手動バックアップ 　自動バックアップ		
故障しても動作が続行できる設計	フォールトトレランス 故障が発生しても，つねに正常動作が続行できるシステム	冗長性 　システムの各レベルでの二重化構成 二重化共通部の極小化 高い故障率検出率と高速な切替制御		
故障しても早く回復できる設計	メンテナビリティ 故障しても早く回復できるシステム	自己診断 自動回復/自動再構成 保全情報のメッセージ出力/保持 稼働状態表示画面 カードのオンラインメンテナンス 予防保全情報	保全性 MTTR	

ことが基本である．

　ⅱ）故障しても影響の小さい設計

　a）フェールセーフ：　たとえば，故障時には調節弁への出力値をプロセス上の安全サイドの値に保持する．

　b）フェールソフト：　たとえば，バックアップなどにより，システムミッションの一部の遂行を可能にする．

　ⅲ）故障しても動作が続行できる設計（フォールトトレランス）　二重化をはじめ，各種の冗長化システムがこれに該当する．冗長化には必ず「共通部」が存在し，共通部の故障はシステム全体のダウンにつながるので，その部分をいかに少なくするかがポイントである．稼働率を高めることが必要である．

　ⅳ）故障しても早く回復できる設計（メンテナビリティ）　故障部分が特定でき，簡単に交換ができるようにすることにより，システムの稼働率を高めることができる．また，摩耗性のある部品やユニットに対しては，使用時間やオンオフ回数などの履歴をとって稼働状態を表示し，故障する前に予防保全情報を出して交換を促すことも有効である．

　システムが目的とする機能を果たせなくなる状態を「故障」と定義するならば，システムの故障要因は，単に部品の永久故障だけにとどまらず，データや内部状態などの情報喪失や人間の誤操作へも広がっていると考えなければならない．情報（メモリなどの記憶内容）を失うことは，部品（ハードウェア）の故障と等価である．たとえばノイズなどによるハードウェアの一過性の誤動作であっても，その結果情報を失えば，システムは永久故障となってしまう．耐ノイズ性向上とデータ喪失のないソフトウェア対策が必要である．

〔髙津春雄・若狭　裕〕

参 考 文 献

[1] 計測自動制御学会編：自動制御ハンドブック（基礎編・応用編），オーム社（1983）
[2] 日本工業規格「JIS Z 8116（1994）自動制御用語」
[3] 電気学会編：電気工学ハンドブック（第6版），オーム社（2001）
[4] 高橋安人：システムと制御，岩波書店（1978）
[5] 松村文夫：自動制御，朝倉書店（1987）
[6] 計測自動制御学会制御技術部会編：制御技術動向調査報告書（1996）
[7] 高津春雄編：プロセス制御：計測自動制御学会，コロナ社（2003）
[8] 北森俊行：PID制御システムの設計論，計測と制御，Vol. 19, No. 4, pp. 382-391（1980）
[9] 千本　資・花淵　太共編：計装システムの基礎と応用，オーム社（1987）
[10] 森下　巌編：ディジタル計装制御システム，計測自動制御学会（1993）
[11] 相良節夫・秋月影雄・中溝高好・片山　徹：システム同定，計測自動制御学会（1981）
[12] 林知己夫：数量化―理論と方法―（統計ライブラリー），朝倉書店（1993）
[13] Manfred Morari：Robust Process Control, Prentice-Hall（1989）
[14] 野坂康雄：産業システム制御，計測自動制御学会（1994）
[15] 大松　繁・山本　透編著：セルフチューニングコントロール，計測自動制御学会（1996）
[16] 伊藤正美・木村英紀・細江繁幸：線形制御系の設計理論，計測自動制御学会（1995）
[17] 木村英紀：H∞制御，コロナ社（2000）
[18] 大嶋正裕：プロセス制御システム，コロナ社（2003）
[19] J. M. Maciejowski（足立修一・管野政明訳）：モデル予測制御，東京電機大学出版局（2005）
[20] 計測自動制御学会：ミニ特集「モデル予測制御の産業応用への新展開」，計測と制御，Vol. 43, No. 9（2003）
[21] 木村英紀・美多　勉・新　誠一：制御系設計理論とCADツール，コロナ社（1998）
[22] 日本計装工業会編：計装工事マニュアル（プラント編）（2005）
[23] ミニ特集「ウェーブレット変換の計測応用」，計測と制御，Vol. 39, No. 11（2000）
[24] Technical Information：STARDOM製品資料，横河電機（2003）
[25] 電気学会技術報告：鉄鋼プロセス制御におけるPost-AIソフトコンピューティング適用（2005）
[26] 福田剛志・森本康彦・徳山　豪：データマイニング，共立出版（2001）
[27] 若狭　裕ほか：総合計装制御システムCENTUM New Modelの高信頼化設計技術，横河技報，Vol. 27, No. 4（1983）
[28] 阿部俊一：システム信頼性解析法, pp. 220-233，日科技連出版社（1987）
[29] MIL-HDBK-217F（http://www.tsminc.co.jp/download/mil/mIL217f.pdf）. Military Handbook：Reliability Prediction of Electronic Equipment.

8章　電子デバイス・電子回路

8.1　短波帯より上の周波数の割り当て

電波は公共の財産であるので，これは国で管理し，申請を審査した上で各個に割り当てている．さらに，業務別にセグメントを分け，公表してい

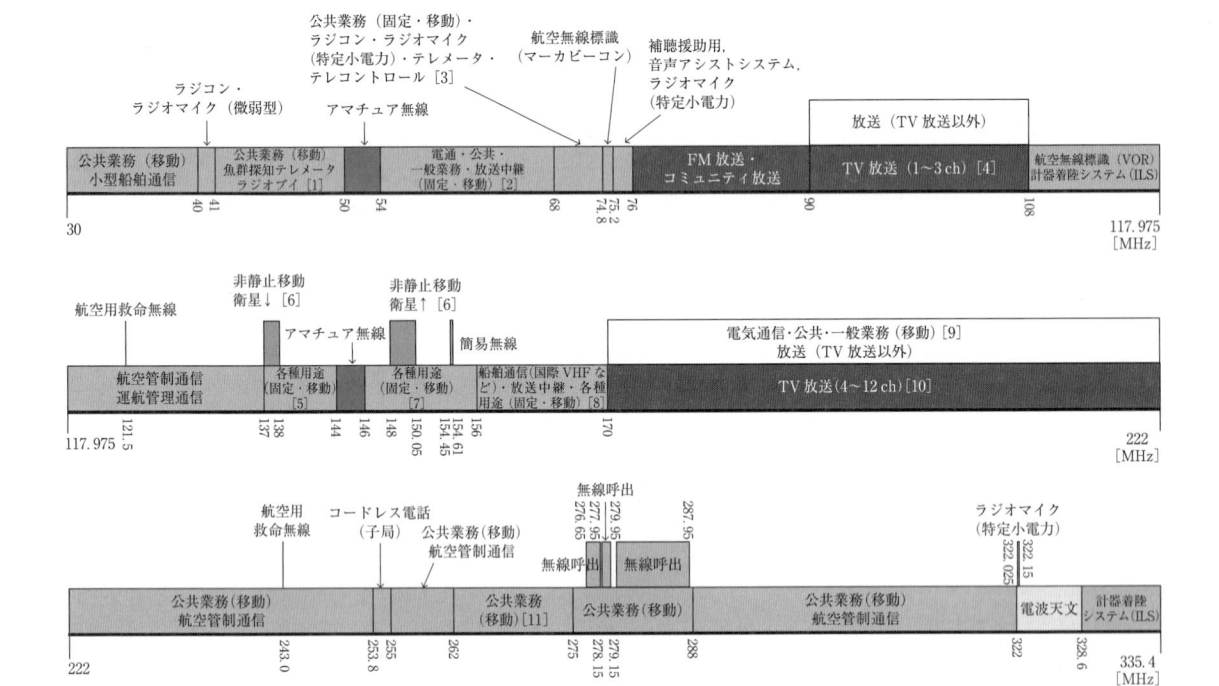

〈30〜335.4 MHz〉

番号	周波数帯 [MHz]	主な用途
[1]	41〜50	国による公共業務，海上のブイや魚群探知のデータ伝送
[2]	54〜68	国および地方自治体（市町村同報等防災行政無線）による公共業務，放送事業者の音声番組中継
[3]	68〜74.8	① 気象観測データ伝送や各種機器の遠隔監視・制御 ② 模型のラジオコントロールおよびワイヤレスマイク
[4]	90〜108	テレビジョン放送による使用は2011年7月24日まで（地上デジタル放送については図8.2参照）
[5]	137〜144	国および地方自治体による公共業務
[6]	137〜138, 148〜150.05	低軌道周回衛星による移動体衛星通信（オーブコム）
[7]	146〜156	国，地方自治体および電力・ガス・運輸交通等公共機関による公共業務，一般私企業の各種業務
[8]	156〜170	国および運輸交通等公共機関による公共業務，放送事業者の音声放送番組中継，船舶通信（国際VHF，船舶自動識別装置），一般私企業の各種業務
[9]	170〜222	移動業務による使用は2011年7月25日から
[10]	170〜222	テレビジョン放送による使用は2011年7月24日まで
[11]	262〜275	市町村等において防災対策や行政サービスに活用できる公共用デジタル移動通信システムに主として利用

図8.1　電波の使用状況（30〜335.4 MHz）

る．本章ではこれら，特に短波帯以上の周波数についての割り当てを簡単に紹介する．

(1) 30〜334 MHz

いわゆる VHF 帯であって，航空無線，テレビ，FM 放送，移動無線，警察，消防業務など，非常

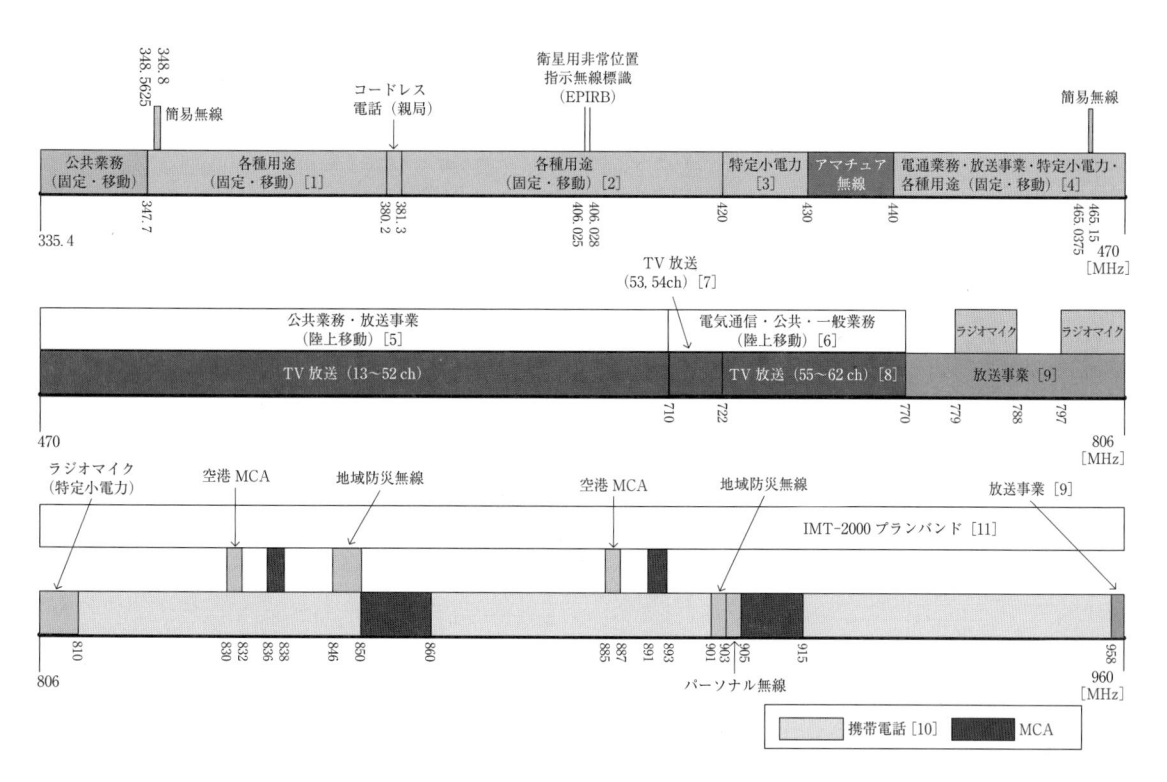

〈335.4〜960 MHz〉

番号	周波数帯 [MHz]	主な用途
[1]	347.7〜380.2	国，地方自治体および電力・ガス・運輸交通等公共機関による公共業務，一般私企業の各種業務
[2]	381.3〜420	NTT 東西の加入者線災害対策臨時電話，国および地方自治体ならびに運輸交通等公共機関による公共業務，一般私企業の各種業務
[3]	420〜430	連絡無線，データ伝送装置，医療用テレメータなどの免許を要しない無線局（特定小電力無線局）
[4]	440〜470	① タクシー無線，鉄道・バスなどの貨客運送事業，NTT 東西の加入者線災害対策臨時電話，放送事業者の音声番組中継 ② 連絡無線，データ伝送装置，医療用テレメータなどの免許を要しない無線局（特定小電力無線局）
[5]	470〜710	陸上移動業務による使用は 2012 年 7 月 25 日から
[6]	710〜770	陸上移動業務による使用は 2012 年 7 月 25 日から
[7]	710〜722	放送業務による使用は 2006 年 7 月 24 日までに見直す
[8]	722〜770	放送業務による使用は 2012 年 7 月 24 日まで
[9]	770〜806	放送事業者が TV 番組中継として利用
	958〜960	放送事業者が音声番組中継として利用
[10]	810〜850, 860〜901, 915〜958	携帯電話
[11]	806〜960	IMT-2000 の地上系に分配された周波数帯

図 8.2　電波の使用状況（335.4〜960 MHz）

に需要が多く使われている．伝播的に最も安定しており，移動に伴うフェイディングが少なく，かつ遠方にまで電波が伝わり，アンテナも数十 cm と手ごろな大きさなので人気がある（図 8.1）．

（2） 335～960 MHz

UHF 帯と呼ばれ，建物の影響を比較的受けにくい．移動に際するフェイディングは VHF より大きい．アンテナの大きさも小さく，使いやすい．このため，下の方の周波数帯は移動通信，真ん中

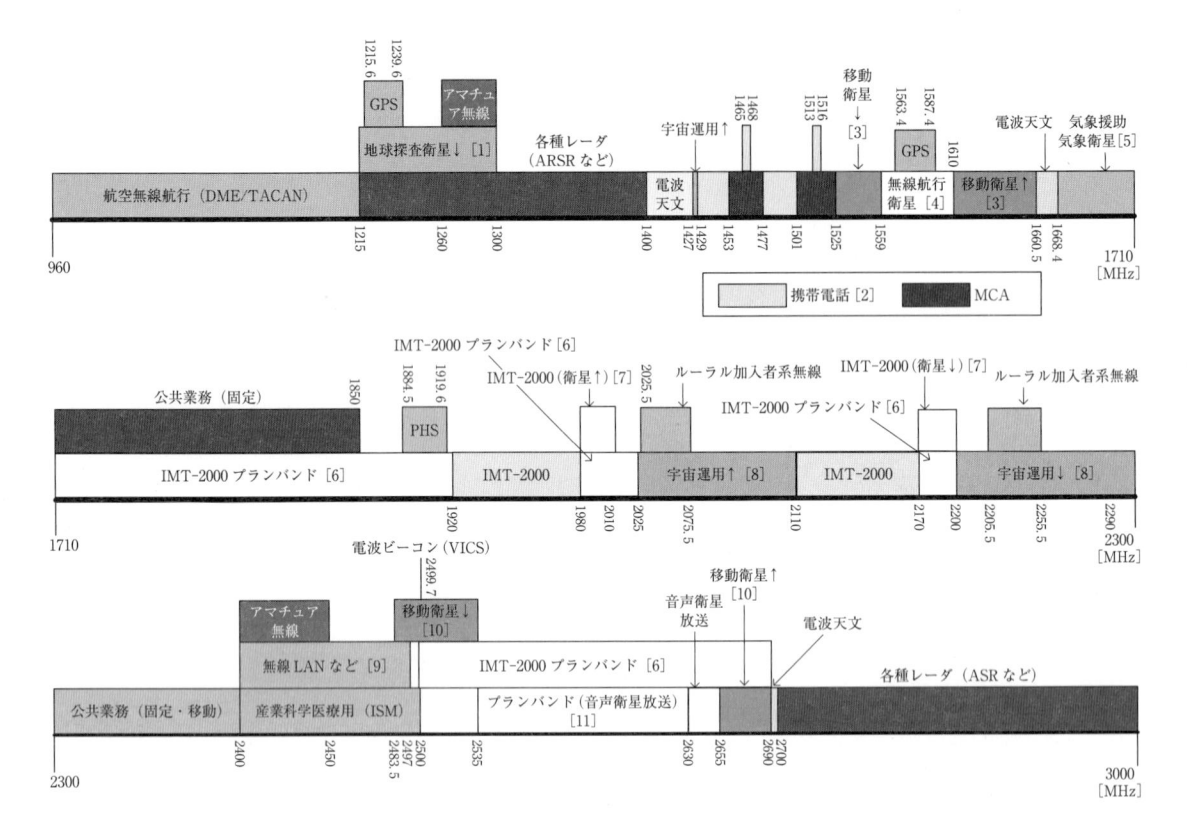

〈960～3000 MHz〉

番号	周波数帯 [MHz]	主な用途
[1]	1215～1300	宇宙開発事業団の陸域観測衛星などで利用
[2]	1429～1453, 1465～1468, 1477～1501, 1513～1516	携帯電話
[3]	1525～1559, 1610～1660.5	インマルサット衛星などによる移動体衛星通信サービス
[4]	1559～1610	国土交通省の MTSAT 衛星による航空管制システム
[5]	1668.4～1700	気象衛星のデータ伝送または気象ラジオゾンデ
[6]	1710～2025, 2110～2200, 2500～2690	IMT-2000 の地上系に分配された周波数帯 電気通信事業者が 1920～1980 MHz/2110～2170 MHz で IMT-2000 として利用
[7]	1980～2010, 2170～2200	IMT-2000 の衛星系に分配された周波数帯
[8]	2025～2110, 2200～2300	宇宙開発事業団および宇宙科学研究所の衛星およびロケットの追跡管制
[9]	2400～2483.5, 2471～2497	無線 LAN など小電力データ通信システム，移動体識別（2400～2483.5 MHz）
[10]	2483.5～2535, 2655～2690	移動体衛星通信サービス
[11]	2535～2630	将来の衛星デジタル音声放送（DAB）の国際的なプランバンドとして分配された周波数帯

図 8.3　電波の使用状況（960～3000 MHz）

はいわゆる「地上デジタルTV」，上の周波数帯は携帯電話がそれぞれ使用している．なお，アナログTVからデジタルTVへの移行に伴って周波数が大幅に活用できるため，再割り当ての作業が行われている（図8.2）．

(3) 960～3,000 MHz

UHF帯の上半分で最もよく使っているのが携帯電話であり，その他にGPSや無線LANも特記すべきである．伝搬的には，建物の影響を受けやすく回線距離を大きくとることができない．また，建物による遮蔽効果が大きいのは，携帯電話を使った実感のとおりである（図8.3）．

(4) 3～10 GHz

下半分は高速のデータ通信に適しており，上半分はレーダに使用される．なお，このあたりの周波数までは気候による電波の減衰もさほど強くはない．この周波数帯ではパラボラアンテナが多用されている（図8.4）．

(5) 10 GHz以上

波長がミリメートル，あるいはさらに短くなる

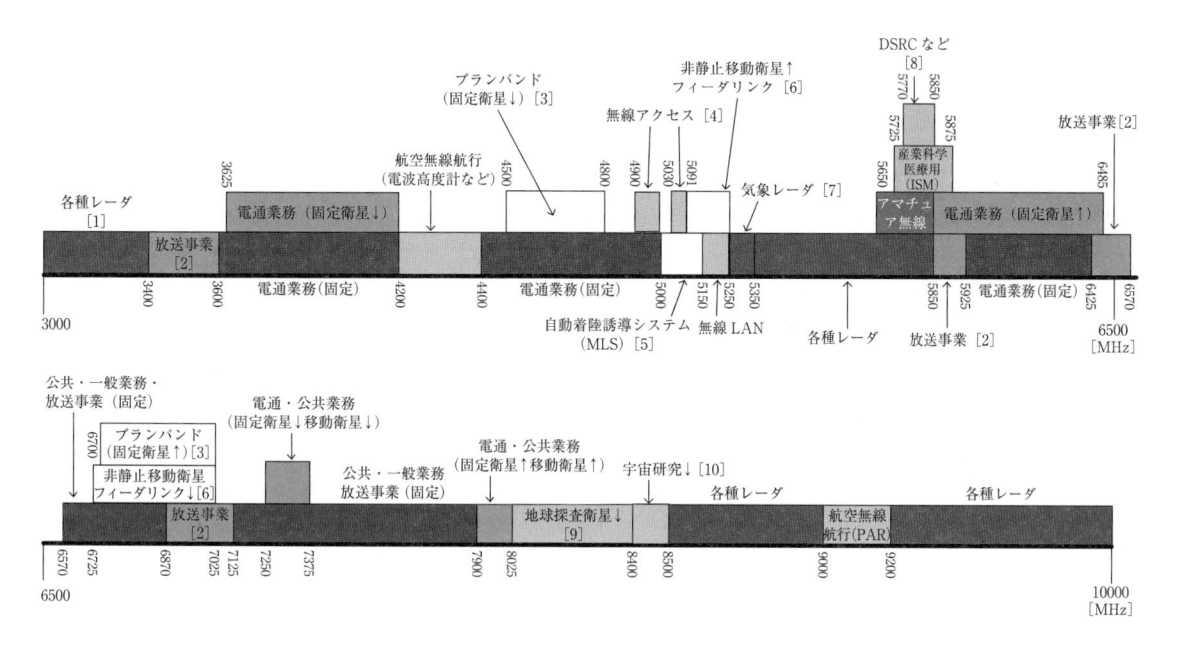

⟨3000～10000 MHz⟩

番号	周波数帯 [MHz]	主な用途
[1]	3000～3400	主として船舶の航行用レーダ
[2]	3400～3600	放送事業者が音声またはTV番組中継として利用
	5850～5925, 6425～6570 6870～7125	放送事業者がTV番組中継として利用
[3]	4500～4800, 6725～7025	固定衛星業務用の国際的なプランバンド
[4]	4900～5000, 5030～5091	無線アクセスシステムに使用．5030～5091 MHzは2007年11月末まで使用可能
[5]	5000～5150	将来の航空機自動着陸誘導システム（MLS）のために保留
[6]	5091～5250, 6700～7025	低軌道周回衛星のフィーダリンクに分配された周波数帯
[7]	5250～5350	公共機関などの気象レーダ
[8]	5770～5850	DSRC，画像伝送（特殊業務用）として利用
[9]	8025～8400	地球探査衛星からのデータ伝送として利用
[10]	8400～8500	科学衛星からのデータ伝送として利用

図8.4 電波の使用状況（3000～10000 MHz）

ため，水蒸気による減衰が大きく遠距離伝搬は難しい．しかし，レーダーの「解像力」は向上するので，空港レーダーに使われる．また衛星通信に多く割り当てられている．

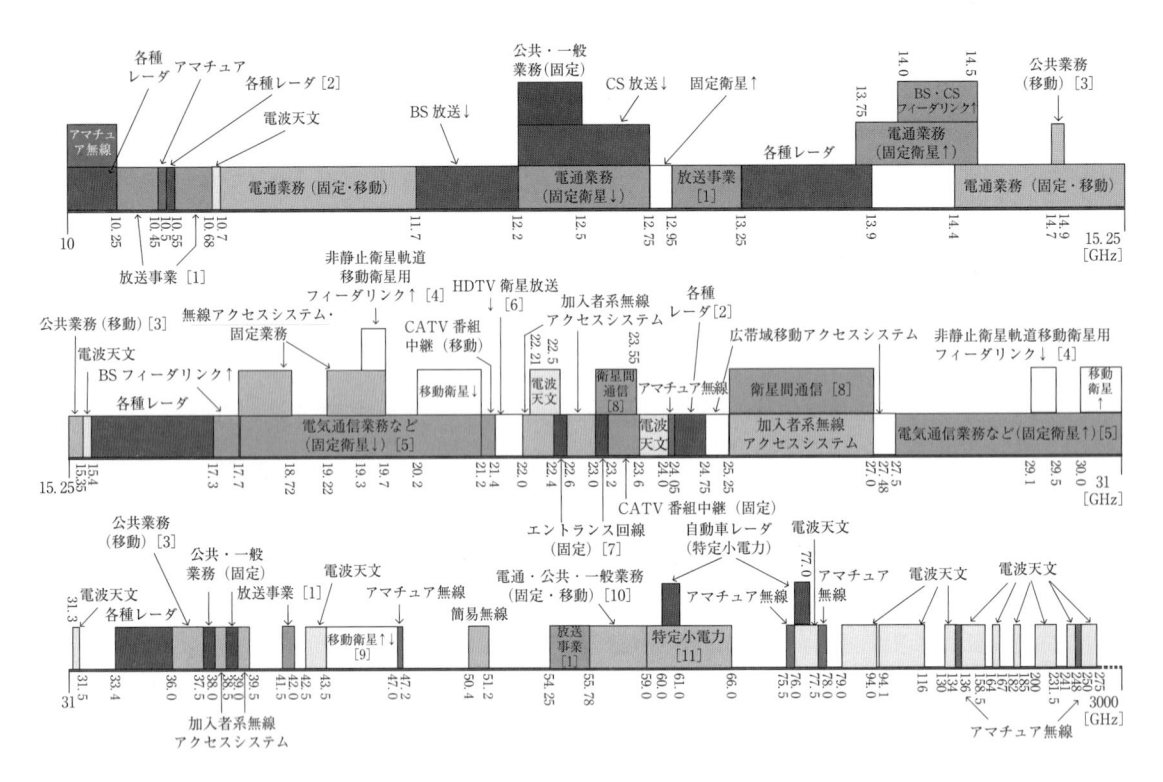

〈10 GHz 超〉

番号	周波数帯 [GHz]	主な用途
[1]	10.25～10.45 10.55～10.7 12.95～13.25 41.5～42.0	放送事業者が TV 番組中継として利用
	54.25～55.78	放送事業者が放送素材中継として利用
[2]	10.5～10.55, 24.05～24.25	速度測定などのレーダとして利用
[3]	14.7～14.9 15.25～15.35 36.0～37.5	公共機関が画像伝送として利用
[4]	19.3～19.7, 29.1～29.5	低軌道周回衛星による移動体衛星通信用フィーダリンク
[5]	19.7～21.2, 29.5～31.0	宇宙開発事業団がデータ中継衛星に使用．技術試験衛星Ⅷ型での使用を検討中
[6]	21.4～22.0	2007 年以降，HDTV 衛星放送に使用を予定
[7]	22.4～22.6, 23.0～23.2	携帯電話などの交換局と基地局間の中継回線
[8]	23.0～23.55, 25.25～27.0	宇宙開発事業団がデータ中継衛星に使用
[9]	43.5～47.0	宇宙開発事業団が移動衛星業務での使用を検討中
[10]	55.78～59.0	高速無線回線システムで使用
[11]	59.0～66.0	ミリ波画像伝送用システムおよびミリ波データ伝送用システムで使用

図 8.5 電波の使用状況（10 GHz 超）

この周波数は無線装置（特に半導体）の開発が途上であり，将来的には，注目される．特に 50～70 GHz に割り当てられている「自動車用レーダ」は ITS（新交通システム）と相まって多大の需要が見込まれている（図 8.5）．

8.2 アナログフィルタの設計法

フィルタは，電子回路では重要な回路素子であり，アクティブフィルタと LC フィルタがよく使われるので，その設計法を説明する．

(1) アクティブフィルタ

アクティブフィルタは，OP アンプと CR で構成され，次のような特徴がある．

① 電圧伝達関数しか考えていないので，電力を伝送する線路には使えない．また，扱うことができる入力電圧の最大値に制限がある．
② 低周波のフィルタでも，L を使わないので，小型軽量にでき，正確な特性を簡単に得ることができる．また，上限の周波数は，OP アンプの周波数特性（特にパワーバンド積）によって決まる．
③ $Q = 0.7$ のものをバタワース特性，$Q = 1$ 以上のものをチェビシェフ特性といい，通過帯域特性にリップルを発生する．

ここで紹介するのは，最も使いやすいサレン・キー・フィルタである．図 8.6(a) が低域フィルタ，ローパス（LPF）であり，図 8.6(b) が高域フィルタ，ハイパス（HPF）である．

次に設計の手順を説明する．

① まずカットオフ周波数を決める．これを 2π 倍すれば ω_0 となる（$\omega = 2\pi f$）．
② 次にフィルタの Q を選ぶ．1 にすると設計式が簡単になる．
③ LPF なら抵抗，HPF ならコンデンサの値を適当に（なるべくきりのよい値（端数のない値））に決める．
④ 図中の式により，残りの素子を決める．

このようにして素子値を決めれば，素子値の精度によって特性の精度が決まり，調整は不要である．

(2) LC フィルタ

LC フィルタは，アクティブフィルタに比べ次のような特徴がある．

利点として

① 電力を伝送する回路に使用することができる．
② OP アンプを用いたアクティブフィルタに比べ，さらに高い周波数帯（数百 kHz から数百 MHz）で使用することができる．

欠点として

③ 電源（信号源）の出力抵抗，フィルタの規格抵抗，負荷抵抗，これら 3 つは必ず一致しなければならない．一致していないとフィルタの特性が変わってしまう．
④ インダクタンスが大きくなり，精度も悪いので，小型につくることができない．

などがあげられる．

a. LC フィルタの設計

LC フィルタは規格化された値（整合抵抗 1Ω，遮断周波数 1 Hz）について，計算されたローパスフィルタの数値表から，換算式を用いて，希望の特性をもつフィルタの素子値を求める．その手順は次のとおりである．

① フィルタの次数（LC の数）を決める．
② 特性インピーダンス R_0，遮断周波数 f を決める．
③ フィルタのタイプ，位相特性を重視したバタワース特性か，あるいは遮断特性の急峻さを重視したチェビシェフ特性かを決める．
④ 各素子の値を計算する．

である．

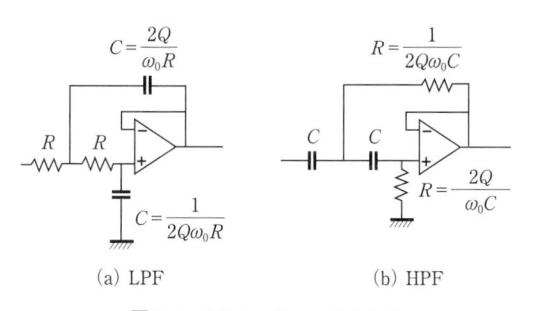

(a) LPF: $C = \dfrac{2Q}{\omega_0 R}$, $C = \dfrac{1}{2Q\omega_0 R}$

(b) HPF: $R = \dfrac{1}{2Q\omega_0 C}$, $R = \dfrac{2Q}{\omega_0 C}$

図 8.6 サレン・キー・フィルタ

図 8.7 基準回路

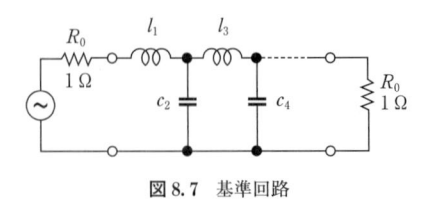

b. 基準回路

基準回路は図8.7のとおりである．この回路は，あくまで基準回路であって，HPFやBPFではLとCが入れ替わったり，あるいはLCの直列，または並列共振回路に変わる（LPFではLはL，CはCとなる）．

c. 規格化素子値表

次に，バタワース特性と，通過域特性のリプルが0.5dBのチェビシェフ特性を示す（表8.1，8.2）．

d. 低域フィルタ（LPF）の変換式

LPFではl_1はL_1に，c_2はC_2に変換される．すなわち次のように表される．

$$L_n = \frac{R_0}{2\pi f_0} l_n \quad [\text{H}]$$

$$C_n = \frac{1}{2\pi f_0 R_0} c_n \quad [\text{F}]$$

$N=3$の場合，l_1とl_3はともに1.000であるから，$R_0=50\,\Omega$，$f_0=1\,\text{MHz}$のとき，L_1とL_3は7.962μH，C_2は0.003185μFとなる．

e. 高域フィルタ（HPF）の変換式

HPFでは，基準回路のインダクタンスはキャパシタンスになり，キャパシタンスはインダクタンスとなる．すなわち，

$$L_n = \frac{R_0}{2\pi f_0} \frac{1}{c_n} \quad [\text{H}]$$

$$C_n = \frac{1}{2\pi f_0 R_0} \frac{1}{l_n} \quad [\text{F}]$$

となる．例によって，$N=3$，$R_0=50\,\Omega$，$f_0=1\,\text{MHz}$のHPFは，$L=3.98\,\mu\text{H}$のコイルを基準回路のC_2の代わりに入れ，0.003184μFのコンデンサを基準回路のL_1，L_2の代わりにおのおの入れればよい．

f. バンドパスフィルタ（BPF）の変換式

BPFを設計する場合は，基準回路のインダクタンスがL_{ns}とC_{ns}という共振回路に入れ替えられ，同じくコンデンサはL_{np}とC_{np}なる並列共振回路と入れ替えられる．いま，帯域の両端をf_1, f_2とすると，$f_0 = \sqrt{f_1 f_2}$，$B = (f_2 - f_1)/f_0$を使って

$$L_{ns} = \frac{R_0}{2\pi (f_2 - f_1)} l_n \quad [\text{H}]$$

表8.1 バタワース基準フィルタ素子値表

N	l_1	c_2	l_3	c_4	l_5	c_6	l_7	c_8
2	1.4142	1.4142						
3	1.0000	2.0000	1.0000					
4	0.7654	1.8478	1.8478	0.7654				
5	0.6180	1.6180	2.0000	1.6180	0.6180			
6	0.5176	1.4142	1.9319	1.9319	1.4142	0.5176		
7	0.4450	1.2470	1.8019	2.0000	1.8019	1.2470	0.4450	
8	0.3902	1.1111	1.6629	1.9616	1.9616	1.6629	1.1111	0.3902

表8.2 チェビシェフ基準フィルタ素子値表（0.5dBリプル）

N	l_1	c_2	l_3	c_4	l_5	c_6	l_7	c_8	l_9
3	1.8636	1.2804	1.8636						
4									
5	1.8068	1.3025	2.6914	1.3025	1.8068				
6									
7	1.7896	1.2961	2.7177	1.3848	2.7177	1.2961	1.7896		
8									
9	1.7822	1.2921	2.7162	1.3922	2.7734	1.3922	2.7162	1.2921	1.7822

8章 電子デバイス・電子回路

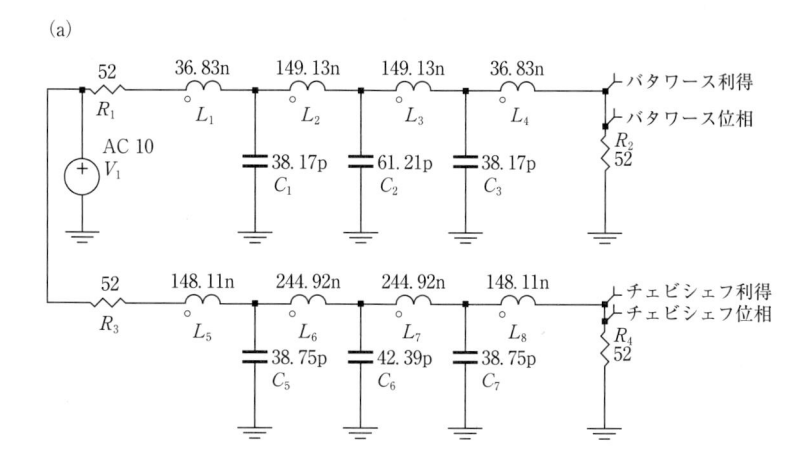

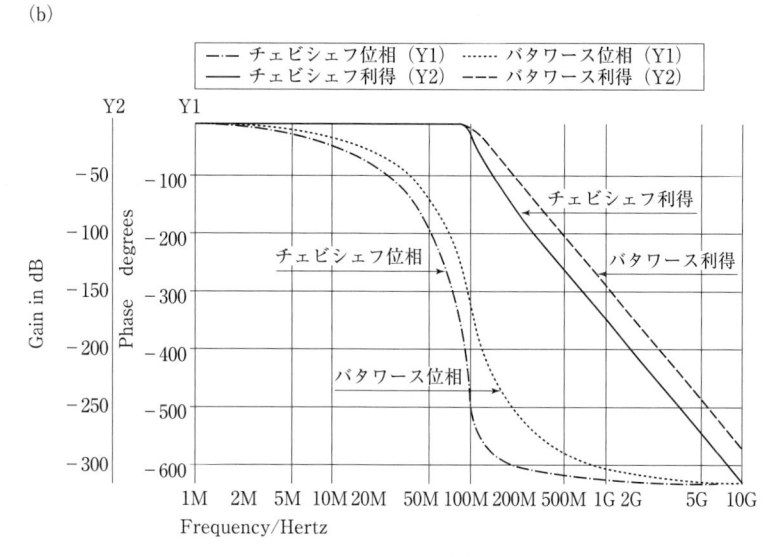

(a)

(b)

図 8.8　7 次の数値例

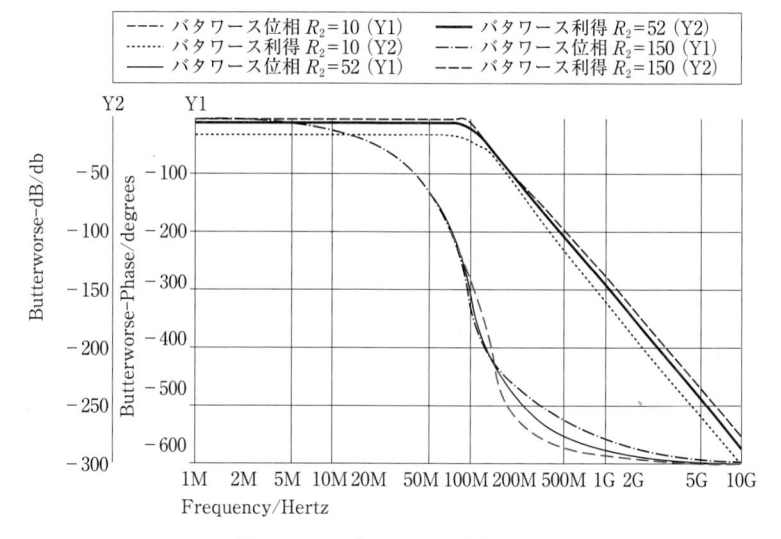

図 8.9　インピーダンス不整合の影響

(a) 7次 HPF 回路

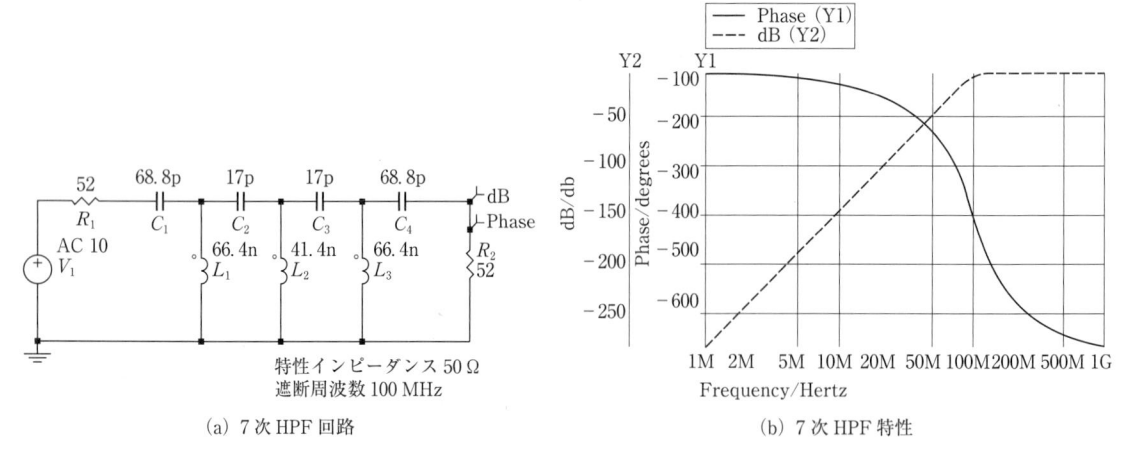

(b) 7次 HPF 特性

図 8.10　7次高通過フィルタ

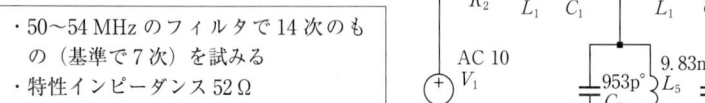

- 50～54 MHz のフィルタで 14 次のもの（基準で 7 次）を試みる
- 特性インピーダンス 52 Ω
- $f_0 = 51.96$ MHz
- $B = 76.98 \times 10^{-3}$
- これらを用いて各素子の値を計算する

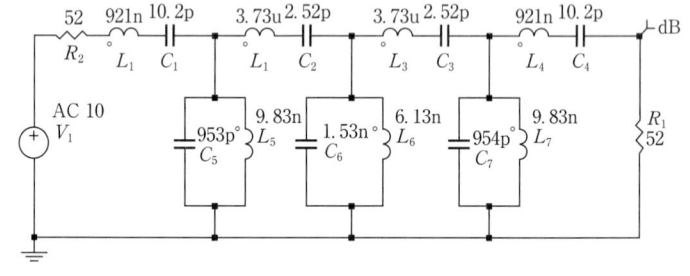

(a) 7次バタワース BPF（50～54 MHz）回路

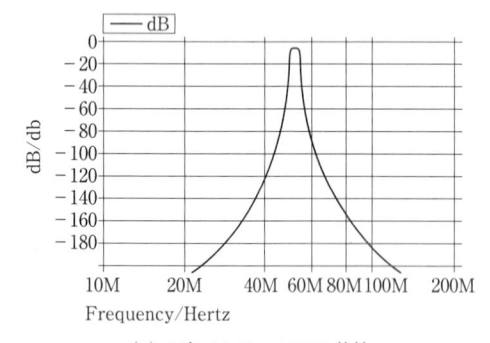

(b) 7次バタワース BPF 特性

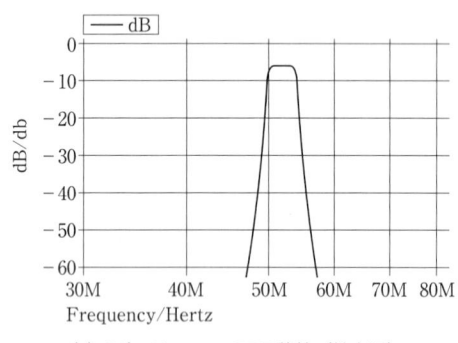

(c) 7次バタワース BPF 特性（拡大図）

図 8.11　実際の設計例

$$C_{ns} = \frac{1}{2\pi f_0 R_0} \frac{B}{l_n} \quad [\mathrm{F}]$$

$$L_{np} = \frac{R_0 B}{2\pi f_0} \frac{1}{c_n} \quad [\mathrm{H}]$$

$$C_{np} = \frac{c_n}{2\pi (f_2 - f_1) R_0} \quad [\mathrm{F}]$$

から求めればよい．

8.3　集積回路向き Gm-C フィルタの設計

集積回路において，比較的高周波（10 MHz 以上）のフィルタを実現するためには，OTA (operational transconductance amplifire) を用いた Gm-C フィルタがよく使用されるので，簡単に紹介しよう．

OTA は入力が電圧（V_i），出力が電流（I_o）という一種の増幅器であり，出力を入力で割ったも

8章 電子デバイス・電子回路

のはコンダクタンスの次元をもつ.

2次のフィルタの伝達関数（フィルタの入力電圧と出力電圧の伝達関数）は, 図8.12のように表される. ちなみに, 高次（偶数次）のフィルタの伝達関数は図8.13のように, 2次の伝達関数を「縦続接続」することによって実現できる. フィルタの伝達関数において, 分母＝0とおいた方程式（特性方程式）の根を極と呼び, 複素平面上に×印で示す. 同様に, 分子＝0の根を零点(ゼロ点)と呼び,（分母の根を示す）同じ複素平面上に○印で示す. 特にこの複素平面上で, 虚数軸上に位置する零点（○印）を「伝送零点」と呼ぶ.

伝達関数の係数（ωやQ）を変えると, フィルタの特性が図8.14のように変化する.

Gm-Cフィルタの設計例

まず, 実現しようとする目標の伝達関数を定める. 本例ではLPFを設計しよう.

図8.16は2次のフィルタを実現する一般的な回路であって, この回路の$Gm_1 \sim Gm_5$, および$C_1 \sim C_3$の値を定めることによって設計できる.

具体的には, 図8.17は図8.18と対応しているので, 図8.17にそって設計すればよい.

まず, 実現しようとする伝達関数と図8.17のそれを比べ, 分子の式の形から$k_0 \sim k_2$を定める. 例えばLPFなら, 必ず分子はω_0^2となるから, s^2とsの係数をk_2, k_1はもともとゼロとなる. 次に, C_1, C_2を任意に選び, 図8.17の各式にそっ

〈2次フィルタの伝達関数〉

LPF
$$G(s) = \frac{\omega_0^2}{s^2 + \frac{\omega_0}{Q}s + \omega_0^2}$$

HPF
$$G(s) = \frac{s^2}{s^2 + \frac{\omega_0}{Q}s + \omega_0^2}$$

BPF
$$G(s) = \frac{\omega_0 s}{s^2 + \frac{\omega_0}{Q}s + \omega_0^2}$$

APF
$$G(s) = \frac{s^2 - \frac{\omega_0}{Q} + \omega_0^2}{s^2 + \frac{\omega_0}{Q}s + \omega_0^2}$$

図8.12 伝達関数からみたフィルタ

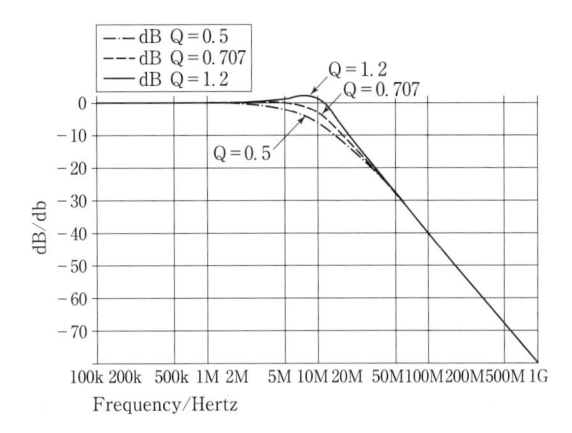

図8.14 2次ローパス特性例

$$G(s) = \prod_{i=1}^{N/2} \frac{\omega_i^2}{s^2 + \frac{\omega_i}{Q_i}s + \omega_i^2}$$

分母をゼロとするsを極（×で示す），
分子をゼロとするsをゼロ点（○で示す），
ゼロ点で虚軸上にあるものを伝送ゼロ点という．

図8.13 N（偶数）次のフィルタの伝達関数

- 遮断周波数 10 MHz
- ローパスフィルタ（$k_0 = \omega_0^2$, $k_1 = k_2 = 0$）
- $Q = 1$とし, $C_1 = C_2 = 4$ pFとする.
各素子の値は
- $C_3 = 0$, $Gm_5 = 0$
- $Gm_1 = Gm_2 = Gm_3 = Gm_4 = 251.3\,\mu$S

図8.15 設計例

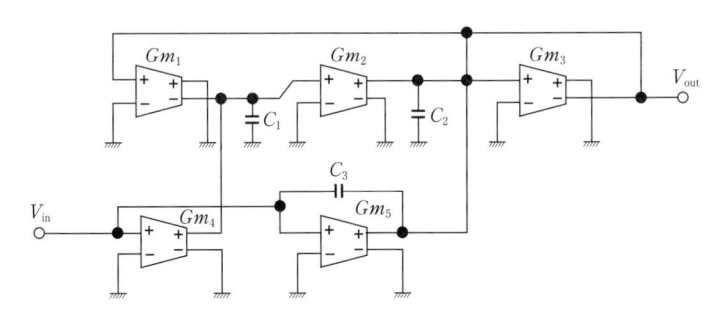

図8.16 一般形の2次Gm-Cフィルタ回路

図 8.17 Gm-C フィルタの設計法

目標の伝達関数と比べて下式の k_0, k_1, k_2 を決める.

$$H(s) = \frac{k_2 s^2 + k_1 s + k_0}{s^2 + \left(\frac{\omega_0}{Q}\right)s + \omega_0^2}$$

C_1, C_2 を任意に選び各素子値を求める.

$$C_3 = C_2 \left(\frac{k_2}{1-k_2}\right), \quad 0 \leq k_2 < 1$$

$$Gm_1 = \omega_0 C_1, \quad Gm_2 = \omega_0 (C_2 + C_3),$$

$$Gm_3 = \frac{Gm_2}{Q}, \quad Gm_4 = \frac{k_0 C_1}{\omega_0},$$

$$Gm_5 = k_1 (C_2 + C_3)$$

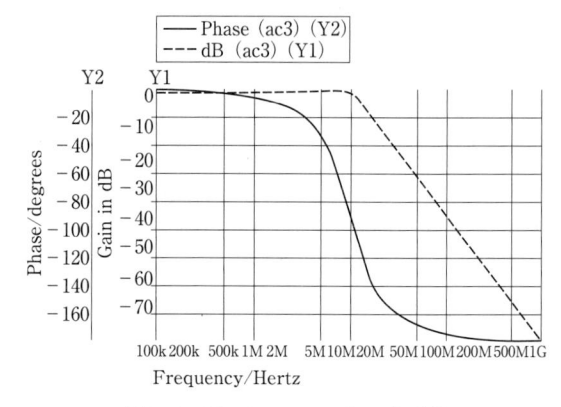

図 8.18 2次 Gm-C LPF (Q=1) 特性

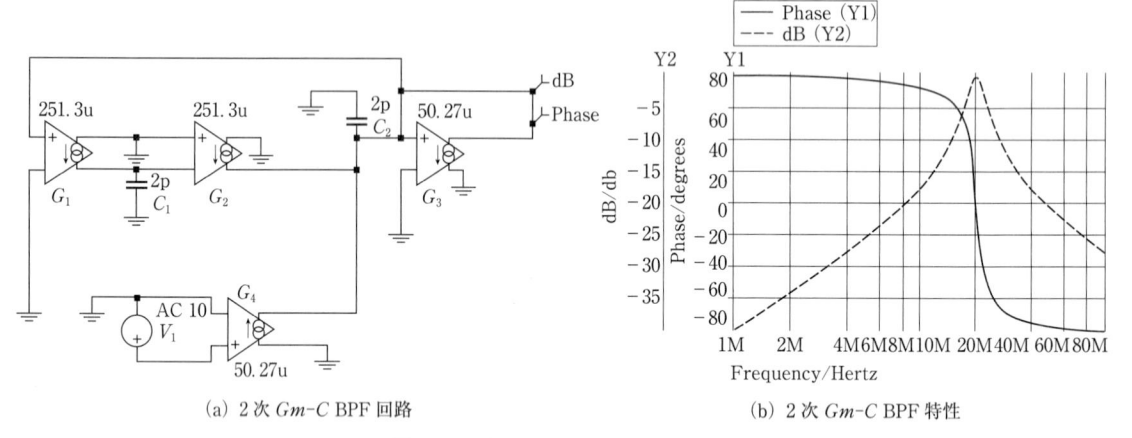

(a) 2次 Gm-C BPF 回路

(b) 2次 Gm-C BPF 特性

図 8.19 2次 Gm-C バンドパスフィルタ

て $Gm_1 \sim Gm_5$ を求めればよい(例えば LPF では, C_3 はゼロとなる).Gm の実現法は OTA 回路の設計から決められるので,ここでは省略する.

図 8.18 はカットオフ 10 MHz,$Q=1.0$ の Gm-C フィルタの特性の例である.また,バンドパスフィルタの設計回路例とその特性を図 8.19 に示す.

〔関根慶太郎〕

9章 センサ・マイクロマシン

9.1 代表的なセンサの動作原理と関連材料

センサとは，人間の五感のように外界の様々の情報を検知して，電気信号に変換するデバイスである．検知すべき対象は，機械量，温度，電磁気量，光（放射線），化学量など広範囲にわたっている．このため，信号変換の原理も多種多様である．多くのセンサは，用途に合った材料特性をもつセンサ材料を用いて，検出量を電気信号に変えている．また機械量センサでは，微細加工した構造で検出量（たとえば加速度）を測りやすい量（たとえば変位）に変え，それを電気信号に変換する例もある（表9.1）．

表9.1 代表的なセンサの動作原理と関連材料（[1] p.443, 表2）

センサの分類と検出対象		信号変換の原理	センサの名称	主なセンサ材料
力学センサ	幾何学量（変位，角度）	電磁誘導	差動トランス	FeNi
		マイケルソン干渉効果	レーザ干渉計	Ti：LiNbO$_3$
		ドップラー効果	レーザレーダ	CdS, Si
	運動量（速度，加速度）	圧電効果	圧電素子	CdS, ZnO, BaTiO$_3$, PZT
		コリオリの力	ピエゾジャイロ	PZT
		電磁式回転計	ホール素子	Si, GaAs, InAs, InSb
	力学量（圧力，トルク）	圧電効果	圧電素子	PVDF
		ピエゾ効果	ひずみゲージ	Si, Ge
		pn接合部の抵抗変化	感圧ダイオード	Si
		圧力抵抗変化	加圧導電性ゴム	ケイ素ゴム，エラストマ
	音波/超音波	圧電効果	バイモルフマイクロホン	PZT, PVDF
		静電容量変化	エレクトレットマイクロホン	高分子膜
		電気抵抗変化	カーボンマイクロホン	C（炭素粉）
温度センサ	超高温/高温	プランクの放射則	放射温度計	Si, Ge, PbS, HgCdTe
	高温/極低温	ゼーベック効果	熱電対	B, R, S, K, E, J, T（JIS規格記号）
	高温/低温	電気伝導	金属抵抗温度センサ	Pt
	中温/低温	電気伝導，イオン伝導	サーミスタ（NTC, PTC）	SiC, Mn-Co-Ni, BaTiO$_3$, VO$_x$,
		熱膨張	バイメタル式温度計	黄銅-Ni，モネルメタル-Ni
		キュリー点近傍の温度特性	感温フェライト	Mn-Zn系フェライト，Cr-Ni-Fe
磁気センサ	強磁界/弱磁界（100 T～1 μT）	電磁誘導	電磁誘導コイル	NiFe
		ホール効果	ホール素子	Si, GaAs, InAs, InSb
		磁気抵抗効果	磁気抵抗素子	InAs, InSb
	弱磁界（1 mT～1 nT）	磁気抵抗効果	強磁性薄膜素子	NiFe, FeCo
		大バルクハウゼン効果	磁気ひずみワイヤ	FeSiB
		巨大磁気抵抗効果（GMR）	GMR素子	Fe/Cr/Fe多層膜
		表皮効果	磁気インピーダンス素子	FeCoSiB
		ファラデー効果	光ファイバ磁束計	YIG, BSO, BGO
		磁気特性変調形	フラックスゲート磁束計	NiFe
	極微小磁界（1 μT～1 fT）	核磁気共鳴	プロトン磁力計	H$^+$
		ジョセフソン効果	SQUID磁束計	Nb, NbN, YBCO
電気量センサ	電流	ファラデー効果，磁気ひずみ効果	光ファイバ電流計	YIG
	電圧	電気ひずみ効果	光ファイバ干渉電圧計	PZT
		圧電ひずみ効果	弾性表面波電位計	LiNbO$_3$，水晶

表 9.1 つづき

光学センサ	可視/赤外/紫外光	光電効果（バルク，薄膜） 光起電力（pn 接合，APD など） 光電子放出効果	光導電素子 ホトダイオード，ホトトランジスタ 光電子増倍管	CdS, CdSe, PbS, PbSe Si, Ge, GaAs, InGaAs, InAs, PbSnTe, HgCdTe, InSb Sb-Cs, Ce-Te
	赤外/遠赤外光	PD 受光/電荷転送 焦電効果 導電率変化	CCD イメージセンサ 赤外線センサ ボロメータ	α-Si, Pt-Si, pn-InSb PZT, LiTaO$_3$, SrTiO$_3$, PVDF Ge, InSb
	放射線・X 線	電子・正孔対生成 電子励起/蛍光放出	放射線センサ シンチレーション検出器	Si, Ge, GaAs, CdTe, HgI$_2$ NaI(Tl), CsI(Na), BGO
	マイクロ波/ミリ波	ヘテロダイン検波	pn 接合，ショットキー接合，SIS	Si, Ge, GaAs, Nb(SIS)
化学センサ	ガス	分子吸着/導電率変化 分子吸着/蛍光クエンチ 振動子負荷変化	ガスセンサ（NO$_x$, Cl$_2$, NH$_3$） ガスセンサ（麻酔ガス，NO$_x$） においセンサ	SnO$_2$, ZnO, Al$_2$O$_3$, フタロシアニン TCNQ スクエアリウム色素膜 有機薄膜/水晶振動子
	湿度	分子吸着/導電率変化 分子吸着/容量変化	湿度センサ 湿度センサ	ZrCr$_2$O$_4$-LiZnVO$_4$, ポリスチレン セルロースエステル高分子膜
	イオン	イオン選択性ガラス電極 イオン感応膜 酵素の酸化反応	溶液センサ（Na$^+$, K$^+$） ISFET グルコースセンサ	Li$_2$O-BaO-La$_2$O$_3$-SiO$_2$ イオン感応膜/Si-MOSFET グルコースオキシターゼ
	味覚	酵素の還元反応 脂質膜選択電位	尿素センサ 味覚センサ	ウレアーゼ オレイン酸等脂質と高分子の複層膜
	生体物質	抗原抗体反応	免疫センサ	酵素，赤血球，リボソーム

表 9.2 温度センサ用金属材料と計測範囲（[1] p.445，表 5 を改変）

名称	物理効果	金属材料	計測範囲 [℃]	
測温抵抗体 (JIS C 1604)	抵抗変化	Pt 線 ($\rho=10.6\,\mu\Omega\cdot\mathrm{cm}$, 温度係数 3.9×10^{-3})	$-200 \sim +500$ (分解能 0.001)	
熱電対 (JIS C 1602)		電極構造（+電極/-電極）		起電力（室温 μV/K）
B		Pt 合金（30 Rh）/Pt 合金（6 Rh）	$0 \sim +1,820$	
R		Pt 合金（13 Rh）/Pt	$-50 \sim +1,767$	6.5
S		Pt 合金（10 Rh）/Pt	$-50 \sim +1,767$	
K	ゼーベック効果	Ni 合金（10 Cr）/Ni 合金（2 Al, Mn, Si）	$-270 \sim +1,372$	40
E		Ni 合金（10 Cr）/Cu 合金（45 Ni）	$-270 \sim +1,000$	
J		Fe/Cu 合金（45 Ni）	$-210 \sim +1,200$	
T		Cu/Cu 合金（45 Ni）	$-270 \sim +400$	43
W-WRe		0.05 Re-W 合金/0.26 Re-W 合金	室温〜2,600	
AuFe-クロメル		Ni-Cr 合金/0.07 Fe-Au 合金	極低温〜室温	

9.2 温度センサ用金属材料と計測範囲

温度センサとしては，白金測温抵抗体と熱電対が JIS 規格になっている（表 9.2）．白金は，抵抗率と温度係数が大きく，化学的にも安定であり測温抵抗体として優れている．また，熱電対はゼーベック効果に基づく温度センサで，1000℃以上の高温まで測れる貴金属系と，感度が高く安価な卑金属系があり，用途に応じて使い分ける．金属細線を溶接したものに加え，マイクロマシーニング技術を用いて金属薄膜をパターニングし，薄膜ダイアフラム上に測温接点をおき，基準温度接点を周辺の基板上に置いた構造のマイクロ温度センサもある．

9.3 ひずみゲージ用金属材料の特性

金属抵抗線に機械的な応力を加えると，形状が

9章 センサ・マイクロマシン

表9.3 ひずみゲージ用金属材料の特性 ([2] p.117, 表9.1)

材料	組成	ゲージ率 K	抵抗温度係数 [ppm/℃]	線膨張係数 [ppm/℃]	抵抗率 [$\mu\Omega\cdot$cm]
コンスタンタン	0.45 Ni–0.55 Cu	2.1	10	15.5	49
ニクロム V	0.8 Ni–0.2 Cr	2.0	110	13	100
アイソエラスティック	0.36 Ni–0.52 Fe -0.08 Cr-0.04 Mn$+$Mo	3.5〜3.6	470	8	110
カルマ	0.73 Al$+0.2$ Cr -0.07 Al$+$Fe	2.0	20	10	130
Pt 合金	0.92 Pt–0.08 W	4	240	—	—

表9.4 シリコンの縦および横ピエゾ抵抗係数 ([2] p.123, 表9.3)

効果の種別	電流の方向	応力の方向	ピエゾ抵抗係数 $\Delta\rho/\rho_0\sigma [10^{-11}\,\mathrm{m^2/N}]$ 理論	計算値 n形Si	計算値 p形Si	ゲージ率 n形Si	ゲージ率 p形Si	ヤング率 $Y[10^{11}\,\mathrm{N/m^2}]$
縦効果	[100]	[100]	π_{11}	-102.2	$+6.6$	-132	$+10$	1.30
縦効果	[110]	[110]	$(\pi_{11}+\pi_{12}+\pi_{44})/2$	-31.2	$+71.8$	-52	$+123$	1.67
縦効果	[111]	[111]	$(\pi_{11}+2\pi_{12}+\pi_{44})/3$	-7.5	$+93.5$	-13	$+177$	1.87
横効果	[100]	[110]	π_{12}	$+53.4$	-1.1	—	—	—
横効果	[110]	[1$\bar{1}$0]	$(\pi_{11}+\pi_{12}-\pi_{44})/2$	-17.6	-66.3	—	—	—

ひずむため抵抗値が変化する．これを金属ひずみゲージという．ゲージ率は，電気抵抗変化率とひずみ変形率の比で定義し，ひずみセンサの感度を与える指標である．電気抵抗は温度によっても変化するので，温度補償をすることが必要な場合が多く，注意すべきである（表9.3）．

9.4 シリコンの縦および横ピエゾ抵抗係数

半導体ひずみゲージは，金属ひずみゲージに比べて感度が2桁ほど高い．これは半導体における電気抵抗変化（ピエゾ抵抗効果）が，単なる形状変化のみだけでなく，そのエネルギーバンド構造の変化に起因するためである．シリコン単結晶の場合はp型とn型でピエゾ抵抗効果が異なるだけでなく，電流ベクトルの方向と応力テンソル成分によって大きな異方性を示す．また，温度特性は1度当たり約-0.2%と大きく，ゲージ率の非線形性を含め補償の必要がある（表9.4）．

9.5 代表的な機械量センサの構造例

機械量センサでは，微細加工した構造で検出量を測りやすい量に変え，それを電気信号に変換する場合が多い．これらの構造は精密に微細加工する必要があり，半導体マイクロマシーニング技術が用いられる．この場合には回路も集積化できるため，感度の向上，温度特性や非線形性の補償，自己校正，ディジタル化など様々な機能が付加できる利点がある．まず，圧力センサ（図9.1(a)）では基板の一部を薄膜ダイアフラムとし，その上下の圧力差でたわむ量をひずみゲージなどで読み出す．加速度センサ（b）では，バネに支えられた基準質量が加速度の反作用で動く変位を，静電容量変化などから読み出す．角速度センサ（ジャイロスコープ）（c）では，フレームと同期してY軸方向に$D\sin(\omega t)$の基準振動をする質量がある．ここにZ軸周りの角速度Ωが加わったとき，コリオリ力$2Dm\omega\Omega\cos(\omega t)$によって質量が$X$軸方向に振動するのを検出する．

9.6 化学センサの分類と種類

気体や液体中に存在する原子，分子，イオンなどの化学物質の種類や量を測定するデバイスが，化学センサである（表9.5）．大気汚染や水質などの環境計測，ガス漏れ検知などの防災，医療診断や健康モニター，家電機器や自動車の制御など

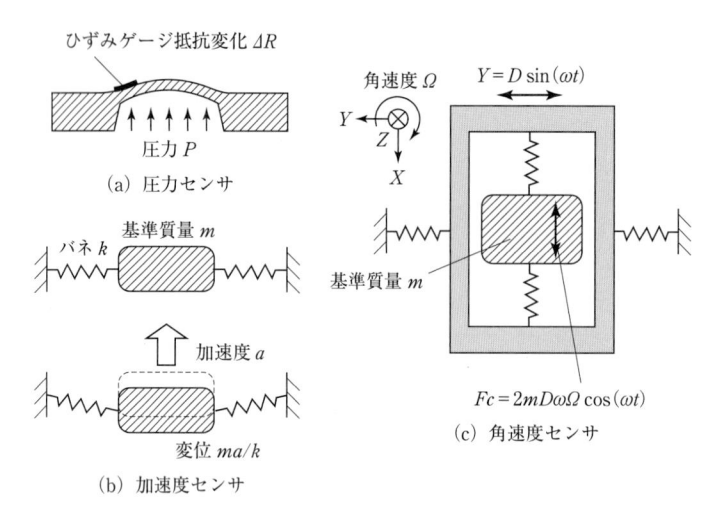

図 9.1 代表的な機械量センサの構造例

表 9.5 化学センサの分類と種類（[3] p.162, 表 6.1 を改変）

化学センサの分類 （代表的応用）	化学センサの種類		測定対象物質
ガスセンサ 地球環境 大気汚染 室内環境 防災 健康モニタ 自動車	半導体 ガスセンサ	導電率変化型	可燃性ガス，CO, CO_2, NO_x, SO_x, VOC，におい成分など
		電界効果型	H_2, NH_3, C_2H_4 など
	固体電解質型ガスセンサ		O_2, H_2, NO_x, SO_2, CO_2 など
	電気化学式センサ		CO, O_2, AsH_3, SiH_4, PH_3 など
	溶存ガスセンサ		O_2, H_2O_2, CO_2 など
イオンセンサ 地球環境 水質モニタ プロセス制御 臨床検査 健康モニタ 防災	イオン 選択性電極	ガラス電極	pH, Na^+, K^+, Li^+ など
		固体膜型電極 （無機材料）	Ag^+, Cu^{2+}, Pb^{2+}, Cl^-, F^- など
		液膜型電極 （有機材料）	Na^+, K^+, Ca^{2+}, NH_4^+, Cl^- など
	ISFET		pH, Na^+, K^+, Ca^{2+}, Cl^-, F^- など
バイオセンサ 臨床検査 健康モニタ 水質モニタ 食品安全	酵素センサ		グルコース，尿素，尿酸，乳酸， アミノ酸，アルコールなど
	免疫センサ		血液型，IgG, IgA，各種疾患マーカーなど
	微生物センサ		BOD, COD など
	においセンサ，味覚センサ		におい，味

に広く手軽な計測素子として用いられ，今後いっそうの利用拡大が期待されている．大別して，ガスセンサ，イオンセンサ，バイオセンサに分類できる．選択的な反応性をもつ感応膜と，膜の分子（イオン）認識に伴う変化を読み出す信号変換部からなるデバイスが一般的である．信号変換は認識反応と，電気特性，光学特性，超音波振動特性，熱吸収（発生）などとの相互作用を用いて行う．

9.7 ガスセンサの分類

気体成分を検出するセンサをガスセンサという．センサ材料と検出方法によって，表9.6に示すような多くの種類に分類できる．応用についても湿度センサなど空調に用いられるものから，工場での可燃性ガス，有毒ガスや悪臭ガスの漏洩監視用センサ，食品の鮮度管理用センサ，シックハウス症候群の予防センサ，大気汚染などの環境監

表 9.6 ガスセンサの分類 ([3] p.165, 表 6.4)

センサの種類	検出・制御原理		センサ材料	対象ガス
半導体式センサ	導電率変化型	酸化物半導体	SnO_2, ZnO, In_2O_3, Fe_2O_3, WO_3	可燃性ガス，環境汚染ガス，毒性ガスなど
		有機化合物半導体	フタロシアニン，有機ポリマ	NH_3, NO_x, SO_2, におい成分など
	電界効果型		Pd-FET, ダイオード, SPV	可燃性ガス，NH_3 など
固体電解質型センサ	起電力		Y_2O_3-ZrO_2, ThO_2, NASICON, LaF_3	O_2, H_2, SO_2, NO_x, CO, CO_2, ハロゲンガス
	酸化還元電流		Y_2O_3-ZrO_2	O_2
熱線式センサ	燃焼熱		Pt コイル+Al_2O_3	H_2，可燃性ガス，CO
	熱伝導		Pt コイル+SnO_2	
電気化学式センサ	定電位電解型		電極，電解質	CO, NO_x, CO, CO_2, SO_2, H_2S, AsH_3, SiH_4, H_2S, PH_3 など
	ガルバニ電池型		電極，電解質	O_2
湿度センサ	イオン伝導		$MgCr_2O_4$-TiO_2, 有機ポリマ	湿度
	静電容量		Al_2O_3, 有機ポリマ	
誘電体式センサ 圧電式センサ	静電容量		金属酸化物	CO_2, NO_x, H_2O, H_2, CO, におい成分など
	共振周波数		水晶発振子	
	表面弾性波		SAW デバイス	
オプティカルセンサ	光の吸収，蛍光，発光		光ファイバ，光導波路	H_2, O_2, CO_2, Cl_2, アルコールなど

視センサなど，多岐にわたっている．

9.8 マイクロ化学分析システム

ガラスなどの基板上に数〜数百 μm の溝を掘り，それに別の基板でふたをすることにより，分岐したり合流したり様々に結合したマイクロ流路ができる．マイクロ流路に，ポンプ，バルブ，流量センサ，検出用センサ，外部との結合用開口などを組み合わせ，チップ上にマイクロ化学システムを構築する（図9.2）．サンプル液と様々な試薬を混合し，反応させたり，チャンネル中で分離して検出するなど，従来は試験管などで行っていたプロセスを微小なチップ上で実行する．扱う液が μL 以下と微量で，空間が狭く反応が高速に終了するため，短時間に少量の薬品を用いるだけで様々な合成や分析を行うことが可能となる．

9.9 マイクロ化学チップ上の化学単位操作

マイクロ化学システムでは，流路の形，ヒータなどの設置，表面処理などを工夫することにより，従来は試験管などで行っていた様々な化学操作を微小なチップ上で実行できる（図9.3）．これらの単位化学操作を組み合わせることにより，目的に応じた化学システムをチップ上に集積したデバイスが実現する．このようなデバイスを lab-on-chip（ラボ・オン・チップ）と呼ぶこともある．

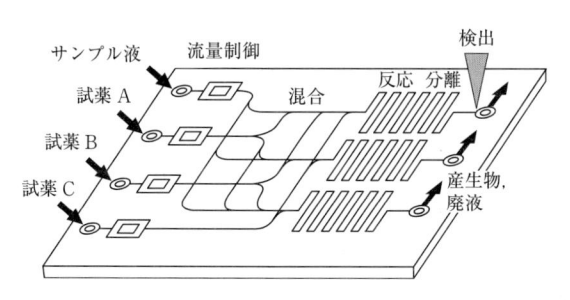

図 9.2 チップ上の流路内で様々な化学的反応や検出を行うマイクロ化学システムの概念

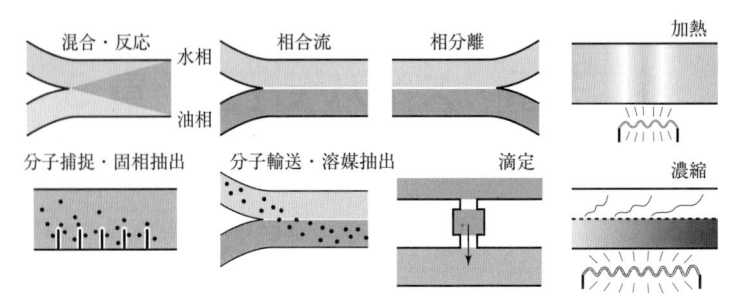

図9.3 マイクロ化学チップ上の化学単位操作

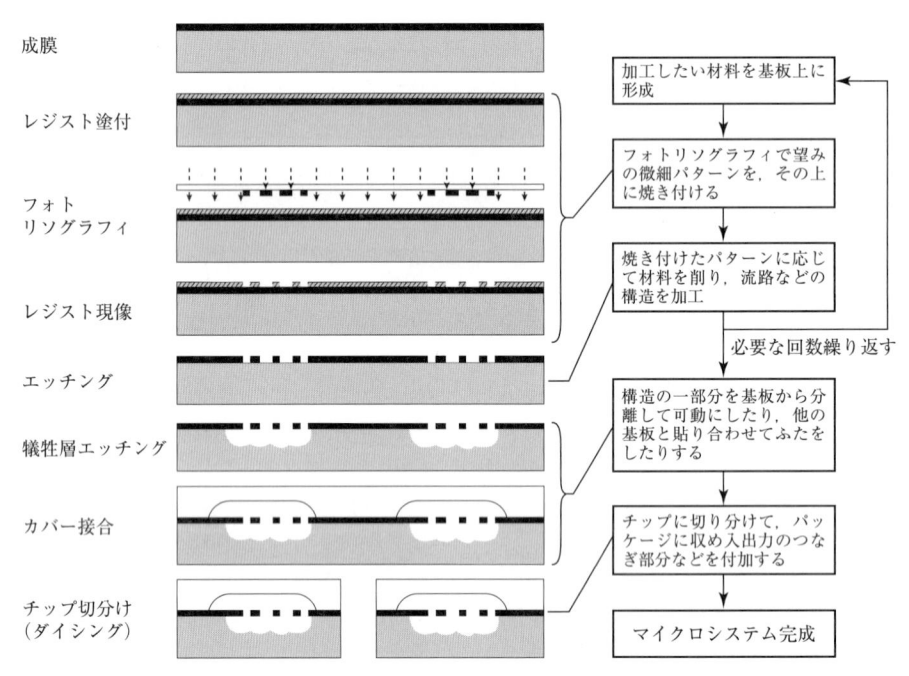

図9.4 半導体微細加工技術によるマイクロマシン製作法の流れ

9.10 半導体微細加工技術によるマイクロマシン製作法の流れ

半導体プロセスを拡張して立体的な微細構造をつくる技術を，半導体マイクロマシーニング技術という．大規模集積回路の製作と同様に，基板上の成膜，レジスト塗布，フォトリソグラフィ，現像，エッチングなどの工程を繰り返し行い，多くのデバイスを一括製作する．最後に可動構造の基板からの分離や，他の基板による構造の封止などを行い，ダイシングで各チップに切り分けて，マイクロマシンを得る（図9.4）．

9.11 様々のマイクロマシーニング法

個別のマイクロ加工技術を組み合わせて，多くのマイクロマシーニング法が考案されている（表9.7）．つくりたい構造の形状，要求精度，対象の材料，製作コストなどの要因を考慮して，最適のプロセスフローを選択する必要がある．大規模集積回路の製作では，標準的なプロセスフローが定まっていて，トランジスタの結線と配置を設計することで特定の機能が得られるが，マイクロマシーニングにおいては形状や材料が機能を決めるため，デバイスに応じて個別のプロセスフローをつくらなければならない場合が多く，この点が両者の大きな相違となっている．

表9.7 様々のマイクロマシーニング法

マイクロマシーニング法 (加工対象材料)	特　　徴	応　用　例
結晶異方性ウェットエッチング (単結晶シリコン，水晶)	単結晶シリコンの結晶面で決まる正確な立体構造	圧力センサの感圧膜 V溝(ノズル，流路) 平滑なミラー面
異方性ドライエッチング (シリコン)	マスクパターンに応じた自由な形をもつ立体構造	微小貫通孔 種々の立体マイクロ構造
表面マイクロマシーニング (多結晶シリコン薄膜，その他薄膜)	極微細構造の製作．CMOS回路とのプロセス適合性良好	集積化センサ 可変ファブリペロー干渉キャビティ 回路と可動構造の集積アレイシステム
ヒンジ構造 (多結晶シリコン構造)	薄膜マイクロ構造をヒンジから折り曲げて立体構造を得る	シリコン基板上の自由空間微小光学系 光スキャナ，空間光変調器
基板接合 (シリコン基板，ガラス基板)	種々の構造やデバイスをつくったチップを積層して立体集積化	3次元流路 流路と光・電子デバイスの集積化
ビーム加工 (金属，半導体，ガラス，絶縁体)	レーザ・電子・イオン・原子などのビームを走査し，エッチングや堆積で3次元構造を得る	複雑な3次元構造の製作 集積イオンビームなどでのナノ加工 レーザビームでのガラス穴あけ
電鋳 (金属)	厚膜レジストのパターンの谷間に電気メッキで金属を付加し，レプリカを作成	射出成形母型 種々の立体構造
型取り構造：LIGA*, 射出成形，ヘキシル構造 (金属，プラスチック，多結晶シリコン)	X線リソグラフィと電鋳，金属微細加工，異方性ドライエッチングでつくった立体的な型をもとに，複製をつくることで，立体マイクロ構造を大量に得る	大出力のマイクロアクチュエータ 精密な立体マイクロ構造 (マイクロ・ナノ流路，コネクタ)
光造形法 (プラスチック)	レーザスポットで紫外線硬化樹脂を点状に固め，それを立体走査して3次元構造を得る	複雑な3次元構造のラピッドプロトタイピング

*：X線リソグラフィ，電気めっき，射出成形を組み合わせた立体微細加工法．

9.12　シリコン単結晶の全結晶方位に対するエッチング速度

半球状に磨いたシリコン単結晶を結晶異方性エッチングすることにより，様々の方位面でのエッチング速度を実測することができる．エッチング液の種類と組成，温度，濃度などを変えて，たくさんのデータが得られている．図9.5では，TMAH（テトラメチルアンモニウムハイドロオキサイド）25%水溶液に対するエッチング速度の等高線を極点図表示している．(111)面のエッチング速度がきわめて遅く最小値となること，(100)面がその近傍の方位と比較してエッチング速度の極小値となることがわかる．さらに，わずかな量の界面活性剤を加えると，(111)面から(110)面

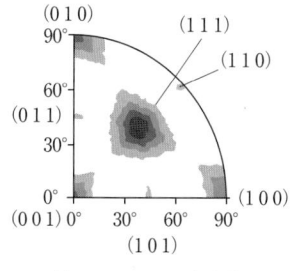

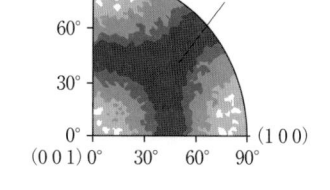

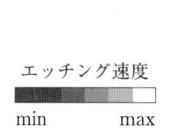

(a) 25% TMAH 水溶液　　(b) (a)に界面活性剤 NCW を 2% 添加

図 9.5 シリコン単結晶の全結晶方位に対するエッチング速度の等高線表示例（[3] p.54, 図3.18）
25% TMAH 溶液と，これに界面活性剤を加えたときの比較．

にかけてエッチング速度がきわめて遅くなる．このように条件をわずかに変えることにより，結晶異方性エッチング特性を制御することが可能である．

9.13 高濃度ボロンドープ層のエッチング速度の低下

結晶異方性エッチングで圧力センサの薄膜メンブレン構造をつくるときのように，薄い膜を正確に残してエッチングすることは難しい．このため，望みの厚みのところでエッチングが止まるようにあらかじめ準備しておくとよい．これをエッチストップ技術という．たとえば，シリコン中に高濃度のボロンを不純物拡散した層は，エッチング速度が極端に遅くなるため，エッチストップとして利用できる．図9.6では，EDP（エチレンジアミンピロカテコール）水溶液とKOH水溶液について

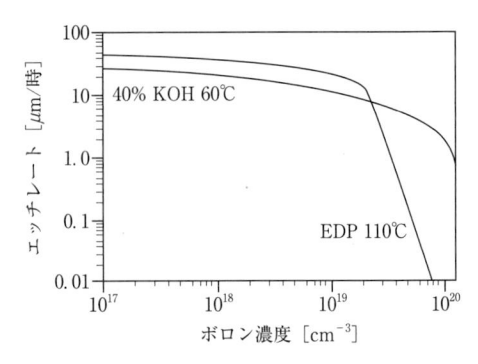

図 9.6 高濃度ボロンドープ層のエッチング速度の低下（[8] p.2246, Fig.7）
シリコン（100）面．

表 9.8 マイクロマシンの応用（[3] p.11, 表 2.1 を改変）

分　野	応　用	事　例
情報・通信	プリンタ	**インクジェットプリンタヘッド**
	ディスプレイ	**ビデオプロジェクタ**（ミラーアレイ, グレーティングアレイ, マイクロレンズアレイ），平面ディスプレイ（冷電子放出銃アレイ, ファブリペロー干渉器アレイ），光スキャナ
	データストレージ	薄膜磁気ヘッド, 光集積化ヘッド, ヘッド用アクチュエータ, マルチプローブデータストレージ
	入力機器	**光スキャナ**，**マイクロホン**，個人識別（指紋, 筆跡）センサ，**加速度・角速度センサ**
	光通信	光スイッチ，光変調器，光コネクタ，分波器・合波器，レンズ，**光減衰器**，可変フィルタ
	無線通信	RF フィルタ（振動子），RF スイッチ，可変位相アンテナ，可変キャパシタ，マイクロインダクタ
	実装関係	コネクタ，**貫通配線**，マイクロクーラ，**接合チップ積層**
	電源	燃料電池関係，燃料改質器
運輸・家電	機械量センシング	**圧力センサ**，力・トルクセンサ，**加速度センサ**，ジャイロ
	エンジン制御	圧力センサ，流量センサ，燃料噴射ノズル
	外界検知・監視	赤外線イメージャ，超音波センサ，(磁気式) 空間位置センサ，各種レーダ，飲酒センサ
	電源	マイクロエンジン発電機，振動発電機，熱電発電機
	環境・防災	ガスモニタ，地震計，無線センサネットワーク，水質モニタ，赤外線人体センサ
製造・計測	顕微鏡	**走査型プローブ顕微鏡用プローブ**
	リソグラフィ	マスクレス露光用光空間変調器，電子源・電子線制御
	検査	LSI プローバ用コンタクタ
	型成形	樹脂・ガラスプレス用鋳型，シャドーマスク
	光	光学素子（レンズ，ホログラム素子など），光集積化素子
	X 線	X 線コリメータ，X 線用マスク
	流体制御	バルブ，ポンプ，フローセンサ・コントローラ，マイクロリアクター
	熱関係	マイクロヒータ，熱分析，局所冷却
	分析装置	マイクロカロリメトリ，イオン・粒子分析，質量分析
	メンテナンス	検査・作業ツール
	宇宙機器	マイクロスラスタ，光センサ，機械量センサ，イメジャー
医療・バイオ	医療関係	**体内・体外血圧計**，成分モニタ，能動カテーテル，内視鏡用光スキャナ，超音波内視鏡，赤外線センサ（鼓膜体温計ほか），**飲込カプセル**，**内視鏡**，ドラッグデリバリシステム，体内埋込機器（人工内耳，人工視覚，埋込タグ）
	生化学関係	**DNA チップ**，PCR（ポリマレースチェインリアクタ），細管電気泳動分析，オンチップ分析，マイクロリアクタ（分析，試薬合成），粒子分析（フローサイトメトリ），生体とのインタフェース（採取・注入プローブ），バイオテクノロジー関係ツール（細胞融合, 一分子計測, 微細操作ツールなど）

太字は製品化されたもの．

て，ボロン濃度とエッチング速度の関係を示した．

9.14 マイクロマシンの応用

マイクロマシンやその加工技術を利用した商品には，たとえば自動車のエンジン燃焼制御用の圧力センサやエアバッグ始動用の加速度センサ，車体運動制御用の角速度センサ，手の動きでゲームを遊ぶコントローラ，インクジェットプリンタのヘッド，多数のマイクロミラーからの反射で画像を映す投影型ディスプレイなど様々な製品がある．これから実用化が進展すると期待されるのは，センサ，無線通信，光，流体，超小型電源などの分野である（表9.8）．

9.15 寸法効果（スケール則）

様々な物理量は，物体の寸法の何乗かに比例して変化する．たとえば，体積や質量は物体の寸法の3乗に比例する．一方，表面積は2乗に比例する．マイクロマシンがうまく働くように設計するには，小さいスケールで卓越する効果（寸法依存のべき数が小さい）を用いて動かし，それを阻害する効果は小さいスケールでは無視できる（寸法依存のべき数が大きい）ようにするとよい．たとえば表9.9から，次のようなことが読み取れる．① 長さに比べきわめて薄い片持ち梁では重力によるたわみは無視できるようになる．② きわめて高速に温度を上昇・降下できる．③ 液体の表面張力や流体の粘性抵抗は大きく効くので注意する．

9.16 マイクロアクチュエータの分類

マイクロマシンを動かすマイクロアクチュエータに関しては，静電力，電磁力，圧電効果，形状記憶効果，熱膨張など，様々な駆動原理で働くデバイスの動作が確認されている．スケール則によれば，ミクロの世界では可動物体の慣性力より表

表9.9 寸法効果（スケール則）（[6] p.74, 表2.1）

パラメータ	記号	関係式	寸法効果	備考
長さ（代表寸法）	L	L	L	
表面積	S	$\propto L^2$	L^2	
体積	V	$\propto L^3$	L^3	
質量	m	ρV	L^3	ρ：密度
圧力	f_p	SP	L^2	P：圧力
重力	f_g	mg	L^3	g：重力加速度
慣性力	f_i	$m\dfrac{d^2x}{dt^2}$	L^4	x：変位，t：時間
粘性力（動摩擦力）	f_f	$u\dfrac{S}{d}\dfrac{dx}{dt}$	L^2	u：粘性係数，d：間隔
弾性力	f_e	$eS\dfrac{\Delta L}{L}$	L^2	e：ヤング率
線形バネ定数	K	$2UV/(\Delta L)^2$	L	U：体積当たりの延びのエネルギー
固有振動数	ω	$\sqrt{K/m}$	L^{-1}	
慣性モーメント	I	αmr^2	L^5	α：定数，r：回転体の半径
重力によるたわみ	D	M/K	L^2	M：曲げモーメント
レイノルズ数	R_e	f_i/f_f	L^2	
熱伝導	Q_c	$\lambda \delta TA/d$	L	δT：温度差，λ：熱伝導率　A：断面積（αL^2）
熱伝達	Q_t	$h\delta TS$	L^2	h：熱伝達率
熱放射	Q_r	CT^4S	L^2	C：定数
静電力	F_e	$\dfrac{\varepsilon}{2}SE^2$	L^0	ε：誘電率，E：電界（電圧一定）
電磁力	F_m	$\dfrac{\mu}{2}SH^2$	L^4	μ：誘磁率，H：磁界
熱膨張力	F_T	$eS\dfrac{\Delta L(T)}{L}$	L^2	圧電力も同じ（$\Delta L(E)$）

表 9.10 マイクロアクチュエータの分類 (1) ([7] p.184, 表 7.1)

駆動原理			電界		磁界		流体
媒体/材料			空間	圧電材料	空間	磁歪材料	空間
変形機構	弾性支持	直線運動	櫛歯アクチュエータ 並行平板アクチュエータ	光チョッパ 積層圧電アクチュエータ	可変リラクタンスアクチュエータ 可動磁石型アクチュエータ		
		ねじれ運動	スキャナ ディジタルマイクロミラー	スキャナ	スキャナ	スキャナ	
		形状/体積変化	メンブレン変位 たわみ板吸引アクチュエータ	バイモルフ ユニモルフ チューブスキャナ	可動コイル型アクチュエータ	バイモルフ マイクロ飛翔体	電気空気圧アクチュエータ フレキシブル運動アクチュエータ
接触を伴う自由運動	滑り運動		突極機型モータ		可変リラクタンスアクチュエータ		ピストン
	転がり運動		ワブルモータ		ねじ溝付ワブルモータ		
	摩擦駆動		振動モータ スクラッチ駆動 インパクト駆動	インパクト駆動 超音波モータ インチワーム		インチワーム 超音波モータ	
浮上	連続浮上		静電浮上		超電導浮上		空気圧浮上
	断続浮上・反発		フィルムアクチュエータ		可動コイル型ホッパー		
その他			静電気による表面張力制御 EHD駆動		MHD駆動 磁性流体利用		流体素子・増幅器 電気分解で生じる気泡による駆動

表 9.11 マイクロアクチュエータの分類 (2) ([7] p.185, 表 7.2)

駆動原理		熱効果					光		化学
媒体/材料		空気	泡	液体	固体	形状記憶合金	空間	光歪材料	高分子
弾性支持	形状/体積変化	熱空気圧アクチュエータ	熱インクジェット	体膨張利用	バイモルフ 線膨張利用	ループ型 双方向型 空気圧バイアス型	光熱駆動	ユニモルフ	能動ヒンジ膨張収縮
接触を伴う自由運動	滑り運動		ピストン						
	摩擦運動				繊毛運動				化学反応波の伝達によるぜん動運動
浮上	連続浮上						レーザピンセット		
その他			熱膨張表面張力制御	加熱によるゲル化利用					

面に働く摩擦力の方が卓越する傾向にある．摩擦によって動きが妨げられないように，構造自身が変形するもの，可動部がバネで宙づりになっているもの，可動部を浮上するものなどいろいろな工夫がされている．表9.10，9.11では，駆動原理とアクチュエータの構造の二面に着目して，分類を行った．実際の適用にあたっては，駆動対象のデバイスと製作プロセスの適合性があるアクチュエータを選択し，用途で定まる仕様（ストローク，精度，速度，発生力，消費エネルギー，使用環境耐性，寿命など）を満たすよう，最適なものを選択する必要がある．

9.17 セラミックスの電界誘起ひずみ

圧電材料に電圧を加えると，逆圧電効果により伸縮する．これを利用して，圧電アクチュエータができる．発生力が大きく，高速応答可能で，頑丈であるなどの特徴がある．発生変位は，ヒステリシス（図9.7）やクリープ（図9.8）を伴うので，

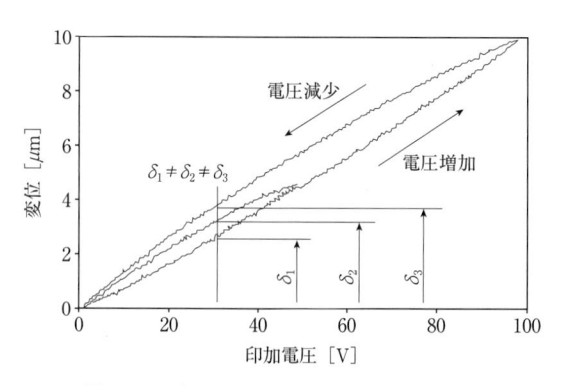

図9.7 圧電アクチュエータのヒステリシス曲線
（[9] p.450, 図2）

開ループの位置制御には注意が必要である．また，

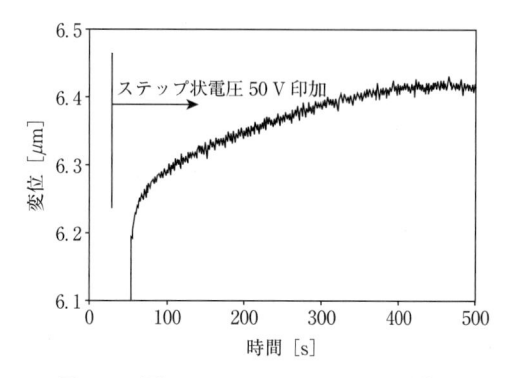

図9.8 圧電アクチュエータのクリープの測定例
（[9] p.450, 図3）

圧電材料を成膜したり，微細に加工したりするプロセスも未確立で，さらなる研究開発が必要である．

〔藤田博之〕

参考文献

[1] 電気学会編：電気工学ハンドブック（第6版），オーム社（2001）
[2] 高橋 清・伊藤謙太郎：基礎センサ工学，電気学会（1990）
[3] 藤田博之・江刺正喜・勝部昭明・小西 聡・佐藤一雄・前中一介：EE Text センサ・マイクロマシン工学，オーム社（2005）
[4] 原島文雄・江刺正喜・藤田博之編：マイクロ知能化運動システム，日刊工業新聞社（1991）
[5] K. Sato, D. Uchikawa, and M. Shikida : Sensors and Materials, Vol. 13, No. 5, p. 285 (2001)
[6] 江刺正喜・藤田博之・五十嵐伊勢美・杉山 進：マイクロマシーニングとマイクロメカトロニクス，培風館（1992）
[7] 藤田博之：マイクロ・ナノマシン技術入門，工業調査会（2003）
[8] S. D. Collins : J. Electrochem. Soc., Vol. 144, No. 6, pp. 2242-2262 (1997)
[9] 古谷克司：圧電アクチュエーター精密位置決めの応用，精密工学会誌，Vol. 72, No. 4, pp. 449-452 (2006)

10章　高電圧工学

10.1　全般

いわゆる「高電圧工学」と称せられる学問分野は，1880年代に始まった電気エネルギー（電力）の利用に伴って発達し，すでに120年を超える歴史がある．またこの名称の教科書，参考書が国の内外を問わず多数出版されている．近年は電気エネルギーの輸送や消費において高電圧技術と並んで重要な大電流技術を含めて，「高電圧大電流工学」という書籍も多い．

多くの高電圧工学の解説では，内容を大別すると次のようになっている．

① 放電現象：主に気体の電離現象から各種の放電形態まで
② 各種の絶縁物の特性（主に絶縁特性）
③ 高電圧技術：高電圧の発生，測定，試験技術

このほかに，静電界の解析技術（電界計算法），雷放電などが含まれることがある．

本章では，スペースの制約から，対象を気体の絶縁特性（主に火花電圧）ならびに高電圧技術の一部とし，さらにそれらの中でも主な図表のみ取り上げる．関係するテーマの中で，固体の絶縁特性は電気物性・電気材料（2章），火花電圧以外の放電形態は放電プラズマ（3章），極低温気体・液体の絶縁特性は超電導および超電導機器（21章）に触れられている．大電流技術については割愛する．

なお放電特性あるいは絶縁特性のデータは，表10.1に示すような様々なパラメータに影響される．これらに対応して多種多様な実験データが報告されている．たとえば『放電ハンドブック』[5]には，上下2冊に第1編：気体，第2編：プラズマ（以上上巻），第3編：液体，第4編：固体，第5編：技術（以上下巻）に分けて相当多数のデータが収録されている．

10.2　気体の放電現象

放電現象の基礎は，気体が運動，熱，光など各種のエネルギーを得て電離（中性の原子，分子が電子と正イオンに分離すること）することであるが，電離と励起（電離には至らないが電子がエネルギーの高い状態に移ること）のエネルギーを表10.2に示す．エネルギーは電子ボルト（eV）単位で表し，「電圧」と呼んでいる．1 eVは1.6×10^{-19} J である．

2個の電極間（ギャップ）に電圧を印加しこの電圧を増加すると様々な放電が生じる．このような気体の放電形式の分類を図10.1に示す．絶縁

表10.1　放電特性に影響するパラメータ

大分類	詳細
絶縁物	種類，状態（温度，圧力），組合せ（複合）状態，含有不純物
電極	形状，配置，ギャップ長，材料，表面状態，面積
印加電圧	種類（交流，直流，インパルス，矩形波など），上昇速度，印加回数，放電履歴（コンディショニング現象など）

表10.2　各種気体の電離電圧および励起電圧（単位：eV）（[1] p.484，表4）

気体	He	Ne	Ar	Na	Cs	Hg	H_2	N_2	O_2	SF_6
励起電圧[*1]	21.2	16.8	11.6	2.11	1.39	4.9	11.2	6.1	1.64	
準安定電圧	19.8	16.6	11.5			4.67		6.2	1.0	
電離電圧	24.6	21.6	15.8	5.14	3.89	10.4	15.6	15.5	12.2	15.8[*2]

[*1]：準安定電圧を除いた最低値，[*2]：$SF_6 \rightarrow SF_5^+ + F + e$ の場合．

10章 高電圧工学

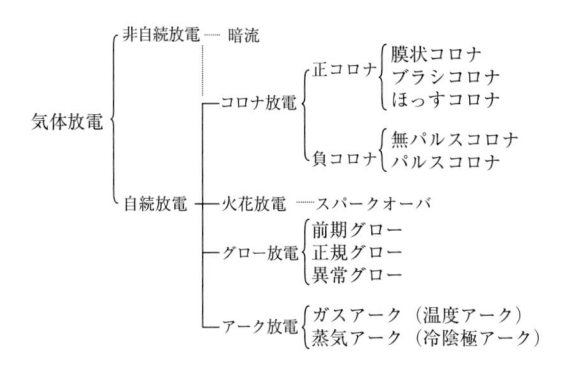

図10.1 気体の放電形式の分類（[1] p.485，図17）

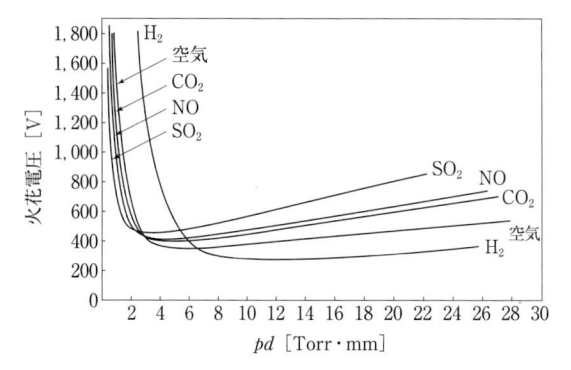

図10.2 各種気体の平行平板電極間の火花電圧特性（パッシェン曲線）（[3] p.49，図4.4(a)）
pd の小さい範囲．1 mmHg = 1 Torr = 133 Pa．

面で重要なのはギャップの火花放電（全路破壊，スパークオーバともいう）とコロナ放電（局所破壊あるいは部分破壊）である．コロナ放電はギャップ間の一部で局所的な放電を生じる場合で，電圧を上げると火花放電に移行する．ギャップ間の電界が一定に近い場合，あるいはコロナ放電を経由しないで直接火花放電を生じる電界分布を平等電界，それ以外を不平等電界と呼ぶ．電界が一定の場合を平等電界，同軸円筒電極のように一定ではない配置で，コロナ放電を経由しないで火花に至る場合（内外の導体径が近い場合）を準平等電界と呼んで区別することもある．

平等電界の火花電圧は，気圧 p とギャップ長 d の積 pd の関数になる．これをパッシェン（Paschen）の法則という．温度が変わるときは気圧の代わりに気体密度を使用する．この法則は火花電圧の高い（すなわちギャップ間の電界の高い）高真空や高ガス圧を除いてよく成立する．図10.2に各種気体の平等電界における火花電圧対 pd の特性（パッシェン曲線）を示す．またパッシェン曲線はある pd の値で最小値をとるが，そのときの火花電圧と pd の値を表10.3に示す．

10.3 各種媒質の絶縁特性
(1) 大気（大気圧空気）

気体は熱電離の生じるような高温状態でなければ基本的に絶縁物である．身の周りの大気も比較的よい絶縁物で，そのおかげで大気中で電圧を印加した実験ができ，架空の送電線や配電線で電気

表10.4 大気圧空気中の各種配置における放電開始電界（比較的小ギャップ）（[3] p.53，表4.2 および p.54）

電極配置	E_d [kV/cm]
球ギャップ（球対球）	$27.9\delta(1+0.533/\sqrt{\delta r})$
同軸円筒ギャップ	$31.0\delta(1+0.301/\sqrt{\delta r})$
平行円筒ギャップ	$29.8\delta(1+0.301/\sqrt{\delta r})$
針対平板ギャップ（交流火花電圧 d はギャップ長 [cm] で 5 cm 以上	$18.4+5.01d$ [kV]

δ：相対空気密度，r：球あるいは円筒の半径 [cm]．

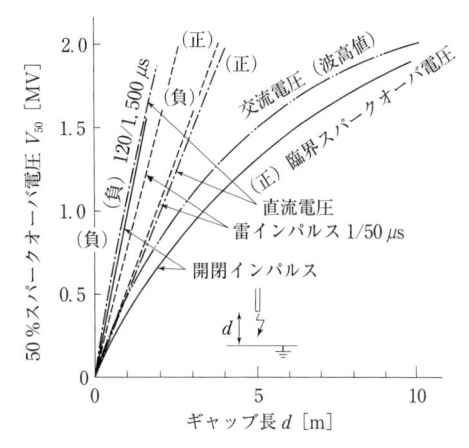

図10.3 棒-平面ギャップの各種の電圧における50％スパークオーバ（火花）電圧（[3] p.54，図4.6）

表10.3 各種気体の最小火花電圧（[1] p.485，表7）

気体	He*	Ne*	Ar*	Na	Hg	空気	H_2	N_2	O_2	CO_2
V_{smin}(V)	147	168	192	335	400	330	270	250	450	420
$(pd)_c$	35	38	12	0.4	6.0	5.67	11.5	6.7	7.0	5.0

$(pd)_c$：mmHg・mm．　＊：Al 陰極，1 mmHg = 1 Torr = 133 Pa．

エネルギーを輸送できる．表10.4に，いくつかの基本的な電極配置について放電開始電圧の実験式を示す．δ は20℃，大気圧の空気を1としたときの空気密度で，相対空気密度という．参考のために，不平等電界の例として針（針対針）電極の交流火花電圧（波高値）の式も付記した．また後述の図10.15に，平等電界の同じ条件でSF_6 ガス，絶縁油，真空と比較した絶縁破壊電圧対ギャップ長の特性を示す．

長ギャップの不平等電界の特性は高電圧送電線の過電圧に対する絶縁で重要である．いろいろな電極配置があるが，多くの場合同じギャップ長で火花電圧が最も低くなるのは棒対接地平面（あるいは平板）の配置である．図10.3に各種の印加電圧に対する棒対平面配置の50%スパークオーバ（火花）電圧を示す．50%スパークオーバ電圧とは，インパルス電圧を何回か印加したときに平均的に半数の印加で火花が発生する電圧である．また図中の1/50 μsはインパルス電圧の波形を意味し，その定義は図10.21で後述する．

また図10.4には波頭長120 μsの開閉インパルス（雷インパルスより波頭の緩やかなインパルス

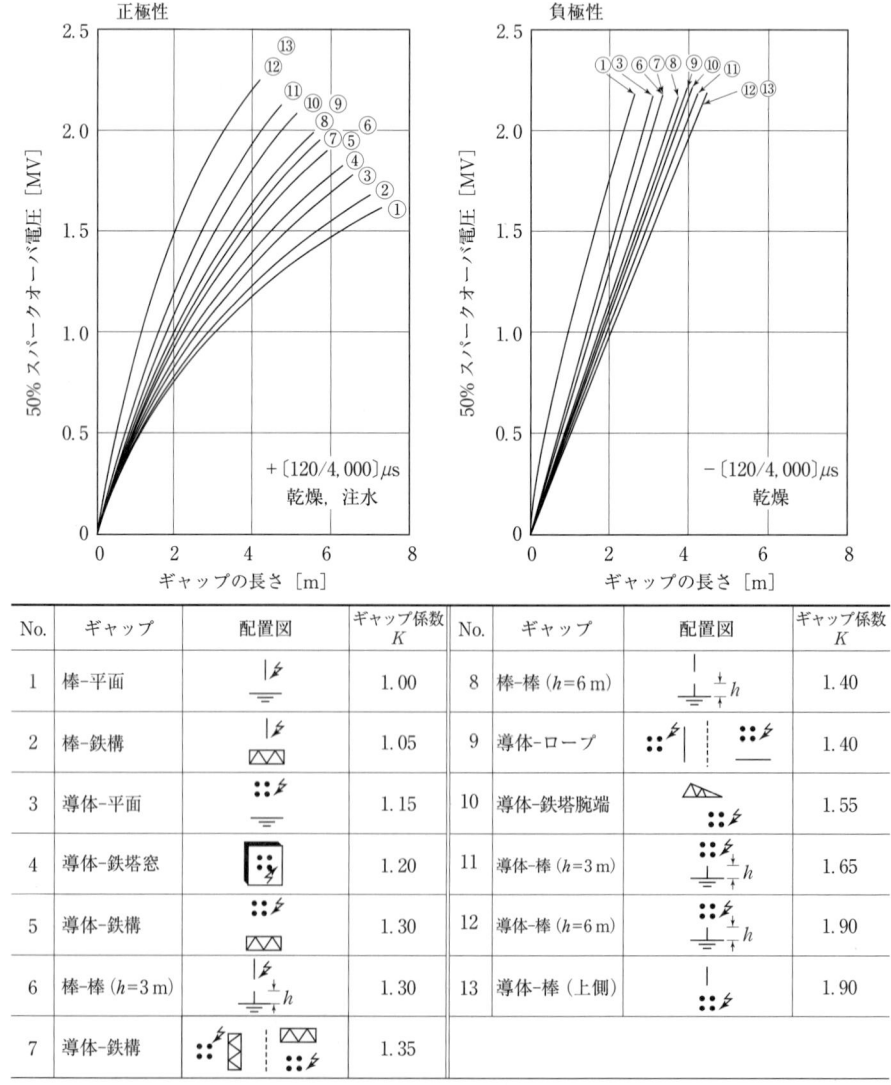

No.	ギャップ	配置図	ギャップ係数 K	No.	ギャップ	配置図	ギャップ係数 K
1	棒-平面		1.00	8	棒-棒 ($h=6$ m)		1.40
2	棒-鉄構		1.05	9	導体-ロープ		1.40
3	導体-平面		1.15	10	導体-鉄塔腕端		1.55
4	導体-鉄塔窓		1.20	11	導体-棒 ($h=3$ m)		1.65
5	導体-鉄構		1.30	12	導体-棒 ($h=6$ m)		1.90
6	棒-棒 ($h=3$ m)		1.30	13	導体-棒（上側）		1.90
7	導体-鉄構		1.35				

K：棒-平面，正極性スパークオーバ電圧に対する比，正極性電圧に対して適用．

図10.4　各種の電極形状における開閉インパルススパークオーバ電圧（[6]を改変）

10章 高電圧工学

できず，（高電圧）導体を支持する固体絶縁物が必要である．このとき気体と固体の境界面（界面）の沿面絶縁（沿面フラッシオーバ）特性が問題になる．特に大気中では沿面の吸湿や汚損が絶縁特性を低下させる．図10.5に大気中の支持絶縁物として一般に使用される懸垂がいしの各種電圧におけるフラッシオーバ電圧を示す．がいしにも各種の形状，寸法があるが，導体をつり下げて支持するのが懸垂がいしで，標準的寸法のものを何個か縦に接続して用いる（懸垂がいし連）．がいしのフラッシオーバ電圧は乾燥時だけでなく，それより低下する注水時の特性も重要である．他の形態の大気中支持絶縁物として，高電圧機器の接地タンクや建屋の接地壁からの高電圧部分の引出しに使用されるブッシングがあるが，気中で使用するときはやはり注水時の特性が問題になる．

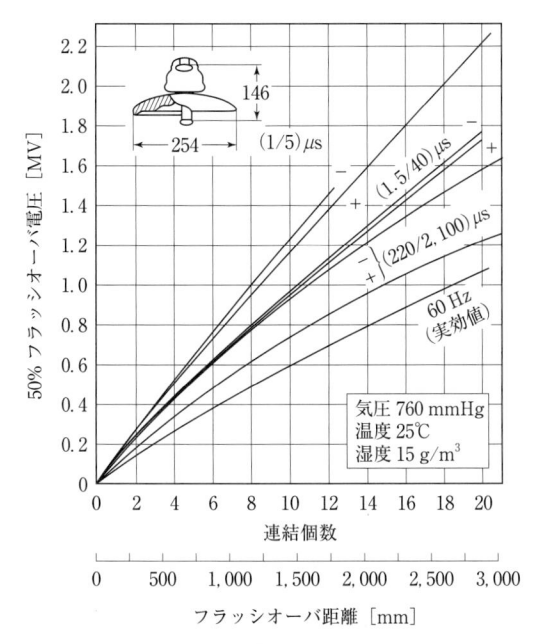

図10.5 標準懸垂がいしの各種電圧におけるフラッシオーバ電圧（[7], [8]）

波形で，遮断器を開閉したときに発生する過電圧を模擬する）を印加したときの各種ギャップ形状における50%スパークオーバ電圧を示す．ギャップ係数とは棒対接地平面のスパークオーバ電圧を1としたときの相対的な値である．

空気に限らず気体はそれだけで絶縁することが

(2) SF$_6$

気体を主絶縁媒体に用いる絶縁方式を気体絶縁あるいはガス絶縁という．一般にガス圧を高くするとほぼ比例して絶縁耐力が高くなるため大気圧空気より絶縁性能がよく（したがって機器を小型にできる），誘電率が低い，損失が少ないなどの利点がある．これまで各種のガスが用いられたが，近年はもっぱらSF$_6$が使用されている．ガス絶

表10.5 SF$_6$の物理的特性（[3] p.56, 57, 表4.4, 図4.7）

分子量		146.06
密度（大気圧20℃）	g/l	6.14
比重	（空気を1として）	5.10
昇華点	℃	−63.8
融点（2.2 atm）	℃	−50.8
臨界温度	℃	45.6
臨界圧力	atm	38.2
臨界密度	g/cm^3	0.725
比熱（Cp, 大気圧30℃）	cal/(g・℃)	0.155
熱容量（モル当たり，大気圧30℃）	cal/(g・mol・℃)	22.6
熱伝導率（大気圧30℃）	cal/(s・cm・℃)	3.36 × 10^{-5}
粘性率（大気圧30℃）	poise	1.54 × 10^{-4}
飽和蒸気圧		
−40℃	atm	3.57
−20℃		7.17
0℃		13.0
20℃		21.8
40℃		34.2

気圧は絶対圧力を示す．

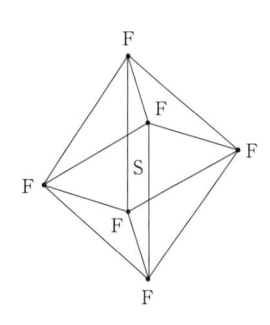

SF$_6$の分子構造
実際の原子はもっと大きく重なり合っている．

縁機器の代表例は，変電所（GIS：gas insulated switchgear），送電線路（GIL：gas insulated transmission line）であるが，ほかにSF$_6$の優れた消弧性能（電極間のアーク放電を消す性能）を利用するガス遮断器（GCB：gas circuit breaker）もある．

表10.5にSF$_6$の主な物理的特性を示す．後述の図10.15には，平等電界の同じ条件で大気，絶縁油，真空と比較した絶縁破壊電圧対ギャップ長の特性を示す．また図10.6に平等電界ギャップにおける交流火花電圧を示す．同図に付記したインパルスの火花電圧はほぼpd（ガス圧×ギャップ長）に比例して増加するが，交流は飽和特性を呈し，飽和の始まるpdの値はガス圧が高いほど低い．

SF$_6$のような負イオンになりやすい気体を（電気的）負性気体と呼ぶが，このような気体は不平等電界において，コロナ放電の空間電荷効果で火花電圧が著しく高くなることがある．この現象をコロナ安定化作用というが，図10.7のように横軸のガス圧に対して極大値をとり，さらにガス圧を増加するとかえって値の低下するN字特性を示す．

SF$_6$のような絶縁耐力の高い負性気体を空気や窒素のような通常気体と混合すると，火花電圧（放電開始電圧）が混合割合から予想される値よりも著しく高くなるという特異現象がある．図10.8

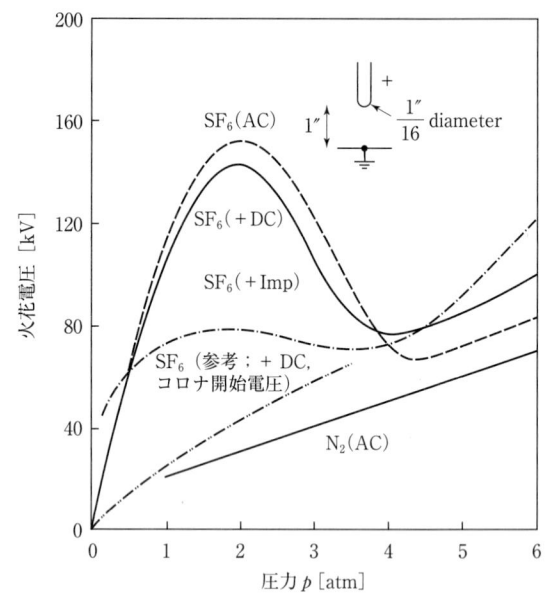

図 10.7 不平等電界におけるSF$_6$，窒素の火花電圧-圧力特性（[9]を改変）

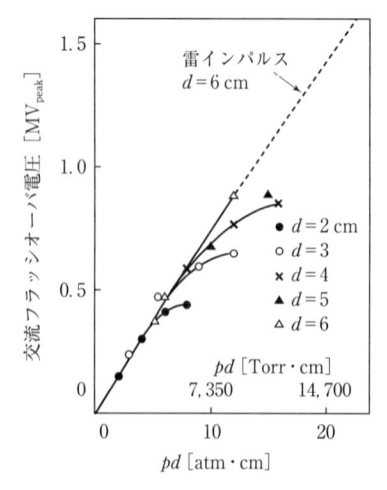

図 10.6 SF$_6$の平等電界ギャップにおける交流火花電圧（[3] p.58, 図4.9）

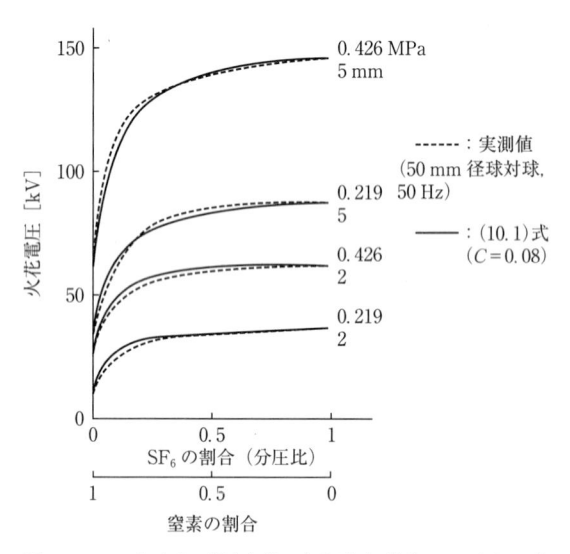

図 10.8 SF$_6$と窒素の混合気体の火花電圧（[3] p.62, 図4.13）

はSF$_6$と窒素を混合した場合の例である．このような混合気体の火花電圧V_Mを与える式として次式が提案されている．

$$V_M = V_2 + \frac{k}{k+(1-k)C}(V_1 - V_2) \quad (10.1)$$

ここで，V_1，V_2は成分気体1，2の火花電圧（$V_1 > V_2$），kは気体1の分圧比（容量比），Cは気体の組合せに依存する定数である．図10.8には$C = 0.08$のときの実験式の値を実線で付記している．

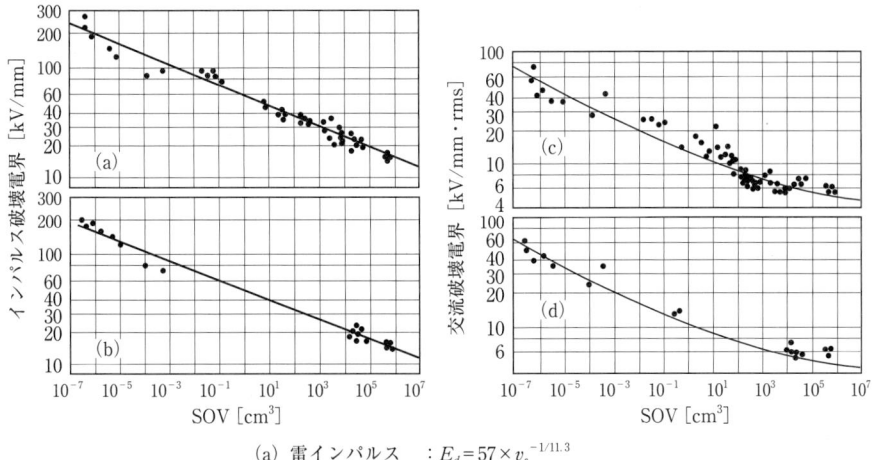

(a) 雷インパルス　　：$E_d = 57 \times v_s^{-1/11.3}$
(b) 開閉インパルス　：$E_d = 46 \times v_s^{-1/11.2}$
(c) 交流 1 分間　　　：$E_d = 11.5 \times v_s^{-1/9.5} + 2.5$
(d) 交流 30 分間　　：$E_d = 8.0 \times v_s^{-1/9.5} + 3.0$
電極：平板-平板，円筒平板，半球棒-平板．

図 10.9　絶縁油の破壊電界の体積効果（[3] p.65, 図 4.15）

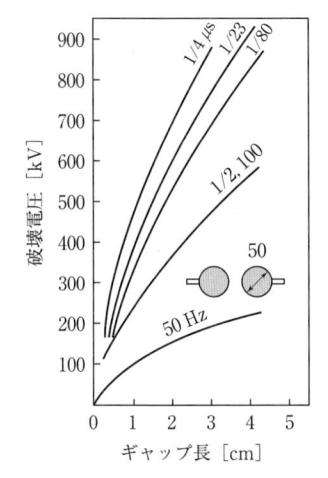

図 10.10　絶縁油（良質変圧器油）のインパルス破壊電圧（球ギャップ）
（[3] p.66, 図 4.16）

(3) 液体絶縁物（絶縁油）

絶縁に主に使用される液体は変圧器油など天然の鉱油系絶縁油と人造の合成絶縁油である．多くの場合，紙と組み合わせる油浸（紙）絶縁である．後述の図 10.15 に，平等電界の同じ条件で大気，SF_6 ガス，真空と比較した絶縁油の絶縁破壊電圧対ギャップ長の特性を示す．

絶縁油の破壊電圧に特に大きく影響するのは，水分および固体の不純物である．このような不純物の存在が弱点となってギャップの破壊が引き起こされ，その結果電極面積やギャップの体積が破壊電圧に影響する（面積効果，体積効果）．この例を図 10.9 に示す．また図 10.10 に他の重要な影響要因である印加電圧波形の効果を示す．

(4) 固体絶縁物

固体の特性は 2 章でも扱われている．固体の絶縁破壊は電子的破壊，熱破壊，電気・機械破壊に分類されるが，図 10.11 により詳しい分類と破壊電界 E_B のパラメータ依存性を示す．d は試料厚さ（電極間距離），T は温度である．

固体の絶縁物としての利用は，固体だけの絶縁

電子的破壊（破壊遅れ：小）
- 真性破壊 $\left(\frac{\partial E_B}{\partial d}=0\right)$
  - 単一電子近似 $\left(\frac{\partial E_B}{\partial T}>0\right)$
  - 集合電子近似
    - 単結晶 $\left(\frac{\partial E_B}{\partial T}>0\right)$
    - 無定形 $\left(\frac{\partial E_B}{\partial T}<0\right)$
- 電子雪崩破壊 $\left(\frac{\partial E_B}{\partial d}<0, \frac{\partial E_B}{\partial T}>0\right)$
- ツェナー破壊 $\left(\frac{\partial E_B}{\partial T}=\frac{\partial E_B}{\partial d}=0\right)$

熱破壊 $\left(\frac{\partial E_B}{\partial T}<0\right)$（破壊遅れ：大）
- 定常熱破壊 $\left(\frac{\partial E_B}{\partial d}<0\right)$
- インパルス熱破壊 $\left(\frac{\partial E_B}{\partial d}=0\right)$

電気・機械破壊 $\left(\frac{\partial E_B}{\partial T}<0\right)$

図 10.11　固体の絶縁破壊機構の分類 [10]

表10.6 代表的な固体絶縁物の電気的特性（[3] p.71, 表4.5）

	長石磁器	XLPE	テフロン	エポキシ：無充塡	エポキシ：シリカ充塡
体積抵抗率 [Ω·cm]	10^{13}～10^{14}	10^{16} 以上	$>10^{18}$	10^{12}～10^{17}	10^{13}～10^{16}
比誘電率	5.0～6.5	2.2～2.6	2.0	3.5～5.0	3.2～4.5
絶縁耐力 [kV/mm]	30～35, 10	43	17～19	12～20	12～22
$\tan\delta\ (\times 10^{-4})$	170～250	2～10	<2	20～100	80～300

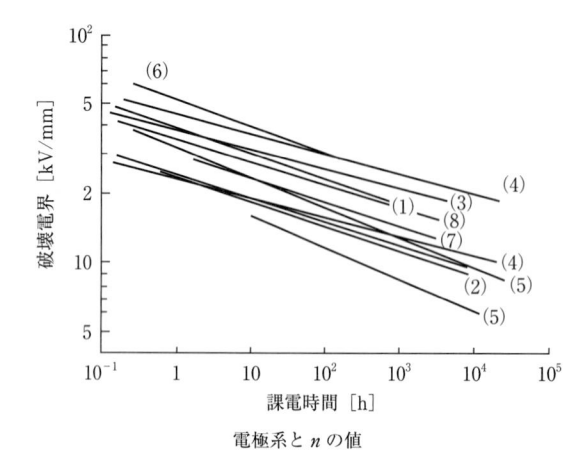

電極系と n の値

記号	電極	充塡材	ギャップ長 [mm]	n
(1)	半極棒-平板 50 mm 径	シリカ	2.7	12
(2)	平板-平板 67 mm 径	シリカ	5	13.2
		アルミナ		12.3
(3)	平板-平板 30 mm 径	アルミナ	15	15
(4)	半球棒-半球棒 40 mm 径	アルミナ	3	16
	平板-平板 40 mm 径			
(5)	平板-平板 25 mm 径	シリカ	2～4	10
	同軸円筒 22 mm 径×150 mm		6～20	9.8
(6)	球-平板 14 mm 径	シリカ	2	12
(7)	平板-平板	—	5	12
(8)	偏平半球棒-棒	—	17	14

図10.12 エポキシ樹脂の交流長時間破壊電圧-時間（V-t）特性（ボイドなしの注形品）（[3] p.77, 図4.28）

の場合と，気体，液体，真空など他の絶縁方式で支持に用いられる場合とがある．いくつかの代表的な固体絶縁物の電気的特性を表10.6に示す．また，ガス絶縁（気体絶縁）の支持絶縁物としてもっぱら使用されるエポキシ樹脂に長時間交流電圧を印加したときの破壊電界を図10.12に示す．破壊電界対印加時間の特性（V-t特性）は両対数グラフで右下がりの直線になり，$V^n t =$一定の関係であるが，この特性は「逆n乗則」あるいは単に「n乗則」といわれる．

(5) 複合誘電体

固体絶縁物を（高電圧）導体の支持・絶縁に使用する場合，しばしば固体表面，すなわち固体と気体，液体，真空との界面の絶縁が問題になる．このような表面に沿っての絶縁を沿面絶縁という．沿面絶縁は固体表面と電気力線の方向によって，図10.13に示すような平等電界型と不平等電界型に大別される．平等電界型は電気力線が固体表面に対して垂直に近く，不平等電界型は平行に近い．

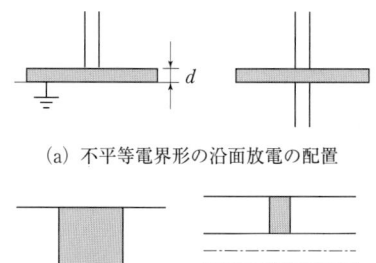

(a) 不平等電界形の沿面放電の配置

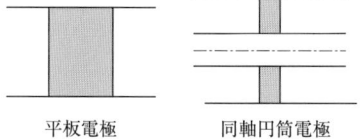

平板電極　　　　同軸円筒電極
(b) 平等電界形の沿面放電の配置

図 10.13　不平等電界形と平等電界形の分類（[3] p. 87, 88, 図 4.39, 4.42）

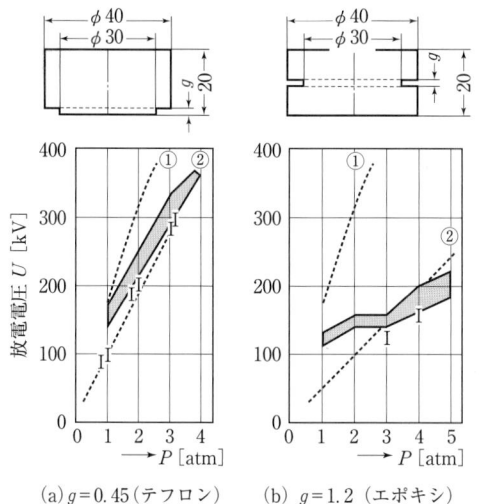

(a) $g = 0.45$（テフロン）　　(b) $g = 1.2$（エポキシ）

①：ギャップなしのスペーサ　　Ⅰ：部分放電開始および消滅電圧
②：人工ギャップありのスペーサ　…：放電開始電圧計算値
■：フラッシオーバ電圧　　　　P：SF_6 ガス圧

図 10.14　SF_6 中の支持絶縁物（スペーサ）における電界集中箇所の効果（[11] Fig. 1, 5）

不平等電界型の配置は実用的には固体ケーブルの端末やブッシングで現れるが，単に絶縁物の沿面距離を大きくしても耐電圧はあまり上昇しない．一方，気体，液体，真空絶縁における支持絶縁物は平等電界型の配置になり，固体が存在しないときと似た電界分布であるが，固体の存在が耐電圧を低下させることが多い．特に大気中のがいしのように湿気や汚損で表面の導電性が高くなると沿面絶縁特性は著しく低くなる．高気圧ガスや真空のように清浄で乾燥した雰囲気中では汚損の影響はないが，沿面のどこかでギャップなどの電

界集中箇所が発生すると，図 10.14 の例のように沿面絶縁特性は低下する．

(6) 真　空

真空は真空遮断器や加速器などに使用され，これらの高電圧機器で絶縁が問題になる．真空の絶縁耐力は試験条件に大いに依存するが，平等電界の同じ条件で大気，SF_6 ガス，絶縁油と比較した例を図 10.15 に示す．高真空の絶縁耐力はギャップ長の小さいときは非常によいが，ギャップ長の増大に対して飽和性が顕著である．また電極材料の影響が大きく，表 10.7 のように電極材料の違いで何倍も相違する．

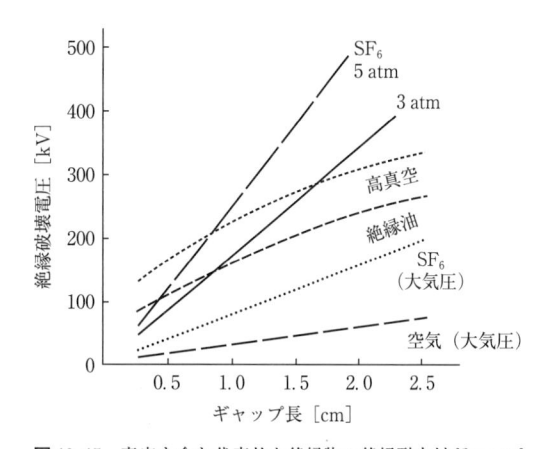

図 10.15　真空を含む代表的な絶縁物の絶縁耐力対ギャップ長の特性（[3] p. 83, 図 4.35）

表 10.7　高真空中の直流火花電圧と電極材料（ギャップ長 1 mm の平均破壊電圧）（[3] p. 84, 表 4.6）

電極材料	破壊電圧 [kV]
インバー	197
ステンレス・スチール	179
クロムめっき銅（500℃加熱）	143
ニッケル	89.5
クロムめっき銅（加熱せず）	89.4
電解銅	74
アルミニウム	57
鉛	54
カーボン	36
銀	27

10.4　雷　現　象

雷放電は電気の利用されるはるか昔から身近な高電圧現象である．落雷による直接の人身被害の

ほか，現在は様々な通信障害，送電線を経由する雷過電圧による機器の絶縁破壊など，電気分野全体に関わることが多い．雷雲の電荷は，上昇気流中であられと氷晶が摩擦帯電し，電荷の分離を起こして発生すると考えられている．火山の爆発や竜巻などでは微粒子の摩擦帯電と電荷分離によって雷を発生する．通常の雷雲の概略の大きさとごく単純化した電荷構造を図10.16に示す．雷雲上部は正，下部は負で，最下部にはポケットチャージと呼ばれる正電荷の存在する三層構造である．

一般的な夏季雷の進展過程を図10.17に示す．雷雲から数十mずつステップ状に進む「ステッ

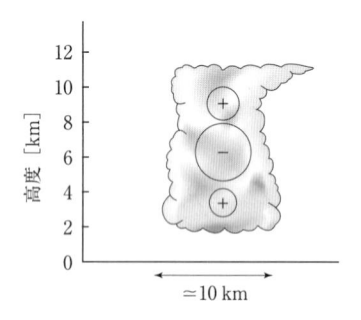

図 10.16 雷雲の単純化した電荷構造
（[2] p.200, 図5.2.1）

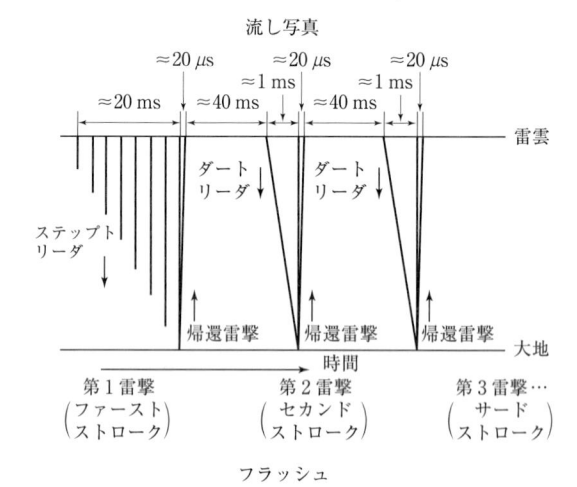

図 10.17 雷放電の進展状況（模式図）（[2] p.201, 図5.2.2）

表 10.8 冬季雷と夏季雷の特性比較表（[4] 表3-3-1）

分類	特性 過程	項目	単位	雷放電 夏季雷	冬季雷
雷雲の特性		雲底（ギャップ長）	m	$(1.2〜2)×10^3$	$(300〜)$
		電荷	C	$0.2〜[2.5]〜2.0$※	$0.1〜[3.5]〜3×10^3$
		電圧	MV	約10^2	約$10〜10^2$
		静電エネルギー	kJ	約10^6	約$10^2〜10^8$
放電特性	ストリーマ	速度	m/s	—	$3×10^5〜2×10^7$
		電荷密度	C/m	—	—
	リーダ	速度	m/s	$(1〜26)〜10^5$	$((1〜5)×10^5)$
		電荷密度	C/m	$10^{-3}〜10^{-1}$	$10^{-2}〜10^{-1}$
		電流	A	$10^2〜10^5$	—
		ステップの時間間隔	μs	$30〜[50]〜125$	$27〜300$
	リターンストローク	速度	10^7 m/s	$2〜[5.0]〜14$	$(12〜23)$
		電流波高値	kA	$〜[24]〜$	$<2〜[24]〜150<$
		電流峻度	kA/μs	$<1〜[10]〜80$	$0.01〜[0.63]〜100$
		電流波頭長	μs	$<1〜[2]〜30$	$0.1〜[32]〜10^4$
		電流波尾長	μs	$〜[40]〜250$※	$1〜[50]〜10^4$
	雷撃時の地上電界		kV/m		$35〜170$
	極性			ほとんど負極性（約95%）	正極性 約1/3
	放電の進展方向			ほとんど下向き	ほとんど上向き（96〜99%）
	放電継続時間		s	$10^{-2}〜[0.2]〜2$	$10^{-5}〜0.5<$

(1) ※ 連続電流含まず．
(2) a〜[b]〜cとは，a〜cの範囲で[b]が代表値．
(3) 電荷は雷撃電流（リターンストロークが主）からの値．
　　夏季雷に3〜[25]〜数百のデータあり．
(4) 雷雲の電圧，静電エネルギーは推測値．
(5) 冬季雷の（ ）内の数値は電力中央研究所以外の観測値．

10章 高電圧工学

に示す．冬季雷は，落雷（大地放電）の約 1/3 からが正極性（夏季雷は約 90% が負極性）で，また多重度が小さく約 80% が単一雷撃である．さらに冬季雷の正極性雷電流は持続時間が 10 ms を超え，放電電荷が 100 C を超える大きなものがある．図 10.18 に雷電流の波高値の累積頻度分布を示す．負極性の雷電流は夏と冬であまり変わりがないが，正極性は冬季が大きく，またロケット誘雷の電流は小さい．

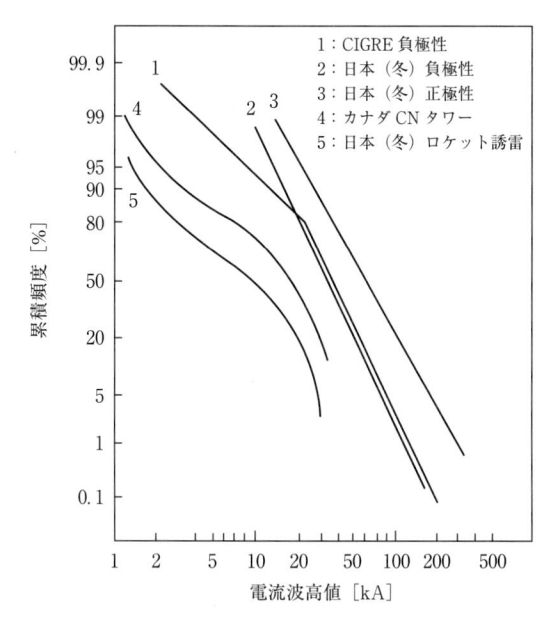

図 10.18 雷電流波高値の累積頻度分布（[1] p.504, 図 61）

プトリーダ（階段状先駆放電）」と呼ばれる放電が大地に向かって進展し，大地に到達すると「帰還雷撃（リターンストローク）」と呼ばれる放電が雷雲に向かって進展する．これが落雷で，瞬時的な大電流によって雷雲中の電荷を中和し，強い発光と空気の膨張による雷鳴音が発生する．同じ雷放電路を何回か落雷する場合を「多重雷」というが，2 回目以降の後続雷撃では雷雲からの放電はステップ状ではなく連続的に進展する．

主に太平洋沿岸で発生する夏季雷と北陸地方の日本海沿岸で発生する冬季雷とはかなり特性が相違するが，両者の概略の特性を比較して表 10.8

10.5 高電圧技術

高電圧に関わる技術には，大きく分けると解析，発生，測定，試験があり，電圧波形からは直流，交流，インパルスがあるが，ここではそのごく一部を扱う．

(1) 高電圧の発生

直流高電圧の発生は，基本的に交流高電圧を整流する方式と電荷を移動させて高電位を得る静電発電機方式とがある．図 10.19 は交流電圧の半波整流回路，ならびに交流電圧波高値の 2 倍，3 倍の直流電圧を発生する回路の例である．このような整流回路をさらに多段に拡張して直流高電圧を得る方式に「Cockcroft（あるいは Cockcroft-Walton）回路」がある．

雷インパルス電圧のように立上がりが早く継続時間の短い波形は，コンデンサに充電した電荷を放電ギャップの導通によって適当な回路に放電して得るのが普通である．放電する回路は抵抗とコンデンサからなる RC 回路あるいは抵抗とイン

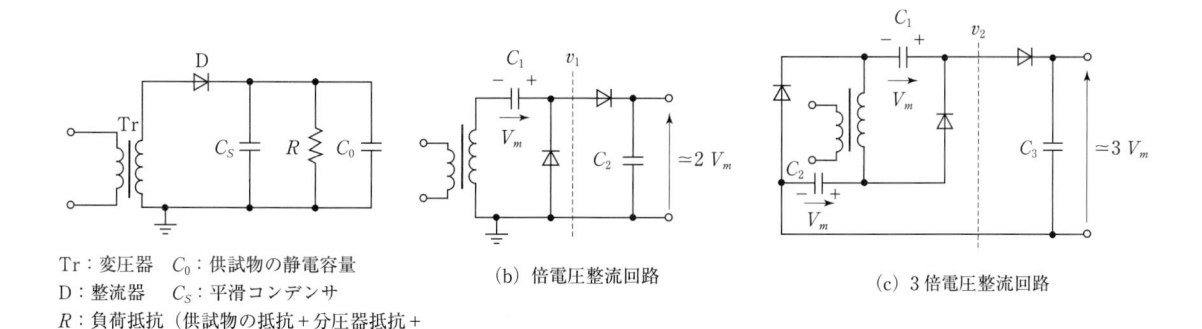

Tr：変圧器　　C_0：供試物の静電容量
D：整流器　　C_S：平滑コンデンサ
R：負荷抵抗（供試物の抵抗＋分圧器抵抗＋漏れ抵抗）

(a) 半波整流回路

(b) 倍電圧整流回路

(c) 3 倍電圧整流回路

図 10.19 直流電圧発生の基本回路（[3] p.117, 118, 図 6.6, 6.8）

しば利用される．

(2) 高電圧の測定

表10.9に高電圧の測定原理と測定器（測定方法）を，電流，電界の測定を含めて示す．測定原理は次のように分類できる．

i) 基本的に低電圧，小電流と同じであるが高電圧，大電流の考慮を要するもの： 分流器，光

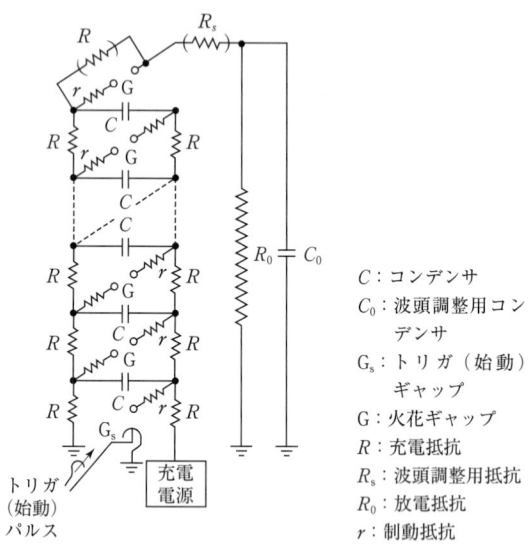

図 10.20 直列充電方式インパルス電圧発生回路（Marx回路）([3] p.123, 図 6.14)

C：コンデンサ
C_0：波頭調整用コンデンサ
G_s：トリガ（始動）ギャップ
G：火花ギャップ
R：充電抵抗
R_s：波頭調整用抵抗
R_0：放電抵抗
r：制動抵抗

ダクタンスからなる LRC 回路が用いられる．電力機器の高電圧試験に使用するような高電圧のインパルス発生器には，多数の充電したコンデンサを瞬時に直列に接続する多段方式が用いられる．充電抵抗の接続方法の相違によって，直列充電，並列充電，直並列充電などの方式があるが，図10.20に示すような直列充電方式が多く用いられている．これは「Marx回路」とも呼ばれ，各種の物理実験で過渡的な高電圧を得る場合にもしば

表 10.9 高電圧（および電界，電流）の主な測定原理と測定器 ([3] p.140, 表 7.1)

測定の原理	測定器（測定方法）	測定量
分圧，分流	分圧器 分流器	電圧 電流
静電誘導	回転電圧計，コンデンサ形計器用変圧器（PD）	電圧
	容量性電界計，回転電極形電界計（フィルドミル），振動容量形電界計	電界
静電気力	静電電圧計	電圧
電磁誘導	計器用変圧器（PT） 計器用変流器（CT） 高周波変流器，ロゴウスキーコイル	電圧 電流
磁化特性	磁鋼片	電流
放電現象	球ギャップ，棒ギャップ 針端コロナ電流	電圧 電界
光学現象	発光ダイオードの利用 ポッケルス素子の利用 ファラデー素子の利用	電圧，電流 電圧，電界 電流

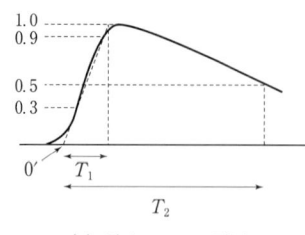

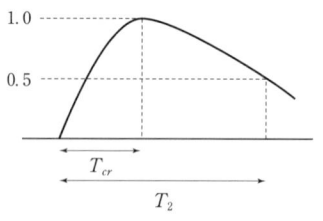

(a) 雷インパルス電圧

(b) 開閉インパルス電圧

標準インパルス電圧波形と裕度

インパルス電圧波形	裕度		
	波頭長	波尾長	波高値
標準雷インパルス電圧 ±1.2/50 μs	±30%	±20%	±3%
標準開閉インパルス電圧 ±250/2,500 μs	±20%	±60%	±3%

図 10.21 インパルス電圧の波形，ならびに標準波形の定義と裕度 ([3] p.5, 6, 図 2.1, 表 2.1)

学現象を利用するものなど

ⅱ）高電圧，大電流を低電圧，小電流に変換して測定するもの：　分圧器，計器用変圧器，計器用変流器など

ⅲ）高電圧，大電流の作用をそのまま用いるもの：　静電電圧計，放電現象を利用する場合など

(3) 高電圧試験

　高電圧の実験や試験に用いられる電圧波形は目的によって相違するが，それぞれ波形が定義されている．いくらかやっかいなのは短時間のインパルス電圧である．雷インパルス電圧は落雷で発生する過電圧を模擬した波形で，立上がり部分のあいまいさを避けるために，図10.21に示すように，波高値の30%と90%を結ぶ線を引き，この直線と電圧0および100%との交点の間の時間を「規約波頭長」とする．電圧0との交点（図の0′）は「規約原点」と呼び，規約原点から波尾の50%の点（半波高点）までの時間を「規約波尾長」とする．一方，雷インパルスより緩やかな波形の開閉インパルス電圧の波頭長は実波頭長で，波尾長は原点から半波高点までである．インパルスの波形はこれらを用いて，（規約）波頭長/（規約）波尾長，と表す．図10.21にはインパルス電圧試験に用いられる標準波形とその裕度も付記した．

　電力機器の絶縁試験は試験の目的と印加する電圧の波形で大別される．この分類を図10.22に示す．

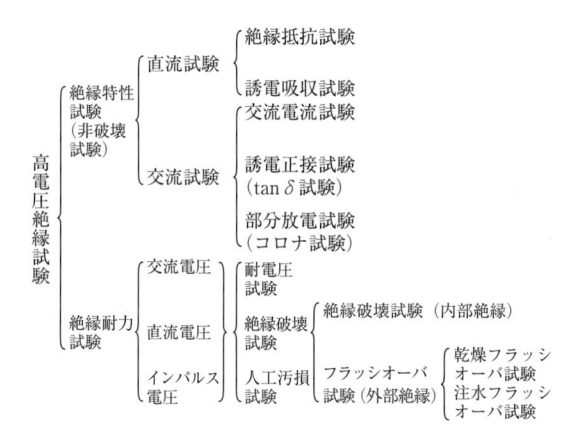

〔宅間　董〕

図10.22　高電圧絶縁試験の分類（[1] p.517, 図81，[3] pp.231-235）

参考文献

[1] 電気学会編：電気工学ハンドブック（第6版），オーム社（2001）
[2] 宅間　董・高橋一弘・柳父　悟編：電力工学ハンドブック，朝倉書店（2005）
[3] 宅間　董・柳父　悟：高電圧大電流工学，電気学会（1988）
[4] 耐雷技術ワーキンググループ：日本海沿岸における冬季雷性状，電力中央研究所報告・総合報告 T10（1989）
[5] 電気学会放電ハンドブック出版委員会編：放電ハンドブック，電気学会（1998）
[6] L. Paris, and R. Cortina：IEEE Trans. Power Apparatus Syst., PAS-87, p. 947（1968）
[7] W. W. Lewis：Electrical Engineering, Vol. 65, p. 690（1946）
[8] 相原・原田・青島：長がいし連ならびにがいし装置のインパルスフラッシオーバ電圧の決定法に関する検討，電中研報告，No.177005（1977）
[9] J. M. Meek, and J. D. Craggs：Electrical Breakdown of Gases, John Wiley & Sons（1978）
[10] J. J. O'dwyer：The Theory of Dielectric Breakdown in Solids, Clarendon Press（1964）
[11] T. Takuma, T. Watanabe, and T. Kouno：Int. Symp. on High Voltage Engineering, Zurich, Vol. 2, p. 443（1975）

2 機器分野

11章　電線およびケーブル
12章　回転機一般および特殊電動機
13章　直流機
14章　交流機
15章　リニアモータと磁気浮上
16章　静止機器
17章　電力開閉装置と避雷装置
18章　保護リレーと監視制御システム
19章　パワーエレクトロニクス
20章　ドライブシステム
21章　超電導および超電導機器

11章　電線およびケーブル

11.1 電線

(1) 裸電線の物理的特性

裸電線の具備すべき条件としては，① 密度が小さい，② 導電率が高い，③ 機械的強度が大きい，④ 加工性がよい，⑤ 耐久性や耐食性が良好である，⑥ 経済的である，などが要求される．これらの条件を比較的多く具備している電線は，銅線とアルミ線である．その種類としては単金属線，合金線および複合金属線などがあり，用途により使い分けられている．これら裸電線の物理的特性を表 11.1 に示す．

(2) 裸電線の最高許容温度

電線に電流を流すと，電気抵抗による発熱（ジュール熱）で電線温度は周囲温度より高くなり，その温度がある限度以上になると電線の引張強度の低下や接続箇所の劣化などを起こし，性能を低下させることになる．このため，電線の性能に悪影響を及ぼさない一定限度の温度（最高許容温度）を超えて電流を流さないことが要求され，この電流を許容電流（allowable current）あるいは安全電流（safety current）という．すなわち，裸電線（単線および単一より線）の許容電流は，電流による電線の最高許容温度により定められる．一般に採用されている裸電線の最高許容温度を表 11.2 に示す．

(3) 硬銅より線の性能

硬銅より線（HDDC：hard drawn copper stranded conductors）は硬銅線を各相相互に反対方向にして同心円状に緊密により合わせたものであり，導電率は 97% と高く，かつ引張強度も大きい．歴史的にも使用実績が豊富で，主として 77 kV 以下の送電線に多く使用されている．HDDC の種類としては，① 一般用（1 種硬銅より線：H），② 架空送電用（2 種硬銅より線：PH）の 2 つがあり JIS C 3105 で，その性能が定められている．このうちの架空送電用（2 種硬銅より線：PH）の性能を表 11.3 に示す．

(4) 鋼心アルミニウムより線の構造と性能

鋼心アルミニウムより線（ACSR：aluminium conductors steel reinforced）は，比較的導電率の高い硬アルミ（導電率約 60%）線を，引張強度の大きな鋼線または鋼より線の周囲に同心円状により合わせたもので，図 11.1 に示すような構造をしている．ACSR は硬銅より線に比べて導電率は低くなるが，同一抵抗で比較すると価格が安く，機械的強度が大きく，重量が軽いため長径間に適している．また，電線を太くできコロナ発生の防止面からも有利となるため，154 kV 以上の高電圧送電線に多く使用されている．表 11.4 に鋼心アルミニウムより線（JIS C 3110 および JEC-3404）の性能を示す．

(5) 鋼心耐熱アルミ合金より線の性能

鋼心耐熱アルミ合金より線（TACSR：thermo resistance ACSR）は，わが国の送電線に課せられた地理的な特有条件を満たすように開発された架空電線で，アルミニウムにごく少量のジルコニウムなどを添加し，アルミニウムの軟化温度を高め，耐熱性を向上した電線である．この電線は耐熱性の向上により許容電流が大きく，単位ルート当たり多量の電力を送電できるため，154～500 kV の高電圧送電線に広く採用されている．表 11.5 に鋼心耐熱アルミ合金より線（JEC-3406）の性能を示す．

(6) 鋼心アルミニウムより線と鋼心耐熱アルミ合金より線の許容電流

TASCR は ACSR に比べ耐熱性が向上しており，最高許容温度が 60～80℃ 高くとれるため，許容電流を 40～60% 増加することができる．図 11.2 に ACSR と TACSR の許容電流を比較した図を示し，それぞれの電線の具体的な許容電流値を表 11.6 に示す．

表 11.1 裸電線の物理的特性 ([1] p.545, 表 1)

種類	品名	導電率 [%]	抵抗率 体積抵抗率 [μΩ·cm]	抵抗率 メートルグラム電気抵抗 [Ω]	抵抗の定質量温度係数 (20℃)	密度 (20℃) [g/cm³]	引張強さ [MPa]	弾性限度 [MPa]	弾性係数 [GPa]	溶融点 [℃]	線膨張係数 [℃⁻¹]	比熱 [J/(g·℃)]
単金属線	万国標準軟銅線	100	1.7241	0.15328	0.00393	8.89	—	—	—	1,083	17.0×10⁻⁶	0.385
	軟銅線	101~97	1.7070 / 1.7774	0.15176 / 0.15802	0.00393	8.89	245~289	110~139	49.0~117.7	1,083	17.0×10⁻⁶	0.385
	硬銅線	98~96	1.7593 / 1.7959	0.15640 / 0.15966	0.00393	8.89	334~471	172~309	88.2~122.6	1,083	17.0×10⁻⁶	0.385
	硬アルミ線	61	2.8265	0.07631	0.00393	2.70	147~167	約96	61.8	658.7	23.0×10⁻⁶	0.888
合金線	銀入り銅線	96	1.7959	0.15966	0.00381	8.89	334~490	172~309	88.2~122.6	1,083	17.0×10⁻⁶	0.385
	イ号アルミ合金線	52	3.3156	0.08952	0.0036	2.70	309以上	約196	63.7	658.7	23.0×10⁻⁶	0.888
	高力アルミ合金線	58	2.9726	0.08026	0.0038	2.70	226~255	約147	63.7	658.7	23.0×10⁻⁶	0.888
	60耐熱アルミ合金線	60	2.8735	0.07759	0.0040	2.70	147~167	約96	61.8	658.7	23.0×10⁻⁶	0.888
	58耐熱アルミ合金線	58	2.9726	0.08026	0.0038	2.70	147~167	約147	61.8	658.7	23.0×10⁻⁶	0.888
	高力耐熱アルミ合金線	55	3.1347	0.08464	0.0036	2.70	226~255	約147	63.7	658.7	23.0×10⁻⁶	0.888
	亜鉛めっき鉄線	12以上	14.368	1.12069	0.005	7.80	343~441	172~387	171.6~201.0	約1,400	12.0×10⁻⁶	0.460
	亜鉛めっき鋼線	12~8	21.552	1.68103	0.005	7.80	539~981	270~638	—	—	—	0.460
	鋼心アルミより線用亜鉛めっき鋼線	—	—	—	—	7.80	1,230~1,370	687~932	205.9	1,360	11.5×10⁻⁶	0.460
複合金属線	銅覆鋼線	40 / 30	4.3103 / 5.7470	0.35345 / 0.46839	0.0038	8.20 / 8.15	785~1,080 / 981~1,280	—	165.7 / 168.7	—	13.0×10⁻⁶	0.431 / 0.440
	アルミ覆鋼線	14	12.3150	0.87933	0.0036	7.14	1,570	—	170.1	—	12.0×10⁻⁶	0.481
	アルミ覆鋼線	20.3	8.4931	0.55460	0.0036	6.53	1,320	—	155.2	—	12.6×10⁻⁶	0.504
	アルミ覆鋼線	23	7.4961	0.47003	0.0036	6.27	1,230,1,270	—	149.0	—	12.9×10⁻⁶	0.515
	アルミ覆鋼線	27	6.3856	0.37740	0.0036	5.91	1,080	—	140.2	—	13.4×10⁻⁶	0.532
	アルミ覆鋼線	30	5.7470	0.32242	0.0040	5.61	883	—	132.8	—	13.8×10⁻⁶	0.549
	アルミ覆鋼線	35	4.9260	0.25370	0.0040	5.15	686	—	121.6	—	14.5×10⁻⁶	0.577
	アルミ覆鋼線	40	4.3103	0.20001	0.0040	4.64	686	—	109.1	—	15.5×10⁻⁶	0.614

11章 電線およびケーブル

表 11.2 裸電線の最高許容温度

線　種		最高許容時間		
		連続	短時間（数時間）	瞬時（2秒程度）
銅系	硬　銅　線	90	100	200
	耐熱硬銅線	150	180	300
アルミ線系	硬アルミ線	90	100	180
	耐熱アルミ合金線	150	180	260
	超耐熱アルミ合金線	200	230	260
	イ号アルミ合金線	90	100	150
	高力アルミ合金線	90	120	180
	高力耐熱アルミ合金線	150	180	260
鋼線系	亜鉛めっき鋼線 アルミめっき鋼線 アルミ覆鋼線	200	230	400
	銅覆鋼線	150	180	300

［注］表の数値は［℃］で示す．

表 11.3 硬銅より線の性能（2種硬銅より線）（JIS C 3105）（［3］p.111, 表 3.1）

公称断面積 [mm²]	より線構成 素線数/素線径 [mm]	最小引張荷重 [kN (kg)]	参　考				
			計算断面積 [mm²]	外径 [mm]	質量 [kg/km]	電気抵抗 [Ω/km]	標準条長 [m]
200	19/3.7	77.6　(7,910)	204.3	18.5	1,838	0.0880	700
150	19/3.2	58.7　(6,000)	152.8	16.0	1,375	0.118	1,000
100	7/4.3	38.0　(3,870)	101.6	12.9	914.5	0.177	600
75	7/3.7	28.6　(2,920)	75.25	11.1	677.0	0.239	700
55	7/3.2	21.6　(2,200)	56.29	9.6	506.4	0.320	1,000
38	7/2.6	14.5　(1,480)	37.16	7.8	334.4	0.484	1,000
22	7/2.0	8.71　(888)	21.99	6.0	197.9	0.818	1,200

1. この表の数値は20℃におけるものとする．
2. 計算断面積，外径，電気抵抗および質量は素線径の許容差ゼロに対するものとする．
3. 引張荷重は素線の引張荷重の総和の90%として計算した値である．
4. 電気抵抗および質量は，右表のより込率によって計算した値である．

より本数 [本]	より込率 [%]
7	1.2
19	
37	1.7
61	2.3
127	2.6

硬アルミ線と鋼線の本数

Al　6　　30　　26　　54
St　1　　 7　　 7　　 7

亜鉛めっき鋼線（St）
硬アルミ線（Al）

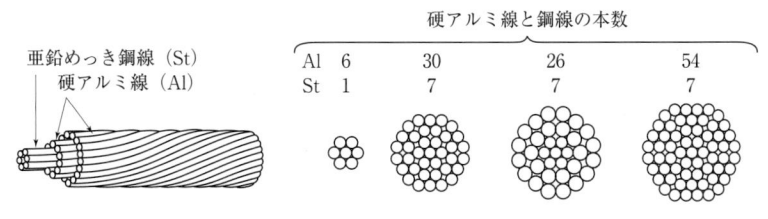

図 11.1 鋼心アルミニウムより線の構造（［3］p.111, 図 3.1）

表 11.4 鋼心アルミニウムより線の性能 (JIS C 3110, JEC-3404) ([3] p.112, 表 3.2)

公称断面積 [mm²]	より線構成 素線数/素線径 [mm] アルミ	より線構成 素線数/素線径 [mm] 鋼	最小引張荷重 [kN (kg)]	参考 計算断面積 [mm²] アルミ	参考 計算断面積 [mm²] 鋼	参考 外径 [mm] アルミ	参考 外径 [mm] 鋼	参考 質量 [kg/km]	参考 電気抵抗 [Ω/km]	参考 標準条長 [m]
610	54/3.8	7/3.8	180.0 (18,350)	612.4	79.38	34.2	11.4	2,320	0.0474	1,600
410	26/4.5	7/3.5	136.1 (13,880)	413.4	67.35	28.5	10.5	1,673	0.0702	1,600
330	26/4.0	7/3.1	107.2 (10,930)	326.8	52.84	25.3	9.3	1,320	0.0888	2,000
240	30/3.2	7/3.2	99.5 (10,150)	241.3	56.29	22.4	9.6	1,110	0.120	2,000
160	30/2.6	7/2.6	68.4 (6,970)	159.3	37.16	18.2	7.8	732.8	0.182	2,000
120	30/2.3	1/2.3	54.3 (5,540)	124.7	29.09	16.1	6.9	573.7	0.233	2,000
95	6/4.5	1/4.5	31.3 (3,190)	95.40	15.90	13.5	4.5	385.2	0.301	1,000
58	6/3.5	1/3.5	19.4 (1,980)	57.73	9.621	10.5	3.5	233.1	0.497	1,000
32	6/2.6	1/2.6	11.2 (1,140)	31.85	5.300	7.8	2.6	128.6	0.899	1,000
25	6/2.3	1/2.3	8.89 (907)	24.93	4.155	6.9	2.3	100.7	1.15	1,000

1. 本表の数値は，20℃におけるものとする．
2. 計算断面積・外径および質量は，各素線径の許容差ゼロに対するものとする．また電気抵抗は，亜鉛めっき鋼線を無視して，計算した値である．
3. 質量および電気抵抗の計算に用いるより込率は，右表のとおりとする．
4. 最小引張荷重は，硬アルミ線の最小引張荷重にその素線数を乗じたものと，亜鉛めっき鋼線の引張荷重にその素線数を乗じたものとの和の 90% として計算したものである．

JEC：電気学会電気規格調査会標準規格の略称．

より線構成 アルミ線	より線構成 鋼線	より込率 [%] アルミ線	より込率 [%] 鋼線
54	7	2.7	0.5
45	7	2.7	0.5
30	7	2.7	0.5
26	7	2.6	0.5
6	1	1.4	0

表 11.5 鋼心耐熱アルミ合金より線の性能 (JEC-3406) ([3] p.113, 表 3.3)

公称断面積 [mm²]	より線構成 素線数/素線径 [mm] 耐熱アルミ合金	より線構成 素線数/素線径 [mm] 鋼	引張荷重 [kg]	参考 計算断面積 [mm²] 耐熱アルミ合金	参考 計算断面積 [mm²] 鋼	参考 外径 [mm] 耐熱アルミ合金	参考 外径 [mm] 鋼	参考 重量 [kg/km]	参考 直流電気抵抗 [Ω/km] 鋼心60耐熱アルミ合金より線	参考 直流電気抵抗 [Ω/km] *鋼心58耐熱アルミ合金より線	標準条長 [m]
1,520	84/4.8	7/4.8	36,390 以上	1,520	126.7	52.8	14.4	5,222	0.0195	0.0201	1,200
1,160	84/4.2	7/4.2	27,830 以上	1,163	96.95	46.2	12.6	3,996	0.0254	0.0264	1,200
810	45/4.8	7/3.2	18,480 以上	814.5	56.29	38.4	9.6	2,700	0.0363	0.0374	1,600
*680	45/4.4	7/2.9	15,580 以上	684.5	46.24	35.1	8.7	2,260	0.0431	0.0445	1,600
610	54/3.8	7/3.8	18,350 以上	612.4	79.38	34.2	11.4	2,320	0.0481	0.0498	1,600
410	26/4.5	7/3.5	13,910 以上	413.4	67.35	28.5	10.5	1,673	0.0714	0.0738	1,600
330	26/4.0	7/3.1	10,950 以上	326.8	52.84	25.3	9.3	1,320	0.0904	0.0931	2,000
240	30/3.2	7/3.2	10,210 以上	241.3	56.29	22.4	9.6	1,110	0.122	0.127	2,000
*160	30/2.6	7/2.6	6,980 以上	159.3	37.16	18.2	7.8	732.8	0.185	0.192	2,000

1. ※は準標準とする．
2. 本表の数値は 20℃におけるものとする．
3. 計算断面積・外径および重量は，各素線の標準径に対するものとする．また電気抵抗は，亜鉛めっき鋼線の導電率約 8% を無視して，耐熱アルミ合金線の導電率を 60% (58%) とし，標準径に対するものとする．
4. 重量および電気抵抗の計算に用いるより込率は，右表のとおりとする．
5. 本表の引張荷重は，耐熱アルミ合金線の最小引張荷重にその素線数を乗じたものと，亜鉛めっき鋼線の引張荷重にその素線数を乗じたものとの和の 90% 値とする．
6. 亜鉛めっき鋼線の密度は，1 cm³ につき 7.8 g とする．
7. 耐熱アルミ合金線の密度は，1 cm³ につき 2.7 g とする．

より線構成 アルミ線	より線構成 鋼線	より込率 [%] アルミ線	より込率 [%] 鋼線
84	7	3.0	0.5
54	7	2.7	0.5
45	7	2.7	0.5
30	7	2.7	0.5
26	7	2.6	0.5

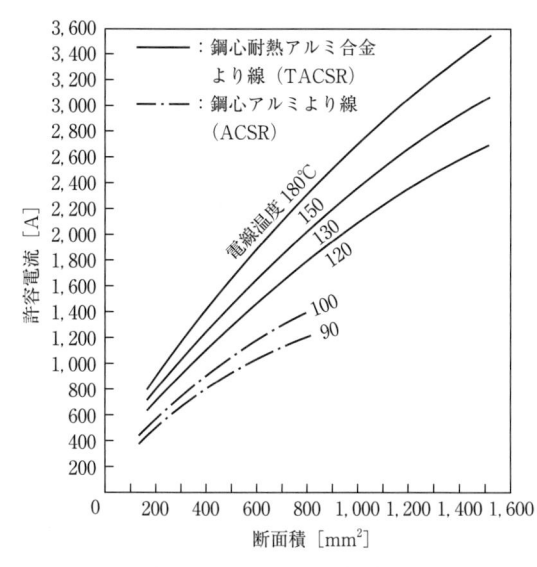

図11.2 鋼心アルミニウムより線と鋼心耐熱アルミ合金より線の許容電流比較（[3] p.119, 図3.3）

表11.6 鋼心アルミニウムより線と鋼心耐熱アルミ合金より線の許容電流値

電線の太さ [mm²]	ACSR 許容電流 [A] 連続許容（温度：90 K）	ACSR 許容電流 [A] 短時間許容（温度：100 K）	TACSR 許容電流 [A] 連続許容（温度：150 K）	TACSR 許容電流 [A] 短時間許容（温度：180 K）
330	713	803	1,129 (1.41)	1,284 (1.60)
410	829	936	1,323 (1.41)	1,508 (1.61)
610	1,043	1,180	1,679 (1.42)	1,918 (1.63)
810	1,237	1,404	2,006 (1.43)	2,296 (1.64)

（ ）内数値は TACSR と ACSR の許容電流値比．

11.2 ケーブル
(1) 電力ケーブルの種類と使用電圧

電力ケーブルはソリッド形（固体形）と圧力形（油入・ガス形）に大別され，その絶縁物としては，油浸紙と絶縁紙，ゴム，プラスチック系（ポリエチレン系）が使用されている．また，ケーブルの金属シースには鉛被とアルミ被があるが，一般にアルミ被シースが採用されている．これらの電力ケーブルの種類と使用電圧を表11.7に示す．

(2) 架橋ポリエチレン絶縁ケーブルの構造

CVケーブルは架橋ポリエチレンを絶縁材料としたケーブルで，絶縁上の長所に加え，耐熱性

表11.7 電力ケーブルの種類と使用電圧

分類	電力ケーブルの種類		使用電圧
ソリッド形（固体形）	ベルト，SL ケーブル		33 kV 級以下
	ゴム・プラスティックケーブル	ブチルゴムケーブル	33 kV 級以下
		CV ケーブル	すべての電圧階級
圧力形（油入・ガス形）	低ガス圧ケーブル		66 kV 級以下
	油入（OF）ケーブル		66～500 kV
	パイプ形油入（OF）ケーブル		66～500 kV
	パイプ形ガスフィルドケーブル		66～500 kV
	パイプ形ガスコンプレッションケーブル		66～500 kV

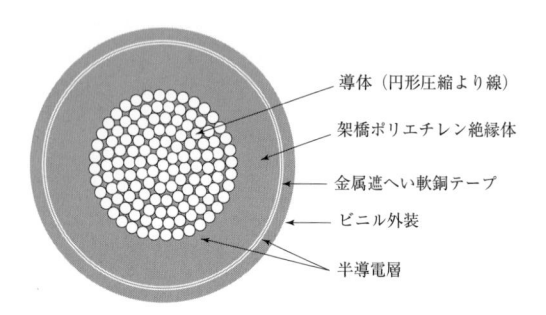

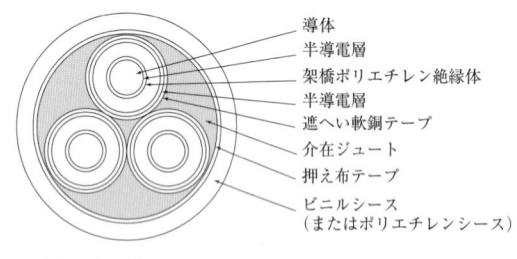

(a) 単心CVケーブル
 ・導体（円形圧縮より線）
 ・架橋ポリエチレン絶縁体
 ・金属遮へい軟銅テープ
 ・ビニル外装
 ・半導電層

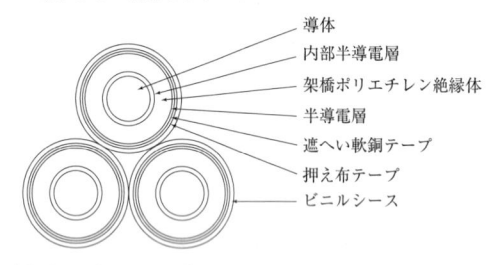

(b) 3心一括形CVケーブル
 ・導体
 ・半導電層
 ・架橋ポリエチレン絶縁体
 ・半導電層
 ・遮へい軟銅テープ
 ・介在ジュート
 ・押え布テープ
 ・ビニルシース（またはポリエチレンシース）

(c) トリプレックス形CVケーブル
 ・導体
 ・内部半導電層
 ・架橋ポリエチレン絶縁体
 ・半導電層
 ・遮へい軟銅テープ
 ・押え布テープ
 ・ビニルシース

図11.3 架橋ポリエチレン絶縁ケーブルの構造（[3] p.253, 342, 図5.5, 図6.29）

が優れているため熱的にも強いケーブルである．CVケーブルはOFケーブルに比べ許容温度が高く（10～15℃）とれ，乾式で保守が容易であり，絶縁性能も優れ，かつ比誘電率が小さいため誘電体損失や充電電流が少なく，送電特性に優れている．このため，すべての電圧階級に幅広く採用されている．三相CVケーブルには外観上で3心一括形と3個より形がある．後者はCVTケーブルと称し，CVケーブルを3個より合わせたケーブルである．このケーブルは3心一括形よりも許容電流が大きく，接続や端末工事が容易である，ケーブル重量が軽く，マンホール寸法を小さくできるなど優れた特徴も有し，近年広く使用されている．図11.3にCVおよびCVTケーブルの構造を示す．

(3) 500 kV用CVケーブルと中間接続部の構造

首都圏など超過密需要地域の電力供給には，大容量の電力ケーブルが要求されるが，高電圧の500 kVケーブルを実現するには，絶縁面，充電容量面をはじめ，中間接続法の課題があった．これらの課題を解決し首都圏の長距離負荷供給用として500 kV系統に適用したのが，500 kV新豊洲線（CVケーブル，送電容量1,200 MW/cct，2,500 mm^2，約40 km）である．その500 kV用CVケーブルと中間接続部（EMJ）の構造を図11.4に示す．

(4) 油入ケーブルの構造

油入ケーブル（OFケーブル）は，ケーブル内に油通路があり，ケーブルの油通路を常時，大気圧以上に保つことによりソリッドケーブルの弱点である絶縁物内のボイド（気泡）の発生を抑制して，熱劣化を防止する構造となっている．OFケーブルは，従来から多く使用され実績が豊富で，66 kV以上の高電圧ケーブルとして広く使用されてきた．しかし近年，電流容量や点検・保守面で有利なCVケーブルが台頭し，OFケーブルに取って代わりつつある．図11.5に単心および3心OFケーブルの構造を示す．

(5) パイプ形油入ケーブルの構造

パイプ形油入ケーブル（POFケーブル）はOFケーブルの一種で，心線に紙絶縁を施し，その心線を3本一括して鋼管内に引き込み，ポリブデンなど高粘度の絶縁油を含浸させ，絶縁油を約1.5 MPaの圧力で充浸させた構造のものである．POFケーブルは電気的に安定しており，充塡油を冷却循環することにより比較的容易に送電容量を増加できることなどから，200～500 kVの高電圧ケーブルとして採用されている．図11.6にPOFケーブルの構造を示す．

11.3 その他の電線・ケーブル

(1) 管路気中送電の構造と適用状況

管路気中送電（GIL：gas insulated transmission line）の基本構造は図11.7(a)のように，大口径の金属シース（鋼管，アルミ管，ステンレス管）

11章　電線およびケーブル

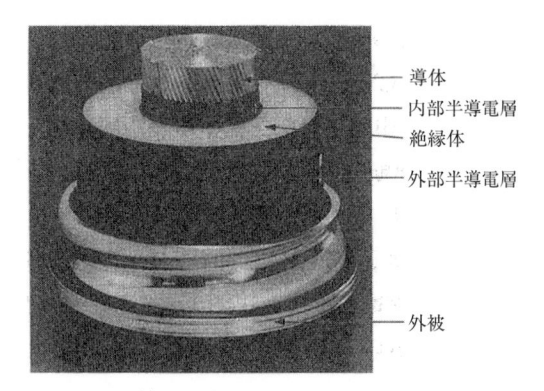

(a) 500 kV 用 CV ケーブルの構造

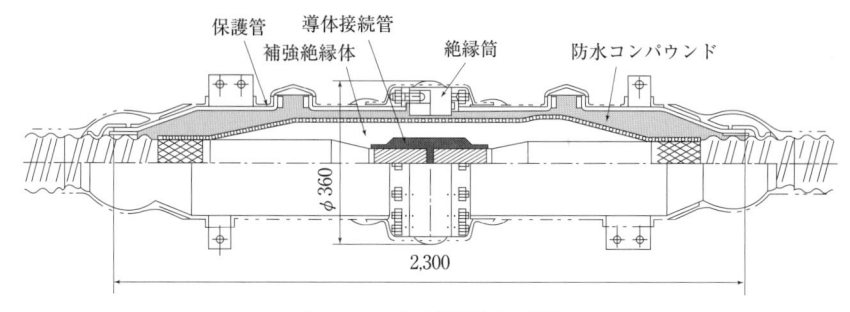

(b) 500 kV 用中間接続部の構造

図 11.4　500 kV 用 CV ケーブルと中間接続部の構造（[3] p. 284, 図 5.28）

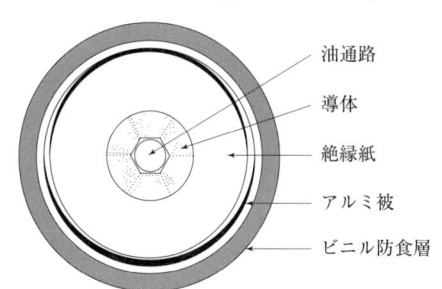

(a) 単心 OF ケーブル

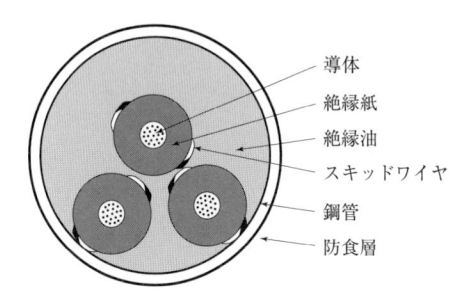

図 11.6　POF ケーブルの構造（[3] p. 255, 図 5.8）

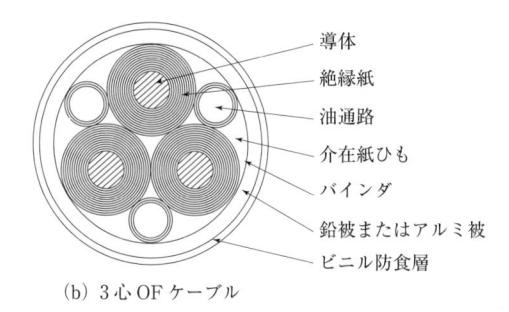

(b) 3 心 OF ケーブル

図 11.5　単心および 3 心 OF ケーブルの構造（[3] p. 254, 図 5.6, 5.7）

の中に絶縁性能の優れている SF_6 ガスを加圧充浸して，その中に配置された単相または三相の厚肉パイプ導体を円盤状または柱状エポキシ樹脂の絶縁スペーサで保持したものである．GIL の特徴は，架空送電線と同程度の大きな送電容量をもち，ケーブルと同じ雷害や塩じん害のおそれが少なく，かつ，充電容量がケーブルの 1/3 程度に小さくなるため，有効送電距離が長くとれるなどの利点を有する．このため，大都市の過密地域の送電供給用や変電所構内の大容量線路などとして用いられている．図 11.7(b) に，実系統に適用した 275 kV 新名火東海線用 GIL の断面構造を示す．また，わが国での GIL の実系統への適用状況を

(a) GIL の基本構造

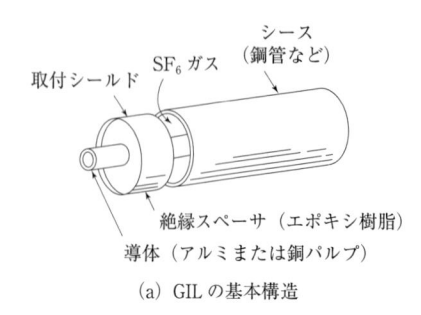

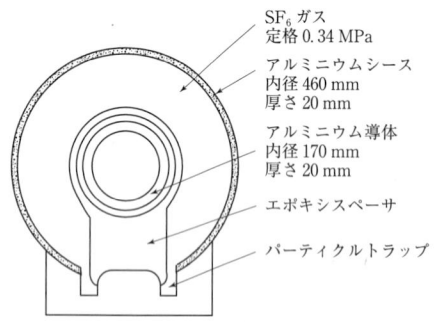

(b) 275 kV 新名火東海線用 GIL の断面構造

図 11.7 GIL の基本構造と 275 kV 新名火東海線用 GIL の断面構造（[3] p. 286, 288, 図 5.31, 5.32）

表 11.8 に示す.

(2) 通信用光ファイバの種類・特性と光ファイバ複合架空地線の構造

光ファイバは材料，伝播モードおよび使用波長帯から分類される．材料上からはガラスとプラスティック（アクリルなど）に分けられ，伝播モード上からはシングルモード（SM）とマルチモード（MM）に分けられる．SM ファイバは，さらにファイバの構造上からステップ形と分散シフト形に分けられ，コアの直径が数 μm と非常に細く数十 km の長距離用に適し，その用途は主に都市間の長距離通信やインターネットの基幹ネットワークなど厳しい性能が要求される分野で使用される．一方，MM ファイバは，ファイバの構造上からステップ形（SI 形）とグレイデッド形（GI 形）に分けられ，コアの直径が 80〜100 μm と太く 0.5〜2 km の短距離用に適し，その用途は LAN ケーブルや AV 機器のディジタル入出力ケーブルなど家庭や一般のオフィスで使用されている．表 11.9 に通信用ケーブルの光ファイバの種類と特性を示す.

また，送電線の架空地線に光ファイバを内蔵したものが光ファイバ複合架空地線（OPGW：optical ground wire）で電力用通信に広く使用されている．図 11.8 に光ファイバ複合架空地線（OPGW）の外観と構造を示す.

表 11.8 GIL の実系統への適用状況（[3] p. 287, 表 5.9）

		東京電力			関西電力	中部電力
適用場所		江東変電所	荏田開閉所	新野田変電所	紀の川線	新名火東海線
適用年 [年]		1979	1980	1984	1978	1998
公称電力 [kV]		154	275	500	275	275
定格電流 [A]		2,000	4,000	6,240	3,310	6,300
亘長 [m] × 回線数		160 × 2	100 × 2	1L 152 2L 140	250 × 2	3,300 × 2
敷設方式		洞道・地上	洞道・地上	洞道・地上	洞道	洞道
寸法	シース（外径/内径）[mm]	350/340	494/480	490/480	490/480	470/460
	導体（外径/内径）[mm]	100/80	160/140	186/146	160/140	170/150
スペーサ材質		エポキシ樹脂	エポキシ樹脂	エポキシ樹脂	エポキシ樹脂	エポキシ樹脂
スペーサ形状		円板形 柱状形	円板形 柱状形	柱状形 コーン形	円板形 柱状形	柱状形
標準使用ガス圧（20℃）[kg/cm² G]		2.9	3.0	5.0	2.7	3.5
許容温度 [℃]		90	90	90	90	90

表11.9 通信用光ファイバの種類と特性

伝播モード	屈折率分布		比屈折率差 $\Delta = n_1 - n_2/n_1$	コア径/クラッド径 [μm]	使用周波数帯 [μm]	伝送損失 [dB/km]
シングルモード (SM)	ステップ形		0.3〜0.4%	9〜10/125 7〜8.3/125	1.3 1.55	<0.4 <0.25
	分散シフト形		0.8〜1.2%	8〜10/125	1.55	<0.25
マルチモード (MM)	ステップインデックス形 (SI)		1.0〜3.0%	85/125	0.85	<4.0
				100/145	0.85	<10
	グレーデットインデックス形 (GI)		1.0〜2.0%	50〜85/125 100/140	0.85, 1.3	<3.0〜<6.0 <0.6〜<4.0

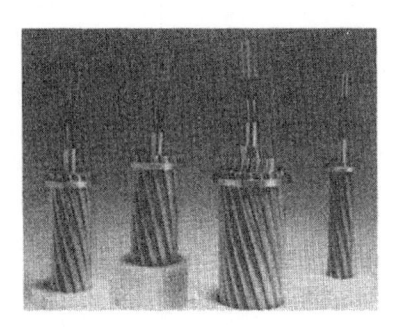

(a) 光ファイバ複合架空地線 (OPGW) の外観

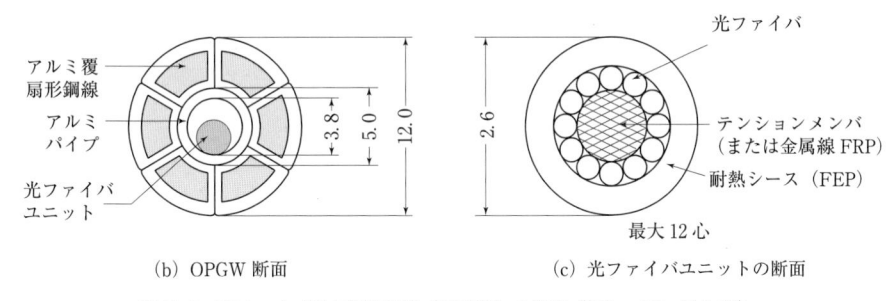

(b) OPGW 断面

(c) 光ファイバユニットの断面

図11.8 光ファイバ複合架空地線 (OPGW) の構造 ([3] p.409, 図7.23)
GW サイズ：90 mm² 相当品．

(3) 光ファイバの伝送損失特性

石英系光ファイバの伝送損失には，① レイリー散乱，② OH 基による吸収，③ 赤外（SiO₂ 分子）吸収の3つがある．① のレイリー散乱は，波長が 1.55 μm より短い領域で発生する損失で，媒質の屈折率のゆらぎによる光の散乱である．その強度は波長の4乗に反比例する．② の OH 基による吸収は，不純物の OH 基が光を吸収することにより発生する損失で，特定の波長の吸収率が高いため，この波長帯では使用できない．③ の赤外（SiO₂ 分子）吸収は，波長が 1.55 μm より長い領域で発生する損失で，石英系ガラス（SiO₂）特有の分子による光吸収特性による吸収である．図 11.9 に石英系光ファイバの損失特性を示す．

(4) 光ファイバの伝送分散特性

伝送特性の影響要因には損失のほかに分散（dispersion）があり，光ファイバに入射した光パルス波形が伝送中にくずれパルス幅が広くなる現象である．分散の種類には，① 導波路（構造）分散，② 材料分散，③ 偏波モード分散があり，SM 光ファイバでは理論上，モード分散がゼロとなり，①と②の分散のみとなる．②と③の和を波長分

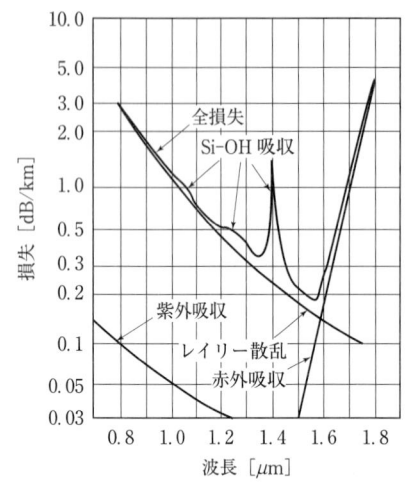

図 11.9 光ファイバの伝送損失特性（石英系）
（[1] p.569，図 36）

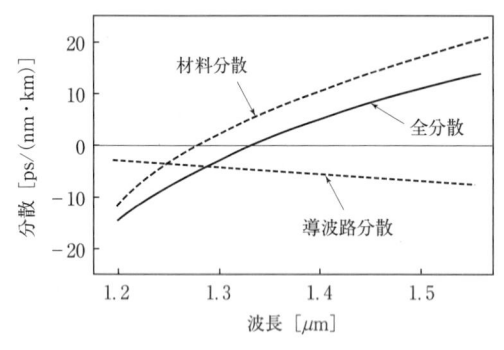

図 11.10 光ファイバの伝送分散特性（SI 形 SM の場合）
（[5] p.115，図 6.19）

散という．分散が小さいとパルス幅を小さくでき伝送速度を速くできる．分散が最小となる波長は 1.30 μm であるため，大容量伝送には 1.30 μm 波長が有利となり，0.8 μm 波長のものもある．なお，長距離伝送には損失が少ない 1.55 μm 波長が使用される．図 11.10 に SI 形 SM 光ファイバの分散特性の場合の例を示す．

（5） 電力・制御用ケーブルのエコ電線の種類

エコ電線とは環境負荷の低減を目的として開発された電線・ケーブルで，被覆材に有害なハロゲン物質（塩素，フッ素，ヨウ素，臭素など）や重金属の採用を避け，難燃性のポリオレフィン樹脂や金属水酸化物系を用いている．エコ電線の特徴は，① 焼却燃焼時にダイオキシンなどの有害物質が発生しない，② 埋設しても重金属類が流出する心配がない，③ 火災時に有毒ガスを発生しない，などである．エコ電線・エコケーブルの規格としては，低圧電力用，制御用，警報用および通信用が制定され，用途としては通信，電力，地下鉄などで普及している．表 11.10 に現在，定められている電力・制御用ケーブルのエコ電線（EM 電線・ケーブル）の種類を示す．〔道上 勉〕

表 11.10 電力・制御用ケーブルのエコ電線（EM 電線・ケーブル）の種類

用 途	記 号	名 称	定格規格
屋内用絶縁電線	600 V EM-IE	600 V 耐燃性ポリエチレン絶縁電線	JCS 第 416 号
低圧電力用ケーブル	600 V EM-EE	600 V ポリエチレン絶縁耐燃性ポリエチレンシースケーブル	JCS 第 418 号 B
	600 V EM-CE	600 V 架橋ポリエチレン絶縁耐燃性ポリエチレンシースケーブル	JCS 第 418 号 B
	600 V EM-CET	600 V トリプレックス形架橋ポリエチレン絶縁耐燃性ポリエチレンシースケーブル	JCS 第 418 号 B 準拠
	600 V EM-BM	600 V EM 分岐付きケーブル	JCS 第 427 号
高圧電力用ケーブル	6.6 kV EM-CE	6,600 V 架橋ポリエチレン絶縁耐燃性ポリエチレンシースケーブル	JCS 第 426 号
	6.6 kV EM-CET	6,600 V トリプレックス形架橋ポリエチレン絶縁耐燃性ポリエチレンシースケーブル	JCS 第 426 号
制御用ケーブル	EM-CEE	制御用ポリエチレン絶縁耐燃性ポリエチレンシースケーブル	JCS 第 419 号 A
	EM-CEE-S	静電しゃへい付き制御用ポリエチレン絶縁耐燃性ポリエチレンシースケーブル	JCS 第 419 号 A 準拠
	EM-CCE	制御用架橋ポリエチレン絶縁耐燃性ポリエチレンシースケーブル	JCS 第 419 号 A

参考文献

[1] 電気学会編:電気工学ハンドブック(第6版),オーム社(2001)
[2] 電気学会編:電気工学ハンドブック(新版),オーム社(1988)
[3] 道上 勉:送配電工学(改訂版),電気学会(2003)
[4] 道上 勉:発電・変電(改訂版),電気学会(2000)
[5] 岡田龍雄編著:EE Text:光エレクトロニクス,電気学会・オーム社(2004)
[6] 広瀬敬一・清水照久:現代電気工学講座 電気機器I,オーム社(1962)
[7] 磯部直吉・土屋善吉ほか:現代電気工学講座 電気機器II,オーム社(1962)
[8] 尾本義一・宮入庄太:現代電気工学講座 電気機器III,オーム社(1962)
[9] 藤高周平・河野照哉ほか:現代電気工学講座 電気機器IV,オーム社(1963)
[10] 横山 茂:配電線の雷害対策,オーム社(2005)
[11] 大浦好文監修:保護リレーシステム工学,電気学会(2002)
[12] JISCのホームページ(http://www.jisc.go.jp)
[13] 東芝:東芝レビュー,Vol.55, No.9(2001)
[14] 日本工業規格
  「JIS C 3105(1994) 電気機器巻線用軟銅線」
  「JIS C 3110(1994) 鋼心アルミニウムより線」
  「JIS C 4003(1998) 電気絶縁の耐熱クラス及び耐熱性評価」
  「JIS C 4034-1(1999) 回転電気機械-第1部:定格及び特性」
  「JIS C 4203(2001) 一般用単相誘導電動機」
  「JIS C 4210(2001) 一般用低圧三相かご形誘導電動機」
  「JIS C 4212(2000) 高効率低圧三相かご形誘導電動機」
  「JIS C 4605(1998) 高圧交流負荷開閉器」
  「JIS B 0185(2002) 知能ロボットー用語」
[15] 電気規格調査会標準規格
  「JEC-3404(1995) アルミ電線」
  「JEC-3406(1995) 耐熱アルミ合金電線」
  「JEC-2100(1993) 回転電気機械一般」
  「JEC-6147(1992) 電気絶縁の耐熱クラスおよび耐熱性評価」
  「JEC-2200(1995) 変圧器」
  「JEC-2300(1998) 交流遮断器」
[16] リニア中央新幹線のホームページ(http://www.linear-chuo-exp-cpf.gr.jp)
[17] 引原隆士・木村紀之・千葉 明・大橋俊介:パワーエレクトロニクス,朝倉書店(2000)
[18] 宅間 董・高橋一弘・柳父 悟:電力工学ハンドブック,朝倉書店(2005)
[19] OHM, Vol.76, No.9(1989)
[20] 道上 勉:送電・配電(改訂版),電気学会(2001)
[21] 東芝パンフレット「東芝浜川崎工場ご案内」8010-11, 05-5T1(2006)
[22] 東京電力・東芝・日立「電圧安定性を向上する新しい発電機励磁制御装置PSVR」(1991)
[23] ニチコン技術情報ライブラリー「進相用コンデンサの最新技術動向」(2000)

12章　回転機一般および特殊電動機

12.1　回転機一般
(1)　回転機の電気・機械エネルギー変換

回転機は，回転体を介して電磁現象を利用して，電気エネルギーと機械的エネルギーを互いに変換させるシステムである．すなわち，回転機には直流機，同期機，誘導機，交流整流子機などの種類があり，いずれも機能的には電気エネルギーと機械的エネルギーの相互変換を行っている．その動作原理は電気と磁気間の電磁誘導を利用しており，構造は固定子と回転子で構成されている．図12.1に回転機の電気・機械エネルギー変換のメカニズムを示す．

(2)　回転機の設計条件

回転機の主要寸法は，ギャップにおける鉄心の直径Dと軸方向の長さLの2つである．このD, Lの決定に最も重要な要素としては，出力Pと回転速度nがあり，これらの要素を関係づけた設計法が採用される．具体的にP, n, D, Lの関係を表現しているのが出力方程式（output equation）であり，種々の表現式が提案されているが，多くの場合「電機子鉄心の単位表面積当たりの接線方向電磁力限度が一定」との考え方に基づいており，次式で表される．

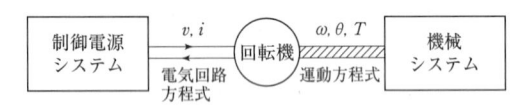

$$P = KD^2Ln \text{ [kW]} \qquad (12.1)$$

ただし，Kは出力係数，Dは鉄心直径 [m]，Lは軸方向長さ [m]，nは回転速度 [min^{-1}] を示す．表12.1にD, Lの決定を含めた一般的な回転機の設計条件を示す．

(3)　回転機の種類と回転機巻線

回転機の種類には直流機，同期機および誘導機などがある．直流機と同期機には，主磁束を発生させる界磁巻線と主磁束との相対回転運動によっ

図 12.1　回転機の電気・機械エネルギー変換

表 12.1　回転機の設計条件

設計条件	設　計　内　容
電気的条件	出力・電圧・周波数 電圧変動率・力率・過負荷耐量 連続定格，短時間定格などの区別
機械的条件	回転速度・速度変動率・過速度耐力 始動トルク・最大トルク・引入れトルクなど 振動および騒音レベル 外形寸法・重量・慣性モーメント・保護方法
熱的条件	絶縁種別・温度上昇限度・冷媒温度 冷却方式・保護方式
経済的条件	材料費・製造費 効率・寿命・安全性・保守性

表 12.2　回転機の種類と回転機巻線

回転機の種類		直流機	同期機	誘導機
回転機巻線	回転子	電機子巻線	界磁巻線 制動巻線	電機子巻線 （二次巻線）
	固定子	主界磁巻線 補極巻線，補償巻線	電機子巻線	電機子巻線 （一次巻線）

て誘導起電力を発生させエネルギー変換を行う電機子巻線の2つがある．誘導機には界磁巻線はなく，電機子巻線を流れる励磁電流によって主磁束を発生させ，同じ電機子巻線を流れる負荷電流の相互作用によってエネルギー変換が行われる．表12.2に回転機の種類と回転機巻線を示す．

(4) 発電機および電動機の電圧・周波数の変動許容値

回転機に対する電源の電圧変動と周波数変動の変動許容値は日本工業規格（以降，JISと称する）の「回転電気機械－第1部：定格及び特性（JIS C 4034-1）」および電気学会規格調査会標準規格（以降，JECと称する）の「回転電気機械一般（JEC-2100）」に定められている．回転機に対する電源の電圧変動と周波数変動の組合せは，次のようである．

交流発電機および同期調相機：図12.2(a)の領域Aまたは領域Bを適用

交流電動機：図12.2(b)の領域Aまたは領域Bを適用

直流機：直流母線に直接接続される場合，電圧変動に対してだけ図12.2の領域Aまたは領域Bを適用

領域Aおよび領域B内の電圧変動および周波

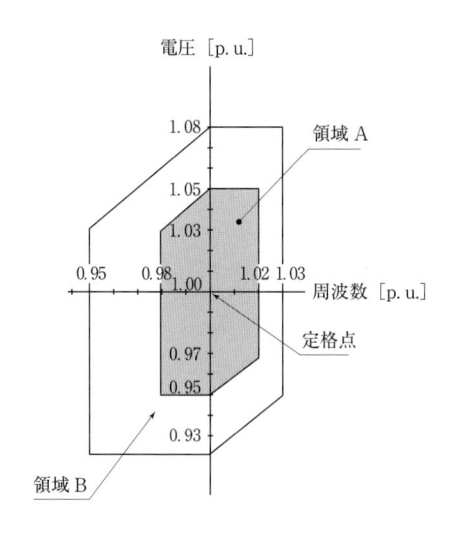

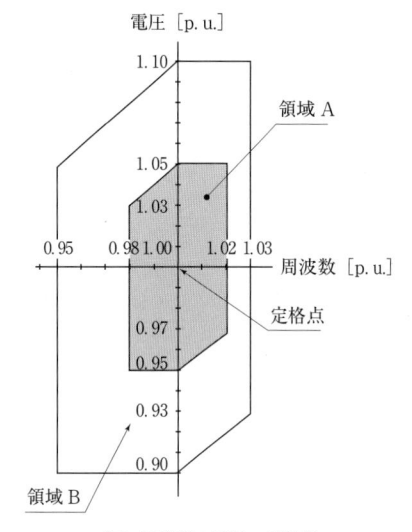

(a) 発電機の電圧・周波数   (b) 電動機の電圧・周波数

図12.2 発電機および電動機の電圧・周波数の変動許容値（JIS C 4034-1, JEC-2100）

表12.3 回転機の主要な定格値（JIS C 4034-1, JEC-2100）

項	回転機の種別	主な定格値
①	交流発電機 ただし，⑤に該当するものは除く	定格力率における定格皮相電力 [kVA]
②	交流電動機 ただし，③，⑤に該当するものは除く	定格トルク [Nm]
③	同期電動機 ただし，⑤に該当するものは除く	定格トルク [Nm]，励磁は定格負荷状態における界磁電流または定格力率状態とする
④	同期調相機 ただし，⑤に該当するものは除く	当事者間の合意がない限り，図12.2(a)の範囲内で定格皮相電力 [kVA]
⑤	定格出力10 MVA以上の円筒形同期機	IEC 60034-3 による
⑥	直流発電機	定格出力 [kW]
⑦	直流電動機	定格トルク [Nm]，分巻電動機では，界磁を他励とするとき，定格速度を保つ界磁電流とする

数変動に対し回転機は，表 12.3 に規定する主要な定格値で，連続的に運転できなければならない．このとき，効率，温度上昇など，定格点に対して定められた性能は十分に満足する必要はなく，差異があってもよい．温度上昇は定格点における値より高くなってもよい．なお，領域 B の境界線上で長時間運転してはならない．

(5) 一般用低圧三相かご形誘導電動機の全負荷特性

一般用低圧三相かご形誘導電動機の全負荷特

表 12.4 保護形（IP2X）電動機の全負荷特性（JIS C 4210）

定格出力 [kW]	極数	同期回転速度 [min⁻¹] 50 Hz	同期回転速度 [min⁻¹] 60 Hz	耐熱クラス	効率 η [%]	力率 P_f [%]	無負荷電流 I_q (各相の平均値) [A]	全負荷電流 I (各相の平均値) [A]	全負荷滑り S [%]
0.75	2	3,000	3,600	E	68.0 以上	77.0 以上	2.1	3.9	7.5
1.1				E	72.0 以上	79.0 以上	2.8	5.4	7.0
1.5				E	74.5 以上	80.5 以上	3.4	6.9	7.0
2.2				E	77.0 以上	81.5 以上	4.6	9.6	6.5
3.7				E	80.0 以上	82.5 以上	6.9	15.4	6.0
5.5				B	82.0 以上	82.5 以上	11	23	6.0
7.5				B	83.0 以上	82.5 以上	14	31	6.0
11				B	84.0 以上	82.5 以上	18	44	5.5
15				B	85.0 以上	83.0 以上	23	58	5.5
18.5				B	85.5 以上	83.5 以上	28	71	5.5
22				B	86.0 以上	84.0 以上	32	84	5.0
30				B	86.5 以上	84.5 以上	42	113	5.0
37				F	87.0 以上	85.0 以上	50	138	5.0
0.75	4	1,500	1,800	E	69.5 以上	70.0 以上	2.8	4.2	8.0
1.1				E	73.0 以上	73.0 以上	3.6	5.8	7.5
1.5				E	75.5 以上	75.0 以上	4.3	7.3	7.5
2.2				E	78.5 以上	77.0 以上	5.5	10	7.0
3.7				E	81.0 以上	78.0 以上	9.0	16.1	6.5
5.5				B	82.5 以上	78.0 以上	12	24	6.0
7.5				B	83.5 以上	79.0 以上	15	31	6.0
11				B	84.5 以上	80.0 以上	22	45	6.0
15				B	85.5 以上	80.5 以上	28	60	5.5
18.5				B	85.5 以上	80.5 以上	34	74	5.5
22				B	86.0 以上	81.0 以上	40	87	5.5
30				B	86.5 以上	81.5 以上	53	117	5.5
37				F	87.0 以上	82.0 以上	63	143	5.5
0.75	6	1,000	1,200	E	68.0 以上	63.0 以上	4.8	4.8	8.5
1.1				E	72.0 以上	67.0 以上	4.2	6.4	8.0
1.5				E	74.5 以上	69.0 以上	5.2	8.0	8.0
2.2				E	77.0 以上	71.0 以上	6.8	11.1	7.0
3.7				B	80.0 以上	73.0 以上	10	17.4	6.5
5.5				B	82.0 以上	73.0 以上	15	25	6.0
7.5				B	83.0 以上	74.0 以上	19	34	6.0
11				B	84.0 以上	75.5 以上	25	48	6.0
15				B	84.5 以上	76.0 以上	34	64	6.0
18.5				B	85.0 以上	76.5 以上	41	78	5.5
22				F	85.5 以上	77.0 以上	47	92	5.5
30				F	86.0 以上	78.0 以上	61	123	5.5
37				F	86.5 以上	78.5 以上	74	152	5.5

表 12.5 全閉形（IP4X）電動機の全負荷特性（JIS C 4210）

定格出力 [kW]	極数	同期回転速度 [min⁻¹] 50 Hz	同期回転速度 [min⁻¹] 60 Hz	耐熱クラス	効率 η [%]	力率 P_f [%]	無負荷電流 I_q（各相の平均値）[A]	全負荷電流 I（各相の平均値）[A]	全負荷滑り S [%]
0.2	2	3,000	3,600	E	54.5 以上	65.0 以上	1.1	1.6	10
0.25				E	57.0 以上	67.5 以上	1.2	1.9	9.5
0.37				E	61.0 以上	71.5 以上	1.4	2.4	8.5
0.4				E	62.0 以上	72.0 以上	1.5	2.5	8.5
0.55				E	65.5 以上	74.5 以上	1.8	3.2	8.0
0.75				E	68.0 以上	77.0 以上	2.1	3.9	7.5
1.1				E	71.5 以上	79.0 以上	2.7	5.3	7.0
1.5				E	74.5 以上	80.5 以上	3.4	6.9	7.0
2.2				E	77.0 以上	81.5 以上	4.6	9.6	6.5
3.7				E	80.0 以上	82.5 以上	6.9	15.4	6.0
5.5				B	82.0 以上	82.5 以上	11	23	6.0
7.5				B	83.0 以上	82.5 以上	14	31	6.0
11				B	84.0 以上	82.5 以上	18	44	5.5
15				B	85.0 以上	82.5 以上	24	59	5.5
18.5				B	85.5 以上	83.0 以上	29	72	5.5
22				B	86.0 以上	83.5 以上	32	84	5.0
30				F	86.5 以上	84.0 以上	43	114	5.0
37				F	87.0 以上	84.5 以上	51	139	5.0
0.2	4	1,500	1,800	E	56.0 以上	53.0 以上	1.5	1.8	10.5
0.25				E	58.5 以上	56.5 以上	1.6	2.1	10.0
0.37				E	62.5 以上	62.0 以上	1.9	2.6	9.0
0.4				E	63.5 以上	63.0 以上	2.0	2.8	9.0
0.55				E	66.5 以上	67.0 以上	2.3	3.4	8.5
0.75				E	69.5 以上	70.0 以上	2.8	4.2	8.0
1.1				E	73.0 以上	73.0 以上	3.5	5.6	7.5
1.5				E	75.5 以上	75.5 以上	4.3	7.3	7.5
2.2				E	78.5 以上	77.0 以上	5.5	10	7.0
3.7				E	81.0 以上	78.5 以上	9.0	16.1	6.5
5.5				B	82.5 以上	78.0 以上	13	24	6.0
7.5				B	83.5 以上	78.0 以上	16	32	6.0
11				B	84.5 以上	79.0 以上	23	45	6.0
15				B	85.5 以上	79.5 以上	29	61	5.5
18.5				B	86.0 以上	80.0 以上	35	74	5.5
22				B	86.5 以上	80.5 以上	40	87	5.5
30				F	87.0 以上	81.0 以上	53	117	5.5
37				F	87.5 以上	81.5 以上	64	143	5.5

性（効率, 力率）は JIS の「一般用低圧三相かご形誘導電動機（JIS C 4210）」に定められている. そのうち, 定格出力 0.75〜37 kW, 2, 4, 6 極保護形（IP2X）電動機と定格出力 0.2〜37 kW, 2, 4, 6 極全閉形（IP4X）電動機の全負荷特性を, それぞれ表 12.4, 12.5 に示す.

(6) 誘導電動機の定格出力と始動入力

定格出力 0.2〜37 kW 誘導電動機の起動特性

表 12.6 誘導電動機の定格出力と始動入力（JIS C 4210）

定格出力 [kW]	定格出力に対する始動入力の比 [kVA/kW]
0.2〜5.5	13
7.5〜22	12
30〜37	11

定格出力 0.2 kW, 0.25 kW, 0.37 kW, 0.4 kW および 0.55 kW は, IP4X 電動機だけに適用する.

はJISの「一般用低圧三相かご形誘導電動機（JIS C 4210）」に定められている．表12.6にJISで規定している定格出力［kW］に対する始動入力［kVA］の比（倍率）を示す．

(7) 電気絶縁の耐熱クラスと許容温度

電気絶縁の耐熱クラスと許容温度はJISおよびJECの「電気絶縁の耐熱クラス及び耐熱性評価（JIS C 4003, JEC-6147）」に定められている．電気製品における電気材料および絶縁システムの耐熱クラスと許容温度は表12.7のとおりである．

表12.7 電気絶縁の耐熱クラスと許容温度（JIS C 4003, JEC-6147）

耐熱クラス	許容温度［℃］
Y	90
A	105
E	120
B	130
F	155
H	180
200	200
220	220
250	250

(8) 電動機の温度上昇限度と基準巻線温度

電動機の温度上昇限度はJISで定められ，抵抗法で試験を行ったとき表12.8(1)になるよう規定されている．また，基準巻線温度は定格運転状態にある電動機の巻線温度の基準値として，「高効率低圧三相かご形誘導電動機（JIS C 4212）」で，耐熱クラスに応じて表12.8(2)のように定められている．

(9) 回転機の絶縁診断技術

回転機の絶縁劣化要因としては，電気的要因（電圧劣化），熱的要因（熱劣化），機械的要因（機械的ストレス劣化），環境的劣化（環境劣化）があり，ともに寿命に影響を与えるので絶えず監視することが重要である．この絶縁診断の種類には，①電気的診断，②熱的診断，③機械的診断，④その他診断がある．このうち，電気的診断はさらに（a）絶縁抵抗測定，（b）絶縁耐力試験，（c）直流高電圧試験，（d）交流高電圧試験，（e）誘電正接（tan δ）試験，(f) コロナ試験などがあり，これらの試験法は一般に広く採用されている．表

表12.8 電動機の温度上昇限度と基準巻線温度（単位：℃）（JIS C 4210, C4212）

電動機の部分	耐熱クラス	(1) 温度上昇限度（抵抗法） 0.2～0.55 kW	0.75～160 kW	(2) 基準巻線温度
固定子巻線	E	75	75	75
	B	85	80	95
	F	110	105	115
鉄心とすべての構造構成物	この部分の温度上昇は，いかなる場合もその部分の絶縁物や近傍の材料に有害な影響を与えてはならない			

表12.9 回転機の絶縁診断技術

診断の種類	試験・検査法	試験・検査の内容
電気的診断	絶縁破壊試験，絶縁耐力試験	
	絶縁抵抗測定	湿度依存性，絶縁抵抗の基準化
	直流高電圧試験	漏れ電流と吸収電流，成極指数（PI）
	交流電圧試験	交流高電圧試験，誘電正接（tan δ）試験 部分放電（コロナ）試験，直流分法
熱的診断	物理化学試験	ガス分析，重量分析，赤外線吸収分析，硬度測定，測色法，硬X線吸収法，M-tan δ法
機械的診断	機械的試験	機械的強度試験，加振試験・振動検出 電磁ハンマリング法
その他診断	静電容量	ボイド容積比，Cアップ率法
	層間絶縁検査	高周波印加法
	その他	目視，音，運転経歴の劣化推定

12.9に回転機の絶縁診断技術の種類のまとめを示す．

12.2 特殊電動機
(1) サーボモータの制御装置
サーボ機構（servo mechanism）は，JISで「位置，力などの力学量を制御量として行う追値制御系，サーボ系，又はサーボともいう」（JIS B 0185, 知能ロボット一用語）と定義され，サーボモータ（servo motor）を「指令に追従して動作するモータ」と称している．サーボモータの種類には，ACサーボモータとDCサーボモータがあり，前者はさらに，①SM（同期）形ACサーボモータ，②IM（誘導）形ACサーボモータに分けられる．SM形ACサーボモータは，FA関連で需要の多い小・中容量を主流にして採用されている．IM形ACサーボモータは，構造が堅牢で，高速・大トルクへの対応が可能であり，かつ大容量で効率がよいことから，大容量（7.5 kW以上）適用分野で主に利用されている．また，駆動法は，DCサーボモータは4象限チョッパの電力変換器で，ACサーボモータは三相電圧形PWMの電力変換器でそれぞれ駆動される．図12.3にDCサーボモータおよびACサーボモータの制御装置を示す．

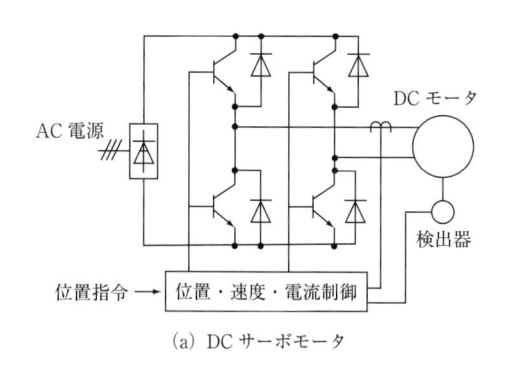

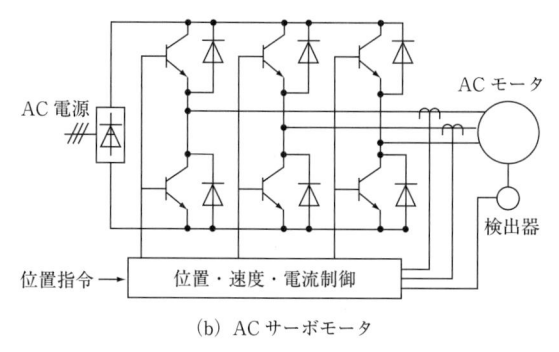

(2) ステッピングモータの駆動システム
ステッピングモータ（stepping motor）は，スイッチング回路でコントロールされた駆動回路で，モータ巻線に直流電流を順次流して一定角ずつ回転させる特殊モータである．その特徴は，パルス数に比例して回転角度が制御できるため，オープンループ制御が可能なことである．図12.4にステッピングモータの駆動システムを示す．

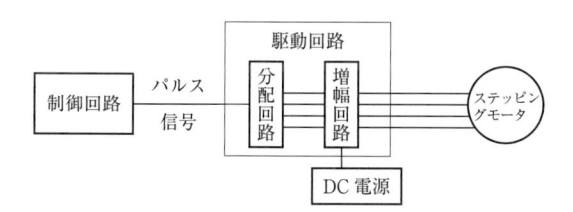

(3) 小形永久磁石モータの構造
小形永久磁石モータは同期モータ（synchronous motor）の界磁巻線を永久磁石に置き換えたモータで小形・高効率化が実現できる．回転子構造により，①永久磁石を表面にはり付けた表面磁石構造形同期モータ（SPM形SM），②永久磁石

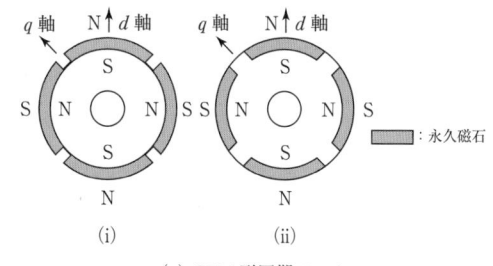

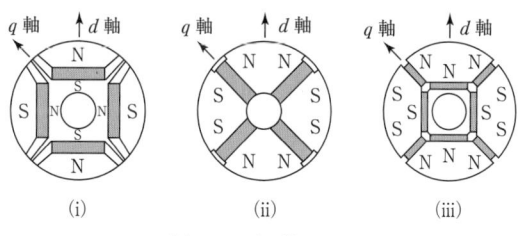

図12.3　サーボモータの制御装置

図12.4　ステッピングモータの駆動システム

図12.5　永久磁石同期モータの構造

を内部に組み込んだ埋込磁石構造形同期モータ (IPM形SM) がある．近年，永久磁石として高性能の希土類永久磁石（S_mC_o系，Nd-Fe-B系）が出現したため急速に普及してきた．特に，IPM形SMはSPM形SMに比べ磁石の形状の自由度が高く，永久磁石を容易に，かつ強固に保持できるため高速回転に適しており，小形・高効率化が可能となってきた．用途としては，SPM形SMはコギングトルクが小さいため，サーボモータに，IPM形SMは広範囲の速度領域での可変速運転が可能で，コンプレッサモータ，電気自動車などに多く用いられている．図12.5にSPM形SMとIPM形SMの構造を示す．

（4） リラクタンスモータの構造

リラクタンスモータ (reluctance motor) は，回転子が突極構造となっており，回転子の形状，つまり回転子の位置（凸，凹）に応じて変化するリラクタンス（磁気抵抗）によってトルクを発生するモータである．その種類には，① 同期式リラクタンスモータ，② スイッチト式リラクタンスモータがあり，前者は固定子構造が従来の交流機と同様に分布巻コイルで配置されている．一方，後者は固定子，回転子ともに突極構造となっており，固定子には集中巻コイルが配置される．図12.6にスイッチト式リラクタンスモータの構造を示す．

（5） レゾルバの構造

レゾルバ (resolver) はアナログ検出用回転機

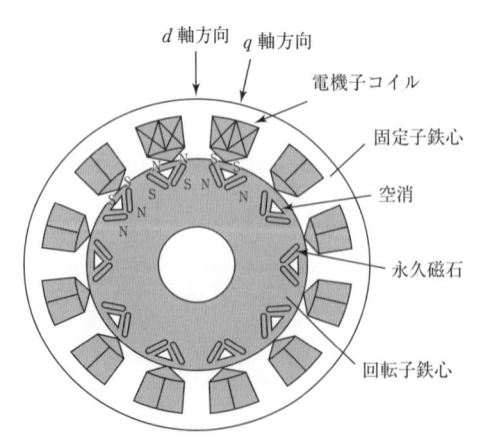

図12.6 リラクタンスモータの構造（スイッチト式）[[13] p.59]

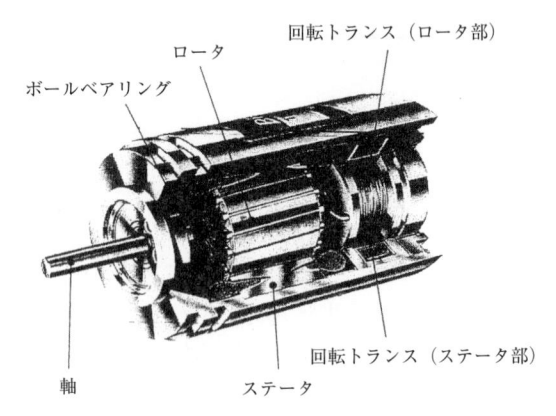

図12.7 レゾルバの構造（[1] p.599，図58）

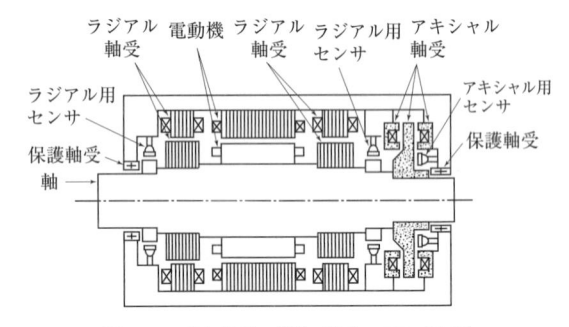

図12.8 磁気軸受の構造（[1] p.603，図68）

の一種で，電磁誘導形角度検出器である．その構造は，図12.7のように回転子と固定子に巻線が施され，この巻線間の電磁結合率が回転角度により変化するのを利用して回転角度の検出を行う装置である．

（6） 磁気軸受の構造

磁気軸受 (magnetic bearing) は，回転体を磁気力によって非接触状態で浮上させ目標の位置に支持させる軸受である．その特徴は，回転体の高速回転が可能で騒音のない静かな運転ができることである．多くの場合，電動機と一体に組み込まれ，それにより非接触で回転する軸受である．図12.8に磁気軸受の構造例を示す．〔道上　勉〕

参考文献

[1] 電気学会編：電気工学ハンドブック（第6版），オーム社（2001）
[2] 電気学会編：電気工学ハンドブック（新版），オーム社（1988）
[3] 道上　勉：送配電工学（改訂版），電気学会（2003）
[4] 道上　勉：発電・変電（改訂版），電気学会（2000）

[5] 岡田龍雄編著：EE Text：光エレクトロニクス，電気学会・オーム社（2004）
[6] 広瀬敬一・清水照久：現代電気工学講座 電気機器I，オーム社（1962）
[7] 磯部直吉・土屋善吉ほか：現代電気工学講座 電気機器II，オーム社（1962）
[8] 尾本義一・宮入庄太：現代電気工学講座 電気機器III，オーム社（1962）
[9] 藤高周平・河野照哉ほか：現代電気工学講座 電気機器IV，オーム社（1963）
[10] 横山　茂：配電線の雷害対策，オーム社（2005）
[11] 大浦好文監修：保護リレーシステム工学，電気学会（2002）
[12] JISCのホームページ（http://www.jisc.go.jp）
[13] 東芝：東芝レビュー，Vol. 55, No. 9（2001）
[14] 日本工業規格
「JIS C 3105（1994）電気機器巻線用軟銅線」
「JIS C 3110（1994）鋼心アルミニウムより線」
「JIS C 4003（1998）電気絶縁の耐熱クラス及び耐熱性評価」
「JIS C 4034-1（1999）回転電気機械－第1部：定格及び特性」
「JIS C 4203（2001）一般用単相誘導電動機」
「JIS C 4210（2001）一般用低圧三相かご形誘導電動機」
「JIS C 4212（2000）高効率低圧三相かご形誘導電動機」
「JIS C 4605（1998）高圧交流負荷開閉器」
「JIS B 0185（2002）知能ロボット－用語」
[15] 電気規格調査会標準規格「JEC-3404（1995）アルミ電線」
「JEC-3406（1995）耐熱アルミ合金電線」
「JEC-2100（1993）回転電気機械一般」
「JEC-6147（1992）電気絶縁の耐熱クラスおよび耐熱性評価」
「JEC-2200（1995）変圧器」
「JEC-2300（1998）交流遮断器」
[16] リニア中央新幹線のホームページ（http://www.linear-chuo-exp-cpf.gr.jp）
[17] 引原隆士・木村紀之・千葉　明・大橋俊介：パワーエレクトロニクス，朝倉書店（2000）
[18] 宅間　董・高橋一弘・柳父　悟：電力工学ハンドブック，朝倉書店（2005）
[19] OHM, Vol. 76, No. 9（1989）
[20] 道上　勉：送電・配電（改訂版），電気学会（2001）
[21] 東芝パンフレット「東芝浜川崎工場ご案内」8010-11，05-5T1（2006）
[22] 東京電力・東芝・日立「電圧安定性を向上する新しい発電機励磁制御装置 PSVR」（1991）
[23] ニチコン技術情報ライブラリー「進相用コンデンサの最新技術動向」（2000）

13章 直　流　機

(1) 直流機の構造

　直流機とは，機械動力を受けて直流電力を発生したり，あるいは直流電力を受けて機械動力を発生する回転機をいう．直流機の構造は，電機子，整流子，主極および補極から構成される．形式として通常は防滴保護の自己通風形が使用され，特に大容量機では空気冷却器付きの内冷形とすることがある．軸受支持構造にはブラケット形，ペデスタル形の2つがあり，原動機との結合関係によって片持軸受方式，両軸受方式のいずれかが採用される．軸受には軸受メタルを使用する滑り軸受，転がり軸受のいずれかが使用される．図13.1(a)に滑り軸受をもつ大型直流機の断面を，図13.1(b)に転がり軸受をもつ小形直流機の断面および直流機の主要部品の名称を示す．

(2) 電機子巻線の種類と絶縁

　i) 電機子巻線の種類： 電機子巻線の種類は，鉄心の巻き方，コイルのつなぎ方，層数，多重度，コイル形状の名称，巻線ピッチにより分類される．表13.1に，これらの電機子巻線の種類を示す．

　ii) 電機子巻線の絶縁： 電機子巻線に使用する銅線は一般に電気用軟銅が用いられる．電流の大きさにより丸線，平角線および銅帯が使用され，小形機では丸線の乱巻コイルが，中・大形機では亀甲形コイルあるいはハーフコイルに形成した型巻コイルが使用される．電機子スロットには，なす形半閉スロット，開放スロット，くさび止め開放スロットがある．図13.2に電機子巻線およびスロットの絶縁例を示す．

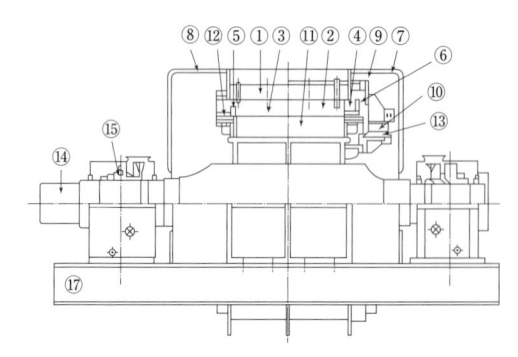

(a) 大形直流機（滑り軸受式）

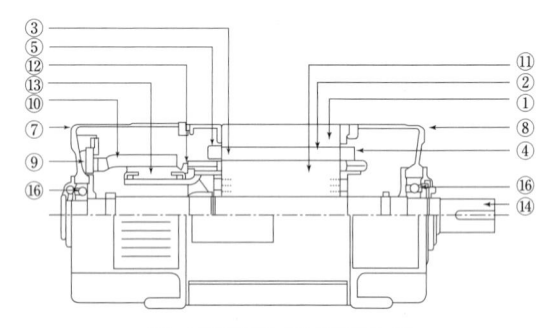

(b) 小形直流機（転がり軸受式）

① 積層継鉄　　⑦ 整流子側カバー　　⑫ 電機子巻線
② 主極鉄心　　⑧ 反整流子側カバー　⑬ 整流子
③ 補極鉄心　　⑨ ロッカ　　　　　　⑭ 軸
④ 主極巻線　　⑩ ブラシ保持器および　⑮ 滑り軸受
⑤ 補極巻線　　　 ブラシ保持器支え　⑯ 転がり軸受
⑥ 補償巻線　　⑪ 電機子鉄心　　　　⑰ 台床

図 13.1　直流機の構造（[1] p. 610, 図8）

表 13.1　電機子巻線の種類

種類	鉄心の巻き方	コイルのつなぎ方	層 数	多重度	コイル形状の名称	巻線ピッチ
電機子巻線	環状巻 (ring winding)	開路巻 閉路巻	—	一重巻 多重巻	—	—
	鼓状巻 (drum winding)	開路巻	—	—	—	—
		閉路巻	単層巻 (single-layer) 二層巻 (double-layer)	一重巻 (simplex) 多重巻 (duplex)	波巻 (lap) 重巻 (wave) 特殊巻（かえる足巻, BBC巻線）	短節巻 (short pitch) 全節巻 (full pitch) 長節巻 (long pitch)

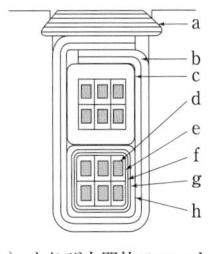

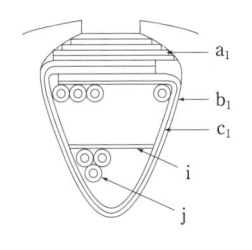

13章 直流機

を与える．この現象を電機子反作用（armature reaction）という．電機子反作用により，① 有効磁束の減少，② 電気的中性点の移動，③ 整流子片間電圧の局所的上昇などの現象が発生し，運転に悪影響を与える．図13.4に電機子反作用の磁束分布を示す．

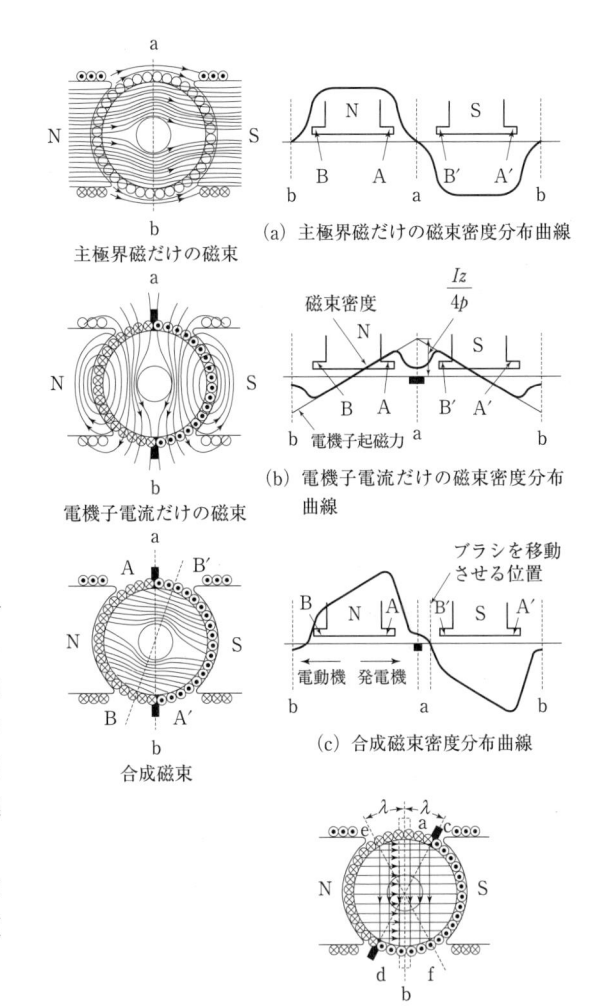

(a) くさび止開放スロット
(b) なす形半閉スロット

a：合成樹脂（くさび）
b：パーチメント紙 ｝（スロット絶縁）
c：ワニスクロス
d：銅線被覆（二重線絶縁）
e：ワニス塗布
f：ワニスクロスまたはマイカ紙 ｝（コイル絶縁）
h：絶縁ワニス塗布
a_1：白ファイバ，合成樹脂（くさび）
b_1：パーチメント紙
c_1：フレキシブルマイカ ｝（スロット絶縁）
　またはワニスクロス
i：フレキシブルマイカまたはパーチメント紙（層間絶縁）
j：銅線被覆（二重綿巻）

図13.2　電機子巻線およびスロットの絶縁（[6] p.67, 第2.22図）

(3) 直流機の各種励磁方式

直流機の励磁方式は他励式と自励式に分類され，自励式はさらに分巻式，直巻式，複巻式に分けられる．複巻式は直巻巻線と分巻巻線で構成され，分巻式と直巻式を兼ね備えた特性をもち，和動複巻と差動複巻がある．和動複巻は直巻巻線の起磁力が分巻巻線の起磁力を助けるように作用し，差動複巻は直巻巻線の起磁力が分巻巻線の起磁力を打ち消すように作用する方式である．また，複巻式には分巻巻線の接続される位置により，内分巻複巻式と外分巻複巻式がある．図13.3に直流機の各種励磁方式を示す．

(4) 電機子反作用の磁束分布

電機子巻線に電流が流れると電機子の周辺に磁界が発生して，これが主磁束による磁界に影響

主極界磁だけの磁束

(a) 主極界磁だけの磁束密度分布曲線

電機子電流だけの磁束

(b) 電機子電流だけの磁束密度分布曲線

合成磁束

(c) 合成磁束密度分布曲線

(d) ブラシ位置移動による電機子起磁力の減磁化作用

図13.4　電機子反作用の磁束分布（[1] p.611, 図11）

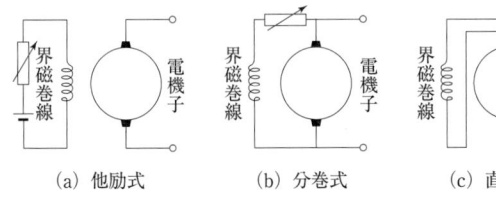

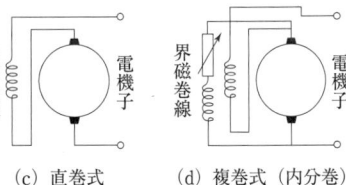

(a) 他励式　(b) 分巻式　(c) 直巻式　(d) 複巻式（内分巻）

図13.3　直流機の各種励磁方式

(a) 他励式

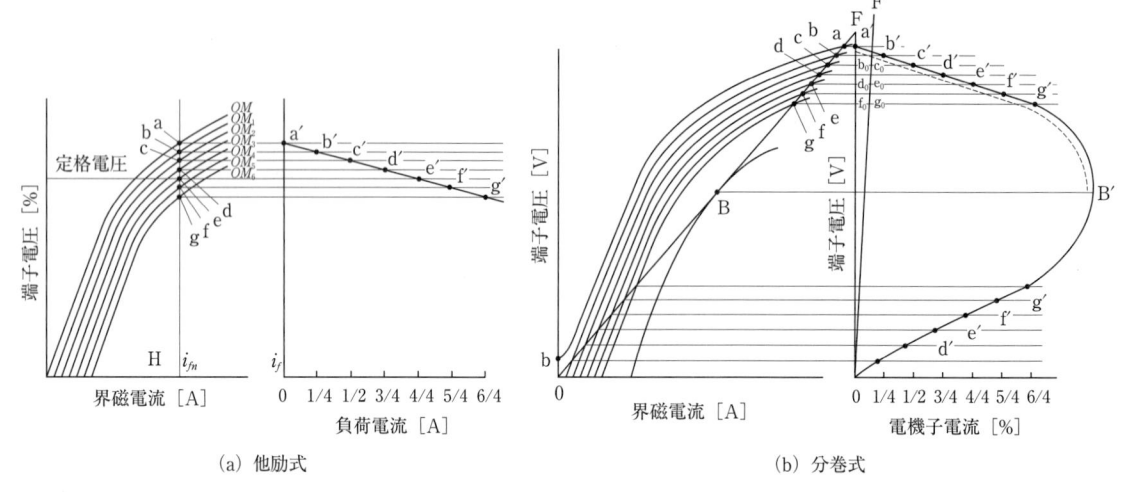

(b) 分巻式

図 13.5 他励式と分巻式の直流発電機の特性（[6] p. 114, 118, 第 2.71, 2.74 図）

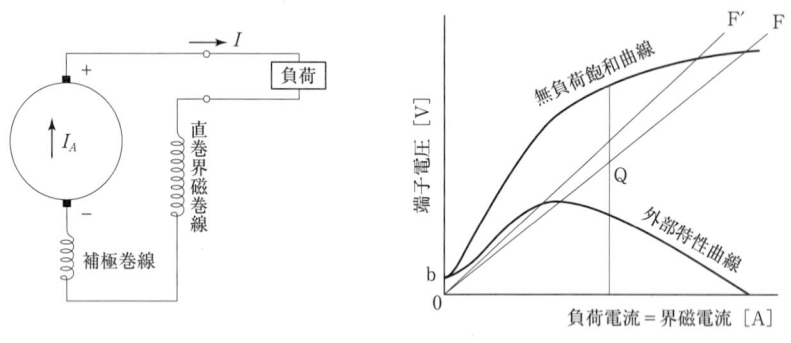

図 13.6 直巻式直流発電機の特性（[6] p. 120, 第 2.76 図）

(5) 直流発電機（他励式，分巻式，直巻式）の特性

直流発電機の特性としては，① 無負荷飽和曲線，② 負荷飽和曲線，③ 外部特性曲線の3つがある．図 13.5(a) に他励発電機の無負荷飽和曲線と外部特性曲線，(b) に分巻発電機の無負荷飽和曲線と外部特性曲線，図 13.6 に直巻発電機の無負荷飽和曲線と外部特性曲線を示す．

(6) 複巻発電機（平複巻，過複巻，不足複巻）の外部特性曲線

複巻発電機の外部特性曲線は，図 13.7 の曲線 a のような全負荷電圧が無負荷電圧に等しくなる平複巻，曲線 b のように無負荷電圧より高くなる過複巻，曲線 c のように無負荷電圧より低くなる不足複巻がある．

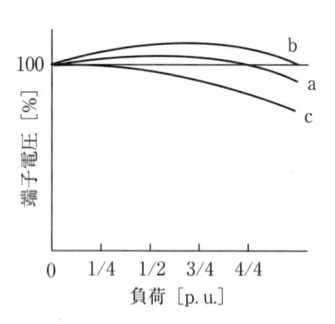

図 13.7 複巻発電機の外部特性曲線
（[6] p. 121, 第 2.78 図）

(7) 直流電動機の速度およびトルク特性

直流電動機の特性には，① 速度特性曲線，② トルク特性曲線がある．図 13.8 に各種巻線方式の速度特性曲線とトルク特性曲線を示す．この中で分巻電動機は，速度変動率が小さく定速度電動機と呼ばれる．また，直巻電動機のトルク特性は負荷電流の 2 乗に比例するため始動時に大きなト

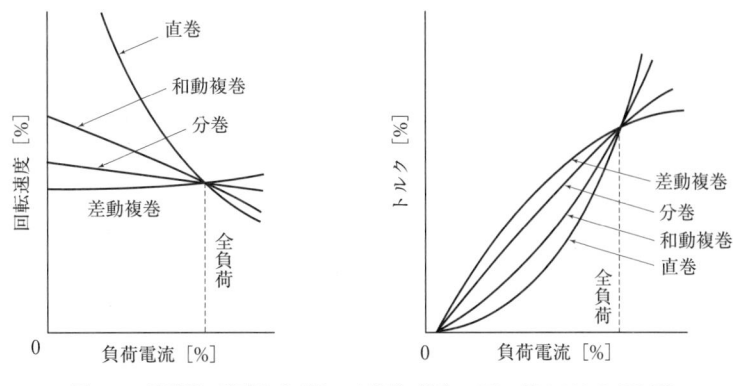

図13.8 電動機の速度およびトルク特性（[6] p.146, 第2.102, 2.103図）

図13.9 ブラシ保持器（[6] p.73, 第2.32図）

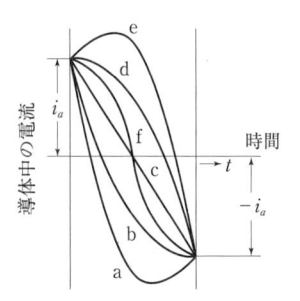

図13.10 直流機の整流曲線
（[6] p.100, 第2.61図）

ルクを発生することができるため優れた始動特性を示す．

（8）ブラシ保持器

ブラシの材質としては炭素質，黒鉛質，金属黒鉛質および電気黒鉛質があり，一般に直流機には電気黒鉛質が用いられる．電気黒鉛質は，電気炉中で約2,500 Kの高温で処理し，炭素を黒鉛に人工的に変化させたもので品質が均一で，不純物も少なく，摩擦係数も小さい優れた特徴を有しており，最も多く用いられている．ブラシ軸整流子面の角度によるブラシ保持器の種類としては，①垂直形，②追従形，③反動形の3つがある．図13.9にブラシ保持器の一例を示す．

（9）直流機の整流曲線

電機子が回転し，ある1つの導体がブラシの下を通過すると，その導体中の電流の方向が反転する．この整流中に起こる電流変化を整流曲線（commutation curve）といい，図13.10のように表される．同図において，曲線cは短絡電流の変化の割合が一定で直線的に変化するので直線整流と呼ばれ，ブラシの電流密度が一様であり最も良好な整流特性を示す．一方，図中の曲線aおよびbは直線整流より変化が速いので進み整流といい，特に曲線aを過整流と呼ぶ．曲線dおよびeは逆に遅れ整流の場合で，特に曲線eを不足整流という．進み整流と遅れ整流はいずれもブラシ出口の火花が発生しやすくなり，好ましくない整流特性である．また，曲線fは正弦波状に短絡電流が変化するので正弦波整流といい，直線整流と進み・遅れ整流との中間の特性を有している．

（10）直流機の絶縁劣化診断の試験・検査

直流機の絶縁劣化の要因には熱劣化，ヒートサイクル劣化，振動劣化および環境劣化などがあり，実際の絶縁劣化は複数の劣化要因が複合的に作用して劣化が進展していくと考えられる．直流機の絶縁劣化の診断には，①絶縁破壊試験，②絶縁耐力試験，③絶縁抵抗測定，④直流高電圧試験，⑤交流電圧試験，⑥機械的試験，⑦物理化学試験，⑧その他診断がある．表13.2に直流機の絶

表13.2 直流機の絶縁劣化診断の試験・検査

試験・検査方法	試験・検査の内容
① 絶縁破壊試験	実機から試験サンプリングを抜き取り，高電圧電源を用いて絶縁破壊電圧を測定し，初期値を比較して劣化度を推定する
② 絶縁耐力試験	規定の電圧を一定時間印加して，これに耐えるかどうかを試験するもので製作時あるいは補修時に行う
③ 絶縁抵抗測定	絶縁抵抗計（メガー）を用いて電圧印加1分後の絶縁抵抗値を測定する．長期的な測定値の変化で診断することが重要である
④ 直流高電圧試験	直流高電圧を数〜10分程度印加して，漏れ電流と吸収電流を測定して劣化を診断する．成極指数（RI：1分と10分電流比）により判定．RI<1.5目安
⑤ 交流電圧試験	交流高電圧試験：交流高電圧を徐々に加え電圧・電流の値，変化率を測定して絶縁劣化を判定する 誘電正接（$\tan\delta$）試験：この値が大きくなったことで劣化を判定するが温度により増加することがあるので測定時に注意を要する 直流分法：電流の直流分の大きさ，方向，時間変化などにより診断する
⑥ 機械的試験	劣化状況は巻線の加振時の振動特性で現れるので加振したときの巻線の振動加速度，振動速度，振動変位などを測定して劣化度を推定する インパルス法：供試機に機械的外力を加える方法 電磁ハンマリング法：パルス状の大電流を流し，その電磁力によって巻線を加振する方法
⑦ 物理化学試験	重量分析法：熱劣化に伴い絶縁材料の重量が減少に着目した分析法 測色法：劣化に伴う変色度合いから診断する方法
⑧ その他診断	目視，運転経歴劣化推定法

表13.3 直流機の応用分野

直流機の分類	主な用途・種類
大形機	製鉄用圧延機などの可変速駆動用
中形機	運輸・輸送用（電車（DCチョッパ），船舶，エレベータ，クレーン（ワード・静止レオナード），巻上機，製紙機），発電機励磁用など
小形機	OA機器・AV機器の制御用，自動車の低電源電圧駆動用など
特殊直流機 （単極直流機，速度計用発電機，CDサーボモータ，電気動力計）	単極直流機：船舶の推進用，金属の圧延用 速度計用発電機：自動制御用速度計 CDサーボモータ：物体の位置，方位，姿勢などの制御系 電気動力計：原動機の出力測定，機械駆動の動力測定

縁劣化診断の試験・検査方法を示す．

(11) 直流機の応用分野

直流機は，励磁方式の選択により，容易に各種の特性が得られ，負荷に対する制御・適応性がよいことから，大形機は製鉄用，発電機励磁用などに，中形機は運輸用など，小形機はOA機器，AV機器，自動車用などに数多く採用されてきた．すなわち，地下鉄や私鉄の従来形電車やウィンチ，エレベータ，自動制御系などに広く用いられている．近年，保守点検の必要のない交流可変速駆動ドライブが製鉄・運輸などの分野に採用されているが，依然，直流電動機は重要な可変速電動機であるといえる．表13.3に直流機の主な応用分野を示す．

〔道上　勉〕

参考文献

[1] 電気学会編：電気工学ハンドブック（第6版），オーム社（2001）
[2] 電気学会編：電気工学ハンドブック（新版），オーム社（1988）
[3] 道上　勉：送配電工学（改訂版），電気学会（2003）
[4] 道上　勉：発電・変電（改訂版），電気学会（2000）
[5] 岡田龍雄編著：EE Text：光エレクトロニクス，電気学会・オーム社（2004）
[6] 広瀬敬一・清水照久：現代電気工学講座 電気機器I，オーム社（1962）

［7］ 磯部直吉・土屋善吉ほか：現代電気工学講座 電気機器 II，オーム社（1962）
［8］ 尾本義一・宮入庄太：現代電気工学講座 電気機器 III，オーム社（1962）
［9］ 藤高周平・河野照哉ほか：現代電気工学講座 電気機器 IV，オーム社（1963）
［10］ 横山 茂：配電線の雷害対策，オーム社（2005）
［11］ 大浦好文監修：保護リレーシステム工学，電気学会（2002）
［12］ JISC のホームページ（http://www.jisc.go.jp）
［13］ 東芝：東芝レビュー，Vol. 55, No. 9（2001）
［14］ 日本工業規格
　　　「JIS C 3105（1994）電気機器巻線用軟銅線」
　　　「JIS C 3110（1994）鋼心アルミニウムより線」
　　　「JIS C 4003（1998）電気絶縁の耐熱クラス及び耐熱性評価」
　　　「JIS C 4034-1（1999）回転電気機械－第1部：定格及び特性」
　　　「JIS C 4203（2001）一般用単相誘導電動機」
　　　「JIS C 4210（2001）一般用低圧三相かご形誘導電動機」
　　　「JIS C 4212（2000）高効率低圧三相かご形誘導電動機」
　　　「JIS C 4605（1998）高圧交流負荷開閉器」
　　　「JIS B 0185（2002）知能ロボット－用語」
［15］ 電気規格調査会標準規格
　　　「JEC-3404（1995）アルミ電線」
　　　「JEC-3406（1995）耐熱アルミ合金電線」
　　　「JEC-2100（1993）回転電気機械一般」
　　　「JEC-6147（1992）電気絶縁の耐熱クラスおよび耐熱性評価」
　　　「JEC-2200（1995）変圧器」
　　　「JEC-2300（1998）交流遮断器」
［16］ リニア中央新幹線のホームページ（http://www.linear-chuo-exp-cpf.gr.jp）
［17］ 引原隆士・木村紀之・千葉 明・大橋俊介：パワーエレクトロニクス，朝倉書店（2000）
［18］ 宅間 董・高橋一弘・柳父 悟：電力工学ハンドブック，朝倉書店（2005）
［19］ OHM, Vol. 76, No. 9（1989）
［20］ 道上 勉：送電・配電（改訂版），電気学会（2001）
［21］ 東芝パンフレット「東芝浜川崎工場ご案内」8010-11, 05-5T1（2006）
［22］ 東京電力・東芝・日立「電圧安定性を向上する新しい発電機励磁制御装置 PSVR」（1991）
［23］ ニチコン技術情報ライブラリー「進相用コンデンサの最新技術動向」（2000）

14章 交 流 機

14.1 同 期 機
(1) タービン発電機の全体構造

　蒸気タービンまたはガスタービンで駆動される交流発電機をタービン発電機という．駆動装置が高速であることから，一般には2極または4極の円筒構造の回転界磁形同期発電機が採用され，大容量の火力・原子力発電機から小容量の自家用発電機まで広く使用されている．また，タービン発電機の軸方式は，高速回転速度のため横軸形となっている．火力用タービン発電機は，大部分が2極の1軸で構成されるタンデムコンパウンド形（tandem compound type）であるが，大容量機では2極と4極の2軸で構成されるクロスコンパウンド形（cross compound type）が採用される．原子力用タービン発電機は，蒸気タービンで使用する蒸気条件が低温・低圧で大量となることから，4極構造のタンデムコンパウンド形となっている．図14.1にタービン発電機の全体構造を

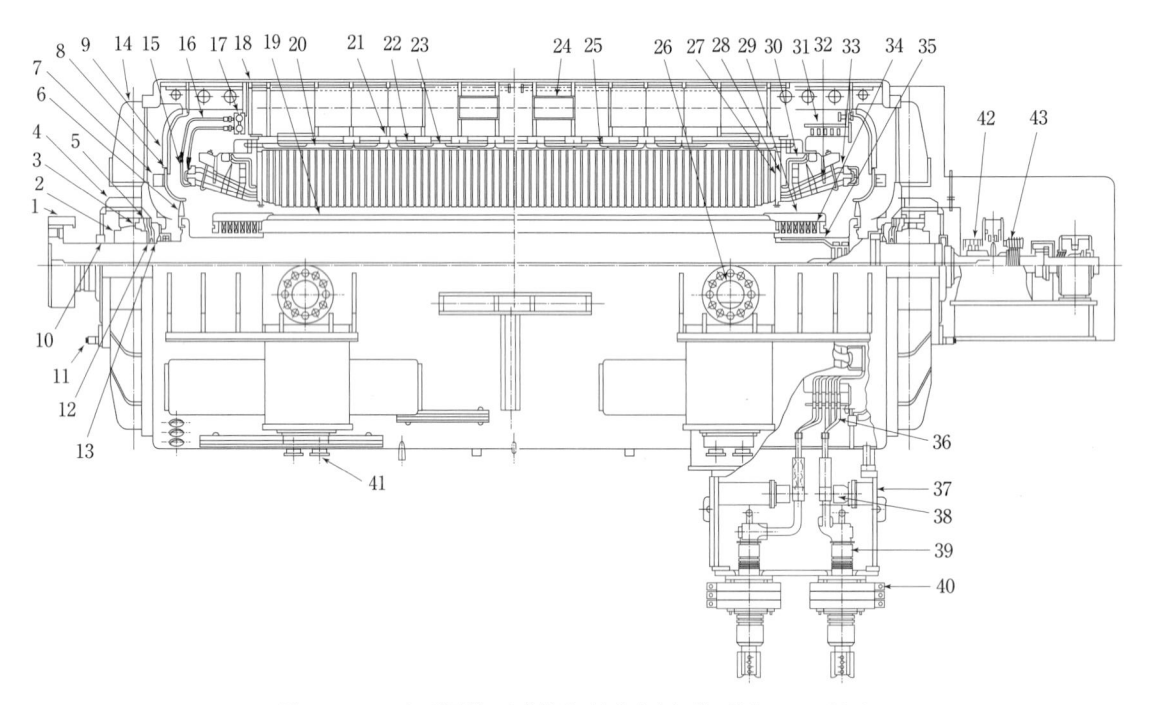

図14.1 タービン発電機の全体構造（直接水冷却形）［[1] p.633, 図1］

1：カップリング（鍛鋼），2：軸受メタル（鋳鋼およびホワイトメタル），3：軸受座（軟鋼），4：軸受ふた（軟鋼），5：シールケーシング（軟鋼），6：ファン（鍛鋼またはアルミ合金），7：案内羽根（アルミ鋳物），8：ファンノズルリング（鋳鉄またはFRP），9：防風板（軟鋼または鋳鉄），10：外側油切り（軟鋼およびアルミ），11：アライメントキー（軟鋼），12：シールリング（黄銅または軟鋼およびホワイトメタル），13：内側油切り（軟鋼およびアルミ），14：軸受ブラケット（軟鋼），15：接続用パイプ（ステンレス鋼または銅），16：絶縁接続管（テフロン），17：電機子巻線冷却水ヘッダパイプ（ステンレス鋼），18：固定子枠（軟鋼），19：回転子軸（鍛鋼），20：固定子鉄心（電磁鋼板），21：仕切板（軟鋼），22：リブ（軟鋼），23：ばね板（鍛鋼），24：通風管（軟鋼），25：鉄心通風ダクト（軟鋼），26：トラニオン（軟鋼または鍛鋼），27：エンドフィンガ（非磁性鋼），28：鉄心押え板（軟鋼，鋳鋼または非磁鋳鋼），29：保持環（鍛鋼または非磁鋼），30：シールド板（銅），31：コイル支え（FRP），32：バインドリング（FRP），33：電機子巻線（銅線および絶縁物），34：界磁巻線（銅および絶縁物），35：回転子口出銅帯（銅），36：電機子巻線口出銅帯（銅），37：ターミナルボックス（軟鋼またはステンレス鋼），38：口出帯支え（磁器），39：高圧ブッシング（磁器またはFRPおよび銅），40：ブッシング変流器（銅，絶縁物，電磁鋼板），41：水素ガス冷却器（銅合金，アルミ合金および軟鋼，鋳鋼），42：ブラシ（黒鉛），43：スリップリング（鍛鋼）．

14章 交　流　機

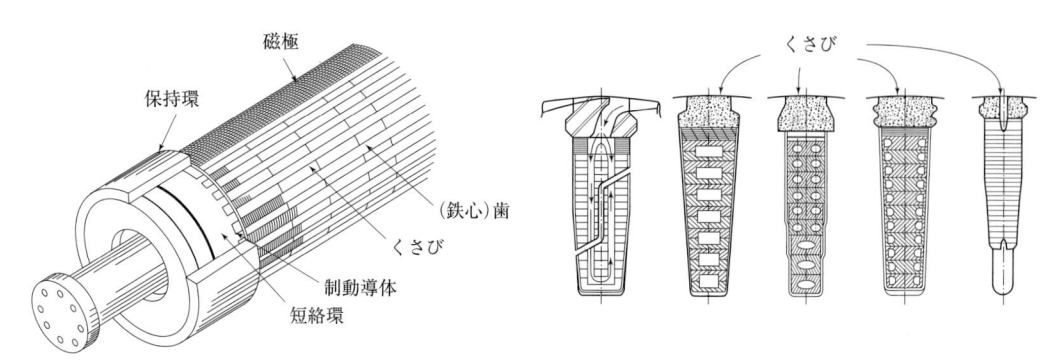

(a) タービン発電機の回転子の構造

(b) 回転子コイルの断面

図 14.2　タービン発電機の回転子とコイルの構造（[2] p.621, 図 4）

表 14.1　各種冷却媒体の熱伝達能力の比較（空気を基準）

冷　媒	比熱	比重	流量	熱伝達能力
空気（ 98 kPag）	1.0	1.0	1.0	1.0
水素（196 kPag）	14.35	0.21	1.0	3.0
水素（294 kPag）	14.35	0.28	1.0	4.0
水（純水）	4.16	1,000	0.012	50
油	2.09	848	0.012	21

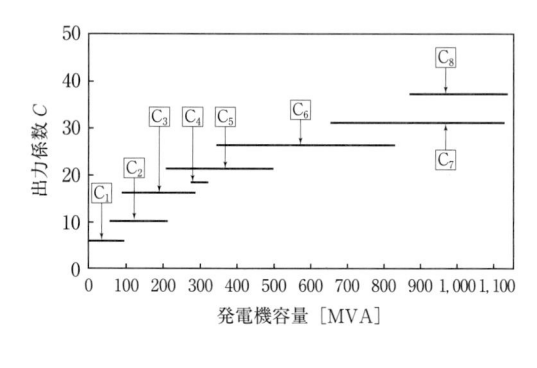

記号	冷却方式	
	固定子	回転子
C_1	空気	空気
C_2	間接水素冷却	間接水素冷却
C_3	同上	直接水素冷却 2 kg/cm^{2}g
C_4	直接油冷却	同上
C_5	直接水冷却または直接水素冷却	直接水素冷却 3 kg/cm^{2}g
C_6	同上	直接水素冷却 4 kg/cm^{2}g
C_7	同上	直接水素冷却 5 kg/cm^{2}g
C_8	直接水冷却	直接水冷却

(a) 発電機の冷却方式と出力係数（2極機の場合）

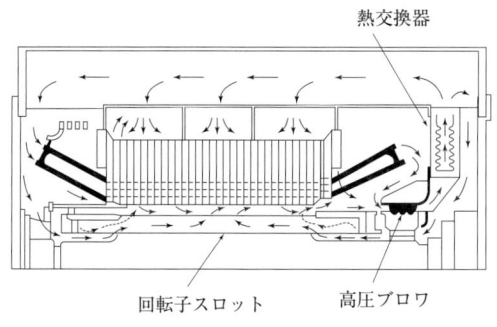

(b) 水素冷却ガスの通風経路

図 14.3　タービン発電機の冷却方式と水素冷却ガスの通風経路（[2] p.622, 623, 図 6, 8）

示す．

(2) タービン発電機の回転子とコイルの構造

タービン発電機の回転子は蒸気またはガスのタービンに直結し，高速回転（1,500～3,600 min^{-1}）するため，大きな遠心力に耐えるよう小容量機では炭素鋼，大容量機では Ni-Mo-V または Ni-Cr-Mo-V 鋼を一体鍛造した円筒形となっている．軸長は危険（臨界）速度により制限され，大容量機では，一次，二次の臨界速度はともに定格回転速度を下回らなければならない．回転子表面にはスロットが設けられ，スロットの中に銀入銅の界磁コイルが収められ，くさびで堅く保持され，両端部は軸に焼きばめされた保持環（短絡環）で押さえられている．図 14.2(a) にタービン発電機の回転子の構造を，(b) に回転子コイルの断面の例を示す．

(3) タービン発電機の冷却方式と冷却媒体

タービン発電機の冷却には，一部に空気冷却が採用されているが，大部分は高速回転子の風損を低減させる比重の軽い水素冷却が採用されている．冷却方式の種類には，① 間接冷却，② 直接冷却があり，直接冷却方式は導体を冷媒で直接冷却するもので，構造は複雑になるが冷却能力は大きく向上する．冷却媒体には空気，水素，水などがあるが，間接冷却方式では水素ガスまたは空気が，直接冷却方式では水素ガスまたは水が使用されている．特に，水（純水）の熱伝達能力は空気の 50 倍と優れた冷却媒体であり，大容量機に用いられる．図 14.3 にタービン発電機の冷却方式と水素冷却ガスの通風経路を，表 14.1 に各種冷却媒体の熱伝達能力の比較を示す．

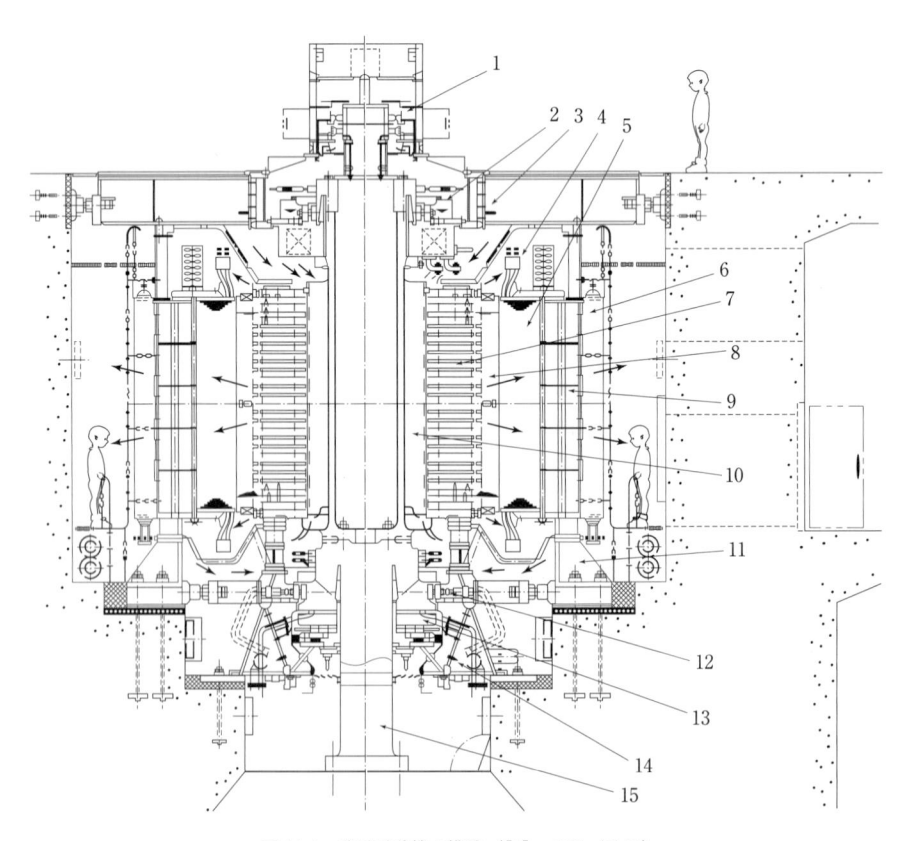

図 14.4　発電電動機の構造（[1] p.638，図 13）
1：コレクタリング，2：上部ガイド軸受，3：上部ブラケット，4：電機子巻線，5：固定子鉄心，6：空気冷却器，7：継鉄，8：磁極，9：固定子枠，10：スパイダ，11：固定子ベース，12：下部ガイド軸受，13：スラスト軸受，14：スラストブラケット，15：主軸．

（4） 水車発電機の構造

水車で駆動される発電機を水車発電機と称する．回転速度が比較的低いこともあり，大部分が突極構造の回転界磁形同期発電機であるが，一部の小容量機には誘導発電機が用いられている．水車発電機の軸方式としては横軸形と立軸形があるが，大部分は立軸形であり，一部の小容量機や低落差用発電機に横軸形が使われている．また，回転子構造は通常は鍛鋼製で，回転速度が低いことから突極形であり，界磁巻線のほかに磁極頭部に銅または黄銅棒の制動巻線がスロットにはめ込まれている．近年，多く建設されている揚水発電所には，発電時の発電機と揚水時の電動機の両方の機能を兼ね備えた発電電動機が使用されている．この発電電動機には正逆両方向の回転運転に対応した構造が採用されている．ここでは，水車発電機の例として揚水発電所の発電電動機を取り上げ，図14.4にその構造図を示す．

（5） 可変速揚水発電

電力系統の周波数調整は，昼間帯は水力や火力

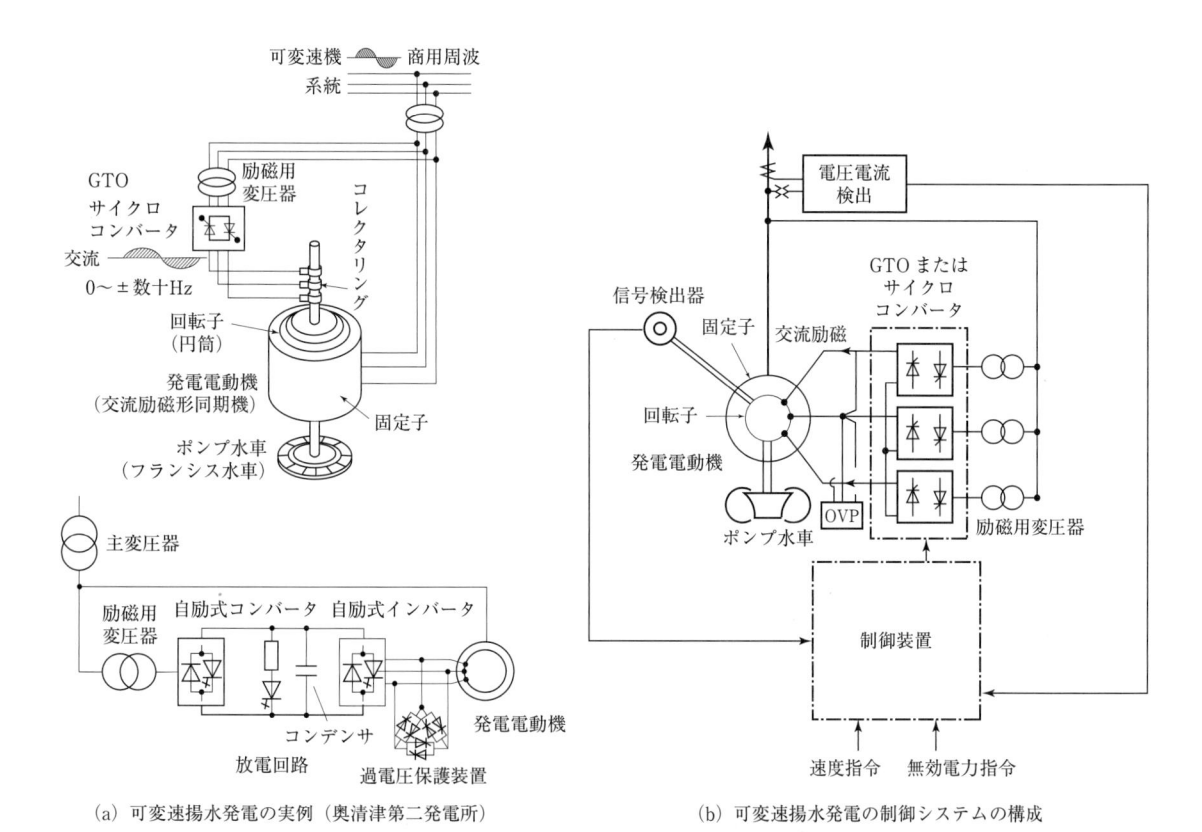

(a) 可変速揚水発電の実例（奥清津第二発電所）　　(b) 可変速揚水発電の制御システムの構成

図14.5　可変速揚水発電の制御システム（[4] p.88, 図6.4）

表14.2　可変速揚水発電の適用状況

発電所	発電電動機容量 [MVA]	交流励磁装置 方式	定格 [MVA]	使用素子	回転速度 [min⁻¹]	運転開始年
八木沢	85	サイクロコンバータ	25.8	光点弧サイリスタ	367.5±22.5	1990
大河内	395×2	サイクロコンバータ	72×2	サイリスタ	200±10	1993/95
塩原	360	サイクロコンバータ	51.1	光点弧サイリスタ	360±30	1995
中城湾	26.5	サイクロコンバータ	6.55	光点弧サイリスタ	367.5±22.5	1996
高見	105	自励式変換器	26.4	GTO	231±23	1993
奥清津第二	345	自励式変換器	31.5	GTO	428.5±21.5	1996
やんばる海水揚水	31.5	自励式変換器	3.96	GTO	450±27	1999

発電の出力制御により調整能力は十分にあるが，夜間帯はベース電源である原子力発電が大部分を占めるため，水力や火力発電の割合が相対的に低下し，調整能力が不足する．可変速揚水発電は，この夜間帯の周波数調整用電源として，揚水発電所の発電電動機の回転速度を制御し，揚水動力を系統周波数に応じて調整する方式である．可変速揚水発電による発電電動機の回転速度制御には，図 14.5 に示すように回転子巻線に三相交流を印加して，その交流励磁の周波数をサイクロコンバータや GTO によりサイリスタ制御する方式が採用されている．表 14.2 にわが国における可変速揚水発電の適用状況を示す．

(6) 同期発電機の各種リアクタンスと時定数

同期発電機の特性定数としては，リアクタンス，時定数，慣性定数などがあり，発電機の種類により数値が異なる．たとえば，タービン発電機と水車発電機では大きな違いがある．タービン発電機は銅機械で，短絡比が小さくなるのでリアクタンスが大きく，一方，水車発電機は鉄機械で，短絡比が大きくなるのでリアクタンスが小さい．表 14.3 に，様々な機種の同期発電機の各種リアクタンスと時定数の代表例を示す．

表 14.3 同期発電機の各種リアクタンスと時定数の代表数値

機種	X_d [p.u.]	X_q [p.u.]	X_d' [p.u.]	X_d'' [p.u.]	X_2 [p.u.]	X_0 [p.u.]	T_{do}' [s]	T_d' [s]	T_d'' [s]	T_a [s]
TG ①	1.722 (1.341~2.307)	1.691 (1.280~2.170)	0.253 (0.179~0.403)	0.188 (0.135~0.313)	0.197 (0.118~0.289)	0.094 (0.025~0.177)	7.0 (3.0~10.7)	0.96 (0.60~1.80)	0.036 (0.015~0.09)	0.38 (0.17~0.68)
TG ②	1.768 (0.960~2.307)	1.719 (0.770~2.182)	0.246 (0.132~0.424)	0.188 (0.095~0.313)	0.196 (0.080~0.389)	0.093 (0.021~0.181)	6.9 (1.9~14.0)	0.91 (0.13~2.40)	0.036 (0.013~0.140)	0.28 (0.08~0.68)
HG ①	1.048 (0.762~1.667)	0.640 (0.420~0.937)	0.299 (0.182~0.461)	0.214 (0.109~0.363)	0.227 (0.129~0.370)	0.124 (0.059~0.205)	6.4 (2.2~13.3)	1.6 (0.4~3.2)	0.003 (0.015~0.07)	0.20 (0.063~0.50)
HG ②	1.35	0.84	0.27	0.16	0.17	0.14	11.0	2.3	0.06	0.35

TG ①：タービン発電機（直接冷却），TG ②：タービン発電機（間接冷却），HG ①：水車発電機，HG ②：発電電動機．

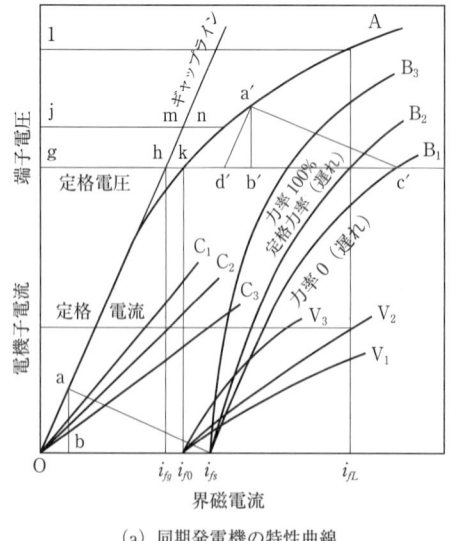

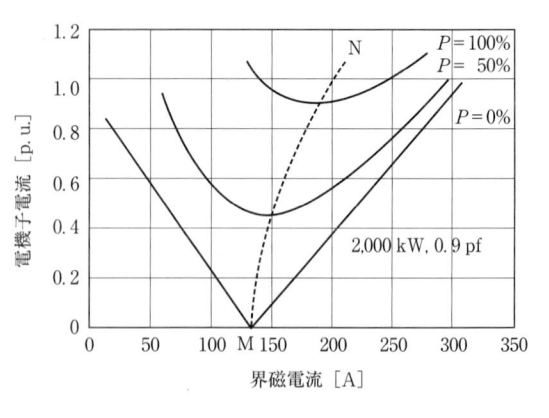

(a) 同期発電機の特性曲線

(b) 同期電動機の V 曲線

図 14.6 同期発電機の特性曲線と同期電動機の V 曲線（[2] p.629, 630, 図 20, 21）

（7） 同期機の電気的特性

同期機（発電機，電動機）の電気的特性を示すものとしては，① 無負荷飽和曲線，② 三相短絡曲線，③ V 曲線，④ 負荷飽和曲線，⑤ 短絡比などがある．無負荷飽和曲線は，定格速度で無負荷運転している発電機の端子電圧と界磁電流の関係を示す曲線である．三相短絡曲線は，発電機端子を短絡して定格速度で運転したときの電機子電流と界磁電流の関係を示す曲線である．V 曲線は，同期機において定格回転速度に保ち定格電圧，一定の力率の負荷をかけたときの電機子電流と界磁電流の関係を示す曲線である．図 14.6 に同期発電機の特性曲線と同期電動機の V 曲線を示す．

（8） タービン発電機の可能出力曲線

タービン発電機の出力は発電機各部の温度上昇限度から運転可能出力が定まる．それを示したものが可能出力曲線（capability curve）であり，発電機が連続的に運転できる領域（有効電力，無効電力）を表す曲線である．可能出力曲線はいくつかの曲線の組合せにより決定される．図 14.7 に 500 MVA タービン発電機の可能出力曲線の一例を示す．同図で領域Ⓐ は界磁巻線の温度上昇限度，Ⓑ は電機子巻線の温度上昇限度，Ⓒ は固定子端部鉄心の温度上昇限度でそれぞれ制約される．なお，領域Ⓒ は低励磁による不安定運用を考慮した際には修正される．

（9） 同期電動機の始動方式

同期電動機の始動方式には，① 自己始動（全電圧始動，低減電圧始動，リアクトル始動，補償器始動など），② 同期（低周波）始動，③ 始動電動機始動，および ④ サイリスタ始動などがある．近年の大容量揚水発電所の発電電動機には，図 14.8 に示すサイリスタ始動方式が採用されている．この方式は始動する発電電動機にあらかじめ界磁を与えておき，サイリスタで構成された周波数逆変換装置によって，発電電動機の回転子位置に応じた電流を電機子に供給して，その電源電流周波数を変え，回転速度を停止状態から定格速度まで上昇させる始動方式（一次周波数制御）である．

（10） 同期機の励磁方式

励磁装置は同期機の界磁巻線に直流電流を供給し，端子電圧を一定に保つ機能をもつが，その励磁方式には，① 直流励磁方式，② 交流励磁方式（ブラシレス励磁方式を含む），③ 静止形励磁方式（サイリスタ励磁方式を含む）がある．古くには主機の発電機容量が小さいこともあり，直流励磁方式が主として採用されていた．近年では，図 14.9 に示すように，速応性に優れ，かつ，メンテナンスが容易であるブラシレス励磁方式やサイリスタ励磁方式が多く採用されている．これら高性能の励磁方式では，系統安定度を向上させる系統安定

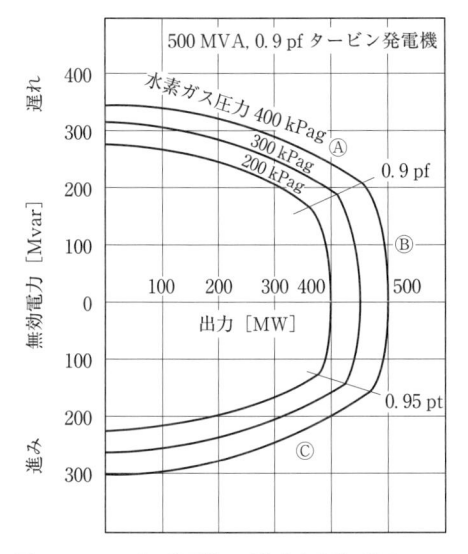

図 14.7 タービン発電機の可能出力曲線（[2] p. 631, 図 26）

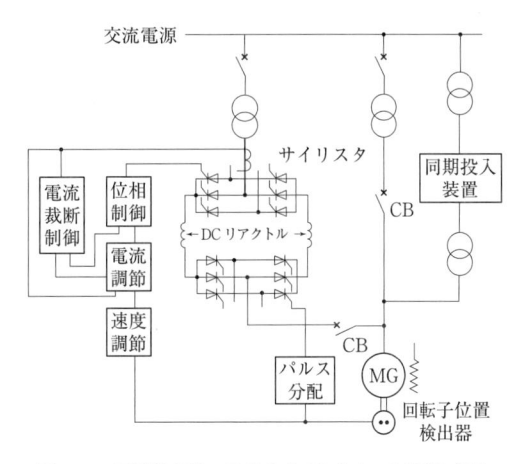

図 14.8 同期電動機の始動方式（サイリスタ始動）（[4] p. 87, 図 6.3）

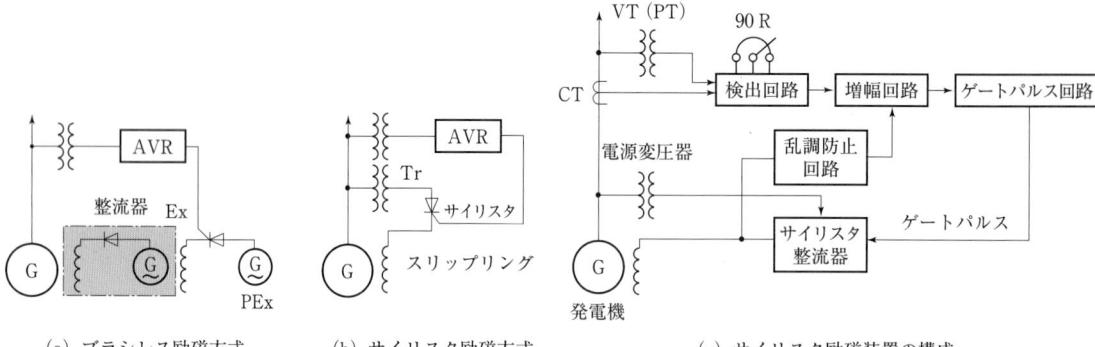

図14.9 同期機の励磁方式（[[4] p.74, 75, 図5.2, 5.3]）

化装置（PSS：power system stabilizer）を補助信号として付加している場合が多い．

14.2 誘導機
(1) 三相誘導電動機の構造

三相誘導電動機には回転子の構造上から，① かご形，② 巻線形があり，かご形は，さらに普通かご形と特殊かご形（深溝かご形，二重かご形）に分類される．また，外被形式から全閉形と開放形に大別され，さらに防滴，防侵，防爆などがある．軸方式は横軸の円筒形となっている．固定子枠はアルミニウム，鋳鉄，鋼板などによりつくられ，鉄心を保持し，回転子反力を支持する．近年，冷却効果の向上と小形・軽量化を図るため，固定子枠をアルミニウム製としたものが多く採用されている．回転子は銅または銅合金の棒状導体を絶縁しないでスロットに収め，その両端を銅の短絡環で保持している．図14.10(a)に全閉形かご形誘導電動機の構造を，(b)にかご形誘導電動機の回転子導体の形状を示す．

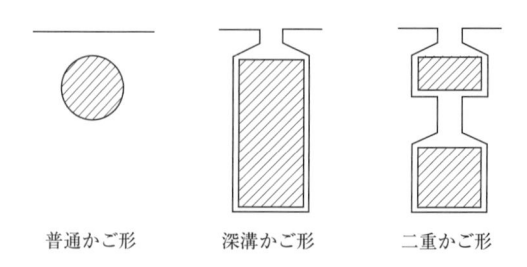

(2) かご形誘導電動機の特性

誘導電動機の特性には，① 速度トルク特性曲線，② 出力特性曲線がある．このうち速度トルク特性曲線では速度を変化させたときトルクに最大値があり，その値を最大トルク（停動トルク）といい，静止時（$s=1$）におけるトルクを始動トルクという．また，静止時から最大トルクに相当する速度の間で発生するトルクの最小値を最小

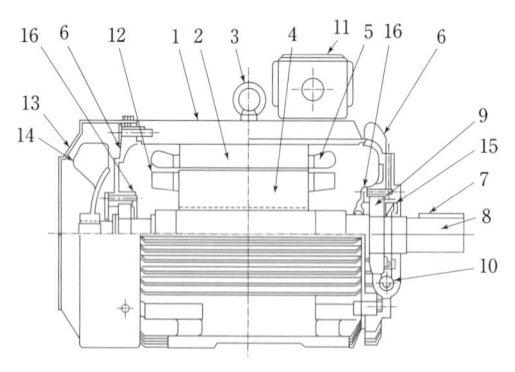

1：固定子枠　　7：軸端キー　　13：ファンカバー
2：固定子鉄心　8：軸　　　　　14：外部ファン
3：アイボルト　9：転がり軸受　15：排油ランナ
4：回転子鉄心　10：グリース排出装置　16：軸受カバー
5：固定子巻線　11：端子箱
6：ブラケット　12：エンドリングファン

(a) 全閉形かご形誘導電動機の構造　　(b) かご形誘導電動機の回転子導体の形状

図14.10 三相誘導電動機の構造（かご形）（[[2] p.641, 図42, 44(a)～(c)]）

14章　交流機

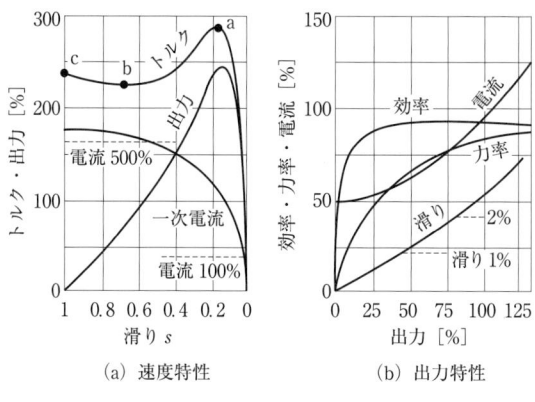

図14.11　かご形誘導電動機の速度特性と出力特性（[2] p.641, 図45(a), (b)）

トルク（プルアップトルク）という．図14.11に37 kW 4極かご形誘導電動機の速度特性曲線と出力特性曲線を示す．

(3) 誘導電動機の始動特性

誘導電動機の始動時には，内部インピーダンスが一次，二次の漏れインピーダンスのみとなり，その値は小さいため，全電圧で始動すると大きな始動電流（全負荷電流の300～600%）が流れるので，始動電流を抑制する始動装置が必要となる．かご形誘導電動機の始動方式としては，① 全電圧始動，② スターデルタ始動，③ リアクトル始動，④ 補償器始動などがある．また，巻線形誘導電動機では二次抵抗始動が採用されている．図14.12に巻線形誘導電動機の二次始動抵抗の段付けと始動時の電流・トルクの変化を示す．二次始動抵抗の動作の基本は，始動中の一次電流を上限値と下限値の間の保つように二次抵抗を順次切り替えていき，最後に始動抵抗を短絡して始動を完了する．

(4) 誘導機の始動時異常現象

誘導機のギャップ磁束密度の分布は，理論的には正弦波状と見なしているが，実際には巻線起磁力の階段状による起磁力高調波や，スロットと歯の存在によるギャップパーミアンスの不均一などによりひずみ波となり多くの高調波成分を含んでいる．このため，かご形誘導電動機では始動時に，① 高調波非同期トルク，② 高調波同期トルク，③ 漂遊トルク，④ 減速トルクなどの電磁異常現象が発生する．また，巻線形誘導電動機では，回転子の1相が開放された場合，滑り0.5付近でトルクが谷となるゲルゲス現象（Gorges phenomena）が発生する．図14.13に誘導機の高調波非同期トルク，高調波同期トルクおよびゲルゲス現象などを示す．

(5) 誘導電動機の速度制御

誘導電動機の回転速度は $N = 120f(1-s)/p$ で表される．トルク速度特性は，かご形誘導電動機では印加される一次電圧，一次周波数，極数により変化し，巻線形では回転子の二次側に接続される二次抵抗や二次励磁により変化する．速度制御として，かご形誘導電動機では，① 一次電圧制御，② 一次周波数制御（V/f制御，滑り周波数制御，

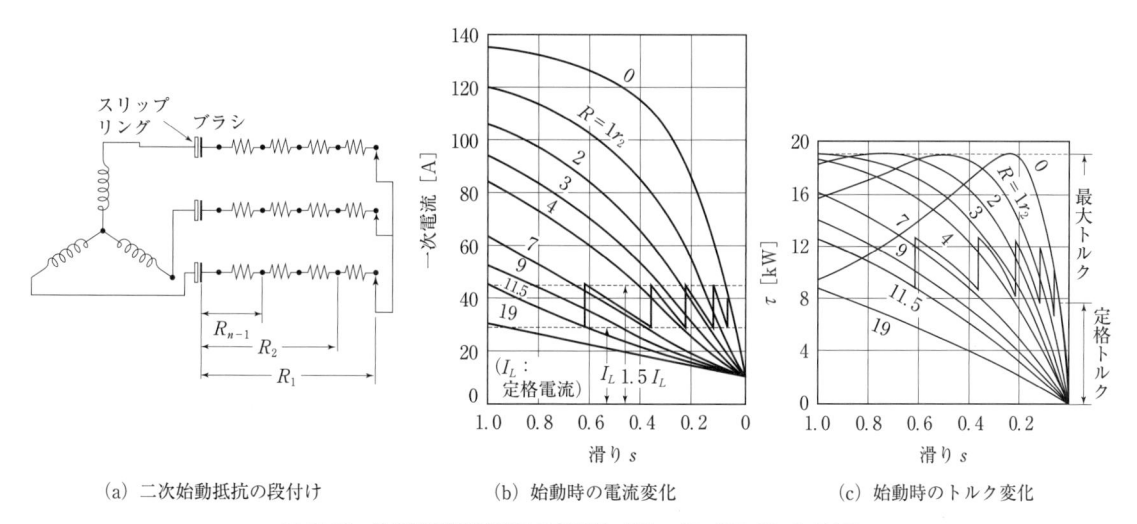

図14.12　巻線形誘導電動機の始動特性（[7] p.90, 第1.62～1.64図）

(a) 高調波非同期トルク
(b) 回転時同期トルク
(c) 高調波磁界による分布力の例
(d) 巻線形誘導電動機の二次単相時のトルク

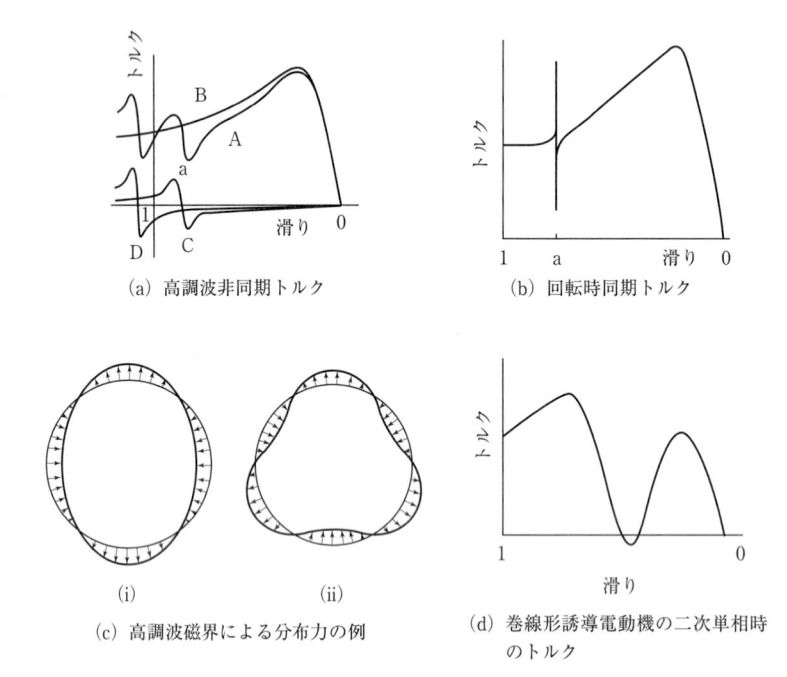

図 14.13　誘導機の始動時異常現象

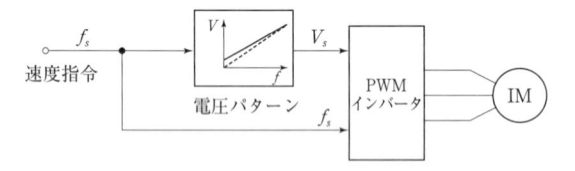

図 14.14　汎用かご形誘導電動機のインバータ制御（V/f 制御）

表 14.4　単相誘導電動機の定格出力
（単位：kW）（JIS C 4203）

0.1, 0.12, 0.18, 0.2, 0.25, 0.37, 0.4

ベクトル制御), ③極数切換制御がある. また, 巻線形誘導電動機では, ①二次抵抗制御, ②二次励磁制御（クレーマ方式, セルビウス方式）がある. このほかに継手による速度制御もある. 近年は, パワーエレクトロニクスを利用したインバータ制御による一次周波数制御（V/f 制御）が多く用いられている. 図 14.14 に汎用かご形誘導電動機のインバータ制御を示す.

(6) 単相誘導電動機

単相誘導電動機は単相交流で交番磁界となり, 回転磁界が得られないため原理的には始動トルクを発生しない. このため始動装置が必要で, 始動の仕方により, ①分相始動形, ②反発始動形, ③くま取りコイル形の3つがある. ①の分相始動形は, 固定子側に主巻線のほかに, 始動巻線を電気的に90°異なる位置に置き, 両巻線の電流に時間位相差をつけることにより不完全な回転磁界をつくり, 回転磁界の方向にトルクを得る方式である. この方式には抵抗分相式（分相始動形）とコンデンサ分相式があり, コンデンサ分相式は始動時のみコンデンサを入れるコンデンサ始動形と, 運転時にもコンデンサを入れるコンデンサ運転形がある. ②の反発始動形は, 始動時だけ単相反発整流子電動機とし, 加速後は二次を多相巻線に近い形として始動する方式で始動トルクが大きい特徴がある. ③のくま取りコイル形は, 主交番磁束の一部をくま取りコイルによって時間的に遅れた磁束で移動磁界を発生させ, その移動方向にトルクを得る方式で, 20 W 程度以下の小容量機に用いられる. 表 14.4〜14.6 に「一般用単相誘導電動機（JIS C 4203）」に定められている定格出力, 全負荷時および最大始動電流およびトルク特性を示す.

〔道上　勉〕

14章 交流機

表 14.5 単相誘導電動機の全負荷時および最大始動電流（JIS C 4203）

種類	定格出力 [kW]	極数	同期回転速度 [min⁻¹] 50 Hz	同期回転速度 [min⁻¹] 60 Hz	全負荷特性 効率 η [%]	全負荷特性 力率 P_s [%]	全負荷特性 電流 I [A]	最大始動電流 I_s [A]	無負荷電流 I_Q (参考値)
分相始動	0.1	4	1,500	1,800	40 以上	47 以上	5.1 以下	28 以下	4.6
	0.12	4	1,500	1,800	42 以上	49 以上	5.5 以下	29 以下	5.0
	0.18	4	1,500	1,800	47 以上	52 以上	6.8 以下	32 以下	6.3
	0.2	4	1,500	1,800	49 以上	54 以上	7.2 以下	33 以下	6.7
コンデンサ始動	0.1	4	1,500	1,800	40 以上	47 以上	5.1 以下	25 以下	4.6
	0.12	4	1,500	1,800	42 以上	49 以上	5.5 以下	29 以下	5.0
	0.18	4	1,500	1,800	47 以上	52 以上	6.8 以下	32 以下	6.3
	0.2	4	1,500	1,800	49 以上	54 以上	7.2 以下	32 以下	6.7
	0.25	4	1,500	1,800	51 以上	56 以上	8.2 以下	33 以下	7.4
	0.37	4	1,500	1,800	56 以上	59 以上	10.5 以下	36 以下	9.2
	0.4	4	1,500	1,800	57 以上	60 以上	11.1 以下	37 以下	9.6

表の全負荷電流，最大始動電流および無負荷電流の値は，定格電圧 100 V の場合のもので，定格電圧 E[V] の場合にはその $100/E$ をとる．

表 14.6 単相誘導電動機のトルク特性（JIS C 4203）

種類	定格出力 [kW]	定格トルクに対する比 最小始動トルク	定格トルクに対する比 最大トルク
分相始動	0.1 0.12 0.18 0.2	1.25	1.6
コンデンサ始動	0.1 0.12 0.18 0.2 0.25	2.5	1.6
	0.37 0.4	2.0	

参 考 文 献

[1] 電気学会編：電気工学ハンドブック（第6版），オーム社（2001）
[2] 電気学会編：電気工学ハンドブック（新版），オーム社（1988）
[3] 道上 勉：送配電工学（改訂版），電気学会（2003）
[4] 道上 勉：発電・変電（改訂版），電気学会（2000）
[5] 岡田龍雄編著：EE Text：光エレクトロニクス，電気学会・オーム社（2004）
[6] 広瀬敬一・清水照久：現代電気工学講座 電気機器 I，オーム社（1962）
[7] 磯部直吉・土屋善吉ほか：現代電気工学講座 電気機器 II，オーム社（1962）
[8] 尾本義一・宮入庄太：現代電気工学講座 電気機器 III，オーム社（1962）
[9] 藤高周平・河野照哉ほか：現代電気工学講座 電気機器 IV，オーム社（1963）
[10] 横山 茂：配電線の雷害対策，オーム社（2005）
[11] 大浦好文監修：保護リレーシステム工学，電気学会（2002）
[12] JISC のホームページ（http://www.jisc.go.jp）
[13] 東芝：東芝レビュー，Vol. 55，No. 9（2001）
[14] 日本工業規格
「JIS C 3105（1994）電気機器巻線用軟銅線」
「JIS C 3110（1994）鋼心アルミニウムより線」
「JIS C 4003（1998）電気絶縁の耐熱クラス及び耐熱性評価」
「JIS C 4034-1（1999）回転電気機械－第1部：定格及び特性」
「JIS C 4203（2001）一般用単相誘導電動機」
「JIS C 4210（2001）一般用低圧三相かご形誘導電動機」
「JIS C 4212（2000）高効率低圧三相かご形誘導電動機」

「JIS C 4605（1998）高圧交流負荷開閉器」
「JIS B 0185（2002）知能ロボット一用語」
[15] 電気規格調査会標準規格
「JEC-3404（1995）アルミ電線」
「JEC-3406（1995）耐熱アルミ合金電線」
「JEC-2100（1993）回転電気機械一般」
「JEC-6147（1992）電気絶縁の耐熱クラスおよび耐熱性評価」
「JEC-2200（1995）変圧器」
「JEC-2300（1998）交流遮断器」
[16] リニア中央新幹線のホームページ（http://www.linear-chuo-exp-cpf.gr.jp）
[17] 引原隆士・木村紀之・千葉　明・大橋俊介：パワーエレクトロニクス，朝倉書店（2000）
[18] 宅間　董・高橋一弘・柳父　悟：電力工学ハンドブック，朝倉書店（2005）
[19] OHM，Vol. 76, No. 9（1989）
[20] 道上　勉：送電・配電（改訂版），電気学会（2001）
[21] 東芝パンフレット「東芝浜川崎工場ご案内」8010-11，05-5T1（2006）
[22] 東京電力・東芝・日立「電圧安定性を向上する新しい発電機励磁制御装置 PSVR」（1991）
[23] ニチコン技術情報ライブラリー「進相用コンデンサの最新技術動向」（2000）

15章　リニアモータと磁気浮上

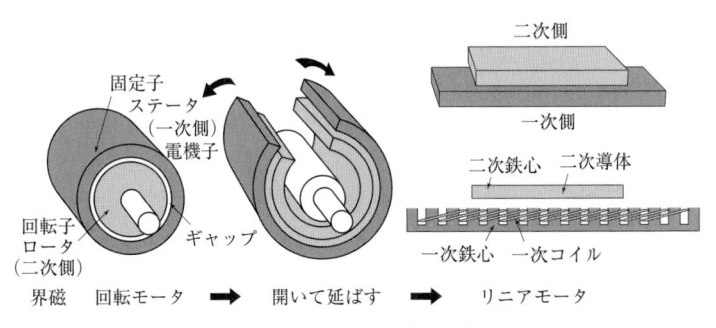

15.1　リニアモータ
(1)　リニアモータの原理と特徴

リニアモータ (linear motor) とは，図15.1に示すように円筒形の回転機モータを直線状に展開した構造で，駆動対象に直線的な運動させる力を与える駆動装置をいう．リニアモータの特徴として，① 理想的な直線ドライブで，駆動対象に非接触で任意の方向に推力を与えるため，歯車や車輪など推進の伝達機構を必要とせず駆動装置が簡単で，小形軽量化が可能であり，高速で高い位置決め精度などが実現できる，② 粘着や伝達の性能に依存しない高い加減速力が得られるので，急激な勾配の上がり下がりが可能であり，かつ特性の経年変化が少なく，保守性，信頼性に優れている，③ 自由度の大きな構造が可能なため，平板状や円筒形，角形などの形状のモータが実現でき，また，駆動電源を移動側，固定側のいずれにも接続でき，同じ移動部に対しても場所によって固定端の構成も変えることができる，などの優れた利点を有している．しかし一方では，① 固定部と移動部が有限長のため，漏れ磁束が多く端効果を生じ高速化の障害となる，② ギャップを一定に保つ支持機構の製造が回転形より難しい，③ 力率や効率など電気的特性が回転形に比べて劣る，などの欠点がある．

(2)　リニアモータの種類

リニアモータには大別して，① リニアモータ，② リニアアクチュエータがある．さらに，前者にはリニア誘導モータ (LIM)，リニア同期モータ (LSM)，リニアパルスモータ (LPM)，リニア直流モータ (LDM) などがある．後者にはリニア振動アクチュエータ (LOA)，リニア電磁ソレノイド (LES)，リニア電磁ポンプ (LEP) などがある．これらは現在も発展過程にあり，今後多くの種類が出現すると考えられる．現時点のリニアモータの種類を表15.1に示す．

(3)　リニアドライブシステムの構成

リニアドライブシステムの構成は，ハードウェア的要素とソフトウェア的要素に大別される．前者にはリニアモータとその可動部の支持案内機構，制御用電源，システム制御装置，センサなどがある．後者には加減速運転パターンプログラムや位置決め制御アルゴリズム，計測用データ処理ソフトウェア，ドライバ制御プログラム，運転監視モニタ，故障診断ソフトなどがある．図15.2にリニアドライブシステムの基本構成を示す．

(4)　リニア誘導モータ

リニア誘導モータ (LIM) の動作原理は回転誘導モータと同じであり，一次側の多相巻線に多相交流電流を流すことで進行磁界を形成し，その一次側に対向する二次導体に誘導電流が流れ，その誘導電流と磁界の相互作用により推力が働き二次側が直線運動をする．すなわち，一次コイルをインバータなどの可変周波数交流電源で励磁する

図 15.1　リニアモータの原理

表 15.1 リニアモータの種類
(a) リニアモータの分類方法

[動作原理]
(i) リニアモータ
　リニア誘導モータ
　リニア同期モータ
　リニアパルスモータ
　リニア直流モータ
(ii) リニアアクチュエータ
　リニア振動アクチュエータ
　リニア電磁ソレノイド
　リニア電磁ポンプ

[構造]
　平板状 ─ 両側式／片側式
　筒　状 ─ 円筒状／角形

[形式]
　短一次形
　長一次形（短二次形）

[方式]
　地上一次方式
　地上二次方式（車上一次方式）

(b) 各種リニアモータの構造

	種　類	構　造
リニアモータ	リニア誘導モータ (LIM)	原形は回転形誘導モータで，固定子と回転子を中心軸周りで切り開いて直線状に引き伸ばした直線運動をするモータ
	リニア同期モータ (LSM)	原形は回転形同期モータで，電機子と界磁磁極との相互作用により，移動磁界の移動速度に同期して界磁磁極のある可動体側が移動するモータ
	リニアパルスモータ (LPM)	原形はステッピングモータで，入力パルス信号に応じて所定のステップずつ運動するモータ
	リニア直流モータ (LDM)	原形は回転形直流モータで，長ストローク化できる形態としてブラシ付き LDM とブラシレス LMD がある．ブラシと整流子を電子回路に置換したのがブラシレス LDM で，モータ単体は同期モータ
リニアアクチュエータ	リニア振動アクチュエータ (LOA)	電気入力によって，いかなる変換機構も用いずに可動体に直接，直線的な往復運動を与えるアクチュエータで，正弦波あるいは方形波の繰り返し電圧を与え，所要の直線往復ストロークを得る
	リニア電磁ソレノイド (LES)	励磁コイルに電圧を印加して，磁気力によって可動子鉄心に直接，直線的な運動を与える電磁石の一種で，フレーム内に巻かれたコイルの内部をプランジャが往復移動する
	リニア電磁ポンプ (LEP)	液体金属または溶融金属に対して作用させ，電気エネルギーを機械エネルギーに変換し，金属を駆動するポンプの総称で，完全密閉ポンプ，溶融金属の攪拌および流量制御などに利用される

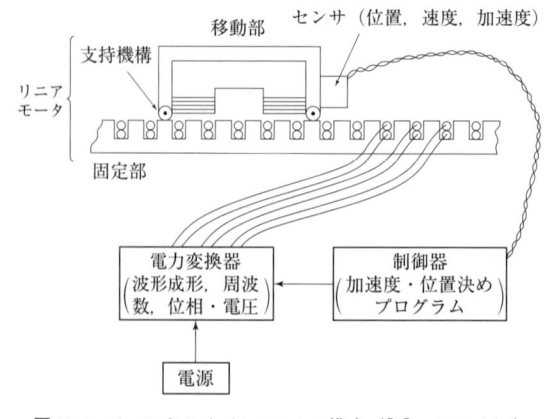

図 15.2　リニアドライブシステムの構成（[1] p.673，図 4）

ことで，ギャップ中に可変速の移動磁界を発生させ，二次導体に誘導される渦電流との相互作用で推力を得るものである．LIM は二次側に導体比を設置するだけで済むことから，構造が簡単で，また，進行磁界と非同期で動作するので，駆動用の回転速度検出や位置検知の必要がないという特徴を有し，リニアドライブの中で最も多く採用されている．用途は，都市の中距離・中速域の公共交通システムとして磁気浮上車，リニア地下鉄，工場内および建物内の搬送，一部工作機械など比較的長ストリークの移動体のダイレクトドライブに用いられている．図 15.3 は車両に適用した場合で，一次側を車体にして，二次側は地上の左右レールの間の枕木に固定して設置され，リアクションプレートと呼ばれている．リアクションプレートは導電性に優れたアルミ板などを鉄板（二次導体）に貼り付けた構造をしており，移動磁界の移動方向と車両の進む方向とは逆になる．

(5) リニア同期モータ

リニア同期モータ（LSM）の動作原理は回転同期モータと同じであり，電機子巻線による移動磁界と同期して直線状に動く界磁巻線の界磁磁界により，移動磁界と同方向の推力を発生することを利用している．LSM は LIM と異なり界磁巻線を電機子巻線と独立に設計できるため，界磁回路の起磁力を大きくすれば，大きな出力が容易に得られ，端効果もほとんどなく，高速化と高効率が実現できる．また，LSM は速度制御や推力制御

のために可変周波数のサイクロコンバータやインバータで駆動されており，同期制御と負荷制御は特殊な位置センサをもった VVVF インバータが使われている．代表的な用途としては，界磁として超電導磁石を用いたリニア同期モータ（LSM）で駆動される超高速磁気浮上式列車があり，すでに実用化段階に達している．図 15.4 にリニア同期モータの原理を示す．

(6) リニアパルスモータ

リニアパルスモータ（LPM）は固定子と可動

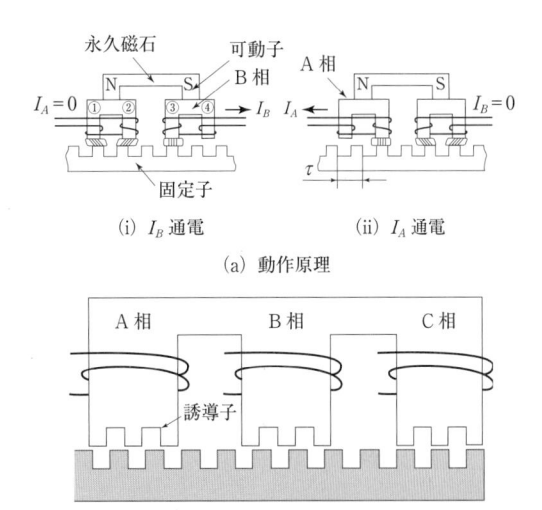

図 15.5 リニアパルスモータの動作原理と構造（[1] p. 679, 図 20, 21)

図 15.3 リニア誘導モータの適用

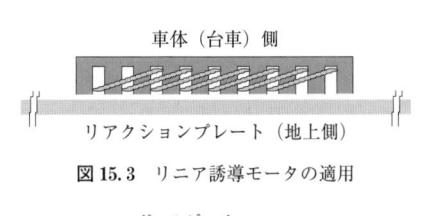

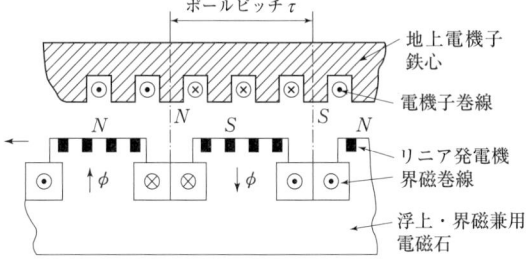

図 15.4 リニア同期モータの原理（[2] p. 580, 図 60)

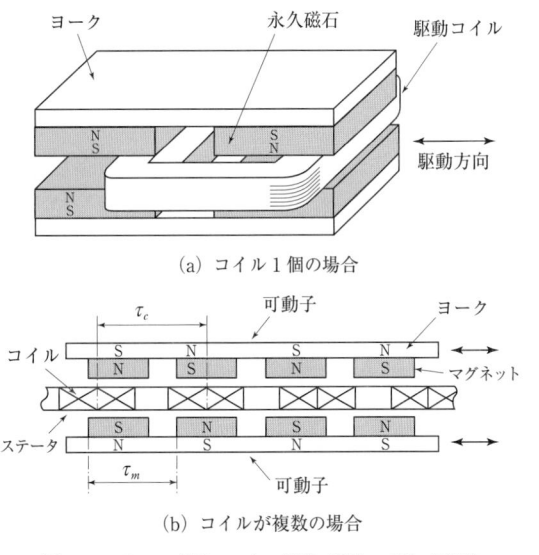

図 15.6 リニア直流モータの構造（[1] p. 682, 図 31)

表15.2 リニア振動アクチュエータ (LOA) の分類

項　目	可動コイル形	可動鉄心形	可動磁石形
可動体	コイル	鉄心	永久磁石
電磁力	電流力	磁気力	磁気力, 電流力
永久磁石の有無	あり	あり, なし	あり
磁路の構成	アキシャル磁束形, ラジアル磁束形		
磁路の独立性	磁路独立形, 磁路共通形		
推力の発生	片側式, 両側式		
形状	円筒形, 平板形, 角形		

子が多極の突極構造の歯と溝をもち，その両者に働く吸引力と反発力のリラクタンストルクを利用して進行方向成分の推力を得るモータである．大きな推力を得るためギャップ長を小さくしてある．可動子の移動速度は入力パルス周波数に，移動距離は入力パルス数によって決められ，開ループ制御が可能で，変位誤差が累積しないなどの特徴をもつ．図15.5にLPMの動作原理と誘導子の構造を示す．

(7) リニア直流モータ

リニア直流モータ (LDM) の原理は回転直流モータと同じである．その特徴は構造が比較的簡単で，可動子を軽量につくれるので推力・質量比が大きくサーボ性がよいなどである．高性能の希土類永久磁石 (SmCo系, Nd-Fe-B系) の出現により，それらを磁極に用いたリニア直流モータ (LDM) が広く使用されている．LDMには磁極の構造から単極形と多極形があり，動作原理から可動磁石形と可動コイル形の2つがある．LDMは自体に位置決め機能がないので，位置（変位）センサ，速度センサ，加速度センサと組み合わせて使用すればきわめて高精度の位置決め，速度制御が可能となる．図15.6に単極および多極形LDMの構造を示すが，この形式ではコイルの軸に対して直角方向に推力を得る方式となっている．

(8) リニアアクチュエータ

リニアアクチュエータ (linear actuator) には，リニア振動アクチュエータ (LOA)，リニア電磁ソレノイド (LES) などがある．LOAは可動体をばねで固定して，固有の振動数をもつ系を構成する場合が多く，振動の安定性の向上と高効率化が図られる．一方，LESは通称ソレノイドと呼称

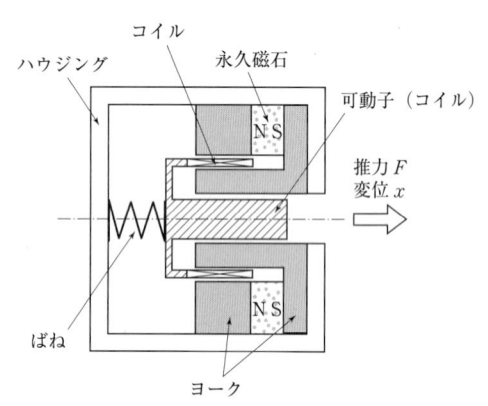

(a) 可動コイル形LOAの構造例

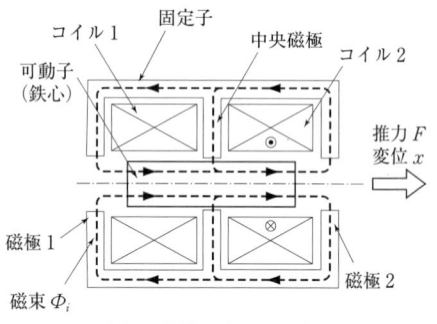

(b) 可動鉄心形LOAの構造例

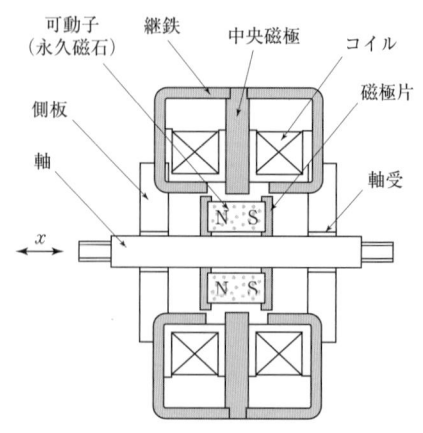

(c) 可動磁石形LOAの構造例

図15.7 リニア振動アクチュエータ (LOA) の構造 ([1] p.683, 図33〜35)

表15.3 リニアモータとリニアアクチュエータの特性と用途

種類	主な特性	用途
LIM	連続直線，大変位往復，高速，大推力など	大出力連続運転，高速搬送用
LSM	連続直線，大変位往復，高速・低速，大推力，位置決め，高応答など	高速連続運転，搬送用
LPM	間欠直線，小変位往復，低速，位置決めなど	低速大出力運転，間欠運転，位置決め制御用
LDM	間欠直線，小変位往復，高速・低速位置決め，高応答など	小変位高速運転，高精度位置決め制御用
LOA	小変位往復など	小変位往復運転
LES	構造の簡易性，電源制御回路の簡易性など	送出し保持機構
LEP	連続直線，電源制御回路の簡易性など	液体金属搬送用

表15.4 磁気浮上方式の種類

種類	方式の内容
吸引制御式（EMS）	電磁石と強磁性体もしくは永久磁石の組合せで，浮上ギャップ長に応じて電磁石電流を制御することにより，強磁性体や永久磁石との間に作用する電磁力を制御して能動的に安定化を図る方式
電磁誘導式（EDS）	超電導磁石や永久磁石などの磁束発生源と導体間の相対運動あるいは電磁石電流の変化により，導体中に誘導される電流と磁束発生源との相互作用で安定な磁気浮上を得る方式．特に，超電導磁石を利用したコイル軌道式は，超電導磁石の強力な磁界により大きな浮上力が得られ，① 対向浮上方式と② 側壁浮上方式の2つがある
永久磁石反発式	永久磁石間の反発力を利用して浮上を行う方式で，システムがきわめて簡単となるが，漏れ磁束が大きくコストが高い欠点を有する
酸化物バルク超電導導体式	酸化物バルク超電導体の反磁性（マイスナー効果）を利用した浮上方式で，臨界磁界や臨界電流密度が小さいため浮上力は小さいが，薄膜化してマイクロマシンに適用することが可能となる
その他の浮上方式	永久磁石と強磁性体間もしくは永久磁石間に作用する吸引力が，浮上体の質量と平衡するギャップ長を維持するように，アクチュエータで調整する方式などがある

され，ストロークが大きくとれない場合で，大きな推力を得たいときに使用される．LOAには電磁力の発生原理から可動コイル形，可動鉄心形，可動磁石形がある．LOAの分類を表15.2に，構造例を図15.7に示す．

(9) リニアモータとリニアアクチュエータの特性と用途

リニアモータの応用としては，大変位，大推力を要する輸送用として，大形化の実現が容易なリニア誘導モータ（LIM），リニア同期モータ（LSM）が適している．また，高応答や位置決め機能を必要とするOA機器（磁気，光ディスクなど）関連にはリニア直流モータ（LDM）が，開ループ制御で位置決め制御を行わせる利用ではリニアパルスモータ（LPM）が有効である．一方，リニアアクチュエータの応用としては，リニア振動アクチュエータ（LOA）は比較的小変位の往復運動を行わせるスターリングエンジンやポンプなどに，リニア電磁ポンプ（LEP）は流体金属の非接触駆動が可能なことから，高温溶融金属を多く扱う製鉄や冶金工場などに適している．表15.3にリニアモータ，リニアアクチュエータの特性と用途を示す．

15.2 磁気浮上

(1) 磁気浮上方式の種類

磁気浮上とは，磁気力あるいは電磁力により物体を非接触状態で支持することであり，その特徴は省保守性，低騒音などの環境性，高速性などが発揮できることである．磁気浮上方式の分類には，① 吸引制御式（EMS），② 電磁誘導式（EDS），③ 永久磁石反発式，④ 酸化物バルク超電導導体式などがある．表15.4にこれら磁気浮上方式の種類と内容を示す．この中で，超電導磁石と導体

表15.5 磁気浮上が可能な構成要素の組合せ

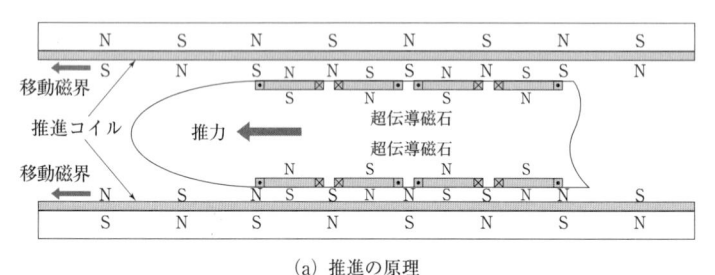

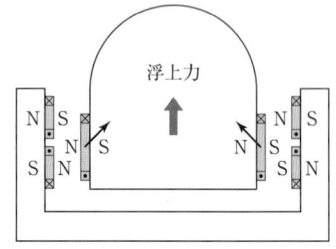

		磁束発生源		
		永久磁石	電磁石	超電導磁石
電流通過	金属導体	相対運動または交流磁界で安定浮上	相対運動または交流磁界で安定浮上	相対運動または交流磁界で安定浮上
	超電導体	無制御で安定浮上	無制御で安定浮上	無制御で安定浮上
磁束通過	強磁性体	制御で安定浮上	制御で安定浮上	制御で安定浮上
磁束保持	超電導磁石	制御で安定浮上	制御で安定浮上	案内機能付加で安定浮上
	電磁石	制御で安定浮上	制御で安定浮上	—
	永久磁石	案内機能付加で安定浮上	—	—

図15.8 超電導磁気浮上式リニア鉄道車輌の原理 [16]

電流間の相互作用で磁気浮上を行う電磁誘導式磁気浮上システムには，①対向浮上方式と②側壁浮上方式がある．将来の超高速鉄道の実用化を計画している山梨実験線では，以前に研究していた宮崎実験線による評価に基づき側壁浮上方式を採用している．

(2) 磁気浮上システムの構成要素

磁気浮上システムの構成（原理）は，磁束を発生するもの（磁束発生源）と，①電流を流しやすいもの，②磁束を通しやすいもの，③磁束を保持するもの，との組合せ（相互作用）として得られる．これらを具体的に実現するものとして，磁束発生源には永久磁石，電磁石，超電導磁石の3つが，①の電流通過には金属導体，超電導体が，②の磁束通過には強磁性体が，③の磁束保持には超電導磁石（酸化物バルク），電磁石，永久磁石がそれぞれ使われる．これらの磁気浮上が可能な構成要素の組合せを表15.5に示す．

(3) リニア交通システムの種類と原理

将来の超高速鉄道（400～500 km/h級）用の高速リニア交通システムがドイツと日本において推進されてきており，現在では開発の最終段階にある．また，都市内交通用の低速リニア交通システムが英国，カナダ，米国，中国などで実用化され，日本でも1990年に大阪市でリニア地下鉄が運転開始した．リニア交通システムに適用されるリニアモータの機種は，それぞれの交通システムに最適なものが採用されるが，支持案内方式として，超高速鉄道では磁気浮上方式が，都市内交通用では車輪方式がそれぞれ採用されている．超高速鉄道は交通システム自体が高速・大量輸送が可能で，安全でかつ快適で便利である，信頼性が高い，公害がない，保守が容易である，などの条件を満足させることを開発の目標としている．わが国の次世代の超電導磁石リニア同期モータを用いた実験線の高速車輌の推進と浮上（側壁浮上方式）の原理を図15.8に示す．　〔道上　勉〕

参考文献

[1] 電気学会編：電気工学ハンドブック（第6版），オーム社（2001）
[2] 電気学会編：電気工学ハンドブック（新版），オーム社（1988）
[3] 道上 勉：送配電工学（改訂版），電気学会（2003）
[4] 道上 勉：発電・変電（改訂版），電気学会（2000）
[5] 岡田龍雄編著：EE Text：光エレクトロニクス，電気学会・オーム社（2004）
[6] 広瀬敬一・清水照久：現代電気工学講座 電気機器 I，オーム社（1962）
[7] 磯部直吉・土屋善吉ほか：現代電気工学講座 電気機器 II，オーム社（1962）
[8] 尾本義一・宮入庄太：現代電気工学講座 電気機器 III，オーム社（1962）
[9] 藤高周平・河野照哉ほか：現代電気工学講座 電気機器 IV，オーム社（1963）
[10] 横山 茂：配電線の雷害対策，オーム社（2005）
[11] 大浦好文監修：保護リレーシステム工学，電気学会（2002）
[12] JISCのホームページ（http://www.jisc.go.jp）
[13] 東芝：東芝レビュー，Vol.55, No.9（2001）
[14] 日本工業規格
「JIS C 3105（1994）電気機器巻線用軟銅線」
「JIS C 3110（1994）鋼心アルミニウムより線」
「JIS C 4003（1998）電気絶縁の耐熱クラス及び耐熱性評価」
「JIS C 4034-1（1999）回転電気機械－第1部：定格及び特性」
「JIS C 4203（2001）一般用単相誘導電動機」
「JIS C 4210（2001）一般用低圧三相かご形誘導電動機」
「JIS C 4212（2000）高効率低圧三相かご形誘導電動機」
「JIS C 4605（1998）高圧交流負荷開閉器」
「JIS B 0185（2002）知能ロボット－用語」
[15] 電気規格調査会標準規格
「JEC-3404（1995）アルミ電線」
「JEC-3406（1995）耐熱アルミ合金電線」
「JEC-2100（1993）回転電気機械一般」
「JEC-6147（1992）電気絶縁の耐熱クラスおよび耐熱性評価」
「JEC-2200（1995）変圧器」
「JEC-2300（1998）交流遮断器」
[16] リニア中央新幹線のホームページ（http://www.linear-chuo-exp-cpf.gr.jp）
[17] 引原隆士・木村紀之・千葉 明・大橋俊介：パワーエレクトロニクス，朝倉書店（2000）
[18] 宅間 董・高橋一弘・柳父 悟：電力工学ハンドブック，朝倉書店（2005）
[19] OHM，Vol.76, No.9（1989）
[20] 道上 勉：送電・配電（改訂版），電気学会（2001）
[21] 東芝パンフレット「東芝浜川崎工場ご案内」8010-11，05-5T1（2006）
[22] 東京電力・東芝・日立「電圧安定性を向上する新しい発電機励磁制御装置 PSVR」（1991）
[23] ニチコン技術情報ライブラリー「進相用コンデンサの最新技術動向」（2000）

16章 静止機器

16.1 変圧器
(1) 変圧器の鉄心構造

変圧器の鉄心構造には内鉄形（core type）と外鉄形（shell type）の2種類がある．前者は鉄心脚の軸が垂直な鉄心の外側に一次巻線と二次巻線などを同心状に配置した方式であり，後者は鉄心脚軸が水平で，巻線面を垂直に交互配置した方式である．鉄心材料としては1960年代から方向性ケイ素鋼板が多く採用されてきたが，1985年から高配向性ケイ素鋼板が，2000年代から磁区制御ケイ素鋼板が使用され，板厚の薄厚化と低損失化が図られている．また，鉄心構造には切断した鋼板を積層した積鉄心形と鋼板を圧延方向に巻いた巻鉄心形がある．前者は大容量器に，後者は配電用変圧器など小容量器に使用されている．図16.1に内鉄形と外鉄形の変圧器の鉄心構造（基本構造と標準構造）を示す．

(2) 変圧器の巻線構造

変圧器巻線としては，直巻と型巻の2つがある．前者は積み重ねた鉄心に絶縁を施し，その上に低圧巻線を巻き，さらに絶縁を施した上に高圧巻線を巻き付けたものである．後者は木製巻型または絶縁筒上にコイルを巻き，後で鉄心脚を挿入できるようにしたものである．用途として前者は小形

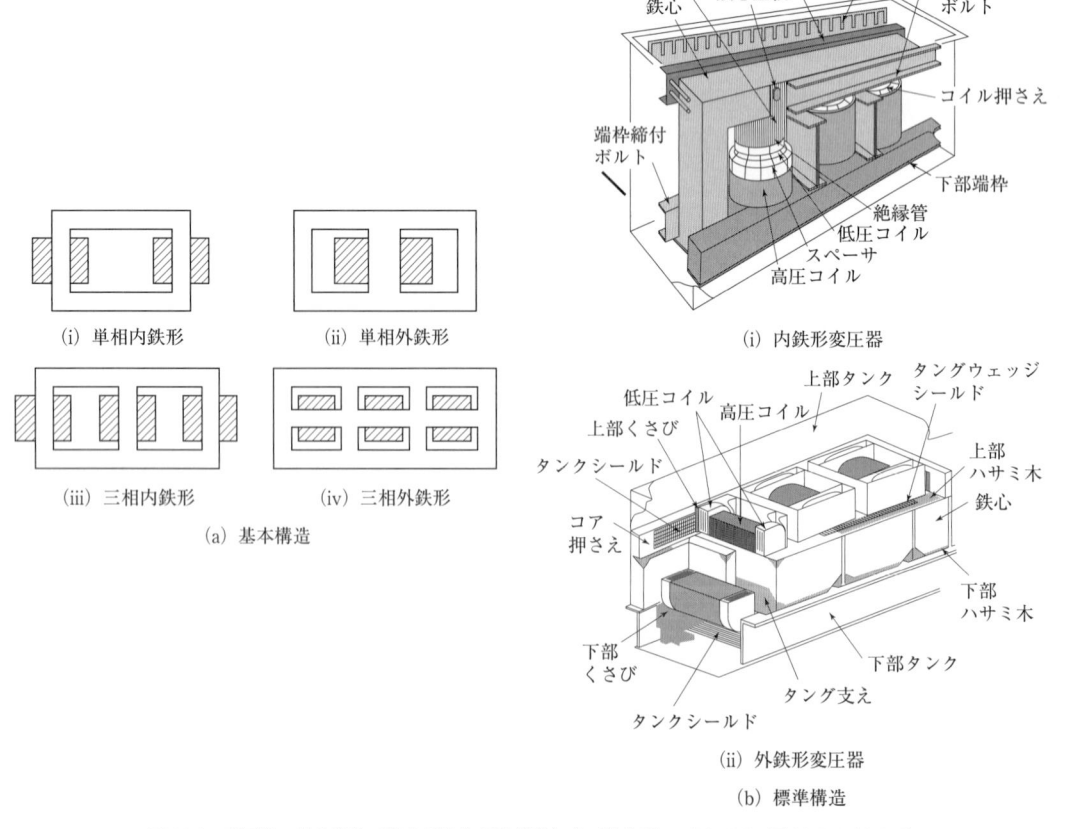

(i) 単相内鉄形   (ii) 単相外鉄形

(iii) 三相内鉄形   (iv) 三相外鉄形

(a) 基本構造

(i) 内鉄形変圧器

(ii) 外鉄形変圧器

(b) 標準構造

図 16.1 変圧器の鉄心構造（基本構造と標準構造）（一部 [18] p. 493, 494, 図 11.5.1, 11.5.3）

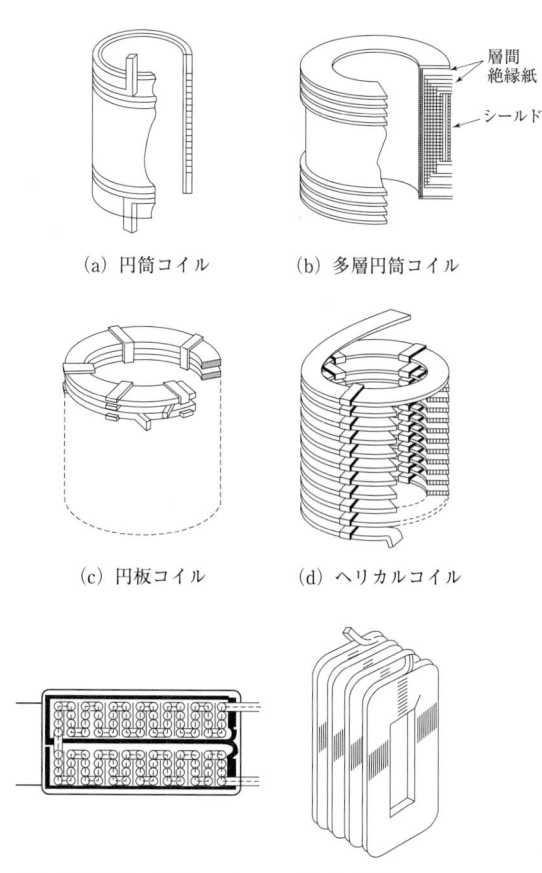

の柱上変圧器や変流器などに，後者は電力用変圧器などに採用される．巻線の形状として円筒，円板，ヘリカル，方形板状などのコイルがある．円筒コイルの構造は円形コイルから矩形鉄心断面に合わせた矩形コイルが使用され，変圧器中身のコンパクト化に寄与している．図16.2に変圧器の各種の巻線構造を示す．

(3) 変圧器の定格事項

変圧器の定格事項としては電圧，電流，周波数，力率および容量などがある．また，変圧器の変圧比（一次電圧と二次電圧比）は，負荷変化による系統電圧の電圧変動を補償するため，運転状況に応じ変更できることが望ましいため巻線にタップを設けている．最近，地球温暖化の観点から法規によるトップランナー制度が定められ，その特定機器の中に配電用変圧器が指定され，目標基準値（損失30%以上低減）の達成が義務づけられている．定格電圧とタップ電圧は設計標準化の見地から，極力表16.1に示すJECの中から選定することが望ましい．

(4) 変圧器の励磁電流波形

変圧器の励磁電流は鉄心内に主磁束をつくるための無効分と，それにより鉄心内に発生する

(a) 円筒コイル
(b) 多層円筒コイル　層間絶縁紙／シールド
(c) 円板コイル
(d) ヘリカルコイル
(e) 丸線を用いた円板コイル
(f) 方形板状コイル

図16.2 変圧器の巻線構造（[1] p.701, 図7）

表16.1 変圧器の定格電圧とタップ電圧（JEC-2200（1995））

分類	一次電圧 [%]	二次電圧 [%]
A	発電気端子電圧より0～5%低い値を選定	F 115/R 110/F 105 または F 110/R 105/F 100
B	F 115/R 110/F 105 (F 115)/F 110/R 105/F 100 または (F 115)/F 105/R 100/F 95	R 110 または R 105
C	(F 115)/F 110/R 105/F 100 または (F 115)/F 105/R 100/F 95	R 115 または R 110
D	F 112.5/R 110/F 107.5/F 105/102.5 または R 110/F 105/100	105 V および 210 V

A：発電機電圧から高圧または特別高圧に昇圧する変圧器．
B：特別高圧から他の特別高圧に昇圧する変圧器．
C：特別高圧または高圧から高圧に降圧する変圧器．
D：高圧から低圧に降圧する変圧器．
表の値は公称電圧を1.1で除した値に対する百分率．R：定格電圧，F：タップ電圧．（ ）内のタップ電圧は，77 kV以下に適用．

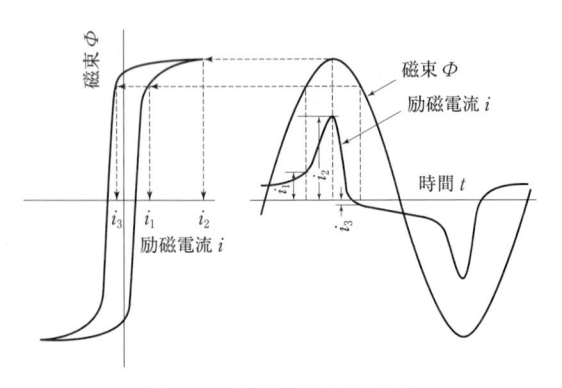

図16.3 変圧器の励磁電流波形

鉄損を供給する有効分からなり，前者を磁化電流，後者を鉄損電流という．変圧器鉄心の磁化特性は強い非直線性を示し，またヒステリシス現象（hysteresis phenomenon）があるため，巻線に正弦波電圧を与えたときの励磁電流は，図16.3のように多くの奇数倍を主とする高調波を含んだひずみ波形となる．

(5) 変圧器の内部電位振動

変圧器に雷サージが進入すると，巻線の内部電位は初期電位分布から最終電位分布に落ち着くまでの間，ある電位振動を起こす．この電位振動の大きさは，巻線の対地分布静電容量 C と巻線相互間の直列分布静電容量 K との比，厳密には $\alpha = \sqrt{C/K}$ で決まり，この α 値が大きいほど電位振動は大きくなる．この特性に従い，電位振動の抑制対策としては，① C を小さくし，かつ K を大きくする（外鉄形はサージプルーフ巻線，内鉄形は多重円筒巻線やインタリーブ巻線，K 追加策は制振遮蔽巻線など），② 巻線各部を電位振動に十分耐えるようにする（特に，線路側端部の巻線絶縁を強化する），③ 絶縁破壊は主として沿面放電により発生するため電界と直角方向の絶縁を強化する，などの対策がある．図16.4に変圧器の内部電位分布と各種巻線の内部電圧振動防止策を示す．

(6) 三相変圧器の結線方式の種類

三相変圧器の結線方式の種類には，Δ-Δ 結線，Δ-Y 結線，Y-Y-Δ 結線，V-V 結線などがあり，用途により使い分けられている．表16.2に代表的な三相変圧器の結線方式の種類とその特徴と用途を示す．

(7) 変圧器の温度上昇限度と過負荷運転

変圧器の寿命は，主として絶縁物の熱劣化で定まるため，その周囲温度に左右される．また，系統運用状態などにより，変圧器に短時間の過負荷が要求されることがあるが，この際の変圧器の短時間許容過負荷運転は，過負荷を行う直前の負荷状態により大きく左右される．表16.3に油入変圧器の温度上昇限度（JEC-2200）を，表16.4に油入変圧器の短時間許容過負荷の例を示す．

(8) ガス絶縁変圧器の構造

ガス絶縁変圧器は不燃形変圧器ともいわれ，構造は油入変圧器の絶縁油の代わりに絶縁性能，難燃性に優れた SF_6 ガスを使用した変圧器である．SF_6 ガス圧力は小中容量器で 0.14 MPa 程度，高電圧大容量器で 0.4 MPa 程度が採用され，コイル導体の絶縁材料には耐熱性に優れたプラスティックフィルムや芳香族ポリアミドが用いられている．SF_6 ガスの絶縁耐力および冷却能力は絶縁油に比べて低いため，ガス絶縁変圧器は同容量の油入変圧器と比較して体積で 1.5～2 倍の大きさとなる．ガス絶縁変圧器の種類は冷却方式により，① 純ガス式，② 蒸発冷却式，③ 液冷却式があるが，①，②が多く採用されている．①の純ガス式は，難燃性のモールド変圧器でカバーできない電圧で，容量の大きな領域（77 kV, 30 MVA 級）で採用されている．②の蒸発冷却式は図16.5(a)のような構造をしており，主絶縁は SF_6 ガスで行い，冷却は冷却性能の優れたパーフロロカーボン（PFC：低沸点で比較的比重の重い液体）などの冷媒を巻線，鉄心に散布し，その蒸発潜熱を利用している．また，純ガス式よりも高い電圧で，大きな容量（60 MVA 級）の変圧器に採用されている．③の液冷却式は SF_6 ガスと PFC 液を完全分離し，PFC 液を油と同様に還流して冷却する方式で，冷媒蒸気圧の影響を受けずガス圧力が高められ冷却効果が向上する．この方式は蒸発冷却式よりもさらに高電圧・大容量（275 kV, 300 MVA 級）の領域で採用されている．図16.5(b) に地下変電所向けの大電圧・大容量液冷却式ガス絶縁変圧器の外観例を示す．

16章 静止機器

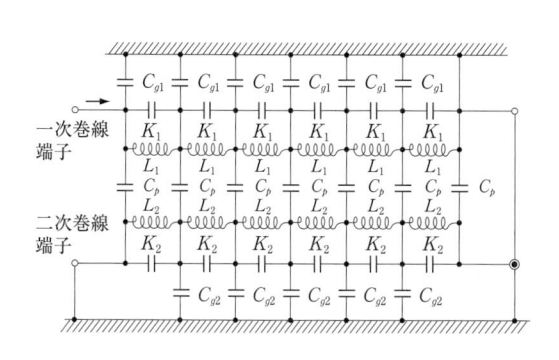

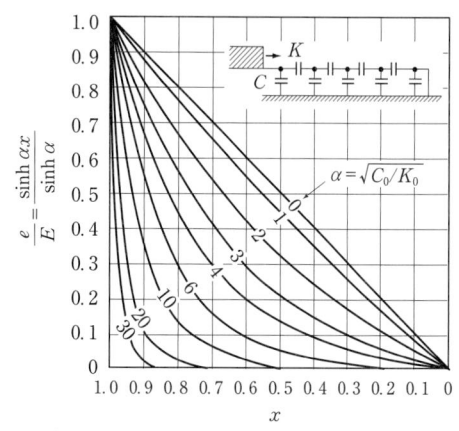

(i) 分布定数等価回路

(ii) 中性点直接接地時の初期電位分布

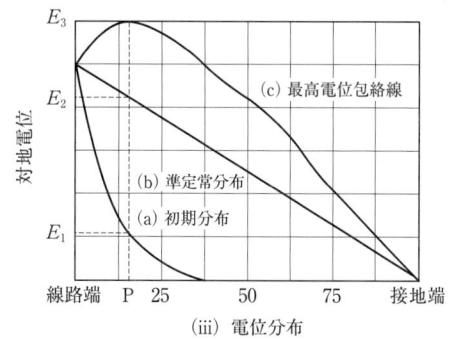

$\dfrac{e}{E} = \dfrac{\sinh \alpha x}{\sinh \alpha}$, $\alpha = \sqrt{C_0/K_0}$

(iii) 電位分布

(a) 変圧器の内部電位分布

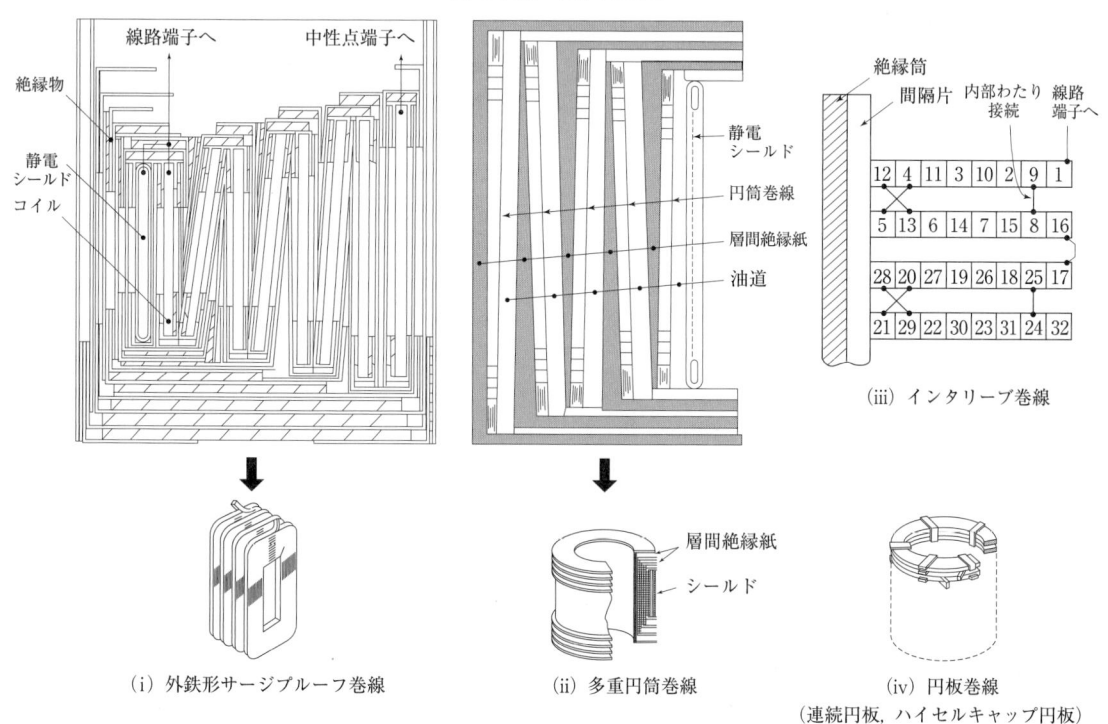

(i) 外鉄形サージプルーフ巻線

(ii) 多重円筒巻線

(iii) インタリーブ巻線

(iv) 円板巻線
(連続円板, ハイセルキャップ円板)

(b) 各種巻線の内部電位振動防止策

図 16.4 変圧器の内部電位分布と各種巻線の内部電位振動防止策 ([1] p.708, 図 20, 21)

表16.2 三相変圧器の結線方式の種類（特徴と用途）

種類	特徴	用途
Δ-Δ 結線	一次，二次の位相変化がなく，第三高調波の還流通路があるため，高調波が吸収され電圧波形のひずみは少なく，一相故障時V-V結線で供給可能となる．また，線電流が相電流の$\sqrt{3}$となり大電流に適する．ただし，中性点接地ができないため異常電圧が発生しやすく，地絡保護用の接地用変圧器を必要とする．高電圧の場合，巻数が増加して占積率が低下する	77 kV以下の変圧器
Δ(Y)-Y(Δ) 結線	Y結線側は，中性点接地が可能で地絡時の異常電圧を抑制でき，相電圧が線間電圧の$1/\sqrt{3}$となり，高電圧に適し，中性点側にLTCを設置できる．一方，Δ結線側は，第三調波を還流でき各相電圧の高調波を抑制でき，線電流が相電流の$\sqrt{3}$倍となり大電流に適する．ただし，この結線は一次と二次間の位相が30°となり，Y結線側が一線地絡時に他相が過励磁となる	発電機昇圧用，変電所降圧用変圧器
Y-Y-Δ 結線	Y-Y結線に三次巻線としてΔ結線を設けた方式で一次，二次側ともに中性点接地が可能で，第三調波をΔ結線で還流でき広く使用されている．その特徴は，① 異常電圧を抑制でき絶縁を低減でき，一次，二次間の位相変化がない，② 中性点側にLTCを設置でき，かつ，保護リレーの確実な動作が期待できる，③ Δ結線の効用として第三高調波を環流させ，各相電圧を正弦波にでき，一線地絡時に零相電流を循環させ，零相インピーダンスを小さくでき，調相設備や所内負荷の電圧を供給できる，などである	500 kV～配電用変圧器
V-V 結線	Δ-Δ結線で一相が故障した場合に，2台の変圧器をV-V結線で供給する方式で，三相負荷に供給可能である．しかし，利用率・出力が低く，電圧降下も不平衡となる	事故時の緊急用，軽負荷用変圧器

表16.3 油入変圧器の温度上昇限度（JEC-2200 (1995)）

変圧器の部分		温度測定方法	温度上昇限度 [K]
巻線	自然循環の場合 強制循環の場合	抵抗法	55 60
油	油が直接外気と接触する場合 油が直接外気と接触しない場合	温度計法	50 55
鉄心，その他金属部分に接近した表面		温度計法	近接絶縁物を損傷しない温度

表16.4 油入変圧器の短時間許容過負荷の例（周囲温度25 K）

方式		自然循環方式 （時定数2.5時間）			強制循環方式 （時定数1.5時間）		
事前負荷率		50%	70%	90%	50%	70%	90%
過負荷率 [%]	重負荷時間 [h] 0.5	150	150	149	147	142	133
	1.0	150	150	136	136	132	125
	2.0	140	134	123	125	122	116
	4.0	123	120	113	114	113	109
	8.0	111	110	106	107	106	104
	24.0	100	100	100	100	100	100

(9) アモルファス変圧器の損失と効率

鉄心材料として鉄に非結晶を容易にするボロンを加えて溶解した後，薄い板帯状に噴出させて急冷すると非結晶のアモルファス（amorphous）合金が得られる．その特徴は，① 低損失特性（1/3～1/4），② 高硬度（3倍），③ 高電気抵抗（3倍），④ 高耐食性，⑤ 低励磁電流（1/3）などであり，特に省エネルギー形の変圧器の材料として注目されている．すなわち，アモルファス変圧器は鉄心材料としてアモルファス合金を使用することにより，無負荷損失を従来のケイ素鋼鈑変圧器に比べ約1/4に低減できる省エネルギー形変圧器である．アモルファス合金はケイ素鋼鈑に比べ低損失である反面，飽和磁束密度や占積率が低いこな

16章 静止機器

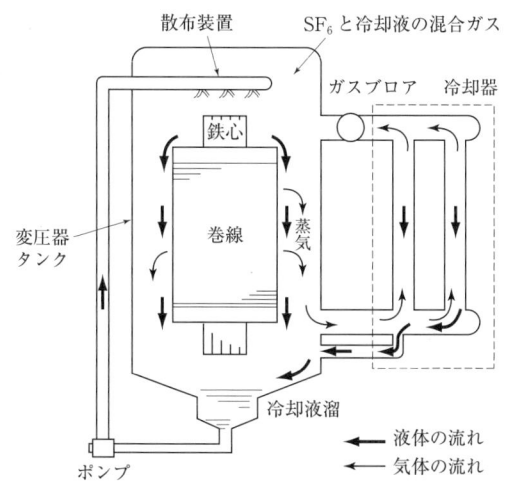

(a) 蒸発冷却式ガス絶縁変圧器の構造

(b) 地下変電所向け液冷却式ガス絶縁変圧器の外観

図 16.5 蒸発冷却式ガス絶縁変圧器と液冷却式ガス絶縁変圧器（[19] p.94，第1図，[21] p.6）

どから，大形化が難しく材料の高コストの課題があり，また硬度が高くもろいため加工コストも高くなり変圧器価格は高価となる．しかし，運転コストが安いため長期的な経済性と地球温暖化の観点から急速に普及してきている．表16.5にケイ素鋼鈑変圧器とアモルファス変圧器について損失および効率の比較を示す．

16.2 リアクトル
(1) 電力用リアクトルの種類

リアクトルは電気回路に接続され，誘導性リアクタンスを発生する装置である．種類としては主脚鉄心の有無から空心形と鉄心形に大別され，両者の長所を兼ね備えたギャップ付き鉄心形もある．用途上からは電力用，電気炉用，始動用，フィルタ用などに分類される．電力用はさらに直列リアクトル，分路リアクトル，消弧リアクトル，中性点補償リアクトルおよび直流リアクトルに分けられる．表16.6に各種電力用リアクトルの機能と用途を示す．

(2) 限流リアクトルの構造

直列リアクトルの一種で，短絡時の電流を制限するリアクトルを限流リアクトルといい，電力回路で広く利用されている．限流リアクトルは通常

表 16.5 ケイ素鋼鈑変圧器とアモルファス変圧器の損失・効率の比較
（油入三相，1,000 kVA，50 Hz，6.6 kV/210 V：負荷率60％時）

機　種	電力損失 [kW]		
	無負荷損	負荷損	全損失
ケイ素鋼板変圧器	1,920 (100%)	4,304 (100%)	6,224 (100%)
スーパーアモルファス	310 (16%)	2,754 (64%)	3,064 (49%)

（　）内の数値はケイ素鋼板変圧器の値を100％とした．

表 16.6 各種電力用リアクトルの機能と用途

種　類	機　能	用　途
直列リアクトル	短絡電流抑制，並列回路の電流分流制御，高調波成分の抑制	限流リアクトル，並列コンデンサの直列リアクトル，フィルタ用リアクトル
分路リアクトル	進相電流（充電電流）を補償して無効電力を低減する	電力系統の電圧上昇抑制用，ケーブル系の充電電流補償用
消弧リアクトル	対地静電容量電流を完全補償し，一線地絡電流を消弧する	雷多発地域の架空系統の中性点接地用
中性点補償リアクトル	進み地絡電流を補償して地絡事故の検出を容易にする	都市ケーブル系の中性点接地用
直流リアクトル	高調波成分を平滑化する	直流送電や周波数変換の直流回路

表16.7 限流リアクトルの種類と使用電圧

種類	構　造	使用電圧
乾式	裸または耐熱絶縁より線を多層円筒形に巻きコンクリート，磁器などで支持し，その支持脚には支持がいしを，金属部分にはすべて黄銅を使用する	22 kV 以下で屋内用
油入形	磁気遮蔽または継鉄をつけ，円形コイルを絶縁支持物に通して強固にすると同時に，漏れ磁束によるタンクの過熱防止の対策が施されている	33 kV 以上または屋外用

インダクタンスが不変の空心形が用いられ，乾式と油入形がある．リアクトルの構造設計には，短絡電流に対して，熱的・機械的に十分に耐える強固なものとする必要がある．表16.7に限流リアクトルの種類と使用電圧を，図16.6に乾式リアクトルの外観例を示す．

図 16.6 乾式限流リアクトルの外観（[8] p.53, 第 4.9 図）コンクリート形，リアクタンス 0.12 [Ω]，60 Hz, 1,500 A.

16.3 コンデンサ
(1) コンデンサの種類

コンデンサは対向した導体を電極とし，その間に誘電体を挿入することにより静電容量を得るもので，静電容量 C は誘電体の比誘電率 ε_r と電

表16.8 各種コンデンサの特性および常用範囲

種類	誘電体	50 Hz 損失 [%]	絶縁抵抗 [Ω·F]	電極	DC電圧 [V]	AC電圧 [V]	静電容量 [μF]	温度 [℃]
油浸コンデンサ（含浸剤：鉱油，アルキルナフタレン，アルキルジフェニルエタンなど）	クラフト紙	0.2〜0.6	10^3〜10^5	金属はく	50〜10^4	100〜3×10^3	10^{-4}〜10^3	−20〜80, −40〜85 など
	紙＋ポリプロピレン	0.03〜0.2						
	ポリプロピレン	0.03以下		蒸着金属	150〜5×10^3	100〜3×10^3	5×10^{-2}〜10^4	
	ポリエチレン	0.03以下						
プラスチックフィルムコンデンサ	ポリエチレンテレフタレート	0.1〜0.5	10^4〜10^5	金属はく	50〜10^4	100〜300	10^{-4}〜10	−25〜85
				蒸着金属	50〜10^3			
	ポリカーボネート	0.05〜0.2	10^4〜10^5	蒸着金属			10^{-4}〜50	
	ポリスチレン	0.01〜0.1	10^5〜10^6	金属はく	40〜5×10^3	50〜250	10^{-4}〜1	
電解コンデンサ	酸化アルミニウム	4〜15	10〜10^2	金属はく	6〜500	−	5×10^{-2}〜10^4	−55〜85
					−	50〜300	5〜500	−25〜70
	酸化タンタル	2〜10	10^2〜10^3	粉末焼結体	3〜40	−	5×10^{-2}〜500	−55〜125
			10^3〜10^4	線形	3〜150	−	10^{-1}〜5×10^3	−55〜85
磁器コンデンサ	酸化チタン系磁器	0.1〜0.6	10^4〜10^5	焼付金属	25〜10^5	−	10^4〜10^5	−25〜85
	チタン酸バリウム系磁器	2.5〜5	10^3〜10^4		25〜5×10^3	−	10^3〜10^4	
	半導体磁器	3〜15	1〜10		5〜50	−	1〜10	
マイカコンデンサ	マイカ	0.02〜1	10^2〜10^3	焼付金属	50〜3×10^3	−	5×10^{-7}〜1	−55〜125
ガスコンデンサ	空気，六フッ化硫黄など	0.001以下	10^4以上	金属板	−	100×10^6	5×10^{-5}〜10^{-3}	−20〜35

極面積 A に比例し，電極間距離 d に反比例する．コンデンサの種類は，用途上から電力用，電気機器用，パワーエロクトロニクス用，および電子用に大別され，構造上からタンク形，缶形，がいし形，およびモールド形に分けられる．また，静電容量が変えられるか否かにより可変コンデンサと固定コンデンサに分けられる．コンデンサに使用される誘電体には，油浸紙，油浸紙・フィルム，油浸フィルム，フィルム，マイカ，磁器，酸化金属，セラミック（酸化チタン，アルミナ，チタン酸バリウムなど天然の無機物を焼き固めた窯業製品），液体，空気，ガス，真空などがある．表 16.8 に各種コンデンサの特性および常用範囲を，図 16.7 に缶形コンデンサとタンク形コンデンサの構造をそれぞれ示す．

(a) 缶形コンデンサ　　(b) タンク形コンデンサ

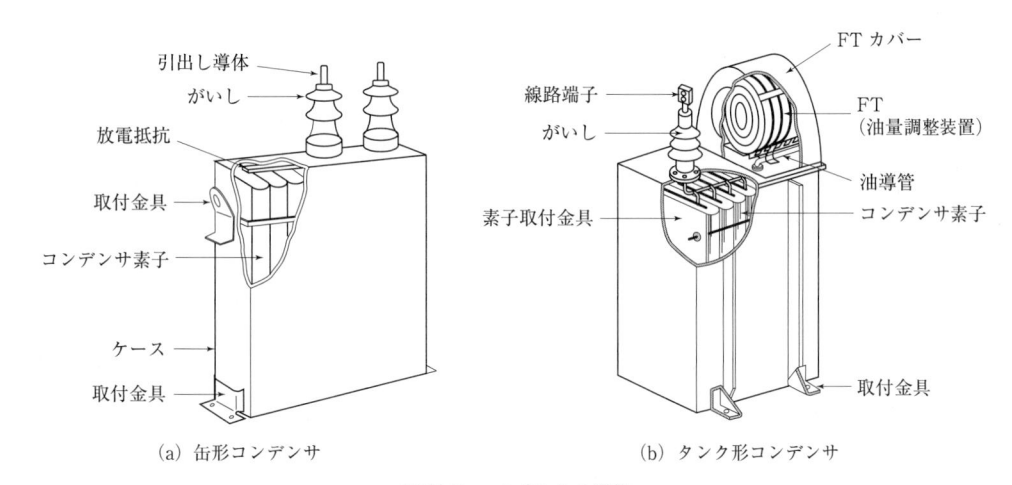

図 16.7　コンデンサの構造

表 16.9　高圧電力用コンデンサの変遷

区　分	構　造	含浸剤	製作年代 (1950–2000)
油入り NH コンデンサ	アルミ／紙	鉱物油 → PCB	
	アルミ／紙／フィルム／紙　または　アルミ／フィルム／紙／フィルム	鉱物油 → 芳香族系炭化水素	
	エンボスアルミ／粗面化フィルム　または　端部折曲アルミ／粗面化フィルム／エンボスアルミ	芳香族系炭化水素	
油入り SH コンデンサ	両面蒸着電極紙／フィルム	芳香族系炭化水素／リン酸エステル	
オイルレス SH コンデンサ	蒸着フィルム	SF_6 ガス	
	蒸着フィルム	窒素ガス	

SH（self-healing）形：紙の両面に真空蒸着電極を設けた電極紙と PP フィルムとを巻回したコンデンサ．
NH（non-shelfhealing）形：従来形のコンデンサ．

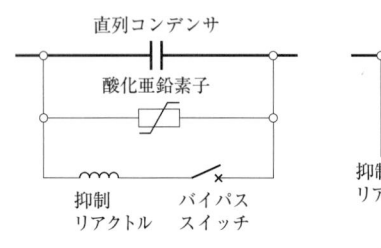

(a) 酸化亜鉛形ギャップレス方式　　(b) 大容量簡略形ギャップ方式

図 16.8　直列コンデンサの設備構成

(2) 電力用コンデンサの変遷

電力用コンデンサは歴史的には，① 油浸紙コンデンサ，② ポリプロピレン (PP) フィルムと紙を組み合わせた油浸紙・フィルムコンデンサ，③ 表面を粗面化した PP フィルムのみのオールフィルムコンデンサ，と推移してきた．使用油も変遷してきており，① の油浸紙コンデンサでは，鉱油（国産原油（ナフテン系），輸入原油（パラフィン系））と合成油である PCB になり，また，② と ③ の油浸紙・フィルムコンデンサとオールフィルムコンデンサでは，芳香族系絶縁油になっている．なお，現在では PCB は有害物質のため使用が禁止されている．表 16.9 に高圧電力用コンデンサの変遷を示す．

(3) 直列コンデンサの設備構成

直列コンデンサは線路の誘導性リアクタンスをコンデンサの容量性リアクタンスで補償することにより，合成リアクタンスを少なくする装置である．その効果は，① 電圧降下・電圧安定性の改善，② 系統安定度の向上，③ ループ系統の潮流分布改善など，系統運用上，有効な効果が得られる．ただし，直列コンデンサを系統に接続することにより，① 鉄共振現象（分数調波振動），② 同期機の負制動現象，③ 誘導電動機の自己励磁などの問題が発生する場合があるので，適用に際しては十分な注意を要する．図 16.8 に直列コンデンサの設備構成の例を示す．

16.4　限流器

限流器は系統に抵抗やリアクトルを挿入して電流を抑制する機能を有するもので，① 検出部，② 転流部，③ 限流部，④ 遮断部，⑤ 復帰部から

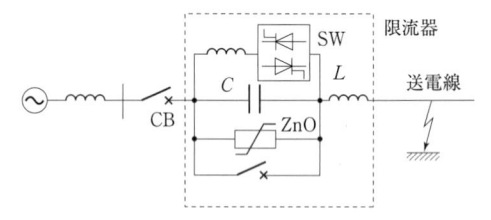

図 16.9　サイリスタ制御 LC 共振式限流器

構成されている．その種類としては，アーク抵抗利用方式，半導体利用方式および超電導利用方式に分けられる．図 16.9 に半導体利用方式のサイリスタ制御 LC 共振式限流器を示す．この方式では直列コンデンサを系統に直列に挿入し，常時は LC の合成リアクタンスを容量性にして直列補償機能をもたせておき，事故時にサイリスタをオンする．すなわち，事故時に直列コンデンサ C をバイパスして，インダクタンス L のみとして線路リアクタンスを増大させ短絡電流を抑制する限流リアクトルの機能をもたせたものである．

〔道上　勉〕

参 考 文 献

[1] 電気学会：電気工学ハンドブック（第6版），オーム社（2001）
[2] 電気学会編：電気工学ハンドブック（新版），オーム社（1988）
[3] 道上　勉：送配電工学（改訂版），電気学会（2003）
[4] 道上　勉：発電・変電（改訂版），電気学会（2000）
[5] 岡田龍雄編著：EE Text：光エレクトロニクス，電気学会・オーム社（2004）
[6] 広瀬敬一・清水照久：現代電気工学講座 電気機器 I，オーム社（1962）
[7] 磯部直吉・土屋善吉ほか：現代電気工学講座 電気機器 II，オーム社（1962）
[8] 尾本義一・宮入庄太：現代電気工学講座 電気機器 III，オーム社（1962）

[9] 藤高周平・河野照哉ほか：現代電気工学講座 電気機器IV，オーム社（1963）
[10] 横山 茂：配電線の雷害対策，オーム社（2005）
[11] 大浦好文監修：保護リレーシステム工学，電気学会（2002）
[12] JISCのホームページ（http://www.jisc.go.jp）
[13] 東芝：東芝レビュー，Vol. 55, No. 9（2001）
[14] 日本工業規格
「JIS C 3105（1994）電気機器巻線用軟銅線」
「JIS C 3110（1994）鋼心アルミニウムより線」
「JIS C 4003（1998）電気絶縁の耐熱クラス及び耐熱性評価」
「JIS C 4034-1（1999）回転電気機械－第1部：定格及び特性」
「JIS C 4203（2001）一般用単相誘導電動機」
「JIS C 4210（2001）一般用低圧三相かご形誘導電動機」
「JIS C 4212（2000）高効率低圧三相かご形誘導電動機」
「JIS C 4605（1998）高圧交流負荷開閉器」
「JIS B 0185（2002）知能ロボット－用語」
[15] 電気規格調査会標準規格
「JEC-3404（1995）アルミ電線」
「JEC-3406（1995）耐熱アルミ合金電線」
「JEC-2100（1993）回転電気機械一般」
「JEC-6147（1992）電気絶縁の耐熱クラスおよび耐熱性評価」
「JEC-2200（1995）変圧器」
「JEC-2300（1998）交流遮断器」
[16] リニア中央新幹線のホームページ（http://www.linear-chuo-exp-cpf.gr.jp）
[17] 引原隆士・木村紀之・千葉 明・大橋俊介：パワーエレクトロニクス，朝倉書店（2000）
[18] 宅間 董・高橋一弘・柳父 悟：電力工学ハンドブック，朝倉書店（2005）
[19] OHM，Vol. 76, No. 9（1989）
[20] 道上 勉：送電・配電（改訂版），電気学会（2001）
[21] 東芝パンフレット「東芝浜川崎工場ご案内」8010-11, 05-5T1（2006）
[22] 東京電力・東芝・日立「電圧安定性を向上する新しい発電機励磁制御装置PSVR」（1991）
[23] ニチコン技術情報ライブラリー「進相用コンデンサの最新技術動向」（2000）

17章　電力開閉装置と避雷装置

17.1　開閉装置
(1)　開閉装置の定義と種類

電力回路や電気機器の運転や停止，あるいは過負荷時や事故時の保護・制御などの目的で，電力回路を開閉する装置を総称して開閉装置（switching device）という．開閉装置には，① 遮断器（CB），② 開閉器（SW），③ 断路器（DS），④ 接地開閉器（ES），⑤ ヒューズなどの開閉機器のほか，⑥ 避雷器（Ar）などがある．図17.1 に変電所の母線に接続する開閉装置の構成例を，表17.1 に開閉機器の所要機能を示す．

(2)　交流遮断器の交流遮断現象

交流遮断器（CB：circuit breaker）は交流電流がゼロになる時点を利用して電流の遮断を行う機器である．表17.2 に代表的な交流遮断現象の説明，図17.2 に遮断現象の解説図を示す．

(3)　遮断器のアーク電流遮断と消弧室

遮断器の遮断原理は，極間に発生したアークを

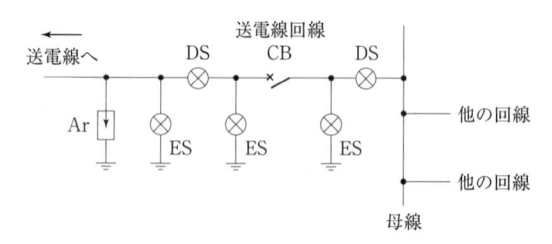

図17.1　変電所の母線に接続する開閉装置
Ar：避雷器，DS：断路器，ES：接地開閉器，CB：遮断器．

表17.1　開閉機器の所要機能

名　称	定常（負荷）電流			故障（事故）電流		
	通電	開路	閉路	通電	遮断	投入
遮断器	要	要	要	要	要	要
開閉器	要	要	要	要	不要（場合により要）	不要（場合により要）
断路器	要	不要	不要（場合により要）	要	不要	不要
ヒューズ	要	不要	不要	不要	要	不要
接地開閉器	不要	不要	不要	要	不要	不要（場合により要）

表17.2　交流遮断器の遮断現象の説明

遮断現象の種類	遮断現象の説明	参照図
CB端子短絡故障遮断（BTF）	CB近傍で発生した故障電流の遮断で，故障電流が大きくCBの定格遮断電流を決める要因となる．また，変圧器用CBは変圧器の固有周波数が高く，過渡回復電圧（TRV）が高くなるためCBの遮断を困難にする	図17.2(a)
近距離線路故障遮断（SFL）	CBに近い距離（数km）で発生した架空送電線の故障電流の遮断で，CBの線路側端子は線路に残留した電荷が線路地絡点と往復振動を起こす．このため，CB極間に高い上昇率のTRVを発生させCBの遮断を困難にする	図17.2(b)
変圧器・リアクトル励磁電流遮断	変圧器やリアクトルなどの励磁電流遮断で，電流零点以外での遮断で電流裁断となる．このため，回路の電磁エネルギーにより $e = L\,di/dt$ の異常電圧を発生しCB遮断を困難にする	図17.2(c)
進み小電流遮断	無負荷送電線やケーブル線路などの電流遮断で，電流零点でCB負荷端子側に電圧波高値が直流電圧として残留する．このため，CB極間には電源電圧との差電圧が加わり最高波高値の2倍となりCB再点弧を起こしやすい	図17.2(d)

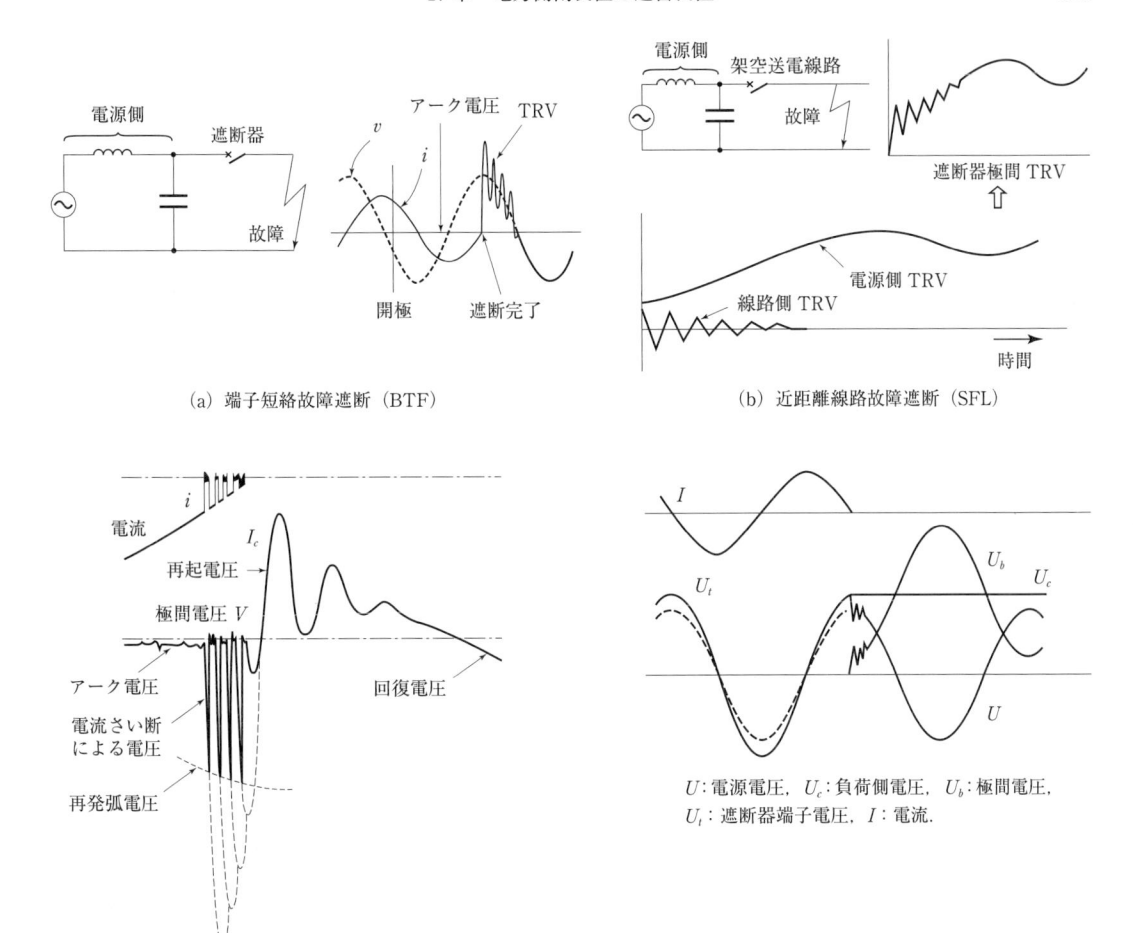

17章　電力開閉装置と避雷装置

(a) 端子短絡故障遮断（BTF）

(b) 近距離線路故障遮断（SFL）

(c) 励磁電流遮断

(d) 進み小電流遮断

U：電源電圧，U_c：負荷側電圧，U_b：極間電圧，U_t：遮断器端子電圧，I：電流．

図 17.2　交流遮断器の遮断現象（[9] p. 30, 31, 第 2.29, 2.30, 2.32 図）

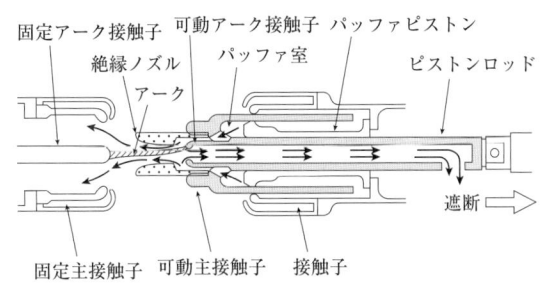

図 17.3　遮断器の消弧室の内部構造（[1] p. 745, 図 11）

消滅させて，絶縁状態に変化させることにより電流を遮断する．この極間アークを限定した制限領域に誘導して消弧するため，図17.3に示すような接触子，ノズルおよびパッファ室で構成される消弧室を有している．この消弧室の内部は，消弧媒体で満たされ，その媒体としては油，空気，SF$_6$ガスなどの流体と高い真空状態が採用されている．

(4)　交流遮断器の種類と定格事項

交流遮断器には，① 油遮断器（OCB），② 空気遮断器（ABB），③ ガス遮断器（GCB），④ 真空遮断器（VCB），⑤ 磁気遮断器（MBB）がある．これら各種遮断器で，多く使用されている消弧室の種類と定格事項（定格電圧，定格遮断電流，定格遮断時間）を表17.3に，遮断器の標準動作責務（JEC-2300）を表17.4に示す．

(5)　油遮断器と磁気遮断器の構造

油遮断器（OCB）は，古くから各電圧階級で多く用いられてきた遮断器で，鉱油を消弧媒体に用いている．その遮断原理は，鉱油がアークに触れると分解してアークのもつエネルギーを奪うと

表17.3 交流遮断器の種類と定格事項

種類	OCB	ABB	GCB	VCB	MBB
遮断部の分類	並切り形 消弧室	遮断時充気式 常時充気式	二重圧力式 パッファ式	磁気駆動形 磁気方向磁界形	吹消しコイル式 ループアーク式
全体構造の分類	がいし形 接地タンク形	外部断路形 内部断路形	がいし形 接地タンク形	がいし形 接地タンク形	気中開放形
定格電圧 [kV] (主な用途)	3.6〜420 (低中電圧階級)	12〜800 (中高電圧階級)	3.6〜1,100 (中高電圧階級)	3.6〜168 (低中電圧階級)	3.6〜15 (低電圧階級)
定格遮断電流 [kA]	12.5〜63	12.5〜63	12.5〜120	8〜80	12.5〜60
定格遮断時間 [サイクル]	3〜8	2〜5	2〜5	3〜5	3〜8

表17.4 遮断器の標準動作責務 ([15] JEC-2300)

種別	記号	動作責務
一般用	A	O-(1分)-CO-(3分)-CO
	B	CO-(15秒)-CO
高速再投入用	R	O-(θ)-CO-(1分)-CO

O:遮断動作, C:投入動作, CO:投入動作に引き続き遮断動作を行うもの, θ:再投入時間0.35秒を標準.

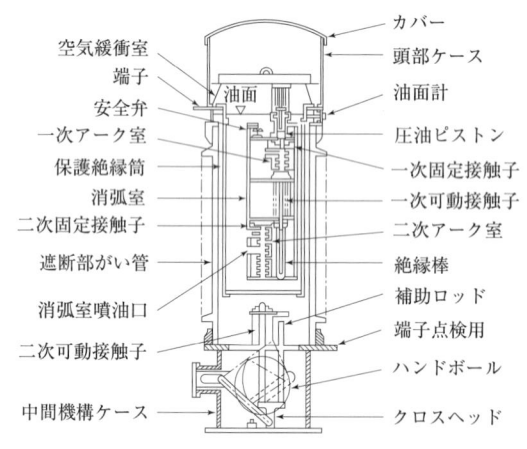

図17.4 がいし形油遮断器(OCB)の構造 ([4] p.286, 図3.2)

ともに，生成した水素ガスの高い熱伝導率によりアークを冷却して遮断する．近年，ガス遮断器(GCB)，真空遮断器(VCB)の台頭で採用例は少なくなっている．図17.4に，かつて多く採用されたがいし形油遮断器の構造を示す．また，磁気遮断器(MBB)も，古くから低電圧用の遮断器として用いられ，その遮断原理は大気中でアークを磁界により駆動して，積み重ねた磁器製の消弧板(アークショート)内に押し込み冷却して消弧する．用途は15kV以下で使用される．

(6) 空気遮断器の構造

空気遮断器(ABB)は油と同等の絶縁耐力を有する圧縮空気を消弧媒体として用いている．その遮断原理は，極間に発生したアークに対し，圧縮空気(0.5〜5MPa)を用いて高速の空気流を吹き付け，高速気流の断熱膨張によりアークを冷却して遮断する．用途は油遮断器(OCB)に比べ火災の心配がなく，保守が容易で，かつ新しい空気とそのつど交換できることなどから高電圧系統に多く採用されてきた．現在，まだ現場には多く存在するが，近年は遮断時の騒音が大きいなど環境保全面の課題があることと，遮断性能が優れているガス遮断器(GCB)の台頭などで新規には採用されていない．図17.5に空気遮断器(ABB)

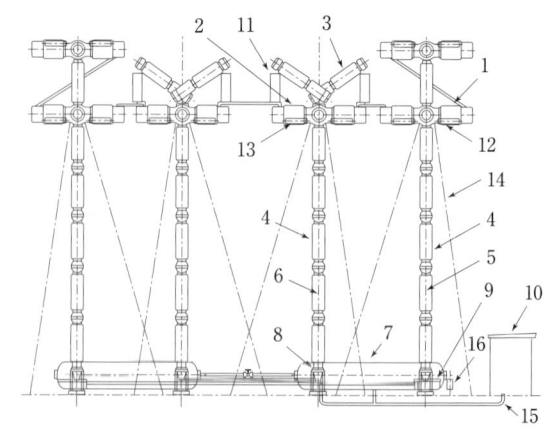

図17.5 空気遮断器(ABB)の構造 ([1] p.750, 図20)
1:遮断部, 2:補助遮断部, 3:抵抗投入接点, 4:支持がい管, 5:操作棒, 6:制御パイプ, 7:空気タンク, 8:投入用コントロールブロック, 9:引外し用コントロールブロック, 10:制御箱, 11:投入抵抗, 12:抑制抵抗, 13:コンデンサ, 14:ステー(長幹がいし), 15:配管および配線, 16:安全弁.

17章　電力開閉装置と避雷装置

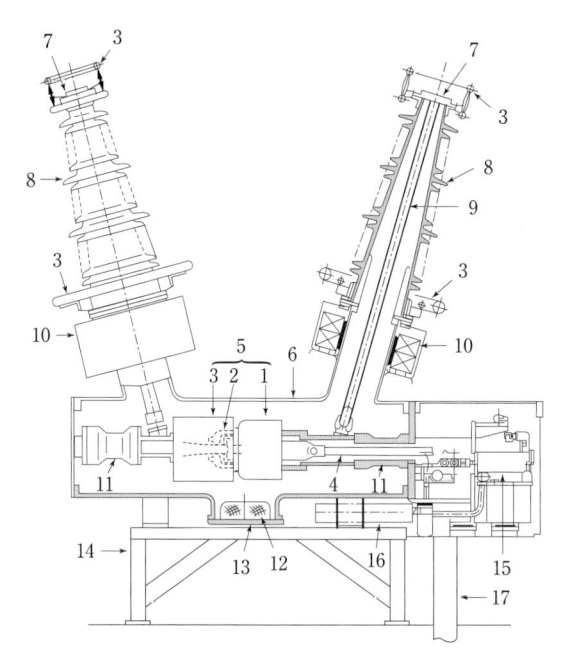

図17.6 ガス遮断器（GCB, 接地タンク形）の構造（[4] p.284, 図3.2を改変）
1：可動パッファシリンダ，2：絶縁ノズル，3：シールド，4：絶縁操作ロッド，5：パッファ式遮断部，6：遮断部タンク，7：端子，8：ブッシング，9：中心導体，10：変流器，11：絶縁筒，12：吸着剤，13：点検窓，14：架台，15：操作器（油圧操作器の例），16：アキュムレータ，17：制御線ダクト．

の構造を示す．

（7）ガス遮断器の構造

ガス遮断器（GCB）は近年に開発された遮断器で，空気に比べ消弧性能の優れているSF_6ガスを消弧媒体に用いている．SF_6ガスは電子との親和性が強く，電子を重い負イオンにするため強い消弧性能を有する．GCBの遮断原理は，空気遮断器と同様，アークに対し，圧縮した高圧ガス（1.5 MPa）を用いて高速のガス流を吹き付け，その断熱膨張によりアークを冷却して遮断する．GCBに使用されるSF_6ガスは，最近，地球温暖化ガスの一つに指定されており，今後は使用を抑制する傾向にある．図17.6にGCBの構造を示す．

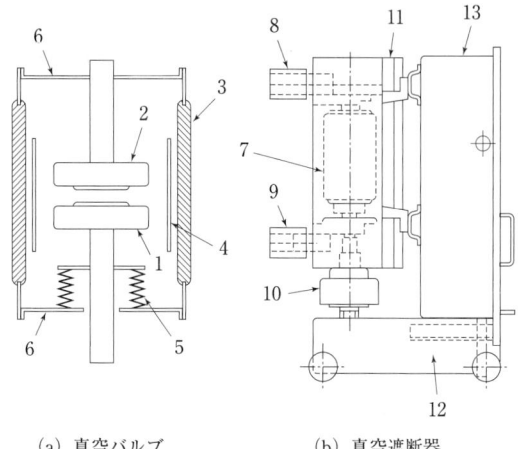

(a) 真空バルブ　　(b) 真空遮断器

図17.7 真空遮断器（VCB）の構造（[1] p.751, 図22）
1：可動接触子，2：固定接触子，3：絶縁容器，4：金属シールド，5：金属ベローズ，6：端板，7：真空バルブ，8：上部端子，9：下部端子，10：絶縁操作ロッド，11：絶縁支持構体，12：操作器，13：制御回路箱．

（8）真空遮断器の構造

真空遮断器（VCB）は古くから研究され，近年，実用化された遮断器で，高い絶縁耐力を有する高真空状態を消弧媒体に用いている．高真空中では，イオン化して電流のキャリヤとなるガス分子の平均自由行程が電極間隔に比べきわめて長いため，絶縁破壊が生じにくく高い絶縁耐力を保持するからである．VCBは，この遮断原理を利用し，10^{-5}Pa以下の高真空中での高い絶縁耐力と強力な拡散作用による消弧能力でアークを遮断する．用途は，低中電圧階級に主流をおき 168 kV のものまで製作されている．最近，SF_6ガスを用いたGCBに代わるものとして注目されている．図17.7にVCBの構造を示す．

（9）高圧開閉器の種類と機能

開閉器（switch device）とは，常規状態および指定限度内の過負荷状態にある電路の開閉・通電ができ，短絡などの指定限度内の異常回路状態

表17.5 高圧開閉器の種類と機能

種類	消弧媒体	開閉容量	電気的寿命	保守点検・目視	防災面
気中開閉器	大気	小	小	容易・容易	よい
空気開閉器	圧縮空気	大	中	難・難	よい
ガス開閉器	SF_6ガス	大	中	難・否	最もよい
真空開閉器	真空	大	大	最も容易・否	よい

表 17.6 高圧負荷開閉器の定格事項（[14] JIS C 4605 シリーズ 2）

定格電流,動作責務		定格短絡投入電流波高値 [A]	定格開閉容量 [A]			
^ ^ ^ ^ ^	^ ^ ^ ^ ^	^ ^ ^ ^ ^	負荷電流	励磁電流	充電電流	進み電流
定格電流 [A]	100	10, 20, 31.5	100	5	10	
^	200	10, 20, 31.5	200	10	^	10
^	300	20, 25, 31.5	300	15	^	15
^	400	20, 25, 31.5	400	20	^	30
^	600	20, 31.5	600	30	^	
動作責務		C：1, 2, 3 回	CO：20 回	CO：10 回	CO：10 回	CO：200 回

表 17.7 閉鎖形開閉装置の種類

	名 称		絶縁媒体	構 成	適用範囲
密閉形開閉装置	ガス絶縁開閉装置（GIS）		SF_6 ガスおよび固体支持絶縁物	円筒形の主回路機器を接続して構成する高電圧用の小形化された開閉装置で，中高圧用には箱形の GIS もある	7.2〜550 kV
^	固体絶縁開閉装置		エポキシ樹脂 EP ゴム	固体絶縁物表面に接地層を設け，構造の小形化を図ったユニット構成の開閉装置で，VCB を使用	3.6〜36 kV
^	油絶縁開閉装置		鉱油および固体支持絶縁物	GIS と同様，箱形に構成して小形化を図った開閉装置で，VCB を使用	66〜154 kV
閉鎖配電盤	金属閉鎖形スイッチギアおよびコントロールギア	特別高圧	大気圧空気（部分的に固体絶縁材料を適用）	接地された金属箱内に主回路機器と補助回路機器を収納した開閉装置で，列盤配列され，低圧から特別高圧まで広く適用されている	12〜36 kV
^	^	高圧	^	^	3.6〜7.2 kV
^	^	低圧	大気圧空気	^	600 V 以下
閉鎖母線	相分離母線 隔壁形母線 一括形母線		大気圧空気（部分的に固体絶縁材料を適用）	装置・機器間を接続するための閉鎖構造の母線で，600 V 以下では JIS 規格の標準化されたバスダクトがある	600 V〜36 kV

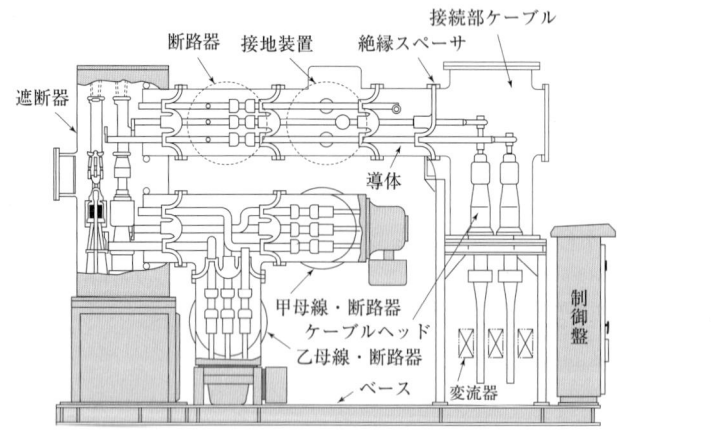

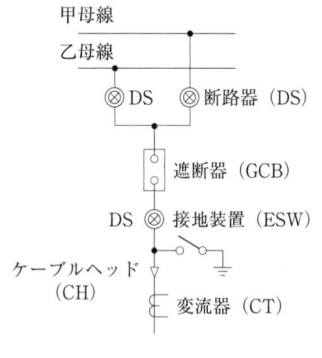

図 17.8 代表的なガス絶縁開閉装置（GIS）の構造（[4] p. 289，図 3.3）

の電流を所定時間通電できる機器である．開閉器は，短絡状態の電路を開閉できる遮断器や単に充電された電路を開閉分離する断路器とは区別される．使用電圧は 3.6〜36 kV であり，高圧開閉器を消弧方式により分類すると表 17.5 のように，気中形，空気形，ガス形，真空形がある．表 17.6 に高圧負荷開閉器の定格事項（JIS C 4605 シリーズ 2）を示す．

（10） 閉鎖形開閉装置の種類

閉鎖形開閉装置（metal-enclosed switchgear）

とは，主回路機器の遮断器，断路器，母線や避雷器，およびVT/CTのほか，監視制御に必要な機器・器具のすべてまたは一部を一括した開閉装置で，外部との接続部以外は接地した金属タンクで囲まれている．閉鎖形開閉装置の種類を表17.7に示す．

(11) ガス絶縁開閉装置の構造

閉鎖形開閉装置の中で，7.2 kV以上の送電・配電用変電所やビル・工場の受変電設備などに広く使用されているものがガス絶縁開閉装置（GIS：gas insulated switchgear）である．GISは遮断器，断路器，母線，避雷器など開閉装置の充電部を接地金属容器に配置し，エポキシ樹脂部品により絶縁支持するとともに，充電部と接地容器の間に絶縁性能の優れたSF_6ガスなどを封入した開閉装置である．図17.8に代表的なガス絶縁開閉装置の構造を示す．

17.2 避雷装置

(1) 避雷装置の変遷

避雷装置は，電力系統の設備の絶縁を過電圧から保護する目的で使用される装置で，ギャップと避雷器に代表される．これまで避雷装置（絶縁協調機器）は雷サージ保護の対策として，① 線路引込口ギャップ，② 多重直列ギャップ付き避雷器，③ ガスギャップ，④ 酸化亜鉛形避雷器と推移してきた．この変遷の様子を図17.9に示す．なお，ギャップや避雷器以外の避雷装置としては架空地線や避雷針などがある．

(2) 電力用避雷器の種類

電力用避雷器（arrester）は雷または開閉サージがある値を超えた場合，放電により過電圧を制限して設備の絶縁を保護し，かつ続流を短時間のうちに遮断して，系統の正常な状態を乱すことなく自動復帰させる機能をもつ装置をいう．電力用避雷器は，高電圧，大電流技術や材料の進歩とともに，① 放出形，② 弁抵抗形，③ 酸化亜鉛形など，様々な形式のものが使用されている．図17.10に電力用避雷器の種類を示す．

(3) 電力用避雷器の性能

電力用避雷器の電気性能としては，① 定格電圧，② 動作開始電圧，③ 制限電圧（保護レベル），④ 放電耐量などがある．この中で特に重要なのが制限電圧と放電耐量である．制限電圧は，避雷器が放電している際に生じる端子間電圧であり，避雷器動作時の保護性能を決める重要な特性である．一方，放電耐量は公称放電電流とも称され，雷インパルス電流の波高値（波形8/20 μs）で表されており，10,000 A，5,000 A，2,500 Aが標準値である．図17.11に避雷器放電電流と制限電圧の決定法を示す．

(4) 酸化亜鉛形避雷器の構造と特徴

酸化亜鉛形避雷器は，ギャップがなく特性要素として酸化亜鉛（ZnO）で構成されている避雷器である．素子はZnOを主原料にBi_2O_3, CoO, MnO, Sb_2O_3, Cr_2O_3などの添加物（ZnO約10%）を十分に粉砕して混合し，有機バインダを加えて造粒・成形した後，1,100～1,400 Kの高温で

① 線路引込口ギャップ　② 多重直列ギャップ付き避雷器　③ ガスギャップ　④ 酸化亜鉛形避雷器

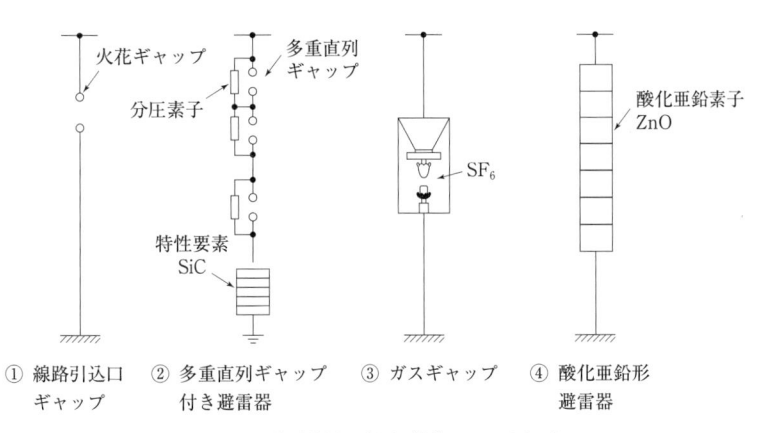

図17.9 避雷装置の変遷（[1] p.771，図96）

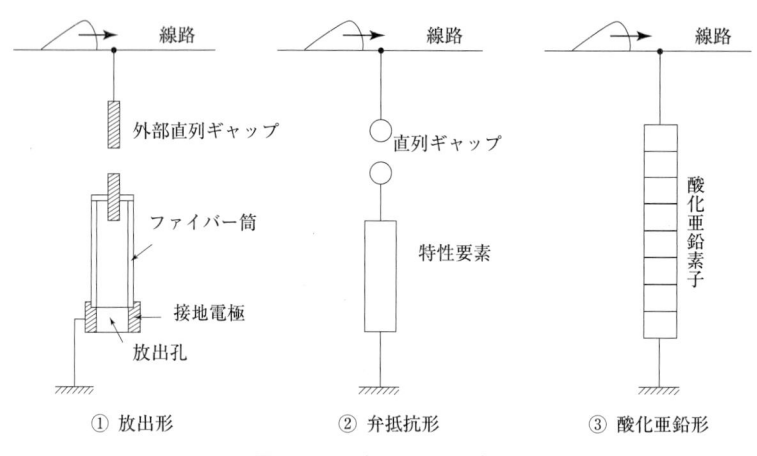

図 17.10　電力用避雷器の種類

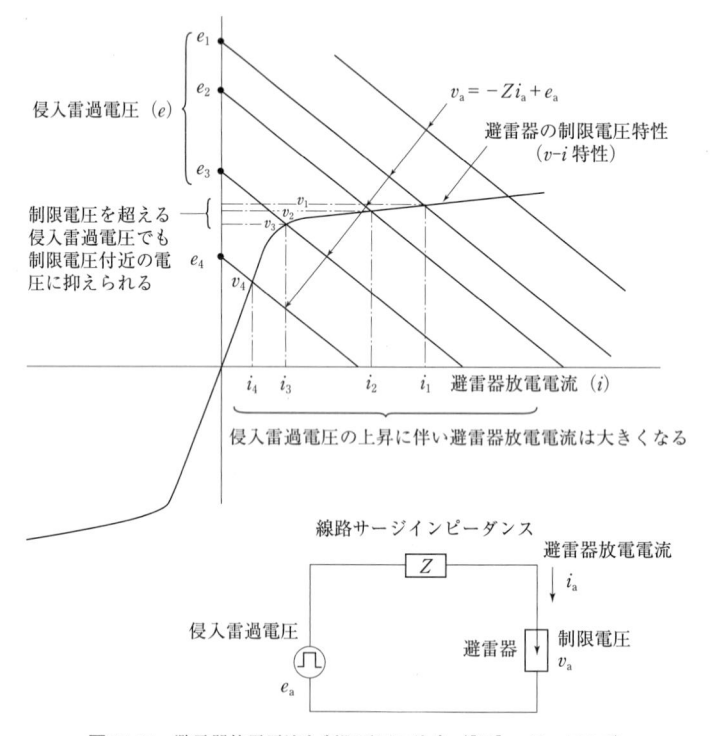

図 17.11　避雷器放電電流と制限電圧の決定（[10] p.62, 図 5.2）

焼成した金属酸化物の焼結体である．ZnO 素子の電圧 (v)-電流 (i) 特性は，避雷器に要求される理想的な非直線性を示す特性要素の抵抗体となっている．この避雷器は 1967 年に ZnO 焼結体内部に非直線抵抗が存在する現象が発見されたことから注目を浴び，1980 年前半に課電寿命，放電耐量，制限電圧の大幅な改善が図られた．この高性能 ZnO 素子の特性を最大限に活用し，最初はがいし式の酸化亜鉛形避雷器が採用されたが，その後に保護レベルをがいし形に比べて 15～30% 低減したガス絶縁によるタンク式の酸化亜鉛形避雷器が開発された．がいし式とタンク式酸化亜鉛形避雷器の構造を図 17.12 に示す．その後，さらに 1990 年代後半には動作開始電圧を従来の約 1.5～2 倍に高めた ZnO 素子が開発され，それを用いたコンパクトな酸化亜鉛形避雷器が GIS などに適用され現在に至っている．表 17.8 に酸化亜鉛形避雷器の構成と特徴を，図 17.13 に SiC, ZnO

17章　電力開閉装置と避雷装置

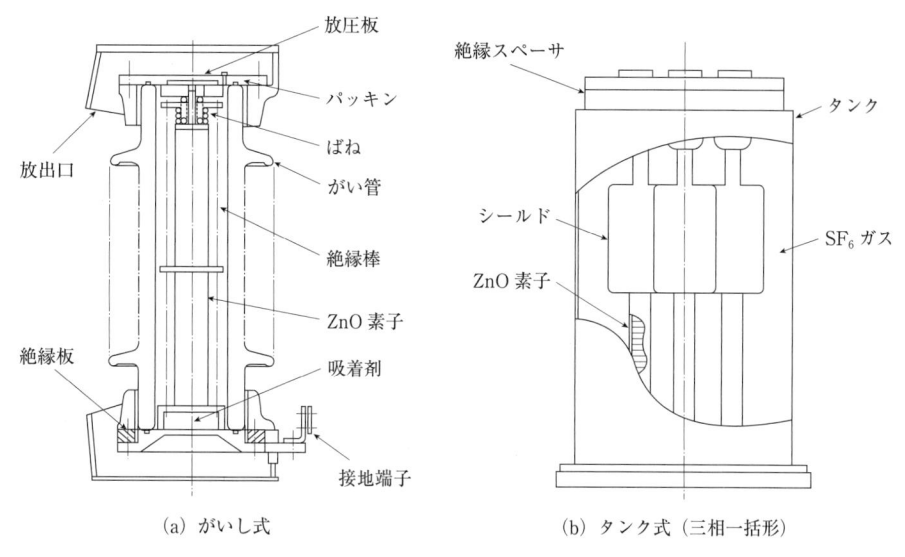

図 17.12　酸化亜鉛形避雷器の構造（[1] p.774, 図 65）

表 17.8　酸化亜鉛形避雷器の構成と特徴

構　　成	特　　徴
酸化亜鉛形避雷器の ZnO 素子は，10 μm 程度の ZnO 微細結晶のまわりを酸化ビスマスなどの高抵抗薄膜層が取り巻き立体的に密着している半導電性面接触抵抗になる．このため鋭い非直線抵抗となり，理想的な要素特性を有している なお，これに対し従来の弁抵抗形避雷器の SiC 素子は 200 μm 程度の SiC 粒子による点接触による接触抵抗で比較的緩やかな非直線抵抗となっている	(1) 直列ギャップがないので急峻波サージに対する放電遅れがなく，広い電流領域で非直線性を示し漏れ電流が小さいなど放電特性が優れている．また，アークによる分解ガスがなく信頼性も高い (2) 続流が流れないので多重雷・多重サージに対し理想的に動作責務を発揮できる (3) ギャップによる避雷器汚損時の放電特性の影響を無視できるため保守点検が容易となる (4) ZnO 素子の単位体積当たりの処理エネルギーが大きく，サージ耐量が大きい．このため寸法，構造が小形，軽量となり，GIS に適する (5) ZnO 素子の並列接続が可能となり，吸収エネルギーを増加でき直流送電用，UHV 送電用の超重責務用避雷器の製作が可能となる

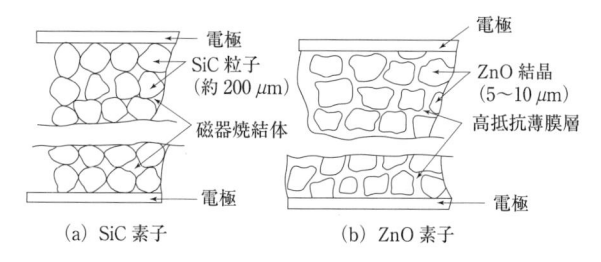

図 17.13　SiC, ZnO 素子の構造（[1] p.773, 図 61）

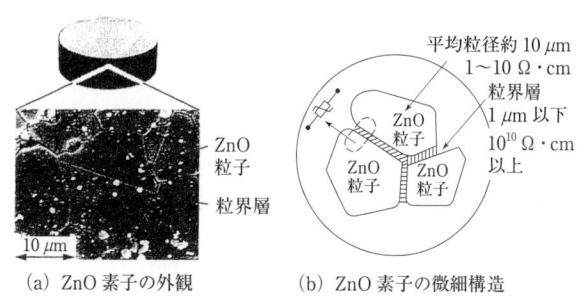

図 17.14　ZnO 素子の外観と微細構造（[1] p.773, 図 61）

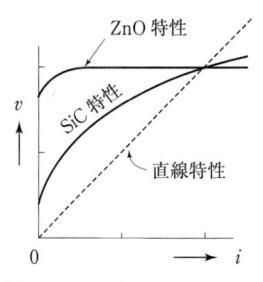

(a) ZnO, SiC 素子の電圧-電流特性

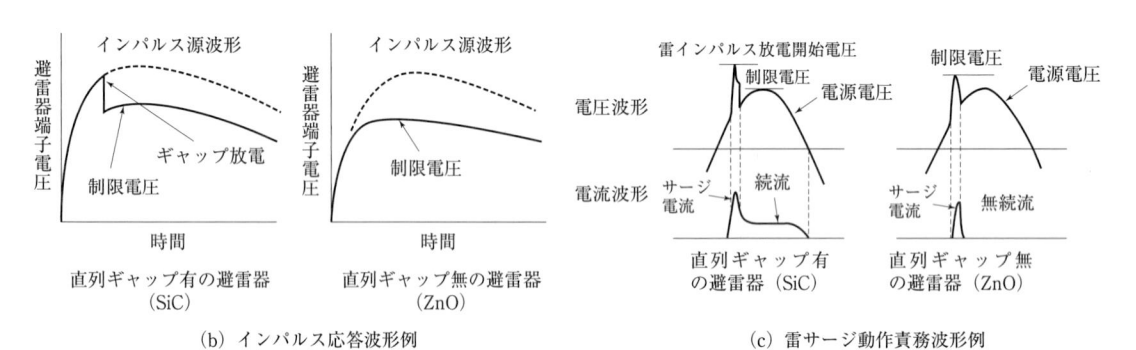

(b) インパルス応答波形例

(c) 雷サージ動作責務波形例

図 17.15 ZnO, SiC 素子の電圧-電流特性と動作現象

素子の構造を，図 17.14 に ZnO 素子の外観と微細構造を，図 17.15 に ZnO, SiC 素子の電圧-電流特性と動作現象をそれぞれ示す．〔道上　勉〕

参考文献

[1] 電気学会編：電気工学ハンドブック（第 6 版），オーム社（2001）
[2] 電気学会編：電気工学ハンドブック（新版），オーム社（1988）
[3] 道上　勉：送配電工学（改訂版），電気学会（2003）
[4] 道上　勉：発電・変電（改訂版），電気学会（2000）
[5] 岡田龍雄編著：EE Text：光エレクトロニクス，電気学会・オーム社（2004）
[6] 広瀬敬一・清水照久：現代電気工学講座 電気機器 I，オーム社（1962）
[7] 磯部直吉・土屋善吉ほか：現代電気工学講座 電気機器 II，オーム社（1962）
[8] 尾本義一・宮入庄太：現代電気工学講座 電気機器 III，オーム社（1962）
[9] 藤高周平・河野照哉ほか：現代電気工学講座 電気機器 IV，オーム社（1963）
[10] 横山　茂：配電線の雷害対策，オーム社（2005）
[11] 大浦好文監修：保護リレーシステム工学，電気学会（2002）
[12] JISC のホームページ（http://www.jisc.go.jp）
[13] 東芝：東芝レビュー，Vol. 55, No. 9（2001）
[14] 日本工業規格
　「JIS C 3105（1994）電気機器巻線用軟銅線」
　「JIS C 3110（1994）鋼心アルミニウムより線」
　「JIS C 4003（1998）電気絶縁の耐熱クラス及び耐熱性評価」
　「JIS C 4034-1（1999）回転電気機械－第 1 部：定格及び特性」
　「JIS C 4203（2001）一般用単相誘導電動機」
　「JIS C 4210（2001）一般用低圧三相かご形誘導電動機」
　「JIS C 4212（2000）高効率低圧三相かご形誘導電動機」
　「JIS C 4605（1998）高圧交流負荷開閉器」
　「JIS B 0185（2002）知能ロボット一用語」
[15] 電気規格調査会標準規格
　「JEC-3404（1995）アルミ電線」
　「JEC-3406（1995）耐熱アルミ合金電線」
　「JEC-2100（1993）回転電気機械一般」
　「JEC-6147（1992）電気絶縁の耐熱クラスおよび耐熱性評価」
　「JEC-2200（1995）変圧器」
　「JEC-2300（1998）交流遮断器」
[16] リニア中央新幹線のホームページ（http://www.linear-chuo-exp-cpf.gr.jp）
[17] 引原隆士・木村紀之・千葉　明・大橋俊介：パワーエレクトロニクス，朝倉書店（2000）
[18] 宅間　董・高橋一弘・柳父　悟：電力工学ハンドブック，朝倉書店（2005）
[19] OHM, Vol. 76, No. 9（1989）

［20］道上　勉：送電・配電（改訂版），電気学会（2001）
［21］東芝パンフレット「東芝浜川崎工場ご案内」8010-11，05-5T1（2006）
［22］東京電力・東芝・日立「電圧安定性を向上する新しい発電機励磁制御装置 PSVR」（1991）
［23］ニチコン技術情報ライブラリー「進相用コンデンサの最新技術動向」（2000）

18章　保護リレーと監視制御システム

18.1　保護リレー
(1) 保護継電方式の構成
電力系統に発生した事故を必要最小限の区間に限定して，的確かつ迅速に除去するのが保護継電方式であり，大別すると主保護継電方式と後備保護継電方式に分けられる．主保護継電方式は，最もすみやかに故障区間を最小範囲に限定して除去することを責務する継電方式であり，後備保護継電方式は，主保護が失敗した場合または保護し得ないとき，ある時間をおいて動作するバックアップの継電方式である．保護継電方式の保護範囲は，互いに隣接する設備を接続する遮断器（CB）を挟んで相互に重複することが原則で，このような保護の考え方を保護協調（protective coordination）と称している．一般的な主保護継電方式の保護範囲を図18.1に示す．

(2) 送電線保護継電方式の種類
電力系統で発生した事故をすみやかに除去するためには，事故を迅速に検出し，事故点周囲に局限した区間を的確に選別する必要がある．この送電線に発生した事故検出と区間選別の動作を担うのが送電線保護継電方式で，その方式の種類には次のものがある．

a.　過電流継電方式（OCR, OCGR）
最も基本的でシンプルな方式であり，放射状系統を構成する送電線保護に古くから採用されてきた．この方式は図18.2に示すように，事故時の過電流を保護継電器（保護リレー）で検出する方式であり，電源から最も離れた区間の保護リレー（過電流リレー）の動作時限を最も短くし，電源に近づくにつれて段階的に保護リレーの動作時限を長くした保護協調（時限協調）を図っている．

b.　方向過電流継電方式（DSR, DGR）
電源が両端にある送電線の場合には過電流継電方式では保護できない．そこで，検出用保護リレーに過電流の方向性をもたせた方向過電流リレーを設置して，過電流継電方式と同様の時限協調を図ることで保護機能を可能にしている．この方式が方向過電流継電方式であり，図18.3にその概要を示す．

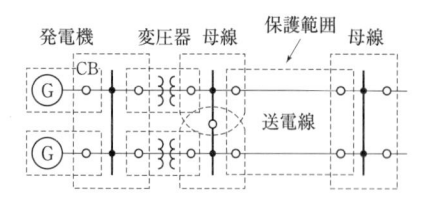

図18.1 主保護継電方式の保護範囲（[3] p.378, 図7.2）

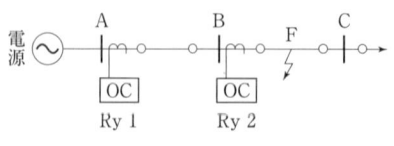

図18.2 過電流継電方式（[3] p.381, 図7.4）

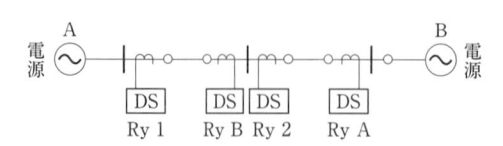

図18.3 方向過電流継電方式（[3] p.381, 図7.5）

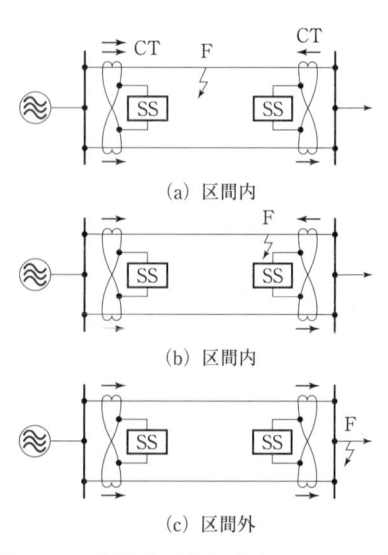

図18.4 回線選択継電方式（[3] p.382, 図7.6）

c. 回線選択継電方式（SSR, SGR）

平行2回線の送電線に限り適用できる方式で，2回線のうち一方の回線で故障が発生した場合，両回線の電流または電力を，両端に設置した保護リレーで検出して，相互比較により故障回線を選択遮断する方式である．図18.4に平行2回線に適用した回線選択継電方式を示す．

d. 距離継電方式（DZR, DZGR）

距離継電器を利用して，故障時の電圧，電流を検出するとともに，故障点までの線路インピーダンスを測定して，その値が整定してある保護範囲内のインピーダンスと比較して小さい場合に保護範囲内の故障と見なす継電方式である．複雑な構成が不要で，動作も確実なため基幹系統の後備保護継電方式に多く採用されている．図18.5に距離継電方式を示す．

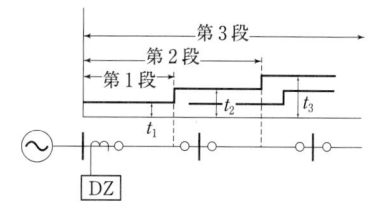

図 18.5 距離継電方式（[3] p.383, 図7.7）

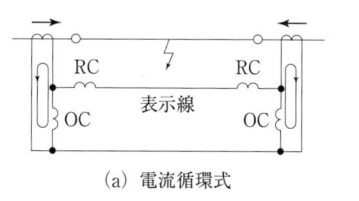

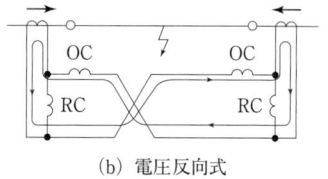

図 18.6 表示線継電方式 (p.384, 図7.8)

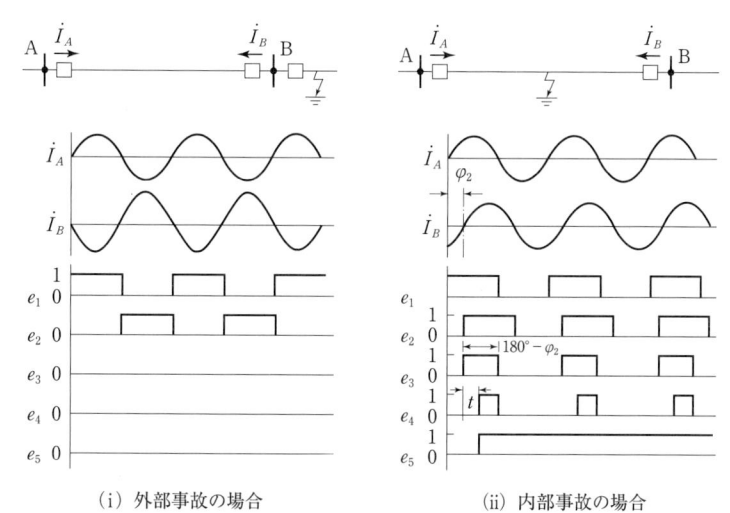

(a) 電流循環式　(b) 電圧反向式

(i) 外部事故の場合　(ii) 内部事故の場合

(a) 位相比較継電方式

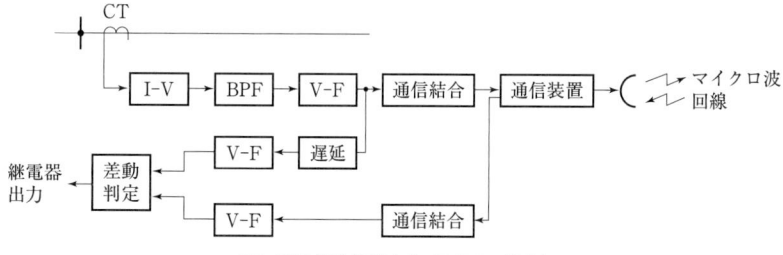

(b) 電流差動継電方式（PCMの場合）

図 18.7 搬送保護継電方式（[3] p.386, 図7.9, 7.10）

e. パイロット継電方式

各端子の電流や電力の量を相互に伝送比較して，故障が保護範囲内にあれば高速に選択遮断する方式であり，システムとしては複雑となるが動作の信頼度は高い．信号の伝送方法により表示線継電方式と搬送継電方式に分類され，前者はケーブル系統に，後者は基幹系統の主保護に採用されている．表示線継電方式には図18.6に示す電流循環式と電圧反向式がある．なお，搬送（保護）継電方式については以下で述べる．

(3) 搬送保護継電方式

パイロット継電方式の一種で，各端子の電流情報などを信号変換し，電力線搬送やマイクロ波などの伝送媒体を介して搬送し，各端子で相互比較して故障を判定する方式である．搬送継電方式の種類には，① 方向比較継電方式，② 位相比較継電方式，③ 電流差動継電方式（FM方式，PCM方式）などがある．実系統で多く採用されている位相比較継電方式と電流差動継電方式を図18.7に示す．

(4) 発電機・変圧器の保護継電方式

発電機の電機子巻線や変圧器巻線の巻線間短絡保護は，出口端子と入口端子の電流の差で動作する比率差動リレー（RDfR）で故障を検出し機器を保護する．また，巻線の地絡保護は，発電機や変圧器の中性点に設けられた過電流リレーや柱上変圧器二次側の地絡過電圧リレー（OVGR）で故障を検出する．図18.8に発電機の保護継電方式を，図18.9に変圧器の保護継電方式を示す．

(5) アナログ形保護リレー

保護リレーには，検出電気量の処理方法によりアナログ形とディジタル形がある．アナログ形は古くから使用されてきた従来形リレーで，① 電磁力によって可動部を動作させる電磁形リレー，② 静止回路を主体に構成される静止形リレーの2つがある．電磁形リレーには，動作原理により可動鉄心形，誘導形（誘導円板形，誘導円筒形），

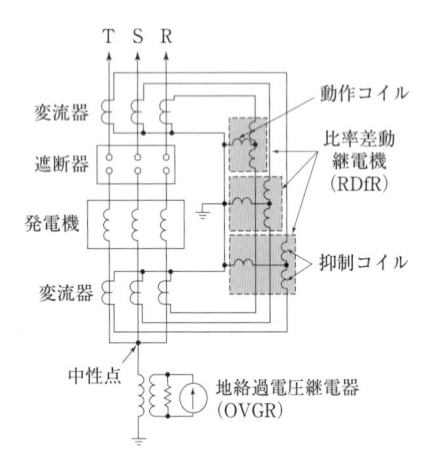

図18.8 発電機の保護継電方式（[4] p.173, 図6.6）

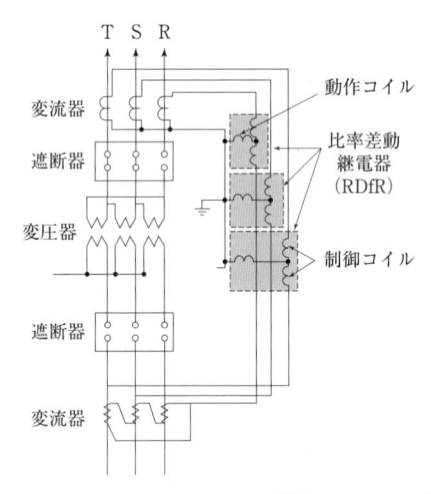

図18.9 変圧器の保護継電方式（[4] p.173, 図6.6）

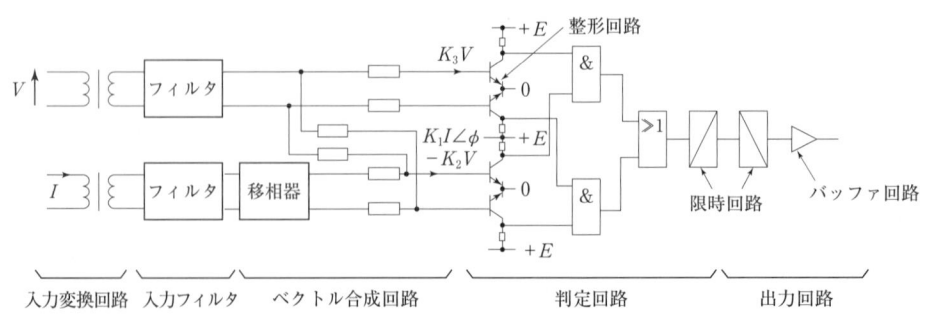

図18.10 アナログ静止形保護リレーの基本回路（[1] p.793, 図24）

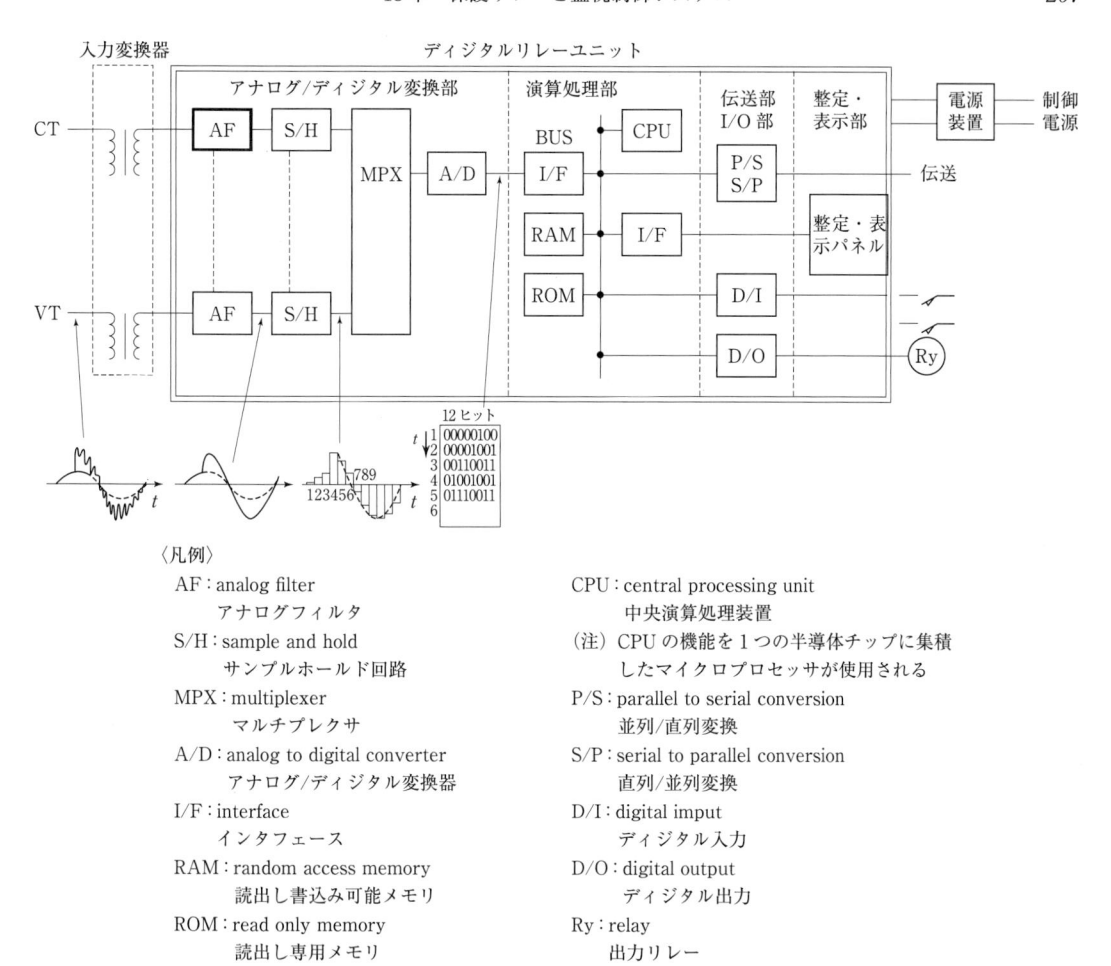

図 18.11 ディジタル形保護リレーの構成（[11] p.100, 図 5.1）

〈凡例〉
- AF：analog filter　アナログフィルタ
- S/H：sample and hold　サンプルホールド回路
- MPX：multiplexer　マルチプレクサ
- A/D：analog to digital converter　アナログ／ディジタル変換器
- I/F：interface　インタフェース
- RAM：random access memory　読出し書込み可能メモリ
- ROM：read only memory　読出し専用メモリ
- CPU：central processing unit　中央演算処理装置
  （注）CPU の機能を1つの半導体チップに集積したマイクロプロセッサが使用される
- P/S：parallel to serial conversion　並列／直列変換
- S/P：serial to parallel conversion　直列／並列変換
- D/I：digital input　ディジタル入力
- D/O：digital output　ディジタル出力
- Ry：relay　出力リレー

その他電磁形がある．一方，静止形リレーは，半導体で製作されたレベル検出回路，位相検出回路，論理回路の組合せで構成される．図 18.10 にアナログ静止形保護リレーの基本回路を示す．

（6）ディジタル形保護リレー

ディジタル形保護リレーは，比較的新しい保護リレーで電力回路のアナログ電圧，電流などの入力量をディジタル値に変換し，あらかじめ用意されたプログラムで演算処理して，故障の有無を判断する保護リレーである．ディジタル保護リレーは，LSI でつくられたマイクロプロセッサ（CPU）を中心とするハードウェアと高速演算処理するプログラムのソフトウェアで構成されるが，主体は後者である．保護リレーの特徴は，① 高速演算機能や記憶機能を活用した高性能・高機能化，② 時分割多重処理やデータの共用化などによる大幅な小形・軽量化，③ CPU の自己診断論理を利用した自動点検監視機能による高い信頼度，保守の省力化などである．図 18.11 にディジタル形保護リレーの構成を示す．

（7）単体としての主な保護リレー

単体としての主な保護リレーには，過電流リレー（OCR），過電圧リレー（OVR），不足電圧リレー（UVR），方向リレー（DR），距離リレー（ZR），電流差動リレー（DfR），変化幅リレー（MCR），平衡リレー（BR），同期検出リレー，周波数リレー（UFR, OFR）など多くの種類があり，用途に応じ使い分けられている．この中で，自端の電圧・電流入力のみで事故検出ができ，構成が比較的簡単で，かつ信頼性が高い距離リレー

表 18.1 距離リレー (ZR) の特性と用途 ([11] p.137, 表 7.1)

略号	名称	特性	主な用途
M	モー	(jX–R平面上、原点を通る円、特性角 θ)	距離3段, 方向検出
X	リアクタンス	(jX–R平面上、水平線 X、特性角 θ)	距離1, 2段
OM	後方オフセットモー	(jX–R平面上、原点を内包する円 OM、特性角 θ)	脱調検出
FOM	前方オフセットモー	(jX–R平面上、原点を含む円 FOM、特性角 θ)	距離4段 (遠端後備保護)
R	オーム	(jX–R平面上、ほぼ垂直な直線 R、特性角 θ)	ブラインダ
D	方向	(jX–R平面上、原点から伸びる2本の直線、動作位相角 θ_1, θ_2)	方向検出

θ：特性角, θ_1, θ_2：動作位相角.

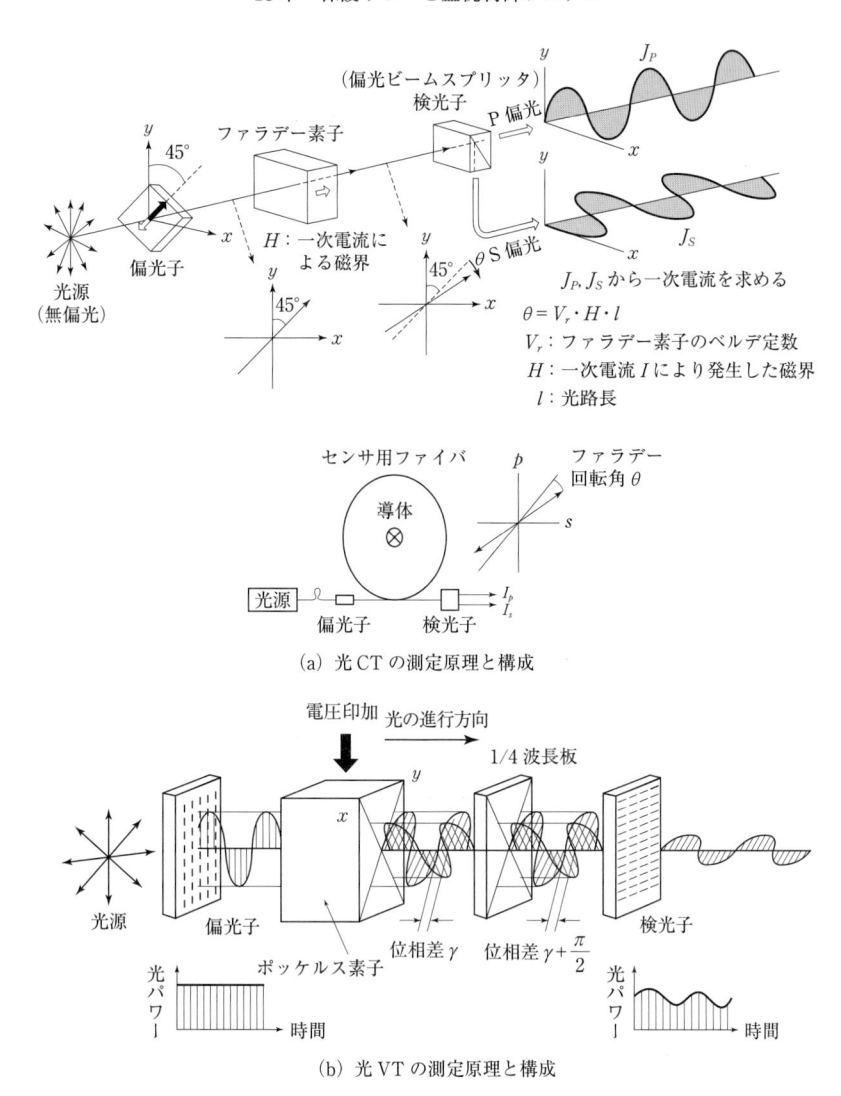

図 18.12 光CT，光VTの測定原理と構成（[11] p.86, 図 4.24, [19] p.240, 図 6.3.5）

(ZR) の基本特性と主な用途を表 18.1 に示す．

(8) 光VTと光CT

光VT（voltage transformer）と光CT（current transformer）は計器用変圧器の耐電磁誘導性，高性能化，小形高密度の実装などを目的に，最近，開発された光を利用した変成器である．検出原理は，光VTは光のポッケルス効果（Pockels effect）を，光CTは光のファラデー効果（Faraday effect）などを応用したものである．光VTは直線偏向をポッケルス素子に入射すると印加された電圧に比例して光の交直成分の屈折率が変化し，直線偏向に位相変化を発生させ，この位相変化を利用して電圧を光の強度変化として検出するVTである．これらデバイスは，耐ノイズ性，高精度，小型軽量および絶縁の簡略化などの特徴がある．光CT，光VTの測定原理と構成の概要を図 18.12 に示す．

18.2 監視制御システム
(1) 監視制御システムの概念と変遷

発変電所や生産設備などのプラント・機械システムの運転制御状態を把握するのが「監視」であり，それに応じて，これらプラントや機械システムに対して行う操作が「制御」である．そして，この監視と制御を人間と機械が一体となって行う仕組みが監視制御システムと呼ばれる．監視制御

表18.2 監視制御システムの変遷

	1950年代	1960年代	1970年代	1980年代	1990年代	2000年代
監視制御システム	ローカル監視制御	小規模遠方監視制御	集中監視制御	CPU付き集中監視制御	CPU形集中監視制御	分散監視制御 / リモート監視制御
監視制御盤	大理石形態, 鉄箱形盤	ユニット組合せ盤	グラフィックパネル盤	CRT＋ミニグラフィックパネル盤	大形スクリーン＋ミニグラフィックパネル盤 / リモート監視制御

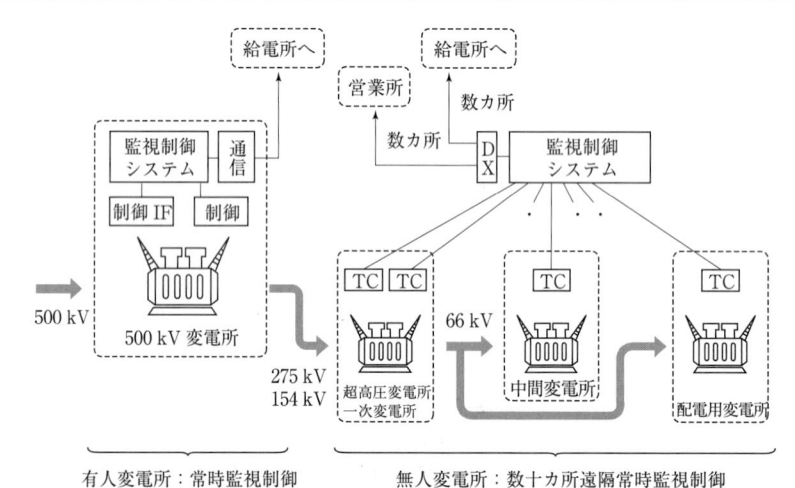

(a) 変電所の監視制御システム

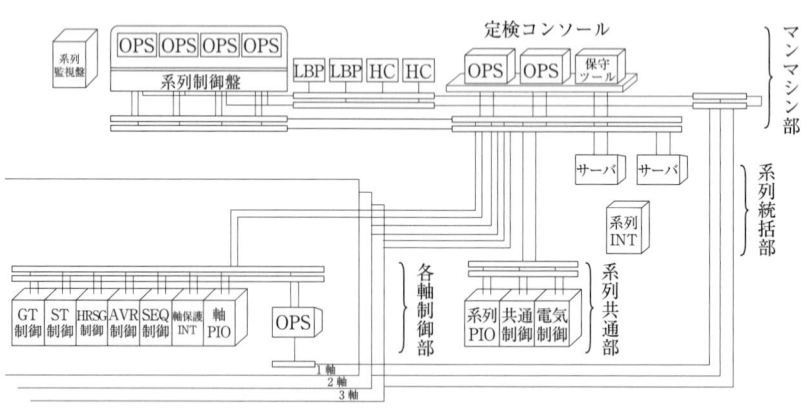

(b) 火力発電所の監視制御システム

図18.13 変電所および火力発電所の監視制御システム ([1] p.801, 図43, [18] p.351, 図8.9.1)

システムは監視制御の規模拡大，供給信頼性の向上，ルーチン業務の合理化などの観点から時代に応じて大きく変遷してきたが，その発展の様子を表18.2に示す．

(2) 発変電所用監視制御システムの形態

通常，火力および原子力発電所は有人であり，発電所構内に設置した中央操作室から一括して常時監視制御している．また，電力系統の基幹系統に位置する500kVおよび重要な超高圧変電所も有人であり，変電所構内に設置した制御室から常時監視制御している．これ以外の水力発電所や変電所は，水系単位あるいは供給地域単位に設置し

た集中制御所から遠隔で監視制御している．発変電所や制御所では，専用のコンピュータ（CPU）を用いた監視制御システムを採用している．代表的な変電所の監視制御システム形態と火力発電所の監視制御システムの構成例を図 18.13 に示す．

(3) 制御所用監視制御システムの機能

集中制御所の監視制御システムの機能としては，① 監視機能，② 制御機機能，③ 記録機能，④ 情報伝送機能，⑤ 運転支援機能などがあり，有人変電所の監視制御システムと同様な機能となっている．図 18.14 に制御所用監視制御システムの外観と機能例を示す．

(4) 監視制御のシミュレーション

プラントが正常に制御されているかを常時監視し，事故の未然防止を図るため，プラントの実動作とその動作ミュレーションを比較する監視制御システムが採用されている．その設置例としては，① 計装プラントのシミュレーションシステ

制御所用監視制御システムの機能例	
監視機能	変電所状態変化のマクロ監視 機器の状態変化監視 計測値監視
制御機能	直接操作 CPU によるシーケンシャル操作を合む
記録機能	機器の状態変化記録 （保護リレー動作，装置異常，重過負荷監視，伝送異常など） 操作記録 計測記録（指定時刻記録） 記録編集（状態変化，事故回数など）
情報伝送機能	給電所向け状態変化，計測値 営業所向け状態変化，計測値 地中線設備異常情報，送電線故障点標定値
運転支援機能	操作手順表作成 シミュレーション（データ変更の検証，運転訓練）

図 18.14 制御所用監視制御システムの外観と機能例（[1] p.805, 表 10, 図 52）

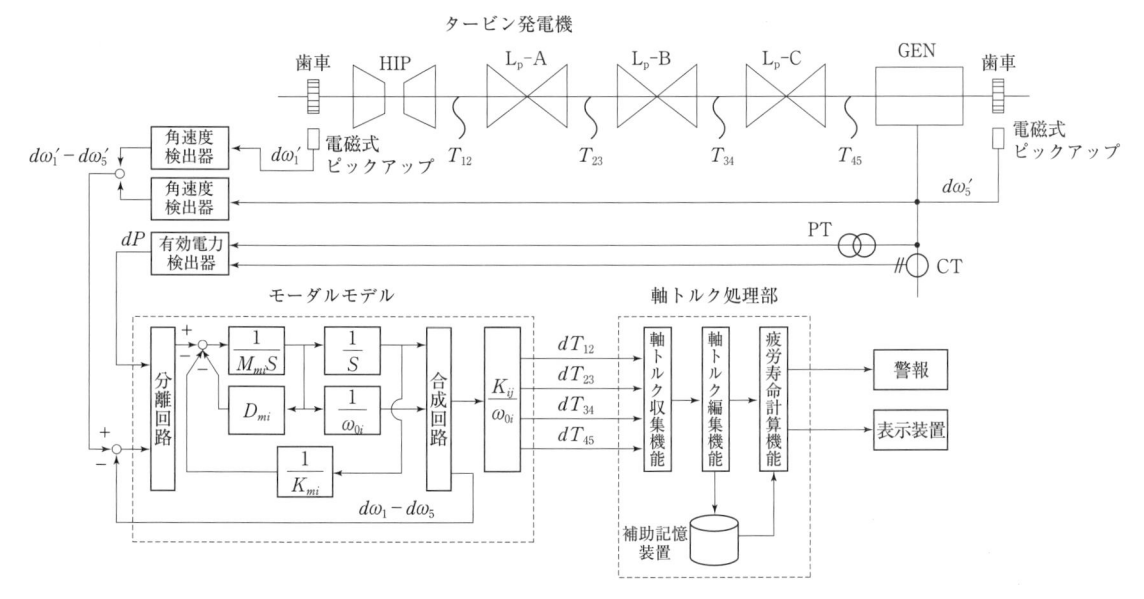

図 18.15 タービン発電機の軸振動監視制御システム（[1] p.1652, 図 22）

ム，② タービン発電機の軸振動監視制御システム，③ 鉄鋼プラントのシミュレーションシステムなどがある．図18.15にタービン発電機の軸振動監視制御システムを示す．

(5) 発電所の電圧無効電力制御

発電所における電圧無効電力制御は，自動電圧調整器（AVR：automatic voltage regulator）によって発電機電圧を制御する運転（AVR運転）と運転力率を目標値に調整する運転（APFR運転）とが採用されている．近年，電力系統の電圧安定性を一段と向上させるために，図18.16に示す発電所の送電端電圧を直接制御する発電機励磁制御

〈機能・性能〉

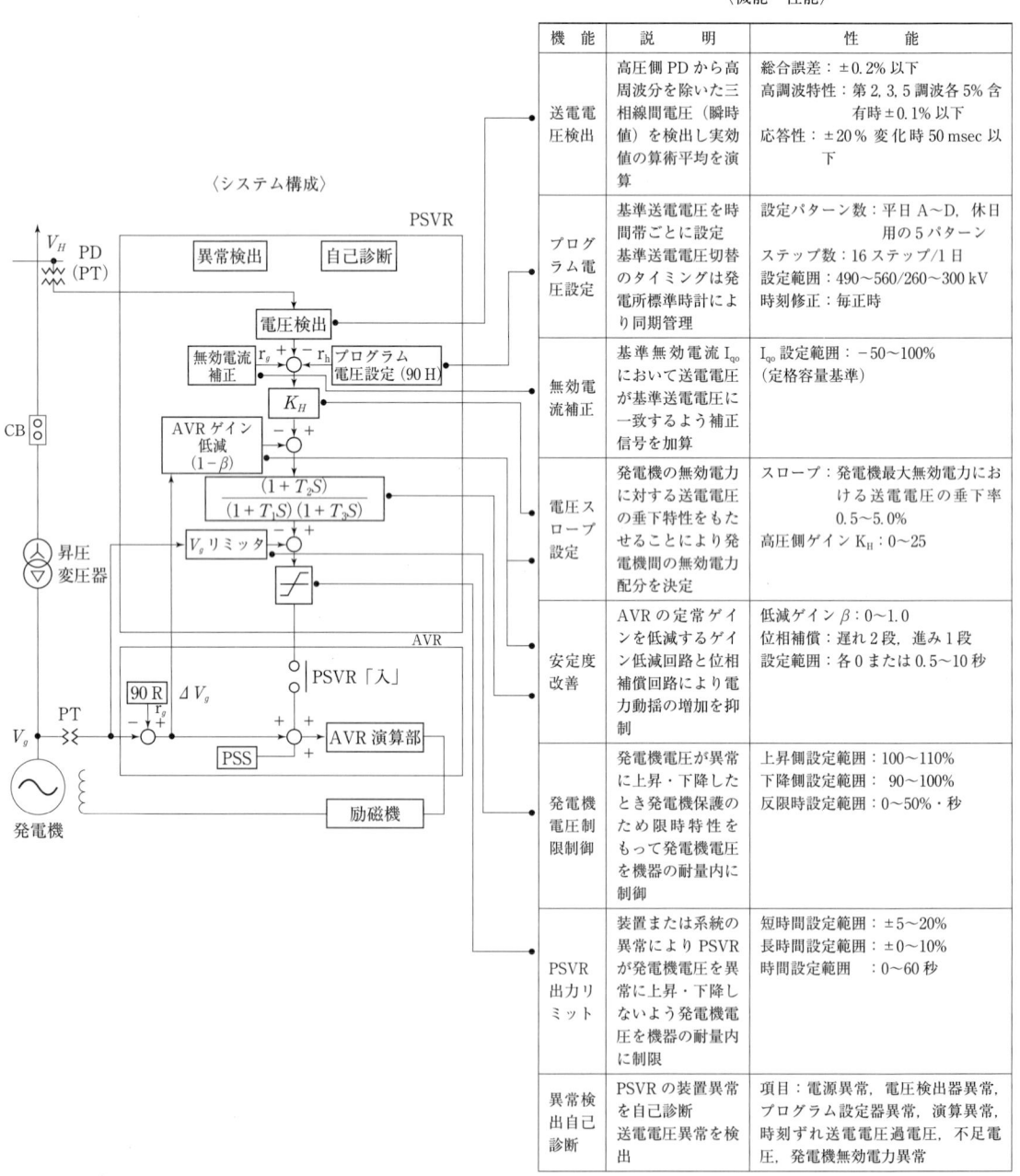

機能	説明	性能
送電電圧検出	高圧側PDから高周波分を除いた三相線間電圧（瞬時値）を検出し実効値の算術平均を演算	総合誤差：±0.2%以下 高調波特性：第2,3,5調波各5%含有時±0.1%以下 応答性：±20%変化時50 msec以下
プログラム電圧設定	基準送電電圧を時間帯ごとに設定 基準送電電圧切替のタイミングは発電所標準時計により同期管理	設定パターン数：平日A〜D，休日用の5パターン ステップ数：16ステップ/1日 設定範囲：490〜560/260〜300 kV 時刻修正：毎正時
無効電流補正	基準無効電流 I_{q0} において送電電圧が基準送電電圧に一致するよう補正信号を加算	I_{q0} 設定範囲：−50〜100%（定格容量基準）
電圧スロープ設定	発電機の無効電力に対する送電電圧の垂下特性をもたせることにより発電機間の無効電力配分を決定	スロープ：発電機最大無効電力における送電電圧の垂下率 0.5〜5.0% 高圧側ゲイン K_H：0〜25
安定度改善	AVRの定常ゲインを低減するゲイン低減回路と位相補償回路により電力動揺の増加を抑制	低減ゲイン β：0〜1.0 位相補償：遅れ2段，進み1段 設定範囲：各0または0.5〜10秒
発電機電圧制限制御	発電機電圧が異常に上昇・下降したとき発電機保護のため限時特性をもって発電機電圧を機器の耐量内に制御	上昇側設定範囲：100〜110% 下降側設定範囲：90〜100% 反限時設定範囲：0〜50%・秒
PSVR出力リミット	装置または系統の異常によりPSVRが発電機電圧を異常に上昇・下降しないよう発電機電圧を機器の耐量内に制限	短時間設定範囲：±5〜20% 長時間設定範囲：±0〜10% 時間設定範囲：0〜60秒
異常検出自己診断	PSVRの装置異常を自己診断 送電電圧異常を検出	項目：電源異常，電圧検出器異常，プログラム設定器異常，演算異常，時刻ずれ送電電圧過電圧，不足電圧，発電機無効電力異常

図18.16 送電電圧直接制御用発電機励磁装置（PSVR）

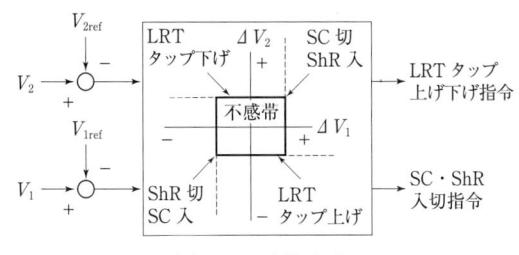

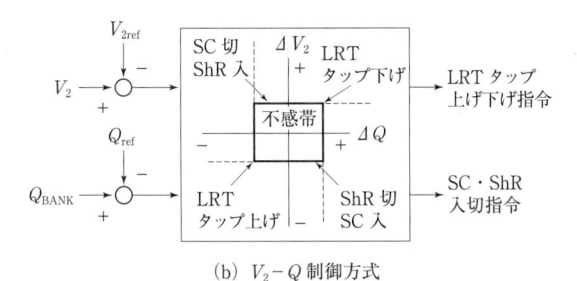

図 18.17 送電用変電所における VQC の一方式

装置（PSVR：power system voltage regulator）が基幹系統の発電機に用いられている．

(6) 送電用変電所の電圧無効電力制御

送電用変電所の電圧無効電力制御は，電圧無効電力制御装置（VQC：VQ controller）によって行われている．VQC は変電所の一次電圧，二次電圧や変圧器を通過する無効電力の基準値に対する偏差を検出して，変圧器の巻線タップや調相設備（電力用コンデンサ，分路リアクトルなど）を制御し，基準値に維持する装置である．また，電力系統の急激な電圧低下対策として，VQC には一次側電圧を常時監視し，急速な電圧低下が発生したとき調相設備の高速制御により一次側電圧の維持を図る機能をもたせているものもある．図 18.17 に送電用変電所における VQC の一方式を示す．　　　　　　　　　　　〔道上　勉〕

参 考 文 献

[1] 電気学会編：電気工学ハンドブック（第6版），オーム社（2001）
[2] 電気学会編：電気工学ハンドブック（新版），オーム社（1988）
[3] 道上　勉：送配電工学（改訂版），電気学会（2003）
[4] 道上　勉：発電・変電（改訂版），電気学会（2000）
[5] 岡田龍雄編著：EE Text：光エレクトロニクス，電気学会・オーム社（2004）
[6] 広瀬敬一・清水照久：現代電気工学講座 電気機器 I，オーム社（1962）
[7] 磯部直吉・土屋善吉ほか：現代電気工学講座 電気機器 II，オーム社（1962）
[8] 尾本義一・宮入庄太：現代電気工学講座 電気機器 III，オーム社（1962）
[9] 藤高周平・河野照哉ほか：現代電気工学講座 電気機器 IV，オーム社（1963）
[10] 横山　茂：配電線の雷害対策，オーム社（2005）
[11] 大浦好文監修：保護リレーシステム工学，電気学会（2002）
[12] JISC のホームページ（http://www.jisc.go.jp）
[13] 東芝：東芝レビュー，Vol. 55, No. 9（2001）
[14] 日本工業規格
　「JIS C 3105（1994）電気機器巻線用軟銅線」
　「JIS C 3110（1994）鋼心アルミニウムより線」
　「JIS C 4003（1998）電気絶縁の耐熱クラス及び耐熱性評価」
　「JIS C 4034-1（1999）回転電気機械ー第1部：定格及び特性」
　「JIS C 4203（2001）一般用単相誘導電動機」
　「JIS C 4210（2001）一般用低圧三相かご形誘導電動機」
　「JIS C 4212（2000）高効率低圧三相かご形誘導電動機」
　「JIS C 4605（1998）高圧交流負荷開閉器」
　「JIS B 0185（2002）知能ロボットー用語」
[15] 電気規格調査会標準規格
　「JEC-3404（1995）アルミ電線」
　「JEC-3406（1995）耐熱アルミ合金電線」
　「JEC-2100（1993）回転電気機械一般」
　「JEC-6147（1992）電気絶縁の耐熱クラスおよび耐熱性評価」
　「JEC-2200（1995）変圧器」
　「JEC-2300（1998）交流遮断器」
[16] リニア中央新幹線のホームページ（http://www.linear-chuo-exp-cpf.gr.jp）
[17] 引原隆士・木村紀之・千葉　明・大橋俊介：パワーエレクトロニクス，朝倉書店（2000）
[18] 宅間　董・高橋一弘・柳父　悟：電力工学ハンドブック，朝倉書店（2005）
[19] OHM, Vol. 76, No. 9（1989）
[20] 道上　勉：送電・配電（改訂版），電気学会（2001）
[21] 東芝パンフレット「東芝浜川崎工場ご案内」8010-11，05-5T1（2006）
[22] 東京電力・東芝・日立「電圧安定性を向上する新しい発電機励磁制御装置 PSVR」（1991）
[23] ニチコン技術情報ライブラリー「進相用コンデンサの最新技術動向」（2000）

19章　パワーエレクトロニクス

(1) パワーエレクトロニクスの定義

パワーエレクトロニクス（power electronics）とは，電力用半導体素子を用いた電力変換，電力開閉に関する技術を扱う工学であり，パワー（電気・電力・電力機器）と，エレクトロニクス（電子・回路・半導体）と，コントロール（制御）の3つを融合した学際的な技術である．表19.1に今日までのパワーエレクトロニクス技術の発展の経緯と適用分野を示す．

(2) 電力用スイッチング素子の種類と適用

電力用スイッチング素子の代表的なものとしては，① 逆阻止素子3端子サイリスタ（SCR），② 光トリガサイリスタ（LTT），③ トライアック（TRIAC），④ ゲートターンオフ・サイリスタ（GTO），⑤ パワーMOSFET，⑥ IGBTなどがある．表19.2に電力用スイッチング素子の種類と応用分野を，図19.1に電力用スイッチング素子の適用範囲を示す．

(3) 直流直接変換（直流チョッパ回路）

直流チョッパ（DC chopper）は，交流を介さない直流直接変換装置で，入出力電圧比が1以上の降圧チョッパと，1以下の昇圧チョッパがある．基本となるチョッパ回路は電圧，電流の極性がともに定まっており，電圧極性の定まった電源から，負荷に電力を供給するために用いられる．降圧チョッパ回路は，図19.2(a)に示すようにオン・オフ制御が可能なGTOやパワートランジスタなどの高速スイッチ素子であるチョップ部，負荷の電圧・電流を平滑化する平滑リアクトル，オフ時の負荷電流を流す環流ダイオードで構成される．チョップ部のオン時間と周期Tの比αを通流率と呼ぶ．昇圧チョッパも降圧式と同様，チョップ部，平滑リアクトル，還流ダイオードで構成され，それらの接続は(b)で示される．降圧式と昇圧式の両特性を有しているのが，(c)の昇降圧（逆極性）チョッパである．また，表19.3に各種チョッパ回路の出力電圧平均値を示す．

表19.1　パワーエレクトロニクスの変遷と適用分野

パワーエレクトロニクスの変遷	1897年	ドイツ物理学者レーオ・グレーツが電力変換の基本となる整流回路（グレーツ回路）を考案
	1957年	米国GE社がサイリスタ（SCR）を開発
	1969年	GE社のハーバート・ストームがIEEEの雑誌（スペクトラム）で固体パワーエレクトロニクスという用語を用いてその定義を説明
	1973年	米国WH社のウィリアム・ニューウェルがパワーエレクトロニクスを「パワー（電気・電力・電力機器）と，エレクトロニクス（電子・回路・半導体）と，コントロール（制御）を融合した学際的分野」と解説図を用いて説明
	1988年	米国電力研究所（EPRI）のNarain, G. HingoraniがFACTS（flexible AC transmission system：フレキシブル交流送電系統）を提唱
適用分野	代表的な技術例と応用例	(1) 代表的な技術例として，交流から直流に変換する順変換器（コンバータ），直流を交流に変換する逆変換器（インバータ），交流から異なる交流に変換する周波数変換器（サイクロコンバータ），直流直接変換（チョッパ）などの半導体電力変換装置がある (2) 応用例として，発変電所や送配電系統などの電力分野，回転機（発電機，電動機）・ファン・ポンプ・ブロアなどを利用する産業分野，通信システムや工場などの電源装置，電気車の駆動・変電設備などの電気鉄道分野，自動車，家庭用電化製品など非常に幅広く使用されている

表19.2 電力用スイッチング素子の種類と応用分野

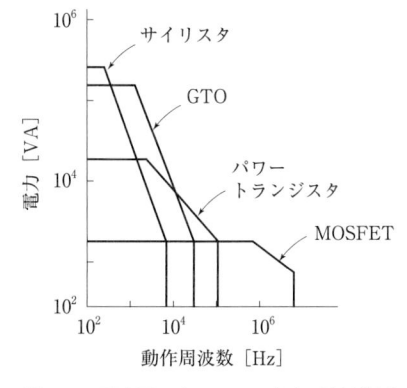

種類	動作原理と特徴	用途
逆阻止3端子サイリスタ（SCR）	PNPN 4層構造で，ゲート電圧を加えるとオン状態となり，ラッチ性を有する．オフ状態にはアノード電流を保持電流以下にするか，アノード・カソード間に一定時間，逆阻止電圧の印加が必要となる．このデバイスの特徴はサイリスタ接合の全面をオン状態にでき大電流化に，また両エミッタのキャリヤ注入で低抵抗にでき，高電圧化に適する	電源ラインのスイッチ，ランプの調光装置，ヒータの電力制御，ガス・イグナイタ点火回路，漏電遮断器，ストロボ回路，高速用，テレビ用など
光トリガ（光点弧）サイリスタ（LTT）	サイリスタゲートに光ファイバを通して赤外発光ダイオードの光エネルギーを印加することでサイリスタをオン状態にさせる．このデバイスの特徴は，ゲート制御・主回路間の電気絶縁の構成が容易となる，耐ノイズ性に優れており，高耐圧，大電流化が可能である，などである	直流送電用電力変換装置，周波数変換装置など
トライアック（双方向）サイリスタ	NPNPN の5層構造となっており2個のサイリスタを互いに逆向きに並列接続したデバイスで，正負いずれの交流電圧でもゲート電圧でオンにできる．このデバイスの特徴は，サイリスタに比べ構成が簡素化され，コストが低減できるなどで，交流の双方向スイッチ制御に用いられる	洗濯機，掃除機などの家電機器，複写機などのOA機器，ACモータの回転制御，ヒータ電力制御，ランプの調光装置，リレー・ソレノイドのスイッチ回路など
ゲートターンオフ・サイリスタ（GTO）	ゲートでターンオフさせるためのサイリスタで，カソードを細い島状に分割し，これをゲートが取り囲む構造となっており島を多数並列接続している．このデバイスの特徴は，ゲートでオン・オフが可能で自己消弧機能を有する，高耐圧，大電流化が容易である，などである	電鉄車両駆動装置，産業用モータ駆動装置，可変速揚水発電システムなど
パワー MOSFET	酸化膜（O）を挟んだ金属（M），半導体（S）の構造となっており，金属，半導体間に電圧を加え，酸化膜の下に電子または正孔の反転層を発生させオンする．このデバイスの特徴は，構造が簡単で使いやすく，破壊しにくい，高速のゲート駆動が容易で，特性が安定しているなどで，低制御電力で 100 kHz 以上の高速スイッチングが可能である	スイッチング電源，DC-DC コンバータ，照明機器のインバータ回路，モータのインバータ回路・速度制御，直流のスイッチングなど
IGBT	バイポーラトランジスタのゲートに正孔注入用 MOSFET を組み込みオン抵抗を下げたもので，基本特性は MOSFET と同じである．このデバイスの特徴は，オン抵抗を小さくでき，高速スイッチングが可能で，ゲート駆動が容易で，破壊しにくいなどである	インバータ制御の空調機器，IH 炊飯器などの家電機器や工作機械，溶接機，安定化電源，ポンプなど
パワートランジスタ	NPN（PNP）の3層構造のバイポーラトランジスタで，ベース電流でオン・オフを行い，オフを高速にするためエミッタ・ベース間に逆バイアス印加して逆ベース電流を流している．このデバイスの特徴は，高周波特性が優れ，特性のばらつきが少ないなどである．	GTO と競合するがアナログIC，高周波デバイス，電源やOA 出力，テレビ水平偏向デバイスなど

図 19.1 電力用スイッチング素子の適用範囲

(4) 順変換回路（コンバータ回路）

順変換器（コンバータ，converter）は交流を直流に変換する装置で，その回路には単相整流回路と三相整流回路の2つがある．単相整流回路には半波整流回路と全波整流回路があり，後者はさらに単相ブリッジ回路と単相センタタップ回路に分けられる．一方，三相整流回路には三相半波回路（三相星形回路）と三相ブリッジ回路（6パルスブリッジ回路）があり，前者はあるが，基本となる回路で直流不平衡や励磁不平衡があるため，そのままでは採用されない．実際には，後者が多く用いられている．表19.4 に代表的な整流回路の特性比較を示す．

(5) 逆変換回路（インバータ回路）

逆変換装置（インバータ，inverter）は，直流電力を半導体のスイッチ素子の動作を利用して交流に変換する装置を称する．逆変換回路の種類に

2. 機器分野

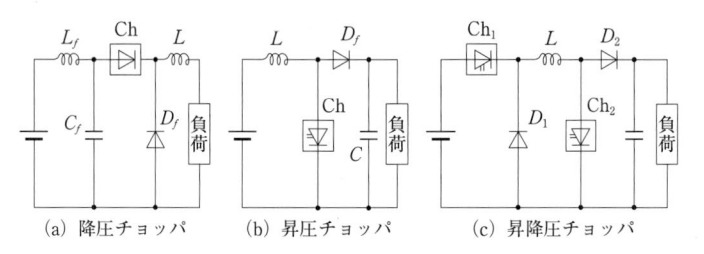

(a) 降圧チョッパ (b) 昇圧チョッパ (c) 昇降圧チョッパ

図 19.2 直流チョッパ回路

表 19.3 各種チョッパ回路の出力電圧平均値

チョッパ回路の種類	出力電圧平均値
降圧チョッパ	入力電圧の α 倍
昇圧チョッパ	入力電圧の $1/(1-\alpha)$ 倍
昇降圧チョッパ	入力電圧の $\alpha/(1-\alpha)$ 倍

は回路構成によりセンタタップ形, ブリッジ形, 単相形, 多相形などがある. また, 整流回路の転流方法により, 回路の構成要素自体で転流する自励式と, 回路の外部によって転流される他励式の

2つがある. 自励式はさらに強制転流方式と自己転流方式に分けられ, 他励式は電源転流方式と負荷転流方式に分けられる. さらに, 直流回路の入力が電圧源か, 電流源かにより, ① 電圧形, ② 電流形に分けられ, それぞれ単相形と三相形がある. 図 19.3 に単相と三相の電圧形インバータ回路を, 図 19.4 に電流形インバータ回路を示す.

(6) 電力変換のスイッチング方式

電力変換のスイッチング方式には, ① パルス

表 19.4 代表的な整流回路の特性比較

名 称	単相半波	単相センタタップ	単相ブリッジ	三相半波	三相ブリッジ
結線					
パルス数	1	2	2	3	6
無制御直流電圧 V_{d0}	$\dfrac{\sqrt{2}}{\pi}=0.450$	$\dfrac{2\sqrt{2}}{\pi}=0.901$	$\dfrac{2\sqrt{2}}{\pi}=0.901$	$\dfrac{3\sqrt{6}}{2\pi}=1.170$	$\dfrac{3\sqrt{2}}{\pi}=1.351$
直流出力電圧平均値 抵抗負荷	$\dfrac{1+\cos\alpha}{2}V_{d0}$	$\dfrac{1+\cos\alpha}{2}V_{d0}$	$\dfrac{1+\cos\alpha}{2}V_{d0}$	$\cos\alpha\, V_{d0}$ $(0\leq\alpha\leq\pi/6)$	$\cos\alpha\, V_{d0}$ $(0\leq\alpha\leq\pi/3)$
直流出力電圧平均値 誘導負荷	$\dfrac{1+\cos\alpha}{2}V_{d0}$	$\cos\alpha\, V_{d0}$	$\cos\alpha\, V_{d0}$	$\cos\alpha\, V_{d0}$	$\cos\alpha\, V_{d0}$
直流脈動周波数	f	$2f$	$2f$	$3f$	$6f$
素子の逆電圧	$\sqrt{2}V$	$2\sqrt{2}V$	$\sqrt{2}V$	$\sqrt{6}V$	$\sqrt{2}V$

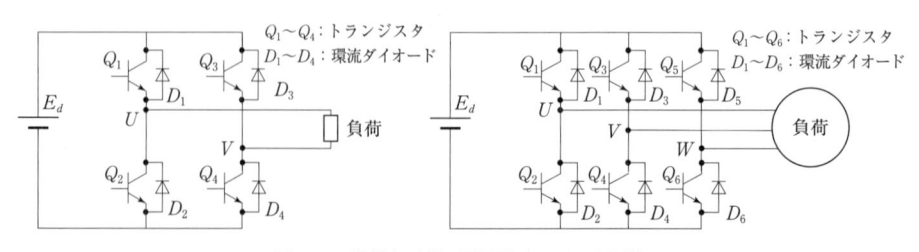

図 19.3 単相と三相の電圧形インバータ回路

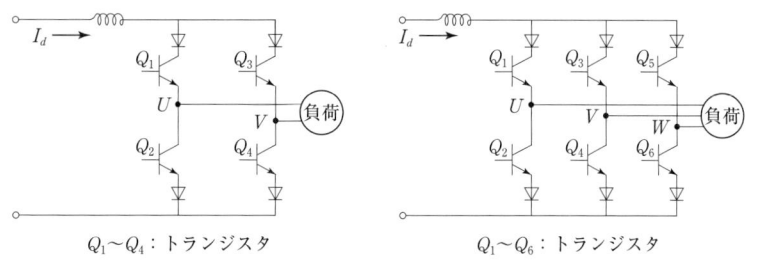

図 19.4　単相と三相の電流形インバータ回路

表 19.5　電力変換のスイッチング方式（[17] p. 66, 67, 図 4.2, 4.4, 4.5）

種　類	方式の概要と特徴	原理図
パルス幅変調 （PWM）方式	周期を一定としてパルス幅を調節して，平均電圧を変化させ必要な正弦波を発生させる変調方式である．この方式で採用されているのは，図 19.6(a) に示す三角波の搬送波と信号波を比較して，その交点でパルス幅を制御させる変調方式である．スイッチング周波数がキャリヤとなる三角波の周波数で決まり，キャリヤ周波数よりも早い制御はできない．この方式は現在モータなどの速度制御に最も多く使用されている	パルス幅の変化
パルス周波数変調 （PFM）方式	パルス幅を一定としてパルスの発生周波数を調節して，平均電圧を変化させ必要な正弦波を発生させる変調方式である．オン期間は一定であるがスイッチング周波数は一定ではない	パルスの周波数変化
パルス密度変調 （PDM）方式	スイッチング周波数とパルス幅を一定としてパルス密度を調節して，平均電圧を変化させ必要な正弦波を発生させる変調方式である．交流から直流に変換する方法にはサイリスタブリッジの位相制御や，直流チョッパを用いる方法がある	パルスの密度変化 1　2　3　2

幅変調（PWM：pulse width modulation）方式，② パルス周波数変調（PFM：pulse frequency modulation）方式，③ パルス密度変調（PDM：pulse density modulation）方式の3つがある．これらの方式の概要と原理図を表 19.5 に示す．一般に，最も多く採用されている方式はパルス幅変調（PWM）方式である．

（7）PWM 制御コンバータ・インバータ

半導体デバイスのスイッチ回路のみの電力変換回路では，交流電流波形は通常使用される正弦波でなく方形波となる．そこで，半導体デバイスのスイッチング技術を利用して正弦波電流を実現するのが，パルス幅変調（PWM）制御である．PWM 制御コンバータは，図 19.5 のように6個のデバイスを用いて PWM パルスでオン・オフを繰り返し三相交流の電源側電流を正弦波とする．また，PWM 制御インバータでは，図 19.6

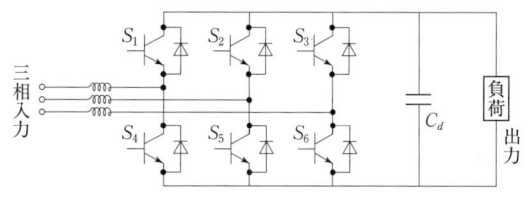

図 19.5　三相 PWM 制御コンバータ

のように，スイッチ S_1 と S_3 のオン・オフのタイミングは搬送波と呼ばれる三角波と変調波と呼ばれる基準正弦波との2つの制御信号の交点によって決められ，各スイッチのオン動作によって出力電圧は E_d, 0, $-E_d$ となり正弦波状に分布したパルス列の交流が得られる．この出力電圧の基本周波数はインバータの出力周波数に一致する．

（8）交流スイッチと交流電力調整装置

半導体デバイスを基本スイッチ要素として組み合わせ，交流電力の開閉に用いるものを交流スイッチと称し，交流電力の調整に用いるものを交

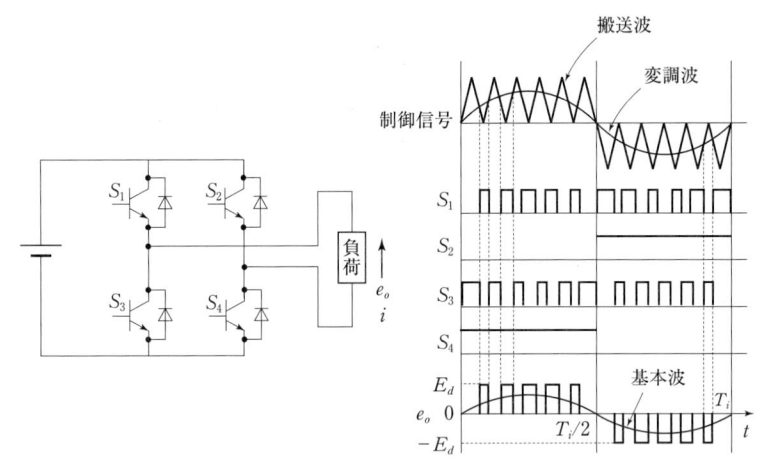

図 19.6 単相電圧形インバータのPWM波形例

表 19.6 半導体デバイスの基本スイッチ要素

名 称	制御性		記 号	半導体素子の例 単一	半導体素子の例 複合
一方向バルブ	一方向制御	オン位相可制御		逆阻止サイリスタ	—
		オンオフ位相可制御		逆阻止GTO	トランジスタ・ダイオード直列
二方向バルブ	一方向制御	オン位相可制御		逆導通サイリスタ	逆阻止サイリスタ・ダイオード逆並列
		オンオフ位相可制御		逆導通サイリスタ	トランジスタ・ダイオード逆並列
	二方向制御	オン位相可制御		トライアック	逆阻止サイリスタ逆並列
		オンオフ位相可制御		—	逆阻止GTO逆並列

流電力調整装置と称する．半導体デバイスの基本スイッチ要素としては，一方向性バルブと二方向性バルブがある．交流電力調整装置の動作方式には，①オンオフ調整，②サイクル調整，③位相調整，④PWM調整がある．表19.6に半導体デバイスの基本スイッチ要素を，表19.7に交流電力調整装置の調整回路を示す．

(9) 周波数直接変換装置

ある周波数の交流電力を異なる周波数の交流電力に変換する静止形電力変換装置を，周波数変換装置と称し，電力変換の方式により間接形と直接形に分類される．間接形は交流電力を順変換装置（コンバータ）でいったん直流に変換した後，逆変換装置（インバータ）で負荷の要求する交流電力に変換する方式である．直接形は直流を介さずに，交流電力を異なる周波数の交流電力に直接変換する方式であり，周波数直接変換装置（サイクロコンバータ）と呼ばれる．周波数直接変換装置の原理は図19.7(a)に示すように，双方向スイッチで構成された三相全波ブリッジ回路が平衡三相

表 19.7 交流電力調整装置の調整回路

回路の種類	接続回路	回路の種類	接続回路
単相 一方向制御	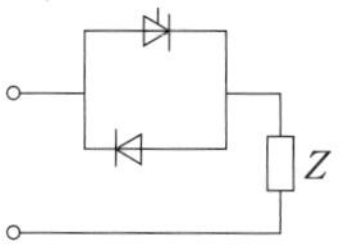	三相2線 二方向制御	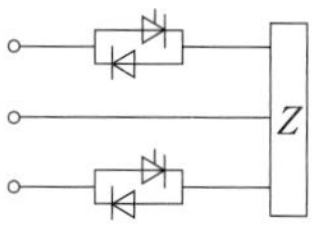
単相 二方向制御	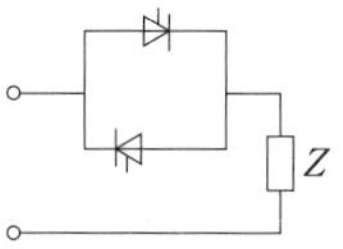	三相Y結線 二方向制御	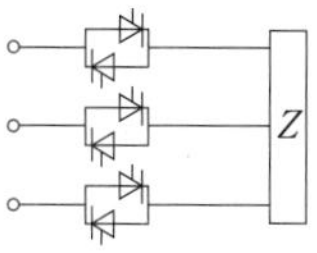
三相Δ結線 一方向制御	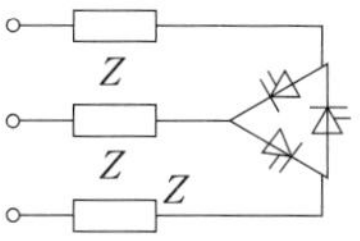	三相Y結線 中性点付 二方向制御	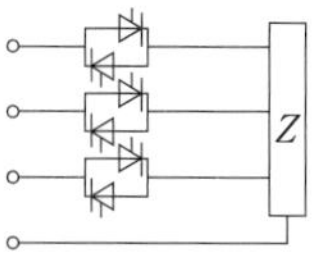
三相Y結線 一方向制御	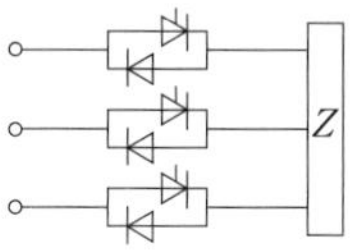	三相Δ結線 二方向制御	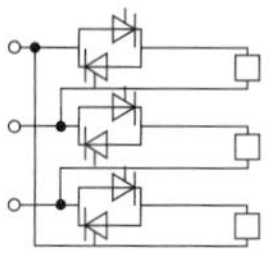

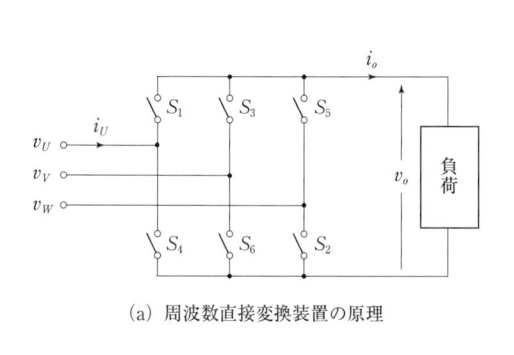

(a) 周波数直接変換装置の原理

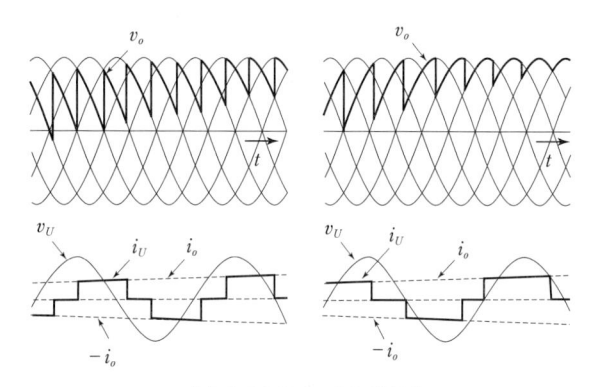

(b) 2つのスイッチング方式

図 19.7 周波数直接変換装置の原理とスイッチング方式（[2] p.734, 図 99）

電源に接続されており，その動作は素子のスイッチング方向により図 19.7(b) のような 2 つのスイッチング方式がある．左側の方式は負荷回路を接続すべき相電圧が高い状態でスイッチを切り換え，出力電圧がつねに正となり，スイッチ素子には安価なサイリスタ均一ブリッジが用いられる．一方，右側の方式は負荷に接続されている入力電圧が次に切り換わるべき相電圧より大きい期間に次の相にスイッチングを行い，出力電圧はつねに負となり，スイッチ素子には高価な自己消弧形素子あるいは自励転流回路を必要とする．

(10) 無停電電源装置

無停電電源装置（UPS：uninterruptible power supply）は，変換装置，バッテリおよび必要に応じスイッチを組み合わせて構成され，交流入力電源の停電に際して，負荷に電力を連続的に供給する電源システムである．変換装置は定電圧・定周波数の出力特性を有するので CVCF とも呼称される．UPS の種類としては，① 常時インバータ給電方式，② ラインインタラクティブ方式，③ 常時商用給電（パラレルプロセシング）方式があり，常時インバータ給電方式が主流である．近年はパワートランジスタや GTO などの自己消弧

表 19.8 UPS の種類と特徴・用途

種類	原理	特徴・用途	構成概略図
常時インバータ給電方式	常時,交流電源とバッテリを並列にしてインバータに入力する方式で,常時,停電・瞬停時ともつねにインバータより供給する.停電なしで自動的に切換えが行われる(無瞬断)	入力電圧に関係なくつねに安定電圧で供給が可能である.用途は電源電圧の変動が激しい場所や無瞬断を必要とする機器に適する.誘導性負荷(コイル,モータなど)にも適するが損失が多い欠点がある	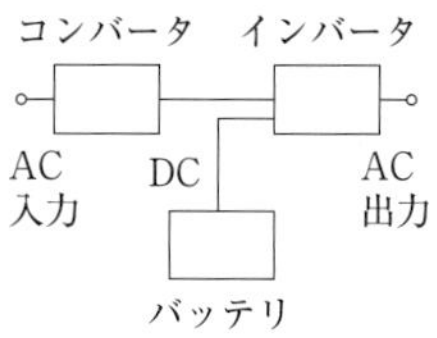
常時商用給電方式(パラレルプロセシング方式)	常時は交流電源をインバータに入れ,そのまま供給する方式で,停電時や瞬停時はバッテリによるインバータ運転に切り換えて供給する(瞬断有)	交流電源異常のバッテリ切換時に瞬停となる.用途は比較的電源電圧変動の少ない安定した商用電源から供給するOA機器などに適する.出力が矩形波となり誘導性負荷(コイル,モータなど)には使えない	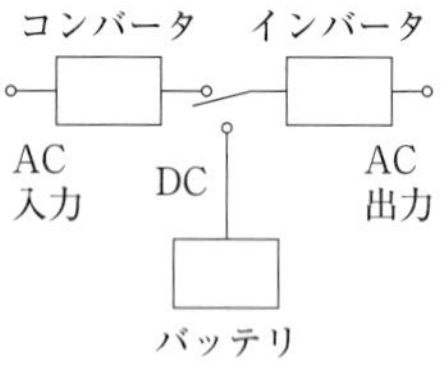
ラインインタラクティブ方式	基本構成は常時商用給電方式と同じであり,通常の交流電源の電圧変動時に出力安定化機能により電圧を一定に保つ方式である	交流電源の電圧変動時に出力安定化機能があるため電源電圧の変動が比較的大きい場所やネットワークサーバ,OA機器などに適する.誘導性負荷(コイル,モータなど)にも適する	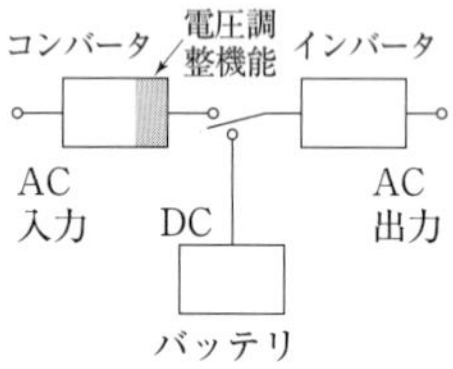

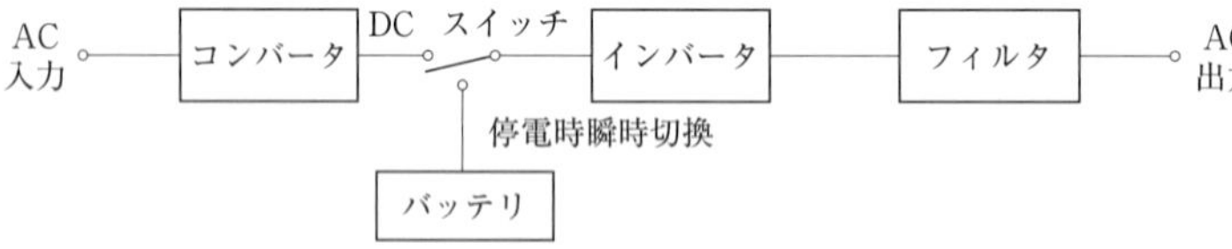

図 19.8 パラレルプロセシング(常時商用給電)方式 UPS の基本構成

素子を利用したインバータによる静止形 UPS が,コンピュータ用電源をはじめハイテク産業の工場生産ラインの高品質電源など各種用途に広く普及している.表 19.8 に UPS の種類,原理,特徴・用途を示し,図 19.8 に常時商用給電(パラレルプロセシング)方式 UPS の基本構成を示す.この方式は,常時は整流装置よりインバータを介して負荷に電力を供給するが,停電時は瞬時にバッテリに切り換えて電力を供給する.

(11) 無効電力補償装置

電力系統では,無効電力の過不足により電圧変動が生じたり,場合により安定度問題などが発生するので適切に無効電力を補償(供給・吸収)することが重要となる.このための装置が無効電力補償装置であり,電力用半導体デバイスを用いた静止形無効電力補償装置の一つに SVC (static var compensator) がある.SVC の機能としては,受電端電圧の安定化,変動負荷の電圧フリッカの抑制,系統安定度の向上などがある.SVC の種類には受動形と能動形がある.受動形は LC を並列に組み合わせて LC 電流を制御する無効電力補償装置であり,TCR (thyristor controlled reactor),TSC (thyristor switched capacitor),TCR+TSC などの方式に分けられる.いずれも低損失で経済的であり広く採用されている.能動形は電力用コンデンサや分路リアクトルを使わずに,コンバータを用いて無効電力を補償する装置であり,電圧形と電流形がある.TCR,TSC 方式と電流形コンバータ方式を図 19.9 に示す.

(12) アクティブフィルタ

高調波対策としてフィルタが採用されるが，その種類にLCを用いた受動フィルタと自励コンバータを用いた能動フィルタがある．アクティブフィルタは能動フィルタであり，その原理は，抑制する高調波成分を能動的にフィルタでつくり，それで高調波を打ち消す方式であり，応答性から自励コンバータが用いられ，種類としては電流形と電圧形がある．アクティブフィルタの特徴は，① 系統側の周波数特性を変えない，② 系統側に高調波が増えても過負荷にならないなどの利点があるが，一方で価格面や大容量化などに課題がある．表19.9に電流形と電圧形の基本的な主回路構成とその特徴を示す．

(13) パワーエレクトロニクス電力系統機器

パワーエレクトロニクス電力系統機器は，パワーエレクトロニクス技術を利用して，送電系統の安定度向上やループ潮流分布の改善など系

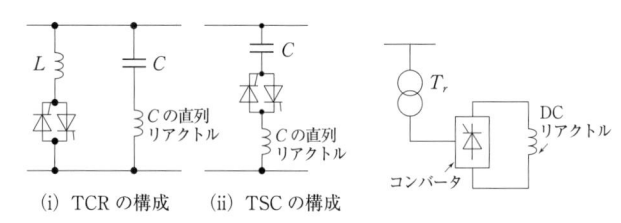

図 19.9 無効電力補償装置の方式例

表 19.9 電流形と電圧形アクティブフィルタの構成と特徴

方式の種類	電流形	電圧形
動作原理	負荷電流を高調波成分に分離して，それを基準指令として，電流形コンバータで指令と逆特性の高調波を発生して，負荷に含まれる高調波を打ち消す	負荷電圧を高調波成分に分離して，それを基準指令として，電圧形コンバータで指令と逆特性の高調波を発生して，負荷に含まれる高調波を打ち消す
回路構成	変圧器／自励コンバータ／DCリアクトル	変圧器／DCコンデンサ／自励コンバータ
特徴	(1) 自励コンバータ用のサイリスタやGTOを採用するため，必要最小限のリアクトル，コンデンサで容量増ができる (2) 制御はPWM方式のため，応答は約1 msと高い (3) 任意あるいは特定の次数の高調波を発生するフィルタが任意に選べる (4) 価格が高く，騒音・損失は大きく，運転効率が悪いなどの課題がある	

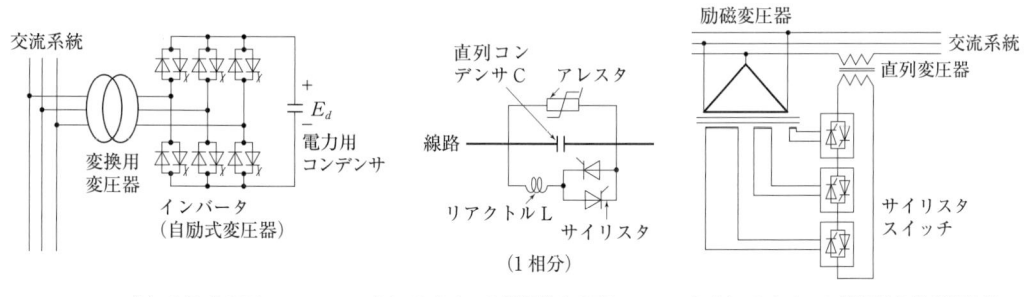

(a) 自励式SVC　　(b) サイリスタ制御付き直列コンデンサ　(c) サイリスタ制御付き位相調整器

図 19.10　代表的なFACTS機器（[18] p.590, 593, 597, 図 13.2.8, 13.3.2, 13.3.6）

統性能を向上させるための電力機器の総称であり，FACTS (flexible AC transmission system) とも呼ばれている．FACTS には HVDC/BTB に加えて，SVC，自励式 SVC (STATCOM：static synchronous compensator)，サイリスタ制御付き直列コンデンサ (TCSC)，サイリスタ制御付き位相調整器 (UPFC)，制動抵抗 (TCBR) ならびに超電導エネルギー貯蔵装置 (SMES)，電池エネルギー貯蔵装置 (BESS) などがある．図 19.10(a) に自励式 SVC，(b) にサイリスタ制御付き直列コンデンサ，(c) にサイリスタ制御付き位相調整器 (UPFC) を示す． 〔道 上 勉〕

参考文献

[1] 電気学会編：電気工学ハンドブック（第6版），オーム社 (2001)
[2] 電気学会編：電気工学ハンドブック（新版），オーム社 (1988)
[3] 道上 勉：送配電工学（改訂版），電気学会 (2003)
[4] 道上 勉：発電・変電（改訂版），電気学会 (2000)
[5] 岡田龍雄編著：EE Text：光エレクトロニクス，電気学会・オーム社 (2004)
[6] 広瀬敬一・清水照久：現代電気工学講座 電気機器 I，オーム社 (1962)
[7] 磯部直吉・土屋善吉ほか：現代電気工学講座 電気機器 II，オーム社 (1962)
[8] 尾本義一・宮入庄太：現代電気工学講座 電気機器 III，オーム社 (1962)
[9] 藤高周平・河野照哉ほか：現代電気工学講座 電気機器 IV，オーム社 (1963)
[10] 横山 茂：配電線の雷害対策，オーム社 (2005)
[11] 大浦好文監修：保護リレーシステム工学，電気学会 (2002)
[12] JISC のホームページ (http://www.jisc.go.jp)
[13] 東芝：東芝レビュー，Vol. 55, No. 9 (2001)
[14] 日本工業規格
「JIS C 3105 (1994) 電気機器巻線用軟銅線」
「JIS C 3110 (1994) 鋼心アルミニウムより線」
「JIS C 4003 (1998) 電気絶縁の耐熱クラス及び耐熱性評価」
「JIS C 4034-1 (1999) 回転電気機械－第1部：定格及び特性」
「JIS C 4203 (2001) 一般用単相誘導電動機」
「JIS C 4210 (2001) 一般用低圧三相かご形誘導電動機」
「JIS C 4212 (2000) 高効率低圧三相かご形誘導電動機」
「JIS C 4605 (1998) 高圧交流負荷開閉器」
「JIS B 0185 (2002) 知能ロボット用語」
[15] 電気規格調査会標準規格
「JEC-3404 (1995) アルミ電線」
「JEC-3406 (1995) 耐熱アルミ合金電線」
「JEC-2100 (1993) 回転電気機械一般」
「JEC-6147 (1992) 電気絶縁の耐熱クラスおよび耐熱性評価」
「JEC-2200 (1995) 変圧器」
「JEC-2300 (1998) 交流遮断器」
[16] リニア中央新幹線のホームページ (http://www.linear-chuo-exp-cpf.gr.jp)
[17] 引原隆士・木村紀之・千葉 明・大橋俊介：パワーエレクトロニクス，朝倉書店 (2000)
[18] 宅間 董・高橋一弘・柳父 悟：電力工学ハンドブック，朝倉書店 (2005)
[19] OHM, Vol. 76, No. 9 (1989)
[20] 道上 勉：送電・配電（改訂版），電気学会 (2001)
[21] 東芝パンフレット「東芝浜川崎工場ご案内」8010-11, 05-5T1 (2006)
[22] 東京電力・東芝・日立「電圧安定性を向上する新しい発電機励磁制御装置 PSVR」(1991)
[23] ニチコン技術情報ライブラリー「進相用コンデンサの最新技術動向」(2000)

20章　ドライブシステム

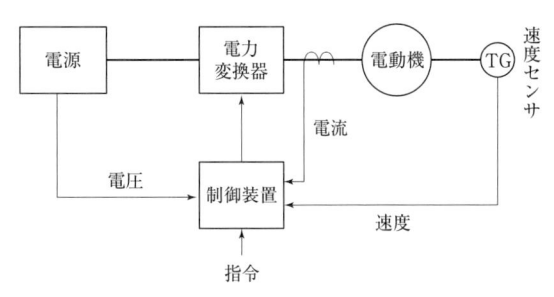

20.1　可変速ドライブシステムの基本構成と制御方式

(1)　可変速ドライブシステムの基本構成

可変速ドライブは，① エネルギー変換効率が高い，② 高速・高精度に速度やトルクの制御ができる，③ 取り扱いが容易である，などの特徴を有している．可変速ドライブシステムの基本構成は図20.1に示すように，モータと電力変換器の組合せにより構成されている．モータは直流機と交流機に大別されるが，直流機では回転速度に応じた可変電圧が必要であり，交流機では電圧と周波数を可変にしなければならない．

(2)　可変速ドライブシステムの制御量

可変速ドライブシステムの制御量はトルク，速度，位置などであり，一般には用途に応じこれら制御量が組み合わされ採用される．それらのフィードバックの関係は図20.2で示すように，内側からトルク，速度，位置の順にループを構成していることが多い．トルク制御は，可変速システムの最も基本となる制御であり，中心の部分にループが組み込まれている．速度制御は，速度検出器のフィードバックループで行われるが，高い精度が要求されない場合には，オープンループ方式が用いられることもある．

(3)　回転機の可変速ベクトル制御

回転機の可変速ベクトル制御は，高性能の可変速制御を目的とするものであり，代表的な対象モータとして同期機と誘導機がある．電動機の発生トルクは，電流ベクトルと磁束ベクトルの積となることから，トルクをベクトル制御する場合，同期機では図20.3に示すように，磁束ベクトル軸方向にある磁束を一定に保ちながら，電流ベクトル軸方向の成分（トルク）を所要の値に瞬時値制御すれば，トルクを高応答に制御できることになる．その応用例には，製鉄圧延機や船舶電気推進装置などがある．一方，誘導機のベクトル制御は，図20.4に示すように，トルク（電流）変更時に磁束が変化しないように，二次磁束を一定に制御する方式になっており，この制御方式は各種の分野で幅広く使用されている．

20.2　直流電動機の可変速ドライブ

直流電動機の速度制御には，① 電圧制御方式，② 界磁制御方式，③ 抵抗制御方式の3つがある．

(1)　電圧制御方式

電圧制御方式は他励式電動機で用いられ，供給電圧の大きさと方向を正逆に制御すれば，回転速度の正転・逆転両方向が可能であることから，制

図20.1　可変速ドライブシステムの基本構成

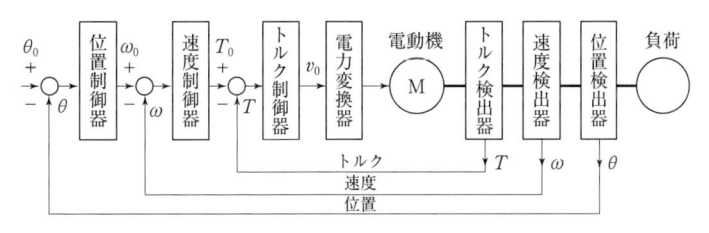

図20.2　可変速ドライブシステムの制御量
$\theta_0, \omega_0, T_0, v_0$：基準値，$\theta, \omega, T$：測定値．

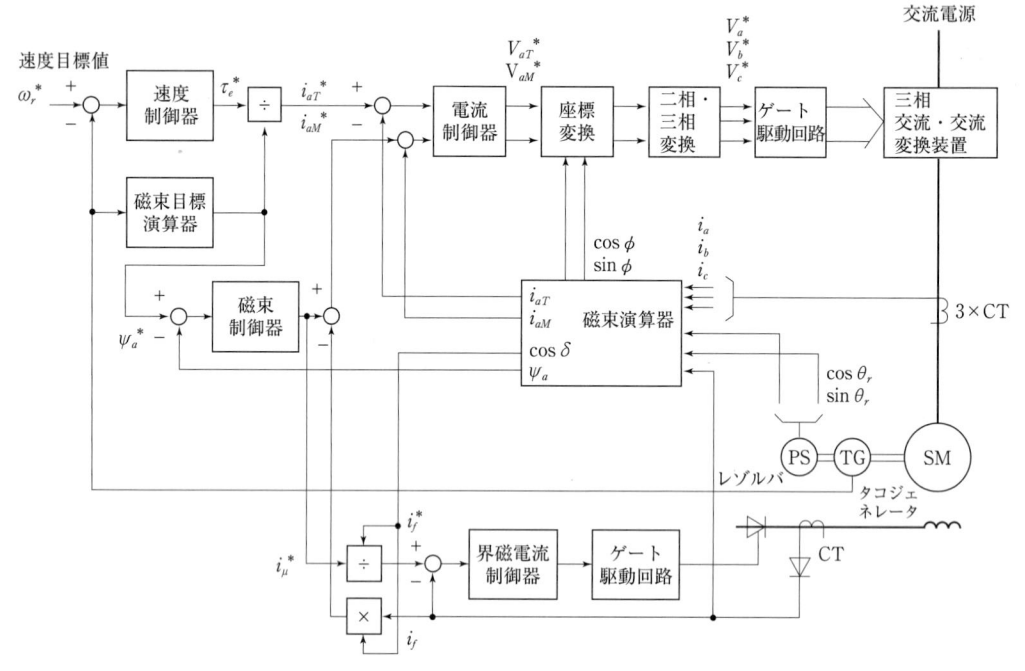

図20.3 同期機の可変速ベクトル制御システム

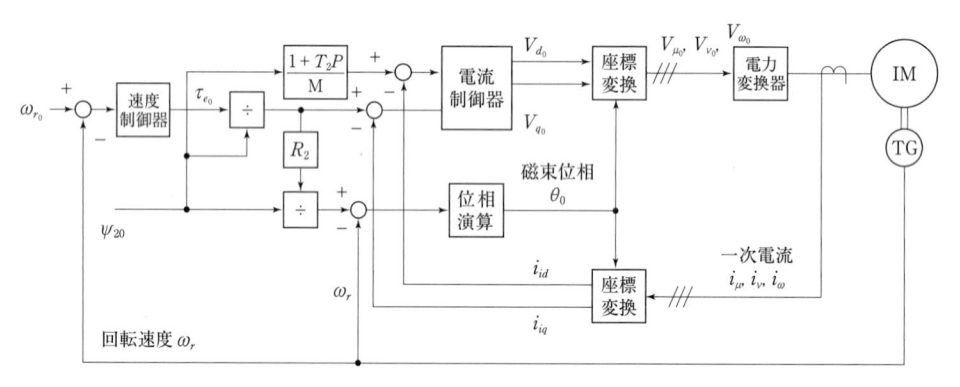

図20.4 誘導機の可変速ベクトル制御システム

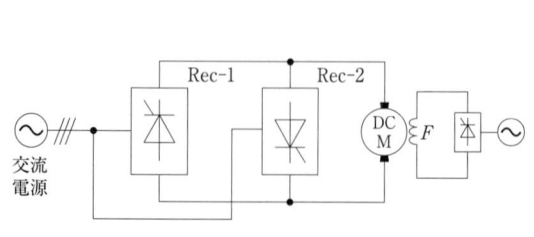

図20.5 静止レオナード方式

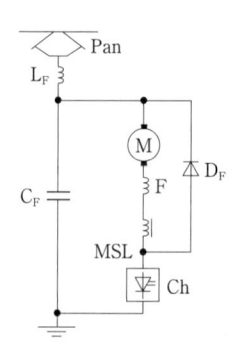

図20.6 直流機の電機子チョッパ制御
L_F, C_F：入力フィルタ，D_F：環流ダイオード，Ch：チョッパ，F：界磁コイル，Pan：パンタグラフ，MSL：平滑リアクトル．

御範囲が広く，連続的で滑らかで精度が高く応答の速い制御ができる．供給電源の種類により，ワードレオナード方式や図20.5に示す静止レオナード方式があるが，近年では後者が多く用いられている．直流電動機においては，図20.6に示すような電機子チョッパ制御があり，力行時（加速時）に降圧チョッパ，ブレーキ時（減速時）に昇圧チョッパとして電機子電圧を制御する．

(2) 界磁制御方式と抵抗制御方式

界磁制御方式は，電機子電流を一定に保ちながら界磁磁束を制御する方式であり，制御が容易で，定出力制御ができ，広範囲に速度制御が可能である，などの特徴をもっている．直流電動機においては，図20.7に示すような界磁チョッパ制御方式があり，制御装置が小さくてすみ経済的である．回生ブレーキが使えるため抵抗器が小さくでき重量が減らせる，抵抗器の電力損失が少なく省エネルギーが図れる，界磁の連続制御により定速度運転が容易である，などの特徴を有する．一方，抵抗制御方式は電機子回路に直列に挿入した可変抵抗により，供給電圧を変化させる方式であり，電力損失が大きく，効率が悪く，かつ制御範囲が狭いなどの理由から現在，あまり採用されていない．

20.3 同期電動機の可変速ドライブ

同期電動機には14章で記述したように，① 界磁巻線形同期電動機，② 永久磁石形同期電動機の2つがあり，さらに後者は表面磁石構造永久磁石電動機（SPM形）と埋込磁石構造永久磁石電動機（IPM形）に分けられる．

(1) 同期電動機の可変速制御の基本構成

同期電動機の同期速度は $N_s = 120f/p$ で表され，原理的には一次周波数 f に比例し，極数 p に反比例するので，一次周波数制御あるいは極数変換で速度制御ができる．しかし，極数変換は構造が複雑になるなどの理由から採用されていない．実際の速度制御には，一次周波数制御が基本になり，インバータなどの可変電圧・周波数電源から直接供給する開ループ制御あるいは回転速度をフィードバックする閉ループ制御が対象になる．前者には，構成がシンプルで経済的な V/f 一定制御が用いられるが，回転子位置が検出できないため，負荷の急変時や急加減速時に脱調するおそれがある．このため，高性能な速度制御を行うには，後者のような回転子位置を検出する閉ループ制御やベクトル制御が採用される．図20.8に，同期電動機の閉ループ速度制御の基本構成を示す．

(2) 永久磁石形同期電動機のトルク制御

永久磁石形同期電動機は，界磁に永久磁石を採用したモータで，そのトルク T は次式で与えられ，回転子位置を検出して一次電流（i_d, i_q）を制御することによりトルク制御を行うことができる．

$$T = p\{\phi i_d + (Ld - Lq)i_d i_q\}$$

図20.9にトルク制御の構成例を示す．誘導電

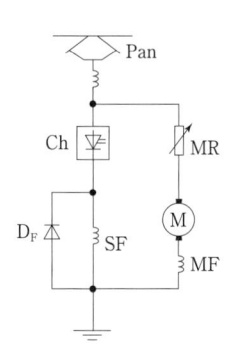

図20.7 直流機の界磁チョッパ制御方式
MR：主抵抗器，D_F：環流ダイオード，Ch：チョッパ，SF：分巻界磁コイル，MF：直巻界磁コイル，Pan：パンタグラフ．

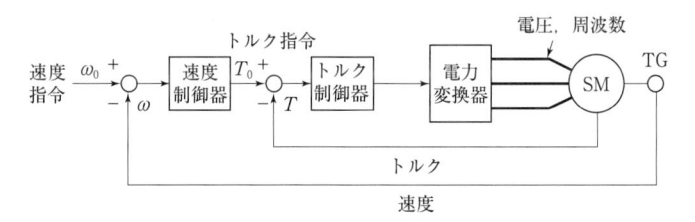

図20.8 同期電動機の速度制御システムの基本構成

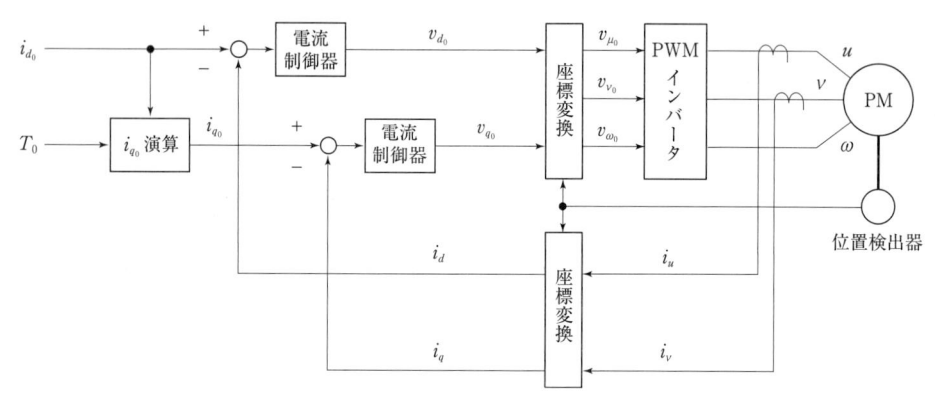

図 20.9 永久磁石電動機のトルク制御の構成
$i_{d_0}, T_0, i_{q_0}, v_{q_0}, v_{\mu_0}, v_{v_0}, v_{\omega_0}$：基準値，$i_u, i_v, \theta$：測定値．

動機のベクトル制御との違いは，滑り周波数の演算や回転子磁束の検出が不要のため制御回路が簡単になることである．つまり，SPM 形モータは原理的にはリラクタンストルクを発生しないので $i_d = 0$ 制御を採用するが，IPM 形モータは $i_d < 0$ 制御として正のリラクタンストルクを発生させることが可能のため i_d, i_q 制御を採用している．

（3） 永久磁石同期電動機の可変速ドライブ
a. 電流ベクトル制御法

ここでは，近年，多く採用されている埋込磁石構造永久磁石同期電動機（IPMSM）の電流ベクトル制御法を説明する．

（i） トルク最大化の場合

IPMSM に電力を供給する電力変換器の出力には，最大電流と最大電圧の制約がある．このため，電力変換器の出力制限の範囲内で IPMSM の最大出力や最高速度を向上する様々な電流制御法が考案されている．これらの電流制御は，電機子電流をベクトルとしてとらえ，回転子の磁極と平行方向の d 軸電流，および，これと直交方向の q 軸電流とを最適に制御することで実現できる．

図 20.10 は，横軸を d 軸電流，縦軸を q 軸電流とした dq 軸平面に，IPMSM の電圧電流制限下における電流ベクトルの制御範囲を示したものである．最大電流と最大電圧の制約がある場合，電流ベクトルを制御できる範囲は，電流制限円と電圧制限楕円の内側に制限される．電圧制限楕円は，速度が高いほど小さくなる．

図 20.11 に電圧電流制限下における IPMSM の最大トルクを，3 種類の電流ベクトル制御方式について比較する．図 20.11 より，IPMSM のトルクを大きくするためには，速度が低い $\omega < \omega_a$ の場合には，図 20.10 より，電流制限円の制約が支配的であることから，トルク/電流を最大化する「最大トルク制御」が適切である．一方，速度が高い $\omega < \omega_a$ の場合には，図 20.10 より，電圧制限楕円の制約が支配的であることから，端子電圧を最大電圧以下に制御する「弱め磁束制御」が適している．また，図 20.11 において速度 $\omega < \omega_c$ で最高速度が制限されるのは，図 20.10 より，速度 $\omega < \omega_c$ で電圧制限楕円と電流制限円とが交差しないため，電流制御ができなくなるからである．

ここで，図 20.11 に示した IPMSM の電流ベクトル制御法の詳細について説明する．

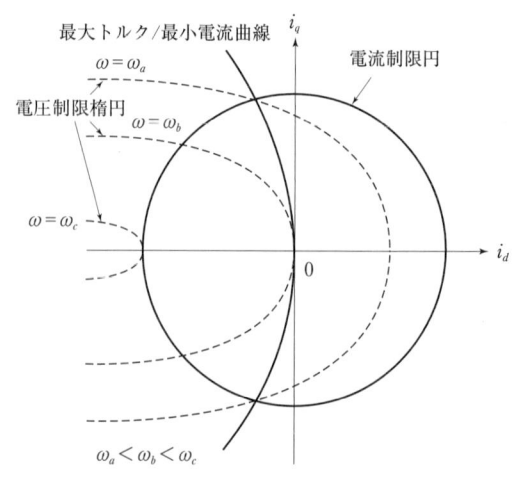

図 20.10 IPMSM の電圧電流制限下における電流ベクトルの制御範囲（[24] p.66, 図 2.3.7）

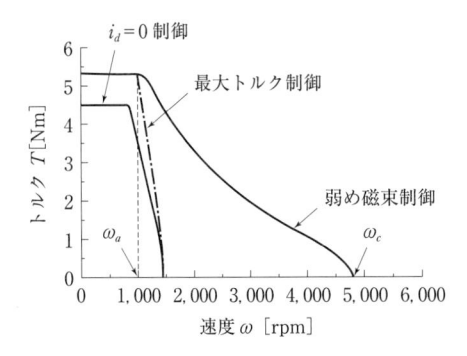

図20.11 IPMSMの電圧電流制限下における最大トルク（[24] p.67, 図2.3.8）

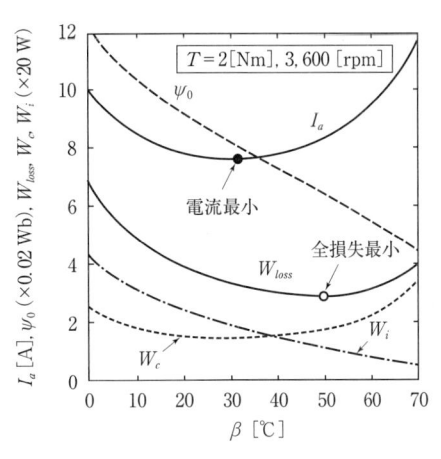

図20.12 IPMSMの電流位相と銅損,鉄損の一例（[24] p.68, 図2.3.9）
電流ベクトルの角度 β は, q 軸プラス方向を $0°$, d 軸マイナス方向を $90°$ と定義する.

① $i_d=0$ 制御　　d 軸電流をゼロに制御し, q 軸電流をトルクに比例して制御する．制御が簡単であるため，古くから多く使われている制御方法である．図20.11に示すように，IPMSMに適用した場合は，最大トルク制御よりトルクが小さいが，SPMSM（表面磁石構造永久磁石同期電動機）の場合は, d 軸電流がトルクに寄与しないため，トルク/電流を最大にできる．また，トルクが q 軸電流に比例することから，トルクの線形制御が容易であり，サーボモータ制御などの高応答なトルク制御が要求される用途にも適している．

② 最大トルク制御（最大トルク/電流制御）
IPMSMは，回転子に突極性があることから，マグネットトルクだけでなくリラクタンストルクを利用できる．リラクタンストルクは d 軸電流を流すことで発生させることができ, d 軸電流を適切に制御することで，トルク/電流を最大にできる．このときの電流ベクトルの動作点は，図20.10の最大トルク/最小電流曲線である．図20.11に示すIPMSMの例では, $i_d=0$ 制御と比べて最大トルクを約20%向上できている．

③ 弱め磁束制御　　図20.10に示すように，電圧制限楕円は速度 ω が高いほど小さくなり，電流ベクトルを制御できる範囲が狭くなる．このため，速度 $\omega > \omega_b$ のときには最大トルク/最小電流曲線が電圧制限楕円の外側になり，最大トルク制御で運転ができなくなる．そこで，電圧制限楕円上に電流ベクトルを制御することでIPMSMの端子電圧を電力変換器の最大出力電圧以下に制御し，最高速度を向上する．図20.11に示す

IPMSMの例では，最大トルク制御と比べて最高速度を約3倍以上向上できている．

(ii) モータ高効率化の場合
銅損と鉄損との和が最小になるように電流ベクトルを制御することでIPMSMの全損失を最小化する制御が考案されている．図20.12にIPMSMのトルクを一定とし，電流ベクトルの角度 β を変化させたときの電流実効値 I_a, 磁束 Ψ_0, 銅損 W_c, 鉄損 W_i, および，全損失 W_{loss} の一例を示す．図20.12より，銅損は電流最小の点で最小になり，この点は最大トルク制御の動作点に等しい．一方，角度 β の増加とともに磁束が小さくなることから，鉄損は角度 β が大きいほど小さくなる．これらのことから，最大トルク制御より，電流ベクトルの角度 β が大きい動作点で全損失が最小になる．図20.10には明記していないが, dq 軸平面における最大効率制御の動作点は，最大トルク/最小電流曲線より左側になる．

b. 磁極位置センサレス制御
一般に，永久磁石同期電動機（PMSM）を運転するためには，回転子の磁極位置に応じて電流と電圧を制御する必要があり，従来は，エンコーダやホールセンサなどの位置検出器を使って運転していた．しかし，位置検出器を使うことで，価格アップ，信頼性低下，大型化などの問題が発生する．このため，位置検出器を使わないで運転す

表20.1 センサレスベクトル制御と V/f 制御の特徴比較（[25] p.470）

項　目	センサレスベクトル制御	V/f 制御
価格	高価 （ベクトル制御インバータ相当）	安価 （汎用インバータ相当）
最低速度	0%	5～10%
始動トルク	150% 以上	70% 以上（定格電流時）
トルク制御精度	3%（定格運転時）	トルク制御不能
モータ効率	89%	
速度応答	15 rad/s 以上	
用途	・大きな始動トルクが必要な用途 ・トルク制御 例：クレーン，垂直搬送装置	・簡易可変速 ・高速 PMSM 例：ファン，ポンプ，コンプレッサ

数値は，3.7 kW の供試 IPMSM における実験値．

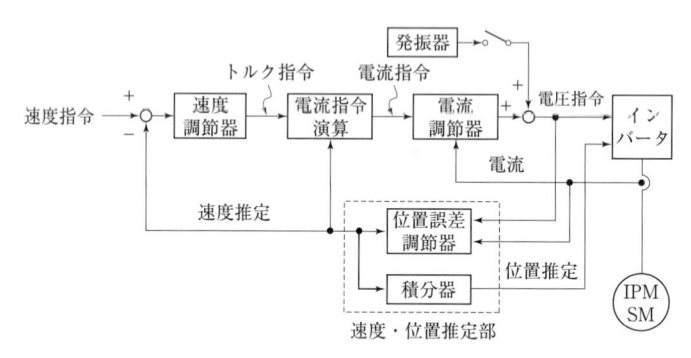

図 20.13 センサレスベクトル制御のブロック図（[25] p.468）

る磁極位置センサレス制御（以下，センサレス制御）が実用化されている．

センサレス制御には，大きな始動トルクが得られ，高精度なトルク制御ができるセンサレスベクトル制御と，安価なハードウェアでセンサレス制御ができる V/f 制御の大きく2種類がある．表20.1に両者の特徴を比較する．

(i) センサレスベクトル制御

図 20.13 にセンサレスベクトル制御のブロック図を示す．センサレスベクトル制御は，位置検出器を使う代わりに，電流と電圧から PMSM の電圧方程式モデルに基づいて回転子速度と磁極位置とを間接的に演算し，これらの情報を使って PMSM の d 軸電流と q 軸電流とを制御する．先に示した最大トルク制御や弱め磁束制御などの電流ベクトル制御法は，位置検出器を使って運転する PMSM に多く適用されているが，センサレスベクトル制御にもこれらの高性能制御をそのまま適用できる．

PMSM の磁極位置演算方法には，誘起電圧を利用する方式と回転子の突極性を利用する方式の2種類があり，図20.13 の例では，速度に応じてこれら2種類の演算方法を使い分けている．以下，これら2つの演算方法について説明する．

① 誘起電圧を利用する方式　PMSM の電圧方程式を使って誘起電圧（回転子の永久磁石によって電機子巻線に誘導される電圧）のベクトル方向を演算し，これに基づいて磁極位置を演算する．誘起電圧の大きさは速度に比例することから，誘起電圧を精度よく演算可能な基底速度の5～10% 以上の中高速域の運転に適している．一方，誘起電圧が小さい低速時には，磁極位置を正確に演算できなくなるため，この方式は適用できない．

② 回転子の突極性を利用する方式　IPMSM は，回転子に突極性があるため，電機子巻線のインダクタンスが磁極位置によって変化するので，

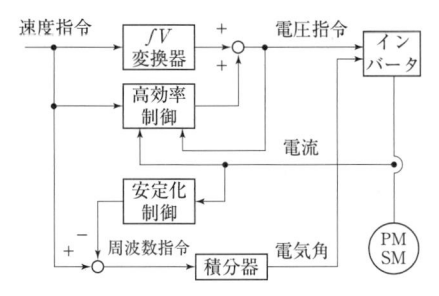

図 20.14 V/f 制御のブロック図（[25] p.469）

この特徴を利用して磁極位置を演算する．本方式は，原理的に，零速度を含む極低速でも磁極位置の演算が可能である．図 20.13 の例では，高周波電圧を電圧指令値に重畳し，このときに流れる高周波電流からインダクタンスを検出し，これをもとに磁極位置を演算している．

(ii) V/f 制御

図 20.14 に V/f 制御のブロック図を示す．V/f 制御は，PMSM の端子電圧の周波数を指令値に，端子電圧の大きさを周波数指令値に比例して制御する簡単な制御方式である．PMSM の V/f 制御は，そのままでは安定性が低く，回転子や電機子電流に持続した振動が発生することがある．そこで，図 20.14 の例では，電流を周波数指令値にフィードバックすることで安定性を改善している．

先に述べたように，PMSM は dq 軸電流を適切に制御することでトルク/電流を最大にできる．ところが，V/f 制御は，dq 軸電流を直接制御できないため，高効率制御が困難であった．この問題

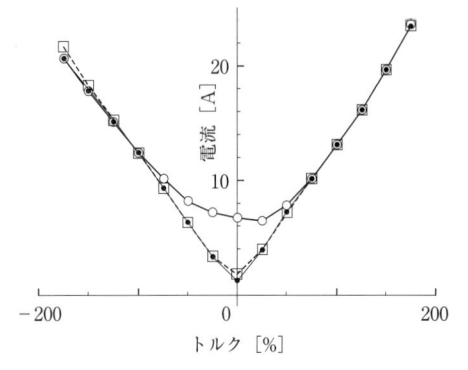

図 20.15 トルク-電流特性（[25] p.469）
○：V/f 制御，●：V/f 制御＋高効率制御，□：センサレスベクトル制御．

を解決する方法として，近年，PMSM の無効電力に着目することで，トルク/電流が最大になるように端子電圧を制御する技術が実用化されている．図 20.15 にトルク-電流特性を，一般の V/f 制御，V/f 制御＋高効率制御，および，センサレスベクトル制御とで比較する．図 20.15 より明らかなように，高効率制御によって V/f 制御の軽負荷時の電流をセンサレスベクトル制御と同等に低減できている．

20.4 誘導電動機の可変速ドライブ

誘導電動機の速度制御は，モータの回転速度 $N = 120f(1-s)/p$，トルク $T = 3(R_2/s)(V_1/Z)^2/\omega_s$ で表されるから，原理的には一次電圧 V_1，一次周波数 f および極数 p を制御すればよいことになる．

つまり，一次周波数 f を変化させることにより，図 20.16(a) のようにトルクを制御できるが，こ

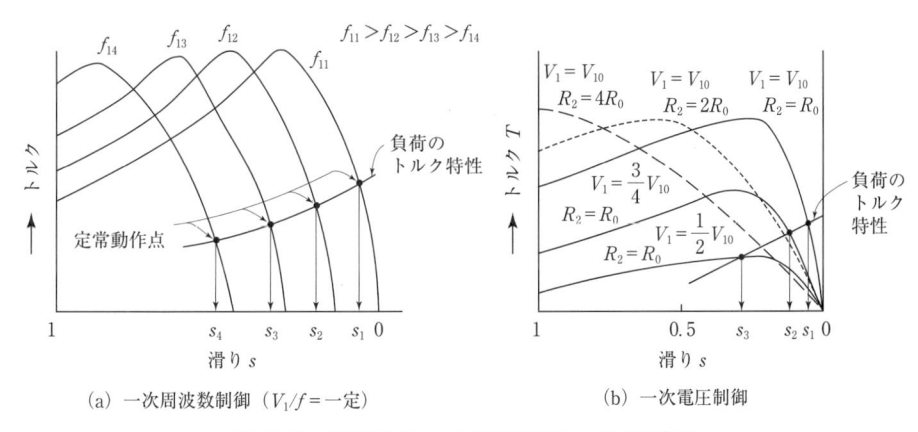

(a) 一次周波数制御（$V_1/f =$ 一定）　　(b) 一次電圧制御

図 20.16 誘導電動機の一次周波数制御と一次電圧制御

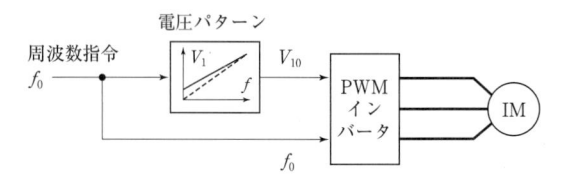

図 20.17 かご形誘導電動機の V/f 一定制御

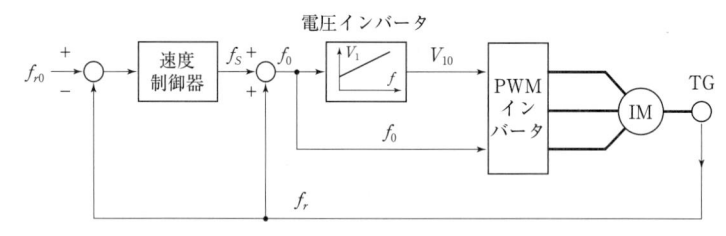

図 20.18 かご形誘導電動機の滑り周波数制御

の場合，モータ内の磁束が大きく変化しないように，V_1/f を一定に保持した制御が行われる．また，モータ定数および同期速度を一定に保持しつつ一次電圧 V_1 を制御しても，図 20.16(b) のように速度制御が可能となるが，一次周波数制御に比べ滑りが大きくなり，二次損失が増加して効率が低下するので注意を要する．

(1) かご形誘導電動機の可変速ドライブ

かご形誘導電動機自体は構造が簡単，堅牢で低価格のため各分野で可変速駆動が広く採用されている．この電動機の速度制御には，① 一次電圧制御，② V/f 一定制御，③ 滑り周波数制御がある．このほかに，ベクトル制御がある．①の一次電圧制御は，トライアックまたは逆並列に接続したサイリスタ対を直列に接続し，これらスイッチ素子の交流位相制御により行われる．②の V/f 一定制御は，一次電圧と一次周波数を比例して制御する方式で，汎用インバータに標準的に採用されている．③の滑り周波数制御は，V/f 制御に速度フィードバックループを追加して速度一定の制御とした方式で，制御精度は①と②の中間に位置する．図 20.17 に V/f 一定制御，図 20.18 に滑り周波数制御の基本構成を示す．

(2) 巻線形誘導電動機の可変速ドライブ

巻線形誘導電動機の速度制御には，トルクの比例推移を利用した二次抵抗制御の方式が採用される．その種類としては，① セルビウス方式と，② クレーマー方式があり，前者は図 20.19(a) に示すように，二次抵抗の消費電力損失を電力変換器を介して電源に回生する方式である．後者は図 20.19(b) に示すように，二次電力を主機に直結した補機の小容量電動機に供給して動力として主機に還元する方式である．

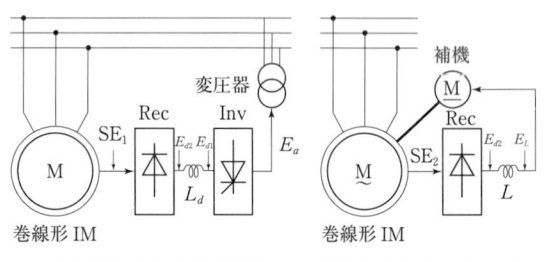

図 20.19 静止セルビウス方式と静止クレーマー方式

20.5 その他電動機の可変速ドライブ
(1) ステッピングモータの可変速ドライブ

ステッピングモータ (stepping motor) を可変

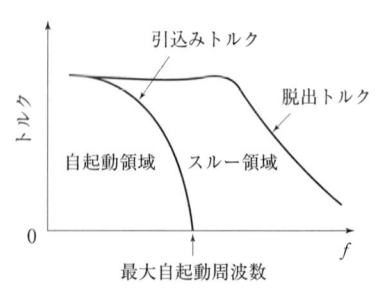

図 20.20 ステッピングモータの速度・トルク特性

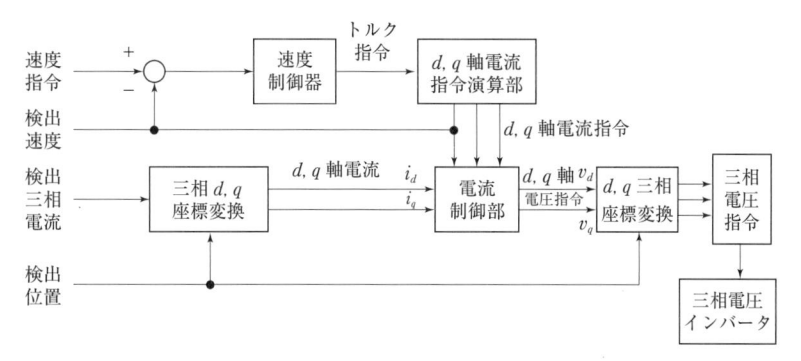

図 20.21 同期リラクタンスモータの速度制御

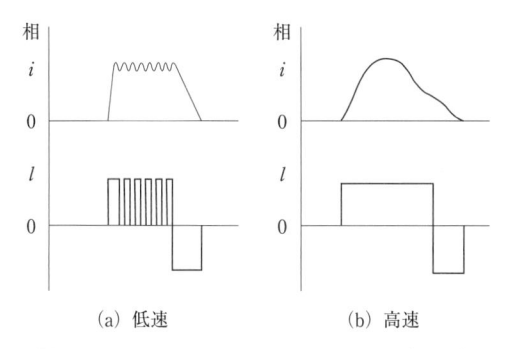

図 20.22 スイッチトリラクタンスモータの速度制御

速制御すれば，開ループで高精度の位置制御や速度制御が可能となる．このようなモータの特性を図 20.20 に示す．図中の引込みトルク以下の自起動領域では始動，停止，加減速が自由に行える．また，スルー領域では速度・負荷を徐々に変化させることにより脱出トルク近くまで運転でき，この2つが制御領域となる．なお，自起動領域は負荷の慣性モーメントに依存し，脱出トルクは駆動装置や励磁方式により変化する．

(2) リラクタンスモータの可変速ドライブ

リラクタンスモータ（reluctance motor）には，同期リラクタンスモータとスイッチトリラクタンスモータがある．前者の速度制御は図 20.21 に示すように，三相電圧・電流を d-q 軸変換し，三相電圧インバータによるベクトル制御で行われる．一方，後者の速度制御は，ステッピングモータと同様，回転位置センサを用いた可変速駆動が行われ，制御としては，相電流位相を決める2つの角度と電流の大きさを指令値として与え，図 20.22 に示すような相電流が台形となるよう電流制御する方式が採用される．

20.6 高速・大容量回転機の可変速ドライブ設計技術と応用

生産性や製品の品質の向上や小型・軽量化などを図るため工作機械のスピンドル駆動用モータ，ターボ分子ポンプ駆動用モータ，マイクロガスタービン用発電機など高速の回転機が数多く出現している．これら超高速回転機に要求される可

表 20.2 超高速回転機の可変速ドライブ設計要素

(1) 半導体デバイスの定格制約のもとで，最適な電力変換方式の選定，変換回路構成
(2) 高速処理のできる制御装置のハードウェア，ソフトウェア
(3) 単純で高信頼度のセンサ

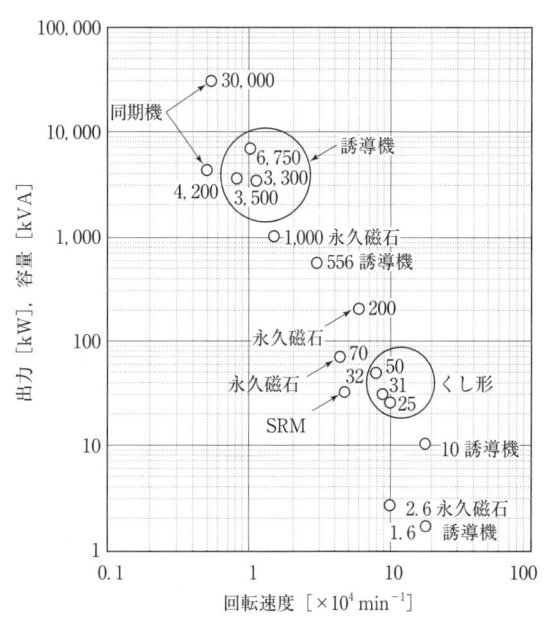

図 20.23 超高速回転機ドライブの回転速度と出力・容量
（[1] p.892, 図 64）

変速ドライブの設計要素を表20.2に示す．また，いままでに実用化した超高速回転機ドライブの回転速度と出力・容量を図20.23に示す．

〔道上　勉・野村尚史〕

参考文献

[1] 電気学会編：電気工学ハンドブック（第6版），オーム社（2001）
[2] 電気学会編：電気工学ハンドブック（新版），オーム社（1988）
[3] 道上　勉：送配電工学（改訂版），電気学会（2003）
[4] 道上　勉：発電・変電（改訂版），電気学会（2000）
[5] 岡田龍雄編著：EE Text：光エレクトロニクス，電気学会・オーム社（2004）
[6] 広瀬敬一・清水照久：現代電気工学講座 電気機器 I，オーム社（1962）
[7] 磯部直吉・土屋善吉ほか：現代電気工学講座 電気機器 II，オーム社（1962）
[8] 尾本義一・宮入庄太：現代電気工学講座 電気機器 III，オーム社（1962）
[9] 藤高周平・河野照哉ほか：現代電気工学講座 電気機器 IV，オーム社（1963）
[10] 横山　茂：配電線の雷害対策，オーム社（2005）
[11] 大浦好文監修：保護リレーシステム工学，電気学会（2002）
[12] JISCのホームページ（http://www.jisc.go.jp）
[13] 東芝：東芝レビュー，Vol. 55, No. 9（2001）
[14] 日本工業規格
「JIS C 3105（1994）電気機器巻線用軟銅線」
「JIS C 3110（1994）鋼心アルミニウムより線」
「JIS C 4003（1998）電気絶縁の耐熱クラス及び耐熱性評価」
「JIS C 4034-1（1999）回転電気機械－第1部：定格及び特性」
「JIS C 4203（2001）一般用単相誘導電動機」
「JIS C 4210（2001）一般用低圧三相かご形誘導電動機」
「JIS C 4212（2000）高効率低圧三相かご形誘導電動機」
「JIS C 4605（1998）高圧交流負荷開閉器」
「JIS B 0185（2002）知能ロボット一用語」
[15] 電気規格調査会標準規格
「JEC-3404（1995）アルミ電線」
「JEC-3406（1995）耐熱アルミ合金電線」
「JEC-2100（1993）回転電気機械一般」
「JEC-6147（1992）電気絶縁の耐熱クラスおよび耐熱性評価」
「JEC-2200（1995）変圧器」
「JEC-2300（1998）交流遮断器」
[16] リニア中央新幹線のホームページ（http://www.linear-chuo-exp-cpf.gr.jp）
[17] 引原隆士・木村紀之・千葉　明・大橋俊介：パワーエレクトロニクス，朝倉書店（2000）
[18] 宅間　董・高橋一弘・柳父　悟：電力工学ハンドブック，朝倉書店（2005）
[19] OHM, Vol. 76, No. 9（1989）
[20] 道上　勉：送電・配電（改訂版），電気学会（2001）
[21] 東芝パンフレット「東芝浜川崎工場ご案内」8010-11, 05-5T1（2006）
[22] 東京電力・東芝・日立「電圧安定性を向上する新しい発電機励磁制御装置 PSVR」（1991）
[23] ニチコン技術情報ライブラリー「進相用コンデンサの最新技術動向」（2000）
[24] モータ技術実用ハンドブック編集委員会：モータ技術実用ハンドブック，日刊工業社，pp. 66-68（2001）
[25] 富士電機：富士時報, Vol. 75, No. 8, pp. 468-471（2002）
[26] 武田洋次・松井信行・森本茂雄・本田幸夫：埋込磁石同期モータの設計と制御，オーム社（2001）
[27] 伊東淳一・豊崎次郎・大沢　博：永久磁石同期電動機の V/f 制御の高性能化，電気学会論文誌D, Vol. 122, No. 3, pp. 253-259（2002）

21章 超電導および超電導機器

21.1 極低温の世界

ケーブルや電力機器は，電流の2乗に比例する電気抵抗損失熱を空気や水で冷却して大容量化が図られる．これに代わって，図21.1に示すように，0℃から絶対零度（−273℃）の領域で冷却する低温冷却方法が開発されている．現在の超電導線は−196℃1気圧の液化窒素で冷却して導体の電気抵抗損失を微小化し，ケーブルや機器を小型大容量化するものである．

21.2 超電導ケーブルの特徴と構造

電力輸送量は送電の電圧×電流に比例するので，過去100年間の電力需要増加に対し日本では，図21.2に示すように，これまで主として送電電圧を増加させてきた．その過程は1950年代に275 kV架空線を，1960年代にOFケーブルを，さらに1970年代には500 kVの架空線や地中送電線を実用化してきた．超電導ケーブルは今後の送電技術であり，電流を増大させることによって電力輸送量を向上させることを目的にしている．

超電導ケーブルは，導体が一相と三相がある（図21.3）．通電する導体は中心中空と周辺に液体窒素を流して冷却し，気化を防ぎ冷却損失を極小化するため周辺部分を真空断熱構造にする．1つの導体は超電導層を2層構造にして大電流により生ずる磁束を外部に漏れないようにする．

21.3 超電導ケーブルの試験

(1) 500 mケーブルの設置試験状況

2000〜2005年にかけてNEDOプロジェクトとして500 mの単心超電導ケーブルを開発した．このプロジェクトでは10 m高低差や地中設置，曲線設置などの実環境を模擬した地形での設置工事を施行後，1年間で起動停止試験や連続運転，変動負荷運転を実施して実用性を検証した（図21.4）．

(2) 500 mクールダウン試験

ケーブルが待機状態から冷却を開始し液体窒素運転温度77 Kになるまでのクールダウン試験を実施し，ケーブルの起動停止方法を明らかにした．液体窒素がケーブルの冷却入口付近に保持されるには125時間（5日）程度かかり，138時間でケーブル全体が液体窒素で満たされた（図21.5）．

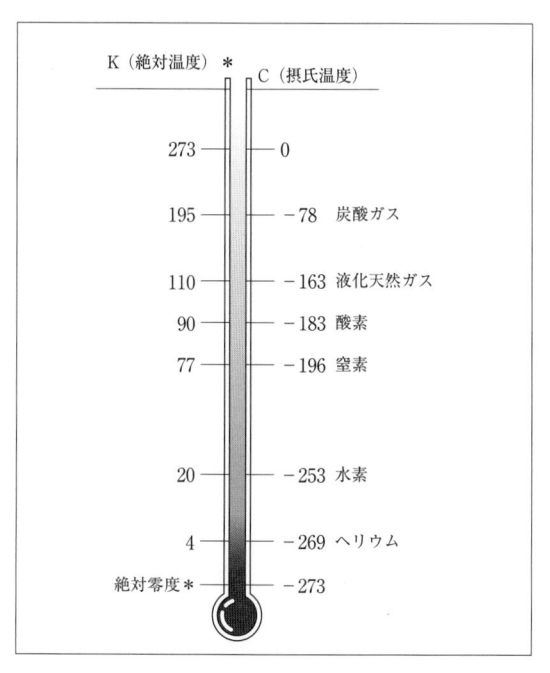

図21.1 極低温のガスの沸点 [1]

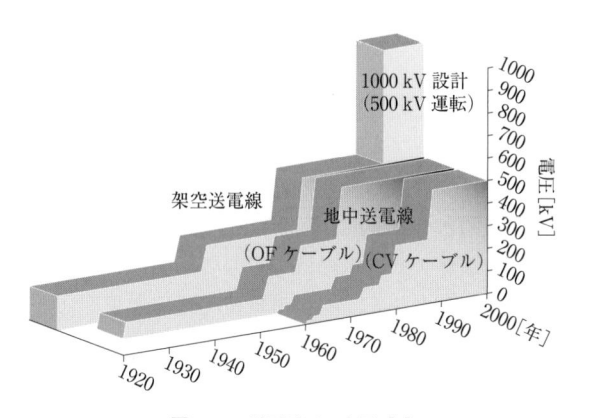

図21.2 送電電圧の変遷 [1]

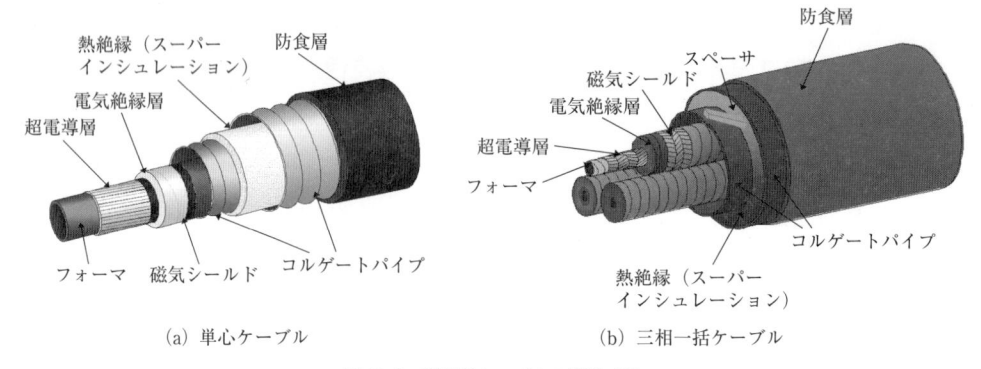

図21.3 超電導ケーブルの構造 [1]

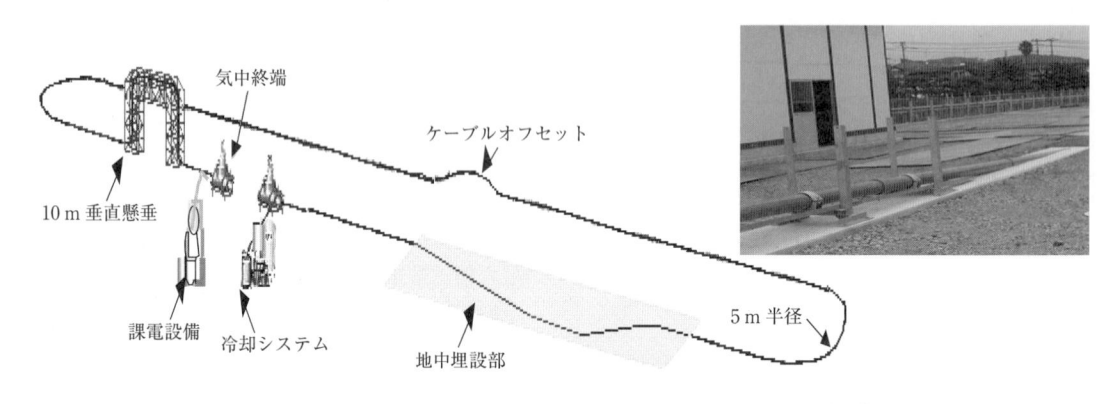

(a) 単心ケーブル
(b) 三相一括ケーブル

図21.4 500 mケーブルの設置試験状況 [1]

21.4 超電導ケーブルの系統導入効果
(1) 敷設用地の節減

大容量発電機1基分の100万kWを送電する超電導ケーブルと現用ケーブルの大きさを比較した（図21.6）．現用ケーブルでは1×0.5 m程度で洞道敷設が必要となるが，超電導ケーブルは15 cmの現用管路の入替敷設ができて，土木工事費を考慮すると大幅なコスト削減ができる．

(2) 電圧安定度の向上

超電導ケーブルのリアクタンス減少効果により需要地点に導入したときの系統の電圧安定度の向上効果の評価を図21.7に示す．現用ケーブルに比べ超電導ケーブルでは電力需要増加に伴う電圧低下割合が少なく，特に重負荷時の急激電圧低下の限界点が大幅に増加するので，安定した電力が供給できる．

21章 超電導および超電導機器

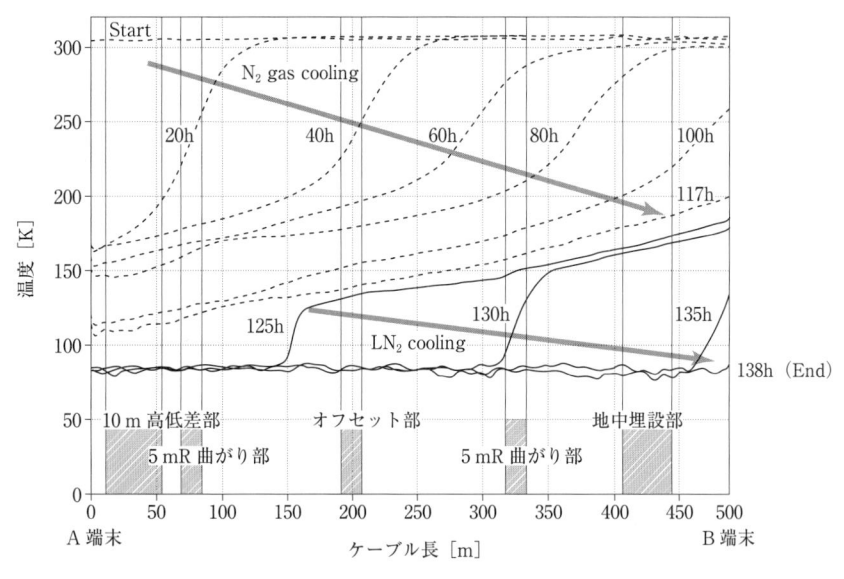

図 21.5 500 m クールダウン試験 [1]

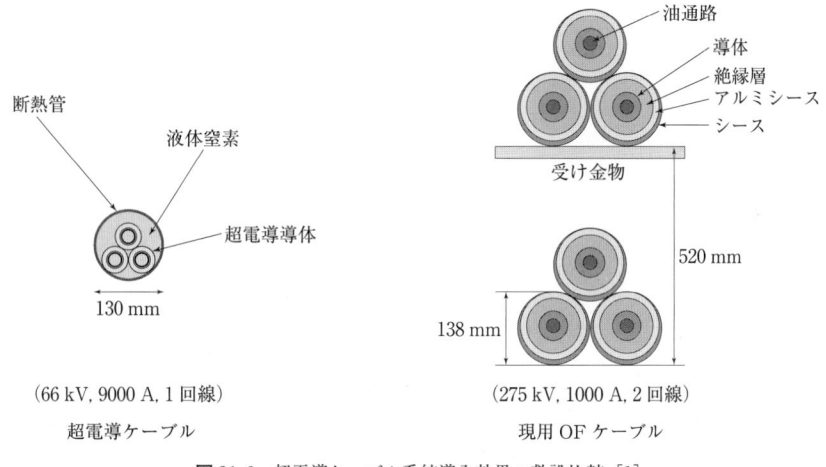

図 21.6 超電導ケーブル系統導入効果：敷設比較 [1]
大容量発電機 100 万 kW 相当の電力送電時．

21.5 超電導限流器の構造概要

超電導限流器は，図 21.8 に示すように，送電線故障時の電流急増に対してリアクタンスを増加させるリアクトル型と，クエンチを利用した抵抗型がある．いずれも冷却の安定性と超電導復帰特性が重要で，さらにリアクトル型ではコイルの電磁力強化が，抵抗型では大電流時の熱応力対策が課題となる．

21.6 超電導発電機の構造

超電導発電機は，全体として図 21.9 のような構造をしており，大容量機で導入効果が高い特徴がある．回転子は高い磁束密度を達成する超電導界磁巻線（図 21.10）で，固定子は磁気飽和を防ぐ磁性鉄心スロットなしの空隙電機子巻線でそれぞれ構成される．

超電導発電機の本格的な開発には，回転子の界磁巻線にヘリウムや窒素などの冷却液導入方法の改善，遠心力や電磁力に耐える直流超電導コイルの安定化などがあげられる．また固定子では電磁力に耐える常温の電機子巻線の製造方法などの課題があげられる．図 21.11 は 1990〜2000 年代に

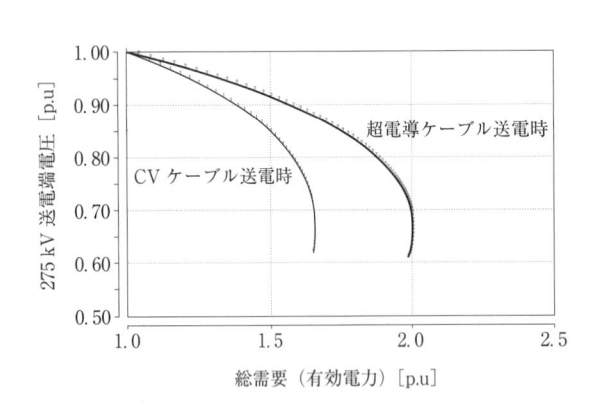

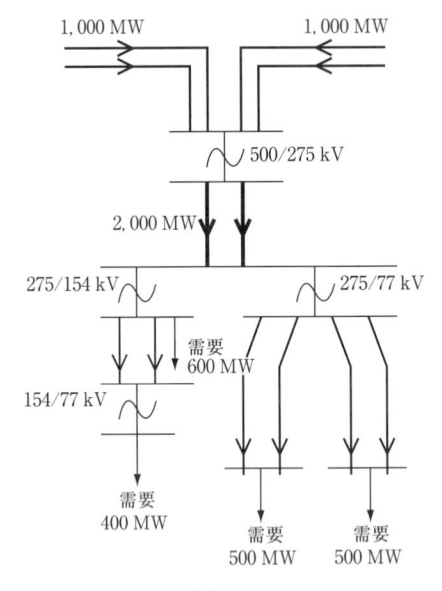

図 21.7 超電導ケーブルの系統導入効果（電圧安定度向上の例）[1]

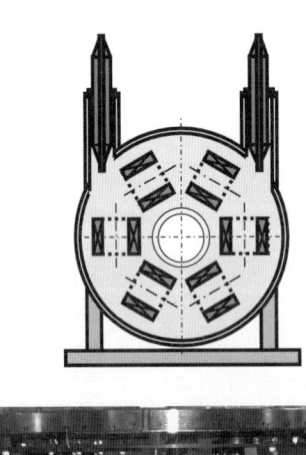

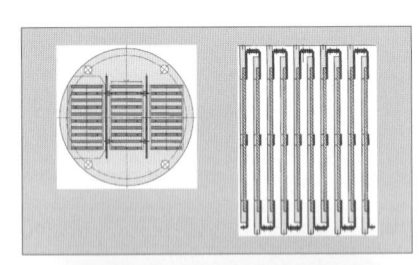

図 21.8 超電導限流器の構造概要 [1]
(a) リアクトル型（超電導コイル）
(b) 抵抗型（超電導薄膜素子）

NEDOプロジェクトで開発された 70 MW 級の超電導発電機の固定子（電機子巻線）と回転子（界磁巻線）を示す．

21.7 超電導発電機の系統導入効果

超電導発電機の電力系統導入効果のうち，現用機に比べて小型化による設置面積の削減効果と損失低減による省エネ効果が期待される．すなわち，

21章 超電導および超電導機器

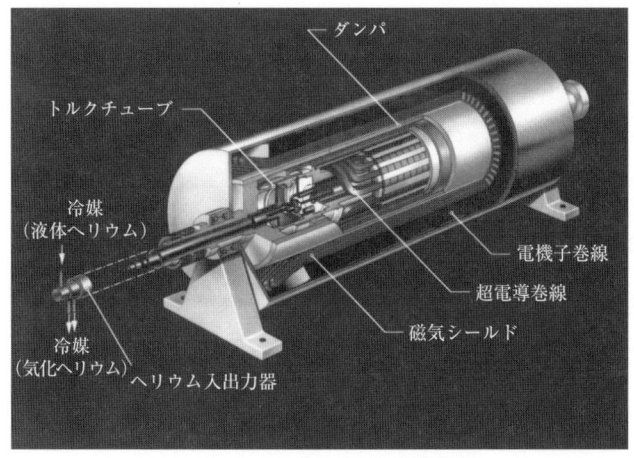

図 21.9 発電機のカット断面

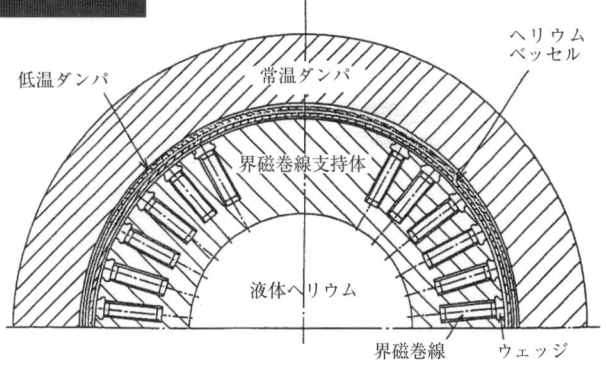

図 21.10 超電導発電機の回転子の断面 [1]

図 21.11 超電導発電機の構造：電機子巻線と界磁巻線 [1]

図 21.12 に示すように，高磁束密度による回転子や電機子巻線のサイズ縮小で現用機の 1/2 程度の大きさとなり，発電機の損失は励磁損失や電機子損失の減少により現用機の約 40% となる．

21.8 超電導電力システムの概念

超電導電力応用は，機器の超電導化に加えて超電導ケーブルの液体窒素冷媒インフラを共用化して，超電導電力貯蔵装置や超電導限流器を配置した地産地消型のスマートグリッドに適用して大きな導入効果が得られる．このためには超電導ケーブルや共用冷却装置のコストダウンが重要となる．未来の超電導電力システムの概念図を図 21.13 に示す．　　　　　　　　　〔植田清隆〕

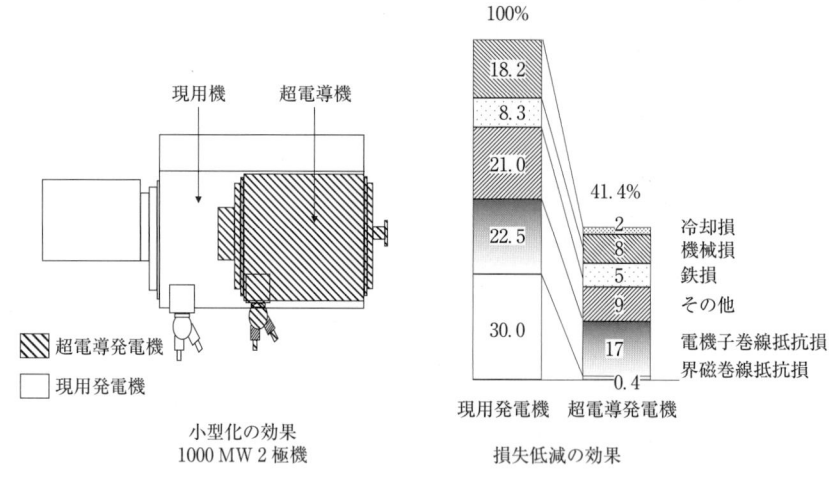

図 21.12 超電導発電機の系統導入効果 [1]

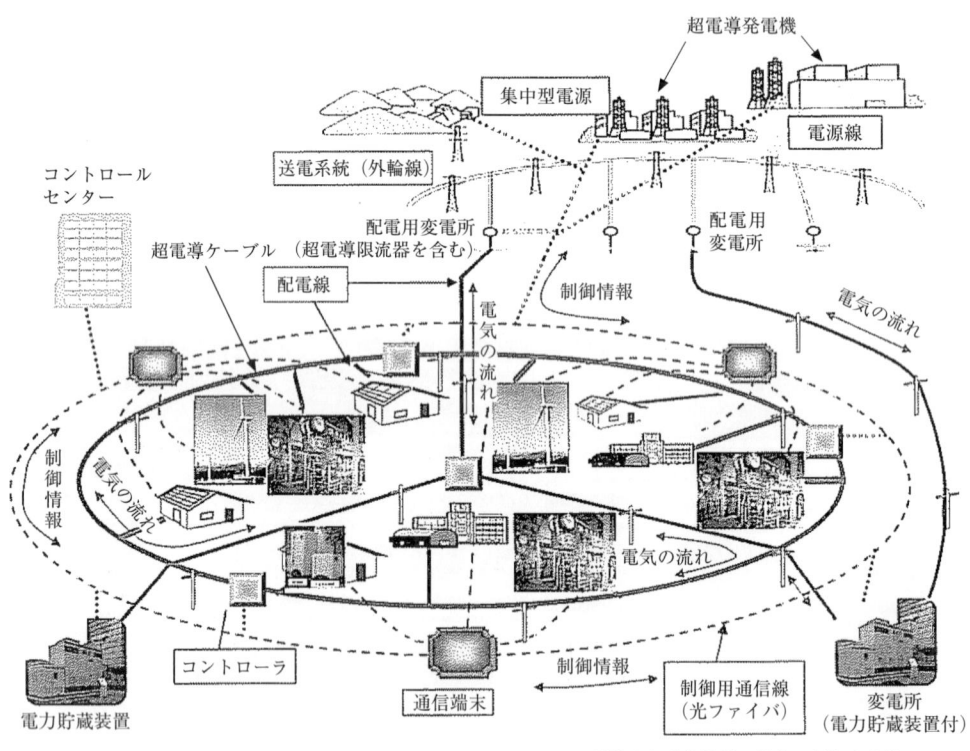

図 21.13 超電導電力システムの概念 [1]

参考文献

[1] NEDOプロジェクト：超電導発電関連機器・材料研究組合成果報告書（1999-2005年度版）

3 電力分野

22章　電力系統
23章　水力発電
24章　火力発電
25章　原子力発電
26章　送電
27章　変電
28章　配電
29章　エネルギー新技術

22章　電力系統

22.1　電力系統の仕組み
(1)　電力系統の構成例

　電気エネルギーは，地下資源や自然エネルギーなどの一次エネルギーを利用しやすい形態に変換した二次エネルギーの一つであり，今日の産業や生活にとって不可欠な存在になっている．電力系統は，典型的で主要な二次エネルギーである電気エネルギーを各地で生産し，いったん一括して集荷した後，個々の顧客の要求に応じ瞬時に配送するエネルギー供給システムである．このエネルギー供給システムは，交通網や通信網などと並び，現代社会における最も巨大で複雑な公共インフラの一つを形成している．電力系統は，図22.1に示すように，電気の発生から消費までが一体的に扱えるよう，多種多様な設備や装置が相互に密接に連結された構成になっている．代表的な構成要素として，生産設備である発電所（水力・火力・原子力），流通設備である送配電線（送電線・配電線）と変電所（開閉所・変換所を含む）の2つがあげられる．また，電力系統の一般的な形態は，地理的な広がりをもつネットワーク状で，かつ数レベルの階層的な構造をとっている．

(2)　わが国の電力系統の発展

　わが国における電力系統は，第二次世界大戦後以来，ほぼ4期にわたる変遷を遂げてきた．表22.1に生産部門と流通部門の発展の経緯を示す．復興期では，安定な供給力の確保が重要視され，遠隔地にある水力電源からの超高圧送電が推進された．1965年には，御母衣事故により阪神地域に大停電が発生している．成長期では，大都市近傍の湾岸に火力電源が導入され，超高圧の外輪系統も強化され，また電力会社の間の系統連系が開始された．1973年には第一次石油危機が起こり，高度成長にブレーキがかかった．安定期では，最適な電源構成を目指して原子力電源が増強されたが，遠隔立地となるため500 kV電源線もあわせて整備された．また，全国9電力会社の系統連系が一応完了し，その後も逐次的に強化されていった．完成期では，当初のバブル景気から一転して需要の停滞を迎えるとともに，地球規模の環境問

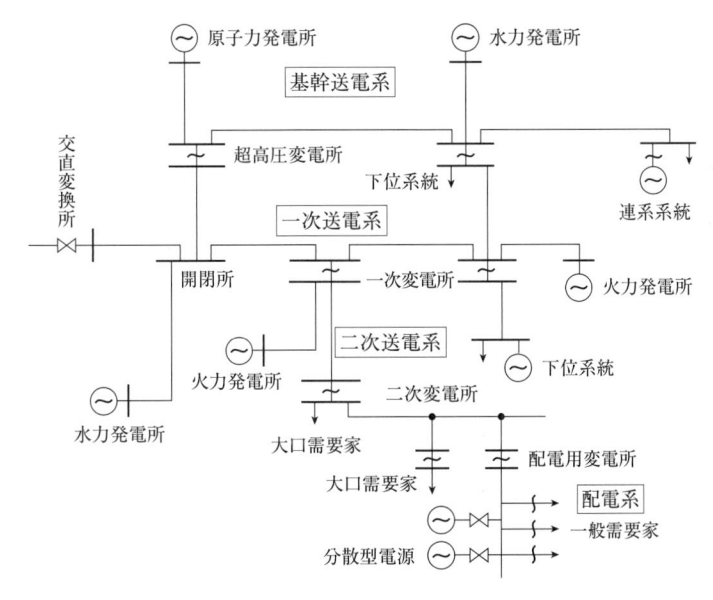

図22.1　電力系統の構成例（[2] p.93, 図3.3.1）

表22.1 わが国の電力系統の発展（[2] p.139, 表4.1.1）

区 分	生産部門	流通部門	備 考
復興期 （〜1960頃）	水力の開発（水主火従） ・重力ダム（佐久間），アーチダム（黒四, 奥只見），ロックフィルダム（御母衣）	・275 kV 新北陸幹線運開 (1952)	・電気事業法制定 (1950) ・9 電力会社設立 (1951)
成長期 （〜1975頃）	火力の開発（火主水従） ・湾岸の石油火力（東京；横須賀，五井，姉ヶ崎，横浜，中部；新名古屋，知多，関西；姫路II，堺港）	・超高圧中西連系 (1962) ・佐久間 FC (300 MW, 1965) ・OF 海底ケーブル (1969) ・500 kV 房総幹線運開 (1973)	・電力使用制限 (1974)
安定期 （〜1990頃）	ベストミックスの追求 ・原子力（美浜，福島I，島根，玄海，浜岡，伊方） ・LNG（五井，姉ヶ崎，東新潟，知多，堺港，新小倉）	・新信濃 FC (300 MW, 1977) ・北本直流連系 (150-300 MW, 1979-1980) ・500 kV 中西連系 (1991)	・省エネ運動 (1979) ・時間帯別電灯料金 (1990)
完成期 （〜2005頃）	大規模化の推進 ・石炭（苫東厚真，原町，碧南，三隅，松浦，新地） ・原子力（泊，女川，福島II，柏崎刈羽，大飯，川内）	・新信濃 FC 増強 (600 MW, 1991) ・北本直流連系増強 (600 MW, 1993) ・佐久間 FC リプレース (300 MW, 1993) ・UHV 設計外輪系統 (1998) ・南福光 BTB (300 MW, 1999) ・500 kV 本四連系 (2000) ・紀伊水道連系 (1,400 MW, 2000)	・電気事業法改定 (1995) ・電力卸入札 (1996) ・自己託送制度 (1997) ・特定電気事業開始 (1998) ・電気事業法改正 (2000) （特定規模電気事業）

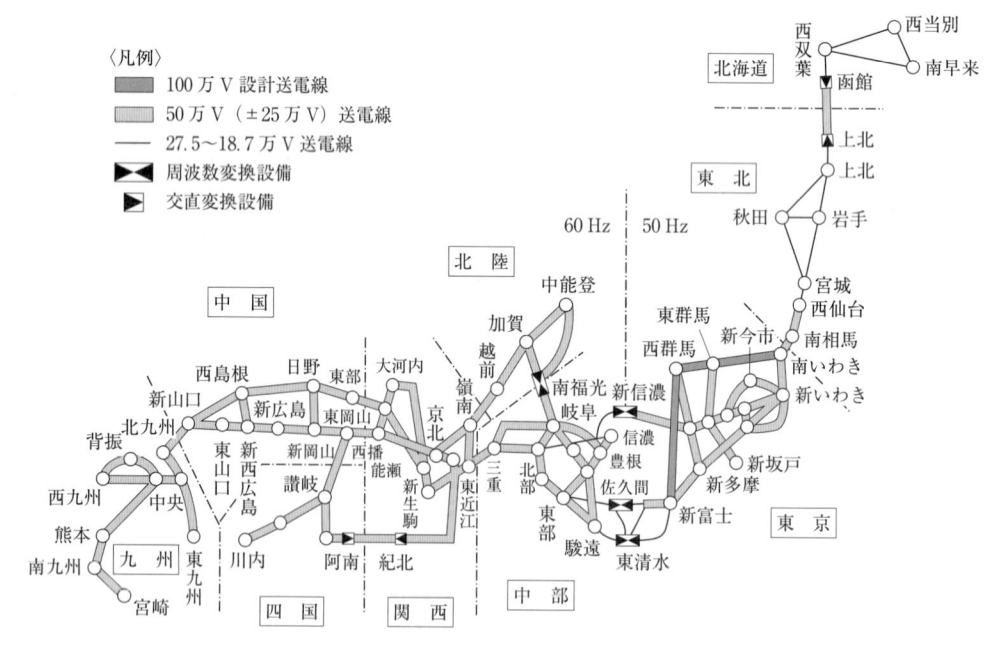

図22.2 わが国における系統連系の現状（[5] p.18, 図1.9に一部追加）

題も顕在化していった．また，世界的な流れを背景にして，わが国においても電力市場の自由化が避け得ないものとなった．

(3) わが国における系統連系の現状

わが国では主要な10電力会社によって電気の販売が行われているが，このうち沖縄電力を除く本土の9社の電力系統は相互に連系されている．計画分を含む本土の連系系統を図22.2に示す．系統連系の主な目的は，正常時における経済運用と異常時における緊急応援である．また，東

側の3つの系統は50 Hzで，西側の6つの系統は60 Hzで運用されている．東西は周波数変換所で連結され，この間の融通可能量はこれら変換所の設備容量によって制約される．1つの国で異なる商用周波数の電力系統が存在するケースは，先進国の中では日本だけである．

22.2　電力系統の負荷の性質
(1)　年負荷曲線と年負荷持続曲線

需要家が消費する電力（負荷）は，時々刻々絶えず変動しているが，普通は1時間ごとの平均値で扱う．年間を通した負荷の変化状況を示す図が，図22.3(a)のような年負荷曲線であり，24（時）×365（日）＝8,760（個）のデータから構成される．わが国では，夏期の猛暑時に最大値が現れ，正月休みあるいはゴールデンウィークに最小値が出る．一方，年負荷持続曲線とは，図22.3(b)に示すように，年間8,760個の負荷を大きい順から並べ替えた図であり，年間における負荷の大小の様子を年負荷曲線よりも的確に示すことができ

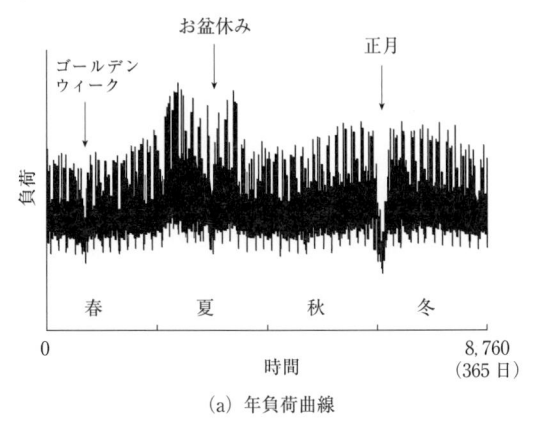

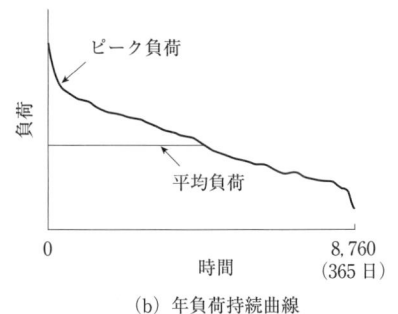

図22.3　年負荷曲線と年負荷持続曲線（[4] p.109, 図6.2, 6.3）

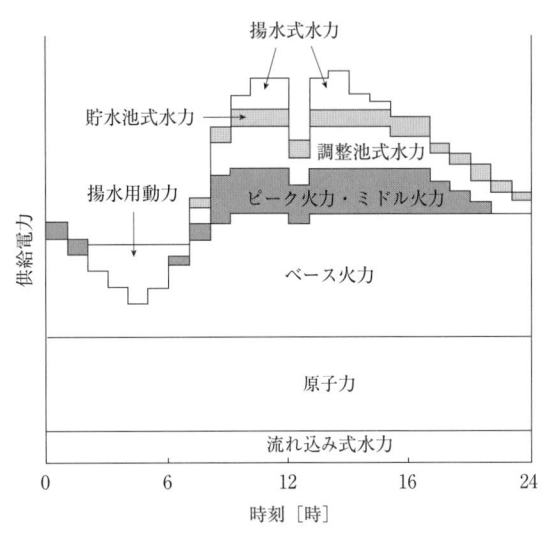

図22.4　日負荷曲線と電源別供給分担（[4] p.91, 図5.1）

る．なお，負荷の平均値の最大値に対する比率を負荷率と呼ぶ．

(2)　日負荷曲線と電源別供給分担

時々刻々変化する負荷に応じて，それを賄う電源の出力分担も変わっていく．たとえば，1日24時間の負荷変化を示す日負荷曲線の場合を図22.4に示す．総じて，発電コストが安い電源の並入は優先され，たとえば原子力は絶え間なく運転を続けている．一方，発電コストの高い電源の並入は後回しにされ，大略はピーク時に限った登場となる．なお，流れ込み式水力など運用に柔軟性のない電源や負荷変化に追従できない電源は，つねに系統に並入された状態になっている．こうした昼夜を問わず運転される電源をベース電源，ピーク時のみに並入される電源をピーク電源，両者の中間に位置する電源をミドル電源と呼ぶ．

22.3　電力系統の特性
(1)　需給不均衡時における発電電力と負荷電力の変化

電力系統の需給に微小な不均衡が生じると，ただちに全系の周波数も変わる．つまり，負荷が過剰になると周波数は下がり，発電が過剰になると周波数は上がる．この性質を系統周波数特性という．同時に，この際の需給不均衡分は，発電機と負荷の両者によって分担される．図22.5は，負

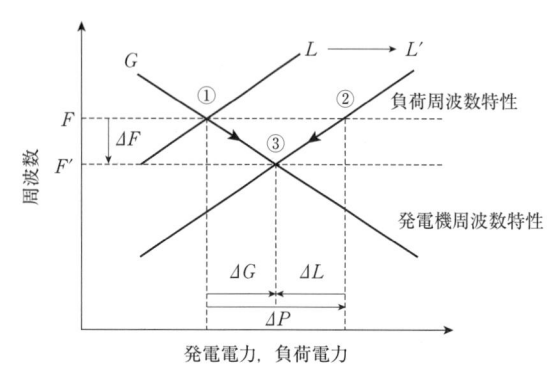

図 22.5 負荷増加に伴う発電電力と負荷電力の変化 ([1] p.972, 図 21)

荷増加の場合の分担の様子を説明したものである．いま，正常な状態における発電機の分担特性（発電機周波数特性）を G で，負荷の分担特性（負荷周波数特性）を L で示す．発電と負荷が平衡している状態①から，負荷が ΔP だけ急増した場合②には，負荷周波数特性は L から L' に移り，G と L' との交点③が新しい均衡点となる．この際の発電機と負荷の分担分は，それぞれ ΔG，ΔL で与えられる．また，この際に系統周波数は ΔF だけ低下し，正常値 F から F' に移る．通常わが国では 1～2% の需給不均衡が起こっても，周波数の変化は 0.1 Hz 程度に抑えられる．

(2) 負荷変動に対する制御分担

電力系統において負荷は絶えず変動しているが，変動分をスペクトル密度で表すと，変動の大きさは周期のほぼ 2 乗に比例している．この負荷変動に対しては，図 22.6 に示すように，周期に応じて各種の追随がなされている．周期の短い微小な変動分は，系統全体の系統周波数特性によって自己制御される．10 秒～3 分程度の周期の変動分は，発電機に付設した調速機が働き発電出力が増減されることにより吸収される．2～15 分程度の変動分は，全系的な観点から周波数を自動的に維持するための特定の発電機の出力制御（負荷周波数調整）によって補償される．さらに，20 分程度より長い周期の変動分は，火力発電所の燃料費を最小にする経済負荷配分（ELD：economic load dispatch）の方法に基づき対処される．

(3) 電圧・無効電力の調整機器

電力系統の電圧も周波数と同様に絶えず変動している．ただし，周波数の変化が全系にわたって一律であるのに対して，電圧の変動は局所的であり，個々の地点でまちまちに現れるという特性がある．また，系統に供給する無効電力を増やす（減らす）と，その付近の地点の電圧は上がる（下がる）という性質がある．電力系統の電圧調整設備は，表 22.2 に示すように，直接的な制御によるものと間接的な制御によるものの 2 つに分けられる．後者は，電力コンデンサや分路リアクトルなど無効電力の供給を調整する機器（無効電力調整機器）であり，前者は変圧器のタップ切換装置に代表される機器（電圧調整器）である．

表 22.2 電圧・無効電力の調整機器 ([13] p.290, 表 10.3)

無効電力調整機器	発電機，電力用コンデンサ，分路リアクトル 同期調相機，静止形無効電力補償装置（SVC）
電圧調整器	負荷時電圧調整器，負荷時タップ切換変圧器 誘導電圧調整器，昇圧器

(4) P-V 曲線と負荷力率による変化

長距離の負荷供給用の送電線などでは，重潮流になると，末端の負荷地点の電圧維持が不可能になる事象が起こることがある．これを電圧不安定現象と呼ぶ．このような送電線を流れる電力 P と末端における電圧 V との関係は，図 22.7 に示すような P-V 曲線によって表される．P-V 曲線は人の鼻の形に似ていることからノーズカーブとも呼ばれ，安定に送電できる電力には電圧面から一定の限度（電圧安定限界電力）があることを物語っている．つまり，末端の負荷の大きさを P_L

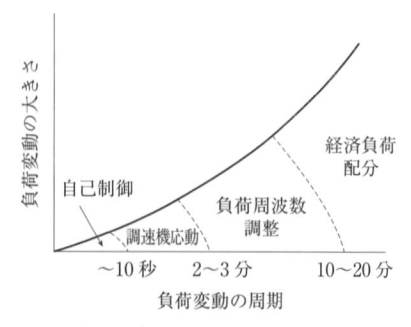

図 22.6 変動負荷に対する制御分担 ([3] p.172, 図 5.1)

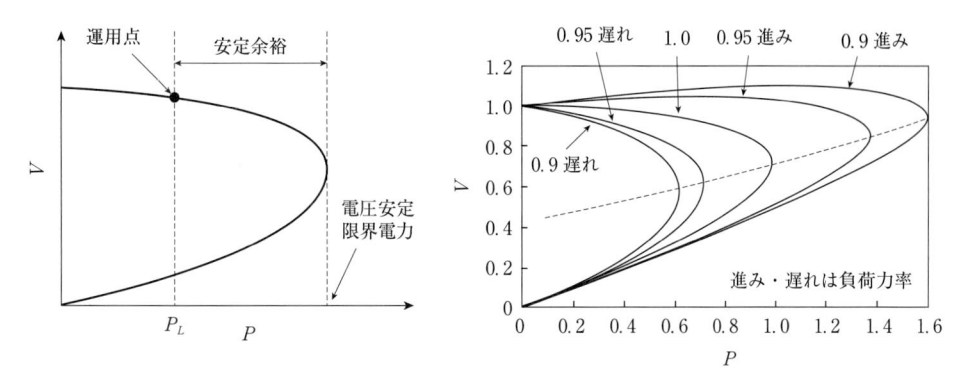

図 22.7 P-V 曲線と負荷力率による変化（[4] p.61，図 3.18）

表 22.3 電圧安定性指標の例（[1] p.989，表 22）

分 類	指 標	内 容
無効電力や電圧の感度係数に基づくもの	dU_L/dQ_L 母線電圧の感度係数	母線の無効電力が微小変化したとき，その母線電圧の変化度合いで判断する $dU_L/dQ_L ≦$ しきい値
	VCPI 全発電機の無効出力の感度係数	無効電力の需給バランスに着目．母線の無効電力が微小変化したとき，全発電機からの無効電力発生量がどの程度必要か推定する dQG_T/dQ_L が小さいとき電圧安定性の余裕が大きい
負荷量や電圧に関する余裕量に基づくもの	$P_{L\max}$ 有効電力の限界負荷率	$P_{L\max}$ は P-V 曲線の先端と現在値との比で 1 に近づくほど電圧不安定点に近づく．負荷をアドミタンスで置き換え，P-V 曲線の先端を求める方法が提案されている
	U/E 負荷母線の電圧余裕量	電源内部電圧と負荷電圧の比が系統定数で決まる値よりも大きければ安定 $\lvert U/E \rvert > \dfrac{1}{2\cos\{(\xi-\phi)/2\}}$
1 対の高め解と低め解との近接度に基づくもの	VIPI 潮流方程式の指定値ベクトルと臨界ベクトルのなす角	1 対の近接根の間の距離を表す指標．潮流方程式の指定値ベクトルとその臨界ベクトルのなす角 θ が小さいほど不安定 $\text{VIPI} = \theta = \cos^{-1}\dfrac{Y_S^T \cdot Y(a)}{\lVert Y_S \rVert \lVert Y(a) \rVert}$ なお，不安定地域を特定する方法として，$\Delta Y = \lVert Y_S - Y(a) \rVert$ を母線ごとに算出し負荷の MVA 余裕を判定する方法もある
	ΔP_{cr} 総需要の限界電力までの大きさ	運用状態の電圧の高め解 V_0^+ と低め解 V_0^- との差の最も大きいノードにおいて次式による．大きいほど安定 $\Delta P_{cr} = \dfrac{1}{2} \cdot \dfrac{V_0^+ - V_0^-}{\dfrac{dV_0^-}{dP_0} - \dfrac{dV_0^+}{dP_0}}$
潮流計算におけるヤコビアン行列に基づくもの	$\det(J)$ ヤコビアン行列式の値	P-V 曲線の先端ではつねに $\det(J)=0$ であることに着目．$\det(J)$ の絶対値が小さいほど不安定
	$\sigma_{\min}(J)$ ヤコビアン最小特異値	$\sigma^2_{\min}(J) = \lambda_{\min}(J^T J)$ （$J^T J$ の最小固有値）安定限界点にてゼロとなる
その他	Q_{Loss} 無効電力ロスの系統容量比	無効電力ロスの系統容量比（無効電力ロス/総需要）．大きいほど不安定．P と Q の運用・制御状態を系統全体として評価する
	L 電圧低下比率の指標	多母線系統においても等価電源電圧がほぼ定数で扱えることに着目．大きいほど不安定

とすると，P_L がある限界を超えた場合，安定な系統運用が実現できなくなる．さらに，これが引き金となって広範囲の電圧崩壊事故を招くこともある．なお，P-V 曲線の形状は，負荷 P_L の力率に依存する．たとえば，負荷の力率を進み向きに増加させると P-V 曲線は右上方向に移動し，その分だけ安定余裕を増すことができる．

(5) 電圧安定性指標の例

電圧安定性指標とは，現在の系統運転点から電圧安定性限界までの余裕度を定量的に評価する尺度である．これまで提案されている各種の指標を解析手法の面から分類すると，以下のように整理され，それぞれ表 22.3 に示すような内容をもっている．

① 無効電力や電圧の感度係数に基づくもの
② 負荷量や電圧に関する余裕量に基づくもの
③ 1 対の高め解と低め解との近接度に基づくもの
④ 潮流計算におけるヤコビアン行列に基づくもの
⑤ その他，無効電力消費量や電圧低下比率に注目したもの

(6) 等面積法による系統安定運転の判定

2 回線送電線を介した 1 機無限大母線系統を考える．いま，図 22.8 に示すように，この送電線が 2 回線で運用中の状態①において，2 回線のうちの 1 回線に故障が起こり，一定時間だけ故障が続いた状態②を経た後，故障が除去され 1 回線の状態③に移ったという過程を想定する．これら 3 つの状態における送電線の電力 P と発電機の内部位相角 δ との関係は，それぞれの状態に対応した 3 つの電力位相角曲線（P-δ 曲線）によって示される．ここで，状態①における送電線の電力と発電機の内部位相角を $P=P_s, \delta=\delta_s$ とし，状態②から③に移行した時点での発電機の内部位相角を $\delta=\delta_c$ とすると，E_1 は故障継続中の状態②において，発電機に蓄えられるエネルギー量（加速エネルギー）に相当する．一方，E_2 は故障除去の直後から 1 回線の運用のままの状態③において，送電線が吸収できる最大のエネルギー量（減速エネルギー）を意味する．電力系統の安定な運転に

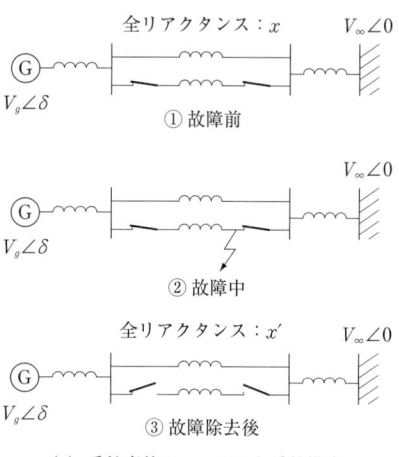

(a) 系統事故シーケンスと系統構成

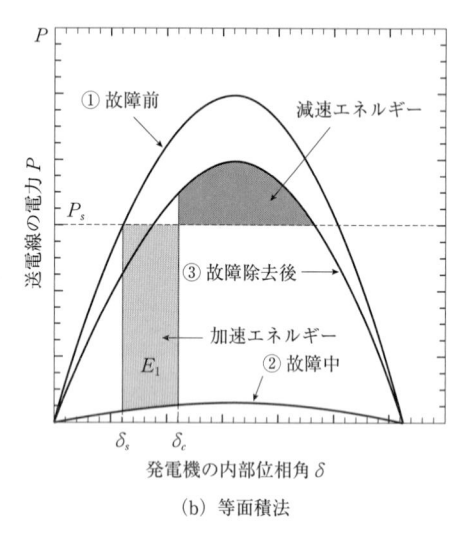

(b) 等面積法

図 22.8　等面積法による過渡安定度の判別（[4] p. 77, 図 4.8, 4.9）

関する等面積法による判定とは，$E_1<E_2$ ならば安定，$E_1>E_2$ ならば不安定，として判別する方法である．

(7) 系統安定度の向上対策

電力系統の安定度（系統安定度）には，過渡安定度と定態安定度がある．前者は送電線の地絡故障など大きな外乱に対するものであり，後者は重潮流時における小規模負荷の脱落など小さな外乱に対するものである．概して，過渡安定度に関する対策の方が厳しいが，大きな外乱を受けないまま，定態安定度の面で警戒状態に陥っていることもあるので注意を要する．系統安定度の向上対策として，表 22.4 に示すように，系統構成の強化

22章 電力系統

表 22.4 系統安定度の向上対策（[2] p.162, 表 4.3.4）

分類	対策	過渡安定度向上	定態安定度向上
系統構成による対策	並列回線の増強	○	○
	中間開閉所の設置	○	○
	上位電圧階級の導入	○	○
発電機制御による対策	PSS付き超速応励磁	○	○
	タービン高速バルブ	○	-
	制動抵抗	○	-
系統制御による対策	直列コンデンサ	○	○
	静止型無効電力補償装置（SVC）	○	○
保護システムによる対策	高速度遮断方式	○	-
	脱調未然防止システム	○	-
その他	機器仕様の改善 （インピーダンス低減，慣性定数増加）	○	○

によるもの，発電機制御や系統制御によるもの，保護システムの高度化によるものなどがあげられる．

22.4 供給力と予備力
(1) 供給予備力の種類と概念図

系統運転の信頼性の確保を目的として，電力を発生する電源設備には，何らかの異常事態に対処するために，つねに幾分かのゆとりが備えられている．これを供給予備力（予備力）という．予備力は図 22.9 に示すように，供給力と負荷電力との差であり，通常は信頼性と経済性の兼ね合いから適切な量（8～10% 程度）が設定される．供給力とは，全体の設備容量から補修停止中の火力・原子力設備の容量と渇水による水力設備の出力減

少分を差し引いたものである．また，負荷電力とは時間帯ごとの平均の需要量であり，その変化は日負荷曲線に相当する．予備力には，大別して運転予備力と待機予備力がある．運転予備力とは，電力系統にすでに接続されており，いつでも即時に出動できる状態のものである．また，待機予備力とは，常時は系統から切り離されており，系統に事故が起こったときに初めて系統に並入され起動する状態のものである．さらに，運転予備力の一部は瞬動予備力として，時々刻々変化する負荷電力の微小な変動分の対処に向けられている．通常の瞬動予備力は負荷電力の 3% 程度が当てられ，発電機の出力もこの相当分だけ下げて運転されている．

(2) 月別最大電力と発電所補修可能量

年間にわたる需要電力の各月ごとの最大電力（月別最大電力）に注目すると，わが国では夏期にピークが，冬期にサブピークが現れ，春と秋とにボトムがみられる．ここに，月別最大電力として便宜上，当該月の日間最大電力の上位3つを平均した値（最大3日平均電力）が用いられる．この月別最大電力は，火力・原子力の供給能力と水力の供給能力によって対処される．しかし，水力の年間の供給能力は出水状況により不規則に変化する．また，火力・原子力設備も年間を通し一定期間は定期補修のため停止するほか，事故による停止も免れない．さらに，年間の需要電力は，景気変動などの不確定要因に左右される．このため，

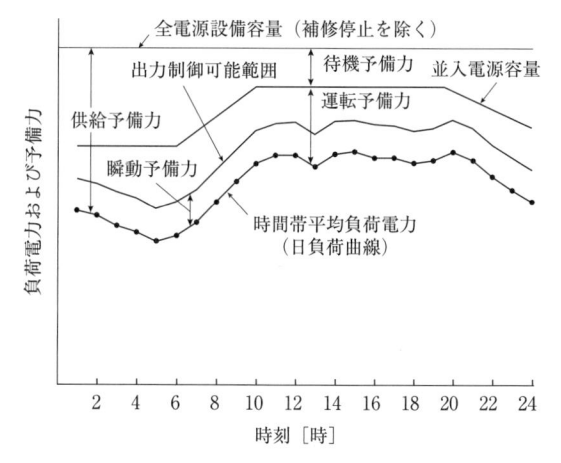

図 22.9 供給予備力の種類と概念図（[4] p.128, 図 7.7）

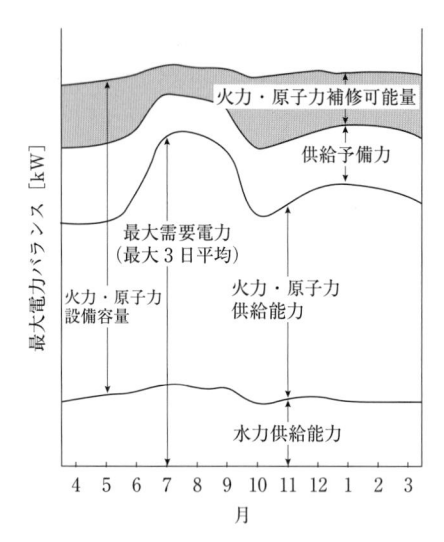

図 22.10 月別最大電力と発電所補修可能量（[1] p.963, 図9）

図22.10に示すように，年間を通して一定の供給予備力をつねに確保するように運用されなければならない．また，上記の火力・原子力設備の補修停止の年間スケジュールについても，図22.10に示すように，各月ごとの火力・原子力補修可能量を算定して決定される．ここで，火力・原子力補修可能量とは，火力・原子力の設備容量から，火力・原子力の供給能力と供給予備力とを差し引いた量である．火力・原子力補修可能量が確保できない場合には，新しい電源設備を増設しなければならないことになる．

22.5 電力系統の連系方式
(1) 放射状系統とループ系統の比較

電力系統の流通網の形状には，大別すると放射状系統とループ系統がある．また，設備構成としてはループ状であるが，常時は一部を遮断した放射状の形態（常時開ループ方式）の運用をとる場合も多い．表22.5のように，両者にはそれぞれ長所と短所があるが，実際に採択される形態は，個々の国や地域における地形や気候などの地理的要因，需要密度などの経済的要因のほか，今日まで採用されてきた設備計画・運用上の基本条件など歴史的経緯によっても異なる．概して，欧米の先進国のように，面的な広がりのある国土で消費地が分散しているところでは，ループ系統を選ぶ場合が多くみられる．一方，わが国のように国土が狭隘で極度に需要が密集しており，事故波及の

表 22.5 放射状系統とループ系統の比較（[4] p.129, 表7.2）

	放射状系統	ループ系統
系統構成例	(図)	(図)
静的な供給能力	系統構成要素の一部の停止があると，それより下流の負荷への供給支障が発生する	系統構成要素の一部の停止があっても，別ルートからの回り込みによって供給支障が回避できる
事故波及のおそれ	事故の発生した構成要素を取り除くことで，下流部分に供給支障をもたらすが，事故波及の起きることはない	事故の発生した構成要素を取り除くことで，他の構成要素が過負荷になり，その除去がまた別の過負荷を引き起こすなどのおそれがある
運用特性	・事故時を含む潮流状況の把握が容易である ・事故電流レベルの低減が可能である	・ループ間の潮流配分が困難である ・片方の連系が消失する場合などに電力潮流が変化する ・事故電流が大きくなりやすい
適用系統	・供給系統 ・基幹系統の一部 ・配電系統	・基幹系統 ・供給系統の一部

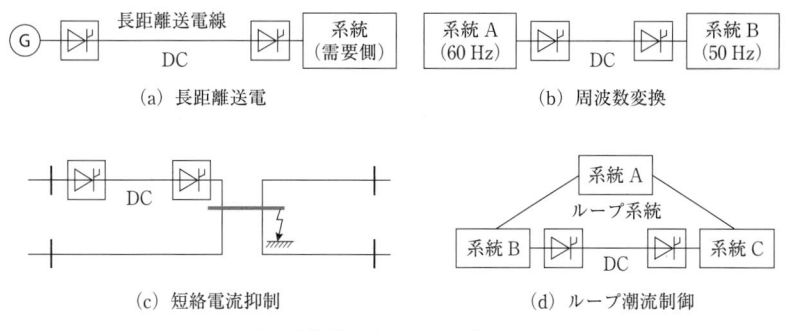

図 22.11 交直変換器の適用目的（[4] p.139, 図 8.10）

(a) 長距離送電
(b) 周波数変換
(c) 短絡電流抑制
(d) ループ潮流制御

防止を重視する考え方をとるところでは，放射状系統（常時開ループ方式を含む）の形態を選ぶ傾向がある．

（2） 交直変換器の適用目的

一般に交直変換器は2つが組になった対の形で適用される．適用の主目的としては，図22.11のように，①長距離送電，②周波数変換，③短絡電流抑制，④ループ潮流制御の4つがあげられる．このほか，事故波及の防止，系統周波数の調整，電力動揺の抑制などにも役立てられる．実際の適用にあたっては，多くは複数の目的に照らして採用される．また，1対の変換器が同じ地点に背中合わせの状態で設置されている方式をBTB（back-to-back）と呼んでおり，当然①の目的に採用されることはない．なお，①の適用目的で採用する場合に，直流送電線の途中に分岐線をいくつか設け，それぞれの末端に変換器を設置した多端子直流送電方式をとる例もある．

22.6 供給信頼度と電力品質
（1） 供給信頼度の定義と分類

電力系統の供給信頼度とは，一般に停電の少なさを示す指標である．北米電力信頼度協議会（NERC：North America Electric Reliability Council）では，表22.6に掲げるように，供給信頼度を①系統を構成する設備の充足性を意味するアデカシー（適切度）と，②系統の外乱に対する強靭性を示すセキュリティ（安全度）の2つに分けている．NERCでは，この分類に従った電源部門と流通部門の具体的な要件もあわせて提示している．つまり，アデカシーは適切な電源予備力と送電余力が確保されていること，セキュリティは系統安定度，系統周波数，系統電圧が安全に維持されていること，としている．これら供給信頼度に関する定量的な尺度として，（静的な）アデカシーには各種の指標が提案されているが，（動的な）セキュリティの測り方についてはいまだ一般に認知された手法はない．

（2） 電力系統の信頼度制御と状態遷移図

電力系統を絶えず安全に運用していくための考え方として，図22.12のような，系統の運用状態を平常状態，緊急状態，復旧状態の3つに大別した状態遷移図（DyLiaccoの提案）が一般に用いられている．ここに，平常状態は，ある程度の外

表 22.6 供給信頼度の定義と分類（[2] p.169, 表 4.4.1）

	定 義	電源面	流通面
アデカシー (adequacy)	設備の計画停止・計画外停止や需要の不確定性を合理的に考慮した上で，需要に対し十分な設備を有すること	適切な予備力をもっていること	送電余力が確保されていること
セキュリティ (security)	外乱（送電線の雷事故や電源・負荷の突然の喪失など）が発生しても，系統の供給能力を失わず安定運転が維持できること	系統の安定度が保たれるとともに，周波数や電圧の大幅な低下による大規模停電を起こさないこと

NERCによる．

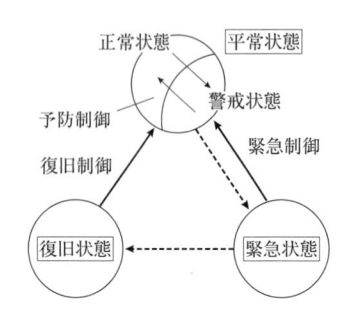

図 22.12 電力系統の信頼度制御と状態遷移図（[4] p.126, 図 7.6）

乱（想定故障）を受けても供給支障には至らない部分（正常状態）と，もし何らかの外乱を受けると緊急状態に移行する可能性のある部分（警戒状態）とに分けられる．緊急状態は，系統運用の遷移過程における過渡的な状態であり，ただちに手立てを講じないと平常状態には戻れず，系統事故に陥る危険性をはらんでいる．復旧状態とは，系統の一部が被害(停電)を受けており，復旧制御(復旧操作）を待っている状態のことである．このような状態遷移図による考え方は，今日では系統運用の安全性確保を狙った信頼度制御の設計思想の基礎となっている．

(3) 電力品質の内容項目と許容範囲

需要家に供給される電気の質（電力品質）には，簡単に判別することは不可能であるが，良し悪しがある．広い意味において高い品質の電力とは，電圧や周波数がつねに一定値に保たれており，かつ供給支障を起こさない電力のことを指す．しかし，後者の供給支障については，通常は供給信頼度として論じられている．したがって，今日での電力品質とは狭義の場合を指すことが多く，表22.7に示すような内容からなる．いずれも電圧波形の乱れやゆがみに関連づけて扱うことができる項目になっている．電力品質を劣化させる原因は，落雷など供給側にも一部は存在するが，多くは需要側の使用機器の不良が原因となっている．電力品質の個々の項目について，一定の供給上の目安となる許容範囲が設けられている．しかし，

表 22.7 電力品質の内容項目と許容範囲（[2] p.174, 表 4.4.7）

項 目	許容範囲	備 考
周波数の変動	±0.5% 程度	±0.2 Hz
電圧の変動	±(5〜10)%	(101±6)V, (202±20)V
電圧の瞬時低下		電圧低下（10〜99%），上昇の幅と継続時間
フリッカ	最大 0.45，平均 0.32	ΔV_{10} に対する指標
過渡過電圧	0.5 kV	波頭 1 μs，波尾 10 μs のインパルス電圧
電圧の不平衡	0.5%	負荷電流のアンバランスにより生じる
高調波	3%(1%)	( ) 内は次数間高調波に対する値

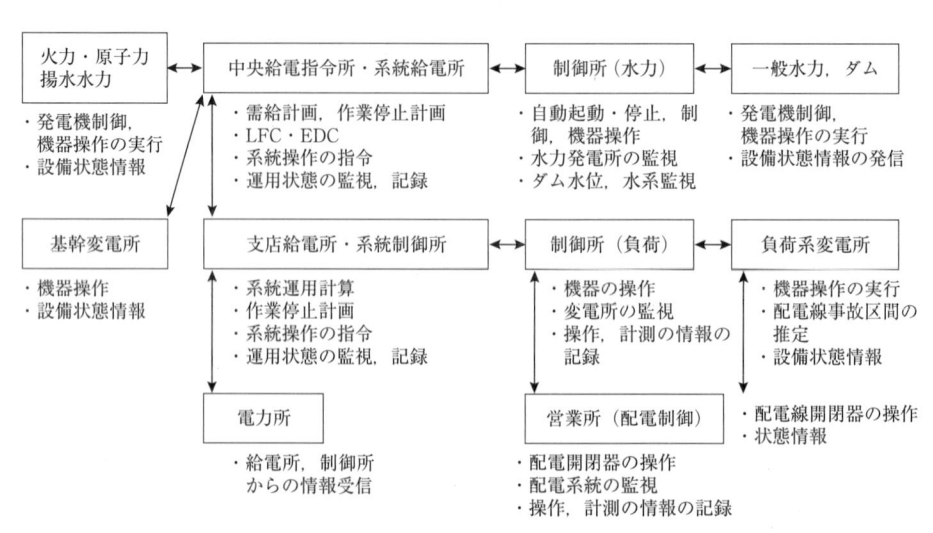

図 22.13 系統運用の指令体系と主な機能（[2] p.154, 図 4.2.7）

高度な製品を生産する工場などでは，供給される電力の質が必要なレベルよりも劣る場合，特別な個別対策を講じることが一般に行われている．

22.7 系統運用の指令体系と主な機能

電力系統の運用指令は，信頼度制御の基礎となっている状態遷移図（図22.12参照）に対応して，平常時指令，緊急時指令，復旧時指令の3つに分類される．こうした運用指令をつかさどる体制として，図22.13に示すように，中央給電指令所・系統給電所，支店給電所・系統制御所，および電力所といった階層構造の指令体系が整備されている．平常時・緊急時・復旧時を問わず，オンライン情報による適切な意思決定の結果に基づき，必要な運用指令が発電所・変電所に対して発せられる．多くの水力発電所や下位変電所は無人化されており，設備の運転は自立化・自動化されているため，指令情報はマクロな形で伝えられる．平常時における給電指令は，送電線や変圧器に設定されている運用限界（事故波及を招かない範囲）に照らして行われる．また，緊急時・復旧時における指令には人的な要素が関わっており，その実施には指令所の運転員の経験や訓練の実績の豊富さが重要となる．

22.8 電気事業の形態と電力自由化
(1) 需要成長と事業形態の関係

従来の電気事業は公益事業の性格から，国営あるいは独占の形で営まれてきたが，世界的な電力民営化など規制緩和の流れの中で，わが国においても市場開放の方向をとらざるを得なくなった．電力自由化は，電気事業への新規参入の機会均等，自由競争による電気事業の効率化，電力価格および電気料金の低減などを目的として，垂直統合・地域独占・総括原価で特徴づけられる従来の電気事業に対し，以下の2点を基本とした競争形態を取り入れるものである．

① 発電部門（卸売）および配電部門（小売）への競争原理の導入
② 送電部門（系統運用サービス）の参入者への非差別的な開放

一方，わが国では市場自由化の開始と前後して，

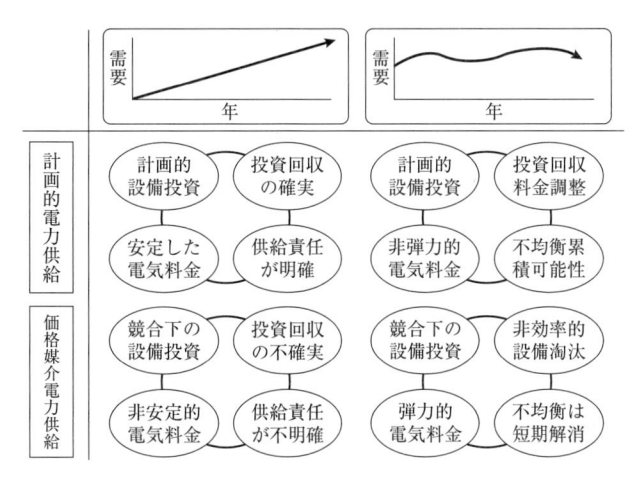

図 22.14 需要成長と事業形態の関係（[5] p.20, 図1.10）

表 22.8 わが国の電力自由化に伴う課題（[5] p.20, 表1.11）

課　題	問　題　点
エネルギーセキュリティ	大規模投資を要する原子力開発が困難になる エネルギー輸入の依存度が大きくなる 地球環境問題への対処に影響を与える
供給信頼度	系統運用が困難になり，停電が多くなる
ユニバーサルサービス	事業者の撤退などによって需要家に不利益を与える

経済成長が鈍化してきた．電力需要の伸びは大きく停滞し，今日では経済が成長期にあって長期の需要の伸びが予測された時代は過去のものとなった．ここで，図22.14に示すように，電気事業が従来の計画的電力供給を行った場合と新規の価格媒介電力供給を行った場合について，両者を需要成長のパターン別に比較する．これより，経済の成長期には計画的な供給方式が優位にあるが，成熟期には価格媒介による供給方式が柔軟性の点で有利であることが示唆される．

(2) わが国における電力自由化に伴う課題

電力自由化に伴う早急な電力市場の開放は，必ずしも需要家の利益には直結しないとの懸念も一方で予見されている．このため，わが国では海外の動きに照らしながらも，わが国に独自な条件を見極めつつ，将来とも慎重に対処していくことが求められている．わが国の自由化の今後において，さらに検討がまたれる課題には，表22.8に示すように，制度や技術の面から多種多様なものがあるが，問題点としては①エネルギーセキュリティ，②供給信頼度，③ユニバーサルサービスのあり方の3つに集約される．〔高橋一弘〕

参 考 文 献

[1] 電気学会編：電気工学ハンドブック（第6版），オーム社（2001）
[2] 宅間 董・高橋一弘・柳父 悟編：電力工学ハンドブック，朝倉書店（2005）
[3] 赤崎正則・原 雅則：電気エネルギー工学，朝倉書店（1986）
[4] 長谷川淳・斉藤浩海・大山 力・北 裕幸・三谷康範：電力系統工学，電気学会（2002）
[5] 吉川榮和・垣本直人・八尾 健：発電工学，電気学会（2003）
[6] 道上 勉：発電・変電（改訂版），電気学会（2006）
[7] 福西道雄ほか：水力発電（改訂版），電気学会（1966）
[8] 瀬間 徹編：火力発電総論，電気学会（2002）
[9] 法貴四郎ほか：原子力発電（改訂版），電気学会（1970）
[10] 日本原子力学会編：原子力がひらく世紀，日本原子力学会（1998）
[11] 河野照哉：送配電工学，朝倉書店（1996）
[12] 道上 勉：送配電工学（改訂版），電気学会（2003）
[13] 道上 勉：送電・配電（改訂版），電気学会（2001）

23章　水力発電

23.1　水力発電の仕組みと水理
(1) 水力発電所の水理施設
　水力発電所における土木設備（水理施設）を機能別に分類すると，以下のようになる．
① 取水設備：取水位の確保，流水・貯水の取入れ，貯水能力・調整能力の保持
② 導水設備：水車までの導水
③ 発電所基礎：発電機器の収容
④ 放水設備：放水位の確保，放水口までの導水

　これら設備に用いる工作物には，種々の構造のものがあるが，その組合せは発電形式により異なる部分と共通する部分がある．発電形式として，水路式，ダム式，ダム水路式，揚水式をあげ，それぞれの組合せを示すと図23.1のようになる．土木設備の工事の特徴は，機器設備の製作の場合とは異なり，自然物を対象にすることにある．土木設備の計画・施工においては，この観点に十分な留意が必要である．

(2) 流況曲線の定義
　河川の水源は雨と雪によるものである．降水（降雨・降雪）は，蒸発する部分が約3割を占め，残りは地中に浸透されるか地表を流れて河川に入る．6月頃と9月頃には，それぞれ梅雨と台風により降雨量が大きくなる．一般に，冬季は日本海側の降水量が多く，太平洋側は少ない．春は融雪期に加え降雨量もやや多いため，河川流量は増加する．河川流量は，その地方の降水状況のほか，河川の流域面積にも支配される．1年間の測定した日々ごとの河川流量（あるいは水位）を示した図を流量図（あるいは水位図）という．また，図23.2のように，流量を大きさの順に並べ替えた分布図を流況曲線という．流量は年によって統計的に異なるため，通常は数〜10年にわたるデータに基づいて定められる．わが国では，河川流量の年間分布を表す流量代表値として，以下の区分けを用いて定義している．

① 渇水量：年間で355日は，これを下回らない流量
② 低水量：年間で275日は，これを下回らない流量
③ 平水量：年間で185日は，これを下回らない流量
④ 豊水量：年間で95日は，これを下回らない流量

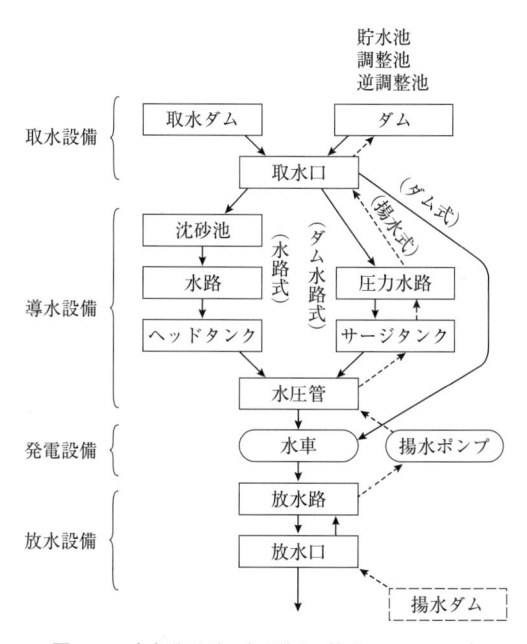

図23.1　水力発電所の水理施設（[7] p.86, 図4.1）

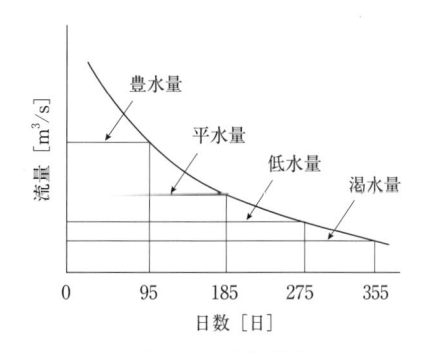

図23.2　流況曲線と流量代表値（[6] p.25, 図1.10）

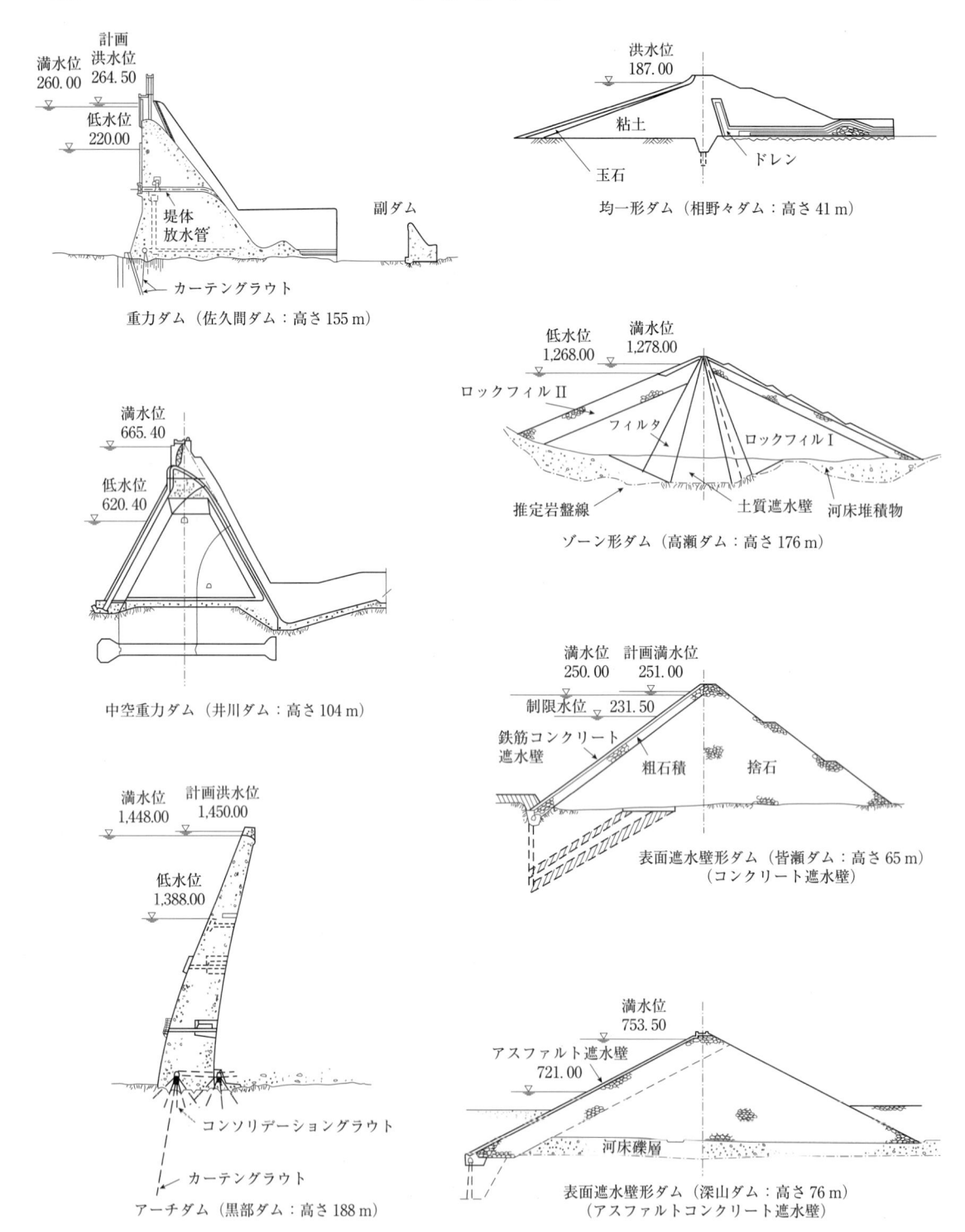

図 23.3 各種発電用ダムの例（[1] p.1034, 図 8）

このほか，毎年 1～2 回起こる出水量を高水量，3～4 年に一度生じる出水量を洪水量と呼ぶ．さらに，現在までに発生した最大および最小の流量を，それぞれ最大洪水量，最渇水量という．また，年間の総流量を平均した流量の値を年平均流量という．

23.2 水力設備
(1) 各種発電用ダムの例

ダムとは，河川をせき止め流水の貯留あるいは取水を行うための構造物をいう．貯留の目的は，発電のほか，治水，灌漑，上工水（上水道用水・工業用水）などがある．発電用ダムの中で，水路式発電の場合のように単に取水の目的で設けられる低いダムは，取水ダム（あるいは取水堰）と呼ばれ，貯留を目的とした貯水ダムと区別されている．一般に，発電用ダムと称する場合は貯留ダムを指す．発電用ダムの貯留の目的には，取水のほか，流量の調節，落差の形成がある．ダムの形式を堤体の構成材料によって分類すると，① コンクリートダム（コンクリートが材料），② フィルダム（岩石・土・砂が主な材料）の2つとなる．このうち，① のコンクリートダムには，構造により重力式ダム，中空重力ダム，アーチダムなどがある．また，② のフィルダムには，均一形ダム，ゾーン形ダム，表面遮水形ダムがある．ダムの形式選定にあたっては，ダムサイトの地形，地質，水文，気象などの自然条件のほか，堤体材料の現地での調達や輸送の難易性，ダムの規模や工期などを考慮した経済比較が基本になる．たとえば，V字谷の地形にはアーチダムが，広い谷で大型の工事機械の作業ができるところではフィルダムが一般に有利である．

(2) サージタンクとサージング作用

ダムの取水口から出ている導水路と水圧管との連結部には，水路系の構造物を水の衝撃から保護するための水槽が設けられる．この水槽は，上流の水路が水路式発電所のように無圧の場合にはヘッドタンクに，ダム水路式発電所のように圧力水管で加圧の場合はサージタンクになる（図23.1参照）．サージタンクは，負荷の変動によって発生する水撃圧を吸収・軽減させ，水路系に及ぼす圧力変化の影響を抑制するとともに，負荷の変動に即応した水量調整を行うための構造物である．タンク内の水位は，負荷の変化に連動して変わる．たとえば，負荷が急増した後，しばらくして遮断された場合のサージタンクの水位の変化の様子（サージング現象）を図23.4に示す．

(3) 水力発電所建屋の分類

水力発電所は，水車や発電機を主要機器として設置される．発電所は建物の形態により，図23.5に示すように，(a) 地上式と，(b) 地下式に大別される（両者の間に半地下式のものもある）．さらに，地上式は，屋外式と屋内式に分類される（両者の間に半屋外式のものもある）．屋外式は，一部の主要機器を格納する建物を省略したもので，発電機は防水鋼板で覆われており，降水量の少ない国や地域で小規模の発電所に限って採用される．わが国では地上式がほとんどを占めてきたが，近年では大容量の揚水発電所の出現に伴い，地下式のものが多くなっている．地下式では大規模な地下空洞の掘削を必要とするため，立地点の地質は良好でなければならない．また，照

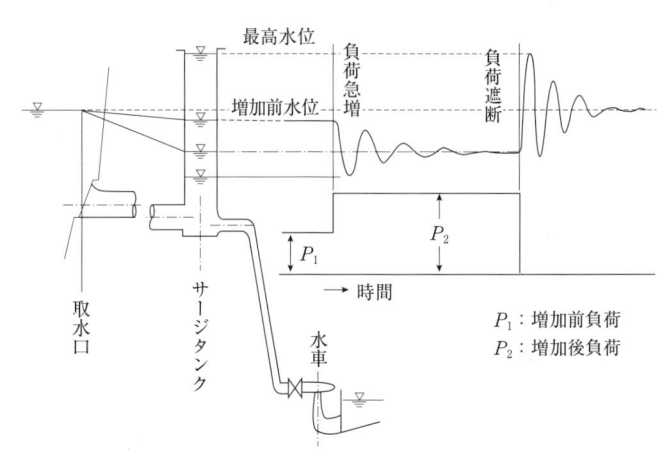

図 23.4 サージタンクとサージング作用（[7] p.118, 図 4.49）

(i) 屋外式　　　　　　(ii) 屋内式

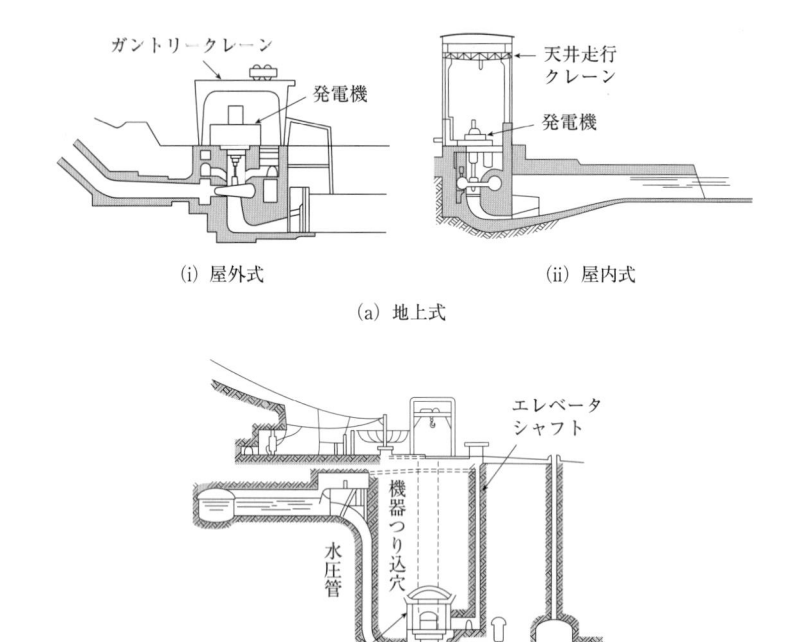

(a) 地上式

(b) 地下式

図 23.5　水力発電所建屋の分類（[7] p.407, 図 12.1）

明，換気，排水などの設備に特別な仕様を必要とするため，地上式と比較すると工事期間が長く，建設単価も高くなる．しかし，地形に左右されず柔軟な設計が可能になること，周囲の自然環境への影響がないこと，落石や雪雪崩などの自然災害を受けないことなどの特徴をもっている．

23.3　水車および付属設備
(1)　水車の分類と代表的な構造例

水車は，水の保有するエネルギーを機械的仕事に変える回転機器であり，① 衝撃水車と，② 反動水車に大別される．衝撃水車は圧力水頭をすべて速度水頭に変えて，速度水頭をもった流水をランナに作用させる構造であり，高落差用に使われる．反動水車は圧力水頭をもった流水をランナに作用させる仕組みであり，中低落差用に使われる．衝撃水車としては，ペルトン水車が，反動水車としては，フランシス水車，斜流水車，プロペラ水車がそれぞれ代表的である．また，車軸の据付け方から，立軸形，横軸形，斜軸形の3つの形式がある．なお，揚水発電に使用されるポンプ水車はフランシス形などの反動水車である．図 23.6 に代表的な水車の構造例を示し，以下にその概要を掲げる．

(a)　ペルトン水車では，ノズルから流出するジェットをランナに作用させる．ランナはバケットとディスクからなる．ノズルは水圧管と結ばれ，水の圧力水頭を速度水頭に変える．ノズルには，ジェットの断面積を制御するニードルが取り付けられており，負荷に応じて使用流量を調整する．

(b)　フランシス水車では，水がランナに半径方向から流入し，ランナ内で軸方向に向きを変えて流出する．ケーシングは水圧管に連結され，内部は圧力水で満たされており，多くは渦巻形の形状をしている．スピードリングは，流水の方向を整えるほか，外圧を受けるケーシングを補強する．ガイドベーンは，開口面積を変え水量を調整する役目をもつ．

(c)　斜流水車では，水流がランナを軸に斜め方向に通過する．ランナベーンの角度を自動的に変え，落差の変化や負荷の大小に応じることができる．ランナベーンの動作には，上下動式と回転

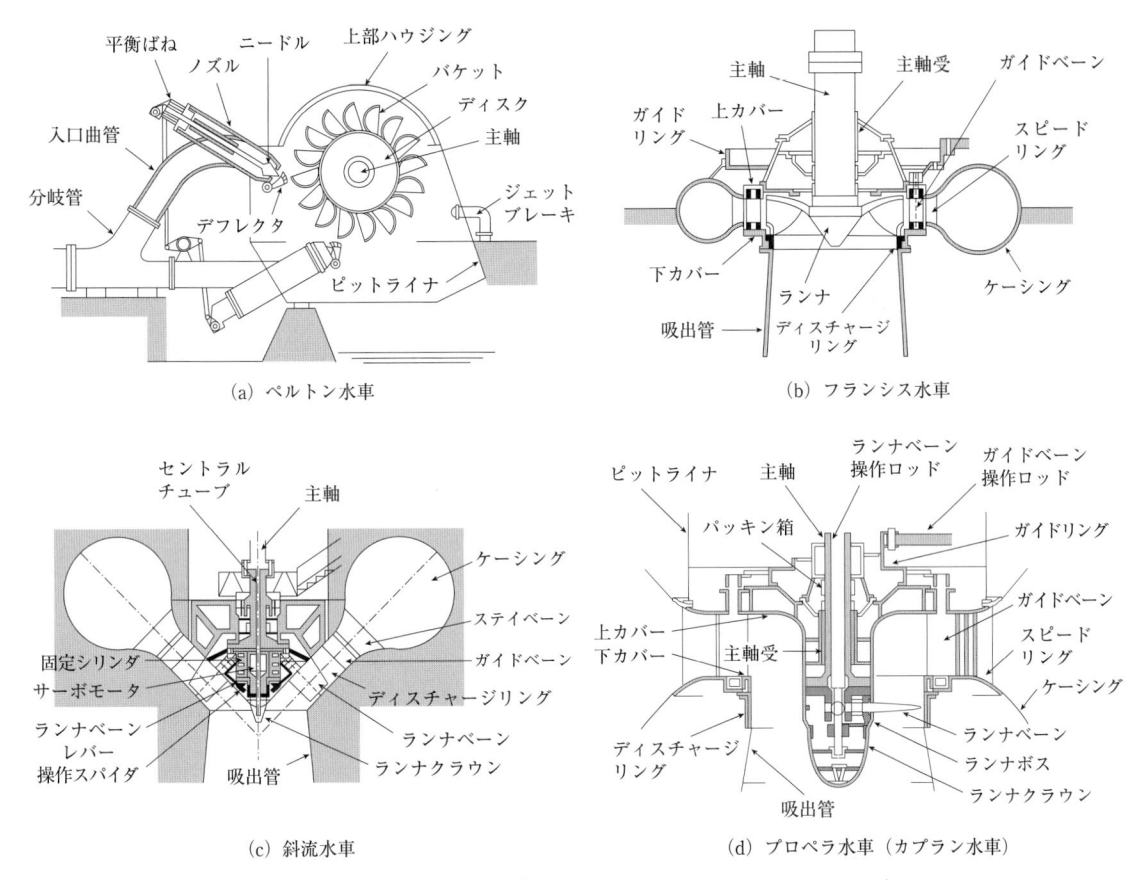

図 23.6　水車の分類と構造例　([5] p. 77, 80, 83, 84, 図 3.22, 3.24, 3.27, 3.28)

式がある．設計上はフランシス水車に近い．デリア水車とも呼ばれる．

(d)　プロペラ水車では，流水がランナを軸方向に通過する．ランナに可動式のものと固定式のものがある．立軸形でランナ可動式のものはカプラン水車と呼ばれる．カプラン水車は，落差の変動や負荷の大小に応じてランナベーンの角度を自動的に調整できる．このため，低落差・大容量の水車に適しており，一般に広く使用されている．ランナとランナベーンの可動機構を除くと，フランシス水車の構造に近い．

(2)　各種水車の比速度限界と無拘束速度

各種水車には，形式に固有の比速度（specific speed）と呼ばれる特有の値がある．比速度とは「その水車を相似形に保ったまま，単位落差で単位出力を発生するように縮小した場合の水車の回転数」のことである．一般に，定格回転数 N[rpm]，定格出力 P[kW]，有効落差 H[m] の水車の比速度 N_S[m・kW] は，$N_S \propto N \cdot P^{1/2} \cdot H^{5/4}$ で与えられる．したがって，たとえば低落差の場合には回転数が小さくなるため，比速度の大きな水車を用いないと水車が大型になることがわかる．また，水車には無拘束速度（runaway speed）と呼ばれる値がある．無拘束速度とは，水車を一定の有効落差，水口開度，吸出高のもとで，無負荷運転したときの水車の速度のことであり，その最大値を最大無拘束速度という．水車発電機の回転部分の強度は，最大無拘束速度時の遠心力に耐えるよう設計される．水車は回転数が大きいほど寸法が小さくなり価格も安くなるが，機械的強度の面からの制約に支配される．また，回転数が大きいとキャビテーションが起こりやすくなり，効率の低下や腐食の問題などが発生する．このように，各種の水車には形式に適した速度と落差があり，通常は表 23.1 に示すように，高落差ではペルトン水車が，中落差ではフランシス水車と斜流水車が，低

表23.1 各種水車の比速度限界と無拘束速度 ([3] p.31, 表2.1, [5] p.94, 図3.36)

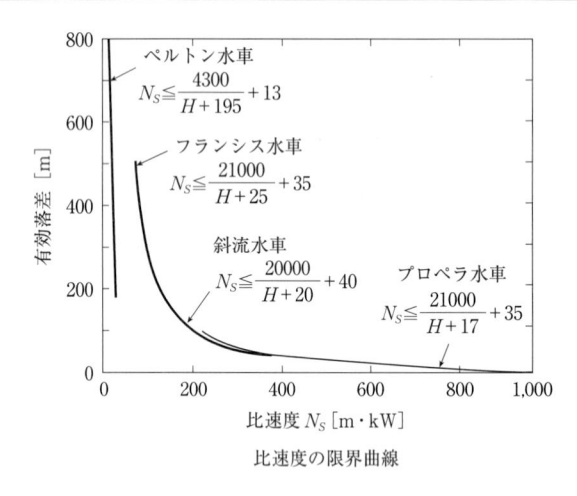

種類		比速度	無拘束速度/定格回転速度	適用落差 [m]
水車	ペルトン	$N_S \leq \dfrac{4300}{H+195} + 13$	1.5〜2.0	150〜800
	フランシス	$N_S \leq \dfrac{21000}{H+25} + 35$	1.6〜2.2	40〜500
	斜流	$N_S \leq \dfrac{20000}{H+20} + 40$	1.8〜2.3	40〜180
	プロペラ	$N_S \leq \dfrac{21000}{H+17} + 35$	2.0〜2.5	5〜80
ポンプ水車	フランシス	$25 \leq N_S \leq \dfrac{12500}{H+100} + 10$	1.35〜1.6	100〜600

比速度の限界曲線

落差ではプロペラ水車が，それぞれ用いられる．

23.4 水車発電機と電気設備
(1) 水車発電機の励磁方式
水車発電機の励磁方式には，図23.7に示すように以下の方式がある．
① 直流励磁機方式： 界磁電流を直流発電機によって供給する方式で，小容量の発電機では分巻形が，中容量以上では他励形が多く用いられる．
② 交流励磁機方式： 交流発電機の出力を別設の整流器で直流に変換し，直流出力を界磁電流として供給する．
③ ブラシレス励磁方式： 交流励磁機方式の一種で主軸の回転子に電機子が直結された交流発電機の出力を，同一回転軸上の整流器で直流に変換し，スリップリングを介さずに界磁電流として供給する．

④ サイリスタ励磁方式： 励磁用変圧器や交流発電機の出力を，サイリスタで直流に変換し界磁電流として供給し，サイリスタのゲート位相制御によって，界磁電流を調整する．保守・点検も容易で，即応性も高い．

(2) 水車発電機の始動方式
水車電動機の始動方式には，表23.2に示すような特性をもつ以下の方式がある．
① 電動機方式： 水車発電機と同軸上に直結した始動用の電動機を用い，所内電力により，始動・加速する．
② 制動巻線方式： 回転子の制動巻線を利用して，かご形誘導電動機の原理により始動・加速する方式である．水車発電機の回転速度が同期速度に近づいたとき，励磁し系統に強制的に並列させる．
③ 同期方式： 水車発電機の固定子巻線の回転磁界に回転子が追従できるように，周波数がゼ

23章 水力発電

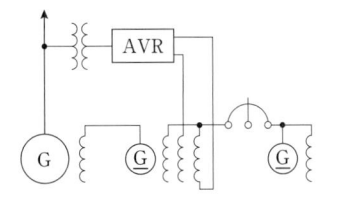

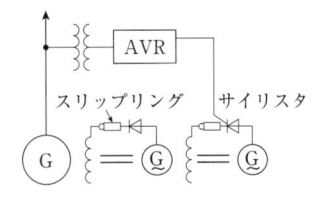

(a) 直流励磁機方式（他励形）
(b) 交流励磁機方式（他励形）
(c) ブラシレス励磁方式
(d) サイリスタ励磁方式（自励形）

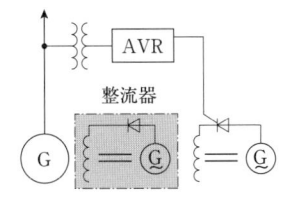

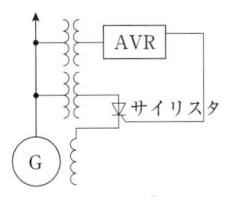

図 23.7 水車発電機の励磁方式（[6] p.74, 図 5.2）

表 23.2 水車発電機の始動方式

	電動機方式	制動巻線方式	同期方式	低周波方式	サイリスタ方式
主な付設装置	・直結形電動機	特になし	・始動用発電機 ・別置励磁装置	・始動用発電機 ・別置励磁装置	・サイリスタ変換装置
回路構成制御	やや複雑	簡単	複雑	複雑	やや複雑
始動所要時間	やや長い	短い	短い	短い	やや長い
自己始動能力	あり	あり	なし	なし	あり
系統への影響	小さい	大きい	なし	なし	小さい
適用発電機	大容量	中小容量	大中容量	大中容量	大容量

ロから定格値まで徐々に増していく電源を水車発電機に印加して始動する．電源としては，付設の始動用発電機あるいは近傍の発電所の水車発電機が用いられる．

④ 低周波方式： 制動巻線方式と同期方式の原理を組み合わせた方式であり，最初は制動巻線で始動し，定格回転速度に近くなって，同期方式に切り替える．

⑤ サイリスタ方式： 停止中の水車発電機に励磁を与えておき，サイリスタ変換器により，発電機の回転子の磁極位置に応じた電流を電機子に供給して始動・加速する．

23.5 水力発電所の建設
水力発電所建設の概略手順

水力発電所の建設は，計画策定から運転開始に至るまで長い期間を要するとともに，立案の実施においては多岐の側面からの検討が加えられなければならない．地点の選定と発電所の設計における概略手順は図 23.8 に示すようになり，一般に下記の事項が考慮される．

まず，地点の選定条件としては
① 短い水路で高い落差が得られ，かつ水量が豊富で年間を通して安定していること
② ダムや発電所の構築に地形や地質が良好で，工事資材や機器の運搬が容易であること
③ 既設の電力系統との連系が有利な地点であること

また，発電所の設計要因としては，
① 水車形式はおおむね落差と使用水量から決められる．ただし，発電所に特別の運用条件があれば加味する．発電機の立軸・横軸形は，発電機容量，回転速度，水車形式などから選ぶ．
② 水車発電機の台数と単機容量については，河川の流況や地点の地形，発電機の建設費のほか，運用性や保守性も考慮する．機器の輸送面からの制約が加わる場合も多い．
③ 年間の水量が大幅に変化する河川，下流の利

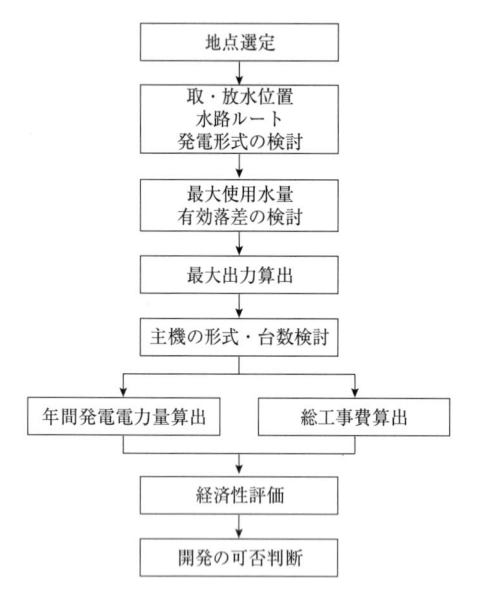

```
┌─────────────┐
│   地点選定   │
└──────┬──────┘
┌──────┴──────┐
│ 取・放水位置 │
│  水路ルート  │
│発電形式の検討│
└──────┬──────┘
┌──────┴──────┐
│ 最大使用水量 │
│ 有効落差の検討│
└──────┬──────┘
┌──────┴──────┐
│  最大出力算出 │
└──────┬──────┘
┌──────┴──────┐
│主機の形式・台数検討│
└──┬───────┬──┘
┌──┴──┐ ┌──┴──┐
│年間発電│ │総工事費│
│電力量算出│ │算出  │
└──┬──┘ └──┬──┘
   └────┬────┘
┌──────┴──────┐
│  経済性評価  │
└──────┬──────┘
┌──────┴──────┐
│ 開発の可否判断│
└─────────────┘
```

図 23.8 水力発電所建設の概略手順（[2] p.318, 図 8.3.1)

水条件の制約が強い地点などでは，部分負荷運転の機会が多くなるため，複数の台数が望ましい．また，保守・点検時の溢水電力量も台数の選定に考慮される． 〔高橋一弘〕

参 考 文 献

［1］電気学会編：電気工学ハンドブック（第6版），オーム社 (2001)
［2］宅間 董・高橋一弘・柳父 悟編：電力工学ハンドブック，朝倉書店 (2005)
［3］赤崎正則・原 雅則：電気エネルギー工学，朝倉書店 (1986)
［4］長谷川淳・斉藤浩海・大山 力・北 裕幸・三谷康範：電力系統工学，電気学会 (2002)
［5］吉川榮和・垣本直人・八尾 健：発電工学，電気学会 (2003)
［6］道上 勉：発電・変電（改訂版），電気学会 (2006)
［7］福西道雄ほか：水力発電（改訂版），電気学会 (1966)
［8］瀬間 徹編：火力発電総論，電気学会 (2002)
［9］法貴四郎ほか：原子力発電（改訂版），電気学会 (1970)
［10］日本原子力学会編：原子力がひらく世紀，日本原子力学会 (1998)
［11］河野照哉：送配電工学，朝倉書店 (1996)
［12］道上 勉：送配電工学（改訂版），電気学会 (2003)
［13］道上 勉：送電・配電（改訂版），電気学会 (2001)

24章　火力発電

24.1　火力発電の仕組みと熱力学
(1)　火力発電の基本原理

火力発電の基本原理は燃料の保有する化学エネルギーを電気エネルギーに変換するもので，変換には一般に蒸気タービンが用いられる．図24.1(a) に示すように，火力発電の基本的な構成要素は，給水ポンプ，ボイラ，タービン，復水器の4つである．まず，給水ポンプによって水がボイラに供給される．ボイラは燃料を燃焼させ熱エネルギーをもつ水蒸気をつくる．タービンは高温高圧の水蒸気を膨張させて，水蒸気の熱エネルギーを機械エネルギーに変える．この機械エネルギーが発電機を駆動し電気エネルギーを生み出す．熱エネルギーを放出した水蒸気は復水器において冷却され水に戻る．水は再び給水ポンプによりボイラに供給される．このように，水が熱を運ぶ媒体となって，これら4つの構成要素を循環している．この閉じた系は熱サイクルと呼ばれる．また，ボイラに吸収された熱エネルギーのうちタービンから放出される機械エネルギーの占める割合を，サイクルの熱効率という．蒸気の圧力・温度が高いほどサイクルの熱効率は高くなる．実際には，復水器で失われるエネルギーが大きいため熱効率はたかだか50%前後であり，これが火力発電所の発電効率を支配する主要要因となっている．

蒸気タービンのもつ熱サイクルをランキンサイクルと呼ぶ．以下に，ランキンサイクルについて図24.1(b)に示すような T-s 線図を考える．まず，(1→2) では，復水器とボイラの間に大きな圧力差があることから，給水ポンプではこの圧力差に相当する仕事がなされる．水は圧縮された分だけ少し温度が上昇する．水がボイラで加熱され飽和温度に達する（点A）と，蒸発が始まる．蒸発中の温度は一定であり，飽和水蒸気になる（点B）まではエントロピーだけが増加する．飽和蒸気をさらに加熱すると，温度・エントロピーがともに増加し，加熱蒸気となる（B→3）．(2→3) の過程は一定圧力のもとで行われる．次に，タービンに移るが，ここでの水蒸気の膨張（3→4）は断熱変化であるため，エントロピーは一定である．復水器における水蒸気の凝結（4→1）は，一定温度・圧力のもとで行われる．なお，水蒸気には水分が含まれるため，通常，点4は飽和蒸気線の内側にある．

(2)　火力発電所の構成概要

火力発電所には，石油・石炭・LNG発電所などがある．これら火力発電所においては，空気（空気・ガス）の流れの系統，水（水・水蒸気）の流れの系統の2つが相互に入り組みながら全体の中核を占めており，この2つの系統の前部に燃料の流れの系統，後部に電気の流れの系統がそれぞれ位置する構成になっている．さらに，水の流れの

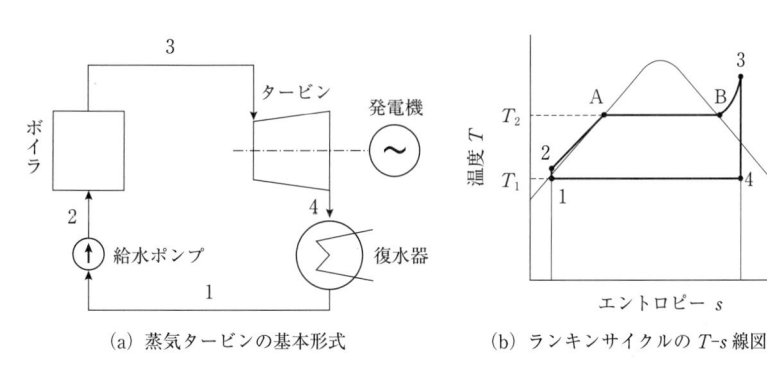

(a) 蒸気タービンの基本形式　　(b) ランキンサイクルの T-s 線図

図24.1　火力発電の基本原理（[5] p.107, 108，図4.1, 4.2）

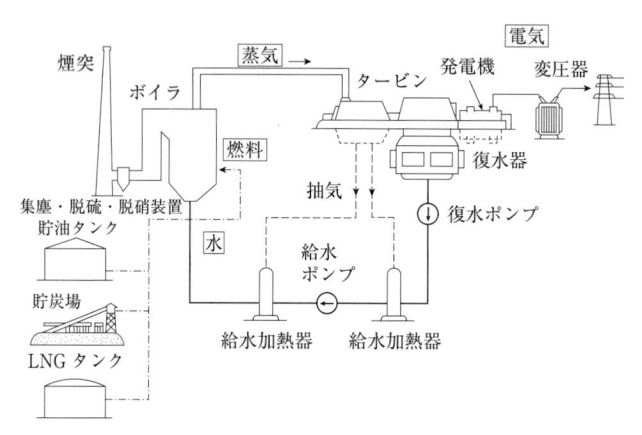

系統には冷却水の流れの系統が付随している．これらの系統の全体構成を図24.2に示す．また，火力発電所を構成する具体的な設備ごとの要素は以下のとおりである．

① 燃料受入設備：燃料タンク，送油ポンプ，燃料加熱装置，揚炭機，貯炭場など
② ボイラ関連設備：ボイラ本体，燃焼装置，通風機，集塵装置，脱硫・脱硝装置，煙突，灰処理装置など
③ 蒸気タービン関連設備：タービン本体，潤滑油装置など
④ 復水・給水設備：復水器，循環ポンプ，復水ポンプ，給水加熱器，給水ポンプ，給水処理装置など
⑤ 発電・電気設備：発電機，励磁機，変圧器，開閉装置など
⑥ 冷却水供給設備：冷却水供給ポンプ，冷却水水路など

（3） 火力発電所における空気と水の流れ

火力発電所における空気の流れは，図24.3(a)に示すようになっている．まず，外気が取り込まれ，ボイラの排ガスによって予熱された後，ボイラの燃焼装置に送られる．燃焼装置では燃料と混合され，点火されてボイラ内で燃焼する．燃焼したガスは，ボイラ水管に熱を与えた後，過熱器・再過熱器を通過し，さらに空気予熱器を通り排ガスとなる．排ガスは集塵・脱硫・脱硝装置を経て，煙突から大気に排出される．このように，空気の流れは一方向でありオープンサイクルの形をとっている．

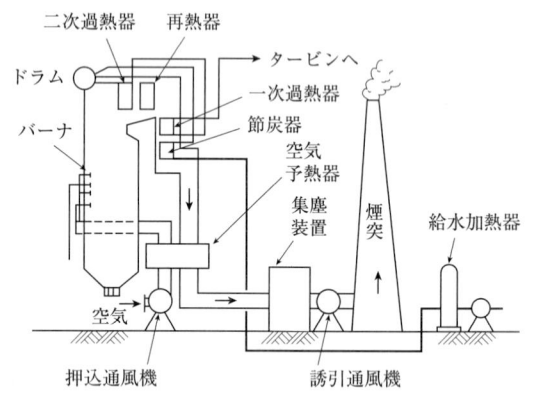

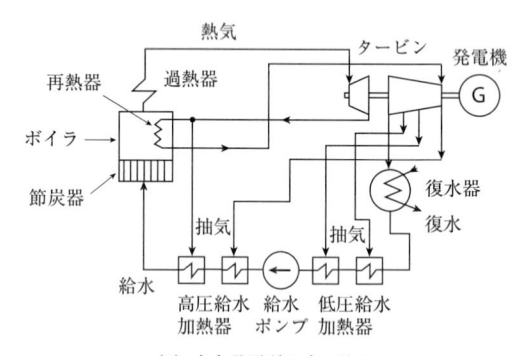

一方，火力発電所における水の流れは，図24.3(b)に示すようになっている．まず，水はタービンの抽気蒸気（給水加熱器）と排ガス（節炭器）によって加熱される．加熱された水はボイラに送り込まれ，蒸気（飽和蒸気）に変わる．蒸気はさ

らに過熱器で加熱され，過熱蒸気となる．過熱蒸気はタービンに送られ，機械的仕事を果たした後，復水器に送られる．この際，タービン内の一部の蒸気は抽気され，給水加熱器に回される．復水器で蒸気は冷却水によって冷やされ，凝縮して水の状態に戻り，再度，使用される．このように，水の流れは閉じた循環サイクルを形成している．

24.2 ボイラおよび付属設備
(1) 水管式ボイラの種類と特徴

ボイラには各種があるが，発生蒸気圧から分類すると，低圧ボイラ，高圧ボイラ，亜臨界圧ボイラ，超臨界圧ボイラに分けられる．また，構造面から分類すると，筒形ボイラ，煙管式ボイラ，水管式ボイラなどがあるが，火力発電にはもっぱら水管式ボイラが採用される．水管式ボイラは水の循環方法から，自然循環ボイラ，強制循環ボイラ，

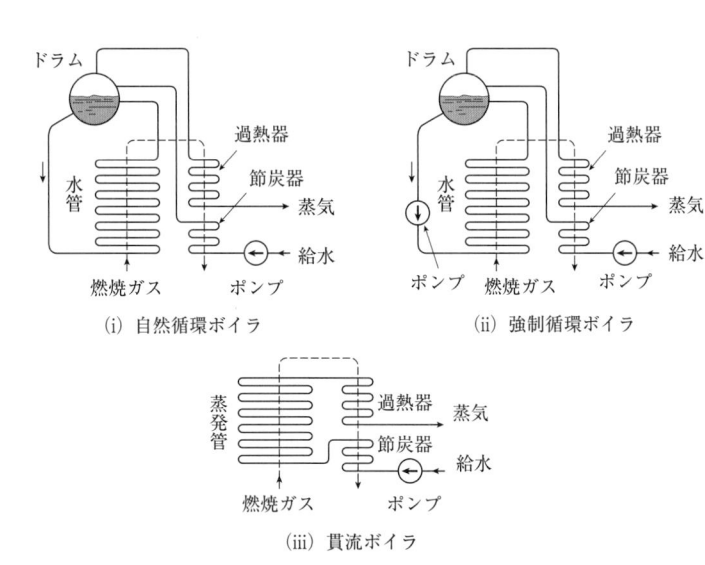

(i) 自然循環ボイラ

(ii) 強制循環ボイラ

(iii) 貫流ボイラ

(a) 各種ボイラ

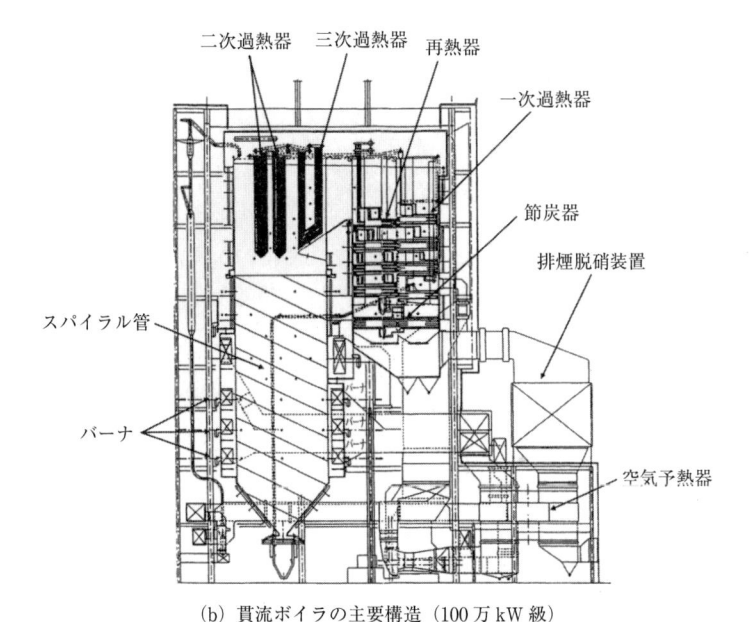

(b) 貫流ボイラの主要構造（100万kW級）

図 24.4 水管式ボイラの種類と特徴（[2] p.333, 図 8.6.1）

貫流ボイラに分けられ，それぞれ図 24.4(a) に示す構成になっている．これら 3 つのボイラの特徴は以下のようになる．

　i) 自然循環ボイラ： 蒸発管と降水管の中の水の比重の差によって，缶水を循環させる最も簡単なボイラで，古くから使用されてきた．しかし，高圧になるほど蒸気と水の比重差が小さくなり，ボイラの水の循環が悪くなるため，背の高いボイラにする必要があること，降水管を太くして炉外に設置しなければならないことなどの欠点が現れる．

　ii) 強制循環ボイラ： ボイラ水の循環経路である降水管の途中に循環ポンプを設置して，強制的に水を循環させるボイラである．ボイラ水は循環ポンプによってドラムから抜かれるため，ボイラの高さ・断面積・容積を抑え，大量の水を水管に供給することができる．各部の温度が一定に保持でき，急速な始動も可能である．また，小さい径で薄肉の水管が使用できるので，全体の重量も減る．半面，循環ポンプの分だけ設置コストと所内電力が多くなり，運転保守にも手間を要する．

　iii) 貫流ボイラ： ボイラの蒸気圧力が臨界圧（22.1 MPa）より大きくなると，水と蒸気の混合した沸騰現象は消えて，飽和水はただちに蒸気となる．貫流ボイラは，給水ポンプで水に圧力をかけてボイラに送り込み，節炭器・蒸発管・過熱管を貫流する間に熱吸収を行い，過熱蒸気を発生するボイラである．貫流ボイラは，ドラムが不要であること，水管の径やボイラの形が小さいこと，始動停止が容易で応動性が高いこと，などの長所がある．その半面，水の不純物がタービンに運ばれるおそれがあるため，給水処理を十分に行う必要がある，ボイラの始動時や軽負荷時の蒸気バイパス装置が不可欠である，などの点に配慮を要する．わが国では，発電用の超臨界圧ボイラのほとんどに，また 9.8～18.6 MPa 級の亜臨界圧力ボイラの多くに，それぞれ使用されている．また，ミドル負荷用として変圧運転のできる貫流ボイラもある．代表的な貫流ボイラの構造を図 24.4(b) に掲げる．

(2) ボイラ効率と熱損失の例

ボイラ効率は，供給された燃料の熱量と蒸気の発生に使われた熱量との比率で表される．ボイラ効率の代表的な算定方法である熱損失法では，次式が用いられる．

ボイラ効率 $= 100 - (L_1 + L_2 + L_3 + L_4 + L_5 + L_6)$

ここで，

L_1：乾排ガス損失（排ガスによる熱損失のうち，排ガス中の水蒸気を除いた乾ガスの顕熱によるもの）

L_2：燃料中の水素・水分による損失（排ガスによる熱損失のうち，燃料中の水素から生じる水分と燃料中の水分の顕熱・潜熱によるもの）

L_3：空気中の湿分による損失（排ガスによる熱損失のうち，燃焼用の空気中に含まれる湿分によるもの）

L_4：放散熱損失（ボイラや付属設備の周壁から大気中への放散によるもの）

L_5：未燃損失（不完全燃焼の燃焼ガス中に未燃物が残ることによるもの）

L_6：その他の損失（上記以外の要因によるもの）

である．

石炭焚きボイラ，重油焚きボイラ，ガス焚きボ

表 24.1 ボイラ効率と熱損失の例（HHV 基準）（[2] p.337, 表 8.6.1)

ボイラ効率・各損失	燃料種別	石炭焚きボイラ	重油焚きボイラ	ガス焚きボイラ
ボイラ効率		89.38%	87.90%	85.89%
L_1	乾排ガス損失	4.31%	4.33%	2.70%
L_2	燃料中の水素・水分による損失	4.03%	6.53%	10.19%
L_3	空気中の湿分による損失	0.09%	0.07%	0.05%
L_4	放散熱損失	0.17%	0.17%	0.17%
L_5	未燃損失	0.52%	0.00%	0.00%
L_6	その他の損失	1.50%	1.00%	1.00%

イラの3つについて，ボイラ効率および熱損失の内訳を表24.1に示す．たとえば，石炭焚きとガス焚きを比較すると，以下のような点があげられる．石炭焚きボイラでは，燃料中の水素分が少ないため，水素から発生する水分による損失L_2は小さい．燃料中に硫黄分による硫酸腐食の防止のため，排ガス温度を高くしていることから，乾ガス損失L_1は大きい．また，石炭はすべて燃焼することはなく，一部が未燃物（すす）となるため，未燃損失L_5も大きい．

(3) 煙突の分類

煙突は排ガスと外気との比重差から得られる通風力を確保することによって，排ガスを高く広く拡散する目的をもっている．煙突は様々な面から分類されるが，材料の面からは，鋼製煙突，鉄筋コンクリート製煙突に分けられる．また，放出形態の面からは，図24.5のような分類となる．このうち，集合煙突は煙突の高さを補強するもので，複数のボイラがある場合に採用され，200 mを超えるものもある．煙突の内面には使用される燃料に適したライニング（内張り）が施されるが，運用時においては定期的な保守点検を要する．

24.3 タービンおよび付属設備
(1) 蒸気タービンの構造（高中低圧一体型の例）

蒸気タービンは，図24.6に示すように，ロータ，タービン翼，車室，軸受などを主要な構成要素としている．その構造の概要は以下のとおりである．

ロータは車軸，翼車とも呼ばれ，動翼により蒸気のもつエネルギーを取り出す回転体である．ロータに動翼を含む場合と含まない場合とがある．ロータの形式には，同一素材から削出される一体式と，溶接やボルトによる組立式がある．一体式ロータは，応力腐食割れや軸系不安定振動を抑えるために開発されたものである．

タービン翼には，静翼と動翼がある．静翼は蒸気のもつ熱エネルギーを運動エネルギーに変えて動翼に導く固定翼であり，仕切板に植え込まれ，タービン段落ごとに車室に固定される．動翼は蒸

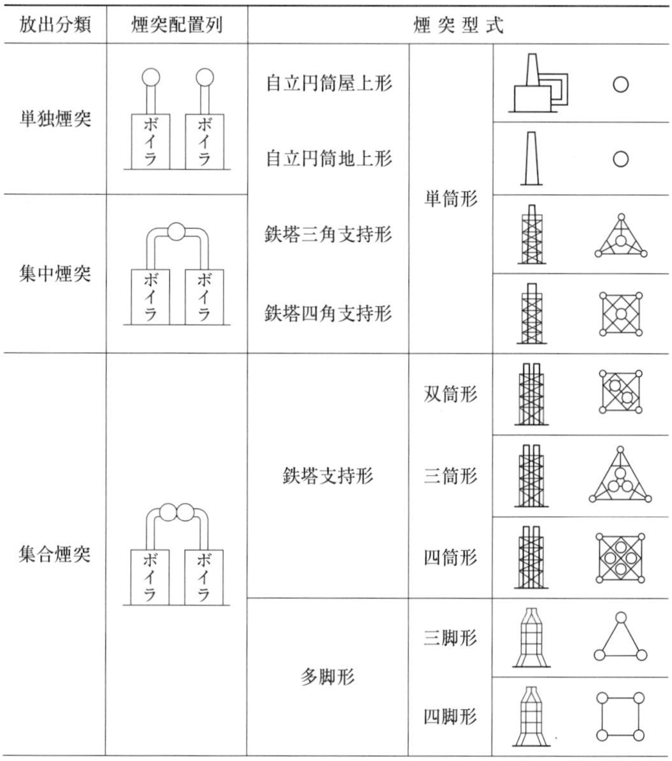

図24.5 煙突の分類（[8] p.87，図4.35）

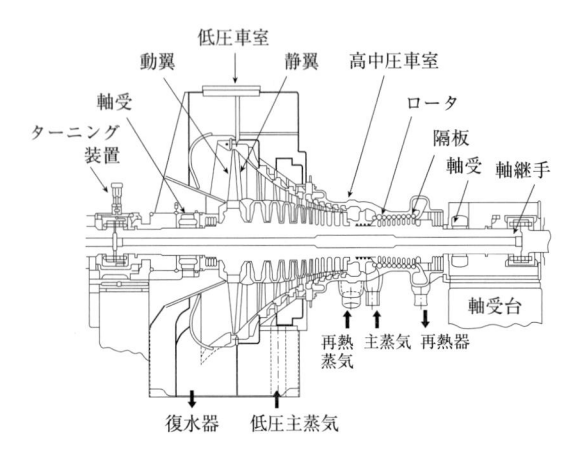

図 24.6 蒸気タービンの構造（高中低圧一体型の例）[2] p.339, 図 8.6.3)

気の運動エネルギーを受け取りロータに伝える回転翼であり，ロータの円板または円胴に植え込まれて固定されている．

車室はケーシングとも呼ばれ，鋳物あるいは溶接構造であり，仕切板などを保持するとともに，蒸気の外部漏洩を防ぐ役目がある．回転するロータとの接触を防止するため，つねにロータとの同心位置を保つ必要がある．分解点検を容易にするために，上下二分割構造のものが多い．また，応力を低減するために，二重車室にする場合もある．

軸受はロータの荷重を支えるもので，強制潤滑による滑り軸受が一般に用いられている．潤滑油はロータ直結または別置の油ポンプから供給され，ロータの潤滑のほか，摩擦熱の除去の役割もある．ロータと接触する軸受メタルには，錫を主成分とする低融点の合金ホワイトメタル（バビットメタル）が用いられる．

(2) タービン車室の配列

図 24.7 に示すように，タービンには車室が単数のものと複数のものがある．1 個の車室でユニットを構成するものを単車室形，2 個またはそれ以上でユニットを構成するものを二車室形または多車室形という．前者は，比較的小容量のタービンに，後者は大容量のタービンに採用される．多車室形のタービンで，車室が 1 個の軸心上にくし状に配列されたものを，くし形またはタンデムコンパウンド形と呼ぶ．また，2 個以上のタービン軸があり，車室がそれぞれの軸に配列されたものを並列形またはクロスコンパウンド形という．

(3) 蒸気タービンの正味熱効率

蒸気タービンの正味熱効率は，蒸気条件やタービン形式により変わる．わが国においては超臨界圧（22.1 MPa）の主蒸気圧力を，ほとんどの

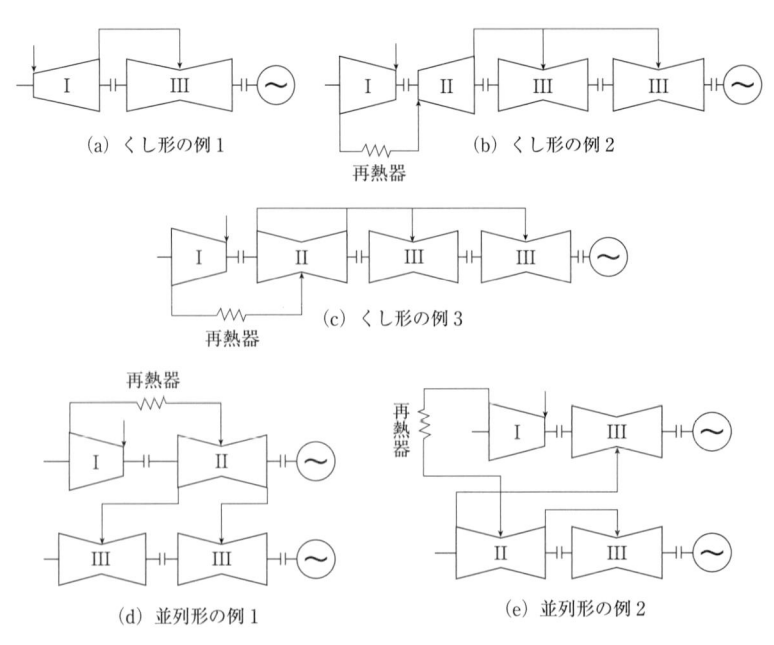

図 24.7 タービン車室の配列（[1] p.1092, 図 28）
Ⅰ：高圧タービン，Ⅱ：中圧タービン，Ⅲ：低圧タービン．

500 MW級以上のタービンおよび一部の350 MW級のタービンに採用することが定着している．蒸気温度としては，1段再熱器で538/538℃，538/566℃，566/593℃，593/593℃が採用されている．図24.8は，わが国におけるタービン形式（蒸気条件）ごとに，定格出力[MW]と正味熱効率[%]の代表例を示したものである．この正味熱効率 η_T にボイラ効率 η_B を乗じると蒸気タービンの総合熱効率 η_P が与えられる．すなわち，$\eta_P = \eta_T \times \eta_B$ となる．

（4） 復水・給水システムの構成

復水・給水設備とは，蒸気タービンを作動させて仕事を終え，低圧タービンから排出された蒸気を復水器で凝縮して水に戻し，復水ポンプにより復水処理装置（濾過器，脱塩装置）に送って浄化すること，さらに給水加熱器と脱気器を通して脱気を行うこと，および給水ポンプによって昇圧して，再びボイラに給水することを機能とする一連

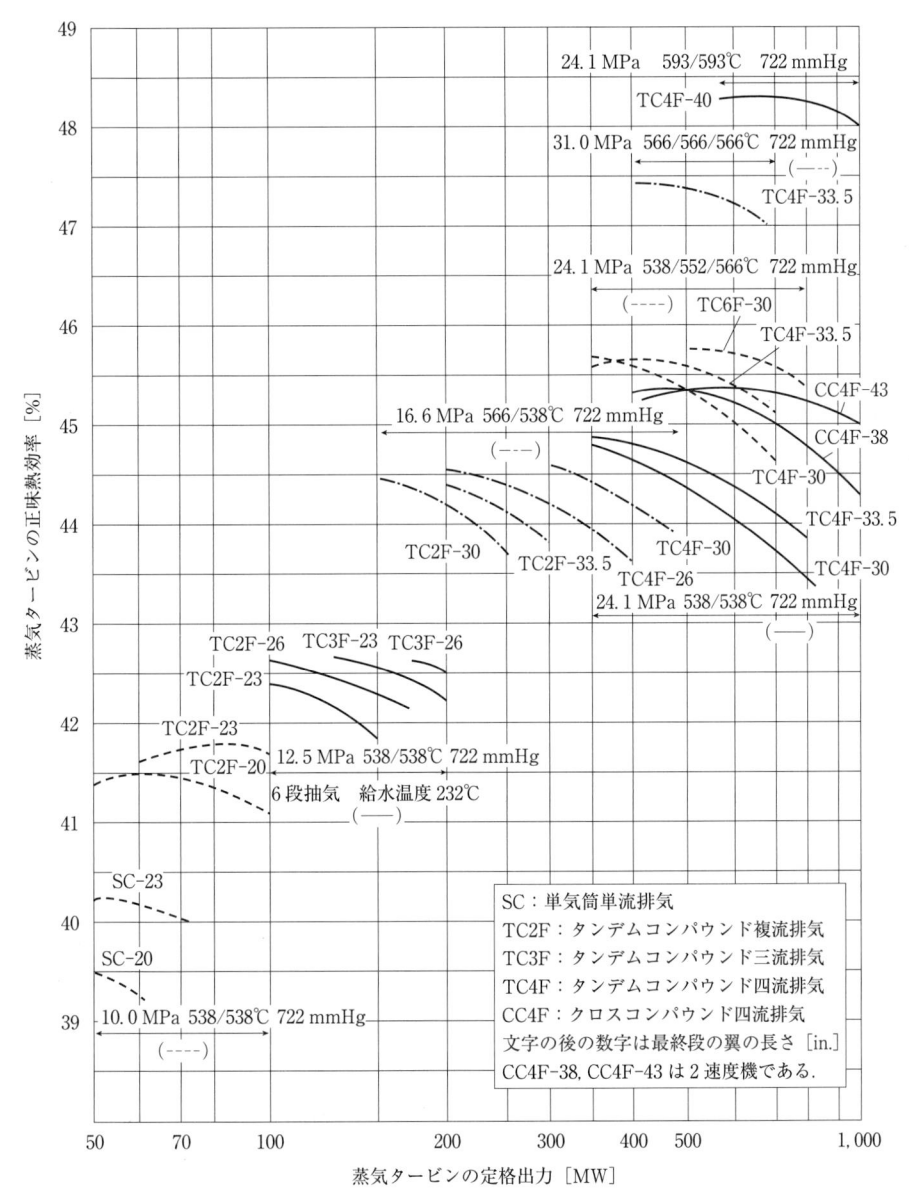

図24.8 蒸気タービンの正味熱効率（[8] p.132, 図6.22）

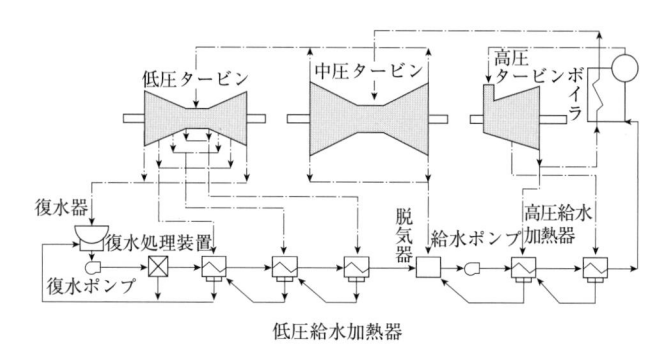

図 24.9 復水・給水システムの構成（[1] p.1097, 図 39）

(a) ガスタービンの基本形式　　(b) ブレイトンサイクルの T-s 線図

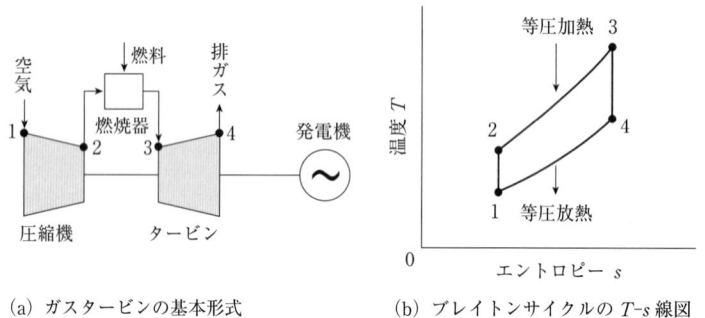

図 24.10 ガスタービンの構成と熱サイクル（[5] p.147, 148, 図 4.41, 4.42）

の設備のことである．図 24.9 に復水・給水システムの概略構成を示す．

24.4 ガスタービン発電
ガスタービンの構成と熱サイクル

ガスタービンの基本的な構成は，図 24.10(a) に示すように，圧縮機，燃焼器，タービンからなる．圧縮機は，大気より空気を吸入して圧縮し燃焼器に送る．燃焼器は，燃料を燃やして空気を加熱する．タービンは，燃焼器から送られる高温高圧の燃焼ガスを膨張させ，熱エネルギーを機械エネルギーに変えて発電機を駆動する．タービンの排気ガスは再び大気に放出される．ガスタービンでは空気が熱を運ぶ媒体になっており，サイクルごとに空気が入れ替わる仕組みになっている．タービンの入口温度が高いほど高出力が得られるため，タービン各部の温度は 800℃ 近くに設計されている．

ガスタービンの構成要素に内部損失や圧力損失のない理想的なサイクルをブレイトンサイクルという．図 24.10(b) にブレイトンサイクルの T-s 線図を示す．図中の番号 1 は圧縮機入口，2 は圧縮機出口，3 はタービン入口，4 はタービン出口に対応する．ブレイトンサイクルでは，大気から取り込まれた空気は，まず圧縮機で断熱圧縮され（1→2），次に燃焼器で等圧加熱を受ける（2→3）．タービンで大気圧まで断熱膨張し，この際に機械的仕事をする（3→4）．最後に，排気は大気内で等圧冷却され（4→1），サイクルを閉じる．

24.5 複合サイクル発電
(1) 複合サイクル発電の種類と特徴

ガスタービン複合サイクル発電は，ボイラと蒸気タービンからなる火力発電にガスタービン発電を組み込んだものである．燃焼方式としては表 24.2 に示すように，排熱回収方式，排気助燃方式，排気再燃方式，過給ボイラ方式，給水加熱方式がある．

　i）排熱回収方式：ガスタービンの排ガスを排熱回収ボイラに導き，排熱を利用して蒸気を発生し，蒸気タービンを駆動するもの．一般に広く採用されている．

24章 火力発電

表 24.2 複合サイクル発電の種類と特徴（[8] p.222, 表 12.1）

方式	系統	特徴
排熱回収	（系統図）	(1) システムが簡単である (2) ガスタービン出力比が大きい (3) ガスタービンが高温化するほどプラントの熱効率上昇割合が大きい (4) 起動時間が短い (5) 蒸気タービンの単独運転は不可能である (6) プラント出力当たりの温排水量が少ない (7) 既設プラントのリプレースに適している
排気助燃	（系統図）	(1) 助燃量が多くなるほど蒸気タービン出力比が増す (2) 最適助燃量は排ガス温度に依存し，ガスタービンが高温になるほど最適助燃量は少なくなる (3) 起動時間は排熱回収式に比べやや長くなる (4) 蒸気タービンの単独運転は不可能である (5) 温排水量は助燃量が多くなるにつれて増加する (6) 既設プラントのリプレース方式として採用できる
排気再燃	（系統図）	(1) 運転制御系が複雑となる (2) 蒸気タービンの出力比が大きい (3) ボイラに使用する燃料はガスタービンと無関係に選択できる (4) 熱効率はガスタービン排気を最大に利用する蒸気プラント容量とする場合に最高となる (5) 蒸気タービンの単独運転が可能（100%容量の押込ファンを設置した場合）である (6) 温排水量は従来汽力よりやや少ない (7) 既設火力のパワリングとして適用できる
給水加熱	（系統図）	(1) システムが単純である (2) 蒸気タービン出力を大きくしないと効率向上効果が小さい (3) ボイラ燃料はガスタービンと無関係に選択できる (4) 蒸気タービンの単独運動は可能である (5) 既設火力のリパワリングとして適用できる
過給ボイラ	（系統図）	(1) 蒸気タービン出力比がやや大きい (2) ボイラ使用燃料はガスタービンによって制約される (3) 蒸気タービンの単独運転は不可能である (4) 既設プラントのリプレースには適用不可能である (5) ガスタービン入口ガス温度を抑えることができる

ii) 排気助燃方式：ガスタービンの排ガスに燃料を追加投入し，排ガス中の残存酸素を使って燃焼させ，排ガス温度を上げた後，排熱回収ボイラに導くもの．

iii) 排気再燃方式：ボイラ押込通風機の代わりにガスタービン発電装置を設け，排ガスをボイラ燃料の燃焼用空気として利用するとともに，排熱の回収も行うもの．

iv) 給水加熱方式：ガスタービンの排ガスを利用して，蒸気タービンの熱サイクルの給水を加熱するもの．

v) 過給ボイラ方式：ガスタービンの圧縮機の吐出空気をボイラに導き燃料を加圧燃焼させ，その排ガスをガスタービンに導き駆動させた後，ガスタービンの排ガスの余熱を給水に利用するもの．

(2) 複合サイクルの熱精算図

ガスタービン複合発電には，熱効率 50%（HHV）

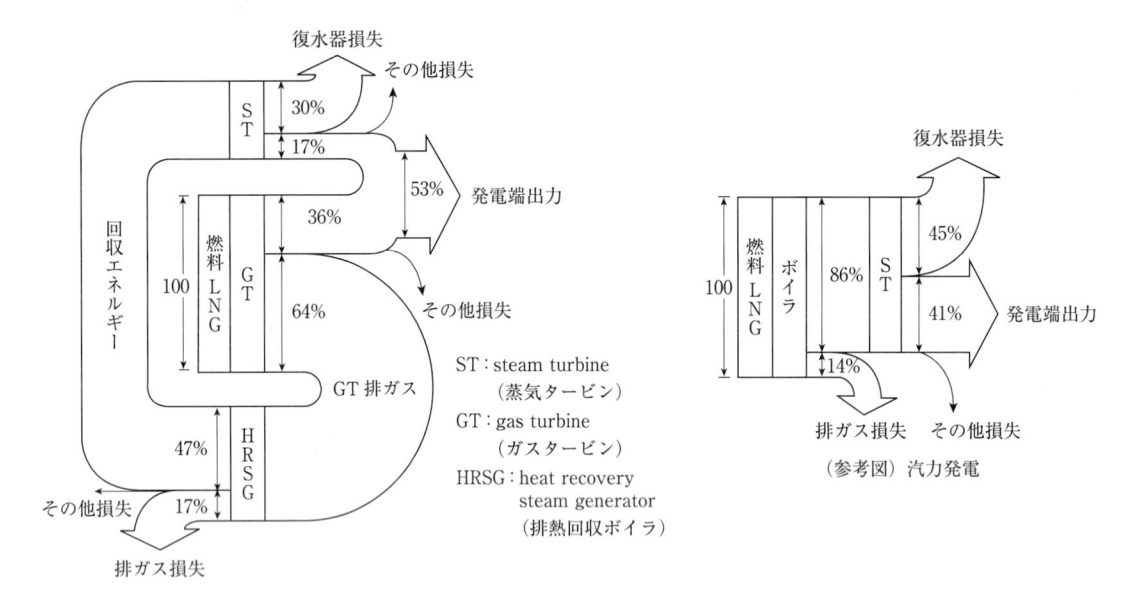

図 24.11　複合サイクルの熱精算図（[2] p.344，図 8.7.3(b)，参考 (a)）

を超えるものもあり，火力発電の熱効率を大幅に上回る水準になっている．図 24.11 に 1,500℃ 級のガスタービン複合サイクル発電の熱精算図を示す．また，起動停止時間が短いこと，所内動力が少ないことから，他の同じ容量の火力発電と比較して1～3割の燃料が削減される．ガスタービン複合サイクルの種類には1軸形と多軸形があるが，多く採用されているものは，比較的小容量の1軸形の発電設備を単位機（1軸）として，これを複数軸設置し大容量発電設備（1系列）を構成している．これにより，系列としての出力の増減を単位機の並列する台数によって対応し，並列中の個々の単位機はつねに一定負荷に近く高い効率で運転することが可能となる．

24.6　火力発電の環境対策
(1)　排煙処理システムの構成

火力発電所から排出される大気汚染物質としては，粒子状物質（煤塵），硫黄酸化物（SO_x），窒素酸化物（NO_x）が主な対象となっている．排煙処理システムは，煤塵を除去する集塵装置，SO_x を除去する脱硫装置，NO_x を除去する脱硝装置からなる．集塵装置では，煤塵を帯電させて除去する電気集塵法が用いられる．脱硫装置には，石灰石と水を混合したスラリーと SO_x を反応させて除去する石灰石-石こう法が主に使われる．脱硝装置では，アンモニア（NH_3）を排ガスに吹き込み，触媒により NH_3 と NO_x を選択的に反応させた後，水（H_2O）と窒素（N_2）に分解する選択接触還元法が使われる．これらの方法を用いた装置においては，それぞれに適した作動条件があるため，排煙処理システムの全体設計には，発電に使用される燃料をはじめ，個々の装置の性能，構造，操作方法などが考慮される．石炭・石油・ガス火力発電所における排煙処理システムの構成を図 24.12 に示す．

(2)　燃料の種類による排水性状の相違

火力発電所における排水は，主として燃料の種類により，発生源や性状が異なってくる．このため，個々の火力発電所ごとに，排水基準，発生状況（定常時・非定常時）などを考慮した対処がなされる．定常時の排水には，水処理装置，排煙処理装置，燃料設備，発電設備から発生する排水のほか，生活排水も含まれる．一方，非定常時の排水には，発電設備の起動時の排水，燃料ヤードからの常時の排水，定期検査時などに発生する機器洗浄排水がある．排水の性状の主な監視項目としては，pH, SS (suspended solids, 浮遊物質), 油分, COD (chemical oxygen demand, 化学的酸素要求量．検水中の被酸化性物質を酸化剤により化

24章 火力発電

図 24.12 排煙処理システムの構成（[8] p.95, 図 5.2）

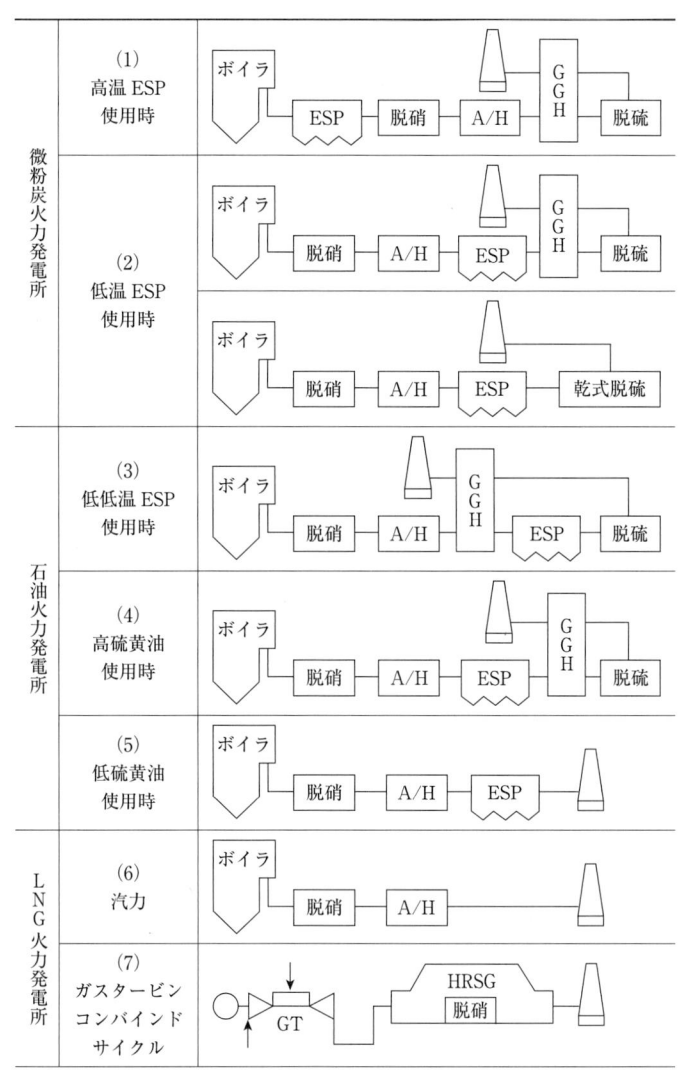

微粉炭火力発電所
- (1) 高温 ESP 使用時: ボイラ → ESP → 脱硝 → A/H → GGH → 脱硫（煙突）
- (2) 低温 ESP 使用時: ボイラ → 脱硝 → A/H → ESP → GGH → 脱硫（煙突）
- 　　　　　　　　　　ボイラ → 脱硝 → A/H → ESP → 乾式脱硫（煙突）

石油火力発電所
- (3) 低低温 ESP 使用時: ボイラ → 脱硝 → A/H → GGH → ESP → 脱硫（煙突）
- (4) 高硫黄油使用時: ボイラ → 脱硝 → A/H → ESP → GGH → 脱硫（煙突）
- (5) 低硫黄油使用時: ボイラ → 脱硝 → A/H → ESP（煙突）

LNG 火力発電所
- (6) 汽力: ボイラ → 脱硝 → A/H（煙突）
- (7) ガスタービンコンバインドサイクル: GT → HRSG 脱硝（煙突）

ESP：電気集塵装置，A/H：空気予熱器，GGH：ガス-ガス熱交換器，HRSG：排熱回収ボイラ．

表 24.3 燃料の種類による排水性状の相違（[2] p.358, 表 8.10.2）

項目	石炭火力	石油火力	LNG 火力
SS	フライアッシュが主体で多い	未燃カーボン主体で少ない 金属を含む	補給水処理装置のスラッジブローが主体で少ない
金属類	フライアッシュ中の金属の溶出による 鉄，アルミニウムが主体	鉄，ニッケルなどが主体 空気予熱器洗浄排水や集塵器洗浄排水中の濃度は高い	ほとんどない
COD	脱硫装置の排水中のジチオン酸，ヒドラジン，化学洗浄排水	未燃カーボン，第一鉄，ヒドラジン，化学洗浄排水，脱硫装置排水中のジチオン酸	ヒドラジン，化学洗浄排水
油	床ドレンやタンクヤード雨水に少量含む	同左	床ドレンに少量含む
排水量	多い	やや少ない	少ない

LNG：液化天然ガス，SS：浮遊物質，COD：化学的酸素要求量．

学的に酸化した場合に消費される酸素の量），金属類などがある．表 24.3 に燃料の種類ごとの排水性状の違いを示す．

24.7 火力発電所の建設手順

火力発電所の建設には，長い期間と大きな資金を要するため，長期的で広範な観点からの計画策定が必要となる．わが国における火力発電所の建設の主要な手順を図 24.13 に示す．

i) 基本計画： 事業用火力発電所の基本計画では，需要の長期的な見通しに基づき，機器の経済性，運用性，技術水準に加え，発電所用地，港湾設備，送電設備などの立地条件，地域の環境規制・漁業権の周辺状況などを考慮して，発電出力，発電方式，使用燃料などの基本仕様を定め，これをもとに，機器の諸元，構内配置，環境対策，防災対策，燃料計画，用排水計画，送電計画などを具体化する．

ii) 建設工事： 火力発電所の建設工事は，工事準備，土木建設工事，機械電気工事，試運転に大別される．建設工事の期間は，工程管理，品質管理，安全管理に十分な配慮がなされる．工事準備では，機器の設計，工事の工程などの詳細検討と並行して，機器の発注，工事用の電源や用水の確保，荷役設備の設置などを行う．土木建設工事では，発電所用地の整地や地盤改良，機器や建物の基礎工事，タービン建屋や事務所などの建設，煙突・水路の工事などを行う．機械電気工事では，ボイラ，タービン，発電機などの据付けを行う．近年，工事期間の短縮や品質管理の向上を図るため，大型機器を製造工場内で組立て一体のまま現地へ搬入し据付けるモジュール工法が採用されている．試運転では，まず個々の機器の単体について試験と試運転を実施した後，総合試運転を行う．総合試運転では，プラント性能確認試験，負荷遮断試験，保安装置試験などが行われる．

iii) 関連法規： わが国の火力発電所の建設工事においては，工事着手前に環境アセスメントの実施（環境影響評価法など）や工事計画の届出（電気事業法）が義務づけられている．また，工事中には，溶接検査などを自主的に行う実施体制について安全管理審査を受ける（電気事業法）必要がある．火力発電所の建設の場合は，さらに工場立地法，消防法，建設基準法，公害防止関連の諸法令からの規制が加わる．

24.8 代表的な地熱発電方式

地熱発電の方式は，地熱流体の汽水比（蒸気と熱水の比率）によって分類される．この分類による代表的な地熱発電方式を図 24.14 に示す．

i) 復水式蒸気発電： 地熱流体が加熱蒸気を多量に含む場合は，汽水分離器（セパレータ）で蒸気だけを取り出しタービンに送る．熱水は還元井に戻す．この際，タービン出口に凝縮器を設けるものが復水式蒸気発電である．凝縮器を設けず，そのまま大気中に排気するものを背圧式という．凝縮器は背圧を低くして，出力を大きくするために設置されるものである．一般の地熱発電には，復水式が広く採用されており，凝縮器に使用する水を冷却するための冷却塔が設置される．

ii) シングルフラッシュ発電： 地熱流体中の熱水の割合が大きくなると，汽水の分離の後の

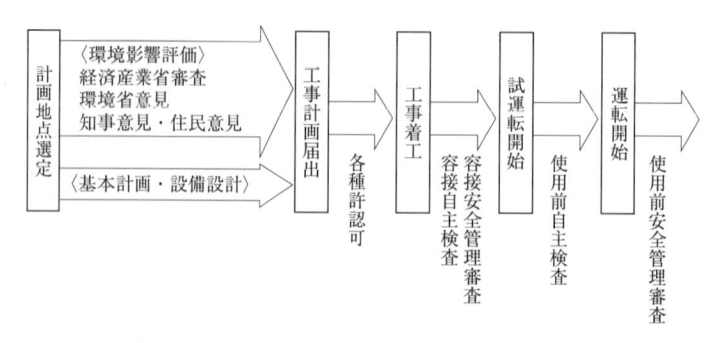

図 24.13 火力発電所の建設手順（[2] p.355, 図 8.10.1）

熱水から再び蒸気を抽出（フラッシュ）し，タービンの中段に送る方式がとられる．この方式をフラッシュ発電という．この際，フラッシュが1回の場合をシングルフラッシュ発電，2回行う方式をダブルフラッシュ発電と呼ぶ．ダブルフラッシュ発電では，使用できる蒸気量は増加するが，蒸気圧が低下しタービン効率が落ちることから，シングルフラッシュ発電が多く採用される．

iii) バイナリーサイクル発電： 熱水の温度は低いが量は十分にある場合，熱水によって低沸点の熱媒体を加熱沸騰させ，その蒸気をタービンに送る．この方式をバイナリーサイクル発電とい

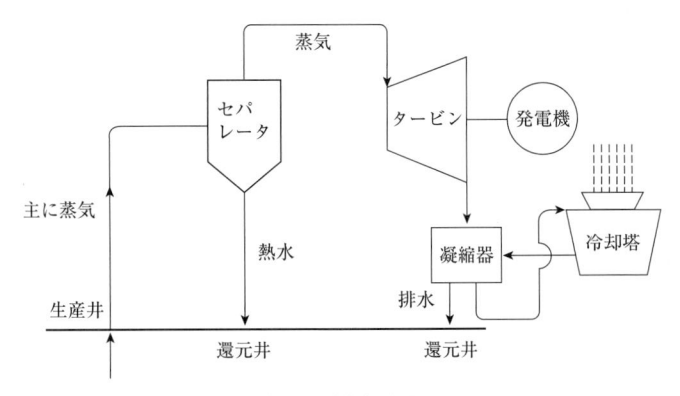

(a) 復水式蒸気発電

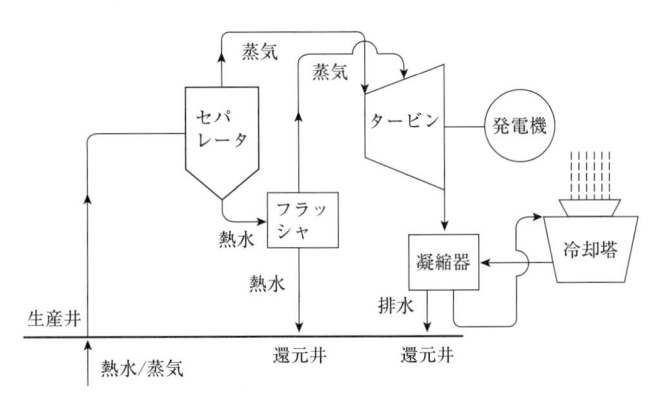

(b) シングルフラッシュ発電

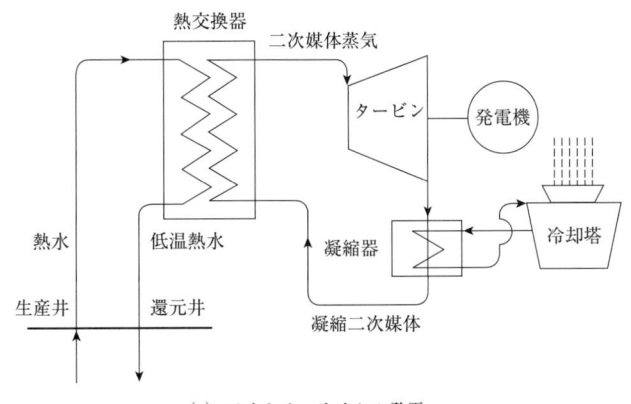

(c) バイナリーサイクル発電

図 24.14 代表的な地熱発電方式（[1] p.1398, 図 7）

う．これまで効率のよい熱媒体として，フロンが使用されてきたが，地球温暖化の抑制のために，近年ではブタンやイソペンタンなどに変わってきている．

24.9 産業用火力発電の各種方式

工場など産業部門で用いられている火力発電方式の多くは，ボイラ・タービンによるものである．図24.15に産業用の火力発電について各種方式の構成を示す．これらの方式の違いは，プロセス蒸気の取り出し方に依存している．産業用発電では，電気と熱の両方が利用対象になることから，両者を加味した総合エネルギー効率が重要となる．それぞれの工場では，必要とする蒸気の量と質（温度・圧力）によって適切な方式を選定している．

i) 復水タービン発電： 事業用火力と同じ方式であり，電力のみが取り出され，熱は利用されない．発電効率は高いが，総合エネルギー効率は低い．製鉄所など副生燃料が多量に消費でき，電力の消費量が多い産業に採用される．

ii) 抽気復水タービン発電： 発電量と蒸気量の割合を幅広く変えることができる点が特徴である．プロセス蒸気の消費が電力に比べて相対的に少ない産業に採用される．

iii) 背圧タービン発電： 1種類の圧力のプロセス蒸気を主体的に供給し，電力は相対的に少ない場合に有効に適用される．この方式は，タービン出口の一定圧力の蒸気を全量とも工場に送るため，復水器で冷却水に持ち去られる潜熱がないことから，高い総合エネルギー効率が得られる．しかし，激しい負荷変動に弱いこと，大きな純水装置を必要とすることに欠点がある．

iv) 抽気背圧タービン発電： 一定圧力の蒸気と中間圧力の蒸気を送ることを主目的にした方式である．背圧タービン発電と同じように，総合エネルギー効率は高いが，発電量・抽気量・排気量のバランスが需要量と一致させにくい．このため，通常では単独運転は行わず，電力会社の配電線と並列させて運転を行っている．

24.10 コジェネレーション発電の各種方式

コジェネレーション方式（CGS：cogeneration system）とは，単一の一次エネルギーから電力や熱など複数の有効なエネルギーを同時に取り出すシステムをいう．熱併給発電とも呼ばれ，

(a) 復水タービン発電

(b) 抽気復水タービン発電

(c) 背圧タービン発電

(d) 抽気背圧タービン発電

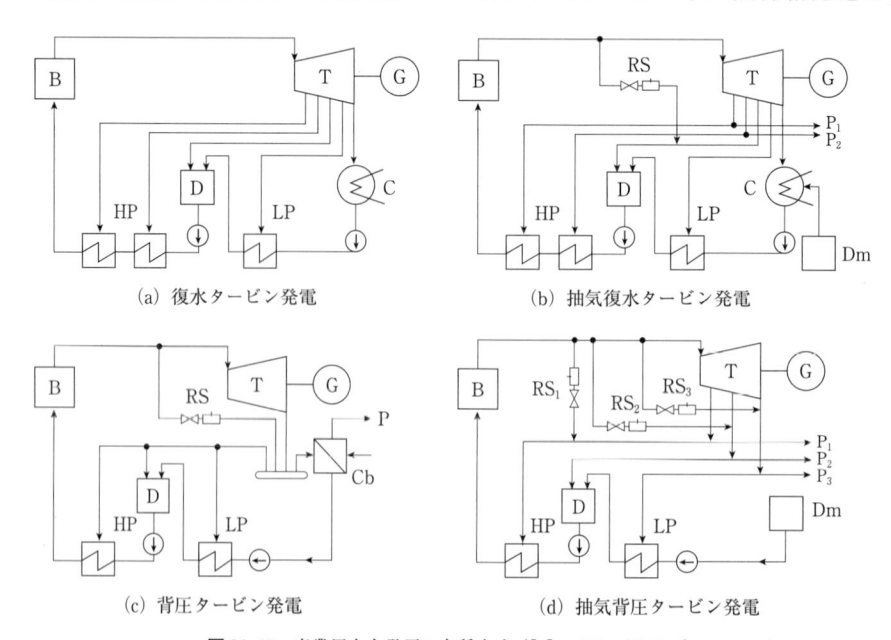

図24.15 産業用火力発電の各種方式（[8] p.237, 図13.3）
B：ボイラ，RS：減圧減温装置，Dm：純水装置，T：タービン，C：復水器，D：脱気器，P：工場用蒸気，G：発電機，HP：高圧給水加熱器，LP：低圧給水加熱器，Cb：コンバータ．

表24.4 コジェネレーション発電の各種方式（[8] p.293, 表19.1）

種類	ディーゼルエンジン	ガスエンジン	ガスタービン
単機容量	15～10,000 kW	8～5,000 kW	500～100,000 kW
発電効率（LHV）	30～42%	28～38%	20～35%
総合効率	60～75%	65～80%	70～80%
燃料	A重油・軽油・灯油	都市ガス・LPG・下水消化ガス	灯油・軽油・A重油・都市ガス・LPG・LNG
排熱温度	排ガス：450℃前後 冷却水：70～75℃	排ガス：500～600℃ 冷却水：85℃前後	排ガス：450～550℃
NO_x対策 燃焼改善	噴射時期遅延	希薄燃焼	水噴射・蒸気噴射予混合希薄燃焼
NO_x対策 排ガス処理	選択還元脱硝	3元触媒	選択還元脱硝
騒音	102～105 dB(A) 防音対策を要する	95～97 dB(A) 同左	105～110 dB(A) 同左
特徴	・発電効率が高い ・設置台数が最も多く実績豊富 ・始動時，負荷急変時にすすが出やすい ・部分負荷時の効率低下が少ない	・排ガス熱回収装置のメンテナンスが容易 ・3元触媒方式により排ガスの洗浄化が可能	・発電効率が低い ・冷却水が不要 ・小形軽量 ・法律で定期点検頻度などが決められている ・蒸気の回収が容易
主な利用分野	・民生用 ホテル，病院，事務所，スーパーマーケット，ガソリンスタンドなど ・産業用 生産事業所	・民生用 ホテル，病院，事務所，スーパーマーケット，スポーツセンター，地域冷暖房など ・産業用 同左	・民生用 地域冷暖房，病院，ホテル，事務所など ・産業用 同左

電気と熱を同時に生産する方式を指す．CHP（combined heat and power）とも称する．この方式の長所は，高い総合エネルギー効率（70～80%）が実現できることにある．コジェネレーションは，主に原動機，発電機，排熱回収装置，排ガス処理機器から構成される．このうち，原動機には，ディーゼルエンジン，ガスエンジン，ガスタービンなどがある．また，原動機の補機として，燃料供給装置，始動装置，冷却装置が必要である．コジェネレーション技術は，現在でも改良の途上にあるが，それぞれの原動機の仕様，特徴などの現状を表24.4に示す．

i) ディーゼルエンジン： その特徴は，圧縮比が大きいため発電効率が高く，また燃料噴射量でエンジン出力が制御できるため部分負荷効率も高いことである．半面，騒音・振動が大きく，排ガス中のNO_xなどが多い．

ii) ガスエンジン： その特徴は，同規模のディーゼルエンジンに比べると，発電効率はやや低いが，改善が加えられている段階にある．一般に，ガスエンジンの排熱は温水として回収されることが多く，空調用では吸収式冷温水器として採用される．

iii) ガスタービン： その特徴は，発電効率が低い一方，排ガス温度が高く排ガス量も多いが，マイクロタービンなど単純サイクルでは高い熱効率は期待できない．このため，再生サイクルを導入して効率を高めている．ガスタービンの入口温度も高いため，NO_x対策が必要となる．近年では，熱電比が変えられる熱電可変形ガスタービンが開発されている．

〔高橋一弘〕

参考文献

[1] 電気学会編：電気工学ハンドブック（第6版），オー

ム社（2001）
[2] 宅間 董・高橋一弘・柳父 悟編：電力工学ハンドブック，朝倉書店（2005）
[3] 赤崎正則・原 雅則：電気エネルギー工学，朝倉書店（1986）
[4] 長谷川淳・斉藤浩海・大山 力・北 裕幸・三谷康範：電力系統工学，電気学会（2002）
[5] 吉川榮和・垣本直人・八尾 健：発電工学，電気学会（2003）
[6] 道上 勉：発電・変電（改訂版），電気学会（2006）
[7] 福西道雄ほか：水力発電（改訂版），電気学会（1966）
[8] 瀬間 徹編：火力発電総論，電気学会（2002）
[9] 法貴四郎ほか：原子力発電（改訂版），電気学会（1970）
[10] 日本原子力学会編：原子力がひらく世紀，日本原子力学会（1998）
[11] 河野照哉：送配電工学，朝倉書店（1996）
[12] 道上 勉：送配電工学（改訂版），電気学会（2003）
[13] 道上 勉：送電・配電（改訂版），電気学会（2001）

25章 原子力発電

25.1 原子力発電・火力発電・水力発電の比較

原子力発電は原子核の陽子や中性子の間に働く核力から生まれる結合エネルギーを利用した発電方式である．結合エネルギーは，ポテンシャルエネルギーの一つであるが，万有引力や電気力とは異なる．表25.1は，分子や原子のもつエネルギーの観点から，水力発電および火力発電と原子力発電との比較を示したものである．水力発電は，万有引力による水の位置エネルギーを利用した発電方式であり，たとえば落差が100 mの場合，水の分子1個は2.9×10^{-23} Jに相当する．火力発電では，炭素原子の燃焼という化学変化の利用を主とすることから，その原理は電気力，つまり原子どうしの結合力にあると考えられ，原子1個につき6.4×10^{-19} Jのエネルギーをもつ．これらに対して，原子力発電の場合は，核力つまりウラン235の核分裂反応によるものであり，1個の原子当たり3.2×10^{-11} Jのエネルギーが生み出される．

25.2 原子力発電の仕組みと核反応
(1) 核分裂の過程と結合エネルギーの変化

原子核に中性子を当てると，エネルギーの放出とともに核の分裂が起こる．この核分裂の現象は図25.1に示すモデルによって説明づけられる．つまり，最初に平衡状態にある原子核は球形（1）になっている．この原子核に中性子が飛び込むと，結合エネルギーが増加し，原子核は振動を始め楕円形（2）からダンベル形（3）に変化する．さらに振動が激しくなると，2つの液滴状の形（4）に分裂して，2つの原子核になる．（1）から（4）に至る過程の結合エネルギーの変化を，2つの分裂片間の距離lの関数として表すと，結合エネルギーは$l = l_0$で極大となり，$l > l_0$ではクーロン斥力により減少する．図のE_aを活性化エネルギーと呼び，原子核はE_aだけエネルギーを得ると分裂を始めることになる．なお，^{235}Uと^{238}Uの活性化エネルギーは，それぞれ5.75 MeVと5.80 MeVである．

表25.1 原子力発電・火力発電・水力発電の比較（[9] p.1, 2, 表1.1, 図1.1）

発電方式	水力発電	火力発電	原子力発電
構成	貯水池―水車―発電機	ボイラ―タービン―発電機	原子炉―タービン―発電機
エネルギー源	水（水の分子）が低いところに移る	$C + O_2 \rightarrow CO_2 + 熱$	$U^{235} + n \rightarrow A + B + 2.5n + 熱$
分子（原子）の質量比	18	12	235
分子1個が出すエネルギー	（落差100 mとする）2.9×10^{-23} J	4.2 eV 6.4×10^{-19} J	200 MeV 3.2×10^{-11} J
分子1個が出すエネルギーの比	4.5×10^{-5}	1	5×10^7
同じ質量が出すエネルギーの比	3×10^{-5}	1	2.6×10^5
分子の移動距離	100 m	約10^{-10} m	約10^{-15} m
力の大きさの比	3×10^{-17}	1	2.6×10^{11}
力の種類	万有引力	原子の結合力（電気力）	核力

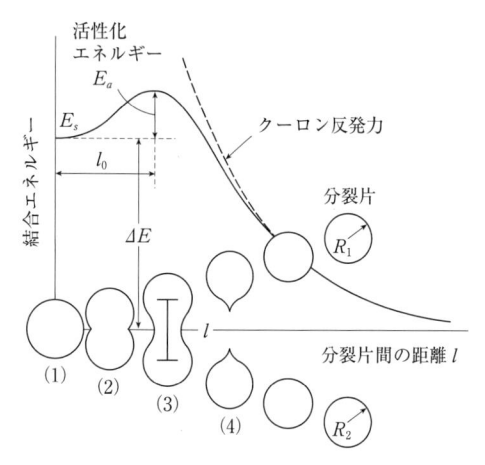

図 25.1 核分裂の過程と結合エネルギーの変化（[5] p.184, 図 5.3）

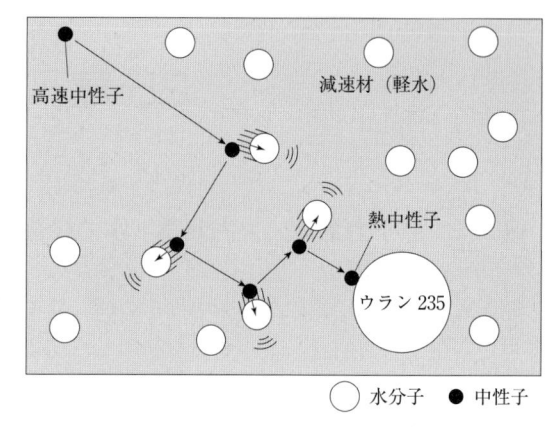

図 25.2 中性子の減速（[10] p.148, 図 6.6）

（2） 中性子の減速

　天然ウランには，どのようなエネルギー（速度）の中性子を当てても（吸収しても）核分裂を起こす ^{235}U が 0.7% 含まれている．ただし，速度の遅い中性子ほどウランに衝突しやすく，核分裂を起こす確率は高い．また，天然ウランの残りの 99.3% は，高いエネルギー（高速）の中性子でなければ中性子と衝突させても，散乱して核分裂に至らない ^{238}U である．ここで，中性子の散乱とは，中性子を原子核に衝突させても，吸収されずはじき返され，互いに運動エネルギーを分け合う状態になることを意味する．散乱の過程で中性子は減速し，エネルギーを失う結果となる．この様子を概念的に示すと図 25.2 のようになる．この際の減速の程度は，衝突した原子核が軽いほど大きいことから，中性子を軽い物質（軽水など）に入れ

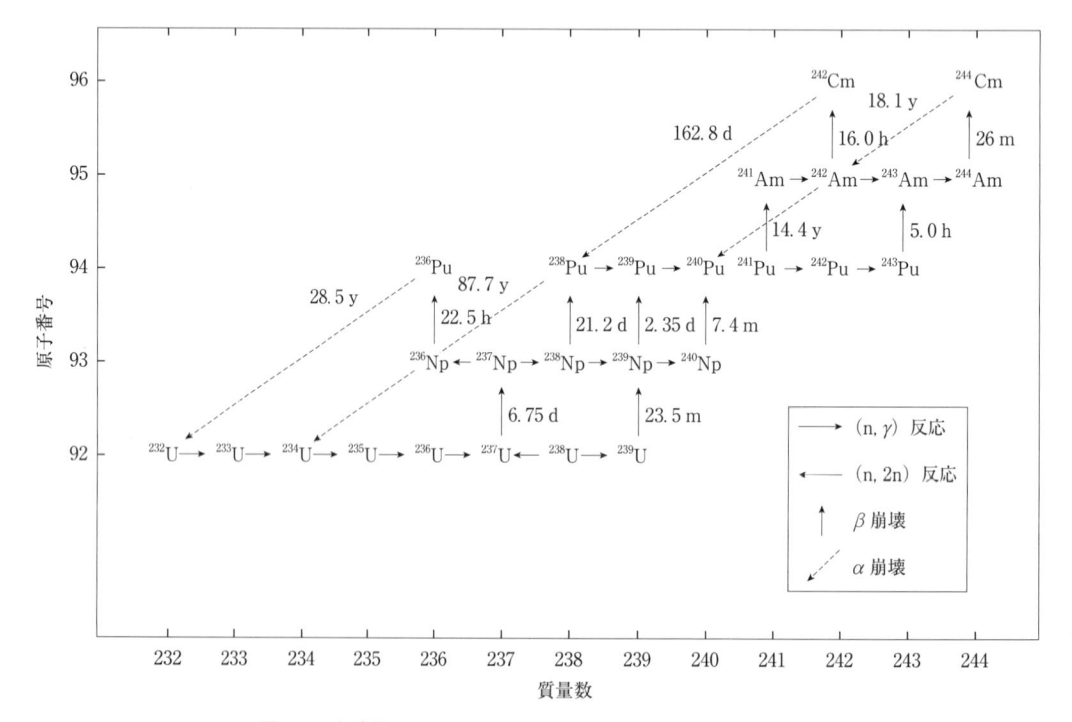

図 25.3 炉内燃焼に伴う U-Pu の同位体系列（[5] p.231, 図 5.24）
　y：年，d：日，h：時間，m：分．

て衝突を繰り返すと，熱中性子（原子核の熱運動と熱平衡状態に達した中性子）のエネルギーレベルまで減速することができ，核分裂を起こす確率を高めることが可能となる．

(3) 炉内燃焼に伴う U-Pu の同位体系列

原子炉は長時間運転を続けていくと，原子炉の内部で様々な核反応が引き起こされ，炉内の核燃料の組成に変化が生じる．この組成変化を予測することは，安全性や経済性の視点から原子炉の設計仕様や運転計画において重要な事柄である．たとえば，① 燃焼に伴う炉心内の出力分布が炉心の熱的制約を侵さないこと，② 初装荷燃料に十分な余剰反応度があり安全上の余裕もあること，③ 核燃料の燃焼・交換がコスト最小になるように行われていること，などに役立てられる．原子炉内で実際に起こる数百種もの核反応プロセスを，実用的な観点から簡略化した遷移図の一つが図 25.3 である．この図は，軽水炉の内部で起こるウラン-プルトニウム（U-Pu）の同位元素の核反応系列を例示したものである．

25.3 原子力発電の構成要素
(1) 原子炉の概念図

原子炉とは，核分裂の連鎖反応を持続的に制御しつつ，発生する熱エネルギーを外部に取り出したり，高い密度の中性子を引き出して利用するための装置である．その概略構成を図 25.4 に示す．原理的には，核分裂性物質を含む棒状に成型され

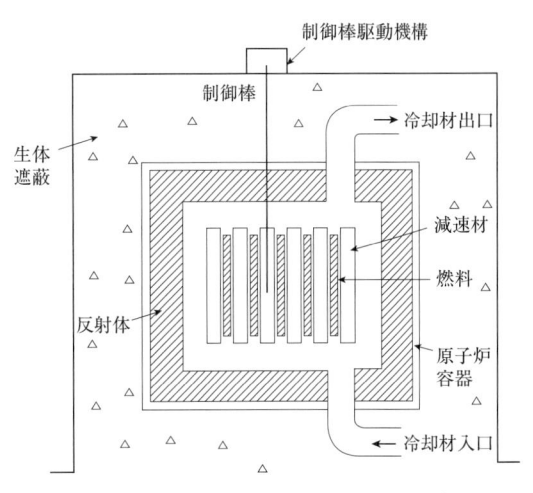

図 25.4 原子炉の概念図（[1] p.1155, 図 8）

た燃料（通常は金属被覆）が，原子炉容器の中に一定の間隔をおいて配置され，その隙間には冷却材が流れ，燃料から熱を取り出して炉外に持ち出す仕組みになっている．核分裂で発生した中性子を熱中性子レベルまで減速させて，核分裂性物質に衝突させる場合には，減速材が隙間に置かれる．また，炉心の周囲には，漏出する中性子を抑えるための反射体，放射線を防ぐための遮蔽材が施される．

(2) 各種発電用原子炉の特性

原子炉はエネルギーの発生源の役割を果たしており，動力利用を目的にした原子炉のほとんどは発電用である．熱エネルギーが原子炉内の冷却材によって炉外に取り出され，タービン系に伝えら

表 25.2 各種発電用原子炉の特性（[5] p.234, 表 5.6）

炉形式	構成 核燃料	減速材	冷却材	原子炉圧力 [kg/cm^2]	冷却材出口温度 [℃]	出力密度 [kW$_t$/l]
軽水炉						
加圧水炉	低濃縮 UO$_2$	軽水	軽水	140	320	70〜105
沸騰水炉	低濃縮 UO$_2$	軽水	軽水	70	285	50〜60
黒鉛ガス炉						
マグノックス	天然 U 金属	黒鉛	CO$_2$	20〜40	400	0.5
改良ガス炉	低濃縮 UO$_2$	黒鉛	CO$_2$	34〜43	645〜670	2〜4
高温ガス炉	低濃縮 UO$_2$	黒鉛	He	20〜50	700〜800	6〜14
重水炉						
重水冷却型	天然 UO$_2$	重水	重水	60〜112	275〜300	6〜10
沸騰軽水冷却型	低濃縮 UO$_2$	重水	軽水	67	282	21
高速増殖炉						
液体金属冷却型	UO$_2$+PuO$_2$	なし	Na	1.3	500〜560	300〜500

れ，機械的エネルギーに変えられる．機械的エネルギーは，発電機によって電気的エネルギーに変換され，発電所から電気出力として需要家に供給される．火力発電所におけるボイラが原子力発電所の原子炉に相当しており，他の蒸気タービン，復水器，発電機などはおおむね共通している．蒸気は温度が上がるほど圧力が高くなるため，タービン発電機の熱効率も高くなる．このため，発電用原子炉プラントでは，蒸気温度をできるだけ高くすることが望ましいが，一般には核燃料材料の熱的制約から，火力発電プラントより低く設計されている．発電用原子炉には，核燃料，減速材，冷却材などの組合せにより多様な形式がある．代表的な炉形について，核燃料・減速材・冷却材の構成，原子炉圧力，冷却材出口温度，出力密度を比較して表25.2に示す．

25.4 原子力発電の炉形式
（1）主な原子力発電所の構成

原子力発電所は，使用している原子炉の種類によって分類される．原子炉の種類ごとに，原子力発電所の構成の概念図を示すと図25.5のようになり，以下の特徴がある．

i) ガス冷却型： 冷却材がガスであるため温度と圧力を独立して選択できることから，原動機としてガスタービンが使用される．軽水炉に比べて熱出力密度は小さいが，冷却材に漏れがあっても，大気圧以下にはならないため安全になる．半面，冷却材の熱伝達が劣るため循環用動力は大きくなる．燃料には天然ウランや低濃縮ウランが使用される．

ii) 加圧水型： 炉心から熱を取り出す一次冷却系（加圧水）と，一次冷却系から熱を得てタービンを駆動する二次冷却系（水）の2つに分離されており，放射能の漏れの危険は小さい．冷却材として熱伝達のよい軽水を用いるため，熱出力を大きくすることができる．また，炉心で泡の発生がないので，温度が下がるにつれて反応度も下がる．半面，冷却材は高圧に加圧されるため，圧力容器は高価になる．燃料には低濃縮ウランが使用される．

iii) 沸騰水型： 冷却水の一部（10％程度）が炉内で蒸気となり，汽水分離器で飽和蒸気と飽和水に分けられ，飽和蒸気がタービンに送られる．加圧水型と同じように冷却材として軽水を使うため，熱出力を高くすることができ，しかも加圧水

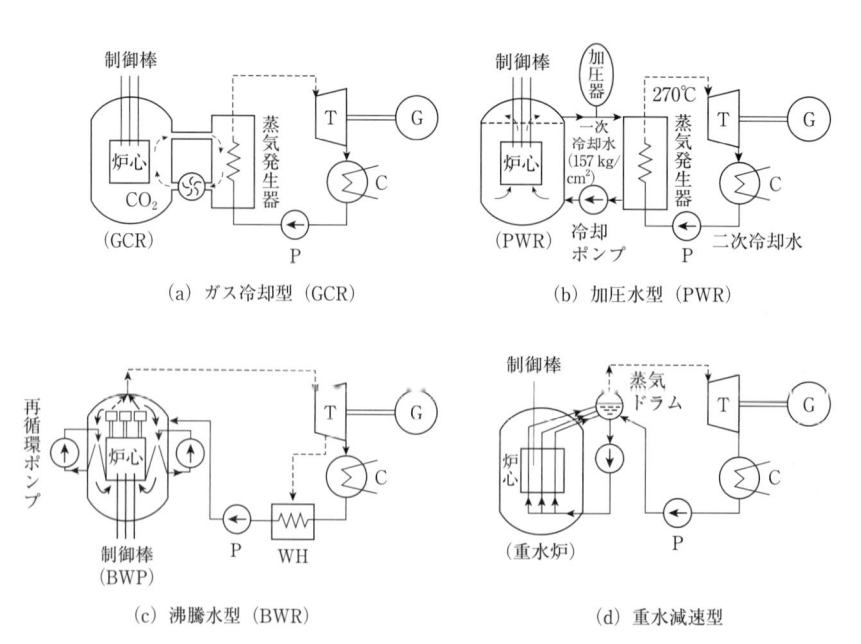

図25.5 主な原子力発電所の構成（[3] p.89, 図2.58）
T：蒸気タービン，P：給水ポンプ，C：復水器，WH：給水加熱器，G：発電機．

(a) ガス冷却型（GCR）
(b) 加圧水型（PWR）
(c) 沸騰水型（BWR）
(d) 重水減速型

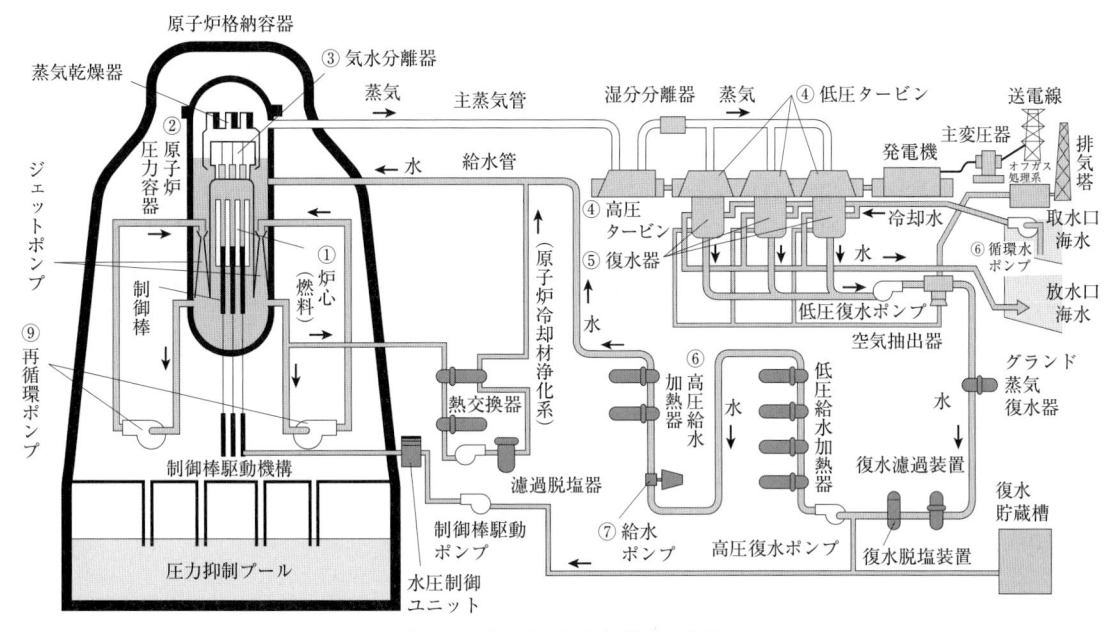

(a) BWR型原子力発電所（協力：東芝）
原子炉でつくられた蒸気は直接タービンに送られる．

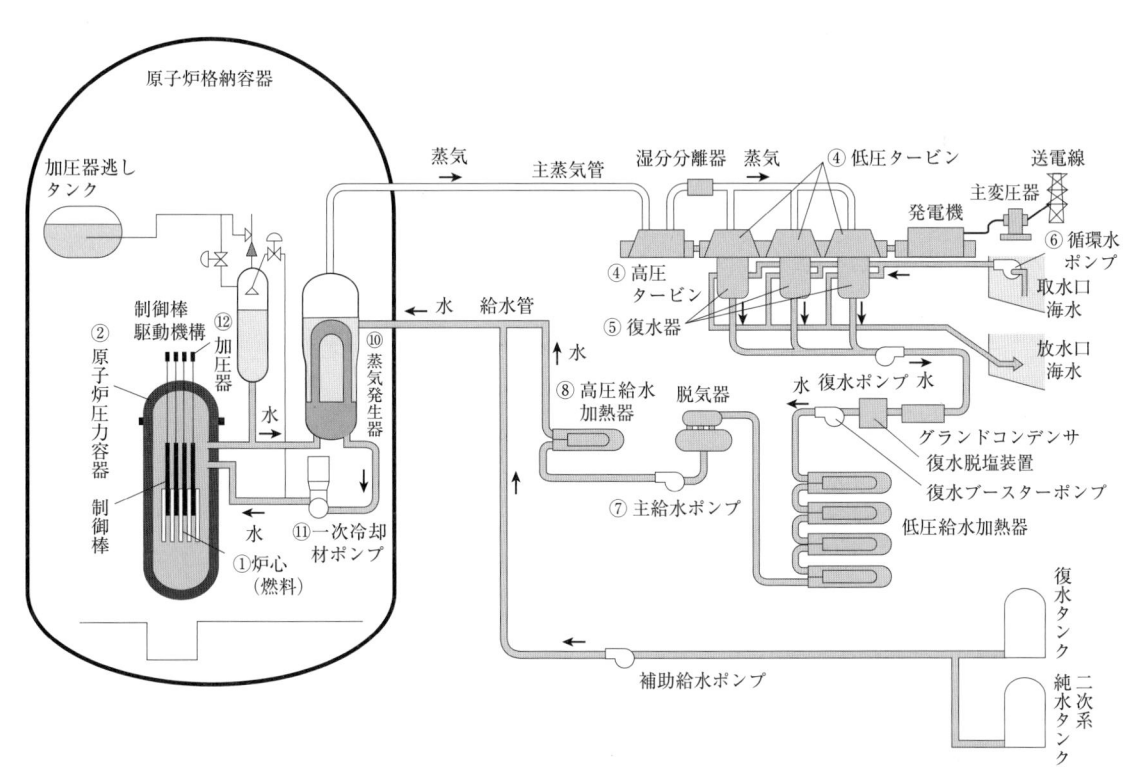

(b) PWR型原子力発電所（協力：三菱重工業）
蒸気発生器でつくられた蒸気がタービンへ送られる．

図25.6 原子力発電所の構成（BWR, PWR）（[10] p.143, 144, 図6.1, 6.2）

型より構造が簡単で，圧力容器の耐圧力が低いため経済的である．しかし，泡の発生によって反応度が変わること，冷却水が放射能を帯びる危険性のあることなどに対処が必要となる．燃料には加圧水型と同様，低濃縮ウランが使用される．

iv) 重水減速型： 減速材に減速比の大きい重水を用いるため，燃料として天然ウランを使うことができる．一方，炉心の構造が複雑で，サイズも大きくなる欠点がある．カナダでは，天然ウランを効率的に使用する目的からCANDU (Canadian Deuterium Uranium) と呼ばれる炉形が開発導入されている．

(2) 原子力発電所の構成（BWR, PWR）

わが国の原子力発電所においては，沸騰水型（BWR）と加圧水型（PWR）の2つが広く採用されている．両者の構成は，図25.6に示すとおりである．

i) 沸騰水型原子力発電所： 原子炉の主要部は，中心にある燃料集合体を束ねた部分①で炉心と呼ばれる．炉心は円筒の原子炉圧力容器②に収められている．冷却材として炉心に下方から送られてきた水は，燃料の燃焼により加熱されて沸騰を始める．炉心の出口では蒸気と水が混合した状態（二相流）となって，上部の気水分離器③に入り，水分が除去され蒸気だけになる．さらに，蒸気は蒸気乾燥器を経て飽和蒸気となり，蒸気タービン④に送られ，直結した発電機を回転させる．仕事をすませた蒸気は，復水器⑤へ送られ，循環水ポンプで海中から取り込まれた冷却水で冷やされ，凝縮されて水に変わる．復水は給水ポンプ⑦で加圧され，給水加熱器⑧で予熱されてから，原子炉圧力容器②に戻る．ここで，気水分離器③で蒸気と分かれ帰ってきた水と混合される．混合水の一部は，原子炉圧力容器の外にある再循環ポンプ⑨に送られ加圧された後，再び原子炉圧力容器に戻される．戻された水はジェットポンプで噴き出され，周りの水とともに炉心に向かう流れをつくり出す．

ii) 加圧水型原子力発電所： 炉心の構成に関しては，沸騰水型の場合と本質的な違いはない．原理的に異なる点の一つは，炉心で水を加熱するが，加圧して加熱するため蒸気にはしないことである．得られた高温の水（一次冷却材）は蒸気発生器⑩に送られ，内部にある伝熱管（細管）と呼ばれる多数の逆U字形の管の中を流れる．これにより，細管の周囲（二次側）の水は加熱され沸騰して蒸気となる．蒸気発生器の内部で熱を与えて温度の下がった一次側の水は一次冷却材ポンプ⑪で加圧されて炉心に戻される．一方，蒸気発生器⑩で発生した二次側の蒸気は蒸気タービンに送られる．これ以降は，沸騰水型と同じ工程が施される．もう一つの違いは，一次側の高温水の圧力を調整するために，加圧器⑫が設けられていることである．加圧器の内部は高温水と直結する液体状の部分と，上部の気体状の部分を有する．気体の部分の温度を制御することによって，高温水の圧力を調節する仕組みになっている．

(3) 従来型BWRと改良型BWR

改良型BWR（ABWR）は，従来の軽水炉の設計・建設・運転の経験に基づき，単機容量の増大，信頼性・稼働率の向上，保守作業性の改善などを目指したものである．ABWRの特徴は図25.7に示すように，原子炉圧力容器内に再循環ポンプを内蔵し，圧力容器内で冷却材に直接駆動力を与え，再び炉心へ戻すインターナルポンプ方式の再循環系を導入していることにある．わが国ではABWRは1970年代後半から研究開発が進められ，東京電力の柏崎刈羽（1,356 MW）に最初に適用された．インターナルポンプの採用に

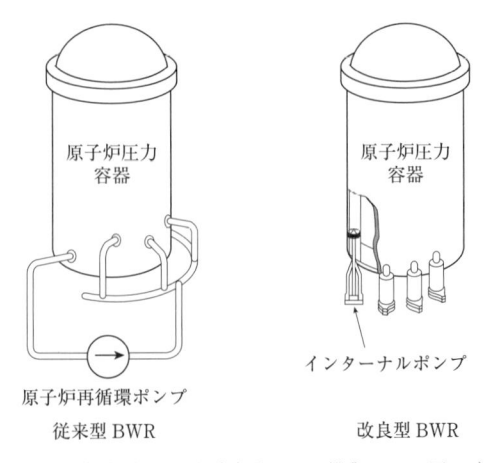

図25.7 従来型BWRと改良型BWR（[6] p.216, 図3.5）

よって外部再循環ループ（外部再循環配管，弁，外部ポンプ）が省略され，配管系が簡素化できるので，① 原子炉格納容器がコンパクトになり建屋も縮小される，② 大口径の再循環配管の破断を想定した設計の必要がなくなる，③ 原子炉格納容器内での保守点検の作業者の受ける放射線量が減少する，④ 原子炉圧力容器の重心が低くなり耐震性が増す，などの利点が得られる．タービンについても，原子炉の容量化に伴い原子炉圧力を高めたため，タービン入口の蒸気圧の昇圧，低圧タービン翼の大型化，再熱サイクルの二段化を行い，電気出力の拡大，熱効率の向上が可能となった．なお，改良型 PWR（APWR）についても，単機容量の増大，燃料サイクルコストの低減，運転継続の長期間化などともに，MOX 炉心や高燃焼度炉への対応が実現できるよう改良が加えられている．また，圧力容器の構造に関しても，中性子反射体の導入によって，炉内のボイド発生の抑制や容器への高速中性子の照射量の削減を狙っている．わが国では 1986 年に APWR の研究開発が終了しており，日本原子力発電が敦賀（1,538 MW）に最初に採用する計画である．

(4) 原子力発電の制御系統（BWR, PWR）

BWR の出力制御の方法は，基本的に 2 つある．一つは制御棒によるもの，もう一つは再循環流量調節によるものである．前者は図 25.8(a) に示すように，炉内部に中性子の吸収材（ボロンカーバイド）が充填されている制御棒を，炉の下部か

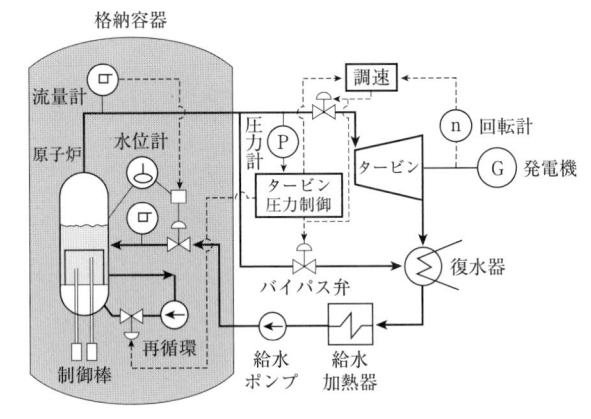

(a) 沸騰水型軽水炉の制御系統

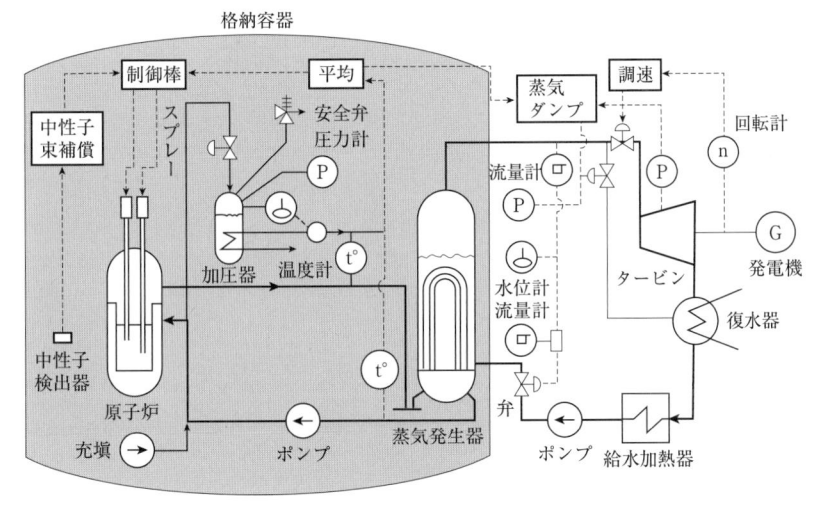

(b) 加圧水型軽水炉の制御系統

図 25.8 原子力発電の制御系統（BWR, PWR）（[6] p. 211, 213，図 3.2, 3.4）

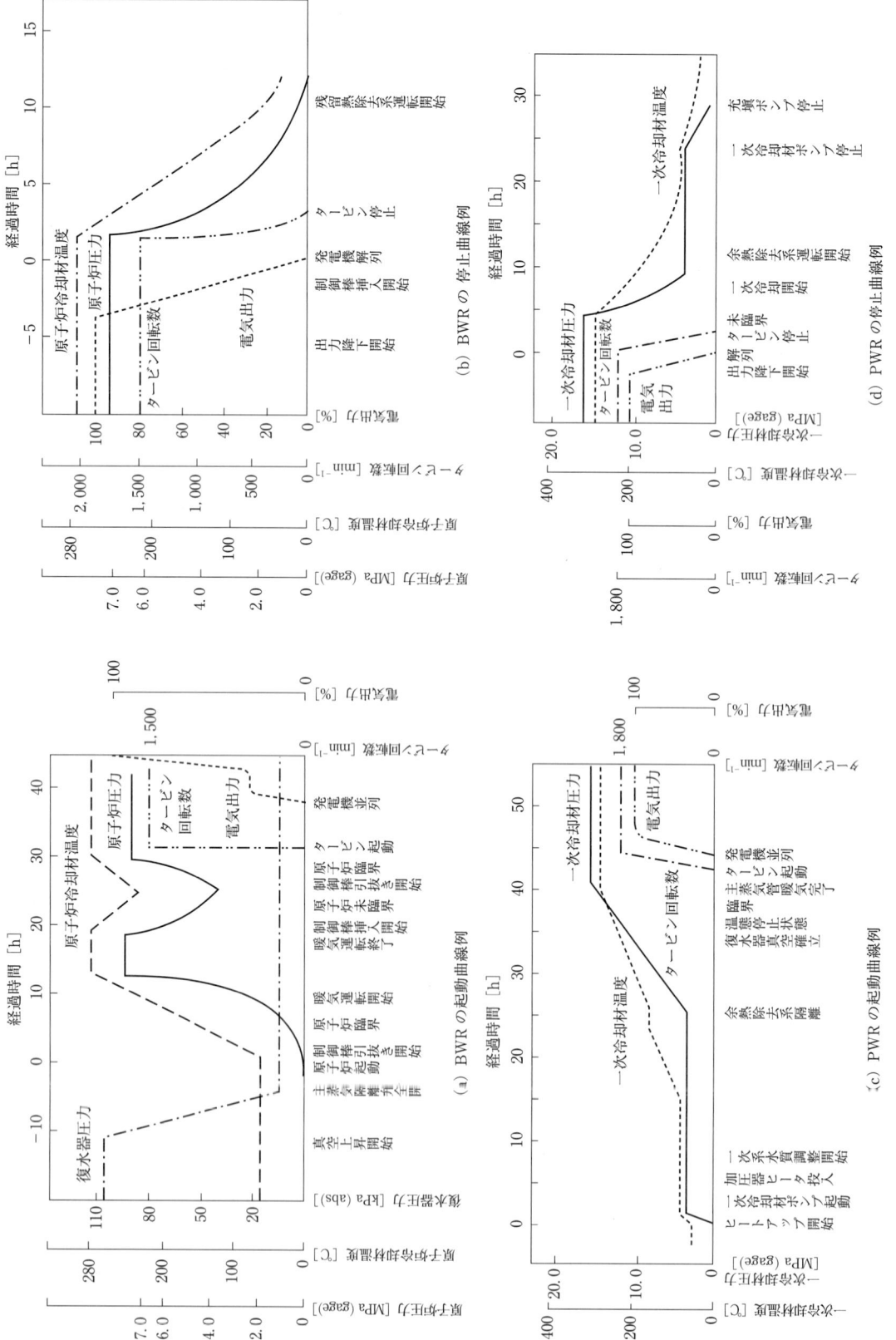

図 25.9 原子力発電プラントの起動停止（BWR, PWR）（[I] pp.1196〜1198, 図 62〜65）

ら出し入れすることによって，出力制御を行う方法である．後者は，炉心の流量を再循環ポンプで調節して炉内の気泡（ボイド）心の分布を変えることによる出力制御の方法である．ここには，炉心の流量を増すと炉心内の気泡の流出が多くなり，正の反応度が加えられ，出力が大きくなる性質が利用されている．前者は，原子炉の始動・停止など大幅な出力変化と出力分布の調整，長時間の燃焼に伴う反応度の補償に使われる．後者は，中性子束分布に与える影響が大きくないので，出力の一定範囲内（高い出力領域）に限って適用される．

一方，PWRの出力制御の方法にも，制御棒の挿入による方法とホウ素濃度の調整による方法の2つがある．前者は図25.8(b)に示すように，中性子の吸収材（銀，インジウム，カドミウム合金）を内包した制御棒の位置を変えることによって出力制御を行う方法であり，原理はBWRの場合と同じである．制御棒が炉の上部から出し入れする点がBWRの場合と異なっている．後者は，化学体積制御とも呼ばれ，ホウ素が中性子を吸収する性質を利用した出力制御である．ここには，一次冷却材中のホウ素の濃度を増すと，炉心の反応度が低下し，出力も減少する性質が使われている．また，前者は，通常時におけるプラントの運転条件の変化による短期の反応度の変動分の補償，高温停止時の過剰反応度の吸収に使用される．あわせて，緊急に高温停止する場合にも使用される．後者は，長期運転による燃料の燃焼や始動・停止時の反応度の変化の補償に使われる．

(5) 原子力発電プラントの起動・停止

原子力発電プラントの起動・停止は定期補修などに際して実施されるが，通常運転で行うことはまれである．起動・停止の手順は原子炉形式や運転方法により異なるが，一般にBWRとPWRについては，それぞれ図25.9(a)〜(d)に示すとおりとなる．いずれも起動には2日間程度，停止には半日〜1日程度を要する．

i) BWRの起動と停止： 一般にBWRの起動においては，あらかじめ制御棒の引抜きシーケンスが定められている．制御棒の引抜き操作に先立ち，タービン復水器の真空度を高め，炉内の水の溶存酸素量を下げる運転（脱気運転）を行っておく．制御棒を引き抜き始め原子炉を臨界とした後も，そのまま引き抜き続けて原子炉圧力を増していく．定格圧力（6.93 MPa程度）に達した後も，若干の圧力を加えて主蒸気系の暖管およびタービンの暖機を行う．暖管と暖機が完了した後，いったん制御棒を挿入し原子炉を未臨界にしてから，再び制御棒の引抜きを開始し，定格圧力に達したときにタービンのみを始動させる．その後，十分な蒸気量（炉出力の約8%）に達した時点で発電機を並列し，徐々に出力を上昇させていく．停止の操作は，この逆とsなる．

ii) PWRの起動と停止： PWRの起動については，炉内の昇圧・昇温を行うに先立ち，制御棒のうち停止用のものは，すべて引抜き状態にしておく．運転用の制御棒は，昇圧・昇温が完了するまでは，すべて挿入状態にしておく．加熱を開始し一次冷却材の圧力が2.75 MPa程度に達した時点で，一次冷却材ポンプを始動し，攪拌による一次冷却材の加熱と，加圧器ヒータを投入し加圧器の加熱を始める．この後，余熱除去系を原子炉冷却系統から隔離して，一次冷却材ポンプの攪拌熱による昇圧・昇温を続けながら，加圧器の水位を徐々に無負荷水位にまで移行させる．一次冷却材の昇圧・昇温が終わった時点で，運転用の制御棒を引き抜いて炉を臨界にさせる．臨界の後は，復水器の真空度を高め，タービンや蒸気管を十分に暖めた時点でタービンを起動させ，回転数がやや定格を上回った時点で発電機を並列し，徐々に発電出力を上昇させていく．この間の炉出力の上昇は，制御棒の引抜きとホウ酸濃度の希釈によって行う．停止の操作については，この逆となる．

25.5 原子燃料サイクル

(1) 原子燃料サイクルの概念図

原子炉の燃料は，発電所の使用済みの燃料を再処理することによって，繰り返し使用することができる．この過程は，図25.10に示すような閉じた系を形成しており，これを原子燃料サイクルという．ウラン鉱山から採掘されたウラン鉱石は，

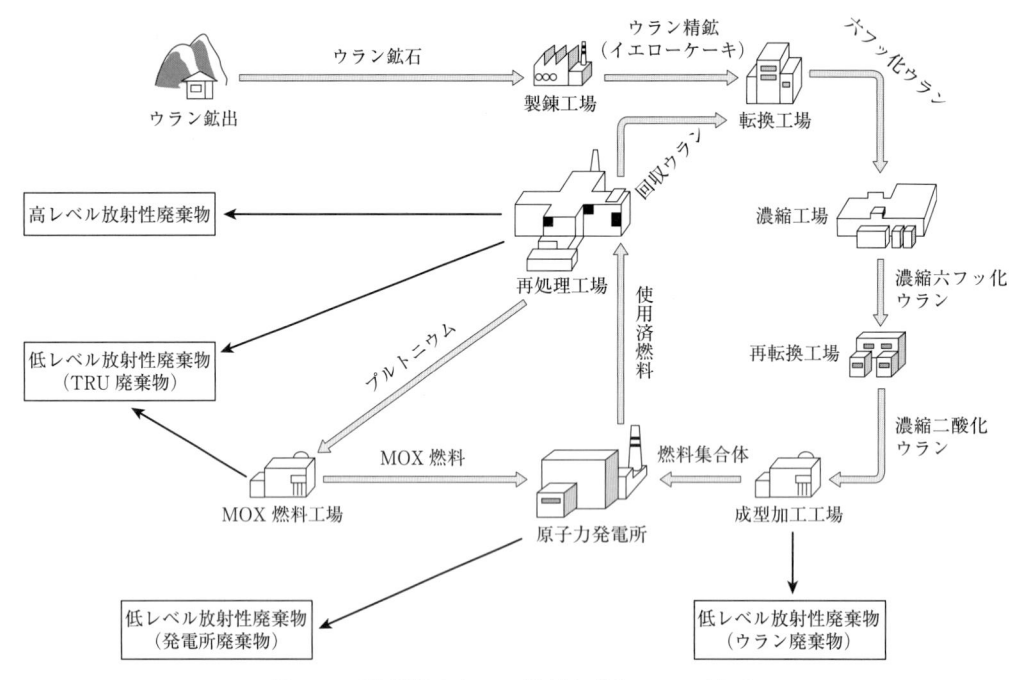

図 25.10 原子燃料サイクルの概念図（[1] p.1205，図 75）

精錬工場を経てウラン精鉱（イエローケーキ：酸化ウラン U_3O_8）となり転換工場に送られる．転換工場で六フッ化ウラン（UF_6）となり，濃縮工場で濃縮六フッ化ウラン（^{235}U を 2〜4% 含む）となる．さらに，再転換工場で濃縮二酸化ウラン（UO_2）の粉末となり，成型加工工場で燃料集合体（円柱形の焼結ペレットに成型され被覆管に詰め集合体に加工されたもの）となって原子力発電所に送られ，ここでようやく発電に使用される．発電で使用済燃料は再処理工場にまわされるが，この間で中間貯蔵施設を経る場合もある．再処理工場からは回収ウラン（燃え残りの ^{235}U を 1% 程度含む）として再び転換工場に戻される．原子燃料サイクルには，このような大きなループのほかに，再処理工場から出たプルトニウムを MOX 燃料工場に送り，MOX 燃料として原子力発電所で使う小さなループがある．なお，再転換工場から MOX 燃料工場に向う二酸化ウラン（劣化ウラン）の流れも加わることがある．このように，原子燃料サイクルはウラン資源の有効な活用に重要な意義をもっている．

また，原子燃料サイクルから発生する放射性廃棄物には，低レベル放射性廃棄物と高レベル放射性廃棄物がある．前者には，成型加工工場からのウラン廃棄物，原子力発電所からの発電所廃棄物，再処理工場や MOX 燃料工場からの TRU（trans-uranium，超ウラン）廃棄物がある．このうち，発電所廃棄物は主として使用済みの布，紙，樹脂類で，マンガン，コバルトなどを含む．半減期が比較的短いが量的には多いため，セメントやアスファルトなどで固化された後，発電所敷地内などに浅地中処分される．また，ウラン廃棄物と TRU 廃棄物は廃器材，消耗品，フィルタなどであり，放射能レベルに応じて素掘り処分やコンクリート処分などで対処している．一方，再処理工場から発生する高レベル放射性廃棄物は，廃液をガラス固化体にしたものであり，わが国では 30〜50 年の間，冷却のため貯蔵した後，深さ 300 m 以上の安定な地層に地下処分することになっている．

(2) 各種ウラン濃縮技術

天然に存在するウランには，核分裂を起こしやすい ^{235}U が重量比で約 0.7% しか含まれていない．このため，^{235}U を原子炉で効率よく利用でき

表25.3 各種ウラン濃縮技術 ([2] p.383, 表8.15.1)

	濃縮原理	特徴	消費電力	概念図	現在の開発状況
遠心分離法	UF_6 ガスを遠心分離機により遠心力を作用させて $^{235}UF_6$ を濃縮し回収する	①消費電力が小さい ②可動部が多い	小		日本,ヨーロッパ,ロシアなどで実用化
ガス拡散法	$^{235}UF_6$ ガスと $^{238}UF_6$ ガスの分子の運動速度の差を利用する	①消費電力が大きい ②設備が大規模	大		アメリカ,フランスで実用化
レーザ法（原子法）	金属ウランを蒸気化した後,レーザ光を照射し,ウラン235のみイオン化して分離回収する	①可動部が少ない ②設備がコンパクト	小		アメリカ,フランスで研究開発中
レーザ法（分子法）	超音速ノズルで冷却された UF_6 ガスにレーザ光を照射し,ウラン235のみ粉体の UF_5 にした後,捕集する	①既存の原子燃料サイクルとの整合性がよい ②設備費大幅低減の可能性大	小		日本などで研究開発中

るよう，この比率を高める工程がウラン濃縮である．濃縮技術には表25.3に示すように，実用化されているものとしてガス拡散法と遠心分離法があり，研究開発中のものとしてレーザ法などがある．わが国では，遠心分離法が有望視されており，より経済性を高めた分離機の実用化を目指して，回転胴の周速と長さを改良することによって，分離性能を高めた新型回転体の実現に取り組んでいる．

25.6 原子力発電の安全防護

(1) 放出された放射性物質の人までの経路

原子力発電所などから発生する放射性物質は，それぞれの放射能レベルに応じて処理されるが，環境への放出は極力抑えられなければならない．周辺の環境への放出に関しては，気象などの一定の環境条件下における放射性物質の放出量と公衆への線量の関係を理論的に推定するとともに，発電所周辺の放射線の実測（環境モニタリング）を行っている．線量の推定に際して，気中や水中など環境中に放出された放射性物質により人が被曝する経路のモデルは，空気（大気）を経由する場合，水や土（地表水，地下水，海洋，土壌）を経由する場合の2つに大別される．それぞれの経路の概略を図25.11に示す．

(2) 原子力事象の国際的評価尺度

原子力発電所で故障や事故が発生した場合，電力会社はただちに国に報告し，国は原因や対策を公表する仕組みになっている．しかし，原子力発電の故障や事故は，専門的な技術を含むため，その重要度や緊急度を判断することが困難であり，過度な不安や無用な誤解を招くおそれがある．一

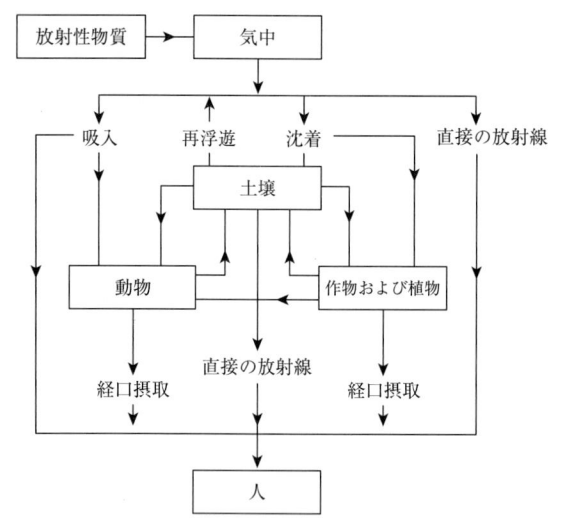

(a) 大気中に放出された放射性物質の人に至るまでの経路の概略

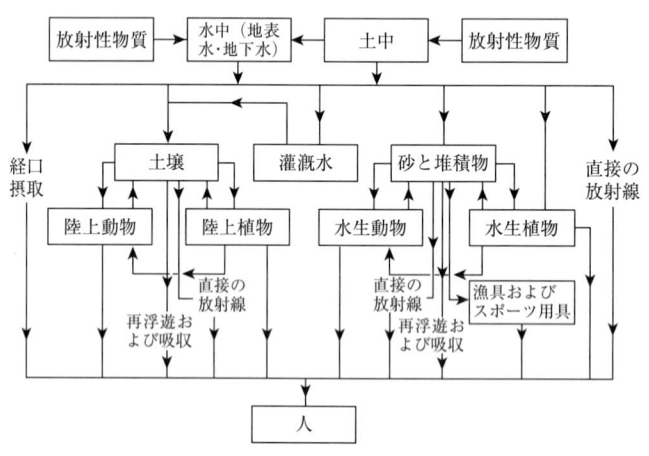

(b) 地中または地表水(海洋を含む)に放出された放射性物質の人に至るまでの経路の概略

図 25.11 放出された放射性物質の人までの経路([1] p.1188, 図 55, 56)

方で,故障や事故を的確に(正確でわかりやすく)かつ早急に発表しなければならない.そこで,わが国では,1989年に原子力発電所事故・故障等評価尺度を定めた.その後,国際的にも必要性が高まり,1992年に国際原子力機関(IAEA)から世界共通の評価尺度として国際原子力事象評価尺度(INES)が提案され,わが国もINESの考え方を参考にしたものに切り換えた.その内容を表25.4に示す.評価にあたっては,事故や故障の及ぼす影響の範囲(基準)と影響の大きさ(レベル)の2つの要素に着目している.範囲については,発電所の外部への放射線影響(基準1),発電所の内部への放射線影響(基準2),原子炉の安全防護設備の範囲の影響(基準3)の3つに区分している.一方,レベルについては,安全面から重要でない事象をレベル0(尺度以下)とし,最悪の事象を深刻な事故のレベル7とした8段階を採用している.資源エネルギー庁は,この評価尺度に従った暫定評価をすみやかに発表した後,学識経験者らからなる原子力発電所事故故障等評価委員会を設置し,その答申に基づき正式な評価を公表することになっている.

表 25.4 原子力事象の国際的評価尺度（[10] p.184，表 6.4 に一部追加）

	レベル	基準		
		基準 1：所外への影響	基準 2：所内への影響	基準 3：深層防護の劣化
事故	7 深刻な事故	・放射性物質の重大な外部放出（数万 TBq 相当以上の外部放出） 旧ソ連チェルノブイリ発電所事故（1986 年） 福島第 1 発電所事故（2011 年）		
	6 大事故	・放射性物質のかなりの外部放出（数千 TBq 相当以上の外部放出）		
	5 所外へのリスクを伴う事故	・放射性物質の限定的な外部放出（数百 TBq 相当以上の外部放出） イギリス・ウィンズケール原子炉事故（1957 年）	・原子炉の炉心の重大な損傷 アメリカ・スリーマイル島発電所事故（1979 年）	
	4 所外への大きなリスクを伴わない事故	・放射性物質の少量の外部放出（1 mSv 以上の公衆の被曝）	・原子炉の炉心のかなりの損傷 ・従業員の致死量被曝（約 5 Gy） フランス・サンローラン発電所事故（1980 年）	
異常な事象	3 重大な異常事象	・放射生物質のきわめて少量の外部放出（0.1 mSv 以上の公衆の被曝）	・放射性物質による所内の重大な汚染 ・急性放射線障害を生じる従業員の被曝（約 1 Gy）	・深層防護の喪失 スペイン・バンデロス発電所火災事象（1989 年） 動燃 東海再処理工場爆発事故（1997 年）
	2 異常事象		・放射性物質による所内のかなりの汚染 ・従業員の法定の年間線量当量限度を超える被曝（50 mSv）	・深層防護のかなりの劣化 美浜発電所 2 号機蒸気発生器伝熱管損傷事象（1991 年）
	1 逸脱			・運転制限範囲からの逸脱 高速増殖炉「もんじゅ」ナトリウム漏洩事故（1995 年）
尺度以下	0 尺度以下	安全上重要ではない事象		0+ 安全上重要でないが，安全に影響を与えうる事象 0− 安全上重要でなく，安全に影響を与えない事象
	評価対象外	安全に関係しない事象		

（3） スリーマイル島原子力発電所の事故

1979 年 3 月 28 日未明に，アメリカのペンシルバニア州ミドルタウン近郊のスリーマイル島（TMI）原子力発電所 2 号機（出力 96 万 kW）で，炉心が大きく損傷する事故が発生した．事故プラントは蒸気発生器の保有水容量が小さく，また蒸気発生器で過熱蒸気をつくる設計の PWR 型であった．図 25.12 に事故における事象の推移順序を示す．事故はタービン・水系の主給水ポンプ①が停止したことに始まった．そして，補助ポンプ②を保守作業員が開の状態に戻すことを忘れ，閉の状態にあったことが大きな事故につながった．この過程で非常用炉心冷却装置（ECCS）⑥が正常に自動起動したにもかかわらず，運転員が ECCS の弁⑦を誤って閉めたこと，さらに一次冷却材ポンプも止めてしまったことが事態を深刻なものにした．幸いにも，事故発生後 16 時間で炉心は安定した冷却が可能となり，公衆への放射線

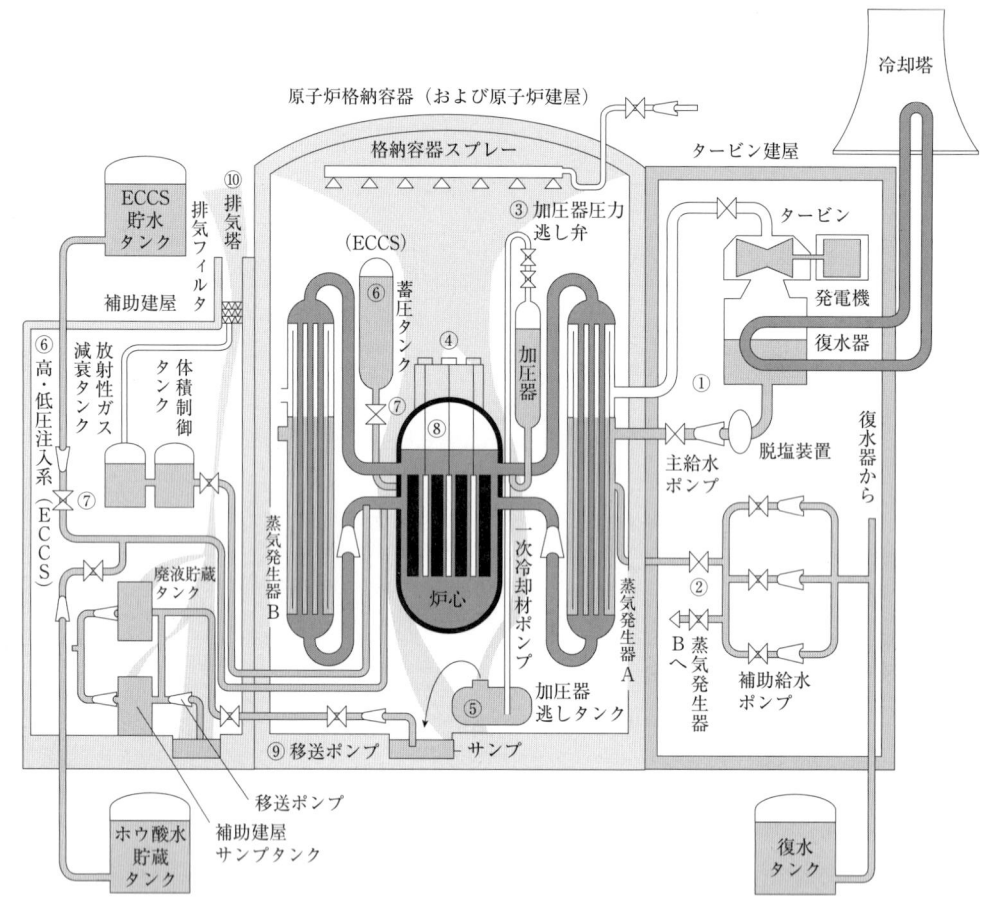

図 25.12 スリーマイル島原子力発電所の事故（[10] p.174, 図 6.26）

被曝も実質的にはなかった．しかし，事故直後に誤った計測データがアメリカ原子力規制委員会（NRC）に伝えられ，これに基づいた州当局や報道陣の対処が，住民に精神的な不安を与え，社会に感情的な不信を招いた．このように，事故の原因には人間の要素が関わっていること，不確定な情報が公衆をパニックや混乱に陥らせることなど，貴重な教訓が世界各国の関係者に共通して学び取られる結果となった．

(4) チェルノブイリ原子力発電所の事故

1986 年 4 月 26 日深夜，現在のウクライナ共和国（当時のソ連）の首都キエフから数十 km 離れたチェルノブイリ原子力発電所 4 号機（黒鉛減速軽水冷却炉沸騰水型：RBMK 型）に大きな爆発事故が発生した．1 回目は燃料の溶融破損による圧力管の水蒸気爆発，2 回目は発生した水素などの爆発と推測されている．この結果，炉心の 1/4 が炉外に放出され，原子炉建屋は原形を失うほど破損した．RBMK 型は旧ソ連の開発によるもので，「減速は黒鉛，冷却は軽水」という考え方で炉心が設計されており，わが国のように「減速も冷却も軽水」といった体系と異なり，軽水の密度変化が炉の反応度や出力を大きく左右する．とりわけ，低出力（定格の 20 % 以下）の場合には，正のフィードバックがかかるおそれがあるため，継続的な低出力運転が禁止されている．事故の前日，発電所員はタービン性能試験を実施しており，試験のためにスクラム信号回路を切って（安全装置を取り外して）いた．試験中に地域給電指令所からの指示があり，しばらく指示に従って中間出力で運転していたが，指令解除の後，再び試験に戻るため出力を下げ始めた際に，目標値を下回っ

てしまった．そこで，急いで出力を回復させたため，規定以上に制御棒を引き抜いてしまった．この結果，正の反応度が加わって出力が急上昇し燃料が破壊され，急速に大量の水蒸気が生じ圧力管が破裂した（1回目の爆発）．このため，多量の蒸気が噴出して炉心周囲の気圧が急上昇し，炉心を覆う上部のコンクリート製の蓋が制御棒駆動部を載せたまま持ち上がってしまった．これにより出力が再び急上昇し，この過程で炉心に発生していた水素や一酸化炭素が爆発した（2回目の爆発）．この一連の事故の原因となった6つの運転規則違反を図25.13の①～⑥に示す．さらに，原子炉建屋はスレート張りで，わが国のような耐圧の格納容器の構造ではないため，大量の気化した燃料や核分裂生成物（FP）が，発電所周辺の大気中に長時間にわたって撒き散らされた．この結果，原子力発電所の事故としては史上最悪のものとなり，消防士など数十名の労働者の死をはじめ，十数万人の周辺住民の避難，ヨーロッパ諸国への汚染被害，全世界の人々への不安と不信をもたらすものとなった．

25.7　原子力発電所の建設手順

　原子力発電所の建設計画は安全性と経済性を基本とするが，とりわけ安全運転に求められる信頼性を確保することが重要視されている．原子力発電所の地点選定から運転開始までには，多額の資金と長期の年月を要する．また，工事に関わる地域社会への影響も大きい．さらに，導入する炉形式の燃料サイクル，特に廃棄物の処理・処分，原子炉の解体のあり方にも配慮しなければならない．原子力発電所の建設に伴う各種手続きの流れの概要を図25.14に示す．あらゆる手続きの段階で安全性の確認のなされることが特徴であるが，最も重要な安全対策は，高レベルの放射性物質から公衆と従業者を保護することにある．わが国の原子力発電所の建設では，事故そのものの発生を防止すること，事故があっても原子炉施設から大

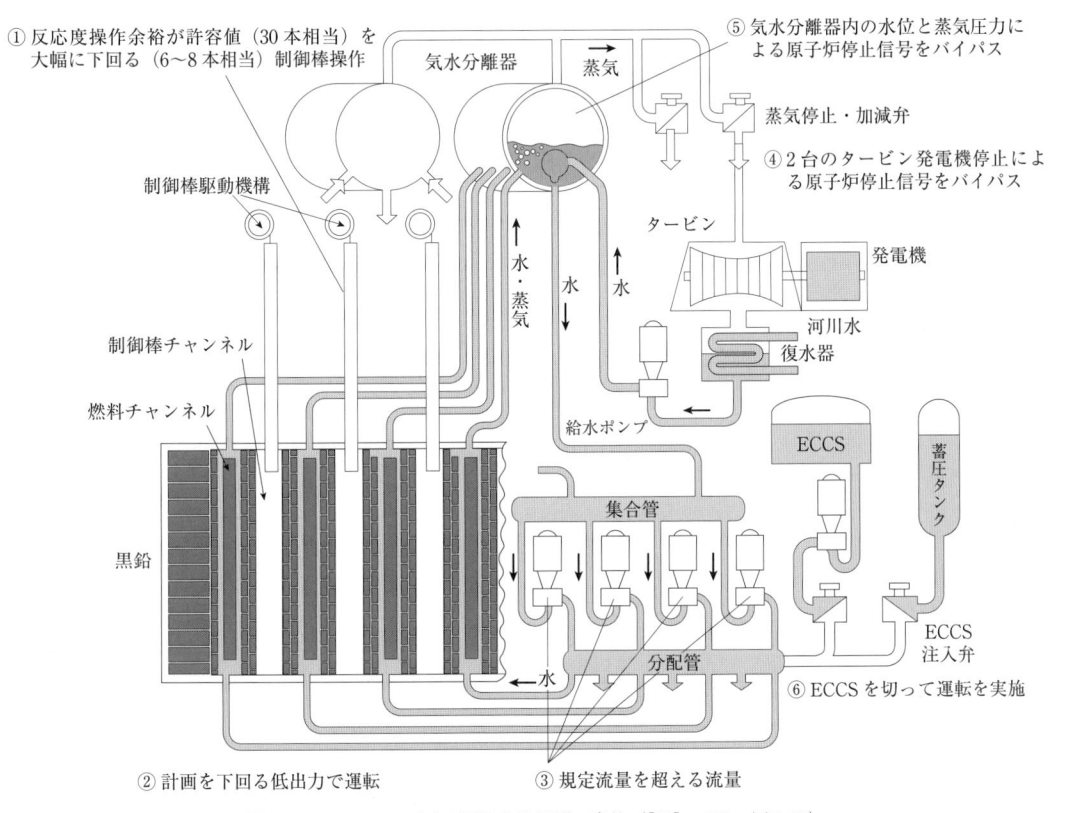

図25.13　チェルノブイリ原子力発電所の事故（[10] p.179, 図6.28）

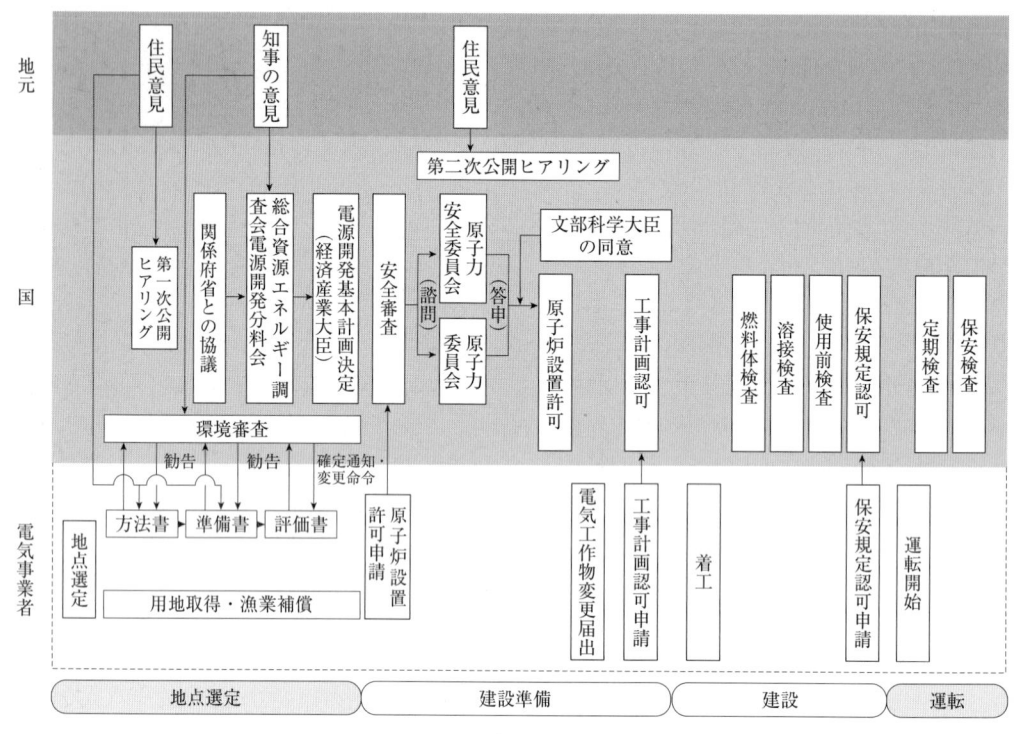

図 25.14 原子力発電所の建設手順（[2] p.375, 図 8.13.1）

量の放射性物質が外部に漏れないこと，の2つを狙った多重防護を基本にする考え方がとられてきた．また，敷地の取得をはじめ計画の具体化にあたっては，地域住民からの同意と協力，地域政策との協調と整合性が不可欠となることから，地域に根付いた共栄プロジェクトとしての理解の獲得が必要とされてきた．　　　　〔高 橋 一 弘〕

参 考 文 献

[1] 電気学会編：電気工学ハンドブック（第6版），オーム社（2001）
[2] 宅間 董・高橋一弘・柳父 悟編：電力工学ハンドブック，朝倉書店（2005）
[3] 赤崎正則・原 雅則：電気エネルギー工学，朝倉書店（1986）
[4] 長谷川淳・斉藤浩海・大山 力・北 裕幸・三谷康範：電力系統工学，電気学会（2002）
[5] 吉川榮和・垣本直人・八尾 健：発電工学，電気学会（2003）
[6] 道上 勉：発電・変電（改訂版），電気学会（2006）
[7] 福西道雄ほか：水力発電（改訂版），電気学会（1966）
[8] 瀬間 徹編：火力発電総論，電気学会（2002）
[9] 法貴四郎ほか：原子力発電（改訂版），電気学会（1970）
[10] 日本原子力学会編：原子力がひらく世紀，日本原子力学会（1998）
[11] 河野照哉：送配電工学，朝倉書店（1996）
[12] 道上 勉：送配電工学（改訂版），電気学会（2003）
[13] 道上 勉：送電・配電（改訂版），電気学会（2001）

26章 送　　　電

26.1 電力系統における送電系統の位置付け

送電系統は，電力系統のうち発電部門と配電部門の間に位置する部門であり，図26.1に示すように，基幹系統と地域供給系統に大別される．

基幹系統は，送電部門の上流側に広がっており，一般に電力系統で最高電圧の設備で構成される．変電所も500 kV変電所や超高圧変電所で代表される基幹変電所である．基幹系統の主要な役割は2つある．一つは，発電部門で生産された電力を大量輸送することである．大規模電源が遠隔地にあるため，多くは長距離輸送となる．もう一つの役割は電力系統を一体的に連系して運用することである．これにより，系統を構成する多くの設備を有効に活用し経済性と信頼性を高めることが可能になる．前者の機能は電源線系統が，後者の機能は連系線系統（外輪系統）がそれぞれ分担している．

地域供給系統は，送電部門の下流側にあり，基幹系統でプールされた電力を配電部門に届ける仲立ちの役目をもっている．このため，基幹系統の基幹変電所から個々の供給地域に存在する送電用変電所（一次変電所，二次あるいは中間変電所）を通して，順次低い電圧の電力に変換し，最終的に配電用変電所や特別高圧需要家へ分配する役割を果たしている．特に，大都市部においては需要密度が高く，送電線用地の確保も難しいうえ，高い供給信頼度が要請されることから，275 kVや500 kVの超高圧地中ケーブルを複数の方面から敷設することによって，需要中心部まで直接大量の電力を確実に導入する供給形態がとられている．

26.2 わが国における送電電圧の発展と現状

わが国の架空送電線の送電電圧（特別高圧）は，20世紀に入る頃から電力需要の増大，電源地点の遠隔化など時代の要請に応じて逐次高くなってきた．地中送電線についても，ほぼ架空送電線と同じ時期に導入され，架空送電線に数十年遅れて昇圧されてきている．表26.1(a)に，海外を含めて送電電圧の発展の様子を示す．また，わが国の主な電力会社で採用されている現在の送電電圧は，(b)に示すとおりである．これら電圧階級は各社の間で完全に同一ではないが，互いに近寄っているグループとして，北海道グループ，東北・東京・中部・北陸・関西グループ，中国・四国・九州グループの3つに分けられる．これらの背景には，電気事業と電力系統の発展の歴史がある．すなわち，わが国の電気事業は個々の地域に密着して独立して誕生したが，成長とともに隣接する電力系統と連系しながら今日に至った．この間に，各社の電圧階級は相互連系の拡大にあわせて，標準化と簡素化に向け絶えず整理されてきたという経緯がある．

26.3 送電特性
(1) 電力円線図の概要

任意の送電線について，送電端の送電電力（$P_s + jQ_s$）および受電端の受電電力（$P_r + jQ_r$）は，それぞれ次のように表される．符号については，

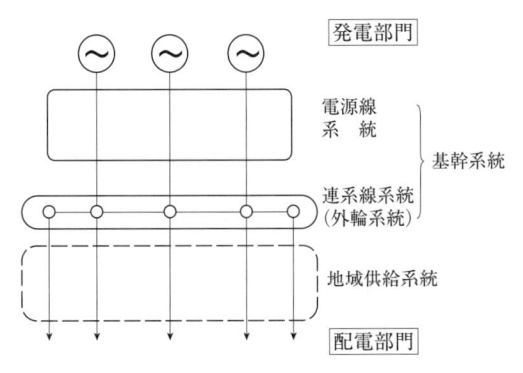

図 26.1 電力系統における送電系統の位置付け（[12] p.5, 図1.2）

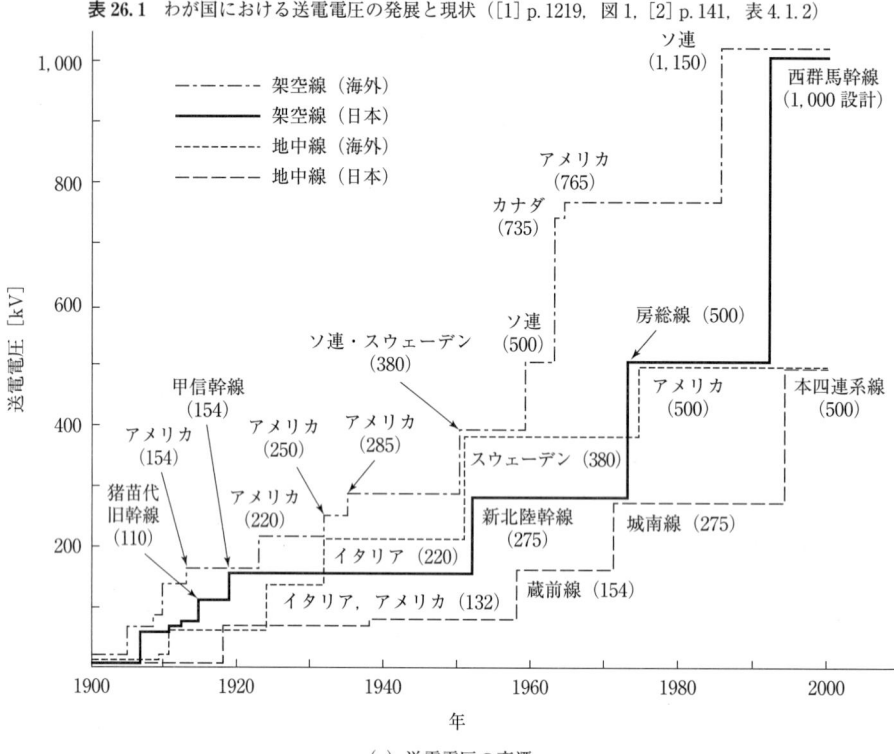

表 26.1 わが国における送電電圧の発展と現状 ([1] p.1219, 図 1, [2] p.141, 表 4.1.2)

(a) 送電電圧の変遷

(b) わが国の系統電圧

会社名	超高圧系統				一次系統		二次系統				
北海道電力		−	275	−	187	−	−	−	66	−	−	22
東北電力		500	275	−	−	154	−	77	66	−	33	22
東京電力	(1,000)	500	275	−	−	154	−	−	66	−	−	22
中部電力		500	275	−	−	154	−	77	−	44	33	22
北陸電力		500	275	−	−	154	−	77	66	−	−	22
関西電力		500	275	−	−	154	−	77	66	−	33	22
中国電力		500	−	220	−	−	110	−	66	−	33	−
四国電力		500	−	−	187	−	110	−	66	−	−	22
九州電力		500	−	220	−	−	110	−	66	−	33	−

単位は kV, 公称電圧を示す.

(P_s+jQ_s) は流入の向きに, (P_r+jQ_r) は流出の向きに定めるものとする.

$$+P_s = +E_s^2 Y_{11} \cos \gamma_1 + E_s E_r Y_{12} \cos(\theta - \beta)$$
$$+Q_s = -E_s^2 Y_{11} \sin \gamma_1 + E_s E_r Y_{12} \sin(\theta - \beta)$$
$$-P_r = +E_r^2 Y_{22} \cos \gamma_2 + E_s E_r Y_{21} \cos(\theta + \beta)$$
$$-Q_r = -E_r^2 Y_{22} \sin \gamma_2 - E_s E_r Y_{21} \sin(\theta + \beta)$$

いま,送電線の送電端の自己インピーダンス,受電端の自己インピーダンスをそれぞれ $Y_{11}\angle\gamma_1$, $Y_{22}\angle\gamma_2$ とする.また,両者の間の相互インピーダンスを $Y_{12}\angle\beta = Y_{21}\angle\beta$ とする.ここで,通常は γ_1 と γ_2 は第 4 象限に, β は第 2 象限に存在する.

さらに,送電線の送電端の電圧を $E_s\angle\theta_s$, 受電端の電圧を $E_r\angle\theta_r$ とし,送電端と受電端との電圧の位相角の差として $\theta = \theta_s - \theta_r$ とおく.

上記の 4 つの式から θ を消去して,送電端および受電端について,それぞれ横軸に有効電力を縦軸に無効電力をとり,有効電力と無効電力の関係を求めた結果を図示すると,送電端では,

$$(+P_s - E_s^2 Y_{11} \cos \gamma_1)^2 + (+Q_s + E_s^2 Y_{11} \sin \gamma_1)^2 = (E_s E_r Y_{21})^2$$

受電端では,

$$(-P_r - E_r^2 Y_{22} \cos \gamma_2)^2 + (-Q_r + E_r^2 Y_{22} \sin \gamma_2)^2$$

(a) 送電端

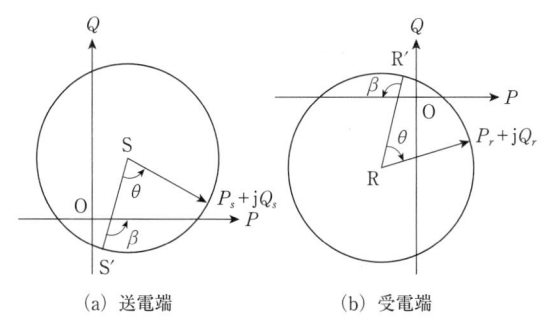

(b) 受電端

図 26.2 電力円線図の概要 ([1] p.1223, 図 10, [12] p.57, 図 2.25)

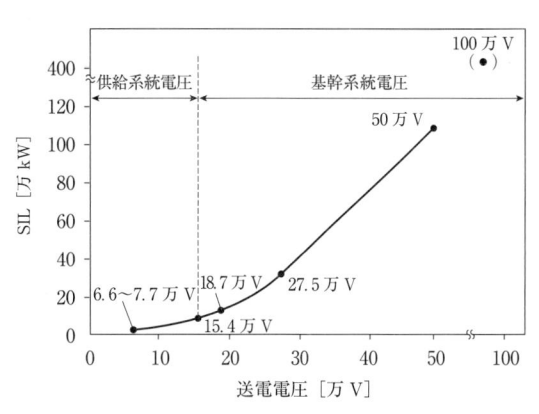

図 26.3 送電電圧と SIL ([1] p.967, 図 13)

$$= (E_s E_r Y_{21})^2$$

すなわち, 送電端では,

中心が $(+E_s^2 Y_{11} \cos\gamma_1, -E_s^2 Y_{11} \sin\gamma_1)$

半径が $E_s E_r Y_{12}$

受電端では,

中心が $(-E_r^2 Y_{22} \cos\gamma_2, +E_r^2 Y_{22} \sin\gamma_2)$

半径が $E_s E_r Y_{21}$

の円が得られ, それぞれ図 26.2 に示すようになる. この 2 つの円を電力円線図という. すなわち, 送電端の電力円線図の中心 S は第 1 象限に, 受電端の電力円線図の中心 R は第 3 象限にあること, 両者の半径は同じ長さであることがわかる.

この電力円線図において, 点 (P_s+jQ_s) および点 (P_r+jQ_r) は, それぞれ送電端および受電端における運転点を示す. さらに, 送電端の電力円線図において中心 S から左下に向けて θ の角度で横軸と交わる線分 SS' を引き, この線分を反時計方向に θ 回転させると送電端の運転点となること, 同様に受電端の電力円線図において中心 R から右上に向けて β の角度で横軸と交わる線分 RR' を引き, この線分を時計方向に θ 回転させると受電端の運転点となることがわかる.

(2) 送電電圧とサージインピーダンスローディング

送電電圧は電力系統の送電能力を決定する重要な要素である. 送電電圧を高くするほど, 送電可能な電力 (有効電力) は増大し, 送電損失も小さくなることから, 送電効率は向上する. この際, 送電電圧と送電線の送電能力の関係を示し, 送電能力の大きさを測る目安の一つとなるのが,

サージインピーダンスローディング (SIL: surge impedance loading) である. SIL はおおむね送電電圧の 2 乗に比例しており, 図 26.3 に示すようになる. 一般に, 送電線を流れる有効電力が大きくなると, 送電線に消費される無効電力は大きくなる. 一方, 送電線から発生する無効電力は, 送電電圧が高くなるほど大きくなる. SIL とは, その送電線における無効電力の発生量と消費量がバランスした状態の送電電力に相当し, たとえば 50 万 V の送電線では 1 回線当たり約 100 万 kW の送電電力が適度であることを示唆している. しかし, 実際では電力用コンデンサを設置し, 無効電力を供給することにより, 送電能力の限界を増大させる対策が施されている.

26.4 異常電圧と接地方式
(1) 異常電圧の分類と内容

送電系統に発生する異常電圧は, 以下のような 3 つに分類される.

(a) 商用周波数に近い周波数で長時間にわたり継続するもの

(b) 系統との共振現象などに伴う中間周波数の持続・減衰振動によるもの

(c) 雷撃のように過度的であり短時間であるが瞬時の値の大きいもの

このうち, (a) と (b) は系統の内部の特性に依存するため, 内部異常電圧 (開閉サージ, 内雷) と呼ばれ, (c) は系統の外部からの影響により発生するため, 外部異常電圧 (雷サージ, 外雷) と

表 26.2 異常電圧の分類と内容（[13] p.248, 表 8.2）

内部異常電圧 （内雷）	持続的	発電機の負荷遮断 高抵抗接地系統の地絡事故 高調波共振 消弧リアクトル系統における1線断線，異系統併架 鉄共振による過電圧
	過渡的	遮断器の開閉サージ 間欠アーク地絡によるサージ
外部異常電圧 （外雷）		電線への直撃雷 鉄塔の逆フラッシオーバ 誘導雷

呼ばれる．具体的な内容を表 26.2 に示す．開閉サージの発生原因には，① 無負荷線路の充電電流の遮断，② 故障電流の遮断，③ 無負荷変圧器の励磁電流の遮断，④ 高速再閉路投入の4つが代表的である．わが国での開閉サージの許容倍率は，有効接地系統に対して常時の対地電圧の 2.8 倍，非有効接地系統に対しては，抵抗またはリアクトル接地の場合は 3.3 倍，非接地の場合は 4.0 倍を標準にしている．

一方，雷サージの発生原因には，① 送電線への直撃雷，② 鉄塔などからの逆フラッシオーバ，③ 雷の誘導の3つがある．① については，送電線に雷が直撃したときに発生するものである．② については，鉄塔あるいは架空地線が雷撃を受けた場合に，鉄塔の電位が上昇して電線との間に逆フラッシオーバを生じることによるものである．特に，塔脚の接地抵抗が高い鉄塔に発生しやすい．③ については，雷雲が送電線に近づくと送電線路に電荷が誘導され，この雷雲が他の雷雲あるいは対地に対して放電すると，送電線路に誘導されていた電荷が自由電子になり，両方に分かれて線路内をサージとなって進行することによるものである．

（2） 送電線接地方式の種類と適用

送電線の接地とは，送電線に結ばれる発電機や変圧器の中性点を一定のインピーダンスを介して接地することである．その方法としては，表 26.3 に示すように，接地電極との間に接続するインピーダンスの種類によって，① 直接接地方式，② 抵抗接地方式，③ リアクトル接地方式がある．接地しない場合は非接地方式と呼ばれる．① の直接接地方式は，中性点を接地電極に直結させる方式である．1線地絡時の健全相の電圧上昇が小さいため，低い定格電圧の避雷器でも過電圧を有効に抑えることができる．また，地絡電流が大きくなるため，通信線に対する誘導障害の対策が必要になるが，地絡を検出する保護リレーの動作を確実にすることができる．② の抵抗接地方式は，100〜1,000Ω の抵抗を接続して地絡電流を抑える方式である．誘導障害が軽減されるが，主要設備の絶縁や保護リレーの動作の点では劣る．③ のリアクトル接地方式には2つがある．一つは補償リアクトル接地方式である．これは，都市部などのケーブル系統では1線地絡時に対地静電容量を通じて大きな充電電流が流れることから，その一部を補償するためリアクトルで接地したものである．もう一つは，消弧リアクトル接地方式である．これは，66 kV や 77 kV の架空系統で一線地絡故障時のアーク電流をゼロにして消弧させるために，その全部を補償するためリアクトルを介して接地したものである．

なお，直接接地方式を用いて，送電系統の1線地絡時の健全相の電圧上昇が 1.3〜1.4 倍程度以下に抑えられている送電系統を有効接地系統という．わが国では，すべての 187 kV 以上の送電系統は有効接地系統が絶縁合理化の観点から広く採用される．また，154 kV 以下の送電系統は高抵抗の抵抗接地方式（雷害の多い地域の一部架空系統では消弧リアルトル接地方式）が，66〜154 kV のケーブル系統は補償リアクトル接地方式および抵抗接地方式が，33 kV 以下の系統は主に非接地方式が，それぞれ非有効接地系統として採用され

26章 送電

表26.3 送電線接地方式の種類と適用 ([6] p.275, 表2.5, [12] p.174, 図3.17)

項目	非接地	抵抗接地	直接接地	消弧リアクトル接地	補償リアクトル接地
一線地絡電流	小（ほとんど対地充電電流のみ）	中（抵抗値によるが100～500A程度）	最大	最小	中（地中ケーブルの充電電流）
地絡継電器の動作	困難	容易	最も容易	—	容易
機器の絶縁レベル	最高	非接地より小	最低（低減絶縁可能）	非接地より小	同左
一線地絡時健全相電圧	大（長距離の場合）	中	小（常時と変わりなし）	中（1LGの場合線間電圧）	同左
誘導障害	異常電圧や二重故障がなければ小	中（抵抗値が大きくなるにつれて小さくなる）	最大（高速遮断により故障継続時間小）	小（直列共振に注意を要する）	中
遮断器の遮断容量	普通（三相短絡値）	普通	短絡より地絡時の電流が大きくなる場合がある	普通	同左
接地装置の価格	最小	大	小	最大	同左
中性点の結線図	(図)	(図)	(図)	(図)	(図)

ている．一方，配電系統では，電圧が低く絶縁上の問題は少ないため，非接地方式が普通であるが，三相3線式や三相4線式では変圧器の中性点を接地する場合もある．

26.5 架空送電
(1) 送電鉄塔の種類

送電鉄塔の各種形状を，送電線の方向からみた正面図と真上からみた横断図を，図26.4に示す．四角鉄塔は，わが国で最も一般に使用されている鉄塔である．横断面は正方形であり，立面は4面とも同じ部材で構成され，電線の垂直2回線配列に有効である．矩形（方形）鉄塔は，相対する2面が同じ部材で構成された鉄塔である．烏帽子鉄塔は，雪や雷の多い山岳地など気象条件の厳しい地域に適用される．門型（ガントリー）鉄塔は，鉄道の上部に送電線路を敷設する場合に適用されることが多い．矩形（方形）・烏帽子・門型の鉄塔では，水平配列がとられる．単柱（モノポール）鉄塔は，公園，景勝地など周囲の景観に配慮が必要な箇所や市街地など用地の制約が多い箇所に採用され，電線は垂直配列になっている．なお，送

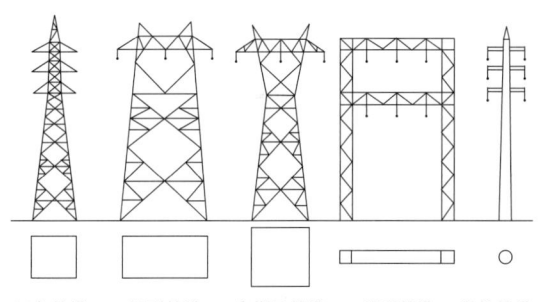

四角鉄塔　矩形鉄塔　烏帽子鉄塔　門形鉄塔　単柱鉄塔

図26.4 送電鉄塔の種類 ([2] p.493, 表10.2.1)

電鉄塔に使用される鋼材の断面形状には，等辺山形状のもの，中空管状のものなどがあり，前者を用いた鉄塔を山形鋼鉄塔，後者を用いた鉄塔を鋼管鉄塔と呼ぶ．鋼管鉄塔には管状鋼材をコンクリートで充填したMC鉄塔もある．

(2) 懸垂形鉄塔と耐張形鉄塔の例

鉄塔の使用目的から，鉄塔は直線用，角度用，引留用，保安用の4つに分類される．このうち，直線用と角度用は，送電線路の屈曲状況に応じて，それぞれ懸垂形と耐張形が使い分けられる．懸垂形と耐張形は，図26.5に示すように，鉄塔の電線支持方式（がいしの吊り方）の違いによるもの

図26.5 懸垂形鉄塔（左）と耐張形鉄塔（右）の例（[2] p.493, 図10.2.2）

である．懸垂形鉄塔は，電線路が直線あるいは角度の小さい箇所に適用され，耐張形鉄塔は電線路の角度が大きい箇所に適用される．送電線路の起点や終点などで，架線を完全に留め固定することを引留めと呼び，この場合には耐張形が使用される．また，鉄塔の両側の径間距離の差が大きい箇所で，線路方向に不平衡の張力が生じる場合にも耐張形が使用される．

(3) 架空送電用がいしの種類と特徴

架空送電線路の電気絶縁は空気によっており，電線の支持物としての素子はがいしである．架空送電用がいしは，過酷な自然条件のもとでつねに引張荷重を受けながら絶縁の役割を担っているため，電気的および機械的に強い性能が要求される．がいしの絶縁体の材料には磁器，ガラス，有機高分子材料がある．多くは磁器製であり，磁器の材質としては，珪石，長石，粘土を原料とした長石質磁器であったが，耐アーク性に優れたアルミナ含有磁器が多く使用されるようになった．架空送電用がいしの種類には，表26.4に示すように，懸垂がいし，長幹がいし，ラインポストがいし，ピンがいし，有機がいしがある．

ピンがいしは，2～4層のかさ状の磁器片をセメントで接着したものである．過去に70kVまでの架空送電用としてもっぱら使われてきたが，大正初期に100kV送電時代になると，送電用としては大きく重すぎるため，懸垂がいしに座を明け渡した．

懸垂がいしは，鋳鉄製キャップ，円板状磁器，鋼製ピンをセメントで接着したものである．使用電圧に応じて適切な個数を連結し，がいし連として用いる．現在ではほとんどの架空送電線に使われている．

長幹がいしは，中実の磁器体の上下端に連結金具があり，使用電圧に従って長さが変えられる．2個以上を連結して用いることもある．塩害地帯の耐霧がいしに適しているが，機械的な強度が低い．

ラインポストがいし（LPがいし）は，床面などに直立固定して使用される．長幹がいしと同様の中実磁器体の頭部に，ピンがいしと同様の導線溝があり，バインド線で結んで使う．長幹がいしと同じような長所をもっており，77kV以下の送電線の懸垂に使用される．

26.6 地中送電
(1) 各種ケーブル布設方式の得失

地中ケーブルの多くは道路に沿って布設される．布設にあたって，基本的には工事ルートの経過地と亘長が重視されるが，具体的には以下が勘案される．① 将来の送電系統の計画，② 道路の湾曲や高低，道路の交通・舗装の状況，河川・軌道の横断箇所，③ 既設埋設物の有無，私有地の有無，④ 地盤の状況，土壌の熱抵抗・電気化学的性状．

布設方式は，直埋式，管路式，暗きょ式の3つに大別される．それぞれの方式の得失の比較を表26.5に示す．

i) 直埋式： 一般にケーブルの防護にはコンクリート製トラフを使用する．トラフの中にケーブルを引き込み，砂または土で充填し，ふたで覆って埋め戻す．直埋式は，① 砂利道，簡易舗装道

26章 送 電

表26.4 架空送電用がいしの種類と特徴（[2] p.447, 表10.3.1）

名　称		特　徴	外　観
懸垂がいし	普通懸垂がいし	・架空送電用がいしとして最も多く使用される ・全電圧階級に適用される ・連結方式により，クレビス形とボールソケット形の2形状に分類される ・引張強度はクレビス形が120 kN，ボールソケット形が165〜530 kN	クレビス形
	全面導電釉がいし	・通常釉がいしと同一構造，同一寸法形状 ・磁器表面の釉薬に金属酸化物（酸化錫，酸化アンチモン，酸化ニオブ）を添加し，半導電性をもたせており，汚損湿潤時のコロナ防止特性に優れる	ボールソケット形
	耐塩がいし	・磁器部のヒダを深くし，普通懸垂がいしに比較し表面漏れ距離を約50%長くすることで，汚損時の耐電圧を約30%向上させたがいし ・汚損の厳しい臨海部送電線に適用される	
長幹がいし	普通ヒダ	・磁器部分は中実厚肉構造 ・長期の使用によっても絶縁体に劣化や電気貫通が発生しないため，劣化に対する点検作業が不要 ・分岐鉄塔など電線が複雑に配置され保守作業が困難な鉄塔に多く使用される	
	下ヒダ	・普通ヒダ部下面にヒダを設け，表面漏れ距離を長くし，汚損時の耐電圧を向上させたがいし ・汚損の厳しい臨海部送電線に適用される	
	長幹支持	・ジャンパ線と支持物の必要離隔を確保するため，ジャンパ線を支持する場合に適用される	
ラインポストがいし		・支持物へはボルトを用いて腕金に垂直または水平に取り付ける ・主に44kV以下の架空送電線に適用される	
ピンがいし		・電気事業の初期の架空送電に使用された ・現在は架空送電用としてはほとんど使われない	
有機がいし		・軽量かつ経済性に優れる ・FRP製の芯材に強度を分担させ，外被に耐候性や汚損時の耐電圧物性に優れたシリコーンゴムを用いる ・北米などでは銃撃による破壊対策として，架空送電用がいしとしての適用が拡大している ・海外におけるブリトルフラクチャ（コアの脆性破壊）などの不具合の発生や劣化検出，保守技術が確立されていないことから，国内での採用実績は少ない	

表26.5 各種ケーブルの布設方式の得失（[12] p.237, 表5.6, 図5.17～5.19）

布設方式	長　所	短　所	布設・断面図
直埋式	1. 工事費が小さい 2. 多少の屈曲部は布設に支障ない 3. 熱放散が良好 4. 工事期間が短い	1. 外傷を受けやすい 2. 保守点検・漏油検出が不便 3. 増設・撤去が不利	
管路式	1. 増設・撤去が便利 2. 外傷が比較的に少ない 3. 保守点検・漏油検出が便利	1. 工事費が大きい 2. 条数が多いと送電容量が制限される 3. 伸縮・振動によるシースの疲労がある 4. 管路の湾曲が制限される 5. 急斜面はケーブルが移動する	
暗きょ式	1. 熱放散が良好 2. 多条数の布設が便利	1. 工事費が非常に大きい 2. 工事期間が長い	

路に埋設する際に，ケーブル条数が少なく将来の増設もない場合，② 歩道，構内などに埋設する場合，③ 応急措置など線路の重要性が低い場合などに適している．

(ii) 管路式： 合成樹脂管，コンクリート管，鋼管などを用いて管路をつくり，マンホールから数条～十数条のケーブルを引き入れ，そこで接続して布設する方式である．マンホールの多くは100～250 m程度ごとに設けられる．管路式は，① 多くのケーブル条数が必要の場合，② 道路の舗装状況・交通事情から今後の増設ができない場合などに適している．

(iii) 暗きょ式： 地中に暗きょ（洞道）またはふた付きの開きょをつくり，その床上または棚上にケーブルを布設する方式である．共同溝は暗きょ式の一種であり，都市施設として上水道，ガス，電話，電力など共同利用のための地下溝である．暗きょ式は，① ケーブル条数が20条程度以上の場合，② 経過地に多数のルートがとれない場合，③ 複数の企業体の参加が成立する場合，④ 道路の再掘削が禁止あるいは不可能な場合などに適している．

(2) OFケーブルの異常・劣化診断技術

OF (oil filled) ケーブルは，油浸紙に油圧を加え高い絶縁性能に加工したケーブルであり，導体部分を絶縁体，金属シース，防食層などで覆われた構造になっている．OFケーブルの異常や劣化の現象には，ケーブルに巻かれた絶縁紙のコアずれ，絶縁物の劣化による分解ガスの発生，GIS (gas insulated switchgear) との接続箇所からのガスの混入，金属シースの疲労による漏油などがある．このうち，油浸紙の絶縁体には，過熱による熱的劣化や内部放電による電気的劣化が起こるが，この際に分解ガスが絶縁油に溶解する．この場合の診断方法として，油中ガス分析による診断が有効である．また，絶縁体へ水分が混入すると，絶縁破壊強度の低下，誘電正接（$\tan\delta$：タンデルタ）の増大といった現象を引き起こす．このため，油中に含まれる水分量をつねに測定しておく診断が役に立つ．表26.6にOFケーブルにみられる異常や劣化に対する診断技術とその有効性を示す．

(3) 架空送電と地中送電の比較

架空送電と地中送電を比較すると，架空送電は通常1ルート当たり2回線であるのに対して，地中送電はより多数の回線を同一ルートに布設する

表26.6 OFケーブルの異常・劣化診断技術 ([2] p.468, 表10.6.1)

診断技術		異常			劣化			有効性
		ガス水分の浸入	外傷	振動伸縮	酸化劣化	熱劣化	課電劣化	繰返し疲労	
油中ガス分析		○		○	○	○	○		異常現象と生成ガスとの相関関係が調査されており，異常の有無を推定することが可能．生成ガス量により異常の程度を推定することが可能
絶縁油特性測定	水分量	○			○				施工不良や水分浸入の有無の推定が可能 油中水分量から紙中水分量を推定することにより，異常の程度を推定することが可能
	体積抵抗率	○							施工不良や絶縁油の汚損状況の推定が可能
	誘電正接	○				○			施工不良や水分浸入，熱劣化の推定が可能
コアずれ測定	放射線測定			○					接続箱の内部異常の調査が可能 コア移動発生個所の推定手法と油中ガス分析とを組み合わせることで，効率的な運用が可能
	活線下ケーブルコア移動測定			○					コア移動量の活線下で測定および連続測定が可能
油量，油圧監視			○					○	傾向管理により，漏油の早期発見が可能

表26.7 架空送電と地中送電の比較 ([13] p.123, 表5.1)

項目	地中送電線	架空送電線
送電容量	小	大
事故	地下に埋設される関係上事故は少ないが，事故が発生すると，復旧に長時間を要する	雷，風雨，氷雪など自然現象の影響を受けやすく事故が多い．事故発見は容易で復旧も簡単である
安全	直接人に触れないので安全	樹木やクレーン車などに接触しやすい
保守	距離も比較的短かく，作業も送電停止を伴わないで行えるので比較的容易である	気中絶縁に依存している関係上，点検，保守がやりにくい
建設費	大	用地事情にもよるが一般に小
環境調和	良好	困難

ことができる．環境との調和においても，地中送電の方が電気障害や景観問題などの点で優位にある．また，地中送電は風雨や雪あるいは雷など気象の変化に左右されず，たとえ断線などがあっても人や建物に触れないため周辺への影響はほとんどない．一方，架空送電は，同じ太さの導体で送電可能電力が大きく，建設期間も短く，建設費も少ない，などの利点をもっている．両者を比較すると表26.7のようになる．こうしたことから，法規による制限，保安上の制約，用地取得の面から架空送電線の建設が不可能な箇所に限って，地中送電線が導入されている．わが国の地中送電線の亘長は全体の十数％であるが，都市化の進展に伴い，地中送電の区域は拡大してきており，使用電圧もしだいに高圧化してきている．

26.7 直流送電

(1) 直流送電の設備構成と変換装置

2つの交流系統を結ぶ直流送電の設備構成は，図26.6(a) に示すように，順・逆2つの変換所および両者の間の直流線路からなる．送電側にある順変換所では，交流系統で発電した電力を変換用の変圧器で適切な電圧にして変換器（交直変換器）に送り，電力を交流から直流に変える（順変

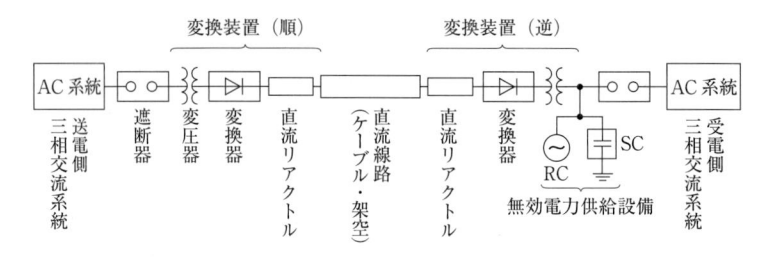

(a) 直流送電系統の構成
SC：電力用コンデンサ，RC：同期調相機．

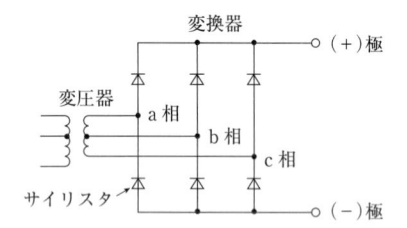

(b) 変換装置の主回路（三相ブリッジ結線）

図 26.6 直流送電の設備構成と変換装置（[12] p.221，図 4.1）

換）．また，変換器の主回路の多くは，図 26.6(b) に示すように，三相ブリッジに結線されている．変換器の素子であるサイリスタバルブの基本的な機能は，点弧パルスを加える時間を制御することによって，通常時には順変換（交流→直流）と逆変換（直流→交流）を行わせ，事故時には瞬時に故障電流を遮断することである．このような動作原理は，バルブの陽極と陰極の間に順方向の電圧（主回路電圧）が印加されている間は，ゲートに点弧パルスを加えると主回路が通電状態になるが，両極間の電圧が逆になると主回路の電流が遮断される，といったサイリスタの特性を利用している．直流に変えられた電力は，直流リアクトルで脈動分を平滑にされ，直流線路を通して受電側に送られる．逆変換所では，変換器（逆変換器）によって直流を交流に戻し，変換用の変圧器により受電側の交流系統の使用電圧にあわせて電力を送る．なお，変換器（他励磁式）で交流を直流または直流を交流に変換する際に，それぞれ無効電力（進相）を消費するので，その補償のために電力用コンデンサあるいは同期調相機などの調相設備が必要になる．

表 26.8 わが国の直流送電と系統連系（[12] p.238，表 4.4）

名　称	佐久間 FC	新信濃 FC	東清水 FC	南福光 BTB	北本直流連系設備	紀伊水道直流連系設備
電力容量 [MW]	300	600	300	300	600	1,400
交流系統電圧 [kV]	275	275	154/275	500	275	500
直流電圧 [kV]	±125	±125	±125	±125	±250	±250
直流電流 [A]	1,200	1,200	1,200	1,200	1,200	3,500
送電方式	－	－	－	－	双極導体帰路	双極導体帰路
送電線路 [km] 架空式（ケーブル）	－	－	－	－	124 (43) 計 167	51 (51) 計 102
変換装置	水冷式	油，水冷式	水冷式	水冷式	空，水冷式	水冷式
運転開始年（増設年）	1965 (1993)	1977 (1991)	2011	1999	1979 (1993)	2000
	異周波数連系			非同期連系	直流送電	

FC：周波数変換所，BTB：非同期連系所．

(2) わが国における直流送電・連系設備

わが国における直流送電と直流連系の施設は，表26.8に示すように，計画分も含めて全国で6カ所がある．これらの概要は以下のとおりである．

佐久間・新信濃・東清水の3つは周波数変換所であり，ともに50Hz地域と60Hz地域の異周波数系統を連系し，通常時は両方向に自由な相互融通を可能にしている．また，緊急時には供給不足の側に向けて一定電力を即座に送ることができる機能ももっている．

南福光の非同期連系所は，北陸系統と中部系統と関西系統の間にまたがる交流ループ送電線路の電力潮流を調整する役割をもっている．また，北陸系統が関西系統から切り離された場合には，系統周波数の変化を抑えるように連系電力が調整される仕組みになっている．

北海道-本州間直流連系設備と紀伊水道直流連系設備の2つは，ともに一部の海底ケーブルを含む直流送電施設である．前者は常時，北海道系統と本州側系統（東北系統）との周波数偏差を検知して連系電力を制御する役目を担っている．後者は，世界最大級の規模のもので，四国系統で発電された電力の一部を関西系統に送電する機能を主とするが，事故時に発生する電力潮流の動揺抑制など連系強化にも役立っている．

26.8 UHV送電の設計と新技術

遠隔化する大規模電源から大量の電力を首都圏に効率よく運ぶには，500kV送電では多数の送電ルートが必要になり，わが国では国土が狭隘で用地確保が困難である．また，500kV系統が拡大すると事故時の故障電流が過大になり，現行の遮断器の能力を超えるおそれがある．こうした課題を先行して解決しておくため，わが国

表26.9 UHV送電の設計と新技術（[12] p.209, 表3.20）

検討課題		UHV設計結果	適用した新技術
絶縁設計	開閉サージ	対地サージレベル1.6～1.7 pu抑制 相間サージレベル2.6～2.8 pu抑制	高性能酸化亜鉛形避雷器，抵抗投入・遮断方式の採用
		500kV送電線 対地2.0 pu，相間3.2 pu	EMTPによる実規模系統のサージ解析
	雷サージ	事故率0.33回/100km/年 （500kV送電線の40％以下）	ホーン間隔の拡大 架空地線の外側張出し
	持続性過電圧	常規電圧のがいし分担電圧を500kVと同程度に抑制	がいし320mm懸垂40個（塩じん汚損），380mm懸垂46個（冠雪）
荷重設計		1,000～1,500m山岳地，重着氷山岳地，豪雪地帯の風，着氷，着雪積雪の荷重を鉄塔地点ごとに解析して予測	
電線設計		コロナ騒音レベル目標値 50dBA以下 低風騒音の実現（平野部）	810mm^2，610mm^2 8導体 実規模試験によるコロナ騒音レベルの見極め 500mm^2 OPGW採用 表面突起形低騒音電線
支持物設計		2回線鉄塔 鉄塔重量の15％削減 500kV鉄塔をやや上回る規模	トラス構造の2回線自立形鉄塔 新高張力鋼（60kgf/mm^2），骨組・接点構造の最適化，パネル割り数の減少，プレートの縮小
環境対策		国立公園，野生動植物の保護 太陽光反射抑制と周囲環境調和	線画システムなど景観影響検討 電線・鉄塔低明度化技術の導入
送電線工事		基礎工事：深礎基礎（円筒形のコンクリート基礎）とし，掘削に伸縮式クラムシェルの採用と排土にバキュウムシステムの併用，小運搬作業にジブクレーンの採用など 鉄塔組立：クライミング・クレーン工法，ITVの本格採用など 架線工事：両回線同時4条引抜工法，引留め作業の自動圧縮システム，プロテクタ通過形延線車の機械工具の採用など	

では500 kVよりも上位の次期送電電圧として世界最高レベルの1,000 kVのUHV (ultra high voltage) が選定された．一般に，UHVとは交流送電では800 kV以上，直流送電では±500 kV以上の送電電圧の総称である．1,000 kV送電系統においては，主要設備が高電圧化するほか，大容量化・大電流化することから，UHVの新規導入にあたっては事前に各種の試みがなされた．UHV設備に必須な機器設計・製造技術，新たな系統特性に適応した系統運用技術などの研究開発に加え，線路建設に際して地域環境に与える影響評価も行われた．表26.9にUHV送電の具体化にあたって新しく開発され適用された技術を示す．UHV設備の設計全般においては，もっぱら機器のコンパクト化を図ることが重視されたが，UHV系統特性の面から新たに以下のような事項が予測された．

① 送電線の充電容量が増大するため事故時の二次アーク電流が大きくなること．

② 無負荷送電線の充電時に短時間交流過電圧の発生や，送電線開放時に共振性過電圧が生じるおそれがあること．

③ 非ねん架とせざるを得ないことから不平衡電流・不平衡電圧の発生が懸念されること．

④ 送電線の抵抗が相対的に小さくなるため事故時の直流電流分が減衰しにくくなると同時に高調波成分が増す可能性のあること．

また，新しい系統技術として，高速接地開閉器による高速多相再閉路方式，避雷器の過電流と過電圧に基づく遮断方式，送電線直付けの分路リアクトルによる中性点接地方式などのほか，大充電電流軽減対策，直流分抑制対策，高調波低減対策に関わる技術も開発された．　〔高橋一弘〕

参 考 文 献

[1] 電気学会編：電気工学ハンドブック（第6版），オーム社（2001）
[2] 宅間 董・高橋一弘・柳父 悟編：電力工学ハンドブック，朝倉書店（2005）
[3] 赤崎正則・原 雅則：電気エネルギー工学，朝倉書店（1986）
[4] 長谷川淳・斉藤浩海・大山 力・北 裕幸・三谷康範：電力系統工学，電気学会（2002）
[5] 吉川榮和・垣本直人・八尾 健：発電工学，電気学会（2003）
[6] 道上 勉：発電・変電（改訂版），電気学会（2006）
[7] 福西道雄ほか：水力発電（改訂版），電気学会（1966）
[8] 瀬間 徹編：火力発電総論，電気学会（2002）
[9] 法貴四郎ほか：原子力発電（改訂版），電気学会（1970）
[10] 日本原子力学会編：原子力がひらく世紀，日本原子力学会（1998）
[11] 河野照哉：送配電工学，朝倉書店（1996）
[12] 道上 勉：送配電工学（改訂版），電気学会（2003）
[13] 道上 勉：送電・配電（改訂版），電気学会（2001）

27章 変　　電

27.1 変電所の仕組み
(1) 変電所の機能と分類

電力系統を流れる電気は，発電所から送電線および配電線を経て需要家に至る．この間に，電圧は様々な大きさに変えられるが，その役割を果たす施設が変電所である．変電所では，このような電圧の昇降を行うほか，上位系から下位系に向かう電気の流れを配分したり，電圧の規定値からの偏差の補正を行ったり，事故時には瞬時に遮断器を開いて設備を保護する，などの機能をもつ．変電所は，電力系統に占める位置により各種に分類される．一般には図27.1に示すように，基幹変電所，一次変電所，二次変電所，配電用変電所に区分けされる．このうち，基幹変電所には500 kV変電所と超高圧変電所があり，主要系統の要に位置する大規模の変電所である．500 kV

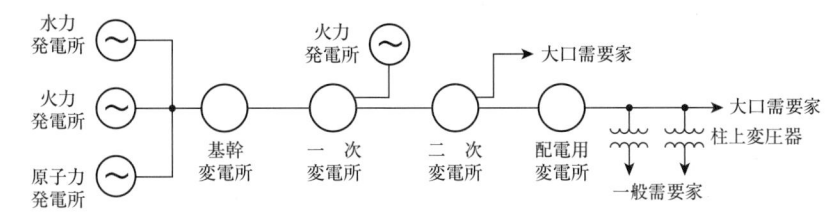

図27.1　変電所の機能と分類（[6] p.261，図1.1）

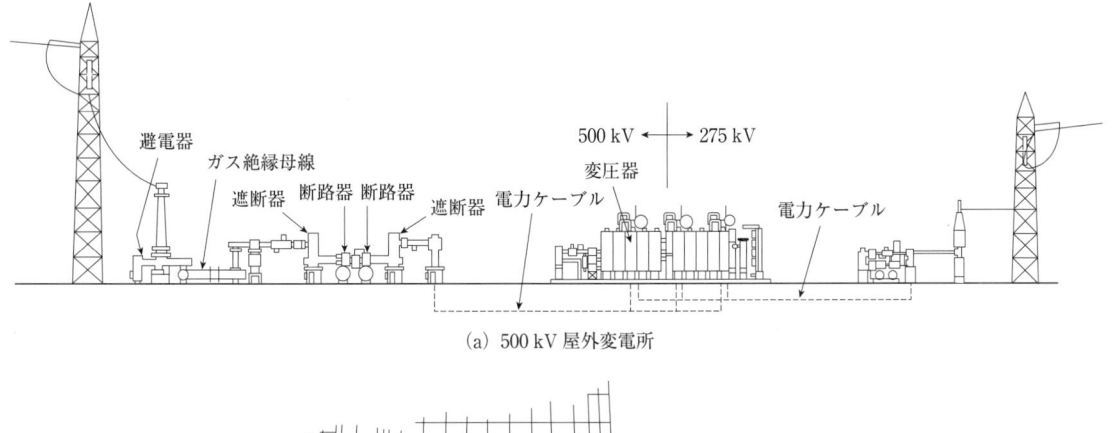

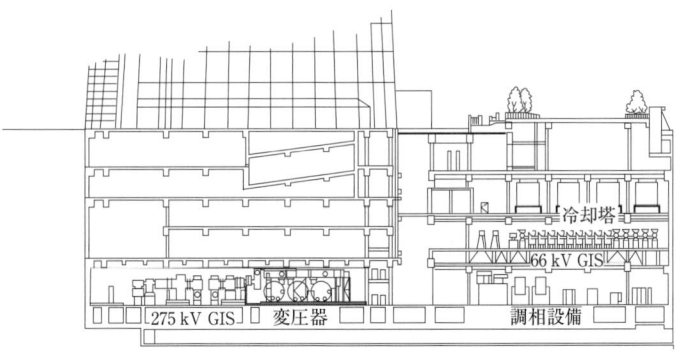

(a) 500 kV 屋外変電所

(b) 275 kV 地下式変電所

図27.2　屋外変電所と地下式変電所（[1] p.1278，図1.2）

変電所は送電電圧を 500 kV から 275～77 kV に，超高圧変電所は 275～187 kV から 154～33 kV に降圧する．以下，一次変電所，二次変電所は，それぞれ 154～110 kV から 77～22 kV に，77～66 kV から 33～22 kV に降圧する．二次変電所には中間変電所と呼ばれる変電所も含まれる．また，配電用変電所は，送電系統の末端で配電系統と接続する地点にくまなく配置されており，154～22 kV から配電電圧 6.6 kV に降圧する役目をもっている．

（2） 地上式変電所と地下式変電所

変電所の立地形態には地上式と地下式がある．地上式変電所は屋外変電所，屋内変電所および半屋内変電所に分けられる．屋外変電所は，主変圧器，開閉装置など主要機器も屋外に設置し，配電盤など制御装置だけを建屋内に置くもので，広い用地面積を必要とするが，機器配置は整然としており，工事費は安価である．屋内変電所は，すべての主要機器や制御装置を屋内に立体的に設置するもので，屋外変電所に比べて用地面積は縮小するが，建物の工事費は高価になる．半屋内変電所は，主要機器の一部および制御装置を屋内に置き，残りを屋外に設置するものである．一方，地下式変電所は，ビルなどの地下空間に，すべての主要機器および制御装置を設置する方式で，都心部などで用地取得が困難な場所に多くみられる．ただし，変圧器などの冷却設備はビルの屋上や屋内に設けられる．図 27.2 に屋外変電所と地下式変電所の例を示す．なお，上記の形態の変電所のほかに，移動式変電所がある．移動式変電所は，トレーラまたはトラック上に移動用の変圧器，ケーブル，キュービクルなどを積載し，事故時や工事時に現場に出向いて機能するものである．

（3） 各種変電所の標準的な規模

1 つの変電所の適切な規模（最終容量）は，主として経済性と信頼性の面から決定される．この際に，供給区域における負荷需要の密度や増加率をはじめ，変電所から引き出し得るフィーダ数など各種の因子が考慮される．たとえば，変圧器の価格については，変圧器の容量（バンク容量）の大きいものほど割安になる．したがって，負荷需要の増加率が高いと想定される区域では，組立・輸送限界の制約範囲で，できるだけ必要量よりも大きめのバンク容量の変圧器を最初から設置した方が有利となる．また，変圧器の基数（バンク数）については，電力系統の構成上の中心となる基幹変電所では，単に負荷供給だけでなく系統連系の機能も併せもつことから，系統全体の信頼性の視点から設備の定期点検や事故停止などへの対応の適切さも考慮して決める．わが国の 500 kV 変電所，275 kV 変電所，154 kV 変電所および配電用変電所の設計において採用されているバンク容量とバンク数の標準的な値を表 27.1 に示す．

表 27.1 各種変電所の標準的な規模（[6] p.271，表 2.2）
(a) 500 kV，275 kV，154 kV 変電所

変電所	電圧階級 [kV]	バンク容量 [MVA]	バンク数	最終容量 [MVA]
500 kV	500/275	1,500 1,000	4～5	6,000～7,500 4,000～5,000
	500/154	750	4～5	3,000～3,750
275 kV	275/154	450 300	4～5	1,800～2,250 1,200～1,500
	275/77 (66)	300 200	3～4	900～1,200 600～800
154 kV	154/77 (66)	250 200 150	3～4	750～1,000 600～800 450～600
	154/33 (22)	150 100 60	3～4	450～600 300～400 180～240

(b) 配電用変電所

地域区分	需要密度 [kVA/km^2]	バンク容量 [MVA]	バンク数	最終容量 [MVA]
大都市	10,000 以上	15～20	3	45～60
大都市周辺	3,000 程度	15～20	2～3	40～45
中都市	1,000 程度	10	3	30
郡部	100～300 程度	6	3	18

27.2 母線方式

（1） 母線方式の種類

変電所などにおける母線の結線の仕方を母線方式という．母線方式は，系統の信頼度，運用の融通性，運転・保守の容易性などを考慮して決定さ

(a) 単母線方式　(b) 二重母線方式　(c) 環状母線方式

(d) 二重母線4ブスタイ方式　(e) $1\frac{1}{2}$遮断器方式

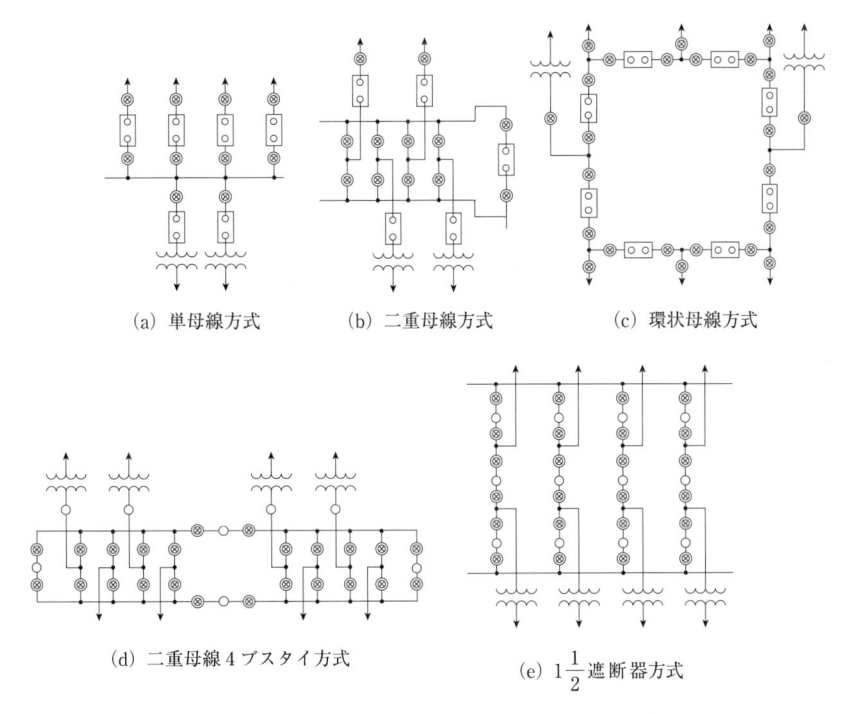

図 27.3 母線方式の種類（[6] p.295, 296, 図 4.1〜4.4）

れる．図 27.3 に示すように，母線方式には大別して，単母線方式，複母線方式，環状母線方式の3つがある．

 i) 単母線方式： 最も単純な結線がとられており，構成要素およびスペースが少なく，経済的に有利である．機器の信頼性の向上に伴って，一般的に広く採用されている．

 ii) 複母線方式： 二重母線，三重母線，四重母線など各種あるが，二重母線が最も多い．二重母線は2つの母線の間に連絡用の開閉器（ブスタイ）がある．単母線方式に比べて，構成要素の数が多く，所要面積も大きいが，機器の点検や系統の運用が容易になる．

 iii) 環状母線方式： 複数の母線をリング状に結線した方式で，所要面積が少なく，母線の部分停止や遮断器の点検には便利である．半面，系統運用上の柔軟性は二重母線方式より小さく，制御保護回路も複雑になる．わが国では，大容量火

表 27.2 大容量変電所における代表的な母線方式（[2] p.481, 表 11.1.2）

母線方式	機能と特徴
二重母線4ブスタイ方式	・あたかも2つの変電所を遮断器で接続したような方式で4つの母線からなる．万一の母線事故でもその影響は1/4で，系統への影響が少ない ・電源立地・送電用地事情などによって流動する系統構成にあわせて段階的に対応でき，系統運用も柔軟である ・送電線の数が多い場合，1回線当たりの遮断器の数は少なくてすみ，経済的にも有利 ・当該線路に関連する遮断器の点検時には線路の停止を必要とし，信頼性の高い遮断器の適用が必要になる
$1\frac{1}{2}$遮断器方式	・2回線当たり3台の遮断器を設置し，母線事故による系統へ影響が少なく，遮断器点検の際も当該線路の停止が不要である ・単純な系統で遮断器点検のため送電線の停止を避けたい場合や，潮流が偏在し万一の母線事故による系統分断を防止しなければならない変電所に有利である ・用地も比較的少なくてすむ ・潮流によっては，遮断器の定格電流が送電線2回線の容量分だけ必要になる

力発電所の昇圧変圧器の高圧側に採用されているが，一般の変電所では使用されていない．

(2) 大容量変電所における代表的な母線方式

わが国の基幹系統（500 kV，275 kV）の主要な変電所においては，ほとんどが二重母線方式を採用しているが，いっそうの信頼度向上を図るための代表的な方式として，二重母線4ブスタイ方式，1 1/2遮断器方式がある（ブスタイとは2つの母線の間を遮断器で結ぶことをいう）．これら2つの方式の機能と特徴を表27.2に示す．二重母線方式の設置にあたっては，①送電線や母線の事故時における系統への影響の大きさ，②電源や送電線の工事の進捗状況への適応性および工事中の作業員への安全性，③系統運用時における操作の容易性などが考慮される．わが国の送電系統では1ルート2回線の送電線路が一般的であり，常時2つの回線間や2つの母線間の負荷バランスをとりながら，事故時には必ずブスタイ遮断器が働く状態にしている．また，二重母線方式では，母線を分割して運用すれば，状況に応じて異なる系統からの受電もできるため（異系統運用），系統構成の面で自由度を高めることができる．

27.3 各種の調相設備

調相設備は系統電圧を適正値に維持するため，電力系統に無効電力を供給あるいは吸収するものである．調相設備の主なものとして，同期調相機，電力用コンデンサ，分路リアクトルがある．これら3つの設備について特性比較を表27.3に示す．系統規模が比較的小さく受電側から送電線の試送電が必要であった時代には，多数の同期調相機が設置されたが，大規模の電力網が形成されてくると，経済性や保守性の高い静止形の電力用コンデンサや分路リアクトルがもっぱら採用されるようになった．しかし，電力用コンデンサは，同期調相機とは異なり，系統故障時に内部誘起電圧を一定値に保持できないため，系統電圧が低下した場合に不可欠な無効電力の供給ができないという弱点がある．また，回転機の慣性力がないため，過渡的な周波数変動に対処することもできない．このため，再び同期調相機の導入の重要性が見直されるようになった．同時に，電力用半導体を用いた静止形無効電力補償装置（SVC：static var compensator）などの機器も新たに採用されるようになった．

27.4 GISと開閉装置
(1) 変電所におけるGIS適用の考え方

一般に，ガス絶縁開閉装置（GIS：gas insulated switchgear）とは，絶縁性能と消弧性能に優れたSF_6ガス（0.3～0.6 MPa）を充填した金属圧力容器の中に，開閉装置，母線，変成器，避雷器など

表27.3 各種の調相設備（[1] p.1292，表13）

比較項目	同期調相機	電力用コンデンサ	分路リアクトル
価格	大	小	小
年経費	大	小	小
定格電圧 [kV]	11～16.5	6.6	11～110	11～275
定格容量 [MVA]	10～200	1～2	5～120	10～200
電力損失	出力の1.5～2.5%	出力の0.2%以下	出力の0.5%以下
保守	回転機として煩雑	簡単	簡単
無効電力吸収能力	進相と遅相用	進相用	遅相用
調整段階	連続	段階的	段階的
電圧調整能力	大	同期調相機より小	同期調相機より小
試送電能力	可能	不可能	不可能

27章 変電

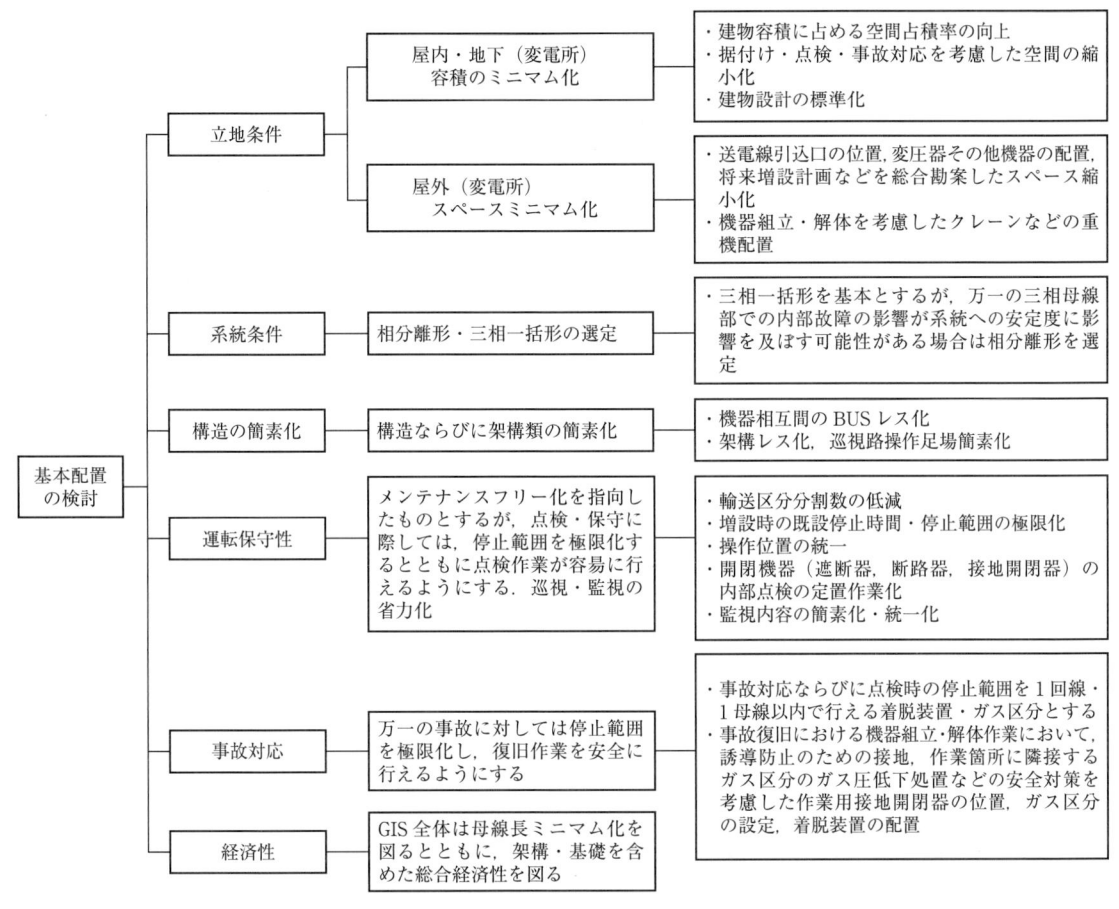

```
                    ┌─ 屋内・地下（変電所）──── ・建物容積に占める空間占積率の向上
                    │  容積のミニマム化         ・据付け・点検・事故対応を考慮した空間の縮
         ┌─ 立地条件 ┤                            小化
         │          │                          ・建物設計の標準化
         │          │
         │          └─ 屋外（変電所）────── ・送電線引込口の位置，変圧器その他機器の配置，
         │             スペースミニマム化       将来増設計画などを総合勘案したスペース縮
         │                                      小化
         │                                    ・機器組立・解体を考慮したクレーンなどの重
         │                                      機配置
         │
         │                                    ・三相一括形を基本とするが，万一の三相母線
         ├─ 系統条件 ── 相分離形・三相一括形の選定 ─ 部での内部故障の影響が系統への安定度に影
         │                                      響を及ぼす可能性がある場合は相分離形を選
基本配置 │                                      定
の検討 ──┤
         ├─ 構造の簡素化 ─ 構造ならびに架構類の簡素化 ─ ・機器相互間のBUSレス化
         │                                           ・架構レス化，巡視路操作足場簡素化
         │
         │              ┌ メンテナンスフリー化を指向し ┐ ・輸送区分分割数の低減
         │              │ たものとするが，点検・保守に │ ・増設時の既設停止時間・停止範囲の極限化
         ├─ 運転保守性 ─┤ 際しては，停止範囲を極限化す │ ・操作位置の統一
         │              │ るとともに点検作業が容易に行 │ ・開閉機器（遮断器，断路器，接地開閉器）の
         │              │ えるようにする．巡視・監視の │   内部点検の定置作業化
         │              └ 省力化                       ┘ ・監視内容の簡素化・統一化
         │
         │                                        ・事故対応ならびに点検時の停止範囲を1回線・
         │                                          1母線以内で行える着脱装置・ガス区分とする
         │              ┌ 万一の事故に対しては停止範囲 ┐ ・事故復旧における機器組立・解体作業において，
         ├─ 事故対応 ──┤ を極限化し，復旧作業を安全に │   誘導防止のための接地，作業箇所に隣接する
         │              └ 行えるようにする            ┘   ガス区分のガス圧低下処置などの安全対策を
         │                                              考慮した作業用接地開閉器の位置，ガス区分
         │                                              の設定，着脱装置の配置
         │
         │              ┌ GIS全体は母線長ミニマム化を ┐
         └─ 経済性 ────┤ 図るとともに，架構・基礎を含 │
                        └ めた総合経済性を図る        ┘
```

図 27.4 変電所における GIS 適用の考え方（[1] p. 1289, 図 18）

を一括して収納し，相互に接続して構成した設備のことである．気中絶縁と比較して機器のサイズが縮小され，設置スペースの大幅な節減が可能となる．このため，地下式変電所，屋内変電所，あるいは地価が高い屋外変電所，地形が急峻で敷地造成が難しい屋外変電所などに適用される．また，安全，保安，環境などの点で向上が図られるため，こうした側面からも適用が進められている．一方，GIS は，万一の内部事故に際しては，機器が密閉化，複合化，一体化されているため，復旧までに長い時間を要する．また，金属異物の混入によってガス中の電界分布が乱されることから，製造過程や現地据付けにおいては，塵埃・異物に対する管理が必要になる．GIS の適用にあたっては，図 27.4 に示すように，信頼性と経済性の追求を前提に，立地条件，系統条件，運用条件を加味して，スペースの最小化，構成の簡素化などに向けたレイアウトが求められる．

(2) 遮断器の適用箇所と標準的な種類

開閉装置とは遮断器，断路器，負荷開閉器の総称であり，変電所に引き込まれた送電線や配電線，変電所内に設置された変圧器や調相設備などを，主回路に接続したり切り離すために設けられる．このうちの遮断器は，送電線・配電線，変電所の母線・機器などが故障した際に，主回路から自動的に遮断する機器である．また，平常時においても，主回路の開閉操作などには欠かすことができない．遮断器には，ガス遮断器，真空遮断器，空気遮断器，磁気遮断器，油遮断器などの種類があり，適用個所に応じて表 27.4 のように使い分けられる．一般に，ガス遮断器は消弧媒体に SF_6 ガスが用いられ，高い絶縁耐力と遮断性能をもち，

表27.4 遮断器の採用箇所と標準的な種類（[1] p.1287, 表9）

変電所	電圧[kV]	標準適用機種〔( )内は従来〕
送電用変電所	500～66	ガス遮断器（空気遮断器）
	33～22	真空遮断器 ガス遮断器（空気遮断器）
配電用変電所	154～66	ガス遮断器 真空遮断器（油遮断器）
	6	真空遮断器 ガス遮断器（磁気遮断器）
調相設備用	66～22	真空遮断器 ガス遮断器（空気遮断器）

かつ操作時の騒音が小さく，主として高圧回路に用いられる．しかし，近年ではSF$_6$ガスは地球温暖化を促進させるとして使用が制限されるようになった．また，真空遮断器は，小型で遮断性能・保守性に優れ，電圧の低い配電用変電所や調相設備用に使用される．一方，断路器は送・配電線や変電所機器の点検の際に，遮断器を主回路から切り離しておくために設けられる．負荷開閉器は負荷電流の開閉操作の際に用いるもので，断路器と同じように故障電流を遮断する能力はない．

27.5 絶縁協調と避雷装置
(1) 変電所用避雷器の適用の考え方

避雷器には近年，酸化亜鉛素子を用いた酸化亜鉛形避雷器が多く使われている．酸化亜鉛形避雷

表27.5 変電所用避雷器の適用の考え方（[1] p.1294, 1302, 表14, 19）

系統		適用避雷器				
公称電圧[kV]	最高電圧[kV]	定格電圧[kV]（実効値）	連続使用電圧[kV]（実効値）	雷インパルス制限電圧[kV]（波高値）（上限値）	急しゅん雷インパルス制限電圧[kV]（波高値）（上限値）	開閉インパルス制限電圧[kV]（波高値）（上限値）
非有効接地系統 3.3	3.45	4.2*	3.45/√3	17	17	19
6.6	6.9	8.4*	6.9/√3	33	33	36
11	11.5	14*	11.5/√3	47	45	52
22	23	28*	23/√3	94	90	103
33	34.5	42*	34.5/√3	140	120	154
66	69	84*	69/√3	229	204	252
77	80.5	98*	80.5/√3	267	239	294
110	115	140*	115/√3	381	341	341
154	161	196*	161/√3	533	477	477
有効接地系統 187	196	182*	195.5/√3	411	452	370
220	230	210*	230/√3	474	521	430
275	287.5	266*	287.5/√3	600	660	540
		280	300/√3	632	695	570
500	525	420*	550/√3	870(940)	957	800
	550					

*は標準的な適用を示す．
1. 雷インパルスの放電電流：10 kA〔( )内の値は20 kA〕，放電電流波形：8/20 μs．
2. 急しゅん雷インパルスの放電電流：10 kA，放電電流波形：1/2.5 μs（波尾長は参考値）．
3. 開閉インパルスの放電電流：公称電圧33 kV以下は1 kA，公称電圧66～154 kVは1 kAおよび2 kA，公称電圧187～275 kVは2 kA，公称電圧500 kVは3 kA，放電電流波形：30/80 μs．

器は，非直線抵抗特性に優れており，従来の炭化ケイ素形避雷器に付属していた直列ギャップを必要としないため，放電時間の遅れがなく保護性能がよいことなど，多くの特徴がある．半面，直列ギャップがないことから，酸化亜鉛素子にはつねに系統電圧が課電されることになる．このため，定格電圧の選定にあたっては，短時間交流過電圧が考慮される．なお，連続使用電圧の条件として，送電線の最高電圧の $1/\sqrt{3}$ 倍の値があてられている．変電所用の避雷器に関する一般的な適用基準を表27.5に示す．実際の設計においては，変電所の設備構成と絶縁レベルを考慮した絶縁協調の観点から，避雷器の必要の有無，仕様と配置などについて具体化される．ここで，避雷器の定格電圧は，一線地絡や負荷遮断に際して変電所に発生すると想定される短時間交流過電圧が課せられても，避雷器が所定の動作を遂行できるとの条件を基本にして決定される．

(2) 絶縁協調からみた試験電圧の決定手順

絶縁協調は「系統各部の機器・設備の絶縁の強さに関して，技術上，経済上ならびに運用上からみて最も合理的な状態になるように協調を図ること」と定義されている．つまり，電力系統の重要な構成機器である変電機器について，電気絶縁面からの信頼性とコストの両立点を見出すための基本となる考え方を提供している．絶縁協調に基づいて具体的な検討を行うにあたっては，系統の運転電圧と過電圧および保護装置の特性がポイントとなる．特に，発生する過電圧として，雷過電圧（雷サージ），開閉過電圧（開閉サージ），負荷遮断時の交流過電圧，一線地絡時の交流過電圧などが主な対象にされる．また，変圧器などが実際に電力系統に設置された場合に，遭遇する過電圧に十分耐えることを検証するための事前試験（工場試験）が行われ，この際に課せられる電圧を試験電圧という．絶縁協調の視点からみた試験電圧を決定する手順を図27.5に示す．主要な項目としては，まず避雷器を適切に配置しながら系統に生じる各種の過電圧の大きさを解析し，それぞれの過電圧ごとの最大値を想定する．次に，機器の絶縁性能に与える諸因子の影響度を解析し，それぞ

```
┌─────────────────────────┐
│ 系統解析条件の設定         │
│  ・系統の運用条件          │
│  ・避雷器の保護特性        │
│  ・避雷器の配置           │
│  ・過酷条件              │
└─────────────────────────┘
┌─────────────────────────┐
│ 過電圧レベルの決定         │
│  ・それぞれについて過電圧の解析│
│   短時間過電圧  開閉過電圧  │
│   雷過電圧    断路器開閉過電圧│
└─────────────────────────┘
┌─────────────────────────┐
│ 絶縁性能に与える諸因子の影響などの評価│
│  ・波形       ・V-t特性   │
│  ・繰返し電圧印加  ・温度   │
│  ・商用周波電圧-雷インパルス重量│
│  ・気象条件              │
└─────────────────────────┘
┌─────────────────────────┐
│ 過電圧種別ごとに所要耐電圧の決定│
└─────────────────────────┘
┌─────────────────────────┐
│ 試験電圧種類などの検討      │
│  ・換算係数による耐電圧試験  │
│  ・試験条件              │
│  ・機器の耐久性を保証する試験方式│
│  ・IECとの整合性          │
└─────────────────────────┘
┌─────────────────────────┐
│ 試験電圧の決定            │
│  対地雷インパルス耐電圧試験  │
│  対地商用周波耐電圧試験     │
│   短時間試験（154 kV以下）  │
│   長時間試験（184 kV以上）  │
│  対地人工汚損商用周波電圧試験 │
└─────────────────────────┘
```

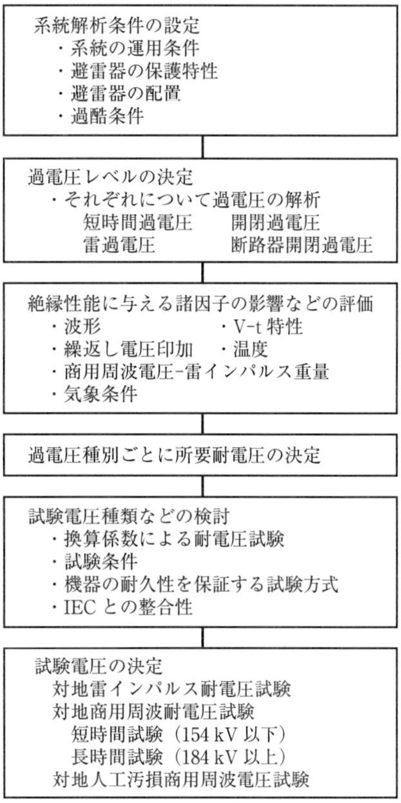

図 27.5 絶縁協調からみた試験電圧の決定手順
([2] p.483, 図 11.2.1)

れの過電圧の最大値に対する機器の所要耐電圧を決める．最後に，これら各種の過電圧について，異なる波形の間の影響度の相関性などを考慮し，実施すべき試験電圧を決める．

(3) わが国の試験電圧標準規格

工場試験などを実施する場合には，種々の試験方法を規定した機器規格に従わなければならない．絶縁レベルの基準となる試験電圧（対地）は，これまで避雷器の高性能化や過電圧解析の技術進歩などを背景に，時代の要請に応じて幾多の改定を経て，逐次的に低減を遂げてきた．わが国では1994年に制定された「試験電圧標準規格JEC-0102」が用いられてきたが，2010年に一部改定された．その内容を表27.6に示す．1994年の改定では，有効接地系統を対象にした交流試験電圧について，従来の1分間耐電圧試験の手続きが省略され，長時間のみが規格化された．試験電圧の種類としては，有効接地系統（187 kV以上），非有

表27.6 わが国の試験電圧標準規格 (JEC-0102)（[2] p.485, 表11.2.2をもとに作成）

公称電圧 [kV]	試験電圧値 [kV] 雷インパルス耐電圧試験	短時間商用周波耐電圧試験（実効値）	長時間商用周波耐電圧試験（実効値）
3.3	30	10	—
	45	16	
6.6	45	16	—
	60	22	
11	75	28	—
	90		
22	※ 75	※ 38	—
	100	50	
	125		
	150		
33	150	70	—
	170		
	200		
66	※ 250	※ 115	—
	350	140	
77	※ 325	※ 140	—
	※ 400	※ 160	
110	※ 450	※ 195	—
	550	230	
154	※ 650	※ 275	—
	750	325	
187	650	—	170-225-170
	750		
220	750	—	200-265-200
	900		
275	950	—	250-330-250
	1050		
500	1300	—	475-635-475
	1425		
	1550		
	1800		
1000	※ 1950	—	※ 950-1100-950
	※ 2250		

※は2010年改定．

効接地系統（154 kV以下）のそれぞれに対して，雷インパルスと商用周波の2種類の耐電圧試験を規定し，このほかの耐電圧試験はこの2つに包含されるとした．

一方2010年の改定では，公称電圧1,000 kVの試験電圧の新規制定および22 kV, 66 kV, 77 kV, 110 kV, 154 kVの低減試験電圧の追加の2点が改定された．

表 27.7 変電所における塩害対策（[1] p.1307, 表 22）

変電所	汚染区分 想定塩分付着密度（mg/cm²）	軽汚損地区 0.03 以下	中汚損地区 0.03 超過 〜0.06 以下	重汚損地区 0.06 超過 〜0.12 以下	超重汚損地区 0.12 超過 〜0.35 以下	特殊汚損地区 0.35 超過
154 kV 以下		絶縁強化	絶縁強化	絶縁強化	洗浄・隠蔽化	洗浄・隠蔽化
187〜275 kV		絶縁強化	絶縁強化	洗浄・隠蔽化	洗浄・隠蔽化	洗浄・隠蔽化
500 kV		絶縁強化	絶縁強化または 洗浄・隠蔽化	洗浄・隠蔽化	洗浄・隠蔽化	洗浄・隠蔽化

表 27.8 変電所における絶縁診断（[2] p.487, 表 11.3.1）

機器	絶縁診断の方法
油入変圧器	油中のガス分析，$CO+CO_2$ 量やフルフラール量，アセトン量を評価．絶縁診断のほか，経年や重要度，障害実績などを考慮
ガス絶縁開閉装置（GIS） SF_6 ガス絶縁変圧器	発生分解ガスの測定 UHF センサを用い，絶縁破壊の前兆現象としての部分放電側定．絶縁診断のほか，遮断器部の開閉性能，導体接触部通電性能を確認
油浸絶縁ケーブル	シースの腐食・外傷などによる絶縁体の吸湿，浸水やケーブルの熱伸縮などによる空隙，長年月の使用による変質を測定
CV ケーブル（水トリーの進展による絶縁劣化）	絶縁体中への空間電荷の蓄積現象を利用した残留電荷法，電流-電圧特性の非線形性を利用した交流損失電流法，直流バイアス法．水トリーを除去する目的の耐圧法（交流あるいは代替波形）

27.6 変電所における塩害対策

塩害対策は大別すると，がいしの絶縁強化による方法，がいしの洗浄・隠蔽化による方法の2つがある．表27.7に，変電所において適用される塩害対策の方法について示す．

i) 絶縁強化による方法： がいしの汚損状態での耐電圧（霧中耐電圧）は，一般にがいしの表面の漏れ距離にほぼ比例する．絶縁強化による方法は，がいしや碍管などの表面の漏れ距離を増加して，耐電圧性能を向上させる方法である．しかし，この方法は，汚損条件が苛酷になるにつれてがいしが長大化するため，特に碍管が高価になることから，重汚損地区では不経済となる．また，構成が複雑になると耐電圧が低下する場合もある．

ii) 洗浄・隠蔽による方法： 台風の接近が予想される際などに，あらかじめがいしの汚損度を所定レベル以下にしておくため，がいしに注水して洗浄する方法である．充電状態のままで行う場合を活線洗浄という．変電所の海側にノズルを設置し垂直方向の水幕をつくり，海塩からの遮断と飛散水による洗浄効果を狙った水幕方式もある．

また，がいしの表面に撥水性絶縁物を塗布する方法もある．一方，臨海で汚損の激しい場所では，建屋内にすべての機器を収納し，充電部を直接外気に露出させない屋内変電所がある．あるいは，屋外または半屋内変電所として，一部の機器を GIS の形で設置する場合もある．

27.7 変電所における絶縁診断

変電所の大規模化・複雑化，電力機器の大型化，高度化が進む一方で，保守点検の管理の簡素化，省力化の方向も求められている．このため，個々の機器の高信頼化を図るとともに，機器の無保守・無点検化に向けた技術開発が続けられている．こうした研究基盤の重要な要素の一つとして，電力設備や電力ケーブルの絶縁診断技術は，機器の外部から内部を直接的あるいは間接的に探り，異常状態に至る先駆現象を事前に把握して，機器の事故を未然防止することを狙っている．さらに，機器の異常兆候から将来起こるべき事象を可能な限り予知して，機器の余寿命を統計的に推測することを目指すものである．現在，適用中あるいは試行中にある電力用の機器の絶縁診断技術として，

表27.8に示すような方法がある．今後に設計される変電所には，こうした絶縁診断技術のほか，新しい予防保全手法，各種センシング技術，情報伝送素子などを総合的に組み合わせた，電力設備の常時状態監視システム，制御装置の保守点検自動化システムなどの導入が図られている．

〔高橋一弘〕

参考文献

[1] 電気学会編：電気工学ハンドブック（第6版），オーム社（2001）
[2] 宅間董・高橋一弘・柳父悟編：電力工学ハンドブック，朝倉書店（2005）
[3] 赤崎正則・原雅則：電気エネルギー工学，朝倉書店（1986）
[4] 長谷川淳・斉藤浩海・大山力・北裕幸・三谷康範：電力系統工学，電気学会（2002）
[5] 吉川榮和・垣本直人・八尾健：発電工学，電気学会（2003）
[6] 道上勉：発電・変電（改訂版），電気学会（2006）
[7] 福西道雄ほか：水力発電（改訂版），電気学会（1966）
[8] 瀬間徹編：火力発電総論，電気学会（2002）
[9] 法貴四郎ほか：原子力発電（改訂版），電気学会（1970）
[10] 日本原子力学会編：原子力がひらく世紀，日本原子力学会（1998）
[11] 河野照哉：送配電工学，朝倉書店（1996）
[12] 道上勉：送配電工学（改訂版），電気学会（2003）
[13] 道上勉：送電・配電（改訂版），電気学会（2001）

28章 配　　電

28.1 配電計画
(1) 配電系統の位置付けと概要

配電系統は送電系統と需要家の間に位置し，個々の需要家に良質の電気を確実に届ける役目をもっている．配電系統の概略は図28.1に示すように，6,600 V高圧配電線（架空電線，地中ケーブル）と200 V/100 V低圧配電線（配電線，引込線），これらを支える電柱（コンクリート柱，木柱，鉄柱）および高圧から低圧に降圧する変圧器（柱上変圧器，地中線用変圧器）の3つから構成される．配電系統と送電系統の境界は，配電用変電所の変圧器の二次側の端子の地点であり，したがって配電用変電所は送電系統に属する．配電設備は送電設備に比べて単位当たりの容量や形状は小さいが，配電線路は送電線路に比べて亘長の点では1桁以上大きい総延長をもつ．また，需要家は地理的に分散していることから，配電設備も広い地域にわたって配置されている．多くは道路に沿って設けられるため，人や建物に接する機会が多く，安全面や景観面の問題も抱えている．

(2) 地域別の配電用変電所容量と配電線数

配電用変電所の所要容量や配電線数は，供給地区の年間の最大電力需要に照らして決められる．一般には，供給地区の現在から将来を見込んだ発展を勘案し，今後の需要増加を見通したうえで，適切な変圧器の容量を採用する．地域別の標準的な変電所容量および配電線数の一例を表28.1に示す．供給地区の最大電力需要とは，変電所の複数の配電線路から送り出される最大電力需要を一括して合成した値であり，供給地区の個々の需要家の需要率のほか，需要家群の間の不等率を考慮して定められる．ここに，需要率とは，需要家が最大電力需要に対して余裕をもった設備容量を備えていることに基づく値であり，需要家ごとに，需要率＝最大電力需要［kW］/設備容量［kW］によって定義される．たとえば，家庭など一般需要家では0.5〜0.7程度である．また，不等率とは，変電所の供給地区の需要家群において，最大電力需要の発生する時刻が互いに同じでないことに起因する値である．不等率は，一括された需要家群

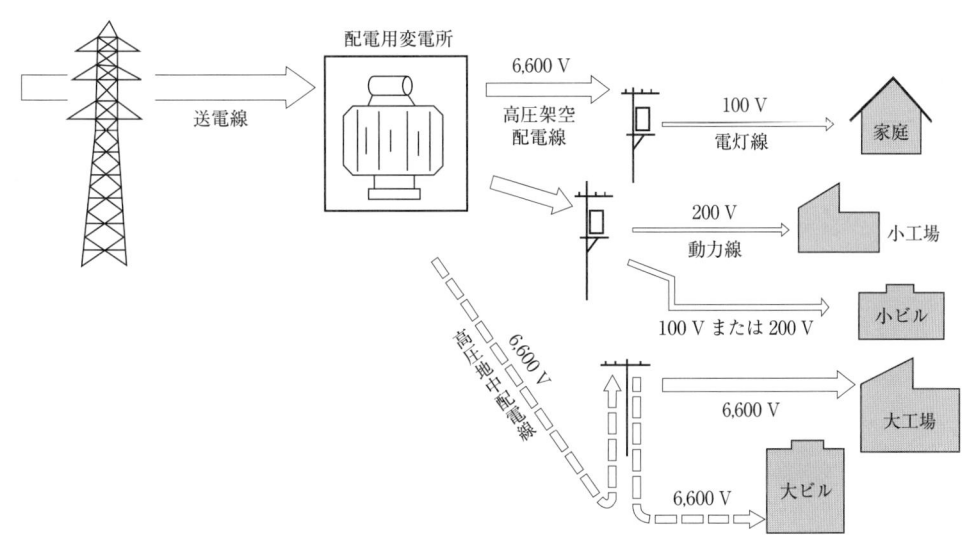

図28.1 配電系統の位置付けと概要（[12] p.294, 図6.1）

表 28.1 地域別の変電所容量と配電線数 ([12] p.310, 表 6.2)

	変電所容量 [MVA]	配電線数 [回線]
大都市	45〜30	24〜18
一般都市	30〜20	18〜14
地方	12〜 6	10〜 8

ごとに定まる値であり，不等率＝個々の需要家の最大電力需要の単純和［kW］／一括した需要家群の最大電力需要［kW］で定義される．たとえば，一般需要家の間では 1.1〜1.4 程度である．

(3) 電力量計の外観と原理図

明治時代の電気料金制は，電灯 1 個当たりで課金する定額制が主であったため，顧客側に計量装置は不要であったが，大正時代に入り電熱器などが普及すると，使用量に応じた従量制の契約が適切になり，安価な計量装置が必要になってきた．そこで，交流による回転磁界を応用した機械式の誘導形電力量計が採用された．この計量装置は，すでに明治中期に開発されていたが，その後に各種の改良が加えられ，簡易で高精度の計量が可能になり，現在においては一般家庭で主力となっている．誘導形電力量計の原理は，電磁誘導により生じる電流と電圧の乗算量に相当したアルミニウム円板の回転数を，歯車に伝えて電力を積算し，使用電力量を表示するものである．図 28.2 に誘導形電力量計の外観 (a) と原理図 (b) を示す．なお，近年になって，時間帯別の料金制が導入され，さらに料金メニューが多様化してくると，従来形の電力量計の機能だけでは対応しきれず，新たに電子式電力量計 (c) が注目されてきた．しかし，現状では価格の点で問題が残され，コスト低減を目指した改良が加えられている．

28.2 配電線路の構成と電気方式
(1) 配電系統からの受電方式と設備構成

配電系統から需要家へは，各種の設備を通して電力が届けられる．この際の主要設備としては，電力会社の変電設備，需要家の受電設備，両者の間を結ぶ配電線と遮断器がある．また，これらの設備の構成の仕方を受電方式という．受電方式には，表 28.2 に示すような種類がある．1 回線方式，2 回線方式，ループ方式，多回線方式の順に，高い信頼度の供給が実現できる半面，設備構成は複雑になり設置コストも高くなる．また，上記 4 つの方式が 1 箇所の変電設備からの受電であるのに対して，異系統方式は 2 つの異なる変電設備から受電する方式である．こうした受電方式や設備構成は，需要家と電力会社との供給契約のほか，事業者の供給事情や需要家の特殊条件により変わってくる．

(2) 各種電気方式の特性比較

交流系統では，単相（2 線式，3 線式），三相（3 線式，4 線式）などの電気方式がある．単相 3 線式，三相 4 線式の中性線は接地されている．このうち，三相 3 線式は送電線 1 条当たりの送配電力が最も大きな電気方式であり，送電系統や高圧配電系統では広く採用されている．また，単相 2 線式は最

(a) 誘導形電力量計の外観　　(b) 誘導形電力量計の原理図

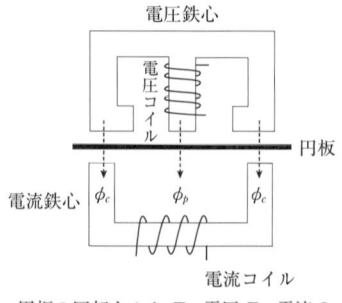

円板の回転トルク T，電圧 E，電流 I
$$T \propto \phi_p \phi_c \propto E \cdot I$$

(c) 電子式電力量計の外観

図 28.2 電力計の外観と原理図 ([2] p.540, 図 12.3.14〜12.3.16)

表 28.2 配電系統からの受電方式と設備構成（[1] p.1362, 表 28）

も単純な方式である．三相4線式と単相3線式は電線の量が少なく，かつ同一の電線路で2つの種類の電圧が得られる．このため，これら3つの方式は低圧配電系統で一般に採用されている．ここで，低圧配電系統で採用されている電気方式を公称電圧別にまとめると，表 28.3 に示すようになる．100 V 単相2線式は電灯・小形電気器具に，200 V 三相3線式は動力用に，400 V 三相3線式はビル，工場などに，それぞれ多く用いられる．なお，100/200 V 単相3線式では，負荷が不平衡

表28.3 各種電気方式の特性比較（[11] p.125, 表10.1）

公称電圧 [V]	電気方式	結線図
100	単相2線式	
200	単相2線式	同　上
	三相3線式 （Y結線）	
	三相3線式 （Δ結線）	
100/200	三相4線式 （V結線）	
	三相4線式	
	単位3線式	
400*	三相3線式	
230/400**	三相4線式	

*　60 Hz系では440 Vとしてよい．
**　60 Hz系では254/440 Vとしてよい．

になると電圧も不平衡になるため，末端に単巻変圧器と同じ構造の電圧平衡器（バランサ）を置くことがある．

(3) 架空配電線路の構成

配電線路は架空配電線路と地中配電線路に分けられる．架空配電線路は図28.3に示すように，高圧線（6,600 V）・低圧線（100 V/200 V）・引込

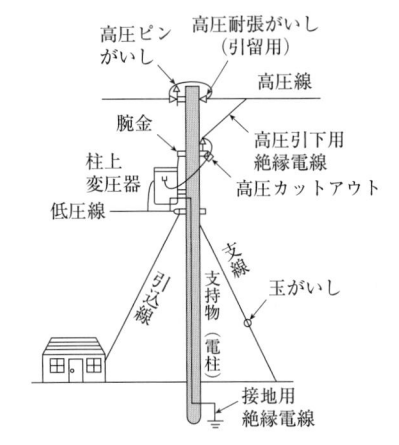

図28.3 架空配電線路の構成（[13] p.154, 図6.1）

線の3種類の電線，柱上変圧器（変圧器），がいし，これらを支える支持物（電柱）を主にして構成される．このほか，電柱を引張り補強する支線，変圧器の高圧側を開閉する高圧カットアウト，変圧器を保護する接地用絶縁電線などが付属している．また，変圧器以外の機器として，開閉器，避雷器，電圧調整器，電力用コンデンサなども設置されることがある．変圧器はいくつかの電柱ごとに，腕金によって据え付けられており，高圧線と低圧線を結び配電電圧を降圧する機能をもつ．がいしは高圧用と低圧用のものがある．高圧の充電部分を絶縁する場合には，箇所に応じて耐張がいしとピンがいしが用いられる．支線の絶縁には玉がいしが使用される．電線の太さは，許容電流，電力損失，電圧降下に加え，機械的強度も考慮して決められる．高圧線も低圧線も電線は絶縁されることが技術基準で規定されており，高圧線には架橋ポリエチレン絶縁電線（OC線），低圧線には屋外用ビニル絶縁電線（DW線），引込線には引込用ビニル絶縁電線（DV線）が使われる．電線の材質としては，これまで硬銅線が主流であったが，現在では高圧線にはもっぱらアルミ線が使用されている．

(4) 地中配電の設備構成

地中配電においては，図28.4に示すように，変電所（配電用変電所）から地中線用変圧器や高圧需要家に至るまで，高圧あるいは特別高圧の電力ケーブルの設備があり，その途中には配電塔と

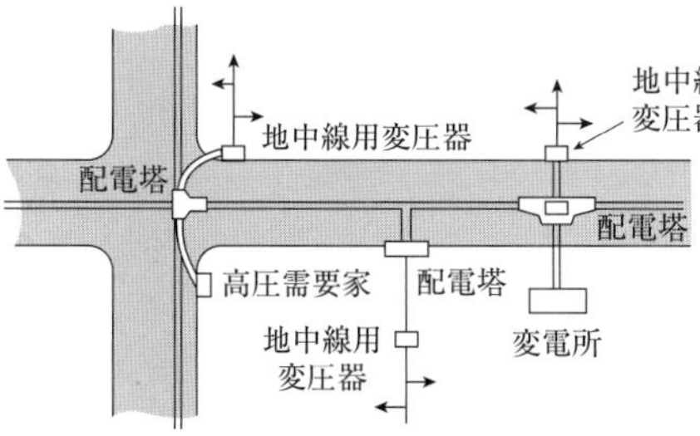

28章 配　　電

図28.4 地中配電線の設備構成（[13] p.174, 図6.18）

呼ばれる開閉用設備が置かれている．地中線用変圧器には低圧ケーブルがつながり，その先の配電線路は低圧分岐装置を経て，個々の一般需要家に結び付けられている．電力ケーブルなど多くの設備は道路下の地下に設けられるが，配電塔，変圧器，低圧分岐装置などは地上の歩道脇や植樹帯に設置される場合も多い．これら設備の過電流保護には，必要に応じて限流ヒューズが使用される．配電塔は開閉器などが結線された集合体であり，主線から分岐線や引込線を切り分ける役目がある．配電塔の開閉器には，オイルレスの真空開閉器や気中開閉器が多く用いられる．変圧器は放熱するため，地下に置く場合には冷却用の空気の流れが必要である．地上に設ける場合は，配電塔と一体化され内蔵されることも多い．低圧分岐装置は，低圧の電力ケーブルから個々の低圧需要家に向けて分岐ケーブルを引き出す装置であり，一般に分岐部分は単純なプラグイン開閉形になっている．

(5) 配電線の地上高と離隔距離

高圧架空配電線および低圧架空配電線の布設に際しては，安全性の面で地上から一定の高さに設けなければならない．この高さを最小地上高という．また，建屋など他物と接近できる距離には制限がつけられている．この距離を最小離隔距離と呼ぶ．たとえば，建造物の場合には，上方接近は2.0 m，側方接近は0.3 mまたは1.2 mまでと技術基準で規定されている．建造物のほか，通信線，アンテナ，電車軌道などにも，個々の施設状況に応じた安全距離の基準が定められている．表28.4に高圧配電線，低圧配電線，引込線について，それぞれの地上高と離隔距離を示す．

(6) 配電塔の結線図と外観

図28.5に，20 kV級/6 kVの配電塔の結線図と外観の例を示す．配電塔は，地中配電線路を構成する主要な設備の一つで，本来は開閉器の集合体であるが，20 kV級/6 kV配電塔の場合には，変圧器，遮断器，保護装置なども内蔵されており，全装可搬形でコンパクト化された設計になっている．配電塔は1バンク構成が一般的であり，主に3～15 MVAのユニット容量のものが広く採用されている．わが国では当初，過密地域への供給力の確保，電力品質の向上，省資源化の推進などの観点から，22～33 kV特別高圧配電方式（架空・地中）の有効性が注目され，その汎用的な適用性が認識された．その後，特に20 kV級の地中配電については，都市部における高信頼度で環境調和形の供給方式として導入が進められた．同時に，近郊部では需要増大対策や電圧降下対策のため，近隣に新規に登場した20 kV級配電線と既存の6 kV配電線の両方を活用することが有利な状況

表28.4 配電線の地上高と離隔距離（[12] p.331, 表6.10）

区　分			引込線	低圧線	高圧線
地上高	道　路	横断	5 m	6 m	6 m
		その他	4	5	5
	鉄道または軌道横断		5.5	5.5	5.5
	横断歩道橋		3	3	3.5
	上記以外の場所		4	4	5.0
離隔距離	建造物	人が上部に乗るおそれのある造営材 上方	2	2	2
		側方	0.3	1.2	1.2
		下方			
	アンテナ		0.6	0.6	0.8
	植物		—	0.2	接触しないこと
	通信線		0.3	0.6	0.8

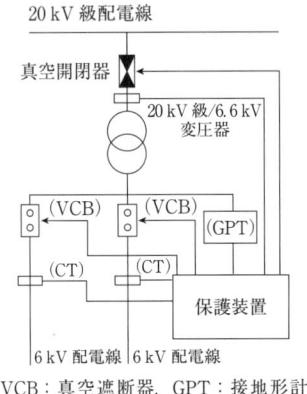

図 28.5 配電塔の結線図と外観（[2] p.534, 図 12.3.2, 12.3.3）

になった．近年の 20 kV 級/6 kV の配電塔の普及は，こうした背景を抱えている．

28.3 配電線の保護
(1) 接地工事の種類

電気機器の絶縁が劣化すると，内部の充電部分から外部の露出された鉄台，金属製外箱，金属管などに異常電圧を招く危険がある．このための保安措置の一つが接地工事である．接地工事は，地絡事故の影響を抑制して，人体感電，設備火災，器具損傷などを未然に防ぐこと，避雷器などの耐雷機能を十分に発揮させることを目的にして行われる．表 28.5 に示すように，接地工事は適用箇所に応じて，A 種，B 種，C 種，D 種の 4 つに分

表 28.5 接地工事の種類（[2] p.568, 表 12.5.1）

種類	接地抵抗値	適用箇所
A 種接地工事	10 Ω 以下 高圧架空配電線路の避雷器の場合，A 種接地工事の接地極を変圧器の B 種接地工事の接地極から 1 m 以上離して設置する場合においては 30 Ω 以下など条件により緩和される	高圧用および特別高圧用の機械器具の鉄台・金属製外箱の接地，避雷器の接地，特別高圧用の保護網の接地，特別高圧用計器用変成器の二次側回路の接地など，高電圧の侵入のおそれがあり，危険の程度が大きいものに適用される
B 種接地工事	$\dfrac{電圧^{*}\,[V]}{1 線地絡電流\,[A]}$ Ω 以下 変圧器の高圧側または特別高圧側の電路の 1 線地絡電流のアンペア数で 150（変圧器の高圧側の電路または使用電圧が 35,000 V 以下の特別高圧側の電路と低圧側の電路との混触により低圧電路の対地電圧が 150 V を超えた場合に，1 秒を超え 2 秒以内に自動的に高圧電路または使用電圧が 35,000 V 以下の特別高圧電路を遮断する装置を設けるときは 300，1 秒以内に自動的に高圧電路または使用電圧が 35,000 V 以下の特別高圧電路を遮断する装置を設けるときは 600）	高圧用または特別高圧電路が低圧電路と混触するおそれがある場合に，低圧電路の保護のために適用される
C 種接地工事	10 Ω 以下 （低圧電路において，当該電路に地絡を生じた場合，0.5 秒以内に自動的に電路を遮断する装置を施設するときは 500 Ω）	使用電圧が 300 V を超える低圧用機械器具の鉄台・金属製外箱の接地など，危険の程度は大きいが大地に生じる電位傾度などが比較的小さいものに適用される
D 種接地工事	100 Ω 以下 （低圧電路において，当該電路に地絡を生じた場合に 0.5 秒以内に自動的に電路を遮断する装置を施設するときは 500 Ω）	使用電圧が 300 V 以下の低圧用機械器具の鉄台・金属製外箱の接地，特別高圧架空電線路の腕金類の接地，高圧用変圧器の二次側電路の接地など，危険の程度の比較的小さいものに適用される

類される．A種とB種は高圧または特別高圧の器具を対象にしている．特に，B種における接地抵抗の値は，変圧器の高圧側電路の1線地絡電流で，高低圧混触時に低圧側電路の対地電圧の上昇分を抑制するよう規定されている．また，C種とD種は低圧の器具を対象にしており，漏電遮断器などを設ける場合は500Ωに緩和される．電気設備技術基準には，A種，B種，C種，D種のそれぞれについて，接地線に流れる電流，地絡点に誘起される電位を制限するために必要な接地抵抗値接地線の種類，太さなどが規定されている．

(2) 高圧線および低圧線の事故

わが国の配電線はほとんどが架空線である．このため，雷害，風水害，雨水害など自然災害が多く，全体のほぼ5割を占める．このほか，設備の保守不備などによるものが約2割，自動車の衝突・クレーン車の接触によるものも約2割，樹木・鳥獣の接触に起因するものが残りの約1割である．なお，地中線の場合は，架空線に比べて事故の継続時間は長いが発生件数は格段に少なく，事故原因もガス，水道，電話などの工事の過失によるものが約4割，設備の保守不備などによるものが約3割を占め，自然災害による事故の割合は小さい．

表 28.6 高圧線および低圧線・引込線の事故（[12] p. 315，表 6.5）

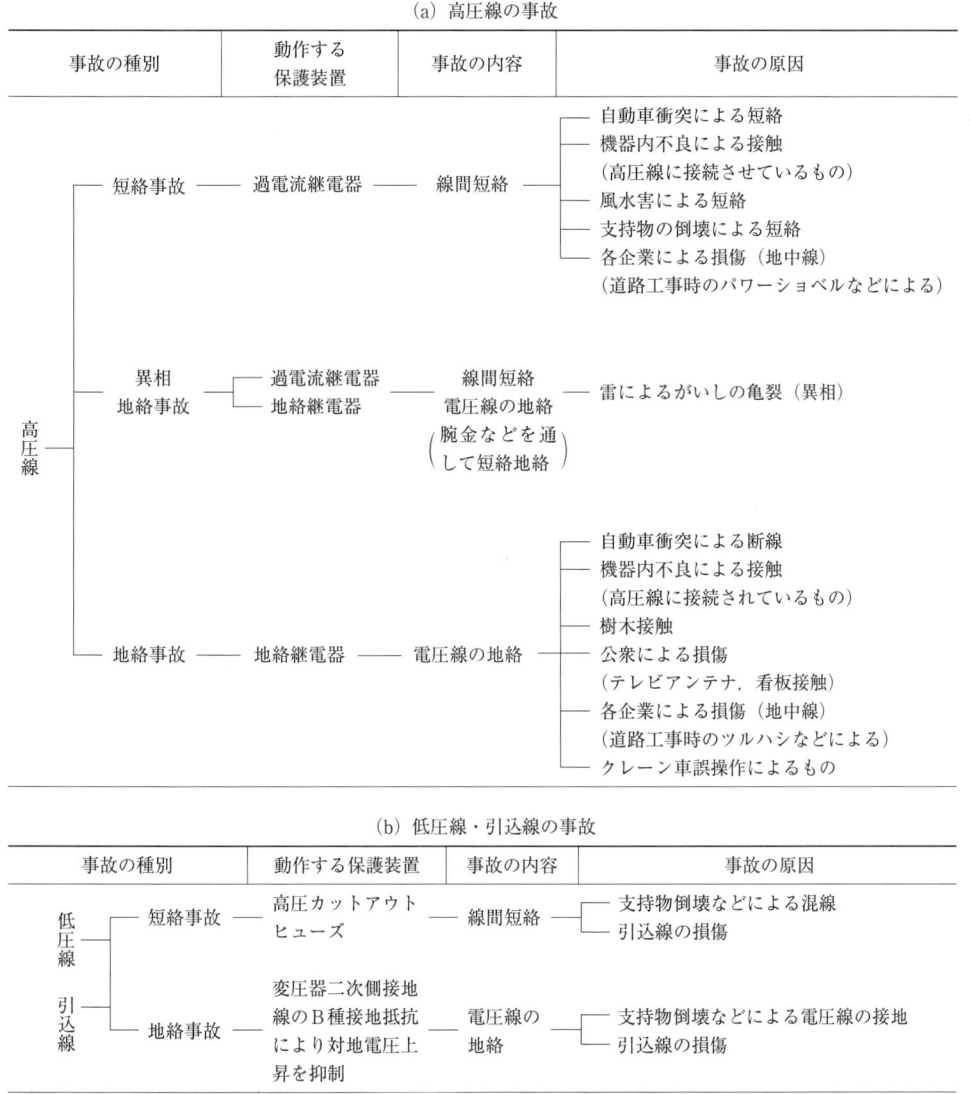

(a) 高圧線の事故

事故の種別	動作する保護装置	事故の内容	事故の原因
高圧線 — 短絡事故	過電流継電器	線間短絡	自動車衝突による短絡 機器内不良による接触 （高圧線に接続させているもの） 風水害による短絡 支持物の倒壊による短絡 各企業による損傷（地中線） （道路工事時のパワーショベルなどによる）
異相地絡事故	過電流継電器 地絡継電器	線間短絡 電圧線の地絡 （腕金などを通して短絡地絡）	雷によるがいしの亀裂（異相）
地絡事故	地絡継電器	電圧線の地絡	自動車衝突による断線 機器内不良による接触 （高圧線に接続されているもの） 樹木接触 公衆による損傷 （テレビアンテナ，看板接触） 各企業による損傷（地中線） （道路工事時のツルハシなどによる） クレーン車誤操作によるもの

(b) 低圧線・引込線の事故

事故の種別	動作する保護装置	事故の内容	事故の原因
低圧線・引込線 — 短絡事故	高圧カットアウトヒューズ	線間短絡	支持物倒壊などによる混線 引込線の損傷
地絡事故	変圧器二次側接地線のB種接地抵抗により対地電圧上昇を抑制	電圧線の地絡	支持物倒壊などによる電圧線の接地 引込線の損傷

配電系統の事故は影響の範囲は小さいが，電力系統のうちで発生する事故件数の大半を占めることから，需要家に対する供給信頼度の維持の点においては配電線の保護や保守は重要な意味をもつ．配電線の事故の種類については，送電線と同じように短絡事故と地絡事故がある．事故の保護については，変圧器の上流側の高圧線の事故の場合は変電所の保護装置が分担する．低圧線および引込線の短絡事故の場合は，変圧器の一次側ヒューズまたは引込線のヒューズが動作する．高圧線および低圧線・引込線に発生する事故の内容と原因を表28.6に示す．

（3）停電の種類と対応方策

需要家が受ける停電には，事故停電と作業停電の2つの種類がある．事故停電は自然災害など予測が不可能な原因によるものであり，作業停電は定期点検などに伴う停電で，あらかじめ顧客に通知が可能なものである．わが国における停電回数および停電時間はきわめて小さく，電力供給の信頼度は世界で最も高いレベルにある．作業停電の場合は需要家側で対応が準備できるが，事故停電の場合には頻度は少ないものの発突的であるため，一部の負荷機器に大幅な機能低下を招くこともある．この際，環境の快適性，機器の保全，人身の安全などが損なわれないよう，個々の需要家に適した予備電源などを設け対応方策が講じられる．表28.7は，停電の種類ごとに救済の対象となる負荷機器および対応措置を一括したものである．なお，こうした対応方策を建築基準法では予備電源，消防法では非常電源と呼び，それぞれ法令による設置規定が記載されている．

28.4 新しい配電方式
（1）20 kV級配電方式の適用形態

わが国では第二次世界大戦後の急速な電力需要の伸びへの応急方策として，架空の22～33 kV特別高圧配電による大規模なビルや工場などへの電力供給が部分的に行われた．その後，CVケーブル技術の進歩もあり，特に20 kV級地中配電は供給力の増大と信頼度の向上とともに都市景観

表28.7 停電の種類と対応方策（[1] p.1365，表29）

原因		緊急度	目的	負荷内容	対応方策の種別
事故停電		無停電または無瞬断切換	制御用	電気設備の保護制御用電源	蓄電池
				装置停止のための計装制御設備 集中監視制御設備	蓄電池またはCVCF
			通信用	通信連絡装置	
		瞬時停電切換	非常照明	非常照明ならびに避難誘導灯	蓄電池または蓄電池内蔵
		短時間停電切換	保安照明	作業停電などの照明	自家発電設備 蓄電設備
			社会保安	百貨店，店舗，銀行などの照明設備	
			人命保安	手術室などの照明，医療機器，空調・換気などの設備 エレベータ設備 消防法で義務付けられている負荷設備 毒ガス発生場所の換気設備	
			公害防止	汚水，工場排水などの処理設備	
			設備保全	研究施設の設備 溶融電解炉の保温設備など 重合装置の固結防止などの設備	
作業停電	電力会社側	事前対処が可能	作業停電	業務上必要とされる常時と同じ容量の負荷 保安用照明設備 停電により支障をきたす設備 増改設のための工事用機械・器具，照明設備	常用予備受電 スポットネットワーク受電
	需要家側				自家用発電設備
					平行2回線，複母線方式臨時電源

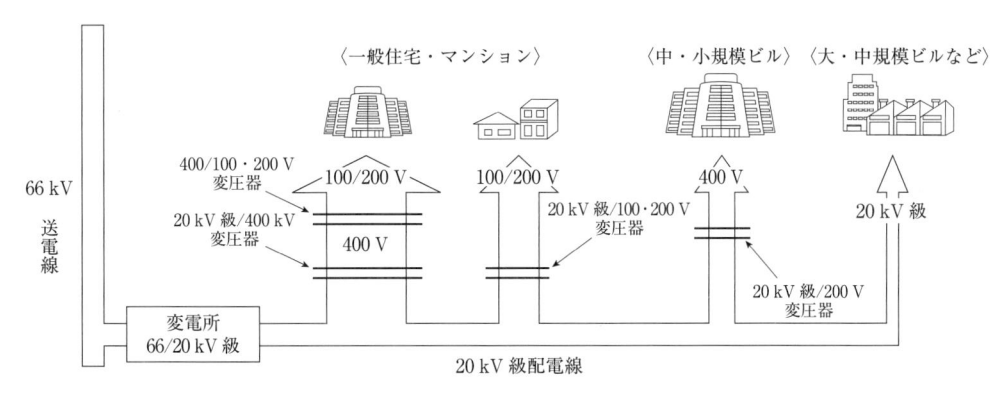

図 28.6 20 kV 級配電方式の適用形態（[1] p.1357, 図 65）

の改善が実現できることから，都市部の過密地域への電力供給方式として採用が見直されている．図 28.6 に 20 kV 級配電方式の適用のイメージを示す．20 kV 級配電方式は，本線/予備線方式やループ方式のほか，多回線ネットワーク方式がある．ネットワーク方式は設備利用率が高く，かつ 1 回線事故時にも無停電の供給が可能な方式である．今後の 20 kV 級地中配電の拡充にあたっては，需要家の受電設備や屋内配線も含めた合理的な設備形成を踏まえて進めること，従来の 6 kV 設備を活用し 20 kV/400 V/200 V/100 V 系にも有効に導入することが期待される．20 kV 級/6 kV の配電塔は，こうした目的の実現手段として設置されるものである．

(2) 配電地中化設備の概要

わが国では低廉で安定した電力を供給するため，配電設備の大半は架空線を中心としてきた．地中線は架空線に比べて建設コストが 1 桁以上高いうえ，事故の復旧に長時間を要することから，採用は高架式の鉄道，道路などの横断箇所，配電線が集中する変電所の引出し部分などに限られてきた．近年になって，大都市部のビルなどのように特別高圧や高圧需要家が多くなると，こうした負荷密度の高い地区では，配電線の輻輳を避けるため，地中設備の採用を始めるようになった．その後も景観面などからの社会的要請が高まり，地方都市の街路や観光地のゾーンにおいても，配電地中化の動きが活発化してきた．図 28.7 に配電地中化設備の概要図を示す．現在，こうした配電地中化の敷設工事は，電気事業者が通信事業者な

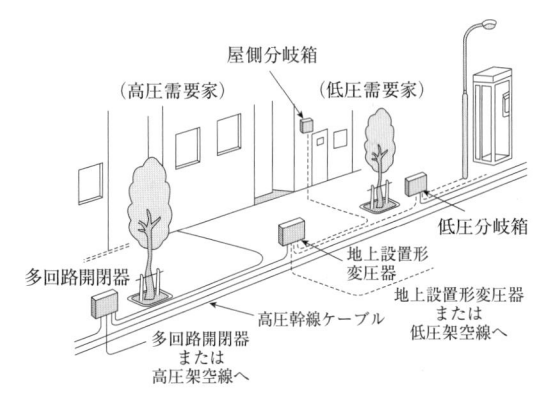

図 28.7 配電地中化設備の概要（[2] p.538, 図 12.3.10）

どと共同して行うほか，道路管理者・電線管理者・地元/地域が三位一体となって実施する場合も多くみられる．

(3) 都市型装柱の標準化

都市化の進展に伴い環境調和に向けた技術開発の一つとして，架空送電線路のコンパクト化がある．これは電柱の占有面積の縮小化した都市型装柱の実現を目的としたものである．このような都市型装柱は，都市美観のみならず，都市安全にも寄与する．つまり，建物との離隔確保が図れるので，ビルに対する消防活動などを円滑にすることができる．また，都市型装柱では低圧開閉器を内蔵した環境調和用の柱上変圧器も設置されている．この変圧器には，2 台の単相変圧器が収納されており，電灯・動力の両方に供給ができるようになっている．都市型装柱には，低圧線だけを架空ケーブルにした低圧架空ケーブル方式，高圧線も架空ケーブルにした高圧架空ケーブル方式の 2 つがある．図 28.8 に現行の装柱と都市型装柱と

324　　　　　　　　　　　　　　　　　3. 電 力 分 野

(a) 現行装柱　　　(b) 低圧架空ケーブル方式　　　(c) 高圧架空ケーブル方式

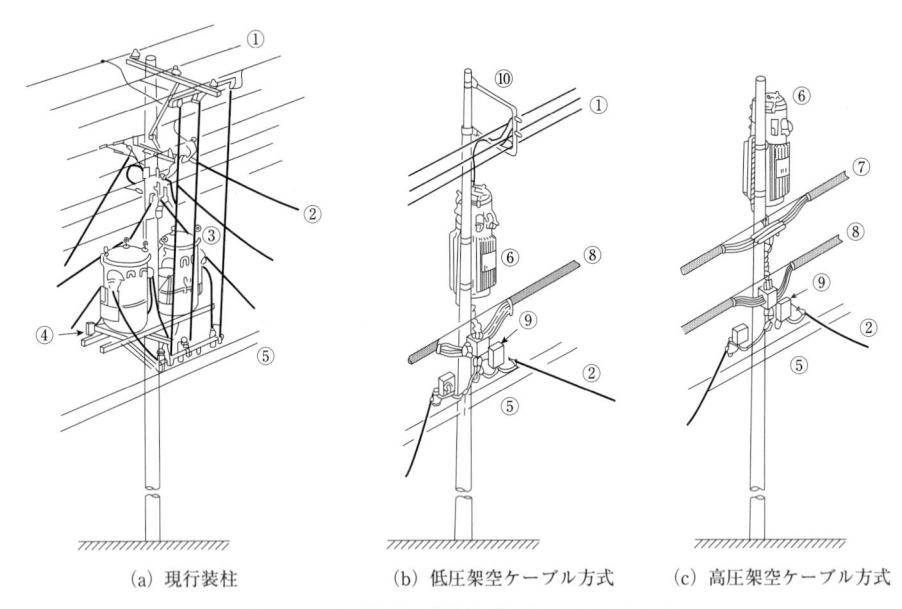

図 28.8 都市型装柱の標準化（[12] p.352, 図 6.38）
①高圧電線，②低圧引込線，③変圧器（50 kVA×2），④低圧開閉器，⑤共架電話線，⑥内蔵形変圧器（灯力一体化）(125+50) kVA，⑦高圧架空ケーブル，⑧低圧多心電線，⑨引込線分岐箱，⑩D形腕金.

の比較を示す．なお，低圧架空ケーブル方式には，図 28.8(b) に示すように，建物との離隔を大きくするために，D状の腕金を使用して高圧線の三相3線を道路側に縦状の垂直配列に架設した装柱方式（縦引装柱）がある．

(4) 配電自動化システムの構成

配電自動化の技術は，今後に残された主要課題の一つである．配電自動化システムの機能には，① 停電時間の短縮のために配電線路の開閉器を遠隔制御すること，② 需要家の負荷平準化やサービス向上のために需要家と直結しつつ情報交換することの2つがあげられる．前者は，配電系統に発生した事故箇所を迅速に検知し，事故区間だけを残して，配電線路を自動的に切り換え短時間に供給の復帰を図ることを目的にしている．一方，後者の目的としては，夏季ピーク対策として需要家のエアコンなどの電気機器を直接制御すること，需要家対応への現場のルーチン業務の効率化と確実化を図ること，需要家に対するきめ細かな情報サービスを提供すること，などがあげられる．後者の目的に向けた配電自動化システムの構成を示すと図 28.9 のようになる．現状では，音声，画像を効果的に用いた情報の提供と収集を行う技術への取り組みがなされており，一部の大口需要家に対しては自動検針のデータサーベイが行われているが，膨大な数の低圧需要家に向けた情報シ

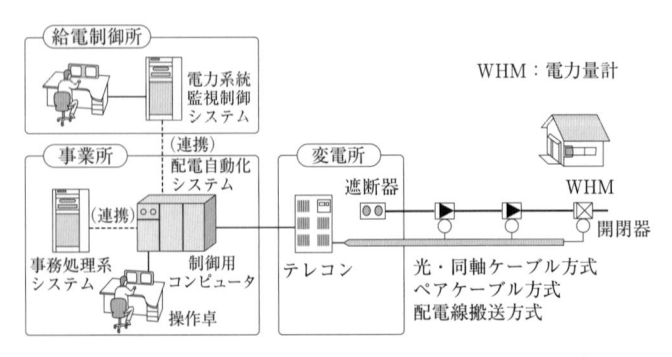

図 28.9 配電自動化システムの構成（[2] p.570, 図 12.5.13）

ステムに至るには，スマートグリッド構想の今後に委ねられている．

(5) ネットワーク配電方式

都市部などにおける大容量・高負荷の需要家への新しい方式として，ネットワーク配電方式がある．この代表的な方式として，スポットネットワーク方式とレギュラネットワーク方式の2つがある．

a. スポットネットワーク方式

この方式は，図28.10(a) に示すように，変電所から遮断器を介して引き出された22～33 kVの3回線の配電線（一次フィーダ）から分岐して，大規模需要家に電力を供給する方式である．この方式では，構内に3基の受電変圧器が設置され，変圧器の二次側は1つの二次母線で共有されている．この方式の特長は，一次フィーダまたは変圧器の一つが事故停止しても，設備容量を供給負荷の1.5倍に設計しておけば，残った設備で供給が継続できることである．もう一つの長所は簡素化された設備構成にある．つまり，一般に受電変圧器の22～33 kV 側に設けられる受電用遮断器を省略して，その代わりに一次断路器で済ませるとともに，自動開閉および開閉制御などの保護機能を変圧器の二次側に設置されたネットワークプロテクタに負わせる点である．そのため，ネットワークプロテクタを含む保護装置が複雑になり，建設費もその分だけ高くつくことが欠点になる．ネットワークプロテクタは，プロテクタ遮断器，プロテクタヒューズおよびプロテクタ継電器から構成される．スポットネットワーク方式の多くは，高層ビルディングや大工場が高密度に集中化した都市や郊外の大規模需要家などに適用される．そして，1つの二次母線に接続されたいくつかの線路を通して，需要家内の各所の負荷に電力が供給される．

b. レギュラネットワーク方式

この方法は図28.10(b) のように，変電所から遮断器を介して引き出された2回線以上の22～33 kV 配電線（一次フィーダ）から分岐して，一定の地域にある100/200 V の需要家の負荷に，それぞれ複数の経路を通して電力を供給する方式であり，全体の配電線の構成はネットワーク状につながった形状をしている．スポットネットワーク方式と同じように，1つの設備に事故があって停止しても無停電のまま供給を続けることができ，高い供給信頼度が得られることになる．ネットワーク変圧器（受電変圧器）の一次側には一次断路器が，二次側にはネットワークプロテクタがそれぞれ設備されている点は，スポットネットワーク方式の場合と同じであるが，100/200 V の需要家群どうしを結ぶ低圧配電線は電力ヒューズ（リミタヒューズ）で保護される．レギュラネットワーク方式の用途としては，スポットネットワーク方式のように一地点の大規模需要家ではなく，商店街あるいは繁華街といった一定の広がりのある高負荷密度地域の需要家（一般需要家）群が対象に

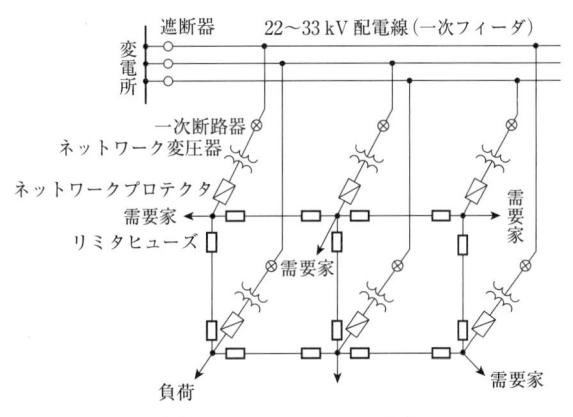

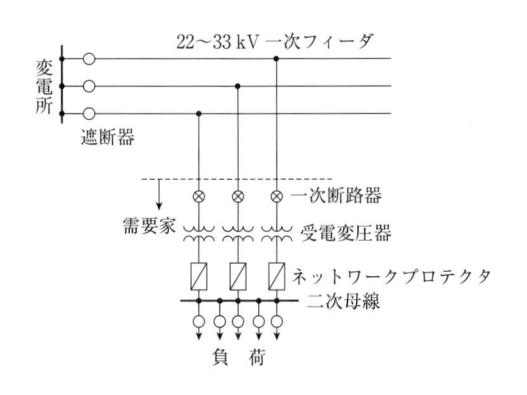

(a) スポットネットワーク方式　　　　(b) レギュラネットワーク方式

図 28.10　ネットワーク配電方式（[13] p. 187, 188, 図 6.27, 6.28）

される.

28.5 屋内配電の配線方法と敷設場所

屋内配線の工事（配線方法）には種々のものがあるが，わが国で採用されている工事を分類すれば以下のとおりとなる．なお，ここでは300 V以下の屋内配線を原則にする．

(a) 絶縁電線をがいしで支持する方法： がいし引工事

(b) 絶縁電線を管やダクトあるいは線ぴの中に収めて敷設する方法： 金属管工事，合成樹脂管工事，可とう電線管工事，合成樹脂線ぴ工事，フロアダクト工事，平形保護層工事，金属ダクト工事，ライティングダクト工事，セルラダクト工事

(c) 導体をダクト内に収めて工事する方法： バスダクト工事

(d) ケーブルを用いて敷設する方法： ケーブル工事（キャブタイヤケーブルによる工事，それ以外のケーブルによる工事）

これらの工事による配線方法が可能な敷設場所を表28.8に示す．また，上記の12種類の工事についての概要は以下のようになる．

① がいし引工事　絶縁電線を絶縁性と耐水性

表28.8 屋内配電の配線方法と敷設場所（300 V以下）（[13] p.199, 表6.9）

配線方法	展開した場所 乾燥した場所	展開した場所 湿気の多い場所または水気のある場所	隠蔽場所 点検できる 乾燥した場所	隠蔽場所 点検できる 湿気の多い場所または水気のある場所	隠蔽場所 点検できない 乾燥した場所	隠蔽場所 点検できない 湿気の多い場所または水気のある場所	屋側屋内 雨線内	屋側屋内 雨線外
①がいし引工事*	○	○	○	○	×	×	a	a
②金属管工事*	○	○	○	○	○	○	○	○
③合成樹脂管工事*	○	○	○	○	○	○	○	○
④可とう電線管工事* 1種可とう管	○	×	○	×	×	×	×	×
④可とう電線管工事* 2種可とう管	○	○	○	○	○	○	○	○
⑤合成樹脂線ぴ工事	○	×	○	×	×	×	×	×
⑥フロアダクト工事	×	×	×	×	b	×	×	×
⑦平形保護層工事	×	×	○	×	×	×	×	×
⑧金属ダクト工事*	○	×	○	×	×	×	×	×
⑨ライティングダクト	○	×	○	×	×	×	×	×
⑩セルラダクト工事	×	×	○	×	○	×	×	×
⑪バスダクト工事*	○	×	○	×	×	×	c	c
⑫キャブタイヤケーブル工事* ビニルキャブタイヤケーブル	○	○	○	○	×	×	a	a
⑫キャブタイヤケーブル工事* 2種 クロロプレンキャブタイヤケーブル	○	○	○	○	×	×	a	a
⑫キャブタイヤケーブル工事* 2種 ゴムキャブタイヤケーブル	○	○	○	○	×	×	×	×
⑫キャブタイヤケーブル工事* 3種 4種 クロロプレンキャブタイヤケーブル	○	○	○	○	○	○	○	○
⑫キャブタイヤケーブル工事* 3種 4種 ゴムキャブタイヤケーブル	○	○	○	○	○	○	×	×
⑬キャブタイヤケーブル以外のケーブル工事*	○	○	○	○	○	○	○	○

〔注〕○施工可，×施工不可．
〔備考〕a：露出場所および点検できる隠蔽場所に限られる．
　　　　b：コンクリートなどの床内に限られる．
　　　　c：屋外用のダクトを使用する場合に限られる（ただし，点検できない隠蔽場所を除く）．
　　　＊：300 Vを超過した場合でも実施できる工事．

のあるがいしを用いて配線する方法．工事の作業性が劣ること，外傷を受けやすいこと，経済性に欠けることなどから，敷設場所は特定されてくる．

②金属管工事　黄銅，銅，アルミおよび鋼装の金属管の中に絶縁電線を収めて配線する方法．最も広く用いられる鋼装の金属管には，厚鋼のものと薄鋼のものがあり，それぞれ適した場所に採用される．

③合成樹脂管工事　硬質ビニル管などの難燃性の合成樹脂管に絶縁電線を収めて配線する方法．機械的強度は劣るが，絶縁性・耐腐食性が高い．敷設場所にも大きな制約はない．

④可とう電線管工事　金属製の可とう電線管を用いて配線する方法（1種可とう管，2種可とう管）．例えば，鋼帯を波状に巻きつけて加工した可とう性をもつ管に 600 V のビニル絶縁電線などを収めて配線する工事．一般に配線ボックスから電灯器具，手元開閉器から電動機までなど短い区間の配線に採用される．

⑤合成樹脂線ぴ工事　硬質ビニル管などの難燃性の合成樹脂を用いた線ぴの中に 600V ビニル絶縁電線，600V ゴム絶縁電線などを収めて配線する方法．プレハブ住宅の露出引下げ配線などに使用される．

⑥フロアダクト工事　鋼装のフロアダクト内に電線を収めコンクリート床に埋め込んで配線する方法．事務所，デパートなどで床面からの電源や通信線が必要な場所に採用される．

⑦平形保護層工事　テープ状に巻かれた薄い厚さの電線を用いて配線する方法．米国で宇宙カプセル用として開発されたが，一般ビルの室内機器用として普及したもの．

⑧金属ダクト工事　金属性ダクトの中に 600 V ビニル絶縁電線などを収めて配線する方法．ダクト内に多数の電線が収められるため，工場やビルの受電室からの引出し口の部分などに採用される．

⑨ライティングダクト工事　商店の売り場や事務所の室内などに金属ダクトを設置し電線を収めて配線する方法．照明器具の装着や移動が容易にできる特徴がある．

⑩セルラダクト工事　大型ビルディングなど鉄骨構造建築物の床コンクリートの仮枠や波状鋼板の床構造材の溝を閉じ電線を収めて配線する方法．配線の配置に融通性がないため，金属ダクト，フロアダクト，金属管工事と組み合わせて使われる．

⑪バスダクト工事　銅，アルミニウムなどの導体を金属製ダクト（バスダクト）に収めて配線する方法．大容量でも細くて済むことに特徴がある．

⑫⑬ケーブル工事　電線にキャブタイヤケーブルあるいはそれ以外のケーブルを用いて配線する方法．工事の容易性と経済性の点で優れているため，一般の屋内配線に多く採用される．

〔高橋一弘〕

参考文献

[1] 電気学会編：電気工学ハンドブック（第6版），オーム社（2001）
[2] 宅間 董・高橋一弘・柳父 悟編：電力工学ハンドブック，朝倉書店（2005）
[3] 赤崎正則・原 雅則：電気エネルギー工学，朝倉書店（1986）
[4] 長谷川淳・斉藤浩海・大山 力・北 裕幸・三谷康範：電力系統工学，電気学会（2002）
[5] 吉川榮和・垣本直人・八尾 健：発電工学，電気学会（2003）
[6] 道上 勉：発電・変電（改訂版），電気学会（2006）
[7] 福西道雄ほか：水力発電（改訂版），電気学会（1966）
[8] 瀬間 徹編：火力発電総論，電気学会（2002）
[9] 法貴四郎ほか：原子力発電（改訂版），電気学会（1970）
[10] 日本原子力学会編：原子力がひらく世紀，日本原子力学会（1998）
[11] 河野照哉：送配電工学，朝倉書店（1996）
[12] 道上 勉：送配電工学（改訂版），電気学会（2003）
[13] 道上 勉：送電・配電（改訂版），電気学会（2001）

29章　エネルギー新技術

29.1　新しいエネルギー資源と利用技術

エネルギー資源は，再生不能な枯渇性資源と再生可能な循環性資源とに大別される．前者には在来型の地下資源として，石炭，石油，天然ガスなどの化石資源とウランなどの鉱物資源があるが，非在来型のものとしては，オイルサンドやヘビーオイルのほかトリチウムなども期待されている．

また，後者には，在来型のものとして大規模水力，地熱などがあるが，非在来型のものとしては，小水力，太陽光，風力，廃棄物，バイオマスなどが開発されている．一方，今後のエネルギー利用技術としては，石炭ガス化発電，熱併給発電，燃料電池，電気自動車などがあげられる．表29.1は，わが国の独自の概念に基づき，上記の分類の仕方を体系化したものであり，1997年に制定された「新エネルギー法」における新エネルギーの範囲の定義付けに採用されている．

表 29.1　新しいエネルギー資源と利用技術（[2] p.58，表 2.1.3）

		地下資源エネルギー	再生可能エネルギー
エネルギー資源	在来型	石油・石炭・天然ガス 原子力（核分裂）	大規模水力 地熱
	非在来型	オイルサンド ヘビーオイル コールベッドメタン 原子力（高速増殖炉） 原子力（核融合）	風力 太陽光 バイオマス 廃棄物 太陽熱 小水力 温度差発電 波力・潮力
利用技術		石炭クリーン化	コージェネレーション クリーンエネルギー自動車 燃料電池

網掛け部分が，一般に「新エネルギー」と定められた範囲．

29.2　太陽電池
(1)　太陽電池の構造と特性

地上に降りそそぐ太陽光エネルギーの密度は $1\,kW/m^2$ 程度である．太陽電池は太陽の放射エネルギーを電気エネルギーに直接変換する素子であり，シリコン（Si）などの半導体に光が当たると，電気が発生する光起電効果を利用している．その構造は図29.1(a)に示すように，n形半導体を覆った薄いp形半導体があり，その表面は上部から入射する太陽光をできるだけ多く取り込むよう反射防止膜で覆われている．このp-n形接

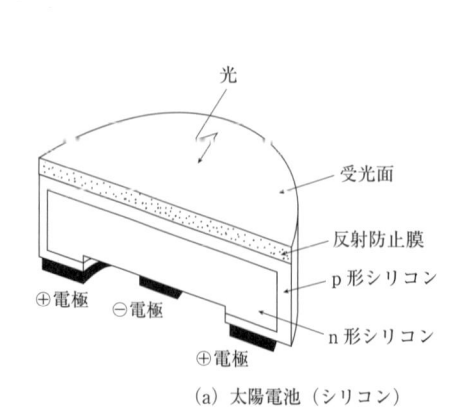

(a)　太陽電池（シリコン）　　　(b)　太陽電池の日射量と開放電圧・短絡電流

図 29.1　太陽電池の構造と特性（Si型の例）（[6] p.236, 237, 図 2.1, 2.2）

表 29.2　太陽電池の種類（[6] p.238, 表 2.1）

項　目	単結晶 Si	多結晶 Si （リボン，キャスト）	アモルファス Si
変換効率	21%（5 cm 角）	17%（10 cm 角）	10.6%（1 cm 角）
トップデータ	18%		11.5%
実用効率 （理論効率）	13〜15% （24〜26%）	11〜13% （　〜20%）	6〜8% （17〜18%：単層 18〜24%：タンデム）
寿命・信頼性	良	良	初期劣化が大きい （最初の 1 年間で 10% 程度）
製造に要する材料・エネルギー	多い	少ない	非常に少ない
技術達成，普及レベル	・技術的に成熟 ・高効率化などの基礎研究が続けられている	・単結晶と同様に発電用として普及 ・低コスト化を目指して開発中	・電卓など民需用として実用化，発電用としては効率，初期劣化の面で課題あり ・高品質化，大面積化などの研究が進展中

合半導体に光が当たると，電子と正孔が発生し，内部電界によって電子が n 形半導体に，正孔が p 形半導体に引き寄せられる．この結果，電極はそれぞれ負極と正極になる．太陽電池の素子 1 個当たりの出力電圧は約 0.5 V であるが，通常は数十個の素子を直列・並列に接続し，50〜100 W 程度にした板状のモジュールが使われる．モジュールの日射量と開放電圧・短絡電流の特性の例を図 29.1(b) に示す．なお，太陽電池の出力は素子の温度が高くなるほど低下する．

(2)　太陽電池の種類

太陽電池の種類を示すと，表 29.2 のようになる．素子の材料はシリコンの場合が多いが，ガリウムヒ素（GaAs）などの化合物も特殊な用途に使われる．シリコン素子には，単結晶，多結晶，アモルファス（非結晶）のものがある．単結晶形は原子が規則的に配置されているもので，歴史的にも最初に確立された技術である．変換効率が高いが，シリコン層が厚く，製造工程が複雑で，コストも高い．多結晶型は，小さな単結晶粒を多数集めて固めたもので，変換効率は低いが，シリコン厚を薄くできるので，低コストの製造が可能となる．アモルファス形は，光の吸収率が大きく，製造工程もシンプルであり，またシリコン厚をきわめて薄くできるが，現在では変換効率が劣り，さらなる研究開発が期待されている．

(3)　太陽光発電の日間出力変動

太陽光発電による電源には，通常モジュールを集合配置したアレイが用いられる．住宅用の電源にする場合は，直流から交流に変換するインバータおよび系統連系保護装置を通して分電盤に接続される．太陽光発電の発電出力は，もちろん夜間は期待できないが，昼間でも気象条件に大きく左右される．雨・曇の日には出力は著しく低下するが，晴れた日でも日照に応じて変動する．太陽光発電の日間出力の様子を示すと，図 29.2 のようになる．これより，太陽光発電を単独で住宅用電源として使うには，需要と供給をバランスさせるための蓄電装置と制御装置が欠かせないことが理解される．

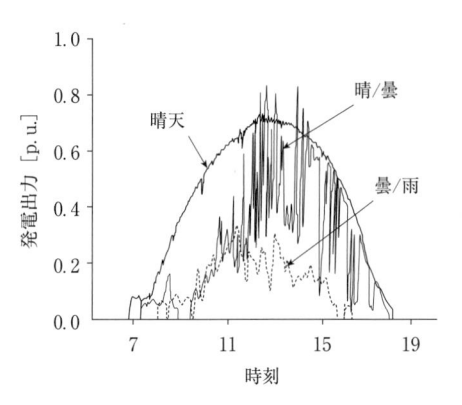

図 29.2　太陽光発電の日間出力変動（[2] p.405, 図 9.3.6）

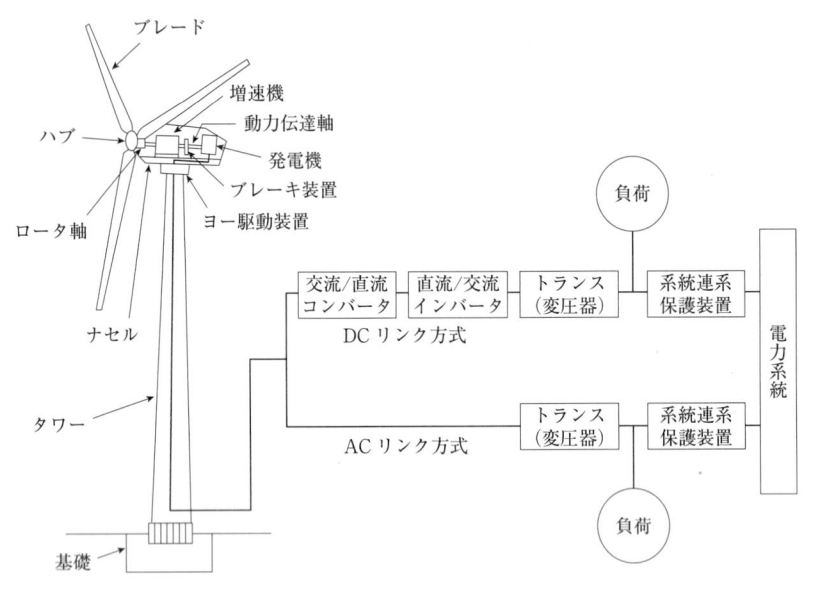

図29.3 風力発電の設備構成（[2] p.406, 図9.3.7）

29.3 風力発電
(1) 風力発電の設備構成

風力発電の設備構成には種々あるが，ここでは固定速機による方式を取り上げる．固定速機とは，二次励磁制御を行わない誘導発電機を用いた風力発電方式である．図29.3に示すように，風車タービンで得られたトルクは，誘導発電機の駆動に用いられ，誘導発電機から発生された電気出力は系統リンク設備を通して電力系統に送られる．風車の回転数は毎分数十回程度であるが，誘導発電機は通常これよりも高速の回転数が必要になるため，この間に増速機を設ける．誘導発電機は系統周波数にほぼ一致した回転数（滑り周波数だけ少ない）で回転しており，風車の回転数もこれに比例していることから，この方式は固定速機と呼ばれる．固定速機による風力発電では，カットイン風速（風車の起動風速）を下げ，稼働率を上げるために，風速に応じて伝達速度を切り換える方式がある．また，発電機出力の周波数が系統周波数と同じでなくても，発電機出力を整流した後，インバータを介して連系が可能なDCリンク方式があり，この方式の採用によって稼働率も向上される．

(2) 風力発電の日間出力変動

風力発電は立地条件の制約のほか，太陽光発電と同様に，気象条件により電気出力が左右され変動も激しい．太陽光発電と比べて異なる点は，夜間でも発電ができることである．図29.4に発電出力の日間変動の例を示す．一般に風力発電は，太陽光発電より設備稼働率は高いが，満足できるレベルのものは少ない．加えて，風況が優れていなければならない点で太陽光発電よりも立地点が限られており，かつ概して広い敷地を確保する必要がある．また，いわゆるウィンドファームにみられるように，地点当たりの発電規模が大きいことから，建設にあたっては道路や送電線などのインフラも整備されていなければならない．風力発電は出力変動が激しいことのほか，過疎の土地に設置されて弱い電力系統に接続される場合が多

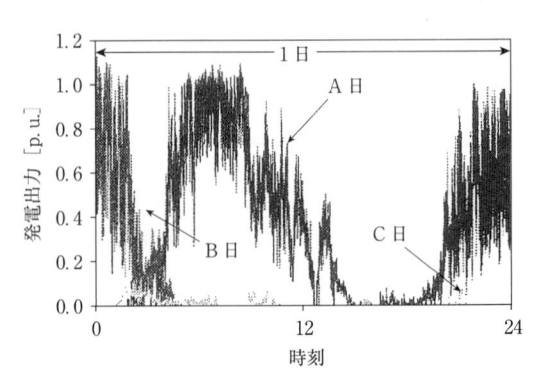

図29.4 風力発電の日間出力変動（[2] p.408, 図9.3.10）

い．この結果，風力発電の系統導入にあたっては，系統電圧に過大な影響を及ぼさないよう配慮が重要となる．なお，風力発電の理論上の最大効率はベッツの法則により約 59.3% の値となる．

29.4 廃棄物発電所の構成

図 29.5 は，従来の廃棄物発電所の構成の一例である．収集された廃棄物（ごみ）は，すでに可燃ごみとして分別されたものである．可燃ごみのうち生ごみは，高水分で低カロリーであることから発電効率は低い（現状では 15% 程度）上に，腐敗処理が必要なこともあり，その対策として廃棄物固形化燃料（RDF：refuse derived fuel）の技術がある．

発電所に運ばれたごみは，いったんピットに貯蔵される．ピットは通常 2～3 日分の容量がある．ごみはピットからホッパですくい上げられ，焼却炉に移される．焼却炉の多くはストーカ式であり，時間をかけてごみを乾燥した後に燃焼させる．焼却炉から出た燃焼ガス熱によって，ボイラで高温高圧の水蒸気を発生させ，蒸気タービン・復水器・発電機からなる電気発生装置に送られる．

一方，焼却炉からボイラに送られた燃焼ガスには，硫黄酸化物，窒素酸化物，塩化水素，煤塵，重金属，ダイオキシン類などが含まれているため，これらの有害物質を排煙処理装置で取り除いた後，煙突から大気中に放出させる．また，焼却炉で焼け残った焼却灰にも重金属，ダイオキシンなどの物質が含まれていることから，灰処理装置を通してから発電所の外部に送出させ，最終処理場へと移送させるが，一部は有効資源としての利用に役立てられる．

このほか，発電所の所内各所から漏出する汚水は，排水処理装置に送られた後，発電所の外部に放出される．ほとんどは河川か下水道に放流されるが，一部は一定の清浄な許容範囲になるまで所内に貯留されてから処理される．

29.5 バイオマス発電における熱発生技術

バイオマスとは，一定量集積した動植物由来の有機性資源と定義され，農林水産資源，有機生産業廃棄物，汚泥など多様なものを含む．これらのうちで現実的な資源は，森林樹木などのエネルギー作物，都市ごみ（燃えるゴミ）などの廃棄物である．バイオマス発電は，一般に熱生産を経て行われる．熱の発生技術には，直接燃焼，熱化学，生化学の 3 つによる方法がある．

直接燃焼法は在来型の技術であり，この方法によるバイオマス発電や蒸気供給はすでに実用化しており，改良型としてガス化複合発電プラントの試験が進められている．

熱化学的方法は，図 29.6 に示すように各種がある．木材を熱すれば一般に 500℃ 前後で熱分解が起こり，可燃ガス，タール，炭化物が生成される．また，空気，酸素，水蒸気をガス化剤とし 850℃ 程度に熱すればガス化が起こる．わが国では，固

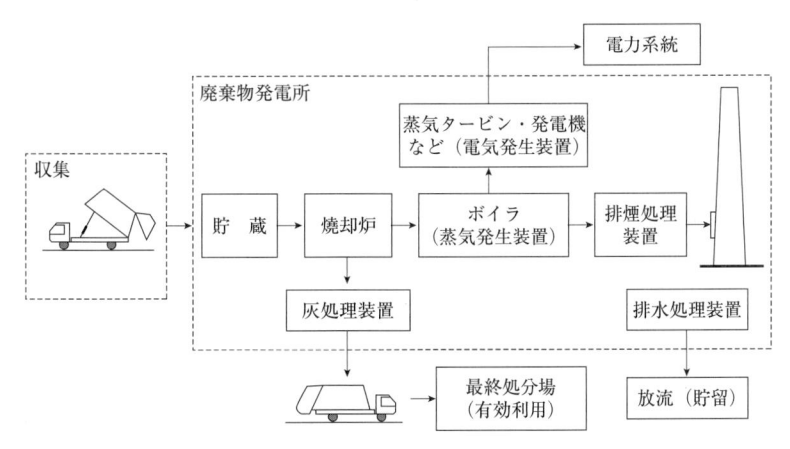

図 29.5 廃棄物発電所の構成（[1] p.1407，図 20）

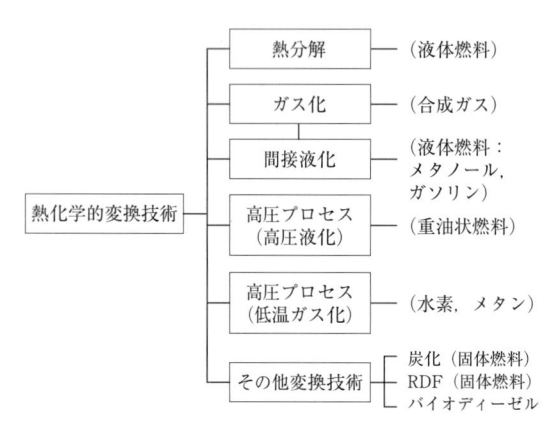

図 29.6 バイオマス発電における熱発生技術
（[1] p.1400, 図 9）

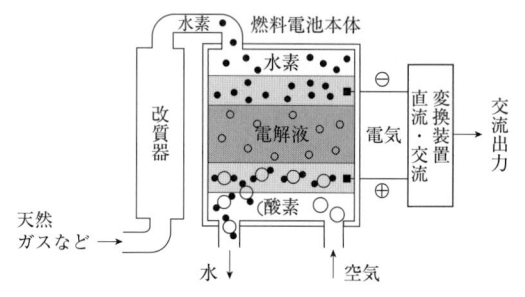

図 29.7 燃料電池発電の原理（PAFC 形の例）
（[6] p.246, 図 5.1）

形廃棄物の焼却処理の要請からも，ガス化溶融プロセスの開発がなされた．さらに，水を反応媒体とする高圧反応プロセスの提案も行われている．これらのプロセスは，高い含水率の原料を直接利用できることから，液化によりバイオマスを油状に転換する方式や，ガス化により水素やメタンに転換する方式の研究が進められている．このほか，菜種，大豆，ヒマワリなどの植物油（不飽和脂肪酸）をメチルエステル化し，バイオディーゼル油に転換する方式も実用している．

生化学的方法は，エタノール発酵の技術に代表される．これにはサトウキビなどを糖化し，微生物発酵によりエタノールを得る方法がエタノール自動車として実用化している．また，微細藻類の中には，二酸化炭素を固定しながら成長するものがあり，これを大量培養して炭化水素を回収する方法の研究も進められている．さらに，効率の高い光合成の微細藻類を探し出して直接発電を行わせる方法の基礎的な研究も行っている．

29.6 燃料電池発電
(1) 燃料電池発電の原理

燃料電池（FC：fuel cell）の原理は，電気により物質を化学的に分離する電気分解と逆の反応を利用したものである．つまり，燃料の酸化反応を電気化学的に行わせ，化学エネルギーを電気エネルギーに直接変換して取り出すものである．燃料電池の構造は，正と負の２つの電極および電解質によって構成される．電気の発生に必要な燃料と酸化剤は，気体あるいは液体の形で連続的に供給される．負極（燃料極）では，燃料（水素）の酸化反応によって電子と水素イオンの解離が行われ，電子は外部の電気回路へ，水素イオンは電解質を経て正極へと移動する．正極（空気極）では，水素イオンが空気中の酸素と反応して水となる．この結果，両極の間に負荷を接続すれば，電子が負極側から負荷を通して正極に流れる．リン酸電解質形燃料電池（PAFC）の場合の原理を図示すると，図 29.7 のようになる．この際の燃料として天然ガス，プロパン，ナフサなどが使用され，改質器によって燃料から水素がつくられる．また，燃料電池から発生する電気は直流であるため，電力系統と接続するには直流・交流変換装置が必要になる．

(2) 燃料電池の種類

燃料電池には，表 29.3 に示すように，いくつかの種類がある．通常は構成する電解質によって区分され，それぞれの燃料電池は動作温度が大きく異なる．リン酸電解質形燃料電池（PAFC）は最初に商業用として開発が進められたが，約 200℃の温度で動作し低温形燃料電池と呼ばれる．低温形には約 80℃で動作する固体高分子電解質形燃料電池（PEFC）もあり，現状では開発段階にある．固体高分子電解質形は，小型・軽量で高出力が期待されることから，自動車用など幅広い分野への適用が期待されている．一方，溶融炭酸塩形燃料電池（MCFC）や固体酸化物形燃料電池（SOFC）は，それぞれ動作温度が約 650℃，約 1,000℃と高く，高温形燃料電池と呼ばれる．高

表 29.3 燃料電池の種類（[8] p.284, 表 18.1）

	溶融炭酸塩形 （MCFC）	固体酸化物形 （SOFC）	リン酸電解質形 （PAFC）	固体高分子電解質形 （PEFC）
動作温度	600〜700℃	800〜1,000℃	約 200℃	約 80℃
電解質	溶融炭酸塩	セラミック酸化物	リン酸水溶液	高分子膜
反応イオン	CO_3^{2-}	O^{2-}	H^+	
動作原理				
燃料極反応	$H_2 + CO_3^{2-} \rightarrow H_2O + CO_2 + 2e^-$	$H_2 + O^{2-} \rightarrow H_2O + 2e^-$	$H_2 \rightarrow 2H^+ + 2e^-$	
空気極反応	$1/2 O_2 + CO_2 + 2e^- \rightarrow CO_3^{2-}$	$1/2 O_2 + 2e^- \rightarrow O^{2-}$	$1/2 O_2 + 2H^+ + 2e^- \rightarrow H_2O$	
発電効率	45〜60%	45〜60%	35〜45%	
用途	中規模分散電源用	中規模分散電源用	小規模分散 電源用	自動車用 家庭用

温形燃料電池は，高効率・大容量の発電用に期待されており，高温排熱による複合発電方式をとることが可能である．また，固体酸化物形はいまだ実用には至っていないが，燃料の内部改質が可能であること，触媒を用いる必要のないことなどの特徴がある．

29.7 石炭ガス化複合サイクル発電

固体燃料である石炭をガス化炉によって気体に変換した後，さらにガスタービン複合サイクルを適用して発電する方式を，石炭ガス化複合サイクル（IGCC：integrated coal gasification combined cycle）発電という．この発電方式には，以下のような利点が期待されている．

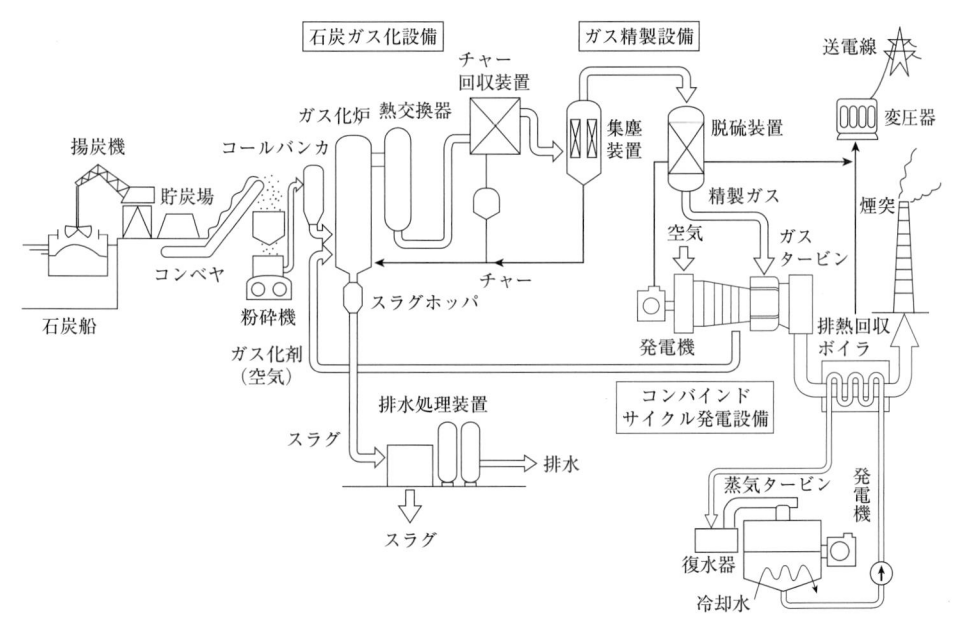

図 29.8 石炭ガス化複合サイクル発電の構成例（[8] p.274, 図 17.1）

①埋蔵量が豊富で世界各地に広く賦存する石炭資源を利用するため，わが国のエネルギーセキュリティに寄与する．

②高い熱効率が得られるため，大気汚染の防止，温排水の低減のほか，二酸化炭素による地球温暖化の抑制に役立つ．

③石炭灰はガラス状の溶融スラグとなるため，含有金属類の溶出がなく，埋立て容積も少なくてすむ．

図29.8に，空気吹き石炭ガス化複合サイクル発電プラントの構成を示す．プラントは大別して，石炭ガス化設備，ガス精製設備，複合サイクル発電設備からなる．微粉砕された石炭は加圧された搬送ガスとともに，石炭ガス化炉に送られ，炉内で一酸化炭素および水素を主成分とする可燃性の生成ガスになる．生成ガス中に含まれるチャー（未燃炭素と灰分）は，チャー回収装置および集塵装置で捕集され，ガス化炉に戻される．生成ガスは脱硫装置で硫黄化合物が除去され，ガスタービンに導かれる．ガスタービンと蒸気タービンからなる複合サイクル発電設備は，ガスタービン複合サイクル発電の場合と大差はない．なお，ガス化炉へ送られる空気は，ガスタービン圧縮機から抽気される．

29.8 その他の発電
(1) 冷熱発電の構成

LNG火力発電所で使用される液化天然ガス（LNG）は，きわめて低温（－169℃）の液体となるが，暖めて気化すると体積が600倍となり，この際に膨張力が生じる．冷熱発電は，海水で気化した天然ガスを一般のLNG発電所に送る前に，液化天然ガスのもつ膨張力と低温熱の両者を利用して発電する方式である．図29.9に冷熱発電の構成例として二次媒体サイクルを直接膨張サイクルに組み込んだ例を示す．ここでは，発電効率を高めるために，LNGの冷熱の一部を二次媒体（プロパン）に移して二次媒体タービンを回した後，残りを海水で暖め膨張力に変えて直接膨張タービンに伝える仕組みになっている．冷熱発電の電気出力は通常，LNG基地における動力源として使

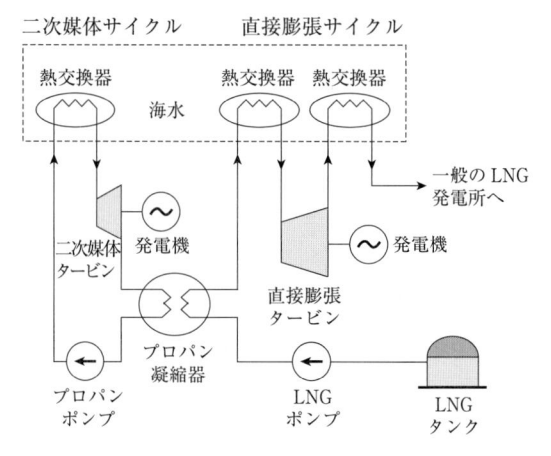

図29.9 冷熱発電の構成

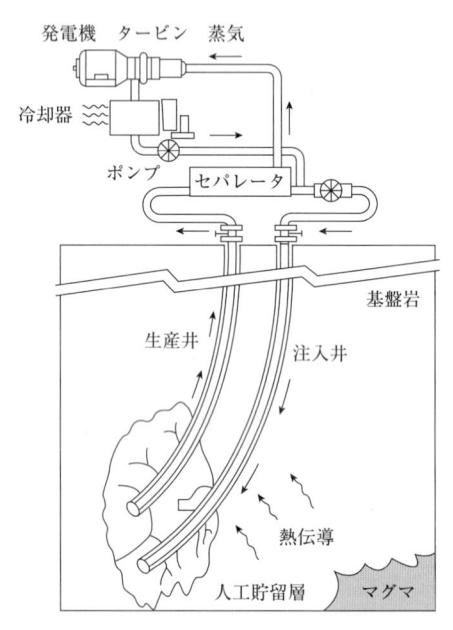

図29.10 高温岩体発電の仕組み（[8] p.252, 図14.4）

われることが多い．

(2) 高温岩体発電の仕組み

地熱地帯には場所によっては，地下の温度は高いが割れ目が少ないために，十分な地熱流体を含んでいない岩盤がある．このような岩帯を高温岩体（hot dry rock）という．高温岩体から得られる熱を利用した発電方式を高温岩体発電と呼び，その概念図を図29.10に示す．高温岩体発電では，地熱地帯に抗井を掘削し，高温岩体に圧力を加えて人工的に亀裂（フラクチャ）をつくり貯留層を造成する．これに注入井から送られた水を通して，

岩体の内部で熱交換を行い，高温の地熱流体として蒸気井から取り出し発電に利用する．わが国は火山国であるため，高温岩体は大量に賦存していると推測され，技術開発に基礎となる実地試験もいくつか行われた．

(3) 高速増殖炉「もんじゅ」の構成

高速増殖炉（FBR）は，中性子による核分裂などによって炉内の原子燃料（ウラン 235 など）の消費量よりも，新たに生産される燃料（プルトニウム 239 など）が大きい原子炉（燃料転換率が 1 以上の原子炉）である．この炉内では核分裂を続けながら，通常はむだに失われてしまう中性子も可能な限りウラン 238 などの物質に吸収させ，新しい原子燃料に変える反応が行われる．この際に吸収される中性子には，核分裂で発生した高速中性子が減速材を通さず直接そのまま使われる．高速増殖炉は天然ウランの 99.3% を占めるウラン 238 を有効に使うことから，ウラン資源の消費を節減する利点がある．一方，欠点としては，冷却系が複雑なため運転の扱いがやっかいであることがあげられる．図 29.11 に，わが国で高速増殖炉の原型炉として研究開発の段階にある「もんじゅ」の概要構成を示す．この原型炉は電気出力が 300 MW で，プルトニウムを燃料とし，液体ナトリウムを一次冷却材に用いている．ナトリウムは熱伝達に優れ，熱容量が大きく，沸点も高く，また中性子の回収も少ないため，炉心の出力密度を高くすることができる．半面，液体ナトリウムは融点が約 100℃ であることから，保温などの扱いが困難であり，これによる事故も海外で発生している．

(4) 発電用核融合炉の構造

原子核が保有するエネルギーは，質量数の小さい原子核を融合させることによっても取り出すことができる．このような核融合を発生させる反応炉が核融合炉であり，核融合を利用して発電する方式が核融合発電である．融合炉の内部で融合反応を起こすには，燃料の重水素（デューテリウム：D）や三重水素（トリチウム：T）の原子を数億度の高温にして，原子核と電子をばらばらの状態（プラズマ状態）にしなければならない．このため，高温の発生と加熱，プラズマの閉じ込め，高速粒子の衝撃に耐える材料など極限技術に対する挑戦が続けられている．高温のプラズマを閉じ込める方法には，磁力線による磁気閉込め方式と，レーザや荷電粒子ビームによる慣性閉込め方式の 2 つがある．現在，最も高い閉込め性能を達成している方法は，磁気閉込め方式の一つであるトカマク装置によるもので，欧州（JET），日本（JT-60），米国（TFTR）でそれぞれ研究開発が行われてきている．図 29.12 にトカマク装置の例を示す．現在では次期ステップとして，6 カ国による国際熱核融合実験炉（ITER）プロジェクトに移っている．

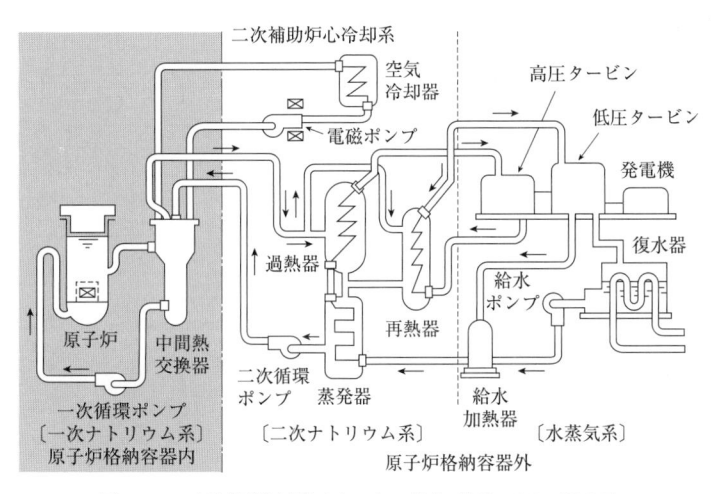

図 29.11 高速増殖炉「もんじゅ」の構成（[6] p.219, 図 3.7）

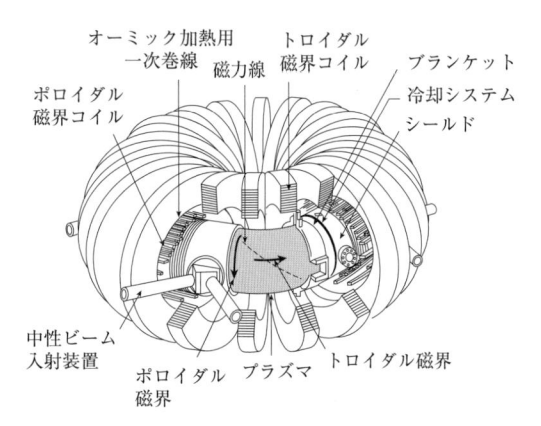

図 29.12 発電用核融合炉の構造（トカマク装置の例）（[3] p.125, 図 3.21）

29.9 電力貯蔵装置
(1) 主要な電力系統用貯蔵装置の特性

電気エネルギーは多くの長所をもつ半面，直接の貯蔵が困難であるという大きな弱点がある．このため，絶えず変化する需要に供給を合わせると同時に，事故などにより供給が途絶えた場合に備えて，何らかの大規模な電力貯蔵装置が必要となる．電力系統においては，供給側の対応手段として揚水式水力が広く用いられてきた．また，需要側では停電時などの自衛策として鉛蓄電池が主に備えられていた．近年になって，これら以外の形の電力貯蔵装置として，様々な手段が急速に試みられてきた．ところで，電力系統における大量の電気貯蔵の目的は各種あるが，貯蔵時間の長い順に列挙すれば，以下のように整理される．

①電力系統のピーク負荷対策（時～日～週オーダー）：日ピーク負荷変化への対応，年ピーク時における運転予備力の確保

②需要家におけるピーク負荷対策（時オーダー）：電力会社との契約電力の低減による電気料金の節減

③急峻な負荷変動の補償対策（分オーダー）：電気炉など急峻な負荷変動の補償，大型実験設備の始動停止に伴う負荷変化の補償

④間欠的な発電出力の補償対策（秒～分オーダー）：太陽光発電や風力発電などランダムに発生する出力変動に対する補償

⑤需要家における供給停止対策（分オーダー）：停電の直後に起動できる非常用電源としての活用

⑥電力系統における安定運転の向上対策（秒オーダー）：系統事故に際して起こる電力動揺現

表 29.4 主要な電力系統用貯蔵装置の特性（[2] p.423, 表 9.4.1）

	揚水式水力	二次電池	電気二重層キャパシタ	フライホイール	超電導エネルギー貯蔵装置
貯蔵エネルギー形態	位置エネルギー (mgh)	化学エネルギー (QV)	電気エネルギー $(CV^2/2)$	運動エネルギー $(I\omega^2/2)$	電気エネルギー $(LI^2/2)$
発電装置	交流発電機	インバータ	インバータ	可変速交流発電機	インバータ
貯蔵効率	65～70%	65～90%	～70%	～80%	80～90%
エネルギー密度	小	小～大	小～中	小～大	小
負荷応答	数分	瞬時	瞬時	瞬時	瞬時
運用単位	日・週	～分～日	～分	～分	～日
規模	大	小～大	小	小	小～大
立地制約	地形の制約	なし（消防法による規制のある場合あり）	なし	なし	なし
主な用途	ピーク電源（運転・瞬動予備力を含む）	変動負荷対策，負荷平準化対策	瞬低対策	変動負荷対策	瞬低対策，系統安定化対策
実用（試用）化例	事業用発電所：2,564万kW（2009.3現在）	ナトリウム・硫黄電池：6MW（綱島），レドックスフロー電池：500kW（三田）	瞬低対策用	ROTES：26.5MVA～周波数調整用（沖縄電力），変動負荷対策用（京浜急行電鉄）	マイクロ形：1MW級の瞬低対策用として試用化

貯蔵効率はシステム方式や運用形態により変わる．

象の抑制

⑦需要家における瞬時電圧低下対策（サイクルオーダー）：雷による供給電圧の瞬時的な低下に対する防衛（瞬低対策）など

表29.4は主要な電力系統用貯蔵装置について，これまで実用あるいは試用されたものを取り上げ，それらの特徴や用途を比較したものである．このほかの新しい電力系統用貯蔵装置として，圧縮空気による方法，蓄熱過程を介した方法などがあげられる．

(2) 海水揚水発電所の構造

わが国は周囲が海で囲まれているため，地理的に海水を用いた揚水発電所の立地に恵まれており，沖縄本島の北部に世界初の「沖縄やんばる海水揚水発電所」が試験研究設備として建設された．この発電所では，上部調整池は新しく設置されたが，下部調整池は自然の海が利用された．有効落差136 m，使用水量26 m³/s，最大出力30 MWの技術検証用プラントとして，1999年に運転を開始したが，現在では実証研究を終えている．同発電所は図29.13に示すように，上部調整池は深さ25 m，直径252 mの八角形で，海岸の標高150 mの台地に位置する．使用する水が海水であることから，上部調整池には水密性，変形性，耐候性に優れた改良ゴムシートによる表面遮水方式が，水圧管路には海水に対する耐食性や海生物の付着性など考慮して強化プラスチック管が，また水車ランナやガイドベーンには耐摩耗性，耐食性から改良型オーステナイト系ステンレス鋼がそれぞれ採用された．また，発電機には可変速方式が取り入れられていた．

(3) 電力貯蔵用二次電池の原理図

大量の電力貯蔵を目的にした電力貯蔵用の二次電池には，これまで広く用いられてきた鉛蓄電池があるが，このほかの新形電池として，ナトリウム・硫黄電池，亜鉛・塩素電池，亜鉛・臭素電池，レドックスフロー電池，改良形鉛電池，リチウム電池などがある．このうち，近年急速に注目が高まっているリチウム電池は，単体としての容量が他の電力用二次電池と比べて著しく小さいことが難点である．二次電池の基本単位は単電池であり，1対の正極と負極および電解質からなる．単電池を直並列に接続して，所要の仕様の二次電池システムを構成する．図29.14に，大量の電力貯蔵の実用を目指して試行されたナトリウム・硫黄電池およびレドックスフロー電池の原理を示す．

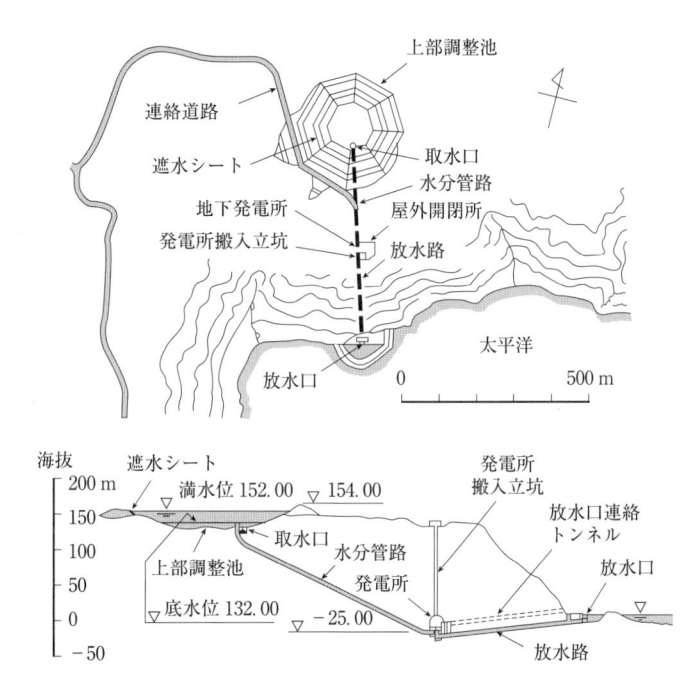

図29.13 海水揚水発電所の構造（やんばる発電所の例）（[6] p.85, 図6.2）

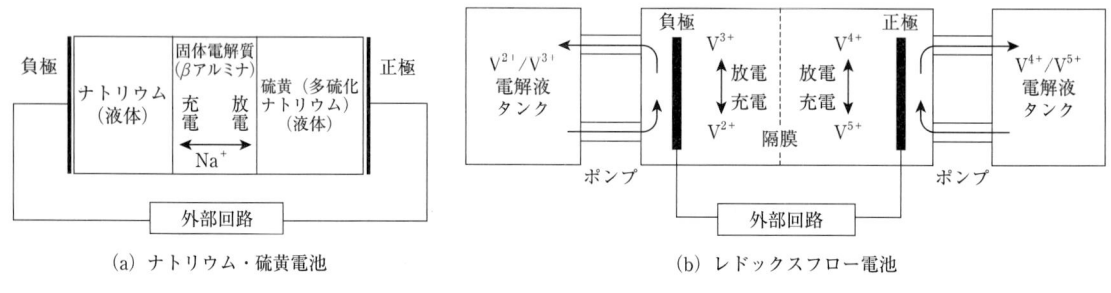

図 29.14 電力貯蔵用二次電池の原理図（[2] p.425, 図 9.4.1）

i) ナトリウム・硫黄電池： 正極には溶融硫黄と多硫化ナトリウムを，負極には溶融ナトリウムを，両極の間にはナトリウムイオンを通過させる固体電解質（βアルミナ）を用いるもの．ナトリウム，硫黄，多硫化ナトリウムを溶融状態に保つため，つねに300℃程度以上に維持しなければならない．電力貯蔵用としてエネルギー密度やエネルギー効率が高く，自己放電がないなどの長所がある半面，温度管理を必要とするなどの短所がある．

ii) レドックスフロー電池： 価数が変化するバナジウムや鉄などのレドックスイオンの酸化還元反応を利用した二次電池である．タンクに貯蔵したレドックス水溶液をポンプによって流動型電解層に送り充電させる．常温で作動するが，電解液を流動させるためにポンプやタンクが必要である．エネルギー密度やエネルギー効率の点では劣るが，タンク容量を増やすだけでkWh容量が容易にかつ単独に行うことができるなどの特徴がある．

(4) 電気二重層キャパシタと鉛蓄電池の比較

電気二重層キャパシタは，電気二重層現象を利用したコンデンサである．他の二次電池が化学エネルギーを蓄積するのに対して，そのまま電気エネルギーを蓄える方式である．通常の電子回路に用いるコンデンサと同じように，電界に蓄積するためエネルギー密度（kWh密度）は低いが，出力密度（kW密度）や応答速度が高く，かつ多くの繰り返し使用数回に耐える．通常のコンデンサが誘電体を用いるのに対し，電気二重層現象を用いる点にも特徴がある．電気二重層とは，固体と液体など異なる2つの相が接する面に電荷が蓄積される現象を指す．電気二重層キャパシタは，イオン性溶液に1対の電極を浸した簡単な構造であり，一般には電極に活性炭が使われる．電気二重層キャパシタと鉛蓄電池の特性比較を表29.5に示す．これより，電気二重層キャパシタは，放電時間が短時間で頻繁に充放電を繰り返す高出力の用途（急速充放電用）に適していることがわかる．電気二重層キャパシタの電力向けの適用は緒についた段階にあり，現状では電力系統の瞬時電圧低下対策用が製品化されている．

表 29.5 電気二重層キャパシタと鉛蓄電池の比較（[2] p.427, 表9.4.2）

	電気二重層キャパシタ	鉛蓄電池
重量エネルギー密度	3～5 kWh/t	23～35 kWh/t
出力密度	2～3 kW/t	～0.2 kW/t
最小放電時間	4～30 秒	6～100 分
サイクル寿命	10,000 回以上	300～1,500 回

(5) フライホイール式電力貯蔵装置の構成

この装置はエネルギー貯蔵をフライホイール（はずみ車）の回転エネルギーに変えて行うもので，回転速度を制御することによりエネルギーの授受がなされる．実用化の例もいくつかある．図29.15にシステム構成を示す．システム全体は，フライホイール，電動発電機，軸受，回転数制御用のパワーエレクトロニクス機器などから構成される．フライホイールと電動発電機は一体化され，立形式のものが一般的である．フライホイールのエネルギー密度を上げるため，慣性モーメントと回転数を大きくする設計がなされる．電動発電機は可変速で運転され，電力系統との接続を可能にしている．軸受には摩擦損を小さくするため，立

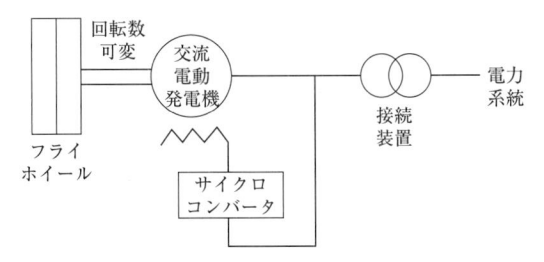

図 29.15 フライホイール式電力貯蔵装置の構成（[2] p. 429, 図 9.4.3）

形の場合で高温超電導体の磁束ピン止め力を利用した装置の開発も行われている．フライホイールによる電力貯蔵装置は，迅速な制御ができる，重量当たりのエネルギー密度が高いなどの長所をもつが，貯蔵時間が長くなると損失が大きくなる，破損事故の防止対策が必要である，大容量の装置の製作が困難であるなどの短所がある．

(6) 超電導エネルギー貯蔵装置の原理

超電導エネルギー貯蔵装置（SMES）は，電気エネルギーを磁気エネルギーとして貯蔵する装置である．動作原理の概略を図 29.16 に示す．図において，超電導コイルは液体ヘリウムで冷却されており，2つのスイッチのうちスイッチ2も同様に冷却されている．あらかじめスイッチ1とスイッチ2は開いておく．まず，スイッチ1を入れ，所定の電流をコイルに通す．ここで，スイッチ2を閉じるとコイルの両端が短絡された形になり，抵抗値ゼロの閉回路が形成され，ここに減衰ゼロの永久電流が流れ続ける結果，コイルに磁気エネルギーが蓄積される．超電導エネルギー貯蔵装置は揚水発電や蓄電池に比べて，複雑なエネルギー変換過程がなく，かつ貯蔵効率も高い．このほか，エネルギーの出し入れを瞬時に行うことができるため，応答性に優れた装置である．また，サイリスタ制御によって有効電力と無効電力を独立して制御できる利点がある．このため，電力系統に対しては系統安定化や周波数制御などへの適用が期待されている．当初は負荷平準化用など大規模な装置を狙った研究開発が主流であったが，今日では瞬時電圧低下対策用など小規模な装置（マイクロ形）の技術に関心が移っている．

(7) 圧縮空気エネルギー貯蔵装置の構成

圧縮空気エネルギー貯蔵（CAES：compressed air energy storage）とは，圧縮空気の形でエネルギーを貯蔵する装置であり，夜間の余剰電力で空気を圧縮して貯蔵し，昼間のピーク負荷時に放出してガスタービンを駆動し発電を行うことに適用される．図 29.17 に，装置の原理と構成を示す．ガスタービンには2つのクラッチがあり，夜間と昼間ごとに，それぞれ圧縮機とタービンとを切り替え，発電電動機に接続する仕組みになっている．圧縮空気を貯蔵するための空洞がキーポイントで

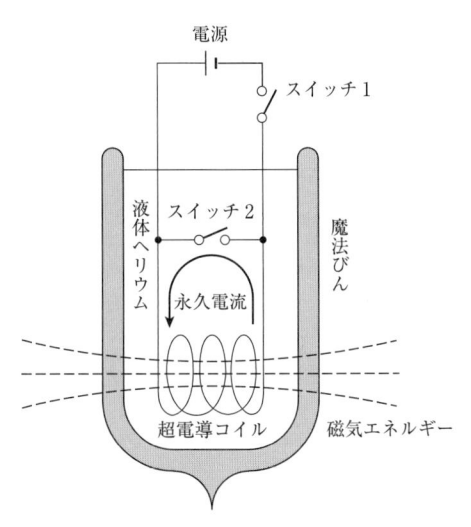

図 29.16 超電導エネルギー貯蔵装置（SMES）の原理（[6] p. 257, 図 9.3）

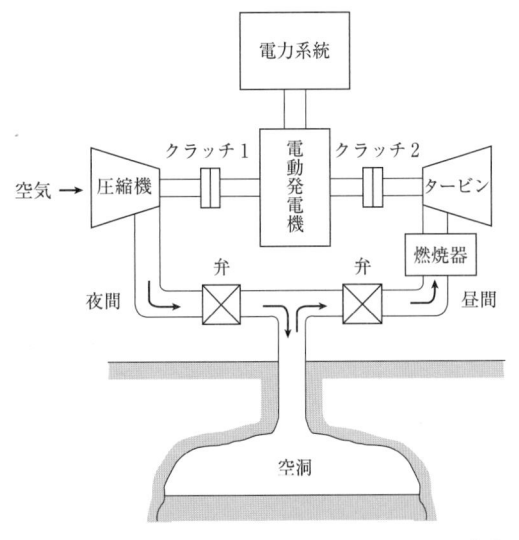

図 29.17 圧縮空気エネルギー貯蔵（CAES）装置の構成（[3] p. 165, 図 4.40）

あり，一般に貯槽は地下に設けられ，高い気密性が求められる．地質条件により，岩盤内の空洞を利用する場合，岩塩層の空洞を利用する場合，滞水層の空洞を利用する場合の大略3つに分けられる．海外ではドイツ，アメリカで岩塩層のプラントが実用化している．わが国では，良好な地質条件に恵まれず，経済性のある立地は難しいが，ゴムライニング方式による岩盤内の空洞貯蔵の実証プラント（2 MW）の試験研究が行われている．

〔高橋一弘〕

参考文献

[1] 電気学会編：電気工学ハンドブック（第6版），オーム社（2001）
[2] 宅間 董・高橋一弘・柳父 悟編：電力工学ハンドブック，朝倉書店（2005）
[3] 赤崎正則・原 雅則：電気エネルギー工学，朝倉書店（1986）
[4] 長谷川淳・斉藤浩海・大山 力・北 裕幸・三谷康範：電力系統工学，電気学会（2002）
[5] 吉川榮和・垣本直人・八尾 健：発電工学，電気学会（2003）
[6] 道上 勉：発電・変電（改訂版），電気学会（2006）
[7] 福西道雄ほか：水力発電（改訂版），電気学会（1966）
[8] 瀬間 徹編：火力発電総論，電気学会（2002）
[9] 法貴四郎ほか：原子力発電(改訂版)，電気学会（1970）
[10] 日本原子力学会編：原子力がひらく世紀，日本原子力学会（1998）
[11] 河野照哉：送配電工学，朝倉書店（1996）
[12] 道上 勉：送配電工学（改訂版），電気学会（2003）
[13] 道上 勉：送電・配電（改訂版），電気学会（2001）

4 情報・通信分野

30章　計算機・情報処理
31章　通信とネットワーク

30章　計算機・情報処理

(1) コンピュータの構造とプログラム

現在のすべてのコンピュータは1947年にEckertとMauchlyが提案しvon Neumannが報告書にまとめたプログラム内蔵（stored program）方式になっている．その構造は図30.1に示すように，メインメモリの中にプログラムが格納され，

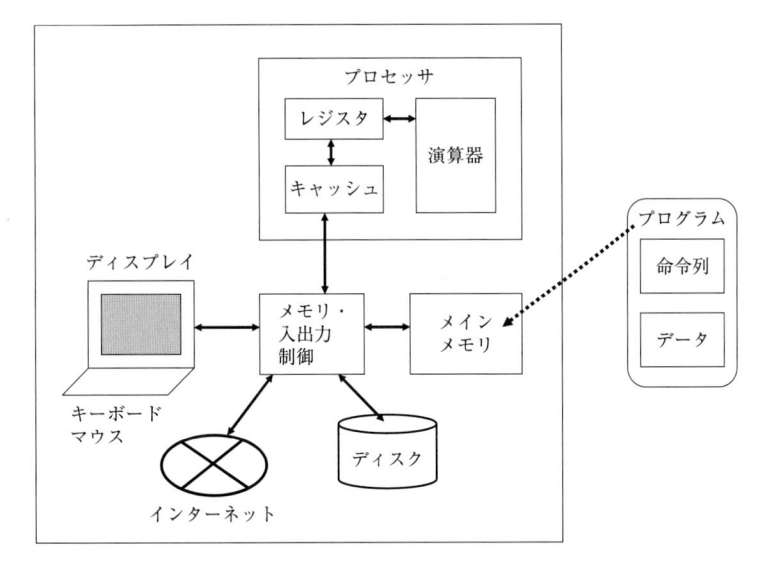

図30.1 コンピュータの構造とプログラム

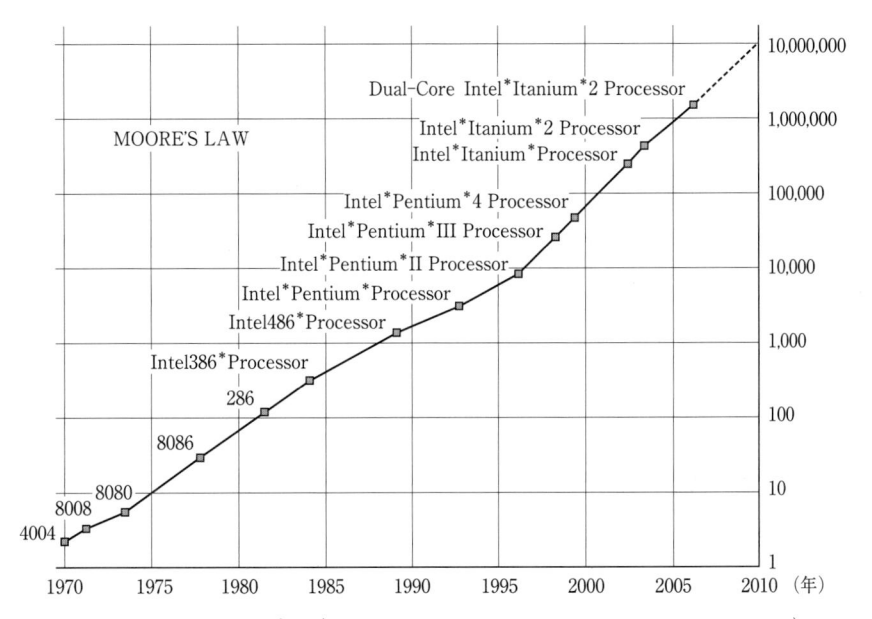

図30.2 ムーアの法則（http://www.intel.com/technology/mooreslaw/index.htm）
1チップのトランジスタ数は18〜24カ月ごとに2倍になる．

プロセッサとの間でデータの処理が行われる．プログラムの中には処理手順を示す命令の列と処理されるデータが含まれている．

(2) ムーアの法則

コンピュータの進歩は，元 Intel 社の会長である Gordon E. Moore が 1965 年に発表した論文より「マイクロプロセッサ 1 チップのトランジスタ数は 18～24 カ月ごとに 2 倍になる」というムーアの法則に従って続いている．図 30.2 に Intel 社が開発してきたマイクロプロセッサのトランジスタ数の推移を示す．1971 年に発売された世界初のマイクロプロセッサ 4004 のトランジスタ数は 2,300 であったが，最近の Dual Core Intel Itanium2 では 1 億トランジスタを超えている．

これは，ここ 30 年間でおよそ 24 カ月ごとに 2 倍のペースで進化してきたことを示している．

(3) 情報の表現

プログラムで使用されるデータは，文字コードと数値に分類される（図 30.3）．文字コードは 1 バイトコードの ASCII が標準になっており，日本語を扱う 2 バイトコードは，Shift JIS, Unicode, EUC などがある．1 バイトコードと 2 バイトコードは混在が可能で，先頭 1 ビットが 0 であれば ASCII，1 であれば 2 バイトコードと見なされる．数値表現は整数・固定小数点と浮動小数点がある．整数と固定小数点は同じ表現方法で，正の数は 2 進数，負の数は 2 の補数で表現される．浮動小数点は IEEE754 規格により表現される．

データの種類		
文字コード	1B コード	ASCII (American Standard Code for Information Interchange)
	2B コード 日本語	Shift JIS
		Unicode
		EUC (Extended UNIX Code)
数値表現	整数 固定小数点	整数と固定小数点は同じ表現 正の数は 2 進表示，負の数は 2 の補数表示
	浮動小数点	IEEE754 規格 数値 $N=(-1)^S \times 2^E \times (1.m)$ とすると

	s	e	m	
単精度 (32b)	1b	8b	23b	$E = e - 127$
倍精度 (64b)	1b	11b	52b	$E = e - 1023$

図 30.3 情報の表現（データ）

	メインフレーム	UNIX サーバ	IA-32(32e)	IA-64
アーキテクチャのタイプ	CISC	RISC	CISC	EPIC
命令長（バイト）	2, 4, 6	4	可変 1 以上	16 (3 命令)
レジスタ本数　GPR	16	32	8 (16)	128
FPR	16	32	8 (16)	128
入出処理	I/O 命令	M-I/O	I/O 命令 (M-I/O)	M-I/O
論理アドレス長	31(64)	64	32(64)	64

GPR：General Purpose Register
FPR：Floating-point Register
CISC：Complex Instruction Set Computer
RISC：Reduced Instruction Set Computer
EPIC：Explicitly Parallel Instruction Computing
M-I/O：Memory-mapped I/O

図 30.4　各種コンピュータの命令アーキテクチャ比較

(4) 各種コンピュータの命令アーキテクチャ比較

命令（instruction）の仕様は，各種のコンピュータでそれぞれ異なっている．図30.4に各種のコンピュータのアーキテクチャの比較を示す．これらは1970年代から普及してきたメインフレーム，1980年代後半から普及したUNIXサーバ（この中にも各種のアーキテクチャがある），また現在台数では最も多いPCで使用されているIA-32（Intel Architecture 32），またその拡張のIA-32eおよびIA-64（Intel Architecture 64）などである．

(5) コンピュータ内部構造

コンピュータの内部構造については，より詳細な具体例としてPentium4システムの内部構造例を図30.5に示す．

(6) プロセッサの概略ブロックと命令の実行ステージ

より詳細なプロセッサの内部の構造と命令の実行ステージを図30.6に示す．命令の実行はこの図では大きく分けて次の5つのステージからなる．① IFステージ（命令の読み出し），② IDステージ（命令の解読とレジスタの読み出し），③ EXステージ（演算の実行やアドレスの計算），④ MEMステージ（キャッシュへの読み出し/書き込み），⑤ WBステージ（レジスタへ結果の格納）．

(7) プロセッサの高速処理技術

プロセッサの高速処理技術として代表的なものが，パイプライン処理とスーパースカラ処理（並列処理）である．A+B→Cを例に取り上げて説明する．A+B→Cの命令は次のように展開される．

Load(LD)　　r1←A
Load(LD)　　r2←B
Add(ADD)　　r3←r1+r2
Store(ST)　　r3→C

まずこの命令列を逐次処理で行うと，図30.7に示すように20サイクル（4命令×5ステージ）かかる．

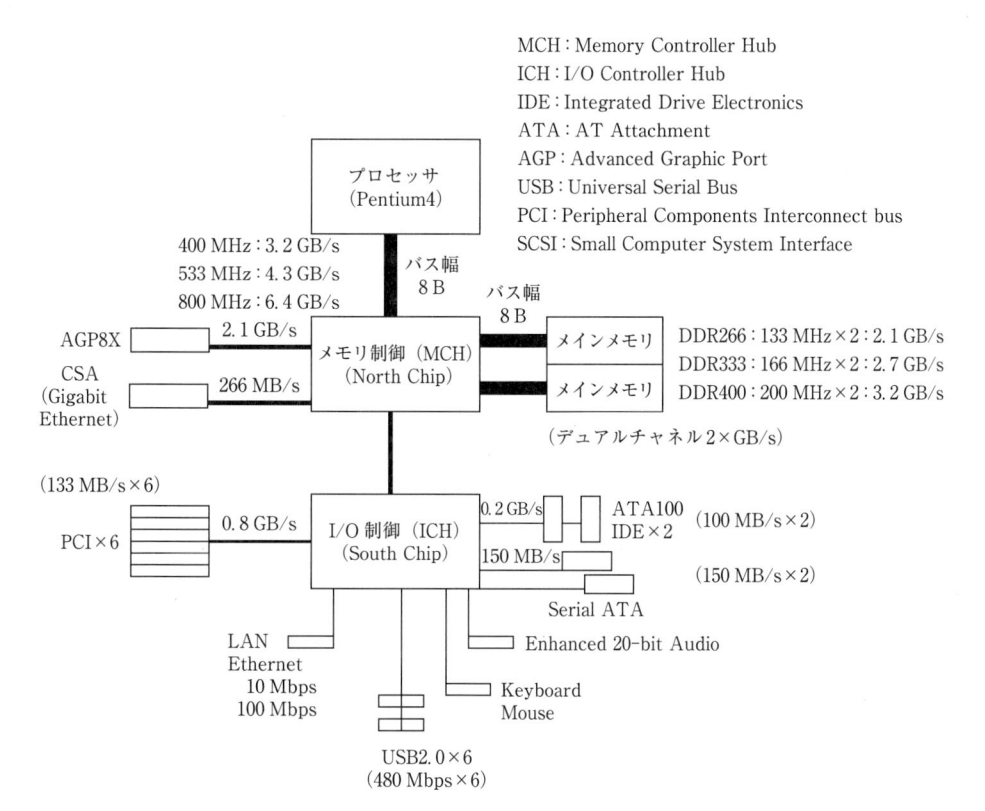

MCH：Memory Controller Hub
ICH：I/O Controller Hub
IDE：Integrated Drive Electronics
ATA：AT Attachment
AGP：Advanced Graphic Port
USB：Universal Serial Bus
PCI：Peripheral Components Interconnect bus
SCSI：Small Computer System Interface

図30.5 コンピュータ内部構造：Pentium4システムの例

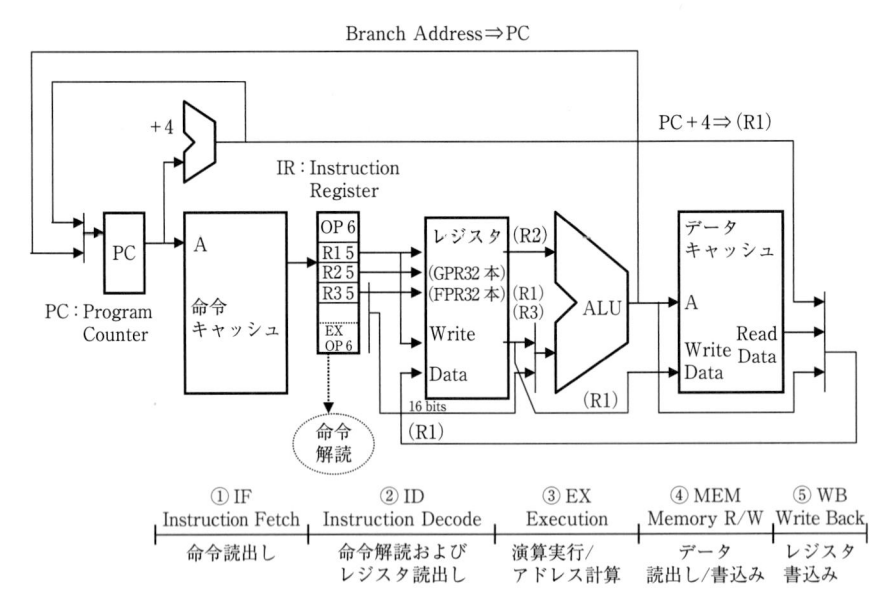

図30.6 プロセッサの概略ブロック図と命令の実行ステージ

① IF Instruction Fetch　命令読出し
② ID Instruction Decode　命令解読およびレジスタ読出し
③ EX Execution　演算実行/アドレス計算
④ MEM Memory R/W　データ読出し/書込み
⑤ WB Write Back　レジスタ書込み

	1	2	3	4	5	6	7	8	9	10	11	12	13	14	15	16	17
LD	IF	ID	EX	MEM	WB	r1											
LD						IF	ID	EX	MEM	WB	r2						
ADD											IF	ID	EX	−	WB	r3	
ST																IF	ID

	18	19	20
LD			
LD			
ADD			
ST	EX	MEM	WB

(a) 逐次処理（20サイクル）

	1	2	3	4	5	6	7	8	9	10	11	12	13	14	15	16	17
LD	IF	ID	EX	MEM	WB	r1											
LD		IF	ID	EX	MEM	WB	r2										
ADD			IF	ID	−	−	EX	WB	r3								
ST				IF	ID	−	−	−	EX	MEM	WB						

(b) パイプライン処理（11サイクル）

	1	2	3	4	5	6	7	8	9	10	11	12	13	14	15	16	17
LD	IF	ID	EX	MEM	WB	r1											
LD	IF	ID	EX	MEM	WB	r2											
ADD		IF	ID	−	−	EX	WB	r3									
ST		IF	ID	−	−	−	−	EX	MEM	WB							

(c) スーパースカラ処理＋パイプライン処理（10サイクル）

図30.7 プロセッサの高速処理技術
スーパースカラ処理は2つの命令が同時に処理される場合．

(8) プロセッサの記憶階層

プロセッサの記憶階層は図30.8に示すようにプロセッサチップの中に高速小容量の一次キャッシュと大容量の二次キャッシュがある．一次キャッシュは命令用とデータ用に分かれているが二次キャッシュは共通である．プロセッサはプロセッサバスを介して記憶制御チップと接続し，記憶制御チップはメモリバスを介してメインメモリと接続する．現在のプロセッサでは，一次キャッシュが数十KB，二次キャッシュが数百KB～数MBの容量となっている．

(9) キャッシュの構造

二次キャッシュの構造例を図30.9に示す．これは容量が512KBの例である．メインメモリから転送する単位をブロックと呼び（ラインと呼ぶこともある），ここでは64Bである．このブロックが全部で8,192個あり，実際には64B×8,192＝524,288Bの容量をもっているが，便宜上512KBのキャッシュとしている．8,192個のブロックは1,024×8のアレイになっている．メモリアドレスの下位6ビットは64Bブロック境界なので，その上位の10ビットで1,024のエントリを指定する．指定されたエントリにはさらに8つのブロックが存在するが，これはアドレスをそれぞれ比較して一致したブロックが求めるブロックとなる．このようにメモリアドレスの一部分を利用してキャッシュにアクセスする方式を，セットアソシアティブ方式と呼び，高速にアクセス可能な長所

図30.8 プロセッサの記憶階層

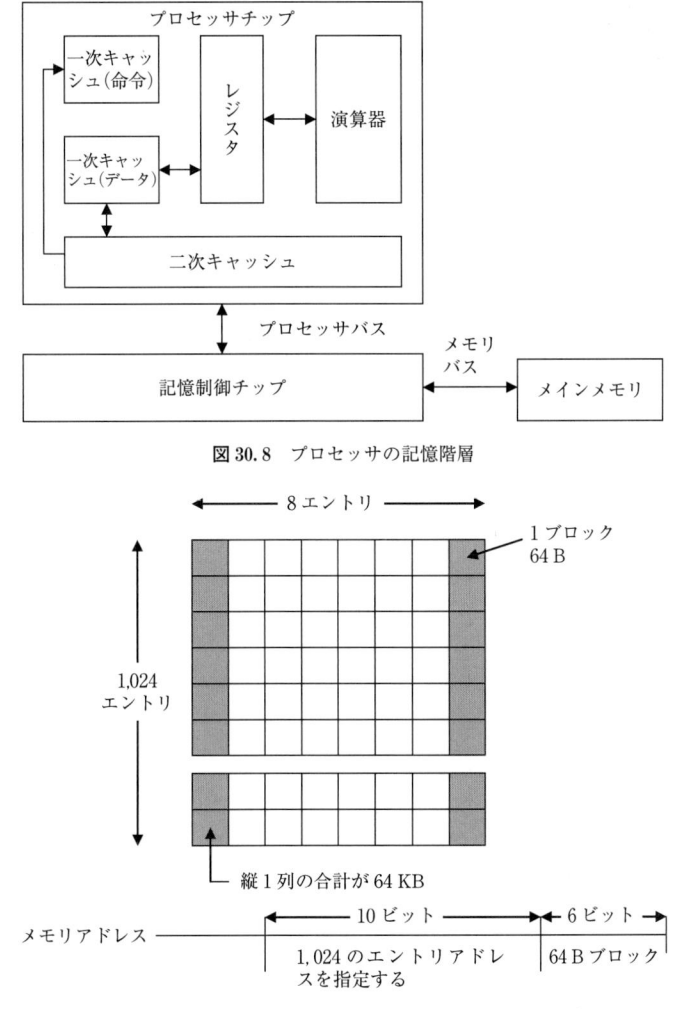

図30.9 キャッシュの構造（512KBの二次キャッシュ例）

があり，現在のキャッシュの構造では最も一般的な方式である．

（10） DRAM の構造と行列の指定 SDRAM のアクセスタイムチャート

DRAM（dynamic random access memory）は現在ほとんどのコンピュータのメインメモリとして広く使用されている．その構造は図 30.10(a) に示すように非常に単純で，1 ビットのメモリは 1 つのコンデンサ（電荷を蓄えるメモリセル）とその読出し，書込みを行うための 1 つのトランジスタ（Tr）から構成されている．そのメモリに電荷が蓄えてあれば情報は "1" として扱い，電荷が蓄えてなければ "0" として扱う．

DRAM は，1 つのチップの中に図 30.10(b) に示すようにメモリセルがアレイ（行列）の形に配置されており，アドレス線は，行（row）アドレスおよび列（column）アドレスから構成され，行と列をそれぞれ指定することで読み出す．行と列は 1 組の信号線を共有して交互に信号を指定して読み書きするメモリセルのアドレスを決めている．

最近使用されている DRAM の種類には，データがクロックの立上がりに同期している SDRAM（synchronous DRAM）や，データがクロックの立上がりと立下りに同期している DDR SDRAM（double data rate SDRAM）などがある．

DDR SDRAM におけるアクセスのタイムチャートを図 30.10(c) に示す．DDR はデータがクロックの立上がりと立下りに同期するため，Data Strobe（DQS）という信号を出し，こ

(a) DRAM（1 ビット）の構造　　(b) DRAM の構造

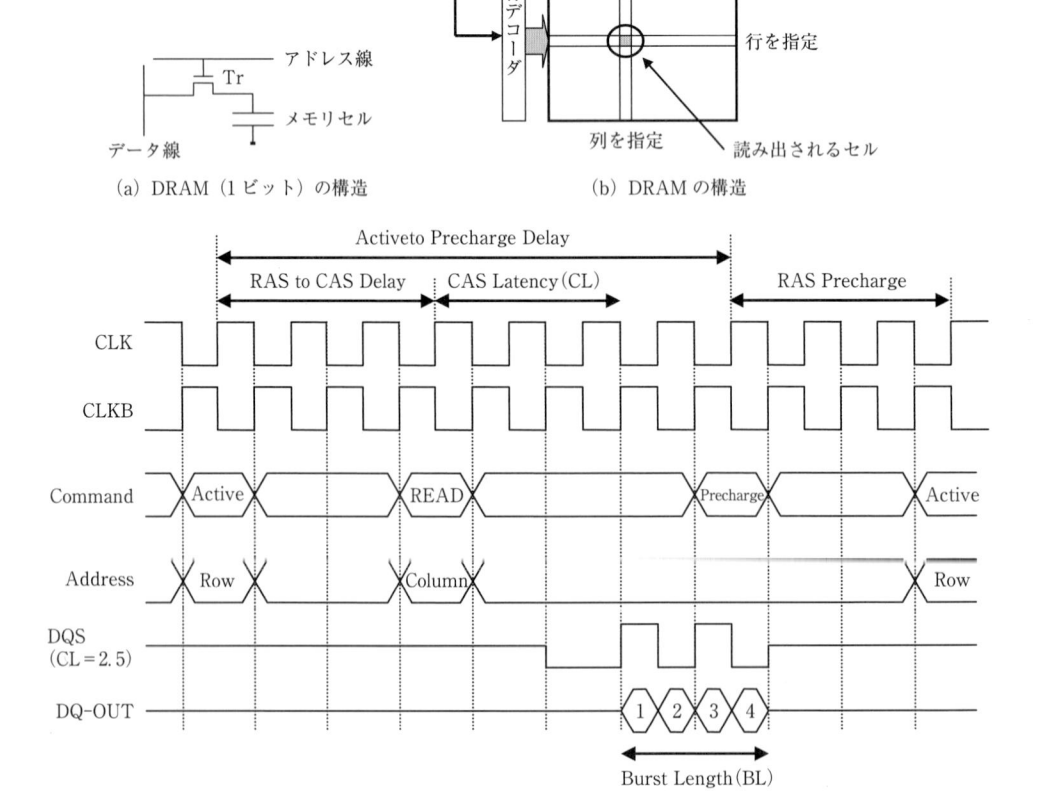

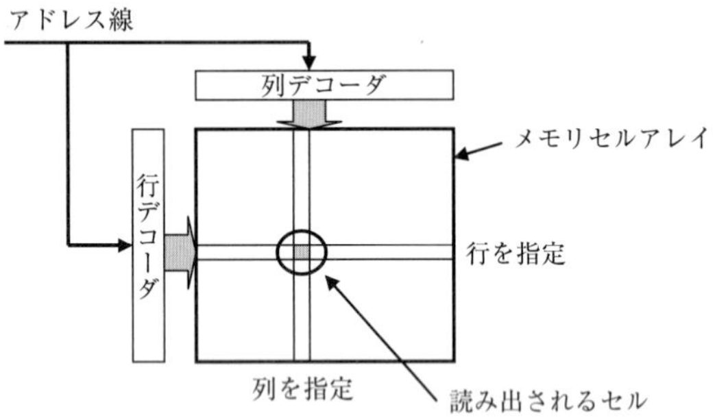

(c) DDR SDRAM のアクセスのタイムチャート

図 30.10　DRAM の構造と行列の指定 SDRAM のアクセスタイムチャート

の信号にデータを同期させている．DDR はベースクロックの2倍の周波数（400 MHz の場合は 200 MHz×2）で動作する．図中のタイムチャートの1目盛は 400 MHz の場合は 5 ns である．

(11) 仮想記憶方式とアドレス変換

1つのプログラムからみえるアドレスは普通，仮想アドレス（virtual address）あるいは論理アドレス（logical address）と呼ばれている．これは実際のメインメモリ上のアドレスとは異なっている．コンピュータは同時に多くのプログラムを処理しておりメインメモリ上にはこれらのプログラムが展開されている．このメインメモリ上に展開されているアドレスを実アドレス（real address）あるいは物理アドレス（physical address）と呼ぶ．現在はほとんどのコンピュータがこの仮想記憶方式を採用している．

仮想記憶方式は図 30.11(a) に示すように，まずアドレスをページという単位に分ける．ペー

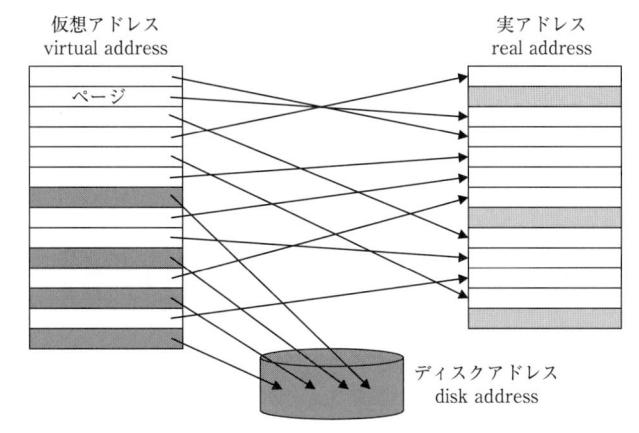

(a) 仮想記憶方式の概念

仮想アドレス（32 ビット　64 ビット）

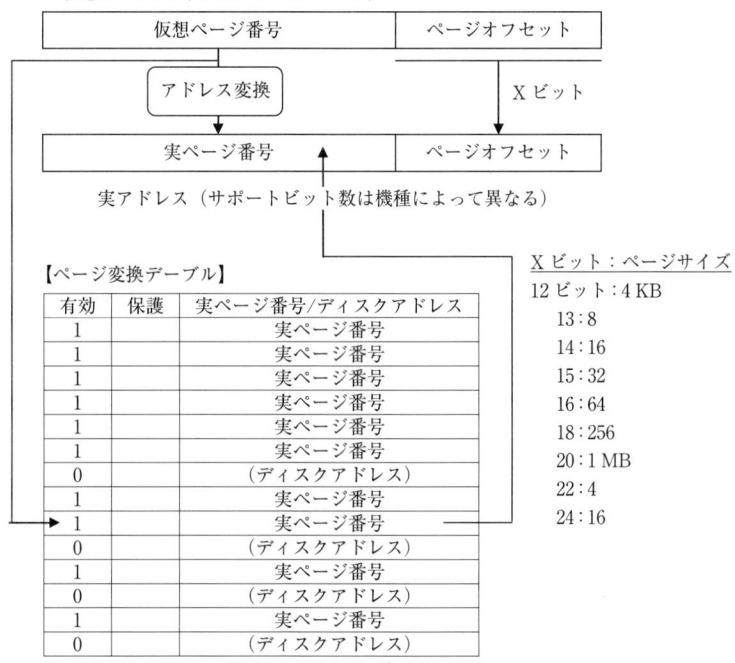

| 仮想ページ番号 | ページオフセット |

アドレス変換　　X ビット

| 実ページ番号 | ページオフセット |

実アドレス（サポートビット数は機種によって異なる）

【ページ変換テーブル】

有効	保護	実ページ番号/ディスクアドレス
1		実ページ番号
1		実ページ番号
1		実ページ番号
1		実ページ番号
1		実ページ番号
1		実ページ番号
0		（ディスクアドレス）
1		実ページ番号
1		実ページ番号
0		（ディスクアドレス）
1		実ページ番号
0		（ディスクアドレス）
1		実ページ番号
0		（ディスクアドレス）

X ビット：ページサイズ
12 ビット：4 KB
13：8
14：16
15：32
16：64
18：256
20：1 MB
22：4
24：16

(b) アドレス変換

図 30.11　仮想記憶方式とアドレス変換

の大きさは，32ビットアーキテクチャ系では当初4KBが最も一般的に使用されていた．しかしメインメモリの増大に伴い4KBでは単位が小さくなったため，ページの大きさをMBにできるように拡張している．また最近の64ビットアーキテクチャ系ではページの大きさを指定することができ，メインメモリが数GBにもなることから当初からMB単位のページを推奨している．このページ単位に仮想アドレスと実アドレスの対応をとる．この対応表のことをページ変換テーブルと呼び，このアドレス変換過程のことをアドレス変換あるいはメモリマッピングと呼んでいる．図 30.11(b) にこの変換過程を示す．仮想アドレスはメインメモリ上に存在する実アドレス（有効ビット1）とディスク上に存在するディスクアドレス（有効ビット0）に対応づけられる．

(12) 誤り検出・訂正方式

コンピュータの内部には多くの誤り訂正回路が使用されている．代表的な誤り訂正方式は，ParityやECCとインターネットで用いられるCRCである．

a. Parity

Parity（パリティ）方式はデータ列に1ビットの情報を追加するもので，データとパリティビットの1の数が奇数の場合を odd Parity（奇数パリティ），偶数の場合を even Parity（偶数パリティ）と呼んでいる．コンピュータの多くは odd Parity 方式を採用している．Parity 方式は通常1ビットエラーを検出できる．これは Parity 方式が距離2（データとパリティビットのすべての組合せにおいて，互いに少なくとも2ビットは異なる）なので1ビット誤りの検出機能をもっている．

	Data	Code		Data	Code
0	0000	000	8	1000	111
1	0001	011	9	1001	100
2	0010	101	A	1010	010
3	0011	110	B	1011	001
4	0100	110	C	1100	001
5	0101	101	D	1101	010
6	0110	011	E	1110	100
7	0111	000	F	1111	111

図 30.12 ECC の例

b. ECC

ECC（error correction code）方式は距離3（データとエラーコードのすべての組合せにおいて，互いに少なくとも3ビットは異なる）という誤り訂正機能をもっているため2ビットエラーを検出し，1ビットエラーを訂正することが可能である．例としてデータが4ビット（$i_1 i_2 i_3 i_4$）の場合のエラーコード（$p_1 p_2 p_3$）を図 30.12 に示す．ここで，

$$P_1 = i_1 \oplus i_2 \oplus i_3, \quad P_2 = i_1 \oplus i_2 \oplus i_4,$$
$$P_3 = i_1 \oplus i_3 \oplus i_4$$

である．

誤り訂正の例として Data 0110 が1ビット誤った場合を考える．このとき誤った Data として 1110, 0010, 0100, 0111 の4通りが考えられる．しかしそれらの Code は 100, 101, 110, 000 となっており，Data 0110 の Code 011 とはいずれの場合も2ビット以上異なっている．このため Code 011 は正しく，Data が誤っていると判断する．Code 011 に対応する Data は 0110 と 0001 であるが，誤った Data と1ビット異なる 0110 が正しい Data と見なされる．同じように，Code が1ビット誤った場合を考える．このとき誤った Code として 111, 001, 010 の3通りが考えられる．これらの Code に対応する Data は6通りあるがそれらの Data は 0110 といずれも2ビット以上異なっている．このため Data 0110 は正しく，Code が誤っていると判断する．

Data のビット数を 2^n とすると Code は $n+1$ ビット必要になる．上記の4ビット例は 2^2 のため Code は3ビット必要であったが，実際は $64 = 2^6$ ビットの Data に8ビットの Code を加えて72ビットを誤り訂正機能をもった8Bとして扱うことが一般的になっている．

c. CRC

CRC（cyclic redundancy check）はビット列をある生成多項式で割った余りを付加して送信し，受信側では受信したビット列が同じ生成多項式で割り切れるか否かで誤りの発生を判断する方式である．Cyclic とは2のべき乗を法として演算を行う際，桁あふれや桁あまりを無視することから，この名前がついている．CRC を例をとって

説明する.

● ビット列 $X = (1, 0, 1)$, 生成多項式 $G(x) = x^4 + x^3 + x^2 + 1$, 次数 $m = 4$ の場合

i) 符号化（ビット列 X から符号語 W の求め方）:
① $X(x) = x^2 + 1$
② $X(x) \cdot x^m = (x^2 + 1) \cdot x^4 = x^6 + x^4$
③ $X(x) \cdot x^m / G(x) = x^2 + x + 1$ 余り $C(x) = x + 1$
④ $W(x) = X(x) \cdot x^m + C(x)$
$= x^6 + x^4 + x + 1$
$= 1 0 1 0 0 1 1$（3 ビットのデータに 4 ビット CRC を追加）

ii) $X(x) \cdot x^m / G(x) = (x^6 + x^4)/(x^4 + x^3 + x^2 + 1) = x^2 + x + 1$ 余り $C(x) = x + 1$ の求め方:
（割算といっても桁あふれや桁余りを無視して演算していることに注意！）

```
              111       ← x² + x + 1 = A(x) 商
     11101 )1010000
             11101
             10010
             11101
             11110
             11101
                11    ← x + 1 = C(x) 余り
```

商と余りの計算のハードは,〈データと生成多項式との EOR〉→ 左シフト →〈EOR〉→ 左シフトの繰り返しである.

iii) 受信語 Y の誤り検出:
$Y = Error + W$
$C(x) = Y(x)/G(x)$
If $C(x) = 0$ 正しい符号語 otherwise 誤り
たとえば $Y(x) = 1010011$ とすると

```
              111       ← x² + x + 1 = A(x) 商
     11101 )1010011
             11101
             10010
             11101
             11101
             11101
                00    ← x + 1 = C(x) 余り
```

$C(x) = 0$ となり, 正しく転送されたことがわかる.

iv) CRC-CCITT 標準（生成多項式の国際標準）:

① CRC-12
$G(x) = x^{12} + x^{11} + x^3 + x^2 + x + 1$
$= 0001\ 1000\ 0000\ 1101$
$= 180Dh$（16 進表示）

② CRC-16（MP3 など）
$G(x) = x^{16} + x^{15} + x^2 + 1$
$= 0001\ 1000\ 0000\ 0000\ 0011$
$= 18003h$（16 進表示）

③ CRC-32（ITU-T 標準：TCP/IP など）
$G(x) = x^{32} + x^{26} + x^{23} + x^{22} + x^{16} + x^{12} + x^{11} + x^{10} + x^8 + x^7 + x^5 + x^4 + x^2 + x^1 + 1$
$= 0001\ 0000\ 0100\ 1100\ 0001\ 0001\ 1101\ 1011\ 0111$
$= 104C11DB7h$（16 進表示）

(13) 入出力制御方式

プロセッサが各種の I/O デバイス制御する方式のことを入出力制御方式という. 現在では, Memory-mapped I/O 方式が一般的である. この方式ではメインメモリアドレスのある部分が各種 I/O デバイスにアサインされる. これらの領域への Read/Write は通常の命令でアクセスすることができ, I/O デバイスに対するコマンドやデータと解釈される. 図 30.13 はメインメモリの

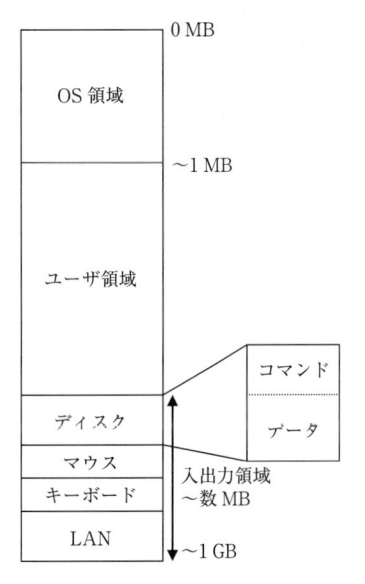

図 30.13 入出力制御方式

ある部分がディスク用にアサインされ，その内容がコマンドとデータになっていることを示している．

（14） ディスクの内部構造

ディスクの構造は図30.14(a)に示すように，プラッタと呼ばれる磁気記録の円板が数枚重なっている．プラッタの両面に磁気を記録することが可能で，両面に読み書きするヘッドがついている．プラッタ上にはトラックと呼ばれる磁気を記録する同心円があり，各プラッタの同じ同心円を集めたトラックをシリンダと呼んでいる．トラックは図30.14(b)に示すように，セクタと呼ばれる単位で区切られている．1つのセクタは1ブロックからなり通常は512Bである．

（15） RAID

RAIDはカリフォルニア大学のD. A. Pattersonらによって1987年に提案されたものである．現在はRAID-1, -5, -6などの方式が実用化されている．最近では大規模システムはRAID-5を使用しているケースが増えている．プロセッサ内にあるセクタ単位のデータ（通常は512B）に対し，RAID-1, -5, -6では次のようにデータを配置する．

a. RAID-1
2台以上のディスクから構成されている．データA，B，C，Dを別のディスクに二重書きを自動的に行う方式である（図30.15(a)）．二重書きなのでディスクの容量は2倍になる．

b. RAID-0
RAID-0は冗長情報がないので学問的にはRAIDには分類されない．しかし一般用語として普及しているので図30.15(b)に示す．これは2台以上のディスクから構成され，データA，B，C，Dを分けて記憶させるもので，アクセスの高速化を図っている．

c. RAID-5
データをセクタ単位（通常は512B）にディスクに分散させて記憶させる方式である（図30.15(c)）．冗長情報は，Parityを用いる．冗長情報用のディスクを分散することにより，書き込み時に冗長情報用のディスクに処理が集中し，性能のボトルネックになってしまう問題が解決されている．

通常Parityは1ビットエラーの検出しかできないが，RAIDの場合はドライブ単位に障害が発生する（すなわちエラーの発生したビットが特定

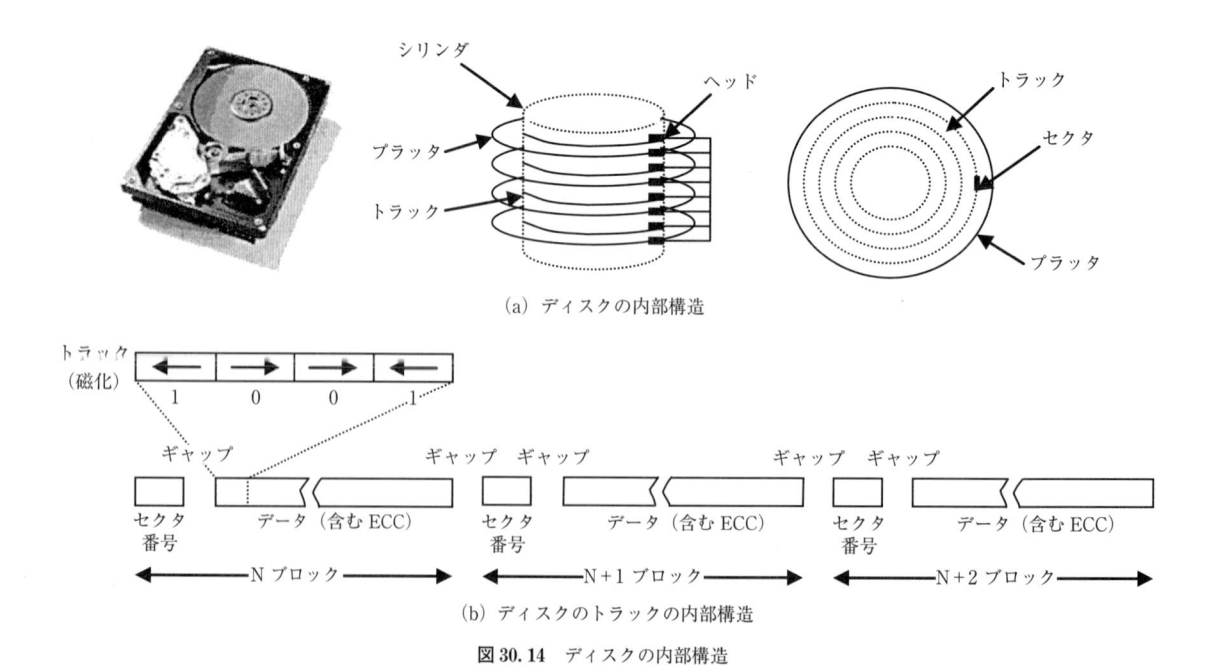

(a) ディスクの内部構造

(b) ディスクのトラックの内部構造

図30.14 ディスクの内部構造

図 30.15 RAID

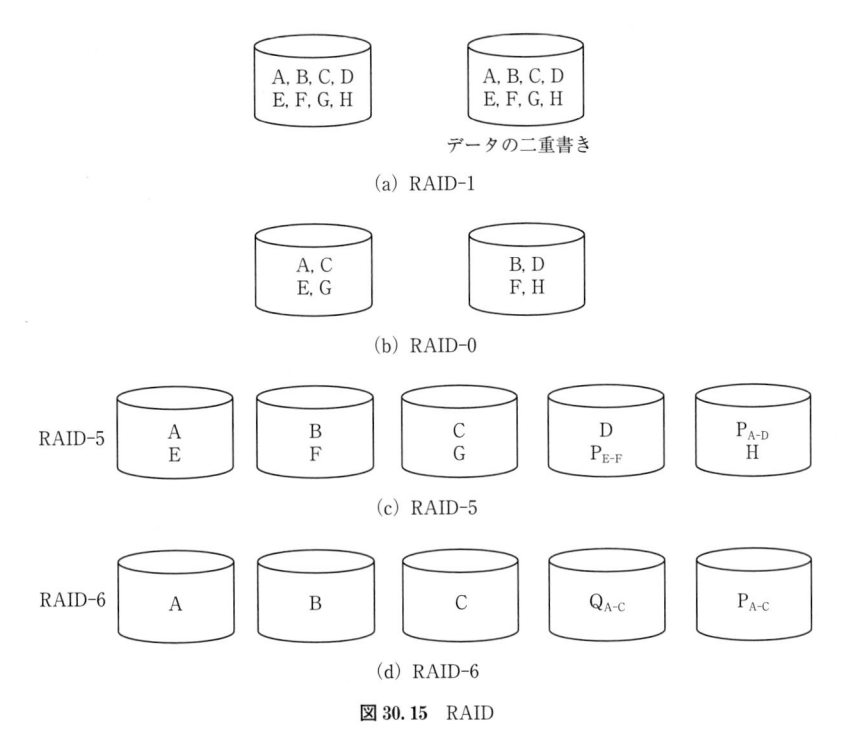

できる）という前提であるので Parity でも誤りが訂正可能になる．

d. RAID-6

RAID-5 は 1 つのドライブに障害が発生したときに回復可能であるが，RAID-6 は 2 つのドライブに同時に障害が発生しても回復が可能である．図 30.15(d) に示すように，RAID-5 と同じ Parity 情報をもつ P_{A-C} に加え，これと異なる（独立した）別の Parity 情報 Q_{A-C} を保持している．これにより 2 つのドライブで同時に障害が発生しても，P_{A-C} と Q_{A-C} の 2 つの独立した Parity を用いて回復することが可能になる．

〔河辺　峻〕

31章　通信とネットワーク

(1) 電波の周波数による分類

電波の周波数スペクトラムは表31.1に示すように，10の周波数帯に区分されている．また，電波法では「電波とは，300万MHz以下の周波数の電磁波をいう」と定義されており，300万MHzは3,000 GHz (3 THz)に相当することから，表中のすべての電磁波は電波を指すことになる．

(2) 電離圏の伝播

電離層とは，太陽からの放射線や粒子が大気の分子や原子に衝突し，層状に電子化する形態をいい，地球を取り巻いて存在している．その種類としてD層（地上高50～90 km, 夜間消滅），E層（地上高90～160 km），Es層（地上高100～110 km, 不規則に出現），F層（地上高160～300 km）がある．電離層では電波の周波数帯により透過減衰，減衰反射など伝播に影響を与え，LF帯はD層で，MF帯はE層で，HF帯はE, F層でそれぞれ反射伝播され，逆にVHF帯とUHF帯はD, E, F層を透過し，直接伝播される．また，電波が雨，雪などの降水区間を通過するとき，降水粒子に吸収あるいは散乱されて減衰し，この降雨による減衰は10 GHz以上において顕著となる．さらに，電波の周波数が大気の気体分子の双極子の固有周波数（水蒸気22.4 GHz, 酸素60.0 GHz）と一致（共振）したときにも，吸収や減衰を受ける．図31.1に降雨と大気による電磁波の減衰状況を示す．

(3) アンテナの指向特性と基本アンテナ

送受信電波の電界強度，位相，偏波，軸比など空間方向の放射特性を指向性パターン（directivity pattern）と呼ぶ．着目する方向の観測角領域の指向性を主ローブ，その他領域の指向性をサイドローブと称する．前者の形状はアンテナの送受信の能力や特性の制御に利用され，後者の形状は電波干渉，電波雑音の増減に対して重要な影響を与える．電波は時間とともに変化する電流（等価磁流）から発射（放射）されることから，原理的に最も基本となるアンテナは，電流形の線状ダイポールアンテナ，ループアンテナ，等価磁流形のスロットアンテナ，等価磁流形のホーンアンテナである．このうち線状アンテナはメートル波に，方形ホーンアンテナはマイクロ波の標準アンテナに利用される．図31.2に基本アンテナと指向性パターンを示す．

(4) アナログ通信方式

アナログ通信方式の主体は，周波数分割多重（FDM：frequency division multiplex）伝送である．この方式では，単側帯波（SSB：single side band）変調によって，信号の周波数スペクトラムが周波数軸上に等間隔に配列され，同軸ケーブルなどを介して中継伝送される．受信側では受信

表31.1　周波数による電波の分類

周波数区分	周波数範囲	波長範囲	慣用区分（電波名称）
ELF	3～3,000 Hz	10^5～10^2 km	
VLF	3～30 kHz	100～10 km	超長波
LF	30～300 kHz	10～1 km	長波
MF	300～3,000 kHz	1～0.1 m	中波
HF	3～30 MHz	100～10 m	短波（メートル波）
VHF	30～300 MHz	10～1 m	超短波（メートル波）
UHF	300～3,000 MHz	1～0.1 km	極超短波
SHF	3～30 GHz	10～1 cm	センチ波
			（1～300 GHz：マイクロ波）
EHF	30～300 GHz	1～0.1 cm	ミリ波
	300～3,000 GHz	1～0.1 mm	サブミリ波

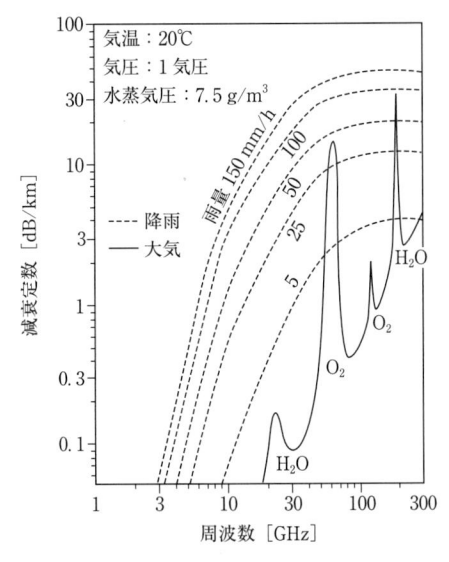

図 31.1 降雨と大気による電磁波の減衰

信号をフィルタで分離し，同期復調により原信号を再生する多重方式であり，多重化された信号はFM方式により無線の搬送波に変換され中継される．また，映像信号や符号（データ）などの波形情報は，信号の比帯域が広いため低域遮断の不要な残留側帯波（VSB：vestigial side band）変調によりスペクトラムを形成して伝送される．表31.2にアナログ通信の各種変調方式を示す．

(5) ディジタル通信方式

ディジタル通信の基本はPCM伝送方式である．この方式はアナログ信号を時間的，振幅的にサンプリング・標本化し，ディジタル量に変換して符号化し，必要に応じ時間分割多重化をした後，伝送路に送出する．そして，伝送路で必要な伝送特性を確保するため再生中継を行いながら，受信側においてもとのアナログ信号に復元するものである．この方式では，サンプリングに対して原波形の最高周波数の2倍の周波数でサンプリングすれば原波形が保存される，というサンプリング定理（sampling theorem）が適用される．PCM伝送方式は，伝送路における妨害に強く，高品質の伝送ができるなどの特徴があり，データ，画像などの各種サービス情報の伝送に適している．また，経済的な端局が実現したこと，光通信技術の進展やディジタル交換機と組み合わせてディジタル統合網を構成できることなどから多く用いられている．図31.3にPCM伝送方式の構成図を示す．

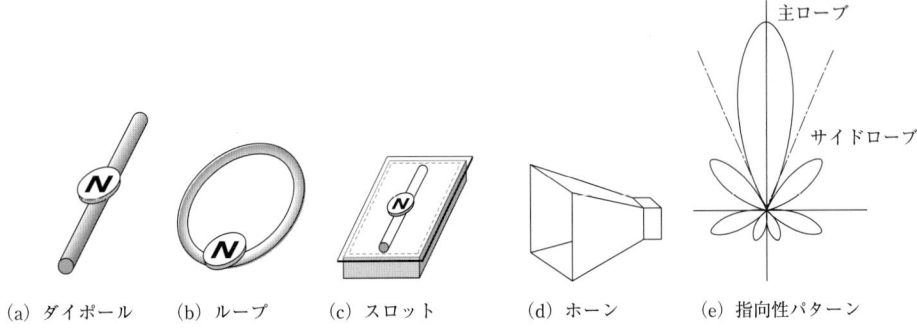

(a) ダイポール　(b) ループ　(c) スロット　(d) ホーン　(e) 指向性パターン

図 31.2 基本アンテナと指向性パターン

表 31.2 アナログ通信の各種変調方式

種　類	方　式	具体的方式
連続変調	振幅変調	DSB（両側帯波）変調
		SSB（単側帯波）変調
		VSB（残留側帯波）変調
	角度変調	FM（周波数変調）
		PM（位相変調）
	振幅・角度同時変調	QAM（直交変調）
パルス変調	パルス振幅，幅，位置，数，符号などの各種変調	

(6) 無線通信方式

無線伝送方式には，① アナログ無線伝送方式，② ディジタル無線伝送方式がある．前者ではFM方式が主体であり，主要な電話，テレビジョン中継に性能を発揮しているが，大容量化の点で限界があった．しかし，マイクロ波SSB方式の開発で大容量化を実現している．後者では多値変調方式の適用が有効であり，4値伝送の場合は四相位相変調（4PSK：4 phase shift keying）が最も優れた特性を示し，4値以上伝送の場合は直交する搬送波に振幅変調して合成する直交振幅変調（QAM：quadrature amplitude modulation）が有利で，両変調とも広く採用されている．また，時間領域では時間分割多重アクセス（TDMA：time division multiple access）方式が多く用いられている．表31.3にアナログ無線伝送方式とディジタル無線伝送方式の特性を示す．

(7) 光通信方式

光通信の伝送媒体としては，ガラスのほか空気，水，真空などがあるが，実際には優れた低損失特性を有するガラス光ファイバが広く用いられている．光通信に使用される波長は光ファイバの損失特性から決められ，可視光より長い赤外領域（0.8，1.35，1.48，1.55 μm）が一般に用いられる．

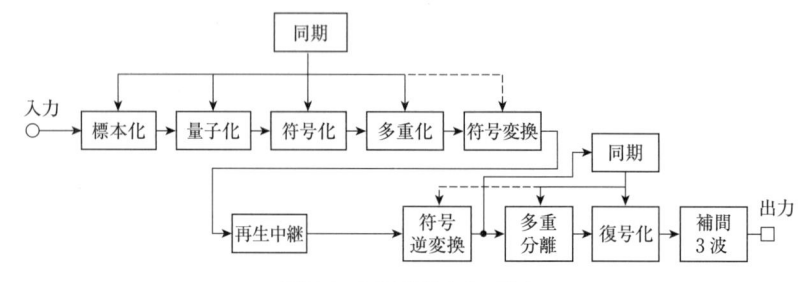

図31.3 PCM伝送方式の構成

表31.3 アナログ無線伝送方式とディジタル無線伝送方式
(a) アナログ無線方式

分類	中継系					
	FM						SSB
	2 GHz	4 GHz	5 GHz	6 GHz	11 GHz	15 GHz	6 GHz
方式名	UF-B5	SF-B8	SF-E2	SF-U4	SF-T7	SF-F5	6L-A1
帯域 [MHz]	2,100〜2,290	3,600〜4,200	4,400〜5,000	5,925〜6,425	10,700〜11,700	14,400〜15,230	5,925〜6,425
容量 [ch]	1,800	3,600	3,600	2,700	3,600	3,600	5,400
システム数	5+1	6+1	6+1	7+1	10+1	7+1	7+1
出力 [W]	1.6	31.5	28	16	7	2	0.3
距離 [m]	50	50	50	50	20	8	50

(b) ディジタル無線方式

分類	中継系						加入者系	
	4 PSK	16 QAM			256 QAM	FSK	
	20 GHz	4 GHz	5 GHz	6 GHz	4, 5, 6 GHz	26 GHz	
方式名	20G-D2	4L-D1	5L-D1	6L-D1		P-MP	P-P
帯域 [MHz]	17,720〜21,200	3,600〜4,200	4,400〜5,000	5,925〜6,425		25,250〜27,000	25,250〜27,000
容量 [Mb/s]	400	200	200	200	400	13.8	7.8
システム数	8+1	6+1	6+1	7+1		1	1
出力 [W]	0.4	0.4	0.4	0.4	1.6	0.1	0.1
距離 [m]	6	50	50	50	2.50	7	7

図31.4 光通信方式の基本構成

また，光源には分散の影響が小さく，かつファイバの結合を容易にする単一あるいは狭いスペクトルが要求されるため，LED，レーザ（LD）が使用される．現在までに実用化された光通信方式はすべて振幅を変化させる強度変調方式である．図31.4に光通信方式の基本構成図を示す．

(8) 光ディジタル伝送の変調方式

光通信方式の変調方式としては，伝送すべき情報信号の帯域・速度，伝送媒体の帯域，品質規格などにより最適なものが選ばれる．変調方式はアナログ伝送方式とディジタル伝送方式に分けられる．アナログ伝送には原信号を発光素子で直接駆動するアナログ直接強度変調方式と，あらかじめ原信号を広域帯などの信号に変調して発光素子を駆動する方式がある．一方，ディジタル伝送にも各種変調方式があり，多く採用されているものはPCM方式（pulse code modulation）あるいはPCM信号をさらに効率よく圧縮したDPCM方式である．図31.5にディジタル伝送の各種変調方式を示す．

(9) 光波長多重通信方式

光通信の多重化方式は，時間領域，波長領域，空間領域，周波数領域により区分けされ，時間分割多重方式（TDM：time division multiplexing），光波長多重通信方式（WDM：wavelength division multiplexing），空間分割多重方式（SDM：space division multiplexing），周波数分割多重方式（FDM：frequency division multiplexing）などがある．同方向の伝送には信号の伝送媒体の帯域が問題にならない限りTDM方式が有利である．双方向の伝送には1本の光ファイバで各種サービスが提供できるWDM方式が有利であり，それぞれ広く用いられている．図31.6に光波長多重通信方式（WDM）の基本構成を示す．

(10) 宇宙通信方式

通信衛星による通信方式の特徴は，1つの衛星を介して複数の地球局の間で直接に回線を構成できることにある．現在，採用されている衛星は能動衛星の静止（固定）衛星で，接続方式は時分割多重アクセス方式（TDMA）である．衛星通信の周波数は国際的に割り当てられた雑音の少ない1〜10 GHzの周波数帯が使用されている．衛星通信システムにおいては，国内衛星に衛星中継器が設けられ，上り下り回線の周波数変換，減衰した

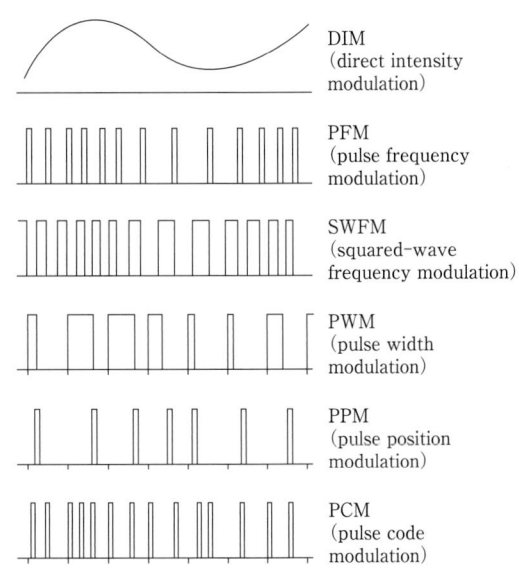

図31.5 ディジタル伝送の各種変調方式（[2] p.1429, 図43）

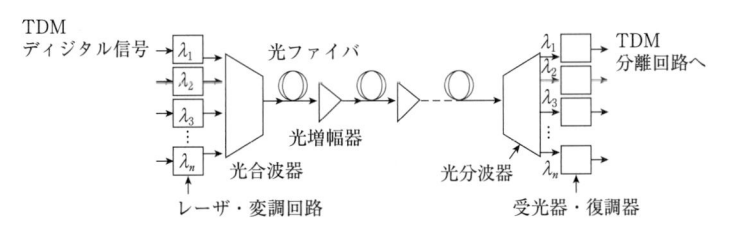

DIM (direct intensity modulation)
PFM (pulse frequency modulation)
SWFM (squared-wave frequency modulation)
PWM (pulse width modulation)
PPM (pulse position modulation)
PCM (pulse code modulation)

図31.6 光波長多重通信方式（WDM）の基本構成（[5] p.107, 図6.7）

表 31.4 固定衛星通信の国内割り当て周波数帯

バンド名	下り [GHz]	上り [GHz]
C	3.40～4.20, 4.50～4.80	5.85～7.08
Ku	10.70～11.70, 12.20～12.75	12.75～13.25, 14.00～14.50
Ka	17.70～21.20	27.50～31.00

表 31.5 衛星中継システム（国内衛星：衛星名 CS-2a, 2b）

周波数帯		Cバンド			Kaバンド	
通信形態		固定局通信		車載局	固定局通信		車載局
方式名		SC-20	SC-30	SC-01T	SK-10	SK-40	SK-01T
多重接続		TDMA	SSMA/TDMA	FDMA	TDMA		FDMA
変調形式		四相PSK	二相PSK	FM	二相PSK	四相PSK	FM
伝送容量/中継器		672 ch	48 ch	132 ch	480 ch	144 ch	132 ch
地球局設備	アンテナ	11.5 m径	3.0 m径	3.0 m径	11.5 m径	4.2 m径	2.7 m径
	出力	450 W	16 W	400 W	300 W	100 W	200 W

信号の低雑音増幅などの機能を果たしている．わが国に割り当てられた固定衛星通信の周波数帯と衛星中継システムを表 31.4, 31.5 に示す．

(11) 通信の交換方式

交換方式の種類には，① 通信の始めから終わりまで 1 つの通信回線を占有して伝送を行う回線交換方式，② 交換機にデータをいったん蓄積させデータをブロックに分割し送信する蓄積交換方式がある．①の回線交換方式には，さらに空間分割回線交換方式と時分割回線交換方式がある．また②の蓄積交換方式には，さらにメッセージ交換方式（メッセージを分割せず送信）とパケット交換方式（メッセージをパケットに分割して送信）がある．回線交換方式は，常時回線を占有してい

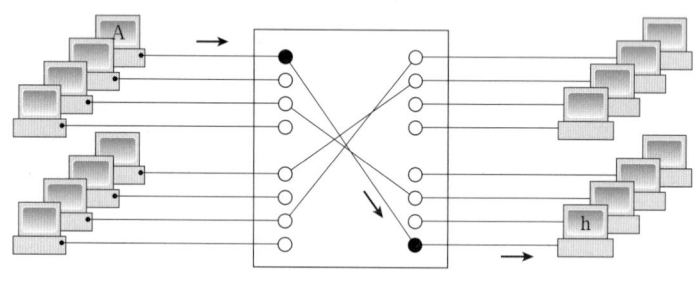

(a) 回線交換方式

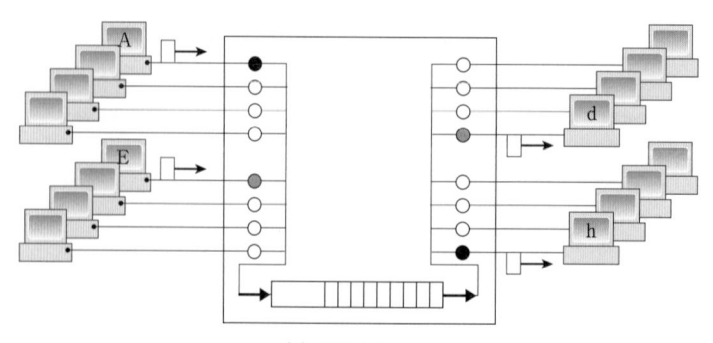

(b) 蓄積交換方式

図 31.7 回線交換方式と蓄積交換方式

るため透過性が高く，送受信者間のデータの遅延が少ないことから，リアルタイムで連続してデータを流すマルチメディア通信などに適している．このため，音声通信やテレビ電話などの映像通信に利用される．しかし，データ情報を間欠的に送受信してもかまわない場合，実際に情報が流れていないときにも回線を占有しているため，回線の稼動率が悪くなる．これに対し，パケット交換方式ではデータを送信している場合のみ回線を使用するため稼動率が高く，またパケット多重化が可能で，行き先情報や誤り制御の情報を付加していることから品質・信頼性が高い．このためランダムに送るデータ情報のような間欠形通信に適している．しかし，リアルタイムに回線を確保できる保証がなく，電話のように遅延時間に対する要求が厳しいメディアには向いていない．代表的な端末の通信方式（プロトコル）としてX25方式が，非パケット端末としてX3, X28, X29方式がそれぞれ適用される．図31.7に回線交換方式と蓄積交換方式の動作例を示す．

(12) データ通信

データ通信とは，アナログ回線あるいはディジタル回線を通して単にデータ伝送を行うこと，および回線にコンピュータなどを接続してデータ処理あるいはデータ提供などのサービスを行うことを称している．単なるデータ伝送サービスに加え，ネットワークの多数の交換点を通して相手の要求に適切なデータを送信するデータ交換機能を取り込んだものを，基本通信サービス（fundamental communication serves）と称する．基本通信サービスにプロトコル変換機能を設け，あらゆる端末・コンピュータを接続できるようにしたものが高度通信サービスである．図31.8(a)に一般的なデータ通信のネットワーク構成を示し，通信システムの提供サービスを階層的に表現したのが図31.8(b)である．

(13) ネットワークアーキテクチャ

複雑なデータ伝送ネットワークを構成するには，ネットワーク各部を管理し，各部間で授受する適切な情報の形式と手順を定める必要がある．ネットワークに必要な機能を階層的に規定

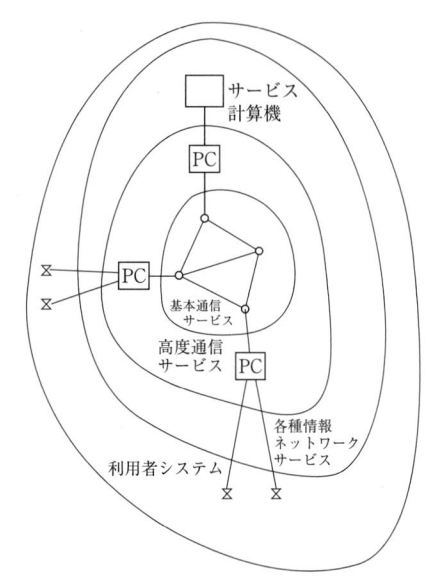

(a) データ通信のネットワーク構成

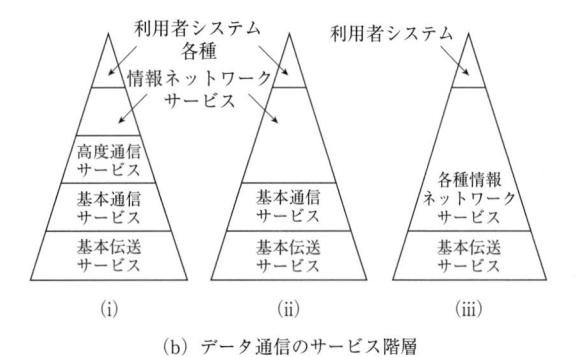

(b) データ通信のサービス階層

図31.8 データ通信のネットワーク構成とサービス階層（[2] p.1444, 図74, 75）

し，各層の通信規約（プロトコル：protocol）を定めた体系をネットワークアーキテクチャ（network architecture）と呼ぶ．表31.6に国際標準化機構（ISO: International Organization for Standardization）によるOSI（open systems interconnection）参照モデルを示す．OSI参照モデルは7層からなり，最上位にはアプリケーション層があり，最下位には物理層がある．上位の層はコンピュータで実行する通信のための処理，あるいは応用に関する機能をもち，下位の層は通信伝送に関する機能を有している．

(14) LANの方式

LAN（local area network）は建物内あるいは

表 31.6 ISO の OSI 参照モデル

層 No.		層名称	主 な 機 能
1	情報処理機能	アプリケーション層	データの応用の制御
2		プレゼンテーション層	データ変換の制御
3		セッション層	会話単位，通信管理の制御
4		トランスポート層	データ転送・圧縮の制御（ゲートウエイ）
5	通信機能	ネットワーク層	LAN, WAN の中継制御（ルータ）
6		データリンク層	伝送誤り制御（ブリッジ，HDLC, CSMA/CD）
7		物理層	回線の信号物理制御（リピータ）

限定された地域内で構築された通信ネットワークであり，個々のコンピュータ間の通信特性にあわせた独自の通信網を構築するのに適している．LAN には伝送媒体，トポロジー（接続形態），アクセス制御方式などにより多様な種類がある．まず，伝送媒体では UTP ケーブル，同軸ケーブル，光ファイバケーブルがあり，LAN のトポロジーには図 31.9(a) に示すようなスター形，バス形，リング形などのトポロジーがある．また，アクセス制御方式としては FDM と TDM がある．一般的には TDM の可変スロット長のランダム割り当て方式が採用され，またアクセス制御としては各ノードが空き伝送路を自働判定して送出を行う CSMA/CD（carrier sense multiple access/collision detection）方式が採用されている．図 31.9(b) に CSMA/CD 方式の動作図を示す．

(15) 放送の種類と放送用周波数

放送には，声や音楽により情報を伝える音声放送と映像中心のテレビジョン放送がある．放送は無線伝送を基本として，地上に設置した送信局から電波を発射して周辺住民が直接電波を受信する地上放送，地上に設置した送信局から静止衛星に電波を発射して衛星から電波を受信する衛星放送があるが，同軸ケーブルを用いた有線放送 CATV（cable television）も多くなっている．放送に用いられる電波は貴重な周波数資源として国

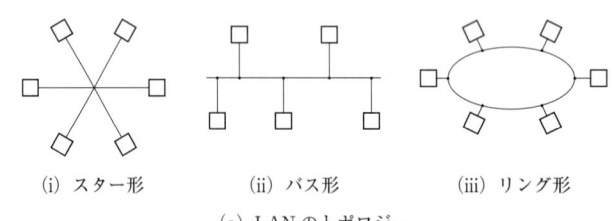

(i) スター形　　(ii) バス形　　(iii) リング形
(a) LAN のトポロジー

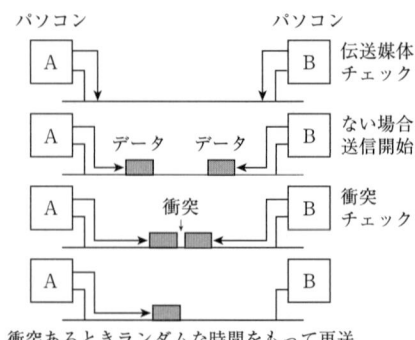

(b) CSMA/CD 方式の動作図

図 31.9　LAN の各種トポロジーと CSMA/CD 方式

表 31.7　日本に割り当てられている放送用電波の周波数

放送の種類	周波数区分	周波数範囲
中波音声放送	MF	526.5〜1606.5 kHz
短波国際放送	HF	3.9〜36.1 MHz
FM 放送	VHF	76〜90 MHz
テレビジョン放送	VHF	90〜108 MHz, 170〜222 MHz
	UHF	470〜770 MHz
	SHF	12.092〜12.2 GHz
衛星放送	SHF	17〜12.0095 GHz, 12.5〜12.75 GHz
衛星/地上放送	SHF	22.5〜23 GHz
	EHF	41.5〜42.5 GHz, 84〜86 GHz

際的に管理され，放送の種類別に各国に割り当てられている．表 31.7 に日本に割り当てられている放送用電波の周波数の範囲を示す．

（16） テレビジョン放送

テレビジョン（TV）放送の画像信号は，地上アナログ放送では VHF 帯または UHF 帯の搬送波の同期信号を正とする極性で振幅変調して送られる．周波数資源を有効に使い，できるだけ多くのチャネル数を確保するため VSB（残留側帯波）方式が採用される．テレビジョンの音声符号は映像搬送波より 4.5 MHz 高い周波数の搬送波を周波数変調（FM）して伝送される．映像信号と音声信号をあわせた帯域幅は 6 MHz である．TV 放送波は 1 CH が 6 MHz 間隔で構成され VHF 帯は 90〜108 MHz に 1〜3 CH，170〜222 MHz に 4〜12 CH が，また UHF 帯は 470〜770 Mhz に 13〜62 CH が割り当てられている．図 31.10 にカラーテレビジョンの受信機の原理を示す．TV 放送は VSB-AM であるため，そのまま検波したのでは映像信号の低域信号の振幅が大きくなることから，中間周波段で帯域形成を行い映像検波出力の周波数特性の平坦化を行っている．

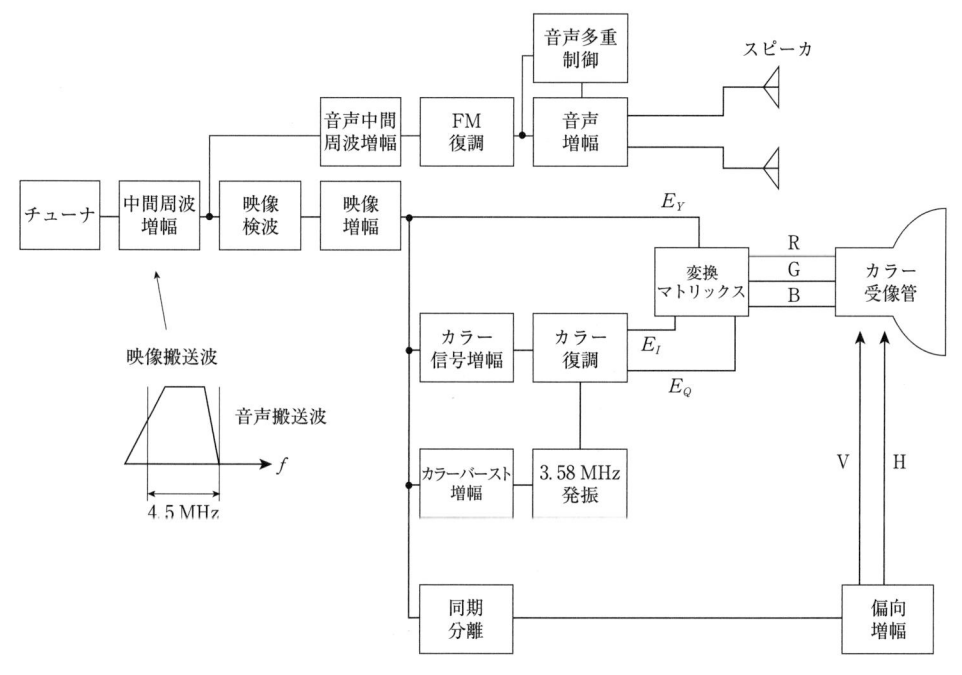

図 31.10　カラーテレビジョンの受信機の原理（[2] p.1465，図 124）

(17) 地上ディジタルテレビ放送

わが国の地上ディジタルテレビ放送方式は，国際規格 ISDB-T のもとで，UHF 方式が採用されており，6 MHz の帯域が 13 のセグメントに分割され，これをいくつか束ねて映像やデータ，音声などの信号を形成している．地上ディジタルテレビ放送は 2003 年 12 月から，関東・近畿・中京の 3 大広域圏で，地上波の UHF 帯（470～770 MHz）を使用して開始したディジタル放送である．この放送は，2011 年 7 月までに全国的に普及させ，従来の地上アナログ放送に取って代わる予定である．世界の地上波ディジタルテレビ放送は，大別してアメリカ方式（ATSC），ヨーロッパ方式（DVB-T），および日本方式（ISDB-T）に分かれ，わが国の地上ディジタルテレビ放送は前述の国際規格 ISDM-T の UHF 方式が採用され，映像はディジタルデータとして伝送される．表 31.8 に世界の地上ディジタルテレビジョン放送規格を，表 31.9 に地上ディジタルテレビ放送の特徴を示す．

(18) 衛星放送システム

衛星放送（BS：satellite broadcasting）とは，一般公衆により直接受信されることを目的として宇宙局から発信する放送をいう．わが国の衛星放送システムの特徴は，帯域幅が比較的広いため伝播上の障害が少なく高品質な放送サービスが可能

表 31.8 世界の地上ディジタルテレビジョン放送規格

	方式	アメリカ方式（ATSC）	ヨーロッパ方式（DVB-T）	日本方式（ISDB-T）
仕様	音声	ドルビーディジタル	MPEG-2 BC，ドルビーディジタル	MPEG-2 AAC
	外符号	リードソロモン符号 R-S (207, 187, 10)	リードソロモン符号 R-S (204, 188, 8)	
	外符号インタリーブ	52 セグメント畳込みバイトインタリーブ	バイト畳込みインタリーブ（深さ 12）	
	内符号	トレリス符号（符号化率：2/3）	畳込み符号（符号化率：1/2, 2/3, 3/4, 5/6, 7/8）	
	内符号インタリーブ	12 トレリス	ビット，周波数	ビット，周波数，時間
	搬送波	シングルキャリア	マルチキャリア（COFDM）	マルチキャリア（BST-COFDM）
	変調方式	8-VSB	QPSK, 16QAM, MR-16QAM, 64QAM, MR-64QAM	DQPSK, QPSK, 16QAM, 64QAM
機能・特徴	同一周波数中継（SFN）	×	○	○
	移動時の受信	×	○	○
	インパルスノイズ・マルチパス耐性	×	○	○
	セグメント単位の運用	×	×	○*
	主な採用地域	北米・大韓民国	欧州・豪州・南アフリカ・インド	日本・ブラジル

＊：13 のセグメントに分割し，それぞれに対して異なった変調をかけることができる（最大 3 種類まで）．簡易な受信機による部分受信（通称ワンセグ）が可能．

表 31.9 地上ディジタルテレビ放送の特徴

(1) ディジタルハイビジョンの高画質，高音質に加えてノイズおよびゴーストのない映像が得られる．すなわち MPEG-2 圧縮による高精細度のハイビジョン映像，光ファイバのディジタル中継回線から送られた音質劣化が少なく，音声に圧縮音声として MPEG2 の AAC（advanced audio coding）が採用されている
(2) 双方向サービス，高齢者や障害者にやさしい福祉サービス，暮らしに役立つ情報番組などや地域に密着した放送が行われ地域視聴者のニーズに合ったサービスが提供できる
(3) 番組表，番組情報，天気予報などのデータ放送が行える
(4) 移動している電車やバスなどに設置したテレビでも，チラツキがなく受信，視聴することが可能である
(5) 携帯情報端末など向けに，簡易動画やデータ放送，音声放送を受信，視聴するサービス（ワンセグ）の提供が可能である

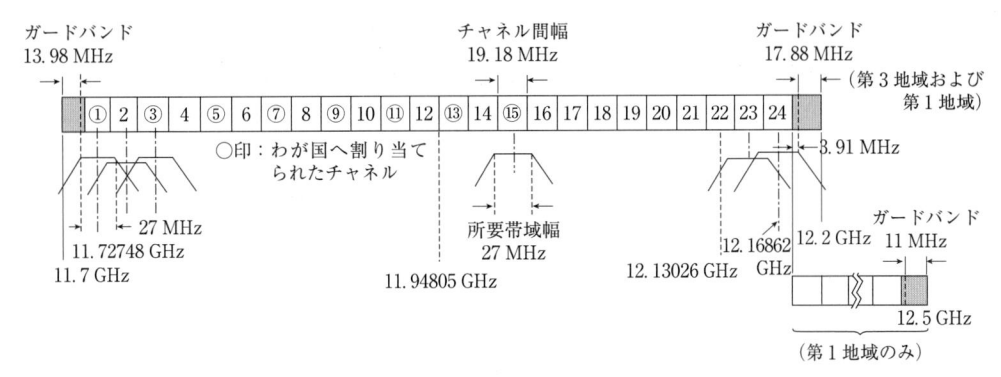

(a) 衛星放送のチャネル配列

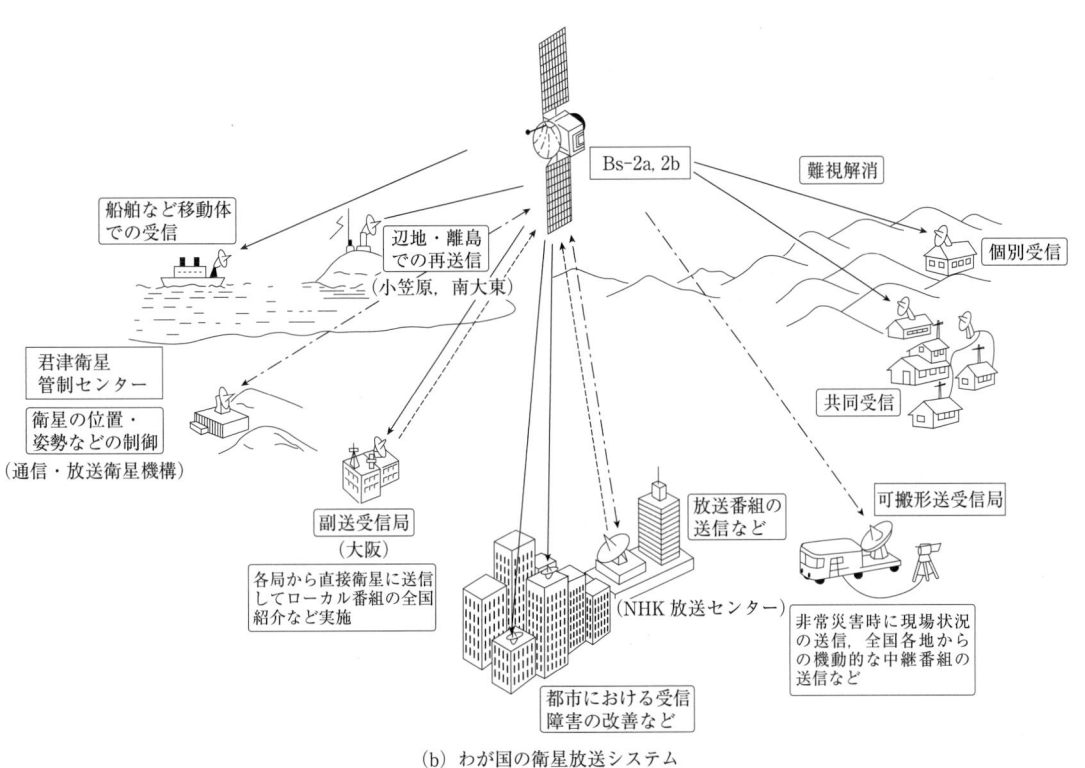

(b) わが国の衛星放送システム

図 31.11 衛星放送チャネル配列とわが国の衛星放送システム（[2] p.1470, 図 134, 135）

であることのほか，1 波で日本全土を照射できることから広域放送と全国普及の同時性が得られることである．また，全国各地から直接衛星に放送電波の発信ができるため，機動的な放送サービスが可能で，地震や台風などの災害時にも放送電波が確保されるなどの特徴も有している．国際的に衛星放送に割り当てられている周波数帯は UFF 帯から EHF 帯にいたる周波数帯である．図 31.11(a) は第 1 地域（ヨーロッパ，アフリカ）と第 3 地域（アジア，オセアニア）のチャネル配列を示したもので，チャネル間隔は所要帯域幅よりも狭い構造となっている．また，図 31.11(b) にわが国の衛星放送システムを示す．

(19) 衛星航法システムとGPSシステム

電波航法とは，電波を利用して移動体の現在位置を知ることによって移動体を目的地へ誘導する方法のことであり，① 海上電波航法システム，② 衛星航法システム，③ 航空電波航法システムがある．最近，多くの分野に使用されている衛星航法システムの一つに GPS (global positioning system) がある. GPS の測定原理は, 4 個の衛星 (うち 1 個は時刻用) からの電波を受信して, その伝播時間を測定して得られた衛星・ユーザの間の距離を半径とした球面を 3 個の衛星について求め, その交点からユーザの位置を特定するものである. なお, 同システムは地上局の軌道と時刻を測定して解析し, 軌道のデータ計算の予測, 時刻の遅れ・進みの予測を行った上, 軌道・時刻の補正データを衛星に送信 (P, C/A コードの PN 信号) することにより, 衛星のメモリの内容を 1 日 1 回更新している. 図 31.12 に GPS システムの構成を示す.

(20) レーダの方式と原理

レーダ (RADAR : radio detection and ranging) は航法, 探索, 監視, 測定など様々な目的に使用されており, 大別すると一次レーダと二次レーダになる. 一次レーダは電波を目標方向に照射し, 目標体からの反射波を受信して, 電波の往復時間から目標体までの距離を, また電波の放射方向から目標体の方向を, それぞれ検知することにより目標位置を特定する. 二次レーダは反射の代わりにレーダ電波を受けた目標体から応答電波を発射

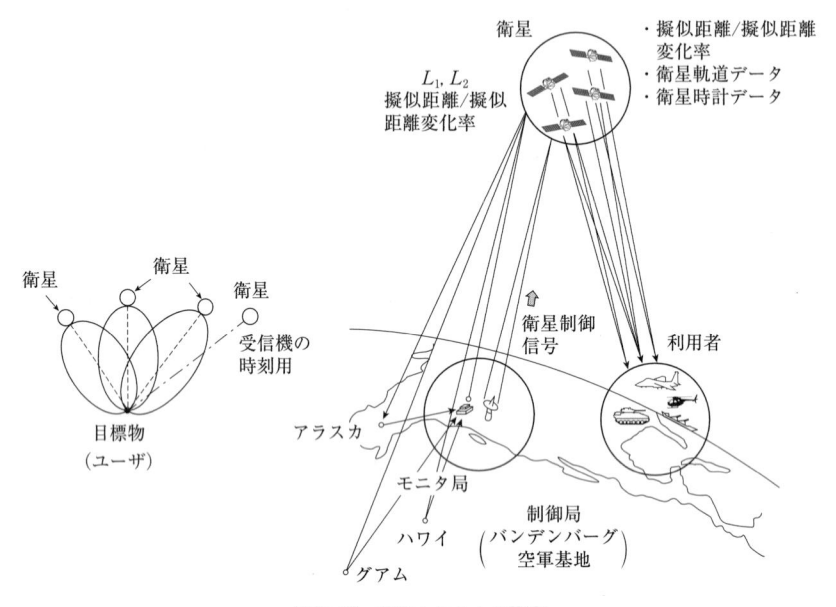

図 31.12 GPS システムの構成

表 31.10 主要なレーダの特性概要

レーダ名	主要用途	周波数 [MHz]	利用範囲例 [km]	せん頭出力 [kW]	パルス幅 [μs]
船舶用	海上, 河川用	3,050		30～60	0.08～1
		9,375～9,445		1～50	0.08～1.2
港湾	入出港船監視	9,000	30 カイリ	50	0.05～1
	湾内外状況監視	13,700	20	40	0.1
航空路監視	航空路管制	1,250～1,350	200 カイリ	2,000	3
空港監視	離着陸管制	2,700～2,900	50 カイリ	500	0.8～1
電波高度計	機上高度測定	4,200～4,300	1.5	0.002	123 MHz
機上気象	機上で気象観測	5,400, 9,370	150 カイリ	75, 7.5	2, 3.5
気象	気象, 降雨雪	2,800	800	500～1,200	3.5
	観測	5,300	400	250	2.5
		9,300	64～150	50～200	1～2
空港気象	同 上	5,300	200	150	1
雨量	同 上	5,300	200	250	2
		9,740	50	40	1

させ，これを受信して一次レーダ電波と同様の測定をする．表 31.10 に主要なレーダの代表的な特性例を示す． 〔道上　勉〕

参考文献

[1] 電気学会編：電気工学ハンドブック（第 6 版），オーム社（2001）
[2] 電気学会：電気工学ハンドブック（新版），オーム社（1988）
[3] 道上　勉：送配電工学（改訂版），電気学会（2003）
[4] 道上　勉：発電・変電（改訂版），電気学会（2000）
[5] 岡田龍雄：光エレクトロニクス，電気学会・オーム社（2004）
[6] 広瀬敬一・清水照久：現代電気工学講座 電気機器 I，オーム社（1962）
[7] 磯部直吉・土屋善吉・柴田岩夫：現代電気工学講座 電気機器 II，オーム社（1962）
[8] 尾本義一・宮入庄太：現代電気工学講座 電気機器 III，オーム社（1962）
[9] 藤高周平・河野照哉ほか：現代電気工学講座 電気機器 IV，オーム社（1963）
[10] 横山　茂：配電線の雷害対策，オーム社（2005）
[11] 大浦好文監修：保護リレーシステム工学，電気学会（2002）
[12] JISC のホームページ（http://www.jisc.go.jp）
[13] 東芝：東芝レビュー，Vol. 55, No. 9（2001）
[14] 日本工業規格
「JIS C 3105（1994）電気機器巻線用軟銅線」
「JIS C 3110（1994）鋼心アルミニウムより線」
「JIS C 4003（1998）電気絶縁の耐熱クラス及び耐熱性評価」
「JIS C 4034-1（1999）回転電気機械−第 1 部：定格及び特性」
「JIS C 4203（2001）一般用単相誘導電動機」
「JIS C 4210（2001）一般用低圧三相かご形誘導電動機」
「JIS C 4212（2000）高効率低圧三相かご形誘導電動機」
「JIS C 4605（1998）高圧交流負荷開閉器」
「JIS B 0185（2002）知能ロボット−用語」
[15] 電気規格調査会標準規格
「JEC-3404（1995）アルミ電線」
「JEC-3406（1995）耐熱アルミ合金電線」
「JEC-2100（1993）回転電気機械一般」
「JEC-6147（1992）電気絶縁の耐熱クラスおよび耐熱性評価」
「JEC-2200（1995）変圧器」
「JEC-2300（1998）交流遮断器」
[16] リニア中央新幹線のホームページ（http://www.linear-chuo-exp-cpf.gr.jp）
[17] 引原隆士・木村紀之・千葉　明・大橋俊介：パワーエレクトロニクス，朝倉書店（2000）
[18] 宅間　董・高橋一弘・柳父　悟：電力工学ハンドブック，朝倉書店（2005）
[19] オーム社：OHM, Vol. 76, No. 9（1989）
[20] 道上　勉：送電・配電（改訂版），電気学会（2001）
[21] 東芝パンフレット「東芝浜川崎工場ご案内」8010-11, '05-5T1（2006）
[22] 東京電力・東芝・日立「電圧安定性を向上する新しい発電機励磁制御装置 PSVR」（1991）
[23] ニチコン技術情報ライブラリー「進相用コンデンサの最新技術動向」（2001）

5 応用分野

32章　交通
33章　電動力応用
34章　産業エレクトロニクス
35章　電気加熱・電気化学
36章　照明
37章　家庭電器
38章　静電気・医用電子

32章 交　　通

(1) 新幹線のデータ

　新幹線は世界の高速鉄道のモデルであるが，実距離と営業キロとが不一致なために，多くの誤解が生じており，この影響は世界的に問題になっている．例えば，2011年1月現在世界で最速の営業列車は中国の武漢-広州南968 kmを3時間16分で走っており，表定速度は296.3 km/hであるが営業キロでは1,069 kmになるので，327.2 km/hにもなってしまう．このようなことを防ぐためには，時刻表で簡単に調べることができる営業キロとは異なる実キロのデータが必要で，表32.1ではこれを示している．

表32.1　日本の新幹線と高速化の歩み（2011年3月12日現在）

線　名	区　間	実キロ	開業年月日（最初と最後）
東北新幹線	東京-新青森	674.9	1982. 6.23　2010.12. 4
上越新幹線	大宮-新潟	269.5	1982.11.15　1982.11.15
北陸新幹線	高崎-長野	117.4	1997.10. 1　1997.10. 1
東海道新幹線	東京-新大阪	515.4	1964.10. 1　1964.10. 1
山陽新幹線	新大阪-博多	553.7	1972. 3.15　1975. 3.10
九州新幹線	博多-鹿児島中央	256.8	2004. 3.13　2011. 3.12
合　計		2387.7	1964.10. 1　2011. 3.12
「山形新幹線」	福島-新庄	148.6	1992. 7. 1　1999.12. 4
「秋田新幹線」	盛岡-秋田	127.3	1997. 3.22　1997. 3.22

高速化計画
　東北　大宮-宇都宮　　240→275 (2011.3)
　　　　宇都宮-盛岡　　275→300 (2011.3)→320 (2013.3)
　　　　こまち併結列車　275→300 (2013.3)→320 (2014.3)

高速化
　山陽　210　0系　　　1972.10
　　　　220　100系　　1989.3
　　　　270　300系　　1993.3
　　　　300　500系　　1997.3
　　　　285　700系　　1999.3　直通定期のぞみから300系を追放，285/300に統一
　　　　　　　　　　　2000.3　700系ひかりレールスター導入
　　　　300　N700系　 2007.7　運転開始
　　　　300　N700系　 2011.3　九州新幹線に直通

(2) 世界の電気鉄道の現状

　電化率が高いのはヨーロッパとアジアで，アフリカは資源大国であるが石油を産出しない南アフリカのみが電化率が高く，これら以外の地域では電気鉄道は未発達である（表32.2 (a)）．
　世界的に主流の電気方式は交流（それぞれの地域の商用周波数（50 Hzまたは60 Hz））25 kVと，直流3 kVである．人口密度が高く電源が得やすいわが国やオランダでは，電圧が低い直流1.5 kVが使われている（表32.2 (b)）．

(3) 日本の鉄道電化の現状

　見どころは，新たに開通した新幹線の並行在来線が，JRのままであるところと第三セクター化されるところがあり，例外的には横川-軽井沢のように鉄道が廃止されたところもあること，本州中部の在来線の交流電化区間がしだいに縮小していること，わずかずつではあるが，電化が行われたり，路線が廃止されていることなどだろう（図32.1）．

(4) JR各社の営業キロおよび電気方式（表32.3）

(5) 公民鉄の電気方式（表32.4）

(6) 旅客輸送の機関別シェア

　自動車は近距離向けの乗り物，航空機は長距離向けの乗り物であることが，数値で裏付けられている（表32.5）．両者の挟み撃ちに合うかたちで鉄道は500〜750 kmで強くなっているが，この領域を広げるためには，利用者からみた高速化，つまりアクセスも含めた速達化と，利用機会を増すための高頻度サービスが不可欠となる．逆にいえば，この努力を忘れれば鉄道の存在価値は薄れてしまう．

(7) 旅客輸送の分野別分担率

　わが国では輸送人員でも輸送人キロでも鉄道は約3割の分担をしており，世界的にみると先進国中で際だって高い分担率を示している（図

表32.2 世界の電気鉄道の現状

(a) 世界の鉄道路線長と電気鉄道路線長

	非電化	電化	合計	電化率
欧州計	200,940	182,861	383,801	47.6%
(旧西欧)	(80,945	91,828	172,773	53.1%)
(旧東欧)	(36,587	29,326	65,913	44.5%)
(旧ソ連)	(83,408	61,707	145,115	42.5%)
アフリカ計	63,897	13,716	77,613	17.7%
中東計	14,785	148	14,933	1.0%
アジア計	149,027	87,935	236,962	37.1%
大洋州計	42,740	3,446	46,186	7.5%
北米計	307,192	1,237	308,429	0.4%
中南米計	57,988	999	58,987	1.7%
全世界計	836,569	290,342	1,126,911	25.8%

(b) 特徴的な国とその主な電気方式

	非電化	電化	合計 km	主な電気方式と特徴
電化区間の長い国				
Russia	42,116	43,165	85,281	DC 3 kV, AC 25 kV
China	56,430	42,570	99,000	AC 25 kV 急進中．最新の推定値
India	43,200	21,015	64,215	AC 25 kV
Germany	14,020	19,701	33,721	AC 16.7 Hz 15 kV
France	17,078	16,562	33,640	AC 25 kV, DC 1.5 kV
Japan	10,425	16,533	26,958	DC 1.5 kV, AC 25 kV, AC 20 kV
Italy	5,921	12,082	18,003	DC 3 kV, AC 25 kV
Poland	7,873	11,891	19,764	DC 3 kV, AC 25 kV
South Africa	11,379	10,672	22,051	DC 3 kV, AC 25 kV, AC 50 kV
電化率の高い国				
Sweden	2,086	7,862	9,948	電化率 79.0%．AC 16.7 Hz 15 kV
Switzerland	41	4,994	5,035	実質的に全部電化．方式は多種あり
電化率の低い大国				
U.S.A.	225,287	1,108	226,395	北東回廊と鉱山（AC 50 kV）のみ
Canada	55,330	0	55,330	電化は実質的に都市交通以外はゼロ
Australia	38,521	2,940	41,461	電化率 7.1%

データは国際鉄道連合（UIC）のものを基本にしたが，明らかな誤りや脱落を個別にWikipedia，当該鉄道のホームページなどから補充した．
主要な修正内容は以下のとおり．スイスは約4割を占める連邦鉄道以外の鉄道を加えた．アジアの一部である日本ではJR以外の公民鉄を加え，他国のデータと合わせるために軌道を除外した．中国は急速に伸張中で，公式な最新データが入手不能のため，2010年末の推定値を記載した．南米，カナダの電気鉄道など，存在していても実質的に使用されていないものは除外した．

32.2）．鉄道の中では，輸送人員では地下鉄を含む公民鉄が，人キロでは新幹線をもつJRが大きく，両者が互角の立場にあるというのも他国にはみられない特徴である．なお，具体的な数値では示されていないが，鉄道の輸送人員，人キロのいずれも，そのほとんど全部が電気鉄道によって運ばれていることにも注目したい．

(8) エネルギー消費原単位

鉄道はエネルギー効率が高い乗り物であることが数字の上でも示されている（図32.3）．ただし，地方の鉄道の中には乗客がほとんど乗車していない列車もあり，このようなケースでは鉄道の利点は発揮できない．重いものを低速で輸送する内航海運が優等生である反面，高速艇はエネルギー面ではマイカーや飛行機よりもエネルギー消費が多いことにも注目したい．貨物用の自家用自動車のエネルギー消費原単位が大きくなっているのは統計のいたずらであり，乗用車として利用している

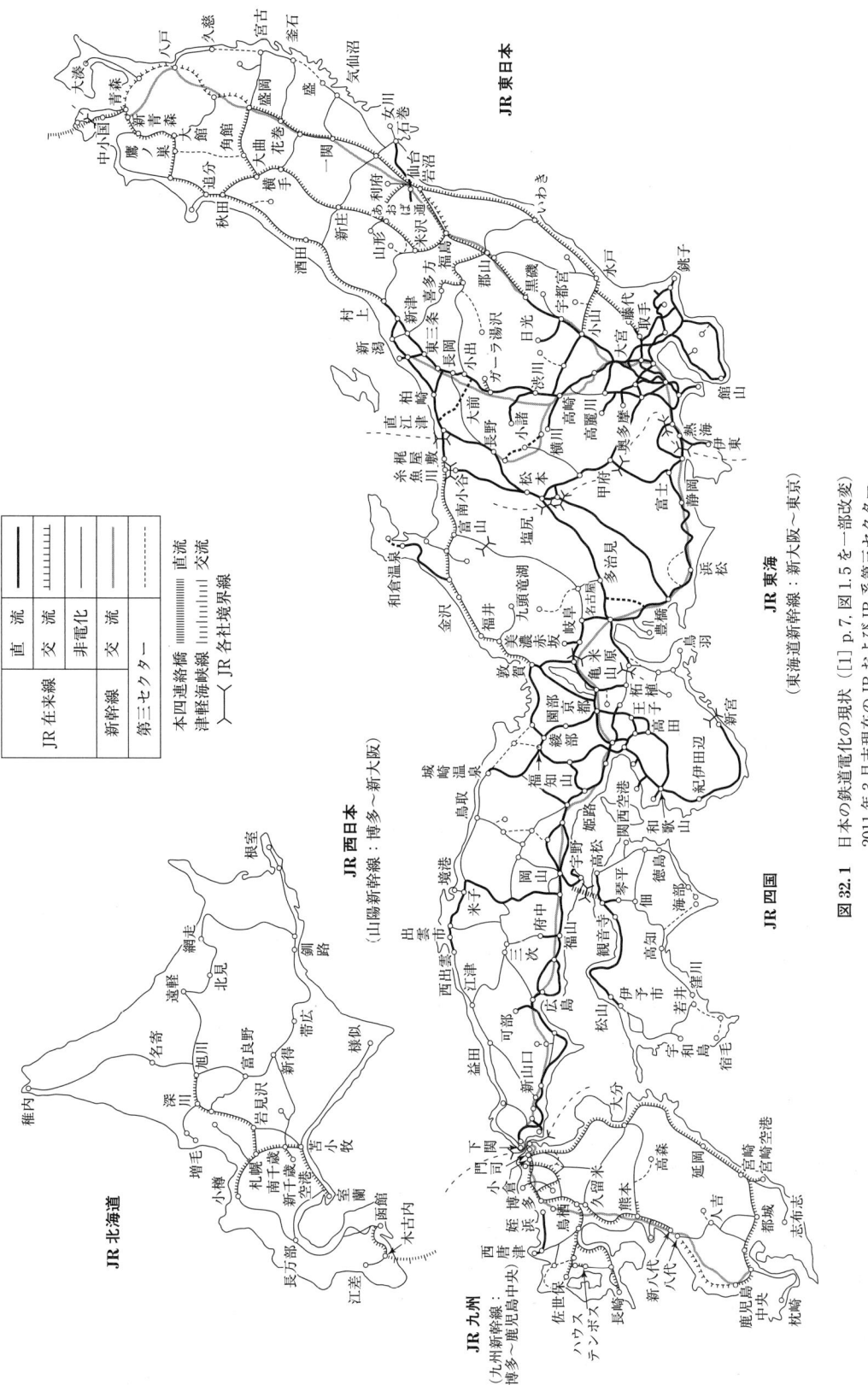

図 32.1 日本の鉄道電化の現状（[1] p.7, 図 1.5 を一部改変）
2011 年 3 月末現在の JR および JR 系第三セクター．

表32.3 JR各社の営業キロおよび電気方式（2011年3月末現在）

		営業キロ [km]	電気方式 直流 [km]	交流 [km]	計 [km]	電化率 [%]
北海道	在来線	2,503.4	—	436.2	436.2	17.4
東日本	在来線	6,377.9	2,080.3	1,683.5	4,363.8	68.4
	新幹線	1,134.7	—	1,134.7	1,134.7	100.0
東海	在来線	1,418.2	939.1	—	939.1	66.2
	新幹線	552.6	—	552.6	552.6	100.0
西日本	在来線	4,368.7	2,434.9	277.6	2,712.5	62.5
	新幹線	644.0	—	644.0	644.0	100.0
四国	在来線	855.2	235.4	—	235.4	27.5
九州	在来線	1,984.2	51.1	1,008.6	1,059.7	53.4
	新幹線	288.9	—	288.9	288.9	100.0
旅客計	在来線	17,507.6	5,740.8	3,405.9	9,146.7	52.2
	新幹線	2,620.2	—	2,620.2	2,620.2	100.0
貨物	在来線	46.6	8.7	3.7	12.4	26.6
合計	在来線	17,554.2	5,749.5	3,409.6	9,159.1	52.2
	新幹線	2,620.2	—	2,620.2	2,620.2	100.0

第2種鉄道事業を除き，第3種鉄道事業を含む．

表32.4 公民鉄の電気方式・電圧別一覧表（2011年3月現在）（「2」をもとに作成）

	AC 20 kV	DC 1.5 kV	DC 750 V	DC 600 V	DC 440 V	AC 3相 600 V	合計
鉄道	403.4	4,112.2	150.6	305.6		14.6	4,986.4
普通鉄道	403.4	3,552.7	53.8	229.8			4,239.7
地下鉄		496.4	75.6	53.0			625.0
案内軌条式		33.7	21.2	12.7		14.6	73.9
跨座式		22.8					22.8
懸垂式		6.6		0.3			6.9
トロリバス				9.8			9.8
軌道		155.7	127.4	183.9	1.3	22.1	490.4
一般軌道		32.0		183.9			215.9
地下鉄		33.9	98.7				132.6
案内軌条式			28.7			22.1	50.8
跨座式		65.7					65.7
懸垂式		15.2			1.3		16.5
浮上式		8.9					8.9
合計 [km]	403.4	4,267.9	278.0	489.5	1.3	36.7	5,476.8
[%]	7.4	77.9	5.1	8.9	0.0	0.7	100.0

際には，輸送トンキロはゼロと見なしているためである．

(9) 列車の運転事故件数の推移

運転事故発生率は，国鉄時代に民鉄の5割増しであったのをJRになってから改善したために低下傾向で推移してきたが，近年はJRと民鉄との差がなくなり，列車100万キロ当たり0.6件程度で下げ止まった感がある（図32.4）.

(10) 鉄軌道運転事故の件数および死傷者数の推移

運転事故発生率と連動して，死傷者数も低下しつつ下げ止まりの様相をみせている（図32.5）．なお，負傷者，死亡者ともそのほとんどが踏切や駅，線路内立ち入りで発生しており，乗車中の死傷者はきわめて少ない．死亡者には明白な自殺者は含まれないが，不明確な場合は含まれてしまい，自殺者数が多いだけに数値自体の信頼性は高いと

表32.5 旅客輸送の乗車距離に対する機関別シェア (2006年度)
([1] p.12, 表1.6)

輸送距離 [km]	距離別輸送 量［人］の 内訳［%］	JR [%]	民鉄 [%]	自動車 [%]	旅客機 [%]	航空 [%]
0～99	98.1	9.5	15.5	75.0	0.1	0.0
100～299	1.5	20.5	3.6	75.5	0.4	0.0
300～499	0.2	49.3	0.0	44.2	2.2	4.4
500～749	0.1	66.2	0.0	9.9	3.0	20.9
750～999	0.0	30.8	0.0	3.5	1.7	64.0
1,000以下	0.1	5.3	0.0	0.5	0.2	94.1

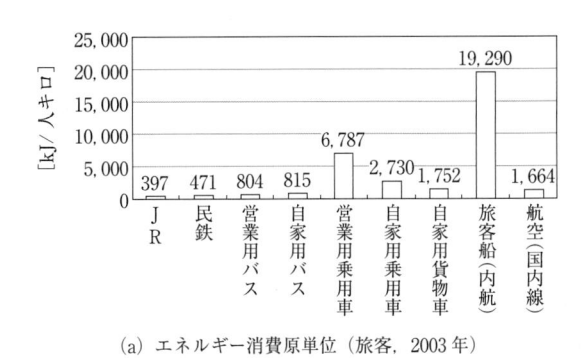

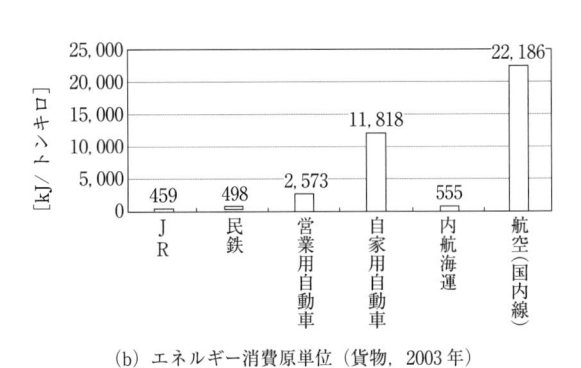

(a) エネルギー消費原単位 (旅客, 2003年)
JR 397, 民鉄 471, 営業用バス 804, 自家用バス 815, 営業用乗用車 6,787, 自家用乗用車 2,730, 自家用貨物車 1,752, 旅客船(内航) 19,290, 航空(国内線) 1,664 [kJ/人キロ]

(b) エネルギー消費原単位 (貨物, 2003年)
JR 459, 民鉄 498, 営業用自動車 2,573, 自家用自動車 11,818, 内航海運 555, 航空(国内線) 22,186 [kJ/トンキロ]

図32.3 エネルギー消費原単位 ([1] p.13, 図1.13)

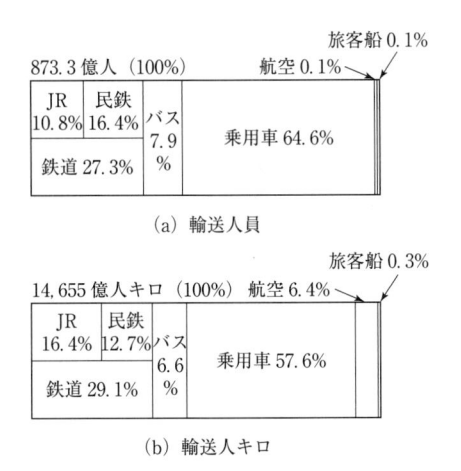

(a) 輸送人員
873.3億人 (100%)
JR 10.8%, 民鉄 16.4%, バス 7.9%, 乗用車 64.6%, 旅客船 0.1%, 航空 0.1%
鉄道 27.3%

(b) 輸送人キロ
14,655億人キロ (100%)
JR 16.4%, 民鉄 12.7%, バス 6.6%, 乗用車 57.6%, 旅客船 0.3%, 航空 6.4%
鉄道 29.1%

図32.2 旅客輸送の分野別分担率 (2002年度) ([1] p.12, 図1.11)

はいえない.

(11) 輸送障害件数の推移

運転事故発生率が低下傾向を示しているのとは対照的に, 輸送障害はJR, 民鉄ともに2005年頃までは増加傾向であった (図32.6). 輸送の信頼性を示す重要な指標だけに, 社会的に大きな話題になり, その後は横ばいか低下の傾向に変わった. JR (在来線：新幹線は含まない) と民鉄 (鉄道：軌道は含まない) とでは, 輸送人員でも人キロでも民鉄の方が多く, 輸送障害の発生率でみるとJRが民鉄の4～5倍あり, 復旧までの時間や範囲もJRの方が長く, 広いために, 乗客からみた信頼性には明確な差が出ている. 専門家の間でその理由や対策が議論されてはいるが, いまだ決定的な要因や対策が見出されていない.

(12) 部門別・機関別のCO_2排出量

運輸部門はCO_2排出量全体の約1/4を占めている (図32.7). 原因は主として自動車であり, 自動車側でも燃費の改善やハイブリッドカー, 電気自動車の開発などで努力はしている. 社会的には鉄道から自動車への流れを断ち切って, 鉄道へのモーダルシフトができれば大幅な改善になる. この点からは, 鉄道に乗客が集まるようなサービス面での努力が望まれよう.

(13) 日本の鉄道の軌間

わが国には様々な軌間の鉄道があって, 相互乗り入れなどの妨げになっている (表32.6). 都営地下鉄は乗り入れ先に合わせた軌間を採用したために, 地下鉄4路線がすべて異なる方式になっている (浅草線と大江戸線とは軌間は同一だが, 大江戸線は小断面のリニアモータ駆動だから, 両者の直通もできない). 九州や四国では標準軌の新幹線と狭軌の在来線との直通のために開発中の軌間可変電車の利用を模索しており, 北海道新幹線の開業に際しては, 共用する青函トンネルを狭軌と標準軌の列車が走れる3線軌条化を進めている.

374   5. 応 用 分 野

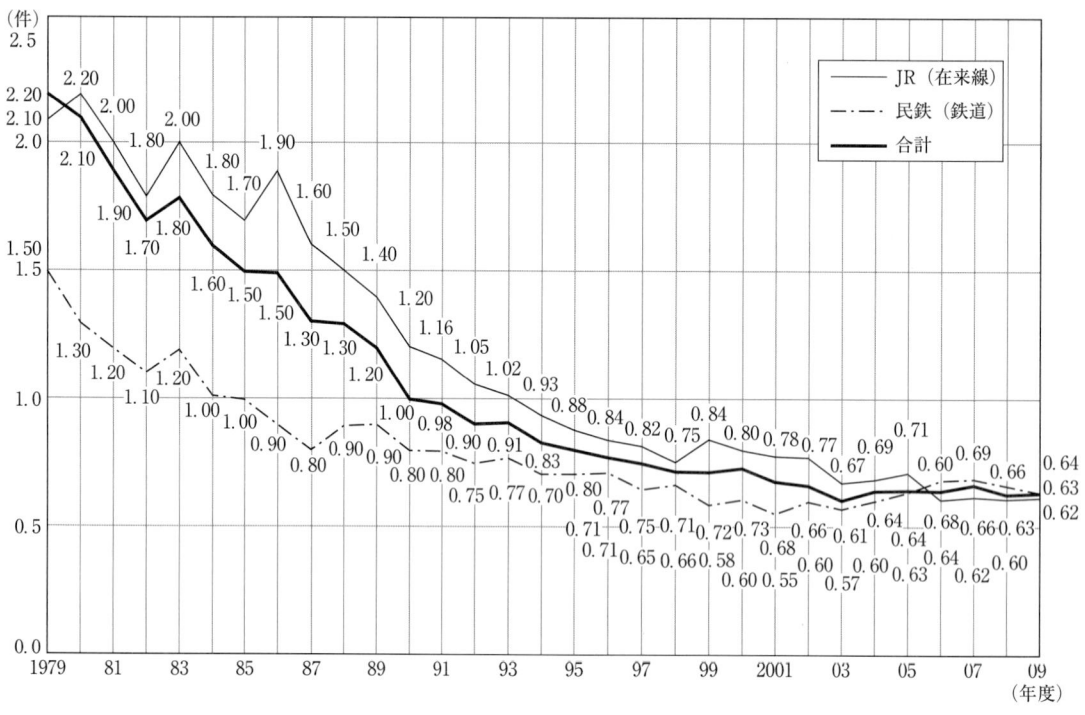

図 32.4 列車走行100万キロ当たりの運転事故件数の推移（[3] p.8, 図5）
グラフ中の「合計」は，JR（在来線＋新幹線）と民鉄（鉄道＋軌道）の合計である．

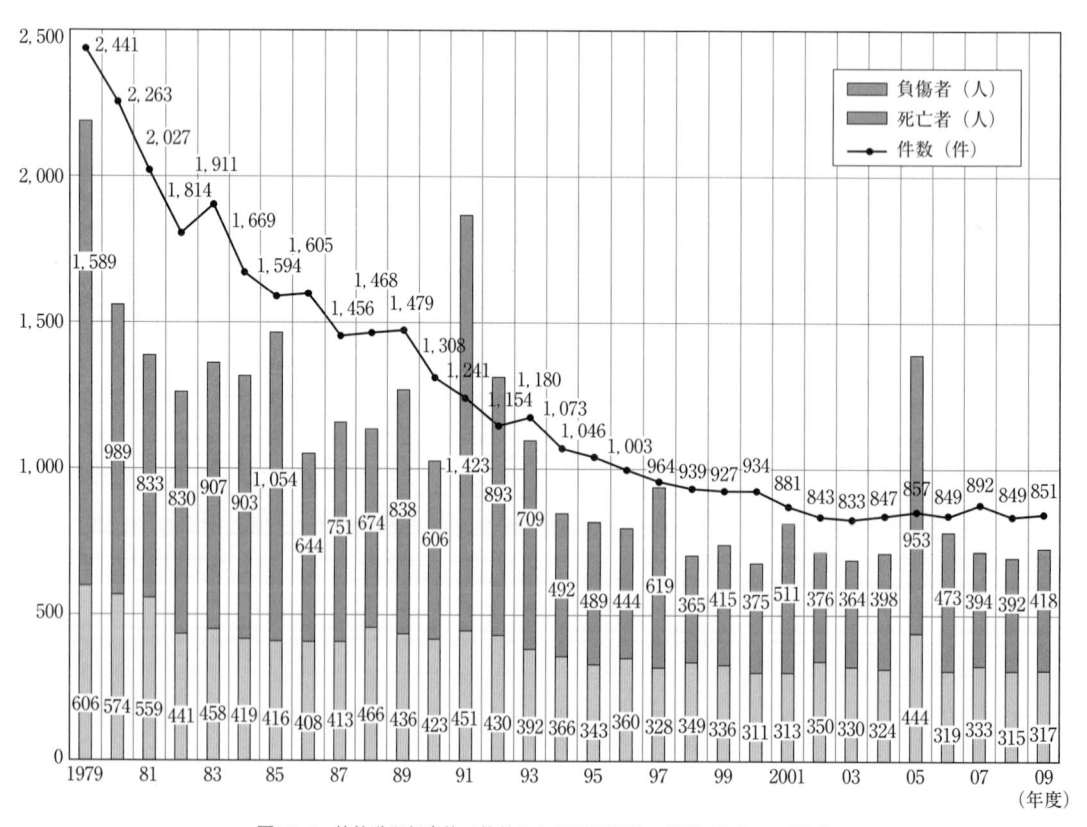

図 32.5 鉄軌道運転事故の件数および死傷者数の推移（[3] p.7, 図4）

(a) JR（在来線）

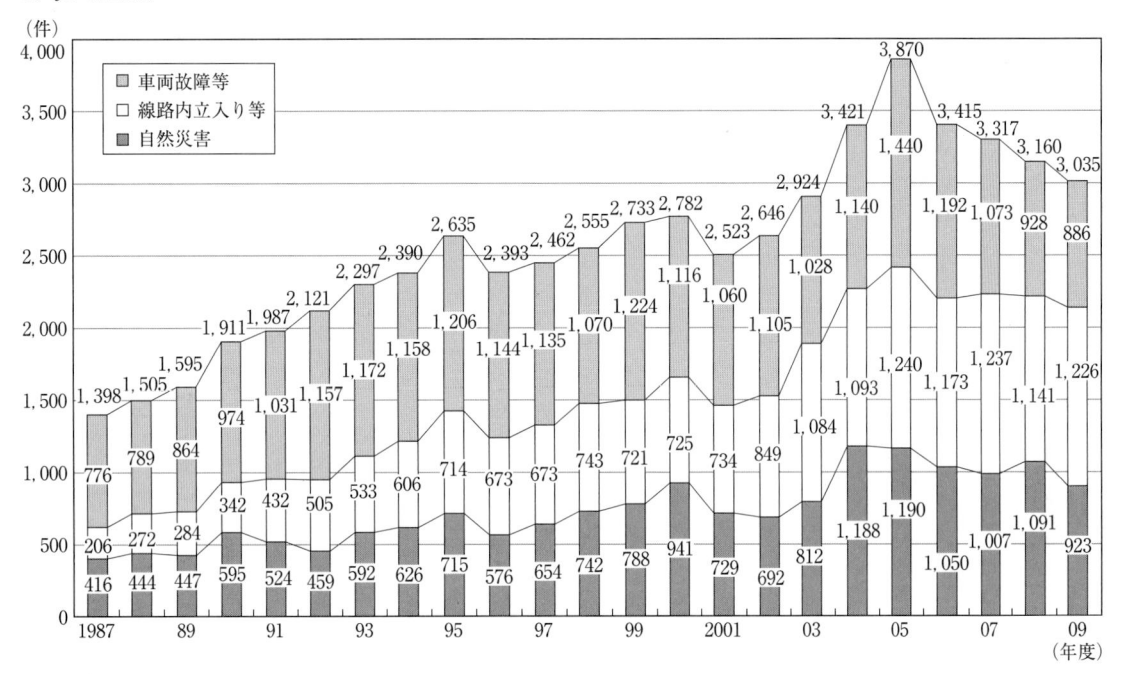

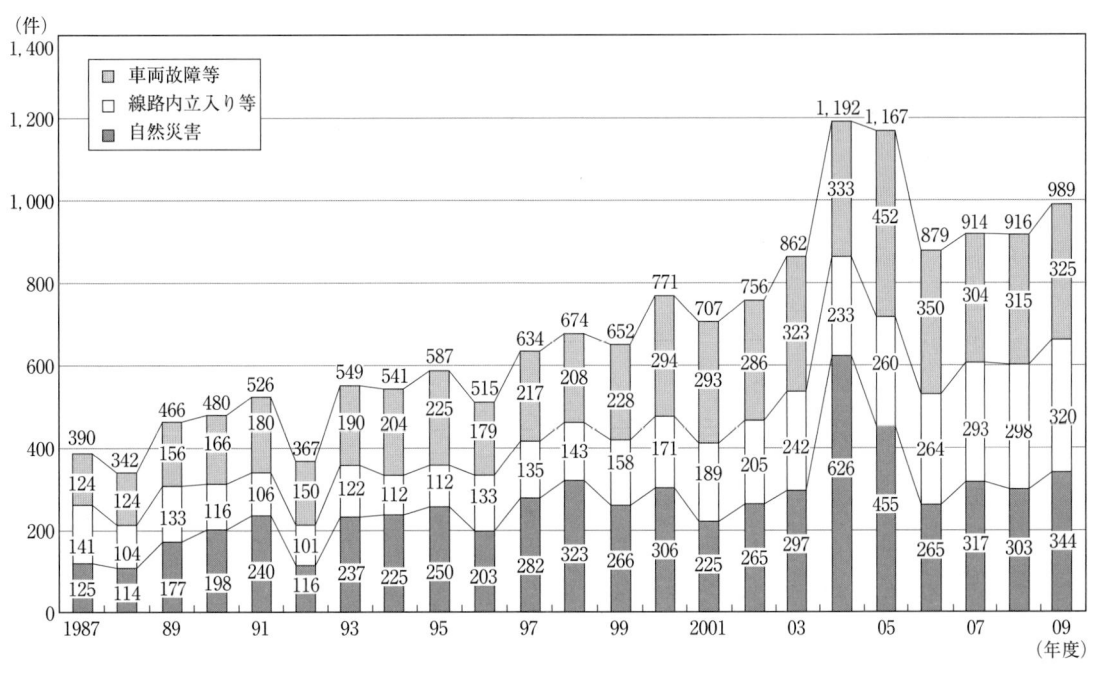

図 32.6 輸送障害件数の推移（[4] p. 23, 24, ②, ④）

（14） 海外の鉄道の軌間

海外でも軌間が違うために直通に支障を来す例が増えており，特にヨーロッパでの市場統合に伴う国際列車の増発要求に際してイベリア半島で問題が顕在化している．そのため，スペインでは長期的には広軌から標準軌への変更を目指して，と

376   5. 応 用 分 野

図 32.7 日本の輸送分野の CO_2 排出量（[1] p.23, 図 1.38, 1.40, 1.41）

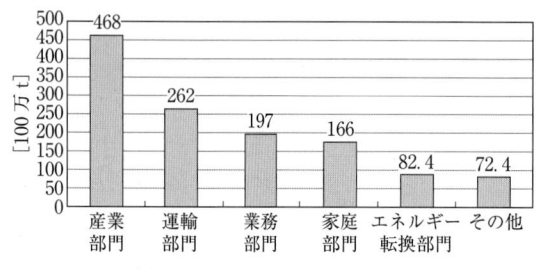

(a) 2002 年度の部門別 CO_2 排出量

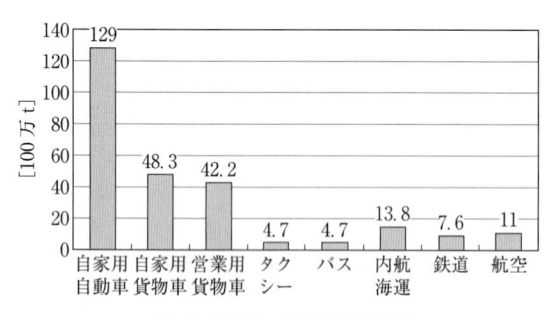

- 産業部門: 468
- 運輸部門: 262
- 業務部門: 197
- 家庭部門: 166
- エネルギー転換部門: 82.4
- その他: 72.4

［100万 t］

(b) 運輸部門の CO_2 排出量内訳

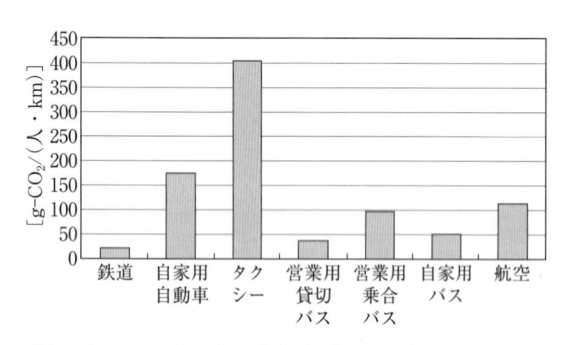

- 自家用自動車: 129
- 自家用貨物車: 48.3
- 営業用貨物車: 42.2
- タクシー: 4.7
- バス: 4.7
- 内航海運: 13.8
- 鉄道: 7.6
- 航空: 11

［100万 t］

(c) 1人・1 km を運ぶ際に各交通機関が排出するグラム-CO_2 量（旅客：2001 年）

［g-CO_2/(人・km)］

- 鉄道
- 自家用自動車
- タクシー
- 営業用貸切バス
- 営業用乗合バス
- 自家用バス
- 航空

表 32.6 日本の鉄道の軌間（[1] p.54, 表 2.2）

軌間 [mm]	主な適用線区
762	近鉄内部線・八王子線，三岐鉄道北勢線，黒部峡谷鉄道
1,067	JR 在来線，民鉄多数
1,372	京王電鉄（京王線系統），都営新宿線・荒川線，東急世田谷線，函館市電
1,435 (標準軌)	新幹線，JR 奥羽本線（福島～新庄，大曲～秋田），JR 田沢湖線，民鉄多数

表 32.7 海外の鉄道の軌間（[1] p.54, 表 2.3 を一部改変）

軌間 [mm]	国名（代表例を示す）
1,000	東南アジア，スイスの一部，ブラジルの一部
1,065～1,067	台湾，フィリピン，南アフリカ，インドの一部，オーストラリアの一部
1,435 (標準軌)	ヨーロッパの大部分，スペインの高速新線，米国，中国，韓国，台湾高速鉄道，オーストラリアの一部
1,520～1,524	ロシア，フィンランド，モンゴル
1,600	ブラジルの一部，アイルランド
1,668～1,676	インド，スペイン，ポルトガル，アルゼンチン

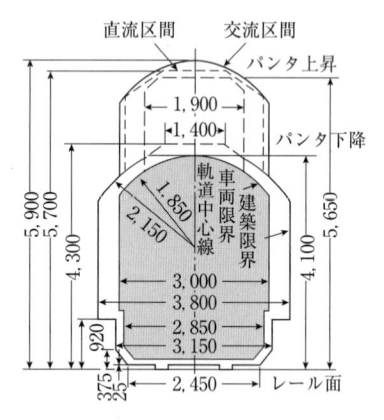

図 32.8 車両限界と建築限界（普通鉄道）〔単位：mm〕（[1] p.54, 図 2.6）

りあえず高速新線はスペインの標準である広軌ではなく，国際標準の 1,435 mm で建設している．かつては植民地ごとにばらばらの軌間を採用してきたオーストラリアでも，長期的には標準軌に統一する方針で長い新線はすべて標準軌，標準軌以外のところでも標準軌への改軌の準備を進めている（表 32.7）．

（15）車両限界と建築限界

直通運転をするためには，軌間とともに車両限界も重要である．車両限界に収まらない大型の車両は入線できず，その逆はプラットホームとの隙間などでの不都合をなくす対策が必要になる．わが国の普通鉄道の多くは，この例に示すような比較的大型の車両が導入できる限界になっている（図 32.8）．別の言い方をすれば，1,067 mm 軌間などの路線では軌間の割に大型で重心が高くなりがちで，転覆への余裕が少ないといえる．新幹線の限界は，戦前の大陸への車両の直通を想定した弾丸列車計画，つまり南満州鉄道のそれにならっ

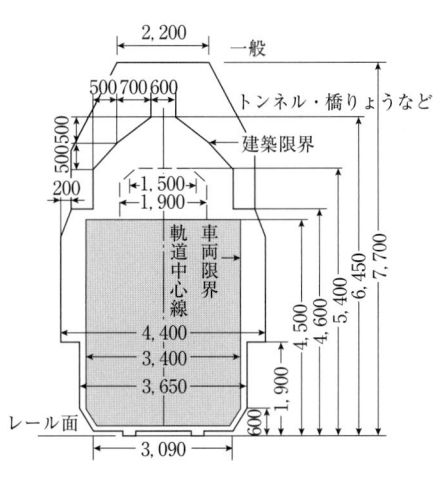

図 32.9 車両限界と建築限界（新幹線）
〔単位：mm〕（[1] p.54, 図 2.6）

表 32.8 新幹線車両の走行抵抗計算式（[1] p.117, 表 3.10）

車種 列車質量	走行抵抗計算式 （上：明り，下：トンネル）
0 系 16 両 質量 972 t	$R = g[(1.2 + 0.022\,v)W + (0.013 + 0.007\,23\,nv^2)]$ $R = g[(1.2 + 0.022\,v)W + (0.050 + 0.008\,50\,nv^2)]$
200 系 12 両 質量 744 t	$R = g(1.175 + 0.015\,41\,v + 0.000\,090\,1\,v^2)W$ $R = g(1.448 + 0.005\,31\,v + 0.000\,240\,3\,v^2)W$
100 系 16 両 質量 925 t	$R = g(1.273 + 0.005\,01\,v + 0.000\,138\,1\,v^2)W$ $R = g(1.273 + 0.001\,00\,v + 0.000\,256\,9\,v^2)W$
300 系 16 両 質量 711 t	$R = g[(1.356 + 0.013\,63\,v)W + 0.104\,1\,v^2]$ $R = g[(1.356 + 0.013\,63\,v)W + 0.149\,6\,v^2]$
500 系 16 両 質量 700 t	$R = g[(2.142\,85 + 0.001\,02\,v)W + 0.085\,45\,v^2]$ $R = g[(2.142\,85 + 0.001\,02\,v)W + 0.120\,78\,v^2]$
700 系 16 両 質量 708 t	$R = g[(1.356 + 0.013\,63\,v)W + 0.088\,49\,v^2]$ $R = g[(1.356 + 0.013\,63\,v)W + 0.134\,6\,v^2]$
E2-1000 系 10 両 質量 433 t	$R = (8.83 + 0.072\,95\,v + 0.001\,12\,v^2)W$ $R = (8.63 + 0.066\,00\,v + 0.001\,86\,v^2)W$
E4 系 8 両 質量 428 t	$R = (10.5 + 0.007\,235\,v + 0.001\,393\,v^2)W$ $R = (10.5 + 0.018\,885\,v + 0.002\,756\,v^2)W$

R：走行抵抗 [N]，g：重力加速度（= 9.806 65），W：列車質量（定員乗車）[t]，v：速度 [km/h]．

ており，このことが中国の高速鉄道導入に際して，日本の新幹線車両の導入がしやすかった重要な一因になった（図 32.9）．

（16） 新幹線車両の走行抵抗計算式

高速車両では空気抵抗を減らすことが，走行に要するエネルギーの節減にも，間接的には走行に伴う騒音対策にも重要である．わが国の新幹線の複線断面のトンネルは，トンネル自体の建設費を削減するために，比較的狭い 64 m² 前後であり，トンネル内では走行抵抗が顕著に増大する．トンネルを大きくすれば，当然走行抵抗は減少する．高速運転をしない前提の普通鉄道の走行抵抗の式を省略したのは，消費エネルギーに占める走行抵抗の重要性が高速鉄道の場合と比べて非常に低いからである（表 32.8）．

（17） 誘導電動機制御の速度特性

昔の直流モータの抵抗制御と違って，低速時のパンタグラフ電流は，加速時，ブレーキ時ともに小さい（図 32.10）．電圧制御ができる範囲では，滑り周波数とモータ電流をほぼ一定に保つことで一定の引張力，ブレーキ力が発揮できる．電圧が頭打ちになると滑り周波数を増やしつつモータ電流を減少させないように制御することで，一定電力の領域が生まれる．滑り周波数も頭打ちになる（滑りを増してもトルクが増えない領域に近づく）と，速度の増加とともにパワーが減少する領域に入り，空気抵抗が支配的になる高速列車では最高速度でもこの特性領域に入らないように設計する例が多い．ブレーキ時には，定トルク領域を高速側にずらす手段として電圧が頭打ちになる速度で電流を増して，電力を増す方策もとられる．これ

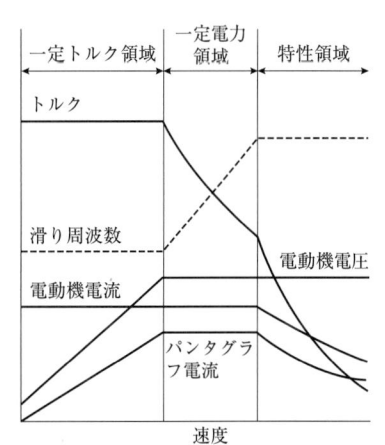

図 32.10 誘導電動機制御の速度特性（[1] p.152, 図 3.64）

表32.9 直流電気車の制御方式および主回路（[1] p.246, 表4.6）

No.	制御方式	主回路	解説
1	抵抗制御	（接触器・電機子・界磁コイル／主抵抗器・直流電動機／主抵抗器・界磁コイル（直並列切替え））	抵抗制御時代の標準的構成
2	界磁制御	（誘導分路・界磁抵抗・接触器／主抵抗器・界磁コイル）	
3	電機子チョッパ制御	（フィルタリアクトル・フリーホイルダイオード・平滑リアクトル・界磁コイル・フィルタコンデンサ・CHチョッパ）	主として地下鉄用に1970年代に用いられた
4	界磁チョッパ制御	（分巻界磁・チョッパCH・直巻界磁・主抵抗器）	1980年代に民鉄で標準となった。直流モータで停止用電力回生ブレーキを使用できる方式
5	界磁添加励磁制御	（誘導分路・接触器・主抵抗器・直巻界磁・励磁装置・三相交流電源）	No.4が複巻モータを必要とするのに対して、直巻モータでNo.4と同等の特性が得られる方式。国鉄が開発して用いたほか、民鉄で回生ブレーキをもたない直巻モータ車をこの方式に改造した例もみられる
6	インバータ制御（2レベル）	（フィルタリアクトル・インバータ（GTOまたはIGBT）・誘導電動機M 3〜・フィルタコンデンサ）	民鉄が開発して世界に広がった初期のインバータ制御で、電鉄用GTOサイリスタが日本でしかつくれなかった時代のもの。後に同じ方式がいまのIGBTインバータでも用いられている
6	インバータ制御（3レベル）	（フィルタリアクトル・インバータ・誘導電動機M 3〜・フィルタコンデンサ・フィルタコンデンサ）	つくりにくく使いにくいGTOサイリスタから、つくりやすく使いやすいIGBTが登場した初期に低耐圧をカバーするためにコンデンサで分圧して用いた回路。3レベル化することで波形が正弦波に近づく利点もあり、耐圧の高いIGBTが入手可能になったいまでも用いられることが少なくない

は，連続急勾配がない路線ではブレーキは長時間続くことはないから，短時間の過負荷を前提にする設計である．

(18) 直流電気車の制御方式および主回路（表32.9）

(19) カテナリ式電車線の形式と用途（図32.11）

32章 交 通

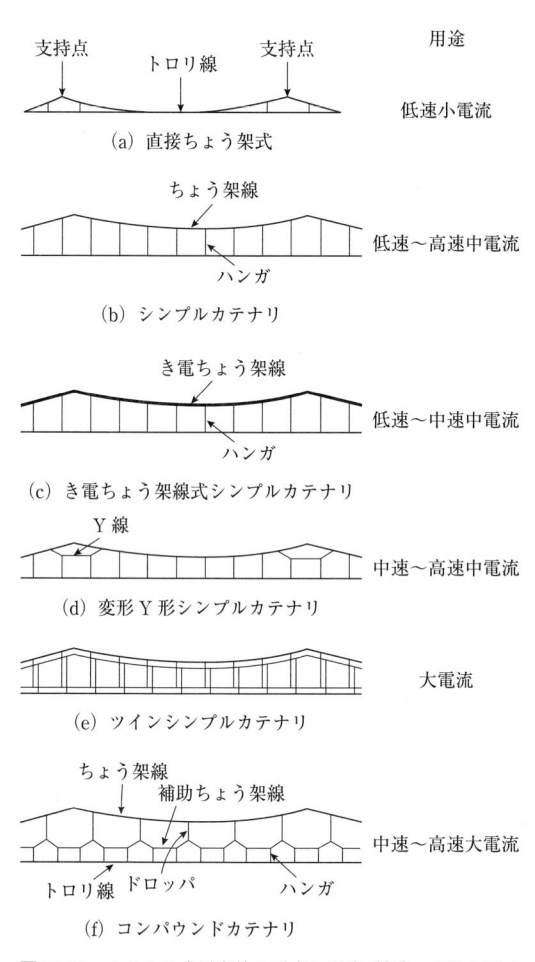

図32.11 カテナリ式電車線の形式と用途（[1] p.453, 図6.1を一部改変）

用途
(a) 直接ちょう架式 — 低速小電流
(b) シンプルカテナリ — 低速〜高速中電流
(c) き電ちょう架線式シンプルカテナリ — 低速〜中速中電流
(d) 変形Y形シンプルカテナリ — 中速〜高速中電流
(e) ツインシンプルカテナリ — 大電流
(f) コンパウンドカテナリ — 中速〜高速大電流

(20) 三位色灯式信号現示の例

もともと駅間が1閉塞の単線区間では2現示が，複線の自動閉塞区間では3現示が標準であった（図32.12）．高速化に伴い，進行信号で走行中に注意信号をみてもそれまでに注意信号の制限速度（一律の決まりはないが，45〜65 km/hが多い）に減速するのが困難な場合に，中間の制限速度をもつ減速信号が加わった．一方，停止余裕距離が短い区間に列車を進入させるために25 km/h程度の低い制限速度をもつ警戒現示も加わり，これらの一方をもつ2種の4現示と，これらの両方をもつ5現示が現れた．抑速信号は，高速化に伴い全面的に閉塞区間を変更する代わりに，従来の最高速度に対応した抑速現示と，向上した最高速度に対応した新しい進行現示に切り替える方式を

図32.12 三位色灯式信号現示の例（[1] p.664, 図8.100）
R：赤色，Y：橙黄色，G：緑色．

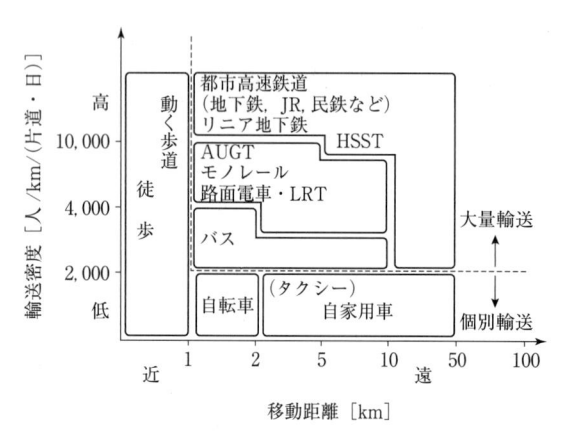

図 32.13　都市交通手段の適用範囲の概念
（[1] p.925, 図 13.39）

京浜急行が開発した．従来の信号機からの変更を最小限にしつつ，現示内容を明確にするために抑速現示は減速現示を点滅（フラッシュ）させることにした．新幹線は高速鉄道としてすべて車上信号を採用しているが，地上信号で 160 km/h の高速運転を開始した北越急行では，従来の車両用の進行信号の上位の信号として，特定の車両を用いた列車に限って現示する高速進行現示を開発・導入した．成田空港アクセスルートを走る京成電鉄のスカイライナー用では抑速と高速進行の両方の現示を取り入れている．

(21)　都市交通手段の適用範囲の概念

図 32.13 は，移動距離と輸送密度に応じた各種交通手段（徒歩や自転車も含めて）の使い分けを示したもので，高速道路，新幹線，航空機の領域よりも近距離の領域での使い分けと，各種の新しい乗り物の開発の余地を示す図として有用なものである．特にバスと地下鉄の中間の特性のものが近年積極的に開発されつつある．〔曽根　悟〕

参 考 文 献

[1] 電気鉄道ハンドブック編集委員会編：電気鉄道ハンドブック，コロナ社（2007）
[2] 国土交通省鉄道局監修：鉄道要覧（平成 22 年度），電気車研究会・鉄道図書刊行会（2010）
[3] 国土交通省ホームページ（http://www.mlit.go.jp/common/000126470.pdf）
[4] 国土交通省ホームページ（http://www.mlit.go.jp/common/000133963.pdf）

33章　電動力応用

33.1　電動力の機械的性質

電動機の力学的な負荷の種類として，①摩擦負荷，②加速負荷，③流体負荷，および④機械的エネルギーの蓄積・伝達を含んだ負荷の4つに大別できる．①の摩擦負荷は，物体を互いに接触させながら相対運動をさせるとき，その接触面に運動を妨げる方向の力として働く．したがって，この負荷は摩擦力であり，コンベヤ，印刷機などでは動力の大部分が摩擦のために消費されることになる．②の加速負荷は，物体を加速するとき物体には速度の2乗に比例する運動エネルギーが蓄積されるが，この運動エネルギーを外部から供給する必要がある．これに相当するものが加速負荷である．③の流体負荷は，空気や水のような流体を運動させるためのもので，流体を加速するためには，流体に圧力を加えることが必要になるが，これに相当するものが流体負荷である．また，④の負荷として代表的なものは重力負荷である．これら各種負荷は，それぞれ固有のトルク速度特性を有するが，その特性は負荷の力学的性質，負荷機械の種類，構造などにより定まり，大別すると表33.1に示すように定トルク負荷，2乗トルク負荷，および定出力負荷の3つに分けられる．

33.2　巻上機およびクレーン
(1)　巻上機

巻上機 (winder) はワイヤロープによって荷物を巻き上げる機械で，主として鉱山の運搬用として使用される．巻上機は搬器形式，巻胴形式，駆動・制動機方式，設備方式に分類され，表

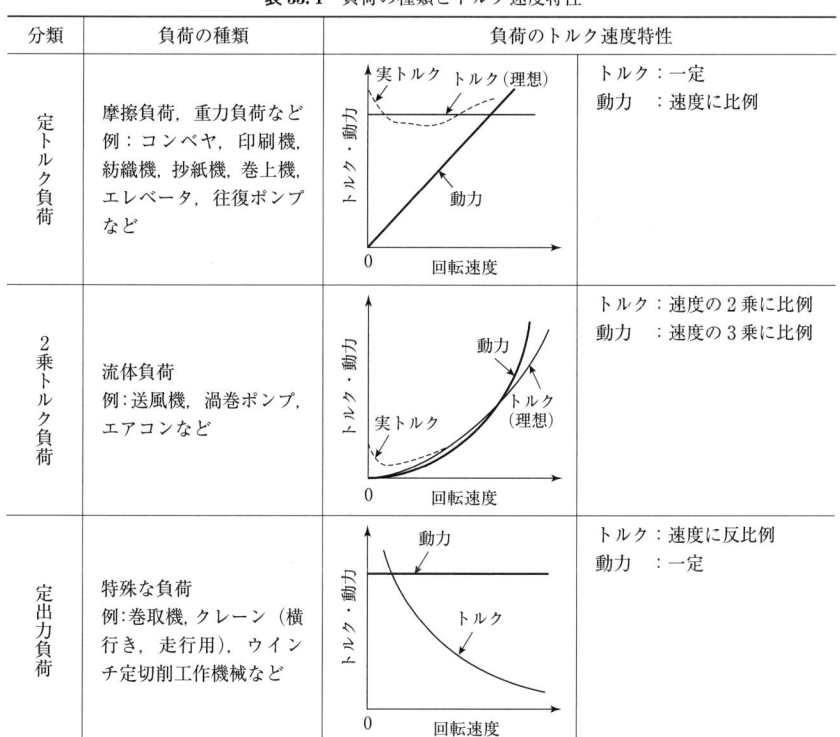

表33.1　負荷の種類とトルク速度特性

分類	負荷の種類	負荷のトルク速度特性	
定トルク負荷	摩擦負荷，重力負荷など 例：コンベヤ，印刷機，紡織機，抄紙機，巻上機，エレベータ，往復ポンプなど	(トルク・動力 vs 回転速度のグラフ：実トルク，トルク(理想)，動力)	トルク：一定 動力　：速度に比例
2乗トルク負荷	流体負荷 例：送風機，渦巻ポンプ，エアコンなど	(トルク・動力 vs 回転速度のグラフ：動力，トルク(理想)，実トルク)	トルク：速度の2乗に比例 動力　：速度の3乗に比例
定出力負荷	特殊な負荷 例：巻取機，クレーン（横行き，走行用），ウインチ定切削工作機械など	(トルク・動力 vs 回転速度のグラフ：動力，トルク)	トルク：速度に反比例 動力　：一定

33.2に示すような種類がある．近年，ワイヤロープ本数を多索したものが多く使用され，容量には数千kWに達する大形のものから，ウインチと称される数〜数十kWの小形のものまでがある．

巻上機用電動機の所要電力 P [kW] は次式で与えられる．

$$\text{所要電力 } P = \frac{WV}{6.12\eta} = \frac{1.027\, TN}{\eta} \text{ [kW]} \quad (33.1)$$

ただし，W は巻上荷重 [t]，V は巻上速度 [m/min]，N は回転速度 [min^{-1}]，η は巻上機効率，T はトルク [kgf·m] である．

(2) クレーン

クレーン（crane）は，船舶・鉄道の荷役，工場・事務所・発電所内の資材・製品の移動などを人力に代わり行ってくれる最も種類に富む荷役機械である．クレーンは3次元動作で物揚げ運搬する構

表33.2 巻上機の種類（[1] p.1619, 表3）

表33.3 クレーン用電動機の所要電力の算定式

動作目的	電動機の所要動力
巻上用	$P = \dfrac{W_1 V_1}{6.12\, \eta_1} = \dfrac{1.027\, T_1 N_1}{\eta_1}$ [kW] (33.2) ただし，W_1：巻上荷重 [t]，V_1：巻上速度 [m/min]，N_1：回転速度（min^{-1}），η_1：巻上機効率，T_1：トルク [kgf·m]．
横行用	$P = \dfrac{(W_1 + W_2) V_2 C_1}{6,120\, \eta_2}$ [kW] (33.3) ただし，W_1：巻上荷重 [t]，W_2：トロリー（クラブ）重量 [t]，V_2：横行速度 [m/min]，C_1：横行装置の走行抵抗 [kgf/t]，η_2：横行装置の機械効率．
走行用	$P = \dfrac{(W_1 + W_2 + W_3) V_3 C_2}{6,120\, \eta_3}$ [kW] (33.4) ただし，W_1：巻上荷重 [t]，W_2：トロリー（クラブ）重量 [t]，W_3：橋げた（ガータ）重量 [t]，V_3：走行速度 [m/min]，C_2：走行装置の走行抵抗 [kgf/t]，η_3：走行装置の機械効率．

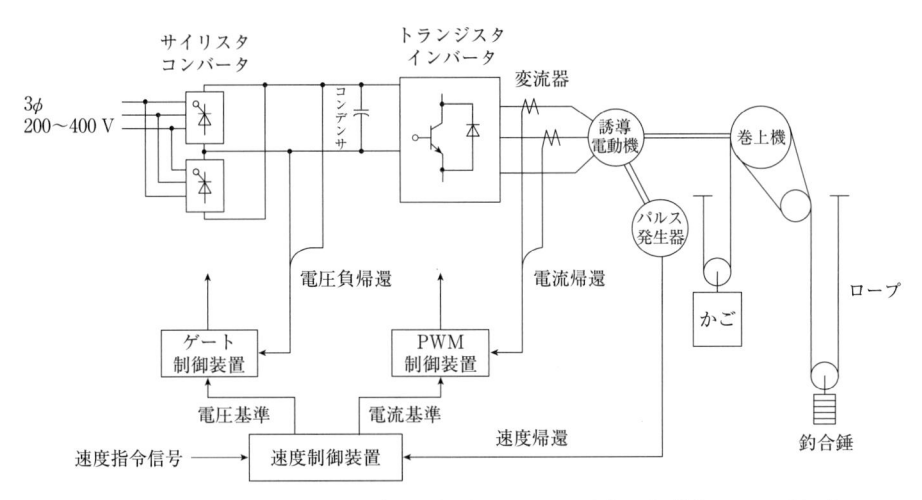

図33.1 交流可変電圧可変周波数（VVVF）式エレベータの制御回路（[1] p.1625，図32）

造となっており，① 天井クレーン，② ジブ付クレーン，③ 橋形クレーン，④ アンローダ，⑤ コンテナクレーン，および ⑥ ケーブルクレーンなどがある．動作目的としては，巻上用，横行用，走行用に大別できる．一般的なクレーンは巻上機，トロリー（クラブ），橋げた（ガータ）の3つから構成されている．それぞれの動作目的用の電動機の所要電力を算出する式を表33.3に示す．

33.3 エレベータおよびエスカレータ
(1) エレベータ

エレベータ（elevator）は，高層建築の上下交通に使用される機械で，駆動原理からロープ式と油圧式に大別されるが，前者のロープ式が主流となっている．ロープ式はさらに，釣合錘を使用したトラクション式と，巻胴（ドラム）にロープを巻き付ける巻胴式に分けられる．トラクション式はロープと駆動綱車との摩擦力により懸垂されたかご（ケージ）と釣合錘をガイドレールに沿って昇降させる構造となっている．一方，油圧式は油圧を油圧ジャッキに送り込み，プランジャによりかごを押し上げる構造となっている．制御方式としては，直流サイリスタレオナード式と交流可変電圧可変周波数（VVVF）式があり，近年多く使用されているのは後者である．代表的なVVVF式制御回路を図33.1に示す．また，一般に多く使用されるトラクション式のクレーン用電動機の

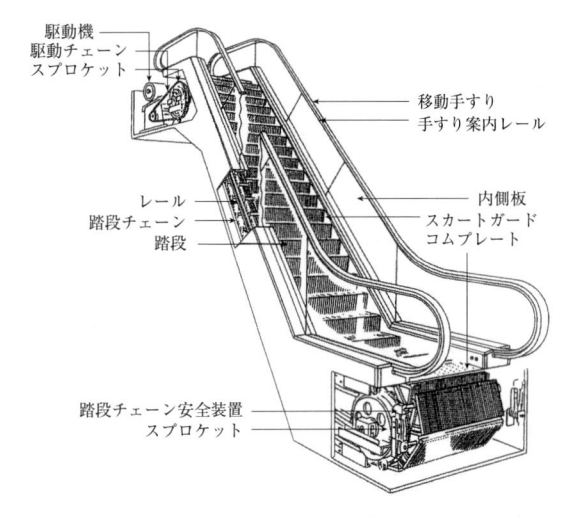

図33.2 一般用エスカレータの構造（[1] p.1628，図37）

所要電力 P [kW] は次式で与えられる．

$$所要電力\ P = \frac{(W+w_1-w_2)V}{6.12\eta}$$

$$= \frac{1.027(W+w_1-w_2)RN}{\eta}\ [\text{kW}]$$

(33.5)

ただし，W は最大積載荷重 [t]，w_1 は昇降箱（ケージ）重量 [t]，w_2 は釣合錘重量 [t]，V は巻上速度 [m/min]，R は巻上ドラム半径 [m]，N は巻上ドラム回転速度 [min^{-1}]，η はエレベータ効率である．

(2) エスカレータ

エスカレータ（escalator）は，階段の昇降を自

表33.4 コンベヤの種類 (JIS B0140-1993) [2]

ばら物用コンベヤ	かさ物用コンベヤ
ベルトコンベヤ	ベルトコンベヤ
チェーンコンベヤ	チェーンコンベヤ
スクリューコンベヤ	エレベーティングコンベヤ
振動コンベヤ	ローラコンベヤ
バケットエレベータ	シュート
スキップホイスト	流体コンベヤ
流体コンベヤ	エアーフローティングコンベヤ
エアーフローティングコンベヤ	伸縮コンベヤ
フィーダ	アキュムレーティングコンベヤ
スローイングマシン	仕分けコンベヤ

動的に移動させ主として人間を運搬させる機械であり,エレベータに比べ輸送速度は遅いが輸送量が大きい特徴を有している.その種類としては,① 一般用エスカレータ,② スパイラルエスカレータ,および③ 車いす用ステップ付きエスカレータに分けられる.図33.2に一般用エスカレータの構造を示す.多数の踏段は2列の踏段鎖に連結され,これを電動機に結合された減速駆動機で運転する構成になっている.また,踏段歯車と同一軸の別歯車より鎖を介して動力が手すりに伝達され,踏段と同じ速度で同一方向に手すりが移動する.傾斜角度は水平に対して30°以下で,階高は3〜5 mのものが広く採用されている.

最も多く使用されている一般用エスカレータの電動機所要動力 P[kW]は(33.6)式で与えられる.

$$\text{所要動力 } P = \frac{H}{\eta}\left(\frac{270\sqrt{3}Sv}{3\times 6,120} + P_o\right) \text{[kW]} \quad (33.6)$$

ただし,H は階高 [m],S は踏段幅 [m](有効欄干幅800 mで0.6 m,1,200 mで1 m),v は踏段速度 [m/min](30 m/min),P_o は無負荷損 [W](約 0.15 kW/m),η は巻上機効率(0.9〜0.95)である.

33.4 コンベヤ

コンベヤ(conveyor)は各種の品物を連続的に運搬する機械である.構造は比較的簡単で消費電力が少ないにもかかわらず,運搬能力は大きい特徴を有する.コンベヤの種類は多いが,① ばら物用(1つの単位にまとめられた物体)を搬送するコンベヤ,② かさ物用(塊状,粒状または粉状の物体)を搬送するコンベヤに大別でき,さらにこれらのコンベヤは表33.4のような種類に分類される.また,移動の可否により,定置形,移動形および可搬形に分けられる(JIS B 0140-1993).

代表的なコンベヤであるベルトコンベヤの駆動方式には,図33.3に示すように,(a) 頭部または尾部の1個の駆動プーリで駆動する単独駆動方式,(b) 2個の駆動プーリを用いて駆動するタンデム駆動方式,および (c) 多数の駆動プーリで駆動する多数駆動方式の3つがある.

コンベヤの所要動力 P[kW]はコンベヤの種類,形式により異なるが,水平式,傾斜式,およびゴムベルトコンベヤについてはそれぞれ次式で与えられる.

(1) 水平式ベルトコンベヤ

$$\text{所要動力 } P = \frac{(C_1 v_1 + C_2 Q)L}{102.7\,\eta} \text{[kW]} \quad (33.7)$$

ただし,C_1 は無負荷時の走行抵抗 [kgf/m],

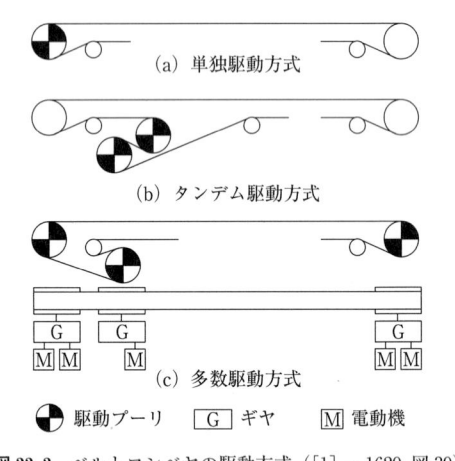

図33.3 ベルトコンベヤの駆動方式([1] p.1629,図39)

C_2 は負荷による走行抵抗 [kgf/m], v_1 はベルト速度 [m/min], Q は輸送量 [t/h], L はベルトコンベヤの機長 [m], η はコンベヤの機械効率である.

(2) 傾斜式ベルトコンベヤ

所要動力 $P = \left(\dfrac{C_1 v_1 + C_2 Q}{102.7}L + \dfrac{QH}{366}\right) \times \dfrac{1}{\eta}$ [kW]

(33.8)

ただし，C_1 は無負荷時の走行抵抗 [kgf/m], C_2 は負荷による走行抵抗 [kgf/m], v_1 はベルト速度 [m/min], Q は輸送量 [t/h], L はベルトコンベヤの機長 [m], H はコンベヤ両端の高低差 [m], η はコンベヤの機械効率である.

(3) ゴムベルトコンベヤ

最も代表的なゴムベルトコンベヤについては JIS B 8805-1992 で (33.9) 式のように定められている.

所要電力 $P_A = \dfrac{F_U v}{1000\,\eta}$ [kW]   (33.9)

ただし，F_U は抵抗力 [N], v はベルト速度 [m/s], η は伝動装置の機械効率 (0.85～0.95) である.

33.5 ポンプ

ポンプ (pump) は，液体にエネルギーを与え，これによって圧力を生じさせて輸送する機械であり，ターボ形ポンプ (turbo pomp) と容積形ポンプ (displacement pump) に大別できる. 多く使用されているポンプは前者のターボ形であるが，後者は往復ポンプあるいは歯車ポンプとして超高揚程・高粘度液の圧送などの特殊な用途に限られている. ターボ形ポンプは羽根車出口の流れの方向によって，さらに (a) 遠心ポンプ, (b) 斜流ポンプ，および (c) 軸流ポンプに分けられる. 遠心ポンプは高揚程に適しており，羽根車外周に案内羽根を有しない渦巻ポンプと有するタービンポンプがある. 軸流ポンプは揚程が低く吐出量の大きなものに適しており，また，斜流ポンプは遠心ポンプと軸流ポンプの中間に属する性能を有する. 図 33.4 にターボ形ポンプの渦巻ポンプ，斜流ポンプおよび軸流ポンプの構造図を示す.

ポンプの特性を表す指標として，水力学的相似則から導入された比速度 N_s [m·m³/s] があり，その値は次式で与えられる.

比速度 $N_s = N\dfrac{Q^{1/2}}{H^{3/4}}$ [m·m³/s]   (33.10)

ただし，N は回転速度 [min⁻¹], Q は吐出量 [m³/min], H は全揚程 [m] である.

この比速度の値は，ポンプ水車の大きさ，回転速度に関係なく，羽根車の断面形状によりほぼ定まる性質がある. 表 33.5 にターボ形ポンプの比速度 N_s の概数を示す.

ポンプの所要動力 P [kW] は次式で与えられる.

所要動力 $P = \dfrac{9.8\,krQH}{60\,\eta} \fallingdotseq \dfrac{krQH}{6.12\,\eta}$ [kW]

(33.11)

ただし，Q は吐出量 [m³/min], H は全揚程 [m], η はポンプ効率, k は余裕係数 (1.1～1.2 程度), r は流体の単位体積当たりの重量 [kgf/l] である. 一般にポンプ効率は $Q = 10 \sim 1{,}000$ m³/min では 70～85% 程度である.

〔道上　勉〕

図 33.4　各種ターボ形ポンプの構造 ([1] p.1630, 図 41)

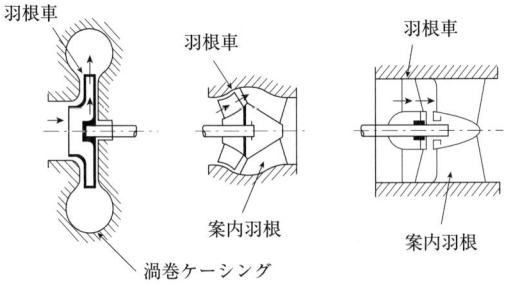

(a) 渦巻ポンプ　(b) 斜流ポンプ　(c) 軸流ポンプ

表 33.5　ターボ形ポンプの比速度 N_s の概数

ポンプの種類	比速度 N_s [m·m³/s]
遠心ポンプ	100～800
斜流ポンプ	350～1,300
軸流ポンプ	1,000～2,500

参考文献

[1] 電気学会編：電気工学ハンドブック（新版），オーム社（1988）
[2] 日本工業規格「JIS B 0140(1993) コンベヤ用語－種類」
[3] 日本工業規格「JIS B 8805(1992) ベルトコンベヤの計算式」
[4] 広瀬敬一・猪狩武尚：電動力応用，コロナ社（1958）

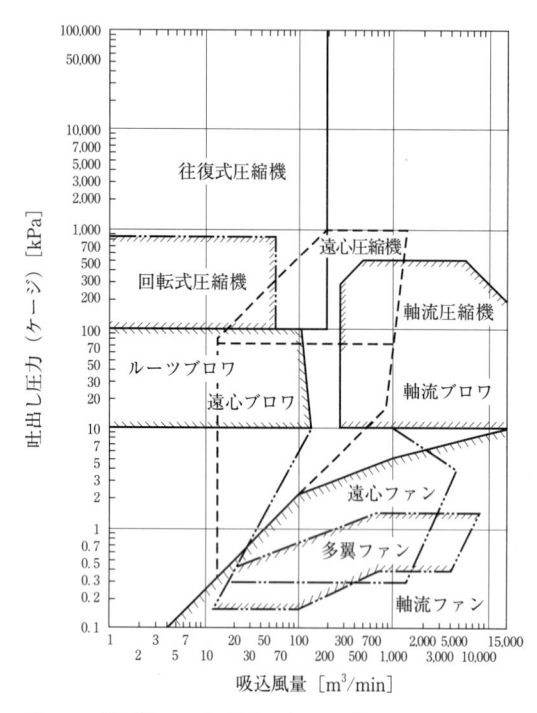

図 33.5 送風機および圧縮機の適用域（[1] p.356, 図 3.18）

図 33.6 回転制御時と弁開閉制御時の所要動力 P の比較（[2] p.1724, 図 2）
流量 Q_1 を Q_2 に変化.

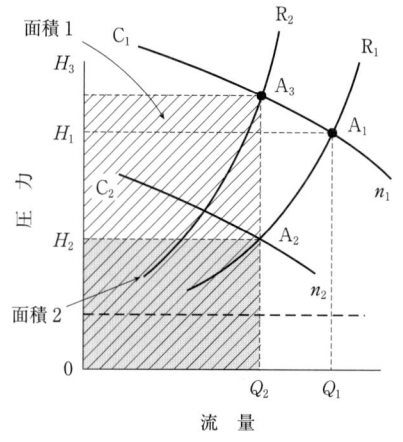

R_1：管路抵抗曲線（流量 Q_1, 速度 n_1）
R_2：管路抵抗曲線（弁制御時, 流量 Q_2, 速度 n_1）
C_1：$Q-H$ 曲線（速度 n_1）
C_2：$Q-H$ 曲線（回転速度制御時, 速度 n_2）
$P_3 \propto$ 面積 1（弁制御時, 速度 n_1）
$P_2 \propto$ 面積 2（回転速度制御時, 速度 n_2）
P_3 と P_2 の差が省電力量となる.

33.6 送風機

(1) 送風機および圧縮機の適用領域

送風機（圧縮比 2 未満のもの），ブロワ（吐出圧 10～100 kPa 未満），圧縮機（吐出圧 100 kPa 以上かつ圧縮比 2 以上）には，図 33.5 に示すように様々な形式のものがある．このうち，高い吐出圧を必要とするときは往復式や回転式圧縮機（容積式）が，産業用の大風量には軸流圧縮機が適している．また，軸流送風機は，中圧，大風量に適し，10 kPa 以下の低圧，大風量では遠心ファン，軸流ファン，多翼ファンなどが使用される．多翼ファンは設置面積が小さく設備コストも少ないが，騒音が大きく効率も低いので工場や船舶の換気などスペースに制限があるときなどに用いられる．

高炉の送風機には軸流ブロワが用いられる．軸流圧縮機・ブロワは回転する動翼とケーシングに固定された静翼とが 1 対になっており，1 段当りの圧縮比が 1.1～1.4 程度なので多段にすることで吐出圧を上げることができる．高炉は棚つり（装入原料が円滑に動かなくなる事態）で圧力が上昇したり，逆にスリップで急に圧力が低下したりするので，サージング（息つき現象）防止制御が施されている．

(2) 送風機の回転速度制御と弁開度制御の比較

モータの回転速度制御が一般的ではなかった時代には，送風機などの風量制御はダンパーの弁開度制御で行われていた．この場合は図 33.6 において流量を Q_1 から Q_2 に絞るときはダンパーを閉めて管路抵抗を R_1 から R_2 に上げる．

一方，回転速度を制御できれば流量 (Q)-圧力 (H) 曲線を C_1 から C_2 に変えることで管路抵抗 (R) はそのままで流量を絞ることができる．ダンパー制御のときは送風エネルギーは面積 1 の $H_3 \times Q_2$ 必要であるが，回転速度制御時は面積 2 の $H_2 \times Q_2$ でよいため，省エネルギーになる．このため最近の設備は回転速度制御のできるインバータを備えたものが主流となってきている．パワー素子や周辺技術の進歩に伴い，従来容量が大きいため電動機で対応できず蒸気タービン式駆動機を使用していた領域でも交流可変速制御の電動機が使用されるようになりつつある．

33章　電動力応用

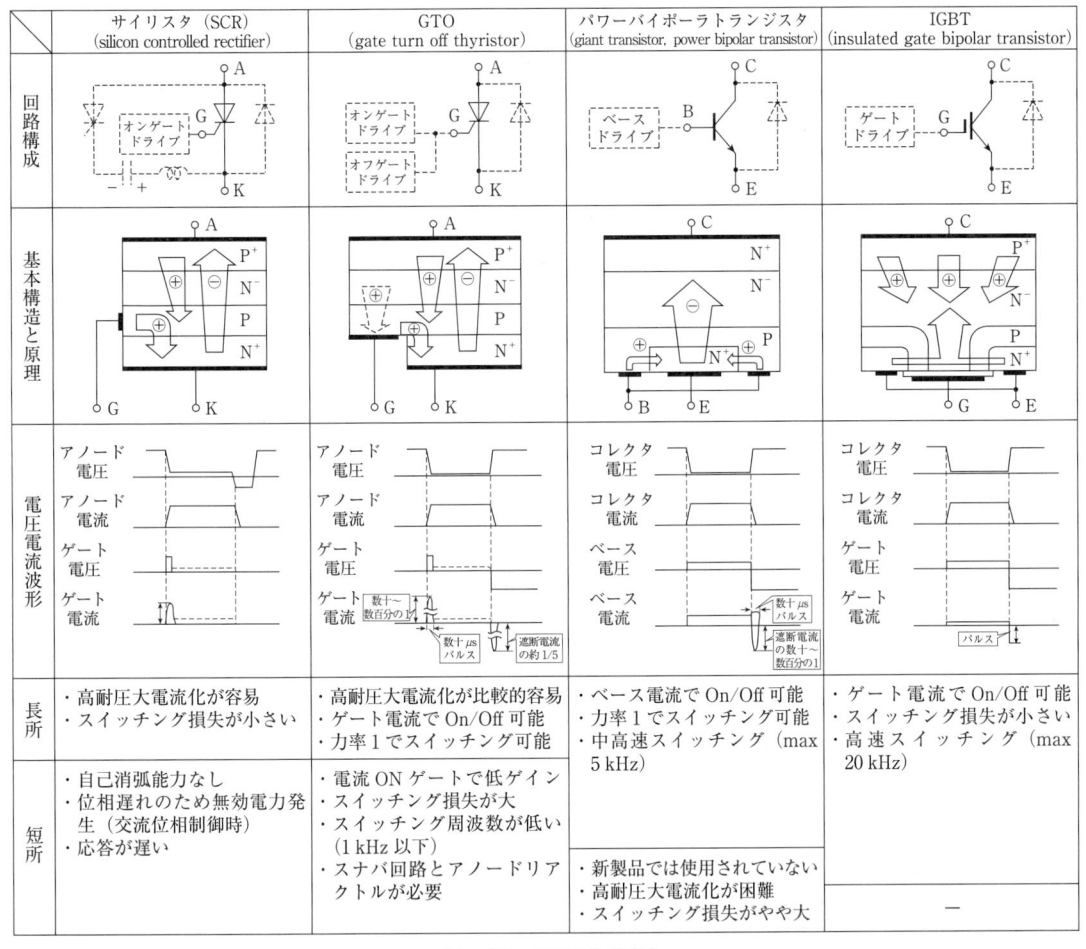

	サイリスタ (SCR) (silicon controlled rectifier)	GTO (gate turn off thyristor)	パワーバイポーラトランジスタ (giant transistor, power bipolar transistor)	IGBT (insulated gate bipolar transistor)
回路構成	オンゲートドライブ	オンゲートドライブ／オフゲートドライブ	ベースドライブ	ゲートドライブ
基本構造と原理	$P^+/N^-/P/N^+$ 構造	$P^+/N^-/P/N^+$ 構造	$N^+/P/N^-/N^+$ 構造	$P^+/N^-/P/N^+$ 構造
電圧電流波形	アノード電圧／アノード電流／ゲート電圧／ゲート電流	アノード電圧／アノード電流／ゲート電圧／ゲート電流（数十〜数百分の1、数μsパルス、遮断電流の約1/5）	コレクタ電圧／コレクタ電流／ベース電圧／ベース電流（数十μs、遮断電流の数十〜数百分の1）	コレクタ電圧／コレクタ電流／ゲート電圧／ゲート電流（パルス）
長所	・高耐圧大電流化が容易 ・スイッチング損失が小さい	・高耐圧大電流化が比較的容易 ・ゲート電流で On/Off 可能 ・力率1でスイッチング可能	・ベース電流で On/Off 可能 ・力率1でスイッチング可能 ・中高速スイッチング (max 5 kHz)	・ゲート電流で On/Off 可能 ・スイッチング損失が小さい ・高速スイッチング (max 20 kHz)
短所	・自己消弧能力なし ・位相遅れのため無効電力発生（交流位相制御時） ・応答が遅い	・電流 ON ゲートで低ゲイン ・スイッチング損失が大 ・スイッチング周波数が低い（1 kHz 以下） ・スナバ回路とアノードリアクトルが必要	・新製品では使用されていない ・高耐圧大電流化が困難 ・スイッチング損失がやや大	―

(a) パワー素子の比較 [3]

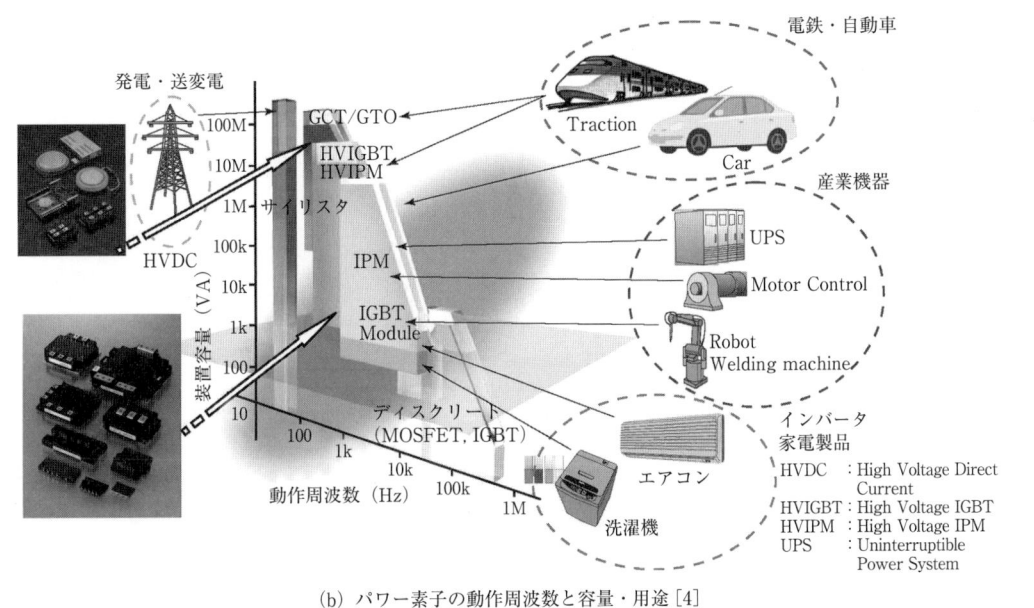

(b) パワー素子の動作周波数と容量・用途 [4]

HVDC : High Voltage Direct Current
HVIGBT : High Voltage IGBT
HVIPM : High Voltage IPM
UPS : Uninterruptible Power System

図 33.7　パワー素子の比較（[3]〜[6]）

5. 応用分野

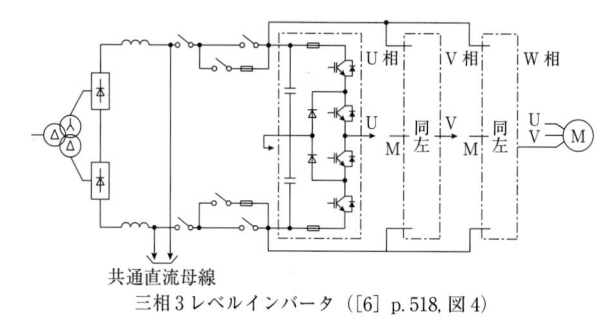

三相3レベルインバータ（[6] p.518, 図4）

状態	＋電圧出力（＋Ed$_1$）	0電圧出力（0 V）	－電圧出力（－Ed$_2$）
回路図 (1相分)			
説明	IGBT1, IGBT2をオンして ＋Ed$_1$を出力する．	IGBT2, IGBT3をオンして 0 Vを出力する．	IGBT3, IGBT4をオンして －Ed$_2$を出力する．

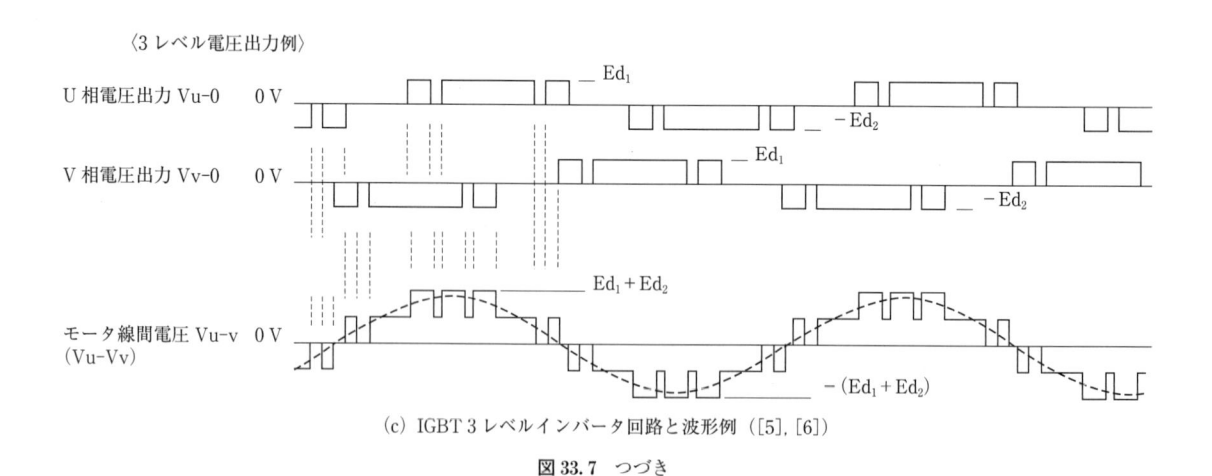

〈3レベル電圧出力例〉

(c) IGBT 3レベルインバータ回路と波形例（[5], [6]）

図33.7 つづき

高炉の送風ブロワは数十MWと現在のインバータ容量の限界に近く設備コストも多額であり，サイリスタの効率を考えるとメリットが出ないので，回転速度制御でなく軸流ファンの静翼を制御する設備が多い．大型のブロワでは同期電動機を使用することが多く，始動のための誘導電動機やMG始動で同期速度まで加速する．5,000 kWくらいまでの容量のブロワはかご型の誘導電動機を使用しVVVF制御を行うことが一般的である．

33.7 圧延機
(1) パワー素子の種類と特性

最近パワー半導体素子の進歩が著しく，ベクトル制御などモータ制御技術の進歩と相まって急速に普及している．サイリスタは高耐圧・大電流の点弧角を制御できるが，自己消弧能力はなく消弧するには電源を切るか逆電圧をかけなければならない．それに対しGTO，パワーバイポーラトランジスタ，IGBTはゲートまたはベース電流でOn/Offすることができるので波形が正弦波に近くでき，また力率1のスイッチングができる．図33.7(a) で，回路構成の欄の図は素子単体で

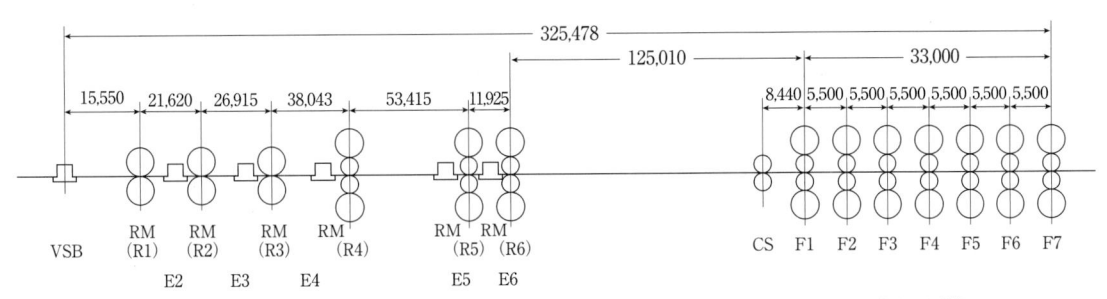

(a) 熱間薄板圧延ライン（hot strip mill）の圧延機配列の一例

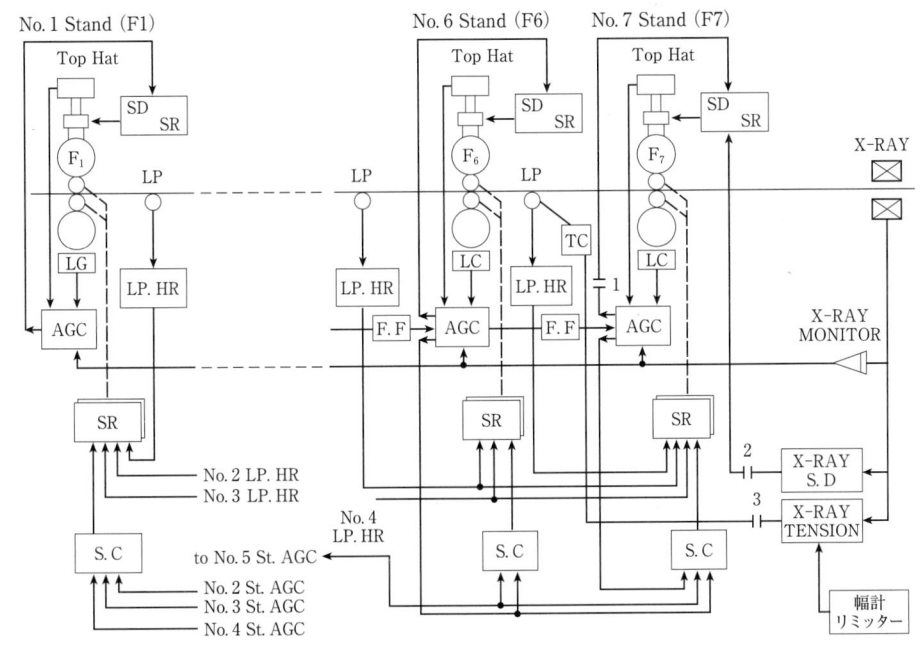

VSB：竪型スケールブレーカ　E：エッジャ　RM：粗圧延機　CS：クロップシヤ　F：仕上圧延機

(b) 熱間仕上圧延機（タンデム配列）の板厚制御装置

AGC：F_1〜F_7用板厚み制御装置
SR：スタンド速度制御装置
LP.HR：ルーパ高さ制御装置
SD.SR：スクリューダウン速度制御装置
X-RAY：X線透過式板厚計
LC：ロードセル（load cell）．圧延反力を測定するセンサでフックの法則から圧延機の伸びを計算するのに利用される．この計算をゲージメータ式と呼ぶ．
Top Hat：ロール位置検出器．圧下スクリューの回転からロールの位置を検出するセンサ
S.C：AGC動作量に応じる速度補正増幅器
T.C：張力制御器
F.F：フィードフォアード
AGC：自動板厚制御装置（automatic gauge controller）

図33.8 熱間圧延ラインの圧延機配列と板厚制御装置ブロック（[7] p.23, 86，図1.2.34, 図2.4.3b）

の回路であり，実際には同図33.7(c) の中段に示したような回路の中で用いられる．このようなIGBTによるスイッチングで，図33.7(c) の下段に示すような交流出力が得られる．

各パワー素子は図33.7(b) のような出力容量と動作周波数を有しているので，用途に応じて素子を選択する必要がある．

サイクロコンバータおよびマトリクスコンバータなどの場合を除き，通常パワー素子はコンバータとインバータを組み合わせて使用する．図33.7(c) において中段の表は3レベル（＋，－，0）IGBTインバータの回路例を1相分だけ示すが，他の素子でも同様である．4個の素子のOn/Offの組合せにより＋，－，0の電圧を出力できる．これにPWMを組み合わせることで，2レベルインバータよりも正弦波に近い，高周波ノイズや低速でのトルクリップルが少ない電源波形を得ることができる．

(2) 熱間圧延ラインの圧延機配列と板厚制御装置ブロック

熱間圧延ラインは1,100〜1,200℃に加熱した厚さ約200〜300 mmのスラブを粗圧延機と仕上圧延機で圧延して厚さ約1〜10 mmの薄板にしてコイルの形に巻き取る．通常，粗圧延機は3〜5基あり，それぞれ独立して圧延するが，図33.8(a) の例ではR5とR6が連結されている．仕上圧延機は5ないし7基あり，連結されたタンデム配列になっている．

圧延設備には多数の電動機が使用されている．圧延ロールを駆動する（大型の）電動機を主機と呼び，多数のテーブルロールや圧下装置を駆動する中小型の電動機を補機と呼ぶ．主機は大きいものでは約20 MWの容量に達する．大容量機では同期電動機と誘導電動機が使用される．同期電動機は電動力率を高力率（1.0）にできるため誘導機に比べ容量を10〜20％小さくできるので，大型機では主流となっている．誘導機はかご型ローターが使用されスリップリングが不要で，構造的にも堅牢なので過酷な環境条件にも適する．同期機の永久磁石式ではスリップリングが不要だが，中大型の突極機は界磁変換器とスリップリングがあるのでメンテナンスが必要である．最近Nd-Fe-Bなどの希土類永久磁石材料の進歩に伴い小型機から大型機まで永久磁石式の同期電動機が広く使用されるようになってきた（12.2 (3) 参照）．一方，低速運転や広範囲な弱め界磁が要求される場合は誘導機が使用される．補機は用途に応じ同期電動機，誘導電動機が用いられる．

主機の回転数は圧延スケジュール（各圧延機の圧下量）からマスフロー一定の法則（タンデム圧延機では「前スタンド出側の板厚×速度＝次スタンド入側の板厚×速度」が成り立たないと前後のバランスが崩れる）で求めた速度がセットされるが，板厚制御のフィードバック信号で回転数も微調整される．また前後のマスフローバランスが崩れると板がスタンド間でたるんだり，逆に引っ張ったりするのでそれをスタンド間のルーパが吸収し，ルーパの高さ信号もアンバランスを解消するように回転数にフイードバックされる．したがって，主機の応答性や設定精度は鋼板の品質に影響する．

〔田原紘一〕

参 考 文 献

[1] 機械学ポケットブック編集委員会：機械学ポケットブック，オーム社（2004）
[2] 電気学会編：電気工学ハンドブック（第6版），オーム社（2001）
[3] TMEIC，日立資料より合成．
[4] 由宇義珍：三菱電機技報 2006年6月号, p.1 (2006)
[5] TMEIC パンフレット
[6] 保坂 忍・花澤昌彦・木谷剛士：産業用電動力応用プラントの可変駆動システム，富士時報, Vol.70, No.10, pp.516-521 (1997)
[7] 日本鉄鋼協会編：わが国における最近のホットストリップ設備および製造技術の進歩，日本鉄鋼協会（1976）

34章　産業エレクトロニクス（ファクトリーオートメーション）

34.1　生産管理・制御システム

(1)　製造会社の生産管理を構成するシステム

　生産管理とは，経営方針や経営指標に基づいた計画に従い，定められた品質の製品を所定の数量，期日に合わせ，最も経済的に生産するために，原材料・資材，作業，設備などを効率的に活用し，計画し統制・調整して，生産活動全体の最適化を図る活動のことをいう．生産管理システムは，図34.1中の灰色で示した生産活動主体のシステムと，それを支援するための周辺システムから構成されている．

　生産管理には大量の情報を即時に関連部署に配布・収集・記録することが要求されるので，コンピュータシステムで支援する「生産情報システム」を導入している工場が多い．

(2)　生産管理とPDCAループ

　PDCAループは，デミング賞で名を知られるW・エドワード・デミングが提唱した方法論である（図34.2）．彼は生産プロセスや業務プロセスの中で改良や改善を必要とする部分がどこにあるかというプロセスを測定・分析し，それを継続的に行うためには，改善プロセスが連続的なフィードバックループとなることが重要であると唱えた．この方法はすべての業務に適用でき，生産管

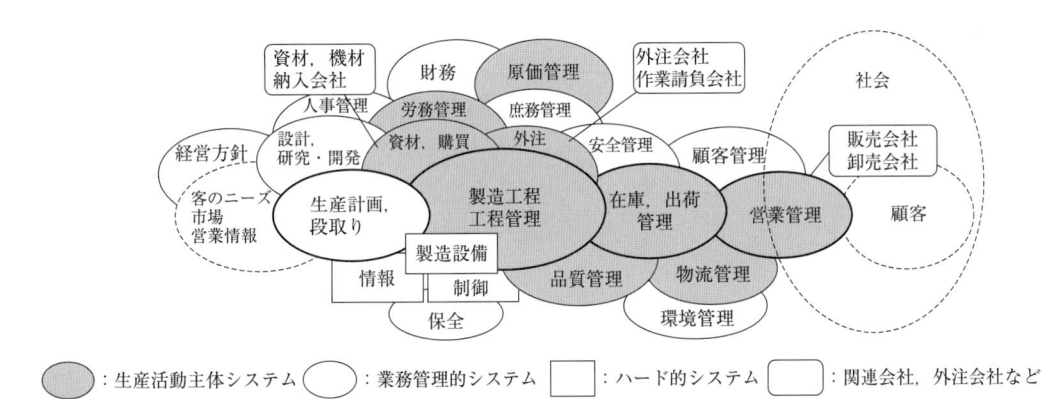

図 34.1　製造会社の生産管理と周辺のシステム

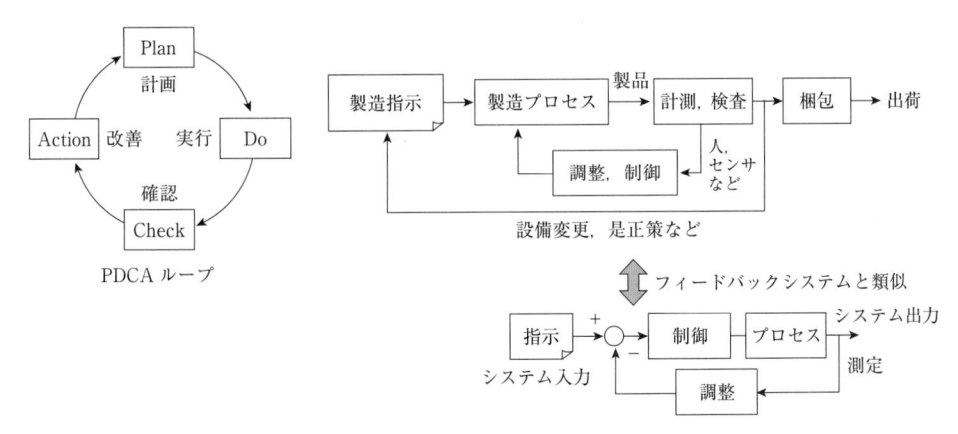

図 34.2　生産管理と PDCA ループ

理でもこの PDCA ループで業務を進めることが強調されている．

この方法は基本的に制御のフィードバックループと同じ考え方である．

(3) CIM のモデル

CIM (computer integrated manufacturing) とは，生産の現場における情報を，部門間をネットワークで結び統一的に管理することによって効率化を図る生産管理システムである（図 34.3）．

ここでいう情報とは，製品仕様，CAD，CAM，CAE データなどの製造そのものに関するデータ，技術的な問題に関する情報，生産計画・実績，中間在庫など生産を管理するのに用いられる情報，販売・マーケティング情報などであり，各部門は共有のデータベースから必要な情報を引き出し，また入力する．

関連する用語として FA（factory automation）があり，工場の生産設備や輸送，保管設備をコンピュータで制御・管理して自動化することを意味するが，CIM とは異なり経営情報，販売情報などの管理は含まれていない．一方顧客の要求が多様化し多品種少量生産の比重が増すと，単なる自動化ではかえってロットの段取り替え，新製品への設備変更に多くの時間と労力，コストを要し，多品種同時生産やスピーディーな新製品生産への障害となることになるので，設備を変更せず生産性も落とさずに類似製品を混合生産できる FMS (flexible manufacturing system) の重要性が認識されるようになった．

省力化，生産性向上のためにはプラント設備の大型化，高速化，高性能化，ロボットや専用の自動化機械の進歩，信頼性向上なども寄与しており，自動車や家電製造に代表される組立ラインでは従来のコンベヤラインに代わって導入された U 字ラインやセル生産方式など作業形態の合理化も多品種対応に貢献している．これらの分野でもマイコンやシーケンサが自動化機械制御に随所で使われている．

資材供給という点では，わが国の製造業は大企業が多数の関連会社や下請け企業を有し，これらの会社もさらにその傘下に多数の下請け企業を抱えるという多層のピラミッドを構成して，市場を通さない相対取引によって長期安定的に安価で品質のよい部品やユニットを供給し，戦後の産業の発展を支えてきた．しかし最近は市場のオープン化，グローバル化によりこの構図は変化しつつある．

(4) 金型設計手法と形状データの流れ

CIM の一例として金型をみると，クレーモデルなどの測定データや，数式を用いた設計データが，工作機械用の CL データとして伝送され，金型が研削，研磨，放電加工などにより製造される CAM (computer aided manufacturing) となっ

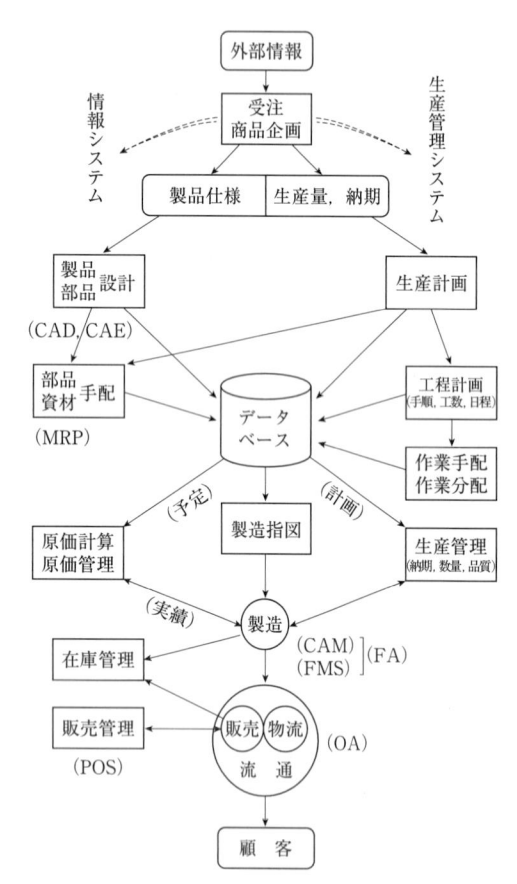

CAD : computer aided design
CAE : computer aided engineering
MRP : manufacturing resource planning
CAM : computer aided manufacturing
FMS : flexible manufacturing system
FA : factory automation
POS : point of sales
OA : office automation

図 34.3 CIM のモデル（[1] p.130, 図 4.14）

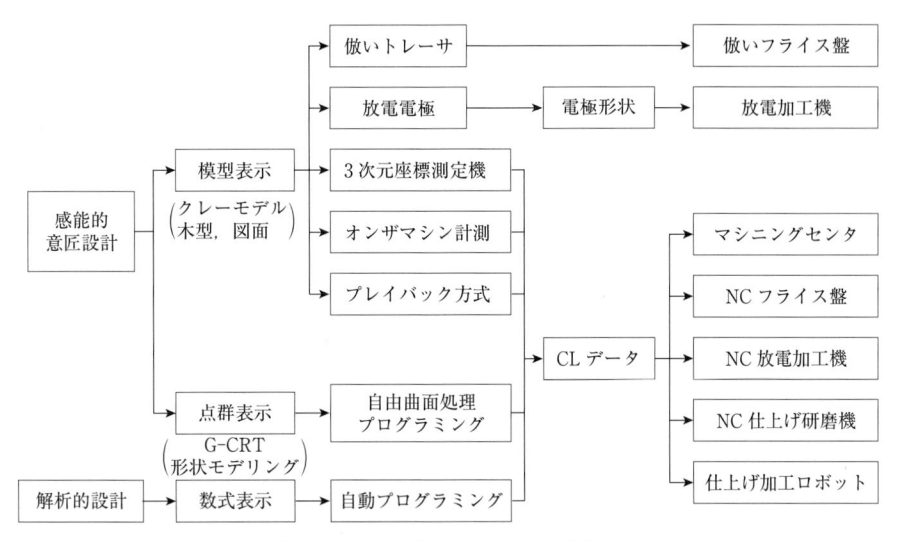

図 34.4 金型設計手法と形状データの流れ（[3] p.17，図3）

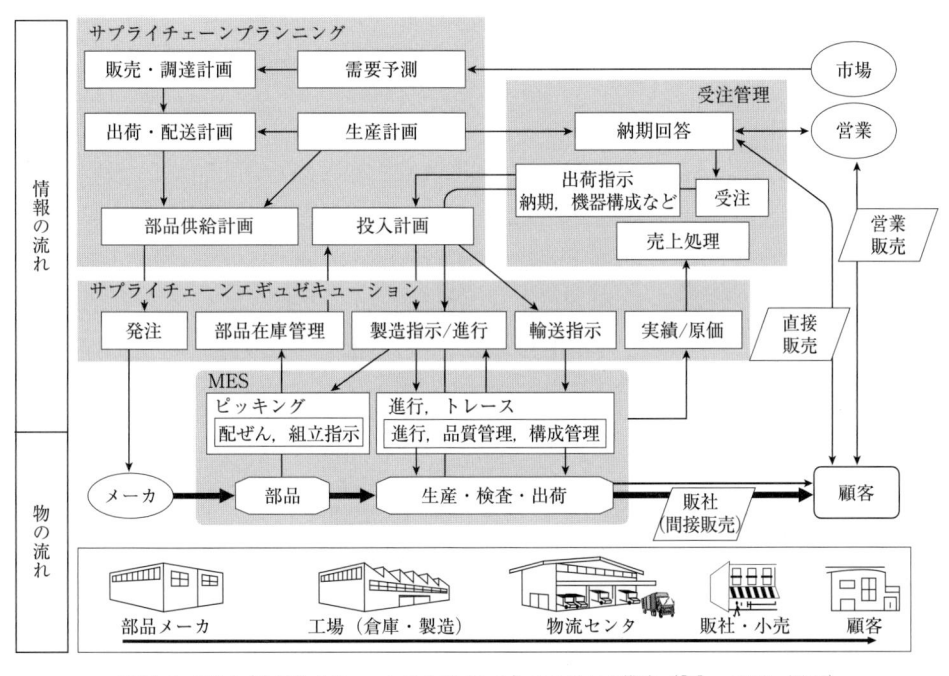

図 34.5 SCM（サプライチェーンマネジメント）のシステム構成（[2] p.1759，図10）

ている（図34.4）．このデータはCAEでも用いられ，製品の応力，温度，電磁場，機構，材料などの解析により製品の故障原因解析や改善策検討などに役立てられる．

(5) SCMのシステム構成

サプライチェーンマネジメント（SCM：supply chain management）とは，製造業や流通業において，原材料や部品の調達および製造，流通，販売といった生産および最終需要（消費）に至る商品供給の流れを「供給の鎖」（サプライチェーン）としてとらえ，それに参加する部門・企業の間で情報を相互に共有・管理することで，ビジネスプロセスの最適化を目指す戦略的な経営手法をいう（図34.5）．

米国のP&Gがウォルマートとの間でつくったシステムや，国内では花王と販売会社のシステム

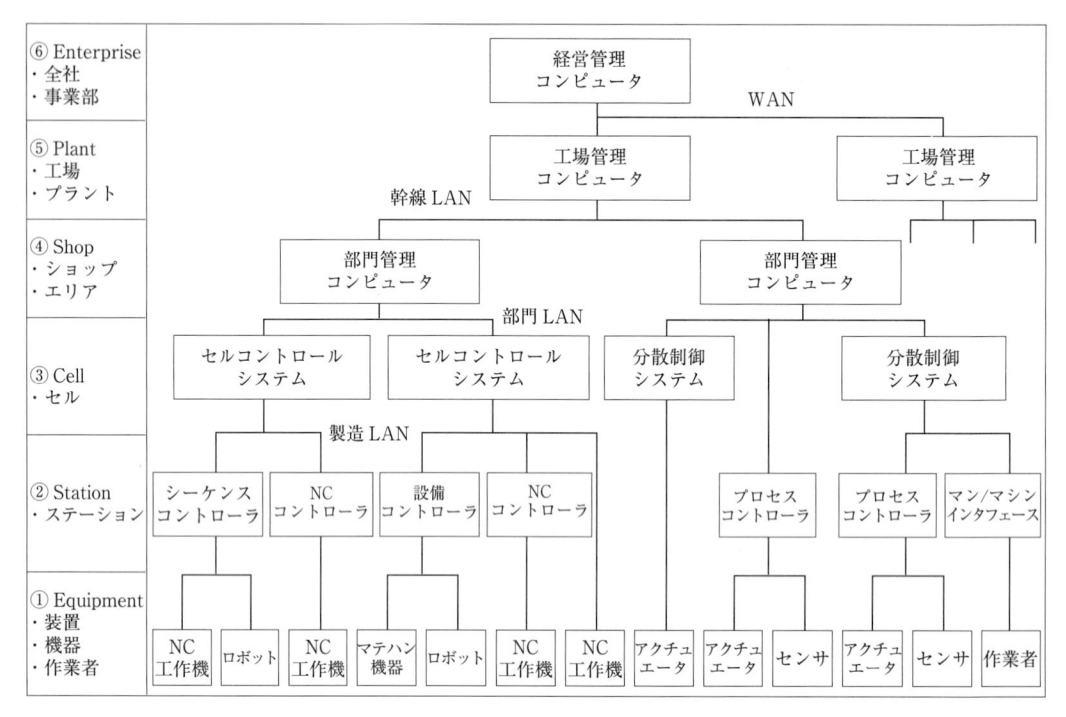

図34.6 製造会社のコンピュータシステム構成例（[5] p.868, 図12.18）
ISO：TC184/SC5/WG1'87日本提案に準拠．

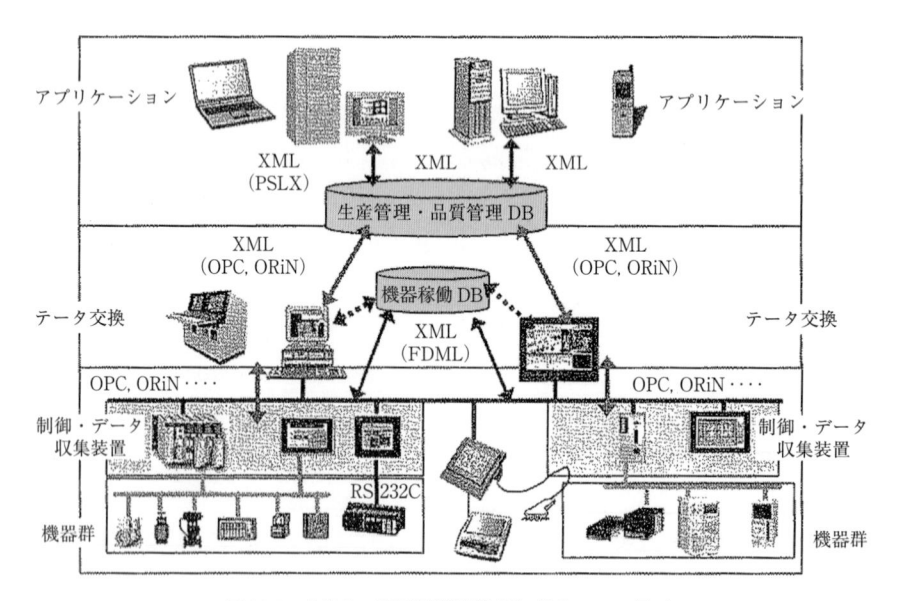

図34.7 企業内の階層別機器間連携（[3] p.21, 図2）

などが有名である．またコンビニはSCMにより従来の小売商店との差別化を図ったことにより成功した．

その具体的な目的は，流通在庫を含む在庫・仕掛品の削減によるキャッシュフローの最大化，納期短縮，欠品防止による顧客満足の向上などである．共有する情報は，取引先との間の受発注，資材の調達から在庫管理，製品の配送計画などであり，できる限りタイムリーな情報交換を必要とするので，情報システムとしてERP（enterprise resource planning）システムが基盤として利用されることが多い．ERPのベースになっているのがMRPである．

MRPは最初，material requirements planning（資材所要量計画）の頭文字で，適切な資材調達のために，基準生産計画を基本に部品表から生産に必要となる資材の所要量を展開（部品展開と呼ばれる）し，在庫情報と照らし合わせて，資材の需要とその発注時期を事前に算出するシステムを意味していた．しかしその後の発展により営業情報，需要変動も加味して臨機応変に対応する製造資源計画 MRPⅡ（manufacturing resource planning）が開発され，現在は後者の意味で用いられることが多くなっている．MRPⅡをさらに企業全体の在庫，決済，資産の管理を行う機能まで拡充したのが ERP（企業資源計画）である．

（6）製造会社のコンピュータシステム構成例

製造会社の CIM コンピュータシステムは図34.6のような階層をなしていることが多い．会社の規模，業態などによりこの階層の構成は異なるが，経営管理や工場管理にはメインフレーム（大型コンピュータ），スーパーコンピュータ，ワークステーションなどが用いられ，中間の部門管理，セル管理ではワークステーション，ミニコンピュータ，FA パソコンなどが，いちばん下の生産設備に直結するレベルでは，PLC（シーケンサ），ロボット，NC機械，物流機器などマイクロコンピュータを内蔵する機器がそれぞれ主として使用される．

（7）企業内の階層別機器間連携

使用される言語としては上位レベルでは XML が使われることが多い（図34.7）．XMLの普及により異機種間のデータ交換が非常に容易かつ高速になった．シーケンサや計装用 DCS, 工作機械との間では OPC が，ロボットとの間では OriN（オライン）などが使われている．これらの言語の普及により，異機種，異階層間のデータ交換のため専用のソフトをつくったり，伝送しやすい形にデータや文書をあらかじめ変換するなどの手間が省けるようになり，データ交換がさらに高速になった．

工場内の LAN ネットワークは，上のレベルでは EtherNet や MAP, TOP など，中間レベルでは Industrial EtherNet や DeviceNet, FLnet が，下位の PLC や DCS などのコントローラ，デバイス間では PROFIBUS, PLC の専用データリンクなど各種のフィールドネットワークが使用されている．

この分野は様々な方式が提案され進歩しているので，今後も発展・変化を続けると思われる．

（8）PAとFAの方式と対象の違い

図34.8中のPA（process automation）は化学プラントのような連続またはバッチプロセス制御，FA（factory automation）は機械加工や自動車・家電組立てのような不連続なプロセス制御をそれぞれ意味しており，制御には従来の技術から発展してそれぞれ分散計装装置と PLC（シーケンサ）が主として用いられている．しかし最近は両者が融合しつつあり，「PLC計装」システムが各社から販売されて小・中規模のシステムや高速性を必要とするプロセス向けに普及が進んでいる．

（9）加熱炉の制御系統図（計装フロー）

加熱炉の温度制御を制御系統図でみると図34.9 (a) のようになる．温度制御のフィードバックループが炉温測定値から目標とする温度が得られるような燃料流量を算出し，その下位にある燃料流量制御ループに指示を出す．燃料流量制御ループは指示の燃料流量になるように流量を測定

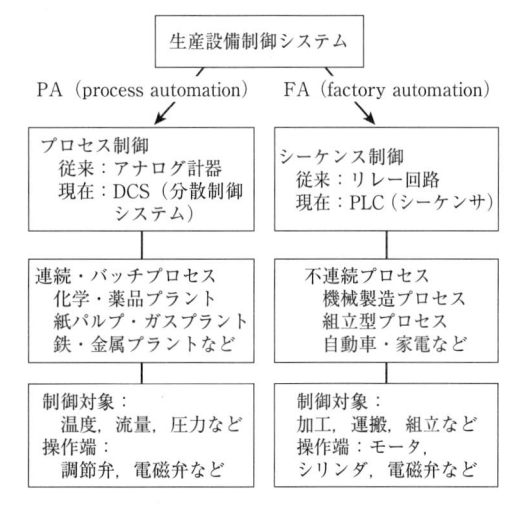

図 34.8 PAとFAの方式と対象

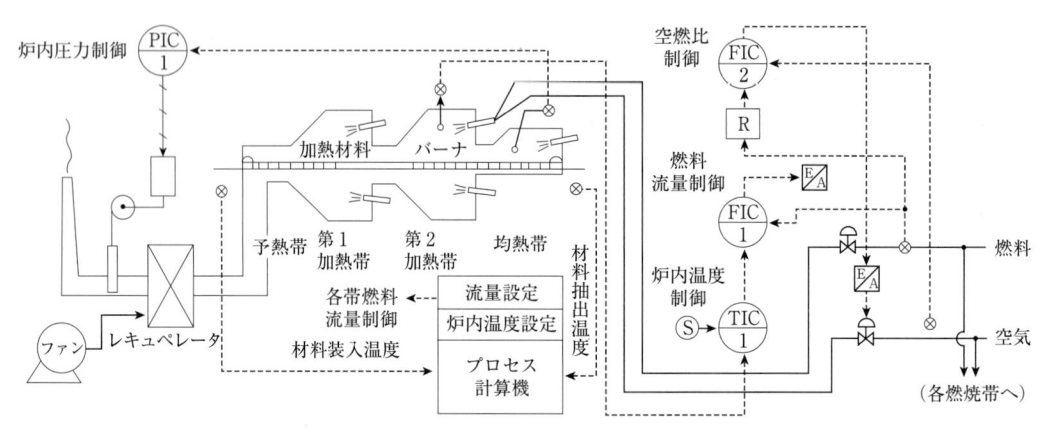

(a) 加熱炉制御系統図（計装フロー）
炉内温度，燃焼制御について，1燃焼帯のみ示す．

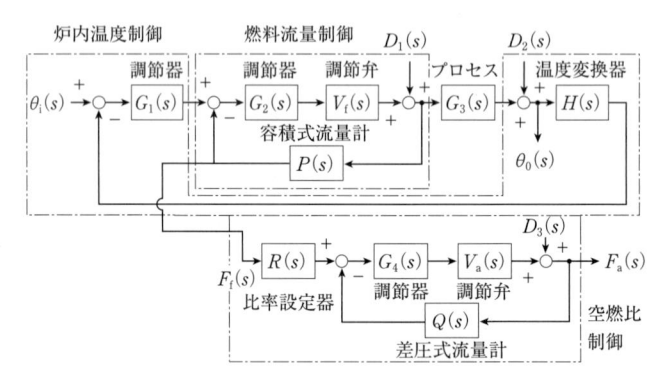

(b) 加熱炉の燃焼制御系ブロック線図

図 34.9 加熱炉の燃焼制御系（[6] p.688，図 11.21，11.22）

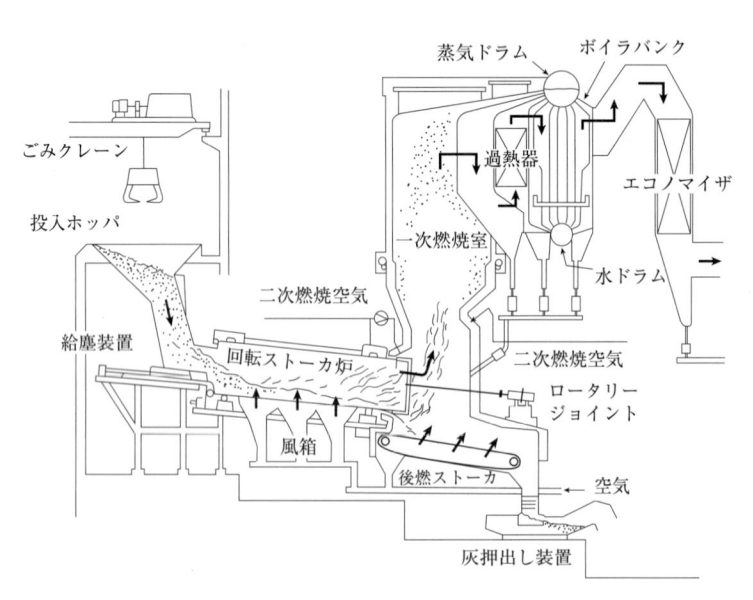

図 34.10 回転ストーカ式焼却炉（[7] p.538，図 9.22）

図34.11(a) 制御盤に組み込まれたPLC

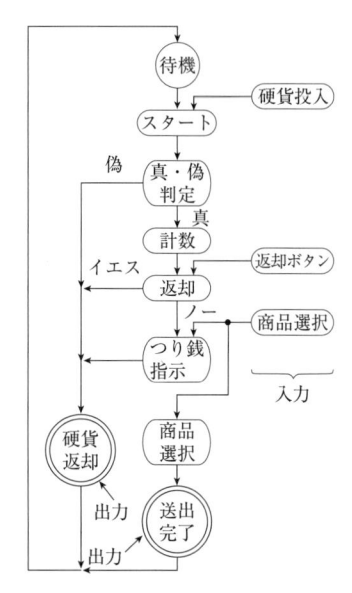

図34.11(b) 自動販売機の動作順序（[5] p.797, 図10.16）

し弁開度を操作する．同時に空気流量制御ループにも空燃比が最適になる空気流量が指示される．

これを制御ブロック線図で表すと図34.9(b)のようになる．

(10) 回転ストーカ式焼却炉

ゴミ焼却設備では廃棄物を炉に投入する設備，炉の排熱を利用して蒸気を得るための排熱ボイラ，灰を処理するための押出し装置などの前後設備がある（図34.10）．この燃焼炉では燃料は廃棄物であり，その成分もカロリーも刻々変動するので，その変動に追随して燃焼排ガス成分の排出基準を満たすようにするにはレンジの広い柔軟な制御が要求される．燃焼不良になったり逆に燃焼温度が上がりすぎて炉壁を痛めたりしないような廃棄物の組合せや燃焼条件設定も必要である．

34.2 シーケンス制御

(1) 制御盤に組み込まれたPLC

図34.11(a)の製品は中型サイズのもので，最近はさらに小型サイズのユニットや，入出力が数百点以下の小規模システムに適した簡易なシステムも市販されている．

(2) 自動販売機の動作順序

産業機械ではないが，シーケンス制御の典型例として自動販売機の動作シーケンスを図34.11(b)に示した．

(3) PC（PLC）の基本機能構成

PC（PLC）の基本機能構成を図34.12に示す．信号処理機能はアプリケーションプログラムに従って，センサ，内部データメモリなどから得られる信号を処理して内部データメモリに格納し，アクチュエータなどへの信号を発生する．

通常の制御状態では信号処理機能はリミットスイッチなどのセンサの信号の状態を一定の制御周期で監視している．制御周期は用途により異なり，高速なものでは数ms，緩慢なプロセスでは数秒に設定される．インタフェース機能は入力信号を信号処理に適したレベルに変換したり，出力信号をアクチュエータ，表示装置を駆動するのに適した信号レベルに変換する．

通信機能は他のPCシステム，ロボットコントローラ，コンピュータなど，他のシステムとのデータ交換を行う．プログラム作成・変更やデバッグ時は専用の端末またはノートパソコンをプログラミング・デバッグ・試験機能に接続して行う．

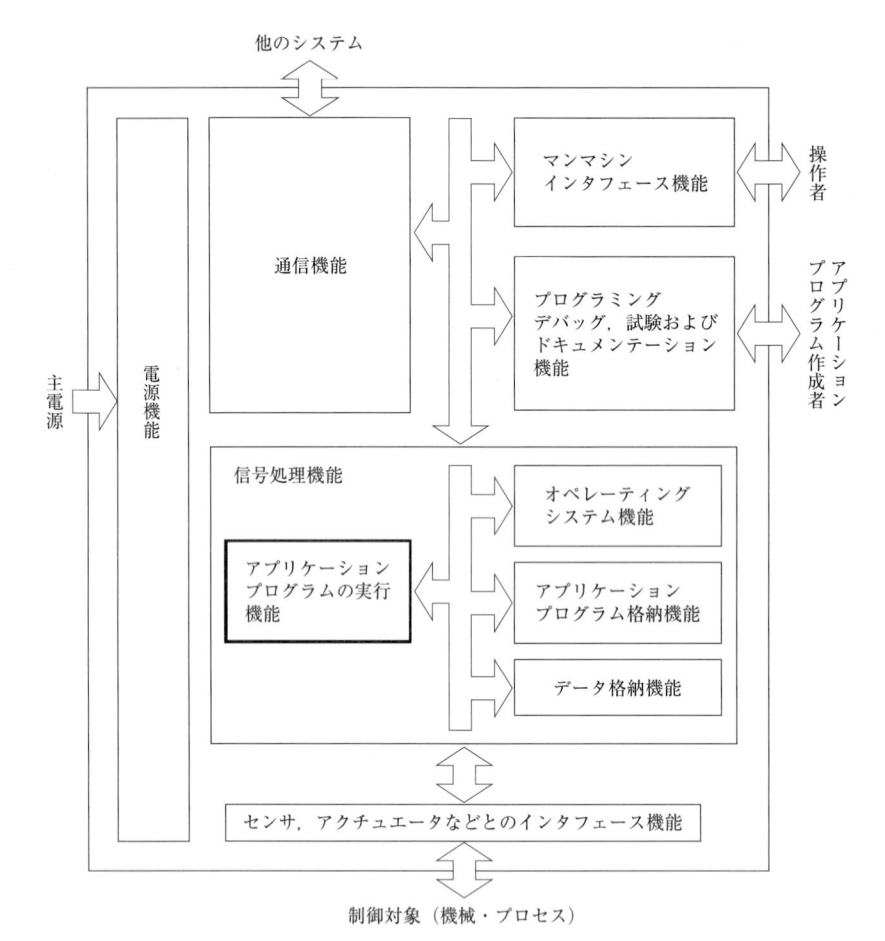

図34.12 PC（PLC）の基本機能構成 [8]

(4) リレー回路とシーケンサ内部回路，プログラム

図34.13(a) 上部にあるようにスタートボタンが押されると台車が前進し前端で停止，10秒したら後退してスタート点に戻るようなシーケンスをつくると，図34.13(a) 下部のようなリレー回路になる．これをシーケンサの内部回路で表現すると図34.13(b) になり，命令リストでは図34.13(c) のように入力する（ただしPLCのメーカにより命令の表記法は若干異なる）．

(5) シーケンサのプログラムで実現できる機能（JIS 3501）

シーケンサのプログラムで実現できる機能はグループ別に表34.1のようなものがある．データ処理機能にはPIDやフィルタリングが，入出力にはアナログ入出力も含まれている．

(6) IEC 61131-3のプログラム言語

図34.14にIEC 61131-3のプログラム言語を示す．IEC 61131-3はPLCのソフトウェア構造およびプログラミング言語の国際標準規格であり，日本でもJIS B 3503として制定された．この規格はPLCのシステム構成，変数，プログラム階層構造モデルを規定しており，プログラムの汎用性や再利用性が可能になった．さらに2000年代にXML Schemaが登場してツールやサプライヤ間の互換性を保証する基盤ができた．

IEC 61131-3のST言語を使用すれば頻繁に使うアルゴリズムをファンクションブロックとして部品化することで共通部品化することができ，IL言語を使用すればアプリケーションの小型化が，SFCを使用すれば状態遷移処理が簡潔になる．

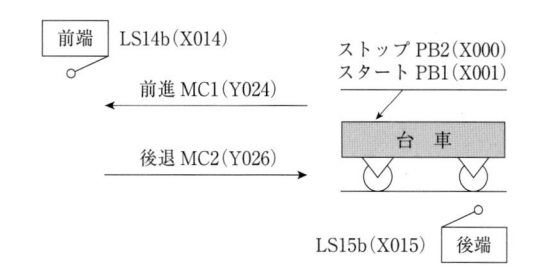

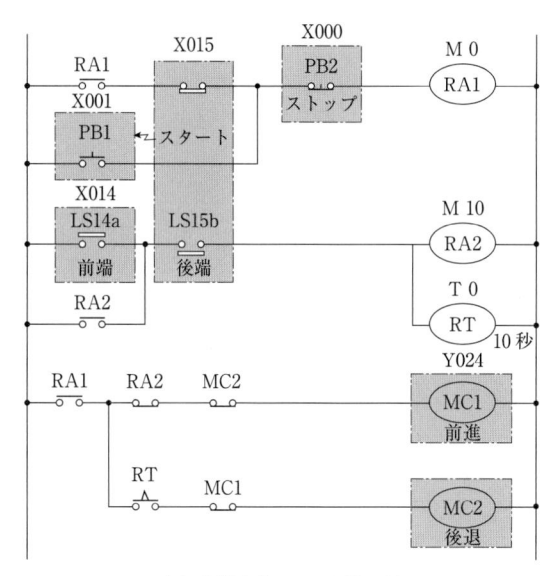

34章　産業エレクトロニクス（ファクトリーオートメーション）

(a) 往復台車リレー回路の例

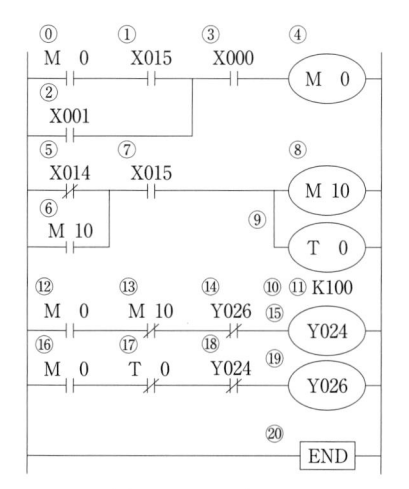

(b) シーケンサ内部回路

タイマコイル駆動命令は3ステップとなっている．
SPK 100 はタイマ時間を定義．

(c) 命令リスト

ステップ	命	令
0	LD	M 0
1	AND	X015
2	OR	X001
3	AND	X000
4	OUT	M 0
5	LDI	X014
6	OR	M 10
7	AND	X015
8	OUT	M 10
9	OUT	T 0
10, 11	SP	K100
12	LD	M 0
13	ANI	M 10
14	ANI	Y026
15	OUT	Y024
16	LD	M 0
17	AND	T 0
18	ANI	Y024
19	OUT	Y026
20	END	

図 34.13　リレー回路とシーケンサ内部回路，プログラム回路（[6] p. 64, 66）

表 34.1 シーケンサのプログラムで実現できる機能 [8]

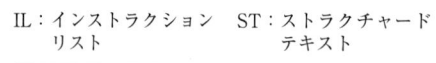

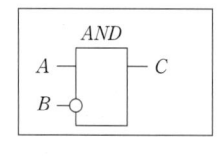

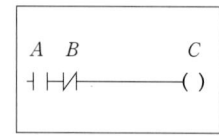

機能グループ	例
論理制御	
論理	論理積，論理和，否定，排他的論理和，フリップフロップ
タイマ	オンディレイタイマ，オフディレイタイマ，ワンショット
カウンタ	パルスのカウント（アップおよび／またはダウンカウント）
順序制御	シーケンシャルファンクションチャートで表現される制御
信号またはデータ処理	
数値演算機能	基本演算：加算，減算，乗算，除算
	拡張演算：平方根，三角関数
	比較：　大なり，小なり，等しい
データ操作	選択，編集，フォーマッティング，移動
アナログデータ処理	PID，積分，フィルタリング
インタフェース機能	
入出力	アナログ入出力モジュール，ディジタル入出力モジュール
他のシステム	通信プロトコル
マンマシンインタフェース	表示，操作命令
プリンタ	メッセージ，レポート
補助記憶装置	データロギング
実行制御	周期的実行，事象駆動実行
システム構成	状態チェック

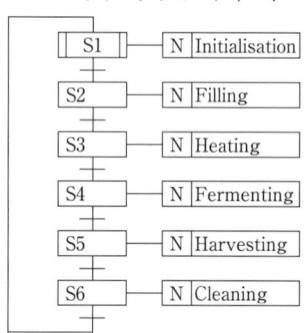

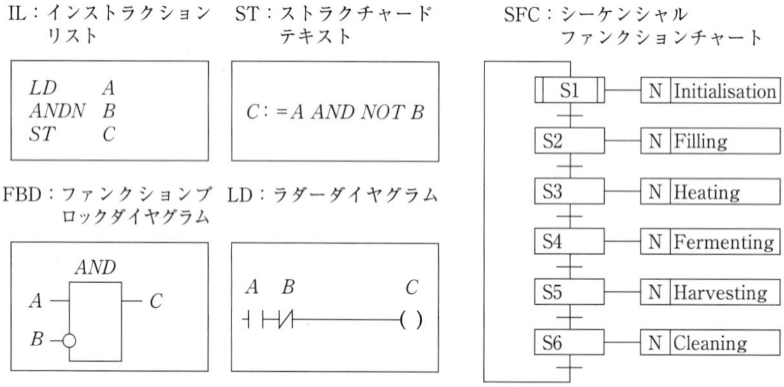

図 34.14　IEC 61131-3 のプログラム言語（[10] p.2, 図 2）

34.3　監視装置，操作端，センサ

(1)　原子力発電所の運転監視盤

図 34.15(a) は原子力発電所の中央操作室の制御盤である．原子力発電所は信頼性確保のために新技術の採用には慎重であることが多く，いまだにアナログ表示の計器が使用されている．産業一般ではアナログ計器は使用比率が下がっており，計測値は DCS 計装のモニター画面に数値やバーやトレンドグラフで表示するのが一般的になってきている．

図 34.15(b) は同じく原子力発電所の原子炉の大型監視パネルである．このような大型監視パネルは多数のオペレータが同時に同じ表示をみて情報を共有するのに便利なので，交通管制室などでも使用される．しかし製作費用が高価で，追加や変更がしにくい，広いスペースが必要であるなどの問題点があるため，使用されるケースは多くない．

(2)　PA と FA で用いられる操作端

プラントや装置の制御では必ず何かを動かさなければならない．制御演算の結果を出力し動かす機能をもった機器をアクチュエータまたは操作端

34章 産業エレクトロニクス（ファクトリーオートメーション）

と呼ぶ．プロセス産業では温度，圧力，流量などを制御することが多く，これらは流量で操作することが最も多いので，流量を制御するバルブ（弁）が操作端の代表ともいえる．一方，組立産業や機械産業では製品や設備を加工したり移動したりすることが一般的なので，電磁弁，シリンダやモータが使われることが多い（表34.2）．

（3） メカトロニクスで用いられる変位センサの種類

メカトロニクスではリミットスイッチや光電スイッチ，近接スイッチなどのOn/Off式のセンサが，装置自身や工作対象物の位置や動きを確認するため頻繁に用いられる．位置を正確に計測するためには変位センサが用いられる．変位が回転信号として得られるかまたは直線運動の信号として得られるか，絶対位置が必要か（アブソリュート型），前回からの偏差などの相対位置が必要か（インクリメンタル型），測定原理（光，磁気，抵抗など）等により種々の変位センサがある（図34.16）．測定精度により方式やロータリーエンコーダのギヤ比を選択する必要がある．

（4） レーザを用いた距離計測法の分解能と測定範囲の特性

非常に大括りであるが，レーザを用いた光干渉法では分解能は用いるレーザの波長の1/10から同等のオーダで測定範囲は μm～mm のオーダ，

(a) アナログ表示を用いた運転，監視盤

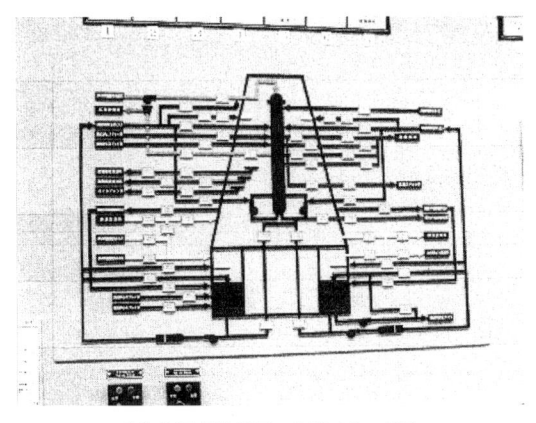

(b) 原子炉監視用の大型パネル表示

図34.15 原子力発電所の運転監視盤

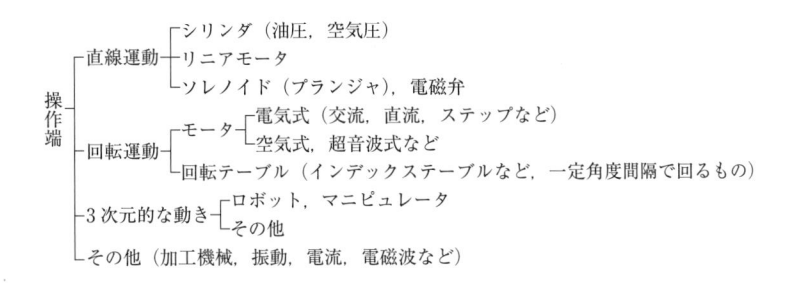

```
          ┌─直線運動─┬─シリンダ（油圧，空気圧）
          │         ├─リニアモータ
          │         └─ソレノイド（プランジャ），電磁弁
操作端 ───┤
          │         ┌─モータ─┬─電気式（交流，直流，ステップなど）
          ├─回転運動─┤         └─空気式，超音波式など
          │         └─回転テーブル（インデックステーブルなど，一定角度間隔で回るもの）
          ├─3次元的な動き─┬─ロボット，マニピュレータ
          │               └─その他
          └─その他（加工機械，振動，電流，電磁波など）
```

図34.16 PAとFAで用いられる操作端の動き

表34.2 PAとFAで主に用いられる操作端

PAで多く用いられる操作端	FAで多く用いられる操作端
調節弁	モータ
電磁弁	電磁弁
遮断弁	シリンダ
シリンダ など	回転テーブル
	加工機 など

三角測量法では分解能は μm～cm のオーダで測定範囲は mm～100 m のオーダ，光飛行時間測定法では分解能は mm～m のオーダで測定範囲は 10 m～km ないしは宇宙のオーダである（月までの距離測定で実績がある；図 34.17(a)）．

(5) 光飛行時間測定法

光飛行時間測定法にはパルスレーザ測定法や位相差検出法などがあり，図 34.17(b) に示したのは後者である．レーザ光の強度を変調しその波形と戻りの波形の位相差から対象物までの距離を測定する．

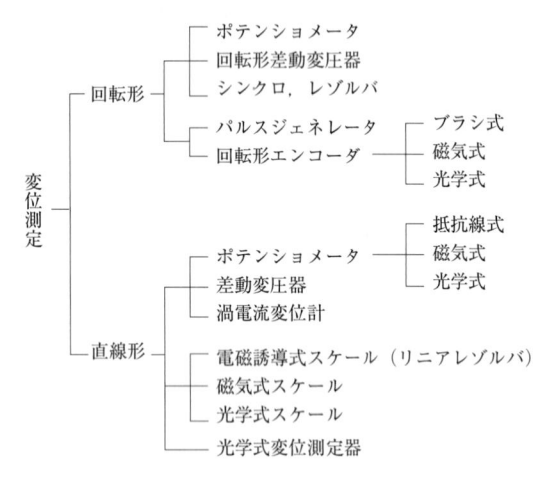

表 34.3 工作機械の分類（[13] p. B2-162，表 78）

(a) 一般工作機械

名称	種別	名称	種別
旋盤	普通旋盤／工具旋盤／ならい旋盤／立て旋盤／自動旋盤／プログラム制御旋盤	形削り盤	
		立て削り盤	
		ブローチ盤	内面ブローチ盤／外面ブローチ盤
		金切り盤	
ボール盤	直立ボール盤／ラジアルボール盤／多軸ボール盤／多頭ボール盤	研削盤	円筒研削盤／万能研削盤／内面研削盤／平面研削盤／心無し研削盤
中ぐり盤	横中ぐり盤／立中ぐり盤／ジグ中ぐり盤／精密中ぐり盤	表面仕上げ用機械	超仕上盤，ラップ盤
		歯車加工用機械	ホブ盤，歯車形削り盤，歯車研削盤
フライス盤	ひざ形（横，立て）フライス盤／万能フライス盤／ベッド形フライス盤／ならいフライス盤／プラノミラ／プログラム制御フライス盤	特殊加工機械	放電加工機／電解加工機／電解研削盤／超音波加工機／電子ビーム加工機／プラズマ加工機／レーザ加工機
平削り盤	門形平削り盤／片持ち形平削り盤		

(b) 複合専用工作機械（ユニット構成工作機械）

ステーショナリマシン：シングルステーション専用工作機械
　　　　　　　　　　　マルチステーション専用工作機械
トランスファマシン　：直線形および円形トランスファマシン

(c) 数値制御工作機械

マシニングセンタ，ターニングセンタ，数値制御旋盤，数値制御中ぐり盤，数値制御フライス盤，その他

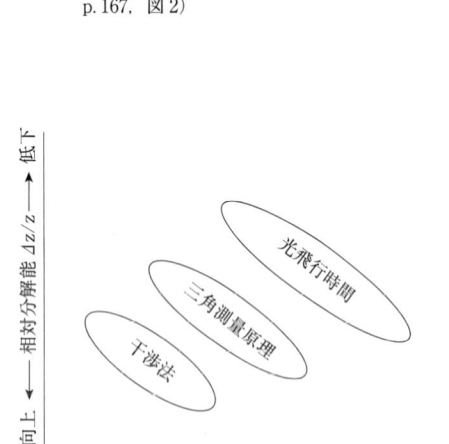

図 34.16 メカトロニクスで用いられる変位センサの種類（[11] p. 167，図 2）

変位測定
- 回転形
  - ポテンショメータ
  - 回転形差動変圧器
  - シンクロ，レゾルバ
  - パルスジェネレータ
  - 回転形エンコーダ
    - ブラシ式
    - 磁気式
    - 光学式
- 直線形
  - ポテンショメータ
    - 抵抗線式
    - 磁気式
    - 光学式
  - 差動変圧器
  - 渦電流変位計
  - 電磁誘導式スケール（リニアレゾルバ）
  - 磁気式スケール
  - 光学式スケール
  - 光学式変位測定器

(a) レーザを用いた距離計測法の分解能と測定範囲の特性

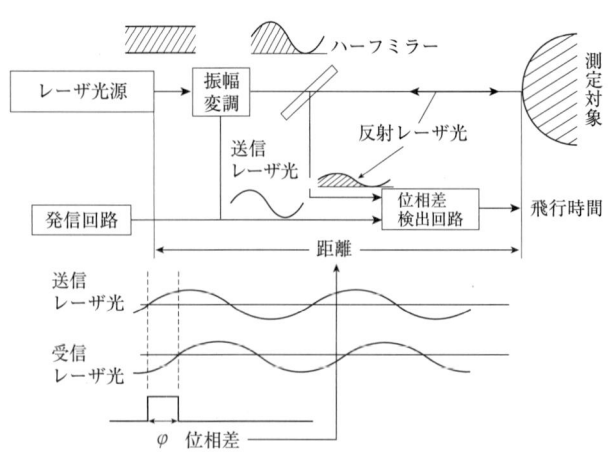

(b) 光飛行時間測定法（位相差検出型レンジファインダの構成）

図 34.17(a) レーザを用いた距離計測法の分解能と測定範囲の特性（[12] p. 360，図 2）

図 34.17(b) 光飛行時間測定法（位相差検出型レンジファインダの構成）（[12] p. 361，図 5）

34 章　産業エレクトロニクス（ファクトリーオートメーション）

間で絶縁性加工液（主に灯油などの石油）を介して放電させ，そのときに発生する火花エネルギーで被加工物の表面を微細に除去していく加工法である．放電加工には，複雑な立体形状の電極の形がそのまま転写される「型彫り放電加工」と，張力をかけたワイヤを走行させ糸鋸式に加工する「ワイヤ放電加工」，長穴放電加工を専門に行う「細穴放電加工」の3種類があり，それぞれの特徴をいかした用途に使用される．

図 34.19 は型彫り放電加工機で，チャックにセットした電極が放電で加工体を削ると電磁弁のバランスが崩れてシリンダの力で電極が下降し，放電電圧が一定に保たれるようになっている．

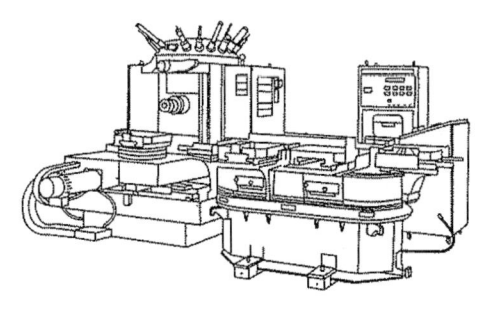

図 34.18　マシニングセンタ（[13] p. B2-167，図 387）

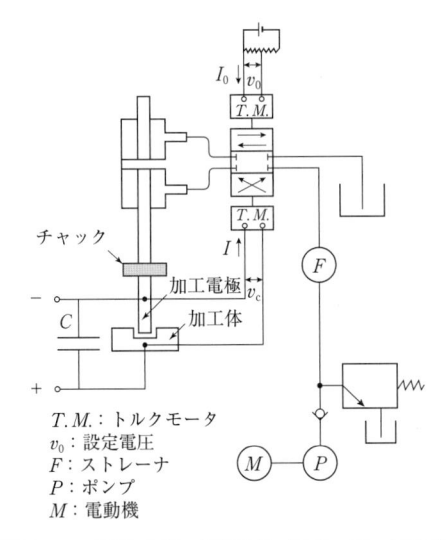

$T.M.$：トルクモータ
v_0：設定電圧
F：ストレーナ
P：ポンプ
M：電動機

図 34.19　放電加工機の制御系統（[14] p. 26，図 2.2）

34.4　工作機械，ロボット

(1)　工作機械の分類

工作方法を選定するときは加工対象物の材質や用途，それに数量を考えたうえ，工作機の加工精度（平面度，真円度，粗度など），加工サイズ（切削長，外径，穴径，穴深さなど），さらに加工所要時間（すなわち能率）などを考慮して最適なものを選択する必要がある（表34.3）．

(2)　マシニングセンタ

マシニングセンタ（MC）は，旋盤，フライス盤などの回転する工具によって工作物を切削するCNC（コンピュータ数値制御）工作機械で，自動工具交換（ATC）機能をもつものをいう（図34.18）．主軸が垂直な竪形MCや主軸が水平な横形MCがある．

(3)　放電加工機の制御系統図

放電加工は，金属の被加工物と加工用電極との

表 34.4　産業用ロボットの種類（[15] p.3，図 1.3）

種　類	機　能
操縦ロボット	ロボットに行わせる作業の一部またはすべてを人間が直接操作することによって作業が行えるロボット
シーケンスロボット	あらかじめ設定された情報（順序，条件および位置など）に従って動作の各段階を逐次進めていくロボット
プレイバックロボット	人間がロボットを動かすことによって，順序，条件，位置およびその他の情報を教示し，その情報に従って作業を行えるロボット
数値制御ロボット	ロボットを動かすことなく，順序，条件，位置およびその他の情報を数値，言語などにより教示し，その情報に従って作業を行えるロボット
知能ロボット	人工知能によって行動決定できるロボット 備考：人工知能とは認識能力，学習能力，抽象的思考能力，環境適応能力などを人工的に実現したものをいう
感覚制御ロボット	感覚情報を用いて，動作の制御を行うロボット
適応制御ロボット	適応制御機能をもつロボット 備考：適応制御機能とは環境の変化などに応じて制御などの特性を所要の条件を満たすように変化させる制御機能をいう
学習制御ロボット	学習制御機能をもつロボット 備考：学習制御機能とは作業経験などを反映させ，適切な作業を行う制御機能をいう

(a) 直交座標ロボット

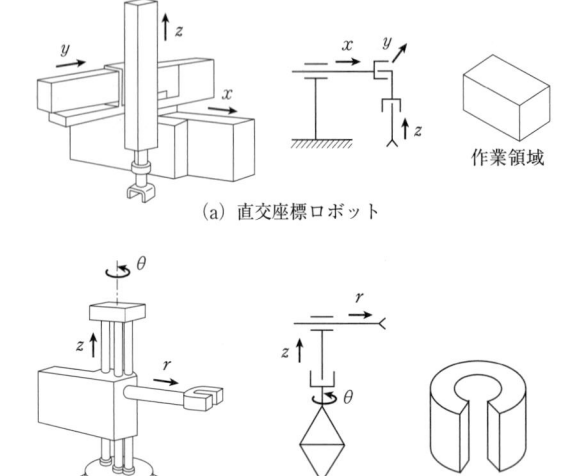

(b) 円筒座標ロボット

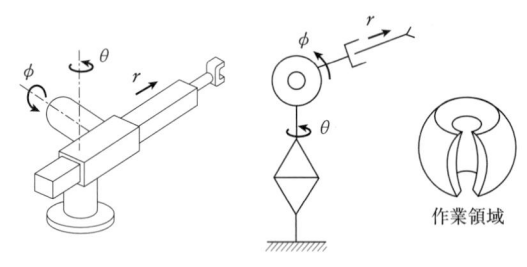

(c) 極座標ロボット

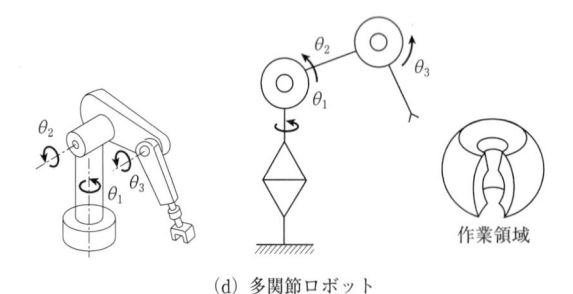

(d) 多関節ロボット

図 34.20 ロボットの関節と自由度構成 [16]

(4) 産業用ロボットの種類

操縦ロボットは人間が操縦するので頭脳はもっていない．マニピュレータとも呼ばれる．産業用ロボットの種類を表 34.4 に示す．

シーケンスロボットはあらかじめ決められた手順を逐次行う．プレイバックロボットは実際にアームを動かしながら行うティーチングにより作業を覚え込ませる．数値ロボットは NC によりプログラムをつくる．

ロボットのプログラム言語として標準化されたものに SLIM があるが，現状は各ロボットメーカ独自の言語が多く使用されている．

(5) ロボットの関節と自由度構成

ロボットの関節には種々の形式がある（図 34.20）．関節が多いほど自由度が増し複雑な作業も可能になるが，プログラムも複雑になり，アームの剛性が低下して位置精度は低下するので，作業内容，荷重，精度，速度などを勘案して適切な方式を選択する． 〔田原紘一〕

参考文献

[1] 桑田秀夫：生産管理概論（第2版），日刊工業新聞社（1998）
[2] 電気学会編：電気工学ハンドブック（第6版），オーム社（2001）
[3] 新　誠一：計装，Vol. 47, No. 1, pp. 17-23（2004）
[4] 岩室　宏：セル生産システム，日刊工業新聞社（2004）
[5] 日本機械学会：機械実用便覧，機械学会（1981）
[6] 日本鉄鋼協会：鉄鋼便覧 第1巻 基礎（第3版），丸善（1972）
[7] 日本工業炉協会編：新版工業炉ハンドブック，省エネルギーセンター（1997）
[8] 日本工業規格「JIS B 3501（2002）プログラマブルコントローラー一般情報」
[9] 浅野哲正：図解シーケンサ百科，オーム社（1990）
[10] 垂石　肇：PLC プログラミングの標準化の動向，計測技術，Vol. 33, No. 9, p. 2（2005）
[11] 鈴木健生：モーション制御センサの技術動向，技報安川電機，Vol. 69, No. 4, pp. 166-171（2005）
[12] 馬場　充：レーザー光を用いた3次元計測の最近の動向，計測と制御，Vol. 45, No. 4, pp. 359-364（2006）
[13] 日本機械学会：機械工学便覧（第3版），丸善（1989）
[14] 電気加工学会関西支部：放電加工の理論と技術，養賢堂（1972）
[15] システム制御情報学会：ロボットの力学と制御，朝倉書店（1991）
[16] 日本工業規格「JIS B 0134（1993）産業用ロボット―用語」

35章　電気加熱・電気化学

A. 電気加熱
35.1　熱伝達現象
(1) 熱の様々な伝わり方

熱の伝達には図35.1に示すように大別して放射，対流，伝導の3種類がある．このほか，伝導の特別なケースとして接触熱伝達がある．固体の温度が上昇しているような非定常状態を示しており，固体内の温度分布が曲線になっている．温度が時間によって変化しない定常状態になると，固体内の温度分布は直線になる．

(2) 各種座標系の熱伝導の基礎式

表35.1に熱伝導基礎微分方程式を(a)直交座標系，(b)1次元円柱座標系，(c)1次元極座標系で示した．さらに物体内で核反応，ジュール熱，化学・生物反応などによる発熱がある場合と，ない場合の式に分かれる．

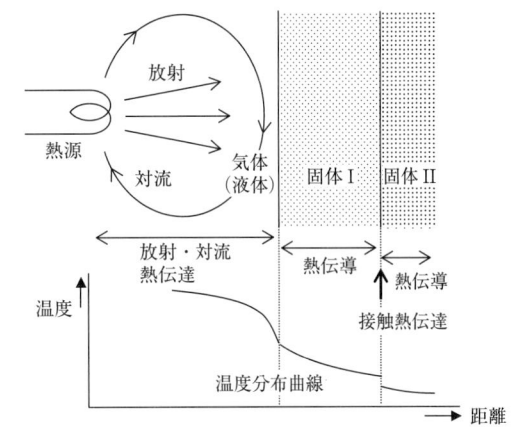

図35.1　熱の様々な伝わり方

表35.1　各種座標系の熱伝導の基礎式

(a) 直交座標系の熱伝導基礎式	備　考
(1) 均質・等方性物体 $\frac{\partial T}{\partial t} = \frac{\lambda}{c\rho}\left(\frac{\partial^2 T}{\partial x^2} + \frac{\partial^2 T}{\partial y^2} + \frac{\partial^2 T}{\partial z^2}\right)$ $= a\nabla^2 T$ $a = \lambda/c\rho$：熱拡散率 $[m^2/s]$， $\nabla^2 = \frac{\partial^2}{\partial x^2} + \frac{\partial^2}{\partial y^2} + \frac{\partial^2}{\partial z^2}$（ラプラス演算子）	均質・等方性物体で，熱伝導率 λ が定数として扱える場合で，かつ内部発熱がないとき．ここに，T は温度 [K]，t は時間 [s]，λ はその物質の熱伝導率 $(W/m \cdot K)$，c は比熱 $[J/kg \cdot K]$，ρ は密度 $[kg/m^3]$．
(2) 均質・等方性物体で内部発熱があるとき $\frac{\partial T}{\partial t} = a\nabla^2 T + \frac{\dot{Q}}{\rho c}$ $\dot{Q}[W/m^3]$：単位体積・単位時間当たりの物体内の発熱量	内部発熱量は核反応，電熱，化学変化，生物反応などによる発熱で，均一熱源の場合と，分散あるいは変動熱源 $Q = f(x, y, z, t)$ の場合とがありうる．
(3) 1次元で内部発熱がないとき $\frac{\partial T}{\partial t} = a \cdot \frac{\partial^2 T}{\partial x^2}$	
(4) 1次元で内部発熱がない定常熱伝導 $\partial T/\partial t = 0$ となるので $\nabla^2 T = \frac{\partial^2 T}{\partial x^2} = 0$	温度 T が時間 t によって変化しない定常状態のとき．
(b) 1次元円柱座標系の熱伝導基礎式	
$\frac{\partial T}{\partial t} = a\left(\frac{\partial^2 T}{\partial r^2} + \frac{1}{r} \cdot \frac{\partial T}{\partial r}\right)$	熱流が半径 r 方向だけのとき．
(c) 1次元極座標系の熱伝導基礎式	
$\frac{\partial T}{\partial t} = \frac{a}{r^2} \cdot \frac{\partial}{\partial r}\left(r^2 \cdot \frac{\partial T}{\partial r}\right)$	熱流が半径 r 方向だけの1次元極座標系のとき．

文献 [1] pp.1～2を参照してまとめた．

(3) 定常熱伝導の式

平板と中空円筒の場合について温度が時間によって変化しない定常状態での温度分布，通過熱量の式を表35.2に示す．平板も中空円筒も熱交換器などでよく用いられる形態である．

(4) 差分法による熱伝導の数値計算式

熱伝導微分方程式の数値計算は差分法，FEM（有限要素法），境界要素法などで計算される．この中で最も基礎的な差分法を使用する場合の計算の仕方，備考に計算の安定範囲の条件を表35.3に示すが，この条件を越えて Δt を大きくとると誤差が大きくなり，計算が発散することもあるので注意が必要である．

(5) 放射伝熱と対流伝熱の式

気体，液体など透明な流体中では放射と対流による伝熱があり，フーリエの法則に基づく対流伝熱の式と，プランクの法則に基づく放射伝熱の式の和となる．ここで総括熱吸収率と熱伝達率をどのように設定するかは，条件によっては複雑な計算になるので，実験から逆算したり，理論式で計算した後，実験値で補正したりして精度を上げることが多い．表35.4に放射伝熱と対流伝熱の式を示す．

35.2 大電流母線の熱的容量
(1) 各種母線の表皮係数

交流では表皮効果により電流が表皮に偏在するので，抵抗が増加する．図35.2(a) に母線の断面が円柱および円管のとき，図35.2(b) に方形のときの代表的サイズの表皮係数（= R_{ac}/R_{dc} 直流

表35.2 定常熱伝導の式

定常熱伝導	備考
基礎方程式 　$\nabla^2 T = 0$　（内部発熱のないとき） 　$\nabla^2 T + \dot{Q}/\lambda = 0$　（内部発熱のあるとき） (a) 平板 　温度分布　$\dfrac{T_1 - T}{T_1 - T_2} = \dfrac{x}{l}$ 　通過熱量　$q = \lambda \cdot A(T_1 - T_2)/l$ 両面で熱伝達のある平板のとき 　通過熱量　$q = K \cdot A(T_{1f} - T_{2f})$ 　熱通過率　$K = \dfrac{1}{1/h_1 + l/\lambda + 1/h_2}$ ここに，h_1, h_2 は板の表面の熱伝達率〔J/m²・s・K = W/m²・K〕，A は伝熱面積〔m²〕．	$x = 0$, $T = T_1$, $x = l$, $T = T_2$, 伝熱面積 A m² 平板の両面で熱伝達のある定常熱伝導（熱通過）
(b) 中空円筒 　温度分布　$\dfrac{T_1 - T}{T_1 - T_2} = \dfrac{\ln(r/r_1)}{\ln(r_2/r_1)}$ 　通過熱量　$q = \dfrac{2\pi\lambda l(T_1 - T_2)}{\ln(r_2/r_1)}$ 内外面で熱伝達のある中空円筒のとき 内面表面温度　$T_{1s} = T_{1f} - (T_{1f} - T_{2f})/(h_1 r_1 \lambda)$ 外面表面温度　$T_{2s} = T_{2f} + (T_{1f} - T_{2f})/(h_2 \cdot r_2 \cdot \lambda)$ 通過熱量　$q = 2\pi K l(T_{1f} - T_{2f})$ 　$\dfrac{1}{K} = \dfrac{1}{h_1 r_1} + \dfrac{\ln(r_2/r_1)}{\lambda} + \dfrac{1}{h_2 r_2}$	長さ l, $r = r_1$, $T = T_1$, $r = r_2$, $T = T_2$ 内外面で熱伝達のある中空円筒（熱通過）

文献〔1〕p.5を参照してまとめた．

表35.3 差分法による熱伝導の数値計算式 ([1] p.16)

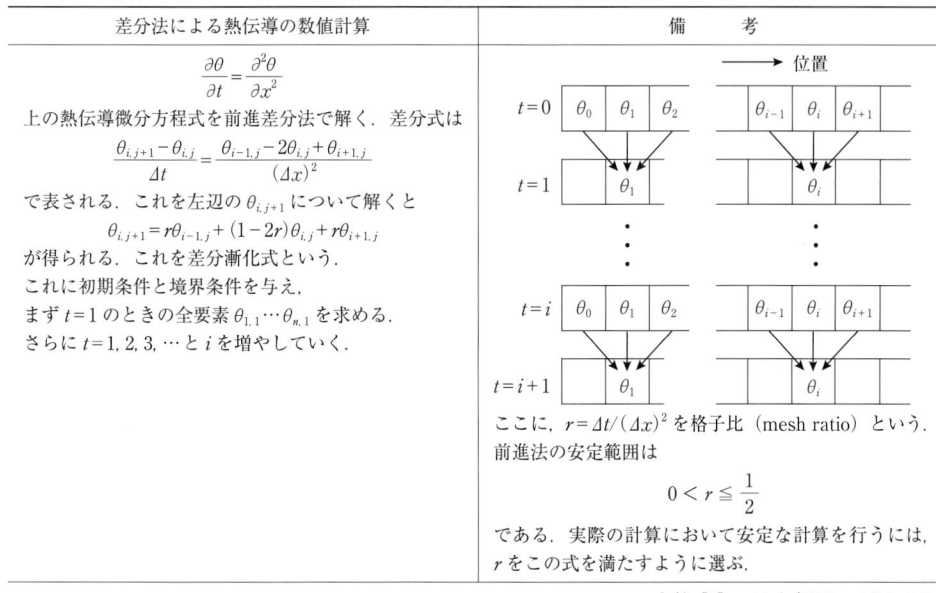

差分法による熱伝導の数値計算	備考
$$\frac{\partial \theta}{\partial t} = \frac{\partial^2 \theta}{\partial x^2}$$ 上の熱伝導微分方程式を前進差分法で解く．差分式は $$\frac{\theta_{i,j+1} - \theta_{i,j}}{\Delta t} = \frac{\theta_{i-1,j} - 2\theta_{i,j} + \theta_{i+1,j}}{(\Delta x)^2}$$ で表される．これを左辺の $\theta_{i,j+1}$ について解くと $$\theta_{i,j+1} = r\theta_{i-1,j} + (1-2r)\theta_{i,j} + r\theta_{i+1,j}$$ が得られる．これを差分漸化式という．これに初期条件と境界条件を与え，まず $t=1$ のときの全要素 $\theta_{1,1} \cdots \theta_{n,1}$ を求める．さらに $t=1, 2, 3, \cdots$ と i を増やしていく．	ここに，$r = \Delta t/(\Delta x)^2$ を格子比（mesh ratio）という．前進法の安定範囲は $$0 < r \leq \frac{1}{2}$$ である．実際の計算において安定な計算を行うには，r をこの式を満たすように選ぶ．

文献 [1] p.16 を参照してまとめた．

表35.4 放射伝熱と対流伝熱の式

放射伝熱と対流伝熱の伝熱量	備考
$Q = Q_r + Q_c$ $$= \left[5.66\phi_{CG} \left\{ \left(\frac{\theta_g + 273}{100}\right)^4 - \left(\frac{\theta_x + 273}{100}\right)^4 \right\} \right. $$ $$\left. + h(\theta_g - \theta_x) \right] \cdot A$$	ここに，Q：単位時間当たり入熱量 [J/s＝W] Q_r：放射による入熱量 [J/s] Q_c：対流による入熱量 [J/s] ϕ_{CG}：総括熱吸収率 [－] θ_g：雰囲気（ガス）温度 [℃] θ_x：被加熱物表面温度 h：熱伝達率 [J/m²・s・K] A：面積 [m²]

抵抗に対する抵抗比）と周波数 f との関係を示す．

(2) 円形母線の近接効果

交流では2つ以上の母線を互いに近接させて配置すると，近接効果により単一の母線の場合よりも抵抗が増大する．図35.3は円形母線の距離 s と直径 d の比をパラメータにした抵抗増加率を示している．

(3) 方形往復母線の実効抵抗と電流容量

i) 実効抵抗： 交流では図35.4(a)のような方形往復母線の実効抵抗 R_{eff} は次式で与えられる．

$$R_{\mathit{eff}} = \frac{母線内で消費される電力}{(母線電流の実効値)^2}$$

$$= \frac{2\rho}{W\delta} F \; [\Omega] \qquad (35.1)$$

ただし，ρ は母線導体の抵抗率 [Ω・cm]，δ は電流の浸透深さ [cm]，F は同図35.4(b)のグラフで与えられる実効抵抗補正係数，W は母線幅 [cm] である．

$$\delta = \sqrt{\frac{\rho}{\pi \mu_r \mu_0 f}} \approx 5,033 \sqrt{\frac{\rho}{\mu_r f}}$$

ただし，μ_r は導体の比透磁率，f は周波数 [Hz] である．

ii) 母線の電流容量： 母線の電流許容量を決定する上で考慮すべき要因は，母線材料の最高許容温度，許容電圧降下，および許容電流密度（経済電流密度）の3つである．電圧降下は実効抵抗とインダクタンスから求めることができる．最高許容温度から電流容量を決める方法は以下のとおりである．

a) 単一母線の電流容量　円形および垂直取付方形単一母線の電流容量 I [A] は次式で与えられる．

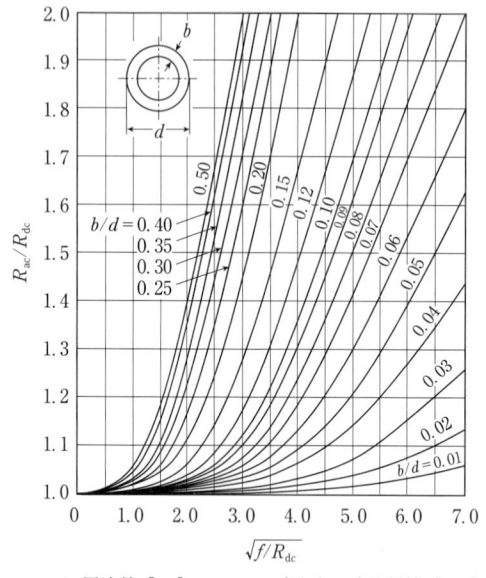

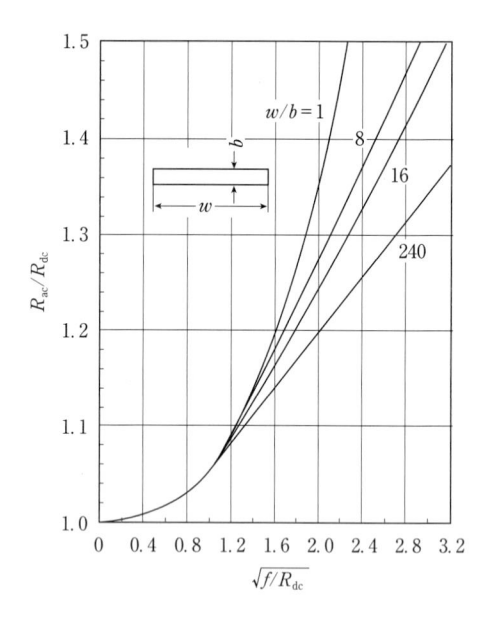

(a) 円形および円管母線の表皮係数

(b) 方形母線の表皮係数

f：周波数 [Hz], R_{dc}：1 m 当たりの直流抵抗 [$\mu\Omega$]

図 35.2 円形，円管および方形母線の表皮係数（[2] p. 1824, 図 4, 5）

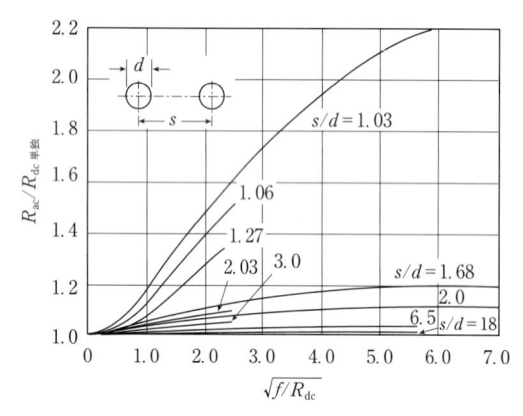

図 35.3 円形母線の近接効果（[2] p. 1825, 図 6）

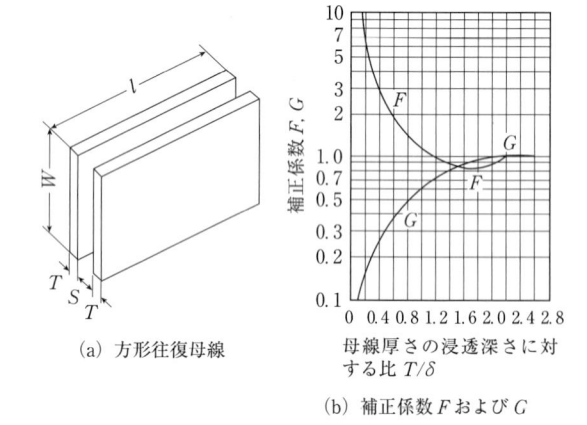

(a) 方形往復母線

(b) 補正係数 F および G

図 35.4 方形往復母線構造と実効抵抗補正係数（[2] p. 1825, 図 7, 8）

$$I = hp^{0.430}\sqrt{\frac{a\theta^{1.25}}{(1+\alpha\theta)\rho S}} \quad [A] \qquad (35.2)$$

ただし，p は母線の周囲長 [cm]，a は母線の断面積 [cm^2]，ρ は基準温度における抵抗率 [$\mu\Omega\cdot$cm]，α は抵抗の温度係数 [m/K]，θ は母線の温度上昇 [K]，S は表皮係数，h は母線表面の状態（熱伝達係数 [kcal/(m$^2\cdot$h$\cdot$℃)]）であり，これらによって決まる定数で，最もよいつや消し黒色塗装のとき 27.0，普通の黒色塗装のとき 24.3〜24.8，無塗装のとき 20.2〜21.6 である。

上式からわかるように，母線の周囲温度と許容温度上昇値が電流容量決定上の基礎条件となる。一般に周囲温度 40℃，温度上昇 30℃（母線最高温度 70℃；日本電線工業会規格（JCS）では最高許容温度は 90℃ と定められている）としている例が多いが，母線配置の周囲温度や母線固定絶縁材料の使用温度などを考慮して決定する。

b）方形多重母線の電流容量　方形母線を 2 枚以上並列にした多重母線では，その熱伝達係数が小さくなり，かつ表皮効果の影響が大きいので，許容電流の減少は著しくなる。

大電流母線の設計ではこのほかにも，自己インダクタンス，相互インダクタンス，母線のジュール熱による母線の伸び，短絡時に母線導体間に加わる電磁力などを考慮する必要がある．

母線の材料としては純銅（無酸素銅C1020, タフピッチ銅C1100など）やアルミニウム，アルミ系合金が主として用いられる．放射による冷却を促進するため放射率を上げる黒色塗料を母線に塗布することもある．

表35.5 温度測定法の種類と特徴, 温度範囲

方 式		特 徴	測定範囲	精度, 応答
接触式温度計	抵抗温度計	白金測温抵抗体は，使用範囲が広く安定しており標準用としても使用できる．応答，精度も優れているニッケル測温抵抗体は使用温度範囲は狭いが，温度係数が大きく出力が大きい	−200〜+500℃	±0.15〜±0.3%
	サーミスタ温度計	検出素子は半導体で小さくて応答が速い．負の温度係数をもち出力が大きい．微小領域の測定にも適している	−200〜+500℃	±0.3〜±1.5%
	液体式温度計　ガラス温度計	簡便，安価で精度も比較的良好破損しやすい．電気出力が得にくい	−30〜+650℃（水銀式）−200〜+200℃（水銀式以外）	±0.3〜0.5℃　　±0.5〜1.0℃
	ブルドン管式温度計，液体充満圧力式など	振動や衝撃に対して丈夫．自動制御，自動記録に利用できる	−30〜+600℃	
	熱電対式温度計	比較的簡単に測定可能．種々の温度範囲の熱電対の種類がそろっており，高温の測定も可能なため工業分野では広く使用されている．種類などは表35.6を参照．	0〜2,000℃	±0.25〜±1.5%
	光ファイバセンシングバイメタル，その他	レーザ光のラマン，レイリ散乱やFBG方式によりファイバ全長の温度や歪み分布を測定．振動や衝撃に対して丈夫．自動制御，自動記録に利用できる	−30〜+1,000℃−30〜+600℃	〜±1%　　±1〜数%
非接触式温度計	放射温度計　光高温計	肉眼観察で使用する．測定に時間がかかる．個人差がある	700〜3,000℃	
	サーモパイル型	広帯域放射を利用	200〜2,000℃	0.8〜5 s
	サーミスタボロメータ型	広帯域放射を利用	−50〜+3,200℃	0.03〜2 s
	Si 型	高電圧や強磁界環境下での測定が可能	360〜4,000℃	0.001 s 以下
	PbS 型	高電圧や強磁界環境下での測定が可能	50〜4,000℃	0.01〜10 s
	光電管型		600〜4,000℃	0.05〜0.5 s
	強誘電体型　TGS（硫酸グリシン）など	広帯域放射を利用	0〜1,700℃	0.05〜0.1 s
	InSb, PbSe, InAs, InGaAs その他	高電圧や強磁界環境下での測定が可能	40〜2,800℃	0.01〜10 s
	光ファイバ式（Si, Pbs, その他の素子使用）	赤外線の生信号をファイバで導光するので狭い場所や高温環境でも測温が可能		
	色温度計　色温度計　単色温度計　2色（多色）温度計	肉眼観察で使用する．広帯域放射を利用	700〜3,000℃180〜3,500℃	±03〜1%±03〜1%
	サーモグラフィ（素子：Voxマイクロボロメータなど）	温度分布の2次元画像情報	−40〜+500℃	±数%

表35.6 熱電対と使用温度（JIS C 1602）[3]

記号（旧）	⊕ 脚	⊖ 脚	使用温度範囲[℃]	階級	許容差
K（CA）	クロメル（Ni, Cr系合金）	アルメル（Ni系合金）	−200〜1,000	0.4 0.75 1.5	0〜1,000℃　±1.5℃または±0.4% 0〜1,200℃　±2.5℃または±0.75% −200〜0℃　±2.5℃または±1.5%
E（CRC）	クロメル（同上）	コンスタンタン（Cu, Ni系合金）	−200〜700	0.4 0.75 1.5	0〜800℃　±1.5℃または±0.4% 0〜800℃　±2.5℃または±0.75% −200〜0℃　±2.5℃または±1.5%
J（IC）	鉄	コンスタンタン（同上）	−200〜600	0.4 0.75	0〜750℃　±1.5℃または±0.4% 0〜750℃　±2.5℃または±0.75%
T（CC）	銅	コンスタンタン（同上）	−200〜300	0.4 0.75 1.5	0〜350℃　±0.5℃または±0.4% 0〜350℃　±1℃または±0.75% −200〜0℃　±1℃または±1.5%
R（PR）	白金・ロジウム13%	白金	0〜1,400	0.25	±1.5℃または±0.25%
S（−）	白金・ロジウム10%	白金	0〜1,400	0.25	±1.5℃または±0.25%
B（−）	白金・ロジウム30%	白金	300〜1,550	0.5	±4℃または±0.5%

35.3　温度測定法

(1)　温度測定法の種類と特徴

代表的な温度測定方法を表35.5にまとめた．温度範囲と精度・応答はあくまでおおよその目安である．この中で産業分野の制御や計測などによく用いられるのは，接触式の抵抗温度計（測温抵抗体），熱電対式温度計と，非接触式の放射温度計などである．熱電対については表35.6で詳しく述べる．放射温度計は非接触で対象から離れたところからでも測定できる，高温が測定できるなどの利点をもつが放射率が正しくセットされていないと誤差が生じるので，実験などにより事前に放射率を測定しておく必要がある．

(2)　熱電対と使用温度

熱電対は，異種金属を接続した導線の両端に温度差があると熱起電力を生じるというゼーベック効果により温度を測定する．表35.6に熱電対と使用温度を示すが種々の金属の組合せがあり，使用温度や雰囲気ガスにより適切なものを選択する必要がある．また，線径も応答や強度に影響する．1,000℃以下の中・低温では銅系，鉄系，ニッケル系の合金素材が，それ以上の高温では白金やロジウムなどの貴金属系素材が用いられる．

(3)　各種熱電対の熱起電力と構造

i)　各種熱電対の熱起電力：　図35.5(a)に各種熱電対の熱起電力を示すがE, J, T, K熱電対な

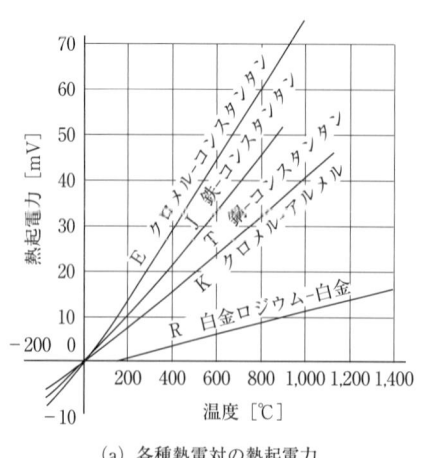

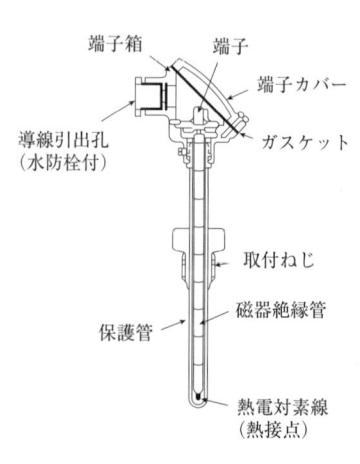

(a) 各種熱電対の熱起電力　　(b) 保護管付熱電対の構造

図35.5　各種熱電対の熱起電力と構造（[4] p.67 p.68, 図3.15, 3.17）

(a) 光高温計

(b) シリコン放射温度計

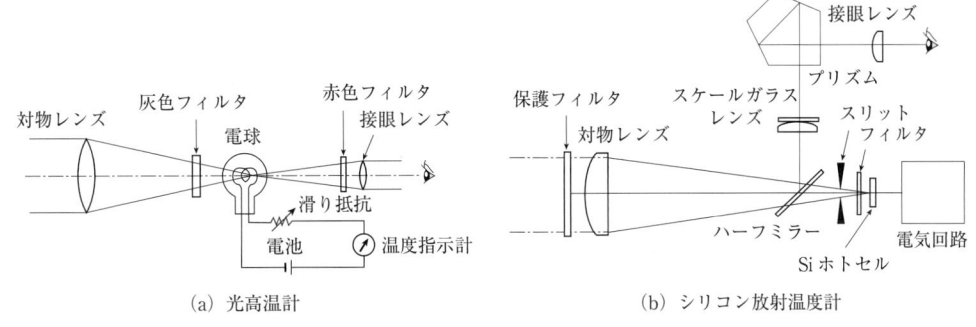

図35.6 放射温度計の構成（光高温計，シリコン放射温度計（[4] p.83, 85, 図 3.28, 3.29）

ど卑金属系の熱電対は熱起電力が大きい．R熱電対は熱起電力が小さいが，高温まで広い温度範囲をカバーしている．ただし，どの熱電対のカーブも多少の非直線性があるので，測定精度を上げるには直線化の変換が必要である．

ii) 保護管付熱電対の構造： 熱電対の素線を裸で使用すると雰囲気ガスにより劣化したり，外力により変形するので，ステンレスのシース（細い保護チューブ）やステンレス，インコネルやセラミックスの保護管に入れて使用することが多い．図35.5(b) は保護管の例であり，熱電対の素線は磁器絶縁管に通して保護管にセットされている．シースや保護管は種々の直径や長さのものが販売されているので，応答性や強度，雰囲気ガスにより選択する必要がある．

(4) 放射温度計の構成

放射温度計は放射熱エネルギーを計測し離れたところにある対象物の温度を測定するものであり，次のような種類がある．

i) 光高温計： 手持ちで高温物体の温度を測定するときに用いられる．図35.6(a) に示すように光高温計は対物レンズの手前にある接眼レンズの焦点位置に白熱電球があり，ボリュームでこの電球に流す電流を調整して，測定対象物の輝度と電球のフィラメントの輝度が同じになるようにする．赤色のフィルタで実効波長 $0.65\,\mu m$ の輝度温度を測定する．

ii) シリコン放射温度計： レンズで対象物からの放射熱エネルギーをシリコンフォトセルに集光する．図35.6(b) に示すようにシリコン放射温度計はフォトセルの前には可視光帯の外乱を避けるため，$0.7〜1.1\,\mu m$ の波長帯を通すフィルタをつける．手持ちで測定する温度計は光路の途中にハーフミラーを設け，どの箇所を測定しているか目視できるようになっている．物体から出てくる放射エネルギーは物体の放射率に比例して変わるので，正確な測定をするためには物体の放射率を熱電対による表面温度実測などにより求めておく必要がある．一般にステンレスのような鏡面の物体は放射率が低く，黒色，褐色の物体や酸化金属は高い放射率をもつ．

35.4 電気加熱方式

(1) 電気加熱方式の種類と用途

表35.7 に電気加熱方式の種類と用途例を示す．加熱方式の選定の際は加熱温度，加熱速度，熱効率，加熱物の表面酸化など品質への影響，加熱コストと設備コストなどの経済性などを考慮して決める．

また，表35.8 は加熱方式と加熱の目的をマトリクスにして，その交点に応用されている業種と産業分類コードあるいは適用例を記入したものである．

(2) 各種発熱体の使用温度範囲

各種発熱体の使用温度範囲はおおよそ図35.7 のように表されるが，使用する雰囲気により大きく変わるので，詳しくは表35.9, 35.10 を参照されたい．純金属では白金，モリブデン，タングステン，タンタルなどが用いられるが，白金以外は不活性ガスか真空中で使用する必要がある．白金とタンタルは高温で水素を吸着するので雰囲気ガスとしては使用できない．

表 35.7 電気加熱方式の種類と用途例（[5] p.16，表 2.1）

加熱原理	電気エネルギーの熱への変換		主な用途または装置例
	変換方式	種別	
高温熱源の利用（抵抗発熱体，アーク，プラズマなど）および直接ジュール熱の利用	抵抗加熱	間接抵抗加熱 （50/60 Hz）	抵抗発熱体を用いる各種加熱炉，熱処理炉，焼結炉，拡散炉，プリント基板乾燥・焼成炉，HIP などの高圧焼結炉，ろう付け炉，塩浴炉，流動床加熱，熱風乾燥，その他
		直接抵抗加熱 （50/60 Hz, DC）	金属の直接抵抗加熱，黒鉛化炉，ガラス溶融炉，ESR 炉など
	赤外加熱	近赤外加熱 （0.76～2.0 μm）	塗装面の焼付け・乾燥，薬品の殺菌など
		遠赤外加熱 （2.0～4.0～1,000 μm）	塗装面の焼付け・乾燥，樹脂の硬化，プラスチック成型加工，食品の焼成焼上，プリント基板焼成，暖房，温度センサなど
	アーク加熱 （50/60 Hz, DC）		製鋼アーク炉，取鍋精錬，耐火物の溶解，鉱石の製錬，真空アーク炉，アーク溶接，その他
	プラズマ加熱（熱プラズマ） （DC, 50/60 Hz, 0.5～20 MHz）		高級合金鋼，高融点金属・合金の溶解・精錬，直接還元製鉄，フェロアロイ炉，高純度粉末の製造，溶接，溶射，高温熱化学反応プロセスへの各種応用（プラズマ化学）
電磁誘導作用の利用	誘導加熱 （表皮加熱式）	誘導加熱 （50/60 Hz～1 MHz）	金属・合金の溶解，金属の熱加工用加熱，金属の熱処理，高温焼結，ろう付け，単結晶引上げ，鋼管の加熱・溶接
		低周波誘導加熱 （50/60 Hz）	鋳鉄の溶解，金属・合金の溶解，溶湯の保持・昇温・成分調整，その他
	誘導加熱（トランスバース・フラックス方式） （50/60 Hz～10 kHz）		非鉄金属・ステンレスなどの薄板の加熱・熱処理，鋼板の端部加熱，その他
	誘導加熱 （短絡加熱式）	金属の溶解 （50/60 Hz）	みぞ形誘導炉（非鉄金属および鋳鉄の溶解），金属溶湯の昇温・保持・成分調整
		金属の加熱 （50/60 Hz）	金属部品の焼嵌め，その他
高周波電界の利用	誘電加熱 （1～300 MHz）		プラスチックの接着・成型加工・熱処理，木材の乾燥・接着，繊維の乾燥，食品の解凍，鋳型の乾燥，その他低温プラズマ（高周波放電）への応用など
電磁波の利用	マイクロ波加熱 （300 MHz～30 GHz）		食品の調理（電子レンジ），食品類の乾燥・加熱加工，冷凍品の解凍，繊維の乾燥・加熱処理，ゴム加硫，食品の殺菌，セラミックスの乾燥，粉体の溶融，木材の加工，アスファルトセメントの溶融，低温プラズマへの応用
	レーザ加熱・加工 （0.69～10.6 μm）		難加工材の穴あけ加工，金属材料の溶接・切断・熱処理，電子部品の溶接・表面処理，マーキング，レーザメス，光化学反応への利用，その他
電子ビームの利用	電子ビーム加熱 （DC）		高融点金属の溶解・精錬，金属材料の熱処理，金属蒸着，金属の溶接，切断，穴あけ加工，その他
低温プラズマの利用	プラズマ化学反応の利用 （DC），（数 MHz～数 GHz）		薄膜の生成，表面改質・加工処理，エッチング，コーティング，イオン注入，金属の表面処理（イオン侵炭・窒化など），物質の化学合成，その他
電動機械力の利用	ヒートポンプ方式 （50/60 Hz, 20～数十 Hz）	民生用	冷暖房，給湯，ビル空調，その他
		産業用	食料品・木材・繊維・皮革などの乾燥処理，食品・化学原料などの蒸留・濃縮，排熱の回収利用，その他

（　）内は利用周波数帯または波長を示す．

表 35.8 電気加熱方式の適用マトリクス ([5] p.9, 表 1.2)

加熱プロセス	加熱方式	抵抗加熱	赤外加熱	誘導加熱	誘電マイクロ加熱	アーク加熱	プラズマ	電子ビーム	レーザ	ヒートポンプ
化学反応	反応・合成・生成	化学工業製品 202/203, 石油石灰加工 219		化学工業製品 202/203	食品たばこ茶 121/124/126/127/129/133/136, 鋳物砂 267, 紙 182	空中窒素固定 201/202	還元ガス生成 262, 天然ガス変成 262, ガス合成 202, アンモニア合成 202			化学反応熱 20, 化粧品香料 209
乾燥	水分除去, 調整	熱風炉, 畜産 121, 水産 123, 製糸 141, 紙製造 182, 染色 146	織物プリント 146/152, 染料の湿気除 205, 錠剤 206, ガラス ビン 251, 紙のり付け 182/184/185	紙繊維印刷 146/182/183/189/193/204/205/222/308/127	木材 161/162/169, 繊維 142/143/146, タイル 254, その他窯業 259, 陶磁器 254, 耐火物 255/254, なめし革 241		アセチレン分解 203, 石炭ガス化 297, ダイヤモンド合成 202/259/308		印刷インク 高速乾燥 191/192/193	染色整理 146, 製薬 206, 印刷 19, 皮革 24, 干し柿・冷風乾燥麺類 129, 宝石加工 341
醸造・醸成		酒類 132	醸造品, 果実酒		製パン 127					味噌醤油酒 124/132, 製シューキーせんべい 127, 納豆 129
保存	燻煙・殺菌・防黴 固化	畜産 121, 水産 122	農水産物, 畜産物加工		殺虫 348, 殺菌防黴食品 121/122/123/124/126/127/129					ハムソーセージ 121/122, 漬物/水産加工 122, 乳製品 固化冷却 121, 切り餅殺菌 冷却 129
農林水産	ふ卵・育雛・育成・畜産・養殖		畜産育すう, 豚舎床暖, ふ卵, 植物育成							ジャガイモ保存, ハウス園芸水耕栽培, 豚舎床暖房・搾乳, 活魚槽養殖池の加温・養蚕空調
調理加工	業務用調理 食品加工・解凍		米菓パン焼上げ, ビスケット, 竹輪, 焼海苔	電磁調理器	冷凍魚 122, 加熱 121/122/127/128/129					インスタントレトルト食品 殺菌解凍
医療	健康・治療		サウナ風呂, 温きゅう器		がん 温熱療法 323, 筋肉加温治療 323					給湯・公衆浴場・ホテル病院/温泉の昇温レジャースポーツ施設/温水プールスケートリンク

表中の数字は製造業の『産業分類表』小分類番号を示す. 網掛けの欄は, その欄だけでは書ききれず, 矢印先の隣の欄にも追記があることを意味している.

表35.8 つづき

加熱プロセス \ 加熱方式	抵抗加熱	赤外加熱	誘導加熱	誘電マイクロ加熱	アーク加熱	プラズマ	電子ビーム	レーザ	ヒートポンプ
環境 暖房冷房・融雪・廃棄物減容処理・廃棄物処理・洗浄	暖房, 融雪, 工場暖房	暖房, 床暖房, 工場暖房	廃プラ/焼却灰溶融固化, 原子力廃棄物固化, 融雪セメント法	焼却灰溶融固化, 表面薬廃棄物固化 不要物の乾式除去	汚泥焼却 297	廃棄物処理			冷暖房空調恒温恒湿制御雪, IC基板温湿制御 308, ヒートフェンス 283, クリーンルーム 308
表面処理 溶接焼付け・溶射・改質・薄膜・蒸着・めっき	めっきほうろう 286/259/265, 半導体拡散308	プラ塗装 203/205, カーペット, ラテックス 159/223, スクリーン印刷 302	鉄板塗装とめっき265	ダイヤモンド膜の被覆・半導体気相成長308, ナイロンロー204		溶射 255/256/265/273/282/286/291/294/297/299/307/312/315/330	アルミ蒸着鋼板265, 半導体素子集積回路, 蒸着テープ308	機械部品の焼入れ焼鈍 286/311 表面非晶質化 286/311	めっき工程加熱冷却, 金属部品 28/29/30/31/32, 磁器 346	
熱処理 焼入れ・焼鈍・焼準・焼戻・加硫・養生・架橋・炭化・乾燥・歪み取り	鉄類 264/265, 266/282/289, 294/295/297, 299/311/312, 313/314/319	304/305/306/307/308, 繊維 セラミック 204, プラ・レンズ 251	鉄類 264/265, 266/275/281, 284/286/287, 303	有機化学 203/206, FRPキュア 221/224, 加硫ゴム 231/232, 233, 染色 146			非鉄合金アモルファス 279, シャット部品 297, 自動車部品焼入れ 311	焼鈍 286/311 表面非晶質化 プロイインク 286/311		
切断 穴あけ・破砕・割断・微細加工	非鉄金属 273, ガラス 251	プラシート 221, 223/224/225, PVCペースト 203		コンクリートはく離, 岩盤破砕	201/202/273 267/255/269 電融マグネシア, リン・カーバイト, コランダム 279/262/259/263	プラズマ切断 171/172/173	圧延ロールダルエ加工 264, プリント基板穴あけ 308	ガラス, 岩石の割断 251/258, 切断穴あけ, 金属セラミクス, 生地プラスゴム木材ガラス	265/273/286 251/252/256 151/161/182 紙 222/239/294 295/296/308	微細加工, IC308
溶解 溶解・精錬・製錬・還元・粉製・結晶成長・鋳物	鉄類 263, 非鉄272, ガラス 251, 半導体 308	301/302	鋳物・鉄鋼・アルミ 266/267/269/274/294/297/299/301, 半導体 308 251/303	アスファルト 251, ガラス	鋼・鋼合金・鋳鉄, 高融点物質・電炉, 鋼・高級鋼・超合金・活性金属・フェロアロイ	同左 263/279/262, 微粉末 257/289	貴金属類製錬精製272	綿引きガラスファイバー 251, 結晶成長サファイヤ, シリコンリボン 308	
接着 溶接・溶着・圧着・ろう付け・はんだ付け	金属溶接 301 ろう付け 282/283/297/299, はんだ付け 239	プリント基板 301/302/304/305/306/307/308, 真ちゅう部品 285/294/297/299/301	電縫管 171/264/301/313, ろう付け・はんだ付け 342	ビニールシート 247/298, 木材接着 161/162/171, 芯地 1511		プラズマ溶接 172/173	クラッド鋼板 263, 鋼管 264, 超電導材料 275, 鋼 279, 金物 282, ボイラー原動機 291		合板加工 161/16/163	
焼成 焼結・黒鉛化・粉末冶金・炭化ケイ素	黒鉛 256, 窒化ケイ素 257, 電子部品 304/306/308, 粉末冶金 286, セラミクス 254/255, 陶磁器	紙ラベル 182/184, 紙のり付け 182/184/185	黒鉛 256 セラミクス 254/255				キヤ類 292/293/294/295/197 305/311/315			

表中の数字は製造業の「産業分類表」小分類番号を示す。網掛けの欄は、その欄の隣の欄にも追記があることを意味している。

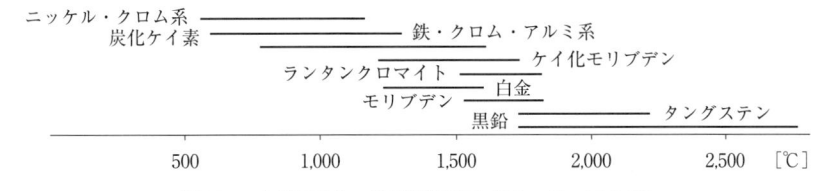

図35.7　各種発熱体の使用温度範囲（[5] p.70, 図3.29）

- ニッケル・クロム系
- 炭化ケイ素
- 鉄・クロム・アルミ系
- ランタンクロマイト
- ケイ化モリブデン
- モリブデン
- 白金
- 黒鉛
- タングステン

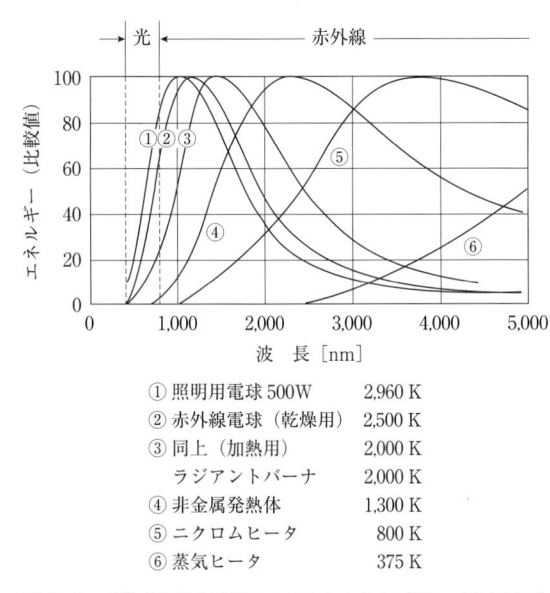

500　1,000　1,500　2,000　2,500　[℃]

① 照明用電球500W　2,960 K
② 赤外線電球（乾燥用）　2,500 K
③ 同上（加熱用）　2,000 K
　ラジアントバーナ　2,000 K
④ 非金属発熱体　1,300 K
⑤ ニクロムヒータ　800 K
⑥ 蒸気ヒータ　375 K

図35.8　各種赤外線放射源のスペクトル分布（[6] p.93, 図8.1）

(3) 各種赤外線放射源のスペクトル分布

空洞（黒体）放射スペクトルは「$\lambda T = $ 一定」というウィーンの偏移則に支配されるため，物体の絶対温度 T によってエネルギー最大の波長 λ が決まる．図35.8の放射スペクトル分布を示すグラフからもほぼその関係が成り立っていることがわかる．しかし実際には空洞放射スペクトルに物体のもつ放射率スペクトルが累乗して，その物体の放射スペクトルが決まる．

(4) 代表的な合金発熱体の種類と特性

表35.9に代表的な合金発熱体の種類と特性を示す．鉄・クロム・アルミニウム系合金はニッケルクロム系合金に比べて高温で使用でき，安価であるが，冷間加工が難しく熱間加工を必要とする場合があり，高温での軟化に注意が必要である．また，窒素では使用温度が低下し，真空中でも発熱体の蒸発による減耗のため使用温度が低下する．同表に示していないがカンタルは1,500ないし1,800℃まで使用できる．ニッケルクロム系合金ではNi80%Cr20%のものが冷間加工も可能で高温強度も大きいので最もよく使用される．

(5) 非金属発熱体の種類と特性

非金属発熱体は金属発熱体より高温まで使えるものが多い．ただし，一般に水素などの還元性雰囲気に弱いので注意が必要である．また，金属発熱体よりもろいので，温度変化があったときの膨張・収縮をうまく逃がす設置方法をとらないと，応力で破損する原因になる．炭化ケイ素は大気中で合金発熱体より高温まで使え，造形性もよい．二ケイ化モリブデンは炭化ケイ素よりも高温の大気中で使用できる．表35.10に非金属発熱体の種類と特性を示す．

(6) 交流アーク製鋼炉の主要機器構成

交流アーク炉は電気製鋼用などに広く用いられている．わが国では電気料金の安い夜間や休日の電力を利用して重点的に稼働させて生産コストの低減を図っている．炉容量としては数トン程度の小形のものから，数百トンの大形のものまである．小形炉では単相のものもあるが，大形炉は三相で3本の黒鉛電極を使用する．電極はスクラップ溶解初期に起こる短絡を止めるためや電力調整のためモータや油圧で高速に上下できるようになっている．電極からトランスまでの導線は炉蓋の開閉のため可とう式で，水冷されているものが多い．炉用変圧器は大きいものでは200 MVA程度のものもある．操業のため二次電圧を変えるためのタップが一次側についている．図35.9に交流アーク製鋼炉の主要機器構成を示す．また，図35.10は反応促進により能率を上げるため，アーク炉の底部に電磁誘導式の撹拌装置（マグネティックスターラー）を取り付けた構造のものである．

(7) 誘導加熱炉の周波数と用途

電磁誘導を利用した誘導炉は，るつぼを囲んで

表35.9 代表的な合金発熱体の種類と特性（[2] p.1829, 表7）

区 分	標準化学組成 [%]	最高使用温度（発熱体温度）[℃]	抵抗率(20℃) [$\mu\Omega\cdot cm$]	抵抗温度係数 (0〜1,000℃) [$℃^{-1}$]	融点 [℃]	熱膨張係数 (20〜1,000℃) [$℃^{-1}$]
鉄-クロム-アルミニウム系合金	Al 7.5 Cr 26	大気中 1,400 H_2 1,400 N_2 1,200 真空中 1,100	160	-14×10^{-6}	1,490	17×10^{-6}
	Al 5〜6 Cr 22	大気中 1,400 H_2 1,400 N_2 1,200 真空中 1,100	145	$30\sim50\times10^{-6}$	1,500	15×10^{-6}
	Al 4〜5 Cr 23〜26	大気中 1,300 H_2 1,280 N_2 1,150 真空中 1,050	135	58×10^{-6}	1,500	15×10^{-6}
	Al 〜4 Cr 〜20	大気中 1,100	123	92×10^{-6}	1,500	15×10^{-6}
ニッケル-クロム系合金	Ni 80 Cr 20	大気中 1,200 H_2 1,250 N_2 1,250	109	$30\sim50\times10^{-6}$	1,400	18×10^{-6}
	Ni 60 Cr 15 Fe 25	大気中 1,125 H_2 1,200 N_2 1,200	111	$50\sim100\times10^{-6}$	1,390	17×10^{-6}
	Ni 35 Cr 26 Fe 45	大気中 1,100 H_2 1,150 N_2 1,150	104	$100\sim200\times10^{-6}$	1,390	19×10^{-6}

表35.10 非金属発熱体の種類と特性（[2] p.1830, 表10）

種 類	最高使用温度と炉内雰囲気（発熱体温度）[℃]	形 状	抵抗率 [$\Omega\cdot cm$]	熱膨張係数 [$℃^{-1}$]	密度 [g/cm^3]	曲げ強度 [MPa]	気孔率 [%]
炭化ケイ素 (SiC99以上)	大気中 1,650 H_2 1,200 N_2 1,350 真空中 1,100	棒, チューブ, スパイラル, U形およびW形（三相用）	標準品 0.1 (1,000℃) ち密品 0.016 (1,000℃)	4.5×10^{-6}	2.5 2.8	50 120	22 5
二ケイ化モリブデン系 ($MoSi_2$)	大気中 1,850 H_2 1,400 N_2 1,800 真空中 (1.33 Pa) 1,300	U形, W形, 多シャンク形, スパイラル	0.3×10^{-4} (20℃) 3.8×10^{-4} (1,800℃)	$7\sim8\times10^{-6}$	5.6	450	1>
ランタンクロマイト系 ($LaCrO_3$)	大気中 1,800	棒	0.11 (1,500℃)	8.7×10^{-6}	5.7	70	21
カーボン系 (C) (グラファイト)	H_2, N_2 2,500 真空中 2,200	棒, プレート, チューブ, U形	8.0×10^{-4} (20℃)	2.5×10^{-6}	1.7	25	23
ジルコニア系 (ZrO_2)	大気中 2,200	棒	1.6 (2,000℃)	1.47 (1,500℃)	4.3	55	27

外に設けたコイルで，るつぼ内の金属を加熱溶解するるつぼ形誘導炉と溝形誘導炉とがある．

 i) るつぼ形誘導炉： 表35.11に示すように商用周波数の低周波炉と100〜1,000 Hz程度の高周波炉とがあり，小形のものでは吸収電力を確保するため，より高い周波数を必要とするので高周

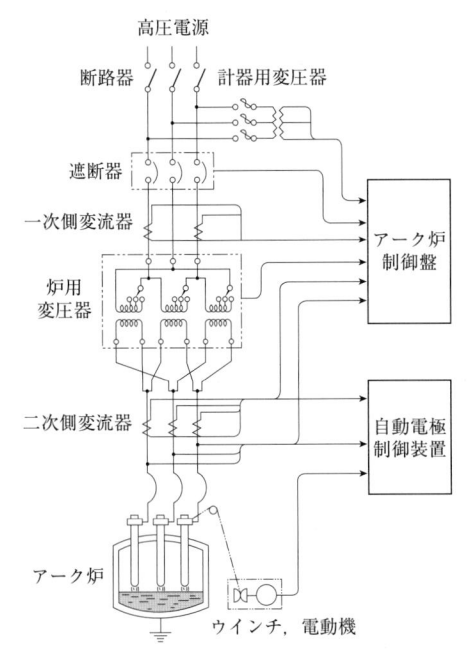

図 35.9 交流アーク製鋼炉の主要機器構成（[7] p.532）

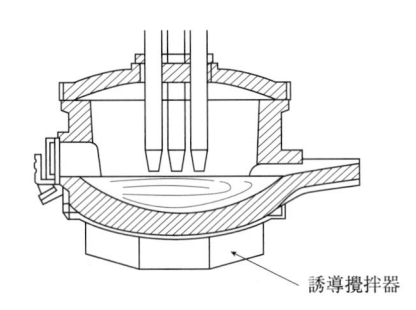

図 35.10 誘導撹拌装置を取り付けたアーク炉
（[6] p.81, 図 6.12）

波炉になる.

ii) 溝形誘導炉： 図 35.11 に示すようにるつぼの底部にある耐火物でつくった U 字形のパイプ（溝）を取り囲むコイルでパイプ内の金属を溶解し, さらにるつぼ内の対流撹拌も兼ねている.通電の始めに溝の中が溶融金属で満たされていることが必要で, 始動時は外から種湯を供給するか, または前回湯を適量残しておく方法が用いられている.

(8) 高周波電磁調理器

高周波調理器は, いわゆる IH クッキングヒータと呼ばれ, 図 35.12 に示すようにインバータで 20〜90 kHz の高周波数で金属製の鍋を電磁誘導で加熱し調理する. アルミニウム鍋でも浮かずに調理できるオールメタル対応の調理器も市販されている. これに対し低周波数の調理器は鉄心入りのコイルに商用周波電流を流し鍋は鉄鍋を用いるが, 使い勝手や騒音の点で優れる高周波調理器に置き換わりつつある.

(9) 連続式マイクロ波加熱装置

図 35.13 は連続式マイクロ波加熱装置を示す. 原理は家庭用の電子レンジと同じ誘電加熱で, マグネトロンでマイクロ波（日本では 2.45 GHz の ISM バンドで, アメリカなどでは 915 MHz 帯も使用）を発生させ食品に照射すると, 食品中に水分があれば極性分子である水の分子が振動し摩擦熱が発生して食品を内部から加熱することができる. 同図でスターラはマイクロ波を拡散させ食品を均一に加熱するために設けてある.

(10) 各種熱源のエネルギー密度

表 35.12 は各種熱源のエネルギー密度を示し, 同表から溶接や加工に用いられるアーク, 電子ビーム, レーザビームなどはガス炎や光ビームに比べるとエネルギー密度が非常に高いことがわかる. それにより局部を集中的に加熱させ高温にし溶解, 溶接, および溶断することができる.

表 35.11 るつぼ形誘導加熱炉の周波数と用途（[8] p.28, 表 2.2）

るつぼ形誘導炉	溶解材料	炉容量 [t]	電力 [MW]	周波数 [Hz]
LF 炉	鋳鉄, 鋼	1.3〜100	0.5〜21	50/60
	軽金属	0.5〜15	0.2〜4	50/60
	重金属	1.5〜40	0.5〜7	50/60
HF 炉	鋳鉄, 鋼	0.25〜30	0.3〜16	100〜1,000
	軽金属	0.1〜10	0.2〜4	100〜1,000
	重金属	0.3〜35	0.3〜8	100〜1,000

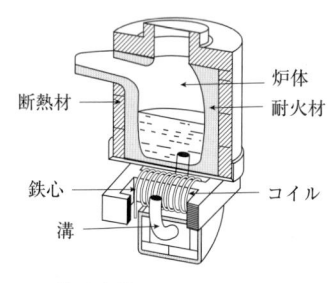

図 35.11 溝形誘導炉の例（[8] p.37，図 2.8(a)）

図 35.12 高周波電磁調理器

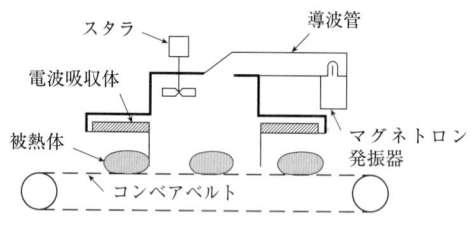

図 35.13 連続式マイクロ波加熱装置（[6] p.88）

表 35.12 各種熱源のエネルギー密度（[10] p.9）

熱源の種類		エネルギー密度 [kW/cm^2]
ガス炎	酸素-アセチレン炎	≈1
	酸素-水素炎	≈3
光ビーム	太陽光線	$(1.6～3.6)×10^{-4}$
	太陽集光ビーム (1～100 kW)	1～2
	アーク集光ビーム (キセノンランプ～10 kW)	1～5
アーク	オープンアーク (アルゴンアーク，200 A)	≈15
	プラズマアーク	50～100
	ポイントアーク	≈1,000
電子ビーム	パルス	10,000 以上
	連続	1,000 以上
レーザビーム	パルス	10,000 以上
	連続	100 以上

（11） 産業分野におけるプラズマの応用

プラズマは熱プラズマと低温プラズマに大別でき，後者は半導体製造や表面処理などに用いられる．加工に用いられるのは前者である．プロセス用の熱プラズマは光融点金属の溶解，精錬などに用いられ，最近は生産設備だけでなく廃棄物処理，重金属や亜鉛の回収など環境対策の設備でも使用

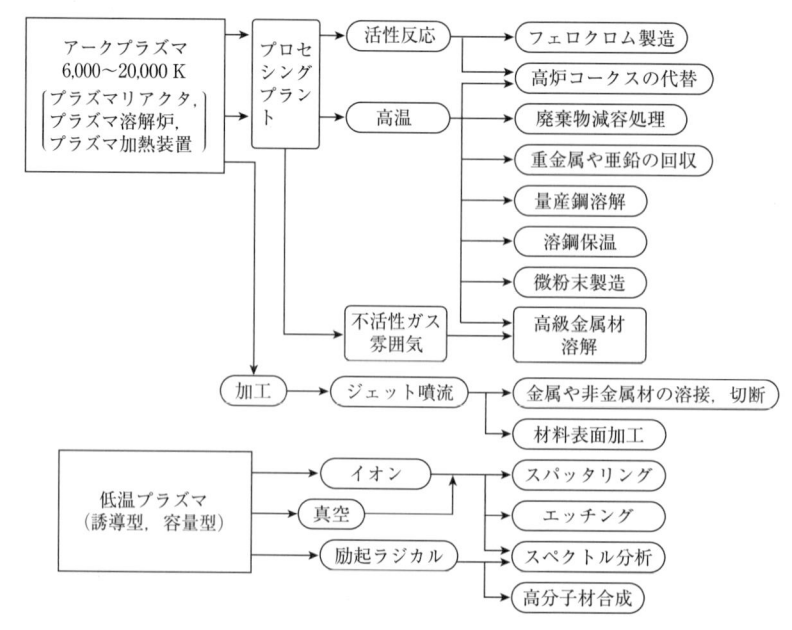

図 35.14 産業分野でのプラズマの応用（[5] p.151, 図 5.4）

される．図35.14に産業分野でのプラズマの応用を示す．また，図35.15に示すように加工用のプラズマ方式にはプラズマアーク方式とプラズマジェット方式とがあり，ほとんどはプラズマアーク方式で，さらにノズルが加工物に接触するものと，接触しないタイプがあるが，前者は小容量の装置に限られる．ただし，プラズマアーク方式は工作材料が陽極となるので，導電性のある金属しか加工できない．プラズマジェット方式は導電性のないセラミックスなども溶断できるが，応用例は少ない．プラズマは金属の種類を選ばず使用でき，予熱なしに50mm程度の板の低熱変形切断ができる．装置の費用はレーザ方式に比べれば安いが，ガス溶断機よりは高価である．レーザのような薄板の高精度の切断はできない反面，姿勢加工が容易，高効率などの利点がある．レーザやプラズマによる切断は機械的切断と違い，加工物のクランプが必要ないので，柔らかいものや，立体的な形状の加工物にも使用できる利点もある．切断以外にプラズマは溶射にも使用される（3章参照）．

(12) 産業分野におけるレーザ応用

加工に用いられるレーザはYAGレーザと炭酸ガスレーザが主であり，最近は紫外線領域の発振をするエキシマレーザの適用も徐々に増えている．YAGレーザは波長が$1.06\mu m$と炭酸ガスレーザの$10.6\mu m$に対し1/10なので金属に吸収されやすく効率のよい加工ができ，また波長が短いのでビームを細かく絞れるため精密加工に適している．炭酸ガスレーザは大容量まで可能なので，3kW以上くらいの大形装置に使用される．また，長い波長をよく吸収するガラスの加工などに用いられる．レーザは，① アーク溶接やプラズマに比べてビームが細くエネルギー密度が高いので溶け込みが深く幅の狭い溶接，溶断などの加工が可能，② 高速加工が可能，③ 低入熱加工が可能である．さらにYAGレーザは光ファイバでの導光ができるのでロボット先端まで光ガイドをして種々の姿勢で加工ができる，などの多くの利点を有する．この方式は精密加工に適しているので，最近は電子部品その他精密加工品の加工や溶接には欠かせないものとなっている．また，自動車の組立てなどでもYAGレーザが多く使用されている．最近はさらに高出力でかつ微小なスポットにレーザビームを集光できる高ビーム品質の固体レーザも開発されている．ただし，炭酸ガス，YAGレーザともに肉眼ではみえない赤外，近赤外の波長域で，かつエネルギー密度が高いため，安全面には十分注意する必要がある．表35.13にレーザ加工が使われている産業分野を示す．

35.5 電気溶接・ヒートポンプ
(1) 各種溶接法と特徴

表35.14に示すように電気を利用した溶接には放電アークの熱エネルギーを利用したアーク溶接と，溶接材料をギャップなしで加圧接触させた状態で大電流を流す抵抗溶接に大別できる．アーク

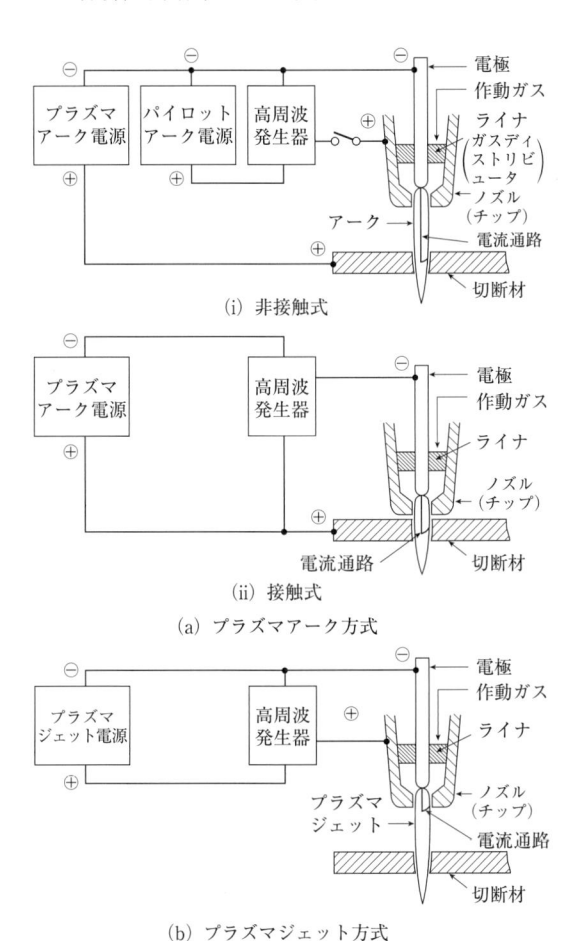

図35.15 プラズマ切断の原理と種類（[12] p.624）

5. 応用分野

表35.13 レーザ加工が使われている産業分野（[5] p.339, 表9・7）

産業＼加工法	除去加工	付加加工	表面加工	新加工
産業機械 工作機械 工具	形状加工 ダイス, ダイボード	のこ刃, チェーンソー	テーブル摺動面	難削材の補助加熱
電気機械 家電 照明	冷蔵庫ドア, モータコア 被覆線 照明板, 水銀灯	被覆銅線	—	—
電子工業 IC 通信	マスク, 抵抗体, 基板 ウェーハ薄膜, 回路基板 水晶振動子	リチウム電池, ICリードケース リレー, 鉛電池, 電柱	アニーリング	ガラスファイバ
精密機械 時計 真空	水晶, 液晶, ルビー	電池ケース ベローズ		
自動車 ボディ その他 その他 エンジン 周辺	窓ガラス, 内装 タービンエンジン用 Si_3N_4 カムシャフト, 油穴 メータパネル, ホーン	アンダボディ 軸受けリテイナー, カバー, 歯車ピン ヒータモータ, エアコン, クラッチ	トランスミッション ステアリング, スプライン軸, カム バルブシート, シャフト, ピストンリング溝, バルブガイド	—
造船・重機 ディーゼル 機関車 エンジン	 カムシャフト	 圧力容器, 船体	バルブシート, ピストンリング溝, エンジンシリンダ	—
医療・薬品	血液処理装置, コンタクトレンズ, エアゾール噴射口	アンプル	—	(メス, 歯, アザ)
航空機	タービンブレード, ハニカム, 複合材料, Ti合金	Al合金 ハニカム	エンジンシリンダ	—
鉱窯業 エネルギー	タービンブレード	雷管 原子力燃料棒	—	サファイア, ガラス割断, Si単結晶成長
鉄鋼	—	薄板コイル ケイ素鋼板	—	透磁率の向上
その他	洋服, 灌漑用パイプ, たばこフィルタ, ダイボード	コーヒーパーコレータ, ボールペンカートリッジ	—	ホイスカ, コーティング

溶接はさらに電極自体が溶融し溶接金属となる消耗電極式と，電極は溶融しない非消耗電極式とに分けられる．非消耗電極式では溶着金属が必要な場合には溶加材をアークの中に挿入し溶融させる．また，溶接部を空気から遮断するために，フラックスを使用するものと，炭酸ガスやアルゴンガス，その混合ガスなどを用いるガスアーク溶接とがある．フラッシュバット溶接は，接合部がジュール熱とアークとを細かく繰り返して発熱する．このほかに特殊な溶接として電子ビーム溶接やレーザ溶接などがある．ろう付けや電気電子機器で多用される，はんだ付けは電気のジュール熱を熱源としているが接合部材には電流は流れない．環境問題に考慮した鉛フリーはんだへの切替えが進んでいる．

(2) 溶接機の構成（アーク溶接機，スポット溶接機）

i) アーク溶接機

a) 被覆アーク溶接機　アーク溶接で一般的に用いられているのが被覆アーク溶接である．

表 35.14 各種溶接法と特徴（[11] p.705, 表 9・35）

分類	熱源		溶接法	特色
溶融溶接	ガス燃焼炎		ガス溶接	加熱調整容易，薄物に適，設備費低，可搬容易，切断と併用可，技量に左右される
	アーク	消耗電極式	被覆アーク溶接	全姿勢溶接可，取扱い容易，設備費低，切断可，手動の場合技量に左右される
			サブマージアーク溶接	下向き溶接，厚物長溶接線の高能率溶接に適，遮光不要，自動溶接
			ミグ（MIG）溶接 炭酸ガスアーク溶接	溶接の高能率・高品質化可能，溶け込み・ビード形状調整可，自動化容易
			エレクトロガス溶接	厚板立て向き高能率溶接に適，自動溶接
		非消耗電極式	ティグ（TIG）溶接	溶接の高能率・高品質化可能，厚物に不向きの面がある．自動化容易
			プラズマアーク溶接	薄物の溶接に適，熱影響部幅狭，自動化容易
	アーク		駆動アーク溶接	管の突合せ・薄肉材のへり溶接に適，自動溶接
	アーク		アークスタッド溶接	植込ボルト溶接に最適，自動化容易
	アーク		パーカッション溶接	細線および微小部品の溶接に適，自動化容易
	ジュール熱	抵抗溶接	スポット溶接	薄板断続溶接に有効，多点同時溶接可能，加圧装置要，自動化容易
			シーム溶接	薄板連続溶接に適，加圧装置要，自動化容易
			プロジェクション溶接	平面上への部品取付け溶接に有効，被覆鋼板の溶接可，加圧装置要，自動可容易
			バット溶接	フラッシュ，高周波を利用，加圧装置要，自動化容易
			エレクトロスラグ溶接	厚板立て向き・円周高能率溶接に適，自動溶接
	電子流		電子ビーム溶接	高速深溶け込み，入熱量少，溶接ひずみ・熱影響部幅極少，精密溶接に適，自動溶接
	レーザ光線		レーザ溶接	極狭熱影響部，断続使用に有効，高融点材料の溶接に有効，切断併用可，自動溶接
	化学反応熱		テルミット溶接	広断面の突合せ溶接に適，鋳型要
固相溶接	種々		鍛接（熱間圧接）	加熱はトーチ炎，ジュール熱等を利用，ハンマ・ロール等による加圧要
	－		冷間圧接	延性材料に適，加圧装置要
	摩擦熱		摩擦圧接（含超音波溶接）	異材溶接に適，高速・高精度溶接，自動化容易，超音波溶接は極薄物・非鉄材料の溶接に有効
	衝突熱		爆圧溶接	異材広平面溶接に有効
	種々		拡散溶接	高精度・高品質接合可，ろう接の効果を併用し能率化可能，超合金の溶接に有効，異材溶接可能
ろう接	種々		はんだ付け（ろう材融点 450℃以下）	接合による形状変化僅少，多接点同時接合化可，
			ろう付け（ろう材融点 450℃以下）	極薄物・複雑形状品の接合に有効，耐熱材料の接合可能，自動化容易

　図 35.16(a) に示すように心線に被覆材としてフラックス（融剤）が塗布されている心線と母材の間に交流または直流の電圧をかけるとアークが発生し，その熱で心線が溶融して溶融池に移行する．アーク熱で溶かされた母材の一部と融合して凝固し開先やグルーブの隙間部を溶接金属で充填する．溶融池や凝固中の溶接金属が空気中の酸素や窒素にさらされると，溶接部の靭性（粘り強さ）低下やブローホールの発生などの悪影響を及ぼすが，フラックスはアーク熱で分解してアークを安定させるとともにガスやスラグを生成して空気にさらされないように覆う役目も果たしている．

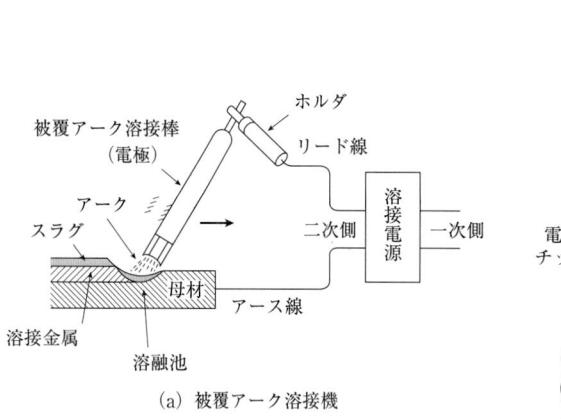

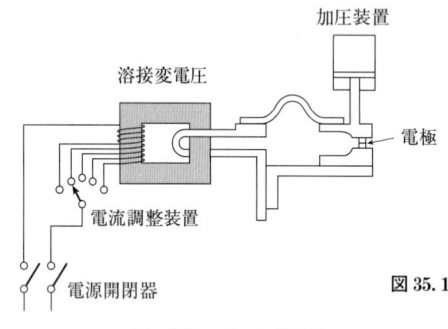

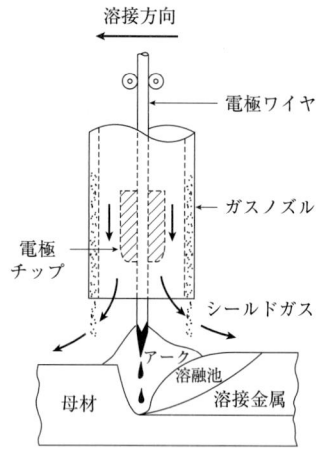

図 35.16 溶接機の構成（アーク溶接機，スポット溶接機）（[9] p.68, 図 5.25, [10] p.3, [13] p.386, 図 5.4）

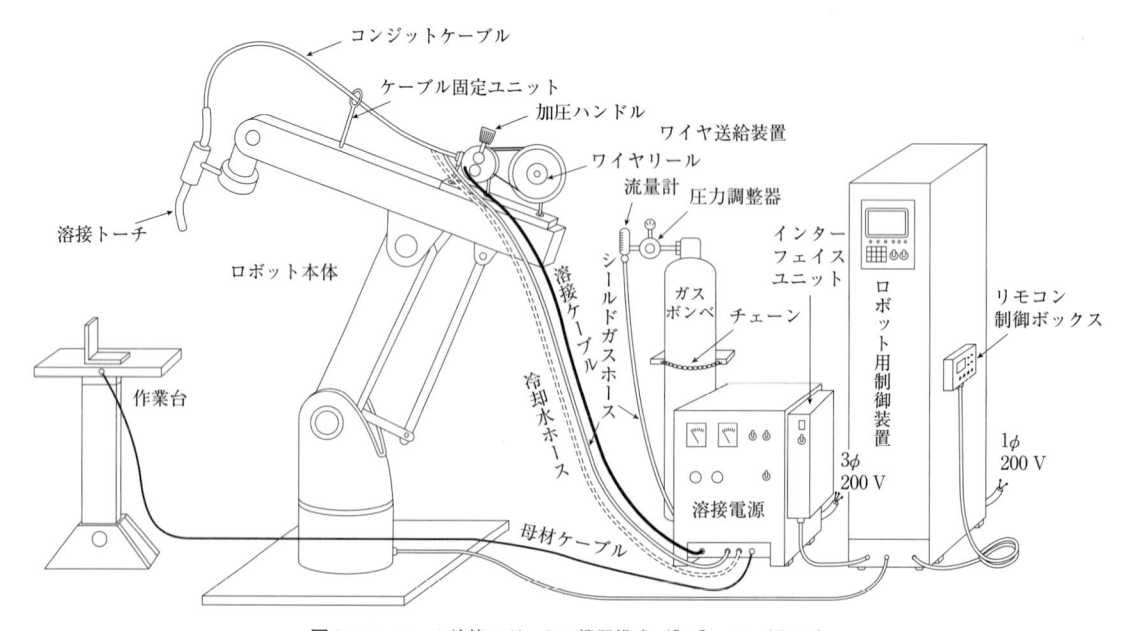

図 35.17 アーク溶接ロボットの機器構成（[14] p.16, 図 1.7）

b) **ガスシールド溶接機** 図 35.16(b) に示すように空気を遮断するのにガスを用いるのがガスシールド溶接で，手溶接でも前述の被覆アーク溶接より簡単で効率がよく溶接性状も優れた炭酸ガス消耗電極式アーク溶接が一般的になりつつある．アルゴンガスに少量の炭酸ガスを混入した混合ガスを用いる消耗電極式アーク溶接機であるMIG溶接や，タングステン非消耗電極を用いるTIG溶接などもあり，ガスは高価だが溶接品質がよいので主として合金鋼や特殊金属の溶接に使用される．

ii) **スポット溶接機：** 交流スポット溶接は自動車のボディや家電製品，機械部品の薄板どうしの接合に多用される．図 35.16(c) に示すように電極で加圧した箇所に大電流を流し板どうしの接触抵抗と母材の固有抵抗により発生したジュール熱で接触部付近の両面を瞬間的に溶融し接合する．縫合せ溶接（シーム溶接）やプロジェクション溶接も原理はほとんど同じである．

(3) アーク溶接ロボットの機器構成

溶接にはロボットが応用されることが多く，図 35.17 はその一例である．同図では溶接電源はロボットの前にあり溶接電流の流れる大線径のケーブルをアームに沿って設置している．これはアームの自由度を妨げるし，スポット溶接などの抵抗溶接では電流が非常に大きいのでケーブルはできる限り短いのが望ましい．そこでガントランスといわれる小形変圧器をアーム先端にもたせ，溶接電流回路のインピーダンスを下げて溶接を安定させ，かつ電流効率を上げることも多い．

(4) ヒートポンプの動作原理と種類

ヒートポンプの原理は逆カルノサイクルを利用しており，エネルギー効率は1を超える省エネルギー機器である．その種類には圧縮式と吸収式があり，それらの動作原理は次のとおりである．

i) **圧縮式ヒートポンプ：** 図 35.18(a) に示すように，コンプレッサでガスを圧縮するとガスは高温となり，この熱を給湯や暖房に利用する．次に膨張弁で減圧すると低温になり，これで空気を冷却し冷房に使用する．ガス温度が外気温より低温になると外気から熱をくみ取ることができる．ヒートポンプの効率は成績係数（COP）で示され，次式で与えられる．

$$\text{冷凍 COP}_c = \frac{Q_L}{W} = \frac{Q_L}{Q_H - Q_L} = \frac{T_L}{T_H - T_L} \quad (35.3)$$

$$\text{冷凍 COP}_h = \frac{Q_H}{W} = \frac{Q_H}{Q_H - Q_L}$$

$$= \frac{T_H}{T_H - T_L} = 1 + COP_c \quad (35.4)$$

ただし，W は機械的動力，T_H, T_L は高温部，低温部の温度，Q_H, Q_L は高温部，低温部の熱量である．

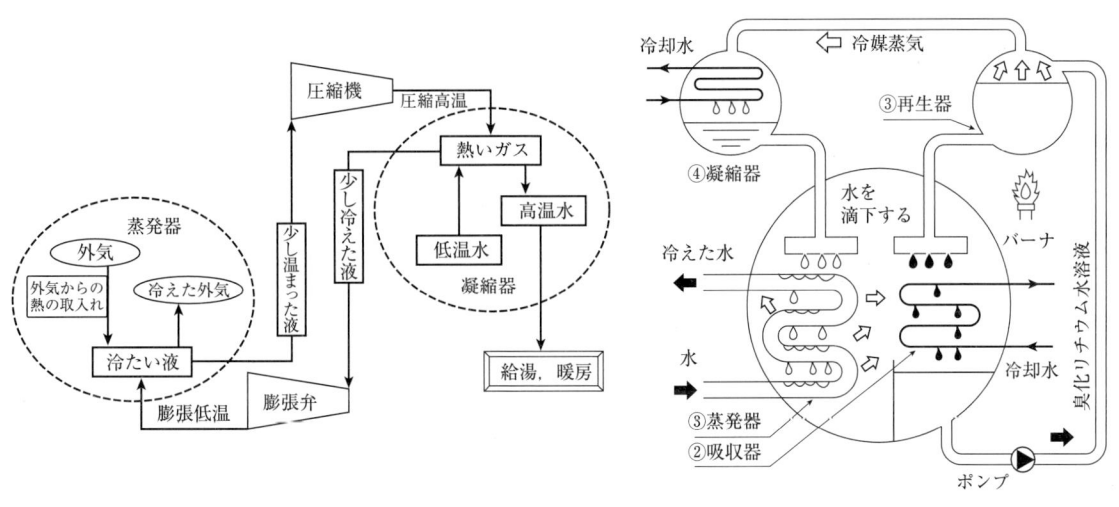

(a) 圧縮式ヒートポンプ (b) 吸収式ヒートポンプ

図 35.18 ヒートポンプの原理図（[15] 図 7.6-1, 7.6-2）

ii) 吸収式ヒートポンプ： 図35.18(b)に示すように水を蒸発器に滴下すると蒸発し熱交換器内を流れる水を冷却する．吸収器では臭化リチウム濃溶液をスプレしし，蒸発した水蒸気を吸収する．水蒸気を吸収した臭化リチウム水溶液はポンプで再生器に移して加熱し，水蒸気と臭化リチウム濃溶液に分離し臭化リチウム濃溶液は再び吸収器に戻される．水蒸気は凝縮器で冷やされて水となり再び蒸発器に滴下される．この吸収式ヒートポンプでは電気エネルギーはポンプにしか使用せず，再生器で液を加熱するバーナがこの循環サイクルのエネルギー源となっている．

〔田原紘一〕

参考文献

[1] 日本機械学会：伝熱工学資料（改訂第4版），丸善（1989）
[2] 電気学会編：電気工学ハンドブック（第6版），オーム会（2001）
[3] 日本工業規格「JIS C 1602 (1995) 熱電対」
[4] 千本 資・花渕 太共編：計装システムの基礎と応用，オーム社（1987）
[5] 日本電熱協会編：エレクトロヒート応用ハンドブック，オーム社（1990）
[6] 電気学会通信教育会：電気学会大学講座 照明工学，電気学会（1978）
[7] 日本鉄鋼協会編：鉄鋼便覧 第2巻 製銑・製鋼（第3版），丸善（1979）
[8] U.I.E.編：誘導加熱 産業における応用，日本電熱協会（1993）
[9] 中路幸謙：電気学会大学講座 電熱工学（第二次改訂版），電気学会（1986）
[10] 應和俊雄・辻 健：溶接，朝倉書店（1984）
[11] 日本機械学会：機械実用便覧，日本機械学会（1981）
[12] 溶接学会編：溶接・接合便覧 第2版，丸善（2003）
[13] 上田修三：叢書 鉄鋼技術の流れ 第9巻 構造用鋼の溶接，地人書館（1997）
[14] 日本溶接協会ロボット溶接研究委員会編：ロボットアーク溶接技術入門，産報出版（1991）
[15] 省エネルギーセンター：省エネルギー技術普及促進事業調査報告書（2005）

表35.15 元素の1グラム当量とイオン化した場合の電気量（[5] p.4）

元素名	原子番号	原子量	原子価	1グラム当量 Mol（グラム）	1原子がイオン化した場合の電気量 (F)（1 F = 96,500 クーロン）
H	1	1.008	1	1 (1.008)	$H \to H^+ + e$: 1 F
Li	3	6.941	1	1 (6.941)	$Li \to Li^+ + e$: 1 F
Na	23	22.990	1	1 (22.990)	$Na \to Na^+ + e$: 1 F
K	39	39.098	1	1 (39.098)	$K \to K^+ + e$: 1 F
Ag	47	107.868	1	1 (107.868)	$Agzz \to Ag^+ + e$: 1 F
Mg	12	24.305	2	1/2 (12.153)	$Mg \to Mg^{2+} + 2e$: 2 F
Ca	20	40.078	2	1/2 (20.039)	$Ca \to Ca^{2+} + 2e$: 2 F
Zn	30	65.39	2	1/2 (32.695)	$Zn \to Zn^{2+} + 2e$: 2 F
Al	13	26.982	3	1/3 (8.994)	$Al \to Al^{3+} + 3e$: 3 F
Cu	29	63.546	1	1 (63.546)	$Cu \to Cu^+ + 2e$: 1 F
Cu	29	63.546	2	1/2 (31.773)	$Cu \to Cu^{2+} + 2e$: 2 F
Fe	26	55.847	2	1/2 (27.924)	$Fe \to Fe^{2+} + 2e$: 2 F
Fe	26	55.847	3	1/3 (18.616)	$Fe \to Fe^{3+} + 3e$: 3 F
Cr	24	51.996	3	1/3 (17.332)	$Cr \to Cr^{3+} + 3e$: 3 F
Cr	24	51.996	6	1/6 (9.999)	$Cr \to Cr^{6+} + 6e$: 6 F
F	9	18.998	−1	(18.998)	$F + e \to F^-$: 1 F
Cl	17	35.453	−1	1 (35.453)	$Cl + e \to Cl^-$: 1 F
Br	35	79.904	−1	1 (79.904)	$Br + e \to Br^-$: 1 F
I	53	126.904	−1	1 (126.904)	$I + e \to I^-$: 1 F
O	8	15.999	−2	1/2 (8.000)	$O + 2e \to O^{2-}$: 2 F
S	16	32.066	−2	1/2 (16.033)	$S + 2e \to S^{2-}$: 2 F

B. 電気化学
(1) ファラデーの法則

電解中に溶液を通った電気の量と電極に遊離した物質の量との関係をファラデー（M. Faraday）は1833年に次の2つの法則で表した．

第一法則： 電気が溶液中を通った後に電極に遊離する物質の量 m は通った電気量 q に正比例する．

$$m = kq$$

ここで，k は各物質に固有の定数で $q=1$ すなわち1クーロンで電極に遊離する元素またはもとのグラム数に相当し，これをその元素またはもとの電気化学当量という．

第二法則： 同じ電気量 q で種々の電解質溶液 a, b, c, … を電気分解するとき，それぞれの電極に遊離する物質の量 $m_a, m_b, m_c, …$ はそれらの化学当量 $n_a, n_b, n_c, …$ に正比例する．

$$m_a/n_a = m_b/n_b = m_c/n_c = … = k_a q/n_a = k_b q/n_b$$
$$= k_c q/n_c = … = c$$

ある適当な同一の電気量 q' では各物質でちょうど化学当量が遊離し，このとき $m_a = n_a$, $m_b = n_b$, $m_c = n_c$, …, $c = 1$ となる．この場合の q' は各物質の1グラム当量が遊離する電気量で，この量をファラデー（F）で表し，1F = 96,500（96,484.56）クーロンである．1価のイオン1グラム当量中にはアボガドロ数 $N = 6.022 \times 10^{23}$ 個のイオンがあり，電子1個のもつ電荷を ε とすれば $F = N\varepsilon$ となり，F もまた定数である．

元素の1グラム当量とイオン化した場合の電気量を表35.15に示す．

表35.16 電解質溶液の極限モル電気導電率（25℃）（[3] p.149, 表4.4）

イオン	$\{\lambda_0/|z|\}/\mathrm{S\,cm^2\,mol^{-1}}$	イオン	$\{\lambda_0/|z|\}/\mathrm{S\,cm^2\,mol^{-1}}$	イオン	$\{\lambda_0/|z|\}/\mathrm{S\,cm^2\,mol^{-1}}$
Ag^+	61.9	Zn^{2+}	52.8	F^-	54.4
Al^{3+}	61	$i\text{-}C_4H_9NH_3^+$	38	$H_2AsO_4^-$	34
Ba^{2+}	63.9	$n\text{-}C_{10}H_{21}PyH^+$	29.5	HCO_3^-	44.5
Be^{2+}	45	$(C_2H_5)_2NH_2^+$	42.0	HPO_4^{2-}	57
Ca^{2+}	59.5	$(CH_3)_2NH_2^+$	51.5	$H_2PO_4^-$	33
Cd^{2+}	54	$(C_3H_7)_2NH_2^+$	30.1	HS^-	65
Ce^{3+}	70	$n\text{-}C_{12}H_{25}NH_3^+$	23.8	HSO_3^-	50
Co^{2+}	53	$C_2H_5NH_3^+$	47.2	HSO_4^-	50
$Co(NH_3)_6^{3+}$	100	$C_2H_5(CH_3)_3N^+$	40.5	I^-	76.8
$Co(en)_3^{3+}$	74.7	$CH_3NH_3^+$	58.3	IO_3^-	40.5
Cr^{3+}	67	$C_5H_{10}NH_3^+$	37.2	IO_4^-	54.5
Cs^+	77.3	$C_3H_7NH_3^+$	40.8	NO_3^-	71.4
Cu^{2+}	55	$(n\text{-}C_4H_9)_4N^+$	19.1	N_3^-	69
Fe^{2+}	54	$(C_2H_5)_4N^+$	33.0	OCN^-	64.6
Fe^{3+}	68	$(CH_3)_4N^+$	45.3	OH^-	198.6
H^+	349.82	$(n\text{-}C_3H_7)_4N^+$	23.5	PF_6^-	56.9
Hg^{2+}	53	$(C_2H_5)_3NH^+$	34.3	PO_4^{2-}	69.0
K^+	73.5	$(C_2H_5)_3S^+$	36.1	$P_2O_7^{4-}$	81.4
Li^+	38.69	$(CH_3)_3NH^+$	46.6	$P_3O_9^{3-}$	83.4
Mg^{2+}	53.06	$(CH_3)_3S^+$	51.4	SCN^-	66
Mn^{2+}	53.5	$(C_3H_7)_3NH^+$	26.1	CH_3COO^-	40.9
NH_4^+	73.5	$B(C_6H_5)_4^-$	21	$C_6H_5COO^-$	32.4
Na^+	50.11	Br^-	78.1	$n\text{-}C_3H_7COO^-$	32.6
Ni^{2+}	50	Cl^-	76.35	$HCOO^-$	54.6
Pb^{2+}	71	ClO_3^-	64.6	$HC_2O_4^-$	40.2
Rb^+	77.8	ClO_4^-	67.9	$CH_2(COO^-)_2$	63.5
Sc^{3+}	64.7	CN^-	78	$C_2O_4^{2-}$	74.2
Sr^{2+}	59.46	CO_3^{2-}	72	$(NO_2)_3C_6H_2O^-$	30.2
Tl^+	76	$Co(CN)_6^{3-}$	98.9	$C_2H_5COO^-$	35.8
Y^{3+}	62	CrO_4^{2-}	85		

λ_0：イオンモル導電率，z：イオンの電荷数，S：単位シーメンス Ω^{-1}．

以上をまとめると，電気分解，電気めっきによる電極に析出される量 W[g] は次式で与えられる．

$$W = \frac{1}{96,500} \times \frac{m}{h} \times Q \text{ [g]} \quad (35.5)$$

ただし，化学当量＝原子量（m）/原子価（n），Q は通過電気量（e）である．

（2） イオンの極限モル導電率（25℃）

電解質溶液は電気導体であり，オームの法則が成り立つ．抵抗 R は長さ L に比例し，面積 A に反比例する．

$$R = L/A\kappa$$

ここで，κ を導電率（伝導度）といい，電解質の濃度 c に依存し，電解質の容量モル濃度 c で割った値 Λ をモル導電率という．モル伝導率は濃度が小さくなると大きくなり，無限希釈で一定値に近づく．この値を極限モル伝導率という．表 35.16 にはイオンの極限モル導電率を示す．

（3） 水溶液用の主要な基準電極

電極電位は基準電極（参照電極，照合電極）との電位差として測定される．標準水素電極電位（SHE：standard hydrogen electrode）は，水素電極反応がすべての温度でゼロと仮定している．水素電極電位は1気圧水素ガスで飽和された水溶液中の白金黒付き白金電極やガラス電極で測定できる．従来は飽和甘こう電極（SCE：saturated calomel electrode）が広く使われていたが，水銀やその化合物が有毒であることから飽和銀・塩化銀電極（SSE：saturated silver silver chloride electrode）が使用されることが多くなった．水溶液中の基準電極の電位を表 35.17 に示す．溶融金属のような固体電解質の基準電極は可動イオン種が限定され，接触ガスや固体との平衡で活量が決まるので標準電極は一般的に定義されず，系ごとに適当な基準電極が設定される（例：$p_{O_2}=1$ bar の酸化物イオン導電体など）．有機溶媒中の基準電極では，プロトン性溶媒では SCE や SSE が多く，また各種有機溶媒で伝導性を付与した基準電極を用いる（表 35.19 参照）．

（4） 水溶液中の標準電極電位

可逆的電極において左から右に zF クーロンが流れたとき，aA＋bB＋…⇔xX＋yY＋… なる化学反応変化が電極で起こるならば，化学熱力学に基礎をおく物質の標準生成ギブスエネルギーは，ミクロな分子，イオン間の相互作用が無視できる無限希釈物理量であり，これを用いれば標準になる標準電極電位 E が算出できる．

$$E = E_0 - RT/zF(\Sigma \ln a_{x^x} - \Sigma \ln a_{A^a})$$
$$E_0 = RT/zF \ln K,$$
$$\text{平衡恒数 } K = a_{x^x} a_{y^y} \cdots / a_{A^a} a_{B^b} \cdots$$

表 35.18 には，酸性および塩基性水溶液（$a_{H^+}=1$）中の標準電極電位の例を示す．H^+/H_2 系は 0 V と約束する．

（5） プールベの pH-電位図

水環境中の金属の化学平衡を電極電位と pH を軸とする状態図で表したものが，図 35.19 で示すプールベ（Pourbaix）の pH-電位図である．同図で鉄（Fe）-水系（H_2O）（酸化物系）の pH-電位図を例にとり説明する．破線 a の下部は水素反応，破線 b の上部は酸素発生反応で，この間では水は安定である．線①は Fe と Fe_3O_4 の固相共

表 35.17 水溶液用の主要な基準電極（対 SHE, 対 SCE, 25℃）（[6] p.90）

基 準 電 極	E/V vs. SHE	E/V vs. SCE
$H^+(a=1)|H_2(p_{H_2}=1$ atm$)|$Pt SHE	0.0000	－0.2415
KCl（飽和）$|$AgCl$|$Ag	0.1976	－0.044
KaCl（飽和）$|Hg_2Cl_2|$Hg SSCE	0.2360	－0.055
KCl（飽和）$|Hg_2Cl_2|$Hg SCE	0.2415	0.0000
KCl（1 M）$|Hg_2Cl_2|$Hg NCE	0.2807	0.039
KCl（0.1 M）$|Hg_2Cl_2|$Hg 1/10 NCE	0.3337	0.092
K_2SO_4（飽和）$|Hg_2SO_4|$Hg	0.650	0.408
H_2SO_4（0.5 M）$|Hg_2SO_4|$Hg	0.682	0.440
NaOH（0.1 M）$|$HgO$|$Hg	0.165	－0.077

表 35.18 25℃における水溶液の標準電極電位（[7] 表1）

電極反応	$V°/V$	電極反応	$V°/V$
酸性溶液（$a_{H^+}=1$）		$PbSO_4 + 2e^- = Pb + SO_4^{2-}$	-0.3588
$F_2(g) + 2e^- = 2F^-$	$+2.87$	$Ti^{3+} + e^- = Ti^{2+}$	-0.369
$H_2O_2 + 2H^+ + 2e^- = 2H_2O$	$+1.77$	$Cd^{2+} + 2e^- = Cd$	-0.403
$MnO_4^- + 8H^+ + 5e^- = Mn^{2+} + 4H_2O$	$+1.51$	$Fe^{2+} + 2e^- = Fe$	-0.4402
$Cl_2 + 2e^- = 2Cl^-$	$+1.3595$	$Cr^{3+} + 3e^- = Cr$	-0.744
$Tl^{3+} + 2e^- = Tl^+$	$+1.25$	$Zn^{2+} + 2e^- = Zn$	-0.7628
$Br_2 + 2e^- = 2Br^-$	$+1.065$	$Mn^{2+} + 2e^- = Mn$	-1.180
$Ag^+ + e^- = Ag$	$+0.7991$	$Al^{3+} + 3e^- = Al$	-1.662
$Fe^{3+} + e^- = Fe^{2+}$	$+0.771$	$Mg^{2+} + 2e^- = Mg$	-2.363
$O_2 + 2H^+ + 2e^- = H_2O_2$	$+0.682$	$Na^+ + e^- = Na$	-2.7142
$I_3^- + 2e^- = 3I^-$	$+0.536$	$Ca^{2+} + 2e^- = Ca$	-2.866
$Cu^{2+} + 2e^- = Cu$	$+0.337$	$Ba^{2+} + 2e^- = Ba$	-2.906
$Hg_2Cl_2 + 2e^- = 2Cl^- + 2Hg$	$+0.2676$	$K^+ + e^- = K$	-2.925
$AgCl + e^- = Ag + Cl^-$	$+0.2225$	$Li + e^- = Li$	-3.045
$Cu^{2+} + e^- = Cu^+$	$+0.153$	塩基性溶液（$a_{OH^-}=1$）	
$CuCl + e^- = Cu + Cl^-$	$+0.137$	$MnO_4^- + 2H_2O + 3e^- = MnO_2 + 4OH^-$	$+0.588$
$AgBr + e^- = Ag + Br^-$	$+0.0713$	$O_2 + 2H_2O + 4e^- = 4OH^-$	$+0.401$
$2H^+ + 2e^- = H_2$	0.0000	$S + 2e^- = S^{2-}$	-0.447
$Pb^{2+} + 2e^- = Pb$	-0.126	$2H_2O + 2e^- = H_2 + 2OH^-$	-0.82806
$AgI + e^- = Ag + I^-$	-0.1518	$SO_4^{2-} + H_2O + 2e^- = SO_3^- + 2OH^-$	-0.93
$CuI + e^- = Cu + I^-$	-0.1852		

存状態（$E = -0.085 - 0.0591\,pH$），線②は Fe と Fe^{2+} の共存状態（$E = -0.440 + 0.296\,\log a_{Fe^{2+}}$），線③は Fe^{2+} と Fe$_2O_3$ の共存状態で表される．線①，③の電位は金属イオンの活量 $a_{Fe^{2+}}$ に依存し，Fe^{2+} 濃度 $10^{-6}, 10^{-2}$ mol kg^{-1} に対して，図中に平行線$-6, -2$で示している．その他の種々の電極の電位-pH図も同図に示す．溶液への溶解による腐食域，ガスとして気化する腐食域，水和酸化物皮膜による不動態域，水素化物皮膜による不動態域，不感域などの状態図で示される．

(6) 酸化物の T-μ 状態図

金属の高温における酸化還元平衡を表し，安定相を容易に見出し，かつ反応系の特徴をとらえるのに便利なのが，温度 T-μ 状態図（T-ΔG 状態図，エリンガム図）である（図 35.20）．金属・合金の乾食，乾式精錬，化学輸送法，気相成長法，水の熱化学分解法などにおける酸化還元反応に広く用いられている．金属の高温酸化反応 $2M(s) + O_2(g) \rightarrow 2MO(s)$ を例にとり説明する．純粋な金属から純粋な酸化物が生成する条件では，熱力学的に計算より標準生成ギブスエネルギーは

$$\Delta G = 2\Delta G°_{f(MO)} - RT \ln p_{O_2}$$

となる．上記反応が順反応の場合は $\Delta G < 0$，逆反応の場合は $\Delta G > 0$，平衡状態の場合は $\Delta G = 0$ で

$$2\Delta G°_{f(MO)} = RT \ln p_{O_2}$$

となる．この p_{O_2} は金属 M と酸化物 MO の平衡酸素分圧（または MO の解離酸素圧）と呼ばれ，この値を温度に対してプロットした図がエリンガム図である．エリンガム図に示された反応の直線より上の領域は酸化物が安定で，直線より下では金属が安定な領域を示す．図 35.20 の左側の直線上には●印で O, H および C が，図周囲には p_{O_2}, p_{H_2}/p_{H_2O} 比，および p_{CO}/p_{CO_2} 比などが描かれている．

1,000℃ での $2Ni + O_2 = 2NiO$ の例として，この反応に対応する線と 1,000℃ を示す縦線との交点 N と左側の O 点とを結んだときの，p_{O_2} 軸との交点の値が，Ni と NiO が共存する平衡酸素分圧となる．p_{CO}/p_{CO_2} 比を求めるには C 点と N 点を結び p_{CO}/p_{CO_2} 比を示す軸に外挿して求める．p_{H_2}/p_{H_2O} 比を求める場合は H 点を用いて求める．

(7) 有機化合物の酸化還元電位例

多くの酸化還元電位が測定されている．酸化電位あるいは還元電位は，分子の最高被占軌道（HOHO）からの電子の放出あるいは最低空気軌道（LUMO）への電子の取り込みに必要なエネ

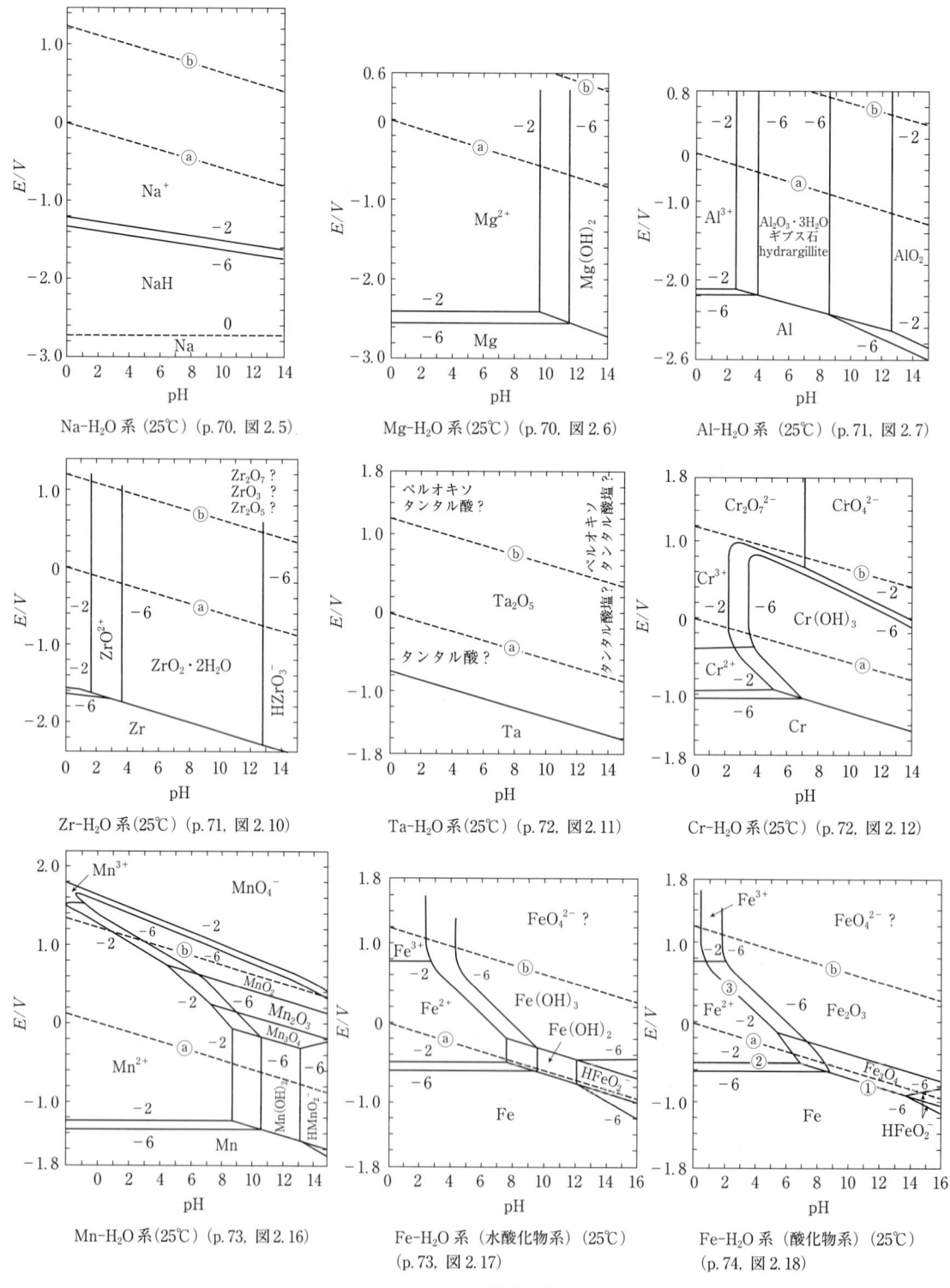

図 35.19 プールベの pH-電位図（[3] pp.70〜74）

35章 電気加熱・電気化学

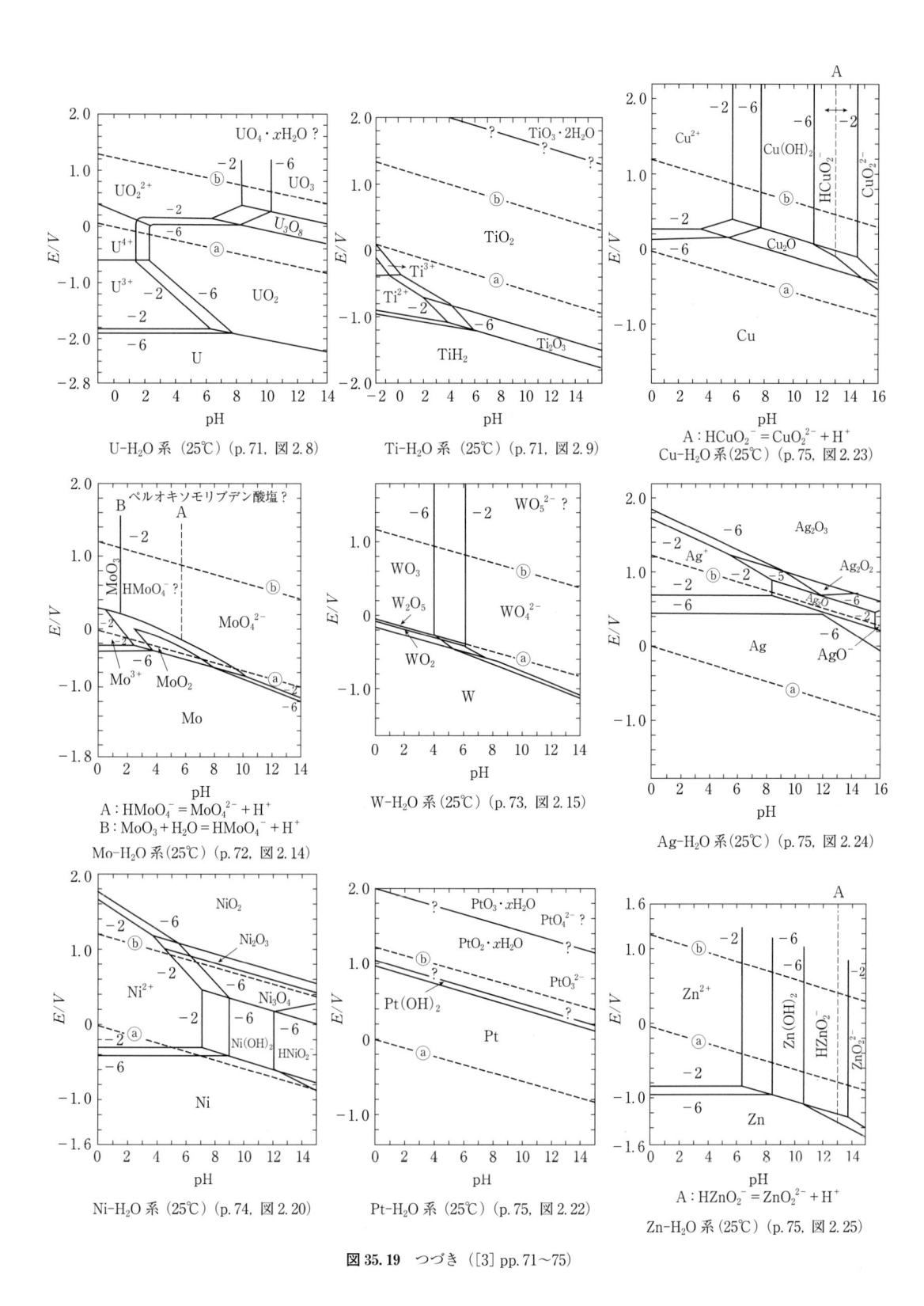

U–H$_2$O 系（25℃）(p.71, 図 2.8)

Ti–H$_2$O 系（25℃）(p.71, 図 2.9)

A：HCuO$_2^-$ = CuO$_2^{2-}$ + H$^+$
Cu–H$_2$O 系（25℃）(p.75, 図 2.23)

A：HMoO$_4^-$ = MoO$_4^{2-}$ + H$^+$
B：MoO$_3$ + H$_2$O = HMoO$_4^-$ + H$^+$
Mo–H$_2$O 系（25℃）(p.72, 図 2.14)

W–H$_2$O 系（25℃）(p.73, 図 2.15)

Ag–H$_2$O 系（25℃）(p.75, 図 2.24)

Ni–H$_2$O 系（25℃）(p.74, 図 2.20)

Pt–H$_2$O 系（25℃）(p.75, 図 2.22)

A：HZnO$_2^-$ = ZnO$_2^{2-}$ + H$^+$
Zn–H$_2$O 系（25℃）(p.75, 図 2.25)

図 35.19 つづき（[3] pp.71〜75）

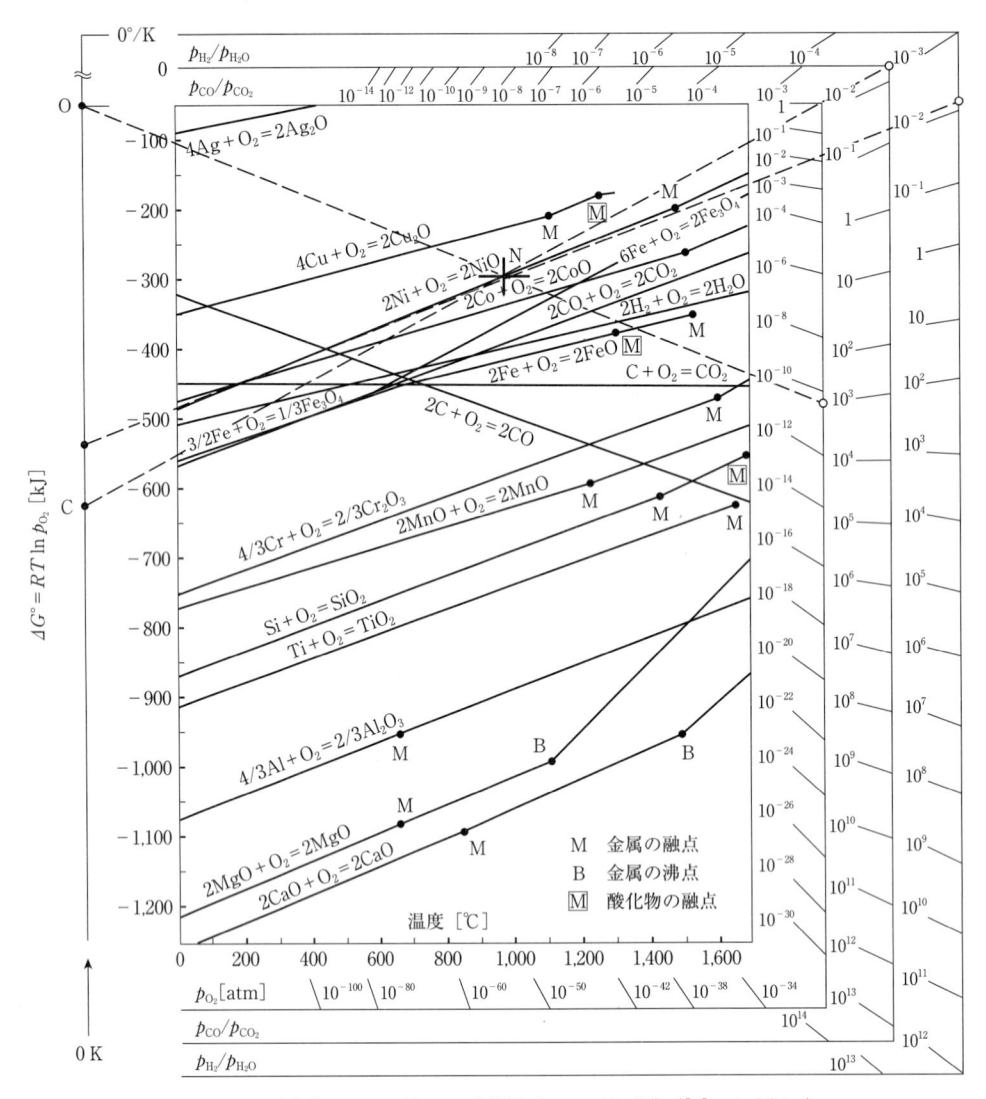

図 35.20 酸化物の T-μ_{O_2} と E-p_{O_2} 状態図（エリンガム図）（[4] p.4, 図1.1）

ルギーに対応するもので，前者はイオン化ポテンシャル，後者は電子親和力とよい相関性があり，基本的には分子の構造的あるいは電子的特徴による．有機電極反応で生成するカチオン，アニオン，ラジカルイオンなどのイオン種は，溶媒や支持電解質の影響を受けるので，測定の溶液・条件に配慮が必要である．表35.19に有機化合物の酸化還元電位例を示す．

(8) 半導体電極のフラットバンド電位

半導体電極では，光で生成した電子や正孔は伝導体下端ないしは価電子帯上端に緩和してから反応などを引き起こす．電極表面の伝導帯下端と価電子帯上端のエネルギー（E_c^s と E_v^s）は半導体電極反応を理解する上で基本的に重要であり，蓄積層領域を除けば，電極電位 U によってほとんど変化しない．E_c^s と E_v^s はフラットバンド電位 U_{FB} と Δ から計算できる．

$$\Delta = E_c - E_F = kT \ln(N_c/N_D)$$
$$\Delta = E_F - E_v = kT \ln(N_v/N_A)$$

ここで，N_D，N_A は半導体ドナー濃度とアクセプター，N_C，N_V は伝導帯と価電子帯の有効状態密度を表す．表35.20(a)，(b)には水溶液中の種々のフラットバンド電位 U_{FB} を示す．水溶液中の U_{FB} は Si, CdS などを除いて，多くの場合溶液の

表35.19 有機化合物の酸化還元電位例

化合物		電解液	酸化還元電位 [V]	参照電極
芳香族化合物	ベンゼン	NaClO$_4$/MeCN	2.00	Ag/Ag$^+$
	トルエン	NaClO$_4$/MeCN	1.93	Ag/Ag$^+$
	o-キシレン	NaClO$_4$/MeCN	1.57	Ag/Ag$^+$
	アニソール	Pr$_4$NClO$_4$/MeCN	1.76	SCE
	1,2,4,5-テトラメチルメトキシベンゼン	Pr$_4$NClO$_4$/MeCN	0.81	SCE
	ビフェニル	NaClO$_4$/MeCN	1.48	Ag/Ag$^+$
	ナフタレン	NaClO$_4$/MeCN	1.31	SCE
	1,4-ジメトキシナフタレン	Pr$_4$NClO$_4$/MeCN	1.10	SCE
	ピリジン	NaClO$_4$/MeCN	2.12	SCE
	チオフェン	NaClO$_4$/MeCN	2.10	SCE
	ピロール	NaClO$_4$/MeCN	0.46	SCE
オレフィン	エチレン	Bu$_4$NBF$_4$/MeCN	2.90	Ag/Ag$^+$
	プロペン	Et$_4$NBF$_4$/MeCN	2.84	Ag/Ag$^+$
	1-ブテン	Et$_4$NBF$_4$/MeCN	2.78	Ag/Ag$^+$
	1-ペンテン	Et$_4$NBF$_4$/MeCN	2.74	Ag/Ag$^+$
	1-ヘキセン	Me$_4$NBF$_4$/MeCN	3.14	Ag/Ag$^+$
	シクロヘキセン	NaClO$_4$/MeCN	1.95	Ag/Ag$^+$
	スチレン	NaClO$_4$/MeCN	1.90	SCE
	インデン	NaClO$_4$/MeCN	1.25	Ag/Ag$^+$
窒素化合物	メチルアミン	Et$_4$NBF$_4$/DMSO	1.1	SCE
	ジメチルアミン	Et$_4$NBF$_4$/DMSO	1.0	SCE
	アセトアミド	Et$_4$NBF$_4$/DMSO	2.0	SCE
	アニリン	Buffer/H$_2$O	1.04	SCE
	N-エチルアミン	Na$_2$SO$_4$/H$_2$O	0.40	Ag/Ag$^+$
	ニトロソベンゼン	0.1 NHCl/50%アセトン/H$_2$O	0.40	NHE
硫黄化合物	チオフェノール	CF$_3$CO$_2$H/CH$_2$Cl$_2$	1.65	Ag/Ag$^+$
	ジメチルスルフィド	0.1 MHCl/MeOH	0.86	SCE
	メチルフェニルスルフィド	CH$_3$CN	1.00	Ag/Ag$^+$
アルコール・エーテル	メタノール	Bu$_4$NBF$_4$/MeCN	2.73	Fc/Fc$^+$
	エタノール	Bu$_4$NBF$_4$/MeCN	2.61	Fc/Fc$^+$
	プロパノール	Bu$_4$NBF$_4$/MeCN	2.56	Fc/Fc$^+$
	ブタノール	Bu$_4$NBF$_4$/MeCN	2.56	Fc/Fc$^+$
	フェノール	NaClO$_4$/MeCN	1.04	Ag/Ag$^+$
ハロゲン	塩化メチル	Et$_4$NClO$_4$/DMF	−2.76	SCE
	臭化ブチル	Et$_4$NBF$_4$/DMF	−2.85	SCE
	沃化ブチル	Et$_4$NBF$_4$/DMF	−2.33	SCE
	沃化 t-ブチル	Et$_4$NBF$_4$/DMF	−1.91	SCE
	アセトン	Et$_4$NBr/DMF	−2.84	SCE
カルボニル	シクロペンタノン	Bu$_4$NCl/90%EtOH	−2.46	SCE
	アセトフェノン	LiOH/75%Dioxane	−1.26	SCE
	ホルムアルデヒド	pH8	−1.22	NHE
	アセトアルデヒド	pH9.1	−1.51	NHE
	1,4-ベンゾキノン	50%EtOH	0.712	NHE
キノン	ビスエーテル	Bu$_4$NI/DMF	−2.22	Ag/Ag$^+$
エーテル	スチレン	Bu$_4$NI/DMF	−2.45	SCE
オレフィン	ベンゼン	Bu$_4$NBr/Me$_2$NH	−3.42	Ag/Ag$^+$
芳香族	ナフタレン	Bu$_4$NBr/Me$_2$NH	−2.53	Ag/Ag$^+$
	アントラセン	Bu$_4$NBr/Me$_2$NH	−2.04	Ag/Ag$^+$
窒素化合物	ニトロメタン	pH7/H$_2$O	−0.88	SCE
	ニトロベンゼン	pH7/80%Dioxane	−0.62	SCE
	p-ニトロソアニリン	H$_2$SO$_4$/10%MeOH	−0.615	SCE
硫黄化合物	ジフェニルスルフィド	Bu$_4$NI/DMF	−2.75	Ag/Ag$^+$
	メチルフェニルスルフォン	Bu$_4$NI/DMF	−2.41	Ag/Ag$^+$
	フェニルスルフォン酸	MeNCl/Dioxane	−1.50	SCE
ヘテロ芳香族化合物	フルフラール	BrittonnandRobinson/H$_2$O	−1.04	SCE
	2-ニトロフラン	BrittonnandRobinson/H$_2$O	−0.10	SCE
	ニコチンアミド	BrittonnandRobinson/H$_2$O	−1.34	Ag/Ag$^+$

pHに依存し，(0.059 V/pHの割合で負にシフトする) 電極表面の化学結合や結晶面やレドックス反応など溶液内反応の影響を受ける．

(9) 無機工業電解で生産される物質

無機工業電解プロセスは，大電流容量で低電圧の直流電気エネルギーを利用し効率よく生産され，電解採取，合成，精錬（銅，鉛など）等に利用され，生産量は電気量に比例し，ファラデーの法則により理論電気量が計算できる．すべての電流（電気量 q）が製品 k の製造 w_k^0 に使われたとすると次式で表される．

$$dw_k^0 = M_k dn_k = (\nu_k M_k/zF)dq$$

表35.20 半導体電極のフラットバンド電位 ([8] p.184, [9] p.136 ほか)

(a) 元素および化合物半導体電極の水溶液中の U_{FB} (V 対 SCE)

半導体	Eg[eV]	pH	U_{FB}	$\chi^{1)}$	半導体	Eg[eV]	pH	U_{FB}	$\chi^{1)}$
n-Si	1.12	1	$-0.35^{2)}$	4.05	n-GaAs(111)As 面		0	-1.13	
		6	$-0.50^{2)}$				13	-1.75	
n-SiC	2.9	1	-1.35		(111)Ga 面		13	-1.55	
p-SiC		1	1.7		(100)		13	-1.8	
		14	1.34		(100)		14	$-2.1^{3)}$	
n-InP	1.35	2.1	-0.35		n-GaP(111)	2.26	2.1	-1.1	
		9.2	-0.65				4.8	-1.2	
		14	-0.8				14	-1.9	
p-InP		2.1	0.9		p-GaP		2.1	0.8	
		9.2	0.7				4.8	0.7	
n-GaAs	1.42	2.1	-0.95	4.07			14	0.2	
		9.2	-1.35		n-CdS	2.42		$-0.65^{4)}$	3.8
		12	-1.5					$-1.1^{5)}$	
p-GaAs		2.1	0.4		n-CdSe	1.70		$-0.45^{4)}$	3.8
		9.2	0		n-CdTe	1.56		$-0.55^{4)}$	
		14	0		n-ZnSe	2.7	7	-2.5	

1) 単位eV．2) Si の U_{FB} の pH 依存性は pH 0～11 の範囲で-0.03 V/pH 程度の勾配をもつ，3) 溶液中 1.0 MSe^{2-} 存在下の値，4) pH 0～12 の範囲で pH に依存しない，5) 溶液中 1.0 MS^{2-} 存在下の値，一般に n-CdS などの U_{FB} は溶液中の HS$^-$ や Cd^{2+} イオンにより変化する．勾配は濃度10倍変化当たり，吸着イオンの電荷が $\pm e$ のとき 0.059 V，$\pm 2e$ のとき 0.030 V．

(b) 金属酸化物半導体電極の水溶液中の U_{FB} (V 対 SCE) ([8] p.183, 186, [9] p.33)

半導体	Eg	pH	U_{FB}	pzc$^{1)}$	$E_v^{s2)}$	$E_c^{s2)}$	$\chi^{3)}$
p-Cu$_2$O	1.95	~13	~-0.5				
n-Fe$_2$O$_3$	2	13	-0.1	8.6	2.2	0.2	4.7
n-CdO	2.1	13	0	12	2.2	0.1	4.6
p-NiO		3	0.55				
n-WO$_3$	2.6	1	0.1	0.4	3.4	0.8	5.2
n-V$_2$O$_5$	2.75	7	0.9				
n-Bi$_2$O$_3$	2.8	9	0.2				
n-PbO	2.8	9	0				
n-TiO$_2$	3	13	-0.6	5.8	2.7	-0.3	4.3
n-Ta$_2$O$_5$		13	-1.2	2.9	2.5	-0.6	4.1
n-ZnO	3.2	13	-0.85	8.8	2.6	-0.6	4.2
n-ZnO(1010)		10	-0.40				
(000$\bar{1}$)		10	-0.60				
(0001)		10	-0.69				
n-Nb$_2$O$_5$	3.4	13	-0.75				
n-SnO$_2$	3.7	13	-0.45	4.3	3.8	0.1	4.5
n-ZrO$_2$	5.0	13	-1.8	6.7	2.5	-1.4	3.4
n-SrTiO$_3$	3.2	13	-0.85	8.6	2.6	-0.6	3.7
n-FeTiO$_3$	2.2	14	0.45	6.3	2.1	0	4.3

1) 零電荷点 (point of zero charge)，2) 単位 V 対 SCE，3) 単位 eV．

理論電気量 Q_0 は，

$$Q_0 = zF/\nu_k M_k$$

で表される．ただし，z は反応に関与する電子数，F はファラデー定数，ν_k は化学量論係数，M_k は k の化学式量である．反応種と反応式が決まれば定数となる．実際の操業では，電流効率 ε_F = 実際に得られた製品の量 w_k/流れた電気量から計算される製品の理論生産量 w_k^0 = 理論電気量 Q_0/実際の電気量 Q で表される．

表 35.21 に無機工業電解で生産される物質の例とそれらの電気化学的な諸特性を示す．電解工業プロセスの ε_F の例としては，Al 電解精錬 90%，イオン交換膜法食塩電解 96%，Cu 電解精錬 97%，アルカリ水電解 98%，Mg 溶融塩電解 80%，Zn 電解採取 90% など，ε_F を低下させない操業上の工夫がなされている．

（10）金属の電気めっき浴と電解条件

電気めっきは金属の電気分解による析出を利用して，導体表面を金属被覆する技術であり，導体金属面と被覆金属は金属結合で密着している．電気めっきには被めっき面の洗浄，浴組成・めっき電解条件とめっき装置（めっき槽，加熱装置，撹拌装置，濾過装置，電源，洗浄，排水装置）が不可欠であり，ファラデーの法則より算出される理論めっき析出量に近づけるべく，電流効率を上げる操業上の工夫が必要である．

金属の電気めっき浴の例を表 35.22 に示す．各種金属は，防錆性，装飾性，耐磨耗，電気伝導などの特性に応じて選択される．また，2～3 層の複合めっき，合金や非晶質めっき，めっき層に機能物質を分散させる複合めっきなど，多種の方法を適用して多くの製品が製造されている．

（11）各種キャパシタの構成と特徴

キャパシタはエレクトロニクスの必要部品として飛躍的に生産量が伸びている．最近では携帯電話，AV 機器や機器の小型化や高周波回路などに対応した超小型チップ化，低インピーダンス化の開発や二次電池用代替の新しい超大容量キャパシタの出現がみられる．

表 35.23 に各種キャパシタの種類，特徴，主な用途を示す．誘電体材料別には紙，有機フィルム，マイカ，ガラスなどの誘電体を用いたキャパシタ，電解キャパシタ（Al，Ta の陽極酸化皮膜），セラミックキャパシタ（チタン酸バリウム），電気二

表 35.21 無機工業電解で生産される物質と電気化学的特性（[1] p.1865, 表 35）

物質例	化学記号	式量 M[g/mol]	理論電気量 Q_0[kA·h/t]	反応電子数 z/ν	主反応式
銀	Ag	107.9	248	1	$Ag \rightleftharpoons Ag$
アルミニウム	Al	27.0	2,980	3	$2Al_2O_3 + 3C \rightleftharpoons 4Al + 3CO_2$
金	Au	197.0	406	3	$Au \rightleftharpoons Au$
カルシウム	Ca	40.1	1,338	2	$CaCl_2 \rightleftharpoons Ca + Cl_2$
塩素	Cl	70.9	756	2	$2NaCl + 2H_2O \rightleftharpoons 2NaOH + H_2 + Cl_2$
クロム	Cr	52.0	1,546	3	$2Cr_2(SO_4)_3 + 6H_2O \rightleftharpoons 2Cr + 6H_2SO_4 + 2CrO_3$
銅	Cu	63.5	844	2	$Cu \rightleftharpoons Cu$
フッ素	F_2	38.0	1,410	2	$2HF \rightleftharpoons H_2 + F_2$
鉄	Fe	55.9	960	2	$Fe \rightleftharpoons Fe$
水素	H_2	2.0	26,587	2	$2H_2O \rightleftharpoons 2H_2 + O_2$
リチウム	Li	6.9	3,862	1	$2LiCl \rightleftharpoons 2Li + Cl_2$
マグネシウム	Mg	24.3	2,205.5	2	$MgCl_2 \rightleftharpoons Mg + Cl_2$
二酸化マンガン	MnO_2	86.9	617	2	$MnSO_4 + 2H_2O \rightleftharpoons MnO_2 + H_2SO_4 + H_2$
ナトリウム	Na	23.0	1,186	1	$2NaCl \rightleftharpoons 2Na + Cl_2$
塩素酸ナトリウム	$NaClO_3$	106.5	1,510	6	$NaCl + 3H_2O \rightleftharpoons NaClO_3 + 3H_2$
過塩素酸ナトリウム	$NaClO_4$	122.5	438	2	$NaClO_3 + H_2O \rightleftharpoons NaClO_4 + H_2$
水酸化ナトリウム	NaOH	40.0	670	1	$2NaCl + 2H_2O \rightleftharpoons 2NaOH + H_2 + Cl_2$
過硫酸アンモニウム	$(NH_4)_2S_2O_8$	228.2	235	2	$2NH_4HSO_4 \rightleftharpoons (NH_4)_2S_2O_8 + H_2$
ニッケル	Ni	58.7	913	2	$Ni_2S_3 \rightleftharpoons 2Ni + 3S$
鉛	Pb	207.2	259	2	$Pb \rightleftharpoons Pb$
亜鉛	Zn	65.4	820	2	$2ZnSO_4 + 2H_2O \rightleftharpoons 2Zn + 2H_2SO_4 + O_2$

表35.22 金属の電気めっき浴と電解条件（[3] p.463, 464, 表13.7）

金属	浴名	浴組成 [g·dm⁻³]		電解条件（電流密度はカソード電流密度）	金属	浴名	浴組成 [g·dm⁻³]		電解条件（電流密度はカソード電流密度）
銅めっき	硫酸銅浴	CuSO₄·5H₂O H₂SO₄ （市販光沢剤）	200 50 適量	25〜50℃ 2〜10 A·dm⁻² アノード：Cu	銅めっき	ピロリン酸銅浴	Cu₂P₂O₇·3H₂O K₄P₂O₇ NH₃(28%) （市販光沢剤） pH	80〜90 300〜400 5 ml·dm⁻³ 適量 8〜9	50〜60℃ 2〜8 A·dm⁻² [P₂O₇/Cu=6〜8] アノード：Cu
	ホウフッ化銅浴	Cu(BF₄)₂ HBF₄	220 15	25〜50℃ 8〜15 A·dm⁻² アノード：Cu		ストライク銅浴	CuCN NaCN	20 30	20〜30℃ 5〜15 A·dm⁻² アノード：Cu
	シアン化銅浴	CuCN NaCN pH	70 90 12〜13	40〜70℃ 1〜4 A·dm⁻² アノード：Cu	スズめっき	硫酸浴	SnSO₄ H₂SO₄ クレゾールスルホン酸 ホルムアルデヒド(37%) （市販光沢剤）	40 100 50 5 ml·dm⁻³ 適量	20〜30℃ 2 A·dm⁻² アノード：Sn
ニッケルめっき	ワット浴	NiSO₄·6H₂O NiCl₂·6H₂O H₃BO₃ pH	250 45 30 4.5〜5.5	50〜60℃ 2〜8 A·dm⁻² アノード：Ni		ホウフッ化浴	Sn(BF₄) HBF₄ ホルムアルデヒド(37%)	250 100 5 ml·dm⁻³	20〜30℃ 2 A·dm⁻² アノード：Sn
	ミスルファミン酸浴	Ni(NH₂SO₃)₂·4H₂O NiCl₂·6H₂O H₃BO₃ pH	300 30 30 3.5〜4.5	40〜60℃ 2〜15 A·dm⁻² アノード：Ni		アルカリ性浴	K₂SnO₃·3H₂O KOH H₂O₂	150 25 少量	80℃、カソード電流密度：3〜15 A·dm⁻²、アノード電流密度：2〜5 A·dm⁻²、アノード：Sn
	ホウフッ化浴	Ni(BF₄)₂ H₃BO₃ pH	300 30 2.7〜3.5	40〜70℃ 2〜20 A·dm⁻² アノード：Ni	金めっき	アルカリ性浴	KAu(CN)₂ KCN	8 90	20〜30℃ 2 A·dm⁻² アノード：Au、ステンレス
	光沢浴	NiSO₄·6H₂O NiCl₂·6H₂O H₃BO₃ サッカリン ブチンジオール ラウリル硫酸ナトリウム pH	250 45 30 1.2 0.2 0.2 4.5〜5.5	45〜55℃ 2〜10 A·dm⁻² アノード：Ni		中性浴	KAu(CN)₂ Na₃PO₄ Na₂HPO₄ pH	4 15 20 6.7〜7.5	20〜30℃ 2〜2.5 A·dm⁻² アノード：Ptめっき Ti
クロムめっき	サージェント浴	CrO₃ H₂SO₄	250 2.5	45〜55℃ 10〜60 A·dm⁻² アノード：Pb		酸性浴	KAu(CN)₂ クエン酸 pH	10 90 3〜5	40℃ 1〜2 A·dm⁻² アノード：Ptめっき Ti
	黒色クロム浴	CrO₃ CH₃COOH	200 5〜20	25〜35℃ 100〜200 A·dm⁻²	銀めっき		AgCN KCN pH	30 60 15	20〜30℃ 0.5〜1.5 A·dm⁻² アノード：Ag
	3価クロム浴	CrCl₃·H₂O HCOONa NH₄Br NH₄Cl KCl H₃BO₃ pH	106 80 10 54 76 40 2.8	25℃ 8〜12 A·dm⁻² アノード：カーボン		鉄用ストライク酸	AgCN KCN CuCN	2 75 12	20〜30℃ 1.5〜2.5 A·dm⁻² アノード：Ag
鉄めっき	混合塩浴	FeSO₄·7H₂O FeCl₂·4H₂O NH₄Cl pH	250 30 20 4.5〜6	40℃ 5〜10 A·dm⁻² アノード：鉄	白金めっき	中性浴	H₂PtCl₆·H₂O (NH₄)₂HPO₄ Na₂HPO₄	4 20 100	60〜80℃ 1 A·dm⁻² アノード：ステンレス
	塩化物浴	FeCl₂·4H₂O CaCl₂ pH	300 340 1〜1.5	90℃ 5〜10 A·dm⁻² アノード：鉄		ジアミノ亜硝酸浴	(NH₃)₂Pt(NO₂)₂ NH₄NO₃ NaHNO₃ NH₄OH	3 10 1 50	90〜95 0.3〜1.0 A·dm⁻²
亜鉛めっき	硫酸亜鉛浴	ZnSO₄·7H₂O (NH₄)₂SO₄ （ゼラチン） pH	350 30 適量 3.0〜4.5	20〜30℃ 2〜10 A·dm⁻² アノード：Zn	パラジウムめっき	アルカリ性浴	PdCl₂·2H₂O Na₂HPO₄·12H₂O (NH₄)₂HPO₄ NH₄OH（pH調整） pH	4 20 100 9	50℃ 0.2〜1.4 A·dm⁻² アノード：白金
	塩化亜鉛浴	ZnCl₂ NH₄Cl pH	240 260 4.5〜5.5	20〜30℃ 2〜10 A·dm⁻² アノード：Zn		酸性浴	PdCl₂·H₂O NH₄Cl HCl（pH調整） pH	13 25〜40 1	40〜50℃ 0.5〜1.0 A·dm⁻² アノード：白金
	シアン浴	Zn(CN)₂ NaCN NaOH	60 105 120	25〜35℃ 5〜7 A·dm⁻² アノード：Zn	ロジウムめっき		Rh（金属として） H₂SO₄	2 25〜80 ml·dm⁻³	40〜50℃ 1〜5 A·dm⁻² アノード：白金	RhCl₃溶液をアルカリ性にしてRh(OH)₃を沈殿させ、それを酸に溶解する
	ジンケート浴	ZnO NaOH （市販光沢剤）	20 200 適量	15〜30℃ 1〜5 A·dm⁻² アノード：Zn			Rh（金属として） H₃PO	2 40〜80 ml·dm⁻³	40〜50℃ 1〜5 A·dm⁻² アノード：白金
クロメート処理	有色	K₂Cr₂O₇ H₂SO₄ HNO₃ 酢酸	8 0.5 ml·dm⁻³ 2〜4 ml·dm⁻³ 1〜2 ml·dm⁻³	室温					
	光沢	CrO₃ H₂SO₄ HNO₃ シュウ酸	10 5 ml·dm⁻³ 30〜40 20	室温 処理後5〜10%のNa₂CO₃溶液で中和する					

表35.23 各種キャパシタの構成と特徴([3] p.563, 表15.1)

種類	項目		構成				特徴	主な用途
			誘導体	電解質(陰極)	集電体	形状		
フィルム			有機フィルム(PE, PP, PS, PCなど)	なし	金属箔 蒸着金属膜	積層, 捲回 チップ型	高周波特性, 温度特性 自己回復作用	バイパス回路 発振・結合回路 家電・産業機器
マイカ			天然雲母	なし	銀ペースト, アルミ板	チップ型	高耐電圧, 低ESR, 高耐熱, 容量の安定	高周波フィルタ用 移動体通信器 医療機器
ガラス			誘電体ガラス(結晶化ガラス, 鉛ケイ酸ガラスなど)	なし	アルミ箔	積層型		
電解	アルミ	乾式	陽極酸化で得られた酸化アルミニウム膜	多面アルコールとホウ酸アンモニウムなど	表面をエッチングしたアルミ箔	捲回型 チップ型	大容量, 高コストパフォーマンス	電源整流回路 高周波回路 結合回路 家電・産業用
		固体	陽極酸化で得られた酸化アルミニウム膜	二酸化マンガン, 有機半導体など	表面をエッチングしたアルミ箔	捲回型 チップ型	高周波特性, 長寿命	
	タンタル	湿式	陽極酸化で得られた酸化タンタル膜	硫酸化溶液	タンタル焼結体および銀	円筒型	大容量, 長寿命, 高信頼性	電源ノイズ除去 高周波回路 AV・通信機器 携帯機器
		固体	陽極酸化で得られた酸化タンタル膜	二酸化マンガン	タンタル焼結体および銀ペースト	ディップ型 チップ型	大容量, 長寿命, 高周波特性	
	有機ポリマー		陽極酸化で得られた酸化アルミニウム, 酸化タンタル膜	ポリピロールなど	Ta, Alおよび Ag	チップ型	高周波特性	高周波回路 AV機器
セラミック	積層		チタン酸バリウムなど, 半導体化セラミックなど	なし	貴金属など 卑金属など	チップ型	耐熱性, 低誘電損失	バイパス回路 発振回路 転流用 小型携帯機器 AV機器
	円盤		酸化チタンなど	なし	貴金属など	円盤型 チップ型	耐熱性, 低ESR 温度補償機能	
電気二重層	水溶液系		活性炭と電解液の界面電気二重層	硫酸水溶液	導電性ゴムなど	積層型	超大容量, 低抵抗	メモリーバックアップ ハイブリッド車 電力貯蔵
	非水溶液系		活性炭と電解液の界面電気二重層	プロピレンカーボネート系電解液	アルミニウム	コイン型 捲回型	超大容量, 高エネルギー密度	
	新型	金属酸化物	酸化ルテニウムなどと電解液の界面電気化学反応	硫酸水溶液	ニッケル, 白金など	開発中	超大容量	
		導電性高分子	ポリアニリンなどと電解質の界面電気化学反応	ゲル電解質など		開発中	超大容量	

重層キャパシタ(活性炭分極性電極/電解液)などがあり, 形状は捲回, 円筒, 積層角, 円盤, コイン, チップの形状で, 大きさはチップの小型からAl電解キャパシタのような大きいものまである.

(12) 代表的な電気化学センサの種類と分類(湿度, ガス, イオン, バイオ)

化学センサは特定の化学物質の種類や濃度を電気あるいは光信号に変換表示するもので, ガス, イオン, バイオに大別される. ガス漏れ警報器には可燃性ガスセンサ, 電子レンジ・空調機器には湿度センサ, 自動車エンジンの空燃比制御には酸

素センサ，水質監視には各種イオンセンサ，血糖値測定や発酵プロセスにはバイオセンサが，広く使用されてきている．

表35.24には化学センサの分類（認識現象，種類，検知原理，検知対象など）を示した．ガスセンサは吸着，反応，発光などの現象を利用し，信号への変換には起電力，電気抵抗，信号変換方式，半導体，FET，圧電体，固体電解質，湿度，接触燃焼式，電気化学式，光ファイバーなどがある．イオンセンサは溶液中のイオン濃度を計測するものであり，イオン選択性電極（無機系固体膜，有機系液体膜など）や感応性電界効果トランジスタ（ISFET，感応膜と信号増幅器を1チップ化したもの）などが実用化されている．バイオセンサは分子認識機能を有する生体物質として酵素，抗体，微生物，脂質膜，DNAなどを素子として用い電圧・電流，サーミスター，光検知素子，圧電素子などで信号を取り出している．バイオセンサは分子認識材料として酵素，微生物，免疫センサなどに分類される．

〔栗栖孝雄〕

参考文献

[1] 電気学会編：電気工学ハンドブック（第6版），オーム社（2001）
[2] 日本化学会編：化学便覧 基礎編（改訂4版），丸善（1993）
[3] 電気化学会編：電気化学便覧（改訂5版），丸善（2000）
[4] 腐食防食協会編：腐食・防食ハンドブック，丸善（2000）
〔M. Pourbaix：Atlas D'Equilibres Electrochimiques, p. 102, 171, 409, 313, Gauthier-Villars(1963)〕

表35.24 代表的な電気化学センサの種類（湿度，ガス，イオン，バイオ）（[3] p.595, 表16.2）

	化学物質の認識に利用される現象	種類	検知原理	検知対象
ガスセンサ	吸着	圧電体センサ	共振周波数減少や表面弾性波（SAW）の遅れ	H_2O, SO_x, NH_3, NO_2, H_2S, HCl
		湿度センサ	金属酸化物（多孔質体）の電気抵抗変化（イオン伝導）など	H_2O
	吸着あるいは反応	半導体センサ	金属酸化物（多孔質体）の電気抵抗変化	可燃性ガス，CO，NH_3，NO_x，空燃比など
		FETセンサ	ガス感応膜付電界効果トランジスタのしきい値電圧変化	H_2，C_2H_4 など
		光ファイバーセンサ	エバネッセント波の吸収，蛍光消光あるいは吸光度変化	H_2, CO, O_2, CO_2, NH_3 など
	触媒燃焼反応	接触燃焼式センザ	燃焼熱（温度上昇）による熱物性の変化	可燃性ガス
	電気化学反応	固体電解質センサ	固体セルの起動力または限界電流	O_2, H_2, CO, H_2O, NO_x, SO_x, H_2S など
		電気化学式センサ	電解質溶液系セルの起電力または限界電流	CO, O_2, O_3, NO_x, SO_x など
イオンセンサ	イオン濃淡分極	イオン選択性電極	イオン感応膜の両側での濃淡電池起電力など	H^+, K^+, Na^+, NH_4^+, F^-, Cl^-, NO_3^-, ClO_4^-，界面活性剤など
	イオンによる膜電位	ISFETセンサ	イオン感応膜付電界効果トランジスタのしきい値電圧変化	
バイオセンサ	酵素反応	酵素センサ	量論的に生成もしくは消費される化学物質を各種の手法で計測することによって検知物質を間接的に検知	グルコース，尿素，乳酸，ATP，食品の鮮度など
	微生物の生理（呼吸，代謝など）活性	微生物センサ		グルコース，アルコール，薬物，酢酸，NH_3，グルタミン酸，BOD（生化学的酸素要求量）など
	抗原抗体反応	免疫センサ	複合体形成を圧電体センサや表面プラズモン共鳴（SPR）センサなどで検知	ヒト血清アルブミン，免疫グロブリン，薬物，梅毒など

[5] 山口與平：基礎電気化学，裳華房 (1952)
[6] C. H. Hamann, A. Hamnett and W. Vielstich： Electrochemistry, Wiley-VCH (1998)
[7] A. J. deBethune, T. S. Licht and N. Swendeman：J. Electrochem. Soc., Vol. 106, p. 616 (1959)
[8] S. R. Morrison：Electrochemistry at Semiconductor and Oxidized Metal Electrodes, Plenum Press (1980)
[9] R. E. White, B. E. Conway and J. O'M. Bockris, eds.： Modern Aspects of Electrochemistry, Plenum Press (1996)

36章　照　明

36.1 視感度と視力
(1) 視感度と標準比視感度

視覚系の感度は光の波長によって変化するが，この分光感度を視感度という．

視感度には，錐体の感度を表す明所視視感度と，桿体の感度を表す暗所視視感度がある．視感度の最大値は，明所視においては波長555[nm]のところで効率683[lm/W]，暗所視においては波長507[nm]のところで効率1,700[lm/W]である．視感度を最大値で規格化したものを標準比視感度といい，この感度を有する観測者を測光標準観測者と呼ぶ．明所視および暗所視における視感度と標準比視感度を図36.1，表36.1に示す．

(2) 明るさと順応

視野および視対象の明るさと色に応じて視覚系はその感度を変え，対象が適切にみえるように調節をするが，これを順応という．視覚系の感度は知覚できる最小の輝度でもって表すが，視野の明るさが急に暗くなったときと，逆に暗い状態から急に明るくなったときの，この知覚できる輝度の変化の様子を図36.2に示す．

暗いところで感度が上昇していく状態を示す曲線を暗順応曲線，また，明るいところで感度が低下していく傾向を示す曲線を明順応曲線という．暗順応曲線は錐体の順応を示す曲線Aと桿体の順応を示す曲線Bとから成り立っており，錐体の順応は5〜10分で完了するが，桿体の順応には30分程度を要する．一方，明順応にかかる時間は数分以内である．

(3) 順応輝度と視力

視覚系が対象の細部を見分ける能力を視力といい，通常は隔たった2つの対象を分離してみることのできる最小視角（分を単位とする）の逆数でもって表す．視力を測定するための指標には，図36.3(上)に示すように，国際的にはランドルト

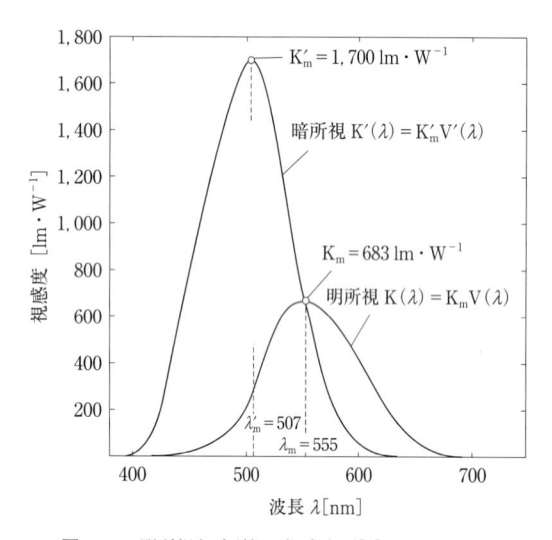

図 36.1　明所視と暗所視の視感度（[6] p.258, 図2）

表 36.1　標準比視感度（[2] p.3, 表1.1）

波長 λ[nm]	比視感度 $V(\lambda)$	波長 λ[nm]	比視感度 $V(\lambda)$
380	0.000 0	580	0.870
400	0.000 4	600	0.631
420	0.004 0	620	0.381
440	0.023	640	0.175
460	0.060	660	0.061
480	0.139	680	0.017
500	0.323	700	0.004 1
520	0.710	720	0.001 05
540	0.954	740	0.000 25
555	1.000	760	0.000 06
560	0.995	780	0.000 01

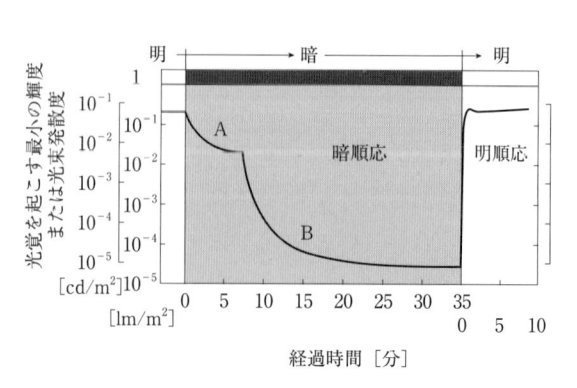

図 36.2　明るさと順応（[4], [5] p.8, 図1.8）

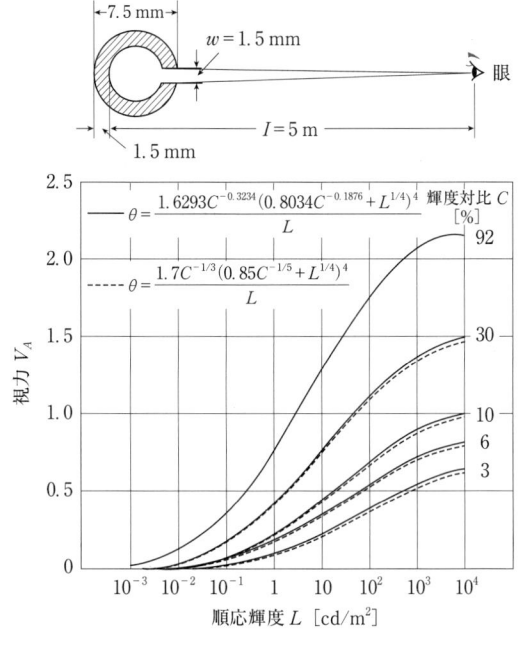

図36.3 順応輝度と視力（[1] p.1902, 図 6, 7）

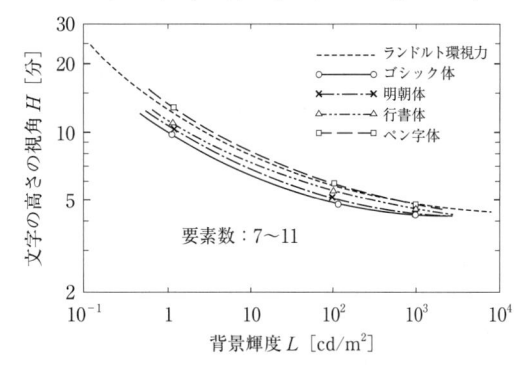

図36.4 順応輝度と文字の可読閾（[8] p.41, 45, 図 1, 8）

環（Landolt ring）を用いることが推奨されている．標準の環（直径 7.5 mm，切れ目幅 1.5 mm）を 5 m 離れてみたときには，切れ目幅に対する視角が 1 分となり，これが見分けられれば視力は 1.0 となる．視力と視覚系の順応輝度および視対象の輝度対比との関係は次の実験式で表される．

＜通常の輝度対比の視標についての視力＞

$$V_A = L/0.3775(0.344 + L^{1/4})^4 \qquad (36.1)$$

また，輝度対比が $C[\%]$ の視標についての視力は次のように示される．

$$V_A = L/1.7C^{-1/3}(0.85C^{-1/5} + L^{1/4})^4 \qquad (36.2)$$

ここで，V_A は視力，$L[\mathrm{cd/m^2}]$ は順応輝度である．

（4）順応輝度と文字の可読閾

視力を測定する場合と同じ条件で，種々の書体の文字について，順応輝度と可読閾との関係を，視覚実験を行って調べた結果を図 36.4 に示す．この中で明朝体文字について，順応輝度と可読閾における文字の高さの視角 H との関係を，視力の場合と同じように，実験式として表すと次のようになる．

$$H = 3.590(0.3485 + L^{1/4})^4/L \quad [\text{分}] \qquad (36.3)$$

ここで，$H[\text{分}]$ は読み取れる文字の高さを視角で表した値であり，また，$L[\mathrm{cd/m^2}]$ は背景輝度である．

視力に対応した分離できる視角の大きさをおよそ 10 倍して同じグラフの中に示してあるが，この値は可読閾の明朝体の文字の高さを表す視角にほぼ等しい．すなわち，文字の高さの 1/10 程度が見分けられれば，その文字が認識できることを示している．

（5）明るさとちらつき限界周波数

光の点滅の周波数が比較的低い場合に，その明滅を知覚することをちらつき（flicker）を感じるといい，また，点滅の周波数が高くなって，ちらつき感が消滅して連続した一様な光として感じるようになることを融合するという．ちょうど融合したときの光の点滅周波数をちらつき値（flicker

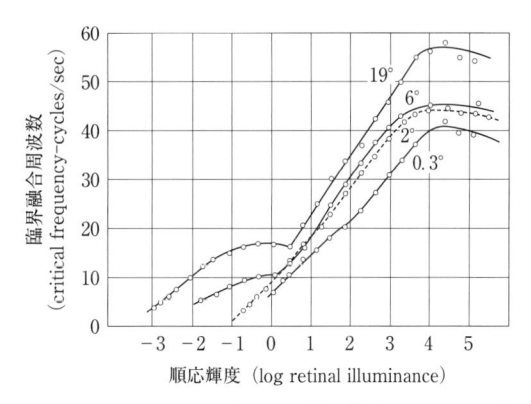

図36.5 明るさとちらつき限界周波数（[7] p.263, 図 10.6）
図中の角度は視対象の大きさを表す．

表 36.2 放射量と測光量（[5] p.12, 表 2.1）

放 射 量	測 光 量
項目　　記号　　単位	項目　　記号　　単位
放射エネルギー (radiant energy) Q_e 電磁波あるいは粒子の形によって放出または伝搬されるエネルギー [J] (joule)	光量 (quantity of light) Q 放射エネルギーを明るさの感覚を生ずる能力によって評価したもの [lm・s] (lumen second)
放射束 (radiant flux) Φ_e 単位時間当たりに放出, 伝搬または入射するエネルギー $$\Phi_e = \frac{dQ_e}{dt}$$ [W] (watt) (W = J/s)	光束 (luminous flux) Φ 放射束 $\Phi_e(\lambda)$ を標準比視感度 $V(\lambda)$ によって評価したもの $$\Phi = K_m \int \Phi_e(\lambda) V(\lambda) d\lambda$$ λ : 波長 K_m : 最大視感度 = 683 lm/W [lm] （ルーメン）(lumen)
放射強度 (radiant intensity) I_e 点放射源からある方向の微小立体角 $d\Omega$ 内に出る放射束 $d\Phi_e$ をその立体角で割った値 $$I_e = \frac{d\Phi_e}{d\Omega}$$ [W/sr]	光度 (luminous intensity) I 点光源からある方向の微小立体角 $d\Omega$ に出る光束 dQ を, その立体角で割った値 $$I = \frac{d\Phi}{d\Omega}$$ [cd] （カンデラ）(candela) (cd = lm/sr)
放射輝度 (radiance) L_e 放射源の面からある方向への放射強度 dI_e をその方向への正射影面積 dS で割った値 $$L_e = \frac{dI_e}{dS}$$ [W/(sr・m²)]	輝度 (luminance) 光源面からある方向への光度 dI をその方向への光源の正射影面積 dS で割った値 $$L = \frac{dI}{dS}$$ [cd/m²] (candela per square meter) [nt] (nit = cd/m²) [cd/cm²] (candela per square centimeter) [sb] (stilb = cd/cm²)
放射照度 (irradiance) E_e 面 dA に入射する放射束 $d\Phi_e$ をその面の面積で割った値 $$E_e = \frac{d\Phi_e}{dA}$$ [W/m²]	照度 (illuminance) E 面 dA に入射する光束 $d\Phi$ をその面の面積で割った値 $$E = \frac{d\Phi}{dA}$$ [lx] （ルクス）(lux) (lx = lm/m²)
放射発散度 (radiant exitance) M_e 面から出る放射束 $d\Phi_e$ をその面の表面積 dA で割った値 $$M_e = \frac{d\Phi_e}{dA}$$ [W/m²]	光束発散度 (luminous exitance) M 面から出る光束 $d\Phi$ をその面の面積 dA で割った値 $$M = \frac{d\Phi}{dA}$$ [lm/m²] (lumen per square meter) [rlx] (radlux = lm/m²) 均等拡散面（完全拡散面）では $M = \pi L$

輝度の単位の間の環境は $1 \text{ cd/cm}^2 = 10^4 \text{ cd/m}^2$ である.
照度の単位に phot(ph) があり ph = lm/cm² であるから, 1 ph = 10^4 lx である.

value）または臨界融合周波数（CFF：critical fusion frequency）という．

視対象の大きさをパラメータとして，順応輝度とCFFの関係を図36.5に示す．

(6) 放射量と測光量

照明工学では，光を人間の視覚系に明るさの知覚を与えるものと定義する．電磁波の場合には，物理量に視感度で重み付けをしたものを光として扱う．視感度を掛けた量は純粋な物理量ではなく，心理物理量と呼ばれる．心理物理量としての光を測光量（photometric quantity）といい，また，物理量としての光を放射量（radiant quantity）という．放射量と測光量とを対比して表36.2に示す．

36.2 色の表示方法
(1) 色名

色の表示法には，その知覚される側面でもって表す心理的表示と色知覚を生じさせる光の心理物理的特性でもって表す心理物理的表示とがある．心理的表示には色名（色の名前）による表示とマンセル表色系やNCS表色系における記号と数値による表示がある．色名には動物，鉱物，植物や現象の名前に基づいた慣用色名と系統的な表示を目的とした系統色名とがある．色名による表示の例を表36.3に示す．

(2) マンセル表色系

色の知覚される側面を定量的に表すように美術学校の教師 A. H. Munsell が考案した体系をマンセル表色系（Munsell system）という．マンセル表色系では色の三属性である色相，明度とクロマを H, V と C の記号で表す．色相 H を円周方向に色相環，明度 V を縦軸，また，クロマ C を半径として，色の三属性を図36.6に示すように3次元円筒座標系として表示する．色相は10色相をそれぞれ10等分して全体で100等分し，明

表36.3　慣用色名・系統色名と色の三属性による表示（[2] p.15, 表2.1）

慣用色名	対応する系統色名による表示	代表的な色の三属性による表示（参考）
オールドローズ	くすんだ赤	1R 6/6.5
ローズ	あざやかな赤	1R 5/14
ストロベリー	あざやかな赤	1R 4/14
さんご（珊瑚）色	明るい赤	2.5R 7/11
ピンク	うすい赤	2.5R 7/7
桃色	くすんだ赤	2.5R 6.5/8
紅梅色	くすんだ赤	2.5R 6.5/7.5
ボルドー	暗い灰赤	2.5R 2.5/3
紅（べに）色	あざやかな赤	3R 4/14
ベビーピンク	うすい赤	4R 8.5/4
シグナルレッド	あざやかな赤	4R 4.5/14
カーミン（またはカーマイン）	あざやかな赤	4R 4/14
えんじ（臙脂）	赤	4R 4/11
すおう（蘇芳）	くすんだ赤	4R 4/7
あかね（茜）色	こい赤	4R 3.5/11
マルーン	暗い赤	5R 2.5/6
朱色（またはバーミリオン）	あざやかな黄みの赤	6R 5.5/14
スカーレット	あざやかな黄みの赤	7R 5/14
紅赤	あざやかな黄みの赤	7R 5/14
鉛丹（えんたん）色	黄みの赤	7.5R 5/12
サーモンピンク	うすい黄みの赤	8R 7.5/7.5
あずき（小豆）色	くすんだ黄みの赤	8R 4.5/4.5
べんがら（紅殻，弁柄）	暗い黄みの赤	8R 3.5/7
えび（蝦）茶	暗い黄みの赤	8R 3/4.5
とび（鳶）色	暗い灰赤	8R 3/2

慣用色名は慣用的な呼び方で表した色名，系統色名はあらゆる色を系統的に分類して表現できるようにした色名．
三属性による表示記号は修正マンセル系の記号を用い，色相，明度およびクロマの順に表記されている．

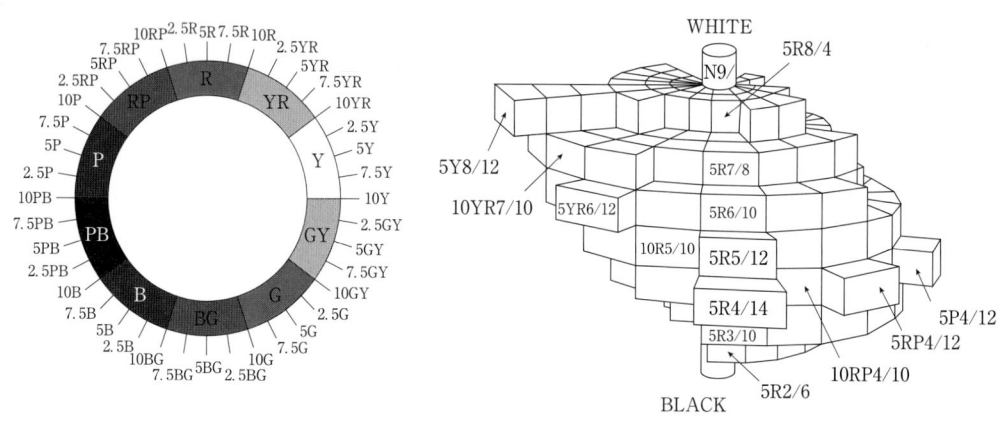

図 36.6 マンセル表色系（[2] p.16, 図 2.5）

度は黒を 0，白を 10 として表す．クロマは明度差 $\Delta V=1$ と同じ差にみえるクロマ差を $\Delta C=2$ として目盛りをつけてある．なお，記号で表す場合には，H, V と C を順に記して，2.5R 6/8 のように表示する．

（3） CIE 等色関数

色は赤 R，緑 G と青 B の組合せで表せることが経験的にわかっている．この R, G と B を R, G および B の割合で組み合わせて色を心理物理的に表す体系を RGB 表色系という．さらに，R, G と B を X, Y と Z に線形変換して，すべて正の量で色を表示する体系を XYZ 表色系といい，X, Y と Z を三刺激値と呼ぶ．波長が λ[nm] でエネルギーが 1[W] の単色スペクトルを合成するのに必要な X, Y と Z を，特に $x(\lambda)$, $y(\lambda)$ と $z(\lambda)$ と記し，等色関数という．分光分布が $P(\lambda)$ の色の三刺激値は次式で与えられる．

$$X = K\int P(\lambda)\rho(\lambda)x(\lambda)d\lambda$$
$$Y = K\int P(\lambda)\rho(\lambda)y(\lambda)d\lambda \quad (36.4)$$
$$Z = K\int P(\lambda)\rho(\lambda)z(\lambda)d\lambda$$

（4） (x, y) 色度図

三刺激値 X, Y と Z をそのまま色の表示に用いると，光の強さに応じて値が変わるため，実用的な色の表示には，次式で定義される三刺激値を規格化した色度が用いられる．

$$\begin{aligned} x &= X/(X+Y+Z) \\ y &= Y/(X+Y+Z) \\ z &= Z/(X+Y+Z) \\ x+y+z &= 1 \end{aligned} \quad (36.5)$$

x と y の値が求まれば，z は一意的に定まる．x と y を直交座標にとって色を表示する図を (x, y) 色度図と呼ぶが，この色度図上に単色スペクトルの色度座標の軌跡，すなわち $x(\lambda)$, $y(\lambda)$ および $z(\lambda)$ を式に代入して得られた (x, y) 座標の軌跡を図 36.8 に示す．曲線部分がスペクトル軌跡を，また長波長端と短波長端を結ぶ直線が純紫軌跡を表す．すべての色はスペクトル軌跡と純紫軌跡で囲まれた領域の内部の座標で表示される．それぞれの色度に対応する色の領域もあわせて同図に示す．

（5） 標準の光の分光分布

物体を照明する光に様々なものを用いると，同じ物体に対してまちまちな色度座標が与えられ，相互の比較が行えないため，CIE（国際照明委員

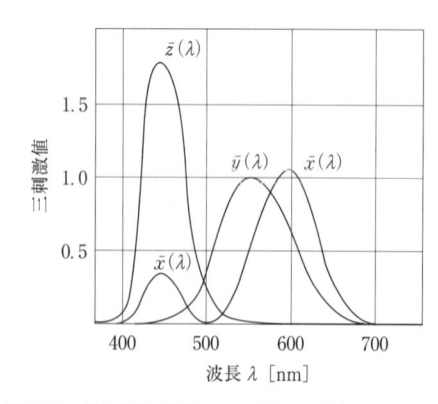

図 36.7 等色関数（[2] p.19, 図 2.8, [6] p.137, 図 3）

36章 照明

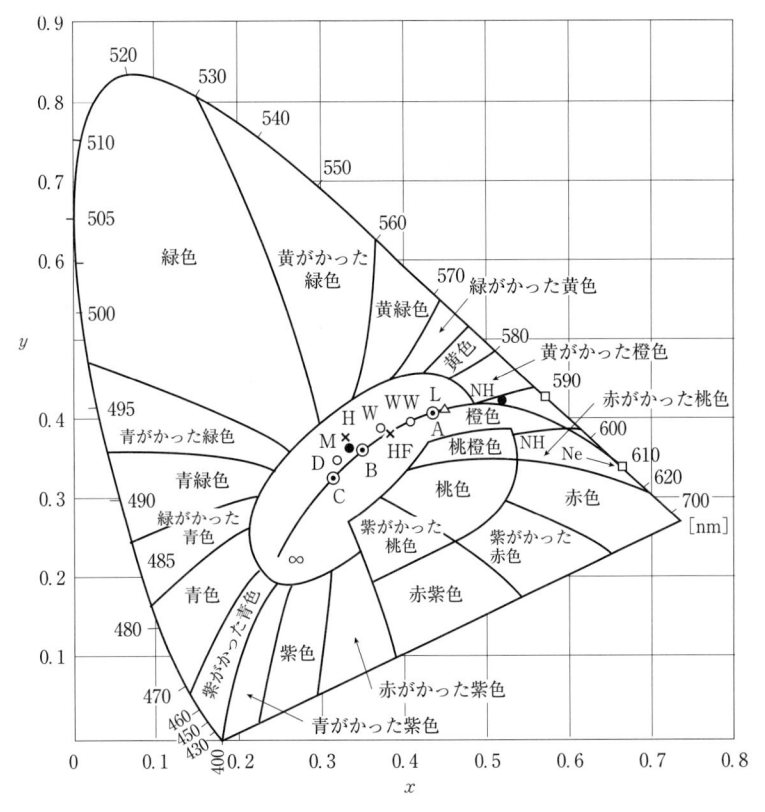

図36.8 (x, y) 色度図 ([2] p.21, 図2.9)

会) では照明のための光としてA, B, CおよびD$_{65}$などの記号で表される標準の光を用いるよう勧告しており, 日本工業規格 (JIS Z 8720) にも取り入れられている. これらの光の分光分布を図36.9に示す.

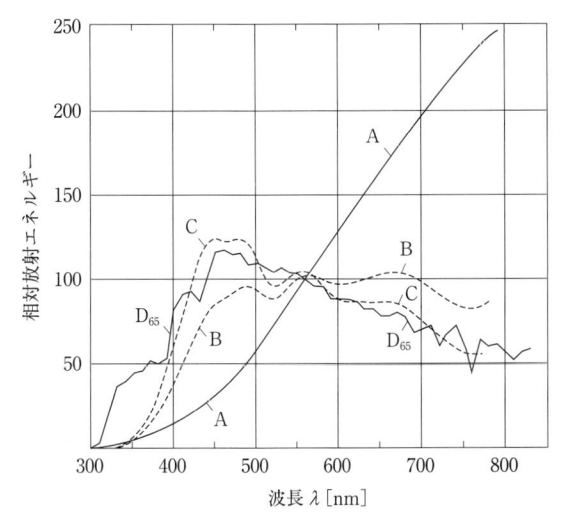

図36.9 標準の光の分光分布 ([2] p.22, 図2.11, [6] p.144, 図1)

標準の光Aは, 色温度2,856 Kの白熱電球からの光を表す. Bは色温度4,874 Kの太陽の直射光, また, Cは色温度6,774 Kの北の空の光を近似し, いずれもAの光に溶液フィルタをかけて得られる光である. 標準昼光D$_{65}$は色温度6,504 Kの昼光を代表する光として, 国際的な実測値に基づいて定められたものであり, 現在は主としてこの光が, 物体色の三刺激値の計算に用いられている.

(6) 均等色空間におけるマンセル色票の座標

心理物理的色空間 (x, y) 色度図における距離は, 心理的な色の差を表す距離に対応していない. これらの点を改善するため, 三刺激値X, YおよびZに座標変換を施して, 色の知覚される属性と心理物理的な座標との対応関係を改善するように心理計測的な尺度を導入した均等色空間とカラーアピアランスモデルが提案されている. これらの均等色空間は表36.4で表される.

$U^*V^*W^*$均等色空間, $L^*u^*v^*$均等色空間, L^*

表36.4 4均等式空間

(1) CIE 1976 $L^*u^*v^*$空間	(2) CIE 1976 $L^*a^*b^*$空間	(3) $L^*a^*b^*$-N 均等色空間	(4) NC-III C 均等色空間
$L^* = 116(Y/Y_n)^{1/3} - 16$	$L^* = 116(Y/Y_n)^{1/3} - 16$	$L^* = 116(Y/Y_n)^{1/3} - 16$	$L^* = 116(Y/Y_n)^{1/3} - 16$
$u^* = 13 L(u' - u'_n)$	$a^* = 500[(X/X_n)^{1/3} - (Y/Y_n)^{1/3}]$	$a^\dagger = 1.25 k_1 k_2 a^*$ (非線形 R-G 応答)	$a^\dagger = k_1 k_2 a'$ (非線形 R-G 応答)
$v^* = 13 L(v' - v'_n)$	$b^* = 200[(Y/Y_n)^{1/3} - (Z/Z_n)^{1/3}]$	$b^\dagger = 1.25 k_1 k_2 b^*$ (非線形 Y-B 応答)	$b^\dagger = k_1 k_2 b'$ (非線形 Y-B 応答)
$u' = 4X/(X + 15Y + 3Z)$		$a^* = [(X/X_n)^{1/3} - (Y/Y_n)^{1/3}]$	$a' = K\Gamma[(X/X_n)^{1/3} - \{\gamma(Y/Y_n)^{1/3}$
$v' = 9Y/(X + 15Y + 3Z)$		$b^* = [(Y/Y_n)^{1/3} - (Z/Z_n)^{1/3}]$	$+ (1-\gamma)(Z/Z_n)^{1/3}\}]$
$u'_n = 4X_n/(X_n + 15Y_n + 3Z_n)$		$k_1 = 1 - 0.06020[1 + 0.290 \sin(\theta - \theta_1)]^8$	$b' = K[(Y/Y_n)^{1/3} - (Z/Z_n)^{1/3}]$
$v'_n = 9Y_n/(X_n + 15Y_n + 3Z_n)$		$k_2 = 1 - 0.00180[1 - 1.950 \cos(\theta - \theta_2)]^4$	$\Gamma = 2.614040, \quad \gamma = 0.974180,$
		$\theta_1 = 12.0°, \quad \theta_2 = 0.0°$	$1 - \gamma = 0.025820$
		$\theta = \tan^{-1}(b'/a') = \tan^{-1}(b^\dagger/a^\dagger)$	$k_1 = 1 - 0.10153[1 + 0.210 \sin(\theta - \theta_0)]^8$
			$k_2 = 1 - 0.00264[1 - 1.830 \cos(\theta - \theta_0)]^4$
			$\theta_0 = 6.6°, \quad K = 255$
			$\theta = \tan^{-1}(b'/a') = \tan^{-1}(b^\dagger/a^\dagger)$

a^*b^*均等色空間および NC-IIIC 均等色空間，また，カラーアピアランスモデルの HUNT モデル，納谷モデル，CIECAM97s と CIECAM02 におけるマンセル色票の座標を図 36.10 に示す．なお，カラーアピアランスモデルについては参考文献を参照されたい．

36.3 光源と照明器具
(1) 各種光源の構造図

照明用光源には，熱放射を利用したもの，放電による発光を用いたもの，また，固体発光を用いるものなどがある．現在，広く使われているものには白熱電球，蛍光ランプおよび HID ランプ（高輝度放電ランプ）があるが，これらの構造を図 36.11 に示す．

(2) 光源の特性と性能

光源は，その大きさ，光の色（演色性と色温度），光束（光の量）および効率などによってそれぞれ特徴が異なり，用途ごとに使い分けられている．表 36.5 に現在広く使われている光源の特性を示す．

白熱電球は小型で演色性に優れているがランプ効率は低く，また，寿命も短い．蛍光ランプは，やや形が大きいが小電力で点灯でき，効率が高く

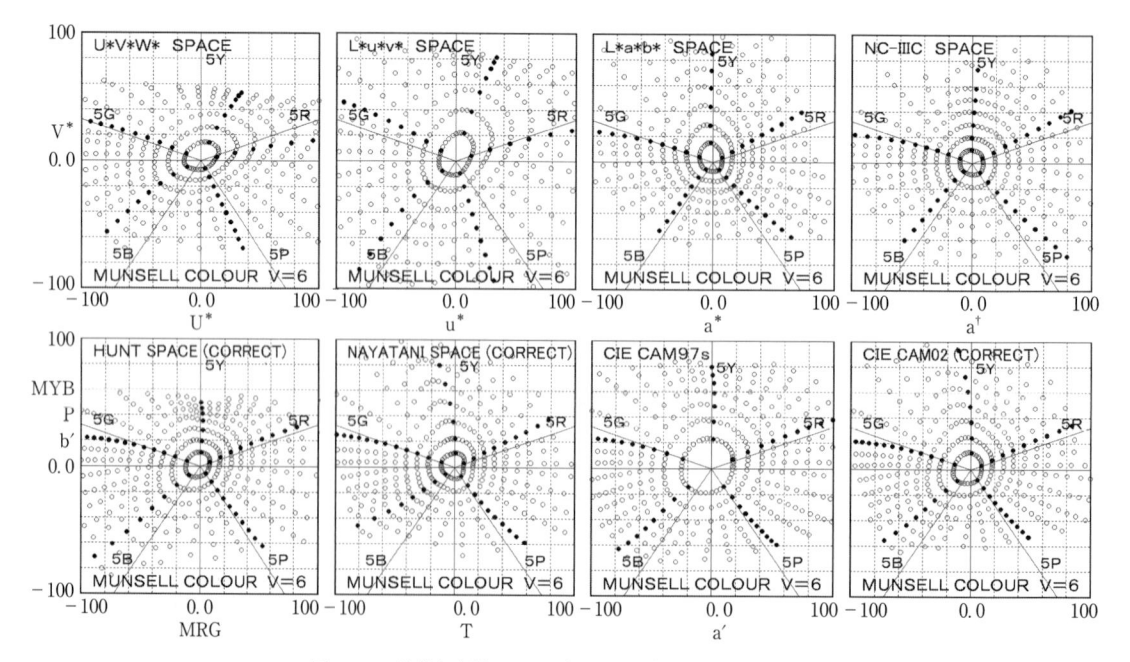

図 36.10 均等色空間における色の座標（[2] p.26, 図 2.13）

36章 照　　明

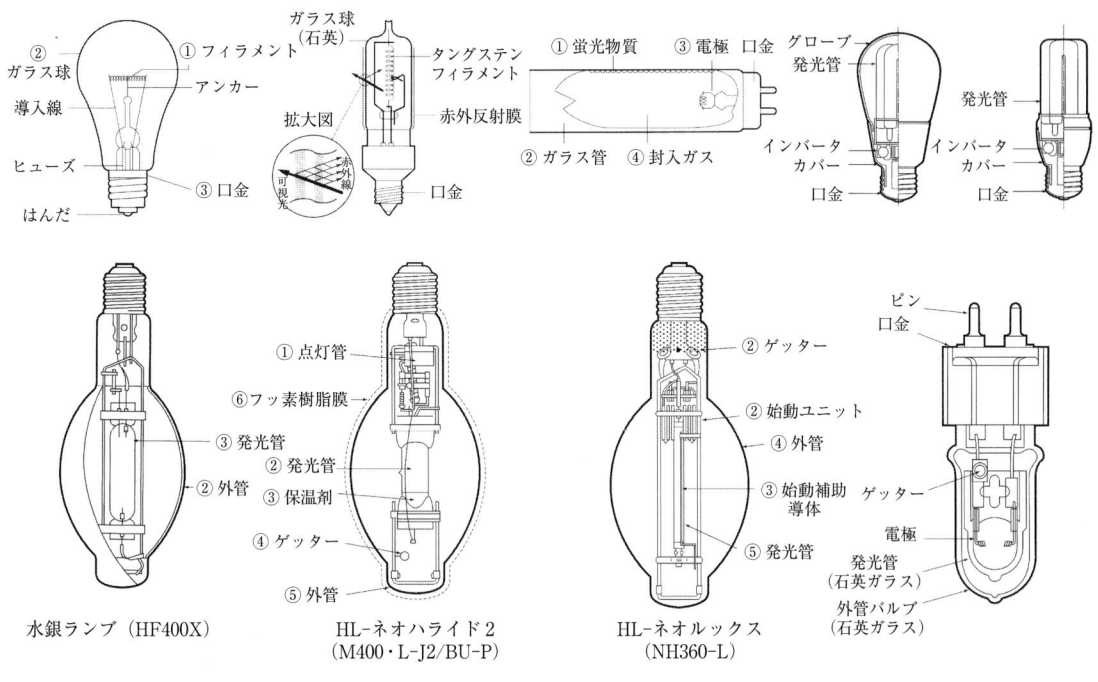

図36.11　各種光源の構造（[2] pp.78〜115, 図4.19〜4.76）

表36.5　各種光源の特性と性能（[2] p.189, 表7.14）

光源の種類		定格ランプ電力 [W]	全光束 [lm]	ランプ効率 [lm/W]	色温度 [K]	平均演色評価数 $[R_a]$	平均寿命 [h]	調光
電球								
一般照明用電球		100	1,520	15.2	2,850	100	1,000	可能
ハロゲン電球（片口金形）		100	1,600	16.0	3,000	100	1,500	可能
蛍光ランプ								
一般形	昼光色 D	37	2,700	73.0	6,500	74	12,000	可能
	昼白色 N	37	2,950	79.7	5,000	72	12,000	可能
	白　色 W	37	3,100	83.8	4,200	61	12,000	可能
	温白色 WW	40	3,010	75.3	3,500	60	12,000	可能
3波長域発光形	昼光色 EX-D	37	3,350	90.5	6,700	88	12,000	可能
	昼白色 EX-N	37	3,560	96.2	5,000	88	12,000	可能
	電球色 EX-L	37	3,560	96.2	3,000	88	12,000	可能
高周波点灯専用（Hf）蛍光ランプ	昼光色 EX-D	32/45	3,010/4,230	94.0	6,700	88	12,000	可能
	昼白色 EX-N	32/45	3,200/4,500	100.0	5,000	88	12,000	可能
	電球色 EX-L	32/45	3,200/4,500	100.0	3,000	88	12,000	可能
コンパクト蛍光ランプ								
2本管形（FPL）	昼白色 EX-N	55	4,500	81.8	5,000	84	9,000	可能
	昼白色 EX-N	36	2,900	80.6	5,000	84	9,000	可能
4本管形（FDL）	昼白色 EX-N	27	1,550	57.4	5,000	84	6,000	可能
6本管形（FHT）	昼白色 EX-N	32	2,400	75.0	5,000	24	10,000	可能
HIDランプ								
メタルハライドランプ	拡散形	250	20,000	80.0	3,800	70	9,000	段調光
高演色形メタルハライドランプ	拡散形	250	14,500	58.0	6,500	90	9,000	段調光
高演色形高圧ナトリウムランプ	拡散形	250	12,800	51.2	2,500	85	9,000	段調光

出所：照明学会：技術指針 JIEG-008・オフィス照明設計技術指針（2002）.

446   5. 応用分野

演色性のよいものもあるので最も広く使われている．HIDランプ（高圧水銀灯，メタルハライドランプ，高圧ナトリウムランプ）は大光束で効率がよいが，光源が大型で点灯回路も複雑なので屋

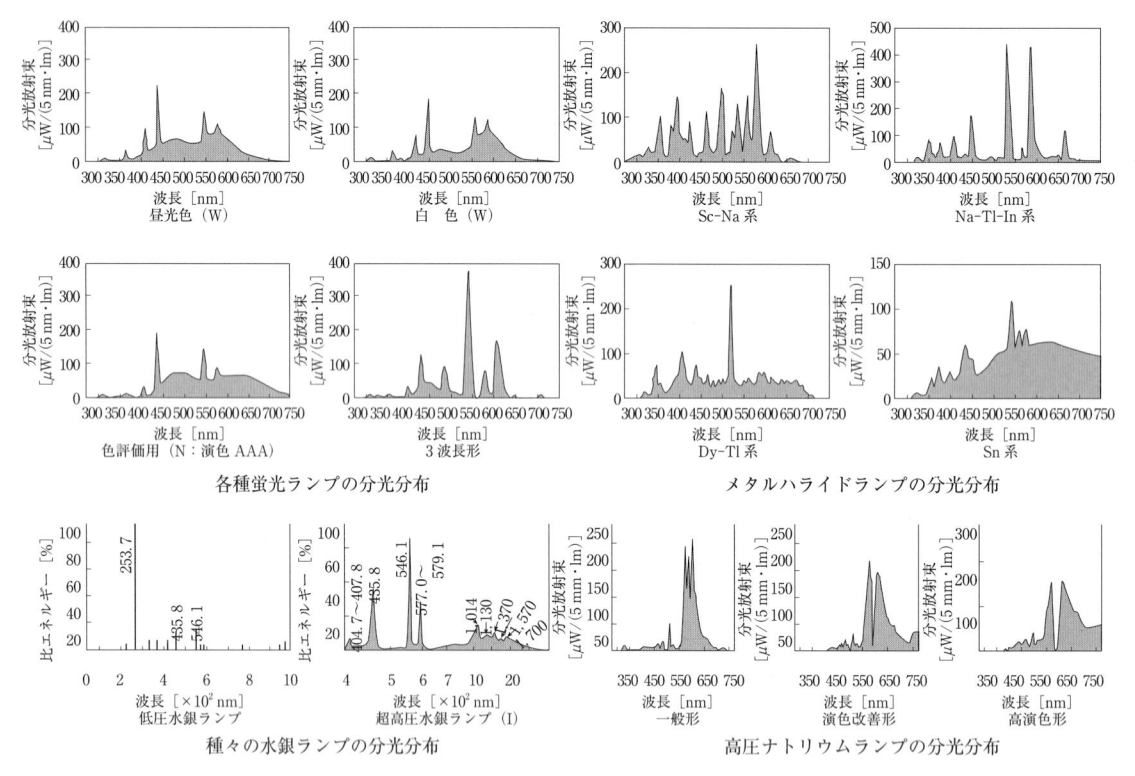

図 36.12　各種光源の分光分布（[2] pp.93〜110，図 4.41〜4.72）

表 36.6　照明器具の形状と配光（[3] p.175，表 6.2）

	国際分類	直接照明形	半直接照明形	全般拡散照明形	半間接照明形	間接照明形
配光	F_u	0	10	40	60	90	100
	F_l	100	90	60	40	10	0

外照明，スポーツ施設照明，道路照明などの大空間で大きな光束を必要とする場合に採用されている．

(3) 各種光源の分光分布

光源（ランプ）はその発光原理および光を出す元素や蛍光体によって分光分布および演色性が異なる．図 36.12 に蛍光ランプおよび放電ランプの分光分布を示す．なお，白熱電球の分光分布はプランクの式に従う黒体放射の分光分布に近似している．

(4) 照明器具の形状と配光

照明器具は，光源と組み合わせてその光の方向を効率よく制御し，目的に応じた配光を得るために様々な形状をしている．目的に応じた配光となるように制御をする器具を分類すると，直接照明型，半直接照明型，全般拡散照明型，半間接照明型および間接照明型となる．

これらの代表的な器具の例を表 36.6 に示す．

(5) 照明器具の種類と用途

照明器具は，その目的と用途，取り付ける空間と場所，必要な光束（光の量）などによって，形状，構造，大きさなどが異なる．表 36.7 に代表的な器具の例を示す．

表 36.7 照明器具の種類と用途（[2] p.131, 表 5.4）

	取付け方法	白熱灯器具 ハロゲン器具	蛍光灯器具	HID 器具	その他
天井	直付け				
	埋込み				
	吊下げ				
壁	直付け				
	埋込み				
床・地面	床上置き直付け				
	埋込み	−			
その他	昇降装置付き	−	−		−
	スパイク形		−	−	−

(6) 照明空間と照度基準

照明空間の必要照度は，空間の場所と構造，また，そこで行われる作業の内容によって異なる．代表的な照明空間である事務所と工場における作業について，必要照度を表36.8に示す．

36.4 光放射の生物影響と産業応用
(1) 光放射の生体に関する作用

紫外放射，可視放射および赤外放射をまとめて光放射といい，この場合には人間の目の感度は考慮に入れないで物理量として扱う．光放射の照明以外の生体（動物，植物，微生物など）への作用と効果を表36.9に示す．

(2) 赤外放射・紫外放射の産業応用

紫外放射と可視放射はその物理的および化学的作用により，また，赤外放射はその熱的作用によって，産業界で製品の設計・製造・仕上げ，環境整備，医療など様々な用途に応用されている．その代表的な応用例を表36.10，36.11に示す．

〔池田紘一〕

表36.8 照明空間と照度基準（[3] p.189, 表7.3）

照度[lx]	事務所	工場	学校	住宅・共同住宅
3,000				
2,000		精密機械，電子部品の製造などきわめて細かい視作業 ○組立a ○検査a ○試験a ○選別a		
1,500				○手芸 ○裁縫 ○ミシン
1,000	事務室a 営業室，設計室，製図室，玄関ホール（昼間）	○設計 ○製図 ○タイプ ○計算 ○キーパンチ	繊維工場での選別など細かい視作業 ○組立b ○検査b ○試験b ○選別b	製図室 被服教室 ○精密製図 ○精密実験 ○ミシン縫 ○キーパンチ ○図書閲覧 ○美術工芸製作	○勉強 ○読書 （書斎，勉強室での）
750	事務室b 役員室，会議室，計算機室，制御室 ○計器盤 ○受付	集会室 応接室 待合室，食堂，調理室	一般の製造工程などでの普通の視作業 ○組立c ○検査c ○試験c ○包装a	教室 実験室 実習工場 閲覧室 教職員室 保健室 給食室	○読書（居間，寝室での） ○化粧（寝室での） ○電話
500					
300		書庫 電気室 講堂 エレベータ	粗な視作業 ○限定された作業 ○包装b，○荷造a，電気室，空調機械室	講堂 集会室 ロッカー室 廊下 階段 便所 宿直室 渡り廊下	○食卓 ○調理台 ○流し台 ○洗面	○団らん ○娯楽 ○飾りだな ○洗濯 ○床の間
200	湯沸場 廊下 階段 便所				
150					
100		喫茶室 休養室 更衣室 玄関	宿直室 倉庫	ごく粗な視作業 包装c，荷造b，c，出入口，廊下，階段，洗面所，便所	勉強室 家事室 浴室 玄関（内側）	食堂 台所 便所
75					
50	屋内非常階段		屋内非常階段 倉庫	荷の移動などの作業	倉庫，車庫 非常階段	居間 廊下，階段 車庫	納戸 物置
30					
20			屋外（構内警備用，通路）		寝室	
10						
5					○通路（屋外）	
2						
1					深夜の寝室・便所・廊下	

この照度は主として視作業面（指定がないときは床上85cm，座業は床上40cm，廊下などは床面）における水平面照度を示す．
○印は局部照明によってこの照度を得てよい．この場合，全般照明の照度は局部照明による照度の1/10以上が望ましい．

表 36.9 光放射の生体・生物に対する作用 ([1] p.1920, 表 11)

	作用効果名	内　容	作用波長域 [nm]	関連光放射源の種類
生体	紫外性眼炎	人間の眼の角膜または結膜に急性の傷害を与え，一時的に視機能を低下させる光効果	200～320	殺菌ランプ，石英水銀ランプ，溶接アーク
	殺菌	細菌や微生物を死滅させたり，増殖しないよう不活性化する光効果	200～320	殺菌ランプ，石英水銀ランプ
	紅斑	毛細血管の拡張により，皮膚の色調が赤色（紅色）に変化する光効果	250～340	太陽光，UV-B 蛍光ランプ
	ビタミンD 生成	生体内のエルゴステロールをビタミン D に変換する光効果	220～340	同上
	直接色素沈着	表皮や真皮内にメラニン色素が生成・沈着され，皮膚の色が褐色味を帯びる光効果	340～440	UV-A 蛍光ランプ，UV-A 水銀ランプ
	青色光網膜傷害	青色域の可視放射によって生じる網膜の光化学的傷害	400～520	レーザ，溶接アーク
	温熱感覚	人体に温熱感覚を与える光効果	800～10,000	赤外電球，遠赤外ヒータ
生物	植物の光合成と形態形成	植物が太陽放射により，水と二酸化炭素から炭水化物を合成する作用	400～830	太陽放射，白色蛍光ランプ，高圧ナトリウムランプ，マイクロ波放電ランプ，LED
	光周性	明暗が周期的に交替する場にある生物が，その変化に対応して光効果を示す性質	500～800	太陽放射，白熱電球，電球形蛍光ランプ
	屈光性	植物が光放射源の方へ屈曲する光効果	400～500	太陽放射
	走光性	生物が光放射源の方向と一定の関係がある方向に運動する性質	300～550	UV-A 蛍光ランプ，白熱電球，高圧水銀ランプ

表 36.10 紫外放射の産業応用 ([1] p.1921, 表 13)

紫外放射の作用	内　容	関連波長域 [nm]	関連光放射源
光リソグラフィー	ホトレジスト性の基板上に，マスク上に描かれたパターンを密着，投影などにより，露光，転写，形成すること	0.1～480	光化学用水銀ランプ，エキシマランプ，エキシマレーザ，X 線源，電子ビーム
光 CVD	光エネルギーにより，原料となる水素化合物などを光分解し，発生したラジカルを基板上で再合成させ，薄膜を形成すること	150～400	光化学用水銀ランプ，エキシマランプ，エキシマレーザ，シンクロトロン放射光
光洗浄，光灰化（光アッシング）	基板表面上の微細不純物としての有機物を，光放射の照射（オゾンの併用）により分解除去すること	150～300	低圧水銀ランプ，光化学用水銀ランプ，エキシマランプ
光エッチング	基板上に導入した反応性気体を光放射で励起してラジカルを発生させ，その部分の基板をエッチングすること	150～300	エキシマレーザ
オゾン生成	光放射により酸素を分解し，オゾンを生成すること	150～200	低圧石英水銀ランプ
陰イオン生成	金属などに光放射を照射して，光電効果により電子を放出させ，近傍の気体分子などに付着させてその分子などをイオン化すること	150～200	低圧石英水銀ランプ
殺菌作用	光放射の照射により，細菌や微生物を死滅させたり，増殖しないよう不活性化すること	220～320	殺菌ランプ，石英水銀ランプ
脱臭，分解	光放射の照射により，悪臭原因物などを分解・処理すること．光触媒物質を併用することもある	220～380	殺菌ランプ，石英水銀ランプ
光触媒作用	光触媒性の材料に光放射を照射し，光分解などの化学反応を進行させること	200～380	蛍光ランプ，水銀ランプ
光硬化，光乾燥	（高分子）化合物が光酸化，光重合，光架橋などにより，固化したり，溶剤に不溶性になったり，腐食性薬品に対する耐性を増したりすること	220～480	光化学用水銀ランプ，メタルハライドランプ，キセノンランプ
光複写	光導電効果や光分解などを利用して，文字や画像など，情報やパターンの複製物を作成すること	300～700	蛍光ランプ，ハロゲン電球
光合成	物質構成分子が光放射のエネルギーを吸収し，より分子量の大きい物質を生成すること	250～600	水銀ランプ，メタルハライドランプ

表36.11 赤外放射の産業利用（[1] p. 1922, 表14）

赤外放射の作用	産業の応用分野	作用の特徴
乾燥	塗料の乾燥，印刷インキの乾燥，絶縁ワニスの乾燥，なっ染の乾燥，木材の乾燥，木工の接着・乾燥，電子部品の洗浄後の乾燥，農水産物の乾燥	・加熱効率がよい ・立上りが早い ・化学作用が少ない
硬化・焼付け	塗装の焼付け，粉体塗装，熱硬化性樹脂の硬化，プラスチックの加工，繊維の形付け，ガラス加工，ゴムの加硫，熱収縮加工，複写機のトナー定着	・加熱の均一性 ・内部に浸透しやすい
予熱・保温	プラスチックの成形加工，ガラス・プラスチック成形品のひずみ除去，食品の保温，醸造品の熟成，ふ卵器	・加熱の均一性 ・内部に浸透しやすい ・熱媒体が不要
焼成・焼上げ	製パン・菓子類の焼き加工，竹輪・焼きのりなどの加工	・処理時間が短い
暖房	床暖房，大空間における局所暖房	・低温放射暖房
保健・医療	サウナ，温きゅう器などの治療器具	・生体への浸透性大
成育	畜産などの育雛・子供の成育，植物の苗の育成促進	・低温放射伝熱

参 考 文 献

[1] 電気学会編：電気工学ハンドブック（第6版），オーム社（2001）
[2] 電気学会：光技術と照明設計，電気学会（2004）
[3] 電気学会：照明工学，電気学会（2002）
[4] 照明学会：最新やさしい明視論（改訂版），照明学会（1979）
[5] 大山松次郎ほか：新しい照明ノート，オーム社（1977）
[6] G. Wyszecki and W. S. Stiles：Colour Science (Second Edition), Wiley (1982)
[7] C. H. Graham：Vision and Visual Perception, Wiley (1965)
[8] K. Ikeda, K. Noda and K. Obara：Journal of Light and Visual Environment, Vol. 8, No. 1 (1984)

37章 家庭電器

37.1 家庭用情報システム

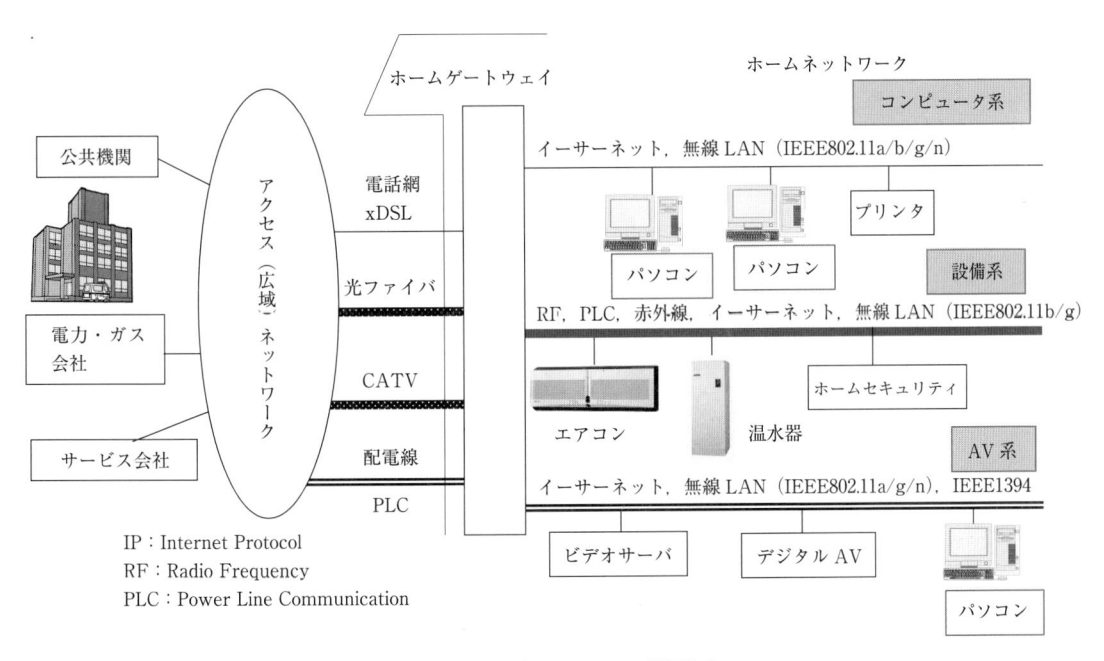

(1) ホームネットワークの位置付け

ホームネットワークは統合化された家庭の情報インフラストラクチャーであり,家庭内の機器の共通情報伝送路である.ホームネットワークは,図37.1のように,家庭内のAV機器,家電機器,パソコンなどを相互に接続する宅内のネットワークであり,インターネットや放送メディアなどの宅外の広域ネットワークとホームゲートウェイを介して接続(アクセス)される.

(2) ホームネットワークの構成

ホームネットワークは,デジタルAV機器の相互接続に使用されるAV系ネットワーク,環境設備機器や各種センサなどの相互接続に使用される設備系ネットワーク,パソコンのインターネットへの接続やプリンタの共有などに使用されるコンピュータ系ネットワークで構成される(図37.2).これらのネットワークは必ずしも物理配線が分離されている必要はない.たとえば,AV系のネットワークにIP(internet protocol)を共存させることにより,コンピュータをAV系ネットワークに収納することも可能である.

(3) ホームネットワークの通信プロトコル

ホームネットワークの媒体としては,電灯線(PLC),電波,ツイストペア線,赤外線などがあり,それぞれ得失があるため,目的・条件にあわせ媒体を組み合わせて使用することが多い.例えばホームネットワークの下位層プロトコルの選択にあたっては,伝送速度,到達距離,工事性,信頼性,法規制,コストが選択基準になる(図37.3).

(4) ホームネットワークの階層別機能

ホームネットワークの階層別機能を図37.4に示す.上位層プロトコルは,複数の異種媒体の差違を隠蔽し,媒体に依存しない統合的なアドレス体系と,共通の通信処理体系を実現する.

ホームネットの必須要素である自動設定機能

IP : Internet Protocol
RF : Radio Frequency
PLC : Power Line Communication

図37.1 ホームネットワークの位置付け

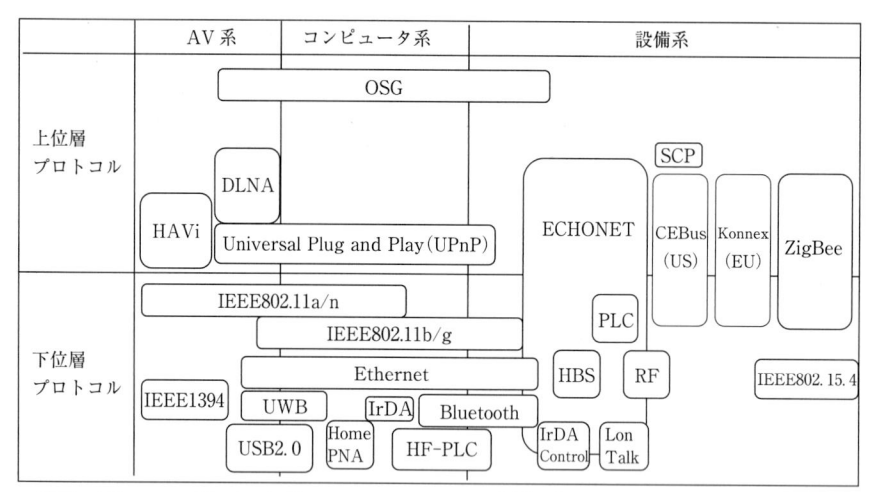

452　　　　　　　　　　　　　　　　5. 応　用　分　野

図37.2 ホームネットワークの構成

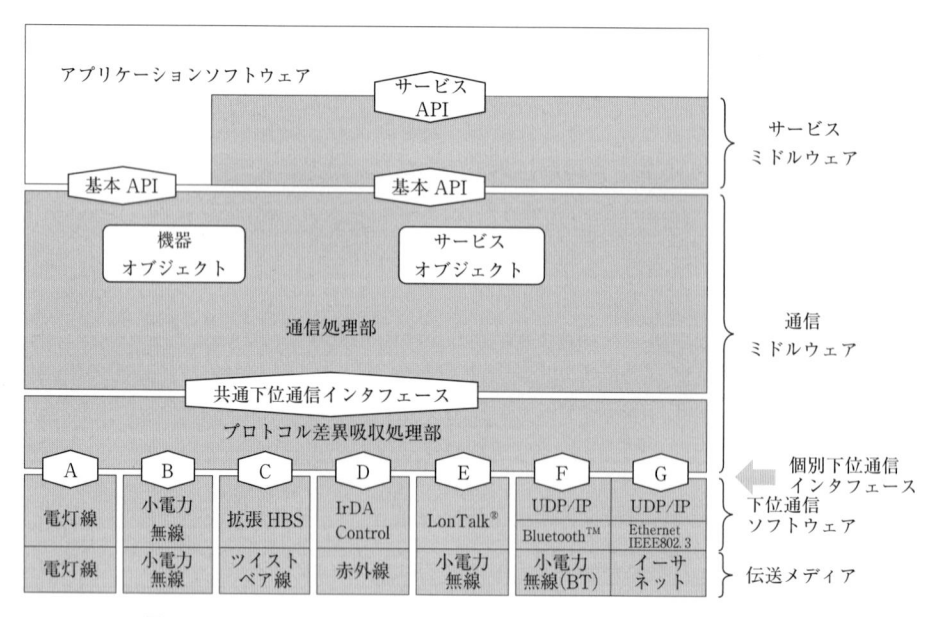

CEBus：Consumer Electronic Bus
HAVi：Home Audio-Video interoperability
HBS：Home Bus System
HomePNA：Home Phoneline Networking Alliance
IrDA：Infrared Data Association Control
Lon：Local Operating Network
OSG：Open System Gateway
PLC：Power Line Communication
RF：Radio Frequency
SCP：Simple Control Protocol
UWB：Ultra Wide Band

図37.3 ホームネットワークの通信プロトコル（設備系ネットワークの例）[5]

（プラグ・アンド・プレイ）は，機器が新たにホームネットワークに接続されると，その機器が接続されたことを自動的に認識し，識別コードを付与し，機器の保有する機能をディレクトリに登録し，他の機器から使用できるようにする．

ホームネットワークに接続された各機器が保有するサービスはオブジェクトモデルとして抽象化され，そのモデルへのインタフェースはAPI（アプリケーション・プログラミング・インタフェース）として規定される．これによりアプリケーションプログラムの開発が容易になり，かつ資産性を高めることが可能になる．

(5) 設備系ネットワークの構成

設備系ネットワークに接続されるものは，空調

37章 家庭電器

アプリケーション	・設備系, AV系, コンピュータ系 　アプリケーション・プログラミング・インタフェース
上位層プロトコル	・プラグ・アンド・プレイ（機器自動接続, サービスディレクトリ） ・機器機能のモデル（オブジェクト指向モデル） ・機器制御コマンド体系, 情報表現形式 ・エンドツーエンドの通信処理 ・異種通信媒体にまたがるアドレス体系
下位層プロトコル	・データリンク処理 ・通信媒体に依存した変復調方式 ・通信媒体（電灯線, RF, 赤外線, 光ファイバ, 電話線, 銅線）

RF : Radio Frequency.

図 37.4　ホームネットワークの階層別機能（[1] p.1929, 図 4）

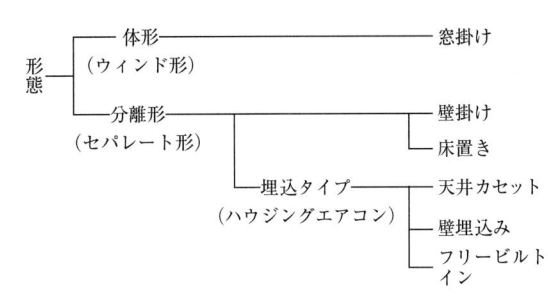

形態 ─┬─ 体形（ウィンド形） ── 窓掛け
　　　├─ 分離形（セパレート形）─┬─ 壁掛け
　　　│　　　　　　　　　　　　└─ 床置き
　　　└─ 埋込タイプ（ハウジングエアコン）─┬─ 天井カセット
　　　　　　　　　　　　　　　　　　　　　├─ 壁埋込み
　　　　　　　　　　　　　　　　　　　　　└─ フリービルトイン

図 37.6　ルームエアコンの形態による分類（[1] p.1943, 図 22）

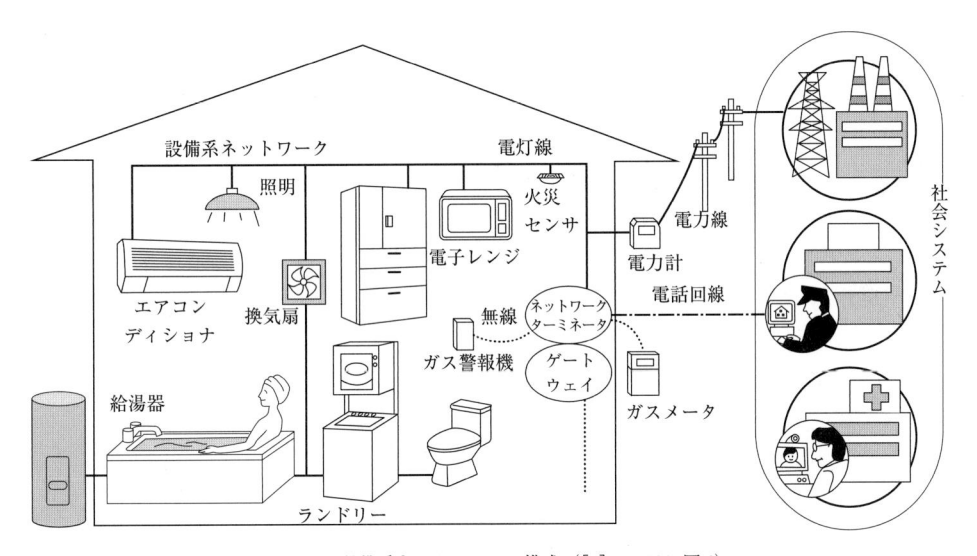

図 37.5　設備系ネットワークの構成（[1] p.1930, 図 6）

機, 温水器, 照明器具, 在宅介護機器, 各種センサ, 電力量計, ガスメータ, リモートコントローラなどであり, さらに全体を管理する装置として設備系サーバなどの集中管理装置が設置される. 設備系ネットワークの技術的な要件は, 既築の住宅に配線工事や難しい設定なしで簡単に設置できることであり, 電灯線や無線を用いたネットワークが主体になる. また, 部屋内では赤外線を用いたネットワークも使用される（図 37.5）.

37.2　冷暖房機器

(1) 集合住宅用冷暖房システムの分類

集合住宅に採用されている冷暖房方式は, 部屋ごとの個別方式, 住戸中央方式, 住棟集中方式に分類される. エネルギー源は電気, ガス, 灯油である. 冷房と暖房は各方式を組み合わせることが可能である（表 37.1）.

(2) ルームエアコンの分類

ルームエアコン（room air conditioner）は, 形態により一体型と分離型に分類され, 分離型には, 天井や壁に埋め込まれるタイプがある（図

5. 応 用 分 野

表 37.1 冷暖房システムの分類（[3] p.45, 表 5.1）

システム規模			システムフロー	エネルギー源	熱源設備 熱源機器	熱源設備 設置位置	熱媒搬送設備	端末機器 放熱設備	他設備との組合せ 給湯	他設備との組合せ 浴槽加熱	他設備との組合せ 浴室乾燥	設備拡張	特徴
規模	冷房	暖房											
部屋		個別	強制給排気型暖房機	ガス 灯油	個別暖房機	屋内	—	熱源機と一体	不可	不可	不可	温風パッケージ	立上りの早い暖房機
部屋	個別		空冷ヒートポンプ式ルームエアコン	電気	室外機	屋外	冷媒配管	暖冷房室内機	不可	不可	不可	マルチタイプ冷媒床暖房,太陽電池組込み,蓄電池	寒冷地設置の場合,注意を要す
部屋	個別		空冷空調機＋強制給排気型暖房機	電気 ガス	(冷)室外機(暖)室内機	屋外 室内	冷媒配管 —	暖冷房室内機	不可	不可	不可	—	室内機一体型としたもの
住戸	個別	中央	空冷空調機＋温水暖房機	電気 ガス	(冷)室外機(暖)ボイラ・ガス暖房(給湯)機	屋外 室内外	冷媒配管 温水配管	温水空組機 ファンコンベクタ	可	風呂ヒータ	加熱型	暖冷房マルチタイプ床温水暖房	温水利用の付加機能
住戸		中央	多機能ヒートポンプ式ルームエアコン	電気	室外機	屋外	冷媒配管	室内機 貯湯槽	可	保温(熱回収)	加熱型	深夜電力との組合せ可	貯湯槽が必要.寒冷地設置の場合,注意を要す
住戸		中央	空冷ヒートポンプ式パッケージユニット	電気	室外機	屋外	ダクト	吹出し口(吸込み口)	不可	不可	不可	風量制御個別との組合せ	個別制御に配慮.換気との組合せ
住棟	個別	中央	空冷空調機＋温水空調機（ファンコンベクタ）＋温水ボイラ	電気 ガス	室外機 ガスボイラ	屋外 屋外(屋内)	冷媒配管 温水配管	温水エアコン ファンコンベクタ 温水床暖房	可 戸別熱交換器設置	可	加熱型	戸別熱交換器（暖房用）を設置し,住戸内低圧低温温水供給にて床暖房との組合せ可	住戸内温水供給圧に配慮.熱量計が必要
住棟	中央	中央	各種冷温水発生機＋ファンコイルユニット	電気 ガス	各種冷温水発生機＋冷却塔	屋外(屋内)	冷温水配管	ファンコイルユニット	不可 四管式の場合,戸別熱交換器設置で可	不可 四管式の場合	不可 四管式の場合加熱型	住戸内空気式も可	各住戸に室外機なし.二管式の場合,暖冷房は切替え使用となる.熱量計が必要

37章 家庭電器

表37.2 ルームエアコンの能力と機能による分類（JIS C 9612）（[3] p.57, 表6.2）

適用範囲	定格冷房能力は10 kW以下，かつ，定格冷房消費電力が3 kW以下						
定格冷房能力 [kW]	1.0	1.1	1.2	1.4	1.6	1.8	2.0
	2.2	2.5	2.8	3.2	3.6	4.0	4.5
	5.0	6.3	7.1	8.0	9.0	10.0	
定格暖房能力 [kW]	1.6	1.8	2.0	2.2	2.5	2.8	3.2
	3.6	4.0	4.5	5.0	5.6	6.3	7.1
	8.0	9.0	10.0	11.2	12.5	14.0	16.0
	18.0						
機能種類	冷房専用 暖冷房（ヒートポンプおよびヒートポンプ・補助電熱装置併用）兼用冷房・電熱装置暖房兼用						
構成種類	一体型 分離型						
冷却方式種類	空冷式 水冷式						

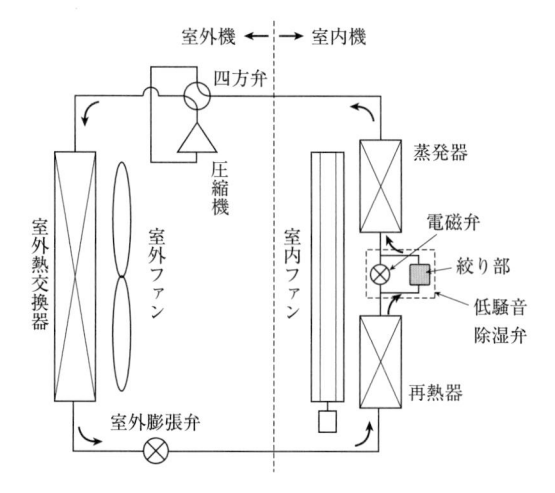

図37.7 ルームエアコン（分離形）の冷媒回路（[9], 図3）

37.6).

ルームエアコンは能力，機能，構成要素，冷却方法によっても分類される（表37.2）.

（3）ルームエアコンの構成

ルームエアコン（分離形）の冷媒回路は，圧縮機，室外熱交換器，膨張弁，室内熱交換器で構成される（図37.7）．再熱除湿機能を備えたルームエアコンでは，室内熱交換器は再熱器と蒸発器に分割されている．

ルームエアコンは室内機，室外機から構成されており，それぞれに制御ブロックを備えている（図37.8）．室内機と室外機は交流の電源線とシリアル信号線で接続されている．

37.3 換気設備

（1）家庭用換気扇の種類

家庭用換気扇は一般形換気扇，ダクトファン，局所換気機能を有するレンジフードファンなどがある（表37.3）．一般形換気扇はプロペラファンを使用し，大きな風量を得ることができるが，静圧が低いため外気圧に弱い．ダクトファンは静圧の高いシロッコファンやターボファンを用いている．

（2）換気扇の能力による分類

JIS C 9603（換気扇）では，換気扇の一般特性を規定している（表37.4）．

（3）熱交換機能を備えた換気システム

熱交換機能を備えた換気システムでは，室内から室外に排出する汚れた空気と，室外から室内に取り入れる新鮮な空気間で熱交換をすることにより，空調エネルギーを削減することができる（図37.9）．

37.4 加湿機と除湿機

（1）加湿方式の分類

加湿方式には蒸気吹出し方式，水噴霧方式，気

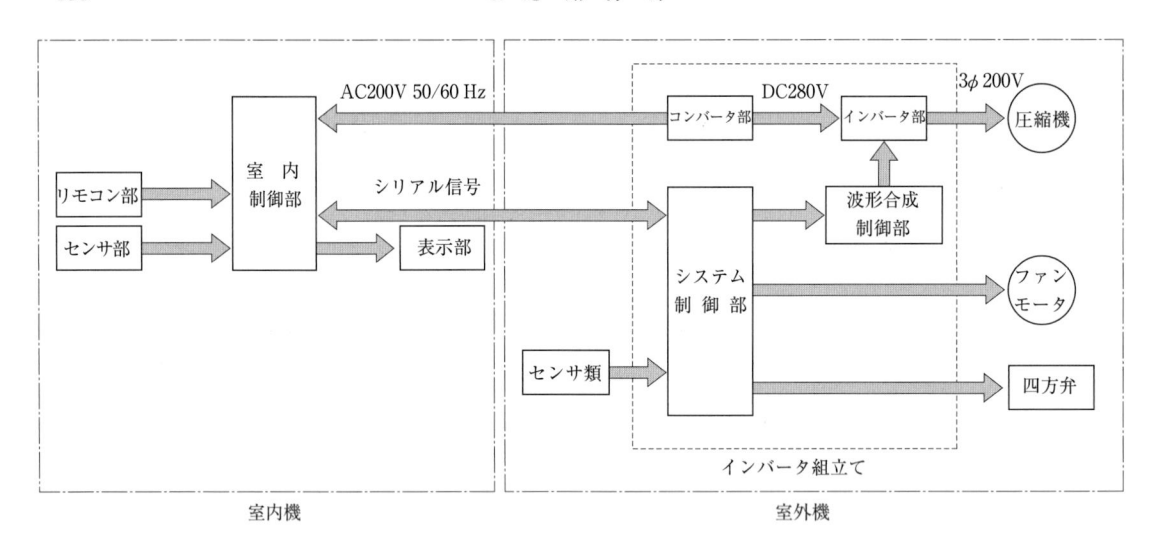

図 37.8　ルームエアコンの制御ブロック（[3] p.58, 図 6,7）

表 37.3　家庭用換気扇の種類（[2] p.377, 左下表）

機種 \ 設置場所	台所	居室	浴室	トイレ	洗面所
一般形換気扇	○	○			○
ダクトファン	○	○	○	○	○
パイプファン			○	○	○
レンジフードファン	○				
トイレファン				○	
熱交換形換気扇		○			
サーキュレータ		○			

表 37.4　換気扇の能力による分類（[1] p.1944, 表 7）

羽根径 [cm]	消費電力 [W]	風量 [m³/min]
15	35 以下	4.5 以上
20	45 以下	6 以上
25	60 以下	10 以上
30	80 以下	15 以上
40	120 以下	28 以上
50	175 以下	45 以上

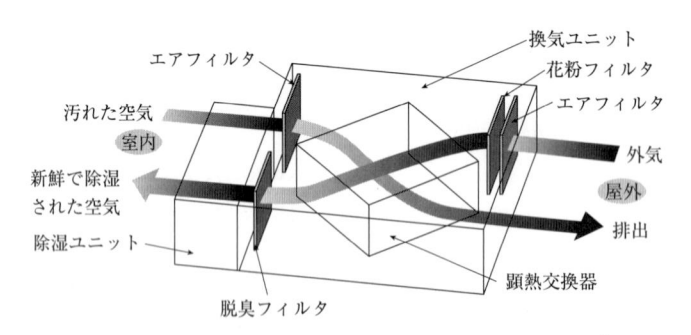

図 37.9　熱交換機能を備えた換気システム（[7] p.61, 図 13.3）

化方式がある（表 37.5）．家庭では，主に電熱による蒸気吹出し方式と水噴射方式が使われている．

(2) 除湿方式の分類

除湿方式には，冷却式，圧縮式，吸収式，吸着式がある（表 37.6）．家庭では，主に直膨コイルによる冷却式と吸着剤の除湿ロータを回転させる吸着式が使われている．

(3) 圧縮機方式の除湿機

圧縮機方式の除湿機では，空気中の湿気を低温の蒸発器により結露させた後，空気を凝縮器により加熱し，乾燥した空気を送り出す（図 37.10）．

(4) デシカント方式の除湿機

デシカント方式では，吸湿剤の除湿ロータによ

37章 家庭電器

表 37.5 加湿方式の分類（[8] p.342, 表 14.2.1）

加湿方式	特 徴	原 理		問題点
蒸気吹出し方式	1) 無菌 2) 不純物を放出しない 3) 温度降下しない	電熱式	シーズヒータにより水を加熱	
		電極式	電極間の水をジュール熱で加熱	電極の寿命 5,000〜8,000 時間
		赤外線式	赤外線の放射熱により水を加熱	赤外線ランプの寿命約 6,000 時間
		過熱蒸気式	ボイラからの蒸気を過熱蒸気として放出	蒸気配管・ドレン配管が必要
		スプレーノズル式	ボイラからの蒸気を放出	同上
水噴霧方式	1) 温度降下する 2) 不純物を放出する	遠心力	遠心力により霧化	軸受の寿命 2〜3 万時間
		超音波式	超音波振動子により霧化	振動子の寿命 5,000〜1 万時間
		2流体スプレー式	高速空気流により霧化	圧縮機が必要
		スプレーノズル式	ノズルにより霧化	加湿量の数倍噴霧する
気化方式	1) 温度降下する 2) 不純物を放出しない 3) 飽和湿度以下で放出する 4) 湿度が高くなるほど加湿量が少なくなる 5) 空気の汚れも影響する	エアワッシャ式	多量の水を空気と接触させて気化	多量の水を必要とする
		滴下式	上部へ給水し，加湿材をぬらして通風気化	
		回転式	加湿材を回転し，水槽でぬらして通風気化	
		毛細管式	毛細管現象で加湿材をぬらして通風気化	加湿材への不純物のたい積が速い

表 37.6 除湿方式の分類（[8] p.346, 表 14.3.1）

方 式		原 理	最低温度	長 所	短 所
冷却式	冷却コイル方式 ┌直膨コイル方式 └冷水（ブライン）方式	圧縮式冷凍機で直膨コイル，もしくは，冷水コイルで空気を冷却することで，飽和水蒸気圧を低下し，空気中の水分を凝縮させる	3〜5℃DP	温湿度制御容易 設備費小	低露点が得られない 再熱必要
	冷水エアワッシャ方式	圧縮式冷凍機で冷水をつくり，冷水を直接空気と接触させて空気温度を下げる	5℃DP	大容量に適している	大形になる 水の汚れ対策必要
圧縮式	圧縮冷却方式	空気を圧縮して飽和水蒸気圧を下げるが，上昇した空気温度も下げることで，空気中の水分を凝縮させる	−20℃DP	構造簡単 圧縮空気が必要なときに適する	設備増大 大容量不適
吸収式	湿式吸収方式	吸収液をスプレーし，空気と直接接触させる	−20℃DP	大容量に適している，相対湿度の制御が容易	保守保全費大 吸収液のキャリーオーバあり，腐食が問題
	乾式ハニカムロータ方式	塩化リチウムを含浸したハニカムロータを回転させ空気を通過させることで湿度を下げるが，ロータは回転させて連続的に吸湿と再生を繰り返す	−20℃DP −50〜 −80℃DP 可能	低温，低湿度の処理に適している 連続的に低露点可能 保守容易	高温，高湿度の処理には適さない 休止中の潮解対策必要
吸着式	二塔切替方式	2つの吸着剤を充填した塔をバッチで吸着と再生を切換えて除湿する	−20℃DP	低露点が得られる	設備増大 大容量不適
	ハニカムロータ方式	吸着剤のハニカムロータを回転させて，連続的に除湿する（乾式吸収式に同じ）	−20℃DP	処理空気に制限なし 保守簡単	吸収式ロータより高価

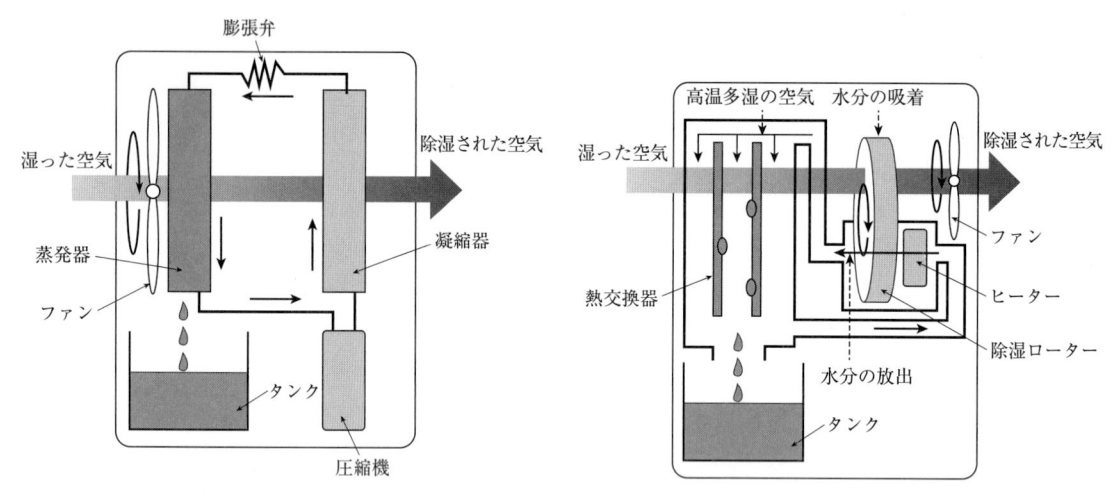

図 37.10 圧縮冷却方式の除湿機（[7] p.47, 図 10.1）

図 37.11 デシカント方式の除湿機（[7] p.47, 図 10.2）

表 37.7 電気給湯機の種類と用途（[6] p.50, 表1）

加熱方式および分類			加熱能力/貯湯容量による分類			風呂給湯方式による分類	
タイプ		冷媒	タイプ	定格加熱能力	貯湯容量	タイプ	風呂給湯機能
ヒートポンプ		CO$_2$	ヒートポンプ給湯機	4.5 kW	240 L	フルオート	自動湯張り+自動足し湯+浴槽保温+追い焚き
ヒートポンプ		R410A	ヒートポンプ給湯機	4.5 kW	300 L	フルオート	自動湯張り+自動足し湯+浴槽保温+追い焚き
電気ヒーター			ヒートポンプ給湯機	4.5 kW	370 L	フルオート	自動湯張り+自動足し湯+浴槽保温
電気ヒーター			ヒートポンプ給湯機	6.0 kW	460 L	フルオート	自動湯張り+自動足し湯+浴槽保温
			電気温水器	2.1 kW	150 L	セミオート	自動湯張り+高温差し湯
			電気温水器	2.4 kW	200 L	落し込み	定量止水機能付
			電気温水器	3.4 kW	300 L	落し込み	給湯専用
			電気温水器	4.4 kW	370 L	その他	酸素入浴機能付
			電気温水器	5.4 kW	460 L			
			電気温水器	6.4 kW	550 L			

最高使用圧力による分類			電気の契約メニューによる分類			付加機能（暖房）による分類	
タイプ		減圧弁	タイプ	通電制御		タイプ	付加機能（暖房）
タイプ		減圧弁	タイプ	あり	なし	タイプ	付加機能（暖房）
先止め（減圧弁方式）	高圧力（～0.2 MPa）	170 kPa	時間帯別電灯（TOU）専用	○		給湯専用	—
先止め（減圧弁方式）	高圧力（～0.2 MPa）	150 kPa	時間帯別電灯（TOU）専用	○		給湯暖房（多機能）	給湯+床暖房+浴室暖房乾燥
先止め（減圧弁方式）	標準圧力（～0.1 MPa）	85 kPa	TOU/深夜電力切替可能	○		給湯暖房（多機能）	給湯+床暖房
先止め（減圧弁方式）	標準圧力（～0.1 MPa）	80 kPa	TOU/深夜電力切替可能	○		給湯暖房（多機能）	給湯+浴室暖房乾燥
先止め		ボールタップ方式	深夜電力専用	○	○		
元止め			深夜電力専用	○	○		

貯湯ユニット形状による分類		設備場所による分類			リモコン付加機能による分類	
タイプ	缶数	条件	仕様		リモコン	付加機能（リモコン）
配管内蔵型（角形）	一缶型	気象条件	寒冷地（次世代Ⅰ・Ⅱ地域）			IT機能付
配管内蔵型（角形）	二缶型	気象条件	一般地（次世代Ⅲ以南）			双方向会話機能付
外部配管型（丸形）		塩害条件	一般地		リモコンあり	単方向音声機能付
外部配管型（丸形）		塩害条件	塩害地域		リモコンあり	ナビゲーション機能付
外部配管型（丸形）		塩害条件	重塩害地域		リモコンあり	テレビ付
		住戸条件	戸建	屋外	リモコンあり	標準機能のみ
		住戸条件	戸建	軒下		リモコンなし
		住戸条件	戸建	屋内		
|| 住戸条件	集合				

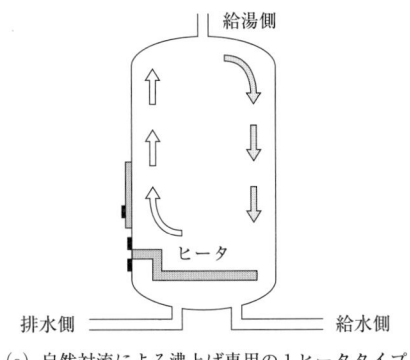

(a) 自然対流による沸上げ専用の1ヒータタイプ

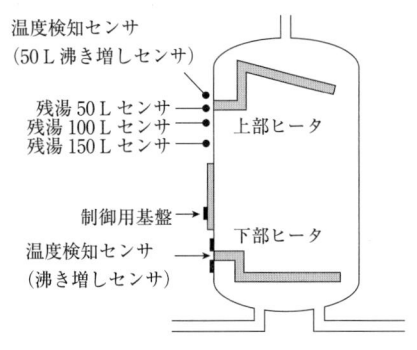

(b) 沸き増し可能な2ヒータタイプ

図37.12 電気温水器の動作原理（[6] p.82, 図7, 8）

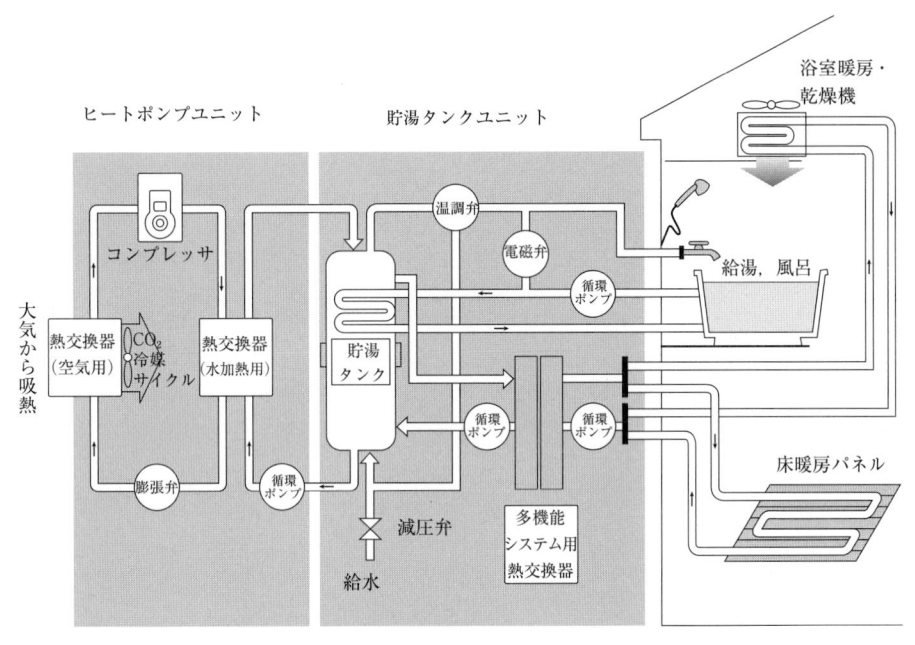

図37.13 給湯機の多機能タイプ（[4] p.56, 図4-5-2）

り水分を吸着する．ロータに吸着した水分は，ヒータにより放出された後に熱交換器により冷やし結露させてタンクにためる（図37.11）．

37.5 給湯機

(1) 電気給湯機の種類と用途

電気給湯機は，加熱方法により，ヒートポンプ式と電気ヒータ式に大きく分類される（表37.7）．それぞれは，加熱能力，貯湯容量，風呂給湯方式などにより細分されている．

(2) 電気温水器の動作原理

電気温水器は下部に設置した1個のヒータを用いて，自然対流により沸上げを行う．加熱は昼間電力に対して安価な深夜電力を用いる（図37.12(a)）．

深夜電力を用いて沸かした湯量では不足した場合は，沸き増し可能な2ヒータタイプを設置し，昼間電力も用いて上部ヒータにより必要な湯量の沸き増しを行う（図37.12(b)）．

(3) 給湯機の多機能タイプ

給湯機の多機能タイプは，ヒートポンプユニット，貯湯タンクユニット，床暖房パネル，浴室暖房乾燥機から構成される（図37.13）．

〔井上雅裕〕

参 考 文 献

[1] 電気学会編：電気工学ハンドブック（第6版），オーム社（2001）
[2] 星野聰史ほか：電気・電子工学大百科事典 第15巻 配電，需要設備，家庭電器，電気書院（1983）
[3] 空気調和・衛生工学会編：わかりやすい住宅の設備，暖房と冷房，オーム社（1999）
[4] 田中俊六：図解ヒートポンプ，オーム社（2005）
[5] エコーネットコンソーシアムのホームページ（http://www.echonet.gr.jp）
[6] 電化住宅のための計画・設計マニュアル編集委員会編：電化住宅のための計画・設計マニュアル 2006，日本工業出版（2006）
[7] 飛原英治・柳原隆司・松岡文雄・桐野周平：ヒートポンプがわかる本，日本冷凍空調学会（2005）
[8] 日本冷凍空調学会編：冷凍空調便覧 第Ⅱ巻 機器編，日本冷凍空調学会（2006）
[9] 大西茂樹・平國 悟・中山雅弘・吉川利彰・隅田嘉裕：ルームエアコン再熱除湿サイクルの高性能化，(2)温湿度制御範囲，第35回空気調和・冷凍連合講演会（2001）

38章　静電気・医用電子

38.1　静電気
(1)　電気集塵（基本原理）
コロナ放電を利用してガス中に浮遊する微小粒子を帯電させ，クーロン力によって捕集電極（図38.1では円筒電極）に捕集する装置．たまったダストは，ときどきハンマーでたたいて（これをつち打ちという）下に落とす．

(2)　電気集塵装置（実機）
実用化されている電気集塵装置は，板状の捕集電極が複数枚並列かつ直列に配置されている．高電圧電源などは上に配置されている．大型ではこのユニットがさらに複数連なる（図38.2）．

(3)　電気集塵装置の電源
電気集塵装置の重要な1要素に電源がある．通常は，図38.3に示されているようにサイリスタ制御を用いて高電圧を制御している．最近は，1サイクルの中で電圧を微妙に制御することで最適動作を実現している．

(4)　高性能電気集塵装置（移動電極方式）
捕集粒子（ダスト）の電気抵抗が高い場合，捕集が困難になるとともに電極についたダストがとれなくなる．そのため，捕集電極を移動させ電極についたダストをブラシで擦り取る方式が実用化されている（図38.4）．

(5)　エレクトレット
誘電体（一般に膜）の片側が正，多方面が負に帯電した状態で，材料によっては電荷の寿命が100年にもなる．電流の取り出せない直流電圧源となる（図38.5）．

(6)　エレクトレットフィルタ
エレクトレットを繊維状にして集めたもの，織ったもの，寄せ集めてくっつけたもの（不織布）がある．電荷を帯びた微粒子のみでなく中性の微粒子もひきつける．隙間が広いため空調やマスクなどにも使われる（図38.6）．

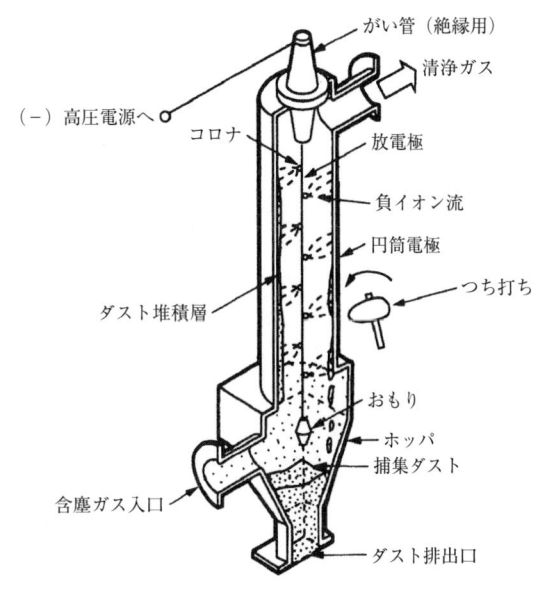

図38.1　円筒形電気集塵装置（基本図）（[1] p.1852，図1に一部追加）

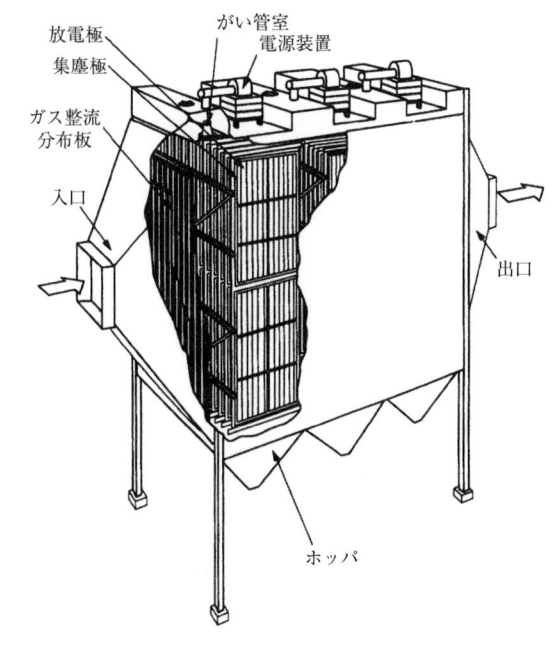

図38.2　はん用電気集塵装置 [2]

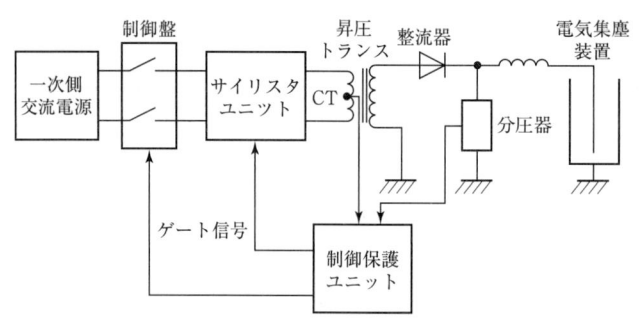

図38.3 電気集塵装置の電源概略

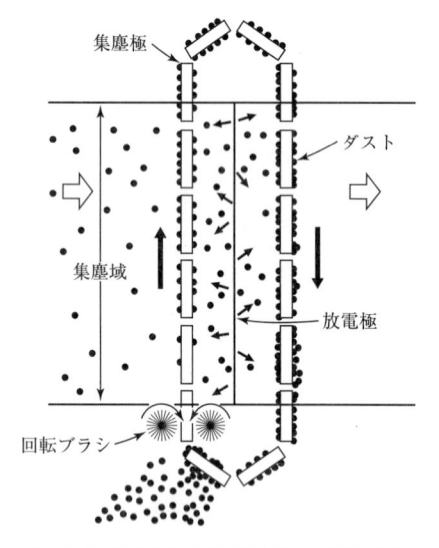

図38.4 移動電極形電気集塵装置の原理 [2]

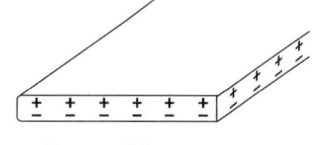

図38.5 膜状エレクトレット

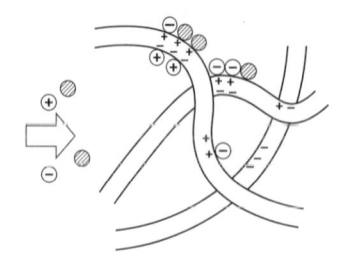

図38.6 エレクトレットフィルタ繊維

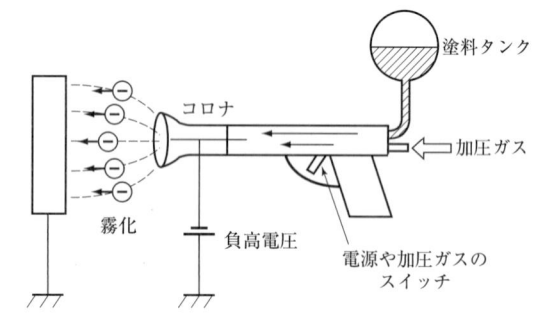

図38.7 静電塗装

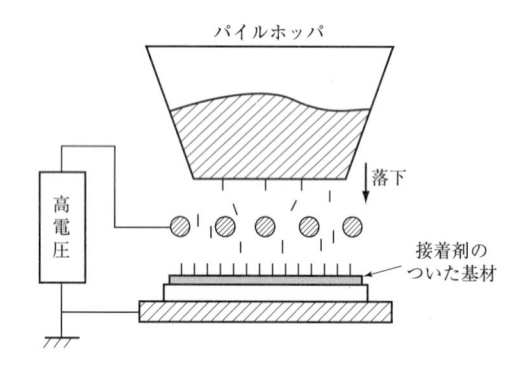

図38.8 静電植毛（ダウン法の例）

(7) 静電塗装

塗料をコロナ放電や誘導荷電によって帯電させ，対象物体に静電気力で塗料をしっかり密着させる技術．陰でみえないところにも回り込んで強く付着するので塗料の損失も少ない（図38.7）．

(8) 静電植毛

短い繊維素に電界をかけると繊維は電界の向きに密度も高く起毛状態で突き刺さる．フェルト生地や絨毯などの製作に用いられる．金属表面に繊維をつけてフェルト状にすることも可能である（図38.8）．

(9) 静電選別

粒子の電気的性質（電気抵抗や帯電性など）の違いを利用して，電気力によって粒子を分離する

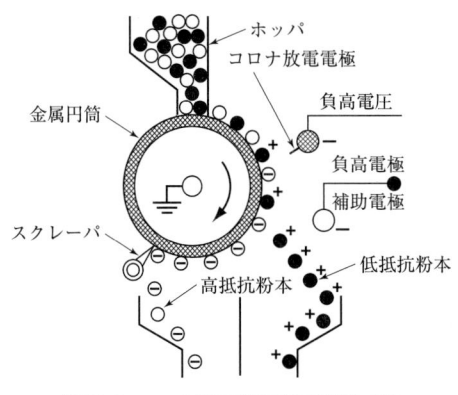

図38.9 コロナ帯電形静電選別装置 [3]

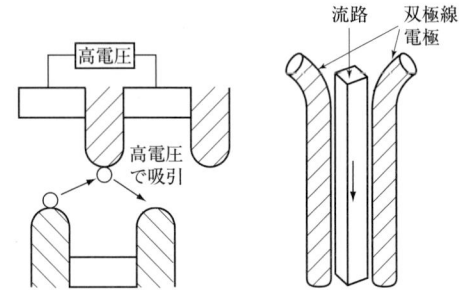

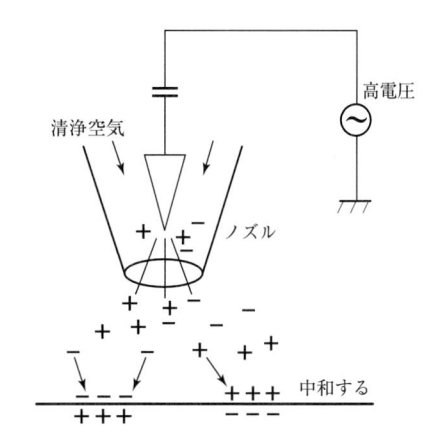

図38.12 除電器の原理

(a) 誘電泳動による細胞のシフト (b) 誘電泳動による細胞分離

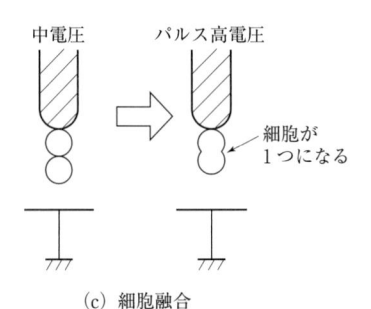

(c) 細胞融合

図38.10 静電気による生体操作

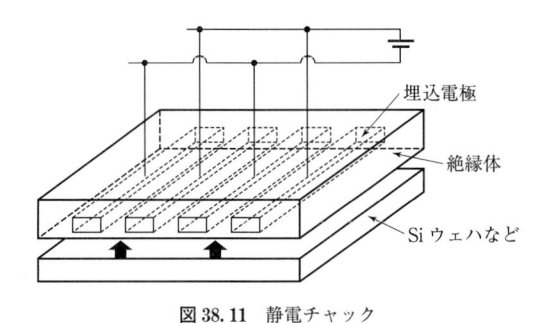

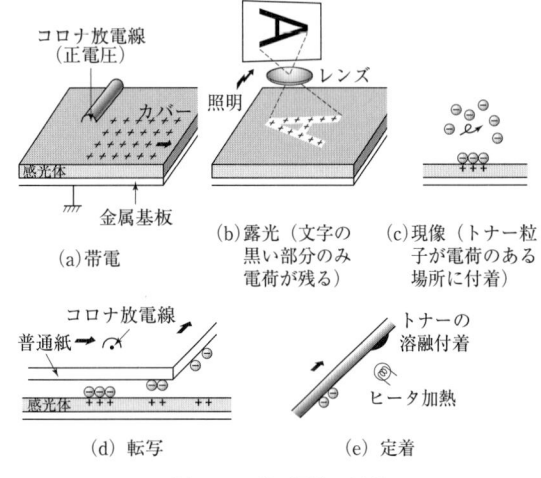

(a) 帯電　(b) 露光（文字の黒い部分のみ電荷が残る）　(c) 現像（トナー粒子が電荷のある場所に付着）

(d) 転写　(e) 定着

図38.13 静電写真の原理

図38.11 静電チャック

技術（図38.9）.

(10) 静電気による生体操作

静電気力（主にクーロン力と誘電泳動）によって生体物質（細胞，DNA，生体高分子など）を好みの場所に移動させること（図38.10）.

(11) 静電チャック

電極間に電圧を引加すると電界分布の不均一性から強い吸引力が発生する．電気のオンオフで吸着力を制御できる．真空装置などでもよく用いられる（図38.11）.

(12) 除電装置

帯電を除去する装置．図38.12は正負のイオンを吹き付けることで除電する方式．紫外線，放射線照射や，接地した鋭利な導体を近づける方法もある．

(13) 静電写真

光導電性の膜を帯電させた後，複写したいものの光学像をその膜に結像させることで明るさに応

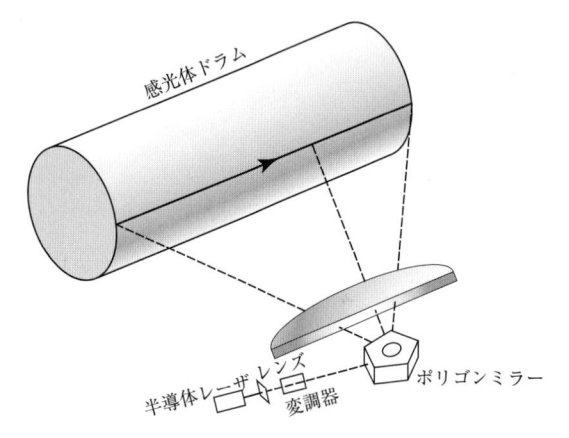

図38.14 レーザプリンター

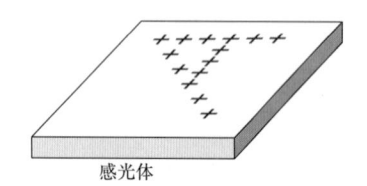

図38.15 静電潜像

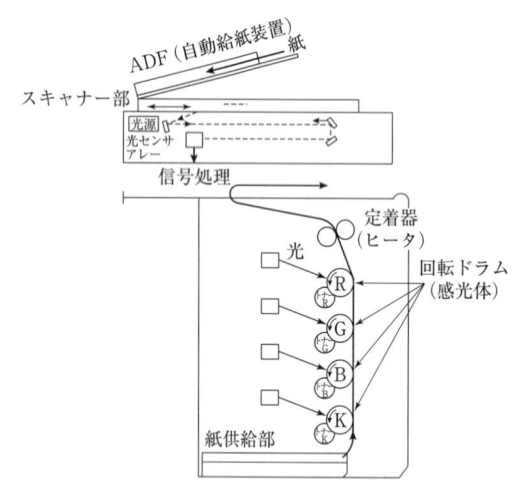

図38.16 デジタルカラー複写機の構成

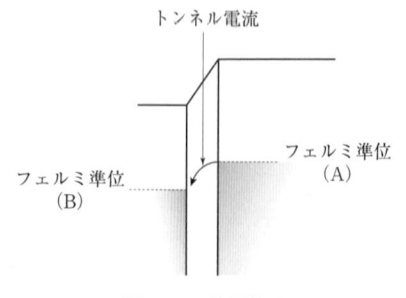

図38.17 接触帯電

じて電荷を減衰させ，残った電荷にトナーを吸着させて静電潜像をトナーの絵に変え，それを紙に転写する技術（図38.13）．

(14) レーザプリンター
帯電した感光体に照射するレーザ光の明るさを変え，紙に付着させるトナーの量を制限することで紙に印刷する技術（図38.14）．

(15) 静電潜像
電荷で像を示したもの．そのままではみえないのでトナーを付着させることなどで可視化する（図38.15）．

(16) カラーレーザプリンター
現在は，通常，黒，赤，黄，青の4色のトナーを用いてカラー印刷する．感光体やレーザは，1つを4回使う装置と，各色ごとに感光体やレーザを用意して連続的に印刷する装置（タンデム式と呼ぶ）とがある．

(17) デジタルカラー複写機
従来のカラー複写機では，最低3回，3原色に分けて，それぞれでコピーを重ね取りしていたが，色調整がきわめて難しく，デジタル信号処理が不可欠となった．時代の変化で，カラーレーザプリンター，カラー対応のスキャナーが開発されるにつれ，これをつなげればカラー複写機ができると考えられた（図38.16）．

(18) DMDダイナミックミラーデバイス
$10\,\mu m$前後の金属反射体の向きを静電気力で変えることで画像をスクリーンに投影する装置．大型映画やコンピュータプロジェクターに使われている．

(19) 帯電現象
2つの物体が接触すると，物理的な性質の違い（電子の存在するエネルギーレベルの違い）により一方にある電荷が他方に移動し，結果として電子が出た方が正に，電子が流れ込んだ方が負になる．これを帯電現象という．一般には，電荷の移動，分離，緩和現象の総和であるといわれる（図38.17）．

(20) 帯電（系）列
接触したとき正に帯電しやすいものから負に帯電しやすいものまでを順番で示したもの．原則と

〈正極性〉
Silicone elnstomer with silica filler
Borosilicate glass, fire-polished
Window glass
Aniline-formal resin（acid catalysed）$-CH_2-Ph-NH-$
Polyformaldehyde $-CH_2-O-$
Polymethylmethacrylate $-CH_2-CMe(COOCH_2)-$
Ethylcellulose
Polyamide 11 $-(CH_2)_{10}-CO-NH-$
Polyamide 6-6 $-(CH_2)_4CO-NH(CH_2)_6NH-CO-$
Rock salt Na^+Cl^-
Melamine formol
Wool, knitted
Silica, fire-polished
Silk, woven
Poly-ethylene glycol succinate $-(CH_2)_2COO(CH_2)_2OCO-$
Cellulose acetate
Poly-ethylene glycol adipate $-(CH_2)_4COO(CH_2)_2OCO-$
Poly-diallyl phthalata $CH_2CH-OCOPhCOOCH=CH_2$
Cellulose (regenerated) sponge
Cotton, woven
Polyurethane elastomer $-NHPhNHCOOROCO-$
Styrene acrylonitrile copolymer
Styrene butadiene copolymer
Polystyrene $-CH_2-CHPh-$
Polyisobutylene $-CH_2-CMe_2-$
Polyurethane flexible sponge
Borosilicate glass, ground surface
Polyethylene glycol terephthalate $-COPhCOO(CH_2)_2O-$
Polyvinyl butyral
Formo-phenolique, hardened $-CH_2-PhOH-CH_2-$
Epoxide resin $-OPhCMe_2PhOCH_2CHOHCH_2-$
Polychlorebutadiene $-CH_2CCl=CHCH_2-$
Butadiene acrylonitrile copolymer
Natural rubber $-CH_2CMe=CHCH_2-$
Polyacrylonitrile $-CH_2-CH(CN)-$
Sulphur
Polyethylene $-CH_2-$
Polydipbenylol propane carbonate $-OPhCMe_2PhOCO-$
Chlorinated polyether $CH_2-C(CH_2Cl)_2CH_2O-$
Polyvinylchloride with 25 per cent D.O.P.
Polyvinylchloride without plasticizer $-CH_2-CHCl-$
Polytriduorochlorethylene $-CF_2CFCl-$
Polytetrafluoroethylene $-CF_2-$
〈負極性〉

図 38.18 帯電列 [4]

して，正側のものが正に，負側のものが負に帯電しやすい．正確には，接触の仕方により異なるので絶対ではない．図 38.18 に例を示す．

〔小田哲治〕

参考文献

[1] 電気学会編：電気工学ハンドブック（第 6 版），オーム社（2001）
[2] 日立プラントテクノロジーカタログ
[3] 静電気学会編：静電気ハンドブック，オーム社（1998）
[4] J. Henniker：Nature, Vol. 196, p.474（1962）

38.2 医用電子
(1) 逆投影法による画像再構成

X 線断層撮影などに使われる画像再構成の最も単純な方法が，逆投影法である．図 38.19(a) のように 2 次元平面内に分布する物理量 $f(x, y)$，たとえば X 線吸収係数の分布などが与えられたとき，被写体に固定された (x, y) 座標に対して角度 θ 回転した座標 (X, Y) を考えると，f の X 軸上への投影データは

$$p(X, \theta) = \int_{-\infty}^{\infty} f(x, y) dY \qquad (38.1)$$

で与えられる．この投影データから逆に $f(x, y)$ を復元するのが画像再構成である．単純な例として，図 38.19(b) に示すように正方形状の物体の断面を 3×3 ピクセルに分割し，中心のピクセルのみ値 100 をもつような被写体を考える．投影データは，各投影方向に沿って並んだピクセルの値をすべて加算して求める．逆投影は図 38.19(c) に示すように，投影データの値を，その投影データを得るときに通ってきたピクセルすべてに入れ，これをすべての角度における投影データに対して行い加算することである．もとの被写体は中心のピクセルにしか値をもたなかったが，逆投影した結果では，その周囲のピクセルも値をもつようになり，いわゆる画像のボケが生じていることがわかる．一般に，投影データ $p(X, \theta)$ から逆投影された画像 $g(x, y)$ は次式で与えられる．

$$g(x, y) = \frac{1}{2\pi} \int_0^{2\pi} p(x\cos\theta + y\sin\theta, \theta) d\theta$$
$$(38.2)$$

(2) 主な NMR 対象核種

分子などの構造解析に利用される核磁気共鳴分光（NMR：nuclear magnetic resonance）や，医療診断のための磁気共鳴画像（MRI：magnetic

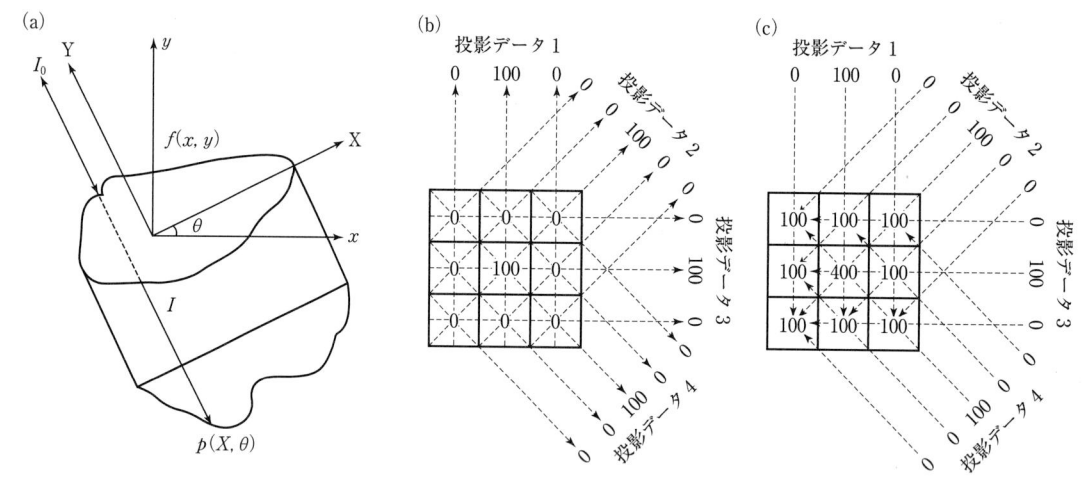

図 38.19 逆投影法による画像再構成（[1] pp.60, 62, 63, 図 3.6, 3.8, 3.9）

表 38.1 主な NMR 対象核種（[2] p.150, 表 4.3）

核種	共鳴周波数 (Hz, at 1 T)	相対感度
^{1}H	42.577	1.00
^{13}C	10.705	0.0159
^{14}N	3.076	0.00101
^{19}F	40.055	0.834
^{23}Na	11.262	0.0927
^{31}P	17.235	0.0660

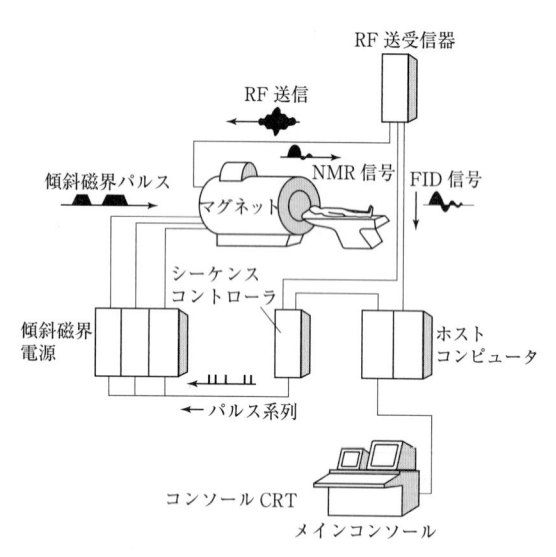

図 38.20 MRI のハードウェア（[2] p.154, 図 4.16）

resonance imaging）では，磁界の下に置かれた原子核から発生する磁気共鳴信号を測定する．測定対象となる試料または人体の中に豊富に存在し，かつ相対感度が高い核種ほど，信号の測定が容易である．MRI ではほとんどの場合，水素 ^{1}H からの信号をもとに断層像を得ている．磁気共鳴信号の周波数は，加えられる磁束密度に比例する（表 38.1）．

(3) MRI のハードウェア

MRI の中心となるコンポーネントはマグネットであり，0.2～3 T の静磁界を発生する超電導マグネットを用いた装置が多い（図 38.20）．マグネット中心付近の，撮像の視野として使う空間内で，ppm（100 万分の 1）レベルのきわめて高い均一度が要求される．傾斜磁界発生装置は，人体各部から発生する磁気共鳴信号に，位置に応じた周波数や位相の変化を与える機能をもつ．装置中心からの距離に比例する磁界強度となるようにコイル巻線が設計されており，典型的な最大傾斜は数十 mT/m，波形はパルス幅数百 μs～数十 ms の矩形波（より正確には台形波）を組み合わせたパターンが基本である．ラジオ波（RF: radio-frequency）送受信器は，磁気共鳴周波数に合わせた交流磁界を人体に照射して原子核にエネルギーを吸収させ，それに続いて人体中の原子核から発生する磁気共鳴信号を検出する機能をもつ．ラジオ波の照射や信号検出は，専用のコイルを使って行われ，1 つのコイルが照射と検出を兼ねることもある．

(4) DC-SQUID 磁束計のブロック図

生体から発生する微弱な磁界を計測するため

38章 静電気・医用電子

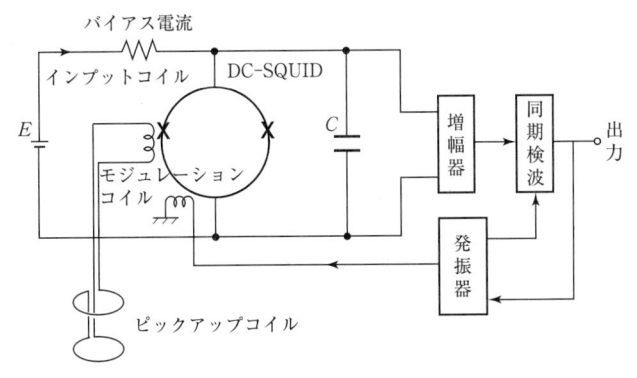

図38.21 DC-SQUID磁束計のブロック図（[1] p.129, 図4.31）

には，ジョセフソン効果を応用した超電導量子干渉計（SQUID：superconducting quantum interference device）が用いられる．実際に生体磁気計測に用いられるSQUID磁束計は，SQUID素子，磁束検出用ピックアップコイル，検出した磁束をSQUIDループへ導くインプットコイル，フィードバック動作用のモジュレーション兼フィードバックコイルからなる（図38.21）．素子としては，超電導リング内にジョセフソン接合を2つもつDC-SQUIDと，1つしかもたないRF-SQUIDがあり，現在では感度の点で有利なDC-SQUIDが主に用いられている．SQUID磁束計を用いて，脳や心臓の活動に伴って発生する微弱な磁界の検出が可能であり，脳機能の基礎研究や各種疾患の診断などに応用が広がっている．

(5) 体表で測定する生体電気現象

筋肉や神経は興奮すると細胞膜が脱分極するため，等価的に電気双極子が生成したと見なすことができる．最もよく臨床に用いられる心電，脳波，筋電の大きさと周波数範囲を表38.2に示す．参考として，細胞内活動電位も示した．興奮した細胞付近で測定すれば数十mVの電位差が得られるが，体表では非常に小さい電位差となる．また，測定周波数範囲に50または60Hzの商用電源周波数を含んでいるので，増幅器としては電源からの雑音の混入防止，および混入してしまった雑音の除去が重要な問題となる．現在では増幅技術が進歩し，この問題はほぼ解決された．

(6) 生体の電気特性の例

生体組織にはイオンのドリフトや極性分子の回転など複数の電気伝導機構が存在するため，誘電率や導電率は比較的複雑な周波数依存性を示し，これらの値は組織によっても大きく異なる（表38.3）．様々な組織の中では，脳脊髄液が高い誘電率と導電率を示している．この理由は，水分子が高分子などと結合していないために自由な運動が可能で，交流電界に対する分極を妨げられないこと，さらに，イオンの運動を妨げるものがないため電流も流れやすいことによると考えられる．

(7) 様々な周波数帯域および磁束密度における生体電気磁気現象

生物と磁界の関わり合いを論じる場合，生物磁気現象がどの程度の磁界の大きさと周波数で関わっているかを理解しておくことが重要である（図38.22）．超電導マグネットの臨床用MRIでは，現在，1.5Tの静磁界が多く用いられている．8Tの磁界に水がさらされると水面が二分されて，乾いた水底が露出する，いわゆる，モーゼ効果が観測される．フィブリンやコラーゲン，その他の細胞が磁力線の方向に平行または垂直方向に並ぶ現象が，数Tの磁界でみられる．一方，脳の磁気刺激では1Tオーダのパルス磁界を0.1〜0.2msのパルス幅で脳に加える．また，20Hz，

表38.2 体表で測定する生体電気現象（[3] p.1881, 表20）

	電位差の大きさ[mV]	周波数範囲[Hz]
心電図 ECG	1〜2	0.1〜500
脳波 EEG	0.01〜0.5	0.5〜70
筋電図 EMG	0.01〜15	10〜3,000
細胞内活動電位	70〜100	DC〜10,000

細胞内活動電位は参考としてあげた．

表 38.3 生体の電気特性の例 ([4] p.79, 表 3)

組織	比誘電率 63.9 MHz	128 MHz	導電率 [S/m] 63.9 MHz	128 MHz
脳灰白質	97.5	73.5	0.511	0.587
脳白質	67.9	52.5	0.291	0.342
小脳	116.4	79.7	0.719	0.829
筋肉	72.3	63.5	0.688	0.719
心臓	106.6	84.3	0.678	0.766
脂肪	6.5	5.9	0.035	0.037
皮質骨	16.7	14.7	0.060	0.067
海面骨	30.9	26.3	0.161	0.180
脳脊髄液	97.3	84.0	2.066	2.143
血液	86.5	73.2	1.207	1.249
肝臓	80.6	64.3	0.448	0.511

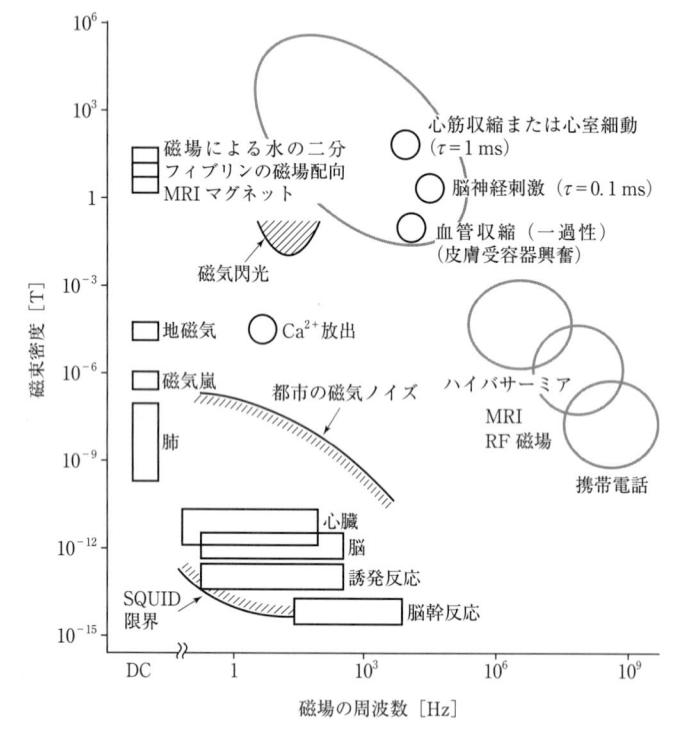

図 38.22 様々な周波数帯域および磁束密度における生体電気磁気現象 ([5] p.842, 図 1)

10 mT の交流磁界に脳がさらされると磁気閃光としての光をみることができる．MRIにおけるRF磁界は，1.5 Tの装置で 63.86 MHz であり，携帯電話で使用される電磁波 800 MHz〜3 GHz に比べて一桁低い周波数帯域である．なお，脳から発生する脳磁図は 10^{-15} T(fT)〜10^{-12} T(pT) のオーダのきわめて微弱な磁気信号である．

(8) 磁界の生体影響の物理化学的メカニズム

生体に対する磁気の作用は，時間的に変化する磁界の作用，静磁界の作用，および静磁界と他のエネルギーとの重ね合わせの作用の，大きく3つに分類できる（表38.4）．生体が時間的に変化する磁界にさらされると，電磁誘導の法則に従って生体内に渦電流が流れる．磁気刺激では渦電流により興奮性膜の脱分極が引き起こされて，神経や筋が刺激される．MHzオーダの高周波磁界に生体がさらされると熱作用が主となる．この場合，単位質量に吸収される比吸収係数（SAR:

表 38.4 磁界の生体影響の物理化学的メカニズム（[5] p.842）

電磁場の種類	メカニズム	作用例
時間変動磁場 　低周波，パルス磁場	渦電流 $J = -\sigma \dfrac{\partial B}{\partial t}$	神経磁気刺激
高周波	熱発生 $SAR = \sigma \dfrac{E^2}{\rho}$	加熱作用
静磁場 　均一磁場	トルク $T = -\dfrac{1}{2\mu_0} B^2 \Delta\chi \sin 2\theta$	生物高分子の磁場配向
勾配磁場	磁気力 $F = \dfrac{\chi}{\mu_0}(\text{grad } B)B$	磁場による水の二分 （モーゼ効果）
静磁場と他のエネルギーの 　重ね合わせ	Zeeman 分裂と光や電磁場 との相乗効果 　ラジカル対モデル 　一重項-三重項の項間交差 　に対する磁場効果	光化学反応の収率変化

σ：導電率，B：磁場，t：時間，SAR：specific absorption rate（比吸収係数），E：電界，ρ：密度，μ_0：真空中の透磁率，$\Delta\chi$：磁化率異方性，θ：物質の長軸と磁場とのなす角，χ：物質の磁化率．

specific absorption rate）で加熱作用を評価する．

静磁界の生体作用については，均一磁界と勾配磁界とに分けて考える必要がある．均一磁界の場合は物質のもつ磁気的異方性の性質から物質にトルクが働き，数 T オーダの強磁界下では，フィブリンなどの生体高分子や赤血球や骨芽細胞，血管内皮細胞などは磁界に並行に配列し，コラーゲンは磁界に垂直に配列する．勾配磁界の場合は物質に磁気力が働き，8 T, 50 T/m の勾配磁界のもとでは水が二分するモーゼ効果を観測することができる．

静磁界と他のエネルギーとの重ね合わせの効果では，光と磁界を同時に，ある種の化学反応に加えた場合の光化学反応の磁界効果が見出されている．溶媒中の化合物が光刺激によって励起され，ラジカル対を経由して光化学反応が進行する過程で，一重項ラジカル対と三重項ラジカル対の 2 種類が，ある確率で溶媒かご内に生成される．この一重項-三重項の項間交差が磁界によって変化を受ければ，一重項ラジカル対から生成されるかご生成物と，三重項ラジカル対がバラバラとなって溶媒かごから飛び出して別の化合物をつくる散逸生成物との収率の比が，磁界によって変化を受けることになる．

〔関野正樹〕

参 考 文 献

[1] 神谷 瞭・井街 宏・上野照剛：医用生体工学，培風館 (2000)
[2] 渥美和彦・小谷 誠・上野照剛：バイオマグネトロニクス入門，オーム社 (1986)
[3] 電気学会編：電気工学ハンドブック（新版），オーム社 (1988)
[4] 日本磁気共鳴医学会・安全性評価委員会：MRI 安全性の考え方，学研メディカル秀潤社 (2010)
[5] 上野照剛：MRI 検査：磁気エネルギーの生物作用，周産期医学，Vol. 34, No. 6, pp. 841-845 (2004)

6 共通分野

39章　環境問題
40章　関連工学

39章　環境問題

39.1　全　般

工学や技術は自然には存在しない人工物を使用することで利便をもたらすものであるから，自然環境と相互に影響し合うことが避けられない．このためにいわゆる環境問題が生じる．あらゆる工学と技術に環境問題が存在するが，広がりの大きい基盤的な工学，技術ほど環境との関わりも密接で，環境問題を引き起こしやすい傾向がある．このような場合，工学や技術のもたらす利便性と対比して，できるだけ人の生活環境に調和する設備を用い，環境を乱さない運転状態を維持する必要がある．

電気分野においても関係するあらゆる技術と設備に環境問題が付随するが，本章では紙数の制限から電力（電気エネルギー）分野の環境問題のごく一般的な解説と一部の問題（地球温暖化とEMF問題）の紹介に限る．

39.2　電力分野の環境問題の分類

電気エネルギーの発生（発電）から輸送（送電，変電，配電），消費に至る広大なシステムにおいて，電力分野は使用する設備や機器が様々な外部環境の影響を受けるとともに，一方でそれらの存在が電磁界環境をはじめとして外部へ様々な影響を与えてきた．これらの環境との関わりを，電力設備・機器の材料（ならびに製造），運転，廃棄の面からまとめると表39.1のように分類される．

39.3　環境年譜

最近の環境問題の特徴の一つは，オゾン層の破壊，酸性雨，地球温暖化の問題のように，原因となる行為やその影響が時間的，空間的に大きい広がりを有し，地球全体の，さらには将来世代や人類の生存にまで関わる問題になってきたことである．そのために，また世界全体が協調して関係する量の計測，問題の解析，対策の検討を行うようになってきた．表39.2に，このような世界的規模での環境への取り組みを，エネルギー分野を中心に環境年譜としてまとめる．

次節に述べる地球温暖化問題に関して，このような国際的動向の中で最も重要と考えられるのは，次のIPCC, UNFCCC, COPである．

IPCC (Intergovernmental Panel on Climate Change, 気候変動に関する政府間パネル)：気候変動に関して最新の科学的知見を調査・評価し，各国政府に助言・勧告を行う政府間機構．1988年に設置．2007年に第四次評価報告書発表．

UNFCCC (United Nations Framework Convention on Climate Change, 国連気候変動枠組条約)：気候変動を防止するための枠組みを規

表 39.1　電力分野と環境との関わり（[1] pp. 148〜150）

	例
（イ）自然現象の電力分野との関わり	雷によるサージ，雨・雪・台風・汚損などの影響，磁気あらし，地磁気による誘導
（ロ）材料・製造に関わる問題	有害・有毒材料（PCB），はんだ，フロン類，製造時の有害・有毒材料の使用
（ハ）運転に関わる問題 　　（a）発生する電界・磁界によるもの 　　（b）その他の問題	高電圧（高電界），大電流（磁界），コロナ放電，燃焼による炭酸ガスの発生，温排水，騒音，景観の阻害
（ニ）廃棄に関わる問題	放射性廃棄物処理（原子力発電所），リサイクル，リユース

表 39.2 環境問題に関する年譜（国際動向）（[2] p.265, 表7.1.1に一部加筆）

年月	国 際 動 向	年月	国 際 動 向
58	アメリカがマウナロア山（ハワイ）でCO_2濃度測定開始	87.9	オゾン層保護に関する「モントリオール議定書」採択
62	レイチェル・カーソン『沈黙の春』出版	90.8	「IPCC（気候変動に関する政府間パネル）」第一次評価報告書発表
72	ローマクラブ『成長の限界』出版	90.11	「世界気候会議」開催（ジュネーブ）
72.4	OECDが「大気汚染物質長距離移動計測共同技術計画（LRTAP）」開始	92.2	IPCC第一次評価報告書の補足報告
72.6	国連人間環境会議開催（ストックホルム）	92.5	「気候変動枠組条約」および「生物多様性条約」作成
72.7	「ワシントン条約」（野生動植物の国際取引規制）発効	92.6	「環境と開発に関する国際会議（UNCED）」開催（リオデジャネイロ）「環境と開発に関するリオ宣言」採択，「アジェンダ21」採択
72.12	「国連環境計画」設置	94.3	「気候変動枠組条約」発効
74	ローランド（アメリカ），フロンガスによるオゾン層破壊説を発表	95.3	気候変動枠組条約第1回締約国会議（COP1）開催（ベルリン）
75	「野生生物保護に関するワシントン条約」発効	95.12	IPCC第二次評価報告書発表
79	硫黄酸化物排出抑制に関する「ヘルシンキ議定書」締結（欧州・カナダ）	96.7	COP2開催（ジュネーブ）
80	米政府大統領諮問委員会報告『西暦2000年の地球』	96	シーア・コルボーン『奪われし未来』出版
85.3	オゾン層保護のための「ウィーン条約」採択	97.6	国連環境開発特別総会
87.4	環境と開発に関する世界委員会報告「われら共通の未来」公表	2001 2005 2008	IPCC第三次評価報告書発表 京都議定書発効 削減目標期間スタート

定した条約．1992年5月に作成，1994年3月に発効．

COP（Conference of the Parties, 締約国会議）: UNFCCCの各締約国，特に先進国の排出削減計画や実施状況の検証，新たな仕組みなど，具体的な方策を話し合うための最高意思決定機関．第1回は1995年（ベルリン），第3回は1997年（京都），第15回は2009年（コパンハーゲン）である．

39.4 地球温暖化問題

地球の温度は，太陽からの入射エネルギーと地球が放射するエネルギーのバランスで決まるとするとおよそ$-18°C$になるが，現在全球の平均温度が約15°Cと33°C程度も高いのは，地球を取り巻く温室効果ガスの作用による．33°Cの温暖化に最も寄与しているガスは水蒸気であるが，人間の様々な活動によって放出される人為起源のガスが近年の温暖化をもたらしつつあるとして大きな問題になっている．表39.3に，人為起源の主な温室効果ガスの種類と，GWP（地球温暖化係数：大気に放出した一定量のガスの温暖化効果を炭酸ガス（CO_2）に対する比で表したもの），性質，主な発生源を示す．これらの中で温暖化に最も寄与している人為起源のガスは炭酸ガスで効果全体の約2/3を占めている．

なお温室効果ガスの中で六フッ化硫黄（SF_6）は，10.3節にも触れられているが，現在ガス絶縁開閉装置やガス遮断器に使用されている電力分野ではなくてはならないガスであるが，GWPが最も高い．そのためにわが国では電気協同研究会の専門委員会（1886~1998年）がSF_6排出量削減のための調査と提言を行った．この提言を受けて電力業界は削減のための自主行動計画を開始し，1995年の排出量年655トン，2000年には年150トン（半導体分野を除く）と1/4以下に低減した．さらにSF_6の代替ガスに炭酸ガスや窒素を用いる研究も進められている．

産業革命以降，化石燃料の燃焼などによって

表 39.3 人為起源の主な温室効果ガスの種類と特性（[2] p.274, 表 7.3.1）

種類	GWP[*1] 京都議定書[*2]	GWP[*1] IPCC TAR[*3]	性質	用途，排出源
二酸化炭素 (CO_2)	1	1	常温で気体，安定した物質	化石燃料燃焼，セメント製造，開墾など
メタン (CH_4)	21	23	天然ガスの主成分，常温で気体，可燃性	化石燃料の漏洩，埋立，畜牛，米作など
一酸化二窒素 (N_2O)	310	296	多数の窒素酸化物の中で最も安定，無害	自動車などの燃料燃焼，化学工業，畜牛，農耕地土壌
ハイドロフルオロカーボン (HFC)	HFC-23 11700 HFC-134a 1300 など	HFC-23 12000 HFC-134a 1300 など	H, F, C からなるフロン，強力な温室効果ガス	噴霧剤，冷媒，半導体洗浄
パーフルオロカーボン (PFC)	PFC-14 6500 PFC-116 9200	PFC-14 5700 PFC-116 11900	H がなく C と F のみからなるフロン，強力な温室効果ガス	半導体洗浄など
六フッ化硫黄 (SF_6)	23900	22200	S と F のみからなる，強力な温室効果ガス	電力機器の絶縁ガス，半導体洗浄

[*1] GWP (global warming potential, 地球温暖化係数)：ある温室効果ガスを大気中に排出した場合に生じる地球温暖化への寄与を，同重量の CO_2 を大気中に排出した場合の寄与に対して見積もった指数．大気中での寿命の違いにより，時間枠によって異なる．表では 100 年間の効果を示している．
[*2] 「IPCC 第二次評価報告書」(1995) に示された値，京都議定書ではこの値を使うことを決めている．
[*3] IPCC TAR：「IPCC 第三次評価報告書」(2001) に示された値．

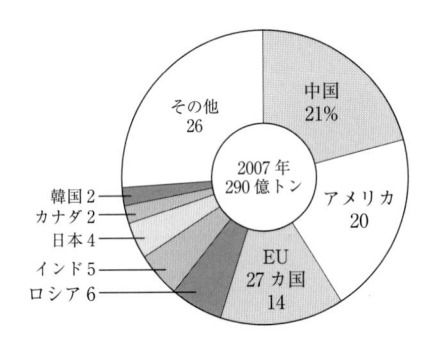

図 39.1 世界の主要国における CO_2 排出量 (2007 年) 国際エネルギー機関 (IEA) による．

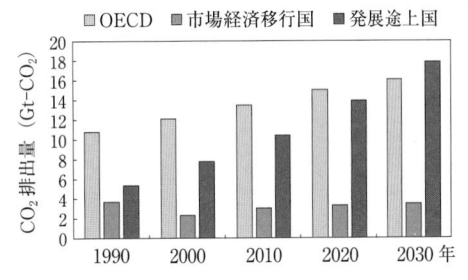

図 39.2 エネルギー起源の CO_2 排出量の推移と予測 ([2] p.275, 図 7.3.6)

炭酸ガスの排出量が急増し，全世界での 2000 年の排出量は 23.4 Gt-CO_2 (1 Gt-CO_2 は CO_2 換算で 10 億トン) に達し，1950 年と比較して半世紀で約 4 倍となった．図 39.1 に 2007 年における世界の主要国での CO_2 排出量の割合を示す．中国とアメリカで全体の 4 割以上に達し，日本はアメリカの約 1/5（世界全体の約 4%）である．また図 39.2 に，1990〜2030 年の CO_2 排出量の推移と予測を示す．OECD 諸国に比べて，石炭火力の増設などの見込まれる発展途上国での増加が著しい．

温暖化防止のための国際的取り組みとして，先にあげた UNFCCC（国連気候変動枠組条約）の締約国は法的拘束力のある条約議定書の作成に努力し，1997 年に京都で開催された第 3 回の COP（COP3 と呼ぶ）において京都議定書が採択された．この概要を表 39.4 に示すが，この中で「京都メカニズム」とは費用対効果の面からできるだけ効率的に排出量削減目標を達成するための措置である．京都議定書は，その後世界一の排出国であるアメリカが「途上国に排出削減義務がなく不公平」「アメリカ経済に悪影響をもたらす」という理由で離脱したが，COP10（ブエノスアイレス，2004 年 12 月）の直前にロシアの批准が決まり（日本は 2002 年 6 月批准），2002 年 5 月に発効した．

表 39.4 京都議定書の概要（[2] p.280, 表 7.3.3）

(a) 排出削減目標

項目	内容
対象ガス	CO_2, CH_4, N_2O, HFC, PFC, SF_6
吸収源	森林などの吸収源による温室効果ガス吸収量を算入
基準年	1990年（HFC, PFC, SF_6 は1995年としてもよい）
目標期間	2008年から2012年
目標	先進国全体で少なくとも5.2%削減を目指す

(b) 主要各国の数値目標と削減率（1990年化）

EUと主な加盟国			EU以外の主なOECD諸国		
国	数値目標	基準年排出量	国	数値目標	基準年排出量
EU全体	−8%	4,223	日本	−6%	1,223
フランス	0%	554	アメリカ	−7%	6,070
オランダ	−6%	219	カナダ	−6%	612
イタリア	−6.5%	520	オーストラリア	8%	423
イギリス	−12.5%	745	ニュージーランド	0%	73
ドイツ	−21%	1,211	ロシア	0%	3,040

基準年排出量（単位：$Mt\text{-}CO_2$）は，削減対象ガスを CO_2 に換算した総量．

(c) 京都メカニズム

共同実施(JI)	・先進国（市場経済移行国を含む）間で，温室効果ガスの排出削減または吸収増進の事業を実施し，その結果生じた排出削減単位を関係国間で移転（または獲得）することを認める制度
クリーン開発メカニズム(CDM)	・途上国（非附属書I国）が持続可能な開発を実現し，条約の究極目的に貢献することを助けるとともに，先進国が温室効果ガスの排出削減事業から生じたものとして認証された排出削減量を獲得することを認める制度 ・先進国にとって，獲得した削減分を自国の目標達成に利用できると同時に，途上国にとっても投資と技術移転の機会が得られるというメリットがある
排出量取引(ET)	・排出枠(割当量)が設定されている附属書I国(先進国)の間で，排出枠の一部の移転(または獲得)を認める制度

39.5 火力発電所からの排出

地球温暖化の観点から発電方式を比較する場合には，化石燃料の燃焼そのものによる排出量だけでなく，燃料の産出や輸送，発電所の建設などに伴う排出も考慮した発電電力量（kWh）当たりの排出量が指標として用いられる．各発電システ

表 39.5 各種発電システムの炭酸ガス排出量（CO_2排出原単位）（[1] p.160, 表 11.3）

（単位：グラム（炭素）/kWh）

発電システム	設備製造	維持保守	燃焼	メタン漏れ	合計
石炭火力	1.09	9.78	246.33	12.69	269.89
石油火力	0.62	7.21	188.41	3.10	200.06
LNG火力	0.55	24.10	137.21	16.05	177.67
原子力発電	1.00	4.46	−	0.24	5.70
水力発電	4.63	0.07	−	0.11	4.81
地熱発電	1.39	4.63	−	0.27	6.29
風力発電	6.73	2.41	−	0.37	9.51
太陽光（家庭）	11.91	3.57	−	0.53	16.01
太陽光（地上）	26.24	6.82	−	1.25	34.31

内山：発電プラントのエネルギー収支分析と電力部門の CO_2 低減策，電気学会新・省エネルギー研究会資料（1990）による．

表39.6 炭酸ガスの分離・回収，貯留，固定化技術の分類（[2] p.285, 表7.3.6）

分類		技術名		概要
排ガス中CO$_2$の削減	分離・回収	吸収法	アミン吸収 炭酸カリウム吸収	アルカリ性の吸収液にCO$_2$を吸収
		吸着法	物理吸着	固体吸着剤にCO$_2$を吸着
		ガス分離法	高分子膜分離	膜に対するガスの浸透速度の違いを利用
			深冷分離法	ガス成分の凝縮温度の違いを利用
	貯留	地中貯留	帯水層貯留	地下1,000 m程度の帯水層にCO$_2$を圧入
			油田・ガス田貯留	CO$_2$を圧入し，石油，メタンなどを回収しつつCO$_2$を処理
			炭層貯留	採炭の見込みのない炭層などにCO$_2$を貯留
		海洋貯留	深海貯留	水深3,000 m以上の深海底に貯留
			中深層溶融希釈	水深1,000～2,500 mの中深層に溶融希釈
大気中CO$_2$の削減	固定化	化学的固定	電気・光電気化学的反応	光照射や電極反応によりCO$_2$を電気化学的に還元
			接触水素化学反応	触媒下でCO$_2$と水素からメタンなどの有機化合物を生成
		生物的固定	植林・再植林	植林などでCO$_2$を光合成により植物体として固定
			藻類	藻類などにCaCO$_3$として固定

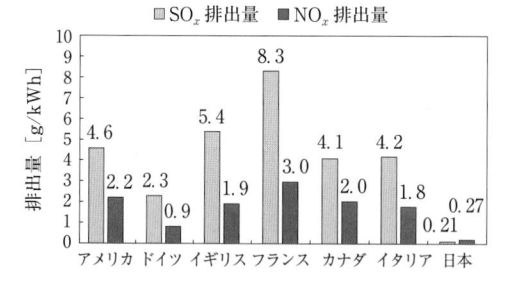

図39.3 世界各国の火力発電所の発電電力量当たりのSO$_x$, NO$_x$排出量（[2] p.272, 図7.3.2）
評価年：アメリカ・ドイツ（1997年），イギリス・フランス・カナダ（1996年），イタリア（1995年），日本（2001年）．

ムについてこのような炭酸ガス排出量（原単位）の比較を表39.5に示す．表によると，火力発電では燃焼による排出量の占める割合が最も大きく，石炭火力で94%，LNG火力でも77%である．また，太陽光発電は家屋の屋根材の3 kW電源と，1,000 kWの事業用地上発電設備とに分けているが，水力や風力に比べると排出量は2～7倍多い．

CO$_2$の排出抑制の各種の対策が進められる一方で，排出したガスの分離・回収，貯留，固定についてもいろいろな方法が研究・開発中である．これらの方法を分類して表39.6に示す．

温暖化とは別であるが，やはり重要な地球環境問題として酸性雨問題がある．図39.3に，酸性雨に関係する量として世界各国の火力発電所からのSO$_x$（硫黄酸化物），NO$_x$（窒素酸化物）の排出量原単位を示す．効率向上，クリーンな燃料の使用，排煙脱硫・脱硝などクリーン化技術の適用によって，日本の排出量は1970年代半ばから急速に低下し，2000年頃にはOECD 6カ国に比べてもきわめて低い値となった．

39.6 電力分野のEMCとEMF

電気設備や電気機器は電圧と電流によって様々な電磁環境問題を引き起こす．これらは一般にEMC（electromagnetic compatibility，電磁両立性）といわれる研究分野の一部である．特に，発電から消費に至る電気エネルギー（電力）システムは高電圧（さらにこのために生じる放電を含む）と大電流によって多くの環境問題を生じるが，たとえば架空送電線では表39.7のような問題がある．送電線の建設計画，設計時には，このような

表39.7 架空送電線の環境問題（[1] p.150, 表11.1）

交流	静電誘導，電磁誘導，コロナ雑音，コロナ騒音
直流	イオン流帯電，（直流）磁界の発生，コロナ雑音，コロナ騒音

表39.8 身の回りの電界,磁界の代表値 ([2] p.297, 表7.5.1)

電界の値		
大気電界(オーダ値)	100 V/m	ただし直流,屋外
送電線(地表の最大値)		
アメリカ	10 kV/m	
日本	3 kV/m	
屋内・アメリカ	5～10 V/m	
雷雲下(最大値)	30 kV/m	

磁界の値		
地磁気	50 μT	ただし直流
送電線(地表の最大値)		
アメリカ	50 μT	
日本	20 μT	想定値
日本(屋内)	10 μT	想定値
配電線(最大値)		
日本	2 μT	想定値
日本(屋内)	10 μT	想定値
家庭		
平均(50%値)	約0.1 μT	
アメリカ(95%値)	0.3～0.6 μT	測定例
日本(90%値)	0.2～0.4 μT	測定例
(95%値)	0.4～0.5 μT	測定例
家庭電気製品(距離3 cmのときの最大値)		
ヘアドライヤ	20 μT(アメリカでは2,000 μTもあり)	
電気カーペット	20 μT	
テレビ	6 μT	
交通機間		
電車,飛行機	1～15 μT(最大50 μT)	測定例
職場環境		
電力会社	幾何平均0.1～1.2 μT	
(アメリカ,イギリス)		
暴露磁界の高い職種	平均1～2 μT(最大100 μT以上)	
(スウェーデン)		

項目について予測計算が行われ,必要なら防止対策が講じられる.

電磁界が人の健康に影響するのではないかという問題は,EMF (electromagnetic fields,電磁界の健康影響) 問題といわれる.EMF問題には,GHzオーダの高周波を用いる携帯電話での影響,10 kHz～10 MHzのいわゆる中間周波電磁界での影響の問題もあるが,以下では50 Hz, 60 Hzの商用周波数など極低周波に限る.商用周波でのEMF問題は,1979年のアメリカのデンバー地区での疫学調査,1993年のスウェーデンカロリンスカ研究所による疫学調査で,商用周波磁界と小児白血病との関連を示唆する結果が報告され,その後多種多様な検証研究が行われた.しかし細胞,動物,人を対象とした実験研究からは電磁界暴露

表39.9 一様な電界,磁界による体内誘導電流の概略値(50 Hz, 60 Hz) ([2] p.300, 表7.5.3)

電界	首部	0.5 μA/m²
1 V/m	胴体部	0.2 μA/m²
	足首	2～5 μA/m²
磁界	頭部	2 μA/m²
0.1 μT (1 mG)		(平均は約0.3 μA/m²)

と生物学的な作用との関連を示す証拠は得られていない.

表39.8に,身の回りに存在する電界,磁界の代表的な例を示す.自然に存在する大気電界,雷雲下の電界,地磁気はほとんどが直流であるが,人工の電磁界に比べてかなり高い値である.また,高周波の電磁界まで考えれば,高周波の電磁波である太陽光が大量に身近に存在している.

表 39.10 いくつかの環境での体内誘導電流の概略値 (50 Hz, 60 Hz)（[1] p.156, 表 11.2 を改変）

1. 家庭：5～10 V/m, 0.1～0.3 μT
   5～10 V/m → 2～5 μA/m^2
   0.1～0.3 μT → 2～6 μA/m^2
2. 送電線下：3 kV/m, 10 μT
   3 kV/m → 1,500 μA/m^2 (1.5 mA/m^2)
   10 μT → 200 μA/m^2
3. 交通機関：1～15 μT
   1～15 μT → 20～300 μA/m^2

電磁界が人体に誘導する電界，電流の値は最近の数値計算法の進展によって相当定量的に推定できるようになった．表 39.9 に，商用周波数の単位の電界，磁界（一様な分布を想定）による人体内の誘導電流の概略値を示す．磁界による誘導電流は磁界に対して垂直な面で半径の大きい箇所ほど高くなるが，胴体部分は重要な臓器のない体表面で高くなるので，この表では頭部の値をとっている．また誘導電流値は周波数に比例するので 60 Hz は 50 Hz より 20% 高くなるが，概略値なので区別していない．表 39.10 に人が遭遇する 2, 3 の代表的な環境での誘導電流（表 39.9 から算出）の概略値を示す．現在人体内で数 Hz～1 kHz の周波数の誘導電流密度が 10 mA/cm^2 を超えると組織に対して無視できない作用を生じる可能性があると国際的に考えられているが，表 39.10 の誘導電流密度はいずれも 10 mA/cm^2 よりはるかに低い値である．　　　　　　　　〔宅間　董〕

参 考 文 献

[1] 宅間　董・垣本直人：電力工学，共立出版 (2002)
[2] 宅間　董・高橋一弘・柳父　悟編：電力工学ハンドブック，朝倉書店 (2005)

40章 関連工学

40.1 電気関係規格と法規
(1) 電気関係の国際標準規格

電気関係の国際標準（global standard）には，電気・電子の技術分野を対象とした国際電気標準会議（IEC：International Electrotechnical Commission）規格があり，電気通信分野では国際電気通信条約（ITC：International Telecommunication Convention）の国際電気通

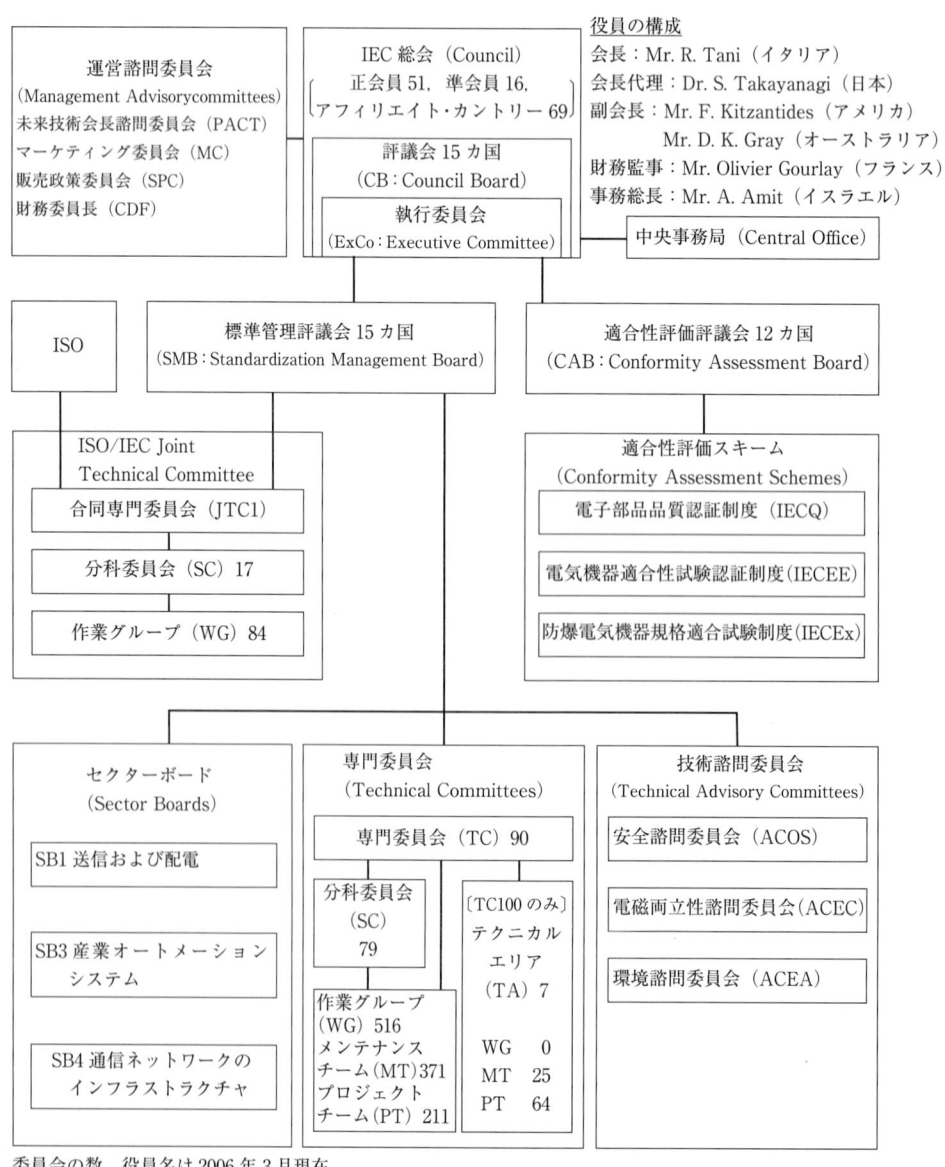

```
運営諮問委員会                          IEC総会（Council）        役員の構成
（Management Advisorycommittees）       正会員51, 準会員16,       会長：Mr. R. Tani（イタリア）
未来技術会長諮問委員会（PACT）          アフィリエイト・カントリー69  会長代理：Dr. S. Takayanagi（日本）
マーケティング委員会（MC）                                        副会長：Mr. F. Kitzantides（アメリカ）
販売政策委員会（SPC）                   評議会15カ国                    Mr. D. K. Gray（オーストラリア）
財務委員長（CDF）                      （CB：Council Board）      財務監事：Mr. Olivier Gourlay（フランス）
                                        執行委員会               事務総長：Mr. A. Amit（イスラエル）
                                   （ExCo：Executive Committee）  中央事務局（Central Office）

  ISO        標準管理評議会15カ国                    適合性評価評議会12カ国
        （SMB：Standardization Management Board）  （CAB：Conformity Assessment Board）

         ISO/IEC Joint                              適合性評価スキーム
         Technical Committee                    （Conformity Assessment Schemes）
         合同専門委員会（JTC1）                   電子部品品質認証制度（IECQ）
         分科委員会（SC）17                       電気機器適合性試験認証制度（IECEE）
         作業グループ（WG）84                     防爆電気機器規格適合試験制度（IECEx）

   セクターボード          専門委員会                       技術諮問委員会
  （Sector Boards）     （Technical Committees）      （Technical Advisory Committees）
  SB1 送信および配電      専門委員会（TC）90             安全諮問委員会（ACOS）
                       分科委員会    ［TC100のみ］
  SB3 産業オートメーション （SC）      テクニカル           電磁両立性諮問委員会（ACEC）
       システム           79        エリア
                                  （TA）7             環境諮問委員会（ACEA）
  SB4 通信ネットワークの  作業グループ
       インフラストラクチャ（WG）516    WG  0
                       メンテナンス  MT 25
                       チーム（MT）371
                       プロジェクト  PT 64
                       チーム（PT）211
```

委員会の数，役員名は2006年3月現在．

図40.1 IECの運営組織図 [12]

40章 関連工学

```
国際標準化機構：International Organization for Standardization (ISO)
```

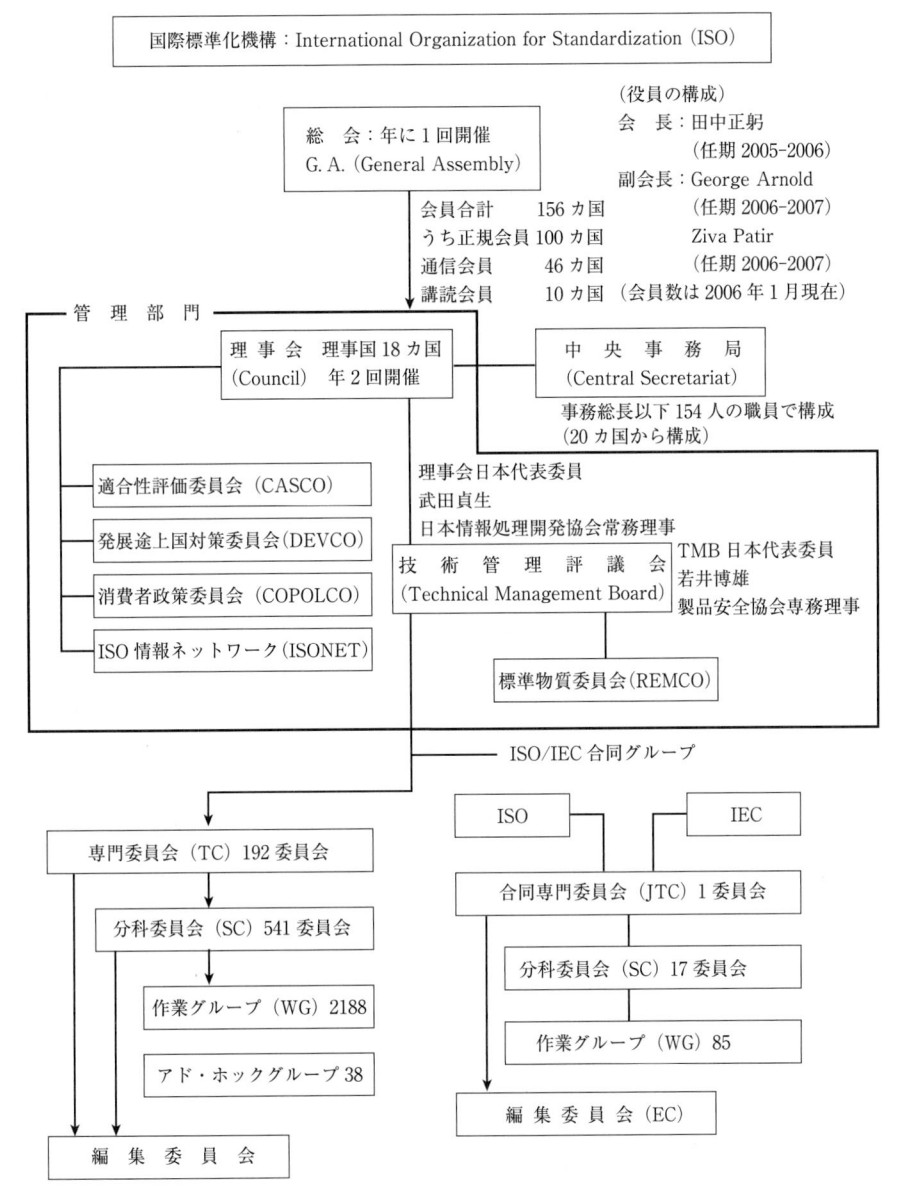

```
総　会：年に1回開催
G. A. (General Assembly)
```

（役員の構成）
会　長：田中正躬
　　　　（任期 2005-2006）
副会長：George Arnold
　　　　（任期 2006-2007）
　　　　Ziva Patir
　　　　（任期 2006-2007）

会員合計　　156カ国
うち正規会員 100カ国
通信会員　　46カ国
講読会員　　10カ国　（会員数は 2006年1月現在）

管理部門

理事会　理事国18カ国
（Council）年2回開催

中央事務局
（Central Secretariat）
事務総長以下154人の職員で構成
（20カ国から構成）

適合性評価委員会（CASCO）
発展途上国対策委員会（DEVCO）
消費者政策委員会（COPOLCO）
ISO情報ネットワーク（ISONET）

理事会日本代表委員
武田貞生
日本情報処理開発協会常務理事

技術管理評議会
（Technical Management Board）

TMB日本代表委員
若井博雄
製品安全協会専務理事

標準物質委員会（REMCO）

ISO/IEC合同グループ

専門委員会（TC）192委員会
分科委員会（SC）541委員会
作業グループ（WG）2188
アド・ホックグループ 38
編集委員会

ISO　　IEC
合同専門委員会（JTC）1委員会
分科委員会（SC）17委員会
作業グループ（WG）85
編集委員会（EC）

図 40.2　ISOの機構図 [24]

信連合（ITU：International Telecommunication Union）規格（ITU-TS）がある．電気関係以外の分野では特に機械工学に重点をおいた国際標準化機構（ISO：International Organization for Standardization）規格がある．また，環境問題を考慮した国際的な取り組みとしてEUの特定有害物質使用制限指令（RoHS：restriction of the use of certain hazardous substances in electrical and electronic equipment）があり，電気電子機器類に含まれる，表 40.1 に示すような有害6物質を原則として使用禁止としている．これら有害物質のうち，水銀，カドミウム，鉛，六価クロムは，わが国の水質汚濁防止法が定める有害物質でもある．RoHS指令は2006年7月1日から施行

表 40.1　RoHS指令で使用禁止される有害物質

水銀，カドミウム，鉛，六価クロム，
ポリ臭化ビフェニル（PBB），
ポリ臭化ジフェニルエーテル（PBDE）

482   6. 共　通　分　野

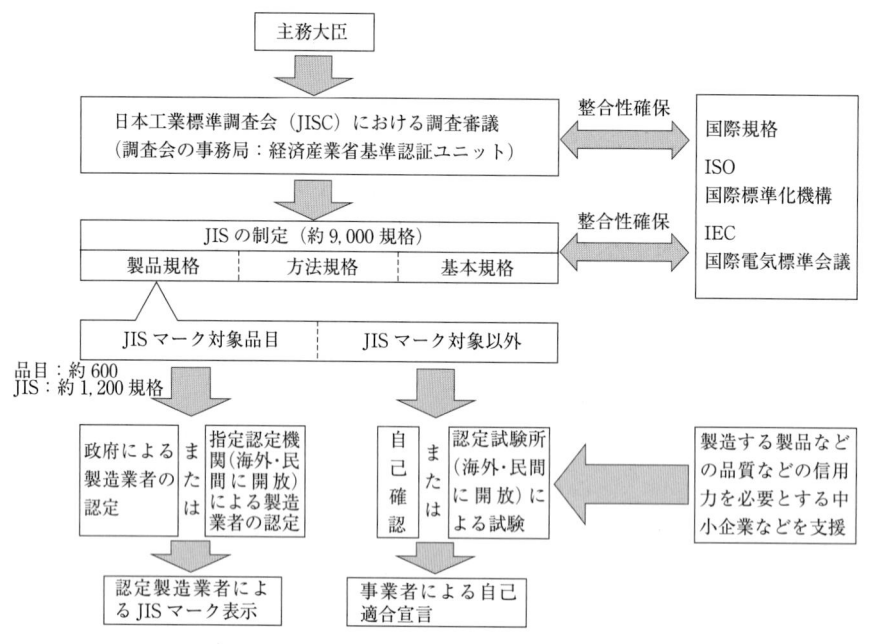

図 40.3 日本の工業標準化制度の概要 [12]

され，それ以降に EU で上市される家電製品やパソコン，テレビなどは有害6物質の使用が制限され，日本の輸出する製品にもこの指令が適用される．図 40.1 に IEC の運営組織図を，図 40.2 に ISO の機構図をそれぞれ示す．

(2) 電気関係の国内標準規格

わが国の電気関係の工業標準化規格としては，日本工業規格（JIS：Japan Industry Standards）があり，その制定などの審議は工業標準化法に基づき，経済産業省産業技術総合研究所の附属機関である日本工業標準調査会（JISC：Japanese Industrial Standards Committee）が行い，事務局は産業技術総合研究所が担当している．JIS はその性格により，基本規格，方法規格，製品規格に分けられている．また，通信分野に限ると総務省管轄の推奨通信方式（JUST：Japanese Unified Standards for Telecommunication）がある．このほか，JIS，JUST 以外の国内の団体規格・規定には電気・電子機器などに関わる JEC，JEM，JCS，JIL などがある．図 40.3 に日本の工業標準化（JISC）制度の概要を，表 40.2 に JIS を含む国内主要規格を示す．

表 40.2 国内の主要規格

規格略称	制定機関名
JIS	日本工業規格調査会（経済産業省産業技術総合研究所）
JUST	総務省
JEC	電気学会電気規格調査会
JEM	日本電機工業会
JAS	農林物資規格調査会
BTS（放送技術規格）	日本放送協会（NHK）
JCS	日本電線工業会
JIL	日本照明器具工業会
JEL	日本電球工業会
JESC	日本電気技術規格委員会
電気用品安全法（PSEマーク）	経済産業省商務流通グループ
JWDS	日本配線器具工業会
NESA	日本電気制御機器工業会
JEMIS	日本電気計測器工業会
JILA	インターホン工業会
JET	電気安全環境研究所
SBA	電池工業会
JEITA/JEIDA（旧 EIAJ）	電子情報技術産業協会
EIMS	電気機能材料工業会
EMAS（旧 EMAJ）	日本電子材料工業会
JMS	日本船舶標準協会
JIRAS	日本ロボット工業会

表40.3 日本の主要な電気関係法規

法律名称	目的	概要
電気事業法	電気事業の運営を適正かつ合理的ならしめることによって，電気の使用者の利益を保護し，及び電気事業の健全な発達を図るとともに，電気工作物の工事，維持及び運用を規制することによって，公共の安全を確保し，及び環境の保全を図ることを目的とする	事業用電気工作物，自家用電気工作物，一般用電気工作物に分けて規制を定めている
電源三法	電源の立地地域に発電所の利益が十分還元されるようにする制度で，地元住民の理解と協力を得ながら発電所の建設を円滑に推進することを目的としている．なお，電源三法とは「電源開発促進税法」「電源開発促進対策特別会計法」「発電用施設周辺地域整備法」をいう	電源三法により，電源立地地域の地元に補助金交付と税の優遇を定めている
エネルギー使用の合理化に関する法律	内外におけるエネルギーをめぐる経済的社会的環境に応じた燃料資源の有効な利用の確保に資するため，工場，輸送，建築物及び機械器具についてのエネルギーの使用合理化に関する所要の措置，その他エネルギーの使用合理化を総合的に進めるために必要な措置等を講ずることとし，もって国民経済の健全な発展に寄与することを目的とする	事業者を第一種および第二種指定事業所に分けエネルギーの使用合理化に関する所要の措置を推進させるよう定めている
電気工事士法，電気工事業の業務の適正化に関する法律	電気工事の作業に従事する者の資格及び義務を定め，もって電気工事の欠陥による災害の発生の防止に寄与することを目的とする．また，電気工事業を営む者の登録等及びその業務の規制を行うことにより，その業務の適正な実施を確保し，もって一般用電気工作物及び自家用電気工作物の保安の確保に資することを目的とする	第1種，第2種電気工事士の資格を定めている．また，登録の義務付けと主任電気工事士の設置を義務づけている．
電気用品安全法	電気用品の製造，販売等を規制するとともに，電気用品の安全性の確保につき民間事業者の自主的な活動を促進することにより，電気用品による危険及び障害の発生を防止することを目的とする	特定電気用品と特定電気用品以外の電気用品に分け規制（PSEマーク）
農山漁村電気導入促進法	電気が供給されていないか若しくは十分に供給されていない農山漁村又は発電水力が未開発のまま存する農山漁村につき電気の導入をして，当該農山漁村における農林漁業の生産力の増大と農山漁家の生活文化の向上を図ることを目的とする	未点灯または電気の十分に供給されていない農山漁村に電気を導入することを定めている
電気通信事業法	電気通信事業の公共性にかんがみ，その運営を適正かつ合理的なものとするとともに，その公正な競争を促進することにより，電気通信役務の円滑な提供を確保するとともにその利用者の利益を保護し，もって電気通信の健全な発達及び国民の利便の確保を図り，公共の福祉を増進することを目的とする	電気通信事業（電気通信役務を他人の需要に応ずるために提供する事業）に関する詳細な規定が盛り込まれている
電波法	電波の公平且つ能率的な利用を確保することによって，公共の福祉を増進することを目的とする．この法律により，「電波」とは，300万MHz以下の周波数の電磁波をいう，と定義されている	無線局の免許，無線従事者，無線設備の技術基準などを規定している
有線電気通信法	有線電気通信設備の設置及び使用を規律し，有線電気通信に関する秩序を確立することによって，公共の福祉の増進に寄与することを目的とする	わが国のすべての有線電気通信設備に適用される
計量法	計量の基準を定め，適正な計量の実施を確保し，もって経済の発展及び文化の向上に寄与することを目的とする	電気関係諸量の単位などを規定している

(3) 電気関係法規と電気関係資格

電気関係の主な法規としては，電力分野では電気事業法，電源三法，エネルギー使用の合理化に関する法律，電気工事士法，電気用品安全法などがあり，通信分野では電気通信事業法，電波法，有線電気通信法などがある．表40.3に日本の主要な電気関係法規を示す．また，電気関係の主な資格，免状には電気主任技術者，エネルギー管理士，電気工事士をはじめとして表40.4に示すものがある．

40.2 電気安全
(1) 電気事故の現状

電気事故には感電死傷，電気火災，電気設備の損傷とこれらに伴う供給支障事故に区別される．感電死傷事故は人命尊重から社会的に安全性の要請が最も高いが経年的には横ばいの状況にある．電気火災は漏電，短絡・せん絡など電気工作

表40.4 電気関係の主な資格・免状

資格・免状の種類	関係法令
電気主任技術者（第1,2,3種） ボイラ・タービン主任技術者（第1,2種） ダム水路主任技術者（第1,2種）	電気事業法
エネルギー管理士	エネルギー使用の合理化に関する法律
放射線取扱主任者	放射線同位元素などによる放射線障害の防止に関する法律
原子炉主任技術者，核燃料取扱主任者	核原料物質，核燃料物質および原子炉の規制に関する法律
電気工事士（第1,2種）	電気工事士法
電気工事施工管理技士（1級，2級）	建設業法
公害防止管理者（大気関係第1,2,3,4種，水質関係第1,2,3,4種，特定粉じん関係，一般粉じん関係，騒音・振動関係，ダイオキシン類関係） 公害防止主任管理者	特定工場における公害防止の整備に関する法律
技術士，技術士補	技術士法
電気通信主任技術者 工事担任者（アナログ第1,2,3種，ディジタル第1,2,3種，アナログ・ディジタル総合種）	電気通信事業法
主任無線従事者（無線通信士（総合，陸上，海上，航空），無線技士（特殊，アマチュア））	電波法

物の欠陥によるものが多いが，電気器具の取り扱い不注意によるものもあり，やはり経年的にはほぼ横ばい状態で推移している．また，電気設備の損傷事故は，設備そのものの高品質化と保全技術の進展により相対的には減少の傾向がある一方，ヒューマンエラーによる事故は依然として発生している．また，その年度の自然災害に大きく影響されるため年度によって大きく変動している．表40.5に電力設備別の電気事故件数（2004年度）を，表40.6，図40.4，40.5に電力設備別の感電死傷，電気火災の事故件数の年次推移を示す．

(2) 電気安全確保の法体制

電気安全の観点から，電気事業用，工場・事業場，事務所・店舗など業務用および自家用・一般家庭用の電気設備に関して各種の法律が定められている．その目的を分類すると，①電力の発生，輸送，消費などの過程における電気安全の確保に関するもの：電気事業法，電気工事士法，電気工事士業法，電気用品安全法（PSEマーク，特定電気用品マーク），消費生活用製品安全法（PSマーク，特定製品マーク），工業標準化法，計量法など，②火災の予防，警戒，鎮火のために必要とする電気設備とその安全確保に関するもの：消防法など，③労働者の安全，健康の確保のための電気安全に関するもの：労働衛生安全法などである．これらの電気関係の法規においては，それぞれ安全確保のために技術基準，指針などを定めており，その内容を表40.7に示す．

(3) 電気安全の規制値

人体の電気安全に影響する要因としては，電磁界，感電，静電気があげられ，一部については規制値あるいはガイドラインが定められている．以下でこれらを取り上げる．

ⅰ) 電磁界規制値： 電磁界規制値を国レベルでみると，電界に関しては，その静電誘導による人の感知（ドアのノブに触れたときに静電気によりパチッとする感じ）を防止するなどの観点から制限値を設定している国が多く，わが国でも1976年に電力設備設計・運用にあたっての技術基準（電気設備技術基準）が制定されている．一

表40.5 電力設備別の電気事故件数（2004年度）

事故発生場所		設置者／供給支障	電気事業者 有	電気事業者 無	電気事業者 計	自家用電気工作物設置者 有	自家用電気工作物設置者 無	自家用電気工作物設置者 計	合計
発電所	水　力		27	115	142		8	8	150
	火　力		23	56	79		83	83	162
	燃料電池								
	太陽電池								
	風　力			17	17		29	29	46
	原子力			21	21				21
	計		50	209	259		120	120	379
変電所			95	15	110	1	2	3	113
送電線路および特別高圧配電線路	架空		499	48	547	2	5	7	554
	地中		8	10	18		2	2	20
	計		507	58	565	2	1	9	20,441
高圧配電線路	架空		20,425	11	20,436	1	4	5	20,441
	地中		326		326				326
	計		20,751	11	20,762	1	4	5	20,767
低圧配電線路				10	10	3	2	12	
需要設備			8	22	30	152	68	220	250
他社事故波及(被害なし)			599		599	4		4	603
合計			22,010	325	22,335	160	203	363	22,698
他社事故波及（再掲）	電気事業者		26		26	−	−	−	26
	自家用電気工作物を設置する者		584		584	−	−	−	584

電気事業者における需要設備は，当該電気事業者の供給に関わる一般用電気工作物について記載した．
自家用電気工作物設置者における供給支障の有無の区別は，他社事故波及の有無をいう．

方，磁界に関しては，居住環境で生じる磁界により人の健康に有害な影響があるという証拠が認められていないため，規制を行っている国はごく少数であり，わが国でも規制値を定めていない．現状ではイギリスで国制非電離放射線防護委員会（ICNIRP）により独自のガイドラインを定めており，イギリスのガイドラインを参考にして規制値を設けている国としてドイツ，イタリアなどがある．なお，居住環境における電磁界に関する国際的な基準として1998年につくられたICNIRPのガイドラインがある．この指針は一般公衆と労働者を，健康影響から防護するため，電磁界によって引き起こされる神経や組織への刺激を根拠に安全係数をとって設定されたものである．発がんなどを含む長期的な影響に関しては，疫学調査結果の関連性を尊重する必要性を認めながらも，微弱な電磁界への長期にわたるばく露が疾病をもたらすという生物学的な裏付けがないため，現在のところ指針値には直接には反映されていない．表40.8に国内外の電磁界に関する規制値を示す．

ii) 感電：感電は電気回路，電気製品の誤った使用や，漏電，落雷などの要因によって人体に電流が流れ，傷害を受けることである．人体は電気抵抗が低く，特に水に濡れている場合は電流が流れやすいため危険性が高い．軽度の場合は一時的な痛みやしびれなどの症状ですむが，重度の場合は死亡に至ることも多い．感電の危険性は電圧，電流，周波数，および通過の持続時間によって異なる．表40.9に，感電の要因，危険性，人体への影響，および防止対策を示す．図40.6

6. 共 通 分 野

表40.6 電力設備別事故件数の年次推移（1995～2004年度）

設備別 \ 年度		1995	96	97	98	99	2000	01	02	03	04
水 力 発 電 所		28	11	9	25	16	41	14	20	31	70
		0.71	0.27	0.22	0.61	0.38	0.98	0.33	0.48	0.73	1.65
火 力 発 電 所		22	28	22	20	27	30	36	57	58	31
		0.2	0.25	0.19	0.16	0.22	0.24	0.28	0.44	0.45	0.24
原 子 力 発 電 所		13	16	13	12	19	14	6	3	10	19
		0.34	0.38	0.29	0.27	0.42	0.31	0.13	0.07	0.22	0.4
変 電 所		34	39	41	31	35	50	33	41	37	51
		0.00	0.06	0.06	0.04	0.05	0.07	0.04	0.05	0.05	0.07
送電線路および特別高圧配電線路	架 空	71	61	101	117	109	79	56	58	88	249
		0.08	0.07	0.12	0.13	0.12	0.09	0.06	0.07	0.1	0.28
	地 中	40	42	31	20	17	29	21	16	15	18
		0.35	0.35	0.26	0.16	0.13	0.23	0.16	0.12	0.11	0.13
高圧配電線路	架 空	4,853	5,296	5,138	6,828	6,653	4,970	4,564	5,265	5,323	16,783
		0.77	0.83	0.8	1.05	1.01	0.75	0.68	0.79	0.80	2.49
	地 中	370	395	502	459	550	529	418	398	277	319
		0.86	0.88	1.07	0.95	1.1	1.03	0.8	0.75	0.52	0.58

発電所は，出力100万kW当たりの事故率である．
変電所は，出力100万kVA当たりの事故率である．
送電線路，特別高圧配電線路，高圧架空配電線路は亘長100km当たりの事故率である（高圧地中配電線路は，延長100km当たりの事故率）．
本資料は，1996（平成8）年度より10電力＋電源開発(株)＋日本原子力発電(株)の値とした．
表中の事故件数は，設備別の被害数をいう．

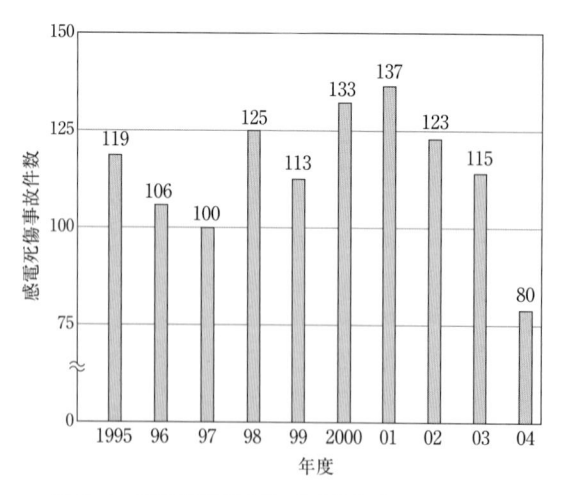

図40.4 感電死傷事故件数の年次推移（1995～2004年）

年度	1995	96	97	98	99	2000	01	02	03	04
感電死傷事故件数	119	106	100	125	113	133	137	123	115	80

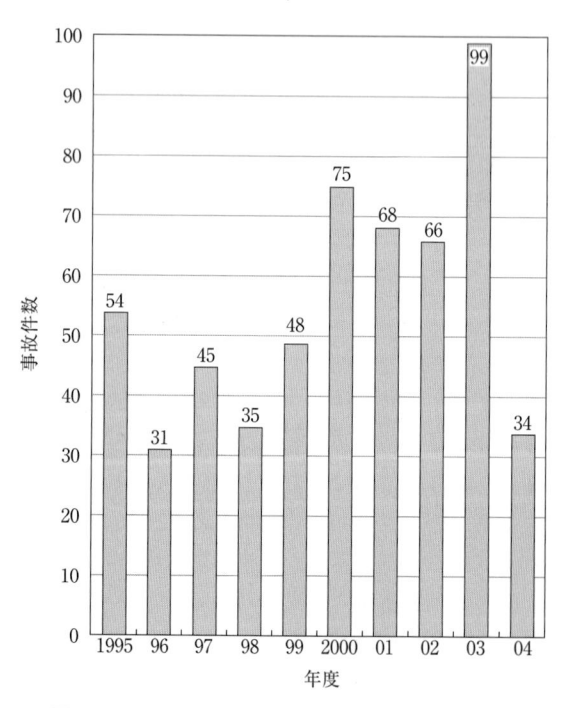

図40.5 電気火災事故件数の年次推移（1995～2004年）

年度	1995	96	97	98	99	2000	01	02	03	04
事故件数	54	31	45	35	48	75	68	66	99	34

表40.7 電気安全確保のための関連法規の技術基準

関連法規	技術基準の内容
電気事業法	電気設備に関する技術基準 発電用水力設備に関する技術基準 発電用火力設備に関する技術基準 発電用原子力設備に関する技術基準 発電用核燃料物質に関する技術基準 発電用風力設備に関する技術基準
電気用品安全法	電気用品の技術基準（PSEマーク） 特定電気用品と特定電気用品以外の電気用品
消費生活用製品安全法	特定製品の技術基準（PSマーク）
消防法	消防法に基づく技術基準，規格
労働安全衛生法	労働安全衛生関係の指針，規格など
有線電気通信法	有線電気通信設備の技術基準
電波法	無線設備の技術基準

表40.8 国内外の電磁界に関する規制値

レベル・国		制定年	電界 [kV/m]	区分	磁界 [μT]	区分
国際レベル	ICNIRP	1998	5.0（50 Hz） 4.2（60 Hz）	ガイドライン	100（50 Hz） 83（60 Hz）	ガイドライン
各国レベル	日本	1976	3	規制	−	−
	ドイツ	1997	5	規制	100	規制
	イタリア	1992	5	規制	100	規制
	スイス	2000	5	規制	100[*2]	規制
	オーストリア	1994	5	ガイドライン	100	ガイドライン
	英国	1993	12（50 Hz） 10（60 Hz）	ガイドライン	1600（50 Hz） 1333（60 Hz）	ガイドライン
	米国[*1] スウェーデン	−	−	−	−	−

規制：法規に基づいた義務的な基準，ガイドライン：法的な拘束力をもたない自発的基準や方針．
[*1]：米国には国レベルの規制はないが，州レベルでは規制を設けているところもある．
[*2]：スイスでは本規制値以外に住宅，病院，学校など特に防護が必要な場所において，予防原則に基づいた磁界の規制値（1 μT）を設定している．

に，電流と持続時間からみた感電の人体への危険度（しきい値）領域（IEC 60479-1）を示す．

図40.6の境界線a〜cは，知覚のしきい値，離脱（我慢）のしきい値，および心室細動のしきい値をそれぞれ示しており，それぞれの領域で予期される影響は次のようなものとなる．

　AC-1：通常は知覚されない
　AC-2：通常は有害な生理学的影響はない
　AC-3：人体への障害は予期されないが，筋肉痙攣，呼吸困難のほか，一時的な心拍停止の可能性がある

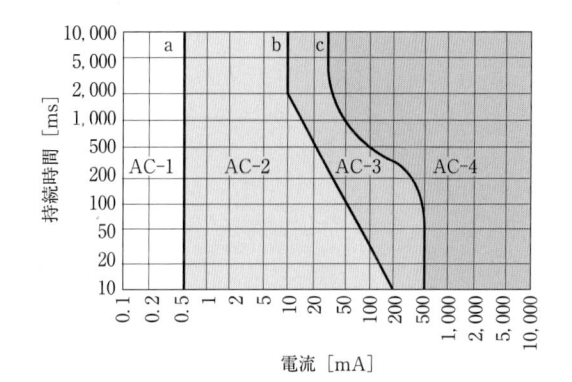

図40.6　感電の人体への危険度（しきい値）の領域（IEC 60479-1）

表40.9 感電の危険性,人体への影響,防止対策

要因	感電の危険性	人体への影響	防止対策
電圧	一般に数十V以上が人体に影響を与える.このような電圧は商用電源から得られるほか,低い電源電圧から高電圧を生成する電子回路や,特殊用途に使われる高電圧の積層電池も発生源となりうる.高電圧では直接接触がなくても,放電により感電を引き起こすことがある.また,電源回路からの接続が切離されていても,コンデンサに充電された電荷が原因となり感電することがある	(1) 電流斑・熱傷:ジュール熱により皮膚に損傷を生じ,電流が局所的に集中すると電流斑,広範囲に及ぶと熱傷となる (2) 電紋:血管が麻痺することによって現れるパターンをいう (3) 随意運動への影響 (4) 心室細動,心停止,高周波電流は人体に与える危険が少ない.感電の影響の大きさは,流れた電流の「大きさ」「時間」「流れた経路(人体の部位)」によって変わるが,電流の大きさによる症状はおよそ以下のとおりである. 1 mA:感じる程度(感知電流) 5 mA:痛みを覚える 10 mA:我慢できない 20 mA:けいれん,動けない 50 mA:非常に危険 100 mA:致命的	(1) 機器にアース,漏電遮断器を取り付ける.絶縁物の劣化などによる絶縁抵抗の低下に注意する (2) 濡れた手で機器を操作しない.機器は湿ったところを避けて設置する (3) コンセントに金属製品を差し込み感電することがあるので,金属製品を手の届くところに置かない.また,コンセントに感電防止用のカバーを取り付ける (4) 機器の操作や保守点検の場合は,必要に応じ,靴,手袋などで絶縁する (5) 内部で高電圧を発生させている電子機器(テレビ,ストロボなど)をむやみに分解しない.やむをえず分解する際には,電源の接続を切り離して十分に時間をおき,コンデンサの電荷を放電させてから作業する (6) 切れた電線には触れず,電線に凧などが絡まったら,自分でとろうとせず,最寄りの電力会社に連絡する (7) 電力回路の配線や機器の設置は専門家に任せる
電流	1 mAが人体に感じる最小の電流(感知電流)で,それ以上では筋肉の随意運動が不能となる.電流による発熱量が多い場合には,それによる組織の損傷も生じる.人体の器官のうち心臓は特に電流に敏感であり,小電流(50 mA程度)でも心臓に電流が流れると心室細動,心停止を起こし致死的になることがある.感電による死亡事故は,心臓に近い左手から電流が流れることが多いとする報告もある		
周波数	15~100 Hzが最も有害とされ,直流や高周波(特に50 kHz以上)は影響が少ない.ただし,放送局のアンテナなどでは,大電力の高周波により感電に至る場合がある.この場合死ぬことは少ないが失明や火傷をこうむることがある		
通過時間	通電時間によっても異なる.低電圧でも長時間の通電により感電することがある(図40.3参照).一方,高電圧の場合,無条件反射によって筋肉が瞬間的に収縮し,人体が跳ね飛ばされ,まれに大事故を免れる事例がある		

AC-4:熱傷などに加え,呼吸停止,心拍停止などの可能性がある

 iii) 静電気: 特に空気が乾燥している条件では,電源からの電荷の供給がなくても,摩擦電気の蓄電による静電気が人体に対して放電し,電気ショックを感じることがある.これも非常に弱い感電の一種である.静電気は電気量が少ないため,大容量のライデン瓶,バンデグラフ起電機など特別な場合を除いて人体への危険はほとんどないと考えてよい.静電気による感電の代表的な例としては,自動車のボディなどに接触したとき,衣類を脱ぐときなどがあげられ,放電音や閃光を発することもある.電気ショックを防ぐには,①水分を与え湿度を高くする,②自動車のボディなどには,感覚が敏感な指先ではなく,手の甲などから触れる,③金属製品などを身に付け,人体に感じない放電経路を設ける,などの方法が考えられる.

〔道上 勉〕

参考文献

[1] 電気学会編:電気工学ハンドブック(第6版),オーム社(2001)
[2] 電気学会編:電気工学ハンドブック(新版),電気学会(1988)
[3] 道上 勉:送配電工学(改訂版),電気学会(2003)
[4] 道上 勉:発電・変電(改訂版),電気学会(2000)
[5] 岡田龍雄編著:EE Text:光エレクトロニクス,オーム社(2004)
[6] 広瀬敬一・清水照久:現代電気工学講座 電気機器Ⅰ,オーム社(1962)
[7] 磯部直吉・土屋善吉ほか:現代電気工学講座 電気機器Ⅱ,オーム社(1962)
[8] 尾本義一・宮入庄太:現代電気工学講座 電気機器Ⅲ,オーム社(1962)
[9] 藤高周平・河野照哉ほか:現代電気工学講座 電気機器Ⅳ,オーム社(1963)
[10] 横山 茂:配電線の雷害対策,オーム社(2005)
[11] 大浦好文監修:保護リレーシステム工学,電気学会

[12] （2002）
JISC のホームページ（http://www.jisc.go.jp）
[13] 東芝：東芝レビュー, Vol. 55, No. 9（2001）
[14] 日本工業規格
「JIS C 3105（1994）電気機器巻線用軟銅線」
「JIS C 3110（1994）鋼心アルミニウムより線」
「JIS C 4003（1998）電気絶縁の耐熱クラス及び耐熱性評価」
「JIS C 4034-1（1999）回転電気機械－第1部：定格及び特性」
「JIS C 4203（2001）一般用単相誘導電動機」
「JIS C 4210（2001）一般用低圧三相かご形誘導電動機」
「JIS C 4212（2000）高効率低圧三相かご形誘導電動機」
「JIS C 4605（1998）高圧交流負荷開閉器」
「JIS B 0185（2002）知能ロボット－用語」
[15] 電気規格調査会標準規格
「JEC-3404（1995）アルミ電線」
「JEC-3406（1995）耐熱アルミ合金電線」
「JEC-2100（1993）回転電気機械一般」
「JEC-6147（1992）電気絶縁の耐熱クラスおよび耐熱性評価」
「JEC-2200（1995）変圧器」
「JEC-2300（1998）交流遮断器」
[16] リニア中央新幹線のホームページ（http://www.linear-chuo-exp-cpf.gr.jp）
[17] 引原隆士・木村紀之・千葉　明・大橋俊介：パワーエレクトロニクス, 朝倉書店（2000）
[18] 宅間　董・高橋一弘・柳父　悟：電力工学ハンドブック, 朝倉書店（2005）
[19] OHM, Vol. 76, No. 9（1989）
[20] 道上　勉：送電・配電（改訂版）, 電気学会（2001）
[21] 東芝パンフレット「東芝浜川崎工場ご案内」8010-11,'05-5T1（2006）
[22] 東京電力・東芝・日立「電圧安定性を向上する新しい発電機励磁制御装置 PSVR」（1991）
[23] ニチコン技術情報ライブラリー「進相用コンデンサの最新技術動向」（2000）
[24] ISO/MEMENTO, ISO in Figures（2006）

40.3　電気技術史年表

　電気技術史の時代区分は，だいたいのところは区切りのよい年で分けることができるので，記憶しやすい．近代電気学はギルバート（W. Gilbert）の1600年から始まり，以後18世紀までは静電気の時代であった．静電気の時代と動電気の時代を区切るボルタ（A. Volta）の電堆の発明は，1800年にロンドンのロイヤル・ソサエティで発表された．エレクトロニクス時代のもとになった無線電信の発明と電子の発見は，ほぼ1900年である．半導体・コンピュータ時代を開く電子計算機の発明とトランジスタの発明は，第二次世界大戦の後の1950年前後に行われている．

　物理学とは相対的に別個の電気技術・電気工学が形成されたのは，動電気の時代でかつ電子の概念成立以前である19世紀であった．19世紀を通じて特に重要な事項として，1831年のファラデー（M. Faraday）の電磁誘導の法則発見，1860年代後半の発電機自励法の発見，ほぼ同じ頃のマクスウェル（J. C. Maxwell）の電磁界理論，1887年のヘルツ（H. R. Hertz）の電磁波発見があげられる．1840年代後半に電信が実用化され，電気の最初の大規模応用として電信網がつくられた．これに伴い，大略1870年頃までに電信工学が成立した．さらに，白熱電灯照明のための送配電事業の発達により，電信工学を母体として，1880年代に電気工学が形成された．1881年にパリで開催された第1回国際電気博覧会が，電気工学成立の里程標となった．

　表40.10では，特に重要な事項は網掛けしてあり，それ以外の発明発見と制度史事項は，それぞれ・と●で区別してある．なお，発明発見などの年は，特定が難しい場合がある．着想，試作，発表，製品化，発売などで年の違うことが多いためである．そこで，表40.10では特に重要な事項以外は事項記述を先に，年を後に示しておく．

〔高橋雄造〕

表 40.10　電気技術史年表

- 人類が雷を認識．ギリシャ神話の主神ゼウスの武器は雷
- 磁鉄鉱の発見

紀元前 600 年　ミレトス（ギリシャの植民地）のタレスが，こはくの摩擦帯電などを観察
- セントエルモ光，シビレエイなどの知識
- 中国で磁石を占いに使用（新の王莽）．磁針も中国で使用された
- 磁針がヨーロッパに伝わる（12 世紀までに）

1269 年　ペレグリヌス（Peregrinus：仏）の『磁石についての手紙』，磁石についての最初の組織的実験，目盛盤付羅針盤
- 磁針の偏角，伏角の発見

1600 年　ギルバート（Gilbert）の『磁石について』．地球が巨大な磁石であると述べる．近代電気学のはじめ
- ゲーリケ（Guericke：独）の摩擦硫黄球（1663 年頃）．摩擦起電機のはじめ？

1729 年　グレー（Gray：英）が導体と不導体を区別
- デュフェイ（Dufay：仏）の電気二流体説（1733 年）
- ライデンびん発明（オランダ，1745 年）
- フランクリン（Franklin：米）が避雷針を発明し，雷が電気であることを証明（1751〜1752 年）．彼は電気一流体説を唱えた
- C. M.（英）が静電気式電信を提案（1753 年）
- プリーストリ（英）が『電気学の歴史と現状』を著す（1767 年）
- クーロン（Coulomb：仏）の法則（1785 年）．キャベンディッシュ（Cavendish：英）が 1772 年に先行していた
- ガルバーニ（Galvani：伊）が電気によるカエルの足のけいれんを観察（1786 年）．ガルバニズムのはじめ，動電気のはじめとしてボルタの電堆の前史となる
- シャップ兄弟（Chappe）の腕木式伝信（1791 年）

1800 年　ボルタ（Volta：伊）の電堆発表．静電気の時代が終わり，動電気の時代が始まる
- デービー（Davy：英）が電気分解でナトリウムとカリウムを分離，炭素アークをつける（1807 年頃）
- ゼンメリンク（Sömmering：独），ロナルズ（英）の電気化学式・静電気式電信機（1809〜1816 年）

1820 年　エールステズ（デンマーク）が電流の磁気作用を発表．電磁現象研究の時代が始まる
- ビオ・サバール（Biot-Savart：仏）の法則，アンペール（Ampère：仏）の法則（1820 年）
- シュヴァイガー（独）の増倍器（Multiplikator）（1820 年）．指針型電流計・電圧計の原型で，コイルの発明とみることもできる
- ゼーベック（Seebeck：独）効果の発見（1822 年）
- バベッジ（Babbage：英）が差動エンジンを考案（1822〜1823 年）．機械式計算機のはじめ
- スタージャン（Sturgeon：英）が最初の電磁石を提示（1825 年）

1827 年　オーム（Ohm：独）の法則
- ヘンリー（Henry：米）が自己誘導を発見（1830 年）

1831 年　ファラデー（Faraday：英）が電磁誘導の法則を発見．発電機・電動機・変圧器の基礎として電磁現象工学への応用を開く
- ピキシ（Pixii：仏）の手回し磁石発電機（1832 年）．世界最初の発電機で，現在はミュンヘンのドイツ博物館とワシントンのスミソニアン国立アメリカ歴史博物館に展示されている
- シリンク（Schilling：独）の電磁式電信機（1832 年）
- ファラデー（英）の電気分解の法則（1833 年）
- 回転式電動機出現（1834 年頃）
- ● スタージャン（英）の『電気磁気学年報』発刊（1836 年）．世界最初の電気雑誌
- ● スタージャン（英）がロンドン電気協会を設立（1837 年）．世界最初の電気専門団体

1837 年　クックとホイートストン（Cooke and Whetstone：英），モールス（Morse：米）がそれぞれ電信を発明．モールスは電信用符号を考案．電信の時代が始まる．以後，電信は鉄道とともに発達し，1870 年代までは電気の応用の主流を占める
- ジュール（Joule：英）が電流の熱作用を研究（1840 年）
- ベイン（Bain：英）の印画電信（1843 年）．ファックスのはじめ
- 磁石発電機が電気分解・メッキ用に利用される（1844 年頃〜）
- ● シーメンス・ハルスケ社設立（1847 年．今日のシーメンス社のはじめ）
- キルヒホッフ（Kirchhoff：独）の法則（1847 年頃）
- 英仏海峡横断海底電信ケーブル敷設（1850 年）
- ブール（英）が『論理と確立の数学理論の基礎である思考法則の研究』を刊行（1854 年）．ブール代数の研究
- クリミア戦争（1854〜1856 年）で電信が効果を発揮

1855〜1866 年　大西洋横断海底電信ケーブルを敷設．米国がヨーロッパと電信で結ばれる．電信信号の到着曲線研究，サイホンレコーダなどの計測器，単位標準化などがこの敷設事業のために著しく進む
- プランテ（Planté：仏）が実用的鉛蓄電池を発明（1859 年）

1861〜1873 年　マクスウェル（Maxwell：英）が電磁場の理論を確立
- ライス（Reis：独）が電話機を発明（1861 年）
- ●『エレクトリシャン』誌発刊（英，1961 年）．世界最初の商業電気ジャーナル

表 40.10 つづき

- ●万国電信条約締結（1865 年）
- 1866～1867 年　ワイルド（Wilde：英），ホイートストン（英），ヴァーリ（Varley：英），ヴェルナー・シーメンス（Werner：独），ファーマ（Farmer：米）らが発電機の自励法を発明．電力供給源となる巨大な発電機を可能にし，電力技術の時代を開く
- ・グラム（Gramme：ベルギー）の環状電機子による実用的直流発電機（1869 年．環状電機子は 1859 年にパシノッチ（伊）が発明）
- ● 1871 年　イギリス電学会設立．今日のイギリス電気学会 IEE で，世界最初の電気関係学会．翌年から機関誌を発行，世界最初の電気学会機関誌で，今日の IEE Proceedings．
- ● 1873 年　工部大学校に電信科設置．高等教育レベルにおける世界最初の電気関係学科．教授はイギリス人エアトン（Ayrton）
- ・ベル（Bell：米）が電話を発明（1876 年）
- ・エジソン（Edison：米）のすずはく円筒蓄音機の特許（1878 年）
- ●フランス電信庁が上級電信学校を設置（1878 年）
- 1878～1879 年　スワン（Swan：英），エジソン（米）が実用的な炭素フィラメント電球をつくる
- ・ブラッシュ（Brush：米）がアーク灯による中央発電所方式の電灯照明事業を始める（1879 年）
- ●ベルリン電気学会 ETV 設立（1879 年），ドイツ電気学会 VDE のルーツ
- ・シーメンス社がベルリン郊外で電車を運行（1881 年）
- ● 1881 年　パリ電気博覧会．エジソンの白熱電灯照明システムが注目を集め，パリ電気会議で V，A，Ω，C，F などの単位記号が決まる
- 1882 年　エジソンがニューヨークで中央発電所方式（直流）による電灯照明事業を開始．電灯照明・電力供給の時代が始まる
- 1882 年　デプレ（Deprez：仏）がミュンヘン電気博覧会で 2 kV・57 km の送電デモ
- ・ゴラール（Gaulard：仏）とギブス（Gibbs：英）の二次発電機（開磁路変圧器）を直列に接続して使う特許（1882 年）
- ・電力供給事業における直流・交流論争が始まる（1882 年頃）
- ・エジソン効果発見（米，1883 年）
- ●ドイッチェ・エジソン社設立（独，1883 年）．1887 年に AEG 社となる
- ●国際電気学会設立（1883 年）．今日のフランス電気学会 SEE のルーツ
- ・パーソンズ（Parsons：英）がタービンで交流発電機を駆動（1884 年）
- ・ニプコウ（Nipkow：独）がテレビ走査用の円板の特許出願（1884 年）
- ●米国電気学会 AIEE 設立（1884 年）
- ・デリ，ツィペルノフスキ，ブラティ（Déli, Zipernowsky and Bláthy：ハンガリー）が閉磁路変圧器の並列使用を発明（1884 年頃）
- ・フェラリス（Ferraris：伊），テスラ（Tesla：米），ドリヴォ・ドブロヴォロフスキ（Dolivo-Dobrowolsky：独）が，誘導電動機を発明（1885～1889 年）
- ・トムソン（E. Thomson：米）が電気溶接を始める（1886 年）
- ・ホール（Hall：米）とエルー（Héroult：仏）がそれぞれアルミニウム溶融電解法を発明（1886 年）
- 1887 年　ヘルツ（Hertz：独）が電磁波の存在を実験
- ・ベルリナー（Berliner：米）が円盤蓄音機をつくる（1887 年）
- ●ベルリンに物理・工学研究所設立（1887 年）．世界最初の国立科学技術研究所
- ●電気学会設立（日，1888 年）
- ・フェランティ（Ferrenti：英）がデットフォード計画で 10 kV 交流発送電実用を図る（1888 年～）
- ・ホレリス（Hollerith：米）が統計処理用パンチカード・システムを開発（1889 年）．IBM 社のはじめ
- ・ストロージャ（米）が自動電話交換用スイッチをつくる（1889 年）
- ・電気式地下鉄のはじめ（英，1890 年）
- 1891 年　フランクフルト博覧会で高電圧 3 相交流長距離送電をデモ
- ●トムソン・ハウストン社とエジソン社が合併してジェネラル・エレクトリック社となる（米，1892 年）
- ・ケネリ（Kennelley：米），スタインメッツ（Steinmetz：米）によって交流理論が確立（1893 年頃）
- ・レントゲン（Röntgen：独）が X 線を発見（1895 年）
- ・ナイヤガラ-バッファロー間で交流送電が始まる（米，1896 年）
- 1897 年　トムソン（J. J. Thomson：英）が陰極線粒子の速度と電荷を測定（電子の発見）
- ・ブラウン（Braun：独）がブラウン管をつくる（1897 年）
- ・ダッデル（Duddel：英）が電磁オシログラフを発明（1897 年）
- ・ポウルセン（Poulsen：デンマーク）が鋼線磁気録音機を発明（1898 年）
- ・欧米で幹線鉄道の電化が始まる（1900 年頃）
- 1901 年　マルコーニ（Marconi：伊）が大西洋横断無線電信を送る．無線通信の時代が始まる
- ・ジョルジ（Giorgi：伊）が MKS Ω 単位系を提案（1901 年）
- ・ケネリ（米）とヘビサイド（Heaviside：英）が電離層の存在を推定（1902 年）
- ●テレフンケン社（独）設立（1903 年）
- ・フレミング（Fleming：英）が熱電子二極管を発明（1904 年）
- 1906 年　デフォレスト（de Forest：米）が三極真空管を発明．検波・増幅・発振をする能動素子のはじめ．エレクトロニクスの

表 40.10　つづき

時代を可能にする
- ●ミュンヘンにドイツ博物館が仮開設（1906 年．世界最大の技術博物館．正式開館は 1925 年）
- ●IEC 設立（1906～1908 年）
- ・ハドフィールド（英）が発明したケイ素鋼板が大量に生産される（1906 年頃）
- ・心電計があらわれる（英，1909 年）
- ・ベークライトが発明される（米，1909 年）
- ・ジェネラル・エレクトリック社がクーリッジ（Coolidge：米）のタングステンフィラメント電球を発表（米，1910 年）
- ・カメリング・オネス（Kamerlingh-Onnes：オランダ）が超電導現象を発見（1911 年）
- ・イギリスとドイツが競争して勢力圏に無線通信網をつくる（1911 年頃～）

1912 年　アームストロング（Armstrong：米）が三極真空管を使った再生発振回路を発明．エレクトロニクスの時代を開く
- ・タイタニック号の難破（米，1912 年）．以後，船舶に無線装置の設備が義務づけられる
- ●米国ラジオ学会 IRE 設立（1912 年）．1963 年に米国電気学会 AIEE と合併して米国電気電子学会 IEEE となる
- ・電話回線に熱電子管増幅器が使用される（米，1914 年）
- ・デュフール（仏）の陰極線オシログラフ（1914 年）．時間的に変化する波形を観測できる
- ・ランジュバン（Langevin：仏）が潜水艦探知に圧電効果を使う（1917 年頃）．ソナーのはじめ
- ・アームストロング（米）がスーパヘテロダイン受信方式を発明（1918 年）
- ・エクルスとジョルダン（Eccles and Jordan：英）がフリップ・フロップ回路を発明（1919 年）
- ●RCA 社設立（1919 年）

1920 年　KDKA 局（米）の放送．ラジオ放送が始まる
- ・亜酸化銅整流器・セレン整流器・セレン光電池が実用化（1920 年頃）
- ・アマチュア無線家が短波の長距離伝播を発見（1921 年）
- ・ツウォリキン（Zworykin：米）が撮像管アイコノスコープを発明（1923 年）
- ●ベル研究所がベル社とは別会社となる（米，1925 年）
- ・ベアード（Baird：英）の機械式走査によるテレビ（1925 年）
- ・レコードに電気録音（米，1925 年）
- ・八木・宇田（日）アンテナの発明（1925 年）
- ・ブラック（Black：米）が帰還増幅器を発明（1927 年）
- ・全トーキー映画「ジャズ・シンガー」がつくられる（米，1927 年）
- ・水銀整流器が回転変流機にとってかわる（1930 年頃）
- ・ナイキスト，ハートレー（Nyquist and Hartley：米）らの情報理論（1930 年頃から）
- ・ウィルソン（英）の半導体理論（1931 年）
- ・ブッシュ（V. Bush：米）のアナログ・コンピュータ（1931 年）
- ・ノルとルスカ（Knoll and Ruska：独）が実用的電子顕微鏡をつくる（1931 年頃）
- ・ターマン（米）の『ラジオ工学』刊行（1932 年）．ターマンは後に「シリコン・バレーの父」と呼ばれる
- ・ICI 社がポリエチレンを開発（1933 年）
- ・アームストロング（米）が FM を発明（1933 年）
- ・ベルリンで世界最初のテレビ定期放送（1935 年）
- ・イギリスでレーダ開発（1935 年頃～）
- ・カーソンら（Carson：米）により導波管が開発される（1936 年）
- ・宮田（日）のメタリコンによるラジオ配線の特許（1936 年）．プリント配線の前駆
- ・BBC（英）がテレビ放送を開始（1937 年）
- ・カールソン（Carlson：米）が電子写真を発明（1937 年）
- ・ジェネラル・エレクトリック社とウェスティングハウス社（米）が蛍光灯を発表（1938 年）
- ・バリアン兄弟がクライストロンをつくる（1939 年）．マイクロ波真空管のはじめ
- ●第二次世界大戦（1939～1945 年）で，レーダ，超短波技術などエレクトロニクスが発展

1946 年　ディジタル電子計算機 ENIAC を開発（米）．コンピュータ時代が始まる
- ・フォン・ノイマン（von Neuman：米）が蓄積プログラム式コンピュータを提案（1945 年）

1948 年　バーディーン，ブラッテン，ショックレー（Bardeen, Brattain and Shockley：米）がトランジスタを発明．半導体エレクトロニクスの時代が始まる
- ・シャノン（Shannon：米）の情報理論（1948 年）
- ・ウィーナ（Wiener：米）のサイバネティクス（1948 年）
- ・コロンビア社（米）が LP レコードを発表（1948 年）
- ●米国が SAGE（半自動地上防空警戒管制装置）構築を開始．ソ連機による核攻撃への対策
- ・ウェスタン・エレクトリック社（米）がトランジスタを商業生産（1951 年）
- ・米国で NTSC カラーテレビ方式採用（1953 年）

40章 関連工学

表40.10 つづき

- レイセオン社（米）が電子レンジを発表（1953年）
- タウンズ（Townes：米）がメーザを発明（1954年）
- テキサス・インスツルメンツ社（米）がシリコントランジスタを開発（1954年）
- 静止変換器による100 kV直流送電が始まる（スウェーデン，1954年）
- 東京通信工業（現ソニー）がトランジスタ・ラジオを発売（1955年）．日本がトランジスタ・ラジオを輸出して巨額のドルを稼ぐようになる．世界最初のトランジスタ・ラジオは1954年にリージェンシー（テキサス・インスツルメンツ）社（米）が発売
- 実用的なシリコン太陽電池ができる（米，1955年頃）
- アンペックス社（米）がビデオテープレコーダを発表（1956年）
- コルダーホール（英）で最初の商業原子力発電所が運転開始（1956年）
- ●最初の人工衛星スプートニク打ち上げ（ソ連，1957年）．米国における軍事エレクトロニクス重視が進む
- ウェストレックス社（米）のステレオレコード完成（1957年）
- ジェネラル・エレクトリック社がシリコン制御整流器の商業生産開始（1958年）
- ●EIA（米国電子工業会）がOCDM（米国民間国防動員局）へ日本製品の輸入制限方を提訴（1959年）．民生用エレクトロニクス製品をめぐる日米貿易摩擦のはしり
- メサ・トランジスタによる集積回路が開発される（米，1959年頃）
- IBM社が全トランジスタ電子計算機7090を発表（1959年）
- メイマン（Maiman）がルビー・レーザをつくる（1960年）
- 電話の電子交換が実用化（1960年頃）
- ベル研究所が液晶の研究を本格化（1960年代）
- フィリップス社（オランダ）がコンパクトカセットテープを発表（1962年）
- ベル研究所（米）がPCM通信を実用化（1962年）
- ●INTERSAT（国際電気通信衛星機構）設立（1964年）．1965年から商用衛星通信サービス開始
- テンキー式電卓が商品化（日，1965年）
- ARPAのネットができる（1969年）．インターネットの前駆
- コーニング社（米）が低損失光ファイバを開発（1970年）．光ファイバ通信の実用を開く
- ●東アジア振興工業国が民生用エレクトロニクス生産で先進国を急激に追い上げる（1970年代～）
- インテル社（米）がマイクロプロセサを発表（1971年）．マイコン時代が始まる
- アタリ社（米）設立（1972年）．ビデオ・ゲームで成功する
- 酸化亜鉛避雷器が日本で電力系統用に使われる（1975年）
- アップルのⅡ形パーソナル・コンピュータ（1977年）
- スウェーデン，ノルウェー，フィンランド，デンマークでセルラ方式の自動車電話システムの運用開始（1981年）．携帯電話の実現へつながる
- ソニー社（日）・フィリップス社（オランダ）がCDを発表（1983年）
- ●ブラウン・ボベリ社（スイス・ドイツ）とASEA社（スウェーデン）が合併して，ABBとなる．重電製造業不振の中で，巨大メーカ成立
- ●ベルリンの壁崩壊（1989年）．共産圏の崩壊はエレクトロニクスによる情報の自由がもたらしたものとされる

参考文献

[1] E. Hoppe：Geschichte der Elektrizität, Leipzig (1884)

[2] P. Benjamin：A History of Electricity (The Intellectual Rise in Electricity), New York (1898)

[3] P. F. Mottelay：Bibliographical History of Electricity and Magnetism Chronologically Arranged, London (1922)

[4] G. Dettmar：Die Entwicklung der Starkstromtechnik in Deutschland, 2 Vols., ETZ-Verlag, Berlin (1940, 1991)

[5] M. Maclaren, The Rise of the Electricity Industry during the Nineteenth Century, Princeton (1943)

[6] 矢島祐利：電磁気学史，岩波書店（1950）

[7] P. Dunsheath：History of Electrical (Power Engineering), Faber, London/MIT Press (1962)

[8] 高木純一：電気の歴史―計測を中心として，オーム社（1967）

[9] B. Bowers：Electric Light and Power, Peregrinus, London (1982)

[10] W. A. Atherton：From Compass to Computer：A History of Electrical and Electronics Engineering, San Francisco Press, San Francisco (1984)

[11] VDE-Ausschuss："Geschichte der Elektrotechnik", Eine Chronologie der Entdeckungen und Erfindungen vom Bernstein zum Mikroprozessor, VDE-Verlag, Berlin (1986)

[12] Histoire Generale de l'Electricite en France, Vol. 1, Fayard, Paris (1991)

[13] B. S. Finn：The History of Electrical Technology：An annotated bibliography, Gerand, New York (1991)

[14] Kurt, Lexikon der Elektrotechniker, VDE Verlag, Berlin (1996)
[15] 高橋雄造：欧米の電気関係学会から刊行されている電気技術史の本, 電気学会論文誌 A, Vol. 117-A, p. 540, 790 (1997)
[16] 高橋雄造：電気の歴史, 東京電機大学出版局 (2011)
[17] 高橋雄造：ラジオの歴史―工作の〈文化〉と電子工業のあゆみ, 法政大学出版局 (2011)

索　　引

欧　文

AIEE　492
APFR 運転　212
APGD　29
API　452
AVR 運転　212
BD　28
BTB 方式　249
BWR　282, 285
CAD　98
CAM　392
CATV　360
CD　493
CIE 等色関数　442
CIM　392
Cockcroft-Walton 回路　135
Cockcroft 回路　135
COP　474
COP3　475
CRC　350
CSMA/CD 方式　360
Cu-Ni 合金　12
CVT ケーブル　146
CV ケーブル　15, 145
DCS　95
DDC　95
DMD ダイナミックミラーデバイス　464
DRAM　348
ECC　350
EDP　122
EMC　477
EMF　478
EMJ　146
ERP　394
FA　392
FACTS　222
FeCrCo 磁石　22
FMS　392
FRP　17
GCB　130
GIL　130
GIS　130
Gm-C フィルタ　112
GP-IB　85
GPS システム　363
GTO　387, 389
GWP　474
HID ランプ　444
i_d=0 制御　227
IEC　492

IEEE-488　85
IGBT　387, 389
IPCC　473
IRE　492
JIS　12
LAN　359, 395
　——のトポロジー　360
LC フィルタ　109
LP レコード　492
LSB　73
Marx 回路　136
MC 鉄塔　297
MOX 燃料工場　286
MRI　465
MRP　395
MSB　73
Ni-Cr 合金　12
NMR　465
n 形半導体　328
OF ケーブル　15, 146, 233
　——の異常・劣化診断　300
OSI 参照モデル　359
PA　395
Parity　350
PC　397
PCM 伝送方式　355
PDCA　391
PET　16
PID 制御　89
PLC　395, 397, 451
POF ケーブル　146
PSVR　213
P-V 曲線　244
PWR　282, 285
p 形半導体　328
QPM　63
RAID　352
RCG 回路　46
RLC 回路　45
　——の状態変数　45
RS-232C　86
R 波　33
SAR　468
SCM　393
SCR　387
SD　28
SDRAM　348
SF$_6$　129, 309
SI　66
SLC　95
SPC　95
SQUID　467
SVC　220

TCR　220
TMAH　121
TRU 廃棄物　286
TSC　220
T-s 線図　261, 268
T-ΔG 状態図　427
UHF 帯　106
UHV　304
UNFCCC　473
V/f 制御　174
VHF 帯　105
VQC　213
V-t 特性　132
V 曲線　171
XML　395
X 線断層撮影　465

あ

アイデアル因子　64
アクセスタイムチャート　348
アクセプタ準位　56
アクチュエータ　400
アクティブフィルタ　109, 221
アーク放電　30
アーク溶接　423
アーク炉　415
圧縮機　386
圧縮機方式　456
圧縮空気エネルギー貯蔵　339
圧電アクチュエータ　125
圧電係数　54
圧電効果　123
圧電物質　54
圧力形電力ケーブル　145
圧力センサ　117
アデカシー　249
アドミタンス　36
アドレス変換　350
アナログオシロスコープ　82
アナログ形保護リレー　206
アナログ通信方式　354
アナログフィルタ　109
アナログ無線伝送方式　356
アプリケーション・プログラミング・インタフェース　452
網目解析　44
網目行列　44
アモルファス　329
アモルファス合金　21
アモルファス磁性合金　21
アモルファス変圧器　188
アルキルナフタレン　15

索引

アルキルベンゼン 15
アルニコ磁石 22
アルフヴェーン波 33
アルミナ磁器 14
アルミニウム 11
アレイ 329
アレニウスモデル 100
暗順応 438
暗所視 438
安全電流 141
安定判別 88

い

イエローケーキ 286
硫黄酸化物 477
イオン結合 9
イオンシース 31
イオンセンサ 118, 436
イオンの極限モル導電率 426
異系統方式 316
異系統運用 308
異常グロー領域 30
異常電圧 295
位相整合条件 63
位相定数 47
位相比較継電方式 206
一次電気光学結晶 62
一次変電所 305
一次冷却材 282
一次レーダ 364
1回線方式 316
1 1/2 遮断器方式 308
一酸化二窒素 475
1種硬銅より線 141
一線地絡時の交流過電圧 311
一般受動回路 46
一般相反回路 45
移動式変電所 306
移動度 54
医用電子 465
インシデンス行列 43
インダクタンス 5
インターナルポンプ 282
インターネット 493
インタフェースバス 85
インバータ 215, 386, 390
インパルス電圧発生回路 136
インピーダンス 36

う

ウィスラー波 33
渦電流 20
宇宙通信方式 357
『奪われし未来』 474
ウラン精鉱 286
ウラン濃縮技術 286
運転監視盤 400
運転事故 372
運転予備力 247

雲母 13
運用指令 251

え

永久磁石 22
—— の磁気特性推移 26
—— の磁気特性分布 26
永久磁石形同期電動機 225
—— のトルク制御 225
永久磁石モータ 157
営業キロ 369
衛星航法システム 363
衛星中継システム 358
衛星放送システム 362
液晶 493
液冷却式 186
エコ電線 150
エスカレータ 383
エチレンジアミンピロカテコール 122
エッチストップ技術 122
エッチング 33
エネルギー管理士 483
エネルギー使用の合理化に関する法律 483
エネルギー消費原単位 370
エピクロルヒドリン 17
エポキシ基 17
エポキシ樹脂 16
烏帽子鉄塔 297
エリンガム図 427
エレクトレット 461
エレクトレットフィルタ 461
エレベータ 383
塩害対策 313
遠隔計測 84
遠心ファン 386
遠心分離法 287
円線図 42
煙突 265
沿面絶縁 132

お

応答度 60
大型監視パネル 400
屋外変電所 306
屋内配線 326
屋内変電所 306
遅れ 36
遅れ整流 163
オルタネートモード 83
音声放送 360
温度係数 11, 22
温度センサ 116
温度測定 410

か

加圧水型原子力発電所 280, 282
開殻構造 10

改軌 376
がいし 15, 298
界磁制御方式 225
界磁チョッパ制御方式 225
改質器 332
がいし引工事 326
回収ウラン 286
海水揚水発電所 337
回線交換方式 358
回線選択継電方式 205
階段状先駆放電 135
外鉄形 184
回転機 152
—— の絶縁診断 156
—— の絶縁劣化要因 156
回転式圧縮機 386
回転速度制御 386
外部異常電圧 295
開閉インパルススパークオーバ電圧 128
開閉過電圧 311
開閉サージ 295, 311
開閉設備 309
開閉装置 194
外雷 295
改良型BWR 282
改良型PWR 283
回路 43
—— の整合 41
回路解析 44
回路網合成 48
化学結合 9
化学センサ 436
過給ボイラ方式 269
架橋ポリエチレン 16
架橋ポリエチレン絶縁ケーブル 145
架空送電 300
架空送電線 293
架空送電用がいし 298
核磁気共鳴分光 465
角周波数 47
角速度センサ 117
核燃料 280
核分裂 335
核融合発電 335
かご形誘導電動機 172, 230
—— の可変速ドライブ 230
重ね合わせの理 38
加湿機 455
可視放射 448
ガスエンジン 275
ガス拡散法 287
ガス化炉 334
ガス遮断器 130, 197, 309
ガス精製設備 334
ガス絶縁 129
ガス絶縁開閉装置 199, 308
ガス絶縁変圧器 186
ガスセンサ 118
ガス焚きボイラ 264
ガスタービン 268, 275

索　引

ガス冷却型原子力発電所　280
河川流量　253
仮想アドレス　349
仮想記憶方式　349
画像再構成　465
加速度センサ　117
加速負荷　381
型巻　184
活性化エネルギー　277
活線洗浄　313
カットセット解析　44
カテナリ式電車線　378
過渡安定度　246
可動コイル形電流-トルク変換器　70
可動鉄片形電流-トルク変換器　72
可とう電線管工事　327
可読閾　439
可燃ごみ　331
カプラン水車　257
可変速ドライブシステム　223
　　——の制御量　223
可変速ベクトル制御　223
可変速揚水発電　170
可変波長固体レーザ　59
カラー印刷　464
ガラス　14
ガラス固化体　286
ガラス繊維　17
ガラス光ファイバ　356
カラーレーザプリンター　464
火力発電所　261
　　——における空気の流れ　262
　　——における水の流れ　262
火力用タービン発電機　166
換気設備　455
換気扇　455
環境ストレス　17
環境モニタリング　287
感光体　464
監視制御システム　209
　　火力発電所の——　211
　　集中制御所の——　211
　　変電所の——　211
監視制御のシミュレーション　211
環状母線方式　307
間接冷却方式　168
完全電離状態　28
感電　485
感電死傷事故　483
慣用色名　441
貫流ボイラ　264
管路気中送電　146
緩和時間　10

き

擬位相整合　63
機械的強度　11
機械的ストレス　17
気化方式　455
軌間　373

基幹系統　293
基幹変電所　305
帰還雷撃　135
気候変動に関する政府間パネル　473
技術基準　484
基準回路　110
基準電極　426
気水分離器　282
基礎吸収端　57
気体絶縁　129
気体の最小火花電圧　127
輝度　440
軌道運動　10
軌道角運動量　21
希土類イオンレーザ　59
希土類永久磁石　390
希土類金属元素　10
希土類コバルト磁石　23
希土類鉄磁石　24
希土類ボンド磁石　25
基本カットセット行列　44
基本タイセット行列　44
基本単位　66
基本通信サービス　359
既約インシデンス行列　44
逆投影法　465
規約波頭長　137
規約波尾長　137
逆変換所　302
逆変換装置　215
キャッシュ　347
キャパシタ　433
キャパシタンス　4
吸湿性　16
吸収係数　57
給水加熱方式　269
吸着剤　456
給湯機　459
キュリー点　22
狭軌　373
供給信頼度　249
供給予備力　247
供給力　247
強磁性体　10
共振回路　40
強制循環ボイラ　264
共通木　49
京都議定書　475
強度変調方式　357
京都メカニズム　476
共鳴電圧　28
共有結合　9
強誘電体　53
行列　43, 39
許容電流　141
距離計測法　401
距離継電方式　205
距離リレー　207
金雲母　13
近接効果　407
金属　11

——の電気抵抗　51
金属管工事　327
金属ダクト工事　327
均等色空間　443

く

空気極　332
空気遮断器　196, 309
空気抵抗　377
空気冷却　168
空心形　189
クエンチ　235
屈折率テンソル　62
くま取りコイル形　174
組立単位　66
グラフ　43
クリッツィング定数値　68
クリープ　125
クリーン開発メカニズム　476
クールダウン　233
クレーン　382
クロスコンパウンド形　166
グロー放電　30
クロマ　441
クーロン斥力　277

け

警戒現示　379
蛍光灯　30
蛍光ランプ　444
傾斜式ベルトコンベヤ　385
形状記憶効果　123
計測システム　86
ケイ素鋼板　19
携帯電話　493
系統安定度　246
　　——の向上対策　246
系統色名　441
系統周波数特性　243
系統連系　242
結合エネルギー　9, 277
結合半径　9
結晶　9
結晶異方性エッチング　121
ケーブル工事　327
ケーブル布設方式　298
ゲルゲス現象　173
原子核　277
原子燃料サイクル　285
原子分極　10
原子力発電　277
原子力発電所　280
原子力発電所事故故障等評価委員会　288
原子力発電プラント　285
原子力用タービン発電機　166
原子炉　279
原子炉圧力容器　282
懸垂がいし　129, 298

索引

減衰定数 47
減速材 280
減速信号 379
建築限界 376
原油 15
限流器 192
限流リアクトル 189

こ

高圧開閉器 197
高圧配電線 315
高域フィルタ 110
高温岩体 334
高温岩体発電 334
高温形燃料電池 332
光学材料 59
鋼管鉄塔 297
広軌 376
工業標準化制度 482
合金線 141
光源 444
工作機械 403
格子整合条件 57
格子定数 56
鋼心アルミニウムより線 141
鋼心耐熱アルミ合金より線 141
後進波 48
合成インピーダンス 37
合成樹脂管工事 327
合成樹脂線ぴ工事 327
高性能電気集塵装置 461
合成マイカ 14
合成油 15
光束 440
高速進行現示 380
高速増殖炉 335
高速中性子 335
高速鉄道 369
光束発散度 440
交直変換器 249
高電圧試験 137
光電子放射材料 60
光度 440
硬度 22
高透磁率材料 19
硬銅より線 141
高配向性ケイ素鋼板 19
高分子 16
光変調器 62
鉱油 15
交流回路 36
交流遮断器 194
交流遮断現象 194
交流ジョセフソン効果 67
交流スイッチ 217
交流電力調整装置 217
交流励磁機方式 258
光量 440
高レベル放射性廃棄物 286
高炉の送風ブロワ 388

枯渇性資源 328
国際原子力事象評価尺度 288
国際単位系 66
国際電気通信条約 480
国際電気通信連合規格 480
国際電気標準会議 480
国際標準化機構規格 481
国連気候変動枠組条約 473
誤差 69
コジェネレーション方式 274
50%スパークオーバ(火花)電圧 128
固体高分子電解質形燃料電池 332
固体酸化物形燃料電池 332
固体絶縁物 131
固体レーザ 59
国家標準 68
固定速機 330
後備保護継電方式 204
500 kV 用 CV ケーブル 146
ゴムベルトコンベヤ 385
固溶体 11
コルゲートパイプ 234
コロナ安定化作用 130
コロナ放電 28, 127
コンクリートダム 255
混合気体の火花電圧 130
混晶半導体 56
コンデンサ 15, 190
コンパクトカセットテープ 493
コンバータ 215, 390
コンピュータ 343
　　——との接続インタフェース 85
コンベヤ 384

さ

最高許容温度 141, 408
再循環ポンプ 282
再循環流量調節 283
最小地上高 319
最小有効桁 73
最小離隔距離 319
最大エネルギー積 22
最大共通木 49
最大効率制御 227
最大正則木 45
最大電力 41
最大トルク制御 227
最大3日平均電力 247
最大有効桁 73
最適レギュレータ 91
再熱除湿機能 455
サイリスタ 387
サイリスタ始動方式 171
サイリスタ制御LC共振式限流器 192
サイリスタ制御付き位相調整器 222
サイリスタ制御付き直列コンデンサ 222
サイリスタ方式 259
サイリスタ励磁方式 171, 258
作業停電 322

サージインピーダンスローディング 295
サージタンク 255
鎖状高分子 16
サージング現象 255
サハの式 28
サプライチェーンマネジメント 393
サーボ機構 157
サーボモータ 157
三位色灯式信号 378
酸化亜鉛形避雷器 199, 310
酸化ウラン 286
酸化反応 9
酸化被膜 12
酸化物の $T-\mu$ 状態図 427
酸化防止剤 9
酸化劣化 9
産業用ロボット 404
三極真空管 491
三刺激値 442
三重水素 335
参照電極 426
三相整流回路 215
三相短絡曲線 171
三相変圧器の結線方式 186
三相誘導電動機 172
3倍電圧整流回路 135
サンプリングオシロスコープ 83
残留磁化
残留磁束密度 21, 22

し

ジェットポンプ 282
磁化 10
磁界 5, 467, 478
紫外線 18
紫外放射 448
磁化曲線 10, 21, 81
視覚系 438
四角鉄塔 297
磁化電流 186
視感度 438
磁器 14
磁気異方性 19
磁気核融合プラズマ 28
磁気共鳴画像 465
磁気軸受 158
磁気刺激 467
磁気遮断器 196, 309
磁気シールド 234
磁気閃光 468
色相 441
次期送電電圧 304
色度図 442
磁気浮上 181
磁気浮上システム 182
磁気浮上方式の分類 181
色名 441
磁気モーメント 10
磁極位置センサレス制御 228

索　引

軸受　266
磁区細分化技術　19
磁区制御性ケイ素鋼板　19
軸流圧縮機　386
軸流ファン　386
シーケンサ　395
シーケンス制御　94, 397
試験電圧　311
試験電圧標準規格　311
指向性パターン　354
自己消弧　387, 389
事故停電　322
仕事関数　60
システム同定　92
磁性　10
磁性体　10
自然循環ボイラ　264
磁束計測法　81
自続放電　127
実アドレス　349
実距離　369
実効値　36
自動電圧調整器　212
自動平衡電子化ブリッジ回路　81
シミュレーション　98
視野　438
ジャイレータ　46
ジャイロスコープ　117
車室　266
遮水構造　19
遮断角周波数　6
遮断器　309
遮断密度　32
斜流水車　256
車両限界　376
重合体　16
集塵装置　334
重水減速型原子力発電所　282
重水素　335
集積回路基板用セラミックス　52
終端接続部　15
周波数直接変換装置　218
周波数変換所　303
周波数変換装置　218
重油焚きボイラ　264
重力負荷　381
主機　390
主極　160
縮重合反応　16
受光素子　60
出力特性曲線　172
出力方程式　152
受電方式　316
受動素子　48
主保護継電方式　204
需要率　315
準安定励起電圧　28
純ガス式　186
循環性資源　328
瞬時電力　36
瞬動予備力　247

順応　438
順応輝度　438
準平等電界　127
順変換器　215
順変換所　301
純紫軌跡　442
蒸気タービン　265
　　──の正味熱効率　266
蒸気発生器　282
蒸気吹出し方式　455
焼却灰　331
焼却炉　331
衝撃水車　256
照合電極　426
消弧室　195
消弧リアクトル　189
消弧リアクトル接地方式　296
常磁性体　10
焼成品　14
状態遷移図　249
状態変数　44
状態方程式　44
焦電係数　54
焦電物質　54
照度　440
照度基準　448
焼鈍分離材　19
蒸発冷却式　186
照明器具　447
除湿機　455
ジョセフソン係数　68
ジョセフソン効果　467
除電装置　463
シリコン　329
シリコンバレー　492
シリコン油　15
視力　438
自励式 SVC　222
自励式直流機　161
白雲母　13
シロキサン結合　15
新エネルギー　328
新幹線　369
真空　133
真空遮断器　197, 309
シングルフラッシュ発電　272
シングルモード　148
人工衛星　493
進行信号　379
信頼性　100
信頼度制御　250
信頼度モデル　98, 101

す

水管式ボイラ　263
水車発電機　169, 258
推奨通信方式　482
水素脆性　11
水素冷却　168
スイッチ式リラクタンスモータ　158

スイッチング　387, 389
水平式ベルトコンベヤ　384
水幕方式　313
水密構造　19
水理施設　253
水力発電所　253, 255, 259
スケール則　123
進み　36
進み整流　163
ステアタイト磁器　14
ステッピングモータ　157, 230
　　──の可変速ドライブ　230
ステップトリーダ　134
ステレオレコード　493
スーパーインシュレーション　234
スパークオーバ　127
スーパースカラ処理　345
スピネル型フェライト　20
スピン磁気モーメント　10
スペクトル軌跡　442
スペーサ　17
スポットネットワーク方式　325
スリップリング　390
スリーマイル島原子力発電所事故　289
寸法効果　123

せ

制御系統図　395
制御システム　94
　　──の信頼性　98
制御装置の保守点検自動化システム　314
制御棒　283
制御理論　87
制限電圧　199
正弦波整流　163
正弦波定常解　47
整合回路　32
生産管理　391
静止形無効電力補償装置　308
静止形リレー　206
正実関数　48
静止レオナード方式　225
正則木　45
生体電気現象　467
『成長の限界』　474
静電気　461, 488
静電気力　463
静電写真　463
静電植毛　462
静電潜像　464
静電選別　462
静電チャック　463
静電塗装　462
静電力　123
制動巻線方式　258
整流子　160
石英ガラス　14
石英系光ファイバ　63
赤外放射　448

石炭ガス化設備　334
石炭ガス化複合サイクル発電　333
石炭焚きボイラ　264
積鉄心形　184
積分演算　90
セキュリティ　249
絶縁協調　311
絶縁材料　9, 13
　——の劣化　17
絶縁診断技術　313
絶縁性能　13
絶縁体　11
絶縁破壊　18, 27
絶縁油　15, 131
絶縁ユニット　17
接触子　195
接地工事　320
接地抵抗値　321
節点解析　44
摂動法　48
設備系ネットワーク　452
セルラダクト工事　327
零位法　69, 72
遷移金属　11
遷移金属イオン　59
遷移金属元素　10
漸近安定　88
線形集中定数回路　36
線形能動回路　49
センサ　115
前進波　48
全反射現象　63
全路破壊　127

そ

騒音対策　377
双極子分極　10
走行抵抗計算式　377
操作端　400
送電系統　293
送電線接地方式　296
送電線保護継電方式　204
送電線路　130
送電鉄塔　297
相反定理　39
送風機　386
測温抵抗体　116
測光量　441
速度制御　223
速度トルク特性曲線　172
束縛エネルギー　55
素子の合成　37
ソフトコンピューティング　96
ソリッド形電力ケーブル　145

た

大気圧空気　127
大気圧グロー放電　29
大気圧非熱平衡プラズマ　27

大気圧プラズマ　27
大局的漸近安定　88
待機予備力　247
耐酸性　16
耐食性　11
耐水性　16
大西洋横断海底電信ケーブル　490
体積効果　131
体積抵抗率　11, 51
タイセット解析　44
帯電現象　464
大電流母線　406
帯電(系)列　464
体内誘導電流　478
耐熱性　14
耐熱変形性　16
太陽電池　63, 328
対流伝熱　406
多回線方式　316
多結晶　329
多重雷　135
多端子理想変成器　45
タービン翼　265
タービン発電機　166
　——の回転子構造　168
　——の可能出力曲線　171
　——の軸振動監視制御システム　212
　——の冷却方式　168
ターボ形ポンプ　385
多翼ファン　386
他励式直流機　161
単位胞　20
炭化水素　15
単金属線　141
タングステンフィラメント電球　492
矩形(方形)鉄塔　297
単結晶　329
炭酸ガス排出量　475
短時間許容過負荷　186
短時間交流過電圧　311
単相整流回路　215
単相誘導電動機　174
単柱(モノポール)鉄塔　297
タンデム型太陽電池　64
タンデムコンパウンド形　166
タンデルタ　52
短波帯　104
単母線方式　307
単量体　16

ち

地域供給系統　293
チェルノブイリ原子力発電所事故　290
遅延掃引　83
地下式変電所　306
地球温暖化係数　474
地球温暖化問題　474
逐次比較形 A/D 変換回路　73
逐次比較形 A/D 変換器　73
蓄積交換方式　358

地上式変電所　306
地上ディジタルテレビ放送　362
地中送電　300
地中送電線　293
窒化物半導体　57
窒素酸化物　477
地熱発電方式　272
チャー回収装置　334
着火　27
注意信号　379
中間接続部　146
抽気背圧タービン発電　274
抽気復水タービン発電　274
中性子　277
　——の減速　278
中性点補償リアクトル　189
長幹がいし　298
調相設備　213, 308
超電導エネルギー貯蔵装置　339
超電導ケーブル　233
超電導限流器　235
超電導発電機　235
超電導量子干渉計　467
直角相ブリッジ　68
直接接地方式　296
直接燃焼法　331
直接冷却方式　168
直線整流　163
直並列回路　37
直流回路　36
直流機　152, 160
　——の応用　164
　——の整流特性　163
　——の絶縁診断　163
　——の絶縁劣化　163
　——の励磁方式　161
直流送電　301
直流チョッパ　214
直流電気車　378
直流電動機　162
　——の速度制御　223
直流発電機　162
直流リアクトル　189
直流励磁機方式　171, 258
直列共振回路　40
直列接続　37
直列リアクトル　189
直角位相ブリッジ　79
直巻　184
直巻式直流機　161
チョップモード　83
地絡過電圧リレー　206
ちらつき　439
ちらつき限界周波数　439
『沈黙の春』　474

つ

通信プロトコル　451
月別最大電力　247

て

低圧三相かご形誘導電動機　154
低圧配電線　315
低圧分岐装置　319
低域フィルタ　110
低温形燃料電池　332
低気圧プラズマ　27
抵抗温度計　410
抵抗温度係数　12
抵抗材料　12
抵抗制御方式　225
抵抗接地方式　296
ディジタルオシロスコープ　82
ディジタル形電力計　76
ディジタル形保護リレー　207
ディジタル通信方式　355
ディジタル電子計算機　492
ディジタル無線伝送方式　356
低周波方式　259
定出力負荷　381
定常放電プラズマ　27
ディスク　352
ディーゼルエンジン　275
定態安定度　246
停電　322
定トルク負荷　381
締約国会議　474
低レベル放射性廃棄物　286
デシカント方式　456
デジタルカラー複写機　464
デジタルフィルタ　48
データ通信　359
データマイニング　97
鉄心形　189
鉄心材料　19
鉄損　19
鉄損電流　186
鉄道電化率　369
テトラメチルアンモニウムハイドロキサイド　121
デバイ長　6, 28
テブナンの定理　38
デュアルスロープ積分形 A/D 変換器　73
テレビ　492
テレビジョン放送　360, 361
テレメータリング　84
電圧安定限界電力　244
電圧安定性指標　246
電圧グラフ　49
電圧形インバータ回路　216
電圧・周波数の変動許容値　153
電圧制御方式　223
電圧調整器　244
電圧調整設備　244
電圧無効電力制御装置　213
電位差計　12
点火　27
電界　5, 478

電界放出　30
電荷　461
　——の移動　464
　——の寿命　461
電気安全　483
電気温水器　459
電気化学　425
電気化学センサ　435
電気火災　483
電気加熱　405, 411
電気・機械エネルギー変換　152
電気給湯機　459
電気光学定数　62
電気工事士　483
電気工事士法　483
電機子　160
電気事業法　483
電気事故　483
電機子スロット　160
電機子チョッパ制御　225
電機子反作用　161
電機子巻線　160
電気集塵　461
電気集塵装置　461
電気主任技術者　483
電気絶縁　156
　——の許容温度　156
　——の耐熱クラス　156
電気双極子　9
電気貯蔵　336
電気通信事業法　483
電気抵抗　11
電気的負性気体　130
電気伝導率　11
電気トリー　18
電気二重層キャパシタ　338
電気方式　316, 369
電気めっき浴　433
電気用品安全法　483
電源三法　483
電源線系統　293
電子温度　27
電磁界規制値　484
電磁界の健康影響　478
電子化ブリッジ　80
電磁気学　3
電磁形リレー　206
電磁鋼板　19
電子サイクロトロン共鳴型プラズマ装置　33
電子サイクロトロン共鳴現象　33
電子式電力量計　77, 316
電子写真　492
電子親和力　60
電磁波の減衰　354
電子分極　9
電磁誘導式磁気浮上システム　182
電磁両立性　477
電磁力　123
電線用導体　11
伝送損失スペクトル　63

伝送と記録　85
伝達関数　88
電柱　315
電動機　156
　——の温度上昇限度　156
　——の基準巻線温度　156
電動機方式　258
伝導電流　17
電波　104, 354
電波法　483
電離　126
電離層　354
電離電圧　28, 126
電離度　28
電流グラフ　49
電流形インバータ回路　216
電流形コンバータ方式　220
電流差動継電方式　206
電流制限回路　27
電流力計形電流-トルク変換器　72
電力　36
電力位相角曲線　246
電力円線図　293
電力系統　241
　——の構成　241
　——の発展　241
電力ケーブル　15, 145
電力自由化　251
電力設備の常時状態監視システム　314
電力貯蔵装置　336
電力品質　250
電力変換のスイッチング方式　216
電力用コンデンサ　192, 308
電力用スイッチング素子　214
電力用避雷器　199
電力量　77

と

銅　11
同位体系列　279
同期機　152, 166
　——の電気的特性　171
　——のベクトル制御　223
　——の励磁方式　171
同期調相機　308
同期電動機　390
　——の可変速制御　225
　——の始動方式　171
　——の閉ループ速度制御　225
同期発電機の特性定数　170
同期方式　258
冬季雷　135
銅合金　12
導電材料　11
導電体　11
導電率　11, 467
等面積法　246
トカマク装置　335
特定有害物質使用制限指令　481
特別高圧配電　322

都市型装柱　323	熱電対式温度計　410	バスタブ曲線　100
トップランナー制度　185	熱伝導　405	パーソナルコンピュータ　493
ドデシルベンゼン　15	熱伝導率　14	裸電線　141
トナー　464	ネットワークアーキテクチャ　359	撥水性絶縁物　313
ドナー準位　55	ネットワークプロテクタ　325	発電機周波数特性　244
トランジスタ　492	熱プラズマ　27	発電機の自励法　491
トルク制御　223	熱分解反応　9	発電電動機　169
トレーサビリティ　69	熱併給発電　274	発電用原子炉　279
トロリー線　12	熱平衡プラズマ　27	発電用ダム　255
	熱膨張　123	発熱体　411
な	熱膨張係数　22	バッファ室　195
内鉄形　184	熱劣化　9	ハードフェライト　23
内部異常電圧　295	燃焼ガス　331	パーフルオロカーボン　475
内部電圧振動防止策　186	年負荷曲線　243	ハーモニックバランス法　49
内部モデル制御　92	年負荷持続曲線　243	パラフィン系鉱油　15
内雷　295	燃料極　332	パリティ方式　350
ナトリウム・硫黄電池　338	燃料集合体　282, 286	バリヤ構造　28
ナフテン系鉱油　15	燃料電池　332	バリヤ放電　28
鉛ガラス　14		パルス周波数変調方式　217
鉛蓄電池　336	**の**	パルス幅変調帰還積分形 A/D 変換器　74
難燃性絶縁油　16	脳磁図　468	パルス幅変調制御　217
	濃縮二酸化ウラン　286	パルス幅変調制御コンバータ　217
に	ノズル　195	パルス幅変調方式　216
2 回線方式　316	ノートンの定理　38	パルス密度変調方式　217
2 現象オシロスコープ　83		パワーエレクトロニクス　214
二酸化炭素　475	**は**	パワー素子　386, 389
二次抵抗始動　173	背圧タービン発電　274	パワーバイポーラトランジスタ　387, 389
二次電子放出　30	排煙処理システム　270	パワー半導体　389
二次非線形光学結晶　62	排煙処理装置　331	半屋内変電所　306
二次非線形光学定数　62	バイオセンサ　118, 436	反強磁性体　10
二次変電所　305	バイオマス　331	反強誘電体　53
二重化システム　101	バイオマス発電　331	バンク数　306
二重ヘテロ接合構造　59	排気再燃方式　269	バンク容量　306
二重母線 4 ブスタイ方式　308	排気助燃方式　269	板厚制御装置　390
2 種硬銅より線　141	廃棄物発電所　331	反磁性体　10
2 乗トルク負荷　381	配光　447	反射係数　47
二次レーダ　364	排出量取引　476	搬送波　217
2 端子対回路　39	灰処理装置　331	搬送 (保護) 継電方式　206
日負荷曲線　243	排水処理装置　331	反動水車　256
日間出力　329	配線方法　326	半導体　11, 54
日間変動　330	配線用金属　52	半導体電極のフラットバンド電位　430
日本工業規格　482	倍電圧整流回路　135	半導体ひずみゲージ　117
日本工業標準調査会　482	配電系統　315	半導体マイクロマシーニング技術　120
入出力制御方式　351	配電自動化システム　324	半導体レーザ　59
ニューラルネットワーク　96	配電線事故　322	バンドギャップエネルギー　54
	配電線数　315	バンドパスフィルタ　110
ね	配電地中化　323	半波整流回路　135
熱可塑性樹脂　16	配電塔　319	反発始動形単相誘導電動機　174
熱間圧延ライン　390	配電用変電所　305, 315	反復法　48
熱起電力　12	配電用変電所容量　315	半ブリッジ　79
熱硬化性樹脂　16	ハイドロフルオロカーボン　475	
熱交換機能　455	バイナリーサイクル発電　273	**ひ**
熱効率　261	排熱回収方式　268	ピエゾ抵抗効果　117
熱サイクル　261	パイプ型ケーブル　15	光 CT　209
熱絶縁　234	パイプ形油入ケーブル　146	光 VT　209
熱損失法　264	パイプライン処理　345	光吸収　57
熱電子放出　30	パイロット継電方式　206	光通信方式　356
熱電対　116, 410	白熱電球　444	光ディジタル伝送　357
	バスダクト工事　327	

索　引

光導波路　63
光波長多重通信方式　357
光ファイバ　63, 148, 493
　　——の伝送損失　149
　　——の伝送分散　149
光ファイバ複合架空地線　148
光放射　448
比吸収係数　468
ピーク電源　243
非自続放電　127
非晶構造　9
非晶質　14
非常用炉心冷却装置　289
ヒステリシス　125, 186
ヒステリシスループ　10
ビスフェノール　17
ひずみゲージ　117
非接地方式　296
非線形回路　48
皮相電力　36, 76
非相反受動回路　46
比速度　257, 385
ピット　331
比抵抗　22
非同期連系所　303
ヒートポンプ　423
ヒートポンプ式　459
非熱平衡プラズマ　27
非発光再結合中心　56
火花放電　127
微分演算　91
非平衡プラズマ　27
比誘電率　52
表示線継電方式　206
標準軌　373
標準供給体系　69
標準懸垂がいし　129
標準水素電極電位　426
標準抵抗器　12
標準電極電位　426
標準の光　442
標準比視感度　438
標準不確かさ　69
平等電界　127
表皮効果　406
表面波プラズマ　33
避雷装置　199
平形保護層工事　327
比率差動リレー　206
比例演算　89
ピンがいし　298
ピンニングサイト　19

ふ

ファジィ　96
ファラデー効果　209
ファラデーの法則　425
フィードバック制御　94
フィードバックループ　395
フィルダム　255

風量制御　386
風力発電　330
フェーザ図　42
フェノール樹脂　16
フェライト　11
フェライトボンド磁石　25
フェリ磁性体　10
負荷遮断時の交流過電圧　311
負荷周波数特性　244
負荷変動　244
複合金属線　141
複合サイクルの熱精算図　269
複合サイクル発電　268
複合サイクル発電設備　334
複合材料　17
複合誘電体　132
復水・給水設備　267
復水式蒸気発電　272
復水タービン発電　274
複素アドミタンス　36
複素インピーダンス　36
複母線方式　307
不純物準位　54, 56
ブスタイ遮断器　308
不確かさ　69
普通磁石　14
複巻式直流機　161
複巻発電機　162
　　——の外部特性曲線　162
ブッシング　15
沸騰水型原子力発電所　280, 282
物理アドレス　349
物理定数　3
不等率　315
不平等電界　127
浮遊電位　31
浮遊壁　31
フライホイール　338
プラグ・アンド・プレイ　452
ブラシ保持器　163
ブラシレス励磁方式　171, 258
プラズマ　418
　　——の閉じ込め　335
プラズマ角周波数　6
プラズマ状態　335
フランシス水車　256
プールベのpH-電位図　426
ブレイトンサイクル　268
プレシース　31
フロアダクト工事　327
プログラム　343
フロゴバイト　13
プロセス制御システム　95
プロセッサ　345
　　——の概略ブロック　345
　　——の記憶階層　347
　　——の高速処理技術　345
フローティング電位　31
プロトコル　451
プロペラ水車　257
ブロワ　386

分極　9
分極現象　9
分極電荷　9
分巻式直流機　161
分光分布　447
分子構造　16
分相始動形単相誘導電動機　174
分布定数回路　47
分路リアクトル　189, 308

へ

平均化法　49
閉鎖形開閉装置　198
平板型装置　33
並列共振回路　41
並列処理　345
並列接続　37
へき開性　13
ベクトル軌跡　42
ベクトル軌跡作図法　43
ベクトル図　42
ベークライト　16
ページ変換テーブル　350
ベース電源　243
ヘリコン波　33
ベルトコンベヤ　384
ペルトン水車　256
ヘルムホルツ表記　4
変圧器　15, 184
　　——の寿命　186
　　——の定格事項　185
　　——の鉄心構造　184
　　——の内部電位　186
　　——の励磁電流　185
変圧器巻線　184
変圧器巻線タップ　213
変位センサ　401
偏位法　69
弁開度制御　386
変換効率　63
変成器ブリッジ　79
変調波　217
変電所　130, 305

ほ

ボイド　19
ホイートストンブリッジ　78
ボイラ効率　264
ポインティングの定理　4
ホウケイ酸ガラス　14
方向過電流継電方式　204
方向性ケイ素鋼板　19
方向性電磁鋼板　19
芳香族系鉱油　15
放射エネルギー　440
放射温度計　410, 411
放射輝度　440
放射強度　440
放射状系統　248

索引

放射照度　440
放射性廃棄物　286
放射束　440
放射伝熱　406
放射発散度　440
放射率　410
放射量　441
防食層　234
ホウ素濃度　285
放電　18
放電加工機　403
放電耐量　199
放電プラズマ　27
飽和銀・塩化銀電極　426
飽和磁化　10
飽和磁束密度　21
補機　390
保護管　411
保護協調　204
保護継電方式　204
補修可能量　248
補償の定理　38
補償の定理の双対定理　39
補償リアクトル接地方式　296
保磁力　10, 21, 22
母線　406
母線方式　306
ポッケルス効果　62, 209
ポッケルス定数　62
ホームゲートウェイ　451
ボーム速度　31
ホームネットワーク　451
ボーム理論　31
ホモトピー　49
ポリエチレン　16
ポリエチレンテレフタレート　16
ポリ塩化ビニル　16
ポリスチレン　16
ポリブテン　15
ポンプ　385

ま

マイカ　13
マイクロアクチュエータ　123
マイクロ化学システム　119
マイクロマシーニング法　120
マイコン　493
巻上機　381
巻線形誘導電動機　230
　　――の可変速ドライブ　230
巻鉄心形　184
マクスウェルの方程式　4
摩擦負荷　381
マシニングセンタ　403
マスコバイト　13
マニピュレータ　404
マルチモード　148
マンセル表色系　441

み

右回り円偏波　33
水トリー　18
水噴霧方式　455
ミドル電源　243

む

ムーアの法則　344
無機工業電解　432
無機材料　13
無極性　16
無拘束速度　257
無効電力　76
無効電力調整機器　244
無効電力補償装置　220
無効率　76
無酸素銅　11
無声放電　28
無損失線路　47
無損失伝送線路　48
無停電電源装置　219
無負荷飽和曲線　171
無方向性ケイ素鋼板　19
無方向性電磁鋼板　19

め

明順応　438
明所視　438
明度　441
命令アーキテクチャ　345
メタン　475
メモリマッピング　350
面積効果　131

も

モジュール　329
モーゼ効果　467
モデリング　92
モデル予測制御　92
門型（ガントリー）鉄塔　297
もんじゅ　335
モントリオール議定書　474

や

八木・宇田アンテナ　492
野生生物保護に関するワシントン条約　474
山形鋼鉄塔　297
やんばる発電所　337

ゆ

有機がいし　298
有機化合物の酸化還元電位　427
有機材料　13

有効質量　54
有効接地系統　296
有効電力　36, 76
有効ボーア半径　55
有線電気通信法　483
誘電正接　16, 52
誘電体　9
誘電体損　16, 17
誘電率　10, 16, 467
誘導機　153
　　――の始動時異常現象　173
　　――のベクトル制御　223
誘導形電力量計　316
誘導電動機　229, 390
　　――の可変速ドライブ　229
　　――の始動方式　173
　　――の全負荷特性　154
　　――の速度制御　173
　　――の定格出力と始動入力　155
誘導電動機制御　377
誘導炉　415
油遮断器　195, 309
輸送障害　373
輸送人員　369
輸送人キロ　369
油入ケーブル　146

よ

揚水式水力　336
容積形ポンプ　385
溶接機　420
溶融炭酸塩形燃料電池　332
抑速信号　379
弱め磁束制御　227
4端子回路　39
4端子定数　47

ら

雷過電圧　311
雷現象　133
雷サージ　295, 311
ライティングダクト工事　327
ラインポストがいし　298
ラジオ放送　492
ラボ・オン・チップ　119
ランキンサイクル　261
ランドルト環　438

り

リアクタンス関数　48
リアクトル　189
リアクトル接地方式　296
力率　36, 76
リコイル透磁率　22
リージェンシー　493
リターンストローク　135
リニアアクチュエータ　177, 180
　　――の応用　181

索　引

リニア交通システム　182
リニア振動アクチュエータ　180
リニア直流モータ　180
リニア電磁ソレノイド　180
リニア同期モータ　179
リニアドライブシステム　177
リニアパルスモータ　179
リニアモータ　177
　　――の応用　181
リニア誘導モータ　177
リミタヒューズ　325
流況曲線　253
流体負荷　381
量子井戸構造　59
量子効率　60
量子標準　67
量子ホール効果　67
旅客輸送　369
リラクタンスモータ　158, 231
　　――の可変速ドライブ　231
理論電気量　432

リン酸電解質形燃料電池　332

る

ループ系統　248
ループ方式　316
ルームエアコン　453

れ

零位法　69, 72
冷間圧延　19
励起電圧　126
冷却材　280
冷暖房機器　453
冷暖房システム　453
冷熱発電　334
レギュラネットワーク　325
レーザ核融合　28
レーザ材料　59
レーザプリンター　464

レーザ法　287
レゾルバ　158
レーダ　364, 492
劣化ウラン　286
レドックスフロー電池　338
連系線系統　293
連続使用電圧　311
連分数展開　47

ろ

六フッ化硫黄　475
六フッ化ウラン　286
ロータ　265
ロータリーエンコーダ　401
論理アドレス　349

わ

ワイドバンドギャップ半導体　57

電気データブック

2011年11月30日　初版第1刷

編　集　電 気 学 会
発行者　朝 倉 邦 造
発行所　株式会社 朝 倉 書 店

定価はカバーに表示

東京都新宿区新小川町 6-29
郵便番号　162-8707
電話　03(3260)0141
FAX　03(3260)0180
http://www.asakura.co.jp

〈検印省略〉

© 2011〈無断複写・転載を禁ず〉

印刷・製本　東国文化

ISBN 978-4-254-22047-6　C 3054

Printed in Korea

東京電機大 宅間 董・電中研 高橋一弘・
東京電機大 柳父 悟編

電力工学ハンドブック

22041-4　C3054　　　Ａ５判 768頁 本体26000円

電力工学は発電，送電，変電，配電を骨幹とする電力システムとその関連技術を対象とするものである。本書は，巨大複雑化した電力分野の基本となる技術をとりまとめ，その全貌と基礎を理解できるよう解説。〔内容〕電力利用の歴史と展望／エネルギー資源／電力系統の基礎特性／電力系統の計画と運用／高電圧絶縁／大電流現象／環境問題／発電設備（水力・火力・原子力）／分散型電源／送電設備／変電設備／配電・屋内設備／パワーエレクトロニクス機器／超電導機器／電力応用

東工大 藤井信生・理科大 関根慶太郎・東工大 高木茂孝・
理科大 兵庫 明編

電子回路ハンドブック

22147-3　C3055　　　Ｂ５判 464頁 本体20000円

電子回路に関して，基礎から応用までを本格的かつ体系的に解説したわが国唯一の総合ハンドブック。大学・産業界の第一線研究者・技術者により執筆され，500余にのぼる豊富な回路図を掲載し，"芯のとおった"構成を実現。なお，本書はディジタル電子回路を念頭に入れつつも回路の基本となるアナログ電子回路をメインとした。〔内容〕Ⅰ．電子回路の基礎／Ⅱ．増幅回路設計／Ⅲ．応用回路／Ⅳ．アナログ集積回路／Ⅴ．もう一歩進んだアナログ回路技術の基本

工学院大 曽根 悟・名工大 松井信行・東大 堀 洋一編

モータの事典

22149-7　C3554　　　Ｂ５判 520頁 本体20000円

モータを中心とする電気機器は今や日常生活に欠かせない。本書は，必ずしも電気機器を専門的に学んでいない人でも，モータを選んで活用する立場になった時，基本技術と周辺技術の全貌と基礎を理解できるように解説。〔内容〕基礎編：モータの基礎知識／電機制御系の基礎／基本的なモータ／小型モータ／特殊モータ／交流可変速駆動／機械的負荷の特性。応用編：交通・電気鉄道／産業ドライブシステム／産業エレクトロニクス／家庭電器・AV・OA／電動機設計支援ツール／他

前東工大 森泉豊栄・東工大 岩本光正・東工大 小田俊理・
日大 山本 寛・拓殖大 川名明夫編

電子物性・材料の事典

22150-3　C3555　　　Ａ５判 696頁 本体23000円

現代の情報化社会を支える電子機器は物性の基礎の上に材料やデバイスが発展している。本書は機械系・バイオ系にも視点を広げながら"材料の説明だけでなく，その機能をいかに引き出すか"という観点で記述する総合事典。〔内容〕基礎物性（電子輸送・光物性・磁性・熱物性・物質の性質）／評価・作製技術／電子デバイス／光デバイス／磁性・スピンデバイス／超伝導デバイス／有機・分子デバイス／バイオ・ケミカルデバイス／熱電デバイス／電気機械デバイス／電気化学デバイス

前電通大 木村忠正・東北大 八百隆文・首都大 奥村次徳・
電通大 豊田太郎編

電子材料ハンドブック

22151-0　C3055　　　Ｂ５判 1012頁 本体39000円

材料全般にわたる知識を網羅するとともに，各領域における材料の基本から新しい材料への発展を明らかにし，基礎・応用の研究を行う学生から研究者・技術者にとって十分役立つよう詳説。また，専門外の技術者・開発者にとっても有用な情報源となることも意図する。〔内容〕材料基礎／金属材料／半導体材料／誘電体材料／磁性材料／スピンエレクトロニクス材料／超伝導材料／光機能材料／セラミックス材料／有機材料／カーボン系材料／材料プロセス／材料評価／種々の基本データ

ペンギン電子工学辞典編集委員会訳

ペンギン電子工学辞典

22154-1　C3555　　　Ｂ５判 544頁 本体14000円

電子工学に関わる固体物理などの基礎理論から応用に至る重要な5000項目について解説したもの。用語の重要性に応じて数行のものからページを跨がって解説したものまでを五十音順配列。なお，ナノテクノロジー，現代通信技術，音響技術，コンピュータ技術に関する用語も多く含む。また，解説に当たっては，400に及ぶ図表を用い，より明解に理解しやすいよう配慮されている。巻末には，回路図に用いる記号の一覧，基本的な定数表，重要な事項の年表など，充実した付録も収載

上記価格（税別）は 2011 年 10 月現在